3판
무기공업화학

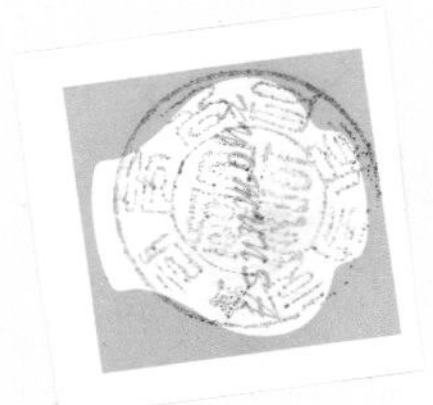

3판
무기공업화학

초판 발행 2000년 7월 31일 | **초판 2쇄 발행** 2008년 8월 31일
2판 발행 2013년 2월 20일 | **2판 5쇄 발행** 2021년 8월 31일
3판 발행 2023년 2월 20일

지은이 한국공업화학회
펴낸이 류원식
펴낸곳 교문사

편집팀장 김경수 | **책임진행** 심승화 | **디자인** 신나리 | **본문편집** 홍익m&b

주소 10881, 경기도 파주시 문발로 116
대표전화 031-955-6111 | **팩스** 031-955-0955
홈페이지 www.gyomoon.com | **이메일** genie@gyomoon.com
등록번호 1968.10.28. 제406-2006-000035호

ISBN 978-89-363-2439-1 (93570)
정가 33,000원

3판

무기공업화학

한국공업화학회 지음

INDUSTRIAL INORGANIC CHEMISTRY

교문사

3판을 발간하며

비료와 산·알칼리공업을 중심으로 하는 고전적인 무기화학공업으로부터 반도체, 탄소화학 및 정밀소재공업과 같이 첨단화학산업을 이끌어가는 다양한 분야가 무기공업화학 범주 내에서 확대되고 있습니다. 제품소비량이 증대함과 함께 에너지·원료의 관리와 자원화가 중요하게 되었고, 이 때문에 에너지 절약과 자원의 효율적인 직접관리 및 생산설비 개선, 폐가스·폐열의 이용과 공해문제 해결대책도 매우 중요한 과제입니다. 더불어 첨단적인 새로운 에너지원의 개발과 에너지 저장에 관한 연구도 무기공업화학의 중요 테마로 대두되는 상황입니다. 인간의 풍요롭고 윤택한 삶을 추구하다보니 다양한 하이테크 제품들이 끊임없이 우리 주변에 등장하고 있습니다.

최근에는 우리 공업화학 분야와 관련된 다양한 신물질이나 새로운 공정들이 매우 빠르게 개발되고 있고, 획기적인 아이디어를 통한 실용화 및 공업화 연구가 활발히 진행되고 있습니다. 화학공업의 역사도 인류문화의 역사처럼 등장과 발전 그리고 소멸을 되풀이하며 흘러갑니다. 과거에는 알려지지 않았던 재료나 공정들이 새로운 모습으로 우리에게 다가섰다가 많은 경쟁을 거쳐 그 시대에 합당한 기술들만 살아남아 응용되고 발전되었습니다. 이러한 특징이 무기공업화학 분야에서는 확연하게 드러나고 있습니다.

지금까지 다양화된 무기화학공업의 개요를 관련 전문기술인에게 전수할만한 교재는 많지 않은 실정이었기에, 한국공업화학회에서는 무기공업화학 분야의 표준교재가 필요하다고 판단하여 지난 2000년 3월에 '무기공업화학' 교재를 발행하였으며, 2008년 8월에는 다시 1판 2쇄를 발행한 바 있습니다. 또한 2013년에는 본 교재가 누구나 쉽게 이해할 수 있는 무기공업화학 분야의 훌륭한 교재로 잘 다듬고 새로운 기술을 포함시켜야 한다는 생각으로 2판 개정을 발행한 바 있었고, 현재 무기공업화학 분야의 중요한 교재로서 크게 기여하고 있다고 자부할 수 있습니다. 3판의 개정을 위하여 2022년 전반기에 한국공업화학회의 본부 임원 이사회로부터 승인을 받았으며, 바로 편찬위원 선정을 통하여 보강과 수정이 요구되는 몇가지 장을 중심으로 집필작업을 시작하였습니다. 이에 2023년 초에는 새로운 구성의 무기공업화학 교재를 발행하게 되었습니다.

끝으로 본 교재 발간을 위해 각 분야별로 집필 및 편집 등 오랜 시간 동안 많은 협조와 노력을 아끼지 않으신 여러 저자들과 학회본부 임원 여러분들께 감사를 드립니다.

2023년 정초에, 3판을 발간하며

무기공업화학 교재 편집위원장 **김 건 중**

머리말

화학은 생활소재부터 바이오의료 및 첨단 반도체소재에 이르기까지 놀랍도록 다양하게 인간에게 편리와 혜택을 제공해 왔습니다. 좋은 화학소재라도 과하게 사용하면 문제가 발생할 수 밖에 없고, 반대로 위험한 화학물질이라도 허용농도 이내에서 긍정적인 효능을 끌어낼 수도 있습니다. 화학의 오용과 남용이 인간의 삶을 위협하지 않도록 화학의 진정한 가치를 알고 현명하게 활용해야 할 때가 바로 지금이라는 절실한 생각이 듭니다.

인간은 자연으로부터 화학적 혜택을 취하며 발전해 왔습니다. 고대부터 화학자들은 나무와 동물로부터 화학원료를 얻었고 모래와 점토로부터 유리와 도자기를 만들어 생활했습니다. 근대에 들어 그들은 공기로부터 암모니아와 비료를 만들어 농업혁신을 이루었습니다. 또한, 자연이 주는 에너지원을 화학적으로 전환하기도 하고 자연에 있는 미생물과 바이러스를 극복하거나 그 부산물을 활용하여 인간 생명을 연장하는데 크게 기여하였습니다.

인간의 삶의 질이 높아지면서 특수한 기능들이 오류 없이 동시에 구동되는 첨단제품들의 출시가 광범위하게 이루어지고 있습니다. 그 중심에 광학 성능, 열적 성능, 전기적 성능, 전자기적 성능, 물리적 성능, 화학 바이오 성능 등이 극한의 수준에서 발휘되는 첨단무기화학재료가 자리하고 있습니다. 무기화학재료는 금속재료나 고분자재료로는 구현이 불가능한 특수기능들의 구현이 가능하여, 전기, 바이오, 에너지, 반도체, 우주항공산업에서 크게 주목을 받고 있습니다.

이러한 관점에서 이번 '무기공업화학' 추가개정판의 출판은 그 의미가 있습니다. 산·알칼리공업, 전기화학, 암모니아 및 비료공업과 같은 기반의 무기화학 내용을 기본 편성하고, 이어서 최근 과학기술 혁신을 주도하고 있는 반도체, 환경, 촉매, 탄소공업과 같은 첨단무기화학재료를 기획력 있게 편성한 교재를 한국공업화학회 주도로 출판하게 되어 그 의미가 크다 하겠습니다. 무기화학을 배우는 화학공학도 및 신소재공학도들과 무기소재산업 연구자들에게 실용적이고 유익한 교재로 널리 활용될 것을 기대해봅니다.

2000년 '무기공업화학' 첫 발행과 2013년 2판 발행에 이어 이번 3판까지 끊임없이 수고를 아끼지 않으셨던 김건중 교수님을 비롯한 편집위원진의 노고에 진심으로 감사의 말씀을 전합니다.

2023년 정초에

한국공업화학회 회장 **심 상 준**

차 례

10 CHAPTER 세라믹 공업

11 CHAPTER 탄소재료

남종우 (인하대학교 화학공학과)
김학준 (경남대학교 신소재공학과)
김재호 (아주대학교 응용화학생명공학과)
김종호 (전남대학교 화학공학부)
손호경 (시드니공과대학교)

CHAPTER 1

총론

01 무기화학공업의 개요

1. 화학공업과 화학공학

지구온난화와 자원, 에너지원(energy source), 식량 등의 고갈은 인류생존과 연관된 심각한 세계적 사회문제가 되고 있다. 이들 문제해결에 큰 역할을 할 수 있는 분야가 화학공업 분야이며, 화학공업의 발전은 인류복지에 많은 기여를 해오고 있다. "화학공업"을 "공업화학"이라고도 부르며 크게 차이 없는 용어로 사용하고 있다. 본 책자에서도 혼용하고 있음을 독자 여러분이 미리 이해해 주기를 바라며, 굳이 화학공업과 공업화학의 차이를 언급한다면 다음과 같다.

화학공업(chemical industry)이란 원료에 화학적인 변화를 주어 의식주와 문화생활에 중요한 역할을 하는 여러 가지 화학제품이나 또는 다른 산업용 원자재나 보조재료를 생산하는 데 목적을 둔 공업이다. 공업화학(industrial chemistry)이란 화학제품을 생산하는 공정개발에 연관된 학문분야로 각 제품의 제조기술이나 그 반응에 대한 연구가 주요 내용으로, 화학과 화학공학을 접목시킨 학문분야를 공업화학이라고 할 수 있다. 그런데 여기서는 두 경우의 내용을 모두 포함한 뜻으로 화학공업이라 하겠다.

화학공업은 대부분 화학변화를 중심으로 행해지는 것은 명백하나 더 자세히 살펴보면, 그 전체공정 가운데 실제 화학변화가 차지하는 화학적 수단의 비율은 별로 크지 않고 반응 전후의 정제 및 분리와 같은 물리적 수단에 상당히 큰 시간과 노력이 소모된다. 즉, 화학제품을 만드는 생산공정에는 화학적 수단뿐만 아니라 많은 물리적 수단이나 기계적 수단 등 종합적인 조합에 의해 구성되는 것이 특징이다.

이들의 화학반응·물질변화가 근대공업의 조직과 형태로 전환된 것은 19세기 말부터 20세기 초이며, 이론화학과 화학공학의 발전에 의해 이루어졌다. 이론화학 부문에서는 반응속도론, 화학평형, 촉매화학, 고체화학 등이 포함된다. 특히 화학적 조작을 단위공정 또는 단위반응(unit process)이라 하여 산화, 중화, 가성화, 전해, 복분해, 하소, 규산염생성, 질산화, 에스테르화, 환원, 할로겐화, 슬폰화, 수화, 가수분해, 수소화 등이 있다. 화학공학에서는 장치적 측면에서 금속재료학, 물리적 조작에서 유체수송, 전열, 증발, 흡수, 추출, 흡착, 증류, 습윤, 건조, 분체의 기계적 분리 및 혼합, 분리, 여과 등의 단위조작(unit operation)이 관계되며, 반응공학이 기본으로 따른다.

이와 같이 화학공학(chemical engineering)이란 화학공정을 구성하는 일련의 장치를 합리적으로 설계하고 적절한 조건에서 운전하기 위한 기초이론의 해석과 그 응용을 목적으로 한 학문분야이다. 최근에는 아스펜 플러스(aspen plus), 인공지능 등을 도입하는 것이 추세이므로 공업화학의 발전이 크게 기대되고 있다.

2. 무기화학공업의 정의

무기화학공업(inorganic chemical industry)이란 물질 간에 일어나는 화학반응의 평형이나 분리·분해 등의 물질변화를 이용하여 우리 일상생활에 유용한 무기화합물 또는 다른 산업용 원료나 중간재료의 무기화합물 제조를 기업화하는 공업을 말한다. 여기에서의 무기화합물(inorganic compound)이란 유기화합물을 제외한 모든 화합물 또는 CO, CO_2, KCN, Na_2CO_3 등 몇 가지를 제외한 주로 탄소 이외의 원소만으로 이루어진 화합물을 뜻하는 것으로 무기물이라고도 부른다. CCl_4와 CS_2는 유기화합물로 분류하며, 옥살산나트륨($Na_2C_2O_4$), 아세트산나트륨(CH_3COONa) 등은 어느 쪽으로도 분류되고 있다.

3. 무기화학공업의 분야

무기화학공업은 산업적인 차원에서 화학비료, 무기화학약품 제조 등 중화학공업 부문과 요업, 토석 제조, 반도체재료 등 경공업부문으로 분류하기도 하지만 일반적으로 고전적인 면에서는 산, 알칼리, 무기약품, 비료 등 제조공업과 규산염공업 등을 말하며, 무기화학품의 완제품 외에 다른 공업용 중간원료 제조분야가 이에 속한다. 근래에는 상수도 및 공업용수처리, 산·알칼리공업, 비료공업, 탄소공업, 공업용가스, 원자력산업, 전기화학공업, 금속화학공업, 세라믹공업, 촉매공업, 반도체재료, 환경산업 등을 포함한 광범위한 분야를 통칭하여 무기화학공업 분야라 부른다.

무기화학공업은 유기화학공업에 비하여 비교적 단순한 공정에 의해서, 또한 많은 경우 고온에서 대량생산이 가능한 것이 특징이며 전자재료나 촉매류와 같이 부가가치가 큰 무기화학품류도 많다.

최근 유기화학공업과 접목이 점차로 증가하여 무기, 유기 중간물질의 개발이 이루어지고 있다. 탄소 이외 원소가 어떤 화학결합에 의해 중복단위로 연결되어 있는 무기고분자 물질로서 극성이 강하고 내열성이나 내약품성이 뛰어나 미래의 무기고분자 재료로 기대되는 것 중 대표적인 것이 실리콘수지이다.

또한 인공적으로 무기물을 섬유로 만든 유리섬유, 암면, 슬럭섬유, 금속섬유 등이 있으며, 유기섬유에 비해 유연성이 낮고 부서지기 쉽지만 내열·방열·방음재료 등에 유용하다. 특히 유리섬유는 불포화 폴리에스테르와 함께 강화플라스틱(FRP)의 원료로 대량 사용되고 있다.

산업이 발달함에 따라 새로운 무기공업약품의 출현, 첨단 신소재공업, 반도체공업에서의 무기재료공업 분야가 중추적인 역할을 하고 있다. 여기에는 공해문제가 뒤따르기 때문에 최적의 생산공정을 개발하기 위해 환경산업이 무기화학공업 분야의 중요한 분야가 되고 있다.

무기화학공업은 다른 산업과 매우 밀접한 관계를 가지고 있다. 예를 들면, 기계공업에서는 철, 알루미늄, 플라스틱 등, 토목과 건축분야에서는 시멘트, 인공적인 골재합성, 건축재 등, 전기공업에서는 전기재료, 전자재료 등, 농업에서는 비료나 농약 등과 밀접한 연관성을 지니고 있다. 한편 화학공업은 기계공업이나 전기공업으로부터 각종의 조업용 시설 및 장치, 계측장치, 제어장치 등을 공급받고 있다.

일반적으로 화학공업이 다른 공업과 다른 점은 여러 가지가 있는데, 원료로부터 제품까지 변화하는 경로에는 ① 화학반응에 의한 원소의 교환결합을 진행시키는 화학반응공정, ② 목적물질을 다른 물질과 분리하는 분리공정, ③ 원료 또는 제품이 목적 또는 기준에 적합한가를 검증하는 분석공정을 필요로 하고 있다.

화학공업은 일반적으로 ①을 포함하고 있는 공업을 뜻하지만 그 중에는 화학공업이라 부를 수 없는 공업도 있을 수 있다. 예를 들면, 제철공업으로 용광로 내에서는 상당히 복잡한 화학반응을 포함하고 있으나 ②의 분리공정이 결여되어 있어 제철공업은 화학공업이라고 말하지 않는다. 이와 반대로 화학공업 중에는 ①이 결여되어 있고 ②의 분리공정이 포함되어 있는 것도 있다. 화학공업의 본질은 이런 점에서 보면 ②의 분리공정이 주체라고도 할 수 있다.

4. 무기화학공업의 발전과정과 동향

(1) 무기화학공업의 발전과정

무기화학공업은 기원전 200년경 바그다드전지가 사용된 흔적으로 볼 때 오래전부터 인류의 생활과 관련이 있었지만, 제조공업으로 발달하게 된 것은 산업혁명(17~19세기) 시기이다. 1792년 석탄가스 제조가 시작되었으나 타르 이용은 1845년부터 시작되었다. 1809년에 초석을 만들고, 1850년에 석탄가스로부터 암모니아 회수가 시작되어 1870년부터 황산암모늄이 비료로 사용되었다. 1866년 Solvay에 의하여 암모니아소다법이 공업화되고 1898년에 공중질소의 고정법이 개발될 때까지 질소화학공업이 화학공업 발전에 크게 공헌하였다. 1860년경에는 연실법에 의한 황산 제조, 1890년 합성염산 제조, 1891년 카바이드 제조, 1903년 전호법(arc process) 질산 제조 등이 거의 동시에 개발되었다.

19세기 말부터 20세기 초에 걸쳐서 화학평형과 화학속도론이 확립되고 촉매가 발견되면서 1901년에는 접촉식 황산제조, 1908년에는 암모니아산화법, 1913년에는 Haber-Bosch법에 의한 암모니아 합성공업 등이 개발되었다. 한편 20세기에 들어와서 유지, 염료, 인조섬유, 합성수지, 고무, 피혁, 무기약품 등 각종 화학공업 기술이 확립하기 시작하였으며 제2차 세계대전 이후 공장자동화에 따라 기술 성숙기에 들어서섰다.

한편 우리나라는 1900년대 초기에서 1920년대까지 펄프, 시멘트, 피혁, 도자기, 제철, 황산암모늄 등 산업이 근대적 화학기술을 바탕으로 해서 무기공업화학이 초창기 화학공업 발전의 주도적 역할을 하였다. 1930년 부전강 수력발전소의 준공을 시발점으로 당시 세계 제2위 규모 흥남조선질소비료(주)가 설립되면서 초산, 질산, 알칼리, 카바이드, 석탄화학 등 공업이 발전하는 계기가 되었다. 그 후 1957년 연간 20만 톤 문경시멘트 공장과 연간 6,500 톤 인천 판유리 공장, 1961년 충주비료 공장이 건설되면서 우리나라의 근대적인 무기공업화학 발전의 효시가 되었다.

본격적인 발전의 전환점은 1962년 제1차 경제개발 5개년계획의 일환으로 1964~1966년 연간 140만 톤 쌍용, 한일, 현대, 충북시멘트회사가 건설되었고, 1967년 영남화학과 진해화학에서 연간 9,500만 톤 규모의 암모니아 비료공장을 건설하면서 무기공업화학의 기반구축이 이루어졌다. 그 후 제2차 경제개발 5개년계획에 의거 석유화학공업의 발전에 따른 무기화학공장인 대규모 소금전해공장 등 건설과 더불어 생산된 원료를 유기화학공업에서는 물론 무기공업화학에서도 이용할 수 있게 되면서 무기공업화학이 본격적인 발전을 이루게 되었다. 1979년 2차 석유파동 이후 제4차 경제개발 5개년계획에 의해 부가가치가 높은 정밀화학기술 개발이 전개되면서 촉매, 신소재 등 새로운 분야가 발전하는 계기가 마련되었다.

(2) 공업단지(콤비나트) 형성 및 공정 대형화

콤비나트(공장지대)란 같은 지역 내에 각종 공장들이 설립 집합되어 있는 곳으로, 상호간에 생산 및 기술적으로 연관성이 있어 기술적 · 경험적 · 자본적으로 상호의 이익성을 추구하기 위해 결집시킨 생산형태의 공장 밀집지역을 뜻한다.

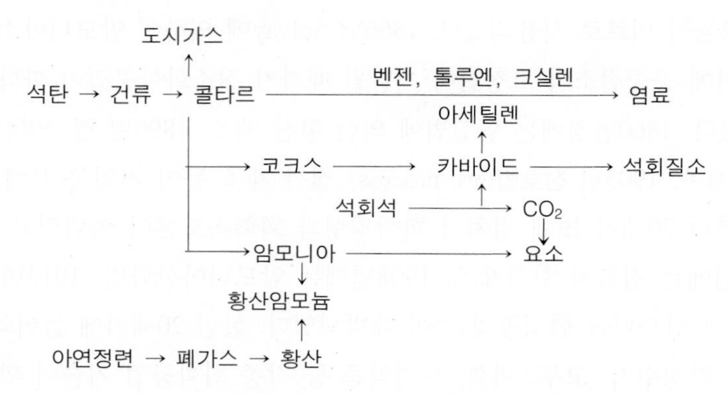

그림 1.1 공업단지(콤비나트)의 생산체계의 상호관련성 예

1960년대에 공업단지 조성과 더불어 화학공업 발달이 가속화되었으며 같은 원료를 이용하는 공장이나 생산물 및 부산물을 이용하는 공장이 집합하여, 원료수송을 파이프라인으로 실시하여 생산성을 크게 향상시켰다(그림 1.1 참조). 한편 공업단지 조성은 생산성 향상이나 기업경영면에서는 유리한 점도 많지만 원료 · 기술 · 자본 등의 독점화 등 기업 간의 대립심화, 설비 과잉투자 등 문제점과 공장집중으로 인한 생산직 수급난과 산업공해(폐수오염, 대기오염, 공업용수 부족, 소음 등) 유발 등 불리한 점도 있다.

화학제품의 제조형식은 회분식으로 시작하여 점차 연속식으로 변화된 경우가 많다. 과린산석회, 석회, 석회질소, 도자기, 비누, 타르 증류 등이 그 예이다. 시멘트, 제철 등 대규모 공업은 오래전부터 연속화되었고, 암모니아 합성이나 석유화학 등 근대 화학공업은 처음부터 연속식으로 출발하였다. 연속화는 제품의 균질화, 인건비 절감 및 생산원가 절감에 기여한다. 화학공업이 연속화 및 대형화되면서 자동제어 및 컴퓨터 제어방식이 채택되고 있다. 화학공업제품 중 시멘트, 황산, 비료, 소다, 철 등은 대규모 공장에서 대량 생산체계를 확립하여 생산원가를 절감하지 않으면 경제성이 없다. 화학공장은 장치규모, 즉 생산능력을 2배로 증설시키는데 공장건설비는 약 1.6배 추가로 소요되며, 증설에 따른 운전인원 수의 변화는 크지 않으므로 대형화는 생산원가를 현저히 절감할 수 있다.

우리나라의 경우 생산시설의 대형화가 국내 공업발전의 원동력이 되었지만 지속적인 시장확보가 곤란할 경우에는 소규모에 비해 엄청난 경제적 손실을 입을 가능성이 잠재하므로 대형화에 다양한 검토가 필요하다. 후진 개발도상국 중에는 원료와 노동력이 안정되면 국내 대형공장보다 저렴한 제품을 생산할 수 있는 국가도 있으므로 우리는 대형화와 동시에 제품의 질적 향상을 위한 생산기술의 노-하우 확보도 선행되어야 할 것이다.

02 무기화학공업의 원료와 자원

화학공업의 발전에 따라 제품소비량이 증가하면서 에너지 · 원료의 관리와 자원화가 중요하게 되었다. 2017년 우리나라의 에너지 소비(연료 및 전력)는 산업부문 62%, 수송 18%, 민생부문 17%, 기타이다.

화학공업은 에너지 주체로 되어 있는 전력, 중유 등의 에너지원 다소비산업이며, 이 때문에 에너지비용은 화학공업제품의 생산원가와 밀접한 연관성을 지니고 있다. 따라서 화학공업에서 에너지 절약대책으로 다음의 몇 가지를 들 수 있다.

① 현재 운전하는 공정의 효율적인 에너지 관리를 위한 대책강화
② 소규모 설비개선 등에 의한 에너지 절약대책(투자효율을 올리고 채산성이 있는 방법 채택)
③ 에너지 절약 신규공정 개발 및 공정 근본적 개조(장기적 관점에서 고려)

화학공업에서 에너지원 흐름의 개략도를 그림 1.2에 도시하였다.

자원은 에너지와 달리 원료의 종류 · 업종 등에 따라 다양하고 에너지와 일부 중복되

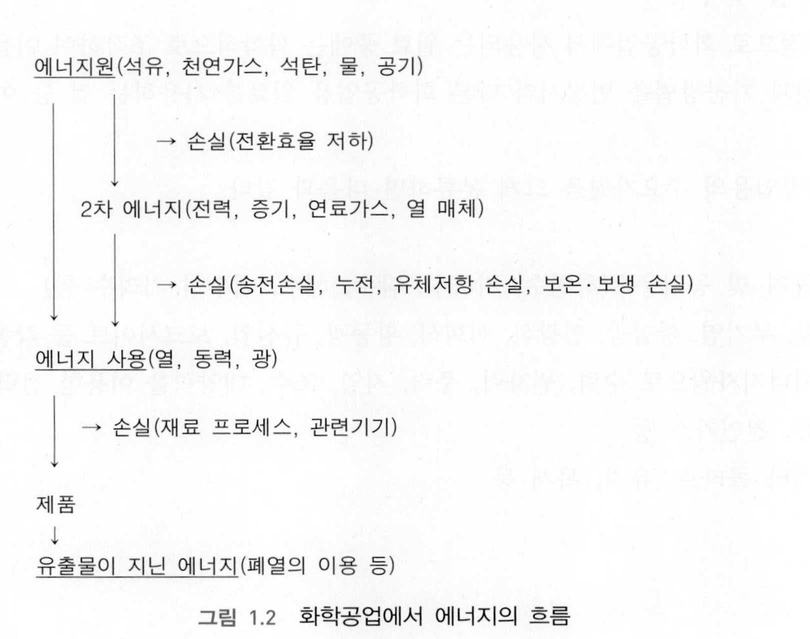

그림 1.2 화학공업에서 에너지의 흐름

원료
↓ 원료의 품질검정(공정효율의 향상을 감안), 재고관리의 강화, 부원료 사용생략의 가능성, 대체원료의 가능성 등
제조공정
↓ 프로세스설비의 개량·개발에 의한 향상, 이론적인 원단위 작성, 용수절약, 폐수의 재활용, 스팀 드레인의 회수, 촉매개량·재생, 부산물의 감소 등
제품
↓ 제품규격 등의 검토, 규격품 이외의 판매대책, 불합격품의 재활용, 과잉품질 배제 등
수송
↓ 수송의 합리화
포장
↓ 과잉포장의 합리화, 포장의 간소화, 포장단위의 증대, 포장재료의 경량화, 표준화
부산물 (폐기물로부터 유용물질 회수, 폐가스·폐액의 연료화와 열회수, 폐수의 이용)

그림 1.3 화학공업에서 자원의 흐름

는 것도 있다. 그림 1.3에 자원으로부터 제품이 되어 판매에 이르기까지의 과정에서 고려해야 할 자원에 관한 대책의 예를 나타내었다.

이와 같이 에너지와 자원의 효율적인 관리대책은 관리차원에서 검토하여 효과를 얻을 수 있지만 설비개선, 대형화 공정, 연속화 등에 의한 대책도 중요하다. 폐가스 · 폐열의 이용은 공해문제를 해결하는 데 도움이 될 수는 있지만 에너지 절약면에서는 불리한 경우도 있으므로 합리적 대책이 필요하다. 이에 따라 공정 전체의 제어계를 완벽하게 하는 것도 필요하다. 동시에 석유 대신 석탄, 원자력, 지열, 태양열 등 대체에너지 개발도 추진해야 할 것이다.

일반적으로 화학공업에서 사용되는 원료 중에는 화학적으로 조작하여 이용가치를 높이는 것과 가공방법을 변경시켜 다른 화학공업용 원료를 사용하는 것 등 여러 방안이 있다.

화학공업용의 주요자원을 크게 분류하면 다음과 같다.

① 공기 및 공업용수(하천수, 지하수, 담수, 해수, 폐수의 처리수 등)
② 황, 무기염, 황철광, 인광석, 석회석, 황동광, 규산염, 보크사이트 등 각종 무기광물
③ 에너지자원으로 수력, 원자력, 풍력, 지열, 조수, 태양력을 이용한 전력, 석탄, 석유, 천연가스 등
④ 기타 콜타르, 유지, 목재 등

1. 공기 및 공업용수

(1) 공기

공기는 순수한 산소와 질소를 얻는 데 매우 중요한 원료이며, 가열 및 냉각의 열에너지 전달 매체로도 이용된다. 공기의 조성과 무기공업화학에서 주로 사용되는 중요한 성분의 물성은 다음 표 1.1과 같다.

표 1.1 공기의 성분과 관련 성분의 물성

구분	산소	질소	Ar	CO_2	Ne	He	Kr	Xe
부피(%)	23.01	78.10	0.9325	0.03	0.0018	0.0005	0.0001	0.000009
무게(%)	23.16	75.51	1.286	0.04	0.0012	0.00007	0.0003	0.00004
기타	• 공기의 밀도: 1.293 g/L 표준상태(0℃, 1 atm) • 산소의 비점과 응고점: −183℃, −218.9℃ • 질소의 비점과 응고점: −195.8℃, −210.5℃ • Ar의 비점과 응고점: −186℃, −189℃							

주로 연소에 소비되는 공기 중의 산소는 자연에서 이산화탄소와 산소로 무수히 전환이 일어나지만 공기의 성분은 거의 불변이다.

산소와 질소를 얻기 위한 공정에는 공기의 액화(liquefaction) 및 분리(separation) 등이 있다. 공기는 냉각 또는 가압에 의해 액화되고, 가압만으로 액화하려면 그 온도가 임계 온도 이하로 되어야 한다. 가압액화는 줄-톰슨 효과(Joule-Thomson effect)를 활용하는데, 이 현상은 압축된 기체가 팽창할 때 온도가 강하하는 현상을 기체의 액화공정에 이용한다. 액화공기에 함유되어 있는 산소(순도 60~99.8%), 질소(ppm 정도 산소를 포함하는 고순도), 영족기체(noble gas) 등은 각각 서로 다른 비점을 가지므로 분별증류하여 분리한다.

공기 중에 유해기체 성분이 있으면 촉매독이라든지, 반응을 저해할 수 있다. SO_x (SO_2, SO_3), NO_x(NO, NO_2), CO, 탄화수소 등 대기오염물질은 주로 각종 연소에 의해 발생하며, SO_x는 연료유 탈황이나 연소가스 탈황, 그리고 NO_x(발생원인: 고온연소, 연소가스 중 O_2 가 많을 때, 고온에서의 체류시간이 많을 때, 연료 중 질소가 많을 때 등)의 배출은 연소조건을 조절하는 것이 중요하다.

(2) 공업용수

세계 수자원 수요는 인구증가, 산업화 등으로 증가하고 있는 반면 공급잠재력은 이상기후, 수자원고갈 및 수질오염 등으로 감소하고 있어 세계적으로 물 분쟁이 확산되고 있다.

대기층에는 약 4 vol.%의 물이 증기형태로 존재하고 있는데, 이는 온도 및 압력의 변화에 의해 구름, 비, 눈, 안개, 우박 등으로 바뀐다.

국내 수자원의 이용계통과 사용량을 그림 1.4에 나타내었다.

물은 사용 후 다시 지구의 물순환 과정으로 재순환하기 때문에 거의 소모되지 않으나 각종 오염원으로 인해 수질환경 기준에 벗어나는 경우가 늘어나는 경향이다. 공업용 원료수나 보일러용수에는 유해물질이 적어야 하고, 냉각용수는 온도가 낮고 양이 풍부하여야 한다. 하천수나 호수의 물, 지하수 등을 필요에 따라 처리하여 사용하고 있다(표 1.2).

최근에는 도시하수를 처리하여 공업용수로 재생하는 방법이 시도되고 있으며, 해수는 냉각용으로 많이 사용되고 있지만 최근 담수화하여 음용수나 공업용 원료수로 사용하기 시작하였다. 공업용수 중 이용이 가장 많은 냉각용수는 냉각탑을 사용하여 순환하는 경우가 증가하고 있으며, 냉각용수로 해수를 사용하는 경우는 장치 부식을 주의하여야 한다. 원료용이나 보일러용에는 지하수 등을 처리하여 사용한다(표 1.3).

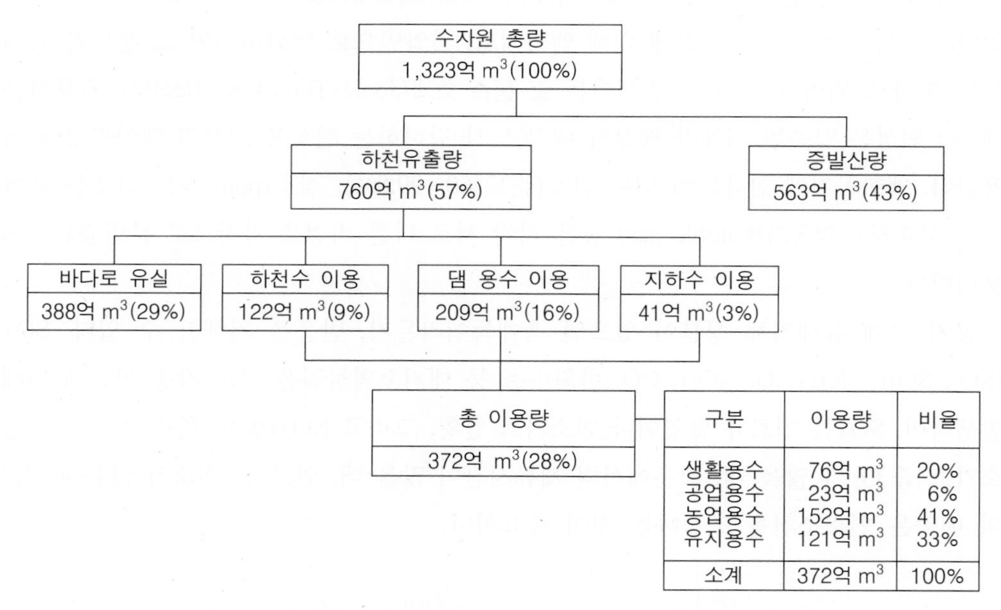

그림 1.4 수자원의 계통도 [자료: 수자원장기종합계획(국토교통부)]

표 1.2 수질의 생활환경기준(2022. 03 시행)

구분	등급	기준								
		pH	BOD (mg/L)	COD (mg/L)	TOC (mg/L)	부유 물질량 (SS) (mg/L)	용존 산소량 (DO) (mg/L)	총인 (T-P) (mg/L)	대장균군 수 (군수/100mL)	
									총 대장균군	분원성 대장균군
생활 환경	Ia	6.5~8.5	1 이하	2 이하	2 이하	25 이하	7.5 이상	0.02 이하	50 이하	10 이하
	Ib	6.5~8.5	2 이하	4 이하	3 이하	25 이하	5.0 이상	0.04 이하	500 이하	100 이하
	II	6.5~8.5	3 이하	5 이하	4 이하	25 이하	5.0 이상	0.1 이하	1,000 이하	200 이하
	III	6.5~8.5	5 이하	7 이하	5 이하	25 이하	5.0 이상	0.2 이하	5,000 이하	1,000 이하
	IV	6.0~8.5	8 이하	9 이하	6 이하	100 이하	2.0 이상	0.3 이하	-	-
	V	6.0~8.5	10 이하	11 이하	8 이하	쓰레기 등이 떠있지 아니할 것	2.0 이상	0.5 이하	-	-
	VI	-	10 초과	11 초과	8 초과	-	2.0 미만	0.5 초과	-	-
사람 건강 보호	전 수 역	카드뮴(Cd): 0.005 mg/L 이하. 비소(As): 0.05 mg/L 이하. 시안(CN): 검출되어서는 안 됨. 수은(Hg): 검출되어서는 안 됨. 유기인: 검출되어서는 안 됨. 납(Pb): 0.05 mg/L 이하. 6가크롬(Cr^{+6}): 0.05 mg/L 이하. 폴리클로리네이티드페닐(PCB): 검출되어서는 안 됨. 음이온계면활성제(ABS): 0.5 mg/L 이하. 사염화탄소: 0.004 mg/L 이하. 1,2-디클로로에탄: 0.03 mg/L 이하. 테트라클로로에틸렌(PCE): 0.04 mg/L 이하. 디클로로메탄: 0.02 mg/L 이하. 벤젠: 0.01 mg/L 이하. 클로로포름: 0.08 mg/L 이하. 디에틸핵실프탈레이트(DEHP): 0.008 mg/L 이하. 안티몬: 0.02 mg/L 이하. 1,4-다이옥세인: 0.05 mg/L 이하. 포름알데히드: 0.5 mg/L 이하. 헥사클로로벤젠: 0.00004 mg/L 이하.								

표 1.3 2019년 업종별 계획입지공단 공업용수 이용량(단위: 천m^3/년)

음식료	(145,834)	비금속소재	(45,491)	전기전자	(142,488)
섬유의복	(107,622)	제1차금속	(384,628)	기타제조업	(94,439)
목재종이	(51,148)	기계	(104,136)	미분류	(178,483)
석유화학	(321,303)	운송장비	(208,388)	계	(1,783,959)

철강공업, 화학공업, 제지공업에서 공업용수의 사용량이 많으며 공업용수에 포함된 불순물과 그로 인한 장해 및 처리법을 표 1.4에 나타내었다. 공업용수 처리법은 주로 응집여과와 연화처리이며, 식수용수의 처리법 중 오존, 염소, 활성탄처리를 제외하면 비슷하게 처리한다.

① 응집(fluocculation), 침전(sedimentation), 여과(filtration): 콜로이드성 유기불순물을 함유한 혼탁수의 경우에는 응집에 의한 정화가 필요하다. 철이나 알루미늄염을 물에 첨가하면 가수분해에 의해 생성된 수산화철이나 수산화알루미늄이 핵 역할을 하여 그 핵에 부유물이 응집되어 응집·침전된 물은 모래 여과기 등으로 여과분리한다.

표 1.4 용수 중의 불순물과 그 피해에 대한 처리법

불순물	장해	처리법
탁도(점토)	관이나 보일러에 침적	응집, 침적, 여과, 전해부상
경도(Ca, Mg)	보일러 등에 scale 생성	연화, 증류, 이온교환
알칼리도(HCO_3^-)	거품, 부식	석회소다법, 증류, 이온교환, 축전식 탈염
염화물	부식	탈염, 증류, 침전, 산화, 이온교환
실리카(용해물)	scale 생성	이온교환, 증류, 전기응집
철(Fe^{2+}, Fe^{3+})	관내 침적, 염색, 제지의 방해	폭기, 응집, 여과
용존산소	수도관이나 보일러 부식	탈기, 아황산나트륨 첨가

② 경도(hardness)가 높은 물은 다음 반응과 같이 석회를 투입하여 연화(softening)시킨다.

$$MgCl_2 + Ca(OH)_2 \rightarrow Mg(OH)_2 + CaCl_2 \quad (1.1)$$

$$Ca(HCO_3)_2 + Ca(OH)_2 \rightarrow 2CaCO_3 + 2H_2O \quad (1.2)$$

$$CaCl_2 + NaCO_3 \rightarrow CaCO_3 + 2NaCl \quad (1.3)$$

③ 물에 녹아 있는 각종 이온의 제거는 양이온 교환수지($R-SO_3H^+$)와 음이온 교환수지(R^+-OH^-)를 충전한 탑을 통과시킨다.

대량의 수자원공급은 댐이나 지하수개발에 의해 이루어질 수 있으며 인공강우 및 해수의 담수화 그리고 폐수의 재처리 등에 의한 방안도 개발되고 있다. 또한 인류생존에 필수적인 수자원을 보호하기 위해서는 물 발자국(water footprint)에 대한 이해도 필요해 보인다. 물 발자국이란 특정 제품의 생산뿐 아니라 그것을 유통하고 소비자가 사용하고, 다 쓴 후에 폐기하기까지 전체 과정에서 사용되는 물의 총량과 흐름을 의미한다. 예를 들어 1 kg 생산에 200 L 가상수가 소비되는 토마토 운송을 위해 컨테이너선 한 척을 토마토들만으로 가득 채운다면, 그 화물선의 물 발자국은 75억 L 정도 가상수를 포함하고 있는 셈이다.

(3) 해수의 담수화

산업화의 진전에 따른 공업용수의 급수량이 급증함에 따라 양질의 수자원확보가 매우 중요하다. 따라서 이를 해결할 수 있는 방안으로 해수 담수화(desalination)를 검토하고 있다.

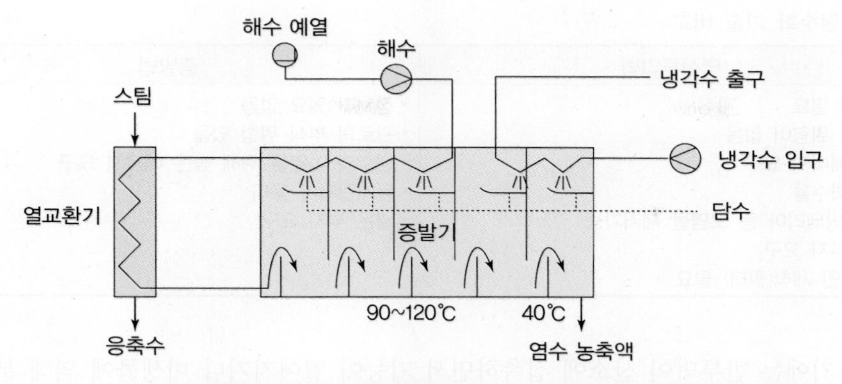

그림 1.5 다단계(진공) 훌래쉬 증발법(multi-stage flash evaporation, MSF)

지구상의 물 총량은 약 13.8억 km^{3}로 추정되고 이 중 바닷물(NaCl 함량이 약 3.5 wt%)의 양이 97%에 해당하므로, 만일 바닷물의 경제성 있는 담수화(0.05% 이하의 NaCl) 공정이 개발되면 지구상의 물 부족 문제는 쉽게 해결할 수 있을 것이다.

해수의 담수화방법으로서는 증발법, 냉동법, 이온교환법, 반투과막법, 역삼투압법 및 전기투석법 등 여러 방법이 이용되는데, 어느 경우든 담수화 비용이 문제가 된다. 초기에는 도시용 상수도수 제조를 위해 증발법(에너지 소요량 이론치: 1 m^3 당 7.4 KWh)의 하나인 훌래쉬(flash)법이 가동되었다(그림 1.5). 약 120 ℃에서 열처리한 해수를 증발실의 하부에 보내어 훌래쉬 증발(압력이 낮은 상태에서 순간적으로 비등하여 증발)시킬 때 발생하는 수증기는 원료해수와 열교환하여 응축한다. 이러한 증발실을 수십 개 설치하고 각 증발실 간의 압력차를 이용하여 훌래쉬 증발을 반복한다. 증발실로부터 유출되는 해수는 농축되어 약 2배의 농도로 배출되기 때문에 염류회수에 활용된다. 태양열 · 연료 · 전력으로 해수를 가열하지만 화력발전소나 원자력발전소의 폐열(열병합 원자로)을 이용하는 것이 유리하다.

이온교환법은 해수가 이온교환수지 사이를 통과하는 사이에 염류이온이 다른 이온으로 치환되는 것을 이용하는 방법으로, 에너지 소비량이 적다는 특징이 있지만 해수 중의 염분농도가 높은 경우에는 이온교환 수지의 가격 및 고가의 재생비용 등으로 비능률적이다.

전기투석법은 전하를 띈 막에 해수가 통과하면서 염분이 제거되는 방법이지만 많이 사용되지는 않는다.

역삼투압법은 물은 통과되지만 물에 녹아있는 물질은 통과되지 않는 반투막을 사이에 놓고 담수와 해수를 넣으면 담수가 해수로 삼투되어 들어간다. 이때 해수에 압력을 가하면 반투막을 통해 해수 중의 물분자만 거꾸로 담수 쪽으로 들어가게 된다는 것이다. 그

표 1.5 담수화 기술 비교

역삼투압법	증발법
• 전처리 필요 • 부식의 위험이 없음 • 낮은 에너지 요구 • 높은 회수율 • 농약, 박테리아 등 오염물 제거가능 • 좁은 부지 요구 • 주기적인 세척(필터) 필요	• 전처리 필요 없음 • 관로의 부식 위험 있음 • 원수의 가열을 위해 높은 에너지 요구 • 유지관리가 용이 • 넓은 부지 요구

러나 초기에는 반투막이 산소에 접촉하면서 기능이 떨어지거나 미생물에 의해 분해되어 오래 사용하지 못하여 담수화 비용이 고가였다. 그 후 장기간 사용할 수 있는 반투막(폴리아미드 플라스틱 막)과 에너지절약형 펌프가 개발되면서 역삼투압법이 많이 보급되기 시작하였다. 표 1.5에 역삼투압법과 증발법에 의한 담수화 기술을 비교하였다. 우리나라에서도 1989년 보령화력의 해수담수화 설비를 시작으로 하루 수만 톤 이상 규모의 공업용수 제조시설에 역삼투압법을 채택하고 있다.

담수화의 효율을 올리기 위해서 적용되는 압력은 평형삼투압보다 충분히 더 높아야 한다. 즉, 0.5% 염의 수용액에 대해서는 3.5 bar 정도 더 높아야 한다. 물을 역삼투시키기 위해서는 40~70 bar의 압력이 필요한데, 공급되는 물의 수압이 높을수록 물의 통과율은 더 높아진다. 그러나 생산된 물에서의 염의 농도는 압력이 증가함에 따라 증가한다. 최근에는 에너지 소모가 많은 증발법보다는 에너지 효율이 높아 경제적인 역삼투압법이 많이 적용되고 있는 추세이다. 실제로 해수담수화에 필요한 에너지가 1 m^3 당 22 KWh에서 3 KWh까지 감소되며 약 90% 에너지 절감효과가 있다. DMGF(dual media gravity filter)와 에너지 회수장치인 ERD(energy recovery device)를 추가 설치하는 경우, 또는 고유량막(high flux membrane)을 사용하는 경우에는 불필요한 에너지 소비량을 더욱 절감할 수 있다. 또한 SWRO(seawater reverse osmosis)의 전단 또는 후단의 처리수와 BWRO(brackish water reverse osmosis)의 처리수를 혼합해 적합한 용수를 생산하는 기술을 적용하면 전력비 절감이 가능하다.

(4) 폐수의 재활용

공장폐수는 그 종류와 양이 대단히 많지만 도시하수로 많은 양의 폐수를 방출한다. 제철공장의 경우 강철 1톤당 120톤의 폐수가 사용되며, 탄소, 실리카, 석회, 산화철, 기름, 염산, 염화철 등이 함유되어 있다. 펄프공장에서 발생하는 펄프 1톤당 500톤 정도의 폐수 중에 리그닌 600 kg, 당류 300 kg, CaO 200 kg, 유황분(S로서의) 200 kg 정도가 함유되어 있다. 소량의 폐수이지만 대단히 유독한 것으로는 시안, 크롬 등이 함유된 도금폐수가 있다. 또한 오일, 가스, 세라믹, 유리, 의약품 등 여러 종류의 산업폐수에 많은 양의 은(Ag), 금(Au), 백금(Pt), 팔라듐(Pd), 루테늄(Ru), 로듐(Rh) 등 금속이 함유되어 있다. 최근 리튬이온배터리 등 이차전지 산업이 크게 발전함에 따라 리튬(Li), 코발트(Co), 바나듐(V), 니켈(Ni), 망간(Mn) 등의 금속이 배터리 산업폐수로 흘러나오고 있다.

이러한 공업폐수 속 중금속은 독성이 높기 때문에 제거되어야 하며, 흡착, 침전, 증발, 또는 선택적 반투막을 이용한 전기화학적 이온교환법, 전기투석, 축전식 탈염 등 기술로 회수되어 재이용되고 있다. 폐수 속 금속자원을 회수하는 도시광산업이 크게 각광받으면서 금속자원의 회수와 동시에 공업용수로 재활용하는 공업폐수처리 기술개발이 많이 이루어지고 있다. 하지만 단순히 폐수처리만 하는 경우는 처리비용 때문에 폐수시설을 가동하지 않는 경우도 많아 지속적인 폐수처리 관리가 필요하다.

지구상의 제한된 수자원으로 인해 공업용수나 관개용수 공급에 대한 부담이 커지면서 폐수를 처리하여 수자원으로 재이용하는 데 관심이 높아지고 있다. 기존의 하수처리장에서는 활성슬러지공정 단계에서 제거되지 않는 질소와 인 등의 영양분을 별도의 고도처리 공법을 통해 제거하는 것이 목적이었지만 이 방식은 많은 에너지를 필요로 한다. 도시하수에는 여러 영양성분이 함유되어 있는데 그중 약 50~80%의 질소, 인, 칼륨은 주로 인간의 배설물에서 배출된다. 이에 최근에는 인간의 배설물을 하수로 방출하는 것보다 별도로 모아 처리 후 영양성분과 물을 회수하고 재사용하는 것이 지속가능한 방법으로 고려되고 있다. 증류법, 흡착, 이온교환법 등 물리화학적 기술, 막증류법, 역삼투압법, 나노여과, 생물학적 막반응기 등 분리막을 이용한 기술, 그리고 미생물연료전지, 전기투석 등 전기화학적 기술 등이 개발되고 있다. 이를 통해 회수된 영양성분은 비료로 사용하고 깨끗한 물을 회수할 수 있으면 환경, 비용적 측면에서 기존의 하수처리와 비료생산 방식보다 지속가능한 방식이라 할 수 있다.

2. 광물자원

화학공업에 이용되는 자원은 대부분 천연에 존재하는 안정한 물질(낮은 엔트로피 상태)로서 광물과 암석으로 되어 있다.

광물자원은 인간이 생활을 영위하는 데 필요한 기본적인 원료로서, 광물자원의 활용역사가 곧 인간문명의 발전관계를 나타낼 만큼 중요한 역할을 해왔다. 석기시대부터 인류는 돌이나 흙을 사용하여 생활도구를 만들었고, 창이나 칼을 만들어 사용하던 청동기시대를 거쳐 철기시대에는 각종 금속재료를 생활에 직접 이용하면서 인류문명을 한 단계씩 발전시켜 왔다.

20세기의 광물자원은 자본·노동·기술 등과 더불어 주요 생산요소의 하나로 취급되어 왔으며, 한 국가의 경제발전 및 산업활동을 떠받치는 중요한 하부구조로 인식되어 각 국가들은 자국의 지속적인 경제발전을 위하여 광물자원의 안정적 확보에 전략적 중요성을 부여하여 왔다. 자원시장을 둘러싼 국가 간의 갈등은 2차 세계대전을 정점으로 다소 퇴조하는 듯한 모습을 보이다가 두 차례의 석유파동을 겪으면서 신자원 민족주의

표 1.6 국내 광물 매장량 현황(2018년)

광종		품위	경상가격 환산가치 (억 원)	매장광량		
				광량 (백만 톤)	가채광량 (백만 톤)	가채년수 (년)
금속	금	99.9%	12,358	6.0	4.6	37.2
	철	56~65%	10,403	43.7	33.1	0.3
	연	50%	5,594	17.1	11.3	0.9
	아연	50%	5,090			0.3
	은	99.9%	5,398	8.0	6.2	2.0
	동	25~29%	2,868	2.3	1.7	0.1
	희토류	–	8	26.0	20.2	–
	기타	–	19,905	22.3	17.3	–
	금속 계	–	6조 1,624억	125.4	94.4	–
비금속	석회석	각급	1,486,711	13,807.1	10,566.5	112.8
	규석	〃	397,028	2,939.1	2,144.9	641.8
	장석	〃	49,048	236.4	182.6	313.2
	납석	〃	21,793	98.5	75.2	362.0
	운모	〃	22,323	14.3	11.4	51.7
	고령토	〃	17,470	114.0	82.7	51.9
	활석	〃	4,247	8.1	6.1	43.3
	불석	〃	2,006	16.9	11.7	79.8
	규조토	〃	156	3.2	2.3	37.1
	규회석	〃	9,036	4.2	3.1	124.5
	사문석	〃	4,347	22.5	17.5	979.1
	규사	〃	1,427	6.4	5.0	2.6
	기타	–	55,305	35.2	25.7	–
	비금속 계	–	207조 897억	17,305.9	13,134.7	–
석탄		–	55조 700억	1,326.1	307.0	268.6
우라늄		–	1조 3,427억	73.6	54.0	4.5
총계		–	269조 6,648억	18,831.0	13,590.1	–

* 경상가격 환산가치는 가채광량을 내수량 기준품위의 광량으로 환산 후 톤당 가격을 곱한 값임.
* 가채년수는 가채광량을 내수량 기준품위의 광량으로 환산 후 내수량으로 나눈 값임.
자료: 산업통상자원부, 제3차 광업 기본계획(2020.1)

가 대두되었고, 최근에는 미국과 중국의 갈등 속에서 세계적으로 자원을 무기화하려는 움직임이 가속화되고 있다. 나아가 우리는 단순한 자원쟁탈시대를 넘어 고부가가치 창출을 위한 새로운 경쟁시대에 살게 되었으며, 각 나라에서는 해저광물과 남극의 광물, 심지어 먼 우주의 것까지 개발하려는 시대가 되었다. 우리나라는 광물 및 에너지 자원의 대부분을 해외에 의존하고 있다. 자원의 안정적 확보와 국제 자원가격의 안정을 위하여 정부 및 관련기업은 해외자원 개발을 적극적으로 추진하고 있다.

우리나라 비금속광의 경우 비교적 부존량이 풍부하고 활발한 생산을 하고 있어 석회석, 규석, 장석, 납석, 고령토, 규회석, 사문석 등 주요 비금속광종의 대부분은 자급(표 1.6)하고 있다. 석회석, 규석 등은 생산량 기준으로 100~300년간 채굴이 가능하여 내수를 충당하고 있다. 이에 반해 금속광은 부존 및 생산여건이 열악하여 일부 몇 개 광종만이 수요의 극히 일부를 국내산으로 충당하고 있는 실정이다.

2018년 금속광 자급율은 극히 낮으며, 비금속광 중 전량 자급광종은 납석, 장석, 사문석 3종에 불과하며, 전량 수입광종은 동광, 망간광, 황철석, 니켈광, 코발트, 크롬광 등 11종에 이른다(그림 1.6). 반면 비금속광은 생산여력이 있음에도 정제기술 부족으로 상당량을 수입에 의존하고 있는 실정이고, 일부 광종의 경우는 중국이 저가로 수출하고 있어 대내·외적 경쟁력이 크게 약화되고 있다. 우리나라 비금속광물의 정제기술 개발 분야는 표 1.7에 요약하였고, 금속 및 희유금속 광물을 이용한 첨단소재 개발 분야에

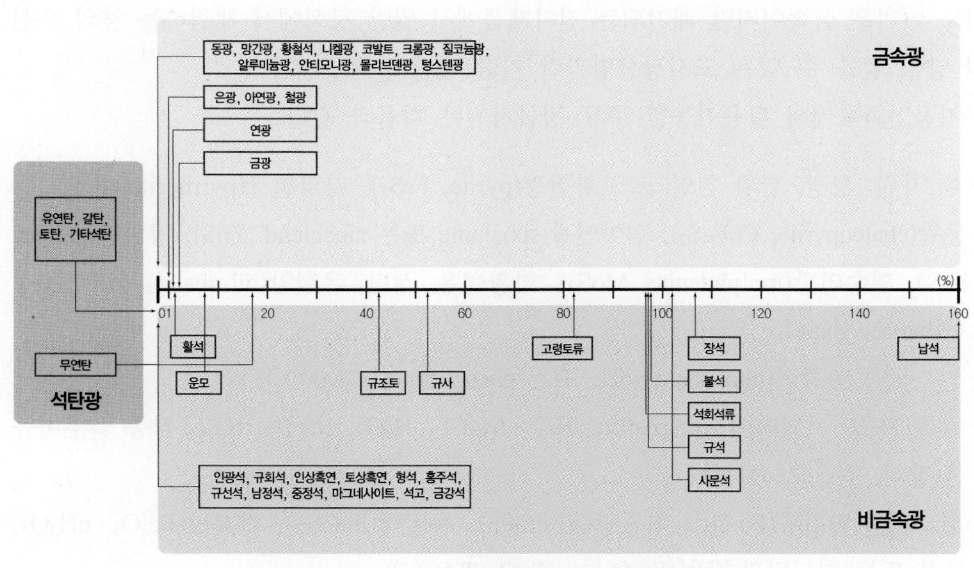

그림 1.6 주요 광물종별 국내 자급현황(2018년)

자료: 한국지질자원연구원, 2018년도 광업·광산물통계연보

표 1.7 비금속광물의 정제기술 개발 분야

구 분	개발 분야
고령토	미분체 제조기술 개발로 PVC 충전제 등 고급 고령토 수입대체
흑연	정제 및 미립화 연구로 TV 브라운관 소재 등 국산화
납석	정제처리 공정개발로 고무충전제 등 수입대체 및 원광수출 억제
석회석	석회석 품위향상 기술개발로 고급 탄산칼슘 분체의 수입대체
견운모	미분체제조 및 표면개질 기술개발로 관련분체의 수입대체

표 1.8 금속 및 희유금속광물을 이용한 첨단소재 연구개발 분야

구 분	연구개발 분야
몰리브덴	Ingot 제조기술 개발로 관련 소재의 수입대체
티타늄	초미립 금속산화물 제조로 정밀화학·정밀요업 산업발전 촉진
지르코늄	분리정제 신공정 개발로 원자력 및 항공관련 소재 국산화
세륨	세륨 연마제 및 유리 소색재용 기능소재의 국산화
갈륨	갈륨의 고순도 정련기술을 확립하여 갈륨 반도체소재의 국산화
자철광	자성유체 제조기술 개발로 수입대체 및 수출추진

대하여 표 1.8에 나타내었다. 최근에는 첨단산업의 비타민이라 불리는 리튬, 희토류, 망간, 크롬, 인듐, 코발트 등 희유금속을 휴대전화, 배터리 등에서 추출하는 기술도 크게 주목받고 있다. 이들 금속은 천연에 존재량 자체가 적으며 광석에서 순수한 금속을 추출하기도 어려운 금속이지만 폐기되는 전자제품에서 일반 광석에서 채취하는 양의 수십배의 양을 얻을 수 있는 도시광산업관련 기술 개발도 요구된다.

무기공업화학에서 활용가능한 주요 광물자원은 다음과 같다.

- 황 자원: 황광, 함황 천연가스, 황철광(pyrite, FeS_2), 자황철광(pyrrhorite, FeS), 황동광(chalcopyrite, $CuFeS_2$), 섬아연광(sphaletite 또는 zincblend, ZnS), 방연광(galena, PbS), 휘수연광(molybdenite, MoS_2), 함황원유, 석탄, 유혈암(oil shale), 석고, 중정석(barite, $BaSO_4$)
- 인 자원: 인광석(phosphate rock 또는 phosphorite, $Ca_5(PO_4)F$)
- 칼륨 자원: 카널라이트(carnallite, $KCl \cdot MgCl_2 \cdot H_2O$), 초석($KNO_3$), 각종 알루미규산(장석, 견운모, 하석)
- 철 자원: 자철광(Fe_3O_4), 적철광(α-Fe_2O_3), 능철광($FeCO_3$), 갈철광($Fe_2O_3 \cdot nH_2O$), 사철 또는 함티탄자철광($(Fe_2O_3)x \cdot (FeO \cdot TiO_2)y$)
- 알루미늄 자원: 보크사이트(gibbsite 또는 hydragillite, $Al_2O_3 \cdot 3H_2O$), boehmite

($Al_2O_3 \cdot H_2O$), diaspore($Al_2O_3 \cdot 3H_2O$)

- 구리 자원: 황동광(chalcopyrite, $CuFeS_2$), 휘동광(chalcocite, Cu_2S), 반동광(bornite, Cu_5FeS_4), 동람(coveline 또는 covelite CuS), 공작석(malachite, $Cu_2(CO_3)(OH)_2$), 규공작석(chrysocolla, $CuSiO_3 \cdot 2H_2O$), 람동광(azurite, $Cu_2(CO_3)_2(OH)_2$)
- 니켈 자원: 함니켈자황철광((Ni-bearing pyrrhotite(Fe, Ni)S, pentlandite, $(Fe, Ni)_9S_8$)), 규고토니켈광(garnierite, $H_2(Mg, Ni)SiO_4 \cdot nH_2O$)
- 코발트 자원: 휘코발트광(cobaltite, CoAsS), 비코발트광(smaltite, $CoAs_2$), 황코발트광(linnaceite, Co_3S_4)
- 주석 자원: 주석석(cassiteerite, SnO_2)
- 납 자원: 방연광(galena, PbS)
- 아연 자원: 섬아연광(sphalerite 또는 zincblend, ZnS)
- 티탄 자원: 티탄철광(ilmenite, $FeTiO_3$), 금홍석(rutile, TiO_2), 함티탄자철광($(Fe_2O_3)x \cdot (FeO \cdot TiO_2)y$)
- 크롬 자원: 크롬철광(chromite, $FeCr_2O_4$)
- 망간 자원: 연망간광(pyrolusite, $MnO_2 \cdot H_2O$), 경망간광(psilomelane, $MnO_2 \cdot H_2O$), 수망간광(manganite, $Mn_2O_3 \cdot 3H_2O$), 능망간광(rhodo chrosite, $MnCO_3$), 장미휘석(rhodonite, $MnSiO_3$), 테프로석(tephorite, Mn_2SiO_4)
- 텅스텐 자원: 철망간중석((wolframite, $(Fe, Mn)WO_4$), 회중석(scheelte, $CaWO_4$)
- 몰리브덴 자원: 휘수연광(molybdenite, MoS_2)
- 우라늄 자원: carnotite($K_2O \cdot 2UO_3 \cdot V_2O_5 \cdot 3H_2O$), pitchblend($UO_2$)

3. 에너지자원

(1) 에너지의 수요와 공급

2017년 에너지원의 세계적인 소비율은 석유가 전체 에너지의 32%, 천연가스가 22%, 석탄이 27%를 점유하고 있지만 석유와 천연가스의 자원적 수명이 수십 년밖에 남지 않은 것으로 예측되어 대체 에너지나 새로운 에너지원의 개발이 시급하며, 열효율의 향상과 에너지 절약에 의한 화석연료 소비의 억제가 불가피한 상황이다. 나아가 2015년 12월 체결된 신기후체제 파리협정에서 2100년까지 지구 평균온도 상승폭을 산업화 이전 대비 2℃보다 훨씬 작게 제한한다는 목표를 제시하였고, 여기에 1.5℃로 상승폭을 제한하기 위해 노력한다는 내용도 포함시켰다. 195개 당사국은 목표하는 국가별 온실가스 감축 기여 방안을 2023년부터 5년마다 유엔기후변화협약(UNFCCC) 사무국에 제출하도록 의무화하였다. 온실가스 감축 실행은 각국의 자율적인 조치에 맡긴다는 방침으로 각국이 온실가스 감축 목표를 스스로 정해 이를 검증하는 체제를 구축하였다. 이처럼 파리협정에서 현저한 온실가스 감축을 목표로 하고 있어 전 세계 국가들의 에너지자원 산업의 변화는 앞으로 더욱 가속화될 것으로 예상된다.

에너지원별 세계 1차 에너지 소비실적 및 전망(표 1.9), 우리나라의 에너지원별 수입

표 1.9 에너지원별 세계 1차 에너지 소비실적 및 전망(단위: 백만 TOE, %)

구분	실적		전망		연평균증가율 (2017~2040)
	2000	2017	2025	2040	
석유	3,665(37)	4,435(32)	4,754(31)	4,894(28)	0.4
천연가스	2,071(21)	3,107(22)	3,539(23)	4,436(25)	1.6
석탄	2,308(23)	3,750(27)	3,768(24)	3,809(22)	0.1
원자력	675(7)	688(5)	805(5)	971(5)	1.5
재생에너지	662(7)	1,334(10)	1,855(12)	3,014(17)	3.6
합계	10,027	13,972	15,388	17,715	1.0

자료: IEA, World Energy Outlook 2018.
TOE: 석유환산톤임.

표 1.10 에너지원 수입(단위: 백만 US$)

		1996	2018	2019	2020
국가 총수입	소계	150,339	535,202	503,343	467,633
에너지 수입	소계	24,243	145,970	126,701	86,554
에너지 수입/ 국가 총수입	소계	16.1	27.3	25.2	18.5
석탄	소계	2,337	16,703	14,209	9,596
	무연탄	46	1,199	927	611
	유연탄	2251	14,668	13,062	8,805
석유	소계	19,826	105,502	91,190	60,493
	원유	14,432	80,393	70,252	44,456
	나프타	1,674	15,671	13,542	9,985
	LPG	1,019	3,665	3,399	3,086
	기타 제품	2,702	5,773	3,997	2,967
천연가스	소계	1,878	23,189	20,567	15,716
우라늄	소계	201	576	736	748

자료: KOSIS 국가통계포털, https://kosis.kr/statHtml/statHtml.do?orgId=339&tblId=DT_F_Y160

량(표 1.10), 부문별 에너지 소비율(표 1.11)은 다음과 같다.

표 1.11 부문별 에너지 소비율[비율(%)]

구분	2000	2005	2010	2017
산업부문	56.0	55.5	59.8	61.5
수송	20.7	21.1	19.1	18.4
가정, 상업	21.3	21.1	19.1	17.1
공공 기타	2.0	2.3	2.0	3.0

자료: 산업통상자원부 제3차 에너지 기본계획

우리나라는 2000년 이전에는 급격한 산업발전으로 두 자릿수의 높은 에너지 소비증가율을 보였지만, 최근에는 안정세를 유지하고 있으며 2017~2040년까지의 전망도 연평균 1% 소비증가율을 보일 것으로 예상된다. 대부분의 에너지원을 수입에 의존하는 우리나라의 2018년 에너지 수입액은 약 1,460억 달러로 총 수입에서 차지하는 비중이 25%를 넘고 있다. 2017년 에너지원 소비율은 산업용 62%, 수송 18%, 가정 및 상업용 17% 등을 차지하고 한다.

(2) 에너지의 변환과 효율

에너지에는 여러 종류(그림 1.7, 표 1.12)의 형태가 있으며 목적에 따라 여러 가지 형태(표 1.13)로 변환되어 이용된다. 또한 표 1.14에 변환설비 및 기술을 나타내었다.

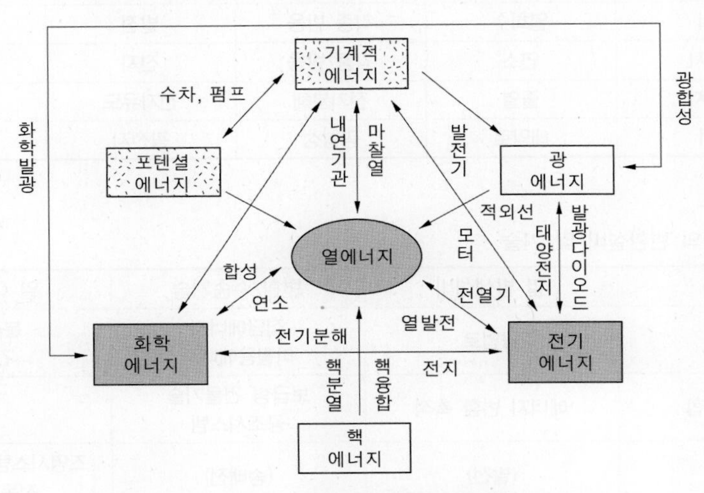

그림 1.7 각종 에너지의 상호변환

표 1.12 에너지원별 발전량(단위: GWh, %)

		계	원자력	석탄	가스	신재생	유류	양수	기타
2012	발전량	509,574	150,327	202,191	125,285	12,587	15,501	3,683	–
	비중	100.0	29.5	39.7	24.6	2.5	3.0	0.7	–
2013	발전량	517,148	138,784	204,196	139,783	14,449	15,832	4,105	–
	비중	100.0	30.0	39.7	24.4	3.3	1.6	1.0	–
2014	발전량	521,971	156,407	207,214	127,472	17,447	8,364	5,068	–
	비중	100.0	30.0	39.7	24.4	3.3	1.6	1.0	–
2015	발전량	528,091	164,762	211,393	118,695	19,464	10,127	3,650	–
	비중	100.0	31.2	40.0	22.5	3.7	1.9	0.7	–
2016	발전량	540,441	161,995	213,803	121,018	25,836	14,001	3,787	–
	비중	100.0	30.0	39.6	22.4	4.8	2.6	0.7	–
2017	발전량	553,530	148,427	238,799	126,039	30,817	5,263	4,186	–
	비중	100.0	26.8	43.1	22.8	5.6	1.0	0.8	–
2018	발전량	570,647	133,505	238,967	152,924	35,598	5,740	3,911	0
	비중	100.0	23.4	41.9	26.8	6.2	1.0	0.7	0.0
2019	발전량	563,040	145,910	227,384	144,355	36,392	3,292	3,458	2,249
	비중	100.0	25.9	40.4	25.6	6.5	0.6	0.6	0.4
2020	발전량	552,162	160,184	196,333	145,911	36,527	2,255	3,271	7,681
	비중	100.0	29.0	35.6	26.4	6.6	0.4	0.6	1.4

자료: 한국전력공사 월별 전력동계속보, 연도별 한국전력통계.

표 1.13 에너지의 변환 이용

변환 후 / 변환 전	열에너지	화학에너지	전기에너지	광에너지
열에너지	열회수	각종 반응	발전	방사전열
화학에너지	연소	각종 반응	전지	화학발광
전기에너지	줄열	전기분해	전자유도	전등
광에너지	태양로	광합성	광전지	형광

표 1.14 에너지의 변환설비 및 기술

구분	열 발생설비	변환/수송기술	열 이용기술
열	공업로	집단에너지 미활용에너지	분리기술 건조기
소형 열병합	에너지 변환 축적	보급형 건물기술 공조시스템	
전기	(발전)	(송배전)	조명시스템, 유도전동기 전동력 응용

대규모로 에너지 변환을 실시하고 있는 것이 열기관을 이용한 발전이다. 이 프로세스에는 열에너지 변환>기계에너지 변환>전기에너지 변환과정이 있는데, 기계에너지에서 전기에너지로의 에너지 변환효율은 거의 100%에 달하고 있어 총괄에너지 효율은 주로 열기관(일반적으로 증기기관)의 효율에 지배된다. 열기관의 효율에는 이론적인 한계가 있기 때문에 순환기관 내의 최고온도를 T_1, 최저온도를 T_2 로 할 때 효율 $\eta = 1 - T_1/T_2$ 으로 표시되며, 카르노(Carnot) 효율의 상한이다. 최저온도의 실용한계는 상온 근처이므로 열효율을 높이기 위해서는 고온측의 온도를 가능한 온도까지 올리는 방법과 실제의 효율을 한계치에 근접시키는 두 가지 방법이 사용되고 있다.

첫째의 경우 현재 화력발전의 효율은 35~40%이고 원자력발전의 효율은 30% 정도이다. 이것은 화력발전의 불꽃온도는 1,600~1,700℃에 달하지만, 원자로에서는 원자로 내부재료의 안전을 고려하여 1,000℃ 정도로 유지하기 때문이다. 화력, 원자력발전 모두 고온에 견딜 수 있는 재료가 개발되면 효율이 향상될 수 있으므로 내열재료의 개발이 필요하다. 화력발전의 문제점은 고온연소에서 질소산화물(NO_x)의 발생이 증가하는 것이다. NO_x 제어를 위해서 연소온도를 낮추는 방법도 시도되고 있는데, 이는 에너지 절약의 취지에 역행된다.

둘째의 경우에는 복합사이클과 MHD 발전 등이 검토되고 있다. 전자는 발전효율이 40~45%, 후자는 50% 정도 되는 것으로 최근에 대형발전소에서 도입되고 있다. 이 경우에도 내열재료가 결정적으로 중요하다.

(3) 석탄 이용상의 문제점

석탄의 세계 매장량은 석유의 수십 배로 석유의 대체 에너지원으로 사용 가능하다. 그런데 석탄을 사용할 때의 문제점은 수송의 불편, 취급이나 저장 중에 발생하는 분진의 배출, 연소가스 중에 황산화물(SO_x)이나 질소산화물(NO_x) 혹은 매연과 분진이 많은 점 그리고 회분의 처리 등이 있다.

수송과 저장에는 석탄분말을 석유와 절반 정도 혼합한 COM(coal-oil mixture)을 유동상태로 취급하는 방법이 좋다. 석탄회의 미세한 분말은 전기집진기나 백필터(bag filter)에서 99.5% 이상 제거될 수 있다. 따라서 남는 최대의 문제는 회분의 처리이다. 회분은 석탄의 20% 정도 발생하는데, 훌라이애쉬(fly ash)로서 대부분은 시멘트 등에 사용되고 있으나 석탄사용이 증가하면 새로운 용도 개발이 필요하다. 또한 석탄의 새로운 이용법으로 가스화에 의한 복합사이클 발전이나 석탄액화가 시도되고 있다. 액화는 석탄을 석유와 함께 가열, 가압하여 분해하는 것으로 고가이지만 해외의 석탄 산지에 액화공장을 세워 제품을 수입하는 것이 고려되고 있다.

(4) 청정에너지

무기정밀 화학공업이 발전되면서 청정에너지의 중요성이 더욱 크게 부각되고 있으며 국제적으로 산업경쟁력을 향상시키면서 깨끗한 에너지를 효과적으로 공급하기 위한 기술개발이 이루어지고 있다. ① 석탄의 효율적인 이용을 위해 저공해 고효율 연소기술 개발, ② 원유의 탈황과 중질유의 저공해 정제기술 개발, ③ 석탄, 석유 등의 화석연료 연소가스로부터 공해물질을 제거하고 CO_2의 회수 및 활용을 위한 기술개발 등이 있으며 정리하면 표 1.15와 같다.

표 1.15 청정에너지 기술개발 분야

분야	기술개발
석탄 저공해 고효율 연소	• 연소 전 공해물질 저감장치 개발 • 저공해용 연소장치 개발 • 석탄청정 활용체계 확립
중질유 저공해 정제	• 고성능촉매 제조기술 개발 • 촉매재생 및 새로운 촉매기술 개발 • 중질유의 새로운 정제공정 개발
CO_2 회수 및 활용	• 연소 후 가스의 오염저감장치 개발 • 화석연료 연소 후 발생하는 가스의 회수 및 활용기술 개발

(5) 신·재생에너지

우리나라가 신·재생에너지 개발을 시작한 것은 1970년대 이후로 자연에너지 자원을 적극 개발하여 에너지원의 다양화를 도모하고 장기적인 에너지 수급안정을 기함과 동시에 심각해지는 지구온난화 문제에 대처하기 위하여 2001년 『신에너지 및 재생에너지 개발·이용·보급 촉진법』을 제정하였다.

신·재생에너지는 신에너지와 재생에너지를 통틀어 부르는 말로 화석연료나 핵분열을 이용한 에너지가 아닌 대체 에너지의 일부이다. 신에너지는 새로운 물리력, 새로운 물질을 기반으로 하는 핵융합, 자기유체발전, 연료전지, 수소에너지 등을 의미하며, 재생에너지는 재생 가능한 에너지, 즉 동식물에서 추출 가능한 유지, 에탄올을 이용한 에너지부터 태양열, 태양광, 풍력, 조력, 지열발전 등을 의미한다. 태양열, 태양광발전, 바이오매스, 풍력,

소수력, 지열, 해양에너지, 폐기물에너지 등 재생에너지 8개 분야와 연료전지, 석탄액화가스화, 수소에너지 등 신에너지 3개 분야로 구분하고 있다. 우리나라의 발전량 기준 신·재생에너지 비중 목표와 신·재생에너지원별 비중 목표를 표 1.16와 표 1.17에 정리하였다.

태양이 지구에 연간 공급하는 열량은 석탄 130조 톤에 해당하는 막대한 양이지만 에너지밀도가 낮아 1 m^2당 평균에너지는 90 W 정도이다. 초기에는 태양열발전비용이 화력발전보다 비싸 태양열이용은 가옥의 냉·난방용 및 온수용 또는 소규모 특수 용도(태양전지 등)에 국한되었지만, 최근에는 발전비용도 많이 낮아지고 정부의 적극적인 지원으로 대규모 태양광발전설비도 많이 건설되고 있다. 바이오 분야는 산업폐수를 이용한 메탄가스 활용과 자동차연료용 알코올 보급을 추진하고 있으며, 메탄가스 이용기술은 주정공장, 식품공장 폐수 또는 농축산폐기물 등을 이용한 시설보급이 활발히 추진되고 있다. 가연성폐기물의 소각열은 대부분 발열량이 5,000 Kcal/kg 이상으로 에너지화 가능성이 매우 높아 소각열 이용기술과 공해방지 기술이 개발되면 활발한 보급이 예상되는 분야이다.

표 1.16 발전량 기준 신·재생에너지 비중 목표(단위: %)

구분	2020	2022	2030	2034
신재생에너지 비중	7.4	10.1	20.3	25.8
재생에너지	6.5	8.7	17.3	22.2
신에너지	0.9	1.4	3.0	3.6

자료: 산업통상자원부, 제5차 신재생에너지 기술개발 및 이용 보급 기본계획

표 1.17 발전량 기준 신·재생에너지원별 비중 목표(단위: %)

구분	2022	2030	2034
태양광	47.4	38.9	39.3
육상풍력	7.2	8.1	7.6
해상풍력	3.0	23.8	27.5
바이오	21.9	10.8	8.9
수력	5.9	3.0	2.4
해양	0.8	0.4	0.3
연료전지	9.9	13.1	12.5
IGCC	3.9	1.9	1.4
합계	100	100	100

자료: 산업통상자원부, 제5차 신재생에너지 기술개발 및 이용 보급 기본계획

수소는 우주 질량의 75%를 차지할 정도로 풍부하고 지구에서 구하기가 가장 쉽고, 공해도 배출하지 않는 청정에너지원으로 알려져 있다. 따라서 수소는 일찍부터 지구온난화에 대한 에너지 대안을 넘어 새로운 시장과 경제를 창출할 것으로 전망되었다. 수소는 생산 방식에 따라 그레이수소, 블루수소, 그린수소 3가지로 구분된다. 현재 생산되는 수소의 약 95% 이상은 화석연료(주원료는 LNG, LPG)로부터 수소를 생산하는 그레이수소다. 그레이수소는 천연가스의 주성분인 메탄과 고온의 수증기를 촉매화학반응을 통해 수소와 이산화탄소를 만드는데, 문제는 약 1 kg 수소를 생산하는 데 이산화탄소

표 1.18 신·재생에너지원별 기술개발 목표

분 야	기술개발 목표
태양광	• 글로벌 경쟁 돌파 고효율 태양광 개발 • 수상, 해상, 영농형 등 입지 다변화용 태양광 모듈 개발 • 초경량, 고감도 태양전지 개발 • Post-결정질 미래 원천기술 확보
풍력	• 풍력발전 핵심부품 경쟁력 강화 • 초대형 해상풍력기술 개발 및 실증 • 부유식 해상풍력시스템 개발 및 실증 • 환경친화적 단지 개발 및 운영
수소·연료전지	• 수소차 충전소용 저가 수소 생산기술 상용화 및 그린수소 대량 생산기술 확보 • 대규모 육상수소 운송기술 • 고효율·저가 연료전지 발전시스템 기술 확보
바이오	• 비식용원료 기반 바이오연료 생산기술 국산화 • 물성 개선(Drop-in) 바이오연료 핵심기술 확보 • 항공, 선박용 바이오연료 양산기술 개발 및 실증 • 바이오매스 기반 바이오연료 생산 원천기술 확보
태양열	• 고효율·고신뢰성 전일사 태양열 집열 및 고밀도 축열 핵심기술 확보 • 태양열 기반 건물 및 산업용 냉·온열 공급시스템 기술 개발 • 수출형 대규모 태양열 발전시스템 상용화 및 600℃ 이상 흡수, 저장기술 개발
해양	• 해양에너지 상용화기술 개발 • ESS 연계 해양에너지 핵심기술 개발 • 복합해양에너지 단지화 기술 개발
지열	• 지열에너지 경제성 확보를 위한 지열자원 탐사 및 평가기술 개발 • 천부/심부지열 저비용 천공기술 개발 • Low-GWP 냉매이용 고온용 히트펌프 유닛 개발 • 하이브리드 지열 히트펌프 시스템 및 저온구동 지열발전 시스템기술 개발
수력	• 수차 성능 향상 설계기술 개발(압력맥동, 캐비테이션, 유사마모 등) • Fish-friendly 프란시스 및 카플란 수차 설계 및 개발 • 수력 성능 검증을 위한 모델시험 및 현장 효율시험 기술 개발
수열	• 하천수 냉·난방 및 재생열 하이브리드 시스템 기술 개발 • 수열 적용을 통한 막여과 수처리공정 개선 복합기술 개발 • 에너지 다소비 시설 적용 심층 저온수 활용기술 개발

자료: 산업통상자원부, 제5차 신재생에너지 기술개발 및 이용 보급 기본계획

10 kg을 배출한다는 것이다. 블루수소는 그레이수소와 생산방식은 동일한데 생산과정 중 발생하는 이산화탄소를 대기로 방출하지 않고 포집 및 저장기술인 CCS기술을 이용해 이산화탄소를 따로 저장한다. 수소에너지 중에서도 미래의 궁극적인 청정 에너지원으로 주목하고 있는 것은 그린수소다. 그린수소는 물의 전기분해를 통해 얻어지는 수소로 태양광 또는 풍력 같은 신·재생에너지를 통해 얻은 전기에너지를 물에 가해 수소와 산소를 생산한다. 따라서 생산 과정에서 이산화탄소 배출이 전혀 없어 궁극적인 친환경 수소라 불린다. 표 1.18에서 신·재생에너지원별 기술개발 목표를 나타내었다.

(6) 화학공장에서의 에너지원

각종 에너지원의 에너지밀도와 온도 간의 관계를 그림 1.8에 나타내었다. 화학공장에는 500℃ 정도까지의 가열에는 과열수증기, 열풍, 전열, 열교환기에 의한 폐열 등을 많이 활용하고 있다. 500~1,600℃의 가열에는 중유(일부 미분탄, 코크스, 천연가스 등)에 의한 직접 가열이 많다. 1,600℃ 이상의 가열에는 아크전기로, 산소수소불꽃(oxyhydrogen flame) 등이 이용되고 있다. 동력원으로서는 전력을 사용하고 있고 암모니아 공장 등에서는 폐열을 이용하여 고압의 수증기를 발생시켜 동력원으로 이용한다(그림 1.9).

(7) 에너지의 손실과 절약

에너지의 손실을 감소시킴과 동시에 에너지 활용효율을 증대시키기 위해서는 장치의 대

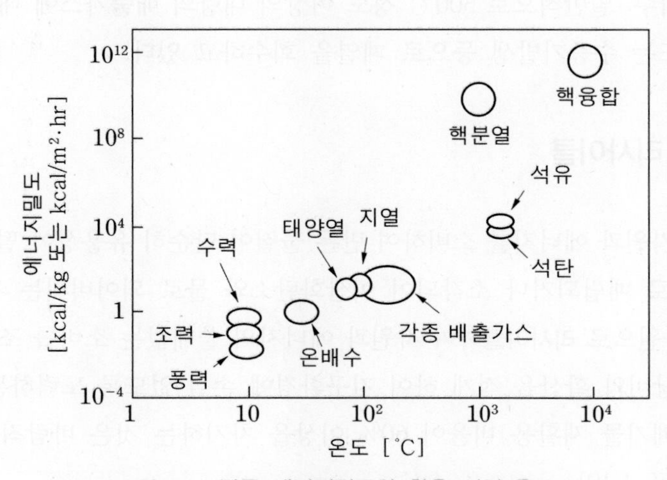

그림 1.8 각종 에너지밀도와 활용 시의 온도

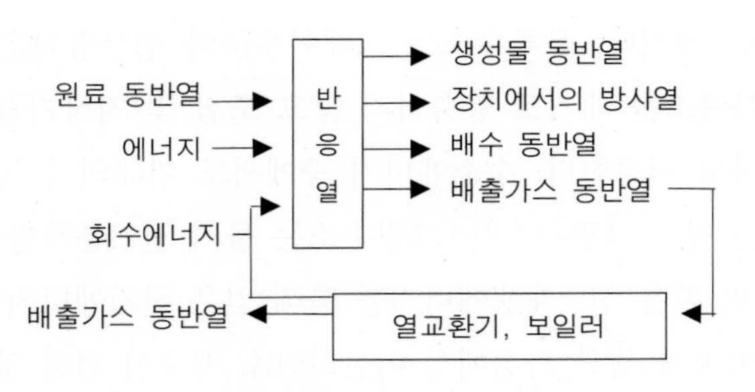

그림 1.9 화학공장에 있어서의 에너지 수지

형화, 단열재의 사용, 폐열의 회수, 제조공정 개선 등을 열거할 수 있다.

① 장치 대형화: 장치에서의 열방출은 장치의 표면적과 관계가 있고, 생산능력은 장치의 부피와 관계가 있다. 따라서 대형화에 의하여 표면적/부피의 비가 작아지면 열손실이 감소된다. 우리나라의 제철공업이 세계 최대의 에너지효율을 가지고 있는 것은 대형화가 그 원인이다.

② 단열재 사용: 단열재로 1,500℃ 정도까지의 고온에 견디는 것이 개발되어 있다. 한편 고온로(爐), 특히 용융물을 취급하는 용융로나 유리용융로 등에는 로의 내화재료의 침식을 줄이기 위하여 보온을 하지 않고 오히려 외부를 물이나 공기를 사용하여 냉각하는 경우가 많다. 냉각보호가 필요없는 내화물이 개발되면 열손실을 크게 줄일 수 있다.

③ 폐열의 회수: 일반적으로 300℃ 정도 이상의 대량의 배출가스에 대해서는 열교환기에 의해서 또는 수증기발생 등으로 폐열을 회수하고 있다.

(8) 폐기물의 리사이클

화학공업에서 자원과 에너지를 소비하여 만든 물질이 단순히 유용성이 떨어졌다는 이유만으로 폐기물로 매립되거나 소각되어 이산화탄소와 물로 되어버리는 경우가 많았다. 이것을 다시 자원으로 리사이클하여 자원과 에너지의 쓸데없는 소비를 조금이라도 억제하고, 자원의 낭비와 확산을 적게 하여 지구환경에 손실 없도록 노력하는 것은 중요하다. 최근에는 폐기물 재활용 비율이 60% 이상을 차지하는 것은 바람직한 방향이라고 할 수 있겠다(표 1.19).

표 1.19 폐기물 발생 및 처리현황(단위: 톤/일, %)

연도		2012	2013	2014	2015	2016	2017	2018	2019	2020
발생량		12,487	12,407	13,172	13,402	13,783	14,905	15,389	15,556	15,324
처리량	매 립	2,874 (23.0)	2,370 (19.1)	2,531 (19.2)	2,668 (19.9)	2,910 (21.1)	3,255 (21.8)	3,115 (20.2)	2,835 (18.2)	2,692 (17.6)
	소 각	2,037 (16.3)	2,123 (17.1)	2,103 (16.0)	2,180 (16.3)	2,315 (16.8)	2,252 (15.1)	2,272 (14.8)	2,261 (14.5)	2,077 (13.6)
	재 활 용	6,788 (54.4)	7,331 (59.1)	7,547 (57.3)	7,710 (57.5)	7,714 (56.0)	8,379 (56.2)	9,231 (60.0)	9,719 (62.5)	9,766 (63.7)
	해양투기	0(0)	0(0)	0(0)	0(0)	0(0)	0(0)	0(0)	0(0)	0(0)
	기 타	788 (6.3)	583 (4.7)	991 (7.5)	844 (6.3)	844 (6.1)	1,019 (6.9)	771 (5.0)	742 (4.8)	789 (5.1)

자료: e-나라지표, https://www.index.go.kr/potal/main/EachDtlPageDetail.do?idx_cd=1478

또한 얼마 전까지는 자원만 주목하고 에너지에 대해서는 그다지 주목하지 않았지만 자원 사이클은 자원에만 착안할 일이 아니라 에너지의 소비에도 주목할 필요가 있다. 즉, 자원을 사이클하기 위해서 필요한 에너지는 어떤 것이 있을까라는 것을 사이클에서만이 아니라, 원료로부터 폐기물에 도달할 때까지의 총체적인 관점으로부터 다시 생각할 필요가 있을 것이다(그림 1.10).

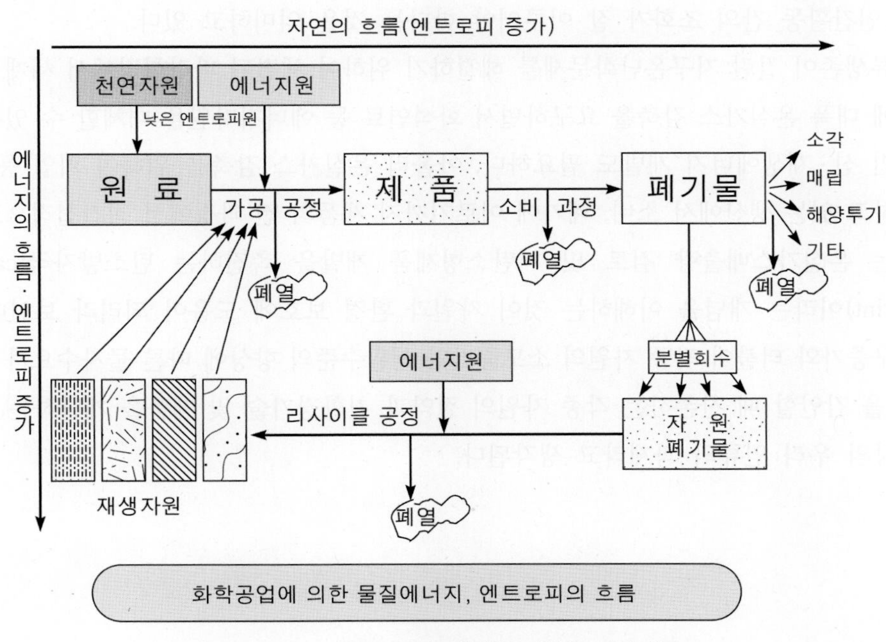

그림 1.10 원료로부터 폐기물 자원화 리사이클

우리나라는 국토가 좁고 천연자원이 많지 않기 때문에 폐기물을 최대한으로 활용해야 할 실정이다. 예를 들면, 습식인산 제조의 부산물인 석고의 활용, 황화광을 연소할 때의 부산물의 활용, 인산공장이나 암모늄공장에서의 배출가스 중의 불소의 회수, 석탄 화력발전소에서의 훌라이애쉬, 제철공장의 슬래그(slag), 카바이드의 찌꺼기 등을 활용하는 것이다. 또한 암모니아 공장의 슬러지, 제지공장의 폐기물, 도시하수에서의 슬러지, 플라스틱 폐기물 등의 처리법이나 활용법에 관한 연구개발이 활발히 진행되어 많은 공정이 상용화되었다. 나아가 폐기되는 전자제품으로부터 일반 광석에서 채취하는 금속 양보다 월등히 많은 양의 금속을 얻을 수 있는 도시광산업 관련 연구개발도 폐기물을 자원으로 활용하는 좋은 예라고 할 수 있다.

(9) 자원과 환경

석유, 우라늄, 구리 등 각종 자원의 부존량은 한도가 있고, 목재, 지하수 등의 과도한 채취로 지구환경이 심각하게 파괴되고 있다. 또한 귀중한 자원으로 제조한 자연에서는 잘 분해되지 않는 BHC, PBC, 플라스틱 등 폐기물, 냉매가스에 의한 대기권층의 오존층 파괴, 화석연료의 연소 혹은 열기관의 배출가스에 의해 생성되는 산화질소나 이산화탄소에 의한 대기오염과 더불어 지구온난화 등은 인류의 영원한 존속을 위해 자원활용과 우리 인간활동 간의 조화가 잘 이루어야 한다는 것을 의미하고 있다.

인류생존이 걸린 지구온난화문제를 해결하기 위하여 체결된 파리협정에서 세계 모든 국가에 대폭 온실가스 감축을 요구하면서 화석연료 등 에너지자원을 대체할 수 있는 효율적인 신·재생에너지 개발도 필요하다. 아울러 온실가스 감축을 위하여 기업 등에서 도입하고 있는 생산에서 소비, 폐기에 이르기까지 제품의 전 과정에서 직간접적으로 발생하는 온실가스배출량 검토 및 저탄소형제품 개발을 촉진하는 탄소발자국(carbon footprint)이라는 개념을 이해하는 것이 자원과 환경 보호에 도움이 되리라 보인다.

인구증가와 더불어 각종 자원의 소모증가와 생활수준의 향상에 따른 물자수요가 급증할 것을 감안할 때 잔존하는 각종 자원의 절약과 친환경기술 및 제품을 개발하는 것이 지구상의 우리 인류의 과제라고 생각된다.

연습문제

01 화학공업과 공업화학의 차이점에 대하여 설명하시오.

02 무기화학공업을 분류하시오.

03 무기물과 유기물에 대하여 설명하시오.

04 화학공업에 관련하여 에너지원을 기술하시오.

05 화학공업에서 에너지절약 대책에 대하여 기술하시오.

06 해수의 담수화에 대하여 기술하시오.

07 신·재생에너지에 대하여 쓰시오.

08 수소 생산 방식에 따른 종류와 특징에 대하여 기술하시오.

09 파리협정에 대하여 기술하시오.

10 폐수의 재이용에 대하여 기술하시오.

11 물발자국과 탄소발자국에 대하여 기술하시오.

참고문헌

1. R. N. Shreve, "The chemical process industries", 2nd ed., (1959).
2. 岡部泰二郎, "無機프로세스化學", 丸善 (1993).
3. 安藤淳平, 佐治 孝, "無機工業化學", 3版, pp.2-6, 東京化學同人 (1986).
4. 久保輝一郎, "新版 無機工業化學", pp.1-12, 朝倉書店 (1980).
5. 이철태, 설용건, 송연호, 탁용석. 무기공업화학, pp.12-79, 탐구당 (1997).
6. 설수덕, 김학준, 김병관, 박대원, 무기공업화학, p.414, 대영사 (1991).
7. 김성철 등, "최신기술로 만드는 국내 최대 용량의 해수담수화시설", 한국수자원학회 학회지, 물과 미래, 제55권 제4호, pp.81-94, (2022).
8. 심규대 등, "해수담수 공정의 전력비 평가기준에 관한 연구", 대한토목학회논문집, 제41권 제5호, pp.485-492, (2021).
9. Shrestha, R., Ban, S., Devkota, S., Sharma, S., Joshi, R., Tiwari, A. P., ... & Joshi, M. K. (2021).

Technological trends in heavy metals removal from industrial wastewater: A review. Journal of Environmental Chemical Engineering, 9(4), 105688.
10. Larsen, T. A., Riechmann, M. E., & Udert, K. M. (2021). State of the art of urine treatment technologies: A critical review. Water Research X, 13, 100114.
11. 물환경정보시스템: https://water.nier.go.kr.
12. 국토교통부: http://www.molit.go.kr.
13. 국가수자원관리종합정보시스템: http://wamis.go.kr.
14. 산업통상자원부: 제3차 광업 기본계획(2020.1)
15. 한국지질자원연구원: 2018년도 광업·광산물통계연보
16. IEA: World Energy Outlook 2018
17. KOSIS: 국가통계포털, https://kosis.kr/statHtml/statHtml.do?orgId=339&tblId=DT_F_Y160
18. 산업통상자원부: 제3차 에너지 기본계획
19. 한국전력공사: 월별 전력동계속보, 연도별 한국전력통계
20. 산업통상자원부: 제5차 신재생에너지 기술개발 및 이용 보급 기본계획
21. e-나라지표: https://www.index.go.kr/potal/main/EachDtlPageDetail.do?idx_cd=1478

임병오 (홍익대학교 화학공학과)
정귀영 (홍익대학교 화학공학과)
양천회 (한밭대학교 화학공학과)

CHAPTER 2

산 · 알칼리공업

01 황산공업

황산(sulfuric acid, H_2SO_4)공업은 그 자체가 중요한 화학공업인 동시에 다른 화학공업의 원료로 대량소비된다. "한 나라의 황산소비량은 그 나라 화학공업의 번영정도를 표시하는 척도가 된다"라고 한 Liebig(1843)의 말은 오늘날에도 통계학적으로 뒷받침되고 있다.

황산의 제조는 1827년에 연실에서 나오는 질소산화물을 흡수하는 흡수탑(Gay-Lussac탑)을, 이어서 1859년에는 흡수탑에서 나오는 함질황산을 다시 분해시키는 Glover탑이 창안되어 연실식(lead chamber process) 황산제조법이 완성되었다. 그러나 제품의 농도와 순도가 낮고 연실의 효율과 기계적인 강도가 나쁘기 때문에 이러한 결점들을 개선하려는 연구가 계속되어 반탑식과 탑식으로 발전했다가 19세기에 접어들면서 이산화황을 백금촉매 하에서 산화시켜 고농도의 황산을 얻는 접촉식(contact process) 황산제조법이 출현하게 되었다. 여기에 이용된 촉매인 백금은 값이 비싸고 피독성이 있으므로 1914년에 독일의 BASF사가 오산화바나듐 촉매를 개발하여 현재까지 사용하고 있다.

우리나라에서는 1957년에 한미화학의 10 MT/day 규모의 접촉식 황산공장을 시발로 1967년에는 영남화학(현 동부화학)과 진해화학이 복합비료 제조용 황산공장을 건설함으로써 황산의 대량생산 체제에 돌입하였지만 대부분이 자사소비용이었다. 한편, 1970년대 이후부터 아연, 납 및 구리 등 비철금속 제련시 나오는 폐가스로 인한 환경공해 문제의 해결과 부가가치 창출이라는 측면에서 폐가스 중의 SO_2를 활용한 황산공장을 영풍산업과 한국광업제련공사에서 건설하여 본격적으로 생산함에 따라 소규모 황산전문 제조업체들이 생산을 중단하게 되었다.

1. 성질과 용도

(1) 성질

황산은 상온에서 무색의 액체로, 농도가 높아짐에 따라 점도가 증가하여 진한황산은 유상(油狀) 액체로 된다. 발연황산은 공기 중에 노출시키면 흰색 연기를 발생한다. 황산의 여러 가지 성질을 그림 2.1~2.4에 나타내었다[1].

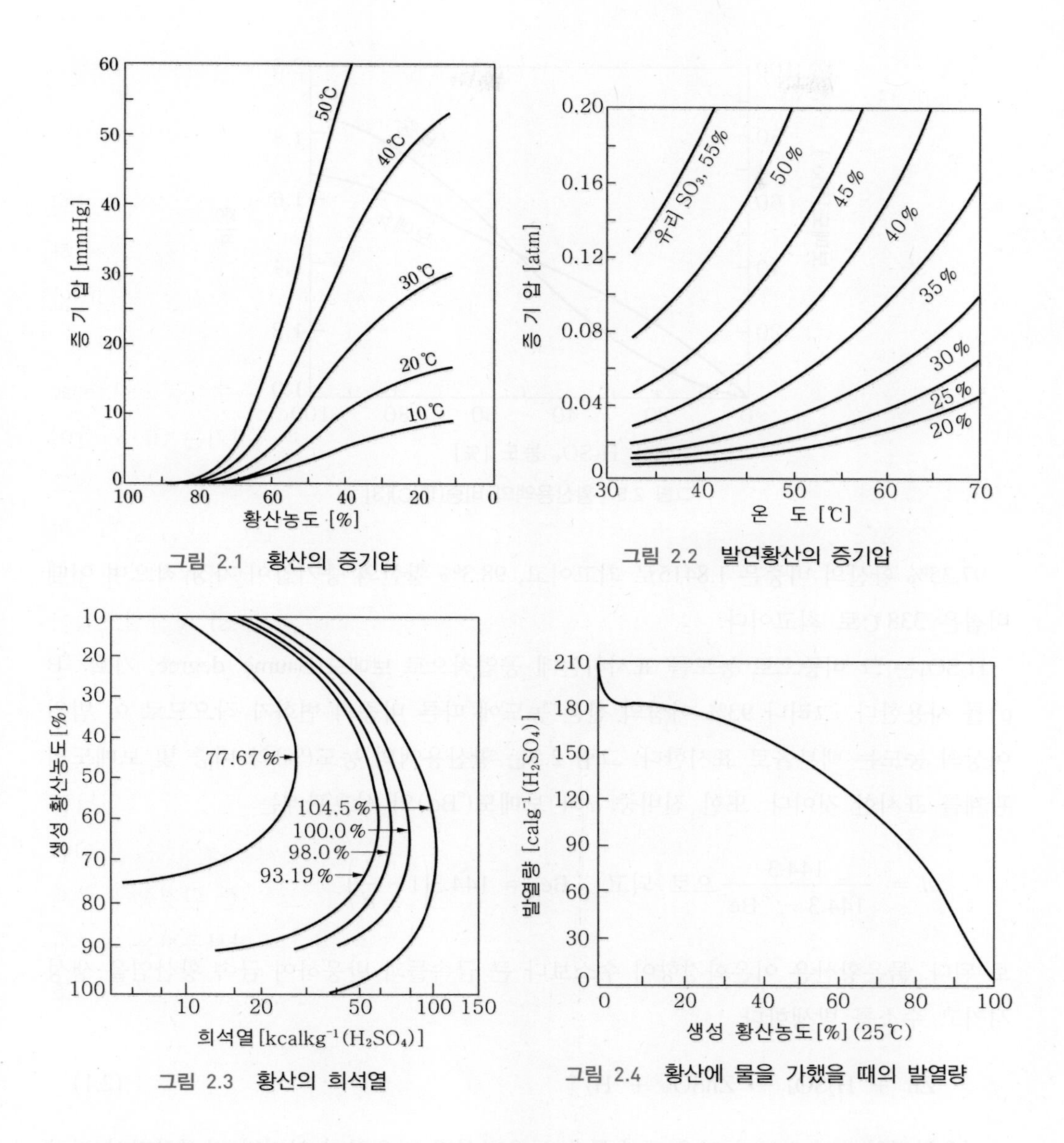

그림 2.1 황산의 증기압

그림 2.2 발연황산의 증기압

그림 2.3 황산의 희석열

그림 2.4 황산에 물을 가했을 때의 발열량

삼산화황과 물이 결합되면 $mSO_3 \cdot nH_2O$가 되는데 $m=n$ 일 때 100 % 황산(H_2SO_4)이 되고, $m<n$ 일 때는 황산수화물($H_2SO_4 \cdot xH_2O$)이 된다. $m>n$ 일 때는 황산에 과잉의 SO_3가 있는 발연황산(發煙黃酸)이 된다. 진한황산은 약한 산화력과 강한 탈수력이 있으며 물에 용해할 때 많은 열을 발생하면서 수용액이 된다. 황산은 이염기산으로 해리도는 1 N에서 약 51 %, 0.1 N에서 약 59 %를 나타낸다. 황산은 대부분의 금속과 반응하는데 농도, 온도, 금속의 종류에 따라 다르지만 수소나 황화수소, 이산화황, 금속황화물 또는 황산염을 생성한다.

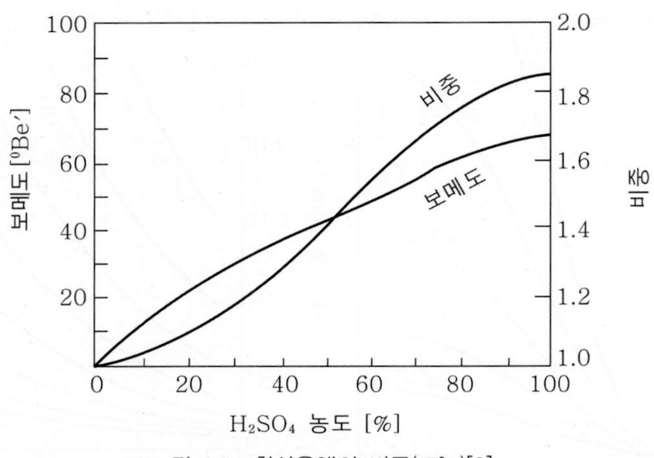

그림 2.5 황산용액의 비중(15℃)[3]

97.35% 황산의 비중은 1.8415로 최고이고, 98.3% 황산의 증기압이 가장 작으며 이때 비점은 338℃로 최고이다.

H_2SO_4는 그 비중으로 농도를 표시하는데 공업적으로 **보메도**(Baume′ degree, 기호: °Be′)를 사용한다. 그러나 93% 이상의 산은 농도에 따른 비중의 변화가 작으므로 이 범위 이상의 농도는 백분율로 표시한다. 그림 2.5는 황산용액의 농도(%)와 비중 및 보메도의 관계를 표시한 것이다. 또한 진비중 d와 보메도(°Be′)의 상호관계는

$$d = \frac{144.3}{144.3 - {}^{\circ}\mathrm{Be}'} \text{으로 되고} \quad {}^{\circ}\mathrm{Be}' = 144.3\left(1 - \frac{1}{d}\right)$$

로 된다. 묽은황산은 이온화경향이 수소보다 큰 금속들과 반응하여 금속 황산염을 생성시키고 수소를 발생한다.

$$Zn + H_2SO_4 \rightarrow ZnSO_4 + H_2\uparrow \tag{2.1}$$

이온화경향이 수소보다 작은 금속들은 묽은황산과 반응하지 않지만 가열하면서 진한 황산과 반응시키면 금속황산염을 생성시키고 이산화황이 발생된다.

$$Cu + 2H_2SO_4 \rightarrow CuSO_4 + 2H_2O + SO_2\uparrow \tag{2.2}$$

유기화합물과는 니트로화, 슬폰화, 탈수, 수화, 황산에스테르화 등 여러 가지 반응을 일으킨다.

표 2.1 황산의 명칭과 용도

명칭	H_2SO_4[%]	용도
묽은황산	60~80	비료, 섬유, 무기약품, 철강산세
진한황산	90~100	비료, 섬유, 석유정제, 농약, 금속제련
정제 진한황산	90~100	축전지, 무기약품, 의약품 섬유, 농약, 시약, 석유정제
발연황산	{유리 SO_3 13~35}	화약, 도료, 유기합성

(2) 용도

황산은 암모니아합성법의 실용화와 함께 비료생산의 원료로서 중요성이 높아졌다. 인광석의 분해와 황산암모늄 제조용이 주된 용도이었으나 최근에는 공업의 다양화로 비료용보다 다른 공업용에 생산량의 2/3가 쓰이고 있다. 화학반응성과 관련하여 용도를 분류하여 표 2.1에 나타내었다.

2. 제조공정

황산 제조공정은 각종 원료로부터 이산화황 제조공정, 이산화황을 삼산화황으로 산화하는 전화공정, 삼산화황을 진한황산에 흡수시키는 흡수공정 등 3개 공정으로 되어 있다.

이 3개 공정 중 전화공정에서 기체촉매(산화질소)를 사용하여 산화하거나 고체촉매(V_2O_5)를 사용하여 산화하는 것에 따라 반응의 형식, 장치의 종류 및 제품의 품질 등이 달라지기 때문에 전자를 질산식(연실식) 후자를 접촉식이라고 한다. 질산식 제조법에는 장치의 형식에 따라 연실식, 반탑식, 탑식 등 3종류로 나눈다.

(1) 원료

황산제조를 위해 사용되는 원료는 황, 황화물광, 석고 및 천연 부생황화수소와 같은 천연자원과 금속제련 폐가스 중 SO_2, 석유정제 폐가스 중 H_2S, 석유정제 폐산 슬러지(acid sludge), 산화티탄 제조 시의 폐황산 및 철강세척 폐황산 등과 같은 다른 공업의 부산물 혹은 폐기물 등이 있다. 그러나 주된 원료는 황과 황화물광이었지만 최근에는 금속제련 및 석유정제 시에 부생하는 폐가스가 주된 원료로 변하였다.

① 황: 유리황은 미국의 루이지애나주 및 텍사스주, 이탈리아의 시실리섬 등이 주산지이고, 일본, 멕시코 등지에서도 산출된다. 미국의 경우 황은 지하 400~2,000 ft 깊이의 석고나 석회석층에 함께 있고, 그 상부는 모래층과 점토층이 있다. 채굴방법으로는 Frasch 법이 있는데, 이 방법은 과열수증기를 압입시켜 모암 중의 황을 용융시키고, 그것에 압축공기를 주입하면 용융된 황은 파이프를 통해서 상부로 흘러나오게 된다. 이와 같은 방법으로 얻은 황의 순도는 99.5~99.9 %이다.

② 황화철광: 순수한 황화철광(FeS_2, pyrite)의 황 이론함량은 53.46 % 이나 자연산 황화철광은 구리를 비롯하여 비소나 그 밖의 규산염 등이 함유되어 있으므로 황함량이 적은데 보통 원료로 이용되는 것은 42~43 %의 광석이다. 그중에서 구리를 함유한 것을 황동광($CuFeS_2$, chalcopyrite)이라고 한다. 구리함량이 많은 것은 배소해서 SO_2를 만들 때에 클링커가 되고 황분이 소광 중에 잔류하여 황의 손실을 가져오게 되므로 좋지 않다. Zn, As, Se 등은 배소할 때 산화물형태로 혹은 단체로 승화하여 SO_2 가스에 혼입되어 황산의 순도를 저하시키므로 가스 정제 시 제거할 필요가 있다.

③ 자류철광: 자류철광(pyrrhotite)의 조성은 $Fe_{5\sim16}\,S_{6\sim17}$로 표시되고 황의 함량은 25~35 %이다. 황성분이 적고 착화온도가 500℃ 정도로 높아서 자기연소가 곤란하므로 배소할 때 특수한 연소장치를 부착한 배소로(fluosolid식)를 사용하여야 한다.

④ 금속제련 폐가스: 비철금속 Cu, Zn 및 Pb 등은 황화물광으로 산출되는 때가 많은데, 이것들로부터 금속을 제련할 때는 SO_2 가스가 부산물로 발생한다. 최근에는 대부분의 나라에서 이 부생 SO_2를 황산의 제조원료로 이용하고 있으며 동시에 공해문제도 해결하고 있다. 우리나라에서도 이들 비철금속을 제련하는 공장과 기타 몇몇 공장에서 부생 SO_2를 원료로 하여 황산을 제조하고 있다.

⑤ 기타 SO_2 자원: 석회석 대신 석고를 원료로 하여 시멘트를 제조할 때, 즉 석고($CaSO_4$), 점토, 규사 및 코크스를 혼합하여 1,400℃ 정도로 가열하면 식 (2.3)과 같은 반응이 일어나는데, 여기에서 CaO는 점토 및 규사와 결합하여 시멘트가 되고, 발생된 SO_2는 황산제조 원료로 이용된다.

$$CaSO_4 + C \rightarrow CaO + SO_2 + CO \qquad (2.3)$$

그 밖에 석유정제 시 부생되는 폐산슬러지를 연소함으로써 얻어지는 SO_2, 중유를 사용하는 화력발전소의 배출가스 및 강철공장에서 황화철광을 포함한 철광석을 석회석 및 코크스와 함께 500~600℃ 로 배소함으로써 얻어지는 SO_2 등을 황산제조에 이용하고 있다.

최근에는 석유를 정제할 때 발생하는 H_2S 도 회수하여 원료로 이용하고 있는데, 회수 방법에 따라 건식법과 습식법으로 나눈다. 건식법은 H_2S를 톱밥과 수산화철에 흡수시킨 다음 물을 뿌려서 공기산화시켜 황을 유리시키는 방법이다.

$$2Fe(OH)_3 + 3H_2S \rightarrow Fe_2S_3 + 6H_2O \tag{2.4}$$

$$Fe_2S_3 + \frac{3}{2}O_2 + 3H_2O \rightarrow 2Fe(OH)_3 + 3S \tag{2.5}$$

습식법에는 Thylox process와 Girbotol process 등이 있다. Thylox process는 티오비소산염용액에 H_2S를 흡수시킨 다음 공기를 불어넣어서 황을 유리시킨다.

$$(\text{흡수})\quad Na_4As_2S_5O_2 + H_2S = Na_4As_2S_6O + H_2O \tag{2.6}$$

$$(\text{재생})\quad Na_4As_2S_6O + \frac{1}{2}O_2 = Na_4As_2S_5O_2 + S \tag{2.7}$$

Girbotol process는 저온에서 디에타놀아민(diethanolamine)용액에 H_2S를 흡수시킨 다음 가열하여 순수한 H_2S를 얻는다. 이와 같은 방법으로 얻어진 황 또는 H_2S를 연소하여 SO_2로 만들어 황산제조 원료로 사용한다.

(2) 황산제조

① 이산화황(아황산가스)의 제조: 이산화황은 거의 황을 연소시키거나 금속황화물광을 배소하여 제조한다.

- 황의 연소(combustion)

  황은 순도가 대단히 높아서 대부분은 99% 이상이므로 이산화황의 제조원료로서는 가장 적합하다. 그림 2.6은 황화물광을 배소하여 얻은 SO_2 가스의 정제공정을 나타낸 것이다. 황은 융점이 약 120℃ 이고 159℃ 이상으로 가열하면 중합하여 점도가 커지므로 먼저 용융조 내에서 온도 130~145℃로 용융시켜 회분을 침강시킨 후 필터로 여과하고 황 버너로 연소시킨다. 이 필터는 스테인리스제의 쇠그물에 미리 규조토를 피복시킨 것을 사용한다. 이와 같이 하면 0.3% 정도의 회분은 0.006% 이하

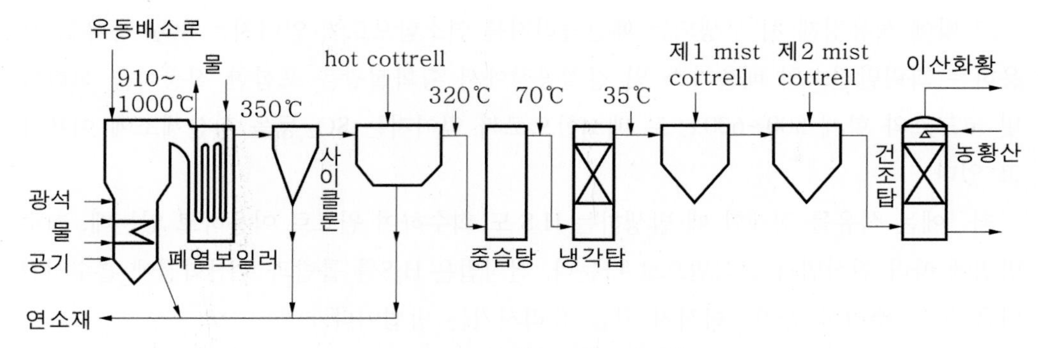

그림 2.6 이산화황 정제공정도[3]

로 감소된다. 연소로에서는 연소가스의 온도가 700~1,150℃ 정도 되므로 이 높은 열을 열교환기(폐열보일러)로 회수한다. 일단 제진기를 통과시켜 회분을 제거한 다음 전화기로 보낸다. 이때 가스의 온도는 약 500℃이다.

- 황화금속광의 배소

황화광에서 황산제조의 원료가 되는 것은 황철광(FeS_2, pyrite), 자황철광(Fe_{1-x}, pyrrhotite), 황동광($CuFeS_2$, chalcopyrite), 방연광(PbS, galena) 및 섬아연광(ZnS, zincblende) 등이 있다. 황철광이나 자황철광은 황화철광 또는 간단히 황화광이라고도 불린다. 일찍이 황산제조의 주원료 중 하나였다.

황화광의 배소(roasting)에는 옛부터 원통형의 기계로인 **다단상로**(herreshoff furnace)가 이용되어 왔고, 그 외에 회전로나 **훌래쉬로**(flash roaster, 그림 2.7)도 있지만 최근에는 **유동배소로**(fluidized roaster, 그림 2.8)가 많이 사용되고 있다. 소성온도는 모두 800~900℃이고, 연소가스 중의 SO_2는 7~10% 정도이다.

유동배소로는 용적에 비해 배소량이 많아서 로 내부의 온도가 너무 높아지면 황화광 소성물이 융착하기 쉬우므로 냉각시켜야 한다. 또 배소가스에는 분진이 함유되어 있으므로 제진기와 전기집진기 등으로 이것을 제거한다.

Cu, Zn 및 Pb을 제련할 때에 전로나 자용로 또는 배소로를 이용하여 SO_2 2~12%인 발생가스가 얻어진다. 이와 같이 얻어진 이산화황은 황의 경우와 달라 분진과 휘발성 분순물을 다량 포함하기 때문에 철저히 정제하여 촉매독을 방지해야 한다.

이상과 같은 공정에 따라 원료가스는 열을 회수하여 냉각시키고 가스 중의 분진, 수분, 삼산화황, 셀렌화합물 및 비소화합물 등이 제거된다.

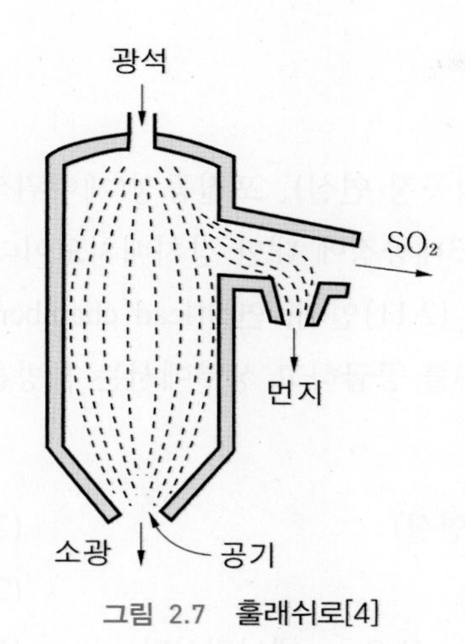

그림 2.7 훌래쉬로[4]

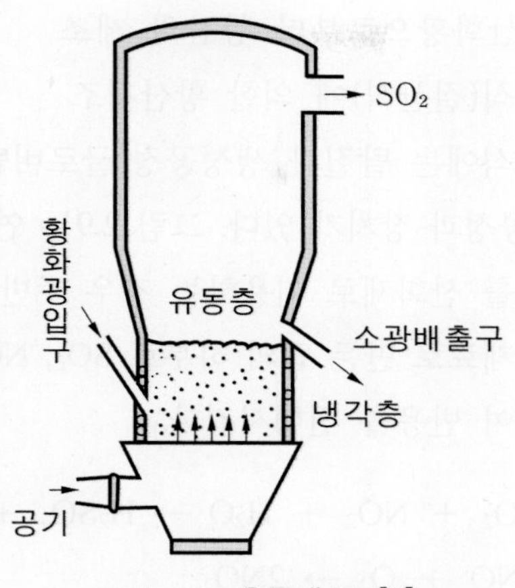

그림 2.8 유동배소로[4]

표 2.2 황화광 배소로의 비교

성능	기계로	회전로	훌래쉬로	유동배소로
로의 크기(m)	6×10	3.5×40	6×12	4×6
소성능력(t/day)	30	70	120	300
광석입도(mm)	1~12	1~8	0.2 이하	6 이하
연소율	94~97	97~99	97~99	97~99

- 그 밖의 이산화황의 제조법

이산화황의 제조는 이상의 방법 외에도 다음 반응과 같이 황화수소를 직접 산화연소시키는 방법도 있다.

$$H_2S + \frac{3}{2}O_2 \rightarrow SO_2 + H_2O \tag{2.8}$$

생성된 이산화황은 수증기를 포함하므로 수증기에 견디는 촉매를 이용해서 묽은황산을 직접 얻거나 아황산나트륨 수용액에 흡수시켜 생성한 아황산수소나트륨을 가열분해시켜 농도가 높은 이산화황가스를 만든다.

$$Na_2SO_3 + SO_2 + H_2O \rightarrow 2NaHSO_3 \tag{2.9}$$

$$2NaHSO_3 \rightarrow Na_2SO_3 + SO_2 + H_2O \ (100℃) \tag{2.10}$$

② 이산화황으로부터 황산의 제조

• 연실식(질산식)에 의한 황산제조

연실식에는 탈질과 생성공정(글로버탑), 생성공정(연실), 포질공정(게이뤼삭탑)의 3대공정과 장치가 있다. 그림 2.9는 연실식의 3대공정에 대한 장치배치도이다. 산화질소를 산화제로 이용하는 경우 주반응은 식 (2.11)인데, 연실(lead chamber) 혹은 내산재료로 만든 탑의 하부로 SO_2, NO_2 및 O_2를 공급하고 상부에서는 물방울을 분무하여 반응을 진행시킨다.

$$SO_2 + NO_2 + H_2O \rightarrow H_2SO_4 + NO \text{ (연실)} \tag{2.11}$$

$$2NO + O_2 \rightarrow 2NO_2 \tag{2.12}$$

$$2H_2SO_4 + NO + NO_2 \rightarrow 2HSO_4 \cdot NO + H_2O \quad \text{(게이뤼삭탑)} \tag{2.13}$$

$$2HSO_4 \cdot NO + SO_2 + 2H_2O \rightarrow 3H_2SO_4 + 2NO \text{ (글로버탑)} \tag{2.14}$$

생성되는 NO의 일부는 쉽게 산화되어 NO_2로 된다. 이 NO와 NO_2는 게이뤼삭탑으로 보내어 진한황산에 흡수시켜 함질황산(nitrosyl sulfuric acid)으로 회수하고 다시 글로버탑에 보내어 고온의 원료(SO_2)가스와 연실에서 공급된 묽은황산과의 작용으로 함질황산은 분해되어 황산(탑황산)과 NO로 된다. 다시 NO의 일부는 산화되어 NO_2로 되며, 다시 연실에 보내는 것을 반복한다. 제품에는 연실황산(50°Bé)과 탑황산(60°Bé 약 80 %)의 두 종류가 있다. 연실은 크기에 비하여 능률이 낮고 기계적 성질이 나쁘므로 연실 대신에 탑을 이용하는 Petersen 식과 반탑식을 거쳐 탑식으로 발전하였다.

연실식은 제품의 농도가 낮고 불순물이 많아 순도도 낮을 뿐만 아니라 산화질소의 일부가 회수되지 않는 등의 결점이 많아서 더 이상 사용되지 않고 있다. 새로 건설

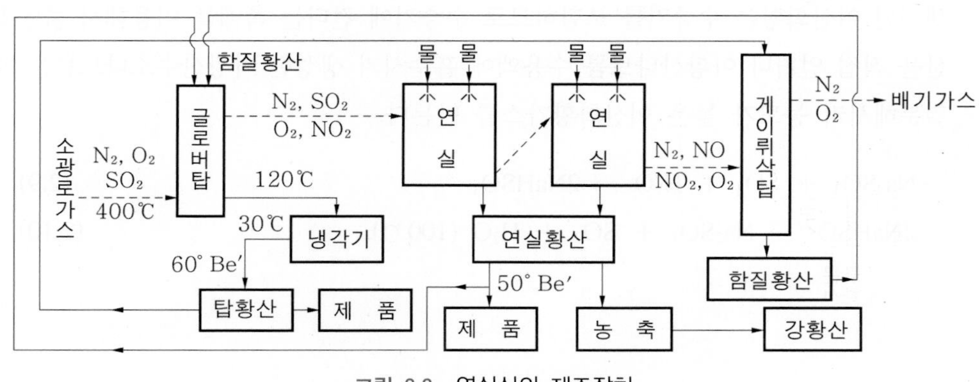

그림 2.9 연실식의 제조장치

되는 공장은 접촉식을 많이 사용한다.

- 접촉식에 의한 황산의 제조

이산화황을 삼산화황으로 전환하여 황산을 제조할 때 현재는 대부분 접촉식을 이용하고 있으며, 질산식은 거의 사용되지 않고 있다. 그림 2.10은 접촉식(Monsanto 식) 황산제조장치 배치도이다.

접촉식은 이산화황과 이것의 산화생성물인 삼산화황 사이의 평형에 기본을 두고 있다.

$$SO_2 + \frac{1}{2}O_2 \rightleftarrows SO_3 \qquad (2.15)$$

이 반응은 촉매 존재하에서 빨리 진행된다. 이 반응은 발열반응이기 때문에 반응의 평형을 생성물 쪽으로 이동시키기 위하여 가능한 한 낮은 온도에서 반응이 진행되어야 한다. 그러나 반응온도가 낮아지면 반응속도가 느려져 생성물의 생성량이 적어지는 문제가 발생한다. 그래서 이러한 경우에 촉매가 필요하며, 이때 촉매는 낮은 쪽의 반응최적온도에서 반응속도를 빠르게 하며 생성량을 증가시킨다.

촉매는 처음에 백금(분말)촉매가 이용되었지만, 가격이 비싸고 피독작용과 소모율이 크므로, 최근에는 바나듐촉매만 이용된다.

바나듐촉매는 오산화바나듐에 조촉매로 황산칼륨을 가해 이것을 실리카겔이나 규조토 등의 담체에 담지시킨 것이다. 일반적인 조성은 V_2O_5 5~9%, K_2O 9~13%, Na_2O 1~5%, SO_3 10~20%, SiO_2 50~70%이고 이것을 입경 4~10 mmϕ, 길이 6~15 mm의 원주상으로 성형하여 사용한다.

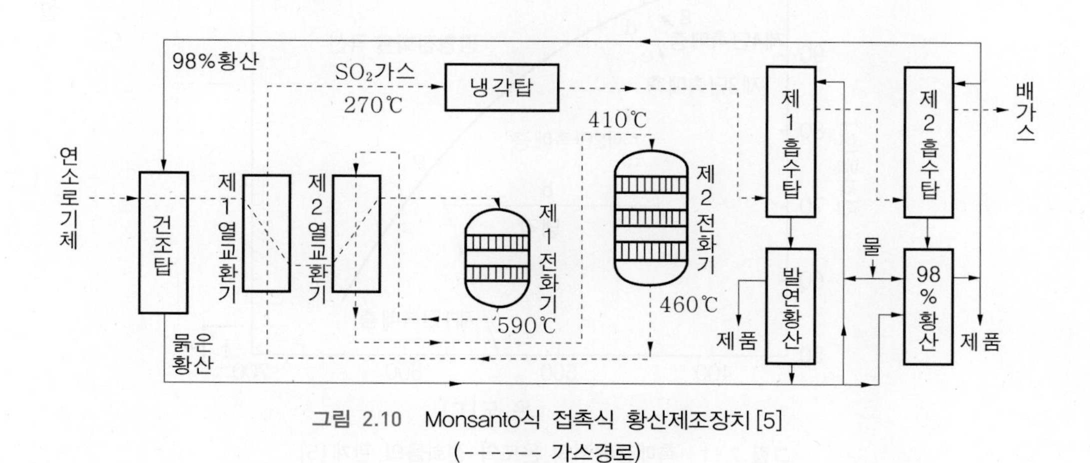

그림 2.10 Monsanto식 접촉식 황산제조장치 [5]
(------ 가스경로)

이들은 주로 저온상태에서 다공성 담체 위에 피복되어 있는 vanadyl sulfate($VOSO_4$)와 아황산칼륨으로 이루어져 있다. 410~440℃ 정도에서 활성성분들은 용융염의 형태로 존재하게 되는데 이때 바나듐의 산화상태(+4/+5)의 변화가 공정에서 결정적인 역할을 한다.

$$V_2O_5 + SO_2 \rightarrow V_2O_4 + SO_3 \tag{2.16}$$

$$2SO_2 + O_2 + V_2O_4 \rightarrow 2VOSO_4 \tag{2.17}$$

$$2VOSO_4 \rightarrow V_2O_5 + SO_3 + SO_2 \tag{2.18}$$

보다 높은 이산화황의 전화율은 생성된 삼산화황의 농도를 낮추거나 작용압력을 증가시킴으로써 높일 수 있다.

촉매는 원료가스(SO_2) 중의 비소, 먼지, 수분 등에 의해 피독되므로 먼저 원료가스를 묽은황산으로 씻고, 제진기를 통과한 후 진한황산으로 충분히 건조시킨 후 사용한다. 바나듐촉매의 특성은 비표면적이 크고 사용년수가 10년 이상이며 피독작용이 적고 고온으로 처리해도 활성이 떨어지지 않고 95% 이상의 전화율을 얻을 수 있는 것이다.

이산화황에서 삼산화황으로의 산화는 주로 촉매입자들이 느슨하게 채워져 있는 4~5개의 체판(sieve tray)을 갖추고 있는 고정층 반응기(촉매전화기)에서 진행된다. 반응가스의 이산화황 농도는 먼저 건조공기를 사용하여 부피백분율 약 10%로 조정된다.

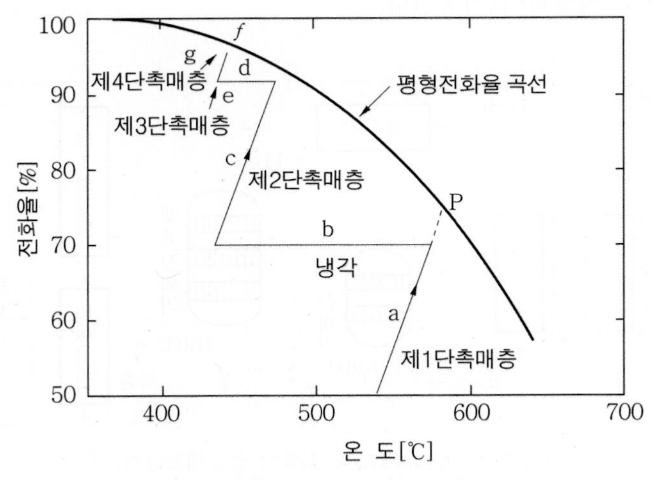

그림 2.11 촉매층에서의 온도와 전화율의 관계[5]

농도 7~8%의 이산화황을 435℃에서 촉매층에 유입시켜 반응열이 전부 반응가스의 온도상승에 이용되었다고 하면, 가스의 온도는 그림 2.11에 나타낸 바와 같이 제1단 촉매층을 통하여 a선에 따라서 상승한다.

농도조정이 된 반응가스는 위에서 아래로 촉매층을 통과하는데 첫 번째 층(tray)에 들어갈 때 가스의 온도는 약 435℃ 정도이고, 배출가스의 온도는 590℃가 된다. 따라서 이들은 두 번째 층으로 유입되기 전에 420℃ 정도로 냉각시켜야 한다.

반응의 진행에 따라 가스온도가 상승하는데 전화율의 상승과 함께 온도는 거의 직선적으로 상승한다.

시간이 지나 평형에까지 반응을 진행하면, p점에 달해 평형이 된다. 이때의 전화율은 74 %이다. 또 반응의 진행에는 반응을 중간에 정지시키고 냉각하여 다시 온도를 420℃로 한 후 제2의 촉매층에 유입시키면 다시 전화가 진행한다. 이와 같은 과정을 계속 반복하면 4 단의 촉매층에 의해 전화율은 약 98% 정도가 된다.

원료가스 중의 이산화황 농도가 8%, 전화율이 98%라고 하면 폐가스 중의 미반응 이산화황 농도는 0.16%(1600 ppm) 정도가 된다. 전화기에서 생성된 SO_3가스를 흡수탑에서 흡수시켜 발연황산과 진한황산을 만든다. 이때 SO_3가스 중에 수분이 많거나 흡수액으로 물이나 묽은황산을 사용하면 SO_3가스는 황산미스트(mist)로 되어 잘 흡수되지 않으므로 가스에 수분을 적게 하거나 진한황산에 흡수시키는 것이 좋다.

황산은 농도 98.3%에서 증기압이 최저이며, 탈수력이 있어서 미스트를 파괴하므로 실제 흡수공정에서는 SO_3를 98% 황산에 흡수시켜 발연황산이나 100% 황산을 만들고, 이것을 묽은황산이나 물로 농도를 조절해서 일부는 제품으로 하고, 일부는 순환시켜 SO_3의 흡수에 이용한다.

(3) 묽은황산의 농축

최근 공해방지 때문에 폐황산을 회수하거나 배기가스 중의 SO_3가스를 회수하여 다량의 묽은황산(15~30%)을 얻을 수 있게 되어 농축이 필요할 때가 있다.

농축에는 묽은황산에 연소가스를 흡입시키는 액중연소방식과 진공증발방식이 있다. 전자는 그림 2.12에서 보는 바와 같이 농축은 70% 정도(비점이 170℃ 정도)가 한도이고, 그 이상에서는 황산의 증기가 발생한다. 장치는 비교적 간단하지만 재료의 부식이 크므로, 탄소질의 재료가 많이 사용된다. 진공증발방식은 설비비가 많이 필요하지만 5~

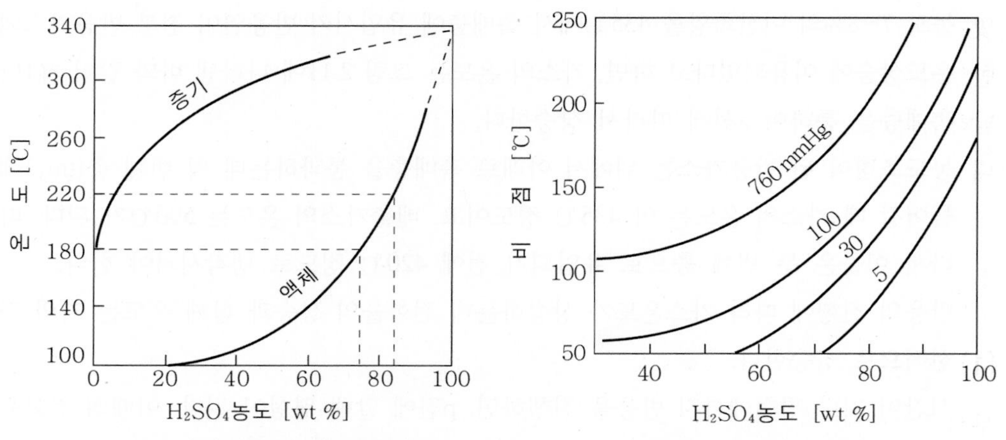

그림 2.12 황산의 비점곡선과 평형증기 조성[6] 그림 2.13 각 증기압하에서의 비점[6]

100 mmHg 저압에서 농축되므로, 그림 2.13과 같이 감압하면 저온에서 고농도의 황산을 얻을 수 있다.

02 질산공업

질산(nitric acid, HNO_3)은 1830년경부터 칠레초석($NaNO_3$, chile saltpeter)을 황산으로 식 (2.19)와 같이 분해하여 제조(칠레초석법)하거나 공기 중에서 방전시켜 공기 중의 질소와 산소로부터 제조(전호법)하였으나, 최근에는 암모니아산화법(일명, Ostwald 법)으로 만들고 있다. 특히 암모니아산화법은 기상반응이 주된 반응이며, 기상반응에서 평형의 이동에 관계하지 않고 압력을 가하는 경우가 있는데 이때의 장점은 장치크기의 최소화, 촉매사용량의 소량화 및 생성물의 농도증가 등이 있다. 흡수공정에서 기체의 흡수율은 온도에 반비례하고, 압력에 비례하므로 저온에서 가압흡수하는 것이 좋다.

$$2NaNO_3 + H_2SO_4 \rightarrow Na_2SO_4 + 2HNO_3 \quad (2.19)$$

$$4NH_3 + 5O_2 \rightarrow 4NO + 6H_2O + 216\ kcal \quad (2.20)$$

$$2NO + O_2 \rightarrow 2NO_2 + 26.9\ kcal \quad (2.21)$$

$$3NO_2 + H_2O \rightarrow 2HNO_3 + NO + 32.3\ kcal \quad (2.22)$$

제2차 세계대전 이후에는 비료분야에서 수요가 크게 늘어났으나 근래에는 화약, 염료 및 석유화학공업 등 여러 공업분야에서 폭넓게 사용되고 있다. 우리나라는 1960년대 중반부터 비료공업과 함께 생산이 시작되었으나, 1971년경 생산을 거의 중단하고 현재는 남해화학과 동부화학 그리고 한국화약 등에서 생산하여 국내시장을 주도하고 있다. 국내 질산수요는 화약과 섬유산업이지만 최근에는 석유화학 분야로 확대되었다.

1. 성질과 용도

(1) 성 질

무색의 액체로 융점은 −41.3℃, 비등점은 86℃이며 물과 임의의 비율로 혼합되며 그 수용액은 강한 1염기산이다. 강산으로서 강력한 산화제이다. 암모니아와 반응하여 질산암모늄을 생성시켜 비료나 폭약으로 이용된다. 또 탄수화물의 산화에도 쓰인다. 산화제로 작용하는 경우에는 다음 반응식에 따라 NO_2를 방출한다.

$$2HNO_3 \rightarrow 2NO_2 + H_2O + \frac{1}{2}O_2 \tag{2.23}$$

Rh, Ir, Pt, Au 이외에 대부분의 금속은 질산에 용해되며, 알루미늄이나 크롬 등은 진한질산 속에서 산화물피막을 생성시켜 부동태가 된다. 질산과 염산의 혼합물인 왕수는 금이나 백금을 용해한다. 유기물에 대해서는 산화되거나 니트로화, 에스테르화반응 등이 일어난다. 이들 반응은 진한질산이나 진한질산과 진한황산의 혼합산 속에서 더욱 잘 진행된다.

(2) 용 도

공업용 묽은질산(50~70%)은 질산암모늄, 질산칼륨 등과 같은 질소함유 비료제조 원료나 인광석분해에 이용된다. 진한질산은 98% HNO_3으로 니트로셀루로스, 니트로글리셀린 등의 니트로화합물의 합성과 염료, 화약, 의약품, 로켓의 연료 등에 이용된다. 공업적으로 중요한 다른 형태의 질산염으로 질산나트륨이 있는데 주로 특수비료나 유리, 범랑공업의 산화제로 사용되고 있다. 세계적으로 볼 때 생산된 질산의 70~80%가 비료공업에 이용되고 15% 정도가 화약공업에, 5~10% 정도는 섬유 및 플라스틱의 전구체인 adipic acid 제조와 니트로벤젠, 디니트로톨루엔 제조 등에 사용되고 있다.

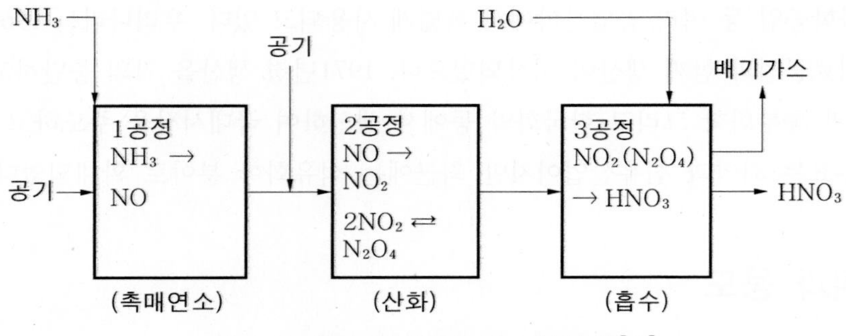

그림 2.14 암모니아산화법 질산제조공정 [12]

2. 제조공정

암모니아산화법에 의한 질산제조는 식 (2.20)과 같이 백금촉매하에 암모니아를 산화시켜 일산화질소를 만드는 첫째 공정과, 식 (2.21)과 같이 일산화질소를 더욱 산화시켜 이산화질소를 만드는 두 번째 공정, 그리고 식 (2.22)와 같이 이산화질소를 물에 흡수시켜 질산을 생성시키는 세 번째 공정 등 3가지 공정으로 그림 2.14와 같다. 전공정을 상압에서 행하는 **상압법**, 가압하에서 행하는 **전가압법**과 두 번째와 세 번째 공정만 가압하는 **부분가압법**이 있다. 이렇게 만든 질산의 농도는 전가압법 및 반가압법에서는 60~65% 정도, 상압법에서는 50% 정도이다.

(1) 암모니아 산화반응

암모니아 산화반응은 700~1,000℃에서 백금 또는 백금에 5~10%의 로듐이 포함된 촉매존재하에서 공기 중의 산소와 암모니아를 다음 반응식에 따라 진행시킨 것이다.

$$4NH_3(g) + 5O_2(g) \rightarrow 4NO(g) + 6H_2O(g) \qquad (2.24)$$

이 반응에서는 다음과 같은 부반응이 일어나기도 한다.

$$2NH_3 \rightarrow N_2 + 3H_2 \qquad (2.25)$$

$$2NO \rightarrow N_2 + O_2 \qquad (2.26)$$

$$4NH_3 + 3O_2 \rightarrow 2N_2 + 6H_2O \qquad (2.27)$$

$$4NH_3 + 6NO \rightarrow 5N_2 + 6H_2O \qquad (2.28)$$

암모니아의 산화율에 영향을 주는 인자는 온도, 압력, 공기(O_2)와 암모니아의 혼합비,

표 2.3 암모니아 산화에 미치는 온도와 압력

압력(atm)	온도(℃)	산화율(%)
1	790~850	97~98
3.5	870	96~97
8	920	95~96
10.5	940	94~95

촉매를 통과하는 가스의 유속 등이지만 특히 온도와 압력의 영향이 가장 크다. 표 2.3은 암모니아 산화율의 온도, 압력의 관계를 나타낸 것이다.

반응온도가 지나치게 높아지면 산화질소가 질소와 산소로 분해되는 부반응이 일어나 산화율이 낮아지고 촉매도 휘발하여 손실된다. 그러나 압력이 높아지면 최적산화율을 얻는 반응온도가 상승한다. 따라서 암모니아 산화공정에서 반응압력이 높으면 평형이 좌측으로 이동하여 산화율이 낮아지는데 이처럼 산화율은 반응온도 및 압력, 공기 및 암모니아 예열온도, 그리고 과잉공기량에 의해서 제어된다. 특히 암모니아와 산소의 혼합가스는 폭발성이 있기 때문에 $[O_2]/[NH_3] = 2.2 \sim 2.3$ 이 되도록 주의해야 한다.

촉매로는 금속산화물 또는 그 밖의 합금이 있지만 현재는 백금(Pt)에 Rh이나 Pd를 첨가하여 만든 백금계촉매가 일반적으로 사용된다.

촉매의 표준조성은 90% Pt-10% Rh, 92.5% Pt-4 % Rh-3.5% Pd이며, 촉매형상은 직경 0.02 mm 선으로 망을 떠서 사용한다. Rh은 가격이 비싸지만 강도, 촉매활성, 촉매손실을 개선하는 데 효과가 있다.

(2) NO의 산화

암모니아 산화반응기를 나온 반응가스를 냉각하면 가스 중의 NO와 과잉산소가 쉽게 반응하여 NO_2를 생성한다.

$$NO(g) + \frac{1}{2}O_2 \rightarrow NO_2(g) + 13.45\ \text{kcal} \qquad (2.29)$$

이 반응은 발열반응이지만 온도가 낮아지면 반응속도가 증가하는 특성을 가지고 있다.

600℃ 정도에서 이산화질소가 생성되기 시작하여 150℃ 정도가 되면 대부분이 이산화질소가 된다. 이 이산화질소를 상온부근까지 냉각시키면 이산화질소의 2분자가 중합하여 사산화질소가 된다.

$$2NO_2 \rightleftarrows N_2O_4 + 13.8\ \text{kcal} \quad (2.30)$$

순수한 사산화질소는 고체로만 존재하고, 기체, 액체에서는 이산화질소를 반드시 함유하고 있다.

(3) NO_2의 흡수

이산화질소 또는 사산화질소를 함유한 가스가 물에 흡수되면 다음 반응에 따라 질산이 생성된다.

$$3NO_2(g) + H_2O(l) \rightarrow 2HNO_3(aq) + NO(g) + 32.3\ \text{kcal} \quad (2.31)$$

$$3N_2O_4(g) + 2H_2O(l) \rightarrow 4HNO_3(aq) + 2NO(g) + 64.4\ \text{kcal} \quad (2.32)$$

이 반응평형은 온도를 낮추고 압력을 높였을 때 질산의 생성율이 높아진다. 이렇게 하여 얻어진 질산농도는 보통 55~63 wt % 정도의 묽은질산이다.

(4) 진한질산의 제조

앞 흡수공정에서 얻어진 질산의 농도는 대부분 68% 이하이다. 유기물의 니트로화 등에는 진한질산이 필요하므로 이것을 98~100%로 농축해야 한다.

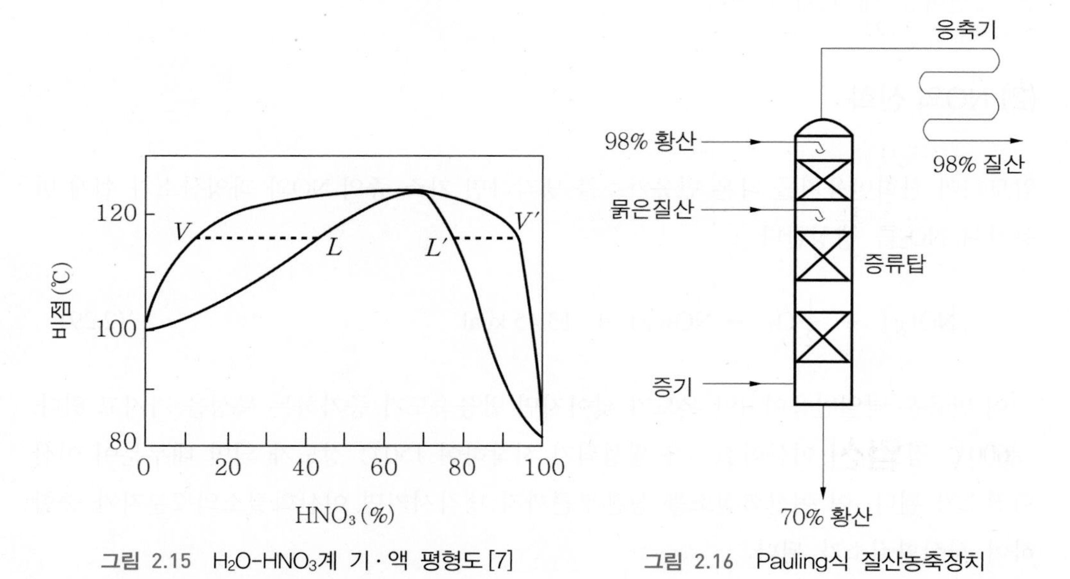

그림 2.15 H_2O-HNO_3계 기·액 평형도 [7]

그림 2.16 Pauling식 질산농축장치

질산은 68%에서 최고공비점(azeotropic point)을 가지므로, 68% 이하의 질산은 가열하여 68%까지 농축시킬 수 있지만 그 이상(68% 이상)의 질산은 불가능하다(그림 2.15). 따라서 증발농축으로 진한질산을 만들 때는 묽은질산에 진한황산을 가하여 증류하는 Pauling 식이나, 탈수제로 $Mg(NO_3)_2$를 가하여 탈수농축하는 Maggie 식 등이 이용되고 있다. 그러나 진한황산을 이용하는 Pauling 식이 오래전부터 사용되고 있는데 그 방법을 그림 2.16에 나타내었다. 황산 대신 부식성이 작은 질산마그네슘을 이용하는 Maggie 식은 70~72% 농도의 질산마그네슘을 사용하여 묽은질산을 탈수농축하는 방법인데, 이때 자신은 55~65% 농도가 되므로 이것을 농축하여 다시 사용한다. 이 방법은 Pauling 식보다는 수율과 품질이 좋고 설비비가 적게 들지만 운전비가 많이 든다. 질산마그네슘을 사용하여 묽은질산을 탈수농축하는 방법인데, 이때 자신은 55~65% 농도가 되므로 이것을 농축 재로 사용한다. 이 방법은 Pauling 식보다는 수율과 품질이 좋고 설비비가 적게 들지만 운전비가 많이 든다.

(5) 질산제조에서 생성되는 배출가스

흡수탑에서 흡수 후의 배출가스는 갈색의 NO_x가 0.1~0.2% 정도 포함되어 있어 처리하지 않으면 안 된다.

배기가스 처리를 위해 최근에는 배기가스에 메탄이나 수소를 혼합시켜 700~1000℃에서 백금이나 로듐계 촉매층을 통과하게 하므로써, NO_2를 N_2로 환원시켜 배출한다(촉매환원법). 일부 공장에서는 배출가스를 가성소다로 씻어, 아질산나트륨으로 회수하여 염료용 등에 사용하기도 한다(흡수법).

$$2NaOH + NO_2 + NO \rightarrow 2NaNO_2 + H_2O \quad (2.33)$$

그러나 방출되는 배출가스의 양은 암모니아 산화나 일산화질소 산화 시 순수한 산소를 사용함으로서 현저히 감소시킬 수 있는데 이 경우 경제성은 떨어진다.

03 염산공업

염산(hydrochloric acid, HCl)은 염화수소의 수용액이며 염화수소산이라고도 한다. 우리 주변에서 널리 사용되고 있는 중요한 산의 하나로서, 염화수소 기체를 물에 흡수시켜 만든다. 공업적 제법으로는 염화나트륨 수용액을 전기분해하여 가성소다를 만들 때 얻어지는 수소가스와 염소가스를 반응시켜 얻는 합성염산법과 기타 화학제품 제조시 부생되는 부생염산법이 주종을 이루고 있다. 1980년대 초까지는 대부분이 합성염산이었으나 현재는 부생염산이 대부분을 차지하고 있다.

1. 성질과 용도

(1) 성 질

염화수소는 무색의 자극성이 강한 기체로 공기보다 무겁고 암모니아 다음으로 물에 잘 녹는다. 진한염산은 비중이 1.18 이고 염화수소가스가 약 35% 녹아 있는 수용액으로 자극적인 냄새가 나며, 병의 마개를 열 때 흰 연기가 나오는 것은 물에 녹아 있던 염화수소가 가스로 되어 나가다가 공기 중의 수분과 만나서 염산의 작은 방울을 만들기 때문이다. 또 염화수소는 암모니아와 만나 짙은 흰 연기로 보이는데 이것은 염화암모늄의 작은 알갱이가 형성되기 때문이다. 염산은 강산으로 알루미늄, 마그네슘, 아연 및 철과 같은 이온화경향이 큰 금속과 반응하여 수소가스를 발생시킨다. 이온화경향이 작은 수은, 금, 백금, 은 등과는 반응하지 않으나 구리, 철, 니켈 등과는 가열하면 이들 금속이 녹는다. 금속의 산화물은 일반적으로 반응하여 염화물이 된다.

(2) 용 도

염산은 식품, 의약품, 무기 및 유기약품, 염료, 농약 등의 제조공업에 사용되는데, 식품제조에서 가장 큰 용도는 글루탐산나트륨, 간장 등 아미노산 조미료의 제조이다. 직접적으로는 금속 공업에서 철의 녹을 닦아내거나 야금과 도금용으로 사용되고, 기타 기계공업 등에도 사용된다. 철에 대하여 부식성이 크기 때문에 공업적으로 사용하는 데에는 황산 다음으로 많이 쓰인다.

2. 제조공정

현재 염산제조방법에는 합성염산법과 부생염산법이 있다.

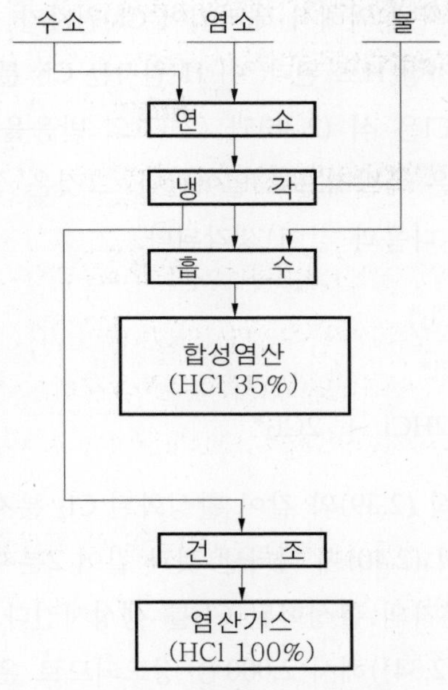

그림 2.17 합성염산 제조공정

(1) 합성염산

합성염산은 소금수용액을 전해하여 NaOH를 제조할 때 부생되는 H_2와 Cl_2를 서로 연소반응(식 2.34)시켜 HCl을 만드는 공정(연소탑)과 이것을 물에 흡수시키는 흡수공정(흡수탑) 등 2개 공정으로 이루어져 있다. H_2와 Cl_2의 혼합가스는 어두운 곳에서는 실온에서도 안정하지만 가열하면 폭발적으로 반응하기 때문에 실온에서도 자외선을 쪼이면 폭발적으로 반응한다.

$$H_2(g) + Cl_2(g) \rightarrow 2HCl(g) + 44.12\ \text{kcal} \qquad (2.34)$$

① **H_2와 Cl_2로부터 HCl 생성반응**: H_2와 Cl_2 사이에는 일종의 연쇄반응(chain reaction)이 일어난다고 생각되며, 저온 · 저압의 경우와 고온 · 고압의 경우와는 반응양식이 다르다. 저온 · 저압의 경우 다음과 같이 진행된다.

$$Cl_2 + \text{에너지} \rightarrow 2Cl\bullet \qquad (2.35)$$

$$Cl\bullet + H_2 \rightarrow 2HCl + H\bullet \qquad (2.36)$$

$$H\bullet + Cl_2 \rightarrow HCl + Cl\bullet \qquad (2.37)$$

먼저, Cl_2 분자가 열에너지에 의해서 해리되어 Cl 원자가 생성된다. 이 Cl 원자는 H_2 분자와 반응해서 HCl과 원자상 H로 된다. 이 H 원자는 Cl_2 분자와 반응해서 HCl과 원자상 Cl로 된다. 이 원자상 Cl은 식 (2.36)과 (2.37)의 반응을 반복한다.

고온·고압의 경우 반응은 폭발적으로 일어난다. 그것은 상기의 연쇄반응의 분기(分岐)가 일어나기 때문인데, 다음과 같이 생각된다.

$$Cl_2 + \text{에너지} \rightarrow Cl_2^* \tag{2.38}$$

$$Cl_2^* + H_2 \rightarrow 2HCl^* \tag{2.39}$$

$$2HCl^* + 2Cl_2 \rightarrow 2HCl + 2Cl_2^* \tag{2.40}$$

*표는 활성화된 분자이고 식 (2.39)와 같이 활성화된 Cl_2 분자는 2분자의 활성화된 HCl 분자를 생성하며, 이것은 식 (2.40)에 나타낸 것과 같이 2분자의 활성화된 Cl_2를 생성시키고, 다음 단계에서는 4분자의 활성화된 Cl_2를 생성시킨다.

반응은 심하게 발열(식 (2.34))해서 2,000℃ 정도되므로 온도를 1,300~1,400℃로 유지시켜 폭발적인 연소반응의 진행을 억제하기 위하여 공급가스 양과 가스압을 조절하고, 연소탑의 외부를 물로 냉각시키기도 한다.

반응은 연쇄적으로 급속히 진행되며 폭발할 위험이 있으므로 주의해야 한다. 실제로 내열, 내염소성의 석영유리 또는 합성수지 함침 불침투 흑연재료로 만든 반응기를 사용하여 광선을 차단하고 $H_2 : Cl_2$ 원료의 몰비를 1 : 1보다 약 10% 수소과잉의 상태로 하여 반응시켜 폭발을 방지할 뿐만 아니라 미반응의 Cl_2를 남기지 않게 하고 있다.

② HCl 가스의 흡수: 일반적으로 가스를 액체에 흡수시켜 얻어지는 용액의 최고농도는 용액이 나타내는 그 가스의 증기압이 가스상의 분압과 같아졌을 때이다. 가스상의 분압이 용액으로부터의 가스의 증기압보다 크면 흡수가 일어나게 되는데, 흡수의 비율은 압력차에 의해서 정해진다. HCl 가스의 물에 의한 흡수와 같이 가스가 매우 용해도가 큰 경우에는, 흡수에 대한 저항은 가스-액체 계면의 가스측에 있고 흡수속도는 다음 식 (2.41)로 표시된다.

$$\omega = KA\Delta p \tag{2.41}$$

ω: 흡수속도 [kg·mol/hr]

K: HCl 가스의 흡수계수 [kg·mol/m^2·hr·atm]

A: 가스와 액체의 접촉면적 [m^2]

Δp: 기상의 HCl 분압과 액상의 HCl 증기압 차 [atm]

이 식을 써서 흡수되는 HCl 가스의 농도와 여러 농도의 염산이 나타내는 HCl 가스의 증기압으로부터 생성 HCl의 농도가 구해진다.

지금 여러 농도의 염산용액상의 HCl 가스와 H2O의 증기압과 온도와의 관계를 보면(표 2.4, 2.5), HCl 20% 이하의 염산은 HCl의 증기압이 낮아 매우 희박한 가스와 평형을 이루고 있는 것을 알 수 있다. 따라서 희박한 가스라 해도 물속에 통과시켜 묽은산을 만드는 경우에는 거의 완전히 흡수된다.

그러나 진한염산용액은 저온에서도 HCl의 증기압이 높아, 생성되는 산의 농도는 한정된다. 또 증기압은 온도와 함께 증가하므로 흡수는 저온 쪽에서 행하는 것이 좋다.

연소탑에서 생성된 HCl 가스(600~700℃)는 횡형(橫型)의 물냉각관에서 냉각한 후 흡수탑의 상부에 들어간다. 흡수탑은 불침투 흑연제의 다관식으로 관내에서 흡수가 일어나고 관 외에 냉각수가 흐른다. 가스와 흡수수는 병류(並流)이고, 유하박막형(流下薄膜型)으로 흘린다. 이것은 열적 성질이 뛰어난 불침투성 흑연의 큰 특징으로 단위 면적당 흡수능력을 매우 크게 할 수 있다.

흡수탑에서 미흡수된 가스는 탑의 하부로 나와 회수탑(충전탑)의 하부로 공급되어 새로운 흡수수와 향류접촉시켜 회수하고, 이 흡수수는 흡수탑의 상부로 들어간다.

원료가스의 압력은 일정하게 유지할 필요가 있기 때문에 Cl_2와 H_2 가스연소용 버너를 연소탑 하부에 장치한다. 연소탑은 정상부와 하부 및 HCl 가스 출구관이 불침투 흑연제

표 2.4 염산용액상의 H_2O의 증기압 [7](단위: mmHg)

HC l [%]	0℃	10℃	20℃	30℃	50℃	80℃	100℃
10	3.84	7.70	14.6	26.8	80.0	310	960
20	2.62	5.40	10.3	19.0	57.0	230	729
28	1.50	3.21	6.32	11.8	36.5	154	499
36	0.68	1.50	3.10	6.08	20.4	90.0	311
40	0.41	0.94	2.00	4.09	14.5	67.3	230

표 2.5 염산용액상의 HCl의 증기압 [7](단위: mmHg)

HC l [%]	0℃	10℃	20℃	30℃	50℃	80℃	100℃
4	0.000018	0.000069	0.00024	0.00077	0.0064	0.095	0.93
12	0.00099	0.00305	0.0088	0.0234	0.136	1.34	9.3
20	0.0316	0.084	0.205	0.48	2.21	15.6	83
28	1.0	2.27	4.90	9.90	35.7	188	760
36	29.0	56.4	105.5	188	535	–	–
40	130	233	399	637	–	–	–
44	510	840	–	–	–	–	–

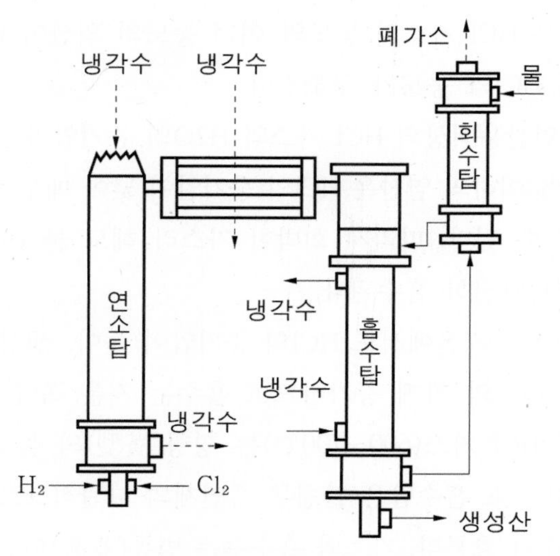

그림 2.18 합성염산의 제조장치

이다. 고온시 재질의 산화소모를 방지하기 위하여 외부에 냉각수를 흘린다. 합성염산의 제조장치는 그림 2.18과 같이 연소탑, 냉각관, 흡수탑 및 회수탑으로 되어 있다.

조업 중에 폭발이 일어나는 원인의 또 하나는 흡수관에 과잉의 H_2를 동반한 HCl 가스가 들어갔을 때, 후자는 흡수되므로 흡수탑내는 점차 H_2가 농후하게 된다. 몇 가지 이유 때문에 Cl_2가 과잉으로 되거나 공기가 유입된 경우에는 그들이 최후로 남아 있는 H_2와 혼합되어 광선, 열, 충격 등에 의해서 반응이 급격히 일어나 폭발하게 된다. 또 버너로 연소하면 장치 내 가스의 체적이 감소되어 외부의 공기가 들어와 H_2와 반응하여 폭발할 수 있다.

합성염산의 생산량은 가스압력, 버너의 지름, 흡수관 입구의 가스온도, 흡수관의 수와 냉각수량, 온도 등으로 정해지는데, 흡수면적은 특히 중요한 인자이다. 원료가스의 혼합비와 생성 HCl 가스의 농도, 제품의 품위 등의 한 가지 예를 표 2.6에 표시한다.

표 2.6 제조조건에 의한 합성염산의 품위와 배출가스 [7]

혼합비 Cl_2: H_2	HCl 가스 농도[%]	염산의 품위		배출가스 [%]		
		HCl[%]	유리HCl [%]	H_2	HCl	Cl_2
1: 0.9	81.5	35	0.0094	2.4	1.7	0
1: 1.0	70.8	35	0.0063	1.5	0.6	0
1: 1.2	78.6	35	0.006	1.4	0.6	0.9

(2) 부생염산

최근에는 염소가 유기합성공정에 많이 사용되기 때문에 그 부산물로서 염산을 얻고 있다. 특히 탄화수소의 염소화에 따라 유기염소화합물을 만들 때에 부생되는 염산을 정제해서 순수한 염산으로 만들 수 있다.

$$\underset{\text{에틸렌}}{CH_2 = CH_2} + Cl_2 \rightarrow \underset{\text{염화비닐}}{CH_2 = CH(Cl)} + HCl \quad (2.42)$$

국내에서 생산되는 대표적인 부생염산은 우레탄 원료인 TDI(toluene diisocyanate), MDI(methylene diphenyldiisocyanate) 제조 시나 칼륨비료인 황산칼륨의 제조 시 및 에폭시수지 원료인 epichlorohydrine 제조 시 부생되는 염산이 대표적이다[8].

① TDI, MDI 제조 시: diisocyanate의 제조는 각각에 대응하는 diamine을 포스겐(phosgene)과 반응시킨다. 또한 isocyanate는 알코올과 같이 반응성이 있는 수소를 가진 화합물이 접근하면 아미드 결합으로 연결해 나가며 우레탄이 된다.

$$R(NH_2)_2 + \underset{\text{phosgene}}{2COCl_2} \rightarrow \underset{\text{diisocyanate}}{R(NCO)_2} + 4HCl \quad (2.43)$$

$$\underset{\text{isocyanate}}{-NCO} + \underset{\text{alcohol}}{HO-R} \rightarrow \underset{\text{urethane}}{-CONH-OR} \quad (2.44)$$

② 황산칼륨 제조 시

$$2KCl + H_2SO_4 \rightarrow K_2SO_4 + HCl \quad (2.45)$$

현재 경기화학이 생산하고 있는 공정으로, 황산칼륨 90만 톤 생산에 35% 염산이 90만 톤 정도 부생된다.

③ Epichlorohydrine 제조 시

$$CH_3CH = CH_2 + Cl_2 \rightarrow CH_2 = CHCH_2Cl + HCl \tag{2.46}$$

$$CH_2 = CHCH_2Cl + Cl_2 + H_2O \rightarrow (HO)CH_2CHClCH_2Cl + HCl$$

$$2(HO)CH_2CHClCH_2Cl + Ca(OH)_2 \rightarrow 2\underbrace{CH_2-CH}_{O}_2-CH_2-Cl + 2H_2O + CaCl_2$$

epichlorohydrine

한양화학에서 epichlorohydrine 제조 시 부생되는 염산은, 프로필렌이 염소와 반응하여 allyl chloride 생성될 때와 allyl chloride가 다시 염소와 반응할 때 부생한다.

04 인산공업

인은 동식물의 생존에 필수적인 원소이며, 식물에는 0.2~0.8% 함유되어 있고, 동물에는 뼈, 이빨 등의 중요한 성분이다. 또 피틴, 인지질, 인단백질, 핵산 등 각종의 유기화합물로서 체내에 함유되어 있다. 인과 인화합물은 인산 이외에도 농업용 비료, 식품첨가제, 금속 표면 처리제, 반도체재료에 이르기까지 폭넓게 이용되고 있다.

인을 함유한 광물은 지구상에 폭넓게 분포되어 있는데 지각에는 P_2O_5로서 평균 0.23% 정도 존재하고 바닷물 속에도 미량이 함유되어 있다.

인산(phosphoric acid)의 공업적 제조방법에는 인광석($3Ca_3(PO_4)_2 \cdot CaF_2$)을 원료로 하여 처리방법에 따라 습식(wet process)과 건식(thermal process)이 있다. 습식법은 인광석을 황산으로 분해하여 만들며 습식 인산의 70%는 비료로, 나머지는 정제하여 각종 공업약품의 제조에 이용된다. 건식법은 먼저 황인을 만들고 이것을 오산화인으로 산화시켜 물에 용해시키면 인산으로 되는데, 주로 식품공업과 약품제조에 이용된다. 고순도의 인산을 필요로 하는 분야에는 습식으로 만든 인산을 정제처리하여 사용하거나 건식인산을 사용한다.

1. 성질과 용도

(1) 성 질

인산(H_3PO_4)은 무색, 무취, 투명한 점성이 있는 액체로서 농도가 높아지면 결정화하기 쉽다. 비휘발성이며 조해성이 있다. 100% H_3PO_4 (P_2O_5 함량 72.4%) 이상은 축합인산이라 부르며 105, 116% H_3PO_4가 시판되고 있다.

인산은 염산, 질산에 비하여 약산이지만 Fe, Al, Zn 등과 반응하여 수소를 발생시키고 각각의 염을 생성한다. 이들 인산염은 물에 불용성이며 금속표면에 보호피막을 형성하는 경우가 많아 인산염방식 피막형성 처리제로 이용된다.

(2) 용 도

인산으로 제조된 생산물 중 가장 중요한 것은 비료이다. 인산 자체로는 금속 표면처리제로 가장 많이 사용되지만 이 밖에도 다음과 같은 분야에 사용된다.

- 공업용 세척제
- 부식억제제
- 유기화학반응의 촉매
- 가축사료용 영양제 및 식품가공
- 의약품

건식인산은 주로 식품공업 분야에 이용되고, 분말세제에 사용되는 인산염은 건식인산이나 정제한 인산을 사용하여 제조한다.

2. 제조공정

인광석을 원료로 하여 인산을 공업적으로 만드는 방법에는 원소상태의 인을 연소와 수화에 의해서 만드는 건식법과 인광석의 황산분해에 의해서 만드는 습식법으로 대별한다. 건식법은 인광석을 환원하여 원소 인을 만들고 이 인을 공기로 산화시켜 P_2O_5로 한 후 물에 흡수시켜 인산을 만드는 방법이다. 여기에는 1단법과 2단법이 있다.

또한 습식법은 인광석을 산분해(황산, 염산, 질산)하여 제조한 인산으로 주로 비료제조와 사료첨가제용으로 사용한다.

(1) 건식인산

건식인산과 황인의 제조공정은 그림 2.19에 나타낸 것과 같다. 먼저 인광석을 규사, 코크스와 함께 전기로에서 1,500℃로 가열하면 규사는 인광석 중에 있는 석회와 반응하여 규산칼슘으로 되어 슬래그를 만들고, 유리된 P_2O_5는 코크스로 환원되어 인 증기로 된다. 인 증기를 제진한 후 냉각 응축시켜 액체인(황인)으로 만든다. 이 액체인을 공기로 산화하여 P_2O_5로 되게 한 후 물에 용해시켜 인산을 만드는 방법이다. 각 공정의 반응식은 식 (2.47)~(2.49)와 같다.

$$2Ca_5F(PO_4)_3 + 9SiO_2 + 15C \rightarrow 3P_2 + \underbrace{9CaSiO_3 + CaF_2}_{\text{슬래그}} + 15CO \quad (2.47)$$

$$4P + 5O_2 \rightarrow 2P_2O_5 + 720\ \text{kcal} \quad (2.48)$$

$$P_2O_5 + 3H_2O \rightarrow 2H_3PO_4 + 45\ \text{kcal} \quad (2.49)$$

건식법에는 식 (2.47)과 같이 전기로에서 나온 인 증기와 CO 가스를 그대로 연소실에서 식 (2.48)과 같이 산화하여 P_2O_5로 되게 한 후 식 (2.49)에 따라 수화시켜 인산을 만드는 1단법이 있고, 전기로에서 나온 인 증기를 응축시켜 액체 황인으로 만들어 여과·정제한 후에 식 (2.48)과 (2.49)에 따라 산화, 수화시켜 인산을 만드는 2단법이 있다. 현재는 거의 2단법만 이용되고 있다. 고순도의 규사를 사용하여 불순물의 혼입을 미리 방지하고 최저의 융점을 갖는 슬래그가 되도록 규사의 양을 조정하여 첨가하여야 한다. 이것은 인광석 중에 있는, 환원되기 어려운 불순물을 슬래그에 포집시켜 유리 P_2O_5의 순도를 높이기 위함이다. 인광석도 입도가 균일한 것이 좋고 코크스도 휘발분과 회분이 적은 것이 좋다. 생성된 P_2O_5의 열가스를 물이나 30% 정도의 인산에 흡수시켜 90% P_2O_5의 인산까지 만든다. 수화기로부터 약간의 인산 미스트가 나오므로 포집기로 회수

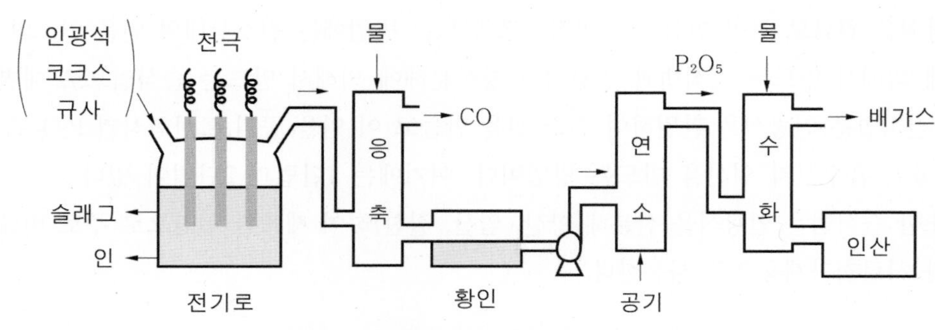

그림 2.19 황인과 건식인산의 제조공정 [4]

해야 한다.

2단법의 특징은 고순도 및 고농도의 인산을 만들 수 있으며, 전기로에서 나오는 CO 가스는 수소의 제조와 연료로 이용할 수도 있다.

(2) 습식인산

인광석을 황산으로 분해하여 생성한 석고를 여과시켜 얻은 인산을 습식인산이라 하며, 반응식은 식 (2.50)과 같다. 습식인산은 용해되거나 불용해된 많은 불순물을 함유하고 있기 때문에 건식 인산에 비하여 값이 싸며 불순물 문제에 대한 영향이 적은 인산비료 제조에 대부분 쓰이고 있다.

$$3Ca_3(PO_4)_2 \cdot CaF_2 + 10H_2SO_4 + 20H_2O = 6H_3PO_4 + 10(CaSO_4 \cdot 2H_2O) + 2HF \quad (2.50)$$

식 (2.50)과 같은 반응으로 인광석의 약 1.7 배의 석고가 발생하므로 석고의 결정을 크게 성장시켜 여과·세정하기 쉽도록 하는 것과 석고의 품질을 좋게하여 이용가치를 높이는 것 등이 제일 중요하다. 인산의 농도는 P_2O_5 26~30%가 보통이고, 석고는 75~80℃ 이하에서는 이수염(二水鹽), 85~120℃에서는 반수염(半水鹽), 125℃ 이상에서는 무수염이 안정한 형태다. 이 석고 3종의 형태들의 안정영역을 나타낸 것이 그림 2.20이다. 석고의 형태에 따라서 여러 가지 제법이 있다.

생성한 석고의 형태는 반응시의 인산농도와 온도에 의존하고 용존불순물의 질과 양에

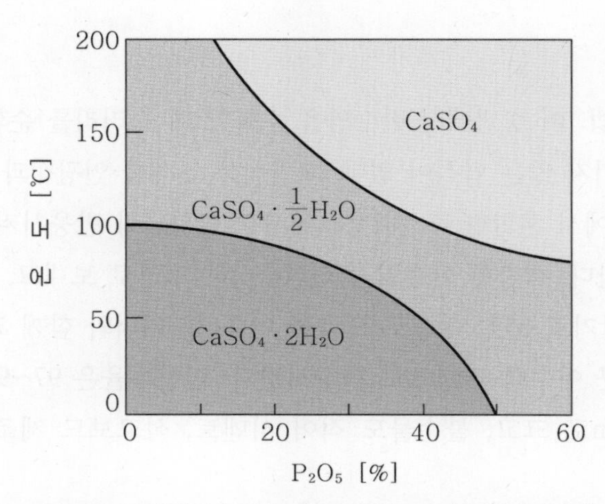

그림 2.20 인산의 농도와 온도에 따른 석고의 형태 [9]

영향을 받는다. 용존불순물은 생성하는 석고의 결정형태에 영향을 미친다. 부생하는 석고의 양은 제품인산의 약 3배 생성되며 여과기에 의해 여과되어 인산과 분리 회수된다. 제조된 습식인산은 거친 인산으로 농도는 공정에 따라 30~50% P_2O_5 정도이다. 비료용 원료로는 40~50% P_2O_5로 농축하여 사용하는 경우가 많다.

인광석에 함유되어 있는 플루오르는 HF로 되어 부식과 공해문제를 야기하므로, SiO_2와 가성소다로 식 (2.51)~(2.53)과 같이 반응시켜 헥사플루오르규산나트륨(Na_2SiF_6)으로 침전시켜 처리한다. 헥사플루오르규산나트륨은 빙정석(氷晶石)이나 법랑의 원료로 이용된다.

$$4HF + SiO_2 \rightarrow 2H_2O + SiF_4 \text{ (반응열로 휘발)} \tag{2.51}$$

$$3SiF_4 + 2H_2O \rightarrow 2H_2SiF_6 + SiO_2 \cdot nH_2O \text{ (물로 흡수)} \tag{2.52}$$

$$H_2SiF_6 + 2NaOH \rightarrow Na_2SiF_6 + 2H_2O \tag{2.53}$$

① **이수염법**: 이 방법이 습식인산제법의 표준방법이다. 먼저 분쇄한 인광석을 제1분해 탱크에서 묽은인산 및 순환슬러리와 혼합하고 제1분해 또는 제2분해 탱크에 묽은황산을 첨가·혼합한 다음 분해탱크와 숙성탱크에서 반응의 진행과 석고의 숙성을 진행시킨다. 이때 이수염 안정영역의 온도(약 70℃)에서 유지되도록 슬러리를 냉각하거나 공기를 분해액에 불어넣어 냉각한다.

석출한 이수염은 여과·분리해내고 여액은 약 30% P_2O_5의 인산제품으로 한다. 세정액은 묽은인산이므로 인광석의 분해에 사용된다. 이수염은 10~30 μm으로 작고, 인산분과 플루오르를 함유하고 있어서 시멘트나 석고보드 제조의 원료로 사용하기에는 곤란하다.

② **반수·이수염법**: 이 방법에서 반수염을 수화할 때 슬러리를 순환시키는 교반식(그림 2.21)과 순환시키지 않는 탑식이 있다. 교반식은 분쇄한 인광석과 약 20% P_2O_5의 인산을 제1분해 탱크에서 혼합한 후 제2탱크에서 진한황산과 반응시켜 그 반응열로 온도 90~110℃를 유지한다. 석출한 반수염 슬러리를 결정탱크로 보내고, 최종 결정탱크에서 나온 것을 진공냉각기로 65℃ 정도로 냉각한 이수염슬러리와 함께 교반·순환시키면서 수화시켜 양질의 큰 이수염 결정으로 성장시킨다. 인산수율은 97~98%로 높아지며 이수염은 50~100 μm로 크고, 불순물도 적어 시멘트, 석고보드 제조원료로 사용할 수 있다.

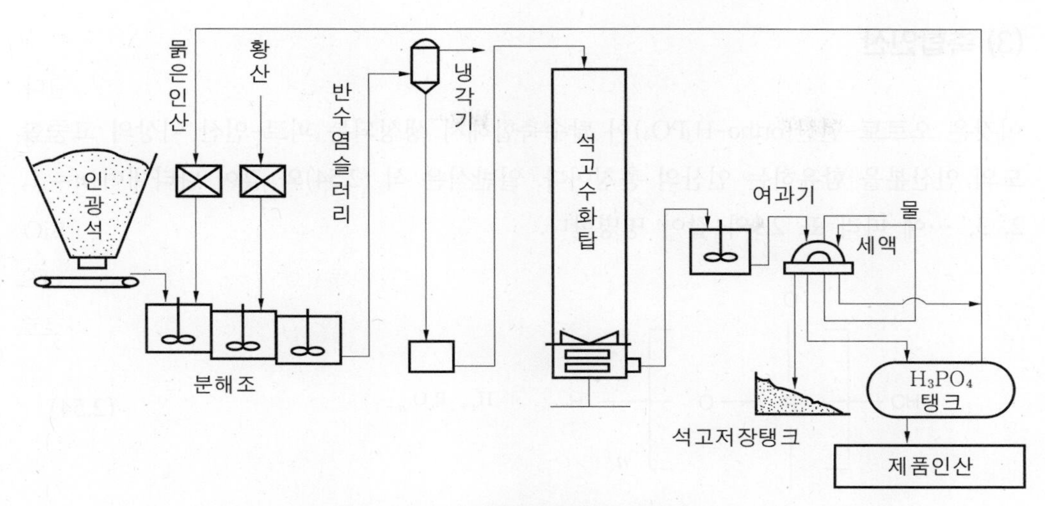

그림 2.21 교반식 반수·이수염법[9]

탑식은 반수염슬러리를 이수염 안정영역의 온도까지 냉각한 후 다량의 이수염 결정종과 활성인 규산을 첨가하여 수화탑 내에서 거의 정지상태로 하여 수화와 결정을 생장시킨다. 결정의 크기는 200~300 μm 정도되며, 33~35% P_2O_5의 인산을 만들 수 있다.

인산은 30%의 농도에서는 과인산석회나 고도 화성비료를 제조하는데 수분이 너무 많으므로 40~50% 정도까지 농축해서 사용해야 한다. 농축법으로서는 진공증발식과 액중연소식(연소불꽃을 불어넣거나, 혹은 액중에 버너를 넣어 연소시킨다)이 있다. 습식인산은 P_2O_5 68% 정도 이상으로 농축하면 피로인산, 트리폴리인산 등의 축합인산을 생성된다.

표 2.7 이수염법과 반수·이수염법의 비교

수화물의 종류	석고결정의 크기 [μm]	석고 중의 P_2O_5 [%]		인산수율 [%]
		전체	수용성	
이수염법	10~50	1~1.5	0.2~0.5	90~95
반수·이수염법	30~100	0.3~1.0	0.1~0.2	85~98

표 2.8 습식인산의 화학성분(단위: %)

구분	P_2O_5	SO_3	Fe_2O_3	Al_2O_3	CaO	SiO_2	F
보기 1	26.8	4.2	0.9	1.0	0.2	1.1	2.0
보기 2	30.2	2.3	1.3	0.9	0.2	1.0	2.5

(3) 축합인산

이것은 오르토-인산(ortho-H_3PO_4)이 탈수축합해서 생성되는 피로-인산 이상의 고중합도의 인산분을 함유하는 인산의 총칭이다. 일반식은 식 (2.54)와 같이 나타내며 $n=1$, 2, 3, …에 따라 표 2.9와 같이 명명한다.

$$\mathrm{HO}-\left[\begin{array}{c}\mathrm{O}\\ \|\\ \mathrm{P}-\mathrm{O}\\ |\\ \mathrm{OH}\end{array}\right]_n-\mathrm{H} \qquad H_{n+2}P_nO_{3n+1} \tag{2.54}$$

표 2.9 *ortho*-H_3PO_4의 중합도 n, 화학식과 명칭

n	화학식	명칭
1	H_3PO_4	*ortho*-H_3PO_4
2	$H_4P_2O_7$	*pyro*-H_3PO_4
3	$H_5P_3O_{10}$	*tripoly*-H_3PO_4
4	$H_6P_4O_{13}$	*tetrapoly*-H_3PO_4

축합인산(super phosphoric acid)은 무수인산(P_2O_5)을 첨가·용해시키거나 건식인산 제조시 수화공정에서 물의 양을 조절하여 직접 고농도의 축합인산을 얻는 방법이 공업적으로 행해지고 있다. 축합인산의 조성은 P_2O_5의 농도에 따라 P_2O_5 농도가 70 % 이상이면 H_3PO_4 이외에 피로인산($H_4P_2O_7$)이나 트리폴리인산($H_5P_3O_{10}$) 등 양한 종류의 쇄상, 환상 고분자인산의 혼합물인 축합인산이 된다.

축합인산은 흡습성이 커서 물을 가하면 축합이 파괴되어 오르토-인산이 되는 성질이 있으며 Ca^{2+}, Mg^{2+}, Al^{3+}, Fe^{3+} 등의 금속이온에 대하여 킬레이트적 작용을 가지고 있기 때문에 트리폴리인산나트륨($Na_5P_3O_{10}$)은 세제첨가물로 많이 이용된다. 축합인산은 유기합성의 촉매로 이용되고, 인산형 연료전지의 전해질 등에도 쓰인다.

05 제염공업

소금은 식용 외에도 소다나 수소와 염소공업에서 매우 중요한 원료자원이다. 소금의 명칭은 종류에 따라 다음과 같이 구분한다.

원 료	암염(岩鹽)	해수(海水)	염토(鹽土)	염호(鹽湖)	염지(鹽池)	염천(鹽泉)	염정(鹽井)
생산된 염의 명칭	암염 (岩鹽)	해염 (海鹽)	토염 (土鹽)	호염 (湖鹽)	지염 (池鹽)	천염 (泉鹽)	정염 (井鹽)

세계의 소금생산량은 1억 4천 M/T이며 원료별로 구분하면 암염(5,840만 톤, 41%), 해염(3,740만 톤, 26%), 지하함수(4,220만 톤, 29%), 기타(520만 톤, 4%) 등이다. 해수 중에 있는 소금의 농도는 약 2.7% 정도인데 세계 대부분의 지하에는 암염층이 있어 자원적인 면에서 보면 거의 무한하다 할 수 있다.

세계 소금생산량의 40%를 점유하고 있는 암염은 유럽과 미국 등지에서 주로 생산되며, 그 조성은 표 2.10과 같다.

해수의 조성은 다음 표 2.11과 같으며 해수 중에 녹아 있는 염의 종류를 용해도가 작은 순서로 나열하면 $CaCO_3$, $CaSO_4$, NaCl, $MgSO_4$, $MgCl_2$ 순이므로, 해수를 가열·농축하면 수분의 40~50%를 증발한 부근에서 미량의 $CaCO_3$가 석출되기 시작하고 계속 농축하면

표 2.10 암염의 조성 예 [10](단위: %)

산지	$CaSO_4$	$CaCl_2$	$MgSO_4$	$MgCl_2$	Na_2SO_4	KCl	NaCl	용해도	수 분
Stassfurt (독일)	0.83	–	0.27	–	0.21	0.10	99.54	–	0.05
Gasleben (독일)	0.32	–		–	0.16	0.08	99.37	0.02	0.05
Cardoner (스페인)	0.88	0.14	–	0.14	–	–	97.87	0.85	0.12
Northwich (영국)	0.25	0.68	–		–		96.70	1.74	0.63
Abu Ali laland (미국)	0.27	0.04	–	–	–	–	99.16	0.53	–
Retsof (미국)	0.38	0.15	–	–	–	–	98.09	1.38	–

표 2.11 해수 중의 주요이온량(단위: g/kg)

Na^+	Mg^{2+}	Ca^{2+}	K^+	Sr^{2+}	Cl^-	SO_4^{2-}	HCO_3^-	Br^-	BO_3^{3-}
10.47	1.28	0.41	0.38	0.01	18.97	2.65	0.14	0.07	0.03

$CaSO_4$, NaCl, $MgSO_4$순으로 석출된다. 그리고 마지막에는 $MgCl_2$가 녹아 있는 간수(고즙)가 남는다.

해수농축법은 증발법, 동결법, 용매추출법, 이온교환막식 등으로 나눌 수 있다. 증발법은 태양열과 풍력을 이용하는 자연 증발법과 인공열(연료 또는 전력)을 이용하는 기계 증발법으로 나눌 수 있는데, 이 증발법이 해수로부터의 소금제조에 가장 많이 사용되고 있다. 최근에는 이온 교환막식의 발달로 원가가 낮아지고 있다. 장래에는 해수담수화에 의하여 소금의 생산가격이 더욱 낮아지고 생산량도 증가할 것으로 생각된다.

1. 제염법

제염법에는 천일제염법과 기계제염법이 있다.

(1) 천일제염법

천일제염은 해수 또는 천연함수를 태양열로 증발·농축하여 소금을 석출시키는 방법으로 기온이 높고, 습도가 낮으며 강우량이 적고 풍력의 혜택을 많이 받는 지역이 적당하다.

천일염전은 점토 등으로 불투성 지반을 구축시켜 만든 증발지, 조절지, 결정지 등으로 구성되며 제염능률은 주로 기후, 토질, 해수농도에 지배되고 기타 인공적 시설에 의해서도 좌우된다. 천일염전은 매월 2회씩 만조될 때 저수지에 해수를 가두어 두었다가 적당한 때에 증발지에 흘려보낸다. 제1증발지에서 13° Be′로 농축되며, 이때 $CaCO_3$의 대부분과 $CaSO_4$의 일부가 침전한다. 제2증발지에서 25° Be′로 계속 증발시키면 $CaSO_4$의 대부분은 이때 침전·분리되어 NaCl은 포화용액에 가깝게 된다.

이 포화함수를 결정지로 보내어 계속 증발시키면 28° Be′에 이르러 소금이 석출된다. 이것을 채취하고 다시 그 모액을 조절지로 되돌려보내어 증발지에서 보내온 함수와 혼합하여 농도를 조정한 후 결정지로 보내어 증발을 계속시키면서 소금의 채취를 반복한다. 얻은 소금은 순도 90% 정도이며 소금이 석출될 때까지의 기간은 보통 7~15일 정도이다. 개량염전이라는 것은 결정지에 타일을 깔아서 토질불량으로 인한 이물질이 혼입되지 않도록 한 것이다.

(2) 기계제염법

용액의 증기압은 온도와 함수관계에 있다. 즉, 감압하면 비점은 강하한다. 제1증발관보다도 제2관의 감압도를 크게 하면 제1관에서 발생한 증기를 제2관의 열에너지로 사용하여 가열 · 비등시킬 수 있다. 2~6개의 증발관을 직렬로 배치하여 다중으로 하면 열효율을 높일 수 있고 마지막 증발관의 증기를 콘덴서로 냉각하여 액체인 물로 제거시키면 감압도는 더욱 커진다. 다중효용 진공증발관의 개략도를 그림 2.22에 나타내었다.

또한 그림 2.23과 같이 증발관에서 비등한 증기를 단열압축하면 증기의 온도가 상승한다. 이것을 증발관 내의 가열관으로 송입하면 포화온도에서 가열면상에서 응축한다. 이때 발생하는 많은 기화잠열은 가열관을 통하여 관액을 가열하는 데 쓰인다. 즉, 처음에만 다른 열원으로 비등시키키면 그 다음부터는 압축기를 동작할 에너지만 있으면 비등은 계속된다. 응축수의 온도는 관내 비등온도보다도 높기 때문에 열교환기로 보내어 증

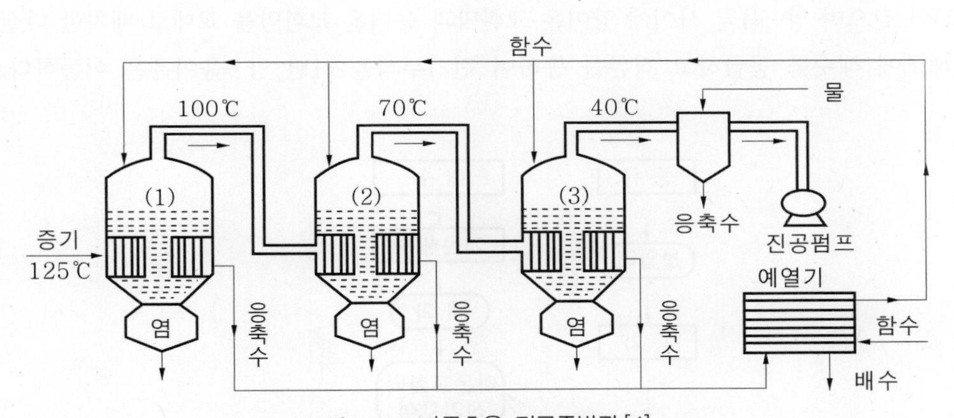

그림 2.22 다중효용 진공증발관 [4]

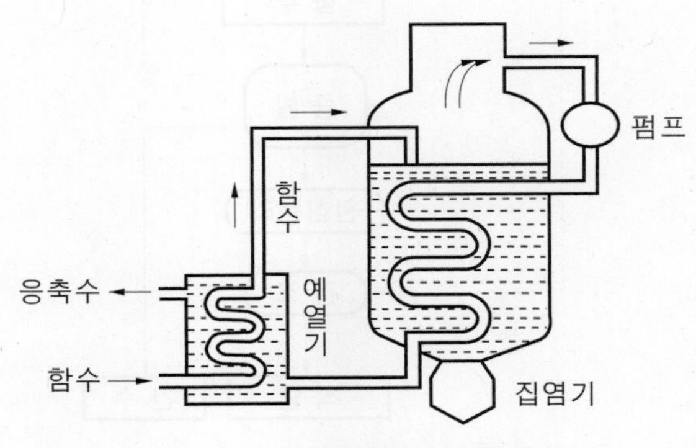

그림 2.23 증기가압식 증발법 [4]

발관에 공급할 함수원액을 예열하는 데 사용하여 가능한 한 열회수를 철저히 한다. 증기 가압식은 해수의 담수화공정에도 사용한다.

(3) 이온교환막 제염법

해수로부터 소금결정을 얻는 데는 해수를 5~6배의 농도로 농축하는 공정과 진한함수로부터 소금결정을 석출시키는 공정 등 2개의 공정으로 되어 있다. 두 공정 모두 막대한 열에너지가 필요하지만 해수를 농축하는 공정에서 열에너지 대신에 전기에너지를 이용한 이온교환막 전기투석조를 사용하는 방식이 최근에 개발되어 많이 이용되고 있다(그림 2.24).

원료해수를 먼저 가온하고 여과하여 해수 중의 탁도성분, 미생물 등을 제거하고 용존가스의 탈리, pH의 조절 등을 한 다음에 이온교환막 투석조에 보낸다. 전기투석하여 얻은 진한 함수는 다중효용 진공증발관에서 결정소금으로 된다. 전기투석의 원리는 그림 2.25와 같으며 양·음극 사이에 양이온 교환막과 음이온 교환막을 교대로 배치한 다실식 전해조에 해수를 공급하고 직류를 통하여 전기투석을 하면 양·음이온은 이동한다.

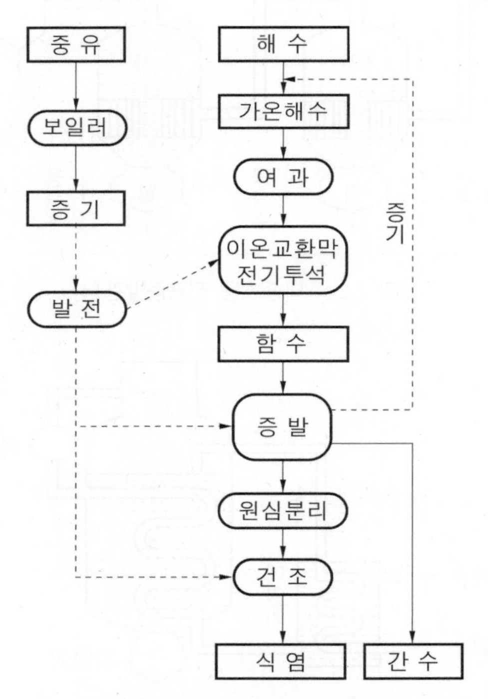

그림 2.24 이온교환막 전기투석법에 의한 소금제조공정 [7]

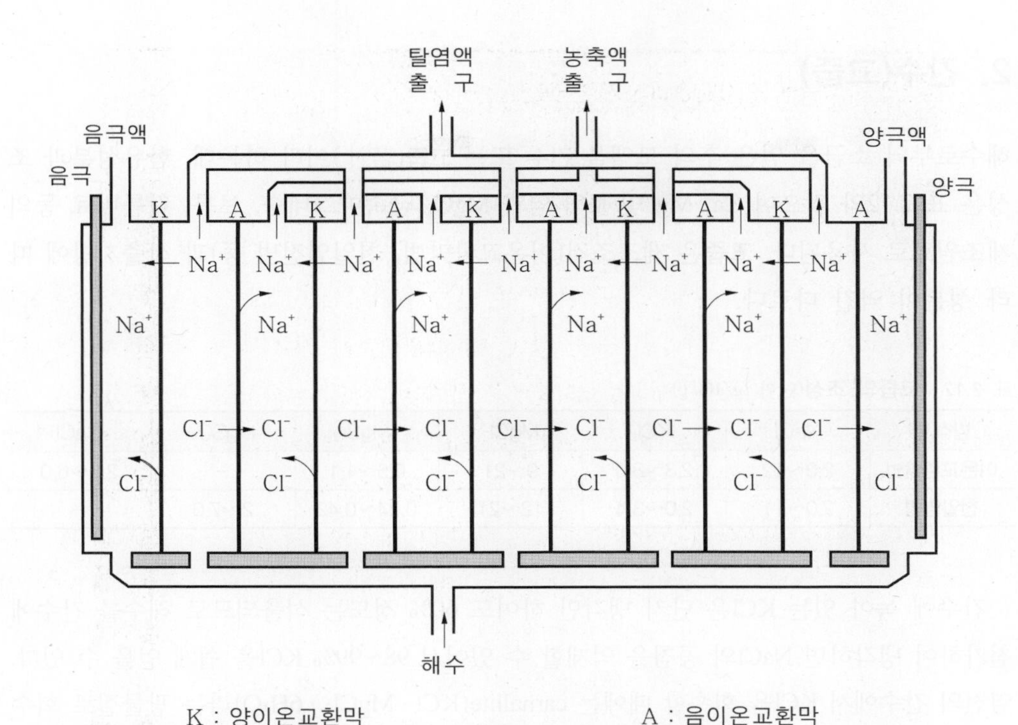

그림 2.25 이온교환막 전기투석의 원리 [7]

양이온교환막은 양이온만을, 음이온교환막은 음이온만을 통과시키기 때문에 그림 2.25와 같이 소금이 농축되는 실과 묽어지는 실이 교대로 생긴다. 농축실의 함수를 모아서 소금결정 석출공정으로 보낸다. 이온교환막 투석조에서 이온의 이동량은 막면적(A), 전류밀도(i), 양이온교환막과 음이온교환막의 짝수(n) 등에 비례하며, NaCl에 대한 전류효율을 τ라 하면 함수의 생산량(S)은 식 (2.55)와 같다.

$$S = C \cdot A \cdot n \cdot i \cdot \tau \cdot t \quad (2.55)$$

C: 비례상수, t: 투석시간

따라서 전류밀도를 크게 하면 막을 투과하는 이온의 양은 증가하며, 확산의 영향도 작아져서 전류효율이 높아지지만 너무 지나치게 전류밀도를 크게 하면 농도분극이 문제가 된다. 사용할 수 있는 이온교환막은 이온의 선택투과성이 있어야 하며, 전기저항이 작고 내약품성이 좋고, 기계적 성질이 우수한 것이라야 한다.

2. 간수(고즙)

해수로부터 소금을 얻은 후의 모액을 간수 또는 고즙(苦汁)이라 하는데, 함유성분과 조성은 표 2.12와 같으며 Ca, Mg 및 K의 염과 MgO, 금속마그네슘, 브롬, 칼륨비료 등의 제조원료로 사용된다. 고즙은 제조조건(이온교환막법, 천일염전법 등)과 산출지방에 따라 성분이 약간 다르다.

표 2.12 고즙의 조성(단위: g/100 g)

방식별	NaCl	KCl	$MgCl_2$	$MgBr_2$	$MgSO_4$	CaCl
이온교환막법	2.0~12	2.3~8.0	9~21	0.5~1.1	–	2.0~6.0
천일염법	2.0~11	2.0~3.4	12~21	0.24~0.42	2~7.0	–

간수에 녹아 있는 KCl은 단지 냉각만 하여도 60% 정도는 석출되므로 해수를 간수에 첨가하여 냉각하면 NaCl의 공침을 억제할 수 있어서 98~99% KCl을 쉽게 얻을 수 있다. 염전의 간수에서 KCl을 회수할 때에는 carnallite($KCl \cdot MgCl_2 \cdot 6H_2O$)라는 광물질로 회수된다. 회수된 KCl은 대개 비료로 사용되며 고순도로 정제하여 시약으로도 사용한다.

3. 브롬

브롬(bromine, Br_2)은 간수(고즙)나 해수에서 채취한다. 간수에서 채취할 때는 **직접증류법**, 해수에서 채취할 때는 **해수직접법**이라고 한다.

해수직접법은 해수에 황산을 가하여 pH 3~4로 조정한 후에 염소가스를 불어넣어 Br_2을 유리시키는 방법이며 주된 반응은 식 (2.56)과 같다.

$$MgBr_2 + Cl_2 \rightarrow MgCl_2 + Br_2 \uparrow \qquad (2.56)$$

유리 브롬을 포함하고 있는 해수는 발생탑의 위에서부터 흘러내리게 하고 탑의 밑으로부터 더운 공기(60℃ 이상)를 불어넣어 Br_2 증기를 발생시킨다. 발생한 Br_2 증기를 흡수탑에서 약 3% NaOH 용액에 흡수시켜 Br_2를 식 (2.57)과 같이 분리·포집한다. 이때 브롬의 농도가 적당할 때까지 반복흡수시킨다.

$$3Br_2 + 6NaOH \rightarrow 5NaBr + NaBrO_3 + 3H_2O \qquad (2.57)$$

이 용액을 중화탑에서 진한 H_2SO_4로 중화한 후 수증기증류하면 식 (2.58)과 같이 액체 브롬이 얻어진다.

$$5NaBr + NaBrO_3 + 3H_2SO_4 \rightarrow 3Br_2 + 3Na_2SO_4 + 3H_2O \quad (2.58)$$

직접증류법은 간수를 냉각하여 KCl을 회수하고 남은 모액에 황산을 가하여 산성으로 조정한 후 여기에 염소가스와 수증기를 불어넣어 유리되는 브롬을 연속증류탑(Kubiershky 식)을 이용하여 탑상부에서 채취한다. 이 채취한 것을 냉각하면 수분은 분리되어 저순도의 브롬을 얻을 수 있다. 이것을 재증류하여 정제된 브롬제품을 얻는다. 브롬의 용도는 무기약품(브롬화알칼리), 유기 브롬화합물, 사진, 의약, 농약, 염료, 난연제, 인조향료 등 용도가 많다.

4. 해수 마그네시아

마그네시아(magnesia, MgO)는 고융점이며 염기성 내화물로 중요하다. 마그네사이트($MgCO_3$)의 자원이 없을 경우에 마그네시아는 해수로부터 채취한다. 해수 마그네시아(sea water magnesia)는 해수에 석회유[$Ca(OH)_2$]를 가하면 식 (2.59)에 따라 수산화마그네슘이 침전된다.

$$Mg^{2+} + Ca(OH)_2 \rightarrow Ca^{2+} + Mg(OH)_2 \downarrow \quad (2.59)$$

$$Mg(OH)_2 \rightarrow MgO + H_2O \quad (2.60)$$

이 침전을 여과한 후 800℃에서 하소하면 경소마그네시아를 얻게 되는데, 마그네슘화합물의 원료, 마그네시아시멘트, 토질개량제 등으로 사용된다. 또 1,700~1,800℃에서 고온소성하면 식 (2.60)에 따라 마그네시아클링커(magnesia clinker, MgO 96~98%, CaO와 SiO_2 각 1~2%)로 되며 제강용평로, 전기로 등의 노상재와 염기성 내화물에 이용된다. 수산화마그네슘의 일부는 비료에 이용된다.

06 소다회(탄산나트륨, 탄산소다)

소다회(sodium carbonate, soda ash)는 가성소다와 함께 알칼리 부분의 대표적인 제품으로 화학산업의 기초원료로 널리 사용되고 있다. 소다회는 무수탄산나트륨(Na_2CO_3)

의 일반명칭으로, 겉보기비중 차이에 따라 중회(dense ash), 경회(light ash)로 나누며 관련제품으로는 세탁소다($Na_2CO_3 \cdot 10H_2O$), 중조($NaHCO_3$), 세스키탄산소다($Na_2CO \cdot 3NaHCO_3 \cdot 2H_2O$), 가성화회($Na_2CO_3 \cdot NaOH$) 등이 있다.

소다회의 근대사는 17세기부터 시작되며 그 이전에는 고대사에서와 같이 해변과 소금물이 나는 곳 가까이에서 자라는 해초와 식물을 태워서, 그 재를 물로 적셔 소다회를 추출해 사용하였다. 그러나 산업혁명 이후 화학산업에서 소다회 수요가 급격히 증가하게 되었으며 전 근대적인 소다회 제조방법으로는 그 수요를 충족시킬 수 없게 되었다.

18세기 말 Nicholas Leblanc(1742~1806)는 황산소다(Na_2SO_4)를 중간생성물로 하여 소금을 소다회로 전환시키는 데 성공하였다(Leblanc 법). 그러나 이 Leblanc 법은 제조과정에서 부산물로 나오는 염산과 표백분의 수요감소로 인한 경제적인 어려움과 유독성폐기물의 발생으로 인한 공해문제 유발로 쇠퇴하기 시작하였다. 이에 따라 새로운 제조방식의 개발이 절실히 요구되었으며 소금과 황산을 사용하는 종래의 방식 대신 소금과 석회석을 사용하는 제조방식이 연구되었다. 이 제법은 암모니아소다법(일명 Solvay법)의 기본원리로, 최초 공업적으로 성공시킨 사람은 Ernest Solvay로 벨기에에 공장을 건설하여 1863년에 가동함으로써 소다회의 공업적 대량생산이 가능하게 되었다. 이 후에 암모니아소다법은 전 세계적으로 빨리 Leblanc 법으로 대체해 나갔으며 우리나라에서는 1965년 일산 200만 톤 규모의 공장을 최초로 건설하게 되었다.

1. 성질과 용도

(1) 성 질

소다회는 탄산나트륨(Na_2CO_3)을 99% 이상 함유하는 무수물은 백색분말이거나, 입상이다. 흡습성이 강하고 비교적 약한 알칼리성을 나타내며 저장이나 수송이 쉽고 값싸게 대량생산되어 화학공업의 기초원료로 널리 사용되고 있다.

소다회는 경회와 중회로 알려진 두 개의 표준화된 제품이 있는데 분말입자 크기와 겉보기비중에 따라 경회는 평균입자 크기가 0.1 mm, 겉보기비중은 약 0.5 정도이며, 중회는 0.3~0.4 mm 크기에 겉보기비중은 1.0~1.2 정도 된다. 이들 물질은 입자의 모양과 크기, 겉보기비중 등과 같은 물리적 성질만 다를 뿐 화학적 성질과 용액의 성질 등에서는 차이가 없다. 무수탄산나트륨은 비교적 안정한 고체이지만 수분이 존재하면 쉽게 1, 7, 10 수화물이 된다. 물과 탄산가스가 존재하면 세스키탄산소다로 변화한다(식 (2.61)).

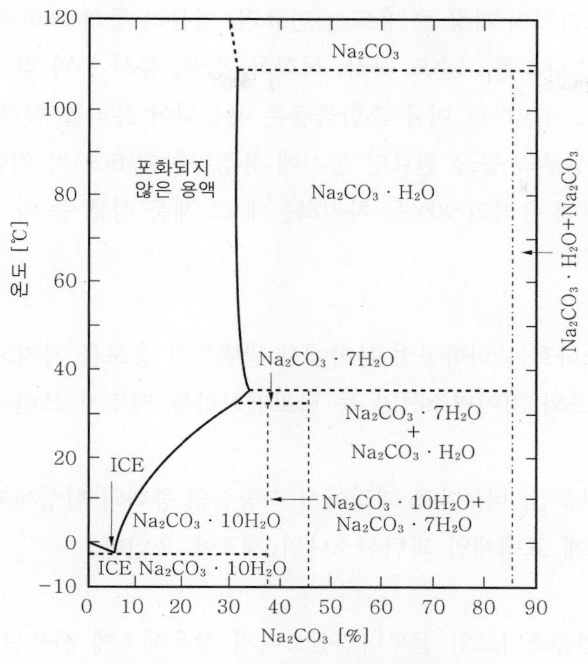

그림 2.26 Na_2CO_3-H_2O계의 상평형도 [11]

$$3Na_2CO_3 + CO_2 + 5H_2O \rightarrow 2Na_2CO_3 \cdot NaHCO_3 \cdot 2H_2O \quad (2.61)$$

무수탄산나트륨이 물에 용해될 때 방출되는 열은 농도에 따라 다른데 농도가 높은 용액은 물로 희석하면 흡수열에 의해 온도가 떨어진다. 비록 물에 쉽게 용해하기는 하나 소다회는 35.4℃의 비교적 낮은 온도에서 최고의 용해도를 갖는 비정상적인 성질을 가지고 있다. 그림 2.26은 소다회-물의 상평형도를 나타낸 것이다[11].

(2) 용 도

소다회는 유리 및 화학제품 제조의 출발원료로서 뿐만 아니라, 주로 아미노산 공업, 비누, 제지, 염료, 세탁소다, 의약품 등에 쓰이는데 용도별 수요현황은 표 2.13과 같다.

표 2.13 한국의 소다회 수요현황[11]

순위	1	2	3	4	5	6	7	8	9	계
수요구분	병유리	판유리	화학	비누·세제	식품·장유	섬유·염직	제련	피혁	기타	
백분율(%)	37.4	23.4	13.6	6.2	5.5	4.1	3.5	0.6	3.1	100%

① 유리공업: 소다회의 가장 큰 용도는 판유리, 병유리 등의 유리제조 원료이다. 전형적인 조업에서는 소다회를 고순도 규사, 석회석, 장석, 붕사 등과 같이 충분히 혼합하여 약 1,500℃ 정도로 가열하면 이들 혼합물들은 용융되어 유리를 형성한다. 이때 소다회는 유리의 염기성성분의 공급 원료인 동시에 융점강하제(flux)의 역할을 하게 된다. 소다-석회 유리는 전체 유리의 90%를 차지하는데 그 제품 성분 중 약 15%는 소다회성분이다.

② 화학공업: 소다회는 화학공업 분야에서 광범위한 용도를 가지고 있는데 크롬산소다, 붕사 등의 제조와 차아염소산염 등 할로겐화합물 제조에 쓰인다.

③ 비누 및 세제공업: 비누제조 과정에서 지방산의 중화와 합성세제 혼합제로서 최근에는 무공해 산소계 표백제인 과탄산소다의 제조에 쓰인다.

④ 식품공업: 인공조미료인 글루타민산소다와 장유제조에 사용된다.

2. 제조공정

탄산소다에는 일반적으로 소금을 원료로 하여 합성하는 합성소다회와 천연에 존재하는 탄산소다염을 정제하여 얻는 천연소다회 등이 있다.

소금을 원료로 하여 얻어지는 공업적 제법으로는 Leblanc 법, 암모니아소다법(Solvay 법), 염안소다법 등이 있다. 합성소다회는 대부분 암모니아소다법으로 생산되고 있지만 소금자원이 부족한 나라에서는 염안소다법 등이 발달되어 있다. 천연소다회는 천연에 존재하는 탄산나트륨염을 주성분으로 하는 고체를 원료로 하여 제조한 것이다.

(1) Leblanc 법

Leblanc 법은 다음과 같이 두 단계로 진행되는데 1단계에서는 소금과 진한황산을 주철제 용기내에서 200℃로 반응시키면 식 (2.62)와 같이 고체 $NaHSO_4$만을 얻을 수 있다. 이때 소금을 처음부터 2몰 혼합하여 반응시키면 고체 NaCl의 1몰은 식 (2.62)에 따라 먼저 반응하고 1몰은 남아서 $NaHSO_4$와 혼합되어 있다. 이 혼합물을 내화물로 만든 로에 옮겨 다시 800℃로 가열하면 무수망초(Na_2SO_4)와 염화수소가스를 얻는다. 이때 800℃

로 가열하는 이유는 망초의 융점을 고려한 것이며, 부생되는 염화수소가스는 물에 흡수시켜 염산을 제조한다.

$$NaCl(s) + H_2SO_4(l) \rightarrow NaHSO_4(s) + HCl(g) \quad (2.62)$$

$$NaHSO_4(s) + NaCl(s) \rightarrow Na_2SO_4(s) + 2HCl(g) \quad (2.63)$$

다음 제2공정에서는 무수망초에 석회석과 코크스를 혼합하여 반사로 또는 회전로에서 900~1,000℃로 가열하여 융해한다.

$$Na_2SO_4 + 2C \rightarrow Na_2S + 2CO_2 \ (900℃) \quad (2.64)$$

$$Na_2S + CaCO_3 \rightarrow Na_2CO_3 + CaS \ (900℃) \quad (2.65)$$

여기서 얻어진 융해물은 탄산나트륨과 황화칼슘의 혼합물로 미반응 코크스 등을 포함하여 회흑색을 띠므로 이 생성물을 흑회(black ash)라고 하고 그 조성은 Na_2CO_3 45%, CaS 30%, CaO 10%, $CaCO_3$ 10%, 기타 5%로 되어 있다. 이 흑회를 약 35℃의 물에 침출시켜 탄산나트륨 용액, 즉 녹액(green liquor)을 만들고 이것을 증발·농축해서 $Na_2CO_3-H_2O$를 석출시켜 분리하고, 반사로에서 융해하지 않을 정도의 온도로 구워서 탈수하면 소다회가 된다. 그러나 이 방법은 현재 망초(Na_2SO_4) 제조에만 사용되고 있다.

(2) 암모니아소다법

암모니아소다법(Solvay process)은 우선 소금수용액(함수)에 암모니아와 이산화탄소가스를 순서대로 흡수시켜 식 (2.66)과 같은 반응으로 용해도가 작은 탄산수소나트륨(중탄산소다, 중조)을 침전시킨다.

$$NaCl + NH_3 + CO_2 + H_2O \rightarrow NaHCO_3 + NH_4Cl \quad (2.66)$$

다음에 중조의 침전을 분리하고 200℃ 정도에서 하소하여 식 (2.67)에 따라 제품탄산소다를 얻는다.

$$2NaHCO_3 \rightarrow Na_2CO_3 + CO_2 + H_2O \quad (2.67)$$

또한 중조를 여과한 모액에 석회유[$Ca(OH)_2$] 용액을 첨가하고, 증류하면 식 (2.68)과 같이 암모니아를 회수하고 부산물로 $CaCl_2$를 얻는다.

$$2NH_4Cl + Ca(OH)_2 \rightarrow 2NH_3 + CaCl_2 + 2H_2O \quad (2.68)$$

실제 Solvay법에서 중요한 공정은 원염의 정제, NH_3 흡수, 탄산화 및 NH_3 회수, 탄산가스의 제조공정 등이다. 원염의 용해와 정제에 있어서 먼저 원염을 해수로 용해하여 NaCl 300g/L 정도의 농도가 되게 한다. 이 짠 소금물을 함수(brine, 鹹水)라고도 한다.

함수의 정제공정에서는 먼저 제1침강조에서 석회유를 가하여 Mg^{2+}염을 $Mg(OH)_2$로 침전시키고 이 침전을 분리한 후 함수만 제2침강조로 보낸다. 또 탄산화탑에서 배출된 가스를 제2침강조로 보내어 함수 중에 불어넣는다. 이 배출가스에는 농도가 묽은 CO_2 가스와 NH_3 가스를 포함하고 있으므로 함수 중에 용해되어 있는 Ca^{2+}염을 $CaCO_3$로 침전시킨다. 함수는 제2침강조에서 투명한 용액으로 된다.

암모니아 흡수공정에서는 흡수탑을 사용하여 정제된 함수에 NH_3 가스를 흡수시켜 암모니아함수를 만든다. 흡수시킬 NH_3는 증류탑에서 식 (2.68)에서와 같이 회수하여 순환시키지만 이것만으로는 부족하므로 부족한 만큼은 합성 NH_3로 보충한다. 증류탑에서 회수한 NH_3 가스에는 반드시 CO_2 가스와 수증기가 포함되어 있는데 이 CO_2 가스가 NH_3 흡수탑 내의 NH_3와 반응하여 $(NH_4)_2CO_3$로 되며, 이것이 아직도 함수에 잔존하는 Ca^{2+}와 Mg^{2+}염을 탄산염으로 침전시켜 정제하는 역할도 한다.

NH_3 흡수에는 직경 2.5 m, 높이 20 m 정도의 포종탑(泡鐘塔)이나 충전탑(充塡塔)을 많이 사용한다. NH_3 가스를 흡수시킬 때 발열하므로 냉각시켜야 하며 60℃ 이상이 되지 않게 해야 한다. 암모니아 함수의 조성은 전염소 160 g/L, 암모니아 90 g/L 정도이다.

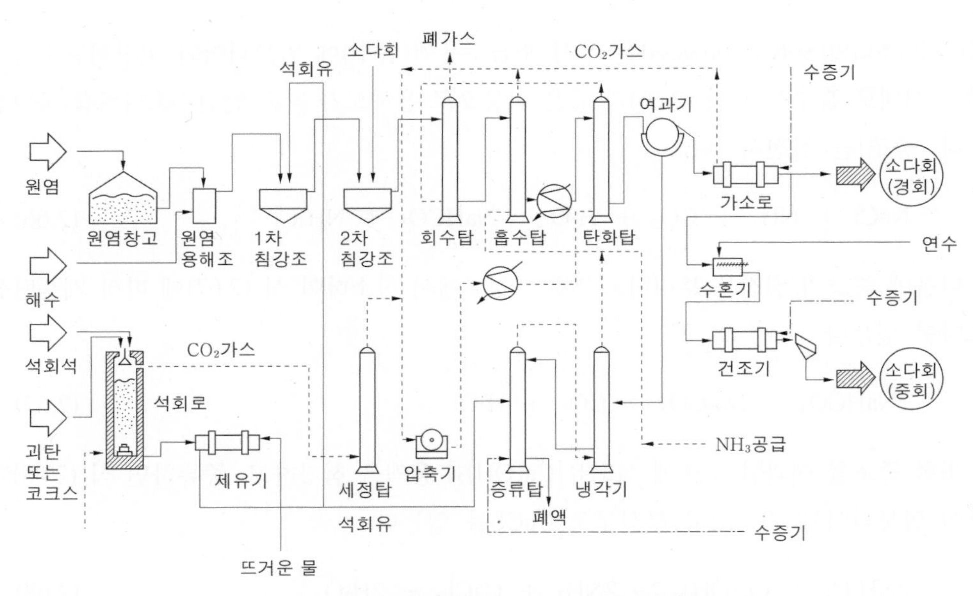

그림 2.27 암모니아소다법의 공정도 [11]

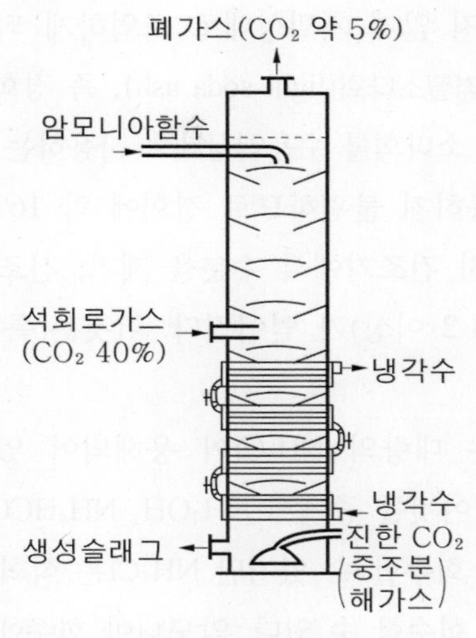

그림 2.28 탄산화탑

탄산화공정에서는 이미 조제한 암모니아함수는 탄산화탑의 상부에서 공급하고 CO_2 가스는 탑의 하부에서 불어넣어 중조를 침전시킨다. 이때 반응은 중화공정(중화반응 · 중화탑)과 침전공정(침전반응 · 침전탑)으로 나눈다.

탄산화탑의 구조는 그림 2.28과 같으며 탑의 직경 2.5 m, 높이 20~25 m 정도인데 주철제의 원통을 쌓은 구조이다. 내부에 큰 접시를 거꾸로 매달은 것 같은 단(tray)이 설치되어 있다. 탄산화탑의 하부는 침전탑이며 침전반응에 의한 발열량이 크기 때문에 온도를 약 30℃ 정도로 유지하기 위해 냉각관을 각 단 사이에 설치한다. 탑의 상부는 중화탑이며 중화반응도 발열반응이지만 발열량이 적어 특별히 냉각할 필요는 없다. 암모니아함수는 중화탑의 상부에서 아래로 각 단을 통과하여 침전탑 하부에서 중조침전과 함께 유출한다. CO_2 가스는 중조의 분해(식 (2.67))에서 얻은 CO_2는 진하므로 침전탑의 하부로, 석회로에서 공급되는 CO_2는 중화탑의 하부로 각각 분리하여 공급한다. 5개의 탄산화탑을 1조로 해서 교대로 순서를 바꾸면서 1개는 중화탑, 다른 탑은 $NaHCO_3$의 침전탑으로서 병렬로 조업한다.

탄산화탑의 하부로 유출한 $NaHCO_3$의 결정을 함유한 용액은 Oliver식 회전 원통형의 진공여과기에서 모액과 분리하고 소량의 물로 세척한다. NaCl에 대한 $NaHCO_3$의 수율은 75% 정도인데 용해평형관계 때문에 수율을 그 이상 높이기는 곤란하다.

$NaHCO_3$의 하소에는 스팀튜브건조기(steam tube dryer)를 사용하며, 이것은 다관식의 수증기가 열회전형이며 길이는 약 20 m, 직경은 2.4 m 정도의 크기이다. 공급하는 수증기는 30 kg/cm^2, 360℃ 정도의 것이다. 노 내에서 발생한 CO_2는 탄산화탑의 침전반응에

사용하므로 공기가 혼입되지 않게 기밀상태로 조업하게 되어 있다.

이렇게 제조된 소다회는 **경질소다회**(light soda ash), 즉 경회(겉보기비중 0.8 이하)라 한다. 물에 용해되기 쉬우므로 소다회를 수용액상태로 사용하는 방면에서 많이 쓰이고 있다.

경회는 분말로 되면 사용하기 불편하므로 경회에 약 16%의 물을 가해서 $Na_2CO_3 \cdot H_2O$의 형태로 만든 후 다시 건조기에서 수분을 제거, 건조하면 **중질소다회**(dense soda ash), 즉 중회(겉보기비중 1.2 이상)가 얻어진다. 이것은 특히 유리제조의 원료로 사용된다.

중조를 분리한 모액에는 대량의 NH_4Cl이 용해되어 있으며 NaCl, NH_4HCO_3 및 $NaHCO_3$도 용해되어 있다. 이것들 중에서 NH_4OH, NH_4HCO_3 및 $(NH_4)_2CO_3$ 등은 가열하면 분해되어 NH_3 가스로 회수할 수 있지만 NH_4Cl은 석회유를 첨가한 후에 증류해야만 식 (2.68)에 따라 NH_3로 회수할 수 있다. 암모니아 회수에 사용하는 증류탑은 간단한 구조인 다단식인 것과 충전탑식인 것을 조합한 장치를 사용하며 최근에는 따로 분리된 것을 사용하는 추세에 있다. 회수한 NH_3 가스는 CO_2와 수증기를 함유하고 있으며, 이 혼합가스를 암모니아 흡수탑으로 보내어 흡수시킨다.

증류탑의 하부에서 나온 폐액에는 $CaCl_2$가 12~13% 용해되어 있으므로 이것을 감압 삼중효용증발관으로 농축하여 부산물로 40% $CaCl_2$ 수용액을 얻기도 하며 또 주철제 가마로 더 농축하여 고형 $CaCl_2$를 부산물로 얻기도 한다. 암모니아소다법에서 이 증류공정이 제품가격에 미치는 영향이 가장 크다. 탄산화 공정에 공급하는 CO_2 가스는 앞에 설명한 바와 같이 중조 하소로에서 발생한 CO_2 가스를 회수순환시켜 공급하며, 부족분은 석회로에서 석회석($CaCO_3$)와 코크스를 반응시켜 제조 공급하고 있다. 한편, 비료공장에서 암모니아를 합성할 때 부생하는 CO_2 가스를 공급받기도 한다.

(3) 염안소다법

암모니아소다법에서 중조를 분리한 모액에는 NH_4Cl과 미반응의 식염이 함유되어 있다. 이 모액에 남아 있는 나트륨의 이용률을 높이기 위하여 **염안소다법**이 채용되기도 한다. 중조를 여과한 모액에서 염안(염화암모늄)결정을 분리하고, 여액은 순환시켜 재사용하여 식염의 이용률을 거의 100%에 가깝도록 개선한 방법이다. 중조를 분리한 여액에 우선 암모니아를 흡수시킨 후 식염을 더 용해시키면 중조의 석출을 막고, 염안만을 석출시킬 수 있다. 즉 그림 2.29와 같은 순환을 이용하여 공업화에 성공하였다. 염안소다법은 암모니아소다법과 비교할 때 석회로와 암모니아 증류탑이 필요 없고, 대신에 염안 정출

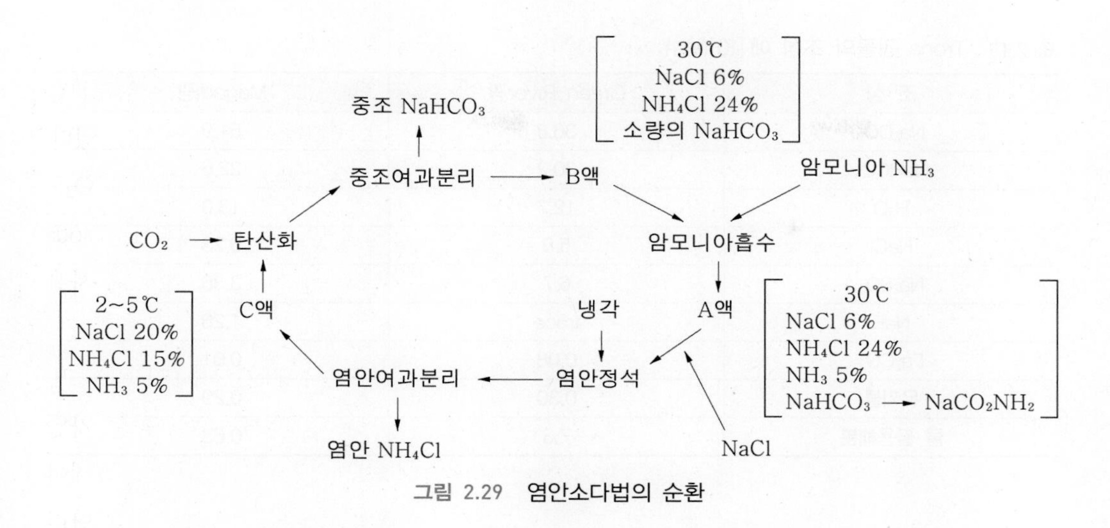

그림 2.29 염안소다법의 순환

장치가 필요하다. 염안은 대부분 비료로 이용되고 있다.

(4) 천연소다회 정제법

천연에 탄산염의 고체나 용액으로 존재하는 자원을 정제하여 탄산소다를 얻는 방법이다. 천연에 존재하는 탄산소다 관련광물을 표 2.14에 나타내었다.

표 2.14 탄산소다 천연자원 [11]

광 물	조 성	Na_2CO_3 함유율[%]
Themonatrite	$Na_2CO_3 \cdot H_2O$	85.5
Trona	$Na_2CO_3 \cdot NaHCO_3 \cdot H_2O$	70.4
Nahcolite	$NaHCO_3$	63.1
Bradleyite	$Na_3PO_4 \cdot MgCO_3$	47.1
Pirssonite	$Na_2CO_3 \cdot CaCO_3 \cdot H_2O$	43.8
Northupite	$Na_2CO_3 \cdot NaCl \cdot H_2O$	40.6
Tychite	$2MgCO_3 \cdot 2Na_2CO_3 \cdot H_2O$	42.6
Natron	$Na_2CO_3 \cdot 10H_2O$	37.1
Dawsonite	$NaAl(CO_3)(OH)$	36.8
Gaylussite	$Na_2CO_3 \cdot CaCO_3 \cdot 5H_2O$	35.8
Shorite	$Na_2CO_3 \cdot {}_2CaCO_3$	34.6
Burkeite	$Na_2CO_3 \cdot {}_2Na_2SO4$	27.2
Hanksite	$2Na_2CO_3 \cdot 9Na_2SO_4 \cdot KCl$	13.6

표 2.15 Trona 광물의 조성 예 [10](단위: wt %)

조 성	Green River광	Magadi광
Na_2CO_3	36.8	51.9
$NaHCO_3$	30.2	22.6
H_2O	12.7	13.0
NaCl	5.9	6.23
Na_2SO_4	6.7	3.36
NaF	trace	1.26
Fe_2CO_3	0.08	0.01
유기물	0.30	0.29
물 불용해분	7.3	0.63

탄산소다의 천연자원이 있는 나라는 많지만 현재 천연자원에서 소다회를 생산하고 있는 나라는 미국(Wyoming 주 green River, California 주 searles호)과 케냐(Magadi호) 두 나라뿐이다. 미국은 소다회 생산능력의 94%를 천연소다회로 충당하고 있는데(1984년) Trona 광물의 조성 예를 표 2.15에 나타내었다.

천연소다회 광물로부터 소다회를 분리하는 정제법은 원광석 중에 함유된 물에 불용성인 물질을 제거하기 위하여 먼저 소다회광물을 물에 용해한 후 불용성 성분을 분리 제거하고 다음에 물에 가용성불순물을 분리하는 순서로 정제한다. 따라서 앞으로는 천연소다회가 가격경쟁에서 다른 제법을 앞설 것으로 생각된다.

연습문제

01 황산을 제조할 때 연실식과 접촉식에서 SO_2 산화공정의 차이점을 설명하시오.

02 Glover탑과 Gay-Lussac탑의 구조와 기능을 설명하시오.

03 접촉식 황산제조공정이다.
(a) $SO_2 \rightarrow SO_3$ 산화공정을 설명하시오.
(b) SO_3를 물에 흡수시키지 않고 진한황산에 흡수시키는 이유를 설명하시오.

04 묽은황산 농축공정을 설명하시오.

05 동제련소 폐가스로부터 SO_2 가스를 회수하는 공정을 설명하시오.

06 암모니아산화법 질산제조에서 아래의 것을 설명하시오.
(a) 제조반응식과 압력의 관계:
(b) 촉매:
(c) 묽은질산 농축법:

07 HCl 가스의 공업적 제조에서 주의할 것은 무엇인가?

08 습식인산 제법에서 생성되는 석고의 수화물 차이에 따른 제법의 특징은 무엇인가?

09 H_3PO_4의 건식제조에서 각 원료들의 역할은 무엇인가?

10 황산(접촉식), 질산(암모니아산화법), 염산(합성), 인산(건식), 소다회(Solvay법)의 제조에 쓰이는 촉매 또는 반응을 촉진하기 위해 쓰이는 물질의 형태와 주반응의 특징을 설명하시오.

11 해수로부터 소금을 채취하는 방법을 설명하시오.

12 해수와 고즙공업의 관련성을 설명하시오.

13 Leblanc법의 반응식에 따른 공정을 결정하는 요점은 무엇인가?

14 Ammonia soda법에서 공정순서를 결정하는 요점은 무엇인가?

15 Solvay법과 염안소다법을 비교할 때 그 차이점은 무엇인가?

16 소금 175 g으로부터 소다회분말 몇 g을 생성할 수 있겠는가? (단, 모든 재료는 순수한 것으로 본다.)

17 흡수탑의 종류별로 특징을 설명하시오.

18 황산(접촉식), 질산(암모니아산화법), 염산(합성법), 인산(건식) 및 소다회(Solvay법)의 제조공정도를 그려 보시오.

참고문헌

1. O.T. Fasullo, “Sulfuric Acid, Use and Handling”, McGraw-Hill (1965).
2. 鹽川二郎, “無機工業化學(第2板)”, 化學同人 (1994).
3. 이철태 외 3인, “무기공업화학”, 탐구당 (1997).
4. 설수덕 외 3인, “무기공업화학”, 대영사 (1991).
5. 日本黃酸協會編, “黃酸 Hand Book”, (1977).
6. 日本化學會編, “化學便覽(應用編)”, 丸善 (1976).
7. 임병오 외 3인, “무기공업화학”, 청문각 (1991).
8. 한국화학공학회 편, “한국의 화학공업과 기술(산.알칼리 편)”, (1993).
9. 최한석 외 3인, “무기공업화학”, 동명사 (1986).
10. 日本化學會編, “應用化學便覽(I)”, 丸善 (1980).
11. 동양화학, “소다회” (1999).
12. 구상만 외 3인, “무기공업화학”, 자유아카데미 (1995).

오승모 (서울대학교 응용화학부)
주재백 (홍익대학교 화학공학과)
탁용석 (인하대학교 화학공학과)
최진섭 (인하대학교 화학공학과)

CHAPTER 3

전기화학공업

01 전기화학의 기초

1. 전기화학 반응이란

일반적으로 전기화학 반응은 두 물질(많은 경우, 고체 전극과 액체 전해질)의 계면 사이에서 전자의 전달을 포함한 불균일 반응(heterogeneous reaction)이 일어나는 현상으로 정의되며, 이때 전자의 이동이 자발적으로 일어나 전기화학 반응을 이용하여 전기에너지로 바꾸는 갈바닉셀(galvanic cell)과 비자발적 반응으로 인하여 외부에서 에너지를 인가하여 전기화학 반응을 강제로 일으키는 전해셀(electrolytic cell)로 구분할수 있다. 갈바닉셀의 대표적인 반응은 1차, 2차전지의 방전 반응이며 자발적으로 일어나는 부식 반응도 이 범주에 포함된다. 전해셀은 전기분해 및 합성 공정(산·알칼리 제조공정), 금속 제련 및 정련, 도금, 물의 전기분해, 2차전지의 충전 반응 등 외부에서 에너지를 공급해야 반응이 일어나는 모든 반응을 포함한다.

전자의 이동으로 인하여 전자를 얻는 반응(환원반응, reduction)과 전자를 잃어버리는 반응(산화반응, oxidation)은 반드시 각각 일어나야 하며, 이 때문에 전기화학 반응은 Redox 반응이 일어나는 대표적인 반응이다. 이는 전기화학시스템 전체에서 환원반응-환원반응 또는 산화반응-산화반응이 일어나는 짝반응은 절대로 일어날 수 없음을 의미하며, 한쪽에서 환원반응이 일어나면 다른 한쪽에서는 반드시 산화반응이 일어남을 의미한다. 환원반응이 일어나는 전극은 캐소드(cathode) 전극이라 부르고, 산화반응이 일어나는 전극은 애노드(anode) 전극이라고 정의한다. 종종 양극(positive electrode) 또는 음극(negative electrode)으로 표현되는 경우가 있으며 애노드/캐소드와 양극/음극의 명칭은 다음과 같이 갈바닉셀과 전해셀에서 각각 다른 짝을 갖고 있음을 유의해야 한다.

	갈바닉셀	전해셀
캐소드(cathode)	양극(positive)	음극(negative)
애노드(anode)	음극(negative)	양극(positive)

이러한 명칭의 기원은 그림 3.1에서 갈바닉셀은 전기화학 반응에서 자발적 반응에 의해 발생된 전자(anode 전극에서 발생)가 외부로 흐르게 되어 있으며 이렇게 외부로 전자

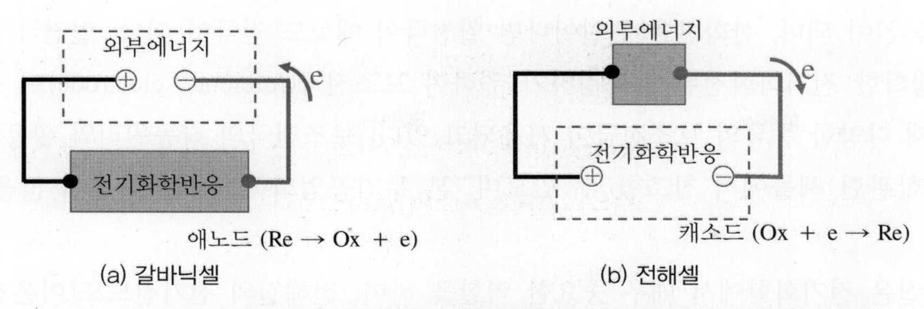

그림 3.1 갈바닉셀과 전해셀에서의 캐소드/애노드와 양극/음극 사이에 관계

를 공급하는 단자가 음극(negative electrode)으로 정의된다. 반대로 전해셀에서는 외부에서 전기화학 반응장치에 전자를 공급하는 단자와 연결된 전극이 음극(negative electrode)이 되며, 이때 이 전극에서는 공급된 전자를 얻는 반응(환원반응)이 일어나야 하고, 이 때문에 음극단자와 연결된 전극은 캐소드로 정의할 수 있다.

2. 전기화학 시스템을 이루는 구성요소

그림 3.2는 전기화학 반응을 일으키는 대표적인 전해셀을 표시한 그림이다. 일반적으로 전기화학 시스템을 유지하기 위해서는 반드시 두 개 이상의 전극(양극, 음극)과 전해질(electrolyte)이 필수적이며, 이 전극 중에서 관심의 대상이 되는 반응이 일어나는 전극을 일전극(working electrode)이라고 정의하며, 이와 상대반응이 일어나는 전극을 상대전극(counter electrode)라고 부른다. 만약 일전극에서 환원반응이 일어나면 일전극이 캐소드

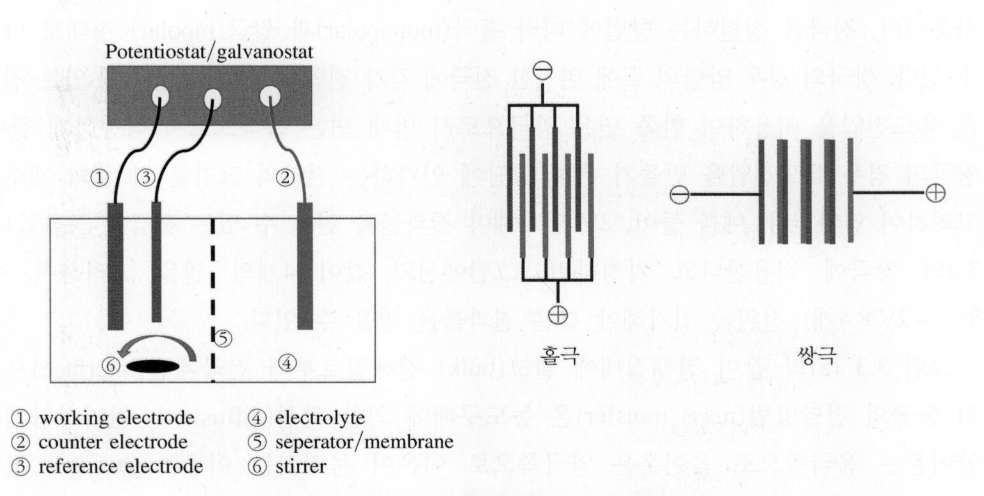

그림 3.2 전해셀의 일반적인 구성과 홑극/쌍극 시스템

전극(음극)이 되며, 산화반응이 일어나면 일전극이 애노드 전극이 된다. 일전극 계면에서의 정확한 전기화학전위를 측정하기 위하여 보조전극(reference electrode)이 필요하며, 현재 다양한 종류의 보조전극이 사용되고 있다. 보조전극의 작동원리와 활용방법은 전기화학관련 책들에서 참조할 수 있으며, 본 무기공업화학에서는 다루지 않을 예정이다.

전해질은 전기화학에서 매우 중요한 역할을 하며, 전해질의 전기전도도(이온전도도, ionic conductivity)와 pH에 따라 전기화학 반응의 속도 및 열역학적 메카니즘이 영향을 받는다. 전해질은 양이온과 음이온을 이루어진 이온결합화합물(염, salt)을 용매(또는 열에너지)로 녹여 양이온 및 음이온을 생성시키고 이러는 이온들이 전해질내에서의 전류전달에 전달자로서 역할을 수행한다. 일반적으로 염의 농도가 높아지면 전해질내에 양이온과 음이온의 수가 증가하여 이온전도도의 값이 높아지며, 전체 전해질 저항이 낮아진다. 그러나 염의 농도가 최적치 이상 용해되면 이온과 이온 사이의 상호작용이 강해져 이온 이동도가 떨어지며, 이에 따라 이온전도도가 낮아져 전체 전해질 저항이 증가하는 경향을 보인다.

전기화학 반응의 결과물이 서로 섞이는 것을 막거나, 원하는 결과물의 수율을 높이기 위해서 일반적으로 양극과 음극 사이를 분리하는 경우가 있다. 단순히 물리적 분리를 통한 섞임현상을 억제하는 다공성 격막(separator, diaphragm)과 양이온(또는 음이온) 등의 특정이온을 출입을 억제하는 멤브레인(membrane) 등으로 구분하여 사용하며, 그 사용에 대해서는 염소-알칼리 공업에서 다시 다룰 예정인다.

공업적인 전기화학 시스템은 일반적으로 보조전극을 사용하지 않은 2 전극 시스템을 사용하며, 전극을 정렬하는 방법에 따라 홀극(monopolar)과 쌍극(bipolar) 형태로 나눌 수 있다. 쌍극의 경우 양단의 끝에 위치한 전극에 각각 전압을 가하며, 중간에 있는 전극은 유도전압을 이용하여 한쪽 면은 양극으로서 반대 면은 음극으로서 작동하게 한다. 쌍극의 경우 유도전압을 만들기 위해 양단에 인가하는 전압의 크기를 각 셀의 개수를 고려하여 인가한다. 예를 들어, 2V 인가해야 결과물을 얻을 수 있는 홀극 반응을 그림 3.2의 쌍극에 적용한다고 가정하면, 그림에서와 같이 4개의 셀을 고려하여, 총 8V(=2V×4개) 전위를 인가해야 같은 결과물을 얻을 수 있다.

그림 3.3 (a)와 같이 전해질내에 벌크(bulk) 전해질로부터 전극계면(interface)으로의 물질의 전달방법(mass transfer)은 농도구배에 의한 확산(diffusion), 전기장하에서 양이온은 음극쪽으로 음이온은 양극쪽으로 이온이 움직이는 이동(migration), 젓개(stirrer) 등을 활용하여 강제로 물질을 이동시키는 대류(convection) 현상으로 나눌 수가

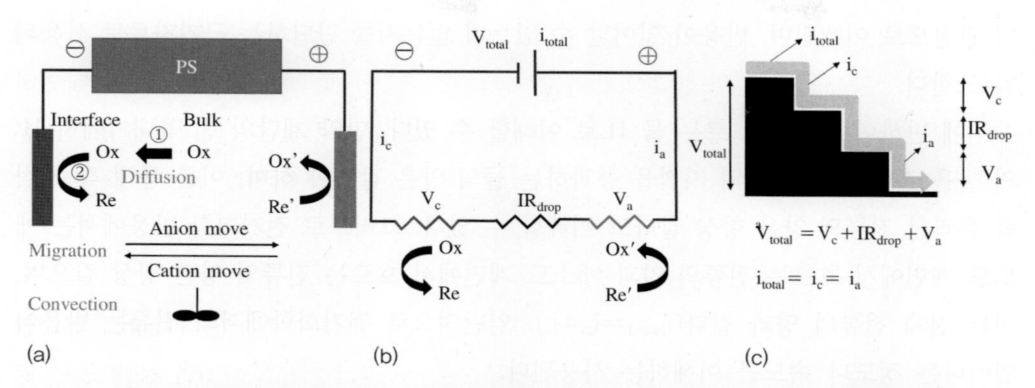

그림 3.3 (a) 전해셀에서 일어나는 물질 전달방법과 (b) 이를 해석한 회로도이고, (c) 전기화학에서의 전류와 전압에 대한 이해이다.

있다.

3. 전압과 전류

벌크로부터 전극계면까지의 3가지 방법에 의한 물질전달 후에는 계면에서 전자를 주고받는 전하전달(charge transfer) 과정이 일어나며, 물질전달 과정과 전하전달 과정에서 속도가 늦은 쪽이 전체 반응 속도를 좌우한다. 이러한 속도론적 관점은 뒤에서 좀더 자세히 다루기로 한다.

전하전달 과정은 인가된 전압에 지배적으로 영향을 받는다. 일반적으로 전압은 두 지점에서의 전위차로 정의되며, 이는 두 지점 사이에서 단위전하를 움직이는데 필요로 하는 일(work)의 크기이다. 두 지점에서의 전위차 발생은 각 지점의 계면에서 분리되는 양전하와 음전하 양의 크기 차가 주요 원인이며, 이때의 평형상태는 전기화학 포텐셜을 이용하여 기술한다. 전기화학 포텐셜을 이용한 전위차발생을 이해하는 이론은 참고로 전기화학 책을 확인하기 바란다.

그림 3.3 (b)와 같이 전해셀은 전기회로로 표시하여 이해할 수 있으며, 인가된 전체전압(V_{total})은 캐소드계면에서의 전위(V_c), 용액내 저항에 의한 손실전위(iR_{drop}), 애노드계면에서의 전위(V_a)의 합으로 이해될 수 있다. 이는 그림 3.3 (c)와 같이 3개 단으로 구성된 계단에 물 1L을 부었을 때, 전체 전압은 계단의 전체 높이로 이해할 수 있다. 각 계단의 합이 전체 높이를 대변하며 이는 그림 3.3. (b)에서 이해한 것과 같이 전기회로에 각각의 저항에서 저항을 넘어 반응이 일어날 수 있는 외부힘으로 이해할 수 있으며, 전체 전압은 각 구성전압의 합으로 이해한다. 그러므로 종종 전기화학에서 전압은 열역학적

인 관점으로 이해되며, 반응이 일어날 수 있는지 없는지를 판단하는 근거자료로 사용되기도 한다.

이에 반하여 전류는 흐르는 물 1L로 이해할 수 있다. 만약 계단의 맨 꼭대기에서 1L의 물을 흘리면 각 계단의 지점을 통과하는 물의 양은 같아야 하며, 이를 통해 각 지점을 통과한 전류의 양은 항상 같다고 이해할 수 있다. 그러므로 전기화학 반응에서는 애노드 계면에서 흐르는 전류의 양과 캐소드 계면에서 흐르는 전류의 양은 항상 같으며, 이는 전체 전류의 양과 같다($i_{totoal} = i_c = i_a$). 일반적으로 전기화학에서의 전류는 반응이 일어나는 정도나 속도를 이해하는 사용된다.

4. 표준 전극전위(표준 환원전위)

앞서 기술한 바와 같이 전압은 두 지점 사이에서 측정되어야 하며 절대값을 이용하여 서술되기 어렵다. 이러한 이유 때문에 기준이 되는 지점을 활용하여 각 전기화학 반응의 전위값을 나타내려 하였으며, 이는 산의 높이를 절대값으로 나타내는 방법과 유사하다. 산의 높이는 일반적으로 해수면의 기점(0 m)이 상대적으로 측정된 값을 절대값으로 표시한 것이다. 예를 들어, 백두산의 높이 2,593 m가 의미하는 것은 백두산 정상과 기준 해수면의 높이 차이가 2,593 m임을 의미한다. 이와 같은 방법으로 전기화학 반응을 기준점을 이용하여 측정된 전위값을 나타낸 표를 표준 전극전위(표준 환원전위)표로 이해할 수 있다.

표준 전극전위를 측정하기 위해서는 $Pt / H_2 / H^+$ 전극을 활용한 표준 수소 환원전극(Standard Hydrogen Electrode, SHE)을 기준으로 반쪽셀을 구성하여 측정하였으며, 이 값이 표 3.1에 표시되었다.

표 3.1 표준 환원전위(vs. SHE at 25℃)

환원반응	전위(V)	환원반응	전위(V)
$Ag^+ + e = Ag$	0.7996	$I_3^- + 2e = 3I^-$	0.5338
$AgBr + e = Ag + Br^-$	0.0713	$K^+ + e = K$	−2.924
$AgCl + e = Ag + Cl-$	0.2223	$Li^+ + e = Li$	−3.045
$AgI + e = Ag + I^-$	−0.1519	$Mg^{2+} + 2e = Mg$	−2.375
$Ag_2O + H_2O + 2e = 2Ag + 2OH^-$	0.342	$Mn^{2+} + 2e = Mn$	−1.029
$Al^{3+} + 3e = Al$ (0.1M NaOH)	−1.706	$Mn^{3+} + e = Mn^{2+}$	1.51
$Au^+ + e = Au$	1.68	$MnO_2 + 4H^+ + 2e = Mn^{2+} + 2H_2O$	1.208

(계속)

표 3.1 표준 환원전위 (vs. SHE at 25℃) (계속)

환원반응	전위(V)	환원반응	전위(V)
$Au^{3+} + 2e = Au^+$	1.29	$MnO_4^- + 8H^+ + 5e = Mn^{2+} + 4H_2O$	1.491
p-benzoquinone + $2H^+$ + 2e = hydroquinone	0.6992	$Na^+ + e = Na$	−2.7109
$Br_2(aq) + 2e = 2Br^-$	1.087	$Ni^{2+} + 2e = Ni$	−0.23
$Ca^{2+} + 2e = Ca$	−2.76	$Ni(OH)_2 + 2e = Ni + 2OH^-$	−0.66
$Cd^{2+} + 2e = Cd$	−0.4026	$O_2 + 2H^+ + 2e = H_2O_2$	0.682
$Cd^{2+} + 2e = Cd$ (Hg)	−0.3521	$O_2 + 4H^+ + 4e = 2H_2O$	1.229
$Ce^{4+} + e = Ce^{3+}$ (1M H_2SO_4)	1.44	$O_2 + 2H_2O + 4e = 4OH^-$	0.401
$Cl_2(g) + 2e = 2Cl^-$	1.3583	$O_3 + 2H^+ + 2e = O_2 + H_2O$	2.07
$HClO + H^+ + e = 1/2Cl_2 + H_2O$	1.63	$Pb^{2+} + 2e = Pb$	−0.1263
$Co^{2+} + 2e = Co$	−0.28	$Pb^{2+} + 2e = Pb$ (Hg)	−0.1205
$Co^{3+} + e = Co^{2+}$ (3M HNO_3)	1.842	$PbO_2 + 4H^+ + 2e = Pb^{2+} + 2H_2O$	1.46
$Cr^{2+} + 2e = Cr$	−0.557	$PbO_2 + SO_4^{2-} + 4H^+ + 2e = PbSO_4 + 2H_2O$	1.685
$Cr^{3+} + e = Cr^{2+}$	−0.41	$PbSO_4 + 2e = Pb + SO_4^{2-}$	−0.356
$Cr_2O_7^{2-} + 14H^+ + 6e = 2Cr^{3+} + 7H_2O$	1.33	$Pd^{2+} + 2e = Pd$	0.83
$Cu^+ + e = Cu$	0.522	$Pt^{2+} + 2e = Pt$	~1.2
$Cu^{2+} + 2CN^- + e = Cu(CN)_2^-$	1.12	$PtCl_4^{2-} + 2e = Pt + 4Cl^-$	0.73
$Cu^{2+} + e = Cu^+$	0.158	$PtCl_6^{2-} + 2e = PtCl_4^{2-} + 2Cl$	0.74
$Cu^{2+} + 2e = Cu$	0.3402	$S + 2e = S^{2-}$	−0.508
$Cu^{2+} + 2e = Cu$ (Hg)	0.345	$Sn^{2+} + 2e = Sn$	−0.1364
$Eu^{3+} + e = Eu^{2+}$	−0.43	$Sn^{4+} + 2e = Sn^{2+}$	0.15
$1/2F_2 + H^+ + e = HF$	3.03	$Ti^+ + e = Ti$	−0.3363
$Fe^{2+} + 2e = Fe$	−0.409	$Ti^+ + e = Ti$ (Hg)	−0.3338
$Fe^{3+} + e = Fe^{2+}$ (1M HCl)	0.770	$Ti^{3+} + 2e = Ti^+$	1.247
$Fe(CN)_6^{3+} + e = Fe(CN)_6^{4-}$ (1M H_2SO_4)	0.69	$U^{3+} + 3e = U$	−1.8
$2H^+ + 2e = H_2$	0.000	$U^{4+} + e = U^{3+}$	−0.61
$2H_2O + 2e = H_2 + 2OH^-$	−0.8277	$UO_2^+ + 4H^+ + e = U^{4+} + 2H_2O$	0.62
$H_2O_2 + 2H^+ + 2e = 2H_2O$	1.776	$UO_2^{2+} + e = UO^{2+}$	0.062
$2Hg^{2+} + 2e = 2Hg_2^{2+}$	0.905	$V^{2+} + 2e = V$	−1.2
$Hg_2^{2+} + 2e = 2Hg$	0.7961	$V^{3+} + e = V^{2+}$	−0.255
$Hg_2Cl_2 + 2e = 2Hg + 2Cl^-$	0.2682	$VO^{2+} + 2H^+ + e = V^{3+} + H_2O$	0.337
$Hg_2Cl_2 + 2e = 2Hg + 2Cl^-$ (sat'd. KCl)	0.2415	$VO^{2+} + 2H^+ + e = VO^{2+} + H_2O$	1.00
$HgO + H_2O + 2e = Hg + 2OH^-$	0.0984	$Zn^{2+} + 2e = Zn$	−0.7628
$Hg_2SO_4 + 2e = 2Hg + SO_4^{2-}$	0.6158	$ZnO_2^{2-} + 2H_2O + 2e = Zn + 4OH^-$	−1.216
$I_2 + 2e = 2I^-$	0.535		

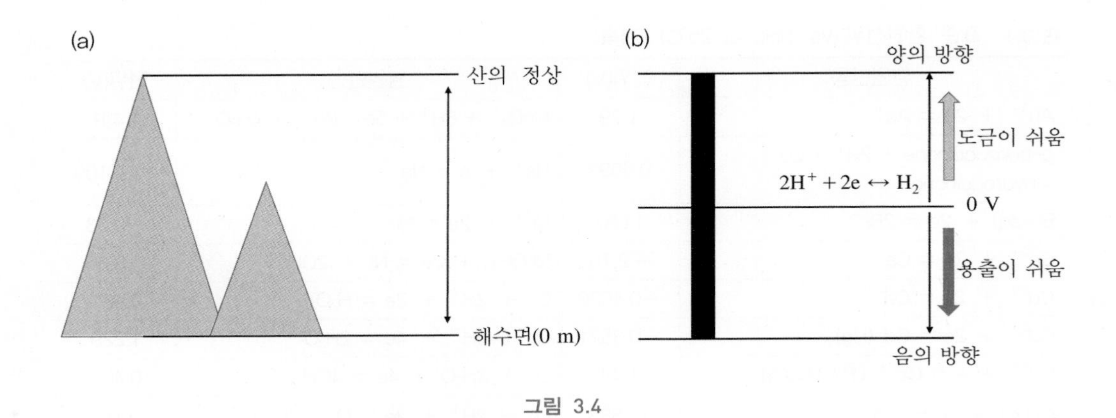

그림 3.4

일반적으로 수소 환원전위(0V vs. SHE)를 기준으로 음의 방향(negative potential)에 위치할수록 산화에 의한 용출이 쉽게 일어나고 환원에 의한 도금이 어렵게 일어난다. 반대로 수소환원전위가 양의 방향으로 더 큰 숫자를 갖는 지점에 위치 때 도금이 쉽게 일어난다고 이해할 수 있다. 예를 들어, $Cu^{2+} + 2e \rightarrow Cu$ (+0.3402 V)가 $Fe^{2+} + 2e \rightarrow Fe$(−0.409 V)보다 열역학적으로 도금이 되기 쉽다고 설명할 수 있으며, $Ag^{+} + e \rightarrow Ag$(+0.7996 V)는 이보다 더 쉽게 일어난다. 부식반응은 상대적으로 잘 일어나지 않는 특징이 있다.

표준 전극전위는 표준상태(온도: 25℃, 압력: 1atm, 농도 1M)하에서 전극표면에서 물질의 평형전위가 측정된 것이기 때문에, 온도, 압력, 농도가 변화하면 전극표면 전위도 당연히 변할 것이다. 이러한 변화를 예측하는데에는 네른스트식(Nernst Equation)이 매우 유용하게 사용된다.

전위결정 평형식을 $\alpha A + \beta B + n\mathrm{e} = \gamma C + \delta D$ 로 일반화할 때 전위차는

$$\Delta\phi(M, S) = \Delta\phi^{0}(M, S) + \frac{RT}{nF}\ln\frac{a_A{}^{\alpha}\, a_B{}^{\beta}}{a_C{}^{\gamma}\, a_D{}^{\delta}} \tag{3.1}$$

로 표현되며, 일반적인 전위결정 평형식으로부터 평형전위를 유도하면

$$E = E^{0} + \frac{RT}{nF}\ln\frac{a_A{}^{\alpha}\, a_B{}^{\beta}}{a_C{}^{\gamma}\, a_D{}^{\delta}} \tag{3.2}$$

이다. 이때 E^0는 표준 전극전위, a는 각 물질의 활성도, R은 기체상수 (8.314 J/mol·K), T는 절대온도(Kelvin), n은 산화/환원 반응에 참여한 전자수, F는 패러데이 상수(96485 C/mol)이다. 활성도의 사용은 식을 실용적으로 적용시키기 힘들게 하는 측면이 있으며,

보다 현실적으로 각 개별 농도로 식을 변형하여 사용한다.

$$E = E^{0'} + \frac{RT}{nF}\ln\frac{[A]^{\alpha}[B]^{\beta}}{[C]^{\gamma}[D]^{\delta}} \tag{3.3}$$

이 식을 네른스트식이라 하며, 이때 $E^{0'}$를 형식전위(formal potential)이다. E^0와 $E^{0'}$은 크게 차이가 나지 않기 때문에 표준 전극전위를 사용하여도 대부분 유효한 값을 얻을 수 있다.

5. 전기화학 반응의 특징

전극 반응은 전극표면에서 전자가 반응물 또는 생성물로 작용하는 화학 반응이라 할 수 있다. 한 예로, $O + ne = R$ 반응의 정반응에서는 산화된 상태의 O가 용액으로부터 전극 표면으로 이동하고 전극에서 제공된 전자와 반응하여 환원상태의 R을 생성시킨다. 이와 같은 전기화학 반응은 보통의 화학 반응과 비교할 때 몇 가지 고유한 특징을 갖는다.

① 전극의 전위는 전극 내 전자의 에너지를 뜻한다: 따라서 전극전위가 음의 값을 가질수록 전극 내에는 과량의 음전하(전자)가 존재함을 의미하며, 이는 또한 전극 내 전자의 에너지 또는 전자의 압력(electron pressure)이 큼을 의미한다. 전극전위의 크기는 양전하를 기준으로 정의되나 실제 전기화학 반응에서는 전자가 반응에 관여하므로 전자의 에너지를 기준으로 전극 반응을 설명하면 이해하기 쉽다.

그림 3.5에는 전극전위와 전자의 에너지변화에 따른 전극 반응의 열역학적 특성을 보여 주고 있다. 설명한 바와 같이 전극전위가 음의 값을 가질수록 전극 내 전자의 에너지는 증가한다. 용액에 녹아 있는 A라는 화합물의 HOMO(highest occupied molecular orbital)과 비어 있는 MO(vacant molecular orbital)의 에너지 준위가 이 그림과 같다고 하였을 때, 전극 내 전자의 에너지를 증가시켜 비어 있는 MO보다 높게 되면 전자는 에너지가 높은 전극에서 낮은 용액 쪽으로 이동이 가능하다. 반대로 전극 내 전자의 에너지를 화합물 A의 HOMO보다 낮게 조절하면 전자는 용액에서 전극 쪽으로 이동하게 된다. 여기에서 비어있는 MO는 A/A^- 산화환원쌍으로 구성되는 반쪽전지의 E^0값과 유사하고 HOMO는 A/A^+ 산화환원쌍의 E^0값과 유사하므로, 이를 일반화시켜 반쪽전지의 E^0값에 비해 전극의 전위가 음의 값을 가지면 환원반응이 가능하고, 반대로 E^0값에 비해 전극의 전위가 양의 값을 가지면 산화가 가능하다고 설명할 수 있다. 그러나 이러한

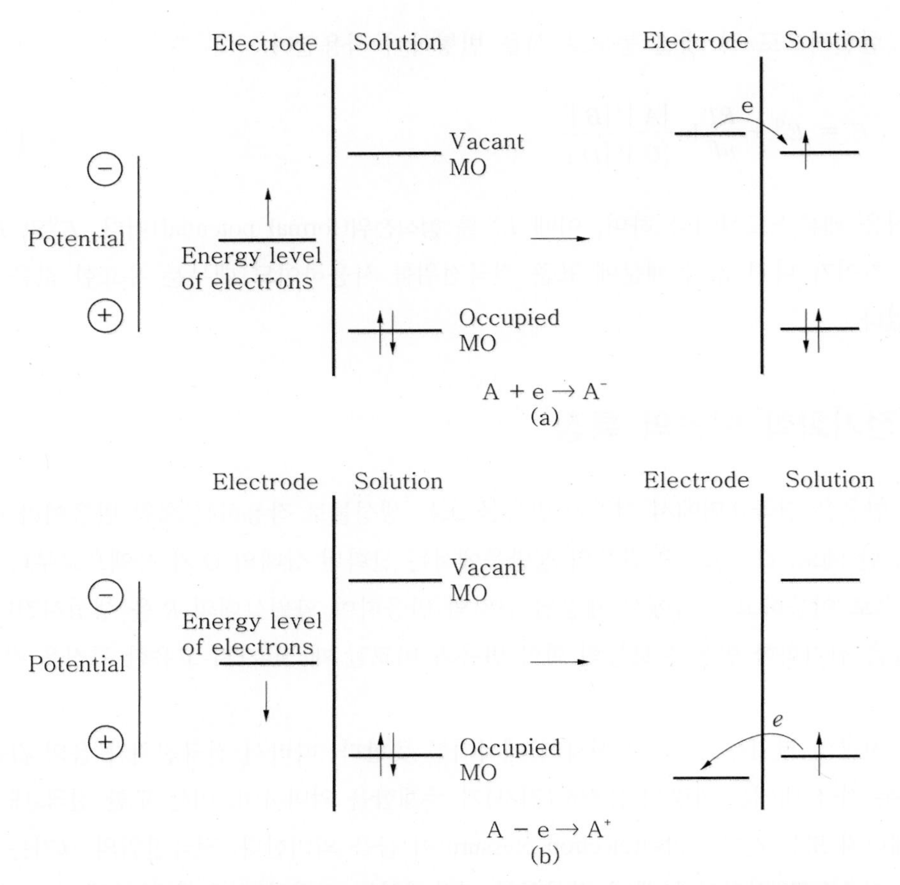

그림 3.5 전자의 에너지를 기준으로 설명한 화합물 A의 환원(a) 및 산화(b)과정

논의는 반응이 열역학적으로 가능하다는 것을 의미할 뿐 전극반응의 속도(kinetics)는 설명하지 못한다. 용액 내에 녹아 있는 A를 환원시키고자 할 때 전극 내 전자의 에너지가 비어 있는 MO보다 낮은 상태에 있다고 하면 전극 내 전자의 에너지를 점차적으로 증가시켜 비어 있는 MO 수준보다 높게 해야 한다. 이렇게 전자의 에너지가 비어 있는 MO 수준에 도달하기 전까지 전자는 환원반응에 소모되지 않고 전극의 표면에 축적되는데, 용액 쪽에는 **전하중성**(electroneutrality)을 유지하기 위하여 양이온이 축적되게 된다. 이렇게 전자와 양이온이 축적되는 전극/용액의 계면을 **전기이중층**(electric doublelayer)이라 하고, 이는 **축전지**(capacitor)와 같은 역할을 한다. 따라서 A의 환원을 위해서는 먼저 전기이중층을 채우는 전류가 흐르게 되고, 전자에너지가 비어 있는 MO 수준을 넘어서면 A의 환원에 소요되는 전류가 흐르게 된다. 전기이중층을 채우는 전류를 **이중층 충전전류**(double layer charging current)라 하고, A의 환원에 소요되는 전류를 **패러데이 전류**

(faradaic current)라 한다. 이러한 전류의 흐름을 다음과 같이 저항과 축전지가 병렬로 연결된 등가회로(equivalent circuit)로 표현할 수 있다.

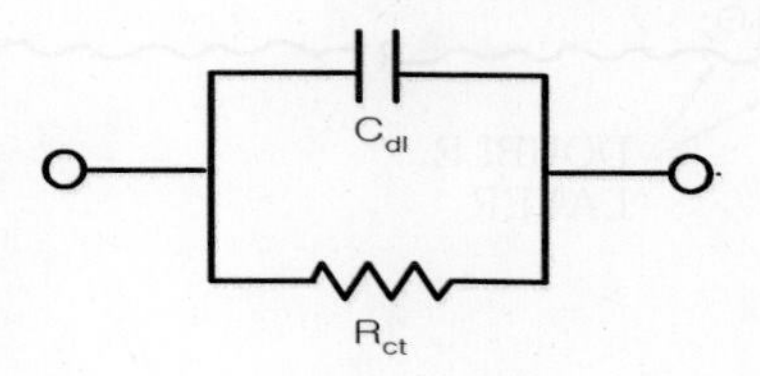

즉, 저항과 축전기가 병렬로 연결된 회로에 직류 전압을 인가하면 먼저 축전기를 채우는 전류가 흐르고 완전히 채워지면 저항을 통해 전류가 흐르게 되는 것이 위의 전기화학 반응에서 전류의 흐름 순서와 동일하다. 등가회로에서 저항은 A의 환원반응의 난이도를 결정하는 인자로서 이를 전하전달저항(charge transfer resistance, Rct)이라 하고 이는 전기화학 반응의 속도와 관계된다. 전하전달저항이 매우 큰 경우를 이상분극전극(ideal polarized electrode)이라 하고, 0에 접근할 경우 이상비분극전극(ideal nonpolarizable electrode)이라 한다. 이는 특정한 전기화학 반응의 반응속도에 관계하는 것이 아니고 전극과 반응계에 의해 결정된다. 예를 들어, 수은전극과 KCl/H_2O 계가 이상분극전극의 예인데, $H_2O + e = 1/2H_2 + OH^-$ 반응의 E^0 은 -0.83 V (vs SHE)로 이를 기준으로 전자의 에너지가 높거나 낮게 조절되면 환원 또는 산화반응이 열역학적으로 가능하나 동력학적으로 매우 느리므로 이 반응들에 소요되는 전류는 흐르지 못하고, 전위가 -2.1 V보다 낮으면 칼륨의 아말감 생성반응이, 0.25 V보다 높으면 Hg_2Cl_2의 생성반응이 일어난다. 따라서 전위가 -2.1~0.25 V 사이에서는 전극에 흐르는 전류는 이중층을 채우는 전류만이 가능하여 순수한 축전지로 생각할 수 있다.

② 전기화학 반응은 전극의 표면에서만 가능하다: 전기화학 반응에서는 전자가 반응물 또는 생성물이므로 전자의 터널링(tunnelling)이 가능한 거리 안에 존재하는 화합물만이 반응에 참여할 수 있다. 그림 3.2에는 용액에 페로센(ferrocene($FeCp_2$))이 존재하고 이를 산화시키기 위하여 전극의 전위를 $FeCp_2 / FeCp_2^+$의 E^0값보다 충분히 음의 값을 갖도록 하다가 어느 순간 이보다 충분히 양의 값을 갖도록 계단모양으로 전위를 주었을 때 시간에 따른 용액 내 $FeCp_2$ 와 $FeCp_2^+$의 농도분포를 보여주고 있다. 전자의 에너지가 충분히 높은 초기에는 $FeCp_2$가 전극표면에서 안정하므로 초기에 $FeCp_2$의 용액 내 농도분포는 균일한 모양을 보인다. 계단파형전위를 인가하면 전극표면에서 전기이중층

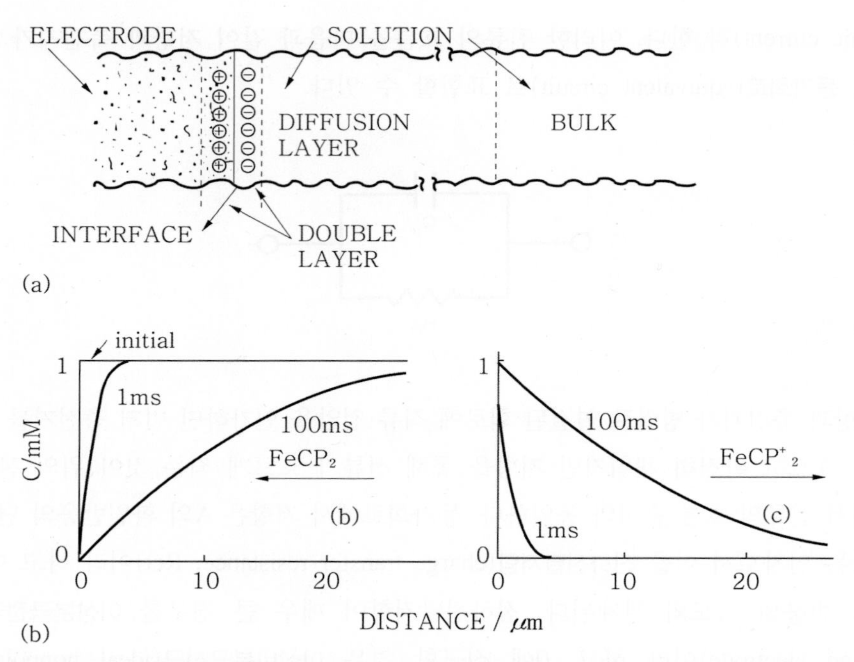

그림 3.6 (a) 전극과 계면을 이루는 용액의 구조, (b) 전위 step 후 산화되는 $FeCp_2$의 용액 내 농도분포(좌)와 생성물인 $FeCp_2^+$의 용액 내 농도분포(우)이다.

에 의한 충전전류(charging current)가 흐르며, 동시에 전극 내 전자의 에너지가 충분히 낮으므로 전극표면의 $FeCp_2$는 산화되어 $FeCp_2^+$로 전환된다. 따라서 전극표면에서 $FeCp_2$ 의 농도는 0의 값을 갖고 $FeCp_2^+$의 농도는 초기농도와 같아질 것이다. $FeCp_2$ 의 농도가 전극 쪽이 낮으므로 $FeCp_2$는 확산에 의해 전극 쪽으로 이동하며, 생성물인 $FeCp_2^+$는 용액 쪽으로 이동해가며 농도분포를 갖게 된다. 계단파형전위를 인가한 후 초기에는 농도의 분포가 매우 급격하나 시간이 경과함에 따라 그 기울기는 점차 감소하여 확산속도가 무시할 만큼 적어지게 된다. 따라서 전극에서부터 가까운 부분에 존재하는 $FeCp_2$ 만이 전기화학 반응에 참여하게 되고 반응물도 이 범위 안에만 존재하게 된다. 이렇게 반응물과 생성물이 존재할 수 있는 범위를 확산층(diffusion layer)이라 하고 전극으로부터 더 멀리 떨어진 부분을 벌크 용액이라고 한다. 그러나 교반이 있으면 벌크 내에 존재하는 반응물도 반응에 참여할 수 있게 된다.

③ 전기화학 반응은 여러 단계를 거쳐서 진행된다: 페로센의 산화반응을 예로 볼 때 반응을 위해서 $FeCp_2$는 용액으로부터 전극표면으로 이동해와야 한다. 이미 설명한데로, 이를 물질전달이라 하는데 여기에는 농도차이에 의한 확산(diffusion), 대류(convection),

전하를 갖는 화합물의 경우 전위차이에 의한 **전기영동**(migration)의 세 종류로 구분할 수 있다.

전극표면에 도달한 $FeCp_2$는 **불균일 전하전달**(heterogeneous charge transfer) 반응에 의해 산화되고 생성물이 용액 쪽으로 이동해가는 과정이 계속된다. 위와 같이 간단한 과정을 거치는 반응 이외에 흡착, 탈착, 전착된 원자의 전극표면에서 이동, 결정화, 상변화와 같은 단계를 거치는 경우도 흔하다. 일반적으로 여러 반응단계에서 속도가 가장 느린 단계가 전체반응의 속도를 결정하게 되는데 물질전달이 가장 느린 경우를 **물질이동율속**(mass transfer control)이라 하고, 물질이동 중에서도 확산이 율속일 경우를 **확산율속**(diffusion control)이라 하며, 이때의 전류를 **확산전류**(diffusion current)라고 한다. 전하전달 과정이 느린 경우를 **전하전달율속**(charge transfer control)이라 한다.

④ **전류는 반응속도의 표현이다**: $O+ne=R$의 패러데익(faradaic) 반응을 통하여 생성된 R의 몰수를 N이라 하면 이때 흐른 전하량은 $Q=nFN$으로 표현된다. 전류는 $i=dQ/dt=(nF)dN/dt$이므로 반응속도 $dN/dt=(1/nF)i$로 반응속도는 전류와 비례하게 된다. 따라서 "전류는 반응속도의 표현이다"라고 할 수 있다.

그림 3.7에는 $FeCp_2$의 산화반응이 진행되는 전지의 구성을 보여주고 있다. 일반적으로 패러데익 반응이 일어나는 전극을 **작동전극**이라 하는데 그림에서는 **전위조절장치**(potentiostat)를 이용하여 작동전압의 전위를 **기준전극**(reference electrode)에 대하여 V 만큼 인가하고 있다. 작동전극에서는 산화반응으로 전자가 생성되는데 이는 **상대전극**에서 다른 화합물(Ox)의 환원에 소요된다. 따라서 상대전극은 작동전극에 전자를 제공하거나 받는 역할을 하게 된다. 전해질 내에서도 외부회로를 통하여 흐르는 전류와 동일한 양의 전류가 흘러야 하는데 이를 용액 내 존재하는 이온들이 담당한다. 이와 같이 이온을 포함하고 있는 용액을 **전해질**(electrolyte)이라고 한다.

⑤ **전기화학 반응의 반응속도는 전극전위에 의해 조절된다**: 일반적인 화학반응의 반응속도(Rate) = $-k$[반응물]로 표현되며, 이때 반응속도상수는 $k \propto \exp(-E_A/\kappa T)$로 촉매 등을 사용하여 반응의 활성화에너지를 낮추거나 온도를 증가시켜 반응속도상수를 크게 할 수 있다. 그러나 전기화학 반응의 속도상수는 $k \propto e^{\eta}$로 표현되는데, $\eta=E_{app}-E^0$로 정의되는 **과전압**(overpotential)이다. 즉 인가한 전위(E_{app})를 크게 하면 과전압도 증가하여 반응속도상수를 크게 할 수 있다.

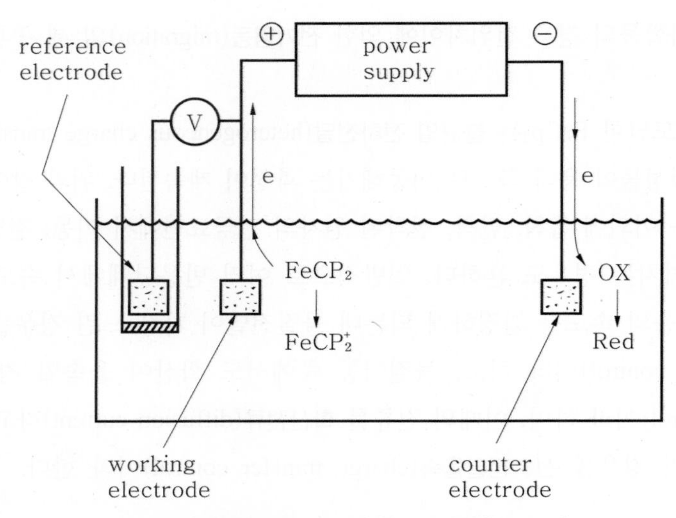

그림 3.7 3개의 전극으로 구성되는 전기화학 cell의 구조

⑥ 전위와 전류를 동시에 조절할 수 없다: 전극의 전위를 조절하면 전류가 결정되고 반대로 전류를 조절하면 전위가 결정되므로 두 변수를 동시에 조절할 수는 없다. 전위를 조절하는 장치를 전위조절장치, 전류를 조절하는 장치를 갈바노스타트(galvanostat)라고 한다.

6. 전기화학 반응속도론

위에서 전기화학 반응의 속도는 인가한 전위에 의해 조절됨을 설명하였는데 이를 자세히 설명하면 다음과 같다.

일반적인 전기화학 반응은

$$O + ne \underset{k_b}{\overset{k_f}{=}} R \tag{3.4}$$

로 표현할 수 있는데 이 반쪽전지 반응에 참여하는 O/R의 E^0값을 기준으로 전극의 전위가 이보다 음의 값을 가지면 정반응이 우세해지고 반대로 양의 값을 가지면 역반응이 우세해진다. 정반응인 환원반응과 역반응인 산화반응의 전류는

$$i_c = nFA[k_f C_O(0, t)] \tag{3.5}$$

$$i_a = nFA[k_b C_R(0, t)] \tag{3.6}$$

로 i_c 와 i_a 는 각각 환원전류와 산화전류를, A는 작동전극의 면적을, k_f와 k_b는 각각 정반응과 역반응의 반응속도상수를, 그리고 $C_O(0,t)$와 $C_R(0,t)$는 전극표면에서 O와 R의 농도를 뜻한다. 이때 반응속도상수는

$$k_f = k^0 \exp\,[-\alpha nF(E_{app} - E^{0'})/RT] \tag{3.7}$$

$$k_b = k^0 \exp\,[(1-\alpha)nF(E_{app} - E^{0'})/RT] \tag{3.8}$$

로 표현되는데, k^0는 표준전극반응 속도상수(standard electrode reaction rate constant), α는 0－1의 값을 가지며 전달계수(transfer coefficient) 또는 대칭계수(symmetry factor)라고 한다. E_{app}는 전극에 인가한 전극전위를 뜻한다.

평형상태에서는 $i_c = i_a$의 조건을 만족하여 $i_{net} = 0$이 되나 비평형상태에서는 i_{net}에 해당하는 만큼 전류가 흐르게 된다. 따라서

$$i_{net} = i_c - i_a = nFA[k_f C_O(0,t) - k_b C_R(0,t)] \tag{3.9}$$

$$i_{net} = nFAk^0[C_O(0,t)\ e^{-\alpha nF\ (E_{app}-E^{0'})/RT} - C_R(0,t)\ e^{(1-\alpha)nF\ (E_{app}-E^{0'})/RT}] \tag{3.10}$$

이 되며, 위 식의 오른쪽 첫째 항은 전압변화(E_{app})에 따른 환원전류를 두 번째 항은 산화전류를 나타낸다.

평형상태에서 $i_{net} = 0$ 이다. 그러나 실제로 환원전류와 산화전류의 양이 같을 뿐이지 $i_c = i_a = 0$인 조건은 아니다. 평형상태에서 실제 흐르는 전류는 $i_c = i_a = i_0$ 이며, i_0를 교환전류(exchange current)라고 한다. 평형상태에서는 $C_O(0,t) = C^*_{,C_R(0,t)O} = C^*_R$의 조건을 만족하는데, C^*_O 과 C^*_R는 용액 내에서 O 와 R 의 농도이다. 교환전류는 다음 식으로 유도된다.

$$i_0 = nFAk^0\ C_O^{*(1-\alpha)} C_R^{*\alpha} \tag{3.11}$$

k^0가 클수록 전극반응의 속도도 증가하므로 교환전류가 크다면 반응속도가 큼을 의미한다. 식 (3.10)을 식 (3.11)로 나누어 정리하면

$$i = i_0 \left[\frac{C_O(0,t)}{C_O{}^*} e^{-\alpha nF\eta/RT} - \frac{C_R(0,t)}{C_R{}^*} e^{(1-\alpha)nF\eta/RT} \right] \tag{3.12}$$

이 되며 전류의 크기가 교환전류, 반응물의 농도, 과전압($\eta = E_{app} - E_{eq}$)의 함수로 주어진다. 식 (3.12)에서 $C_O(0,t)/C_0^*$과 $C_R(0,t)/C_R^*$은 물질전달속도와 관계되는 항이고, 과

전압의 지수함수로 표현되는 항은 전하전달속도와 관계된다. 여기서 물질전달속도가 전하전달속도보다 빠르다고 하면 $C_O(0,t)/C_0^* = 1$, $C_R(0,t)/C_R^* = 1$ 이라고 할 수 있으며, 따라서 전류를 다음의 식처럼 나타낼 수 있다.

$$i = i_0 \, [e^{-\alpha nF\eta/RT} - e^{(1-\alpha)nF\eta/RT}] \tag{3.13}$$

이를 Butler-Volmer 식이라 하는데, 전류의 크기가 전하전달속도에 의해 조절되는 경우에 적용된다. 그림 3.8에는 Butler-Volmer 식에 의해 η의 변화에 따른 i_c 와 i_a 의 변화를 점선으로 표시하였고 총 전류(net current) $i\ (= i_c - i_a)$를 실선으로 표시하였다. 과전압이 음으로 증가할수록 환원전류는 지수함수적으로 증가하고 산화전류는 지수함수적으로 감소함을 보여주며, $\eta = 0$인 평형상태에서 $i_{net} = 0$이나 $i_c = i_a \neq 0$임을 보여주고 있다.

$\eta < 118\ \text{mV}/n$으로 과전압의 크기가 적은 범위에서 Butler-Volmer 식은 다시

$$i = i_0 \, (-nF\eta/RT) \tag{3.14}$$

로 전개되며 전류와 η은 직선적으로 비례하게 된다. 그림 3.8에서 i_{net}는 과전압이 적은 범위에서 $(-\eta)$에 대하여 직선적으로 비례함을 보여주고 있다. 이때 기울기는 저항의 역수에 해당되며 이는 또한 전하전달속도와 관계되므로 이를 전하전달저항(R_{ct})이라

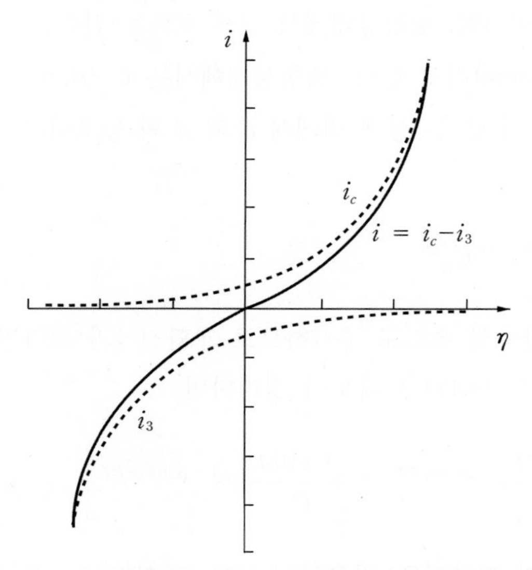

그림 3.8 Butler-Volmer 식에 의한 전압(η)에 따른 환원전류(i_c), 산화전류(i_a) 및 총 전류 $i_{net} = (i_c - i_a)$의 변화

한다. 기울기는 $nF\,i_o/RT = 1/R_{ct}$이므로

$$R_{ct} = RT/nFi_0 \tag{3.15}$$

가 유도된다. 즉 i_o값이 클수록 R_{ct}는 감소한다는 설명이 가능하다.

$\eta \ll 0$으로 과전압이 비교적 큰 경우에는 식 (3.13)의 제1항은 매우 크나 제2항은 무시할 만큼 적게 되므로 이 조건에서 과전압에 따른 전류의 의존성은 다음과 같이 표현된다.

$$\log|i| = \log i_0 - \frac{\alpha nF\eta}{2.303RT} \tag{3.16}$$

마찬가지로 $\eta \gg 0$인 조건에서는

$$\log|i| = \log i_0 + \frac{(1-\alpha)nF\eta}{2.303RT} \tag{3.17}$$

로 유도된다. 그림 3.9에는 과전압과 $\log|i|$의 관계를 보여주고 있다. 이를 Tafel 도표라 하는데 기울기로부터 α값을, $\eta = 0$에서의 교차점으로부터 i_0 값을 구할 수 있다.

그림 3.9에서 보면 i_0값이 큰 경우는 넓은 과전압 범위에서 i_c와 i_a가 동시에 흐르는데 비해 i_0가 작은 경우는 그렇지 못하다. 이와 같이 실험적으로 측정되는 i_{net}에 가역적인 두 i_c와 i_a가 동시에 기여를 하는 경우를 전기화학적으로 가역적(electrochemically reversible)이라고 한다. 또한 식 (3.10)로부터 $i_0 \to \infty$이면

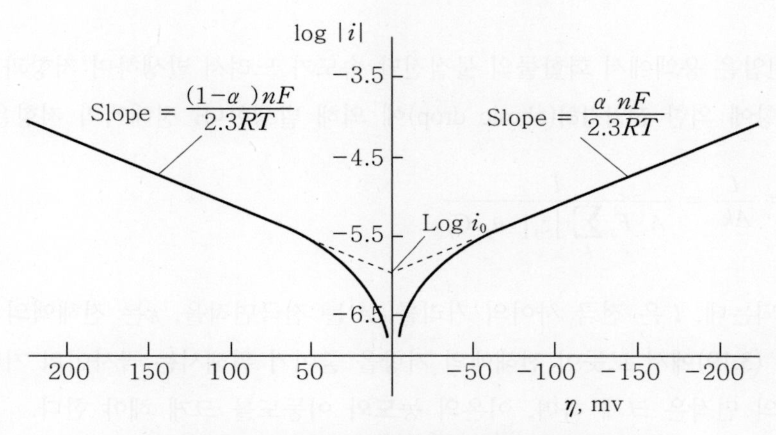

그림 3.9 과전압에 따른 $\log|i|$의 변화를 그린 Tafel 도표
($O+ne=R$ 의 반응에서 $n=1$, $\alpha=0.5$, $T=298\text{K}$, $i_0=10^{-6}\text{A}$)

$$E = E^{0'} + \frac{RT}{nF} \ln \frac{C_O(0,t)}{C_R(0,t)} \tag{3.18}$$

와 같이 Nernst 식이 유도된다. 따라서 i_0가 큰 경우를 전기화학적으로 가역적이라고 함과 동시에 Nernst 식을 만족하므로 nernstian이라 한다.

7. 과전압과 전해 및 전지반응

전류는 반응속도이므로 일정 크기의 전류가 흐르기 위해서는 과전압이 필요하다. 과전압은 일정한 크기의 전류를 얻기 위하여 전류의 크기가 0인 평형전압에 비해 추가적으로 인가해야 하는 전압으로 이해할 수 있다. 과전압은 전기화학 반응의 여러 단계와 관련된 과전압의 합으로 표현될 수 있는데 **활성화과전압**(charge transfer overpotential, activation overpotential), **농도과전압**(mass transfer or concentration overpotential), **저항과전압**(resistance overpotential)으로 세분할 수 있다.

활성화과전압은 전하전달 과정과 관련된 과전압으로서 전하전달저항 또는 교환전류의 크기와 관계된다. 예로서, 수소발생 반응($2H^+ + 2e = H_2$)의 교환전류값은 전극의 종류에 따라 큰 차이를 보인다. Pb, Cd, Hg 등 전극에서 수소발생 반응의 교환전류가 매우 적은데 이로부터 이들 전극의 수소발생 반응의 활성화과전압이 매우 크다고 할 수 있다. **수은적하전극**(dropping mercury electrode)을 사용하는 전해반응의 **분석측정장치**(polarography)에서 넓은 전압범위에서 화합물의 환원반응을 통하여 분석이 가능한데, 이는 수은전극의 수소과전압이 커서 수소발생 전류가 무시할 만큼 적기 때문에 가능한 것이다.

농도과전압은 용액에서 화합물의 물질전달 속도가 느려서 발생하며 저항과전압은 전해질의 저항에 의한 **전압강하**(ohmic drop)에 의해 발생한다. 전해액의 저항은

$$R = \frac{l}{Ak} = \frac{l}{A \cdot F \sum_j |z_j| \ u_j \ C_j} \tag{3.19}$$

으로 표현되는데, l은 전극 사이의 거리를, A는 전극면적을, κ는 전해액의 전도도를 뜻한다. 식 (3.19)에서 보듯이 전해액의 저항을 줄이기 위해서는 극사이의 거리를 적게 하고 전극의 면적은 크게 하며, 이온의 농도와 이동도를 크게 해야 한다.

이미 설명한데로, 전기화학 반응은 전기에너지를 공급하여 화학적 반응을 유도하는

전해셀과 반대로 화학반응이 자발적으로 진행하여 화학에너지가 전기에너지로 변환되는 갈바닉셀로 구분된다.

실제 공업적인 전해셀에서 과전압의 크기는 공정의 경제성을 결정하는 중요요인이 되므로 이를 작게 할 수 있는 전극재료의 개발과 전해조의 구조설계가 필요하다. 염소-알칼리 공정을 예로 들어보면 이 공정의 전체반응은

$$2\,NaCl + 2\,H_2O \rightarrow 2\,NaOH + Cl_2\,(g) + H_2\,(g)$$

로, 위 반응은 $\Delta G > 0$으로 자발적인 반응이 아니다. 따라서 반응을 오른쪽으로 진행시키기 위해서 전기에너지가 공급되어야 한다. 위 반응을 진행시키기 위한 최소한의 전압은 $\Delta G = -nFE_d$로 E_d를 **열역학적 분해전압**(thermodynamic decomposition voltage)이라 한다. 위의 반응이 오른쪽으로 진행될 때 두 전극에서의 반쪽반응은

- 양극: $2\,Cl^- \rightarrow Cl_2(g) + 2\,e$ $E_0 = 1.36\,V$ (vs. SHE at 25℃)
- 음극: $2\,H_2O + 2\,e \rightarrow H_2(g) + 2\,OH^-$ $E_0 = -0.84\,V$ (vs. SHE at 25℃)

로, 모든 화합물의 활성도와 퓨가시티가 1이라 가정하였을 때 25℃ 에서 $E_d = E_c - E_a = -2.2\,V$가 되는데, 이는 두 반쪽전지의 평형전위의 차이에 해당하며 전류가 전혀 흐르지 않는 상태에서 두 전극의 전위차를 말한다. 전위를 E_d보다 크게 인가하면 음극 및 양극에서 해당하는 반응이 진행되는데 일정 크기의 전류값을 갖기 위해서 두 전극반응에 과전압이 필요하게 된다. 이때 전류값이 클수록 과전압도 증가한다. 일정한 전류에서 전해할 때 두 전극 사이에 인가해야 하는 전위는

$$E_{app} = E_d + \eta_c + \eta_a + iR_{total} \tag{3.20}$$

가 된다. 여기서 n_c 와 η_a 는 각각 **음극**(cathode)과 **양극**(anode)의 과전압을 뜻하며 iR_{total} 는 전해질저항을 포함하는 모든 저항과 전압을 뜻한다. E_d는 상수이나 나머지 항은 모두 전류가 증가할수록 커지는 값이다.

전해반응에서 소요되는 전기에너지는 $W = Q \times E_{app}$이다. Q는 전해공정에서 생성물의 양과 관계된다. 따라서 같은 양의 생성물을 얻는다고 하였을 때 E_{app}가 작을수록 전기에너지의 소모가 적어진다. E_{app}를 작게 하면 그만큼 공정의 경제성이 좋아지므로 이를 위해서 위의 식에서 보여준 것처럼 두 전극반응의 과전압과 전해질저항을 줄일 수 있는 방안이 모색되어야 한다. 실제로 여러 과전압 중 활성화과전압이 가장 큰 경우가

많은데 이를 줄이기 위해서는 전극재료와 전극의 표면상태를 개선하여야 한다. 대표적인 예로, NaCl 전해에서 흑연을 양극으로 사용한 경우 염소발생 반응의 과전압이 비교적 크나 Ti에 RuO_x를 주성분으로 하는 금속산화물을 피복시킨 전극은 염소과전압을 크게 줄일 수 있다. 한편 대부분의 전해조에서 두 전극 사이의 거리를 매우 작게 하는데, 이는 전해질저항에 의한 과전압을 최소화하기 위한 것이다.

02 전지

1. 전지반응과 에너지변환

수소와 산소는 적당한 조건이 주어지면 자발적으로 반응하여 폭발한다. 한편 아연판을 Cu^{2+} 용액에 넣으면 구리 이온은 금속상태로 석출되고 아연은 Zn^{2+}으로 녹는다. 즉, 위의 두 화학 반응 모두 ΔG 값이 음으로 자발적으로 진행된다.

$$2H_2 + O_2 = H_2O \qquad \Delta G = -475\ \text{kJ/mol}\ (25℃)$$
$$Zn^0 + Cu^{2+} = Zn^{2+} + Cu^0 \qquad \Delta G = -212\ \text{kJ/mol}\ (25℃)$$

ΔG값은 열역학함수인데 이는 반응물과 생성물에 의해 결정되는 것으로 그 과정, 즉 반응 경로와는 무관하다. 수소와 산소가 반응하여 물을 생성한다고 할 때 반응 경로는 여러 가지가 가능하다. 불꽃에 의해 또는 전기 스파크에 의해 가능하며 또한 전기화학 경로도 가능하다.

전기화학 경로에 의해 수소와 산소가 물로 전환되는 반응의 과정은 다음과 같다. 즉 한쪽 전극에서 수소가 산화되어 전자와 H^+을 생성시키고, 이때 생성된 전자는 외부부하를 통하여, H^+은 전해액을 통하여 오른쪽 전극으로 전달되면 오른쪽 전극에서는 산소분자가 환원되어 물을 생성시킬 수 있다. 각 전극에서 진행되는 전기화학 반응과 전체 반응은 다음과 같다.

- 양극: $H_2 \rightarrow 2H^+ + 2e$ $\qquad E^0 = 0.0\ \text{V}$ (vs. SHE)
- 음극: $1/2\,O_2 + 2H^+ + 2e \rightarrow H_2O$ $\qquad E^0 = +1.23\ \text{V}$ (vs. SHE)
- 전체반응: $H_2 + 1/2\,O_2 \rightarrow H_2O$

위의 전체 식에서 보면 반응이 전기화학 경로를 거쳤지만 반응물과 생성물의 종류가 동일하다. 따라서 열역학적인 함수인 ΔG 값도 동일하다. 위의 전기화학 반응의 결과 전자는 외부부하를 통과하면서 전기에너지를 제공하는데, 이때 두 반쪽전지 사이의 기전력 $E^0{}_{cell}$은 $\Delta G = -nFE^0{}_{cell} = -nF(E^0{}_{cathode} - E^0{}_{anode})$로부터 구할 수 있다. 연료전지는 수소와 산소가 가지고 있는 화학에너지를 전기화학 경로를 거쳐 전기에너지로 변환하는 장치이다.

Zn 금속을 Cu^{2+}이 녹아있는 용액에 담그었을 때 자발적인 반응도 전기화학 경로를 통하여 진행시킬 수 있다.

- 양극: $Zn^0 \rightarrow Zn^{2+} + 2e$ $\quad E^0 = -0.76\ V$ (vs. SHE)
- 음극: $Cu^{2+} + 2e \rightarrow Cu^0$ $\quad E^0 = 0.34\ V$ (vs. SHE)
- 전체 반응: $Zn^0 + Cu^{2+} \rightarrow Zn^{2+} + Cu^0$

갈바닉셀에서는 두 개의 반쪽전지가 산화반응이 일어나는 양극(애노드 전극)과 환원반응이 일어나는 음극(캐소드 전극)으로 구성된다. 전지의 기전력은 $E^0{}_{cell} = -\Delta G/nF = -212 \times 10^3 (J/mol)/2 \times 96{,}500 = 1.1\ V$가 되는데 이 값은 두 반쪽전지의 표준전극전위로부터 구한 값 $E^0{}_{cell} = E^0{}_{cathode} - E^0{}_{anode} = 0.34 - (-0.76) = 1.1\ V$와 동일하다.

위의 설명은 다니엘전지에 관한 것으로 $E^0{}_{cell}$이 1.1 V라 함은 전지를 구성하는 모든 화학종의 활동도가 1인 경우, 즉 표준 전극전위로부터 구한 값으로 화학종의 활동도가 1이 아닌 경우는 다른 값을 갖게 된다. 또한 위의 반응은 전지가 방전될 때의 반응으로서 충전 시에는 전기에너지를 공급하여 각 반쪽전지에서 반대반응을 진행시켜야 하므로 충전반응이 진행될 때는 일종의 전해셀이라 할 수 있다. 위에 설명한 대로 전지 또는 연료전지는 자발적인 화학 반응을 전기화학 경로를 통하여 진행시키며 두 반쪽전지의 전기화학 반응의 결과로 전기에너지를 얻는 장치이다.

위의 예에서 보듯이 두 반쪽전지의 표준 전극전위의 값이 서로 다르면 $E^0{}_{cell} \neq 0$이므로 이들을 조합하여 전지를 구성할 수 있다. 그러나 모든 반쪽전지의 조합이 실제적인 전지가 될 수는 없다. 다음과 같은 요구조건이 만족되어야 상품성이 있는 전지로 개발될 수 있다. 다음에 전지가 갖추어야 할 요구조건을 나열하였다.

① 작동전압: 전지를 구성하고 있는 화학종의 활동도가 1이 아닌 일반적인 작동전압(operating voltage)은 $E_{cell} = E_{cathode} - E_{anode}$로 표현될 수 있다. 전지의 작동전압은 어느 정도 크기를 가져야 하므로 모든 반쪽전지의 조합이 실용적인 전지가 될 수는

없다.

② 전류특성: 전류는 반응속도의 표현이므로 전류가 크기 위해서는 두 전극에서 반응속도와 물질전달속도가 커야 한다.

③ 용량: 반쪽전지의 용량(capacity, Q, Ah)은 $Q(Ah) = w(g) \times 26.8 / Me$로 표현되는데, 여기서 w는 전극물질의 무게를, 그리고 Me은 원자량 또는 분자량 (M)을 반응에 참여한 전자수(n)로 나눈 값을 나타낸다. 리튬전지는 용량이 매우 큰데, 이는 리튬의 원자량이 작기 때문이다. 26.8의 값은 패러데이 상수(96485 C/mol)을 초(s)를 시간(h)으로 환산하기 위해 사용된 환산인자 3600으로 나누어 얻은 값이다.

④ 에너지밀도: 전지의 에너지밀도(energy density)는 전기에너지($Q \times E_{cell}$)를 무게 또는 부피로 나눈 값이다. 리튬전지는 Q 값이 크고 또한 E_{cell} 이 크기 때문에 에너지밀도가 크다.

⑤ 출력밀도: 출력밀도(power density)는 전지의 출력($i \times E_{cell}$)을 무게 또는 부피로 나눈 값이다. 전지의 여러 용도 중 높은 출력이 요구되는 경우가 있는데 이때는 전지의 에너지밀도보다는 출력밀도가 중요하다.

⑥ 사이클수명: 사이클수명(cycle life)은 2차전지에 해당하는 것으로 가능한 충방전횟수를 뜻한다.

⑦ 자가방전율: 이는 전지를 사용하지 않고 보관 중에 자가방전되는 속도를 뜻한다. 자가방전율(self-discharge rate)이 높은 전지는 실용성이 떨어진다.

⑧ 과방전 및 과충전 특성: 전지를 구성할 때 두 반쪽전지 중 하나의 용량을 다른 것에 비해 적게 설계한다. 따라서 방전 시 한쪽이 모두 방전되게 되면 다른 쪽의 용량이 남아있으므로 과방전(over-discharge)이 시작된다. 충전시에도 마찬가지 이유로 과충전(overcharge)이 된다. 이때 용량이 떨어진 전극에서는 다른 전기화학 반응이 일어나는데, 일반적으로 전해액의 산화 또는 환원반응이 진행된다. 전해액의 분해 반응결과 가스가 발생하는 경우가 있어 전지의 안전성에 영향을 미치게 되므로 이러한 과방전, 과충전

시에 위험성이 없는 전지가 실용성을 갖게 된다.

⑨ 안전성 및 신뢰도: 전지는 과방전, 과충전시 또는 내부단락 등의 원인으로 화재나 폭발의 위험성이 있다. 한편 심장박동기와 같은 용도에서는 전압, 전류 등의 신뢰도가 어느 특성보다도 중요하다.

⑩ 가격: 전지의 가격 또한 실용성의 중요한 요소이다.

2. 전지의 종류와 특성

전지의 종류는 먼저 재충전이 가능한 2차전지와 그렇지 못한 1차전지로 구분할 수 있다. 대표적인 1차전지는 알카라인전지, 수은전지 등이 있고 2차전지로는 납축전지, Ni-Cd 전지, Ni/금속수소화물(Metal hydride, MH)전지, 리튬 2차전지 등이 있다. 형태에 의한 구분으로는 원통형, 각형, 단추형이 있다.

현재 다양한 크기의 전지가 상용화되어 있는데, 소형전지(miniature batteries)는 전자시계 등에 사용되는 단추형전지, 심장박동기와 같은 의료용전지에 주로 사용된다. 휴대용 전자기기에 사용되는 소형전지는 오늘날 멀티미디어 시대의 중요한 전원으로 이용되고 있다. 납축전지는 현재 자동차의 시동과 조명에 널리 이용되고 있다. 대형전지는 전기자동차, 비상전원, ESS(energy storage system, 야간의 유휴전력을 전지에 충전하여 저장하였다가 주간의 가장 전력을 많이 소모하는 시간에 사용함으로써 전력생산량을 조절하는 부하조절(load leveling)의 용도)에 사용되고 있다. 다음은 여러 전지의 구성과 특성을 기술하였으며, 표 3.2는 현재 사용 중인 전지의 사양을 나타낸 것이다.

(1) 수용액 1차전지

수용액을 전해질로 채택한 1차전지로는 Leclanche 전지, 알칼리망간전지, 금속/공기전지 등이 있다. 알칼리망간전지의 작동전압은 1.5 V이며, 양극으로 MnO_2, 음극으로 아연을 사용하고 전해액으로는 ZnO를 포화용해한 30% KOH 수용액을 사용한다. 그 구성과 전극반응은 다음과 같다.

표 3.2 현재 사용 중인 전지의 사양

전지	방전 시 전극반응		전해질	전극물질		E_{cell}	응용분야
	양극(+Ve)	음극(−Ve)		양극	음극	/V	
2차전지							
Lead /acid	$PbO_2 + 4H^+ + SO_4^{2-} + 2e^-$ $\rightarrow 2H_2O + PbSO_4$	$Pb + SO_4^{2-}$ $\rightarrow PbSO_4 + 2e^-$	Sulphuric acid(*aq*)	PbO_2	Pb	2.05	Automobiles, traction, industry
Nickel /cadimum	$NiO(OH) + H_2O + 2e^-$ $\rightarrow Ni(OH)_2 + OH^-$	$Cd + 2OH^-$ $\rightarrow Cd(OH)_2 + 2e^-$	KOH(*aq*)	Ni	Cd	1.48	Industry, starters for aeroplane engines, railway lighting
Lithium ion	$Li_{1-x}MO_2 + xLi^+ + Xe-$ $\rightarrow LiMO_2$ M : Ni, Co, Mn, Al or $Ni_xCo_yMn_z$ or $\ni_x Co_y Al_z$ $x+y+z=1$	Li_xC_6 $\rightarrow xLi^+ + C_6 + Xe^-$	$LiPF_6$, $LiClO_4$ +Organic solvent	$LiMO_2$	C	3.5~ 4.5	cellular-phone, camcorder, notebook, automobiles etc...
1차전지							
Zinc /carbon (Leclanché)	$2MnO_2 + H_2O + 2e^-$ $\rightarrow Mn_2O_3 + 2OH^-$	$Zn \rightarrow Zn^{2+} + 2e^-$	NH_4Cl /$ZnCl_2$	MnO_2/ damp C powder	Zn	1.55	Portable voltage sources (dry batteries)
Alkaline	$2MnO_2 + 2H_2O + 2e^-$ $\rightarrow 2MnO(OH) + 2OH^-$	$Zn + 2OH^-$ $\rightarrow ZnO + H_2O + 2e^-$	ZnO, KOH(*aq*)	MnO_2/ graphite	Zn	1.55	High-quality dry batteries
Silver oxide/zinc	$Ag_2O + H_2O + 2e^-$ $\rightarrow 2Ag + 2OH^-$	$Zn + 2OH^-$ $\rightarrow ZnO + H_2O + 2e^-$	KOH(*aq*)	Ag_2O/ graphite	Zn	1.5	Watches, cameras
Mercury oxide/zinc	$HgO + H_2O + 2e^-$ $\rightarrow Hg + 2OH^-$	$Zn + 2OH^-$ $\rightarrow ZnO + H_2O + 2e^-$	KOH(*aq*)	HgO/ graphite	Zn	1.5	Watches, cameras

$$Zn \ / \ KOH, \ ZnO \ / \ MnO_2, \ Carbon$$

$$2Zn(s) + 2MnO_2(s) + H_2O(l) \rightarrow 2MnO(OH)(s) + 2ZnO(s)$$

전해액은 CMC(carboxymethyl cellulose)나 부직포섬유에 함침시켜 사용하며, 양극판은 활물질인 EMD(electrolytic manganese dioxide)에 도전재인 흑연 또는 아세틸렌블랙(acetylene black)을 첨가하여 Ni이 도금된 철판에 코팅하여 사용한다. 기존의 전지에서는 아연의 부식과 수소발생, 아연입자 간 결착력 증대 등을 위하여 수은을 첨가하였으나 공해문제가 대두됨에 따라 수은이 첨가되지 않은 무수은전지로 대체되었다. 이를 위해 아연분말을 내부식성이 좋고 수소발생이 적은 In−Pb−Bi−Zn과 같은 합금으로 대체하였고, 새로운 겔화제(gelling agent)를 사용하여 내충격성을 향상시켰다. 또한 고밀도분리막을 사용함으로써 내부단락을 억제하였다.

(2) 리튬 1차전지

리튬금속을 음극으로 사용하고 양극으로 MnO_2, $(CFx)n$ 등이 채택된 리튬 1차전지는 수용액 1차전지보다 작동전압이 높고 용량도 커서 전지의 에너지밀도가 크다. 또한 작동전압이 3.0 V 근처이며 방전에 따른 전압변화가 매우 평탄한 특징도 갖는다. 금속상태의 리튬을 사용하므로 전해액은 비수용성이어야 하는데 이를 다공성 고분자막에 함침시켜 사용한다. 전해액은 리튬염과 유기용매로 구성되는데, 대표적인 리튬염은 $LiPF_6$, $LiCF_3SO_3$ 등이며 유기용매로는 유전율(permittivity)이 큰 유기탄산염(organic carbonates), 에스테르(esters)와 점도(viscosity)가 작은 에테르(ethers)를 혼합하여 사용한다. 유전율이 큰 용매는 염의 해리를 크게 하여 각 이온의 농도를 증가시키며 점도가 낮은 유기용매는 이온의 이동도(mobility)를 크게 하여 전해질의 저항을 작게 한다. 사용하는 유기용매는 화학 및 전기화학적 안정성이 보장되어야 하고 끓는점이 높은 특성을 지녀야 한다.

SO_2나 $SOCl_2$를 양극으로 사용하는 리튬 1차전지는 저온특성이 뛰어나나 부식성이나 독성을 지닌 액체를 사용하므로 그 용도는 군사용으로 한정되어 있다.

(3) 납축전지

납축전지는 Plante의 발명 이래 약 140년 이상 특성개선이 이루어져 오늘날에는 저렴하고 신뢰도가 높은 전지로 평가되고 있다. 특히 지난 20년간 현저한 기술의 진보가 있었는데 이는 전지의 소형경량화, 고출력화 기술과 유지관리가 필요없는 기술로 대별할 수 있다. 소형경량화는 극판의 박형화, 분리막의 박형화 등에 의해 가능하였다. 유지관리가 필요없는 기술은, 자동차용 전지의 경우 주행시와 과충전시 물이 전기분해되어 전해액이 줄어들기 때문에 물을 추가해야 하는 불편함을 줄이고자 하는 목적에서 출발하였는데, 이는 새로운 합금을 그리드(grid)로 사용함으로써 수소발생이 억제되어 물의 소모를 줄일 수 있어 일차적인 목표를 달성할 수 있었다. 이 유지관리가 필요없는 기술은 밀폐형전지의 개발로 발전되었는데, 이는 충전말기에 과충전되어 양극에서 발생하는 산소를 음극판에서 흡수하여 물로 되돌리는 내부산소순환(internal oxygen cycle) 기술의 개발로 가능해졌다. 납축전지의 용도는 자동차의 SLI(starting, lighting and ignition), 부하조절용, 비상용, 소형휴대용 등 매우 다양하고 전지의 형태도 개방전지(vented cell)와 VRLA(valve-regulated lead acid)셀로 구분할 수 있다.

납축전지의 이론전압은 2.0 V이며 이의 구성과 전지반응은 다음과 같다.

$$Pb(s)\ /\ PbSO_4(s)\ /\ H_2SO_4(aq)\ /\ PbSO_4\ (s)\ /\ PbO_2(s)\ /\ Pb(s)$$

$$Pb(s)\ +\ PbO_2(s)\ +\ 2H_2SO_4(aq) \underset{\text{충전}}{\overset{\text{방전}}{\leftrightarrow}} 2\,PbSO_4(s)\ +\ 2\,H_2O(l)$$

즉, 방전반응에 의해 음극에서는 $Pb(s)$가 $PbSO_4(s)$로, 양극에서는 $PbO_2(s)$가 $PbSO_4(s)$로 전환되고 충전시에는 역반응이 진행된다. 활물질인 Pb와 PbO_2는 납이 주성분인 합금 그리드에 충전하여 사용하고 황산전해질은 다공성분리막에 함침하여 사용한다. 납축전지는 다음과 같은 특징을 갖는다.

① 방전 시 전해질인 황산이 반응에 소모되고 물이 생성되므로 황산의 농도가 감소한다. 따라서 방전이 진행됨에 따라 전지의 작동전압이 서서히 감소한다.

② 방전이 진행됨에 따라 황산이 소모되어 전해질 저항이 증가하고 두 전극의 활물질은 전도도가 적은 $PbSO_4$로 전환되므로 전극의 저항이 증대되어 방전말기에 작동전압이 급격히 감소한다.

③ 열역학적으로 두 반쪽전지의 충전반응보다 물의 전기분해에 의한 음극에서는 수소발생과 양극에서는 산소발생이 우세하다. 발생하는 가스가 외부로 유출되도록 설계된 것이 개방전지이다. 한편 음극인 Pb 전극에서 산소의 환원반응이 가능하므로 양극에서 발생한 산소를 전해질을 통과시켜 음극에서 환원되도록 설계하는데, 이를 내부산소순환이라 한다. 그러나 수소발생을 완전히 억제할 수 없고 이를 제거할 방법이 없으므로 밸브를 설치하여 간헐적으로 수소가스를 방출하는데 이를 VRLA셀이라 한다. 양극에서 발생한 산소는 전해질을 통과하여 음극에 도달해야 한다. 그러나 액체에 녹아 있는 산소는 확산이 느리므로 VRLA셀에서는 다공성 유리흡수제나 실리카에 황산을 함침시킨 젤형태의 전해질을 이용하여 산소의 확산을 쉽게 한다. 이러한 전해질층의 일부 기공은 전해질이 함침되지 않으므로 산소는 기체상태로 빈 기공을 통하여 이동할 수 있다.

(4) 수용액 2차전지

대표적인 수용액 2차전지는 Ni/Cd 전지와 Ni/MH(metal hydride) 전지이다. 이들 전지의 구성과 전지반응은 다음과 같은데 $MH(s)$는 수소저장합금에 수소가 저장된 상태를 말한다.

$Cd(s) / KOH(aq) / NiOOH(s)$

$$Cd(s) + 2\,NiOOH(s) + 2\,H_2O(l) \underset{\text{충전}}{\overset{\text{방전}}{\leftrightarrow}} Cd(OH)_2(s) + 2\,Ni(OH)_2(s)$$

$MH(s) / KOH(aq) / NiOOH(s)$

$$MH(s) + NiOOH(s) \underset{\text{충전}}{\overset{\text{방전}}{\leftrightarrow}} M(s) + Ni(OH)_2(s)$$

두 전지의 구성은 음극재료만이 다를 뿐 나머지는 동일하다. 이론전압도 1.3 V 정도로 두 전지 사이에 호환성이 있다. 그러나 Ni/Cd 전지는 소형 밀폐형전지에서부터 대용량 개방전지까지 그 형태와 크기가 다양한데 비해 Ni/MH 전지는 수소가 활물질로 작용하므로 밀폐형만이 가능하다.

두 전지의 충방전반응에는 전해질인 KOH가 반응에 참여하지 않으므로 납축전지처럼 충방전에 따른 전해질의 농도변화가 없다. Ni/Cd 전지의 경우 물이 반응에 참여하여 전해질의 농도에 변화를 줄 수 있으나 그 변화정도는 무시할 만큼 적다. 또한 반응에 관여한 활물질이 모두 고체이므로 충방전에 따른 활성도에 변화가 없어 작동전압이 매우 평탄한 특징을 갖는다.

Ni/Cd 전지는 고율방전특성, 저온특성, 과방전 · 과충전특성이 좋고 수명이 긴 특성을 지녀 근래에 비상등, 사무기, 통신기와 완구, 전동공구 등에 널리 사용되어 왔으나 Cd 사용이 문제가 되어 그 수요는 점차 감소하였다. 최근 들어 이들 밀폐형전지는 소형, 경량화 기술의 개발로 고에너지 밀도화가 가능하게 되었다. 이는 니켈 소결기판(기공도 75~80%)이나 발포니켈 기판(기공도 90~95%)의 기공 안에 많은 양의 전극활물질을 충전함으로써 가능하게 되었는데 이를 위해 활물질을 구형으로 제조하였다.

Ni/MH 전지의 특성은 Ni/Cd 전지와 유사하나 음극으로 사용하는 수소저장 합금의 용량이 Cd보다 1.5~2.0배 크므로 전지의 에너지밀도 또한 이만큼 크다. 이 전지의 특성을 좌우하는 것은 수소저장합금이며 여기에는 전체적인 특성이 골고루 우수한 $MmNi_5$ 계(Mm: 희토류금속의 혼합물)의 AB_5 합금과 큰 용량이 기대되는 AB_2 합금이 있다.

Ni/Cd 전지에서 자가방전에 의한 Cd 전극의 부식과 수소발생은 무시할 만큼 적으나 충전 시 음극에서 수소발생과 양극에서 산소발생이 가능하다. 음극에서 수소발생을 억제하기 위하여 음극에 과량의 $Cd(OH)_2$를 첨가함으로써(이를 전하저장이라 함) 수소발생을 억제한다. 한편 양극의 용량을 작게 설계하며 과충전시 양극에서 발생하는 산소는 내부산소순환에 의해 음극에서 다시 물로 전환시킨다. 따라서 완전밀폐가 가능하나 비상시 안전을 위해 안전밸브를 설치하는 것이 일반적이다.

Ni/MH 전지도 양극의 용량을 작게 설계한다. 과충전 시 양극에서 발생하는 산소를 내부산소회수에 의해 음극에서 다시 물로 전환시키므로 완전밀폐가 가능하다.

(5) 리튬 2차전지

리튬 2차전지는 기존의 2차전지에 비해 높은 에너지밀도를 가지며 또한 리튬 1차전지에 비해 재충전이 가능하다는 장점을 가지므로 현재 전 세계적으로 이에 대한 개발연구가 활발하다. 상온에서 작동되는 리튬이온전지는 이미 상용화되어 휴대용전자기기의 전원으로 널리 사용되고 있으며 전기자동차용 전원으로 개발이 진행 중이다.

리튬 2차전지는 리튬 1차전지를 2차전지화하려는 시도로부터 시작되었다. 초기에 개발된 리튬 2차전지에서는 음극으로 리튬금속을, 전해질로 리튬이온을 포함하는 유기전해질을 사용하였고 양극으로는 리튬이온이 가역적으로 삽입·탈리될 수 있는 금속산화물 또는 금속황화물을 사용하였다. 리튬금속은 전해질과의 반응성이 커서 표면에 계면생성물을 형성한다. 1차전지의 경우 계면생성물은 자가방전율을 낮추는 효과를 보이지만 2차전지의 경우는 충방전이 거듭됨에 따라 죽은 리튬을 생성시켜 충방전효율을 감소시키는 문제를 야기한다. 계면생성물이 리튬이온 전도성을 갖게 되면 이러한 문제가 해결될 것으로 생각하여 여러 가지 방법으로 계면생성물을 최적화하고자 하였지만 현재까지 만족할 만한 결과는 얻지 못하였다. 죽은 리튬 문제 이외에 충전 시 새롭게 생성되는 리튬금속 표면에서 전해질이 분해하며 발열하거나 수지상 성장에 의한 내부단락으로 발화나 폭발의 문제가 있다.

이러한 문제는 리튬이온의 가역적인 삽입·탈리가 가능한 흑연을 음극으로 사용함으로써 상당부분 해결되었다. 층상구조를 갖는 흑연은 층간에 리튬이 이온상태로 삽입되므로 리튬금속처럼 전착·용해과정이 없어 안전성 면에서 유리하다. 또한 흑연은 리튬금속과 유사한 전위에서 리튬이온의 삽입/탈리가 가능하므로 작동전압 면에서도 차이가 없다. 이러한 전지를 리튬이 이온상태를 유지한다하여 리튬이온전지라 부른다(그림 3.10). 그러나 리튬금속의 이론용량이 3860 mAh/g인 데 비해 흑연은 372 mAh/g이므로 에너지밀도면에서 리튬금속을 사용할 때보다 매우 불리하다. 이를 극복하기 위하여 최근에는 실리콘 산화물 음극재를 첨가하여 에너지밀도를 향상시키고 있다. Si 금속은 이론용량(3,578 mA/g)이 매우 높고, 지구표면에 많이 존재하는 물질로 음극재료 적용에 매우 큰 관심을 끌었으나, 충방시이 300~400%의 부피변화로 인한 내부균열이 발생하

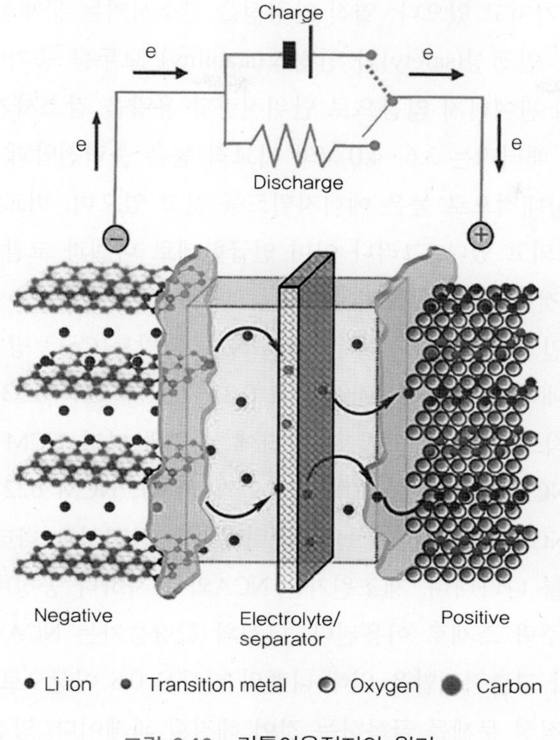

그림 3.10 리튬이온전지의 원리

는 문제점을 안고 있다. 이에 극복하는 재료로 실리콘 산화물(예, SiOx/C 1,500~2,000 mA/g) 음극재가 제시되었으며, 5%~10% 정도가 흑연과 혼합되어 사용시 최대 20%~30% 이상의 용량을 증가시키는 것으로 보고되고 있다.

리튬 2차전지의 양극재료는 작동전압이 2.2~3.2 V(vs. Li/Li^{+})인 저전압 양극재료와 4 V 정도인 고전압 양극재료로 구분할 수 있다. V_6O_{13}, V_2O_5, TiS_2, MnO_2, poly(pyrrole), poly(aniline) 등이 전자에 속하고, 층상구조를 갖는 Li_xCoO_2와 Li_xNiO_2, 그리고 스피넬 구조를 갖는 $Li_xMn_2O_4$가 후자에 속한다. 현재 고전압 양극재료를 사용하는 리튬 2차전지가 대부분을 차지하고 있다. 이들 중 Li_xCoO_2는 가격이 비싼 점이, Li_xNiO_2는 합성이 어려운 점이 문제가 되고 있고 $Li_xMn_2O_4$는 Mn의 용해에 의한 용량저하가 문제가 되고 있다.

최근에는 이러한 물질을 활용하여 삼원계 화합물을 만들어 가격경쟁력, 용량증대, 배터리 수명증가를 시키려고 노력하고 있다. 대표적으로 니켈(Ni), 코발트(Co), 알루미늄(Al)의 복합물의 NCA 배터리($LiNi_xCo_yAl_zO_2$, x: 0.8~0.84, y: 0.12~0.15, z:0.04~0.05, $x+y+z=1$)이다. 니켈의 함량증가는 비싼 코발트 가격을 대체할수 있고 출력전압을 증가시키는 장점을 가지고 있으나, 열적 안정성을 감소시키는 문제점을 안고 있다. 알루미늄 함량의 증가는 안전성(safety)과 안정성(stability) 모두를 증가시키는 이점이 있으나 산화/환원반응에 관여하지 않음으로 단위질량당 용량을 감소시키는 단점을 갖고 있다. 현재까지, NCA 배터리는 3.6~4.0 V의 비교적 높은 출력전압과 180~200 mAh/g의 높은 용량 때문에 상대적으로 높은 에너지밀도를 갖고 있으며, 비교적 빠른 충전능력을 가지고 있다고 보고되고 있다. 그러나 이미 언급한데로 니켈과 코발트의 소재의 비중이 높아 가격이 높은 것이 단점으로 여겨진다.

또 다른 대표적인 삼원계 화합물은 니켈(Ni), 코발트(Co), 망간(Mn)으로 구성된 NCM(또는 NMC) 배터리($LiNi_xCo_yMn_zO_2$, x: 0.33~0.8, y: 0.1~0.33, z: 0.1~0.33, x+y+z=1)이다. 일반적으로 니켈, 코발트, 망간에 비율에 따라 NCM 333(1/3, 1/3, 1/3 씩 있다는 표현), NCM 523(50%, 20%, 30% 씩 존재), NCM 622, NCM 811 등으로 명명하고 있으며, NCA와 유사하게 높은 출력전압과 안정성을 나타내고 있다. 약 190 mAh/g, 최대 4.2V를 나타내며, 제조원가는 NCA와 유사하나 공정비용이 다소 낮아 많은 배터리 산업에 주력 소재로 이용된다. 니켈의 함량증가는 NCA에서와 같은 효과를 나타내고, 이에 따라 고출력전압을 위해 니켈의 함량을 0.8 이상으로 증가시키려고 노력하고 있다. 이때 안정성 문제를 극복하는 것이 해결할 과제이다. 망간의 경우 내부 저항을 감소하고 안정성을 높이나, 함량의 증가는 전체 용량감소를 가져오는 것으로 알려져 있다.

또 다른 배터리 양극재로 리튬인산철(LFP, lithium iron phosphate, $LiFePO_4$)가 많이 사용된다. 이 소재는 리튬의 전극내 확산속도와 전자의 이동속도가 NCM에 비하여 각각 10,000배, 1,000배 늦는 단점을 갖고 있으며, 출력전압도 3.0V~3.3 V로 다소 낮고, 용량도 170 mAh/g으로 다소 낮아, 에너지밀도가 NCM에 비해 60%~80%수준이나, 가격이 30% 이상 저렴하고 고온에서의 열적 안정성이 500℃ 이상이여서 (NCM의 경우 300℃ 미만임), 자발적 연소위험을 현저히 줄이는 장점을 갖고 있다.

전해액은 다공성 고분자막에 유기전해액을 함침시켜 사용한다. 전해액은 리튬염($LiPF_6$) 많이 녹이기 위해서 에틸렌 카보네이트(EC, ethylene carbonate) 또는 프로필렌 카보네이트(PC, propylene carbonate) 같은 유전상수가 매우 큰 용매와 다이에틸 카보네이트(DEC, diethyl carbonate), 다이메틸 카보네이트(DMC, dimethyl carbonate)와 같은 점도가 낮은 용매를 섞어서 사용하며, 균일한 SEI layer (solid electrolyte interphase) 형성을 위하여 플로어에틸렌 카보네이트(FEC, fluoroethylene carbonate), 또는 비닐렌 카보네이트(VC, vinylene carbonate)와 같은 첨가제를 사용한다.

다음 표 3.3에는 현재 상용화된 여러 종류의 1차 및 2차전지의 무게당 및 부피당 에너지밀도를 제시하였다. 이론적 에너지밀도란 가능한 최댓값을 의미하는데, 리튬이온전지가 다른 것에 비해 매우 크며 실제적인 에너지밀도도 큼을 볼 수 있다.

표 3.3 상용화된 전지의 에너지밀도 비교

전지의 종류	에너지밀도(무게, Wh/kg)		에너지밀도(부피, Wh/L)
	이론	실제	실제
Alkaline Zn/MnO_2	336	50~80	120~150
Lead-acid	358	60~90	140~200
Ni/Cd	209	50	90
Ni/Metal hydride	380	60	80
Lithium ion	500~550	265	690

리튬고분자전지는 전해질로 리튬이온의 전도성이 있는 고분자를 사용한다는 점에서 리튬이온전지와 구별된다. 음극으로는 리튬금속 또는 흑연계 탄소가 사용되고 양극으로는 리튬이온전지에서와 마찬가지로 금속산화물이 이용된다. 이는 전체가 고체상태로 제작되기 때문에 전극을 얇게 제작할 수 있고, 전지 자체가 견고하고, 누액이 없으며 다양한 형태의 전지제작이 가능하다. 이 전지에서 중요한 구성요소는 고분자전해질인데, 리튬염을 극성고분자(예를 들어 polyethylene oxide)에 용해한 소위 건식 고분자전해질이 처음 개발되었다. 이는 여러 가지 요구조건을 갖추었으나 전도도가 낮아 상온형전지의 전해질로는 적합하지 않음이 판명되었다. 전도도를 크게 하기 위하여 가소제 역할을 하는 유기용매를 첨가한 젤형 고분자전해질 또는 하이브리드 고분자전해질이 개발되어 현재 상용화 연구가 전 세계적으로 활발히 진행되고 있다.

03 전기화학공업

1. 서론

전기화학은 전기분해, 금속의 표면처리 및 가공공정, 전지 및 연료전지, 센서, 폐수처리 등과 같은 다양한 분야에 적용되어 여러 산업에서 중요한 역할을 하고 있다. 이와 같이 많은 분야가 있으나 일반적으로 공업적인 관점에서 가장 기본적으로 고려되어야 될 사항은 경제적인 면, 소비되는 에너지, 시간과 부피에 따른 생산량과 공정에 따른 수율이다. 특히 전지와 연료전지에 있어서는 효율, 수명, 안전성 및 공급 가능한 전력의 크기가 중요하다. 현재까지 전기화학 시스템이 산업체에서 다른 공정과 비교되어 선택 사용될 경우는 전력의 가격과 공급되는 전력의 용이성이 우월한 상태이다. 이에 해당되는 산업으로는 금속추출 및 제련, 전기도금, 염소-알칼리 산업 등을 예로 들 수 있다. 그러나 최근에는 환경문제와 연관된 산업 즉, 전기자동차의 전지 및 연료전지, 센서, 환경오염 처리 등과 같이 위에서 언급한 요인에 큰 영향을 받지 않는 분야도 생겨나고 있다.

2. 전기화학공업의 기초지식

전기분해는 전기에너지를 이용하여 산화와 환원반응에 의하여 화학에너지로 전환되는 공정이며, 전지나 연료전지는 반대로 화학에너지가 전기에너지로 전환되는 공정이다. 두 공정 모두 전기화학 반응이 일어나 에너지를 전환하게 된다. 이러한 과정에서 고려되어야 할 사항은 매우 다양하다. 즉 전기화학 시스템을 구성할 때 가장 기본이 되는 두 종류의 전극, 전해질, 격막 등은 가장 먼저 고려되는 사항이다. 전기분해의 경우 생성물은 적합한 화합물이나 원소로 이루어진다. 또한 중간 생성물들은 전기합성에 의해서 여러 종의 다른 화합물로 만들어진다. 이러한 반응의 발생을 제어하고 전해반응기의 설계에 관계되는 조작이 전기화학공학자들의 역할이다. 용매, 지지 전해질, 물질의 농도, 전해질의 유동상태, 전극의 기하학적 모양과 재료, 전기화학 반응기의 전위, 전류, 온도 등을 조절하여야 한다. 이러한 요소들은 전극 반응기구와 반응속도에 영향을 미치고, 전기화학공학자는 그러한 요소들의 영향을 파악하여야 한다. 공업적으로 요구되는 반응의 반응속도를 증가시키고, 부 반응의 반응속도를 감소시키며, 여러 반응기의 연속 공정을 선택하는 것이 주어진 공간과 시간에서 최대한의 수율을 올리는 것이다. 좋은 수율을 올리기 위해서는 가장 적합한 전극과 전해질, 최적 전위, 용액의 최적 저항을 선택하는 것이 필요하다. 즉 전기화학의 중요한 개념 및 풍부한 지식이 요구된다.

공업적인 전기화학 반응기에서 전지 전압은 아래와 같이 표현된다.

$$E_{cell} = E_c - E_a - \sum|\eta| - IR_{cell} \tag{3.21}$$

E_c와 E_a는 음극, 양극 반응에서의 열역학적 평형전위이고, η 는 과전압, IR_{cell} 은 전극과 전해질 사이의 저항이며 반응기 설계에 있어 중요한 인자이다. 반응기의 에너지효율

은 다음 식으로 나타낸다.

$$\text{에너지효율}(\%) = \frac{(E_c - E_a)}{E_{cell}} \times 100 \tag{3.22}$$

3. 전기분해와 전기합성 공업

본 절에서는 공업적으로 사용되고 있는 전기분해와 전기합성 공정의 대표적인 예를 설명하고자 한다.

(1) 염소-알칼리 공업

염소-알칼리 공업(chlor-alkali industry)은 전기화학 관련 공업 중 가장 규모가 크다. 가성소다와 염소를 바닷물 속에 있는 NaCl의 전기분해에 의해서 생산한다. 염소는 주로 PVC 용도의 염화비닐 제조에 사용되고, 펄프와 제지산업의 표백제 및 그 외 여러 살균제로 이용된다. 가성소다는 유리, 섬유, 제지, 제련산업에서 중요하게 사용되고 있다.

NaCl의 전기분해의 경우 전극반응은 다음과 같다.

- 양극: $2\,Cl^- \rightarrow Cl_2 + 2\,e^-$ $\quad E^0 = +1.36\ V$
- 음극: $2\,H_2O + 2\,e^- \rightarrow H_2 + 2\,OH^-$ $\quad E^0 = -0.84\ V$

공업적인 반응기에는 세 가지 유형이 있다. 그림 3.11에서 보듯이 수은, 격막, 멤브레인 셀의 형태이다. 음극으로 탄소 또는 흑연(graphite)을 사용하고, 양극의 경우 염소가 강한 부식력을 지니고 있어 양극 자체가 쉽게 산화하므로 티타늄에 Co_3O_4 등과 같은 전이금속 산화물을 포함한 RuO_2를 코팅하여 사용한다. 이러한 전극을 DSA(dimensionally stable anode)라 하며, 이는 거의 부식되지 않으며 부반응인 산소생성반응이 매우 작게 일어난다.

(2) 수은 셀

그림 3.11 (a)와 같이 탄소 또는 DSA 전극을 양극으로, 수은을 음극으로 하여 전기분해한다. 양극실에서는 염소가스가 생성되며($2Cl^- \rightarrow Cl_2 + 2e^-$), 음극실에서는 생성된 금속나트륨이 수은에 녹아 Na(Hg) 아말감이 된다($Na^+ + e^- + (Hg) \rightarrow Na(Hg)$). Na(Hg)

아말감을 해홍조에 넣어 물과 반응시키면 가성소다를 얻을 수 있으며, 이때 수은은 분리되어 재이용되게 된다. 위 반응에 대한 열역학적 평형전위의 합은 −3.1 V이지만, DSA를 사용하는 경우 전기분해 전압은 −4.5 V의 높은 전위가 요구된다. 전위차 1.4 V는 전해질과 전극의 저항에 기인하며, 수율은 높지만 독성을 갖는다는 것이 큰 문제점으로 실제 제조공정에서 점차 사라지고 있다.

(3) 격막 셀

격막 셀(diaphragm cell)은 그림 3.11 (b)와 같이 양극(DSA)과 음극(steel) 사이를 물리적으로 분리하고 있는 다공성 고분자 격막이 존재하며, 이는 망 형태의 강(steel)에 의해서 지지되고 있다. 가성소다는 음극에서 수소와 함께 생성되며($2H_2O+2e^- \rightarrow H_2+2OH^-$), 이때 생성된 OH^-가 확산을 통해 양극실로 이동하면서 가소다의 농도가 10% 이하로 낮게 되어 전기분해 후 증발농축하는 과정이 필요하다. 또한 양극실로 이동한 OH^-는 염소산(chlorate)염을 생성하고, 내구성이 짧으며 저항이 크다는 단점을 지니고 있다. 그러나 평형전위가 −2.20 V, 전기분해 전압도 −3.45 V로 수은셀보다 낮은 장점을 지니고 있다.

(4) 멤브레인 셀

멤브레인 셀(membrane cell)을 격막 셀과 비교하자면 멤브레인을 사용하는 것 외에는 거의 유사하나 양이온을 선택적으로 투과시킬 수 있는 멤브레인을 그림 3.11 (c)와 같이 물리적인 격막 대신 사용한다는 점이 다르다. 이러한 방법으로 높은 농도의 가성소다를 제조할 수 있다. 멤브레인으로는 Nafion(tetrafluoro ethylene copolymer), Flemion과 같은 양이온(Na^+)은 선택적으로 투과시키지만 OH^- 음이온의 확산을 억제함으로써 40% 이상의 고농도 NaOH를 얻을 수 있는 장점을 지니고 있다. 평형전위는 −2.2 V로 격막 셀과 같지만 전기분해 전압은 −2.95 V로 낮아 에너지 소비량이 세 가지 공정 중에서 가장 작으며 생성물의 순도도 가장 높다. 또한 부산물로 얻는 수소는 높은 순도를 가지며, 주로 식품산업에 이용된다. 현재 멤브레인 셀이 가장 많이 사용되고 있다.

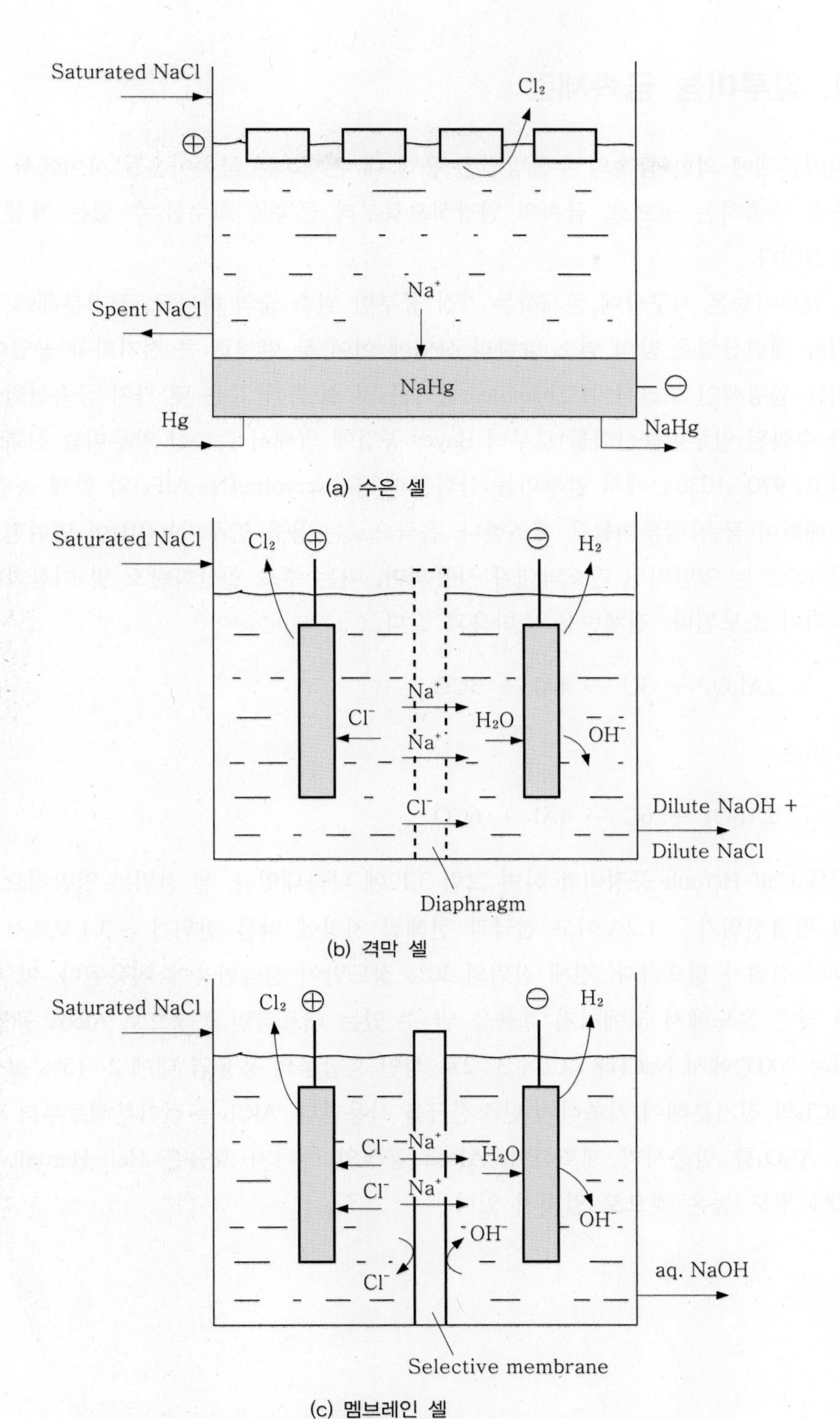

그림 3.11 염소-알칼리 공정에서 사용하는 반응기의 개략도

4. 알루미늄 금속제련

전기분해에 의한 금속의 추출방법은 용액 내 존재하는 금속이온들 사이에서 원하는 금속을 추출하는 것으로, 금속의 원광석으로부터 금속을 회수할 수 있는 가장 기본적인 공정이다.

알루미늄은 지구상에 존재하는 가장 풍부한 원소 중의 하나로, 전기분해에 의한 알루미늄 제련산업은 앞의 염소 알칼리 산업에 이어 두 번째로 큰 전기화학 공업이다. 알루미늄 원광석인 보크사이트(bauxite, 실리콘 및 철 등과 같은 몇 가지 금속산화물을 포함한 수화된 알루미늄산화물)로부터 Bayer 공정에 의해서 순수한 알루미늄 산화물을 정제하고, 970~1030℃에서 알루미늄 산화물과 용융 cryolite(Na_3AlF_6)와 함께 녹인 후 전기분해하여 금속 알루미늄을 제조한다. 음극으로는 용융 알루미늄(III)이 덮여진 탄소봉이 양극으로는 일반적인 탄소막대가 사용되며, 이는 주로 일산화탄소 및 이산화탄소로 전환되어 소모된다. 전체반응은 다음과 같다.

$$2Al_2O_3 + 3C \rightarrow 4Al + 3CO_2$$

또는

$$2Al_2O_3 + 6C \rightarrow 4Al + 6CO$$

이를 Hall-Heroult 공정이라 하며 그림 3.12에 나타내었다. 셀 전위는 일반적으로 열역학적 평형전위가 −1.2 V이고 전극과 전해질 저항에 따른 전위가 −3.1 V로서 총 −4.3 V의 전위가 필요하다. 전체 전위의 30% 정도만이 전극반응에 이용된다. 이 외에도 보다 낮은 온도에서 고에너지 효율을 낼 수 있는 대표적인 공정으로 Alcoa 공정이 있다. 이는 700℃에서 NaCl과 KCl이 3 : 2로 섞인 혼합물의 용융염 내에 2~15% 농도를 지닌 $AlCl_3$의 전기분해에 기초하며 탄소전극을 사용한다. $AlCl_3$는 전기분해로부터 얻은 염소와 Al_2O_3를 반응시켜 제조하며, Alcoa 공정의 에너지 효율은 Hall-Heroult 공정보다 10% 정도 높은 것으로 알려져 있다.

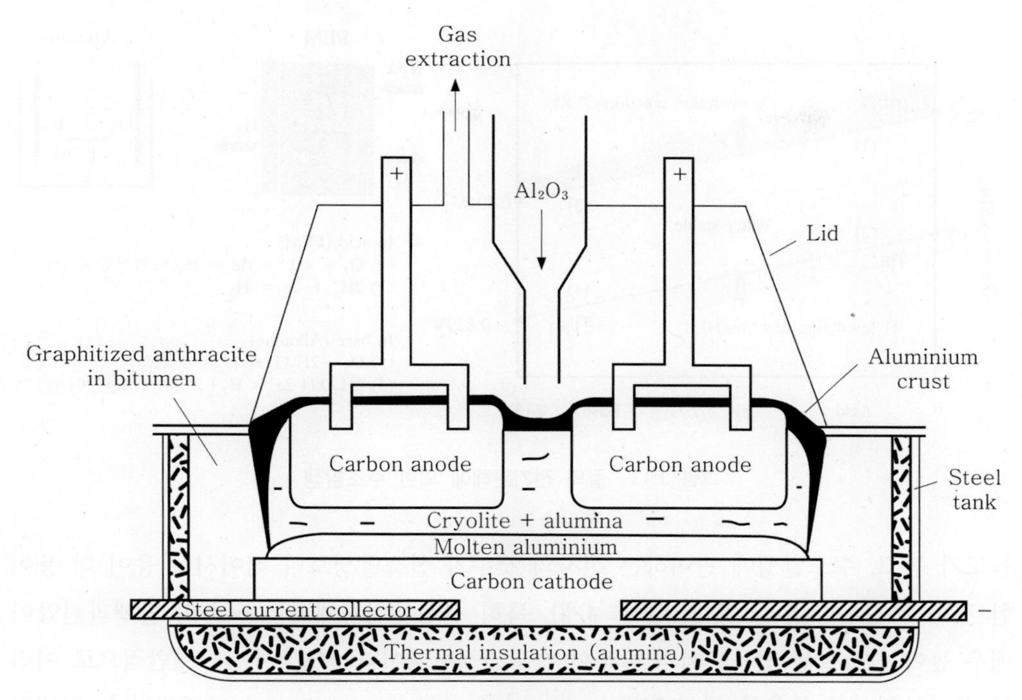

그림 3.12 Hall－Heroult 공정에 의한 알루미늄 추출반응기

5. 물의 전기분해

수소기체는 암모니아 합성공정, 반도체 제조과정에서의 수소화 반응 뿐 아니라 최근 탄소중립형 에너지원으로 매우 중요하다. 수소기체는 석탄 또는 메탄의 가스화 반응에 의하여($C + H_2O \rightarrow CO + H_2$, $CH_4 + H_2O \rightarrow CO + 3H_2$) 탄소와 분리되어 수소로 만들어진다. 일반적으로 수소를 얻는 과정중에 CO_2가 발생하는 수소를 그레이수소(grey hydrogen)라고 부르며, 위 방법으로 제조되는 수소는 비교적 순도가 낮다. 발생된 수소에서 CO_2를 포집하거나 재활용할수 있는 기술이 포함된 경우 블루수소(blue hydrogen)이라 명칭한다. 식품산업, 반도체 공정, 잠수함이나 우주선 등의 생명 보조장치 등에 있어서 고순도의 수소가 필요하며 고순도의 수소를 얻기 위한 방법 중의 하나로서 전기분해법이 이용되고 있다. 이렇게 얻어진 수소는 CO_2의 발생을 원천적으로 막을수 있으며, 이러한 수소를 그린수소(green hydrogen)이라고 부른다.

그림 3.13은 물을 전기분해하기 위해서 인가해야 하는 이론전압(1.229 V)이 pH와 상관없이 모든 영역에서 같음을 보여준다. 그러나 이때, 산성 분위기에서는 주변에 H^+의

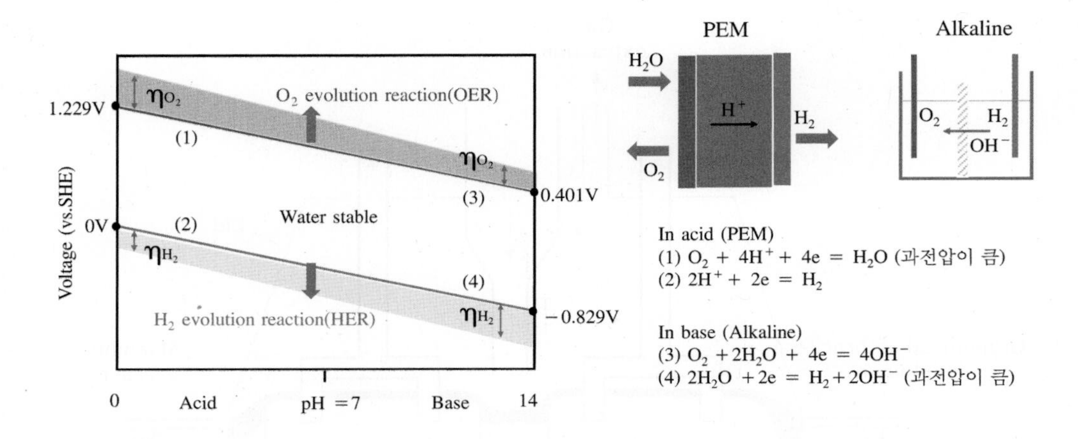

그림 3.13 물의 전기분해에 의한 수소발생

농도가 높고, 수소발생에 관여하는 전자의 갯수가 산소발생보다 적어서 반응이 더 용이한 것이 특징이다(수소: 2개, 산소: 4개). 특히 산성분위기에서는 산소의 발생과전압이 매우 높아 산소발생 전극에서의 반응이 속도결정단계이다($\eta O_2 > \eta H_2$). 일반적으로 이러한 산성분위기를 활용한 셀이 PEM(polymer electrolytic membrane) 전해셀이다. 전해질은 주로 순수한 물을 사용하나 애노드와 캐소드 전극 사이에 사용된 양이온 교환 고분자 전해질막이 H^+만을 이동시킴으로 전극계면에서는 산성분위기가 조성된다. 일반적으로 PEM 전해셀은 귀금속(Pt/C)을 수소발생전극에 이용하고 있으며, IrO_2, RuO_2, $Ir_xRu_{1-x}O_2$와 같은 귀금속 촉매를 사용하여 산소발생 과전압을 줄이려한다. 99.9999%의 높은 순도의 수소 생산 장점에도 불구하고, 귀금속 촉매의 사용은 가격 경쟁력을 떨어뜨리는 원인이 되며, 상대적으로 낮은 생산양(0.265~30 Nm^3/h)도 단점으로 인식된다. 그러나 부식성이 높은 전해질을 사용하지 않는 다는 장점과 비교적 높은 압력(30~80 bar)으로 수소가 생산되며, 소형화가 가능하다는 장점을 갖고 있다.

현재 상업화적으로 더 많이 사용되고 있는 방법은 알칼라인(alkaline) 전해셀이다. 알칼라인 전해셀은 20~30%의 KOH 또는 NaOH와 같은 전해액을 사용하여 가격이 비싼 고분자전해질막 대신 발생된 산소와 수소를 물리적으로 분리해주는 분리막이나 격막(diaphragm)을 이용한다. 또한 비싼 귀금속 촉매 전극을 대신하여, 수소발생전극으로 니켈합금을 주로 사용하고 있으며, 산소발생전극으로는 니켈산화물, 코발트산화물, 철산화물 또는 페로브스카이트(perovskite)을 이용한다. 또한 대량생산(1~760 Nm^3/h)이 가능하고 내구성이 우수하다는 장점이 있다. 그러나 수소 생산압력이 25~30 bar로 상대적으로 낮으며, 생산된 수소의 순도가 99.3~99.9%로 비교적 낮고, 사용된 전해액이 부식

표 3.4 저온에서 작동하는 수전해 셀의 종류와 특징

수전해 셀의 특징	PEM 전해셀	알칼라인 전해셀	AEM 전해셀
이온전달 매체	H^+	OH^-	OH^-
작동온도 (℃)	20~200	20~80	20~200
애노드(산소발생극)	IrO_2, RuO_2, $Ir_xRu_{1-x}O_2$	Ni, Co, Fe(oxides), Perovskites	Ni-based
OER 반응	$2H_2O \rightarrow 4H^+ + O_2 + 4e$	$4OH^- \rightarrow 2H_2O + O_2 + 4e$	$4OH^- \rightarrow 2H_2O + O_2 + 4e$
캐소드(수소발생극)	Pt/C	Ni alloys	Ni, Ni-Fe, $NiFe_2O_4$
HER 반응	$2H^+ + 2e \rightarrow H_2$	$H_2O + 2e \rightarrow 2OH^- + H_2$	$H_2O + 2e \rightarrow 2OH^- + H_2$
효율	65~82%	59~70%	–
장점	빠른응답, 높은 순도	낮은 비용, 높은 내구성, 성숙한 기술	귀금속 촉매를 사용하지 않아도 됨
단점	귀금속 촉매 사용, 높은 가격의 막 사용, 내구성이 다소 떨어짐	비교적 낮은 순도, 부식성이 높은 전해질 사용	OH^-의 전해질 막 내에서 낮은 전기전도도
상업화 정도	작은 규모 상업화 접근	상업화	실험실 규모 연구단계

성이 크다는 단점을 갖고 있다.

최근에는 PEM의 장점과 알칼라인 전해셀의 장점을 합친 AEM(anion exchange membrane) 전해셀이 연구되고 있다. PEM 전해셀과 동일한 구조를 가지고 있으나 사용된 막이 음이온이 이동할 수 있는 막이며 이에 OH^-가 이온전달매체로 작동한다. 따라서, 전극 주위의 분위기가 알칼리상태가 되며, 귀금속 촉매를 대신하여 알칼라인 전해셀과 유사한 니켈기반 전극이 사용 가능하다. 이러한 3종류의 전해셀은 표 3.4에 그 장단점이 요약되어 있다.

최근에는 물의 광전기분해가 주목을 받고 있다. 이 공정에서는 전기분해에 필요한 에너지의 대부분을 태양 조사에 의하여 광화학적으로 공급받을 수 있고, 반도체 전극을 사용하여 원자가 전자를 여기시켜 반응을 촉진시킨다. 이 전기에너지는 물분자로 전달되고 O−H 결합의 파괴가 일어나도록 한다. 현재 효율은 아직 높지 않으며 미래에 실용가능성이 높은 공정이다.

6. 연료전지

연료전지(fuel cell)는 반응물이 외부에서 공급되는 전지로, 3차전지라고 불리기도 하며 그 작동원리는 그림 3.14에 나타나 있다. 연료전지의 큰 장점은 그 용량이 단지 연료와 산화제(oxidant)의 양에 제한을 받는다는 점이다. 만일 산화제가 공기 중의 산소라면 연

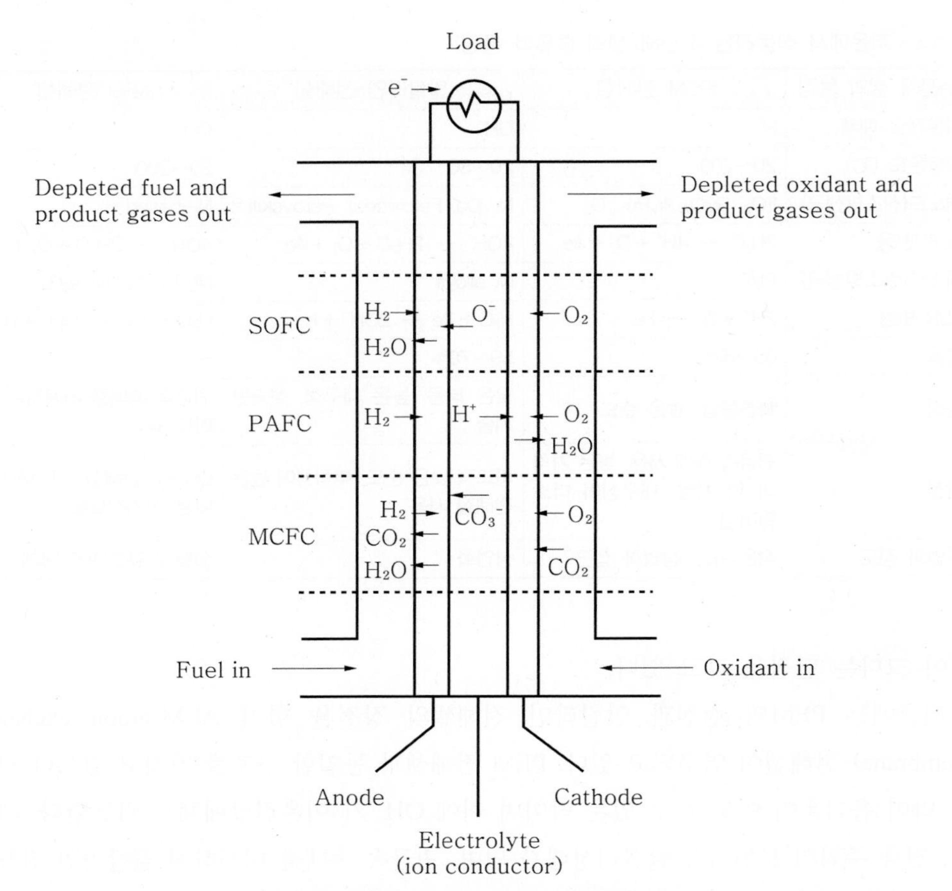

그림 3.14 인산형 연료전지(PAFC), 용융염 연료전지(MCFC), 고체산화물 연료전지(SOFC)의 작동원리를 나타낸 개략도

료전지의 용량은 연료의 공급량에 제한을 받는다. 대부분의 연료전지는 수소를 연료로 사용하며 수소를 직접 공급받거나 천연가스나 유기연료를 개질하여 연료를 공급받으며, 수소연료는 제어된 반쪽반응을 통해 산화한다($H_2 \rightarrow 2H^+ + 2e$). 화학에너지를 전기에너지로 전환하기 위해 메탄과 같은 탄화수소를 연료로 사용하는 경우 전기화학적 반응은 다음과 같다.

양극반응: $CH_4 + 2H_2O \rightarrow CO_2 + 8H^+ + 8e^-$

음극반응: $O_2 + 4H^+ + 4e^- \rightarrow 2H_2O$

가장 잘 알려진 연료전지로는 아폴로 우주비행에 사용된 적이 있는 수소-산소 연료전지로서 200℃에서 KOH 수용성전해질과 니켈 전극이 사용되었다. 현재는 네 가지 형의 연료전지가 활발하게 연구되고 있다.

(1) 용융탄산염 연료전지(molten carbonate fuel cell)

이 연료전지는 650℃에서 작동하며 수소 또는 일산화탄소를 음극연료로 사용하는데, 이것은 알루미나와 같은 매트릭스에 흡수된 용융염전해질(40% $LiAlO_2$, 28% K_2CO_3, 32% Li_2CO_3) 내의 탄산염이온과 반응하여 CO_2를 발생시키고, 산소는 음극에서 CO_2와 환원반응하여 탄산염이온으로 바뀌게 된다. 반응식은 다음과 같다.

양극반응: $H_2 + CO_3^{2-} \rightarrow CO_2 + H_2O + 2e^-$
음극반응: $CO_2 + 1/2\,O_2 + 2e^- \rightarrow CO_3^{2-}$

이 연료전지의 장점은 탄화수소를 개질할 때 생성되는 수소와 일산화탄소의 혼합가스를 직접 연료로 사용할 수 있다는 것이다. 전압은 200 mA/cm^2의 전류밀도에서 약 0.9 V이다. 연료전지 운전 시 황과 염소에 의한 오염과 장시간 운전시 발생하는 부식이 발생하는 문제점을 지니고 있다.

(2) 고체산화물 연료전지(solid oxide fuel cell)

이 연료전지는 높은 온도에서 산소이온이 이동할 수 있는 전해질로서 YSZ(yttria stabilized zirconia)를 사용한다. 전극으로 세라믹 산화물을 사용하며 작동온도는 1000℃, 연료로는 수소나 수소/일산화탄소 혼합물을 사용할 수 있다. 50%를 넘는 높은 전기적 효율을 나타내며 반응식은 다음과 같다.

양극반응: $H_2 + O^{2-} \rightarrow H_2O + 2e^-$
음극반응: $1/2\,O_2 + 2e^- \rightarrow O^{2-}$

(3) 알칼리 연료전지(alkaline fuel cell)

알칼리 연료전지는 아폴로 우주계획 등 우주선에 가장 많이 활용된 연료전지이다. 연료는 수소를 사용하며 전해질은 진한 KOH 용액을 사용한다. 산화체로는 산소를 사용하고 약 100℃에서 작동한다. 장점으로는 탄소지지체 위에 Raney 니켈과 은을 촉매로 사용하며 백금과 같은 귀금속을 사용하지 않아도 된다는 점이다. 또한 다른 셀들에 비해 적층의 과정이 쉽다.

양극반응: $H_2 + 2OH^- \rightarrow 2H_2O + 2e$
음극반응: $O_2 + 2H_2O + 4e \rightarrow 4OH^-$

(4) 고분자전해질 연료전지(polymer electrolyte fuel cell)

1960년대 중반부터 개발되어 온 연료전지로서 일부 스택이 상용화되고 있다. 현재 전기자동차 동력원으로서 가장 주목되고 있는 연료전지로서 반응식은 다음과 같다.

양극반응: $H_2 \rightarrow 2H^+ + 2e$
음극반응: $O_2 + 4H^+ + 4e \rightarrow 2H_2O$

전극으로는 백금이 담지된 탄소전극을 사용하며 수소이온이 이동할 수 있는 고체 고분자 전해질을 사용하며 Nafion(듀퐁)이 대표적인 전해질이다. 작동온도는 약 80℃로서 보다 간단하게 적층할 수 있는 이점이 있다.

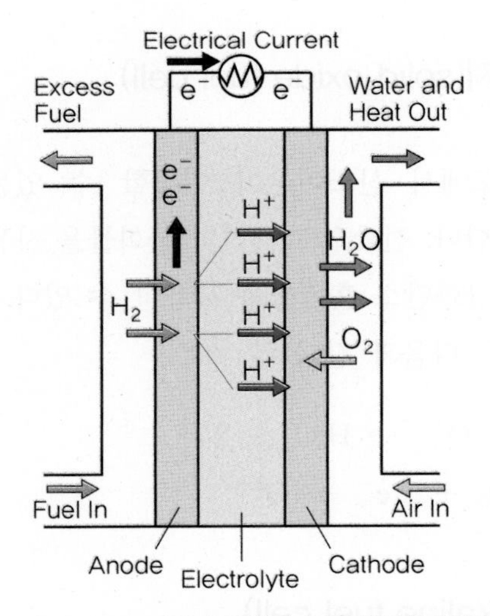

그림 3.15 고분자전해질 연료전지의 원리

04 금속표면처리

금속표면처리란 금속 또는 고분자 표면 위에 박막형태의 물질을 증착시키거나 금속산화물을 형성시킴으로써 금속표면의 물성을 변화시키는 공정을 의미한다. 금속표면처리의 기원은 금속의 외관을 장식함으로써 금속제품의 가치를 높이려는 데 있었으나, 최근에는 장식적인 목적보다는 재료에 부식저항성이나 물리적, 기계적 성질(전기전도도, 열 또는 마모저항, 광택 또는 접합능력)을 주기 위한 목적으로 표면처리가 공업적으로 널리 사용되고 있다. 예를 들면, 일상생활에서 우리가 쉽게 관찰할 수 있는 주방용품, 음식캔, 나사와 금속유리틀 및 자동차부품을 포함하는 금속제품 이외에도 인쇄회로 기판(printed circuit board), 축전기, 전기접점 등의 전기전자 부품 제조에 표면처리가 널리 사용되고 있다. 산업의 발전과 함께 그 적용범위가 전기 · 전자 · 기계 · 반도체 등의 분야로 확대되고 있지만 공정의 개발이 이론적 토대 위에서 개발되었다기보다는 주로 전문가의 경험에 의존하고 있는 산업분야 가운데 하나이다.

표면처리 기술은 표 3.5와 같이 크게 박막형성, 표면가공, 식각(etching)으로 분류할 수 있다. 가장 오래된 표면처리 기술은 메소포타미아 지방에서 B.C. 1500년경에 철기 위에 주석을 입힌 도금기술로 알려져 있으며, 근대적인 전기도금은 전지의 발명 이후인 1800년 영국의 Cruickshaw가 수용액으로부터 아연, 은 및 구리금속을 석출한 것이 최초로 보고되어 있다. 1836년에 영국의 Elkington은 구리, 황동 등의 전기도금을 특허로 신

표 3.5 표면처리 기술의 분류 이용

분류	표면처리 기술
박막형성	전기도금
	무전해도금
	용융도금
	기상증착(PVD: Physical Vapor Deposition, CVD: Chemical Vapor Deposition)
	도장
	전착도장
표면가공	양극산화(주로 알루미늄, 타이타늄)
	화성처리
식각법	습식에칭
	건식에칭(스퍼터링)
	전해연마

청하였으며, 1837년에는 독일의 Jacobi가 본격적으로 전기도금을 연구하기 시작하였다.

비교적 새로운 박막형성법으로는 1946년 미국의 Brenner에 의해 알려진 전기에너지를 이용하지 않는 무전해도금 방법이 있다. 전기도금 및 무전해도금은 용액 내에서 박막형성을 목적으로 한 습식법이며, 이와는 반대로 재료의 일부분만을 선택적으로 용해시키는 식각기술도 표면처리의 한 방법으로 널리 이용되고 있다. 특히, 표면가공에 있어서 박막형성과 식각의 조합에 의해 미세하게 표면형상을 제어하거나, 표면에 고내식성, 전기전도성, 자성 및 유전성 등의 고기능성을 부여하는 표면처리 방법 등이 주목을 받고 있다.

이 외의 표면처리 방법으로는 플라스마를 이용하여 반도체의 미세가공 공정에 응용되고 있는 물리기상증착(physical vapor deposition, PVD), 화학기상증착(chemical vapor deposition, CVD) 그리고 건식식각 등의 기술들이 알려져 있다.

1. 전기도금

전기도금(electroplating)은 금속, 고분자 및 세라믹 기판(substrate) 물질 위에 단일금속, 합금, 금속－고분자 또는 금속-세라믹 간의 화합물 박막을 전기에너지를 이용하여 형성하는 방법이다. 기판물질과 전착(electrodeposition)하고자 재료의 선택은 요구되는 전착물질의 성질을 얻을 수 있는가에 대한 기술적 문제와 경제적 요인들에 의하여 부분적으로 제한을 받지만, 일반적으로 저가의 기판 위에 귀금속을 박막으로 전착하고 있다.

그러나 니켈과 같은 금속은 기판 또는 전착물질로 함께 사용되고 있다.

전기도금은 전기에너지를 이용하여 용액 내에서 이온상태로 존재하는 물질을 고체상태로 환원하여 석출시키는 방법으로 다양한 목적에 맞는 기계적, 화학적, 물리적 성질을 갖는 물질을 기판 위에 전착할 수 있다. 따라서 전착하고자 하는 물질의 종류에 따라서 도금용액의 조성과 전류밀도, 온도 등의 조건이 다르게 되며, 전기도금 공정의 기본적인 구성은 그림 3.16과 같다.

표면에 금속층을 전기화학적으로 증착할 때, M^{n+} 금속이온이 포함된 전기도금 용액에서 음극 위에 금속을 증착시킨다.

$$M^{n+} + ne^{-} \rightarrow M$$

M^{n+}은 수화된 Cu^{2+}과 같은 금속이온, 또는 $[Au(CN)_2]^{-}$과 같은 금속화합물이다. 이때 산화전극에서의 반응이 용액 내에 존재하는 금속이온을 용출시키는 반응일 경우에는

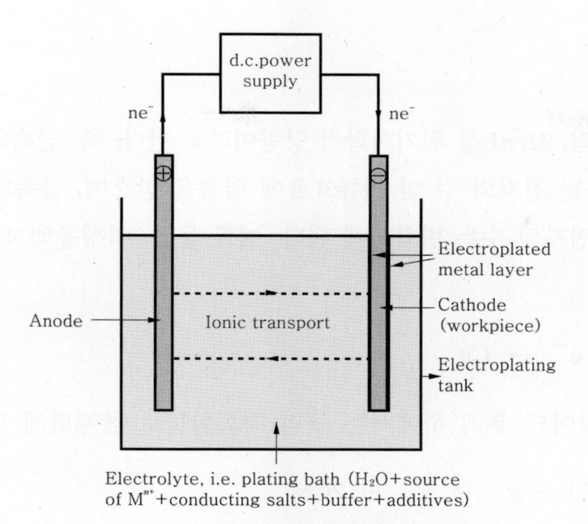

그림 3.16 전기도금의 원리

$$M \rightarrow M^{n+} + ne^-$$

도금욕 내에 M^{n+}의 농도가 일정하게 유지된다. 그러나 불활성 산화전극[1]이 이용될 경우에는 전착하고자 하는 금속이온을 함유한 염을 용해시켜 사용하게 되며, 주요 산화반응은 산소발생반응이다. 전해도금이 가능한 대표적인 물질은 다음과 같다.

- 단일금속: Sn, Cu, Ni, Cr, Zn, Cd, Pb, Ag, Au, Pt 등
- 합금: Cu–Zn, Cu–Sn, Pb–Sn, Sn–Ni, Ni–Co, Ni–Cr 그리고 Ni–Fe
- 화합물: PTFE, Al_2O_3, WC, 다이아몬드, SiC, Cr_3C_2 등

음극 위에 석출된 금속의 질량(w)은 패러데이의 법칙(Faraday's law)에 의하여 다음과 같이 표현된다.

$$w = \frac{\psi M q}{nF}$$

M은 금속의 분자량, q는 통과한 전기량(ampere × second), F는 패러데이 상수, n은 반응에 참여하는 전자의 수, 그리고 $\psi(\leq 1)$는 금속증착에 대한 환원전류효율이다. 일정 전류밀도 $I\,(=i/A)$로 t시간 동안 전해할 때 단위면적당 평균전착속도는

1) 불용성 산화전극의 선택은 공정에 크게 의존된다. 예를 들면, 백금을 입힌 티타늄은 산성전해질하에서 주로 사용되며, 스테인레스 스틸은 알칼리 용액하에서 안정하다.

$$\frac{w}{At} = \frac{\psi IM}{nF}$$

이며, A는 반응면적, M/nF를 전기화학적 당량이라고 한다. 즉, 금속의 증착속도는 분자량, 반응에 참여하는 전자의 수 및 전류효율에 영향을 받으며, 금속의 용해특성에 따라 반응에 참여하는 전자의 수는 변화하게 된다. 예를 들면, 산성용액 하에서 구리는 Cu^{2+}으로 존재하지만,

$$Cu^{2+} + 2e^- \rightarrow Cu \tag{3.23}$$

알칼리성의 시아나이드 용액 하에서는 구리 착화합물로 존재하게 된다.

$$[Cu(CN)_2]^- + e^- \rightarrow Cu + 2CN^- \tag{3.24}$$

식 (3.23)과 식 (3.24)를 비교할 때 낮은 산화상태를 갖는 이온으로 존재할 때 환원에 필요한 전자의 수가 적으므로 같은 양의 전하량을 인가할 경우에 높은 증착속도를 갖게 된다. 평균전착속도는 전착층의 두께($x = w\rho/A$, ρ는 밀도)로부터 추정할 수 있다.

$$x/t = \frac{\psi iM}{\rho AnF} = \frac{\psi IM}{\rho nF} \tag{3.25}$$

전류효율은 인가한 총전하량 가운데 금속이온의 환원에 이용된 전하량을 백분율로 나타낸 것으로, 수소발생과 같은 부반응이 일어날 때 전류효율은 감소하게 되며, 실제 공정에서는 전류효율이 매우 낮은 크롬도금($0.05 < \psi < 0.20$)을 제외하고는 $0.9 < \psi < 1$의 범위를 갖는다.

전착층의 균일성, 광택, 치밀도를 비롯한 물리적 특성과 전해시의 전류효율 등은 전해질 조성과 순도, 첨가제, pH, 온도, 전류밀도, 전해조의 구조, 유속 등에 큰 영향을 받는다.

2. 무전해도금

(1) 무전해도금의 진보

Gutzeit 등은 염화니켈용액에 차아인산을 첨가한 도금욕을 이용하여 1954년에 처음으로 니켈 무전해도금법을 공업화하였다. 무전해 구리도금은 플라스틱 등의 비전도체 표면을 도체화하는 방법으로 개발되어 1960년대부터 번성하기 시작하였으며, 최근에는 그림

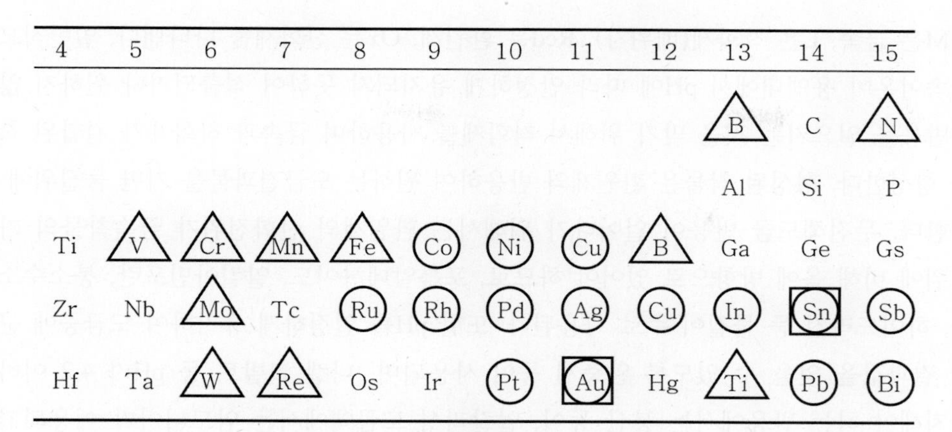

그림 3.17 무전해도금이 가능한 금속
○: 단순석출 가능, △: 치환석출 가능, □: 공석(co-deposition) 가능

3.17에 보여지는 것처럼 많은 금속에 대한 무전해도금이 가능하게 되었고, 전자기기의 제작에 없어서는 안 되는 기술이 되었다.

무전해도금은 팔라듐 등의 미립자를 표면에 석출시키는 촉매화처리에 의해 비전도체에 도금을 가능하게 할 수 있으며, 복잡한 형상의 물체에도 균일하게 도금을 할 수 있고, 도금층이 치밀하고, 특이한 기능을 갖는 도금막을 얻을 수 있는 특징이 있다. 따라서 무전해도금은 파이프의 내면, 다양하고 복잡한 형상의 소재 및 분체 등의 대상물에 도금하는 방법으로 발전해왔다. 무전해도금용 기판물질로 초기부터 사용되어 왔던 ABS 수지 이외에, 최근에는 폴리카보네이트, 폴리프로필렌수지, 엔지니어링플라스틱, 뉴세라믹 등 표면처리가 어려운 신소재 등이 함께 사용되고 있다.

그리고 구리 무전해도금에 사용되는 환원제로 포름알데하이드 이외에 아민포란계 등이 개발되었으며, 비시안계의 무전해금도금욕의 개발도 이루어지고 있다.

(2) 무전해도금의 원리

무전해도금 반응은 기판물질(피도금체) 위에서 환원제의 산화반응과 금속의 환원석출 반응이 병행하여 일어나는 반응이다.

- 금속의 환원석출: $M \cdot L_m{}^{n+} + ne^- \rightarrow M + mL$
- 환원제의 산화반응: $Red \rightarrow Ox + ne^-$
- 전체반응: $M \cdot L_m{}^{n+} + Red \rightarrow M + mL + Ox$

M은 금속, L은 착화제(배위자), Red는 환원제, Ox는 산화제를 나타낸다. 일반적으로 금속이온이 용액내에서 pH에 따라 안정하게 유지되지 못하여 석출되거나 원하지 않은 부반응을 일으키는 것을 막기 위해서 착화제를 사용하며 금속과 착화제가 결합된 착물을 형성한다. 형성된 착물은 환원제와 반응하여 원하는 도금결과물을 기판 물질위에 생성한다. 무전해도금 반응이 일어나기 위해서는 환원제의 산화전위가 금속착물의 가역전위에 비해 음에 방향으로 있어야 하므로, 포름알데하이드, 알킬아민포란, 붕소수소화물, 하이드라진 등 물질이 주로 사용된다. 또한 pH를 일정하게 유지하여 도금중에 균일한 결과값을 얻을 수 있도록 완충제 등이 사용되며, 니켈 코발트 등 pH가 4.2 이하로 유지해야 하는 반응에서는 붕산 등이, 알칼리성 도금액에서는 암모니아가 이용되기도 한다.

무전해도금 반응이 진행되기 위해서는 석출되는 금속이 환원제의 산화반응에 대응하는 촉매활성을 가지고 있어야 하므로, 환원제－금속이 함께 포함된 용액이 도금에 사용된다. 촉매활성이 없는 금속 또는 비전도체 등에 무전해도금을 하는 경우에는 이미 언급한데로 팔라듐 입자를 표면에 분산시키는 조작하는 촉매화 처리를 과정이 필요하다.

표 3.6 대표적인 무전해도금욕 조성과 조건

금속	도금욕 성분	농도/kgm^{-3}	pH	온도/℃
Cu	$CuSO_4 \cdot 5H_2O$ $EDTA \cdot 2Na$ 수산화나트륨 포름알데하이드	25 65 40 7.8	13.5	25
Ni	$NiSO_4 \cdot 6H_2O$ 구연산나트륨 염화암모니움 차아인산나트륨	45 100 50 11	8.5～9.5	90
Co	$CoCl_2 \cdot 6H_2O$ 구연산나트륨 염화암모니움 차아인산나트륨	27.1 90 45.3 9.0	8.5	75
Au	시아노금(I)칼륨 시안화칼륨 수산화칼륨 붕소수소화칼륨	0.02 ($kmolm^{-3}$) 0.2 ($kmolm^{-3}$) 0.2 ($kmolm^{-3}$) 0.4 ($kmolm^{-3}$)		70～80

3. 전환도장

금속표면에 존재하는 부동태막은 부식에 강한 저항, 전기절연성 향상, 균일한 표면처리, 페인트와의 접착능, 염색이나 기름을 잘 흡수하는 능력을 갖게 한다. 금속표면 위에 산화물, 크롬, 인산 그리고 그 혼합물을 포함하는 무기전환도장을 입히기 위해 전기화학적 방법이 폭넓게 사용되고 있다.

양극처리는 전기화학적 양극산화(anodization)에 의해 금속의 표면에 산화막을 형성하는 공정으로, 티타늄, 구리, 철 및 알루미늄 금속의 표면처리 방법으로 널리 사용되고 있으며, 표면에 절연 산화피막을 입힌 알루미늄, 탄탈, 니오븀 등은 전해커패시터의 전극으로 이용되고 있다.

알루미늄을 크롬산과 황산, 옥살산의 혼합물을 사용한 산성전해질에서 양극산화시킬 때 전극반응은

$$2Al + 3H_2O \rightarrow Al_2O_3 + 6H^- + 6e^-$$

이며, 산화물의 바깥 표면은 수화되어 보헤마이트($Al_2O_3 \cdot H_2O$)의 형태로 변화한다. 높은 산화전위에서는 다음의 부반응이 함께 일어나며,

$$2H_2O \rightarrow O_2 + 4H^+ + 4e^-$$

비활성의 음극전극에서는 수소기체가 발생된다.

$$2H^+ + 2e^- \rightarrow H_2$$

알루미늄 산화막 형성은 전기도금에 사용되는 전해조와 유사한 반응기에서 이루어지고 음극전극 재료로는 철 또는 구리 등이 사용된다.

그림 3.18은 산화알루미늄의 단면구조를 나타내고 있으며, 알루미늄 표면 위에 얇고 치밀한 두께의 장벽층(barrier film)과 그 위에 다공성막(porous layer)이 존재하는 이중층 구조로 되어 있다. 산화막 이중층의 두께 및 형상은 인가전압, 전해질조성, 온도 등의 전기적·화학적 요인들에 의하여 큰 영향을 받으므로, 전해질의 선택과 전기분해 조건의 적절한 조합을 통하여 산화막 필름의 특성조절이 가능하다. 예를 들면, 저온 및 저농도의 황산용액에서는 기공의 크기가 작고 단단한 산화막을 얻을 수 있으며, 고농도 및 고온의 황산용액에서는 기공의 크기가 크고 장식(decoration)용으로 이용가능한 막을 얻을 수 있다.

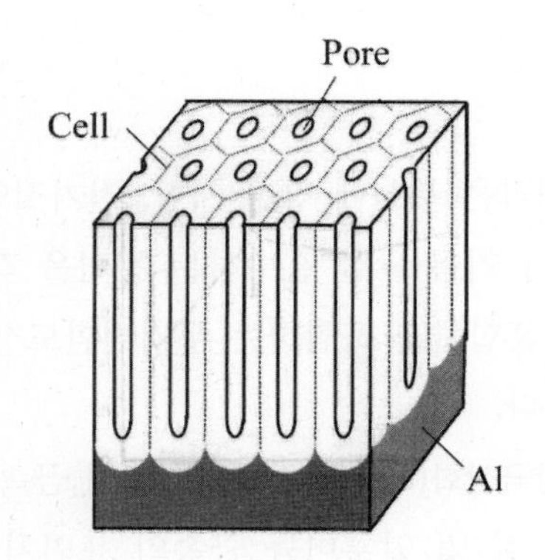

그림 3.18 산화알루미늄의 단면구조

알루미늄캔은 일련의 채색처리(coloured finishes)를 통해서 생산될 수 있다. ① 유기염료를 양극처리된 표면에 흡착시킨 후, 끓는 물로 봉합하거나, ② 니켈, 코발트 또는 주석 등의 금속을 교류전류를 인가하여 기공에 전착시켜 전해착색(electrcooloring)을 하게 된다. 이때 간섭현상에 의하여 색을 나타내게 되며, 전해시간과 조건의 변화에 의하여 다양한 색조의 색을 얻을 수 있다.

05 금속의 부식

대부분의 금속은 불안정하여 대기 중의 산소 및 물과 반응하여 표면에 산화막을 형성하게 된다. 이때 알루미늄과 같이 표면 위에 치밀한 산화막을 형성하는 경우에는 금속과 외부환경과의 접촉을 차단하여 줌으로써 금속을 보호하지만, 철과 같이 불균일하고 다공성의 산화막(녹)을 형성하는 경우에는 금속이 외부환경에 의하여 공격을 받아 금속의 성질을 잃게 된다. 이때의 외부환경은 물·공기 이외에 화학물질 등을 포함하며, 부식이란 금속이 외부환경과의 전기화학적 반응에 의하여 열화되는 과정(또는 결과)으로 정의된다.

금속의 부식과정에서 일어나는 전기화학적 반응에 대한 깁스에너지 변화(ΔG)는 상온에서 (−)이므로, 현재 공업적으로 사용되는 대부분 금속도구나 장치들은 자발적으로 부식이 일어나게 된다. 예를 들면, 자동차, 가정용품, 수도관과 난방 파이프, 선박, 화학공장 등에서 부식이 일어나기 쉬우며, 따라서 전기화학적 반응이 일어나지 않도록 억제하는 대책이 요구된다. 실제로 부식이 일어나는 속도는 매우 느리므로 피해가 발생하기 전에 부식이 일어나고 있다는 것을 알아내기는 쉽지 않으며, 다음은 부식에 의하여 야기될 수 있는 여러 문제점을 나열한 것이다. ① 화학공장, 조립형 구조물, 기타 장치의 피해, ② 수리 또는 교체에 따르는 조업정지, ③ 누출이나 기계적 파손으로 인한 작업자의 상해 위험성, ④ 공정 최종생산물의 오염 및 손실, ⑤ 작업효율의 감소, ⑥ 재설계, ⑦ 환경오염, ⑧ 외관의 변형에 의한 소비자의 외면 등이다.

부식이 발생할 경우 장비의 재설계 또는 제작, 재료의 교환 및 처리 등과 관련된 경제적인 문제의 해결과 유지보수 등이 요구될 것이다. 지난 20년 동안 ① 광범위하고 다양한 활용이 가능한 합금들의 개발, ② 원자력 에너지, 바다 및 대기권 등의 특정한 공격적

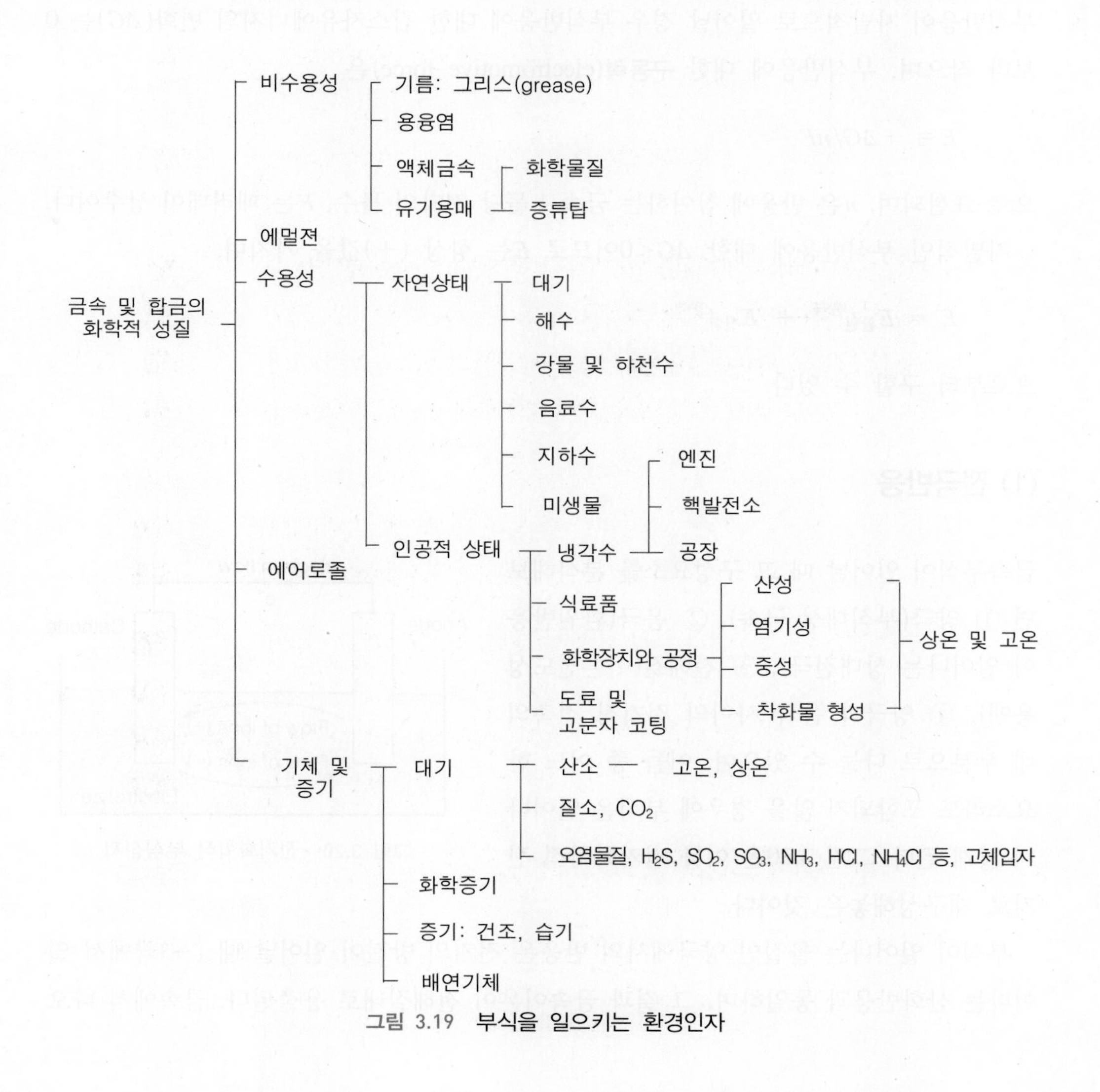

그림 3.19 부식을 일으키는 환경인자

인 분위기 하에서 금속의 응용분야 확대, ③ 공기 및 수질오염으로 인한 부식환경의 증가, ④ 부식방지에 드는 비용의 증가 등으로 인하여 부식현상과 방식에 대한 이해와 이에 관련한 개선방안에 대한 많은 관심들이 증가하였으며, 보다 효과적인 방식법이 개발되어 왔다. 그림 3.19는 부식을 일으키는 환경을 요약한 것이다.

1. 부식의 기본원리

금속은 열역학적으로 볼 때 불안정하고 에너지가 높은 상태에 있으므로 주위와의 반응에 의하여 스스로 안정하고 에너지가 낮은 상태로 되려는 경향을 가지고 있다. 금속의 부식반응이 자발적으로 일어날 경우 부식반응에 대한 깁스자유에너지의 변화(ΔG)는 0보다 작으며, 부식반응에 대한 **구동력**(electromotive force)은

$$E = -\Delta G/nF$$

으로 표현되며, n은 반응에 참여하는 금속 1 몰당 전자의 몰수, F는 패러데이 상수이다.

자발적인 부식반응에 대한 $\Delta G<0$이므로 E는 항상 (+)값을 가지며,

$$E = E_{\text{환원}}^{\text{음극}} + E_{\text{산화}}^{\text{양극}}$$

으로부터 구할 수 있다.

(1) 전극반응

금속부식이 일어날 때 그 구성요소를 분석해보면 ① 양극(부식대상 금속), ② 음극(환원반응이 일어나는 상대전극), ③ 전해질(이온전도성 용액), ④ 양극과 음극 사이의 전기적 접촉의 네 부분으로 나눌 수 있으며, 이들 중 어느 한 요소라도 포함되지 않을 경우에 부식은 일어나지 않게 된다. 그림 3.20은 이를 전기화학적 전지로 재구성해놓은 것이다.

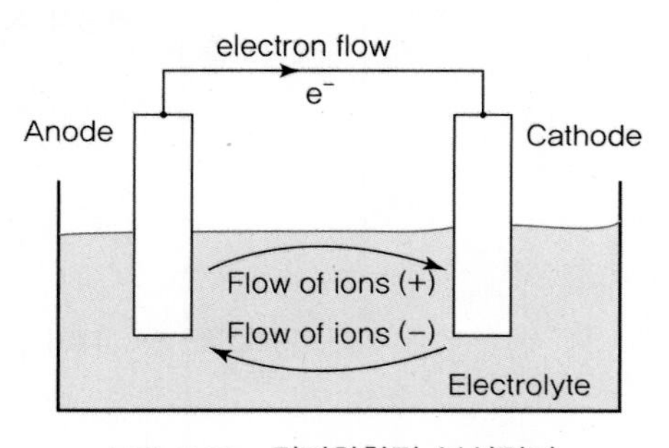

그림 3.20 전기화학적 부식전지

부식이 일어나는 물질인 양극에서의 반응은 전지의 방전이 일어날 때 (−)극에서 일어나는 산화반응과 동일하며, 그 결과 금속이온이 전해질내로 용출된다. 금속에서 나오

는 전자는

$$M \rightarrow M^{n+} + ne^-$$

전기전도체를 따라 음극으로 이동하여 환원반응에 의하여 소모되게 된다. 이러한 산화-환원반응이 연속적으로 일어날 때 양극물질의 무게는 계속적으로 감소하게 되면서 금속으로의 성질을 잃게 된다.

음극에서의 반응은 음극물질이 직접 반응에 참여하는 것이 아니라 전해질 내에 존재하는 물질이 환원되는 반응으로 용액 내에 존재하는 물질의 종류, pH 등에 따라서 다양한 반응이 일어날 수 있다. O_2가 용해된 중성 또는 알카리 용액에서의 반응은 용존산소와 물의 환원반응이며,

$$O_2 + 2H_2O + 4e^- \rightarrow 4OH^- \quad (3.26)$$

산용액에서의 반응은 수소기체 발생반응이다.

$$2H^+ + 2e^- \rightarrow H_2(g) \quad (3.27)$$

예를 들면, 대기 중의 CO_2 기체는 물에 용해되어 H_2CO_3로 변화하면서 약산성의 용액으로 되고, SO_2와 NO_2는 H_2SO_4와 HNO_3로 되면서 용액 내에 수소이온을 내놓게 된다. 구조재료로 널리 사용되고 있는 Fe의 경우 대기 중에 온실가스인 이산화탄소의 농도가 증가하고 오염물질인 SO_2와 NO_2 농도가 증가함에 따라 식 (3.27)에 의한 환원반응이 촉진되게 되고 그 결과 양극에서의 산화반응인 철의 용출속도, 즉 부식속도

$$Fe \rightarrow Fe^{2+} + e^- \quad (3.28)$$

를 빠르게 한다. 이와 같이 환경오염의 악화는 재료의 안전성을 해치는 결과를 함께 가지고 온다. 산성용액에서의 Fe의 부식반응을 그림 3.21에 도시하였다.

대부분의 금속부식에 있어서 식 (3.26)과 (3.27)의 환원반응 가운데 한 반응만 일어나지만 $HClO_4$와 같이 분해하면서 O_2를 발생시키는 산화제가 용액 내에 존재할 때에는 새로운 환원반응이 급격하게 일어나게 된다. 용액 내에 O_2와 CO_2가 함께 용해되어 있을 경우에는 각각이 단독으로 있을 때와 비교하여 10~40배 빠른 속도로 금속부식이 발생한다.

$$O_2 + 4H^+ + 4e^- \rightarrow 2H_2O \quad (3.29)$$

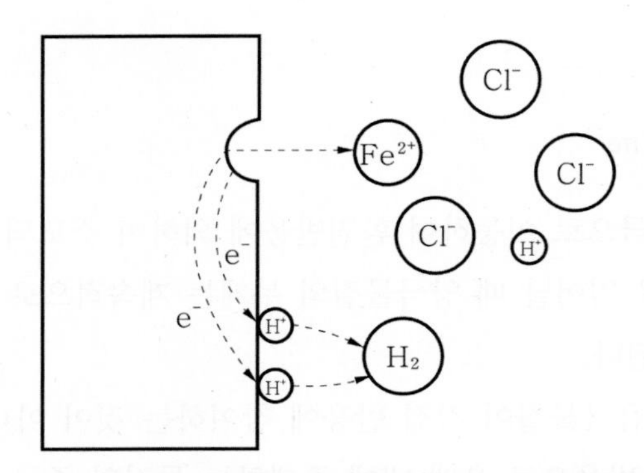

그림 3.21 용존산소가 없는 염산용액 내에서의 산화-환원반응

주위에서 쉽게 관찰할 수 있는 스틸의 녹(rust)은 부식반응에 의한 부식생성물로서 녹이 생성되는 전기화학적 반응과정은 다음과 같다. 스틸 표면에서 일어나는 산화－환원반응은 식 (3.26)과 식 (3.29)의 결과로 아교질의 수산화철이 침전된 후,

$$2Fe + 2H_2O + O_2 \rightarrow 2Fe^{2+} + 4OH^- \rightarrow 2Fe(OH)_2 \downarrow$$

산소와 연속반응이 일어나면서 갈색의 녹이 생성된다.

$$2Fe(OH)_2 + 1/2O_2 \rightarrow H_2O + Fe_2O_3 \cdot H_2O \downarrow$$

따라서 금속의 부식에 관한 문제가 발생할 때에는 우선적으로 부식전지의 모든 요소를 명확히 파악하고 전극에서의 반응을 고려하여 해결방법을 찾아야 한다.

2. 부식속도

부식속도는 일반적으로 무게감량과 부식층의 깊이를 측정하여 구하고 있다. 전체표면이 균일하게 부식이 일어나는 균일부식에서는 단위표면적당 무게감량을 측정하여 부식속도를 나타낼 수 있다. 그러나 부식이 국부적으로 일어나게 되면 전체표면에 대한 평균적인 금속의 용출은 무의미하고, 부식이 일어나는 곳의 부식층의 두께를 측정하여 나타내는 것이 금속의 부식속도를 나타내는 정확한 표현이 될 수 있다.

(1) 무게감량법

균일부식에서 부식속도는 '무게감소량/면적 · 시간'으로 나타내며, SI 단위로 grams/m^2 ·

day 또는 mgrams/dm^2 · day 등이 사용된다.

(2) 부식층의 침투깊이 측정법

일정시간 동안 부식층의 침투깊이(depth of penetration)를 측정하여 부식속도를 표현하는 방법이 균일·불균일부식 모두에 사용된다. 공식(pitting)과 같은 국부부식(localized corrosion)에서 침투깊이는 가장 깊은 공식의 깊이를 기준으로 하며, 그 이유는 부식이 가장 많이 일어난 곳이 가장 위험한 곳이기 때문이다.

부식속도로 mils/year (1,000 mils = 1 inch) 또는 inch/year (ipy)가 사용되어 왔지만 최근에는 SI단위인 mm/year를 많이 사용하고 있다.

(3) 허용가능한 부식속도

금속을 사용하는 데 있어서 부식이 일어나는 것을 피할 수 없다면 허용가능한 부식속도는 부식의 종류 및 재료의 사용목적에 따라 다르게 된다. 예를 들면, 배의 닻이 1 mm/year로 부식된다면 별 문제가 없겠지만, 배에서 사용하는 나침판의 방위지침 베어링의 경우 0.01 mm/year의 부식은 심각한 것이 될 것이다.

일반적인 작업공정에서 재료의 부식저항성을 부식속도에 의하여 다음과 같이 구분할 수 있다.

- <0.1 mm/y: 부식에 대한 저항성이 우수함
- 0.1~1 mm/y : 부식에 대한 저항성이 보통
- >1.0 mm/y: 부식에 대한 저항성이 거의 없음

(4) 부식속도의 계산

부식속도는 많은 변수들에 의하여 영향을 받으므로 직접적으로 측정하는 방법을 사용한다. 그림 3.20과 같이 양극과 음극이 분리되어 있는 경우에는 부식전류를 측정함으로써 부식속도를 계산할 수 있다. 패러데이 법칙에 의하여 부식속도는

$$\text{부식속도}\,(g/m^2 \cdot d) = i_{corr}M \times 86{,}400/nF \tag{3.30}$$

로 표현되며, i_{corr}은 부식전류밀도(ampere/m^2), F는 96,490 C/mol · e^-, n은 금속 1 mole

이 부식될 때 필요한 전자의 몰수이다. 상수 86,400 (d = 86,400 sec)은 시간에 대한 환산인자이며, M은 분자량이다. 부식전류밀도는 Tafel 식으로부터 구할수 있다. Tafel 그래프는 전압을 서서히 변화시켜 인가하고 전기화학 셀에 부식반응의 응답결과로 전류값이 얻어지는데 (LSV, linear sweep voltammetry), 이때 얻어진 전류값에 log를 취하여 전압 대 log전류 값에 대한 그래프이다.

예제 바닷물에서 스틸이 0.3 A/m²의 부식전류를 나타낼 때의 부식속도는?

$$\text{부식속도} = i_{corr}/nF$$

$$= \frac{0.3\,\mathrm{A}}{\mathrm{m^2}} \cdot \frac{(55.85\,\mathrm{g/mol\ Fe}) \cdot (86{,}400\,\mathrm{s/d})}{\frac{2\mathrm{mol\ e^-}}{\mathrm{mol\ Fe}} \cdot (96{,}490\,\mathrm{A \cdot s/mol\ e^-})} = 7.5\ \mathrm{g/m^2 \cdot d}$$

이며, 무게손실량을 침투깊이로 환산하기 위하여 금속의 밀도로 나누어준다. Fe의 밀도는 $7.86 \times 10^6\ \mathrm{g/m^3}$이므로,

$$\text{부식속도} = (7.5\ \mathrm{g/m^2 \cdot d}) \cdot (1\ \mathrm{m^3}/7.86 \times 10^6\ \mathrm{g\,of\,Fe}) \cdot (365\ \mathrm{d/y})$$
$$= 0.35\ \mathrm{mm/y}$$

으로 환산가능하다.

연습문제

01 금속 / 금속염 / 음이온인 Ag / AgCl / Cl^- 계면에서 가능한 전위결정 평형식을 쓰고, $\Delta\phi(M, S)$가 어떻게 표현되는가 유도하시오.

02 아래 주어진 data로부터 다음 반쪽전지의 E^0값을 구하시오.

$CuI + e = Cu + I^-$ $\quad E^0 = ?$

$Cu^{2+} + 2e = Cu$ $\quad E^0 = 0.337$ V (SHE)

$Cu^{2+} + I^- + e = CuI$ $\quad E^0 = 0.86$ V (SHE)

03 다음은 어떤 전기화학 반응 $O + ne = R$에 대한 과전압과 전류의 관계를 보여주고 있다. 이로부터 i^0, α, k^0, 그리고 R_{ct}값을 구하시오. 이때 전극면적 $A = 0.1$ cm^2, $Co^* = 0.01$ M, $C_R^* = 0.01$ M, $T = 298$ K, $n = 1$이라 가정하시오.

η (V)	− 0.1	− 0.12	− 0.15	− 0.5	− 0.6
i (A)	4.59×10^{-5}	6.26×10^{-5}	1×10^{-4}	9.65×10^{-4}	9.65×10^{-4}

04 어떤 전기화학 반응 $O + ne = R$에서 $Co^* = 1$ mM, $C_R^* = 3$ mM, $k^0 = 10^{-7}$ cm/sec, $\alpha = 0.5$, $n = 1$, $T = 298$ K, $A = 1$ cm^2, $E^0 = 0.2$ V (vs. SHE)일 때 (a) 평형전위 (E_{eq})와 (b) 교환전류 (i_0)를 구하고, (c) charge-transfer limiting 조건에서 전류값이 6×10^{-7} A/cm^{2}이 되기 위해 인가해야 하는 전위값(E_{app})을 구하시오.

05 납축전지에는 다음과 같은 두 종류의 반쪽전지 반응이 관여하고 있다.

$PbO_2 + SO_4^{2-} + 4H^+ + 2e = PbSO_4 + 2H_2O$ $\quad E^0 = 1.69$ V (vs. SHE)

$PbSO_4 + 2e = Pb + SO_4^{2-}$ $\quad E^0 = -0.36$ V (vs. SHE)

(a) 위의 두 전위결정 평형식으로부터 각 반쪽전지의 전위를 나타내는 Nernst식을 유도하시오.

(b) 납축전지가 방전(discharge)될 때 어느 반쪽전지가 양극 또는 음극인지를 구분하고, 방전시 전체반응(overall reaction)을 제시하시오.

(c) 위의 (b)로부터 방전될 때 전지의 작동전압($E_{cell} = E_{cathode} - E_{anode}$)을 나타내는 Nernst 식을 유도하시오.

(d) 위의 (c)로부터 전지가 방전됨에 따라 작동전압이 어떻게 변하는지 설명하시오.

06 최근 들어 메탄올 연료전지(direct methanol fuel cells)가 많은 연구의 관심이 되고 있다. 이 연료전지의 양극에서는 연료인 메탄올이 산화되고 음극에서는 O_2가 환원된다. 전체반응은 다음의 식으로 주어진다.

$$CH_3OH + 3/2\ O_2 \rightarrow CO_2 + 2H_2O$$

위 반응의 ΔG값이 25℃에서 −467 kJ/mol이라면 이 연료전지의 이론적인 기전력은?

07 1 A/m^2 (대략 1 mm/y)의 전류밀도에서 니켈이 부식되려면 얼마나 분극되어야 하는가? ($i_0 = 2 \times 10^{-5}$ A/m^2, Tafel 기울기는 0.1 V/decade라 가정하고 Tafel 식을 이용하시오.)

참고문헌

1. A. J. Bard and L. R. Faulkner, "Electrochemical Methods; Fundamentals and Applications", John Wiley and Sons, New York(1980).
2. D. R. Hibbert, "Introduction to Electrochemistry", MacMillian, London(1993).
3. 日本電氣化學會編, "先端電氣化學", 丸善株式會社, 東京(1994).
4. D. Pletcher and F. C. Walsh, "Industrial Electrochemistry", Chapman and Hall, London(1990).
5. Jurgen O. Besenhard(Ed.), "Handbook of Battery Materials", Wiley-VCH, New York(1999).
6. S. A. Bradford, "Corrosion Control", Van Nostrand Reinhold, New York(1993).
7. M. G. Fontana, "Corrosion Engineering", McGraw-Hill, New York(1987).
8. 이철태, 설용건, 송연호, 탁용석, "무기공업화학", 탐구당(1997).
9. L. R. Faulkner, J. Chem. Edu., 60, 262−264 (1983).
10. C. A. Vincent and B. Scrosati, Modern Batteries: An Introduction to Electrochemical Power Sources, 2nd Edition, Arnold, London, 1997.
11. D. Berndt, Maintenance-Free Batteries, 2nd Edition, John Wiley & Sons, New York, 1997.

김종호 (전남대학교 화학공학부)
김건중 (인하대학교 화학공학과)

CHAPTER 4

암모니아 및 비료공업

01 암모니아 공업

1. 암모니아의 성질과 용도

암모니아는 단백질의 구성성분으로 요소비료, 화약, 염료, 의약품 등의 출발원료이며 가장 중요한 무기물질의 하나이다. 암모니아가 질소와 수소의 화합물이라는 점은 18세기 말에 밝혀졌으며, Ramsay와 Young은 1885년에 촉매 존재 하에서 암모니아의 생성·분해반응이 가역반응임을 발견하고, 질소와 수소로부터 직접 합성이 가능하다는 것을 시사하였다. 그러나 공기의 80%를 차지하는 질소분자의 결합에너지가 160 kcal/mol 로 크기 때문에, 질소고정에는 커다란 에너지가 요구된다.

20세기 초에 Haber와 Nernst는 독자적으로 암모니아의 직접 합성을 연구하여 반응의 이론적 해석에 노력을 기울였다. Nernst는 암모니아 수율이 낮다는 점 때문에 공업화의 연구를 단념하였으나, Haber는 실험을 계속하여 100~200 atm, 650~700℃에서 U나 Os계의 촉매에 의해 질소와 수소를 반응시켜 암모니아 수율 2 vol %를 얻었다. 생성된 암모니아를 물로 흡수제거하고 미반응 가스는 재순환해서 사용하는 방법도 제안하였다.

암모니아는 1960년경까지는 대부분이 질소비료용으로 사용되었으며, 그 외 공업용으로 소비되는 것은 약 25%에 지나지 않았다. 그러나 그 후 암모니아의 용도가 다각화되어 합성섬유·합성수지 등의 고분자 화학공업 분야에서의 소비가 급격히 늘어나게 되었다.

2. 암모니아 합성이론

(1) 화학평형

질소와 수소로부터 암모니아를 합성하는 가역평형 반응은 다음 식과 같다.

$$1/2N_2 + 3/2H_2 \rightleftarrows NH_3 + Q_p \tag{4.1}$$

이 식의 반응열은 넓은 온도, 압력 범위에 걸쳐 Gillespie가 제안한 다음 식에 의해 구할 수 있다[1, 2].

$$Q_p = (0.54526 + 840.609/T + 459.734 \times 459.734 \times 10^6/T^3)P$$
$$- 5.34685T + 0.2525 \times 10^{-3}T^2 - 1.69167 \times 10^{-6}T^3 + 9175.09 \text{ cal/mol}$$

식 (4.1)은 발열반응으로 반응계, 생성계가 모두 기체인 체적이 감소하는 반응이다. 따라서 저온 고압에서는 평형이 우변으로 치우치게 되어 암모니아 생성량이 증가하게 된다.

식 (4.1)에서 질소, 수소, 암모니아의 분압을 각각 P_{N_2}, P_{H_2}, P_{NH_3}라 하면 평형상수 K_p는 식 (4.2)와 같이 나타낼 수 있다.

$$K_p = P_{NH_3} / P_{N_2}{}^{1/2} \cdot P_{H_2}{}^{3/2} \tag{4.2}$$

암모니아 생성에 대한 인자의 영향을 그림 4.1에 나타내었다[3].

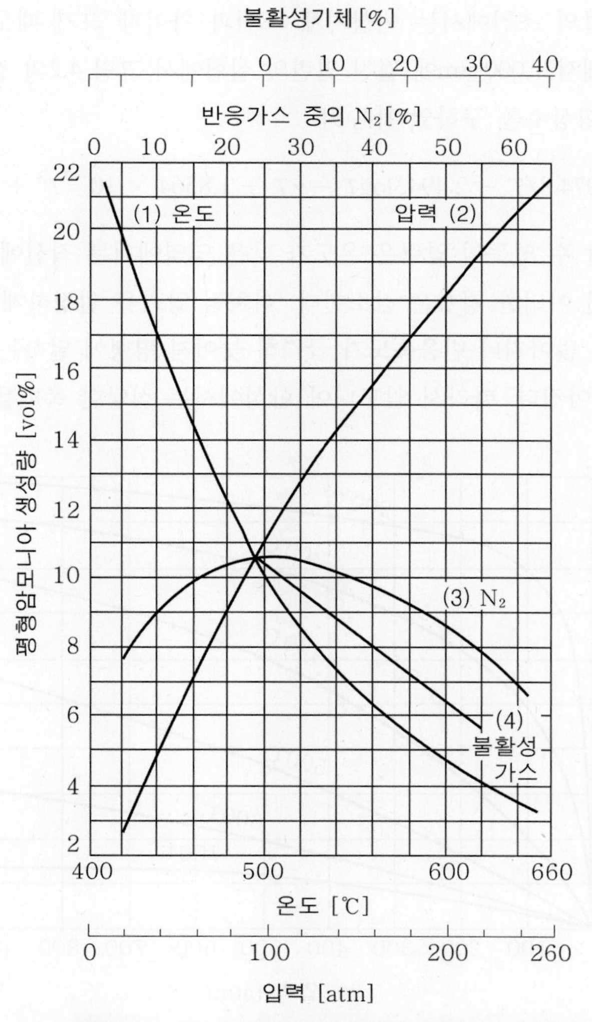

그림 4.1 평형암모니아 생성량과 압력, 온도, 불활성기체와의 관계

그림 4.1에서 원료가스성분이 N_2 + $3H_2$ 일 때, 곡선 (1)은 압력을 100 atm으로 일정하게 하고 온도를 변화시킨 경우이며, 곡선 (2)는 온도 500℃의 조건에서 압력을 변화시킨 경우이다. 또 반응조건을 100 atm, 500℃로 하고 곡선 (3)에서는 원료가스 조성 $x = N_2/(N_2 + H_2)$의 영향을, 곡선 (4)에서는 원료가스 N_2 + $3H_2$에 대한 불활성가스의 영향을 검토한 것이다. 이상의 결과로부터 평형조건에서 반응온도가 낮고 압력이 높으면 NH_3 농도가 급격하게 증가하고, 원료가스 조성은 N_2 + $3H_2$에서 NH_3의 최대 평형농도를 나타내며 불활성 가스가 존재하면 평형농도가 내려가는 것을 알 수 있다.

평형상수의 압력에 대한 변화는 상태방정식을 이용하여 근사적으로 계산할 수 있다. 그러나 300 atm 정도까지는 실측치와 잘 일치하나 600 atm 이상에서는 상당한 차이를 보인다. 이는 고압의 조건에서는 이상기체 조건과 차이가 크기 때문이다.

Larson은 상압에서 1,000 atm에 걸친 일련의 실험에서 그림 4.2의 결과를 얻었으며 이 데이터로부터 평형상수를 구하였다[4, 5].

$$\log K_p = 2074.8/T - 2.4943\log T - \gamma T + 1.8564 \times 10^{-7}T^2 + C \qquad (4.3)$$

그림 4.2에서 알 수 있듯이 압력은 온도가 낮은 영역에서는 직선에 가까운 경향을 보이나, 고온이 되면 이러한 경향은 감소한다. 이처럼 압력을 일정하게 하고 온도를 내리면 평형 NH_3 양은 많아지나 반응속도가 급격히 늦어져 평형에 달하는 시간이 많이 소요되어 실용성이 낮아진다. 따라서 암모니아 합성에서는 적당한 촉매를 이용하여 저온에

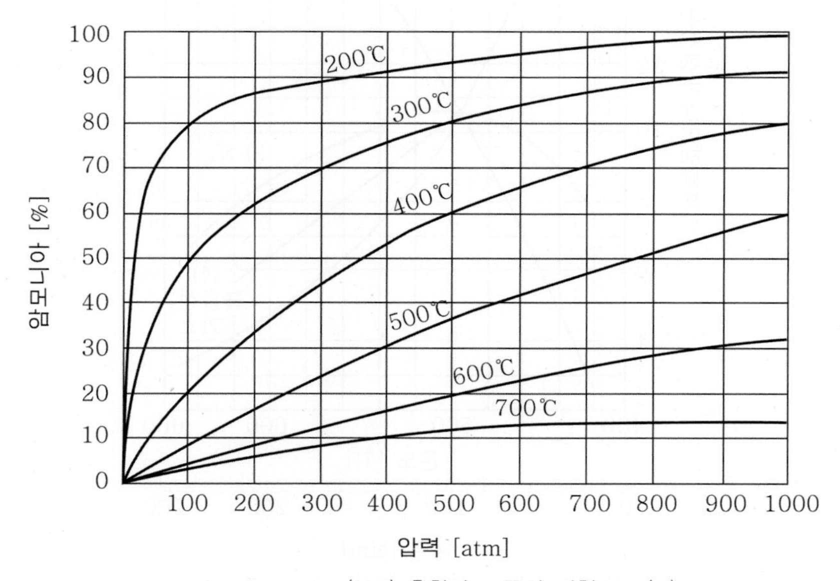

그림 4.2 H_2 : N_2 (3 : 1) 혼합가스 중의 평형 NH_3(%)

표 4.1 식 (4.3)의 γ와 C의 값

P [atm]	10	50	100	300	600	1,000
γ	0	1.256×10^{-4}	1.256×10^{-4}	1.256×10^{-4}	1.0856×10^{-3}	2.6833×10^{-3}
C	1.993	2.090	2.113	2.206	3.059	4.473

서도 반응속도를 높일 수 있는 방법이 주연구대상이 되며, 이 경우 공학적으로 해결하여야 할 문제로는 촉매와 반응장치를 들 수 있다.

(2) 반응속도와 반응기구

그림 4.2에서도 알 수 있듯이 평형 NH_3의 양은 저온측에서 유리하나 반응속도가 늦어진다. 이 때문에 적당한 촉매를 써서 가능한 한 저온에서 반응속도를 크게 하는 공업적인 궁리가 필요해졌다. 암모니아 합성반응은 단순하게 보이나 연구가 진행됨에 따라 매우 복잡한 반응임을 알게 되었다. 반응기구의 해석과 반응속도론이 진전을 보인 것은 1935년경부터였다[6~8].

반응의 속도나 기구에 대해서는 여러 학설이 있으나, Temkin과 Pyzhev에 의하면 암모니아의 촉매합성 반응은 다음 네 과정으로 나눌 수 있다.

질소분자 흡착: $N_2 + [Me] \rightleftarrows [Me]N_2 \rightleftarrows 2[Me]N$ (4.4)

수소분자 흡착: $3H_2 + [Me] \rightleftarrows 3[Me]H_2 \rightleftarrows 6[Me]H$ (4.5)

촉매표면에서 반응: $2[Me]N + 6[Me]H \rightleftarrows 2[Me]NH_3$ (4.6)

생성 암모니아 탈착: $2[Me]NH_3 \rightleftarrows 2[Me] + 2NH_3$ (4.7)

이 과정 가운데 어떤 과정을 속도지배과정으로 보느냐에 따라 반응기구가 달라진다.

철 촉매상에서 H_2의 흡착속도가 NH_3나 N_2의 흡착속도에 비해 빠르므로, N_2의 활성화 흡착이 속도지배과정이라는 설명과 촉매표면에서의 반응이 속도지배과정이라는 설명이 있다. 여기서는 N_2의 활성화 흡착단계를 속도지배과정으로 생각하는 설에 대해 설명하겠다.

Temkin은 Al_2O_3, K_2O를 첨가한 철 촉매를 이용한 흐름식 반응장치에서 정상상태의 NH_3의 분해 및 합성반응을 체계적으로 연구하여 이 분야에 큰 업적을 남겼다. Temkin은 철 촉매 상에서 NH_3 합성의 반응속도와 N_2 흡착속도가 같고, H_2 흡착속도는 이들보다 상당히 크다는 사실, 또한 중수소 교환반응($2NH_3 + 3D_2 \rightleftarrows 2ND_3 + 3H_2$)에서

ND_3의 생성이 극히 빠르다는 사실, 그리고 그 밖의 물리화학적인 측정결과로부터, 위의 네 과정 가운데 N_2의 활성화 흡착이 속도지배과정이라고 하여 다음과 같은 반응속도식을 유도하였다.

$$\phi = dP_{NH_3}/dt = k_1 P_{N_2}(P_{H_2}{}^3/P_{NH_3}{}^2)a - k_2(P_{NH_3}{}^2/P_{H_2}{}^3)^{1-a} \qquad (4.8)$$

ϕ: 반응속도(mol NH_3/h · m^3 촉매)

k_1, k_2: 정반응 및 역반응의 겉보기반응속도 상수

(h^{-1} · $atm^{-1.5}$ · mol NH_3/m^3 촉매)

또한 이 반응에서 $\alpha \fallingdotseq 0.5$이면 상압~100 atm의 범위에서 실측치와 잘 맞는다는 것이 알려져 있다. 이 식은 촉매의 부피를 기준으로 세워졌는데 진짜 부피가 아닌 겉보기충전 부피를 이용하고 있다.

평형을 고려하여 생각하면 원료가스 N_2와 H_2의 비가 1 : 3일 때 최적이라 할 수 있으나 식 (4.8)의 반응속도식에서는 N_2의 양이 많아져야 수율이 높아진다는 것을 알 수 있다.

3. 원료가스의 제조공정

(1) 수소제조

암모니아 합성공업에서 원료가스의 생산비는 제품비용의 50~70%를 차지한다. 원료가스는 질소와 수소(1 : 3 몰비)로 이루어지며, 질소는 수소제조 공정 중에 도입되는 경우가 많다. 예로 순수한 질소의 형태로 첨가되는 경우라 할지라도 공기의 액화분리에 의해 쉽게 얻어지므로 경제적으로는 크게 부담이 되지 않는다. 따라서 원료가스의 비용은 어떻게 하면 수소를 경제적으로 만들까 하는 데에 달려 있다.

수소의 공업적 제조법의 경우, 표 4.2에 나와 있듯이 여러 가지 출발원료로부터 여러 가지 방법으로 합성용 원료가스가 제조되고 있다[9, 10].

수소의 제조비용은 수소원으로 무엇을 선택하여 어떠한 제조법으로 할 것인가에 좌우되므로, 경제적으로 유리한 수소원을 선택하는 것이 중요하다.

수소원의 중요한 성질로는 H/C의 비와 순도(불순물의 양과 종류)를 들 수 있으며 불순물이 적고 H/C의 비가 클수록 순도가 좋은 수소 제조에 용이하며 수소원으로 적합하다.

표 4.2 수소의 공업적 제조법

제조법	원료	생성 가스 또는 개질법
물 전기분해법	물	수소, 산소
고체원료법	코크스, 석탄	수성가스법, 석탄가스화법
유체원료법	석유, 천연가스, 납사, 석유잔사가스 제철소 배기가스	수증기개질법, 부분산화법 코크스로가스법
부산물 수소의 이용		전해소다법에 의한 수소

주) 수성가스: $C + H_2O \rightarrow H_2 + CO$, $CO + H_2O \rightarrow H_2 + CO_2$
코크스로가스(COG): H_2 50~60%, CH_4 22~28%, CO 5~9%
천연가스(건성): CH_4 92~99%
납사: 유출온도종점＜140℃, 비중 0.65~0.70, 파라핀탄화수소＞80%,
유황분＜0.05%, 분자량 약 100, C_7H_{15} (평균분자식)
석유잔사가스: 액체접촉크래킹(H_2O 10~13%, CH_4 30~33%, C_2 29~33%)
접촉개질(H_2 60~75%, CH_4 12~23%, C_2 12~23%)

제2차 세계대전 전후까지는 주로 수성가스법 및 물의 전기분해법이 사용되었으나 세계대전 후 전력사정의 변화로 물의 전기분해법이 쇠퇴하였다. 수소원의 전환에 의한 합리화가 진행되어, 고체원료보다 유체원료의 취급상 용이함 등 많은 요인으로 인해 석탄계 고체원료에서 석유계 유체원료로 전환되었다. 취급이 용이한 유체원료는 수송, 자동화에 적당하여 대형화하는데 좋은 원료라고 할 수 있다.

오늘날 유체원료의 주류는 천연가스, 납사, 석유잔사가스인데, 우리나라나 일본에서는 천연가스 산출량이 매우 적어, 납사가 가장 많이 소비되며 그 다음으로 부탄을 중심으로 한 석유잔사가스, LPG 등이 쓰이고 있다.

유체원료로부터 수소를 제조하는 방법으로는 다음의 두 가지가 널리 이용되고 있으며, 상압식에서 가압식으로 바뀌고 있다.

- 수증기개질법: 메탄~납사까지의 경질유분에 적용
- 부분산화법: 메탄~중질유분, 중유, 콜타르, 석탄까지 처리 가능

유체원료로부터 수소제조의 개요에 대해 살펴보면 다음과 같다.

① 수증기개질법: 납사의 수증기개질법은 영국의 ICI법이 대표적이며 다음과 같이 구성된다.

원료 납사의 예열·증발 → 탈황 → 수증기 개질 → CO 전환 → CO_2 제거 → 메탄화 → 원료 H_2

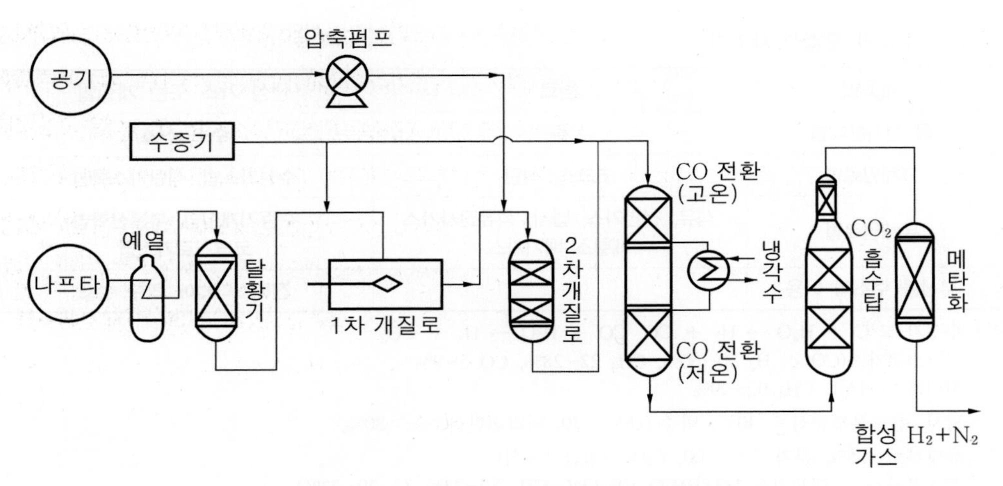

그림 4.3 납사 수증기개질 공정도(ICI법)

ICI법의 간단한 공정도를 그림 4.3에 나타냈다[11].

- 탈황

경질유분의 탄화수소를 수증기 개질할 때 촉매에 대해서 심한 피독작용을 하는 황을 제거해야 한다. 탈황방식을 선정하는 데는 원료의 종류, 황화합물의 정도, 황화합물의 형태 등을 고려할 필요가 있다. 천연가스 같이 황화합물이 적은 경우에는 상온에서 활성탄에 의한 흡착탈황이 황의 제거에 사용되고 있다.

황화합물이 많은 원료에 대해서는

예비탈황: Co-Mo계 촉매를 이용하는 수소첨가탈황

마감탈황: Co-Mo계 촉매와 ZnO 촉매의 조합에 의한 흡착탈황

의 두 단계로 처리되어 예비탈황에서 황 성분을 약 5 ppm 정도가 되게 제거하고, 마감탈황에서 0.1 ppm 정도의 황 성분이 되도록 한다.
탈황반응은 수소첨가 탈황반응에서 생긴 H_2S를 ZnO에 의해 ZnS로 하여 흡착탈황한다. 또한 탈황은 수증기개질과 같은 압력조건에서 실시한다.

$$R-SH + H_2 \xrightarrow[350\sim400℃]{\text{Co-Mo계 촉매}} RH + H_2S \tag{4.9}$$

$$H_2S + ZnO \xrightarrow[350\sim400℃]{} ZnS + H_2O \tag{4.10}$$

• 수증기개질(steam reforming)

탈황된 탄화수소는 수증기와 혼합된 다음 개질공정에서 가스화된다. 개질공정은 다음과 같은 1차, 2차공정으로 나뉜다.

(i) 1차개질공정

주반응을 나타내면 다음과 같다.

$$C_nH_m + nH_2O \rightarrow nCO + (n+m/2)H_2 - Q \quad (4.11)$$

$$CH_4 + H_2O \rightarrow CO + 3H_2 - 49.3\ \text{kcal} \quad (4.12)$$

$$2C_7H_{15} + 14H_2O \rightarrow 14CO + 29H_2 - 520\ \text{kcal} \quad (4.13)$$

또 주반응인 위의 식 (4.13) 수증기개질과 동시에 일부의 CO의 전환반응도 일어난다.

$$CO + H_2O \rightarrow CO_2 + H_2 + 9.6\ \text{kcal} \quad (4.14)$$

탄화수소의 수증기개질 반응은 부피가 증가하는 흡열반응이다. 따라서 압력을 내리고 온도를 올리면 평형은 유리해진다. 압력에 관해서는 기기의 소형화, 압축 동력의 감소, 열회수의 용이함 등의 공업적 측면에서 상압보다도 오히려 가압방식을 선호하게 되었으며 조작온도를 높임으로써 가압에 의한 평형관계의 불리함을 보충할 수 있게 되었다. 현재에는 30 atm의 조작압력이 널리 채택되고 있으며, 반응은 외부 가열에 의해 700~800℃에서 이루어진다.

원료가스는 수증기와 혼합되어 400~500℃로 예열되어 개질로에 들어간다. 원료 탄화수소 중의 탄소원자 수에 대한 수증기의 몰수(H_2O 몰수/C 원자)를 통상 3.0~4.0 정도의 조건으로 한다.

또한, 식 (4.11)~(4.13)의 주반응 외에 여러 종류의 부반응도 일어나는데 메탄을 예로 들면 다음과 같다.

$$CH_4 + 2H_2O \rightarrow CO_2 + 4H_2 - 39.1\ \text{kcal} \quad (4.15)$$

$$CH_4 + CO_2 \rightarrow 2CO + 2H_2 - 59.3\ \text{kcal} \quad (4.16)$$

$$CH_4 + CO_2 \rightarrow CO + H_2 + H_2O + C - 27.7\ \text{kcal} \quad (4.17)$$

$$2CH_4 \rightarrow C_2H_4 + 4H_2 - 48.3\ \text{kcal} \quad (4.18)$$

$$2CH_4 \rightarrow C_2H_2 + 3H_2 - 90.0\ \text{kcal} \quad (4.19)$$

이러한 부반응이 일어나지 않는 촉매를 선택하여 반응조건을 잘 설정하여야 높은 수율의 암모니아를 얻을 수 있다. 특히 개질반응 시에 코크가 촉매상에 석출하게 되면 촉매성능의 저하뿐만 아니라 가스의 흐름을 방해하여 국부적인 가열의 원인이 될 수 있다. 탄화수소의 탄소 수가 많아질수록, 또 조작압력이 높아질수록 코크가 석출하기 쉬워진다.

(ii) 2차개질공정

1차개질로를 나온 가스 중에는 CH_4가 7~9% 정도 존재하므로, 2차개질로에서는 메탄을 공기에 의한 부분연소반응으로 개질하여 잔류 메탄 농도가 0.3% 이하까지 개질한다. 부분연소반응에서 공기 중의 산소는 소비되고, 질소는 생성된 수소에 도입된다. 따라서 1차개질과 2차개질을 잘 조합시키면 수소 : 질소 비를 3 : 1로 할 수 있으며, 이 상태 그대로 암모니아 합성용 가스로 사용할 수 있다.

2차개질공정의 주반응은 다음과 같다.

$$CH_4 + 1/2O_2 \rightarrow CO + 2H_2 - 8.7\,\text{kcal} \tag{4.20}$$

2차개질로는 내면을 내화단열재로 처리한 내압반응기로, 상부는 1차개질 가스와 공기의 혼합연소부에 해당하고 하부는 Ni 계 촉매로 충전되어 있다. 로의 출구가스 온도는 900~1,000℃로, 이 열에너지는 증기로 회수되어 공정 스팀 또는 터빈 구동용으로 사용된다.

1차, 2차개질공정을 경유하여 얻어지는 가스 조성 예를 표 4.3에 나타내었다.

수증기 개질법은 본래 1,000℃ 이상의 고온을 필요로 하므로 고가의 반응관을 사용해야 하나, 이처럼 2단의 공정으로 나누어 개질하면 1차로에서 메탄 잔류가 허용되어 개질로에 걸리는 부담이 분산되므로 촉매온도를 낮게 설정할 수 있다. 또한, 외부가열에 대한 반응관의 재질선택이 용이하며, 내화물로 보호된 2차로에서 고온반응이 가능하게 되어 잔류 메탄이 적어진다. 또 2차공정에서는 부분산화법에서처럼 고

표 4.3 납사를 원료로 하는 가스화공정의 가스 조성 예

구분	1차개질로 출구	2차개질로 출구	고온전화로 출구	저온전화로 출구	CO_2 흡수탑 출구	메타네이터 출구
H_2	62.4	52.2	57.3	58.0	74.5	74.3
N_2		21.6	19.5	19.2	24.6	24.8
CO	11.1	14.0	2.2	0.1	0.2	10 ppm 이하
CO_2	15.7	11.4	20.4	22.1	0.03	10 ppm 이하
Ar		0.3	0.2	0.2	0.3	0.3
CH_4	10.8	0.5	0.4	0.4	0.4	0.6

가의 순수한 산소제조장치를 필요로 하지 않으며 공기를 직접 사용할 수 있고, 질소도 동시에 도입할 수 있는 등의 이점이 있다.

② 부분산화법(partial oxidationng): 부분산화법에는 비접촉식과 접촉식의 두 종류가 있는데, 전자가 더 널리 사용되고 있다. 이 방법의 특징으로는 여러 종류의 원료를 사용할 수 있다는 점을 들 수 있으며 중질유분, 중유, 콜타르, 석탄 아스팔트 등의 개질은 이 방법을 사용하고 있다.

부분산화란 탄화수소를 불완전 연소시켜 CO와 H_2를 얻는 반응이다. 이 반응은 순수한 산소를 필요로 하지만, 강한 발열연소반응이므로 촉매를 사용하지 않아도 쉽게 진행된다.

개질에는 반드시 수증기를 사용하며 수증기로부터 H_2가 생성된다.

주반응은 다음과 같다.

$$C_nH_m + n/2O_2 \rightarrow nCO + m/2H_2 \quad (4.21)$$

공정은 그림 4.4와 같이 원료유(약 70 kg/cm^2)에 과열증기를 혼합시켜 가열기에서 약 330℃로 예열하여 개질로에 보낸다. 한편 산소는 약 150℃로 예열시켜 로로 보내진다.

개질로는 내열 벽돌로 안쪽이 둘러싸여 있으며, 상부가 반응부분, 하부가 가스 급냉부분으로 구성되어 있고, 압력 30~35 kg/cm^2, 온도 1300~1400℃ 조건에서 조업된다.

고온반응으로 열분해에 의해 코크의 생성, 석출이 일어나므로, 로에서 나온 가스에 안개상의 물을 뿜어 코크를 완전히 제거하고 정제공정으로 보내진다. 방식에 따라서는

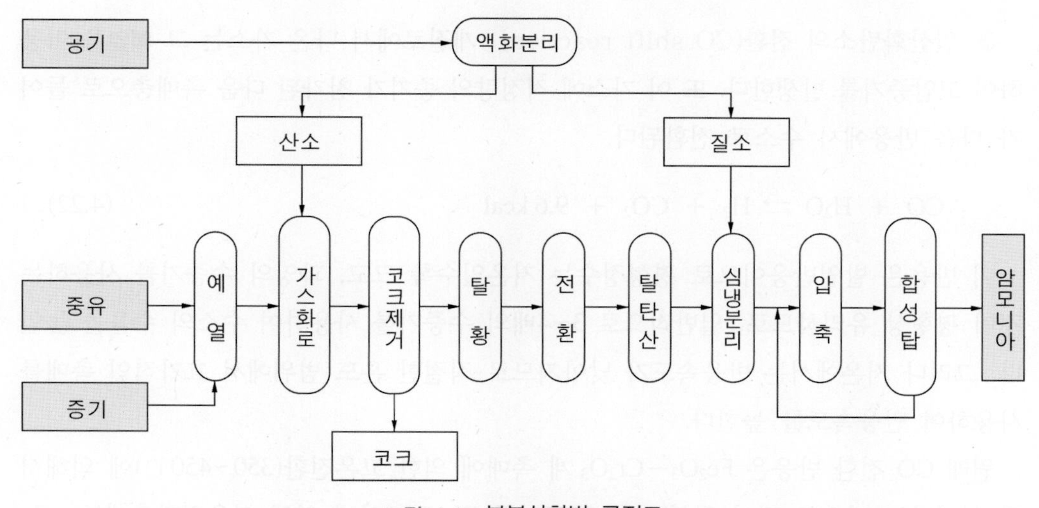

그림 4.4 부분산화법 공정도

표 4.4 부분산화법에 의한 발생가스 조성 예

구분		원유	상압잔사유	석유아스팔트
원료유	C	87.0	85.34	83.5
	H	12.4	10.48	10.0
	S	0.24	3.80	6.0
	N	0.30	0.22	0.5
	O	0.05	–	–
발생가스 조성	H_2	48.2	46.18	44.93
	CO	42.5	45.55	45.43
	CO_2	7.3	5.99	6.72
	CH_4	0.4	0.30	0.25
	N_2+Ar	1.6	1.08	1.20
	H_2S	0.04	0.90	1.47

카본 슬러리에 중유를 혼합함으로써 카본을 기름 표면에 부유 분리시켜 연료로 이용하는 방법도 사용되고 있다[12].

표 4.4에 부분산화법으로 얻어지는 가스의 조성 예를 나타내었다.

부분산화법에서는 내화물을 안에 둘러싼 개질로를 이용하므로 특수강으로 만든 수증기개질로 보다 싼 값에 건설할 수 있으나, 순수한 산소를 사용하므로 공기의 액화장치를 필요로 하기 때문에 전체의 설치비는 비싸진다. 그러나 사용원료가 광범위하여 중질유분과 같은 값싼 원료의 사용도 가능하고 연료비도 싸며 액화공기로부터 액체질소도 얻을 수 있는데, 이를 이용해서 개질가스의 심냉분리정제에 사용되는 순수한 가스를 얻을 수 있다는 점 등의 이점이 있다.

③ 일산화탄소의 전환(CO shift reaction): 개질로에서 나온 가스는 그 폐열을 이용하여 고압증기를 발생한다. 또 이 가스에 적정량의 증기가 첨가된 다음 촉매층으로 들어가 다음 반응에서 수소로 전환된다.

$$CO + H_2O \rightleftarrows H_2 + CO_2 + 9.6\,\text{kcal} \quad (4.22)$$

이 반응은 발열반응이므로 평형정수는 저온일수록 크고, 과잉의 수증기를 사용하는 것이 평형상 유리하므로, 일반적으로 3~4배의 수증기를 사용하여 수소의 수율을 높인다. 그러나 저온에서는 반응속도가 낮아지므로 적절한 온도 범위에서 효가적인 촉매를 사용하여 반응속도를 높힌다.

원래 CO 전환 반응은 $Fe_2O_3-Cr_2O_3$ 계 촉매에 의한 고온전환(350~450℃)에 의해서만 일어나는 것으로 되어 있었으나, 1950년쯤 Du Pont사에 의해 저온전환촉매(Cu-Zn

계)가 개발되고 또 탈황기술의 발전과 더불어 저온전환 반응(200~250℃)을 병용하는 2단전환법이 채택되어 잔류 CO는 0.3%로 크게 낮아졌다.

고온전환만으로는 일산화탄소를 2% 정도까지 밖에 내릴 수 없으며 CO 제거공정을 2회 이상 이용하여 겨우 메탄화 공정에 사용할 수 있는 가스로 만들 수 있게 된다. 이 때문에 저온촉매가 개발되기까지는 거액의 건설비를 CO 제거 공정에 사용하였다. 종래에는 메탄화 대신에 건설비도 전력비도 많이 드는 심냉분리장치를 필요로 하였다.

④ 이산화탄소(CO_2)의 제거: CO 전화를 시키고 난 가스는 다량의 이산화탄소를 함유하고 있으므로 이를 제거해야만 한다. 제거방법으로는 여러 가지가 있으나 CO_2의 양이 많을 때에는 고압수세, 저온메탄올세척, 탄산알칼리 흡수법을 이용하고, 그 양이 비교적 적을 경우에는 아민 흡수법, 암모니아 세척법 등으로 제거하고 잔류하는 나머지 소량의 CO_2는 가성소다 용액으로 완전히 제거한다.

- 고압수세

  CO_2를 가압하면 물에 대한 용해도가 급상승하며, 보통 가스는 20~30기압으로 가압되어 흡수탑으로 들여 보내지면 위에서 내려오는 가압한 물에 흡수되어 제거된다. 이와 같은 고압수세로 이산화탄소는 잔류농도 0.1~1% 정도로 제거된다.

- 저온메탄올 세척

  가스의 용액에 대한 용해도는 온도가 낮아지면 커지는데, CO_2의 메탄올에 대한 용해도는 −75℃가 되면 25℃에서의 물에 대한 용해도의 220배나 된다. 따라서 저온메탄올을 흡수액으로 사용하면 가압수세에 비해 제거효율을 크게 높이면서도 순환흡수액의 액량을 현저히 줄일 수 있어서 동력비의 절감을 꾀할 수 있다. 그러나 장치가 복잡해지고 저온이지만 메탄올의 증발 손실을 막을 수 없으며 처리한 가스 중의 잔류 CO_2 농도가 1% 정도 되는 단점이 있다.

- 탄산알칼리 흡수법

  Na_2CO_3 또는 K_2CO_3 용액을 사용하여 다음의 반응으로 CO_2를 흡수제거하는 방법이다.

$$Na_2CO_3 + H_2O + CO_2 \leftrightarrow 2NaHCO_3 \quad (4.23)$$

$$K_2CO_3 + H_2O + CO_2 \leftrightarrow 2KHCO_3 \quad (4.24)$$

  이 방법은 예전부터 드라이아이스용 CO_2 제조에 이용되어 왔다. 근래에는 10~20기압에서 고온으로 흡수가 행해지므로 반응속도가 빠르고 용해도가 커서 장치가 소형화되고 재생용 수증기가 불필요한 장점으로 인해 널리 이용되고 있다. 잔류 CO_2 농도는 1~2% 정도이어서 마감 정제 처리가 필요한 단점이 있다. Giammarco-Vetrocoke법에서는 탄산알칼리 용액에 As-트리옥사이드나 Se, Te산을 첨가한 용액을 써서 열탄산칼륨법보다도 효과적으로 CO_2를 제거하는 방법이 개발되었고 조업온도 60~65℃에서 잔류 CO_2 농도를 0.05~0.15% 까지 낮출 수 있다.

- 아민 흡수법

탈황공정으로 많이 응용되는 아민 세척법은 원래 미국에서 천연가스로부터 CO_2를 분리하는 방법으로 고안된 것으로서 다음의 반응식을 활용하여 CO_2의 정제나 분리에 널리 이용되고 있다.

$$2\ HOC_2H_4NH_2 + H_2O + CO_2 \leftrightarrow (HOC_2H_4NH_3)_2CO_3 \tag{4.25}$$

$$(HOC_2H_4NH_3)_2CO_3 + H_2O + CO_2 \leftrightarrow 2\ HOC_2H_4NH_3HCO_3 \tag{4.26}$$

모노- 또는 디-에탄올아민(di-ethanolamine)이 사용되는데, 전자는 값이 싸고 반응성이 커서 분리가 용이하므로 일반적으로 많이 쓰이지만 만일 가스중에 COS나 CS_2가 존재하면 이들과 쉽게 반응하여 재생할 수 없게 된다. 흡수액의 농도는 15~20%가 사용되고 재생은 수증기로 2.8~3.1기압에서 125℃로 가열하여 행한다. 이 방법은 열탄산법이나 고압수세법으로 대부분의 이산화탄소를 제거한 뒤에 마감처리 공정으로 좋다.

- 암모니아 세척법

원료가스를 20기압 정도로 가압하고 암모니아수로 세척해서 탄산암모늄 용액으로 반응시키고, 이를 재생탑에서 분해하여 암모니아를 회수 이용하는 방법이다. 동력소비가 적고 CO_2의 흡수율이 높아 처리후 순도가 높으며, COS, CS_2나 소량의 HCN, H_2S가 존재해도 공정에 영향을 받지 않는 장점이 있으나, 부식성이 커서 재생부의 장치재료로 특수한 것이 필요하고 조작도 다른 방법에 비해 복잡한 단점이 있다.

- 가성알칼리 세척법

가성알칼리로서는 가격 때문에 NaOH만 사용되는데 재생이 안되므로 처리할 CO_2가 소량이거나 대부분의 CO_2는 제거해서 잔류농도가 0.2% 이하로 된 가스의 마감 정제처리법으로만 사용할 수 있다. 적용 후의 잔류 CO_2는 1~3 ppm으로 저하된다.

현재 적용되는 CO_2 정제공정은 요소공업의 발전과 더불어 탄산가스의 가치가 높아져 흡수제를 이용해서 탄산가스를 고순도, 고농도로 회수하는 방식으로 바뀌었다.

⑤ 메탄화 공정(methanation)(일산화탄소 제거): 탄산가스 제거장치에서 나온 가스에는 암모니아 합성촉매에 피독작용을 하는 CO와 CO_2가 미량(표 4.3 참조) 포함되어 있으므로 이들을 제거해야 한다. 특히 CO는 암모니아 합성촉매의 일시적인 촉매독(poison)으로 작용하여(CO가 없어지면 활성이 부활) 소량만 있어도 촉매가 활성을 잃으므로 CO의 제거는 매우 중요하다. 수% 농도의 CO를 제거하는 경우에는 제1동 암모니아 착염 용액에 의한 흡수법을 적용할 수 있다. 이 제1동 착염은 CO와 불안정한 부가화합물을 만들고 온도와 압력의 변화에 따라 쉽게 CO를 방출하여 재생된다. 한편 위에서 언급한 CO전환 공정을 거친 뒤에는 CO의 농도가 0.2~0.4% 정도로 낮으므로, 공존하는 CO_2와 함께 Ni촉매 상에서 300~400℃로 가수소반응(메탄화 반응)으로 쉽게 제거할 수 있다. CO전환 반응 후에 탈탄산 공정을 거친 혼합가스는 열교환에 의해 약 300℃로 예열되어 메타네이터에 공급되며, 여기서 CO와 CO_2는 H_2와 반응하여 최종적으로 메탄과 수증기로 전환되고, 출구 가스 중의 CO, CO_2의 농도는 10 ppm 이하로까지 정제되어 합성 반응에서 촉매독이 되지 않는다.

메탄화 반응은 300~400℃에서 Ni계 촉매를 사용하여 행하여지며, 메탄화의 주반응은 다음과 같다.

$$CO + 3H_2 \rightleftarrows CH_4 + H_2O + 49.3\ \text{kcal} \quad (4.27)$$

$$CO_2 + 4H_2 \rightleftarrows CH_4 + 2H_2O + 39.5\ \text{kcal} \quad (4.28)$$

(2) 질소제조

암모니아 합성용 원료가스 중 질소는 수증기 개질법의 경우에는 2차개질 공정에서 공기에 의한 부분연소반응 과정에서 공급된다.

그러나 부분산화법의 개질공정에서는 순수한 산소를 이용하여 반응을 행하므로, 생성수소에 질소를 따로 넣어 수소 : 산소 몰 비가 3 : 1인 합성용 원료가스를 만든다.

질소는 공기의 액화분리로 제조하는데 다음의 세 가지 방법으로 나눌 수 있다. 이들 방법은 모두 액체공기 중의 액체질소(비점: −196℃)와 액체산소(비점: −183℃)의 비점차를 이용하며, 두 단계의 정류에 의해 고순도의 질소(>99.9%)와 산소(>98%)를 얻는다.

① 린데(Linde)식: 고압공기(200 atm)의 단열팽창에 의한 Joule-Thomson 효과를 이용하여 액화함

② 클로드(Claude)식: 저압공기(40 atm)의 단열팽창을 외부 일에 이용하여 액화함
③ 하이랜드(Heylandt)식: 위 ①, ②방법의 절충 방식

최근의 공기액화 분리장치는 대형화되어 이에 따라 압축기도 전동 피스톤형에서부터 터보 원심형으로 변하는 경향을 보이고 있다.

4. 암모니아 합성공정

암모니아는 합성용 원료가스 N_2와 H_2를 1 : 3의 비로 합성탑으로 보내 제조한다. 암모니아 합성은 미반응가스의 순환방식을 택하고 있어 N_2 또는 H_2가 과잉으로 존재하면 순환 중에 축적되어 합성 반응을 저해하므로 원료가스의 조성 관리는 중요하다.

원료가스 중에는 잔류 메탄이 들어 있으나 촉매반응에는 무해하다. 그러나 메탄 등 불활성가스의 농도가 높아지면 생성되는 NH_3의 농도가 낮아지므로 10~15% 이상의 농도에 달하면 합성탑에 주입하기 전에 농축 퍼지하여 개질로의 연료로 이용된다. 또 가스는 합성탑에 주입되기 전에 저온부(−20℃)를 통과하면서 수분이 제거되므로 특히 건조를 위한 설비는 불필요하다.

(1) 합성탑

합성탑은 최근 대형화, 열회수 시스템의 간소화를 위해 여러 가지로 개량되고 있다. 즉, 대형화로 인해 발생하는 다량의 반응열을 원료가스의 예열 및 스팀 발생 등에 유효하게 이용하고자 하는 연구가 진행되고 있다.

암모니아 합성은 고온고압 하에서 이루어지나 촉매를 사용하는 반응이므로 촉매에 가장 적합한 온도를 설정하는 것도 중요하다.

온도조절 방식으로는 다음 같은 방식이 있다.

① 촉매층간 냉각방식
② 촉매층내 냉각방식
③ 차가운 가스 혼합식
④ 열교환식

이 있으며, 각각의 조합으로 네 가지 방식이 있다.

방식 ①은 촉매층을 다단으로 나누어 촉매층에서 가열된 반응가스를 적당한 온도까

지 냉각하여 다음의 촉매층으로 보내는 방식인데, 이 냉각법은 차가운 원료가스를 반응가스로 직접 혼합하는 ③의 방식과, 냉각관을 층간에 배치하여 온도를 조절하는 ④의 방식으로 나눌 수 있다.

방식 ②는 촉매층내에서 위의 냉각을 하는 것이다.

방식 ③은 구조가 간단하여 최근 이 방식을 압도적으로 많이 사용하고 있으나, 생성 암모니아가 차가운 가스로 희석되므로, 방식 ④에 비해 합성탑 출구가스 중의 암모니아 농도가 낮아진다.

층간 차가운 가스 혼합식을 그림 4.5에 나타내었다[13]. 원료가스는 합성탑의 원통 내벽을 따라 유입되고 탑 하부의 열교환기에서 반응가스에 의해 가열되어 촉매층에 들어간다.

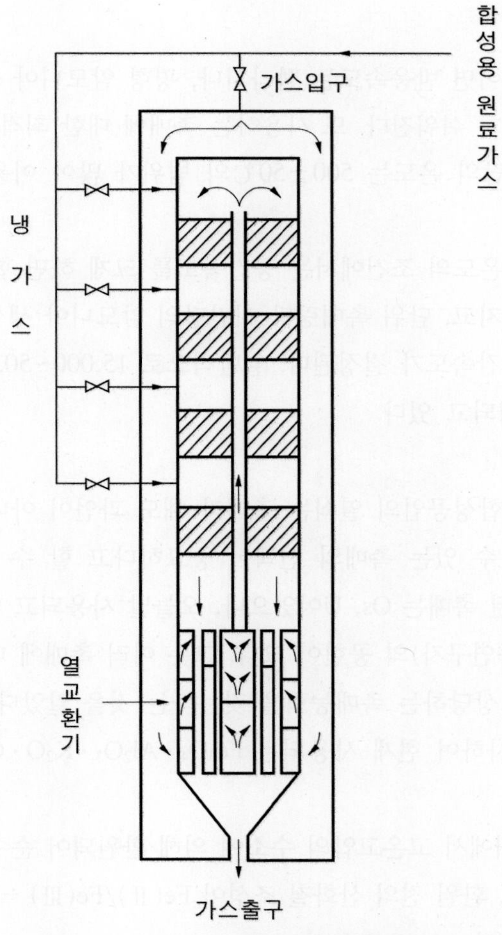

그림 4.5 층간 가스 냉각식 합성탑(Kellogg 법)

(2) 합성조건

암모니아 합성의 중심은 합성탑이며 합성탑의 조작조건을 적절하게 조정하는 것이 중요하다. 주된 합성조건에 대해 설명하면 다음과 같다[14].

① 압력: 합성 시의 압력은 방식에 따라 300~1000 atm의 범위에 걸쳐 있었으나, 600~1,000 t/d로 장치가 대형화됨에 따라 증기구동식 원심형 압축기가 도입되어, 150 atm 전후의 저압에서 합성이 가능하게 되었으며 제2차 대형화 후의 1000~1500 t/d 플랜트에서는 220 atm의 중압이 적용되고 있다. 합성압력이 높을수록 원료가스로부터 얻어지는 암모니아 수율은 높아 300 atm에서는 25~30%, 150 atm에서는 10~15%의 수율이 얻어진다.

② 온도: 온도를 높이면 반응속도는 빨라지나, 평형 암모니아 농도는 낮아지고 장치 재료의 부식도 일어나기 쉬워진다. 또 사용하는 촉매에 대한 최적온도에도 제한이 생긴다. 통상적으로, 합성탑의 온도는 500±50℃의 범위가 많이 이용되고 있다.

③ 공간속도: 일정 온도의 조건에서는 공간속도를 크게 하면 합성탑 출구 가스 중의 암모니아 농도는 낮아지고, 단위 촉매량당 시간당의 암모니아 생성량은 감소하며, 이를 고려하여 경제적인 공간속도가 결정된다. 일반적으로 15,000~50,000 m^3/m^3-촉매/hr의 공간속도가 많이 채택되고 있다.

④ 촉매: 암모니아 합성공업의 열쇠는 촉매라 해도 과언이 아니며, 가능한 저온에서 반응속도를 촉진시킬 수 있는 촉매의 선택이 중요하다고 할 수 있다.

Haber에 의해 발견된 촉매는 Os, U이었으나, 오늘날 사용되고 있는 철 촉매의 발명은 Mittasch(Bosch의 공동연구자)의 공헌이 크다. 그는 여러 촉매에 대해 검토하여, 천연산의 자철광이 Os, U에 상당하는 촉매능력을 갖는다는 것을 알았다. 자철광 중의 불순물 원소 등의 거동을 조사하여 현재 사용되는 $Fe_3O_4 \cdot Al_2O_3 \cdot K_2O \cdot CaO$계 촉매를 개발한 것이다.

철 촉매는 합성탑 내에서 고온고압의 수소에 의해 환원되어 순수한 철이 되면서 촉매로서 활성을 나타내나, 환원 전의 산화철 조성이 Fe(Ⅱ)/Fe(Ⅲ) ≒ 0.5, 즉 Fe_3O_4의 조성일 때 가장 활성이 높다.

Al_2O_3를 첨가하면 활성이 높아지는 것과 동시에 지속기간도 길어지는데, 이는 Fe_3O_4와 Al_2O_3를 가열용융하면 스피넬 형태의 $FeO \cdot Al_2O_3$를 만들어, Fe_3O_4 속에 균일하게 분산되어 α-Fe의 미세한 결정이 성장하는 것을 억제하기 때문이다. 이 α-Fe는 질소분자를 원자상 질소로 해리시켜 불안정한 질화물을 생성하고 수소의 흡착을 촉진시켜 식 (4.6)의 촉매표면에서의 반응에 의해 NH_3가 생성되게 한다.

K_2O의 첨가는 Al_2O_3의 존재 하에서 효과적이며 촉매활성을 높여 준다.

Al_2O_3, K_2O, CaO의 존재는 촉매독에 대한 내피독성을 높여 주며 동시에 열안전성도 높여 준다.

촉매독에는 다음 두 종류가 있다.

영구독: S, Se, Te, P, As, Sn, Pb, Bi 및 이들 화합물
일시독: CO, CO_2, Cl, O_2, H_2O

이들 가운데 S는 가장 강한 촉매독으로 작용하며 0.1%의 함유로도 촉매작용을 완전히 잃게 한다. 합성용 원료가스 제조시 위의 불순물이 포함되지 않도록 정제를 철저히 해야 한다.

철 촉매의 제조법에는 다음 두 가지가 있다.

- 용융법: 순수한 철을 산소 기류 중에서 용융, 냉각 후 분쇄하고, 여기에 조촉매로 Al_2O_3 약 3%, K_2O 약 1%, CaO 약 1%를 첨가, 혼합한 것을 다시 용융시켜 균일한 고용체로 한다. 냉각 후 수 mm로 분쇄해서 촉매로 사용한다. MgO, SiO_2, ZrO_2 등도 조촉매로 첨가한다.
- 침전법: 황혈염의 수용액에 염화알루미늄 수용액을 넣어 페로시안화 알루미늄의 침전을 얻고, 이것을 성형하여 암모니아 합성 원료가스로 가열 분해하면 환원되어 활성화된다. 촉매의 수명은 대개 5년 정도이다.

⑤ 암모니아의 액화분리: 300 atm 또는 그 이상의 고압법의 경우에는 합성탑 출구가스 중의 암모니아 농도도 높으므로 반응가스를 열회수한 다음 물로 냉각함으로써 암모니아를 냉각 액화하여 분리할 수 있으나, 저압법에서는 압력과 농도가 낮으므로 위의 조작을 한 다음 다시 저온(약 −20℃)으로 처리해야 한다. 암모니아를 액화, 분리한 후의 미반응가스는 순환압축기에서 합성탑으로 재순환된다.

⑥ 장치재료: 암모니아 합성장치는 고온고압에서 조업하므로, 장치재료의 강도 열화 및 수소에 의한 취화가 커다란 문제가 된다. 또 암모니아나 질소는 질소화합물을 생성하여 금속재료의 조직을 열화시킨다. 이 외에 가스화 공정, 정제공정 등에 있어서도 각각 내열, 부식을 고려해야 한다. 현재 공장에서 사용되는 장치재료의 예를 표 4.5에 정리하였다.

표 4.5 장치재료

구분		장치재료	비고
탈황장치		18-8스테인리스강 Cr-Mo강	내식(황화합물), 내열 내열(탈황 후)
1차개질로	반응로	25Cr-20Ni강(HK-40)	내열
	폐열회수용코일	Cr-Mo강	내열
2차개질로	내압 본체	Cr-Mo강	
	단열부	벽돌	내압 본체 내부
고온전환로		Mo강 Cr-Mo강	내열 내수소취성
저온전환로		탄소강	
탈탄산장치		18-8스테인리스강 탄소강	내식(CO_2)
메타네이터		Mo강 Cr-Mo강	내열 내수소취성
합성탑	내압본체	탄소강 Cr-Mo강	내수소취성
	내부장치	18-8스테인리스강	

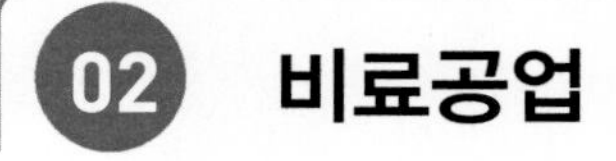

02 비료공업

1. 비료의 분류

비료는 인간이 매우 오래 전부터 사용하여 왔다. 인류가 농경을 시작하면서부터 소와 말의 배설물 또는 목초의 재가 식물이 자라나는 데 좋다는 것을 알게 되었고, 호머의 신화에도 퇴비를 사용한 내용이 등장하고 있다. 로마시대에는 하수시설에 쌓인 오물을 밭이나 논의 비료로 이용한 사실이 있으며, 일본에서도 예로부터 오물을 비료로 사용해왔는데, 17세기 말경에는 유기질 비료가 사용된 것으로 알려진다. 또한 아라비아인은 오물을 건조, 고형화시켜 운반을 용이하게 하였다. 이와 같은 것들은 소위 자급비료라고 할 수 있으며, 인분뇨(人糞尿), 퇴비, 우사비(牛舍肥), 녹비(綠肥), 목초회(木草灰) 등이 이에 속한다. 즉 최초로 사용된 비료는 농가의 자급비료로서 퇴비, 닭배설물 등의 유기질 비료임을 알 수 있다. 유기질 비료에는 물고기 찌꺼기, 콩찌꺼기, 골분 등이 있으며 질소함량이 비교적 높다. 화학비료는 거의 대부분이 비료효과가 빨리 나타나고, 자급비료나 유기질 비료는 서서히 효과를 나타낸다. 화학비료는 표 4.6에 나타낸 것처럼 대부분 고품질이고 수용성이며 효과가 빠르고 높다. 따라서 현재 각국에서 식량 증산의 목적으로

표 4.6 화학비료와 비료의 유효성분

비료		N	P_2O_5	K_2O
단일 비료	질소비료			
	황안(황산암모늄)	20.9(21.3)	0	0
	요소	46.0(46.6)	0	0
	질안(질산암모늄)	34.4(35.0)	0	0
	염안(염화암모늄)	25.0(26.2)	0	0
	질산석회(질산칼슘)	12.5(17.1)	0	0
	석회질소	21.2(35.0)	0	0
	인산비료			
	인산1칼슘[$Ca(H_2PO_4)_2$]	0	(60.7)	0
	과린산석회	0	17.0	0
	중과린산석회	0	39.5	0
	용성인비	0	20.2	0
	소성인비	0	37.0	0
	칼륨비료			
	황산칼륨	0	0	49.8(54.0)
	염화칼륨	0	0	54.4(63.1)
복합 비료	입상화성 비료	12.4	13.6	12.0
	입상배합 비료	9.3	9.0	9.2
	액체 비료	9.0	5.0	5.0
자급 비료	퇴비	0.6	0.3	0.6
	계분	3	3	1
	목초재	0	2	5
유기질 판매 비료	어분 찌꺼기	8	6	1
	콩찌꺼기	6	1	1
	골 분	4	20	0

표 중의 숫자는 비료의 성분함유량의 평균치, ( ) 안의 숫자는 성분의 이론치이다.

대량으로 사용하고 있다. 그러나 자급비료나 유기질 비료 중의 유기물은 직접 식물에 흡수되어 양분이 되지는 못하지만 토양의 성질을 좋게 하는 목적으로 사용되기도 한다. 우리나라의 비료관리법상, 비료란 "식물에 영양을 주거나 식물의 재배를 돕기 위하여 흙에서 화학적 변화를 가져오게 물질"로, 그밖에 농림축산식품부령으로 정하는 토양개량용 자재 등을 말한다. 화학비료는 다음의 표 4.6에 나타낸 것처럼 성분을 기준으로 할 때 질소비료, 인산비료, 칼륨비료 및 복합비료로 대별된다[14].

인구가 증가함에 따라 식량의 수요가 늘게 되었고 자급비료나 유기질 비료만으로는 충족할 수 없게 되어 화학적인 방법으로 비료를 제조할 필요성이 강력히 요구되었는데, 이로 인해 화학비료공업이 발전하는 계기가 되었다. 많은 화학자들이 비료에 관한 연구를 수행함으로써 식물은 질소, 인, 칼륨의 세 요소가 성장에 반드시 필요하며, 이들을 식물에게 투여할 필요가 있음을 알게 되었다. 따라서 비료공업은 이들 세 요소를 포함한 비료를 출발점으로 하여 발전하였다. 본격적으로 화학비료가 출현한 것은, 1840년에 독일의 Liebig가 골분을 황산처리하여 수용성으로 만든 후에 식물에 주었더니 대단히 큰 효과가 있었음을 실증한 후부터이며 이것이 과린산석회의 시초가 되었다. 1843년에 Lawes와 Gilbert에 의해 토마스 강 유역에 과린산석회 공장이 건설되었다.

19세기 말부터 20세기에 걸친 석회질소공업, 합성암모니아공업의 확립에 의해 황안(황산암모늄), 염안(염화암모늄), 석회질소나 요소 등을 질소비료로 사용하게 되었다. 인산비료는 처음에 골분을 사용하였지만 후에 인광석이 발견됨으로써 과린산석회, 용성인비, 인안 등이 제조, 사용되었다. 칼륨비료로는 옛부터 목초의 재나 해초의 재 등이 사용되었지만, 1860년경 유럽 등의 대륙 각지의 지하 암염층에서 칼륨염이 발견되어 염화칼륨 및 황산칼륨이 제조되었고 비료로서 다량 사용되게 되었다. 또한 1870년경 칠레초석이 비료효과가 있는 것이 인정되었지만 19세기 말에야 가스공업이 발달되면서 부생황안이 시판되기 시작하였다.

또한 플라스틱 공업의 발전과 더불어 많은 부산물이 생겨서 황안의 경우에 이들 부산물을 회수황안이나 부생황안으로 소비하게 되어, 1975년부터 직접합성법에 의한 황안의 제조는 중단되었다. 이와 같이 황안의 과잉생산은 요소비료공업에도 영향을 미쳐, 황안을 부생시키는 비순환식이나 반순환식 요소제조법은 사라지고 황안을 부생시키지 않는 완전순환식 만이 가동되고 있다. 1955년대부터는 질소, 인산, 칼륨의 성분을 포함하는 복합비료가 많이 사용되게 되어 현재까지 화학비료의 주류를 이루게 되었다. 일본비료의 특징은 복합비료가 많고 N : P_2O_5 : K_2O의 비가 8 : 8 : 8, 16 : 16 : 16, 14 : 16 : 14 등의 것이 많다는 것이다. 한국도 세계에서 비교적 비료를 많이 사용하는 나라 중 하나이다.

국내의 화학비료 총생산량은 약 233만 톤(2018년 기준)이며, 내수는 생산량의 40% 정도이고 단비보다 복합비료의 소비비율이 80% 이상이다. 우리나라의 비료생산과 출하 실적을 보면 단비에 비하여 복비가 현저히 많은데, 2018년 기준으로 국내비료 생산량은 단비가 60만 8천톤인데 비해 복비는 172만 4천톤으로 복비의 생산량이 단비의 약 3배에 이른다. 특히 단비를 기준으로, 2018년도 질소질 비료의 국내 생산량은 약 59만 톤이고, 인산질과 칼리질 비료는 각각 1만 3천톤과 1만 톤으로서 질소질 비료의 생산량과 국내 출하량이 현저히 높다. 2015년 이후 매년 생산되는 비료의 양과 국내출하량은 크게 변하지 않고 일정한 수준을 유지하고 있다. 이와 같은 생산량 추이를 다음의 표 4.7에 정리하여 나타내었다.

전 세계적으로 1960년부터 2010년까지의 곡물 생산량 변화는 질소비료의 사용량과 거의 직선적인 비례관계를 나타내고 있다. 이는 비료의 3요소 중에서도 특히 질소질 비료의 중요성을 보이는 결과이다. 1992년도의 통계자료를 살펴보면, 일본의 경우 토지 10아르당 비료의 소비량은 N 기준으로 13.7 kg, P_2O_5 15.5 kg, K_2O 12.3 kg이었으며, 한국의 경우에는 N 기준으로 20.5 kg, P_2O_5 9.1 kg, K_2O 10.4 kg이었다[15].

최근에는 N, P_2O_5, K_2O 이외에 제3의 원소로 CaO, MgO, SiO_2를 포함시킨 비료가 개발되었다. CaO는 산성의 토양을 중화시키고 또한 식물 뿌리의 발육을 돕는다. 엽록소의 주성분이고 인산의 흡수를 증강시키는 효과가 있는 MgO가 부족한 토양에는 MgO 첨가 비료를 공급한다. CaO나 MgO와 같이 토양을 알칼리성으로 바꾸어 식물이 성장하는데 적합한 상태가 되게 하는 것을 간접비료라 부른다. 식물에 필요한 미량원소를 포함시킨 비료를 식물의 종류별로 적절히 사용하게 되었고, 이에 따라 비료의 기능이나 종류가 다양하게 되었다.

표 4.7 비료 종료별 국내 생산량 추이(단위: 천톤)

구분	생산량	질소질비료	인산질비료	칼리질비료	단비	복합비료
		황산암모늄	용성인비	황산칼륨	계	
2015	1,886	152	8	21	181	1,705
2016	2,065	365	6	11	382	1,683
2017	2,350	547	11	10	568	1,782
2018	2,332	585	13	10	608	1,724

출처: 한국비료협회(회원사 6개사 기준)

표 4.8 대표적인 토양성분 [14] (건조토양 중 %)

구분	SiO_2	Al_2O_3	Fe_2O_3	TiO_2	MnO_2	CaO	MgO	K_2O	Na_2O	작열감량
퇴적층 토양	65.7	11.6	1.2	0.6	0.2	1.8	1.1	1.2	2.1	5.0
화산재 토양	48.2	24.0	11.4	0.9	–	1.5	1.5	0.6	2.0	10.8

농경지의 토양은 퇴적층 토양과 화산재 토양으로 나눌 수 있고, 그 성분은 표 4.8과 같다.

19세기 초까지는 비료로 매우 중요한 것은 유기물이 부패된 물질이라고 생각하였다. 1840년 독일의 Liebig가 인, 칼륨 등의 광물질도 비료로서 중요하다고 발표함으로써 근대비료학이 시작되게 되었다. 식물의 생육에 필요한 원소는 약 17종류(O, H, C, N, P, K, Ca, Mg, S, Fe, Mn, B, Zn, Mo, Cu Cl, Si)가 있는데, 꼭 필요한 11개의 원소와 미량으로도 충분한 6 개의 원소가 있으며 이들은 표 4.9에 나타내었다. 식물은 70~90%의 물과 유기물(당, 녹말, 셀룰로즈, 헤미셀룰로즈, 리그닌, 펙틴, 단백질, 아미노산, 핵산, 지질 등) 및 이온형태의 무기물로 구성된다. 이중에서 O, H, C의 함량이 가장 높아

표 4.9 식물의 성장에 필요한 원소

원 소		활성화학종	생리작용
주요 원소	O	H_2O, O_2, CO_2	주 구성성분, 호흡
	H	H_2O, H^+, OH^-	주 구성성분, 각종 생리작용
	C	CO_2, HCO_3^-, CO_3^{2-}	주 구성성분
	N	NH_4^+, NO_3^-	단백질, 효소 등의 구성원소, 3요소
	P	PO_4^{3-}, HPO_4^{2-}, $H_2PO_4^-$	ATP, 핵산, 효소 등의 구성원소, 광합성, 당대사, 성장, 개화, 결실 촉진, 3요소
	K	K^+	광합성, 단백질 합성에 관여, 개화, 결실촉진, 3요소
	Ca	Ca^{2+}	세포막, 뿌리의 성장촉진
	Mg	Mg^{2+}	엽록소, 효소
	S	SO_4^{2-}, SO_3^{2-}	단백질, 아미노산 등의 구성원소
	Si	SiO_4^{4-}, SiO_2	벼과 식물
	Fe	Fe^{2+}, Fe^{3+}	철 효소
미량 원소	Mn	Mn^{2+}, Mn^{3+}	광합성, 금속효소
	B	BO_3^{3-}	효소 활성화
	Zn	Zn^{2+}	금속효소, 금속단백질
	Mo	MoO_4^{2-}	금속효소, 금속단백질
	Cu	Cu^+, Cu^{2+}	금속효소
	Cl	Cl^-	광합성

약 96% 정도 되고 나머지 성분은 무기물이다. 필수 11개 원소 중에서 물, 공기 및 토양 중에 존재하지 않는 원소는 비료로서 식물에 공급해야만 한다. 특히 토양 중에 존재하더라도 물이나 구연산에 녹지 않는 형태로 존재하는 원소는 양분이 되지 못한다. 이들 원소 중에서 O, H, C는 식물이 물과 이산화탄소로부터 섭취하고, 그 외의 원소는 토양으로부터 주로 이온형태로 흡수한다.

질소(N), 인(P), 칼륨(K) 세 성분은 가장 결핍되기 쉽기 때문에 비료로서 보충할 필요가 있어 **비료의 3요소**라고 부른다. 비료의 3요소는 N, P_2O_5, K_2O의 %로 표시하는 것이 보통이다. 이들 3요소 이외에 규소, 요오드, 망간, 철 등과 같이 아주 미량만을 비료로 주어도 수확량이 현저히 증가하는 원소가 있다. 이들을 첨가한 비료를 **미량원소비료**라고 부른다.

식물은 토양 중에서 양분을 흡수하여 성장하여 열매를 맺고 고사하면 흙에서 양분이 된다. 이런 자연적인 순환은 도중에 중단될 수 있으므로, 필요한 성분을 비료로서 줄 필요가 있다. 식물에 필요한 11개 원소 중에서 질소, 인, 칼륨은 비료의 3요소라고 부르며, 특히 비료로서 공급할 필요가 높은 원소이다. 식물에 필요한 원소이면서도 필요 이상으로 과량으로 존재하면 독성을 나타내는 것들이 있다. 일반적으로 금속이온은 독성이 있고, 그 독성의 강도는 거의 다음과 같은 순서이다.

$$As > Hg > Cu > Cd > Cr > Ni > Pb > Co > Zn > Fe > Ca$$

비료를 토양에 줄 때 수용액 중에서 나타내는 액성에 따라 산성, 중성, 염기성으로 분류하면 아래와 같다. 토양이 너무 산성으로 되면 식물에 악영향을 끼치며, 석회 등을 뿌려 중화시킬 필요가 있다.

- 산성: 과린산석회, 중과린산석회
- 중성: 황안, 요소, 염안, 연화칼륨
- 염기성: 석회질소, 용성인비, 석회, 목초의 재

화학적으로는 중성이지만 영양성분이 식물에 흡수된 이후에 산성을 나타내는 비료를 **생리적 산성비료**라고 부른다. 황안, 염안, 황산칼륨 등이 여기에 해당한다. 이들은 NH_4^+, K^+가 식물에 흡수되고 뒤에 남은 SO_4^{2-}, Cl^-가 산이 되기 때문이다.

2. 질소질 비료

식물은 각각 식물 고유의 단백질을 가지며, 이들 단백질은 각종 아미노산에 의하여 만들어지므로 아미노산의 성분인 질소는 식물에 있어 매우 중요하다. 질소는 단백질, 핵산 등의 성분으로 식물에 있어 꼭 필요하지만 식물은 대기로부터 직접 질소를 취할 수 없다. 콩과 식물 중에는 질소고정미생물(Rhizobium, Azotobacte)이 공생하여 질소공급을 받는 경우도 있지만, 일반적으로 볼 때 질소는 부족한 상태이므로 비료로서 보충해야만 한다. 질소는 식물에 NH_4+, NO_3^- 등의 이온으로서 흡수된다. 일반적으로 콜로이드는 음전하를 갖는 것이 많고 토양도 음전하를 갖는 경우가 많기 때문에 NH_4^+는 토양 표면에 흡착되어 유실되기 어렵지만 NO_3^-는 유실되기 쉽다. 그러나 NO_3^-는 식물에 빨리 흡수되므로 비료효과가 빠르다. 천연의 질소비료로는 유기질비료가 사용되었지만 18세기에는 광물질인 칠레초석($NaNO_3$)도 사용되었다. 암모니아가 관여하는 주된 합성질소비료에는 황안, 염안, 질안이 있으며, 석회질소($CaCN_2$)도 질소비료에 속한다.

(1) 황 안

황안(황산암모늄, $(NH_4)_2SO_4$)은 대표적인 질소비료(질소함량 21.2%)이지만, 요소 등의 수요가 증가하면서 점차 그 생산량이 감소하고 있다. 황안은 합성 암모니아와 황산을 직접 반응시켜 만드는 합성황안이 주류를 점하지만 일본에서는 합성 황안은 생산되지 않고 대신 나일론 6의 중간체인 카프로락탐 등의 제조공정에서 부생되는 회수황안이 주공급원(연간 약 150만 톤)이 되고 있다. 이 외에 제철 및 도시가스공업의 코크스로 중에 포함되어 있는 암모니아를 황산에 포집하여 제조하는 부생황안이 연간 약 50만 톤 생산되고 있다.

① 합성황안: 중화조 내에서 70% 황산과 암모니아를 반응시킨다. 반응열로 농축하고 황안 결정을 석출시켜 원심분리한다.

$$2NH_3 + H_2SO_4 \rightarrow (NH_4)_2SO_4 + 65.87\ \text{kcal} \tag{4.29}$$

② 회수황안: 나일론 원료인 ε-카프로락탐을 합성하는 공정에서 부산물로 얻어진다. 이외에 산화티탄, 멜라민, 메틸메타크릴산 등의 합성시 얻어지는 회수황안도 있다.

$$\text{사이크로헥사논} \xrightarrow{NH_2OH} \text{사이크로헥사논옥심} \xrightarrow{H_2SO_4} \varepsilon\text{-카프로락탐} \quad (CH_2{-}CH_2{-}CO,\ CH_2,\ CH_2{-}CH_2{-}NH) \tag{4.30}$$

사이크로헥사논　사이크로헥사논옥심　　　　ε-카프로락탐

제1단계의 옥심화는 황산히드록실아민 5% 수용액에서 행해지며, 이때 얻어지는 옥심에 대해 당량의 황안이 포함된 폐액이 생긴다. 또한 제2단계의 락탐화는 98% 황산 중에서 행해지며 이를 NH_3로 중화하면 락탐 1몰에 대해 2~3몰의 황안이 생성된다. 이들 폐액으로부터 회수되는 황안은 제조방식에 따라 차이가 있지만 ε-카프로락탐 1톤당 2~4톤의 황안이 생성된다. 얻어진 황안은 탈색, 결정화 처리만으로 제품화된다.

③ 부생황안: 석유화학공업 등에서 부생하는 황안으로 생산량이 적다. 코크스로 가스에 포함되어 있는 암모니아를 이용하는 것으로 제철, 코크스, 가스회사 등에서 생산되고 석유회사에서도 중유의 탈황공정에서 생산되고 있다. 이와 같이 비료 이외의 공장에서 부생되는 원료를 사용하여 제조한 경우를 부생황안이라고 부른다.

(2) 요소[$CO(NH_2)_2$]

① 역사: 1828년 Wöhler가 시안산암모늄으로부터 요소를 합성하였고, 그 후 석회질소의 가수분해에 의한 제법이 일시 행해졌다.

$$CaCN_2 + CO_2 + H_2O \rightarrow H_2CN_2 + CaCO_3 \tag{4.31}$$

$$H_2CN_2 + H_2O \rightarrow CO(NH_2)_2 \tag{4.32}$$

이 방법으로 요소를 합성하면 식물에 유해한 디시안디아마이드[$(NH_2)_2C:NCN$]가 1% 정도 포함되기 때문에 공정이 발전되지 못하였다. 현재에는 암모니아와 이산화탄소의 직접 반응에 의해 합성하며, 공업적으로는 1922년에 독일의 BASF사가 처음 생산을 시작하였다.

② 합성반응: 요소는 액체 혹은 기체상태의 이산화탄소와 액체 암모니아를 180~200℃, 140~250 atm에서 반응시켜 얻는다. 반응기구는 여러 가지가 제안되고 있으나 일반적으로 다음과 같이 반응 중간체로서 카바민산암모늄(NH_4COONH_2)이 생성되고 이것이 물과

요소로 분해되는 2단계 반응이 널리 인정되고 있다.

$$2NH_3 + CO_2 \rightarrow NH_4COONH_2 \quad (4.33)$$

$$NH_4COONH_2 \rightarrow CO(NH_2)_2 + H_2O \quad (4.34)$$

요소생성 반응의 속도지배단계는 카바민산암모늄의 분해과정인 식 (4.34)이고, 요소 합성은 통상 170~300 atm, 433~463 K 범위에서 행해진다. 이 조건에서 카바민산암모늄의 분해압(P/atm)과 반응온도(T/K) 사이에는 다음과 같은 관계가 성립한다. 카바민산암모늄의 융점은 145℃이고 요소의 융점은 132℃이므로 요소합성 반응은 액상 반응이다.

$$\log P = -2346.58\ T^{-1} + 7.2789 \quad (4.35)$$

카바민산암모늄 용액은 부식성이 강하므로 구리나 납, 티탄을 내장한 반응기나 스테인리스 반응장치를 사용한다. 반응온도가 높을수록 요소의 생성에는 유리할 것으로 보이지만 장치의 부식이 커지고, 실제로 200℃ 부근의 고온이 되면 오히려 요소수율은 반응시간이 경과함에 따라 감소하는데, 이는 다음과 같은 biuret이나 탄산암모늄이 생성되기 때문이다. 이와 같은 경향을 그림 4.6에 나타내었다.

$$2CO(NH_2)_2 \rightarrow NH_2 \cdot CO \cdot NH \cdot CO \cdot NH_2 + NH_3 \quad (4.36)$$

$$2NH_3 + H_2O + CO_2 \rightarrow (NH_4)_2CO_3 \quad (4.37)$$

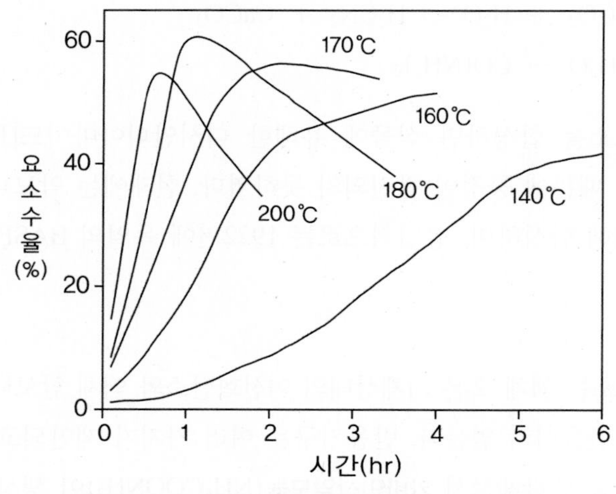

그림 4.6 시간적 변화에 따른 요소수율 [14]

Biuret은 식물에 유해하며, 비료용 요소규격에는 질소 전량에 대한 biuret성 질소함량을 2% 이하로 규제한다. 따라서 반응온도를 너무 높이지 말아야 한다.

카바민산암모늄의 생성은 발열반응이고 생성속도가 빠르다.

$$2NH_3(l) + CO_2(l) \rightarrow NH_4COONH_2(l) + 21.4\ \text{kcal} \tag{4.38}$$

$$2NH_3(g) + CO_2(g) \rightarrow NH_4COONH_2(g) + 33.2\ \text{kcal} \tag{4.39}$$

요소생성반응에 대한 평형정수는 다음과 같이 나타낼 수 있다. 이 관계에서 알 수 있듯이 여분의 물이 존재하면 요소의 수율은 저하된다. 평형상 과잉의 암모니아가 공존해도 요소 수율에는 영향을 주지 않을 것으로 생각되지만 실제로는 상당히 영향을 미친다.

$$K = [CO(NH_2)_2][H_2O]/[NH_4COONH_2] \tag{4.40}$$

표 4.10에서 알 수 있듯이 이산화탄소에 대하여 암모니아가 과잉으로 존재하면 요소 수율이 높아진다. 이에 대하여 과잉의 암모니아는 biuret의 생성을 억제해 요소의 수율을 높게 하지만 암모니아는 물에 대한 친화력이 커서 물의 작용을 낮춰 평형을 요소생성 쪽으로 이동시킨다는 설도 있다.

표 4.10 요소수율(%)과 원료의 몰비

온도(℃)	NH_3/CO_2 몰비			
	2	3	4	5
140	43	55	62	73
150	45	58	67	78
160	46	61	70	80
180	49	62	71	81
200	50	–	–	–

③ 제조공정: 요소합성 반응의 생성물은 요소, 물, 카바민산암모늄 및 암모니아의 혼합액이기 때문에 감압가열하여 카바민산암모늄을 암모니아와 탄산가스로 분해시켜 분리하면 고농도의 요소용액이 된다. 이를 농축, 건조시키면 요소가 된다. 원료인 탄산가스는 암모니아 합성공정에서 부생하는 탄산가스를 사용하는 경우가 많다. 이 가스 중에는 미량의 황화합물과 산소가 포함되어 있으며, 이들 불순물은 장치부식을 막기 위해 제거한다. 요소의 수율은 대개 40~70%로, 미반응 암모니아와 탄산가스가 다량 존재한다. 이들 미반응물의 순환방식에 따라 비순환식, 반순환식, 완전순환식으로 나뉜다. 카

바민산암모늄의 분해에 의해 생긴 암모니아와 탄산가스를 합성탑으로 되돌리기 위해 압축하면 일부는 다시 카바민산암모늄 결정이 되어 파이프나 압축기를 막히게 한다. 이를 방지하기 위해 미반응가스를 순환시키지 않고 황산과 반응시켜 황안을 제조하는 방법을 **비순환식**이라고 한다. 암모니아와 이산화탄소를 이론비인 2:1 또는 암모니아를 조금 과량으로 반응기에 120기압 이상으로 주입하면 카바민산암모늄이 생성되면서 반응열에 의해 온도가 150~200℃에 이른다. 반응은 0.5~1.5시간에 이산화탄소를 기준으로 한 전환율이 35~40%가 된다. 요소가 포함된 반응액은 암모니아와 이산화탄소와 함께 65℃ 이상으로 증류탑으로 보낸다. 요소액에 포함된 대부분의 카바민산암모늄은 증류탑 하부에서 가열분해되어 이산화탄소와 암모니아가 되고 미반응 기체들과 함께 황안제조공장으로 보내진다. 이 방법은 현재 과잉으로 생산되고 있는 황안을 부생시킬뿐 아니라 탄산가스의 손실이 커서 거의 행해지지 않고 있는 공정이다. 이 비순환식 제조과정을 그림 4.7에 간단히 공정도로 나타내었다.

또한 분해를 단계적으로 행하여 암모니아 가스의 일부만을 순환시키고 나머지는 황안으로 제조하는 방법이 **반순환식**이다. 반순환식에서는 이론량의 2~3배의 암모니아를 가해 온도와 압력을 높여(170~190℃, 200~250기압) 반응시키므로 전환율은 70~80%에 이른다. 반응기에서 배출되는 요소액은 과잉의 유리 암모니아와 카바민산암모늄이 포함되어 있으므로 이를 감압시켜 중압분리기에서 유리 암모니아를 분리한 뒤 동반하는 이

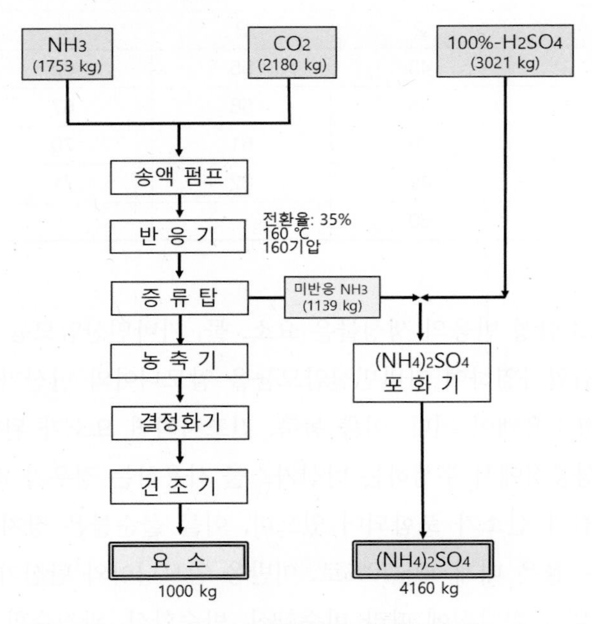

그림 4.7 비순환식 요소제조공정 [19]

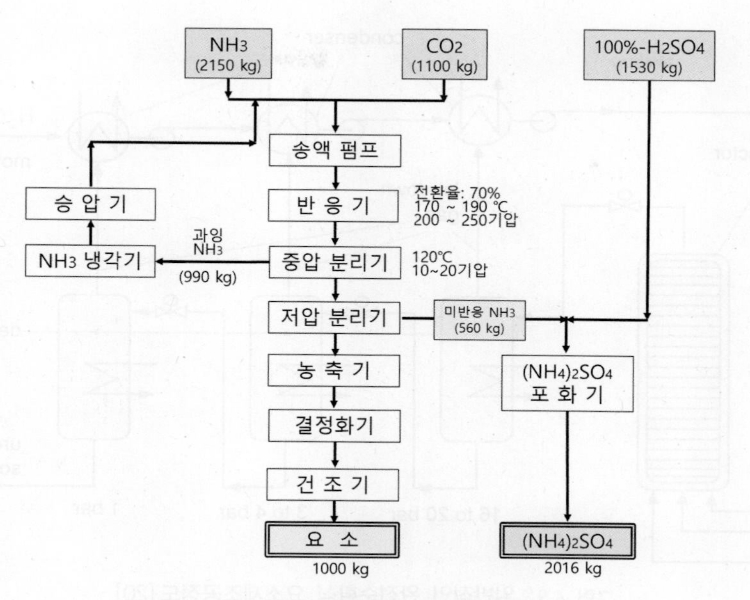

그림 4.8 반순환식 요소제조공정 [19]

산화탄소를 제거하고 액화시켜 순환 재사용한다. 요소용액에 함유된 카바민산암모늄은 저압분리기에서 분해시켜 암모니아로 취한 뒤 황안으로 회수한다. 그러나 이 방법에서도 일부 암모니아를 회수하여 재사용하기는 하지만 요소 1 톤에 대해 황안이 1~4 톤 생성되므로 여전히 경제성이 낮다. 이에 대한 공정 흐름도는 그림 4.8과 같다.

완전순환식에도 여러 가지 방식이 있다. 미반응가스를 압축순환시키는 방법에는, ① 탄산가스나 암모니아 한쪽의 농도를 낮추어 카바민산암모늄의 생성을 막는 방법, ② 생성된 카바민산암모늄(m.p. = 145℃)이 결정화되지 않고 액상으로 존재하도록 장치를 고온으로 유지시켜 파이프가 막히는 것을 방지하는 방법, ③ 암모니아를 수용액으로 만들어 순환시키는 방법 등이 있다. ②의 방법은 고온에서 압축기의 부식이 쉬우며, ③의 방법으로는 물의 존재로 반응률이 낮아지는 점 때문에 거의 시행되지 않고 있다.

그림 4.9에는 대표적인 완전순환식 요소제조법을 나타내었다. 카바민산암모늄의 분해를 단계적으로 하고 발생가스로 요소를 석출시킨 뒤 분리된 액에 흡수시켜 카바민산암모늄 결정이 생기지 않는 온도에서 순환시킨다. Chemico process는 미반응가스 중의 이산화탄소를 모노에탄올아민으로 흡수시키고 분리된 암모니아를 압축액화시켜 순환하는 방법을 이용한다. 우리나라의 충주비료에서 채용된 방법은 스위스에서 발전시킨 공정으로 반응 후의 합성요소 용액을 2단의 감압밸브로 5기압으로 감압시켜 카바민산암모늄을 암모니아와 이산화탄소로 분해시키고, 암모니아 가스만을 질산암모늄 용액에 흡수시킨

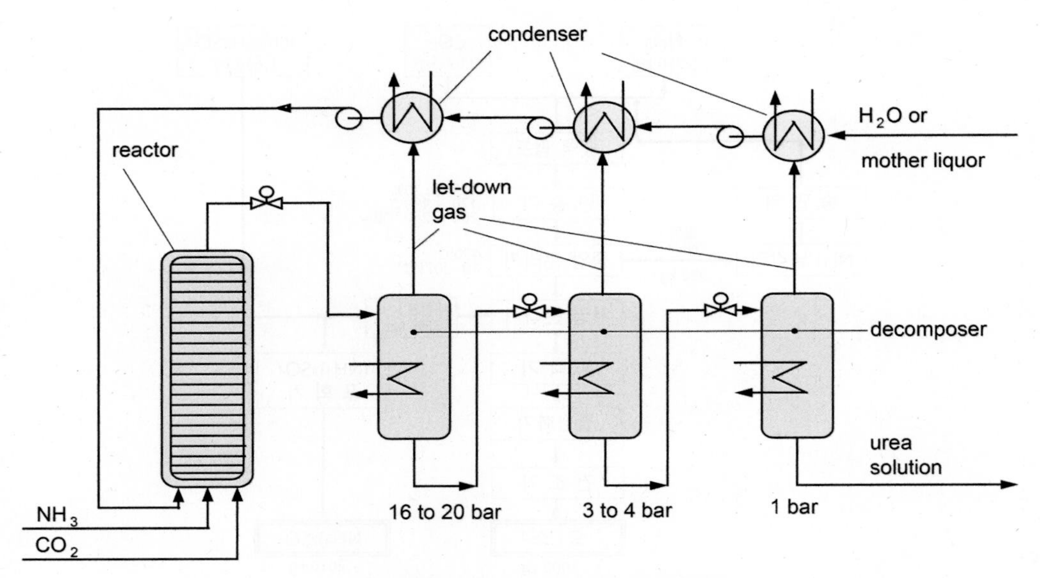

그림 4.9 일반적인 완전순환식 요소제조공정도 [20]

뒤 재생기에서 암모니아 기체를 발생시켜 순환 사용하는 공정이다. 완전순환식에서는 암모니아와 탄산가스의 이용률이 96% 이상이 되며, 황안이 부생되지 않도록 하는 공정이 여러 가지로 모색되고 있다.

④ 요소의 성질과 용도: 요소는 무색의 결정질 고체이고 용융점이 132℃이며 흡습성이 매우 강하다. 비료용으로는 요소용액을 탑상부에서 떨어뜨리며 냉각시켜 직경 2 mm 크기의 구형으로 만들어 방습포에 담아 출하한다. 요소는 여러 종류의 화합물과 복염을 만들기 쉽다. 이 때문에 석고를 첨가하여 용융점 이하의 온도로 가열하면 요소석고 ($CaSO_4 \cdot 4CO(NH_2)_2$)가 된다. 이 요소석고는 흡습성이 감소하므로 비료로 사용할 수가 있다. 그 이외에 흡습성을 감소시키는 여러 가지 방법이 연구되고 있다. 토양 중에서는 분해되어 탄산암모늄으로 된다.

$$CO(NH_2)_2 + 2H_2O \rightarrow (NH_4)_2CO_3 \tag{4.41}$$

(3) 염안(NH_4Cl)

소다회를 제조하는 암모니아소다법의 개량법으로 개발된 염안소다법의 부산물로서 생산된다. 1950년경부터 비료로 사용되어 왔으며 급격히 생산량이 증가하였다. 염안은 황안의 암모니아보다 토양 중에서 질산화가 늦게 되므로 유실되는 속도가 느려 비료로서 지속성이 좋고 쌀이나 보리, 섬유식물에 좋다고 알려져 있다. 그러나 토양중의 석회성분과 반응하면 $CaCl_2$의 염화물이 되어 유실되기 쉽다.

(4) 석회비료

비료로서 석회를 사용하는 주목적은 그 염기성을 이용하여 토양의 산성을 중화시키는 것이다. 또한 칼슘은 질소, 인, 칼륨의 비료 3원소 다음으로 중요한 네 번째 원소이므로 칼슘 보급으로의 의미도 있다. 칼슘 성분은 가용성 석회이어야 하며, 이는 뜨거운 염산 용액에 녹는 CaO의 양으로 판정한다. 이 양을 알칼리분 또는 알칼리도라고 부른다. 표 4.11의 a, b, c 중에서 c가 염기성이 가장 약하며 대기 중에서 안정성은 가장 크다. a는 흡습성이 있으며 수화시 발열량이 크기 때문에 저장이나 사용할 때 주의가 필요하다. 비료용으로는 b가 가장 적당하다. 석회비료에는 산화마그네슘(MgO)과 수산화마그네슘($Mg(OH)_2$)을 혼합시키는 것이 가능하다. 이와 같이 하여 제조한 것도 석회비료로 취급한다. 일반적으로 a, b, c를 생산할 때 고품위의 것은 의약용으로 사용하고 비교적 저품위는 비료용, 농업용으로 사용한다.

표 4.11 석회비료의 종류

출발물질	번호	정식명칭	화합물의 형태	설 명
석회석	a b c	생석회 소석회 탄산칼슘비료	CaO $Ca(OH)_2$ $CaCO_3$	천연품과 합성물
조개껍질로부터	d	패화석비료	$CaCO_3$	조립물
기타공업으로부터의 부산물	e	부산석회비료	$Ca(OH)_2$ $CaCO_3$ Ca 함유 슬랙	비철금속 제련 시 슬랙 등
	f	혼합석회비료	혼합물	Ca, Mg, B 등의 비료를 배합한 것

(5) 석회질소($CaCN_2$)

카바이드(탄화칼슘, CaC_2) 분말을 질소분위기로에서 1,000℃로 가열하고 냉각, 분쇄시키면 흑회색의 분말이 얻어지는데 이를 석회질소라 부른다. 순수한 칼슘시안아마이드($CaCN_2$)는 백색이지만 석회질소는 30~40%의 탄소를 불순물로 포함하기 때문에 흑회색을 띤다.

$$CaC_2 + N_2 \rightleftarrows CaCN_2 + C + 72.7 \text{ kcal} \tag{4.42}$$

이 반응이 진행되는 도중 CaF_2를 소량 첨가하면 질화반응이 촉진된다. CaF_2를 촉매라고 부르는 사람도 있지만 반응 후에 보통의 촉매처럼 남지는 않는다. 제조방식에는 연속식과 비연속식이 있다. 칼슘시안아마이드만을 제조할 때에는 다음 식의 고온 기상－고상반응을 시켜 백색의 석회질소를 얻는다.

$$CaCO_3 + NH_3 \rightleftarrows CaCN_2 + H_2O \tag{4.43}$$

이 방법은 실험실적 규모로는 가능하지만 공업화되지는 않았다. 석회질소는 토양 중의 수분과 반응하여 다음과 같은 반응을 일으킨다.

$$2CaCN_2 + 4H_2O \rightleftarrows 2Ca(OH)_2 + (CN \cdot NH_2)_2 \tag{4.44}$$

여기서 생성된 디시안디아마이드($(CN \cdot NH_2)_2$)가 물과 더욱 반응하면 다음과 같다.

$$(CN \cdot NH_2)_2 + 2H_2O \rightleftarrows 2CO(NH_2)_2 \tag{4.45}$$

$$CO(NH_2)_2 + 2H_2O \rightleftarrows (NH_4)_2CO_3 \tag{4.46}$$

즉 요소와 탄산암모늄으로 분해되어 비료효과를 나타낸다. 그러나 중간생성물인 디시안디아마이드는 식물에 유해하고 25℃에서 석회질소가 완전히 탄산암모늄으로 분해되는데 2주일이 걸리기 때문에, 석회질소를 시비(施肥)한 뒤에는 2주 정도 방치하여야 할 필요가 있다.

(6) 질안(NH_4NO_3)

질산을 암모니아로 중화시켜 제조한다.

$$NH_3 + HNO_3 \rightleftarrows NH_4NO_3 + 34 \text{ kcal} \tag{4.47}$$

반응은 큰 발열반응이고, 질산을 액상상태로 반응시키기 때문에 4 atm, 150℃ 에서 반응시킨다. 생성물을 반응열로 농축시켜 탑 위에서 낙하, 냉각시키면 작은 입자로 되며 방습처리 후 비료로 시판한다. 질안은 폭약으로도 이용되므로 취급에 주의해야만 한다. 흡습성이 매우 강하여 고화되기 쉬우므로 유지, 송진, 파라핀, 카올린 등으로 표면을 피복하여 방습처리한다. 그러나 질소함유량이 35%로 높고 토양을 산성화시키지 않는 특징이 있다.

(7) 완효성 비료

질소비료는 대부분 수용성으로 효과가 신속하게 나타나지만 지속성이 부족하다. 산림용과 같이 장기간에 걸쳐 토양 중에서 서서히 분해하여 비료효과를 지속시키는 완효성 비료(slow release fertilizer)는 물에 대한 용해도가 낮아야 하고 더욱이 분해속도도 낮아, 서서히 NO_3^-, NH_4^+를 공급하도록 연구되어 왔다. 이와 같은 종류의 비료에는 표 4.12에 나타낸 요소유도체가 있다.

표 4.12 완효성 비료의 종류와 제조법

비료명	제조법	구조	주성분
우레아포름	요소에 포르말린을 반응시켜 요소축합물을 만든다.	$NH_2(CONHCH_2NH)nCONH_2$ $n<5$, n이 5 이상이면 요소수지가 되어 불용성	전질소량 35～40%
isobutylidene 2요소(IB)	요소와 이소부틸알데히드를 축합 반응시켜 만든다.	$(CH_3)_2CHCH(NHCONH_2)_2$를 주체로 한 완효성 질소비료	전질소량 28～30%
crotonylidene 2요소(CDU)	요소 2몰과 아세트알데히드 2몰을 축합 반응시켜 만든다.	CH_2 H_3C—CH　CHNHCON$_2$H HN　NH C O	전질소량 28～31%
황산구아닐 요소	디시안디아마이드를 황산 존재하에서 가수분해시켜 만든다.	NH ‖ $C-NH-CO-NH_2 \cdot 1/2H_2SO_4$ | NH_2	전질소량 32%

3. 인산질 비료

인산은 식물의 구성원소로서 식물의 생리작용에 중요한 역할을 담당한다. 예를 들어, 인성분은 식물의 씨앗에 많이 포함되어 있으며, 씨앗으로부터 싹이나 뿌리가 생길 때 영양을 공급하기 위해 ADP(adenosine diphosphate)나 ATP(adenosine triphosphate)로 씨앗 중에 저장되어 있다. 이들 화합물은 식물의 성장과정에서 필요할 때 에너지를 공급하는 역할을 한다. 또 세포핵의 주성분으로 DNA(deoxyribonucleic acid)가 있으며, 이는 식물의 염색체 중에서 유전에 관여한다. 이처럼 인산은 식물의 발육에 중요하며, 식물의 생육기에 꼭 필요한 물질이다. 인산질 비료의 생산은 영국에서 1843년 과린산석회의 생산을 필두로 시작되었다. 1950년대에 들어오면서 복합비료의 생산이 증가하여 인광석과 황산의 반응에 의해 습식인산을 만들고 이로부터 인안, 중과린산석회 등을 생산하여 복합비료화하는 방법이 증가하였다. 이 때문에 점차 과린산석회의 생산은 감소하게 되었다. 한편, 황산을 사용하지 않고 가열공정에 의해 제조하는 용성인비, 소성인비와 같은 인산비료의 생산량이 증가하기 시작하였다. 우리나라에서는 인산질 비료의 원료인 인광석을 전량 수입하고 있으며 수입인광석의 주요산지는 플로리다(미국), 모로코(아프리카) 등이고 주성분은 불화아파타이트($Ca_5(PO_4)_3F$)이다. 최근에는 인광석뿐만 아니라 원료와 전력비가 싼 미국으로부터 값싼 인안(인산일암모늄 혹은 인산이암모늄)이 다량 수입되는 경향이다. 비료규격상 인산질 비료는 총 8종류가 있지만 중요한 4가지를 간략히 정리하면 표 4.13과 같다.

표 4.13 주요 인산질 비료

구분	제조방식	인광석분해제	생성물의 조성	명칭
습식	산분해	H_2SO_4	$Ca(H_2PO_4)_2 \cdot H_2O + CaSO_4$	과린산석회
	산분해	H_3PO_4	$Ca(H_2PO_4)_2 \cdot H_2O$	중과린산석회
건식	용융	$MgO \cdot xSiO_2 \cdot yH_2O$ $(+SiO_2)$	$CaO - MgO - P_2O_5 - CaSO_4 - SiO_2$ 유리질	용성인비
	소성	$Na_2CO_3 + H_3PO_4$	$Ca_3(PO_4)_2 \cdot 2CaNaPO_4$	소성인비

(1) 과린산석회

과린산석회(calcium superphosphate)는 화학비료 중에서도 비교적 오래전부터 다량으로 제조사용된 비료이다. 인광석 미분말($3Ca_3(PO_4)_2 \cdot CaF_2$ 또는 $Ca_5(PO_4)_3F$)을 60~70%의 황산으로 분해시켜 수주간 숙성시켜 만든다. 갈색의 분말상 비료이며, P_2O_5를 15~20% 함유한다. 광석에 따라 다르지만 반응의 화학당량보다 조금 많은 황산을 첨가한다. 그러나 너무 과량을 사용하면 유리(遊離)산이 잔존하여 토양을 산성으로 만드는 악영향을 준다. 반응온도는 100℃ 이상이고 부생하는 석고는 무수염이 된다. 광석중의 불소의 30% 정도는 SiF_4 가스로 휘발되어 회수된다.

$$2Ca_5(PO_4)_3F + 7H_2SO_4 + 3H_2O \rightarrow 3[Ca(H_2PO_4)_2 \cdot H_2O] + 7CaSO_4 + 2HF \quad (4.48)$$

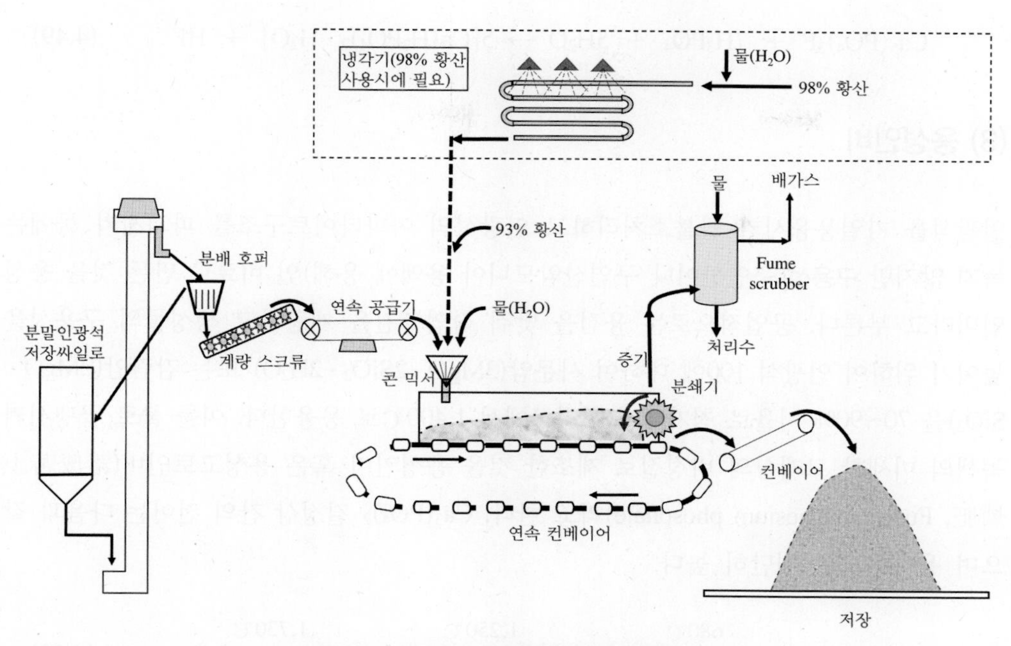

그림 4.10 연속식 과린산석회 제조장치 [14]

과린산석회의 인 성분은 대부분 수용성인 인산일석회($Ca(H_2PO_4)_2 \cdot H_2O$)이기 때문에 속효성 비료이지만, 비료효과가 없는 석고를 다량 함유하는 단점이 있다. 인산의 함유율을 높이고 석고의 부생량을 줄이기 위하여 황산과 인산의 혼합산 용액으로 분해시켜 과린산석회를 제조하는 방법도 있다. 이 경우에는 P_2O_5가 20% 이상 되는 것이 얻어질 수 있다. 과린산석회의 제조는 종래에 황산과 인광석의 혼합물을 반응조 안에서 수 시간 반응시킨 후 부숴서 창고에 저장하는 방법을 택하였으나 현재는 그림 4.10과 같은 연속식을 이용하는 경우로 바뀌었다.

(2) 중과린산석회

과린산석회 제조 시 사용하는 황산 대신에 인산(P_2O_5 50% 정도의 농도)을 사용하여 얻어지는 갈색의 분말상 비료이며, 인산일석회가 주성분이고 P_2O_5 45~47%를 함유하는 고품위이다. 부생석고가 존재하지 않는 이점이 있어 최근에 고도화성 비료가 보급됨에 따라 생산량이 증가하는 경향이 있다. 과린산석회 제조 시와 유사한 장치를 사용하여 생산한다.

$$Ca_5(PO_4)_3F + 7H_3PO_4 + 5H_2O \rightarrow 5[Ca(H_2PO_4)_2 \cdot H_2O] + HF \quad (4.49)$$

(3) 용성인비

인광석을 가열용융시켜 탈불소처리하고 인광석의 아파타이트구조를 파괴시켜 물에는 녹지 않지만 **구용성**(구연산이나 구연산암모니아 용액에 용해)인 비료로 만든 것을 용성인비라고 부른다. 공업적으로는 융점을 낮춰 작업조건을 개량하고 생성물의 구용성을 높이기 위하여 인광석 100에 대하여 사문암($3MgO \cdot 2SiO_2 \cdot 2H_2O$) 또는 감람암($2MgO \cdot SiO_2$)을 70~90% 비율로 첨가하여 전기로에서 1,400℃로 용융한다. 이를 물로 급냉시켜 녹색의 미세한 모래상의 비정질로 제조한 것을 용성인비 혹은 용성고토인비(溶成苦土燐肥, Fused magnesium phosphate)라고 한다. $Ca_3(PO_4)_2$ 결정상 간의 전이는 다음과 같으며 용융온도는 대단히 높다.

$$Ca_3(PO_4)_2 \text{ 수화물} \xrightarrow{680℃} \beta-Ca_3(PO_4)_2 \xrightarrow{1,250℃} \alpha-Ca_3(PO_4)_2 \xrightarrow{1,730℃} \text{용융} \quad (4.50)$$

용성인비는 염기성 비료이기 때문에 산성토양에 적합하며 MgO, CaO, SiO_2로서 비료효과를 나타낸다. 성분조성은 P_2O_5 20~24%, CaO 30~35%, SiO_2 20~30%, MgO 15~20%, F_2 1~2%, Fe_2O_3 2~4%이다. 용성인비의 일종으로 **토마스인비**가 있다. 이는 유럽에서 대량으로 제조되며, 인성분이 많은 철광석을 제강할 때에 생성되는 슬랙이다. 석회와 인성분이 화합되어 구용성인 silicocarnotite($5CaO \cdot P_2O_5 \cdot SiO_2$)가 되며 P_2O_5 18% 정도를 포함한다.

(4) 소성인비

인광석이 용융되지 않도록 가열처리하여 불소를 제거하고 아파타이트 구조를 파괴하여 구용성 비료로 한 것을 소성인비라고 부른다. 인광석 : 인산 : 소다회의 비율이 1 : 0.1 : 0.15 가 되도록 혼합하여 회전로에서 수증기를 불어 넣으면서 1,350℃로 소성한다.

$$Ca_5(PO_4)_3F + Na_2CO_3 + H_3PO_4$$
$$\rightarrow Ca_3(PO_4)_2 \cdot 2CaNaPO_4 + HF + CO_2 + H_2O \quad (4.51)$$

불소는 대부분 HF로서 휘발하고 $Ca_3(PO_4)_2 \cdot 2CaNaPO_4$를 주성분으로 하는 소성물이 얻어진다. 이를 미분쇄하여 비료로 사용한다. 제품은 P_2O_5 가 40% 정도이고 비료 이외에 사료로도 사용된다. 소성인비 100에 대하여 인산용액(30 % P_2O_5) 60을 가하여 입자화시키면 인산일석회(수용성), 인산이석회(구용성), α-인산삼석회(구용성)의 혼합물이 얻어지는데, 이를 중소인(重燒燐)이라 부르고 비료로 사용한다. MgO 성분이 부족한 토양에는 사문암($3MgO \cdot 2SiO_2 \cdot 2H_2O$)을 첨가하여 시판한다.

4. 칼륨질 비료

칼륨은 식물의 세포에 존재하여 그 존재량에 따라 삼투압으로 세포 중의 수분을 조절하고, 광합성과 탄수화물의 축적, 단백질의 합성에 관여하는 중요한 원소이며, 과실을 맺는 데 꼭 필요하므로 칼륨비료를 공급한다. 식물의 재에는 다량의 칼륨이 포함되어 있기 때문에 예로부터 목초의 재가 칼륨비료로서 사용되어 왔다. 1860년경 독일에서 암염 중의 천연칼륨염으로부터 황산칼륨과 염화칼륨을 분리하여 비료로 사용한 이래 스페인, 미국 등에서도 개발되어 왔다. 최근에는 세계적으로 K_2O로 환산하여 2 천만 톤 정도가 생산되고 있으며, 이중에서 비료로 사용되고 있는 양은 약 84%이다.

(1) 염화칼륨

가장 많이 생산되는 칼륨염이며, 광물로는 sylvinite($KCl \cdot NaCl$), carnallite($KCl \cdot MgCl_2 \cdot 6H_2O$) 등으로부터 얻는다. Sylvinite로부터 KCl의 제조는 NaCl과 KCl의 온도에 따른 용해도차를 이용한다. 뜨거운 물로 sylvinite를 용해시킨 뒤 NaCl을 먼저 제거하고 용액을 냉각시켜 KCl 결정을 석출시키는 방법(재결정법)을 반복하여 분리한다.

(2) 황산칼륨

황산칼륨의 제조는 원광인 피크로메라이트, 시에나이트($K_2SO_4 \cdot MgSO_4 \cdot 6H_2O$)나 랑바이나이트($K_2SO_4 \cdot 2MgSO_4$) 등을 이용한다. 광물 자체도 비료로서 사용할 수 있지만, 황산칼륨을 제조하려면 다음과 같이 복분해시켜 원심분리 후 건조한다.

$$2[K_2SO_4 \cdot MgSO_4 \cdot 6H_2O] + 4KCl \rightarrow 4K_2SO_4 + 2MgCl_2 \qquad (4.52)$$

이 외에 칼륨장석($K_2O \cdot Al_2O_3 \cdot 6SiO_2$)과 명반석($K_2SO_4 \cdot 3Al_2SO_6 \cdot 6H_2O$)이 있는데, 그 자체로는 물에 녹지 않는다. 칼륨장석에 탄산칼슘과 염화칼슘을 첨가해 800℃로 가

열하면 칼륨이 수용성의 KCl이 되며, 명반석에 탄산칼슘을 가해 900℃로 가열하면 역시 칼륨이 수용성의 K_2SO_4가 된다. 목초의 재에는 K_2CO_3, 짚의 재에는 K_2SiO_3, 해초의 재에는 $KCl \cdot K_2SO_4$가 포함되어 있어 칼륨비료로 이용된다.

5. 복합비료

N, P_2O_5, K_2O의 세 요소 중에서 2성분 이상을 포함한 비료를 복합비료(complex fertilizer)라고 하는데, 비료성분을 단순히 혼합시키거나 화학적으로 결합되도록 만든 것이다. 전자는 배합비료(blend fertilizer)라 하며 황안, 요소, 과인산석회 및 염화칼륨 등의 단순혼합물이다. 후자의 경우는 혼합하는 과정에서 화학 반응이 일어나면서 입자화(조립)된 것으로 화성비료(compound fertilizer)라 부른다. 보통 화성비료는 N, P_2O_5, K_2O의 함량의 합계가 30% 이하인 것을 말하고, 고도화성비료는 30% 이상을 의미한다.

복합비료의 생산량의 추이를 보면 고도화성비료의 생산량이 현저히 신장되고 있다. 이는 값싼 원료로서 인산, 중과린산석회 등의 수입량이 크게 늘고 동시에 비료효과, 저장, 수송 등에 있어서 효율이 보다 좋은 고도화성비료가 더 선호되는 경향이 있기 때문이다.

이상의 복합비료는 식물이 가장 필요로 하는 원소를 복합시켜 놓은 것이기 때문에 비료의 효과가 매우 크다. 최근에 시판되는 비료 중 75% 이상은 복합비료이다.

(1) 배합비료

배합비료를 제조할 때, 배합되면 비료의 유효성분이 감소하거나 비료의 효능을 잃게 되는 수가 있으므로 주의해야 한다. 예를 들어, 암모니아질 비료에 석회나 석회질소를 배합하면 암모니아가 손실된다.

$$(NH_4)_2SO_4 + Ca(OH)_2 \rightarrow CaSO_4 + 2NH_3 \uparrow + 2H_2O \qquad (4.53)$$

과린산석회에 석회질 비료를 배합하면 수용성의 하이드록시아파타이트를 생성시켜 비료의 효능을 상실하게 된다.

$$3Ca(H_2PO_4)_2 \cdot H_2O + 7CaCO_3 \rightarrow Ca_{10}(PO_4)_6(OH)_2 \downarrow + 7CO_2 + 8H_2O \qquad (4.54)$$

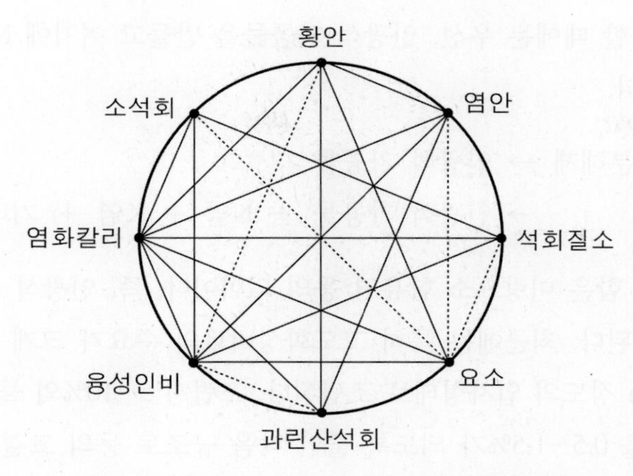

그림 4.11 비료의 혼합가능성 [14]

또한 NH_4NO_3와 $CO(NH_2)_2$를 배합시키면 흡습성이 현저하게 커진다. 따라서 이와 같은 조합으로 이루어진 배합을 해서는 안 된다. 비료의 세 요소 중에서 두 요소 이상을 함유하는 단비(單肥)를 혼합시켜 배합비료를 만들 때, 단비들을 서로 혼합시키면 위에서 언급한 바와 같이 불용성이 된다거나 유효성분이 감소한다거나 또는 굳어 버리게 되어 혼합시킬 수 없는 상호관계가 있다. 서로의 배합이 가능한 조합관계를 나타내면 그림 4.11과 같다.

최근에는 bulk blend 비료가 새로이 등장하고 있다. 이것은 황안, 요소, 인안, 중과린산석회, 염화칼륨 등의 농후한 단비를 농도가 높은 입상으로 준비해두고, 소비자가 요구하는 조건으로 적당히 N: P_2O_5: K_2O 비율로 혼합하여 포장하지 않은 채로 시판하는 방법이다. 이 종류의 비료는 비율을 조절하는 것이 간단하고 값이 싸며, 분말과 달리 비료를 뿌리기가 용이하다는 점 때문에 최근에 널리 보급되기 시작하였다.

(2) 화성비료

① 화성비료의 분류: 질소, 인산, 칼륨 중 두 요소 이상이 화합물 형태로 포함되도록 반응시켜 조립화한 것이다. 위 세성분의 함유량이 많고 적음에 따라서 다음과 같이 두 종류로 나뉜다.

저도화성비료: N + P_2O_5 + K_2O 함량 $<$ 30%

고도화성비료: N_2 + P_2O_5 + K_2O 함량 $\geq$ 30%

화성비료를 제조할 때에는 우선, 인광석 가공물을 만들고 여기에 N염, K염을 첨가한 형태가 되도록 한다.

$$\text{인광석} + \text{분해제} \rightarrow \text{인광석 가공물} \rightarrow \text{인광석 가공물} + \text{N염} + \text{K염} + \text{기타} \quad (4.55)$$

여기서 "기타"라고 함은 미량요소 함유염 등의 의미이다. 즉, 인광석 처리공정이 화성비료 제조의 핵심이 된다. 최근에는 특히 고도화성비료의 수요가 크게 늘고 있다. 화성비료는 대개 2~3 mm 정도의 입자형태로 조립된다. 조립시 5~10%의 물을 가하고, 조립한 후에 수분의 함량을 0.5~1.5%가 되도록 줄인 다음 규조토 등의 고결방지제를 1% 정도 첨가하여 제품화한다.

② 저도화성비료: 원료의 배합비율에 의해 $N_2-P_2O_5-K_2O$의 몰비가 8－8－6 또는 6－9－6 등의 조성을 갖는 제품이 만들어지며, 황안과 요소를 함께 사용하여 10－10－10의 제품도 만들고 있다.

대표적인 제조법은 과린산석회와 황안(또는 요소)에 염화칼륨과 물(또는 5% 농도 이하의 암모니아수)을 첨가하여 다음의 반응을 일으키고 조립과 건조과정을 거쳐 제품화하는 것이다.

$$Ca(H_2PO_4)_2 \cdot H_2O + (NH_4)_2SO_4 \rightarrow 2NH_4H_2PO_4 + CaSO_4 + H_2O \quad (4.56)$$

$$CaSO_4 + (NH_4)_2SO_4 + H_2O \rightarrow (NH_4)_2SO_4 \cdot CaSO_4 \cdot H_2O \quad (4.57)$$

$$(NH_4)_2SO_4 + 2KCl \rightarrow K_2SO_4 + 2NH_4Cl \quad (4.58)$$

$$CaSO_4 + K_2SO_4 + H_2O \rightarrow K_2SO_4 \cdot CaSO_4 \cdot H_2O \quad (4.59)$$

이 외에도 직접 인광석을 황산으로 분해시키고 황안, 염화칼륨 등을 첨가하여 제조하는 방법이 있다.

③ 고도화성비료: 비료성분을 높이기 위해 과린산석회(P_2O_5 16~18%) 대신에 인산암모늄, 중과린산석회 등을 이용하는 방법이며, 최근에는 인광석을 질산으로 분해하는 방법도 행해지고 있다. 대표적인 비료성분 비율로는 16－16－16, 14－16－14, 18－46－0, 14－14－14, 12－18－14 등이 있다. 따라서 높은 함량의 비료요소의 화합물이 사용된다.

④ 인안계 고도화성비료: 기본적으로 인산, 암모니아, 황산, 칼륨염 등을 원료로 사용하여 혼합 반응시킨다. 습식인산을 사용하는 방법이 가장 전형적이다. 제조공정의 한 예를 그림 4.12에 간단히 나타내었다.

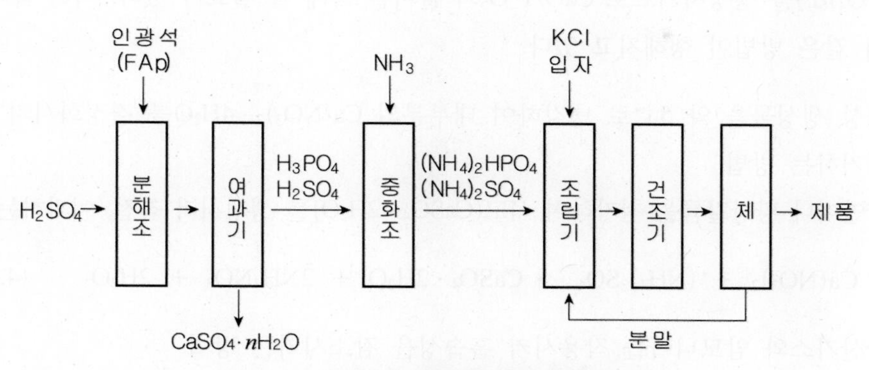

그림 4.12 인안계 고도화성비료의 제조공정

공정의 첫 부분은 습식인산제조에 해당한다. 과잉량의 황산을 사용하거나 황산-인산 혼합산을 사용하고, 이를 암모니아로 중화시키면 황산암모늄($(NH_4)_2SO_4$)-인산암모늄($(NH_4)_2HPO_4$)의 혼합수용액이 된다. 염화칼륨 입자와 함께 조립화시키면 N−P−K 3성분의 함량이 45% 정도인 화성비료가 얻어진다.

제품의 조성은 $[(NH_4)_2SO_4 + (NH_4)_2HPO_4 + KCl]$ 혼합물로 표시되지만, 실제로는 상호 간에 다음과 같은 반응도 일어나기 때문에 생성물 전체에 대한 화학조성은 매우 복잡해진다.

$$(NH_4)_2SO_4 + KCl \rightarrow K_2SO_4 + NH_4Cl \tag{4.60}$$

$$(NH_4)_2SO_4 + K_2SO_4 \rightarrow (NH_4 \cdot K)_2SO_4 \tag{4.61}$$

인안계 고도화성비료에 있어서는 이외에 질소성분으로서 인안과 요소를 함유하든가, 염안과 인안을 포함한 것 등이 만들어지고 있다.

⑤ 질산계 고도화성비료: 황산과 인산 대신에 질산(HNO_3)으로 인광석을 분해하는 방식이다. 분해반응은 다음 식으로 나타낼 수 있다.

$$Ca_5(PO_4)_3F + 10HNO_3 + 20H_2O$$
$$\rightarrow 3H_3PO_4 + 5[Ca(NO_3)_2 \cdot 4H_2O] + HF \tag{4.62}$$

생성물은 액상이고 질산칼슘은 인산에 용해되어 있다. 질산칼슘은 질소성분을 포함하고 비료로서도 유효하지만 흡습성이 크기 때문에 이 성분이 그대로 포함된 채로는 비료로서 부적합하다. 또한 질산칼슘이 존재하는 상태에서 암모니아로 중화시키면 불용성의 $Ca_{10}(PO_4)_6F_2$를 생성시키므로 CaO/P_2O_5의 몰비를 작게 할 필요가 있다. 이런 목적으로 다음과 같은 방법이 행해지고 있다.

- 액상 생성물을 약 5℃로 냉각하여 대부분의 $Ca(NO_3)_2 \cdot 4H_2O$를 결정화시켜 여과, 제거하는 방법
- 황안이나 황산칼륨을 첨가하여 석고($CaSO_4 \cdot 2H_2O$)를 생성시켜 침전, 여과하는 방법

$$Ca(NO_3)_2 + (NH_4)_2SO_4 \rightarrow CaSO_4 \cdot 2H_2O + 2NH_4NO_3 + 2H_2O \qquad (4.63)$$

- 탄산가스와 암모니아를 작용시켜 흡습성을 감소시키는 방법

$$Ca(NO_3)_2 + CO_2 + 2NH_3 + H_2O \rightarrow CaCO_3 + 2NH_4NO_3 \qquad (4.64)$$

이와 같이 하여 얻어진 인산용액에 암모니아를 작용시키면 슬러리상이 되고, 여기에 염화칼륨이나 황산칼륨을 첨가하여 조립화한다. 이때 아래와 같은 반응이 일어난다.

$$Ca(NO_3)_2 \cdot 4H_2O + H_3PO_4 + 2NH_3 \rightarrow CaHPO_4 + 2NH_4NO_3 + 4H_2O \qquad (4.65)$$

$$H_3PO_4 + NH_3 \rightarrow NH_4H_2PO_4 \qquad (4.66)$$

$$NH_4NO_3 + KCl \rightarrow KNO_3 + NH_4Cl \qquad (4.67)$$

$$2KNO_3 + NH_4NO_3 \rightarrow NH_4NO_3 \cdot 2KNO_3 \qquad (4.68)$$

⑥ 고농도 복합비료: 축합인산의 폴리인산칼륨($K_{n+2}P_nO_{3n+1}$)은 아래와 같은 구조를 가지며 P_2O_5, K_2O 성분으로서 100%의 비료 유효성분을 함유한다. 폴리인산암모늄 [$(NH_4)_{n+2}P_nO_{3n+1}$]도 마찬가지이다. 이와 같이 고농도의 비료 유효성분을 포함하는 비료를 고농도 복합비료라 한다.

TVA사에서 개발한 폴리인산암모늄 비료는 습식인산(P_2O_5 50~60%)에 NH_3를 수증기 존재 하에 반응시키는 다음의 2단계 반응으로 제조된다.

$$P_2O_5 + 2NH_3 \rightarrow 2(OH)_2PN + H_2O \qquad (4.69)$$

$$(OH)_2PN + H_2O \rightarrow NH_4PO_3 \qquad (4.70)$$

인산성분의 30~50% 정도를 축합시켜 생성된 액을 조립화시켜 입자상의 폴리인산암모늄(ammonium polyphosphate)을 얻는다. 또한 폴리인산칼륨은 KH_2PO_4를 600℃ 정도에서 탈수축합시켜 만든다. 이와 같은 고농도 복합비료의 경우에는 철, 알루미늄 등의 이온이 인산성분을 불용화시키지만, 축합인산의 금속에 대한 킬레이트 작용으로 수율을 97% 이상으로 높일 수 있다.

⑦ **액체비료**: 액체비료는 인안수용액에 요소, 질안, 염화칼륨 등을 녹인 용액으로 액체상태이기 때문에 고체비료에 비해 기계적으로 시비(施肥)하기가 용이한 특징이 있다. 습식인산을 암모니아로 중화하면 겔상의 $(Fe, Al)NH_4HF_2PO_4$나 $(Fe, Al)PO_4 \cdot nH_2O$가 생성되어 슬러리 상태가 되지만, 중화할 때 폴리인산암모늄을 가하면 축합인산의 킬레이트 작용으로 겔상 물질의 석출을 억제하여 투명한 액체비료가 얻어진다.

비료 유효성분을 현탁상태로 만들고 소량의 점토를 가하여 분산시킨 것을 현탁비료(suspension fertilizer)라 부르며, 미국의 TVA사 등에서 제조하고 있다. $N : P_2O_5 : K_2O$의 비가 20 : 10 : 5, 15 : 15 : 15 등 여러 종류의 것이 있는데, 이들은 보존 중에 변질되거나 침전이 석출되는 수가 있기 때문에 주의할 필요가 있다.

연습문제

01 암모니아 합성 반응의 특성을 평형과 반응기구, 반응속도적인 면에서 설명하시오.

02 수증기개질법에 의한 수소제조의 공정을 간략히 논하시오.

03 암모니아의 용도를 설명하시오.

04 황안을 공업적으로 획득하는 방법 3가지를 논하시오.

05 요소가 질소비료로서 사용될 때 유리한 이유는?

06 과린산석회와 중과린산석회의 차이점은 무엇인지 논하시오.

07 현재 고도화성비료가 비료제품의 중심으로 부각되게 된 이유는 무엇인지 간략히 설명하시오.

08 비료용 무수 인산암모늄($(NH_4)_3PO_4$), 요소(N 46%) 및 산화칼륨(K_2O 80%)을 혼합하여 N: P_2O_5: K_2O 의 배합비가 2: 3: 2가 되도록 할 때 각각의 첨가량은 얼마인지 계산하시오.

09 비료를 보관 중 굳는 현상의 원인과 그 방지법을 설명하시오.

참고문헌

1. L. J. Gillespie and J. A. Beattie, *Phys. Rev.*, 36, 1008 (1930).
2. L. J. Gillespie and J. A. Beattie, *Phys. Rev.*, 37, 655 (1931).
3. R. Tour, *INd. Eng. Chem.*, 13, 298 (1921).
4. A. T. Larson, *J. Am. Chem.Soc.*, 45, 2418 (1923).
5. A. T. Larson, *J. Am. Chem.Soc.*, 46, 367 (1924).
6. M. I. Temkin and V. Pyzhev, *Acta Physicochimica*, 12, 327 (1940).
7. M. I. Temkin and V. Pyzhev, *J. Phys. Chem.*, 24, 1312 (1950).
8. J. Horiuchi, S. Enomote, and H. Kobayashi, *J. Rev. IN st. Catalysis, HokkaidoUniv.*, 3, 185 (1955).
9. 伊藤 要, 永長久彦, "無機工業化學概論", 培風館, pp.45-52 (1995).

10. 金澤孝文, 谷口雅男, 鈴木 喬, 脇原將孝, "無機工業化學", 講談社サイエンテイフイク, pp.52-62 (1995).
11. 吉田次郎, 硫安技術, 21(2), 45 (1968).
12. 末山哲英, アンモニアと工業, 26(3), 1 (1973).
13. 鹽川二朗, 化學, 24, 865 (1969).
14. 鹽川二朗, "無機工業化學", 化學同人, pp.149-176 (1993).
15. 日本農林水産省肥料機械課, "ポケット肥料要覽"(1992).
16. 鹽川二朗, "無機工業化學", 化學同人, pp.177-205 (1993).
17. 伊藤 要, 永長久彦, "無機工業化學概論", 培風館, pp.53 (1995).
18. 金澤孝文, 谷口雅男, 鈴木 喬, 脇原將孝, "無機工業化學", 講談社サイエンテイフイク, pp.62-69 (1995).
19. 久保 輝一郎, "無機工業化學", 朝倉書店, pp.303-305 (1962).
20. D. Fromm and D. Lutow, "Modern Processes in the Heavy Chemicals Industry: Urea", *Chemie in unserer Zeit*, 13, 78-81 (1979).

이지화 (서울대학교 화학생물공학부)
조성민 (성균관대학교 화학공학과)
하준석 (전남대학교 화학공학부)
노호균 (전남대학교 화학공학부)

CHAPTER 5

반도체 공정기술

01 반도체 공업

1. 반도체 공업의 특징

반도체 공업은 현재의 전자 및 정보화 사회를 주도하고 있는 공업으로서 1960년대 집적회로(Integrated Circuit)가 개발된 이래 계속적으로 비약적인 성장을 거듭하면서 과거의 산업혁명에 버금가는 전자혁명시대를 이끌고 있다. 반도체 공업은 1950년 무렵 주로 진공관을 사용하던 과거의 전자소자를 반도체로 대체하면서 대두되기 시작하였다. 진공관을 반도체로 대체하면서 소자의 성능은 획기적으로 향상되어 더욱 작으면서도 값이 저렴하며 전력소모도 낮은 새로운 소자가 계속 등장하여 반도체 공업은 지속적인 발전을 거듭하고 있다.

반도체 공업에 사용되는 재료는 크게 세 가지로 분류될 수 있다. 반도체와 같은 기능재료, 리드프레임이나 본딩와이어(bonding wire) 등의 구조재료 및 감광제(photoresist)나 각종 화학원료 등의 공정재료가 그것이다. 그러나 본 장에서는 반도체 공업의 주축이 되는 기능재료와 공정재료에 대하여 선별적으로 소개하고 핵심적인 공정기술에 대해 살펴본다.

반도체 공업은 반도체 재료를 원료로 하여 화학적이거나 물리적인 처리공정을 통해 회로를 구성함으로써 전자소자로서의 기능을 부여하는 공업으로 간단히 설명할 수 있다. 따라서 반도체 공업은 화학, 물리, 전자, 기계 및 대부분의 공학분야가 모두 결합된 종합적인 공업이라 할 수 있다. 그 중에서도 화학은 반도체 공업의 가장 핵심적인 공정인 화학 반응에 의한 물질의 합성을 담당하기 때문에 공정기술에 있어서 없어서는 안 될 중요한 위치를 차지하고 있다.

반도체 공업을 통해 생산되는 반도체 집적회로는 정보화사회의 계속적인 요구에 부응하여 집적도가 날로 증가하면서 회로의 최소 선폭이 3 nm 정도로 작아지고, 더불어 수평 뿐만이 아닌 수직형 집적 또한 이루어지고 있다. 이렇듯 소자의 고집적화가 이루어지게 되면서 제조공정상의 어려움은 더욱 커지게 되어 제품의 생산을 위해서는 고도의 생산기술을 필요로 하게 되었다. 반도체 공업은 매우 작은 칩에 수많은 회로를 고도의 기술로서 집적하는 매우 기술 집약적인 공업이며, 하나의 칩에 투여된 원료비에 비해 매우 높은 칩의 가치를 창출할 수 있는 고부가가치 공업이다.

2. 반도체의 원리와 종류

(1) 반도체의 원리

반도체는 간단히 설명하자면 도체와 부도체의 중간적 특성을 지닌 물질이라고 할 수 있다.

과거에는 메모리 반도체를 중심으로 물질의 비저항이 10^{-2}~100^{9} Ω · cm 사이의 값 혹은 에너지 대역(energy bandgap)이 0~3 eV인 물질을 반도체라고 이야기 하였다. 하지만 현대에는 광 반도체, 에너지 반도체, 전력 반도체 등 다양한 비메모리 반도체가 개발되면서 과거의 방식으로 반도체를 정의하기에는 무리가 있으며, 전자의 이동을 임의로 제어할 수 있는 물질이라는 다소 모호하게 정의된다.

그럼에도 에너지 대역이라는 개념은 반도체의 원리를 설명하기에 매우 중요한데, 에너지 대역이란 그림 5.1 (b)에 나타낸 바와 같이 가장 높은 에너지의 전자가 채워져 있는 두 개의 허용에너지대(allowed energy band) 사이의 금지대(forbidden band)의 폭을 말한다. 에너지 대역을 설명하기 위해서는 그림 5.1 (a)에 나타낸 바와 같은 고체에서의 에너지대역 형성에 관해 이해할 필요가 있다. 하나의 원자에 포함된 전자는 각각 자신의 에너지 준위(energy level)를 가지고 있다. 만일 두 개의 원자가 서로 연결되어 고체를 이루고 있다고 가정하자. 원자가 서로 떨어져 있을 때 같은 에너지 준위를 가지던 전자들

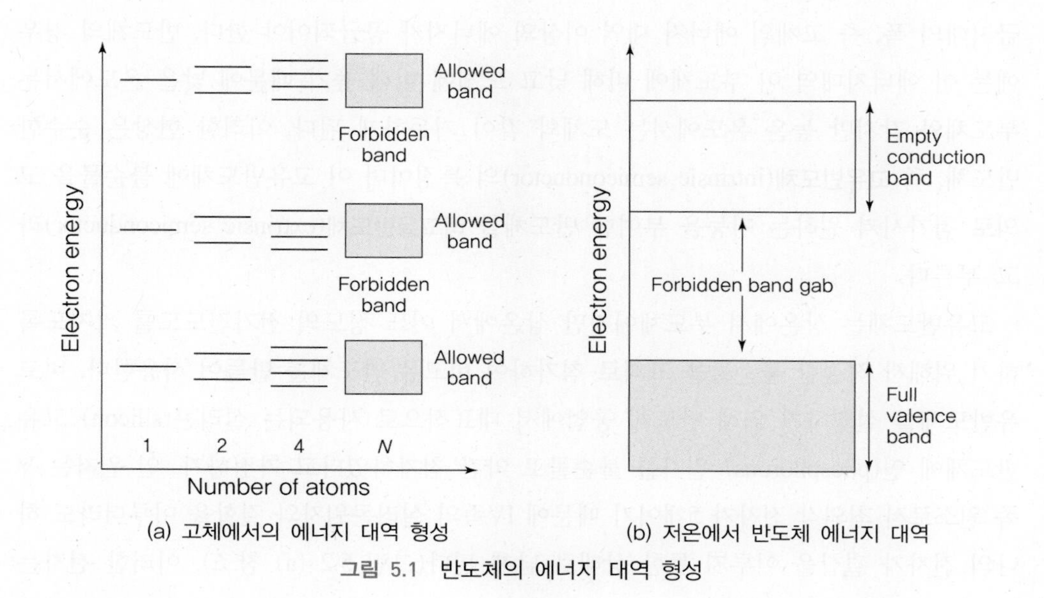

(a) 고체에서의 에너지 대역 형성　　(b) 저온에서 반도체 에너지 대역

그림 5.1　반도체의 에너지 대역 형성

의 에너지는, 동일한 에너지 준위를 가질 수 있는 전자의 최대 수가 두 개이며 두 전자의 스핀은 서로 반대라고 정의되는 파울리(Pauli)의 배타원리(exclusion principle)에 따라 동일한 에너지 준위를 가질 수 없기 때문에 이 에너지 준위는 두 개의 다른 에너지 준위로 나뉘어진다. 많은 원자들로 구성된 고체를 고려하면 이렇게 나뉘어진 에너지 준위의 폭이 매우 미세해져서 고체를 구성한 각 원자의 최외각 전자의 에너지 준위는 고체에서는 하나의 연속적인 것으로 보이는 에너지대(energy band)로 나타난다. 이러한 에너지대는 최외각에 존재하던 전자의 에너지 준위 이상에 대해서도 적용이 되어 실제의 전자의 에너지는 허용에너지대와 금지대가 연속적으로 나타나는 모습으로 나타난다.

각각의 원자에서 최외각에 존재하던 전자들은 고체 내에서 공유결합을 이루는데 사용되어 자유롭게 움직일 수 없는 상태로 존재하게 되며 이러한 전자들의 에너지가 하나의 허용에너지대를 채우게 된다. 이렇게 최외각 전자들에 의해 채워진 허용에너지대는 이미 채워진 모든 허용에너지대들 중에 가장 높은 에너지를 가지는 에너지대로서, 이를 그림 5.1 (b)와 같이 공유대(valence band)라고 부른다. 한편 채워져 있지 않은 허용에너지대 중에서 가장 낮은 에너지를 가지고 있는 에너지대를 전도대(conduction band)라고 부른다. 고체의 에너지 대역을 좀더 명확히 설명하면 전도대와 공유대 사이에 존재하는 금지대의 폭이라고 할 수 있다.

고체가 전기를 통하기 위해서는 공유대를 가득 채우고 있는 공유전자의 일부가 전도대로 이동되었을 때에 가능하다. 금지대에는 전자가 가질 수 있도록 허용된 에너지 준위가 없기 때문에 전자가 존재할 수 없으며 따라서 전자를 전도대로 이동시키기 위해서는 금지대의 폭, 즉 고체의 에너지 대역 이상의 에너지가 공급되어야 한다. 반도체의 경우에는 이 에너지대역 이 부도체에 비해 낮고 도체에 비해 높기 때문에 낮은 온도에서는 부도체와 같지만 높은 온도에서는 도체와 같이 거동하게 된다. 이러한 현상은 순수한 반도체, 즉 고유반도체(intrinsic semiconductor)의 특징이며 이 고유반도체에 불순물을 고의로 첨가시켜 원하는 기능을 부여한 반도체를 비고유반도체(extrinsic semiconductor)라고 부른다.

고유반도체는 상온에서 부도체이지만 상온에서 어느 정도의 전기전도도를 가지도록 하기 위해서 적절한 불순물을 고의로 첨가하여 비고유 반도체를 만들어 사용한다. 비고유반도체를 설명하기 위해 반도체 공업에서 대표적으로 사용되는 실리콘(silicon) 고유반도체에 인(phosphorous) 원자를 불순물로 약간 첨가하였다고 가정하자. 인 원자는 V족 원소로서 최외각 전자가 5개이기 때문에 IV족의 실리콘원자와 결합을 이루더라도 하나의 전자가 결합을 이루지 못한 상태로 남게 된다(그림 5.2 (a) 참조). 이러한 전자는

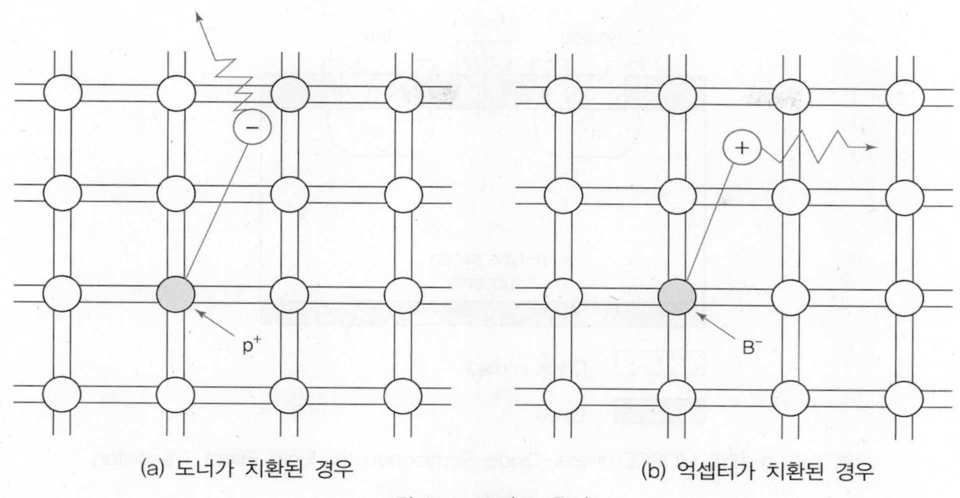

그림 5.2 도판트 효과

상대적으로 에너지가 높아 상온에서도 자유롭게 전도대를 이동할 수 있기 때문에 고유 반도체의 전기적인 특성을 변화시킬 수 있다. 이렇게 전자의 생성을 목적으로 첨가된 V족 불순물들을 도너(donor/주개), 이러한 과정을 도핑(doping)이라고 부른다. 또한 이렇게 전자가 첨가된 비고유반도체를 n형 반도체라고 부른다.

실리콘에 붕소(boron)와 같은 III족 원소가 첨가된 경우에는 실리콘과 공유결합을 이룰 전자가 부족하기 때문에 그림 5.2 (b)와 같이 빈자리가 하나 생기게 되는데 이를 정공(hole)이라고 부른다. 이 정공은 외부에 전기장이 가해진 경우에 근처의 공유전자가 정공을 계속 메우면서 이동해 나갈 수 있기 때문에 전자와 마찬가지로 전하수송체(charge carrier)로 간주된다. 이렇게 정공의 생성을 목적으로 첨가된 III족 불순물들을 억셉터(acceptor/받개), 억셉터가 도핑된 반도체를 p형 반도체, 그리고 도너와 억셉터 같은 불순물을 총칭하여 도판트(dopant)라고 부른다.

불순물이 도핑된 비고유반도체는 도핑된 불순물의 종류 및 농도에 따라 전기적 특성이 달라진다. 일반적인 반도체 소자들은 이러한 비고유반도체를 제조하여 p-n 접합 다이오드나 트랜지스터를 구성하고 이를 회로에 응용하여 만들어진다. 실리콘 반도체 소자들은 실리콘웨이퍼(wafer)를 기판(substrate)으로 하여 그 위에 평면형 소자들로서 집적된다. 이렇게 만들어진 실리콘 트랜지스터의 예를 그림 5.3에 나타내었다. 이러한 소자를 제조하기 위해서는 세정(cleaning), 박막 형성, 식각, 도핑 등 여러 가지의 제조 공정이 필요하다. 이러한 공정들에 대한 세부사항은 이후에 설명하기로 한다.

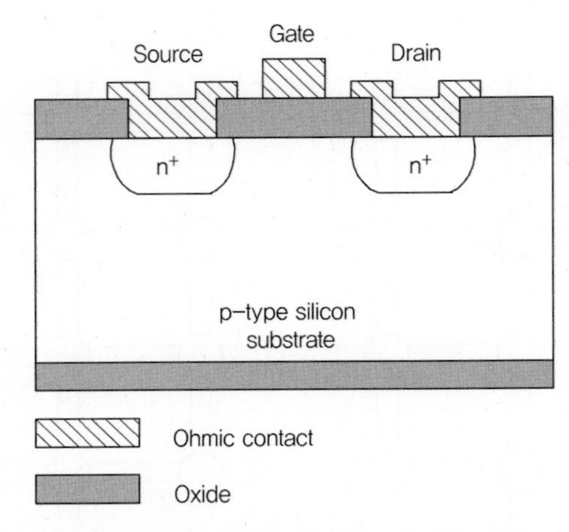

그림 5.3 n-채널 MOSFET(Metal-Oxide-Semiconductor Field Effect Transistor)

(2) 반도체의 종류

반도체는 크게 구분하여 실리콘, 게르마늄(germanium) 등과 같은 IV족 반도체와 물질과 III족과 V족, 혹은 II족과 VI족이 결합된 화합물반도체로 나눌 수 있다. III－V 화합물반도체로는 GaAs, InP 등이 있으며 II－VI 반도체로는 ZnSe, CdS 등을 들 수 있으나 InGaAsP 등과 같이 여러 가지의 원소가 동시에 결합된 화합물반도체들이 사용되기도 한다. 이렇게 IV족 반도체와 화합물반도체를 나눌 수 있는 것은 구성하는 물질이 순수한 물질인가 혹은 화합물인가 하는 구분에 근거를 두고 있기는 하지만, 일반적으로 VI족 반도체는 간접 에너지 대역(indirect energy bandgap)을 가지며 화합물반도체는 직접 에너지 대역(direct energy bandgap) 물질이 주류를 이루고 있다는 점에서 구분이 되기도 한다.

직접 에너지 대역을 가지는 화합물반도체는 전자가 금지대를 통해 전이(transition)하면서 변화되는 에너지가 직접 빛에너지로 나타날 수 있기 때문에 주로 빛을 내거나 받아들이는 광소자(photonic device)를 위한 물질로 활용될 수 있다. 그러나 간접 에너지 대역을 가지는 반도체는 전자의 전이과정에서 에너지의 변화뿐만이 아니라 동시에 전자의 운동량의 변화를 수반하기 때문에 에너지의 변화가 빛에너지로 나타나지 못하고 물질 내에서 소모되어 사라진다. 이러한 이유 때문에 실리콘과 같은 VI족 반도체는 광소자로서 활용되지 못하고 주로 전자소자로서 사용된다. 여러 가지 반도체의 종류를 표 5.1에 나타내었다.

표 5.1 여러 가지 반도체의 종류

Element	Ⅳ－Ⅳ Compounds	Ⅲ－Ⅴ Compounds	Ⅱ－Ⅵ Compounds	Ⅳ－Ⅵ Compounds
Si Ge	SiC SiGe	AlAs AlSb BN GaAs GaP GaSb InAs InP InSb	CdS CdSe CdTe ZnS ZnSe ZnTe	PdS PbTe

(3) 반도체의 결정구조

물질의 결정구조라 함은 물질을 구성하는 원자의 배열상태를 일컫는 말로서 모든 고체 물질은 특정한 결정구조를 가지고 있다. 물질은 원자의 배열상태에 따라 크게 결정(crystal)과 비결정(amorphous) 구조로 나눌 수 있다. 결정형의 물질은 특정한 배열을 가진 원자가 계속적으로 반복되는 규칙적인 구조를 가지며 비결정형의 물질은 유리(glass)와 같이 아무런 배열의 규칙이 없는 구조를 가지고 있는 물질을 말한다. 결정형의 물질은 다시 단결정(single crystal)과 다결정(poly-crystal) 구조로 나뉠 수 있는데, 단결정 구조는 반도체 소자에서 사용하는 실리콘웨이퍼와 같이 전체의 덩어리가 하나의 동일한 배열의 결정구조를 가지는 경우를 지칭하며, 다결정구조는 결정형의 구조를 가지지만 부분 부분마다 결정의 배열이 다르게 나타나는 구조를 말하는 것이다.

물질을 구성하는 원자가 규칙적인 구조를 가지고 있는 결정형의 물질에서 가장 작게 정의될 수 있는 격자(lattice)의 배열구조를 단위셀(unit cell)이라고 부른다. 결정구조는 이와 같은 동일한 단위셀이 연속적으로 연결되어 구성된 구조인 것이다. 반도체 소자 원료로 가장 많이 사용되는 실리콘은 입방구조의 하나인 다이아몬드구조를 가진다.

실리콘웨이퍼는 단결정이기 때문에 웨이퍼 전체가 동일한 단위셀들이 규칙적으로 배열된 구조를 가진다. 이러한 규칙적인 결정구조를 가지는 실리콘의 결정의 방향성을 표시하는 방법으로 주로 밀러지수(Miller index)가 사용된다. 실리콘의 구조는 입방구조이기 때문에 단위셀은 정육면체로 표시되며 이러한 실리콘은 결정의 방향에 따라 전기적, 물리적 특성이 달라진다. 입방구조의 단위셀에 대한 밀러지수를 그림 5.4에 나타내었다.

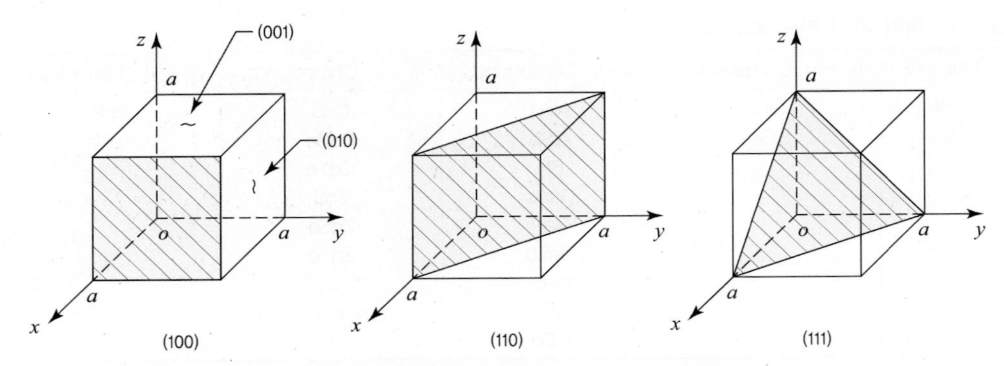

그림 5.4 입방구조의 단위셀에 대한 몇 가지 중요한 결정방향의 밀러지수

02 반도체 제조원료

1. 다결정 실리콘의 제조

실리콘 반도체 소자 생산의 첫 단계는 규소로부터 실리콘만을 취하는 일이다. 단순히 실리콘만을 생산하는 것이 아니라 극히 고순도로 정제를 해야만 한다. 수 ppb 이하의 순도를 가지는 실리콘을 전자재료급 실리콘(EGS, Electronic Grade Silicon)이라 부른다. 규소로부터 실리콘을 뽑아낸 후에 여러 차례의 정제과정을 거쳐 고순도의 실리콘을 포함하는 기체를 얻게 되면 먼저 이로부터 EGS 다결정 실리콘을 만들게 된다. 다결정 실리콘을 사용하여 단결정 실리콘을 만들고 이를 평면으로 잘라낸 것이 반도체 소자의 기판으로 사용하는 실리콘웨이퍼이다. 단결정 성장 시 사용 용도에 따라 불순물을 첨가하여 n형 및 p형의 실리콘웨이퍼를 제조하기도 하고 원하는 결정 방향으로 결정을 성장시키기도 한다.

규사로부터 전자재료급 실리콘을 제조하는 방법은 다음과 같은 4단계로 요약할 수 있다.

① 규사로부터 약 98% 이상의 순도를 가지는 금속재료급 실리콘(MGS, Metallurgical Grade Silicon)으로의 환원: $SiO_2 + 2C \rightarrow Si + 2CO$

원료인 규사(quartzite, SiO_2)는 자연상태로 존재하는 SiO_2보다는 상대적으로 깨끗한 상

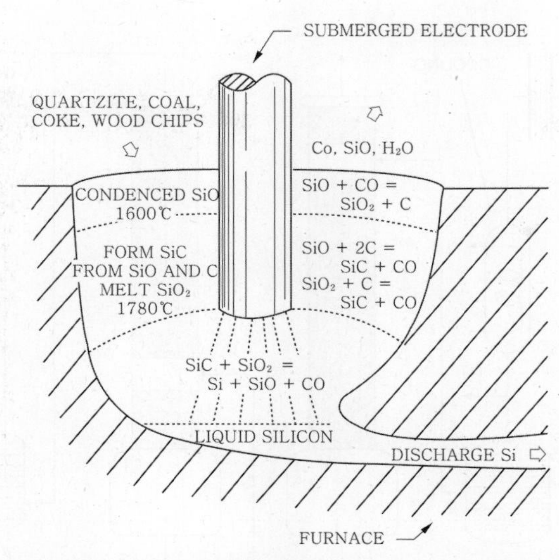

그림 5.5 MGS를 생산하기 위한 arc furnace의 구조

태인데 석탄이나 코크 또는 나무 조각과 같은 탄소 성분을 첨가시켜 MGS로 환원시키게 된다. 이러한 탄소 성분은 그림 5.5에서 보는 바와 같이 전기 방전에 의해 2000℃ 이상의 고온을 낼 수 있는 노(furnace)에 넣어지게 되며 이때 SiC로 화학변화를 일으키게 된다. SiC는 다시 SiO_2와 반응하여 Si, SiO, CO를 생성하며, 상대적으로 무거운 Si은 가장 아래층에 존재하며 SiO, CO는 기체로 방출된다. 이러한 제조공정에 의해 만들어진 MGS의 불순물은 대부분이 Al과 Fe이다.

② MGS로부터 $SiHCl_3$(trichlorosilane)로의 전환: $Si + 3HCl \rightarrow SiHCl_3 + H_2$
$SiHCl_3$는 무수 HCl과 MGS의 반응으로 형성된다. MGS는 미세분말이며, 분말 실리콘을 $SiHCl_3$ 기체로 전환하기 위해서 HCl로 처리한다. 고상 실리콘과 기상의 HCl은 촉매의 존재 하에서 300℃에서 반응한다. $SiHCl_3$와 불순물인 $AlCl_3$와 BCl_3 기체가 이 과정에서 생성되고 순수한 실리콘의 제조를 위해 필요한 $SiHCl_3$ 기체는 증류에 의해서 정제되어 얻어진다.

③ 증류에 의한 $SiHCl_3$의 정제: 분별증류에 의해서 $SiHCl_3$는 불순물로부터 분리된다.

④ 정제된 $SiHCl_3$의 화학기상증착(CVD, Chemical Vapor Deposition)을 통한 EGS 제조: 고 순도의 $SiHCl_3$는 다시 수소분위기에서 화학기상증착에 의해 다결정 실리

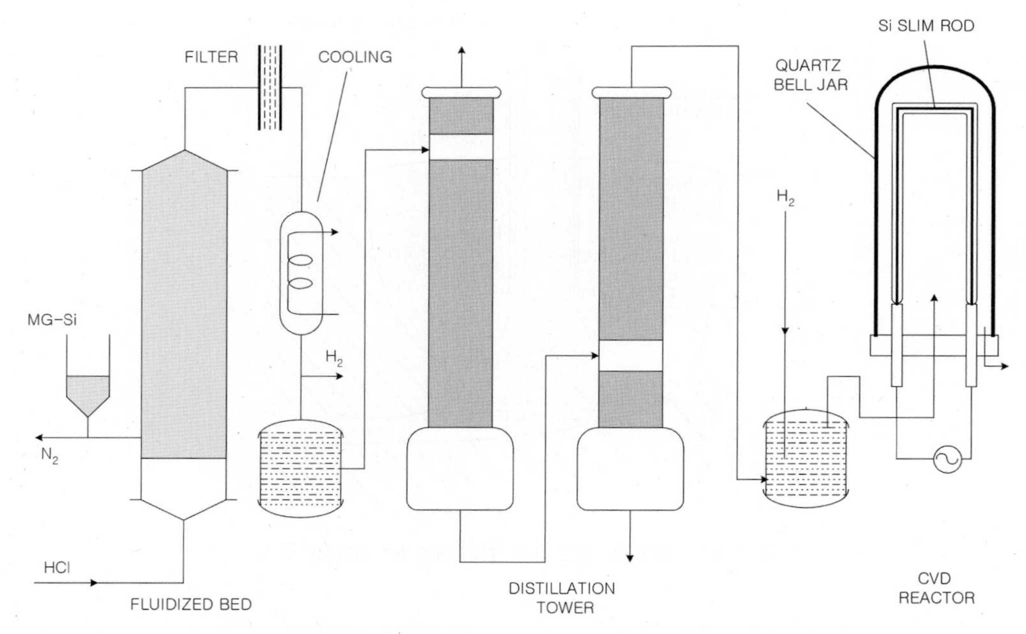

그림 5.6 Siemens에 의해 개발된 유동층, 증류탑, CVD 반응기의 구조

콘(EGS)으로 변환시킨다. 1950년대 후반에 Siemens GmbH에 의해서 이러한 반응의 과정이 최초로 제시되었고 이러한 이유로 Simens process로 명명되었다(그림 5.6 참조). 일어나는 반응은

$$2SiHCl_3(gas) + 2H_2(gas) \rightarrow 2Si(solid) + 6HCl(gas)$$

이며, 실리콘 기체가 증착될 재료는 가는 실리콘 봉으로서 실리콘을 성장하기 위한 핵생성 표면으로 제공된다. 큰 봉(지름 200 mm, 길이는 수 m)인 경우에는 증착공정이 수백시간 이상이 소요되기도 한다.

증착이 끝난 후에 전자재료급 실리콘은 초크랄스키(Czochralski, CZ) 단결정 성장을 위한 다결정 덩어리 혹은 플롯 존(Float Zone, FZ) 단결정 성장을 위한 원료로 사용된다.

2. 단결정 실리콘의 제조

1950년대 중반 이후로, 반도체 공업의 경이적인 성장은 실리콘에 관련된 기술의 발전에 의하여 비롯되었다. 1947년 저마늄(germanum) 트랜지스터의 개발을 시점으로 상업성이 있는 반도체의 단결정 성장법의 연구가 활성화되기 시작하여 현재는 10인치 이상의 대구경 실리콘 단결정이 생산되기에 이르렀다. 초크랄스키(CZ)법으로 알려진 대표적인 단결정 성장법은 30여년 전에 CZ에 의해서 발명된 것으로서 CZ 법에 의해 성장된 단결정은 전 세계적으로 태양 전지뿐만 아니라 집적회로(Integrate Circuits, ICs) 제조를 위한 기판으로 가장 널리 사용되고 있다. CZ 법에 의해 생산된 실리콘 단결정은 실리콘 고집적회로 제조에 적절한 정도의 고순도 및 대구경의 웨이퍼에 대한 요구를 만족시키고 있어 가장 대표적인 단결정 성장법으로 널리 활용되고 있다.

플롯존(FZ)법은 CZ 법 외에 유일하게 단결정 실리콘을 상업적으로 생산할 수 있는 방법이다. FZ 법은 높은 전도성과 초순도의 결정을 생산할 수 있기 때문에 사이리스터(thyristor)나 민감하게 적외선 분광을 측정할 수 있는 소자 등 특수한 용도로의 활용을 위해 선택되고 있는 방법이다. FZ 법은 생산할 수 있는 웨이퍼 크기의 제한이 있다는 점과 경제성의 문제 때문에 집적회로 제조산업에서는 일반적으로 사용되고 있지 않다. 이러한 방법들을 사용해 성장된 결정들은 원통형의 모양으로 만들어지며, 원형의 웨이퍼로 가공되어 집적회로의 기판으로 사용된다.

(1) 초크랄스키법(CZ 법)

CZ 법에서 단결정 실리콘 덩어리(ingot)는 단결정 실리콘 종자(seed)를 용융된 실리콘과 접촉시킨 후 천천히 위로 끌어올리면서 냉각 고화하면서 성장된다. 장점으로는 다른 성장법과 비교하여 장비구조가 간단하고 큰 직경의 단결정 잉곳의 성장이 가능하며, 도펀트 주입이 용이할 뿐만 아니라 결정성장 속도가 빠르다는 점이 있다.

CZ 단결정 성장장치의 모양을 그림 5.7에 나타내었다. 성장공정은 실리콘의 녹는점인 1,412℃의 고온에서 이루어진다. 용융상으로부터 결정 성장을 방해할 수 있는 SiO_2나 Si_3N_4의 생성을 막기 위해서는 성장기 내부에 공기의 출입을 막는 것이 필수적이다. 성장기 내부는 고순도의 아르곤 기체를 주입하여 약 20~30 torr의 압력을 유지한다. 흑연(graphite) 가열장치는 용융 실리콘과 성장 중인 결정에 적절한 온도를 제공한다. 단결정 성장장치는 온도 변화, 진동, 가스의 주입 등에 매우 민감하기 때문에, 안정적인 성장조건을 결정하기 위해 다양한 조업변수의 영향을 이론적으로 해석할 수 있는 전산모사법이 사용되고 있으며 현재에도 이의 개선을 위하여 많은 연구가 계속되고 있다.

단결정 실리콘의 성장을 위해 성장기 내부에 다결정 실리콘원료를 넣고 얻어지는 실리콘이 적절한 전기적 특성을 나타내도록 하기 위해 정해진 양의 도판트를 첨가한다. 성장기를 밀봉한 후에 적당한 기체의 흐름과 압력을 유지하고 다결정 실리콘을 용

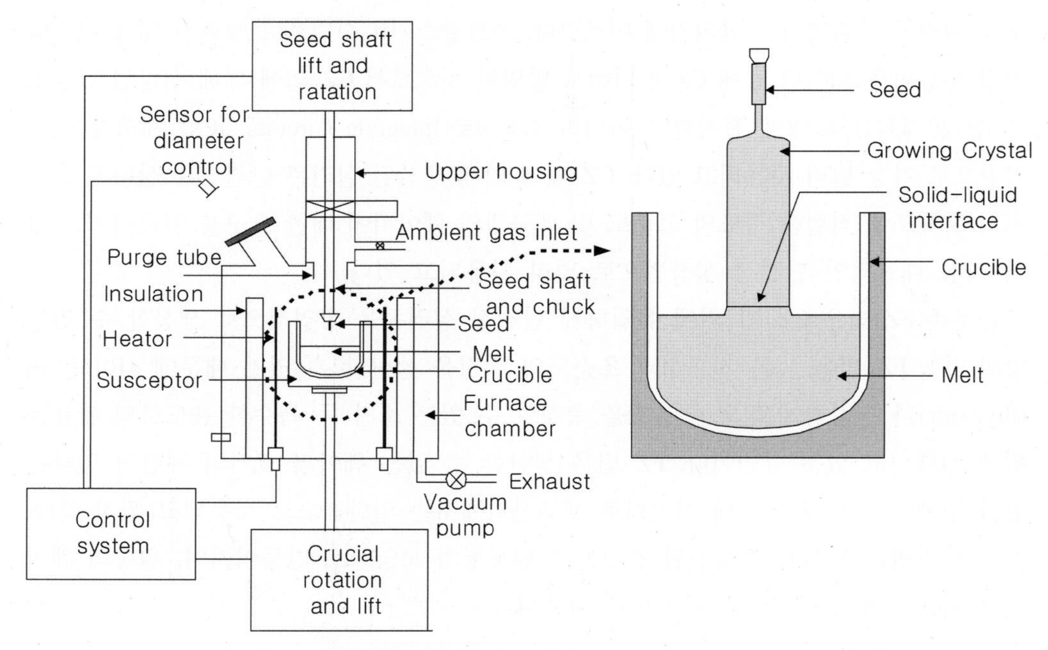

그림 5.7 초크랄스키 결정 성장기의 구조

융시켜 실리콘이 완전히 녹으면 성장기의 온도를 실리콘의 녹는점보다 몇 도 정도 높게 유지한 후 적절한 회전속도(보통 15 rpm)로 성장기를 회전시키면서 단결정을 성장한다.

원하는 결정 배향(orientation)을 가진 실리콘 결정으로부터 자른 종자는 길이가 약 100 mm이고 지름이 약 10 mm 정도로서 종자 결정의 배향이 성장될 단결정 실리콘의 배향을 결정한다. 주로 사용되는 결정 배향은 〈100〉과 〈111〉이지만 때때로 〈110〉이 사용되기도 한다. 종자를 아래로 내려서 용융상의 실리콘과 접촉시키면 용융 실리콘의 큰 표면장력으로 인해 종자는 용융 실리콘의 표면보다 약간 높은 위치에서 고-액 계면을 형성하게 된다. 결정을 성장시키기 위해서 종자를 약간 끌어올리면 고-액 계면은 조금씩 냉각하기 시작하면서 결정의 성장이 시작된다. 끌어올리는 속도나 온도를 높이면 성장하는 결정의 지름은 작아지는 반면, 끌어올리는 속도나 온도를 낮추면 지름이 큰 결정을 얻을 수 있다. 일반적으로 성장기와 종자를 지속적으로 회전시키면서 결정을 성장하게 되는데, 이는 용융상의 흐름을 조절하여 계면의 온도를 균일하도록 함으로서 불순물의 분포가 균일하고 원형인 결정을 제조하기 위해서이다.

성장 초기에 용융상의 실리콘에 종자를 접촉시키게 되면 심한 온도 충격으로 인해 종자 내에 위치이탈(dislocation)이라 불리우는 2차원적 결함(defect)이 형성될 수 있다. 따라서, 이러한 결함이 없는 단결정을 생산하기 위해서 성장 초기에 종자의 끌어올리는 속도를 증가시키는 방법을 사용한다. 위치이탈 결함은 주로 {111}면을 따라 전파되며 실리콘 외부 표면에서 결함의 계속적인 전파가 정지되기 때문에 성장초기에 결함이 표면에서 모두 제거될 때까지는 단결정의 지름을 키우지 않고 성장을 진행하게 되는 것이다.

결함이 모두 제거되면 온도를 약간 내리고 끌어올리는 속도를 약 2.5 cm/h 정도로 줄이면 결정의 지름이 점차 증가하기 시작한다. 결정이 만족할 만한 지름을 이루게 되면 결정이 더욱 커지는 것을 막기 위해 속도를 다시 증가시켜 일정한 지름에서 성장이 이루어지도록 유지한다. 100 mm 지름의 결정을 성장시키기 위한 일반적인 속도는 약 8 cm/h 정도이며 지름이 더욱 큰 결정은 좀 더 느린 속도로 성장시켜야 한다. 결정의 성장이 거의 끝나게 되면 결정의 지름을 점차적으로 작게 하기 위해서 속도를 조금 증가시킨다. 결정의 끝 부분의 지름을 점차 작게 하는 이유도 마찬가지로 결정이 용융상으로부터 완전히 분리될 때 생기는 위치이탈 결함을 막기 위해서이다.

한편 다결정 실리콘 원료와 함께 실리콘의 전기적 특성을 조절하기 위해 첨가한 도판트들은 단결정 성장과 함께 실리콘 내부로 고르게 첨가된다. 이때 도판트의 농도는 너무 높지 않아야 하며 어느 정도 이상의 농도에서는 도판트와 실리콘이 고용체(solid solution)를 형성하지 않고 도판트가 침전상으로 얻어질 수 있다. 용융상에 고르게 분포되어 있는 도판트들은 일반적으로 고체와 용융상에서 서로 다른 평형농도를 가진다. 용융상의 도판트의 농도와 성장 중인 결정의 불순물 농도의 비를 분리계수(segregation coefficient)라고 부른다.

$$k = C_s / C_l \tag{5.1}$$

식 (5.1)의 C_s는 성장하는 결정에 존재하는 도판트의 평형농도이며, C_l은 용융상 내에 존재하는 도판트의 평형농도이다. 대부분의 도판트에 있어서 분리계수 k는 1보다 작으며 가장 많이 사용되는 도판트인 붕소(Boron)는 $k=0.8$, 그리고 인은 $k=0.35$이다. 분리계수가 1인 경우에 용융상에 첨가한 도판트의 농도는 그대로 단결정의 도판트 농도로 얻어지지만, 분리계수가 1보다 작은 경우에는 용융상의 도판트 농도가 결정상의 농도보다 높아, 결정성장이 진행되면서 점차 용융상의 도판트 농도가 높아지게 된다. 이러한 영향으로 인해 단결정 실리콘의 위 부분보다 아래로 갈수록 도판트의 농도가 높게 나타나기도 한다.

이러한 도판트의 계면 사이에서의 분리현상은 공정조건에 따라서도 영향을 받는다.

성장기 및 종자의 회전에 따라, 그리고 종자를 끌어올리는 속도에 따라 계면에서의 도판트의 확산 및 대류에 의한 물질전달이 영향을 받기 때문에 단결정의 실제 도핑농도를 이론적으로 해석하기 위해서는 계면에 형성되는 **경계층**(boundary layer)에서의 물질전달이 고려되어야 한다. 한편 앞서 기술한 바와 같이 도판트들은 반도체의 전기적 특성을 조절하기 위해 의도적으로 첨가한 불순물이지만 단결정 성장과정 중에 어쩔 수 없이 첨가되는 두 가지의 불순물이 있는데 이것은 산소와 탄소로서 각각 성장장치의 재료로부터 비롯된 것이다. 실리카 재질의 성장기로부터 비교적 많은 양의 산소원자가 SiO의 형태로 용융상으로 유입되며 탄소는 흑연가열기로부터 유입된다. 산소는 대개 결정 내에 존재하는 도판트의 농도와 유사한 정도의 높은 농도로 발견되는데, 실제로 산소의 농도는 성장기의 크기, 성장기와 종자의 회전속도, 용융상과 결정상과의 비율 등 여러 가지 변수에 따라 다르게 나타난다. 산소는 주로 격자의 **틈새위치**(interstitial site)에 존재하며 탄소는 실리콘의 격자위치에 첨가된다. 결정 내에 존재하는 산소는 집적회로 제조공정을 통해 수행되는 다양한 가열공정으로 인해 과포화되어 SiO_2로 **침전**(precipitation)이 일어나게 되어 반도체 소자의 성능을 감소시키는 영향을 준다. 결정 내에 존재하는 산소의 양을 줄이기 위해 결정을 열처리하게 되면 틈새위치에 존재하는 산소원자는 쉽게 이동하여 실리콘 표면에서 산소기체로 제거될 수 있다. 이러한 현상은 주로 표면 근처에서 일어나며 이렇게 산소 불순물이 제거된 표면 근처의 영역(denuded zone)에 집적회로를 형성한다. 또한 결정 내부의 깊은 곳에 제거되지 않고 침전된 산소에 의한 결함은 실리콘 내부의 다른 불순물들을 제거해주는 역할을 하는데 이러한 현상을 **게터링**(gettering)이라고 부른다.

양질의 단결정을 만들기 위해서 발전된 CZ 법 성장기술이 계속적으로 개발되고 있다. **자기장**(magnetic field)을 이용하여 용융상의 **와류**(turbulence)를 방지할 수 있는 방법, 회분식(batch) 공정이 아닌 연속식(continuous)의 CZ 법, 그리고 화합물 반도체의 경우에 주로 활용이 되는 LECZ(liquid-encapsulated CZ) 법 등이 개발되어 사용되고 있거나 현재 개발되고 있다.

(2) 플롯 존 법

이 공정의 원리는 용융상 실리콘 영역을 다결정 실리콘 봉을 따라 천천히 이동시키면서 다결정 실리콘 봉이 단결정 실리콘으로 성장되도록 하는 것이다. 플롯 존 법(Float Zone Method, FZ 법)은 ① 용융상과 직접 접촉되는 성장기를 사용하지 않고, ② 성장장치

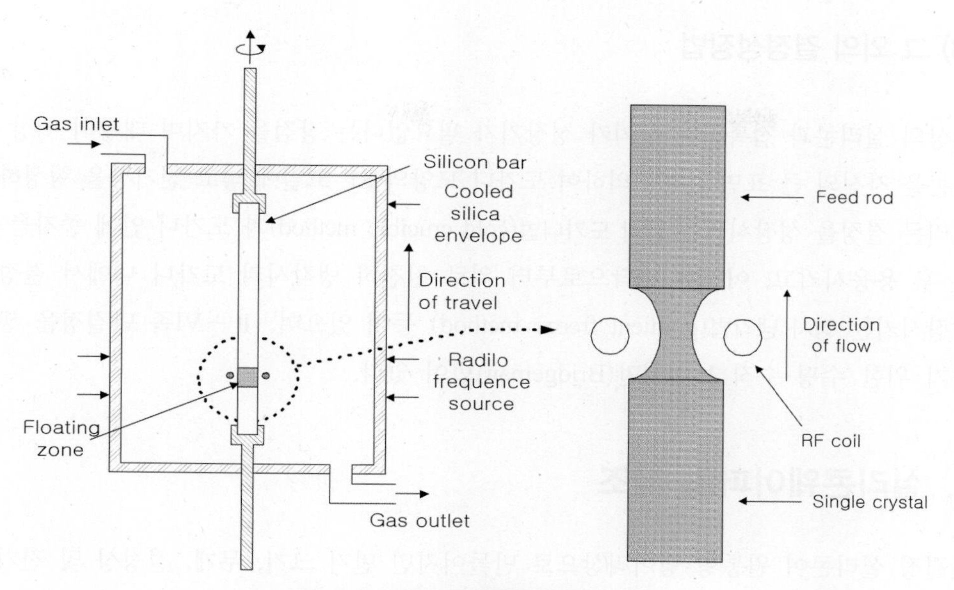

그림 5.8 플롯 존 결정 성장기의 구조

내부에 흑연가열기를 사용하지 않고, ③ 성장기 안에 있는 용융상 실리콘 내에 도판트의 증가를 보이는 분리효과가 나타나지 않기 때문에 고도로 순수한 단결정을 만들 수 있다는 장점을 가지고 있다.

FZ 법 장치의 주요 구성요소는 흑연을 사용한 가열장치와 실리카 성장기를 사용하지 않는다는 점 외에는 CZ 법과 유사하다. 열은 한 순간에 단지 봉의 일정한 부분만을 용융시키는 단선의 RF(radio frequency) 코일(coil)로 제공된다(그림 5.8).

다결정 실리콘 주입봉은 회전운동을 하면서 위에서부터 밑으로 반응기 내부로 이동되며, 이때 주입봉의 밑의 일부분이 녹으며 액상은 표면장력의 효과로 봉에 부착되어 있는 상태가 된다. 종자는 아래로부터 이동하여 액상의 실리콘과 접촉된다. 종자를 밑으로 내려줌과 동시에 주입봉을 천천히 코일 히터쪽으로 내려주면서 단결정 성장이 시작된다. 초기의 주입속도와 공급전력을 적당한 지름의 단결정이 성장하도록 맞춘다. 결정의 크기는 종자와 주입봉과의 상대적인 하강 속도의 비로 결정한다. 주입봉의 지름이 균일해야만 성장되는 단결정 실리콘이 균일한 지름을 갖는다. CZ 법에서와 같은 불순물 분리에 관한 원리가 FZ 법에도 그대로 적용이 되나, 액상의 실리콘 양이 적다는 것만 유의하면 된다.

(3) 그 외의 결정성장법

액상의 실리콘과 접촉하는 실리카 성장기가 필요없다는 장점을 가지며 대량의 액상 실리콘을 자신의 큰 표면장력에 의하여 도가니 모양의 RF 코일에 넣고 전기장을 형성하여 실리콘 결정을 성장시키는 **냉각 도가니법**(cold crucible method)과 도가니 안에 종자를 넣은 후 용융시키고, 이것을 바닥으로부터 위로 천천히 냉각시켜 도가니 내에서 결정을 성장시키는 **경사 냉각법**(gradient freeze method) 등이 있으며, Ⅱ－Ⅵ족 단결정을 생산하기 위한 수평-수직 브리지만(Bridgeman)법이 있다.

3. 실리콘웨이퍼의 제조

단결정 실리콘이 원통형 덩어리상으로 만들어지면 먼저 크기, 무게, 결정성 및 전기적 특성 등을 조사하여 불규칙한 부분이나 결함이 있는 부분은 제거한다. 이 실리콘 덩어리는 원통형이기는 하지만 단면이 완전한 원형이 아니며 표면이 불규칙적이기 때문에 표면을 매끄럽게 하기 위하여 다이아몬드 재질의 칼을 사용하여 연마한 후 화학적으로 식각한다. 따라서 실리콘 단결정 덩어리를 성장하는 경우에는 연마 및 식각되는 표면 부분을 고려하여 원하는 지름보다 조금 크게(약 0.25~1.0 cm) 성장하는 것이 보통이다. 표면이 연마된 실리콘 덩어리는 실리콘웨이퍼의 특성을 나타내기 위하여 원통형 덩어리의 길이 방향으로 **플랫**(flat)을 만든다. 플랫이란 실리콘웨이퍼가 어떠한 결정 배향을 가지고 있는지 혹은 어떠한 도판트가 첨가되어 있는지를 알 수 있도록 만들어 놓은 표시로서 그림 5.9에 나타낸 바와 같이 주플랫(primary flat)과 부플랫(secondary flat), 두 가지를 사용한다.

플랫이 형성된 실리콘 덩어리는 다이아몬드가 날 끝에 입혀 있는 톱을 사용하여 웨이퍼로 잘려진다. 이때 자르는 방향에 따라 웨이퍼 결정면의 배향이 결정되어 {100} 혹은 {111} 웨이퍼 등으로 구분이 된다. 잘려진 웨이퍼의 표면을 고르게 하기 위해 NaOH 용액과 미세한 실리카 입자가 섞여 있는 슬러리를 사용하여 연마과정을 수행함으로써 광택이 있고 손상이 없는 웨이퍼 표면을 완성한다. 이러한 과정을 CMP(chemical-mechanical polishing)라고 한다.

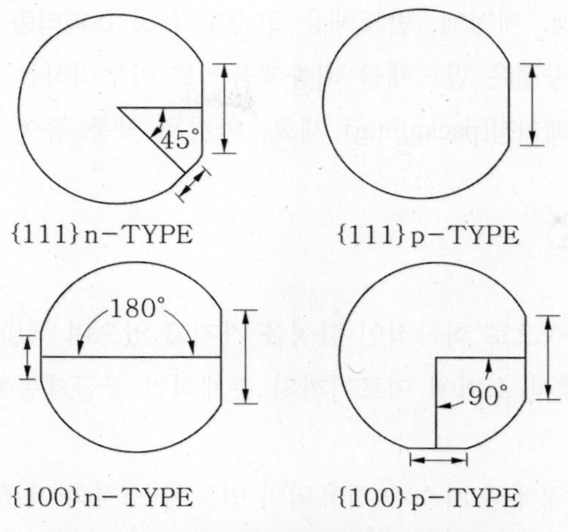

그림 5.9 실리콘웨이퍼의 주플랫과 부플랫의 표시

4. 반도체 가스와 약품

반도체 재료는 크게 웨이퍼 제조공정용, 웨이퍼 처리공정용과 조립공정용 등으로 나눌 수 있다. 웨이퍼 제조공정은 실리콘(혹은 화합물반도체) 기판을 제조하는 공정으로서 기판소재, 연마재, 고순도 기체 등이 사용되며 웨이퍼 처리공정에는 감광제, 포토마스크,

표 5.2 반도체 재료의 분류

구분	반도체 제조공정	단위공정	관련 재료	비고
FAB 재료	웨이퍼 제조공정	단결정 성장공정 연마공정 Epitaxy 공정	기판재료 연마재 반도체용 가스	Si, GaAs 고순도 가스
	회로원판 제조공정	노광공정	포토마스크	
	웨이퍼 처리공정	박막형성공정 현상액 도포공정 노광공정 식각공정 레지스트 제거공정 확산공정 배선공정 세정공정	반도체용 가스, 고순도 약품 감광체, 현상액 - 반도체용 가스 레지스트 제거액 반도체용 가스 sputtering target 금속재료 세정액	
어셈블리 재료	조립공정	웨이퍼 절단공정 Bonding공정 패키징공정 테스트공정	- Lead Frame Bonding Wire 패키징 재료	Fe Alloy, Cu Au, Cu EMC, Ceramic, Pt, Ag paste

현상액, 감광제 제거액, 세정액, 반도체용 고순도가스, 스퍼터링 타겟(sputtering target) 소재 등이 있다. 조립공정은 반도체를 최종제품으로 마무리하는 단계로 여기에는 리드 프레임, 본딩와이어, 패키징(packaging) 재료, 마킹용 약품 등이 사용된다.

(1) 반도체 특수가스

반도체용 가스는 일반적으로 화학적인 활성을 가지고 있으며 폭발성, 독성, 부식성이 강하다. 그러므로 제조에서 소비에 이르기까지 총체적인 공급계통에 있어 고도의 안전대책이 필요하다.

대부분의 반도체 공정에서 가스가 사용되며 반도체 소자의 제조공정에 이용되는 가스의 종류를 용도별로 분류하면 분위기 가스, 결정성장용 가스, 도핑용 가스, CVD 가스 및 식각가스 등으로 나눌 수 있다.

표 5.3 용도별 반도체 재료 가스

용도		가스명
분위기 가스		N_2, O_2, H_2, Ar
결정성장용 가스		SiH_4, SiH_2Cl_2, $SiHCl_3$, $SiCl_4$
도핑용 가스		AsH_3, PH_3, B_2H_6, PCl_3, BCl_3, SbH_3
박막형성 가스 (CVD)	SiO_2막	SiH_4, SiH_2Cl_2, $SiCl_4$, O_2, NO, N_2O
	PSG 또는 BSG막	SiH_4, $SiCl_4$, PH_3, B_2H_6
	Si_3N_4막	SiH_4, $SiH_2Cl_2 2$, $SiCl_4$, NH_3
식각가스	기상 식각	Cl_2, HCl, SF_6, HF, HBr
	플라스마 식각	CF_4, BCl_3, C_3F_8, NF_3, SiF_4, C_2F_8
	이온빔 식각	CF_4, SiF_4, CHF_3, CuF_3, NF_3, C_3F_8, BCl_3
	반응성 스퍼터링	O_2

표 5.4 건식식각에 사용되는 가스의 종류

가공재료	분류	반응가스
Si	F계	CF_4, SF_6, NF_3, SiF_4, BF_3, $CBrF_3$, XeF_2
	Cl-F계	CClF, CCl_2F_2, CCl_3F, C_2ClF, $C_2Cl_2F_4$
	Cl계	CCl_4, $SiCl_4$, PCl_3, BCl_3, Cl_2, HCl
	Br계	HBr, Br_2
SiO_2	F-H계	CHF_3, CF_4+H_2
	$F/C<4$	C_2F_6, C_3F_8, C_4F_8
Al 합금	Cl계	CCl_4, BCl_3, $SiCl_4$, Cl_2, CCl_2F_2, CCl_3F
	Br계	Br_2, BBr_3

표 5.5 CVD용 가스

방식	막종	가스	성장온도(℃)	용도
감압 CVD	Poly Si	SiH_4	~650	전극
	p-doped Poly-Si	SiH_4+PH_3	~650	전극
		SiH_4+NH_3 $SiH_2Cl_2+NH_3$	~800	커패시터 박막 로고사 형성
	SiO_2	SiH_4+N_2O	~750	사이드월
상압 CVD	SiO_2 BPSG	SiH_4+O_2 $SiH_4+O_2+PH_3+B_2H_6$	~400	층간막
플라스마 CVD	SiO_2	SiH_4+N_2O SiH_4+O_2	~300	층간막
	Si_3N_4	SiH_4+NH_3 SiH_4+N_2	~300	Cover막

(2) 반도체 화학약품

표 5.6에 반도체 공정 중 사용되는 약품들을 열거해 놓았다.

표 5.6 반도체 공정에 사용되는 화학약품

공정	용도	사용약품
세정	유기물 일반제거	아세톤, 이소프로필알폴, 메탄올, 크실렌 트리클로로에틸렌, 메틸렌 클로라이드
	레지스트 잔사 제거	$H_2SO_4-H_2O_2$ 혼합액 $NH_4OH-H_2O_2-H_2$
	이온성 오염물 제거	$HCl-H_2O_2-H_2O$ - D.I.water
	원자성 오염물 제거	$HCl-H_2O_2-H_2O$, $H_2SO_4-H_2O_2$ $NH_4OH-H_2O_2-H_2O$
식각	산화규소막	$HF-H_2O$ 혼합액, $HF-NH_4F$ 혼합액
	규소	$HF-HNO_3-CHCOOH$, KOH, 히드라진-IPA 혼수합수용액, 에틸렌디아민-카테콜
	알루미늄 배선	$H_3PO_4-HNO_3-CH_3COOH-H_2O$, HNO_3-H_2O
	Si_3N_4막	H_3PO_4
	GaAs	$H_2SO_4-H_2O_2-H_2O$
포토 리소그래피	감광제	감광성 폴리머를 용제에 녹인 액
	감광제용 몸제	크실렌, 지방족계 탄화수소
	현상액	(네가티브용) 지방족계 탄화수소 (포지티브용) 유기아민계 혼합액, 규산소다, 인산소다
	린스액	(네가티브용) n-부틸아세테이트 (포지티브용) H_2O
	레지스트 박리제	성분불명의 전용박리제
	기판표면 개질제	유기클로로실란, 헥사메틸디실라잔
건조	증기건조	프레온, 에탄올, 이소프로필알코올

03 반도체 제조기술

1. 반도체 제조를 위한 환경

반도체 공정은 다른 산업의 제조공정과는 달리 공정상의 청정도 및 안전이 공정의 경제적인 운전을 위해 필수적인 요소이다. 반도체 제조공정에서 공기 중에 먼지 입자가 많이 존재하는 경우에 이 입자들이 웨이퍼 혹은 사진공정의 포토마스크상에 앉게 되면 결과적으로 만들어지는 소자에 큰 결함을 야기하게 된다. 이러한 경향은 사진공정에서 더욱 중요하게 나타나는데 이는 포토마스크 상의 먼지 입자가 그대로 웨이퍼 상의 소자에 반영되기 때문이다. 이러한 이유 때문에 반도체 공정은 항상 청정실(clean room) 내에서 진행된다. 청정실은 단위 부피의 공간상에 먼지 입자의 총 개수가 온도 및 습도와 함께 엄격히 조절될 수 있는 공간을 말한다. 청정실의 청정도는 클래스(class)로서 표시하며 이를 그림 5.10에 나타내었다.

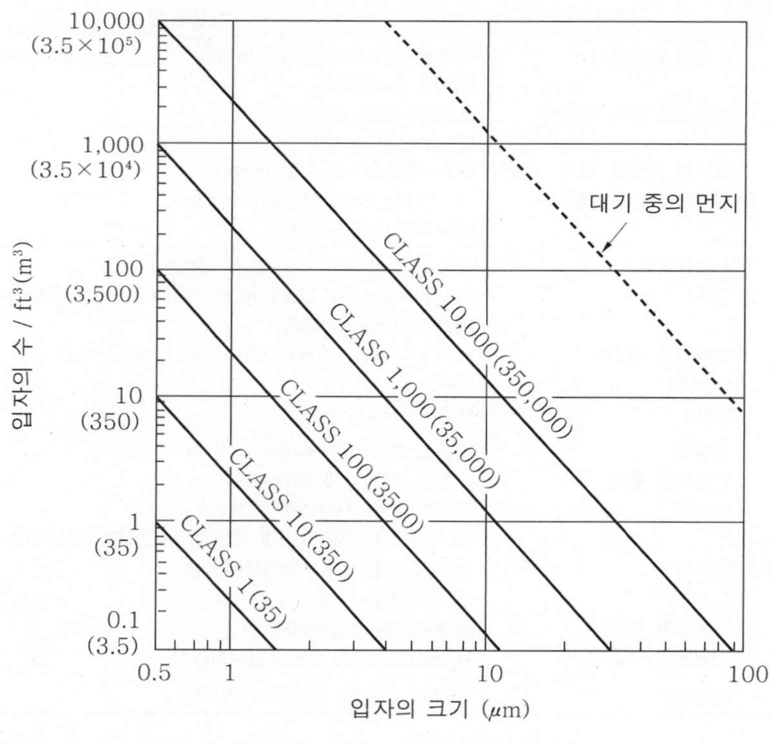

그림 5.10 먼지 입자의 크기 분포

예를 들어, 클래스 100의 청정실은 입방 피트(ft)의 공간상에 지름이 0.5 μm 이상의 입자가 100개 정도인 경우를 지칭한다. 이를 입방미터의 공간으로 환산하면 약 3,500개의 입자에 해당한다. 먼지 입자의 수는 입자의 크기가 작아질수록 많아지기 때문에 반도체소자의 최소 선폭이 작아질수록 더욱 엄격한 조절이 필요하다. 대부분의 반도체 집적회로 제조공정에서 클래스 100 이하의 청정도가 필요하며 특히 사진공정이 수행되는 공간인 경우에는 클래스 10 혹은 1 정도의 청정도가 필수적이다.

2. 웨이퍼 세척

반도체소자의 집적도가 매우 높아짐에 따라 제조에 필요한 공정단계는 증가하게 되는데, 각 공정 후에는 많은 잔류물 또는 오염물이 표면에 남게 된다. 따라서 이러한 것들을 제거하는 세척공정 역시 전체 공정의 20% 이상을 차지하며 그 중요성은 더욱 높아지고 있다. 반도체 공정 중 발생하는 오염물은 소자의 구조적 형상의 왜곡과 전기적 특성을 저하시킴으로써 그 소자의 성능, 신뢰성 및 수율 등에 특히 큰 영향을 미치기 때문에, 반드시 제거되어야 한다. 여기에서는 이러한 웨이퍼의 오염원과 오염원의 검출, 처리하는 방법에 대해 알아본다.

(1) 웨이퍼 표면의 오염원과 오염원의 검출

오염은 일반적으로 미립자나 막의 형태로 웨이퍼 위에 존재하게 된다. 미립자(particulate)는 쉽게 경계층을 형성하면서 웨이퍼 표면에 물질의 한 부분으로서 존재하게 된다. 문제가 되는 오염 미립자의 크기는 경험적으로 반도체 제품 패턴 크기의 1/10 정도로 표 5.7에 제품의 패턴 크기와 미립자의 크기를 비교해 놓았다. 따라서 제품의 패턴 크기가 미세화됨에 따라 대상으로 하는 미립자의 밀도는 증가한다. 이러한 미립자들의 생성 원인은 실리콘의 미세 조각, 석영가루, 대기상에 존재하는 먼지, 청정실 내의 조작자들이나 장치에서 나오는 먼지들, 린트(lint), 감광제 덩어리(photoresist chunk), 박테리아(DI water에서 기생할 수 있다) 등에 의해서 비롯될 수 있다. 반도체 제품 생산공정에서 주로 오염원으로 작용하는 물질들 및 이러한 오염물질들이 반도체소자에 주는 영향을 표 5.8에 나타내었다.

표 5.7 미립자의 크기

제품의 패턴 크기(μm)	미립자의 크기 (μm)	대표적 제품 (DRAM)
5	> 0.5	16K
3	> 0.3	64K
2	> 0.2	256K
1.3	> 0.1	1M
0.8	> 0.1	4M

표 5.8 주요 오염물질과 소자에의 영향

항목	예	소자에의 영향
알칼리 금속	Na, K	산화막의 내압불량
중금속	Cu, Fe	pn접합 누설불량
방사성 금속	U, Th	soft error 불량
탄화수소	C-H	-
할로겐화물 등	Cl_2, O_2	-

막 오염(film contamination)은 웨이퍼 표면에 자연적으로 형성된 다른 물질의 층을 말한다. 이러한 막 오염은 주로 아세톤, 이소프로필알콜, 메틸 알콜, 자일렌과 같은 용매의 잔류물질, 현상액(photoresist developer) 속에 용해되어 있거나 감광제를 현상하기 전의 불충분한 세척에 의한 현상액 잔류물, 완전히 정제되지 않은 공기나 가스관을 통해 야기되는 유기막 그리고 메탈 이온을 함유하고 있는 식각가스 속에 웨이퍼가 노출되거나 자유금속을 함유하고 있는 용액 속에서 웨이퍼가 노출될 때 적층되는 금속막 등이 있다. 뿐만 아니라 오염막을 제거하기 위해 사용되는 화학적 세척이나 감광제의 제거공정은 미립자 형태의 오염에 중요한 원인이 되고 있음이 밝혀지고 있다. 따라서 여러 단계에 걸쳐서 이루어지는 세척공정 중 하나의 세척과정이 다른 세척과정의 효율을 크게 감소시키는 원인이 될 수 있는 것이다. 화학적 세척공정 중 입자형태의 오염을 방지하기 위해서 화학적 공정 중 일어날 수 있는 오염과정을 면밀히 관찰하여 오염입자가 형성되지 않도록 잘 제어하여야 한다. 예를 들면, 화학적 세척과정이나 감광체의 제거 공정에 고순도 화학물질과 미세 정제기술이 사용될 수 있다.

웨이퍼 표면의 오염과 미립자의 수를 최소화하기 위해 미립자의 검출은 다양한 방법을 통해 그리고 공정 전반에 걸쳐 계속적으로 행하여야 한다. 미립자의 오염의 수는 반도체소자의 제조공정의 각 단계마다 측정이 필요하며, 미립자의 수가 증가되지 않도록 각 단계별로 세척을 행해야 한다. 광학현미경은 용매 잔류물질에서 발견될 수 있는 지름이 1~2 μm 정도되는 미립자를 검출하는데 사용된다. Light-field, dark-field, Nomarski, fluorescent illumination, 레이저 스캐너(automatic laser scanner) 등은 표면 오염이나 결함을 검출하는 대표적인 검출기이다. 주사전자현미경(scanning electron microscopes, SEM)은 미세한 웨이퍼 표면 오염분석에 사용되는 기기이다. 웨이퍼 표면 오염분석 기기인 레이저 스캐너를 그림 5.11에 나타내었다.

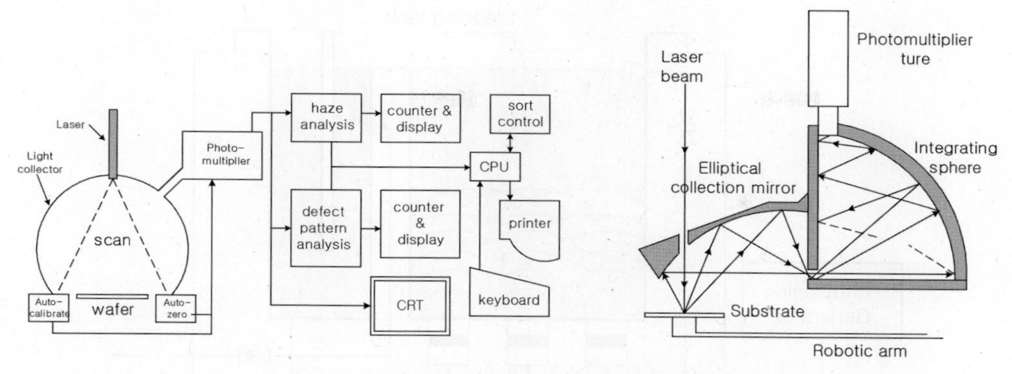

그림 5.11 Automatic defect detection의 개략도

(2) 웨이퍼 세척과정

대표적인 오염원이 두 가지로 분류되므로 두 오염원을 각각 제거하기 위한 세척과정 또한 막 오염을 제거하기 위한 화학적 세척과 미립자를 제거하기 위한 기계적 세척의 두 과정으로 나뉘어진다. 화학적 세척은 웨이퍼 표면에 결합되어 있는 막들을 화학적으로 제거하는 데 이용되어진다. 전통적인 화학적 세척법은 산(acid)으로 닦고 물로 세척하는 단계로 이루어진다. 화학적 세척법은 반도체 소자 내에 자주 사용되는 물질인 메탈 실리사이드(metal silicide)나 알루미늄 등과 같은 박막의 손상없이 세척을 하기 위해 반도체 소자 제작자들은 산의 종류나 농도에 많은 주의를 기해야 한다.

어떠한 처리도 되어있지 않은 웨이퍼나 열산화법에 의해 산화막이 형성된 웨이퍼를 만들기 위한 공정을 행하기 전에 RCA의 컨(Kern)과 푸티넌(Puotinen)이 제안한 일련의 과정으로 웨이퍼를 세척하게 되는데, 이 방법을 RCA법이라고 하며, 웨이퍼 세척을 위한 가장 일반적인 방법으로 널리 이용되고 있다. 이 방법은 먼저 유기막 오염을 처리하고, 무기이온과 중금 속을 처리하는 단계로 이루어진다.

미립자 오염의 제거는 일반적으로 초음파 세척기(ultrasonic scrubbing)를 이용하거나 고압력 스프레이기를 사용하여 제거한다. 초음파 세척기 내에 약 20~50 MHz의 초음파가 용액속으로 방출되면 용액 내부에 파동이 생기는데, 발진방향으로 양압(positive presser)이 발생하고 뒤편으로는 음압(negative presser)이 발생하게 된다. 이때 순간적으로 수많은 기포가 발생하게 되는데, 뒤따라온 양압에 의해 격렬하게 파쇄된다. 기포의 생성과 파쇄는 수 밀리초만에 일어나고, 파쇄될 때 강력한 고온고압의 충격파가 발생한다. 이때의 충격파는 주파수에 따라 다르지만, 국소부에 ~10000 K에 이르는 온도,

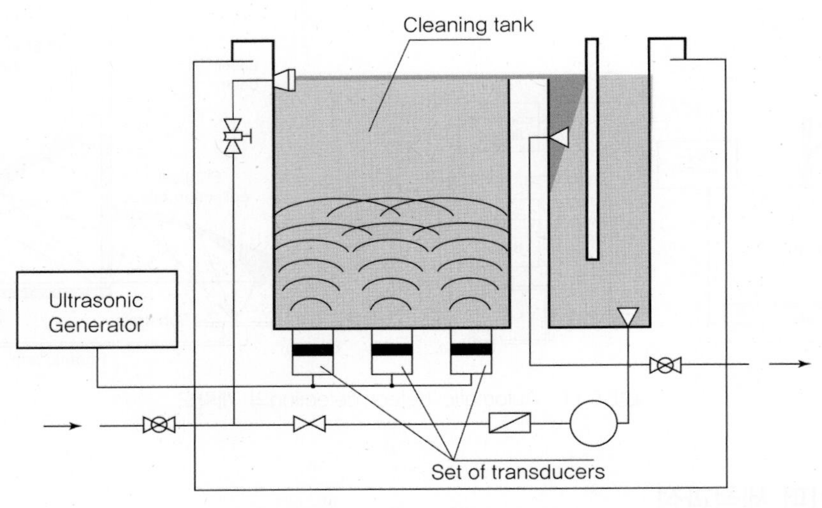

그림 5.12 초음파 세척기의 구조

~100 Mpa의 압력, ~400 Km/h에 가까운 제트 스트림을 동반한다. 이러한 충격파가 발산하는 에너지를 이용하여 물리적인 클리닝이 이루어진다(그림 5.12).

3. 사진공정

(1) 개 요

사진공정(Photolithography)은 마스크 위에 설계된 패턴(pattern), 즉 형상을 그대로 웨이퍼 표면 위로 옮기는 기술을 의미한다. 우선 마스크 패턴이 웨이퍼 위에 도포된 감광제로 옮겨지고 그 다음에 감광제 층에서 웨이퍼 표면으로 옮겨진다. 이를 위하여 패턴이 형성되어 있는 마스크를 통하여, 특정한 파장을 가지고 있는 빛을 감광제가 도포되어 있는 웨이퍼에 노광시키게 되면 빛을 받은 감광제 부분에서 광화학 반응이 일어나게 되어 빛을 받은 부분이 특정 용매에 대한 용해도가 변화하게 된다. 이러한 용매에 의해 용해도가 변한 부분을 현상(developing)하게 되면 마스크에 설계되어 있던 패턴이 그대로 감광제 층으로 옮겨지게 되는 것이다. 이렇게 만들어진 감광제 패턴은 후속공정인 증착 및 식각, 또는 이온주입공정 등에서 마스크 역할을 하게 된다. 증착공정에서의 감광제 패턴 마스크는 감광제가 제거된 부분으로의 선택적인 전류 흐름을 위한 도전층 및 절연층의 형성, 혹은 패턴이 필요한 특정 물질의 형성을 위해 적용된다. 식각공정에서는 감광제가 제거되어 있는 부분의 물질을 선택적으로 식각한다. 이때, 습식 식각의 경우에

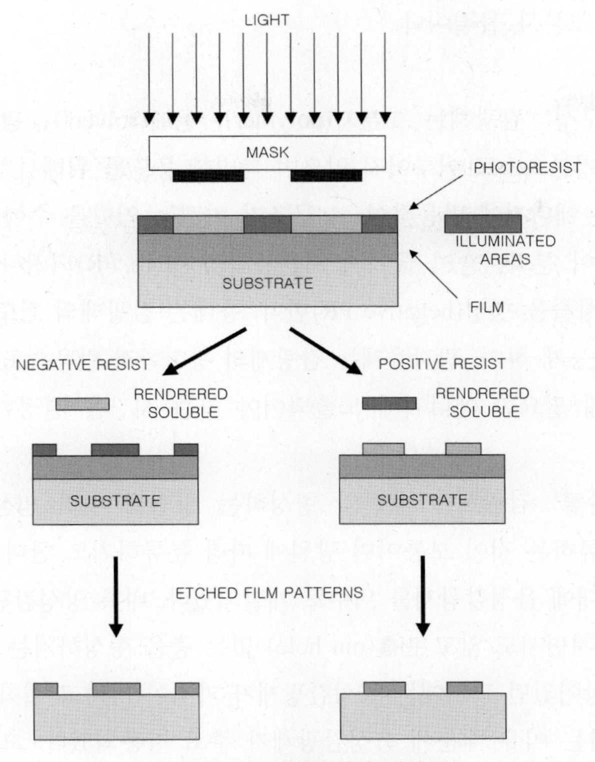

그림 5.13 사진공정의 개략도

는 기판과의 접착력에 따라 수평 방향으로 침투하는 언더컷(under cut) 현상이 발생하기 때문에 높은 접착력 확보가 중요하다. 플라즈마를 이용한 건식 식각의 경우에는 감광제 또한 같이 식각되기 때문에 원하는 식각 깊이에 따른 감광제 두께 확보가 중요하다. 이온주입공정에서는 감광제가 존재하는 부분에는 이온주입이 되지 않기 때문에 원하는 위치에 선택적으로 도핑이 이루어진다. 이처럼 사진공정은 다양한 선공정 및 후속공정과 연계하여 선택적인 구조 및 형상, 그리고 특성 변화를 이룰 수 있기 때문에 반도체 공정에서 매우 중요하다.

이러한 사진공정은 감광제의 종류에 따라 양성과 음성으로 나누어지며 그림 5.13에 개략적으로 나타내었다.

(2) 감광제

감광제는 빛이나 혹은 열 등 여러 형태의 에너지에 노출되었을 때 내부구조가 바뀌는 특성을 가진 유기고분자 물질이다.

① 감광제의 구성: 감광제는 고분자(polymer), 용매(solvent), 광감응제(photoactive agent)의 세 가지 기본요소로 이루어져 있으며 특별한 용도를 위해서 첨가물이 사용되기도 한다. 고분자는 에너지에 반응하여 그 구조가 바뀌는 역할을 수행한다. 에너지를 받았을 때 광분해하여 분자사슬이 끊어져 저분자화(positive PR)되거나 혹은 저분자에서 중합하여 고분자 사슬을 형성(negative PR)한다. 용매는 감광제의 점도를 조절하여 코팅 시 두께 조절을 가능케 하며, 광감응제는 감광제의 광화학적 반응속도를 조절하여, 내부 구조가 변화하는데 필요한 에너지에 노출되어야 하는 시간을 결정한다.

② 감광제의 종류: 감광제는 패턴의 형성하는 방법에 따라 양성(positive)과 음성(negative)으로 분류하는 것이 보통이며 광원에 따라 분류하기도 한다. 감광제를 사용하는 공정은 1960년대에 음성감광제를 위주로 개발되었다. 비록 양성감광제가 좋은 종횡비(aspect ratio)를 가지면서도 얇고 핀홀(pin hole) 없는 층을 형성하기는 하지만 패턴 크기가 10~15 μm 이상이었던 과거에는 양성감광제가 가격이 비싸고 접착성이 나쁘면서 노출시간이 짧아진다는 이유 때문에 음성감광제가 주로 사용되었다. 그러나 패턴의 크기가 점차 작아짐에 따라 음성감광제는 양성으로 대체되었고, 감광제의 현상 및 제거를 위한 약품에 있어서도 양성감광제에 쓰이는 수성 현상액이 쓰기에 안전하고 사용이 편리하기 때문에 음성감광제용보다 점차 유리하게 되었다. 마찬가지로 양성감광제용 제거액(stripper)도 현상액처럼 실온에서 사용이 가능하며 쓰기에 편하고 안전하기 때문에 음성보다 유리하다고 할 수 있다.

또한 양성 감광제(positive PR)는 노광되는 부분이 현상액(developer)에 의해 지워지며, 반대로 음성 감광제는 노광되는 부분이 현상액에 지워지지 않는다. 이로 인해 현상 후 노광된 부분과 노광되지 않은 부분의 경계부 기울기(PR profile)가 달라지게 된다. 양성 감광제는 마스크를 통과한 빛의 회절과 광감응제로 인해 감광제 상단이 좁게 패턴이 되며, 음성 감광제는 반대로 상단이 넓게 패턴이 된다. 이러한 특성들이 다른 공정에 영향을 미치기 때문에 목적에 따라 감광제의 선택이 이루어지며, 이 외에도 다른 공정과의 매칭을 위해 고려될 수 있는 다양한 차이를 다음 표 5.9와 5.10에 비교하여 나타내었다.

표 5.9 음성 및 양성감광제의 장단점 비교

파라미터	음성감광제 (Negative PR)	양성감광제 (Positive PR)
분해능(resolution)	나쁨(마이크로 패턴)	좋음(나노 패턴)
접착성(adhesion)	좋음	나쁨(언더컷 발생)
동일 두께 노광시간(exposure)	짧음(공정시간 단축)	김(공정시간 증가)
동일 두께 핀홀 수(pin-hole)	많음(내부 기포 발생)	적음
공정 민감도(process window)	민감함(공정 난이도 상승)	민감하지 않음
스텝커버리지(step-coverage)	나쁨	좋음(벽면 형성)
가격(cost)	낮음	높음
현상액(developer)	용제	수성
PR 프로파일	Mask UV Mask UV Mask Negative PR Substrate Develop PR PR Substrate	Mask UV Mask UV Mask Positive PR Substrate Develop PR PR PR Substrate

표 5.10 음성 및 양성감광제의 특성 비교

파라미터	음성감광제 (Negative PR)	양성감광제 (Positive PR)
다중체	Iso-propylene	Phenol-formaldehyde
빛에 대한 반응	고분자화	광분해
감응제의 역할	스펙트랄(spectral) 반응조절	용매에 녹는 막을 수용성화
다중체/감응제의 비율	60 : 1	4 : 1
용제	크실렌	Ethoxyethyl Acetate 혹은 Methoxyethyl Acetate
첨가물	염료(dyes)	건조용제

(3) 사진공정의 과정

① 표면준비와 감광제의 접착도 개선: 웨이퍼에 감광제층을 입히는 것은 벽에 페인트를 칠하는 것과 유사하다. 표면이 깨끗하고 건조해야 페인트가 잘 붙는 것과 마찬가지로

웨이퍼도 깨끗하고 건조해야 감광제가 잘 붙는다. 감광제의 부착불량으로 인한 공정상의 문제는 습식 식각을 할 때 발생할 수 있는 언더컷(undercut)의 문제이다. 식각이 방향성이 없이 진행되는 등방성(isotropic) 식각인 경우, 식각이 되면서 패턴이 넓어지는 현상이 생기게 되는데, 이때 감광제가 벗겨지게 되면 식각되는 패턴의 크기가 더욱 넓어지게 되며 심한 경우 패턴의 모양이 변화하기도 한다. 크기 조절이 정밀해야 하고 집적도가 큰 나노단위의 공정일 경우, 이러한 상황은 더욱 큰 문제가 될 수 있다. 언더컷과 감광제층의 탈리가 일어나는 원인은 공정관리의 불량, 공정환경, 웨이퍼 표면의 상태, 및 감광제의 형태 등에 기인한다고 할 수 있다. 양성감광제는 음성보다 접착특성이 나빠 보통의 반도체 제조공정라인에서는 감광제의 접착 특성을 높이기 위해 표면처리공정을 채택하고 있는데, 대표적인 것이 HMDS(Hexamethyldisilizane)이다.

HMDS 표면처리 방법은 스핀코팅 혹은 흄 코팅 등으로 이루어지는데, 흄 코팅은 자연 증발하는 HMDS 용액의 상단에 기판을 두어 기체가 표면에 접촉하는 형태의 상대적으로 느린 코팅 방법이다. 반면, 스핀코팅은 각 상황별 조건은 상이하지만 일반적으로 4000 rpm에서 40초 동안 코팅 후 110도의 온도에서 60초 열처리를 하여 완성된다. 빠른 공정시간으로 인해 주로 스핀코팅법이 선택된다. 참고로 HMDS는 부식성 및 독성이 강해서 피부에 닿으면 화상을 입을 수 있고, 흡입 시 두통, 현기증, 구역질, 호흡기 자극 등의 위험성을 가지고 있어서 취급에 주의를 요한다.

그림 5.14에 실리콘 산화막(웨이퍼 표면층)과 HMDS의 화학적 결합과정을 보여주고 있다.

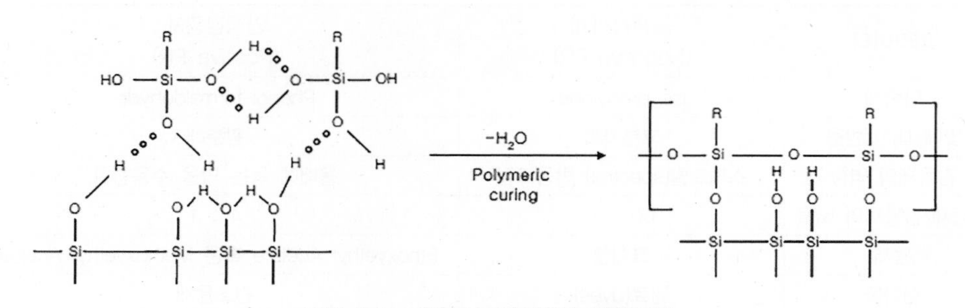

그림 5.14 SiO_2와 HMDS의 결합과정

② 감광제의 도포: 감광제층을 웨이퍼 표면에 도포(spin coating)할 때 가장 중요한 점은 감광제를 균일한 두께로 입히는 데 있다. 액체에 웨이퍼를 담가서 도포하는 방법(침지법)은 감광제가 웨이퍼의 양쪽에 묻기 때문에 반도체 산업에서는 부적당하다. 균일한

두께의 감광제를 도포하기 위해서 주로 사용하는 방법은 스핀코팅법이다. 스핀코팅 후 얻어지는 감광제의 두께는 감광제와 관련된 요인과 스핀코팅 장치와 관련된 요인에 의해 결정된다. 감광제 관련요인으로는 표면장력, 고형분 함량, 점도 등을 들 수 있는데, 이러한 요인들에 의해 고속회전시 감광제가 웨이퍼 표면에 퍼지는 정도가 결정된다. 스핀코팅 장치 관련요인으로는 가속도 및 최종속도가 중요하다. 감광제의 두께는 감광제의 양과 스핀시간에 의해서도 다소 변화되지만 무시할 만하며, 따라서 이 두 변수는 두께를 결정하는 데에는 그다지 중요하게 사용되지 않는다. 주어진 점도에 대해 막의 두께는 스핀속도가 늘어남에 따라 줄어든다. 같은 스핀속도에서 점도를 높이면 두께는 두꺼워지게 된다. 따라서, 목적하는 두께에 맞추어 감광제의 점도 및 회전속도를 선택하게 되는데 일반적으로는 구매한 감광제의 스펙시트를 보고 공정 조건을 유추할 수 있다.

감광제의 스핀 코팅 시 유의해야 할 사항 중 하나는 에지 비드(edge bead)이다. 에지 비드는 웨이퍼의 최 외곽부에서 발생하는데, 회전 시 감광액의 표면장력으로 인해 감광액이 웨이퍼 끝로부터 완전히 단락되지 못하고 뭉쳐서 두껍게 코팅되는 현상이다. 이러한 에지 비드는 이어지는 노광공정에서 마스크 오염과 패턴 불량을 야기하기 때문에 반드시 없애야 한다. 이러한 공정을 EBR(Edge Bead Remove) 공정이라고 하며, 회전 시 끝부분에 유기용매를 쏘아주어 제거하는 solvent EBR 방법과 양성 감광제의 경우에는 웨이퍼의 끝 부분만 노광후 현상하는 Optical Exposure EBR 방법(그림 5.15)이 있다.

다른 사항으로는 웨이퍼 위에 파티클 입자 혹은 불규칙한 구멍 등이 있을 경우 회전 중 streak이라 불리는 결함이 발생한다. 이는 이물질 혹은 구멍이 감광제를 가로막아 스핀 코팅 시 뒤쪽으로 제대로 코팅되지 않고 빗살무늬가 생기는 현상이다. 이를 막기 위해서는 감광액 도포 전 확실한 웨이퍼 세척 및 클린룸 먼지 관리가 되어야 한다.

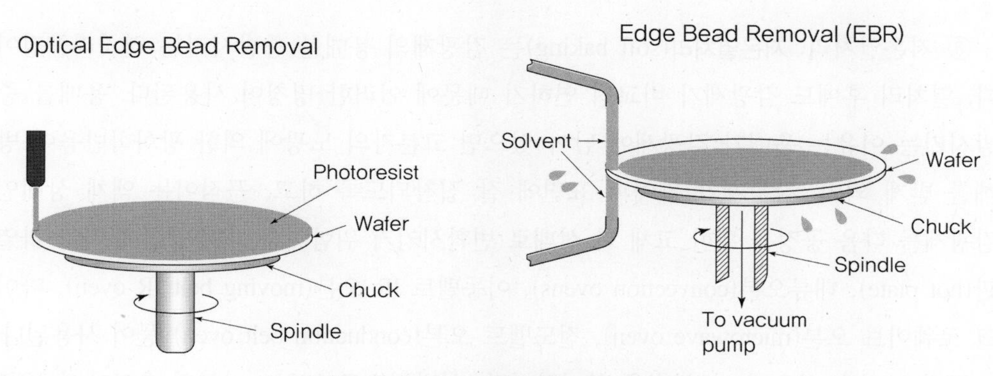

그림 5.15 Optical EBR 및 Solvent EBR

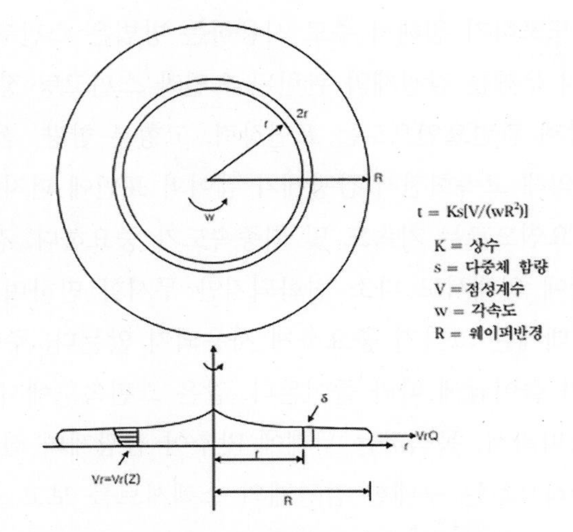

그림 5.16 스핀 중의 감광제막의 모양 및 두께식

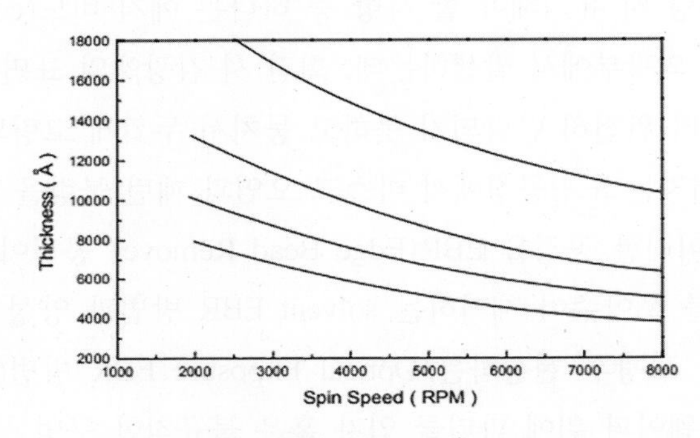

그림 5.17 필름두께와 스핀속도의 관계

그림 5.16에서는 스핀 중의 감광제의 모양과 일반적인 막 두께 계산식을 나타내었으며, 그림 5.17에는 감광제의 점도와 스핀속도에 따른 막의 두께를 나타내었다.

③ 저온열처리: 저온열처리(soft baking)는 감광제의 용매를 증발시키는 열처리공정이다. 열처리 후에도 감광제가 비교적 연하기 때문에 이러한 명칭이 사용된다. 용매를 증발시키는 이유는 용매가 감광제에 남아 있으면 고분자의 노광에 의한 광화학반응이 방해를 받게 되며, 감광제가 웨이퍼 표면에 잘 접착되도록 하고, 끈적이는 액체 상태인 감광제를 다음 공정을 위한 고체 막 상태로 변환시키기 위함이다. 가열방법에 따라 가열판(hot plate), 대류오븐(convection ovens), 이동벨트 IR 오븐(moving belt IR oven), 마이크 로웨이브 오븐(microwave oven), 전도벨트 오븐(conduction belt oven) 등이 사용된다.

공정 조건은 경우에 따라 매우 상이하지만, 일반적으로 100℃ 이하의 온도에서 10분이하로 진행한다.

④ **정렬공정**(alignment): 반도체 공정은 여러 공정이 순차적으로 이루어지기 때문에, 하나의 웨이퍼에 여러번의 패터닝이 이루어진다. 따라서 앞서 형성된 패턴과 다음에 형성될 패턴과의 정확한 위치 정렬이 매우 중요하다. 단 한번의 정렬 실수가 앞서 진행된 모든 공정을 실패로 만들 수 있다. 나노단위의 초미세 패턴은 그 엄청난 복잡성으로 인해 패턴에 의한 정렬은 불가능에 가깝다. 따라서 정렬만을 위한 특별한 패턴을 만들게 되는데, 바로 정렬 마크(align key)이다. 따라서 정렬 공정 시, 마스크에 새겨진 정렬 마크를 웨이퍼에 새겨져 있는 정렬 마크에 일치시켜 패턴의 위치를 맞추게 된다(그림 5.18). 정렬은 웨이퍼 스테이지의 가로축(x-axis)과 세로축(y-axis), 그리고 축 회전(φ-axis)에 의해 수행되며 노광 방식에 따라 높이(z-axis)가 조절된다. 정렬 마크는 일반적으로 십자가 혹은 사각형으로 이루어지지만 어떤 모양이건 정렬에 효과적이라면 이용될 수 있다.

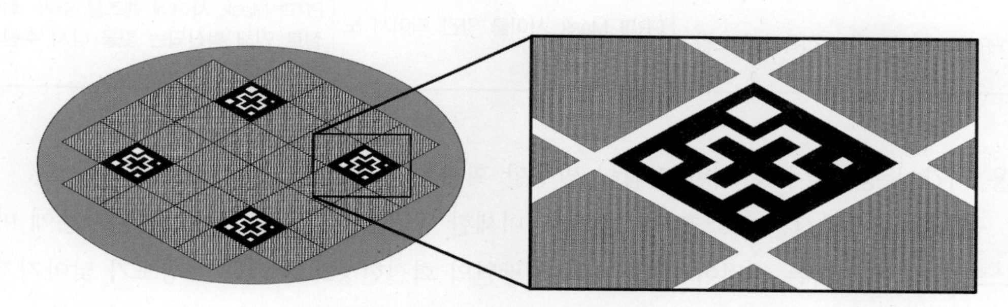

그림 5.18 정렬 마크 패턴 예시

⑤ **노광공정**(exposure): 노광공정에 영향을 미치는 요소는 크게 마스크를 이용하는 노광 방법 및 형태적 요소와 빛의 파장으로 나뉜다.

노광 방법에 따라 접촉형(contact), 근접형(proximity), 투사형(projection)으로 나뉜다. 또한 노광 형태는 면광원을 이용하는 얼라이너(aligner)와 스테퍼(stepper), 선광원을 이용하는 스캐너(scanner)로 분류된다. 그리고 양산에 적합하지 않지만 매우 정밀한, 점 형태의 전자를 이용하는 전자빔 리소그래피(E-beam lithography) 등이 있다.

접촉형 노광방식은 웨이퍼 위의 감광제가 마스크에 밀착되기 때문에 회절이 적어서 수 마이크로미터 단위의 작은 패턴의 형성이 가능하다. 하지만 감광제와 마스크가 접촉을 반복하기 때문에 오염으로 인해 마스크를 자주 교체 및 세척하여야 하며, 마스크 사

표 5.11 정렬 및 노출장치의 개념도

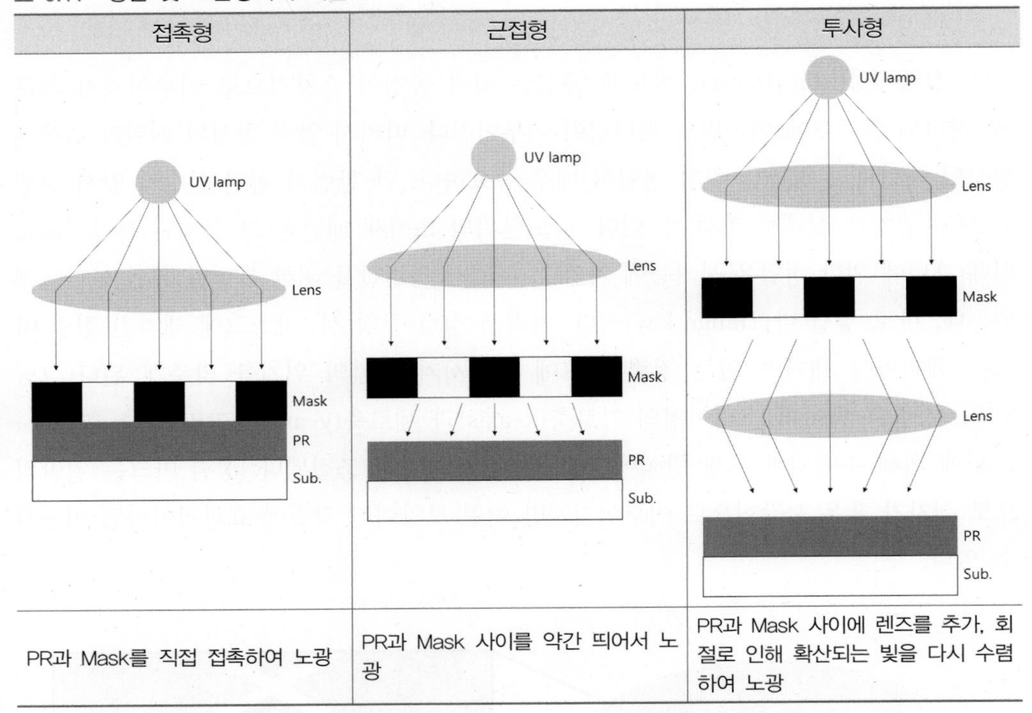

접촉형	근접형	투사형
PR과 Mask를 직접 접촉하여 노광	PR과 Mask 사이를 약간 띄어서 노광	PR과 Mask 사이에 렌즈를 추가, 회절로 인해 확산되는 빛을 다시 수렴하여 노광

용 시간이 증가할수록 패턴 결함이 발생할 확률이 높아진다.

근접형 노광방식은 마스크와 감광제가 미세한 공간을 두고 접촉하지 않기 때문에 마스크 오염이 적다는 장점이 있다. 하지만 광원의 회절현상으로 인해 해상도가 낮아지기에 5 μm 이하의 패턴에는 적용하기 어렵는 한계가 있다.

접촉형과 근접형의 문제를 해결하기 위해 개발된 방법이 바로 투사형이다. 투사형은 근접형 노광방식에서 마스크와 감광제 사이에 렌즈가 추가된다. 추가된 렌즈는 마스크를 지나면서 회절된 빛을 다시 모아서 노광한다. 초점거리를 어떻게 맞추느냐에 따라 패턴의 확대 및 축소가 가능하기 때문에 나노단위의 매우 작은 패턴을 구현할 수 있으며, 마스크가 감광제에 직접 접촉하지 않기 때문에 오염의 염려도 없다.

노광 형태로는 크게 점, 선, 면으로 나뉘는데, 면 노광의 대표적인 방식은 얼라이너 및 스테퍼가 있다. 면 노광의 장점으로는 넓은 면적을 한번에 노광하기 때문에 공정 시간이 짧다는 장점이 있지만, 현재의 기술로는 빛의 세기가 매우 균일한 면광원을 만들기에 한계가 있기 때문에, 나노단위의 패턴 형성 시 이용되기 어렵다.

선 노광방식은 스캐너가 있다. 스캐너 방식은 선광원이 지나가는 형태로 노광하는데,

표 5.12 노광방식의 비교

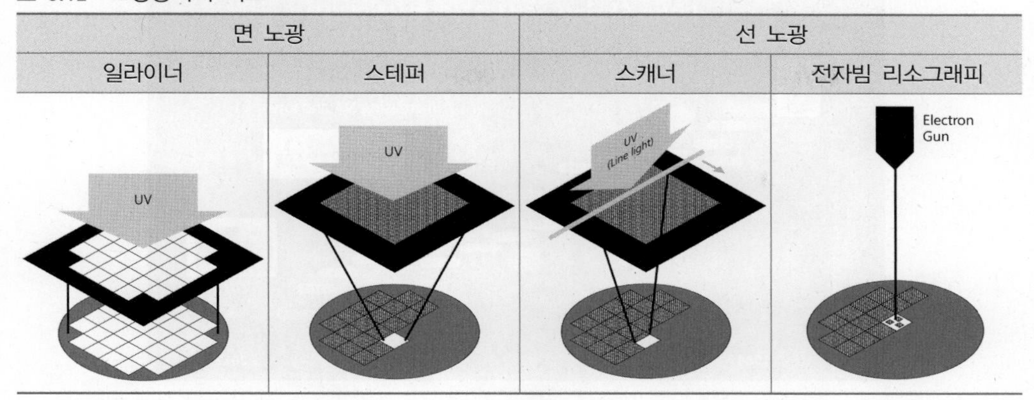

면 노광
선 노광
일라이너
스테퍼
스캐너
전자빔 리소그래피
UV
UV
UV (Line light)
Electron Gun

우리가 흔히 사용하는 프린터 복합기에서 서류를 스캔하는 방식으로 이해할 수 있다. 면 노광방식에 비해 속도는 느리지만 매우 균일한 선 광원을 이용하여 수십 나노단위의 초미세공정에 적용할 수 있다.

점 노광방식으로는 전자빔 리소그래피가 있다. 전자빔 리소그래피는 마스크 없이 점의 형태로 직접 감광제에 전자의 형태로 에너지를 인가하기 때문에 마스크 사용으로 인한 문제가 전혀 없다는 장점이 있다. 하지만 점의 형태로 패터닝을 진행하기 때문에 시간이 매우 오래 걸리고, 제작 단가 역시 비싸다는 문제가 있어 연구 등 특수목적으로만 이용된다.

표 5.13 파장과 패턴의 폭이 회절각에 미치는 영향

패턴의 폭이 일정할 때		파장이 일정할 때	
단파장	장파장	좁은 폭	넓은 폭
회절각 작음	회절각 큼	회절각 큼	회절각 작음

그림 5.19 노광 시스템과 해상도

얼마나 작은 패턴을 만들 수 있는가를 나타내는 말은 해상도(resolution)이며, 해상도는 유효렌즈의 크기(NA)가 클수록, 규격화된 광원의 파장(λ)이 단파장일수록 향상된다. 또한 장비의 능력이나 공정 파라미터(k_1)에도 영향을 받는다.

$$\text{Resolution(낮을수록 우수)} = K_1 \frac{\lambda}{NA}$$

먼저, 유효렌즈의 크기가 커질수록 렌즈에 회절광이 많이 들어올 수 있기 때문에 해상도를 향상시킬 수 있다. 다음으로, 가장 빠르게 해상도의 향상을 가져올 수 있는 방법은 광원의 파장을 단파장으로 바꾸는 것이다. 단파장은 장파장과 비교했을 때 마스크를 통과 후 회절현상이 상대적으로 적다는 장점이 있다.

과거로부터 현재까지 해상도를 향상시키기 위하여 I-line(365nm), KrF(248nm), ArF(193nm), EUV(13.4nm) 순으로 단파장의 광원기술을 채택해왔다. 현재는 수 나노 공정의 해상도를 구현하기 위하여 EUV 기술이 실제 양산 공정에 적용되고 있고, 개선 연구가 활발하게 진행중이다.

⑥ PEB(Post exposure bake): PEB 공정은 노광 후 현상을 하기 전에 하는 열처리 공정으로 100도 이상의 온도에서 2분 내외의 열처리를 진행하는 공정인데, 공정조건은 작업환경에 따라 크게 달라질 수 있다. PEB를 하는 이유는 노광 후 광을 받은 부분과 받지 않은 부분의 경계면에서 발생하는 standing wave를 억제하기 위해서이다. 만약 standing wave를 억제하지 않고 다음 공정을 진행하게 되면 공정의 균일도가 나빠지고 해상도가 감소하는 등 많은 문제가 발생하게 된다.

표 5.14 PEB 전·후의 비교

PEB 전	PEB 후
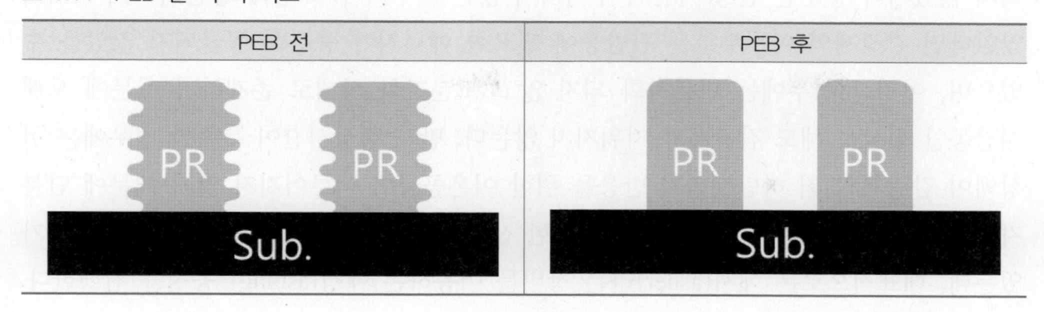	

⑦ **현상(develop)**: 정렬 및 노광 후에 마스크에 있던 패턴은 노광에 의해 감광제의 고분자화된 곳과 안 된 곳으로서 감광제층에 옮겨지게 된다. 다음 단계는 감광제 중 고분자화가 되지 않은 부분을 제거하는 일이다. 플라스마를 사용하는 방법도 개발 중이지만 일반적으로 화학약품으로 제거한다. 현상의 목적은 고분자화가 되지 않은 부분을 제거하여 정렬 및 노출공정에서 형성된 패턴을 만들어내는 것에 있다. 음성과 양성감광제는 현상액이 각기 다르며 정렬 및 노출 후에 음성감광제는 노광된 부분이 고분자화된다. 현상액은 고분자화된 부분을 잘 녹이지 못하지만 나머지 부분은 쉽게 용해시킨다. 양성감광제는 이와 반대이다(표 5.9). 표 5.15에는 각 감광제에 대한 현상액 및 세척액을 보였다.

성공적인 현상공정에 있어 가장 중요한 부분은 감광제와 기판의 접착력이다. 감광제와 기판과의 접착력이 충분하지 않다면 그 사이로 현상용액이 스며들어가게 되고 흔히 언더컷(under-cut)이라 불리는 불량요인이 발생한다. 이러한 현상이 심해지면 감광제가 들떠 일어나 기판에서 분리되는 박리(peeling) 현상까지도 일어난다. 만약 이러한 현상이 발생하게 되면 앞선 공정을 실패로 돌리고 새로이 공정을 진행하는 리워크(rework)을 진행하게 되고, 이는 많은 금전적, 시간적 손해를 야기한다.

현상 과정에서 실패를 야기할 수 있는 요소로는 감광제 잔류물(scum, residue)이 표면에 남는 것이다. 이러한 잔류물의 원인은 크게 두 가지가 있는데, 충분한 에너지가 노광

표 5.15 각 감광제에 대한 현상액 및 세척액

구분	양성	음성
현상액	NaOH Tetramethyl Ammonium Hydroxide	Xylene Standard Solvent
세척액	H_2O	N-Butylacetate

되지 않았거나 충분한 현상 시간이 주어지지 않은 경우이다. 노광이 충분히 이루어지지 않았다면 감광제의 아랫부분은 광반응에 필요한 에너지가 충분히 공급되지 않았을 수 있으며, 이러한 경우에는 단분자화 되지 않고 고분자화 상태로 존재하기 때문에 오랜 시간동안 현상을 해도 감광제가 지워지지 않는다. 만약 현상시간이 부족한 경우에는 현상액이 감광제의 최 하단부까지 반응을 위한 이온공급이 이루어지지 않기 때문에 단분자화 된 잔류물이 남아있을 수 있다. 이러한 잔류물을 제거하는 방법으로는 여러 가지가 있는데, 대표적으로는 애셔(asher)라는 장비를 이용하는 애싱(ashing) 공정을 진행한다. 애싱 공정은 샘플의 표면에 산소 플라즈마 처리하는데, 산소 플라즈마는 높은 반응성을 가지고 있어, 잔류물과 반응하여 효과적으로 제거한다. 이외의 방법으로는 아세톤 등의 유기용제를 묽게 희석한 후 짧은 시간 담궈서 잔류물을 제거하는 방식도 있지만 정상적인 패턴에 데미지를 줄 수 있기 때문에 신뢰도는 상대적으로 낮다.

⑧ **고온열처리(hard baking)**: 고온열처리 공정은 저온열처리 공정처럼 감광제 내부의 잔류 용매를 증발시키는 것이 주요한 목적이다. 해당 공정을 통해 얻을 수 있는 장점은 기판과의 접착력을 향상시켜 언더컷 혹은 필링과 같은 결함을 줄일 수 있다. 또한 건식식각을 할 때, 감광제의 내 마모성을 향상시켜 감광제의 단위두께당 물질 식각 깊이를 높일 수 있다는 장점이 있다.

이해하기 쉽게 비유하자면 저온열처리는 물엿같은 상태를 젤리처럼 바꾸어주고, 고온열처리는 젤리같은 상태를 벽돌처럼 바꾸어주는 공정이다.

고온열처리 공정은 상황에 따라 조건이 크게 달라지며, 일반적으로는 150℃의 온도에서 5분 이상 수행한다. 일반적인 감광제의 경우, 열처리 온도가 200℃가 넘어가게 되면 감광제가 까맣게 타서 눌러붙는 버닝(burning) 현상이 발생하게 된다. 따라서 다양한 온도 및 시간조건을 실험해보면서 최적의 공정조건을 찾는 것이 필요하다.

4. 식각공정

식각(etching)이란 원하는 형태로 패턴을 형성할 수 있는 사진공정과 연계하여 선택된 부분만을 화학적 혹은 물리적 과정을 통하여 제거하는 공정을 말한다.

식각은 반도체소자의 제조과정에서 중요한 하나의 단계로 크게 나누어 습식식각(wet ething)과 건식식각(dry etching)으로 나눌 수 있다. 이번 절에서는 습식식각과 건식식각의 특징 및 응용사례를 통해서 식각공정에 대한 이해를 돕고자 한다.

(1) 습식식각

습식식각 과정은 제거하고자 하는 기판 표면의 물질과 반응성이 높은 식각용액을 사용하여 식각을 수행하는 과정이다. 일반적으로 반응성 기체만을 사용하는 건식식각 과정에 비해 등방성(isotropic), 즉 방향성이 없는 식각이 이루어진다. 식각이 등방성으로 진행된다는 특징 때문에 습식식각은 3 μm 크기 이하의 정밀한 형상을 구현하는 데는 부적합하다. 그럼에도 불구하고 3 μm보다 큰 선폭의 형성을 포함한 적지 않은 분야에서 습식식각이 아직도 사용되고 있는 이유는 방법이 간단하고, 신뢰할 수 있으며, 마스크와 기판에 대해서 탁월한 선택도(selectivity)를 가지도록 할 수 있기 때문이다. 최근에는 습식식각 장치도 장치의 자동화 및 공정의 정밀제어 기술이 발점함에 따라 습식식각의 재현성 및 식각 해상도가 향상되고 있다. 그리고 식각용액(etchant)을 여과하여 재사용함으로써 공정단가를 감소시킬 수 있다는 이점 등이 있어, 습식식각이 반도체 제조공정에서 지속적으로 사용될 수 있을 것으로 예상되고 있다.

반면에 습식식각은 3 μm 이하의 선폭을 구현하기 어렵다는 점 외에도 다음과 같은 몇 가지 단점을 가지고 있다. 건식식각 기체의 비용과 비교해 볼 때 식각용액과 DI(deionized) water의 높은 가격, 화학적인 조작에 따른 오퍼레이터의 위험성 증가, 폐가스와 폭발의 위험성, 식각 시 기포의 형성과 기판 표면의 불완전한 젖음 현상에 기인하는 불균일한 식각현상 등이 그것이다.

일반적으로 습식식각은 세 가지의 과정으로 나눌 수 있는데, 첫째로 반응물의 기판 표면으로의 확산, 둘째로 표면에서의 화학 반응, 그리고 마지막으로 반응하는 기판 표면으로부터 반응생성물의 확산이 그것이다. 두 번째 과정인 표면반응은 표면으로의 흡착과 표면으로부터의 탈착으로 세분화할 수 있다. 이중에서 가장 속도가 느린 단계, 즉 속도조절단계(rate-controlling step)가 전체반응의 속도를 결정한다고 할 수 있다.

습식식각은 다른 여러 산업분야에서도 활용되고 있지만 반도체 산업분야로의 응용을 보자면, 습식식각은 주로 실리콘 기판이나 기판 위에 성장된 박막에 원하는 형상을 구현하기 위해 사용되어 왔다. 마스크는 주로 식각용액으로부터 원하는 표면을 보호하기 위해 사용되어지고 습식식각이 끝나게 되면 벗겨내게 된다. 따라서 습식식각 과정을 선택할 때에는 식각용액의 선택과 함께 아래에 있는 층과의 접착성이 좋으며, 식각용액의 공격으로부터 화학적으로 견딜 수 있는 마스크 재료를 선택해야만 한다. 감광제는 마스크로서 가장 자주 사용되기도 하지만 이러한 역할을 하기에 부족한 경우도 많이 있다. 습식식각 과정에서 마스크층으로 감광제를 사용할 때 부딪치는 문제는 식각용액의 공격

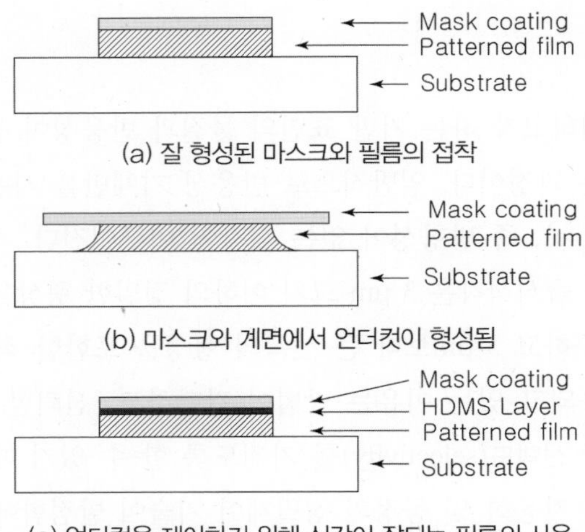

그림 5.20 습식식각을 통한 식각 프로파일

으로 인하여 마스크와 아래의 층 사이 계면의 모서리에서 부착력이 떨어진다는 점이다(그림 5.20). 이러한 모서리에서의 부착력은 헥사메틸다이실라잔(Hexamethyldisilazane, HMDS)과 같은 접착 증진제를 사용하여 개선할 수 있다.

특히 패턴의 모서리를 따라 거품이 생성되는 식각과정에서는 기판에 거품이 붙기 때문에 패턴이 잘 형성되지 않을 수 있다. 거품들로 인해 식각용액이 아래의 층을 식각하기가 어려워 지기 때문에 이러한 위치에서는 거품이 없어질 때까지 식각속도가 떨어지게 된다. 그러므로 이러한 경우에는 젖음(wetting) 특성을 증진할 수 있는 계면활성제를 혼합한 식각용액을 교반 하면서 사용하게 되면 이러한 거품의 생성을 억제할 수 있다.

또한 현상 잔류물(scum, residue)은 정상적인 식각을 막는 원인이 되어 식각이 되지 않게 하거나 패턴이 제대로 형성되는 것을 방해하기도 한다. 이러한 경우에는 산소 플라스마를 사용하여 이러한 잔류물들을 제거하기도 한다.

① 실리콘의 습식식각: 단결정이나 다결정 실리콘 모두 전형적으로 질산과 불화수소산의 혼합물에 의해 습식식각이 된다. 이 반응은 먼저 질산에 의해 실리콘 위에 실리콘 산화막이 형성되는 것으로 시작하여 불화수소산이 이 산화막층을 녹여내는 순서로 진행된다. 전체반응식은 식 (5.2)와 같다.

$$Si + HNO_3 + 6HF \rightarrow H_2SiF_6 + H_2 + H_2O \quad (5.2)$$

혼합물의 조성에 따라 식각속도가 달라질 수 있다. 높은 불화수소산의 농도와 낮은 질산농도에서는 반응하는 동안에 과량의 불화수소산이 SiO_2를 쉽게 용해시키므로 질산의 농도에 의해서 식각속도가 제어된다. 반면에 낮은 불화수소산 농도와 높은 질산농도에서는 식각속도는 불화수소산의 SiO_2 제거능력에 의해서 제한된다. 즉, 반응속도가 더 낮은 반응에 의해 전체 속도가 정해진다. 이러한 식각용액에서 식각은 등방성으로 이루어지고 이러한 방법은 종종 폴리싱(polishing, 연마)을 하기 위한 용액으로서 사용된다. 어떠한 경우에는 물질의 특정한 결정면을 따라 진행되는 식각속도가, 다른 결정면을 따르는 식각속도보다 훨씬 크게 나타나기도 한다. 즉, 물질의 결정면에 따라 식각속도가 다르게 나타난다. 이러한 사실은 특정방향으로의 식각속도를 억제함으로써 특정한 모양이나 구조를 가지도록 실리콘을 식각할 수 있음을 의미하는 것이다(그림 5.21). 단결정 실리콘과 같은 다이아몬드 격자구조에서는 (100) 면보다는 (111) 면이 좀 더 조밀하게 구성되어 있고, 그래서 (111) 배향의 식각속도가 (100) 배향의 식각속도보다 작게 나타난다.

실리콘에서 이러한 배향에 의존하는 식각특성을 나타내는 식각용액은 수산화칼륨(KOH)과 이소프로필 알코올(isopropyl alcohol)의 혼합물이다(예를 들면 23.4 wt.% KOH, 13.3 wt.% isopropyl alcohol, 63 wt.% H_2O). 이러한 식각용액에서의 식각속도는 (111) 면보다 (100) 면에서 약 100배 정도 빠른 것으로 보고되어 있다(80℃, 0.6 μm/min

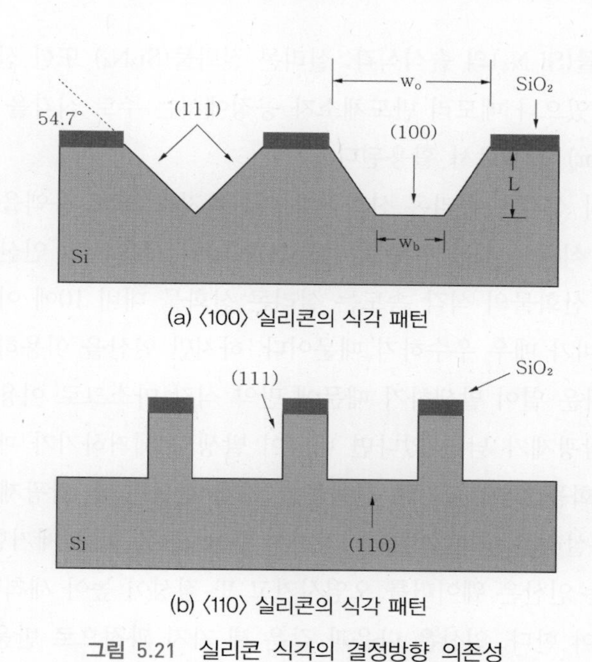

그림 5.21 실리콘 식각의 결정방향 의존성

vs. 0.006 μm/min).

② 실리콘 산화물(SiO_2)의 습식식각: 실리콘 산화물은 반도체나 혹은 금속 사이의 절연을 위해 사용하는 절연체로서 반도체소자 제조공정에서 가장 많이 사용되는 절연체이다. 실리콘 산화물이 절연체로서 가장 흔하게 사용되는 이유는 실리콘상에 쉽게 산화물로 얻어질 수 있어 계면상의 특성이 가장 좋기 때문이다. 실리콘 산화물박막은 주로 열에 의한 실리콘의 산화, CVD, 혹은 용액원료로부터의 스핀 코팅(spin coating)에 의해 얻어진다. 실리콘 산화물은 보통 HF와 NH_4F의 혼합물인 BOE(buffered oxide etchant) 용액으로 식각하며 식각속도는 두 용액의 비로 결정된다. 일반적으로 NH_4F: HF의 비를 6 : 1 정도로 조절하여 사용하는데, 22~30℃에서 800~1000 Å/min의 식각속도를 보인다. 이때 일어나는 화학반응식은 다음과 같다.

$$SiO_2 + HF \rightarrow SiF_4 + H_2O \tag{5.3}$$

웨이퍼 세척을 포함하여 조심스러운 식각을 할 때에는 NH_4F : HF의 비율이 10 : 1의 용액을 쓰기도 한다. 식각속도를 더 낮추기 위해서 물을 섞기도 하는데, 이때의 반응식은 식 (5.3)과 같으나 가역반응으로서 물을 많이 섞을수록 오른쪽에서 왼쪽으로의 반응이 촉진된다.

③ 실리콘 질화물(Si_3N_4)의 습식식각: 실리콘 질화물(Si_3N_4) 또한 산화물과 같이 절연체로서 활용될 수 있으나 메모리 반도체소자 공정에서는 주로 식각을 위한 마스크용 혹은 축전기(capacitor) 물질로서 활용된다.

실리콘 질화물의 식각은 실리콘 산화물과 마찬가지로 BOE 용액을 이용하여 식각할 수 있지만 선택적 식각을 위하여 주로 인산(H_3PO_4)이 사용된다. 인산을 사용하는 이유는 인산의 실리콘 산화물의 식각 속도는 실리콘 산화물 대비 10에 이르는 속도 차이를 가지고 있어 선택비가 매우 우수하기 때문이다. 하지만 인산을 이용하여 식각하는 과정에서 200도에 가까운 열이 발생하기 때문에 만약 식각 마스크로 이용하는 산화 실리콘을 만들기 위한 감광제가 남아 있다면 버닝이 발생해 제거하기가 매우 까다로워진다. 따라서 실리콘 질화물 위에 실리콘 산화물을 얇게 형성한 후 감광제 패터닝과 식각을 진행하면, 나중에 실리콘 산화물만을 식각하여 쉽게 PR을 함께 제거할 수 있다. 이러한 공정에서 사용하는 인산은 웨이퍼를 오염시키고 또 점성이 높아 세척할 때 어려움이 많기 때문에 주의해야 한다. 인산은 다음과 같은 세 가지 과정으로 반응한다. 여기서 k는 이온화상수이다.

$$H_3PO_4 \Leftrightarrow H^+ + H_2PO_4^-, \; K_1 = 7.5 \times 10^{-3} \tag{5.4}$$

$$H_2PO_4^- \Leftrightarrow H^+ + H_2PO_4^{2-}, \; K_2 = 6.2 \times 10^{-8} \tag{5.5}$$

$$HPO_4^{2-} \Leftrightarrow H^+ + PO_4^{3-}, \; K_3 = 1.7 \times 10^{-12} \tag{5.6}$$

이온이 위와 같이 여러 종류이기 때문에 세척에 어려움이 따른다. 오염을 방지하기 위해 테프론(teflon) 재질의 웨이퍼 운반 틀(carrier)과 석영 보트(boat)를 사용한다. Si_3N_4의 식각속 도는 인산의 상태에 크게 영향을 받는데, 특히 인산의 수분 함량이 Si_3N_4와 SiO_2의 식각속도에 큰 영향을 준다.

(2) 건식식각

습식식각은 앞서 기술한 바와 같은 여러 가지 장점을 가지고 있음에도 불구하고, 식각이 등방성을 가지고 진행된다는 큰 단점을 가지고 있다. 이로 인해 식각하고자 하는 형상의 폭이 1 μm 이하로 작아지게 되면 언더컷 현상 때문에 정확한 형상을 구현할 수 없게 된다. 이러한 이유로 비등방성(anisotrophic) 식각방법이 나노단위의 집적회로 구현을 위해 반드시 필요하게 되었으며, 건식식각 기술의 발달로 이러한 문제가 해결되었다. 건식식각(dry etching)은 마스크의 선택도가 높으며, 비등방성 식각으로 나노단위의 미세한 식각이 가능하다. 또한 전용장비를 이용하여 자동화가 가능하기 때문에 오퍼레이터의 능력에 따른 공정 차이가 크지 않다는 장점이 있다. 더 자세한 건식식각의 장단점은 다음 표 5.16에 요약하였다.

표 5.16 건식식각의 장단점

장 점	단 점
• 마스크와 하부층에 대한 선택도가 높다. • 비등방성 식각을 통하여 정확한 패턴의 형성이 가능하다. • 자동화가 가능하여 수율과 생산성이 높다. • 공해가 적고 작업자의 안전성이 높다.	• 공정변수가 많다. • 복잡한 물리, 화학 반응을 수반하므로 공정의 이해가 어렵다. • 플라즈마 내의 이온 충격이나 라디칼에 의한 손상 및 오염의 문제가 있다. • 선택도가 습식식각에 비해 떨어진다.

① 플라스마

• 플라스마(plasma)의 정의: 전하입자 및 중성입자로 구성되어 집단적인 거동(collective

behavior)을 보이는 준중성(quasi-neutral) 기체로서 고체, 액체, 기체와는 다른 물질의 제4상태이다. 그림 5.22에서는 4가지 상태가 가지는 온도와 입자 에너지의 범위를 보여주고 있다.

• 플라스마의 분류: 플라스마는 밀도나 에너지의 크기에 따라 다양한 형태로 존재하는데, 그림 5.23에 플라스마의 종류에 따른 에너지와 밀도를 나타내었다. 우주 등에 존재하는 자연적인 플라스마 외에 연구나 산업적 응용을 위해 만들어진 플라스마는 크게 열 플라스마(thermal plasma)와 저온 플라스마(cold plasma)로 구분된다. 열 플

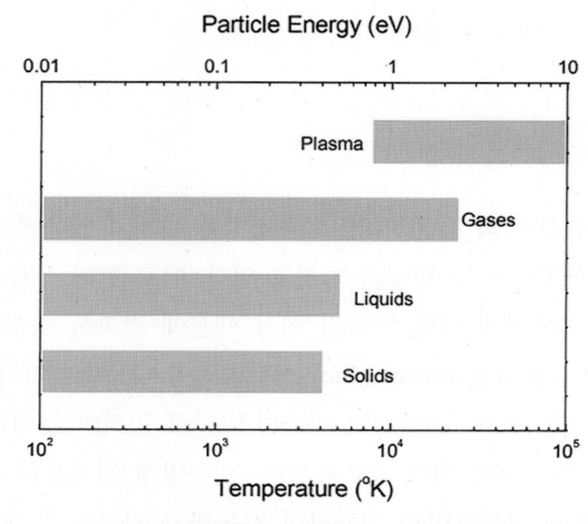

그림 5.22 물질의 상태와 온도분포

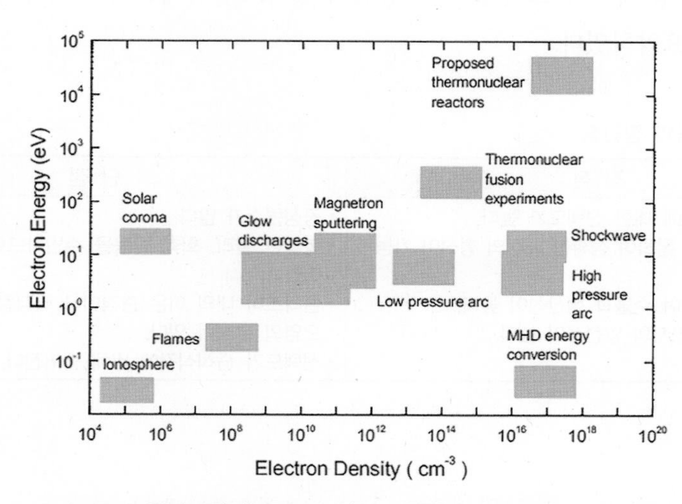

그림 5.23 플라스마의 종류에 따른 전자온도와 전자밀도의 비교

라스마의 경우는 핵 융합과 같은 특수 목적을 위해 이용되고 있으며, 저온 플라스마는 반도체 제조공정에서 광 범위하게 응용되고 있다. 따라서 앞으로 언급하는 플라스마는 저온 플라스마에 국한시키도록 한다.

• 저온 플라스마의 발생 방법과 특징: 저온플라스마는 압력이 수 mtorr에서 수 torr 영역에 있으며 이온이나 중성 입자의 온도가 전자의 온도에 비해 매우 낮은 플라스마이다. 저온 플라스마의 발생방법에는 DC 방전, 용량 결합형 RF 방전(CCP), 유도 결합형 RF(ICP) 방전, 헬리콘파(Helicon wave) 플라스마, ECR(Electron Cyclotron Resonance) 플라스마가 있다. 반도체의 집적도 증가로 인해 요구되는 선폭이 좁아져서 건식식각시에 플라스마 내의 이온이 기판에 좀더 수직한 방향성을 가져야 하며 이온의 양(flux)도 증가하여야 한다. 이에 따라 DC 방전이나 용량 결합형 RF(CCP) 방전과 같은 저밀도 플라스마는 기판에 입사하는 이온의 양과 에너지를 독립적으로 조절할 수 없기에, 바람직하지 못한 손상이나 선폭의 감소현상이 단점으로 지적될 수 있다. 또한 낮은 입사이온의 양과 높은 이온의 에너지는 상대적으로 공정범위를 제한하고 공정의 재현성에 나쁜 영향을 미치게 된다. 공정압력 범위도 수십에서 수백 mtorr 정도로 높은 편이어서 기판에 입사하는 이온의 방향성을 방해하여 바람직한 패턴 형성을 방해한다. 이러한 이유로 인해 최근에는 용량 결합형 플라스마(CCP)를 대체할 새로운 고밀도 플라스마 식각기술이 개발되고 있는데 유도 결합형 RF 방전(ICP), 헬리콘파 플라스마, ECR 플라스마와 같은 고밀도 플라스마 등이 그것이다. 이 중 가장 많이 이용되는 식각 기술은 유도 결합형 RF 방전기술인 ICP(inductively coupled plasma)이다. ICP는 RF 코일이 챔버를 둥글게 감싸고 있음으로써 챔버 내부에 유도전류를 발생시킨다. 유도전류에 의해 챔버 내부의 자유전자는 챔버 벽과 충돌하지 않고 계속해서 중성 입자와 충돌하여 플라즈마를 형성하기 때문에 고밀도의 플라즈마를 형성할 수 있다. 따라서 높은 밀도의 라디칼 형성이 가능하여 식각률을 증가시킬 수 있다. 또한 낮은 압력으로도 공정진행이 가능하기 때문에 입자들의 평균자유행로(MFP)도 길어져 직진성이 증가하기 때문에 이방성 식각 특성이 향상된다.

② 식각이 진행되는 과정: 일반적으로 건식식각이 일어나는 과정은 표 5.17과 그림 5.24에서 보는 바와 같이 물리적 작용에 의한 스퍼터링(sputtering) 효과, 화학적 작용에 의한 라디칼 반응 그리고 물리적 작용과 화학적 작용의 혼합효과로 나누어 생각해 볼 수 있다. 현재 반도체 공정에서 사용되고 있는 플라스마 식각은 주로 물리적, 화학적 작

표 5.17 식각과정의 구분

구분	반응 메카니즘	특징
물리적 작용에 의한 스퍼터링	외부에서 주어진 전계로 인해 가속된 높은 에너지의 이온이 기판을 때려 물리적으로 원자를 탈착시킴	비등방성 식각을 할 수 있으나, 선택성이 결여되어 있다.
화학적 작용에 의한 라디칼 반응	반응성이 강한 라디칼이 표면으로 확산되어 기판 표면과 화학반응을 하여 기화성이 높은 반응생성물을 만들어 식각이 진행	높은 선택성을 가지고 있으나 비등방 식각이 어렵다.
물리적, 화학적 작용의 혼합효과	라디칼에 의한 기판 표면의 화학 반응이 이온의 물리적 충격에 의해 촉진. 이러한 현상은 이온 충격에 의해 기판 표면층이 화학적으로 활성화되거나, 물리적으로 격자에 손상을 주어 반응을 활성화시키거나, 혹은 기화성 반응물에 에너지를 전달하여 탈착을 촉진시킨다.	비등방성 식각과 선택적 식각이 가능하여 대부분의 반도체 공정에 사용

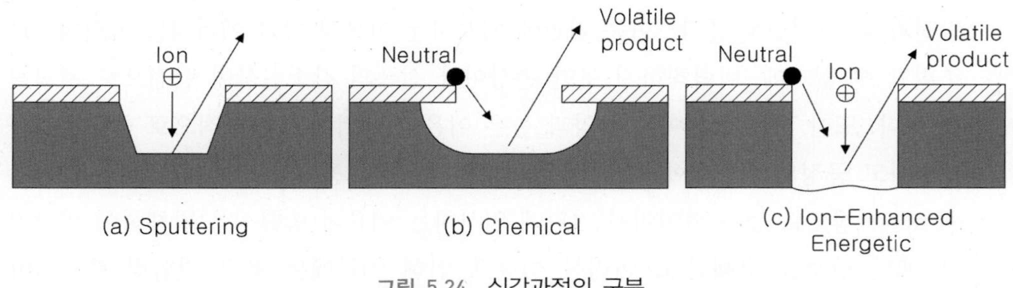

그림 5.24 식각과정의 구분

용이 혼합된 형태인 반응성 식각(RIE, Reactive Ion Etching)이 활용되고 있다.

비등방성 식각을 위해 가장 처음 부각된 방법은 물리적 작용에 의한 스퍼터링으로서 순간 적으로 매우 큰 에너지를 가진 방향성 있는 이온들을 사용하여 기판 표면을 타격하여 물리적으로 기판을 구성물을 탈락시키는 방법이다. 이러한 이유 때문에 필연적으로 매우 수직한 식각이 가능하다. 그러나 이러한 식각방법은 구성성분의 물리적 탈락과정이므로 식각되는 층 아래에 놓여 있는 물질, 그리고 마스크 역할을 하는 물질에 대한 선택도가 결여되어 있다는 큰 단점이 있다. 물리적인 스퍼터링을 사용하는 식각의 또 다른 매우 중요한 문제점는 비휘발성 물질들이 식각된 측벽에 재결합될 수 있다는 점이다. 이러한 단점 때문에 물리적인 스퍼터링에 의한 식각 방법은 반도체소자 공정에서 패턴을 형성하는 공정으로서 널리 보급되지 못하고 있다.

반면에 화학 반응을 수반하는 건식식각 방법은 마스크와 식각되는 층 하부의 물질에 대해서 매우 높은 선택성을 가지고 있다는 장점이 있다. 그러나 순수하게 화학적 방법, 즉 라디칼과 식각되는 물질 사이의 화학 반응에 의존한 식각은 라디칼 움직임의 등방성으로 인해 등방성 식각이 이루어진다는 특징을 가지고 있어 종횡비(aspect ratio)가 큰 형상의 식각을 구현하기 어렵다는 단점을 가지고 있다. 따라서 라디칼에 의한 순수한 화학적 식각에 방향성이 있는 이온에 의한 물리적인 스퍼터링의 효과를 동시에 가진 건식식각 방법(그림 5.24(c))이 주로 활용되고 있다. 물리·화학적인 과정을 기초로 한 이러한 건식식각 공정을 통해 적절한 식각 선택성과 함께 비등방성 식각이 가능하게 되었다.

③ 건식식각의 대표적인 공정변수: 그림 5.25에 건식식각의 대표적인 공정변수를 나타내었다. 비록 플라스마를 발생시키기 위한 입력전력이나 공정압력과 같은 거시적 변수들이 공정에서 제어될 수 있지만, 하나의 변수를 변화시키는 것은 다른 변수들의 변화를 유발하기 때문에 식각에 대한 한가지 공정변수의 영향을 정확히 이해하는 데는 한계가 있다.

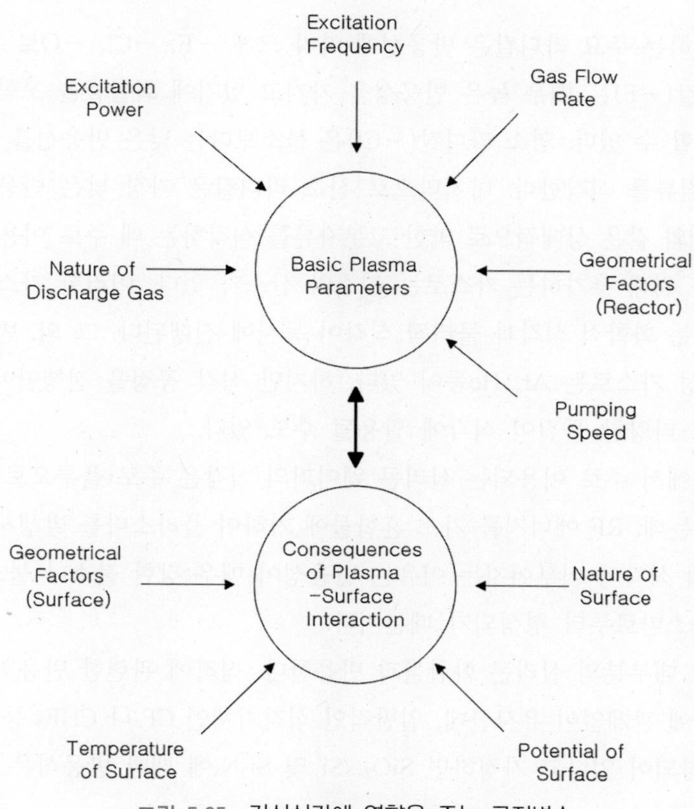

그림 5.25 건식식각에 영향을 주는 공정변수

④ 플라스마 가스의 종류: 플라스마 가스는 전기적 파괴에 의해 생성되며, 가스의 종류에 따라 강한 화학 반응을 일으킬 수 있다. 식각될 기판이 석영 보트에 넣어져 반응실 안으로 넣어진 후 반응실을 진공상태로 만든다. 반응실은 특수 식각기체로 채우고 이때 적은 양의 산소를 첨가할 수도 있다. 물질별로 이용되는 가스는 아래의 표에 나타내었다.

표 5.18 식각하고자 하는 물질별로 이용되는 가스들

Materials	Etch Gas	Etch Product
Si	Cl_2, CCl_2F_2	$SiCl_2$, $SiCl_4$
SiO_2, Si_3N_4	CF_4, SF_6, NH_3	SiF_4
Al	BCl_3, CCl_4, Cl_2	Al_2Cl_6, $AlCl_3$
Photoresist	O_2, O_2/CF_4	CO, CO_2, H_2O, HF
Refractory metals/sillcide (Ti, W, Ta, Mo, $TiSi_2$, WSi_2 $TaSi_2$, $MoSi_2$)	CF_4, CCl_2F_2, …	WF_6

식각을 담당하는 주요 라디칼은 반응성에 따라 크게 −F, −Cl, −O로 분류할 수 있다. 불소 라디칼(−F)은 매우 높은 반응성을 가지고 있기에 화합물을 포함한 대부분의 물질들을 식각할 수 있다. 염소 라디칼(−Cl)은 불소보다는 낮은 반응성을 가지고 있고, 주로 단일 물질류를 식각한다. 마지막으로 산소 라디칼은 가장 낮은 반응성을 가지고 있으며, 감광제와 같은 상대적으로 약한 고분자류를 식각하는 데 주로 이용한다. 그리고 활발한 반응을 위해 추가하는 가스로는 질소와 산소가 있다. 이러한 가스들이 식각에 참여할 경우에는 화학적 식각과 물리적 식각이 동시에 진행된다. 그 외, 반응에 참여하지 않는 불활성 가스로는 Ar, He등이 있다. 하지만 식각 공정을 진행함에 있어, 상기 물질 이외에도 다양한 물질이 식각에 활용될 수도 있다.

반도체 공정에서 주로 이용되는 실리콘 웨이퍼의 식각은 주로 플루오르(F)가 포함된 가스를 이용하는데, RF 에너지를 가스 혼합물에 가하여 플라스마를 발생시킴으로써 시작된다. 이렇게 식각이 이루어지는 이유는 반응성이 매우 강한 불소나 불소화합물들의 라디칼이 플라스마로부터 형성되기 때문이다.

불소는 거의 대부분의 실리콘 화합물과 반응한다. 식각에 관련한 반응식은 식각되는 실리콘 화합물에 관계없이 유사한데, 일반적인 식각기체인 CF_4나 CHF_3 등과 같이 탄소와 수소가 포함되어 있다고 가정하면 SiO_2, Si 및 Si_3N_4에 대한 반응식은 다음과 같다.

$$SiO_2 + [O/F] \rightarrow [SiF_4,\ SiOF_2,\ Si_2OF_6] + O_2 + F_2 + CO_2 + H_2O \qquad (5.7)$$

$$Si + [O/F] \rightarrow [SiF_4,\ SiOF_2,\ Si_2OF_6] + O_2 + F_2 + CO_2 \qquad (5.8)$$

$$Si_3N_4 + [O/F] \rightarrow [SiF_4,\ SiOF_2,\ Si_2OF_6] + O_2 + F_2CO_2 + H_2O \qquad (5.9)$$

식각 후의 반응물질은 모두 기체상태이므로 보통의 진공펌프로 쉽게 바깥으로 배출된다. 건식식각 과정은 근본적으로 기체 반응물이 반응에 의해 고체상의 반응생성물을 형성하는 화학기상증착(CVD) 과정의 역으로서 반응성이 강한 라디칼이 고체물질과 반응하여 휘발성이 강한 기체 반응생성물을 형성시키는 과정이라고 할 수 있다.

⑤ 실리콘 화합물의 경우 실리콘 무게비: 실리콘 화합물의 전형적인 식각속도는 표 5.19에 나타낸 바와 같이 화합물에 포함된 실리콘의 무게비의 함수이다.

표 5.19 실리콘화합물의 식각속도

실리콘화합물	실리콘의 무게(%)	상대식각속도
열산화막	47	1.0
실리콘질화막	60	4.0
다결정 실리콘	100	8.0～10.0

⑥ 입력전력 및 압력: 플라스마를 발생하는 데 사용되는 RF 전력은 기판의 온도와 함께 식각속도에 영향을 미친다. 높은 RF 전력의 경우, 식각속도는 반응실 안의 반응압력의 함수이다. 그림 5.26~5.28은 실리콘의 열산화막(SiO_2)의 식각에 대한 공정변수의 영향을 보여주고 있다.

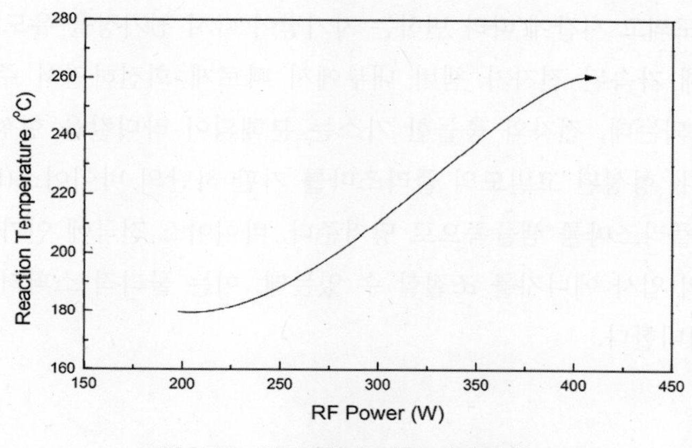

그림 5.26 RF 전력에 대한 기판의 온도

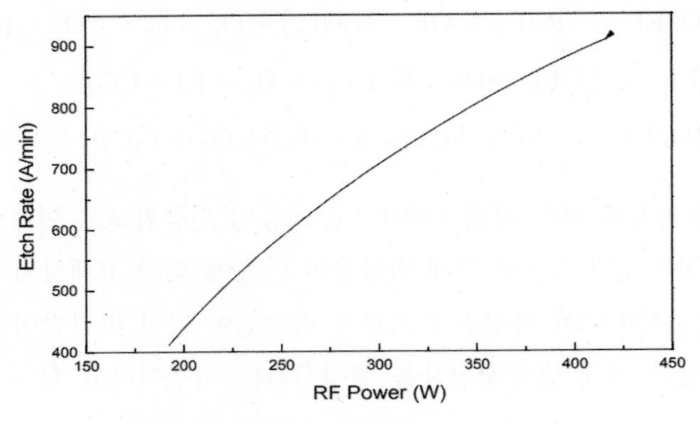

그림 5.27 RF 전력에 대한 산화막 식각속도

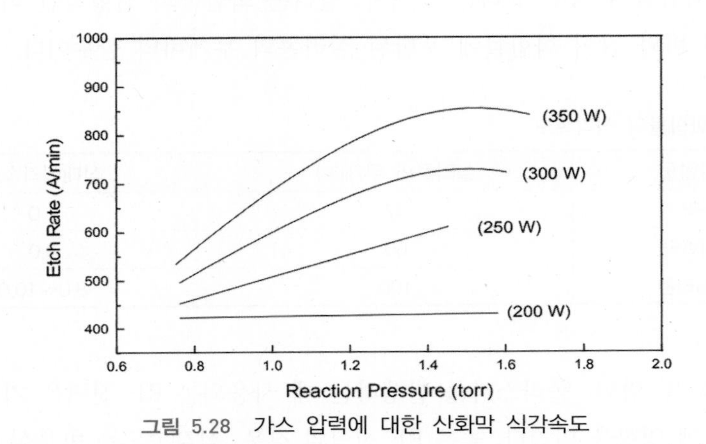

그림 5.28 가스 압력에 대한 산화막 식각속도

가장 많이 이용되는 건식식각 장비인 ICP-RIE의 경우, 그림 5.29와 같이 챔버 상부 코일 형태의 전력원을 사용한다. 코일형태의 전력원에 교류의 전류가 흐르면 전류에 의한 자기장이 유도되고 시간에 따라 변하는 자기장이 다시 전기장을 유도하게 된다. 이때 전자기장에 의해 가속된 전자가 챔버 내부에서 빠르게 회전하면서 주입되는 가스를 강하게 때리게 되는데, 전자와 충돌한 가스는 분해되어 라디칼을 형성하고 고밀도의 플라스마가 된다. 형성된 고밀도의 플라스마를 기판 하단의 바이어스(bias) 전극에 전류를 인가하여 플라즈마를 샘플쪽으로 당겨준다. 바이어스 전극에 인가하는 전류를 조절하여 라디칼의 입사 에너지를 조절할 수 있는데, 이는 물리적 스퍼터링 효과의 조절이 가능함을 의미한다.

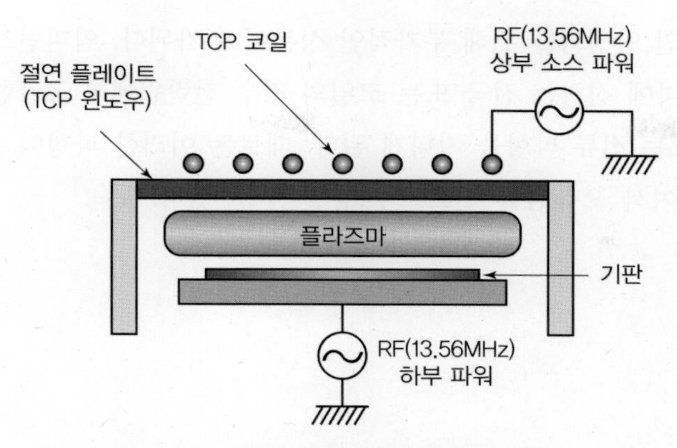

그림 5.29 ICP-RIE 건식식각 장치 구조

- 임피던스 매칭(그림 5.30): 플라즈마의 형성을 위해서 전력을 공급하는 방식에 차이가 있지만, 일반적으로 전력원으로는 RF 주파수를 가지는 교류 전원을 사용한다. 플라즈마는 이렇게 공급받은 에너지를 흡수하기도하고 저장했다가 다시 전력원의 방향으로 되돌려 주기도 한다. 따라서 회로적으로 보게 되면 플라즈마는 하나의 임피던스(impedance)를 지닌 로드(load)로 취급할 수 있다. 에너지를 흡수하는 부분은 저항(resistance)으로 취급할 수 있고, 저장했다가 다시 되돌려 주는 부분은 리액턴스(reactance)로 취급할 수 있다. 전력원의 입장에서는 반사되어서 돌아오는 전력이 없어야하기 때문에 임피던스 매칭(impedance matching)을 시킬 필요가 있다. 임피던스매칭 회로는 전력원의 입장에서 리액턴스 부분이 상쇄되는 것처럼 보여지게 하는 역할을 한다. 이러한 임피던스 매칭 회로는 플라즈마가 형성되는 방식에 따른 특성(CCP 방전, ICP 방전 또는 기타 방식의 방전)에 따라서 기본적인 구성요소가 결정

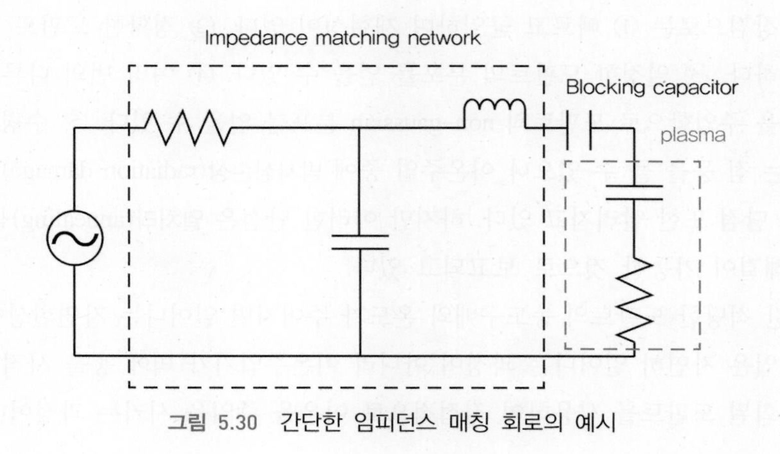

그림 5.30 간단한 임피던스 매칭 회로의 예시

되고 회로적인 안정화를 위해 부가적인 성분이 추가된다. 임피던스 매칭 회로를 지난 후플라즈마에 접하는 전극 또는 코일의 경우 전력원에서 공급한 것과는 다른 형태의 전압 또는 전류 파형을 지니게 된다. 때로는 이러한 파형이 지니는 주파수 성분을 분석하여서 오류검출 신호로 사용할 수도 있다.

5. 이온주입

(1) 개요

이온주입(Ion Implantation)이란 전하를 띤 원자, 즉 이온들을 직접 기판의 원하는 부분에 주입하는 공정을 말한다. 앞서 기술된 바와 같이 고유반도체는 도핑에 의해 n형 혹은 p형의 반도체로서 주로 사용되는데, 도핑을 위해서는 적절한 불순물을 고의로 고유반도체 내로 첨가 시킬 필요가 있다. 실리콘 기판에 불순물을 주입시키기 위한 하나의 방법으로서 1970년대 초반까지는 확산에 의한 불순물 주입방법이 주로 활용되었으나 낮은 농도 영역(단위 cm_2 면적당 10^{15}개 이하의 원자 수준)에서의 농도조절이 어렵고 불순물이 기판으로 확산할 때 확산되는 깊이의 조절이 어렵다. 뿐만 아니라 고온에서 확산이 진행되는 동안, 먼저 주입된 불순 물이 실리콘 기판 내에서 수직방향은 물론 수평방향으로도 확산되므로 소자상에서 실제 원하는 확산영역보다 더 큰 영역이 도핑되어 작은 MOSFET(Metal-Oxide-Semiconductor Field Effect Transistor) 소자의 동작에 큰 영향을 줄 수가 있다는 단점이 있어 실제 반도체 공정에서는 거의 활용되고 있지 않다. 따라서 최근에는 확산에 의한 불순물의 주입보다는 직접적인 이온주입법에 의하여 불순물, 즉 도판트를 반도체의 원하는 위치에 원하는 농도로 주입하는 방법을 사용하고 있다. 이온주입법의 장점으로는 ① 빠르고 균일하며 재현성이 있다. ② 정확한 도판트 농도의 조절이 가능하다. ③ 일정한 도판트의 분포를 얻을 수 있다. ④ 여러 번의 다른 에너지를 가진 이온을 주입함으로 도판트의 non-gaussian 분포를 얻을 수 있다. ⑤ 수평적인 확산이 적다. 는 점 등을 들 수 있으나 이온주입 중에 방사상손상(radiation damage)이 가해질 수 있다는 단점 또한 알려지고 있다. 하지만 이러한 단점은 열처리(annealing)를 통해 어느 정도 해결이 가능한 것으로 보고되고 있다.

확산이란 적당한 도판트의 농도구배와 온도가 주어지면 일어나는 자연현상이다. 그러나 이온주입은 자연히 일어나는 과정이 아니라 이온주입기가 벽에 총을 사격하는 것과 같이 이온화된 도판트를 사용하여 직접적으로 이온을 주입을 시키는 과정이다. 이온주

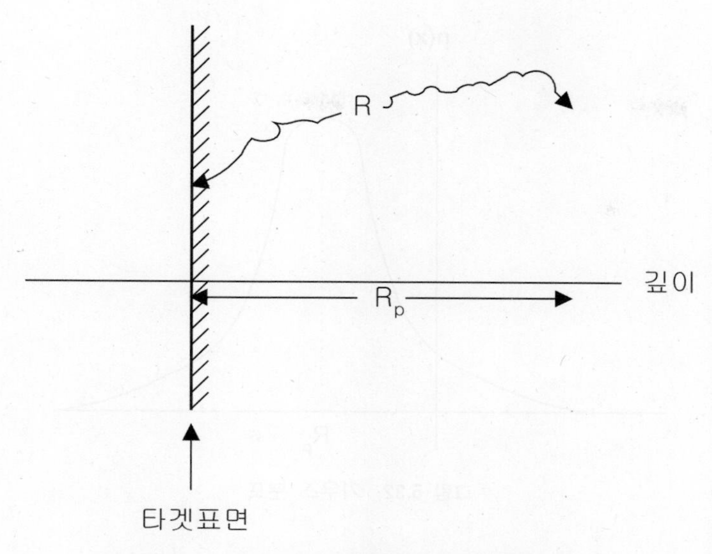

그림 5.31 전 이동거리 R과 수직거리 R_p의 정의

입기에서는 도판트가 이온화되고 고속으로 가속된다. 그 이온들은 기판 표면으로 향해지는데 이때 기판은 마스크로 형상이 정의되어 있어 가속된 이온이 기판의 원하는 부분으로 주입된다. 도판트 양과 주입깊이는 도판트 원자의 크기와 이온의 속도, 그리고 기판이 이온빔에 노출된 시간에 의해 좌우된다. 결과적으로 이온주입은 반도체 웨이퍼 내에 불순물(B, P, As 등의 도판트)을 이온화된 상태로 주입시켜 반도체가 특정한 전기적인 특성을 갖도록 하는 공정인 것이다.

초기 에너지 E_0로 주입된 이온은 실리콘 웨이퍼 내로 들어가면서 주위의 실리콘 원자들과 충돌하게 된다. 이때 이온은 웨이퍼 속으로 파고들어감에 따라 에너지를 점차 소모하게 되고 결국 에너지가 0이 될 때 이온은 정지하게 된다. 이동한 거리를 R이라 하고 움직인 수직거리를 R_p라고 할 때 깊이에 대한 주입 이온의 농도 분포는 가우스 분포(Gaussian distribution)를 가지게 된다. ΔR_p는 이온들의 표준편차에 해당하는 거리를 가리킨다.

일반적으로 R과 R_p는 에너지에 비례하여 증가한다. 실제로 일정량의 이온을 주입한 경우 깊이에 따른 농도 분포는 거리 R_p에서 최대치를 나타내고 R_p를 전후로 점차 감소하는 분포를 나타내는데, 이 분포곡선이 가우스 분포이며 그 함수는

$$n(x) = \frac{S}{\sqrt{2\pi}\,\Delta R_p}\exp\left(-\frac{(x-R_p)^2}{2}\Delta R_p^2\right)$$

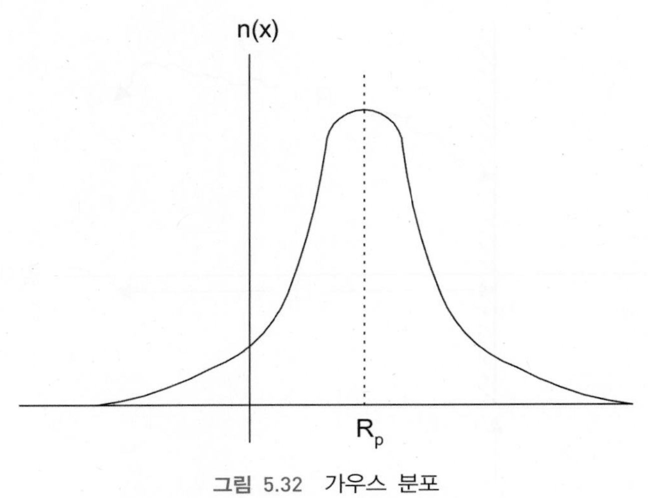

그림 5.32 가우스 분포

의 형태로 나타난다. 이때 S는 이온주입량이다.

실리콘 웨이퍼 내에 이온이 주입된 직후에는 이온들과 실리콘 원자들과의 충돌로 인해 웨이퍼가 손상을 받으므로 원하는 전기적 특성을 갖지 못한다. 이러한 경우 900℃ 이상의 고온에서 수십 분 동안 열처리하면 손상으로부터 회복되어 불순물, 즉 도판트 고유의 전기적인 특성을 갖게 되는데, 이런 열처리 작업을 어닐링(annealing)이라고 부른다.

(2) 이온주입 장치

이온주입기는 실리콘에 주입하는 도판트(As, P, Sb, B 등)인 이온소스와 분자에서 도판트 이온만을 분리하고 가속시키기 위해서 이온형태로 만들어 주는 반응실, 그리고 특정 이온만을 선택하고 그 양을 분석하는 분류기, 이온을 고속으로 가속시켜 웨이퍼를 뚫고 들어갈 충분한 운동량을 주는 부분인 가속기, 웨이퍼가 있는 곳으로 빔의 초점을 맞추는 집속기, 빔을 웨이퍼 위에 고르게 퍼지도록 하기 위해서 웨이퍼 표면을 이동하게 하는 주사기 등으로 구성이 되며 원하는 도판트 만을 주입하고 공기분자 등의 다른 이온들의 이온화를 막기 위해 10^{-7}~10^{-5} torr 정도의 진공을 유지하며 주로 기계식 펌프에 확산펌프를 연결하여 사용한다.

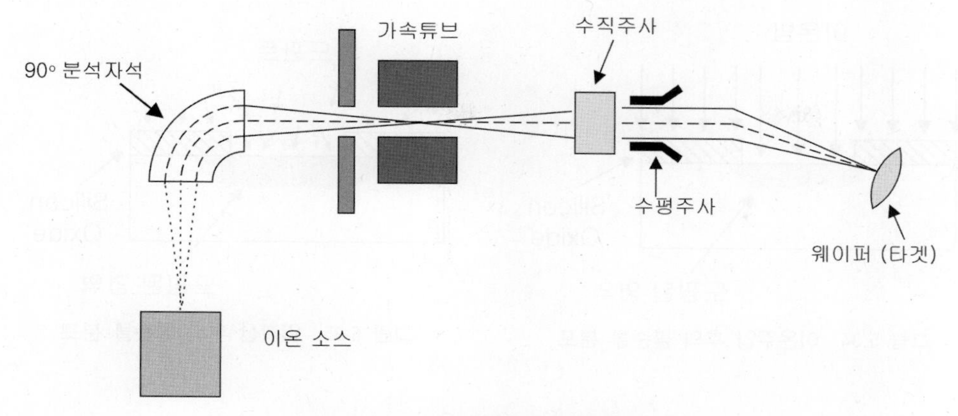

그림 5.33 이온주입기의 개략도

(3) 이온주입의 특징 및 응용

웨이퍼에 주입된 이온의 깊이는 이온의 에너지(가속도), 무게, 웨이퍼의 결정 상태의 함수가 된다. 웨이퍼에 주입되는 단위면적당의 이온수를 주입량(dose, ø)이라고 부른다. 이온 주입량은 이온빔의 전류세기 I (Current Ampere), 이온빔의 면적 A (cm^2), 그리고 주입이 되는 시간 t (sec)와 관련이 있다.

$$\phi = \frac{It}{q_i A} \tag{5.10}$$

여기서, q_i는 1.6×10^{-19} C이다.

이온주입기에서는 웨이퍼를 통해서 흐른 전류를 모두 적분해주므로 단위면적당의 전체 전하의 양을 정확히 알 수 있다. 단위주입량의 범위도 $10^{10}\sim10^{17}$ 이온/cm^2로 상당히 넓다. 정확한 불순물의 양을 조절할 수 있다는 장점이 이온주입기가 불순물의 도핑공정으로서 빠르게 보급된 중요한 이유이다.

이온빔은 에너지가 크기 때문에 사실상 재료의 종류를 막론하고 도핑이 가능하다. 이온이 비정질층을 뚫고 들어갈 때 뚫고 들어간 거리에 따른 이온 수의 분포는 그 모양이 거의 가우스 형태이며, 가우스 분포는 이온 운동량의 변화와 웨이퍼 결정의 정도에 따라 다르게 나타난다. 이온가속을 변화시켜주면 어떤 분포형태도 이론적으로 가능하다.

이온주입 공정은 저온공정이다. 여기서 저온공정이란 실리콘 웨이퍼와 표면층이 거의 상온에 가깝다는 것을 의미한다. 이러한 사실은 이온주입을 하기 위해서 감광제층을 마스크로 쓰는 경우처럼 상온 근처의 낮은 온도에서만 안정된 재료로도 마스크의 역할을

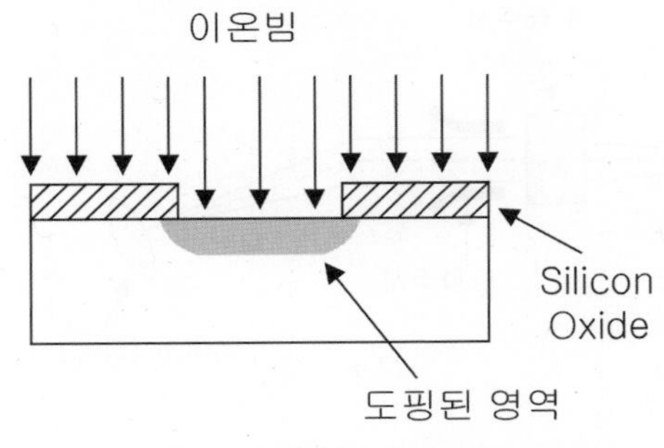

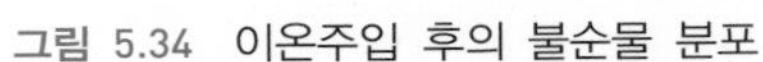
그림 5.34 이온주입 후의 불순물 분포

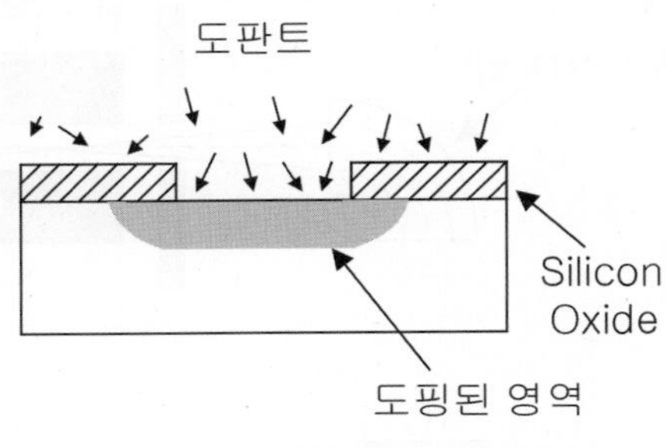

그림 5.35 열확산 후의 불순물 분포

할 수 있기 때문에 아주 중요하다. 높은 온도에서 마스크로 사용되는 재료로는 금속이나 산화물 박막, 질화물 박막 등이 있는데 이 경우에는 이들 박막을 형성하는 과정이 감광제를 마스크로 사용하는 경우보다 부가되므로, 이온주입이 저온공정에서 가능하다는 것은 큰 장점이다.

나노단위의 공정을 진행하는 경우, 칩 전체에서 똑같은 불순물 농도를 갖도록 하는 것은 소자의 안정적인 동작을 위해 매우 중요하다. 열확산에 의한 도핑에서는 기체가 흐르는 양상에 따라 그리고 불순물 원료가 소모됨에 따라 농도의 분포가 달라질 수 있다. 그러나, 이온주입에서는 한 번의 도핑과정에서 불균일도를 1% 이내로 할 수 있고, 오랜 시간 동안 그리고 여러 번의 작업을 하더라도 불균일도를 2% 이내로 제어할 수 있기 때문에 열확산에 의한 도핑보다 크나큰 장점이 있다고 할 수 있다. 이온주입의 아주 독특한 특징은 측면으로 불순물이 퍼지는 현상이 적다는 것이다. 그림 5.34와 그림 5.35에서와 보인 바와 같이 열확산을 통한 도핑에서 측면으로 불순물이 퍼져들어 가는 거리가 수직으로 들어가는 깊이의 약 0.8배가 되는데, 이온주입은 마스크 아래의 측면으로 들어가는 이온이 상대적으로 적다.

(4) 단결정에서의 이온주입

이온주입시 앞에서 설명된 이온분포(가우스 분포)는 비정질 고체인 경우를 가정한 것이다. 그러나 실제 단결정에 이온주입이 되는 경우, 이온이 주요 밀러지수 방향으로 입사하게 되면 이온분포는 단순한 가우스 형태로 분포하지 않고 채널링(산란되지 않고 밀러지수 방향으로 깊게 주입)이 일어난다. 다시 말하자면 이온빔이 결정면을 뚫고 들어가게 되는 현상을 채널링(channeling)이라 한다. 채널링을 방지하기 위해서는 웨이퍼를 약간

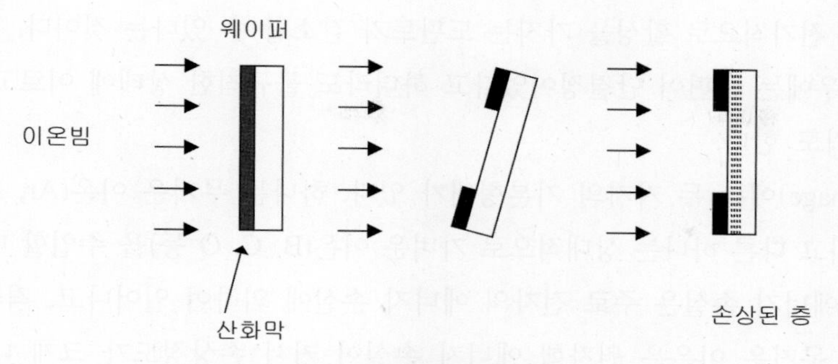

그림 5.36 채널링 방지방법

방향을 벗어나게 자르는 데, 이는 이온빔의 방향에 결정면을 약간 기울여 주도록 하기 위함이다. 주입물 종류와 주입에너지 및 결정방향에 따라 채널링을 막기 위한 임계각이 있다. 밀러지수 방향은 채널링으로 인하여 그 분포가 크게 가우스에서 벗어나지만 밀러지수 방향에서 일정 각도 이상을 벗어나게 되면 그 분포는 가우스 형태로 변화한다. 이 각도를 임계각이라 한다. 이 각도는 통상 5° ~10° 사이이다. 채널링을 막기 위한 또 다른 방법은 얇은 산화막을 통해서 이온을 주입하거나 높은 에너지의 주입으로 표면에 손상을 주는 방법도 사용되고 있다.

(5) 손상 및 어닐링

이온주입시 이온이 결정원자를 때리면서 이온의 원자핵 산란에 의하여 결정결함(defect)이 생긴다. 무거운 도판트 원자를 사용한 매우 깊은 이온주입의 경우 결정의 손상은 더욱 심하게 나타난다. 이러한 이온주입에 의해 발생할 수 있는 또 다른 결함은 전기적인

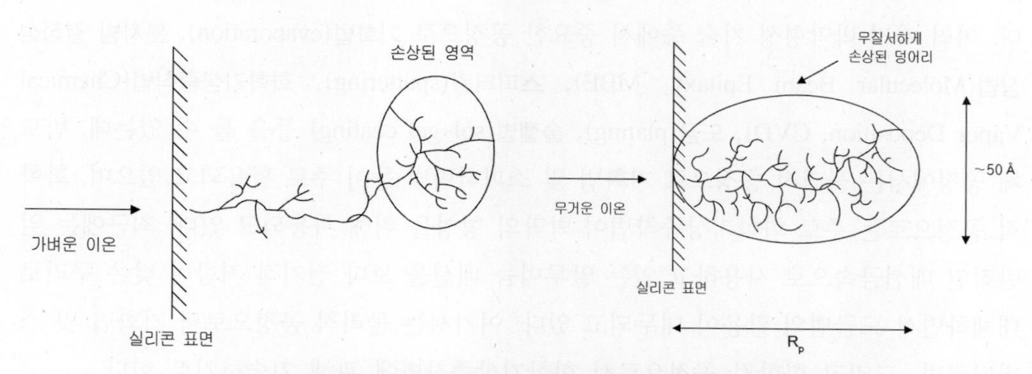

그림 5.37 가벼운 이온(좌) 및 무거운 이온(우)에 의한 손상의 비교

결함으로서 전기적으로 활성을 가지는 도판트가 감소할 수 있다는 것이다. 결정의 손상이 심한 경우에는 시편이 단결정이었다고 하더라도 불규칙한 상태에 이르고 심하면 비정질이 되기도 한다.

손상(damage)에는 두 가지의 기본형태가 있다. 하나는 무거운 이온(Ar, As, P 등)을 주입할 때이고 다른 하나는 상대적으로 가벼운 이온(B, C, O 등)을 주입할 때이다. 가벼운 이온의 에너지 손실은 주로 전자의 에너지 손실에 의하여 일어나고, 격자의 손실은 거의 없다. 무거운 이온은 원자핵 에너지 손실이 커서 손상정도가 크게 나타난다.

손상된 원자의 대부분은 어닐링(annealing)을 통해 회복될 수 있다. 이온주입 후의 어닐링은 이러한 이유 때문에 반드시 필요하다. 보통의 어닐링 공정은 질소나 수소 분위기에서 수행한다. 어닐링은 이온주입된 웨이퍼를 일정시간 동안 높은 온도에서 의도적으로 방치하는 것이며 이러한 공정을 통해 결정 내의 응력과 결함을 줄여주고 단결정의 재성장을 촉진한다. 주입된 원자들이 원하는 불순물로서의 특성을 갖게 하기 위해서도 약간의 어닐링이 항상 필요한데, 이 어닐링의 목적은 주입된 도판트가 원하는 전기적인 특성을 얻도록 하는 것이다. 이렇게 하기 위해서는 주어진 불순물이 적절한 도판트의 역할을 하도록 활성화시키는 동시에 손상에서 기인하는 바람직하지 못한 현상이 제거되도록 해야 한다.

6. 박막형성 기술 및 공정

(1) 개 요

일반적으로 박막형성 공정은 크게 **화학적 공정**(chemical process)과 **물리적 공정**(physical process)의 두 가지로 크게 나뉠 수 있으며 이러한 분류를 그림 5.38에 상세히 나타내었다. 여러 가지 박막형성 기술 중에서 중요한 공정으로 **기화법**(evaporation), **분자빔 결정성장법**(Molecular Beam Epitaxy, MBE), **스퍼터링**(sputtering), **화학기상증착법**(Chemical Vapor Deposition, CVD), **도금**(plating), **솔젤법**(sol-gel coating) 등을 들 수 있는데, 반도체 공정에서는 물리적 공정으로 기화법 및 스퍼터링법 등이 주로 활용되고 있으며, 화학적 공정으로는 주로 화학기상증착법이 박막의 형성을 위해 사용되고 있다. 최근에는 일반적인 배선금속으로 사용하고 있는 알루미늄 배선을 보다 전기적 저항이 낮은 구리로 대체하면서 도금법의 활용이 대두되고 있다. 여기서는 물리적 공정으로서 기화법 및 스퍼터링법, 그리고 화학적 공정으로서 화학기상증착법에 관해 기술하기로 한다.

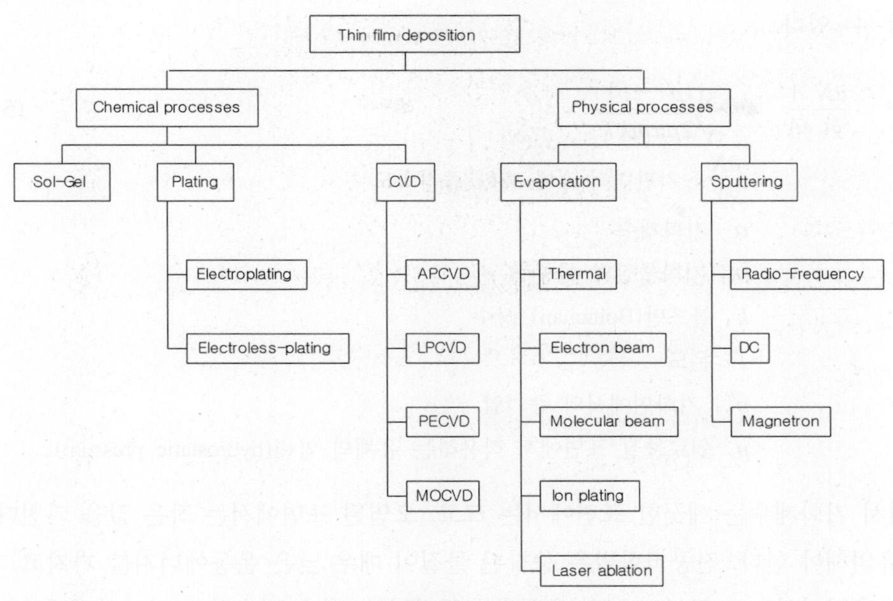

그림 5.38 일반적인 박막증착법의 분류

(2) 기화법

가장 간단한 박막형성 방법인 **진공기화법**(vacuum evaporation)은 금속과 반도체 등 대부분의 물질들을 박막화하는 데 사용할 수 있는 기본적인 박막형성 방법이다. 이 방법은 물리적 공정으로서 빠른 증착속도와 단순하고 조작이 용이하다는 이점을 가지고 있다. 진공증착법은 주로 소자의 금속전극을 증착하는데 이용되고 있다. 진공기화법은 패러데이(Faraday)에 의해 시작되었는데, 그는 진공 상태에서 금속선을 이용하여 시도하였다. 패러데이의 초기의 이러한 시도는 1880년대 후반 **열기화법**(thermal evaporation)이 응용되는 기초가 되었다. 수년 동안 이 방법에 의해 증착된 박막의 특성과 영향에 대한 연구가 진행되어졌지만 실제로 1940~1950년까지 이 기술이 응용된 바는 거의 없었다.

진공기화법은 진공상태에서 가열되어진 금속물질이 기화되거나 승화되면서 기판의 표면에 증착되는 방법으로 다양한 금속물질들을 증착시키는 데 이용되고 있다. 이렇게 기화되어진 금속 물질은 상부에 고정되어진 기판에 박막(thin film)의 형태로 증착된다. 기화법은 일반적으로 진공상태에서 행하게 되는데, 이것은 기판과 **원료물질**(source material) 사이의 거리보다 기화되는 원료의 **평균자유행로**(MFP, mean free path)를 더욱 길게 하기 위해서이다. 증착속도는 다음과 같은 헤르츠-누센(Hertz-Knudsen) 식으로 표현할 수 있다.

$$\frac{\partial N}{\partial t}\frac{1}{A} = \frac{\alpha(p''-p)}{\sqrt{2p\pi mkT}} \tag{5.11}$$

$\frac{\partial N}{\partial t}$: 기판면적 A에 대한 증착속도

α: 기화계수

m: 기화물질의 몰중량

k: 볼츠만(Boltzman) 상수

T: 온도

p'': 기화면에서의 증기압

p: 원료물질 표면에서 작용하는 유체의 압력(hydrostatic pressure)

여기서 기화계수는 깨끗한 표면에서는 크고, 오염된 표면에서는 작은 값을 가진다는 점에 유의해야 한다. 진공기화법은 증착된 물질이 매우 낮은 운동에너지를 가지고 기판에서 응축되어지므로 근본적으로 저에너지 공정이다. 이후 기술할 스퍼터링법에서의 운동에너지가 10~100 eV인 것과 비교하면 진공기화법은 0.5 eV에 불과하다. 또한, 기화된 물질이 기판의 전 부분에 걸쳐 분산되어 증착이 되므로 기판의 모서리 부분에도 증착이 이루어지는 장점이 있기는 하지만 **단차피복성**(step coverage)이 불량하고 기판과 박막의 접합강도가 약하다는 단점이 있다. 박막의 두께는 기판과 증착되는 물질 사이의 거리만큼에 존재하는 기화된 물질의 기화속도나 양으로 결정될 수 있다.

물질의 증착을 위한 최적조건은 그 기판이 어떤 분야에 이용되는가에 따라 달라지게 된다. 물질마다 서로 다른 고유의 특성을 가지고 있기 때문에 그 물질을 이용하여 증착하기 위해서는 그 물질이 가지고 있는 전기적인 전도성, 광학적 반사성질 등에 따라 각각의 최적조건을 찾아야 한다. 또한 기판의 선택이 증착된 박막의 성질인 표면상태, 박막과 기판의 상호작용, 접착력 등에 영향을 미칠 수도 있다.

① 열 증착기(Thermal evaporater): 열 기화를 위해 사용되는 증착원료는 hair pin 형태나 혹은 wire helix 형으로 만들어져 사용될 수 있으며 혹은 덩어리 형태로 boat, canoe, 혹은 basket 형의 용기에 담겨 사용될 수도 있다.

일반적으로 가장 많이 이용되는 증착원료 공급방식은 보트(boat)에 알갱이 형태의 원하는 원료물질을 넣는 것이다. 기화에 필요한 에너지는 보트에 전류의 형태로 공급되고, 보트 재질이 가지고 있는 고유 저항에 의한 줄 히팅(Joule heating)으로 기화에 필요한 온도까지 승온된다. 보트는 높은 온도에서도 견딜 수 있는 재질이 이용되며, 주로 텅스

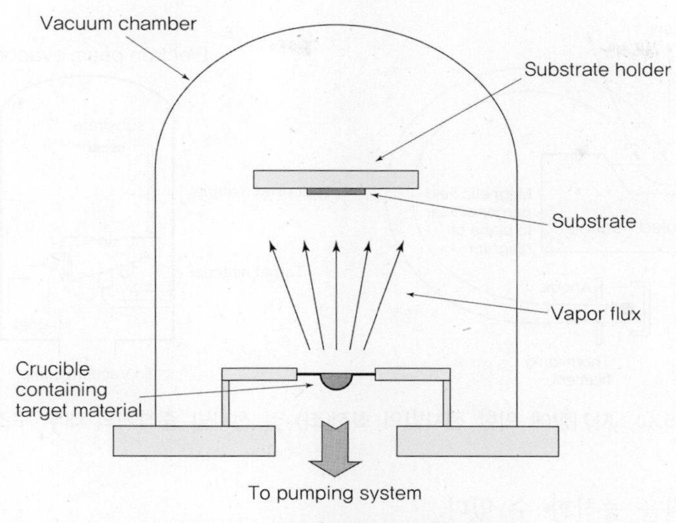

그림 5.39 열 증착기의 내부 구조

텐(W)이나 탄소(C)로 제작된다. 증착 속도는 보트에 공급하는 전류량을 조절함으로써 변화시킬 수 있다.

열 기화를 통한 증착은 매우 높은 녹는점을 가진 물질의 증착에 활용되기 어렵다는 단점이 있다. 만약 증착하고자 하는 물질이 보트의 재질이 견딜 수 있는 온도(녹는점)와 비슷하거나 더 높다면 증착이 시작되기도 전에 보트 자체가 녹아버릴 것이다. 또한 보트의 젖음 특성에 따라 액체 상태로 변한 소스 물질이 보트의 벽을 타고 넘쳐버린다거나 주요 발열부인 보트의 중앙부분에서 벗어난다거나 하는 문제가 발생할 수 도 있다. 그럼에도 불구하고 열 증착기는 단순한 원리와 장비 구조로 인해 높은 신뢰도를 가지고 있고, 반도체뿐만이 아닌 여러 산업 분야에서 폭넓게 이용되고 있다.

② 전자빔 증착기(e-beam evaporater): 전자빔을 이용한 증착방법은 증착재료의 기화 온도가 높을 경우(W, Nb, Si, …)에 유리한 증착 방식이지만 이에 한정되지 않고 이용된다. 주요 에너지 공급원인 전자는 전류가 흘러 백열된 텅스텐 코일 필라멘트에서 방출되도록 하며 이렇게 방출된 전자를 전기장 및 자기장을 통해 집속하고 270° 정도 휘도록 하여 소스(source, 증착원료)와 충돌시킨다. 증착원료는 전자와의 충돌로 인해 가열되어 기화된다. 전자빔 증착기 역시 진공장비이기 때문에 챔버 내부는 진공 상태로 유지되어 긴 평균자유행로(1×10^{-6} 기준 약 3 m)를 확보하고, 샘플과 소스 사이에 셔터를 적용하여 프리 데포지션(pre-deposition) 단계를 통해 초기 불순물 등을 제거하고 높

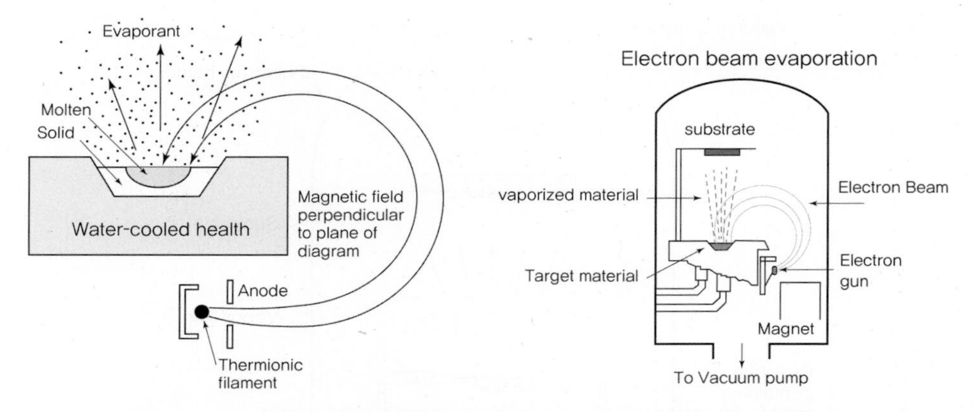

그림 5.40 자기장에 의한 전자빔의 회전(좌) 및 전자빔 증착기의 내부 구조(우)

은 순도의 물질을 증착할 수 있다.

이러한 전자빔 기화법의 가장 큰 장점은 증착속도가 빠르고 고융점 재료의 증착이 가능하며 다중 증착(Multiple deposition)이 가능하다.

(3) 스퍼터링법

① 스퍼터링의 정의: 스퍼터링은 높은 에너지를 갖는 이온의 충돌에 의해 표적(target)이라고 불리우는 원료물질의 표면으로부터 원자들이 떨어져 나오는 현상으로 설명될 수 있다. 이 증착방법은 기화법과 마찬가지로 물리적 공정으로서 전도성을 가진 금속 박막의 증착에 많이 사용되며, 그 외에도 SiO_2와 같은 비전도성 물질의 증착에도 활용될 수 있다. 스퍼터링법의 장단점을 표 5.20에 나타내었다.

일반적으로 스퍼터링법은 먼저 증착기 내에 형성된 플라스마로부터 이온들이 생성되어 표적방향으로 인가된 전기장에 의해 표적방향으로 이동을 하면서 가속되고 가속된 이온들이 표적에 물리적인 충격을 가하게 됨으로써 표적의 원자들이 표적으로부터 떨어

표 5.20 스퍼터링의 장단점

장점	단점
• 넓은 면적의 표적을 사용할 경우 웨이퍼 전 면적에 걸친 고른 박막의 증착이 가능 • 박막의 두께 조절이 용이 • 합금물질의 조성은 증착에 의해 제조된 박막보다 더 정확하게 조절이 가능 • 합금물질을 증착하기 위한 많은 표적물질들이 있음	• 높은 설치비용 • 몇몇 물질의 경우(SiO_2) 증착속도가 매우 느림 • 유기물 고체인 경우 이온 두들김(ionic bom-bardment)을 저해시키거나 품질이 떨어짐 • 공정이 저진공상태에서 수행되므로 다른 불순물에 의한 오염가능성

져 나와 샘플 방향으로 이동하게 된다. 일반적으로 타겟에 충돌하는 입자의 운동에너지는 타겟물질의 결합에너지보다 높아야 원자(분자)들이 타겟으로부터 방출되며, 방출되기 위해 필요한 에너지는 타겟물질의 증발에 필요한 에너지의 4배 이상이다. 이렇게 이동한 원자들은 기판 위에서 응축하게 되고 결국에는 얇은 박막을 형성하게 된다. 스퍼터링 공정의 수율은 충돌 이온의 입사각, 타겟 물질의 조성과 결합구조, 충돌 이온의 종류, 충돌 이온의 에너지 등으로 결정된다. 주로 스퍼터링법으로 이용되는 물질은 금속의 경우, Cr, Cu, Ti, Ag, Pt, Au 등이 있고, 합금의 경우에는 Ni-Cr, SUS, Cu-Zn 등이 있으며, 산화물의 경우에는 ITO, SiO_2, TiO_2, Nb_2O_5, ZnO 등이 있다. 이와 같은 스퍼터링법의 개략도를 그림 5.41에 나타내었다.

스퍼터링 방식은 다른 박막형성 방법과 비교했을 때 증착 능력, 복잡한 합금을 유지하는 능력이 뛰어나고, 고온에서 내열성 금속의 증착 능력이 뛰어나다. 또한 고 융점의 금속이나 합금 등 진공증착법으로도 어려운 재료도 성막이 가능하여 광범위한 재료에 적용이 가능하다.

장점을 보다 자세히 정리하면 다음과 같다.

- 막을 구성하는 입자의 결합 에너지가 강하고, 부착력이 우수하며, 치밀한 막을 구성한다.

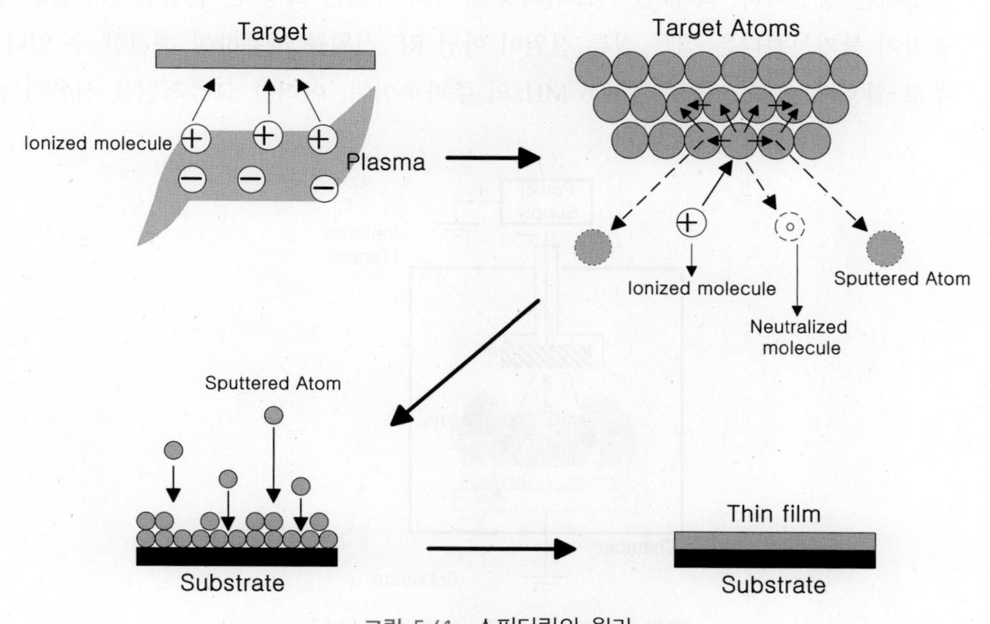

그림 5.41 스퍼터링의 원리

- 공정이 안정되고 막질과 막 두께 제어가 용이하다.
- 고 융점 금속, 합금 및 화합물, 내화물 등의 증착이 가능하다. 특히 반응성 가스나 RF 스퍼터링 등을 통해 산화물 및 질화물 막 구성이 가능하다.
- 타겟과 제조한 막의 성분비가 크게 바뀌지 않고, 막을 구성하는 물질의 성분조절이 용이하다.
- 대면적 증착, 연속공정 증착, 동시다중 증착 등이 가능하다.

② 스퍼터링의 종류

- 직류 인가 스퍼터링: 가장 간단한 스퍼터링 방법으로서 전도성 물질의 스퍼터링에 사용된다. 이 구조의 가장 큰 단점은 비전도성 물질의 스퍼터링이 불가능하다는 것이지만 가장 일반적으로 손쉽게 사용할 수 있다는 것이 장점이다. 또한 이 장치는 반응성 스퍼터링(reactive sputtering)에는 적합하지 않은데, 특히 표적표면에 절연물을 형성함으로써 표적의 오염을 유발시킬 수 있기 때문이다. 반응성 스퍼터링이란 스퍼터링에 필요한 불활성 가스 이외에 반응가스(O_2, N_2 등)을 혼합하여 스퍼터링을 실시하여 화합물 박막을 형성하는 방법이다. 전형적인 직류 인가 스퍼터링(D.C glow discharge sputtering)의 구조를 그림 5.42에 나타내었다.
- 라디오 주파 스퍼터링: RF(Radio Frequency, 고주파) 전원을 이용하여 플라즈마를 형성하는 방법이다. 직류 인가 스퍼터링이 가지고 있는 가장 큰 단점인 절연물질의 증착이 불가능하다는 점은 직류 전원이 아닌 RF 전원를 사용하여 해결할 수 있다. 주로 활용되는 RF 전원은 13.56 MHz의 주파수이며, 이러한 교류전원을 사용하는

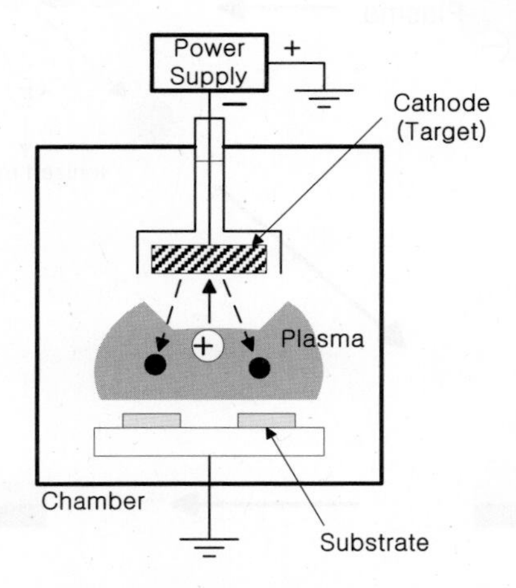

그림 5.42 직류 인가 스퍼터링 시스템

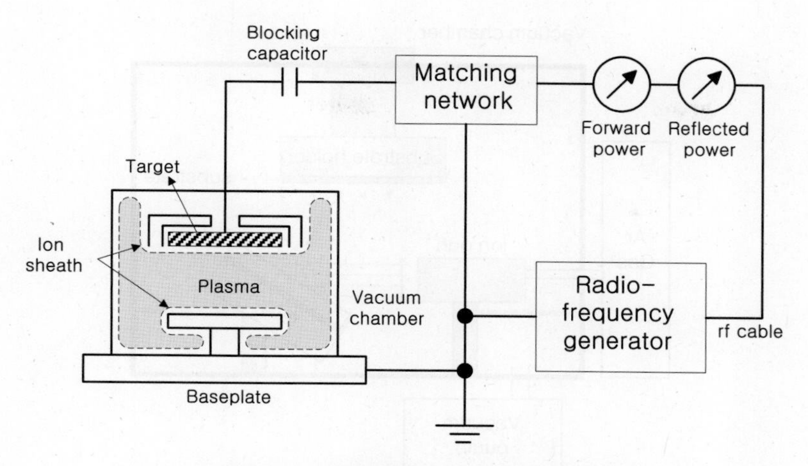

그림 5.43 라디오 주파 스퍼터링 시스템

경우 절연물질의 스퍼터링이 가능하게 된다. 이와 같은 라디오 주파 스퍼터링(radio-frequency sputtering)의 개략도를 그림 5.43에 나타내었다.

• 마그네트론 스퍼터링: 마그네트론 스퍼터링(Magnetron sputtering)법은 스퍼터의 성막 속도를 개선하기 위해 개발된 기술이다. 타겟의 이온화를 증가시키기 위하여 타겟 뒷면에 영구자석 또는 전자석을 설치하여 전기장으로부터 방출되는 전자를 타겟 바깥으로 형성되는 자기장 내에 국부적으로 모아 Ar과의 충돌을 촉진시킴으로써 스퍼터의 성막 속도를 개선한다. 하지만, 타겟에서 자기장이 강한 부분만 빨리 침식되어 타겟을 모두 사용하지 못하고 버리게 되는 일이 발생한다.

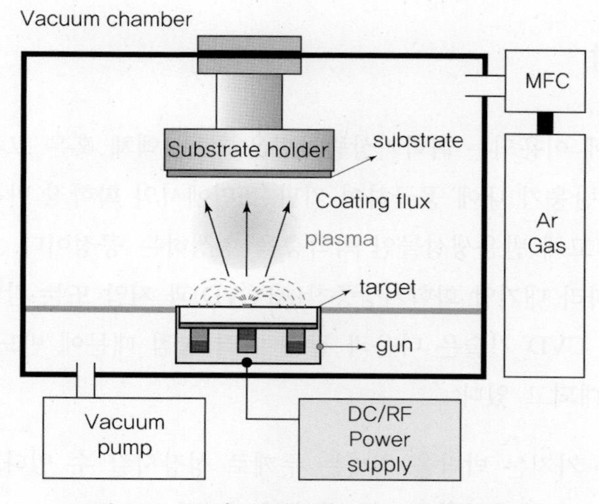

그림 5.44 DC/RC 마그네트론 스퍼터링 장치

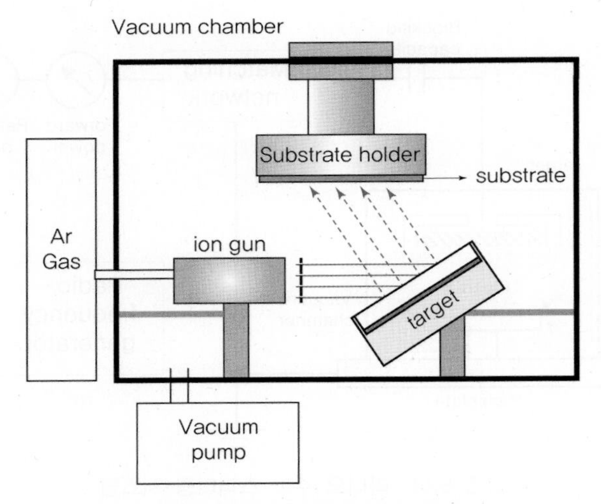

그림 5.45 이온빔 스퍼터링 시스템의 구조

- 이온빔 스퍼터링: 이온 발생기에서 방출된 이온을 타겟에 조사하여 스퍼터링하는 방법이다. 일반적인 스퍼터링은 플라즈마 속에서 이온이나 전자 등 여러가지 입자의 영향을 받지만 이온 스퍼터링은 스퍼터링에 이용하고 싶은 이온만을 사용할 수 있다. 방전 플라즈마를 만들 필요가 없기 때문에, 고진공에서도 가능하며, 이온 소스가 타겟, 기판과 독립적이고, 조건 설정이 용이하고, 대상의 전기전도성에 의해 막 생성이 거의 영향받지 않는다. 그러나 장비가 매우 비싸고, 대면적으로 성막이 어려우며, 성막 속도가 느리다는 단점으로 인해 연구 등을 위한 한정된 용도로만 이용되고 있다.

(4) 화학기상증착

주로 반도체 공정에 이용되는 화학기상증착법은 기체, 액체 혹은 고체상태의 원료화합물을 기체 상태로 반응기 내에 공급하여 기판 표면에서의 화학적 반응을 유도함으로써 반도체 기판 위에 고체 반응생성물인 박막층을 형성하는 공정이다. CVD는 공정 중의 반응기 진공도에 따라 대기압 화학기상증착(APCVD)과 저압 또는 감압 화학기상증착으로 나뉜다. 이러한 CVD 기술은 다음과 같은 여러 장점 때문에 반도체 공업에서 빠른 속도로 응용이 확대되고 있다.

- 다양한 특성을 가지는 박막을 원하는 두께로 성장시킬 수 있다.
- 여러 가지의 화합물 박막의 조성조절이 용이하다.

• 기판 표면에서의 화학 반응에 의해 박막이 형성되므로 단차피복성(step coverage)이 다른 물리적 증착공정에 비해 매우 우수하다.

CVD 방법을 통해 얻어지는 박막의 물리, 화학적 성질은 증착이 일어나는 기판의 종류 및 반응기의 증착조건(온도, 압력, 원료공급 속도 및 농도 등)에 의하여 결정된다. 일반적으로 이러한 변수들은 반응원료의 기판으로의 확산 및 기판에서의 반응속도에 직접적인 영향을 미침으로써 형성되는 박막의 구조나 성질에 영향을 미치게 된다.

① CVD 장치: CVD 장치의 정확한 구조는 쓰이는 용도에 따라 달라질 수 있지만 기본적인 구조는 그림 5.46에 나타낸 바와 같다. CVD 장치는 크게 원료수송부, 반응기, 부산물 배출구의 3부분으로 나눌 수 있다.

CVD 장치는 장치의 구조나 공정의 조건에 따라 몇 가지 형태로 분류된다. 반응기의 외벽이 공정 중 기판과 같은 온도로 가열되는 형태를 열벽(hot wall) CVD라고 부르고 반응기의 외벽이 가열되지 않는 형태를 냉벽(cold wall) CVD라고 부른다. 열벽 CVD는 반응기 내의 온도분포가 균일해지도록 해야하는 경우의 CVD 공정에 주로 활용이 된다. 많은 수의 실리콘기판을 동시에 처리하면서도 높은 기판-기판 공정균일도를 유지해야

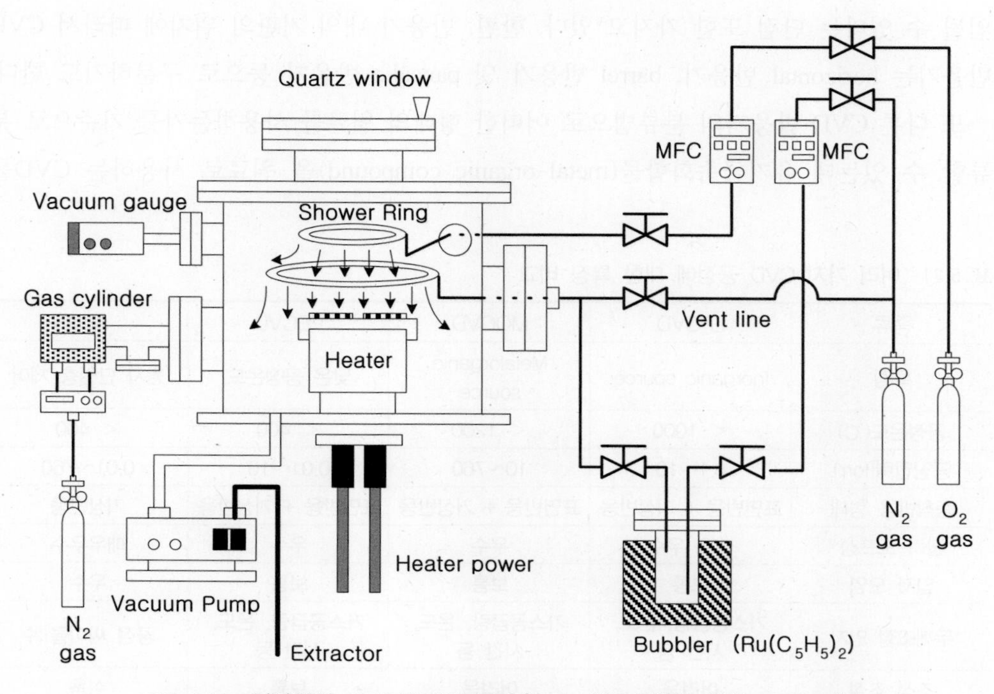

그림 5.46 일반적인 CVD 장치의 구조 (RuO_2 박막증착을 위한 MOCVD)

하는 경우에 사용되며 주로 단결정 박막성장을 위해 활용된다. 그러나 반응기의 내벽온도가 높기 때문에 기판 뿐만 아니라 내벽에도 박막성장이 진행되어 잦은 반응기 내벽 세정이 필요하다는 단점이 있다. 냉벽 CVD는 반응기 벽면의 온도가 낮기 때문에 반응기 벽면에서는 박막성장이 일어나지 않고 기판 표면에서만 성장이 일어난다. 따라서 반응기의 잦은 세정이 필요하지는 않지만 많은 기판의 온도를 동시에 균일하게 유지하기 어렵다는 단점을 가지고 있다. CVD 반응기 내의 공정압력이 대기압인 APCVD의 경우에는 기체상의 반응물의 농도가 높기 때문에 박막의 성장속도가 충분히 커야 하는 경우에 활용되며 LPCVD는 박막의 성장속도를 조절하여 매우 얇은 두께의 박막을 형성하는 등 박막특성의 미세한 조절이 필요한 경우에 사용된다.

CVD 공정에서 필요한 화학 반응의 에너지를 공급하는 방법에 따라서 CVD 반응기는 열 CVD, PECVD(Plasma Enhanced CVD), PCVD(Photo-assisted CVD), LCVD(Laser-assisted CVD) 등으로 분류하기도 한다. 플라스마(plasma)나 광자(photon)를 이용한 CVD는 반응물 기체를 플라스마나 혹은 광자로 미리 활성화시킴으로서 실제로 일어나는 화학 반응의 활성화에너지를 낮추는 효과를 나타내도록 하여 열 CVD에 비해 낮은 온도에서 공정이 수행될 수 있도록 하는 방법이다. 그러나 플라스마를 이용한 PECVD의 경우에는 플라스마로 인해 쪼개진 여러 가지 원료들 때문에 불순물이 성장되는 박막 내로 유입될 수 있다는 단점 또한 가지고 있다. 한편, 반응기 내의 기판의 위치에 따라서 CVD 반응기는 horizontal 반응기, barrel 반응기 및 pancake 반응기 등으로 구분하기도 한다.

또 다른 CVD 반응기의 분류법으로 어떠한 형태의 원료를 사용하는가를 기준으로 분류할 수 있는데 유기금속화합물(metal-organic compound)을 원료로 사용하는 CVD를

표 5.21 여러 가지 CVD 공정에 대한 특징 비교

종류	LPCVD	MOCVD	PECVD	ALD
특징	Inorganic source	Metalorganic source	낮은 공정온도	원자 단일층 제어
공정온도(℃)	< 1000	< 1200	< 400	< 400
공정압력(torr)	0.1～10	10～760	0.01～10	0.01～760
증착반응 형태	표면반응 + 기상반응	표면반응 + 기상반응	표면반응 + 기상반응	기상반응
단차 도포성	매우 우수	우수	우수	매우우수
입자 오염	보통	보통	보통	우수
두께조절 인자	가스공급량, 온도, 시간 등	가스공급량, 온도, 시간 등	가스공급량, 온도, 시간 등	공정 싸이클 수
조성 조절	어려움	어려움	보통	쉬움

MOCVD, SiH_4나 혹은 PH_3 등과 같은 수소화물 기체(hydride gas)를 원료로 사용하는 CVD를 hydride CVD라고 부르기도 한다. 표 5.21에 반도체 제조공정에서 쓰이는 대표적인 CVD 공정에 대한 특징을 요약해 놓았다.

② 박막 성장의 경로: CVD 법에 의한 화학 반응 경로는 동종반응(homogeneous reaction)과 이종반응(heterogeneous reaction)으로 나누어 생각할 수 있다. 동종반응은 반응기로 공급된 원료기체가 반응기 내의 공간 상에서 일어나는 기상반응을 말한다. 이러한 동종반응을 통해 기상에서 고체입자의 핵 성장이 일어나게 되는데, 미세한 고체입자가 박막에 쌓이는 현상에 의해 핀홀(pin hole) 형성, 입자(particle) 성장, 고르지 않은 성장(haze) 등과 같은 결함을 유발할 수 있기 때문에 가능한 한 배제되어야 한다. 이종반응의 경우는 반응이 기판표면에서만 일어나 박막이 형성되기 때문에 양질의 박막을 얻기 위해 필수적인 반응이다. 이종반응, 즉 표면반응이 균일한 속도로 진행되도록 하기 위해서는 기체원료가 일정한 속도로 기판으로 공급되는 것이 중요한데 이러한 목적을 달성하기 위해서는 반응기 내로 흐르는 유체가 층류(laminar flow)를 이루도록 하여야 한다. 그림 5.47에 기상에서 일어나는 현상과 기판 표면에서 일어나는 현상에 따른 CVD 반응의 경로를 도식화 하였다.

물질의 확산에 의해 기판으로 공급되는 반응물은 기판 표면에 흡착하게 되어 초기 핵 형성(nucleation)이 진행되기 시작하며, 핵의 크기가 임계크기 이상이 되는 조건에서 핵

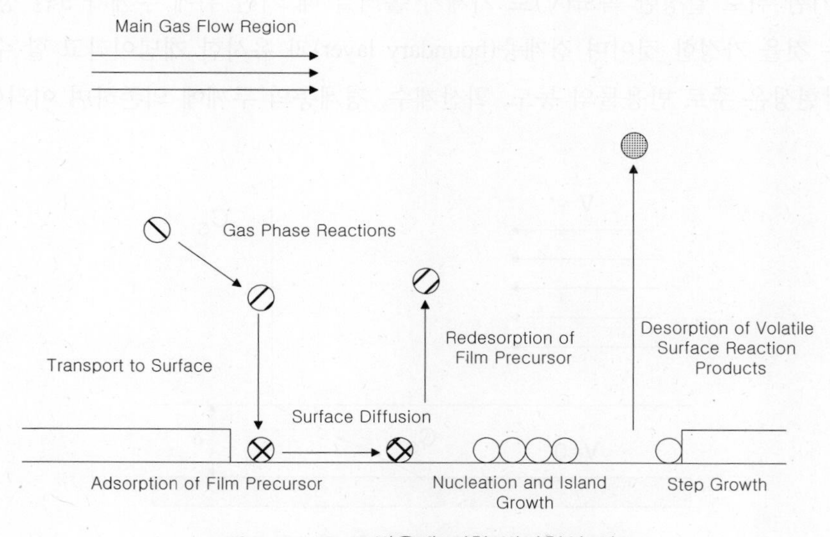

그림 5.47 CVD 반응에 의한 박막형성 경로

표 5.22 박막성장단계에 따른 반응형태

단계	반응 경로	반응형태
1단계	기상현상	동종반응
		표면으로 반응물의 이동(mass transport)
2단계	표면현상	이종반응: 표면에서 반응물의 흡착(adsorption)
		결정성장: 표면에서의 이동(surface migration)
3단계	기상현상	표면으로부터 부생성물의 탈착(desorption)
		경계층 밖으로 부생성물의 확산(diffusion)

이 점차 성장하기 시작하여 박막이 형성되기 시작한다. 이러한 박막의 형성은 근본적인 측면에서 고찰하자면 기판 표면에 흡착된 반응물 간의 혹은 기상으로부터 공급되는 기상원료와의 화학 반응으로서, 반응의 생성물이 고체상인 화학 반응에 의한 것이라고 할 수 있다. 표면반응으로 인해 생길 수 있는 부생성물은 기판 표면으로부터 탈착하여 경계층 밖으로 확산이 되면서 제거된다.

반응속도는 이러한 모든 경로의 복합적인 결과로 나타나기 때문에 CVD에 의한 박막 성장을 명확히 이해하기 위해서는 표면 화학 반응뿐만이 아니라 물질의 대류 및 확산 등의 물리적 현상의 이해가 중요하다고 할 수 있다. 그러나 대부분의 경우 특정단계가 전체 반응속도에 지배적인 영향을 미치게 되며 따라서 반응속도가 가장 느린 단계, 즉 율속단계만으로 전체 반응속도를 간략화하여 표현하기도 한다.

기상에서의 전달현상은 그림 5.48과 같이 설명할 수 있다. 이 정체층(stagnant film) 모델은 기판 위로 일정한 속도(V)로 기체가 흘러갈 때 기판 위에 두께가 δ인 정체층이 형성되는 것을 가정한 것이며 경계층(boundary layer)과 유사한 개념이라고 할 수 있다. 물질전달현상은 주로 반응물의 농도, 확산계수, 경계층의 두께에 의존하며 이러한 요소

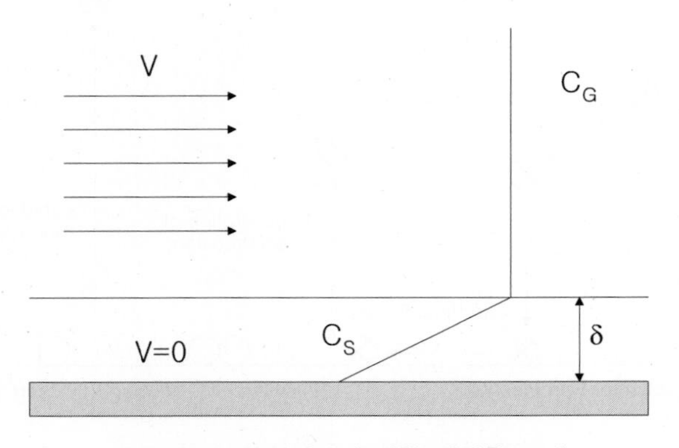

그림 5.48 물질전달에 대한 정체층 모델

에 영향을 주는 인자로는 압력, 기체의 유속, 온도, 반응기의 구조 등을 들 수 있다. 다음은 물질전달 및 경계층에 관한 이론식 들이다.

$$h_G = \frac{D_G}{\delta} \tag{5.12}$$

$$\delta(X) \simeq \sqrt{\frac{\mu x}{\rho V}} \tag{5.13}$$

$$\overline{\delta} \equiv \frac{1}{L}\int_0^L \delta(x)dx = \frac{2}{3}L\sqrt{\frac{\mu}{\rho VL}} = \frac{2L}{3\sqrt{R_e}} \tag{5.14}$$

$$h_G = \frac{D_G}{\delta} = \frac{3}{2}\frac{D_G}{L}\sqrt{R_e} \tag{5.15}$$

여기서 ρ는 기체밀도, μ는 기체의 점도, V는 기체유속, D_G는 기체확산계수, R_e는 $\rho VL/\mu$로 정의되는 기체 흐름의 레이놀드(Reynold)수, L은 기판의 길이이다.

반응속도에 지배적인 영향을 미치는 다른 요인으로는 온도를 들 수 있다. 대부분의 경우는 그림 5.49와 같이 온도에 따른 세 부분의 영역으로 나누어 생각할 수 있다.

- 표면반응 제한영역(surface reaction-limited regime): CVD 반응에서 박막성장은 앞서 설명된 바와 같이 크게 물질의 확산, 표면반응, 그리고 탈착에 따른 부생성물의 확산 등으로 설명될 수 있다. 일반적으로 충분히 낮은 온도 영역에서는 표면 반응속

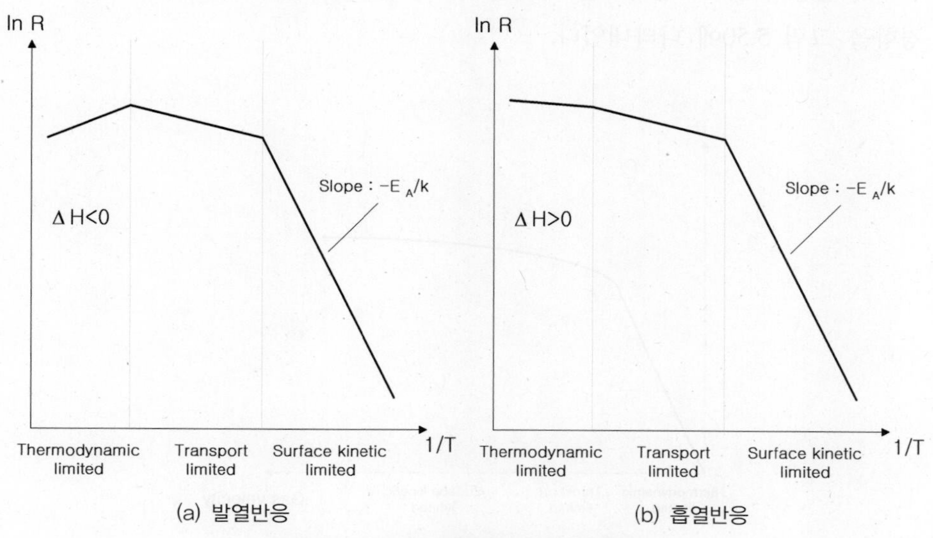

그림 5.49 막박성장속도의 온도의존성

도가 물질의 이동속도에 비해 상대적으로 느리기 때문에 반응에 의해 소모되는 반응물보다 유입되는 반응물이 충분히 많기 때문에 전체 반응속도는 표면 반응속도에 의해 제한되게 된다. 이러한 온도영역에서는 전체 반응속도가 표면 반응속도와 유사하게 나타나기 때문에 반응온도에 따른 영향이 매우 크게 나타나게 된다.

- 물질전달 제한영역(mass transfer-limited regime): 높은 온도 영역에서는 표면 반응속도는 매우 커지게 되어 이 표면 반응속도가 물질의 전달속도보다도 상대적으로 커지게 되는 현상이 발생한다. 따라서 전체 반응속도는 더 낮은 속도, 즉 물질의 전달속도에 의해 제한을 받게 된다. 일반적으로 이러한 영역에서 전체 반응속도의 온도 의존성은 물질의 전달속도의 온도의존성 정도로 낮은 편이다.
- 열역학적 제한영역(thermodynamic-limited regime): 보다 높은 온도영역에서는 표면 반응속도와 함께 물질의 전달속도도 매우 커지게 된다. 열역학적 제한(thermodynamic-limited)이라는 말은 박막의 성장속도가 반응물의 반응기로의 유입속도와 같음을 의미하는 것인데 반응기체의 유입속도가 낮거나 온도가 매우 높을 때 나타날 수 있는 현상이다. 이 영역에서 성장속도는 반응엔탈피(ΔH)에 따라 다른 경향을 보이게 되는데, 그림 5.49에 나타낸 바와 같이 발열반응($\Delta H<0$)일 경우 성장속도는 온도에 반비례하고, 흡열반응($\Delta H>0$)일 경우 정비례한다. 발열반응인 경우, 높은 온도에서 성장속도가 온도에 반비례하는 이유는, 원료의 유입속도가 너무 커서 기상에서 반응물이 소비되어 버리기 때문인 것으로 볼 수 있다.

이 외에 반응기체의 유입속도를 제어함으로써 성장속도를 조절할 수도 있는데 일반적인 경향을 그림 5.50에 나타내었다.

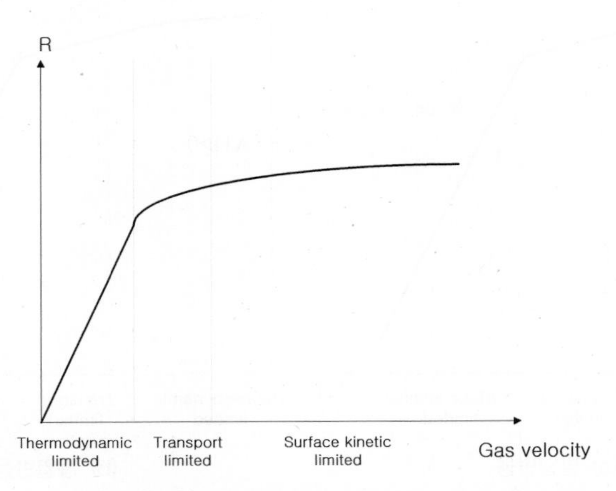

그림 5.50 기체의 유입속도에 대한 성장속도의 의존성

③ CVD의 모델링: CVD를 사용하여 박막을 성장시킬 경우 가장 간단하게 반응의 차수를 1차라고 가정을 하면 반응식은 아래와 같이 간단하게 나타낼 수 있다.

$$AB(g) \rightarrow A(s) + B(g) \tag{5.16}$$

그림 5.51에 기체 상태의 원료 AB의 기판 근처에서의 전형적인 농도분포를 나타내었다.

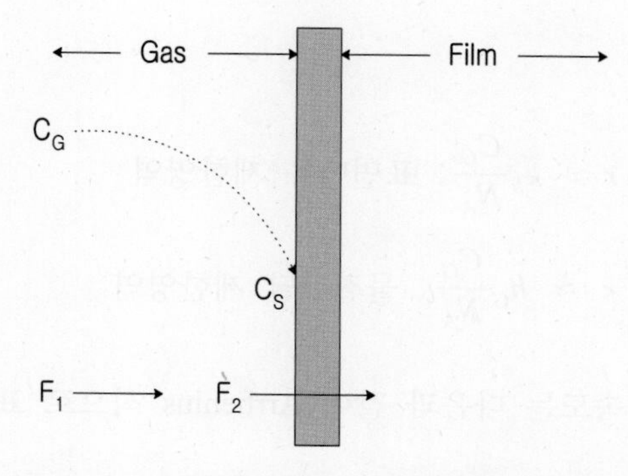

그림 5.51 박막형성의 CVD 모델(Grove model)

기판에서 먼 쪽의 기체로부터 박막이 성장되는 기판표면까지의 전달 속도 F_1 및 박막 성장을 위해 AB 원료기체가 소모되는 속도인 표면 반응속도 F_2는 다음과 같이 표현할 수 있다.

$$F_1 = D\frac{dc}{dy} \cong D\frac{C_G - C_S}{\delta} = h_G(C_G - C_S) \tag{5.17}$$

$$F_2 = k_S C_S \tag{5.18}$$

여기에서 C_G는 기체상에서의 AB의 농도, C_S는 기판표면에서의 AB의 농도를 나타내며 k_s는 표면반응의 속도상수이다. 또한 D는 확산계수, 그리고 h_G는 물질전달계수를 나타낸다. 정상상태의 조건에서는 기판표면에서의 반응물의 축적이 없어야 하기 때문에 $F_1 = F_2 = F$의 조건이 성립되므로 다음의 식이 얻어질 수 있다.

$$C_S = \frac{h_G}{(h_G + k_S)} C_G \tag{5.19}$$

박막의 성장속도는 $r = F/N_A$ 식으로 나타낼 수 있으며 여기서 N_A는 박막의 단위체적당 포함된 A 원자의 수이다. 그러므로 위의 식에서 보면 성장속도가 기상에서의 AB의 농도에 비례한다는 것을 알 수 있다. 또한 이 식은 성장속도가 h_G나 k_S 가운데 더 작은 것에 의해 좌우될 수 있다는 것을 보여준다.

열역학적 제한영역이 나타나지 않을 정도의 온도가 너무 높지 않은 영역에서는 물질 전달계수와 반응속도상수의 크기에 따라 다음과 같은 관계가 예상될 수 있으므로 반응의 온도와 성장속도의 그래프는 표면반응 제한영역과 물질전달 제한영역으로 구분되어 나타난다.

즉,

$$h_G \gg k_S \text{일 때} \quad r \approx k_S \frac{C_G}{N_A}\text{: 표면반응 제한영역} \tag{5.20}$$

$$h_G \ll k_S \text{일 때} \quad r \approx h_G \frac{C_G}{N_A}\text{: 물질전달 제한영역} \tag{5.21}$$

일반적으로 표면 반응속도는 다음과 같이 Arrhenius 식으로 표시할 수 있으므로

$$k_S = k' \exp\left(-\frac{E_A}{kT}\right) \quad E_A\text{: 활성화에너지} \tag{5.22}$$

그림 5.50에서 보여진 바와 같이 표면반응 제한영역의 기울기가 활성화 에너지(E_A)와 관계가 있음을 알 수 있다. 이러한 형태의 그래프를 Arrhenius plot이라고 부른다.

04 반도체소자의 집적

실리콘 웨이퍼로부터 시작하여 앞서 설명한 박막형성, 사진공정, 식각공정 및 도핑공정 등이 반복적으로 수행되면 최종적으로 원하는 구조를 가진 소자가 얻어진다. 이렇게 전체적인 반도체소자 제조공정을 간략하게 표현하면 그림 5.52와 같다.

(1) 공정 디자인

앞서 각각 공정에 대한 특성들을 소개하고 장점과 단점을 이야기하였다. 이러한 부분은 공정의 연계로 인해 선택이 좌우될 수 있다. 가령 모종의 이유로 마이크로미터 크기의

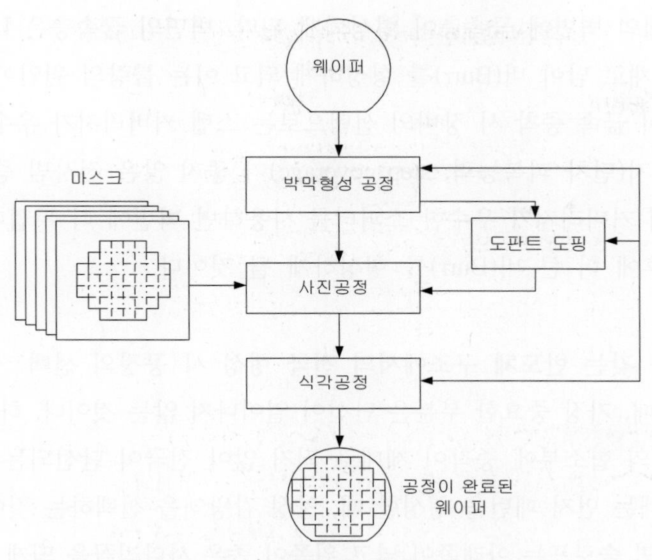

그림 5.52 반도체소자 제조공정의 개략도

패턴을 습식식각만으로 공정을 진행하여야 할 때, 사진공정에서 양성 감광제와 음성 감광제 중 어떤 감광제를 선택하는 것이 유리할까? 단차가 있는 구조에서 금속 채널을 형성할 때, 전자빔 증착기와 스퍼터 중 어떤 장비를 선택하는 것이 유리할까? 앞선 도핑공정에서 확보한 특성이 이후 PECVD 공정 온도로 인해 변화한다면 어떤 공정으로 대체할 수 있을까? 단일 공정에서는 장점으로 여겨진 부분이 연속공정에서는 단점으로 바뀔 수도 있다. 이러한 부분들을 감안하여 전체 공정이 상호 간섭받지 않고 유기적으로 진행될 수 있도록 디자인하여야 한다. 아래에 몇 가지 적용될 수 있는 상황들을 가정하여 나타내었다.

① 금속층 Lift-off 공정을 위한 사진 공정에서의 감광제 선택: 금속층 Lift-off 공정으로 패턴을 형성할 경우의 공정 순서는 사진공정 후 금속층 증착 그리고 Lift-off 공정 순서로 진행된다. 감광제로 가려진 부분은 금속층이 형성되지 않고 감광제로 가려지지 않은 부분만 금속층이 형성된다. 이때, 양성감광제와 음성감광제 중 음성감광제가 더 유리하다. 그 이유는 음성감광제의 벽면 기울기 때문이다. 음성감광제의 벽면 기울기는 위로 갈수록 넓어지는 깔대기 형상을 띄고 있는데, 이로 인해 금속 층 증착 시 쉐도잉 효과가 발생하게 되고 패턴 끝단의 버(Burr)와 같은 불량이 발생하지 않게 된다. 만약 양성감광제를 사용한다면 위쪽이 좁고 아래가 넓은 사다리꼴 모양의 감광제가 형성되는

데, 이때 감광제의 벽면에 금속층이 형성되게 된다. 벽면의 금속층은 Lift-off 공정 시 끝단에 찢어진 채로 남아 버(Burr)를 형성하게 되고 이는 불량의 원인이 된다. 또한 해당 연속공정에서 금속 증착 시 장비의 선택으로는 스텝 커버리지가 우수한 스퍼터보다는 스텝 커버리지(단차 피복능력, step coverage)가 좋지 않은 전자빔 증착을 선택하는 것이 좋다. 스텝 커버리지가 우수한 스퍼터를 사용하면 벽면에 더 두껍게 증착이 되고, Lift-off 공정 후에 더 큰 버(Burr)를 형성하게 될 것이다.

② 큰 단차를 갖는 반도체 구조에서의 전극 형성 시 공정의 선택: 큰 단차를 갖는 전극을 형성할 때, 가장 중요한 부분은 단선이 일어나지 않는 것이다. 하지만 단차가 크다면 단차 벽면의 협소부에 증착이 제대로 되지 않아 전극이 단선되는 문제가 발생할 수 있다. 이럴 때는 먼저 패턴을 형성할 때, 양성 감광액을 선택하는 것이 유리하다. 양성 감광제의 벽면 슬로프는 아래쪽이 넓고 위쪽이 좁은 사다리꼴을 띠게 되는데, 벽면이 완만한 형태를 띠고 있기 때문에 협소부가 줄어드는 효과가 있다. 양성 감광액의 패턴 후 건식 혹은 습식식각을 진행하게 되는데, 이때는 둘 중 어떠한 식각 공정을 사용해도 무방할 수 있다. 건식식각 시, 감광제의 프로파일을 그대로 따라가기 때문에 식각 후 벽면은 완만한 기울기를 가지게 될 것이다. 습식식각의 경우, 등방성으로 식각되는 특성으로 인해 벽면이 완만하게 형성될 것이다. 이후 전극 형성을 할 공정을 선택할 때, 진공기상 증착 혹은 진공 스퍼터링 증착 방식 중에서는 스텝 커버리지가 높은 진공 스퍼터링 방식을 선택하는 것이 유리하다. 플라즈마를 이용한 진공 스퍼터링 증착은 벽면 협소부에도 증착이 될 수 있고, 밀도 또한 높기 때문에 유리하다. 진공 기상증착의 경우, 벽면에 제대로 증착이 되지 않을 수 있기에 높은 단차를 갖는 기판에는 사용하지 않는 것이 좋다. 이후 절연층 형성 역시도 같은 이유로 플라즈마를 이용하는 PECVD를 사용하거나, 스텝 커버리지가 매우 우수한 ALD를 이용하는 것도 좋다.

(2) 후공정 및 패키징

공정이 완료된 웨이퍼는 검사장비를 통해 제대로 공정이 되었는지를 확인하고 소자의 특성에 이상이 없으면 여러 개의 칩 들로 잘려진다. 이 칩들을 다이(die)에 부착하여 배선을 하고 봉지제로 봉합하면 실제로 사용되는 칩이 완성되는 것이다.

연습문제

01 도체, 반도체 및 부도체를 구분하는 기준과 각각 어떠한 특성을 가지고 있는지를 밝히시오.

02 고유 반도체와 비고유 반도체의 차이를 밝히고 비고유 반도체가 반도체소자에서 어떠한 용도로 활용되는지를 밝히시오.

03 밀러지수가 (211), (301), 그리고 (003)인 면을 그림을 그려 설명하시오.

04 주로 반도체소자의 배선금속으로 사용되는 알루미늄을 건식식각하기 위해 사용되는 식각기체로는 어떠한 기체가 사용되는지를 설명하시오.

05 접촉형 노광과 근접형 노광의 장단점에 대해 설명하시오.

06 단파장의 광원을 사용할 때 더 미세한 형상을 구현할 수 있는 이유를 설명하시오.

07 부도체 물질을 스퍼터링 표적으로 사용하는 경우에 직류 인가 스퍼터링 장치를 사용할 수 없는 이유를 설명하시오.

08 PECVD의 장점에 대해 설명하시오.

09 일반적인 CVD 반응에 대해 성장속도의 온도의존성을 나타내는 그래프는 전형적으로 어떠한 결과를 보이는지 그림과 더불어 설명하시오.

10 화학적 박막증착법과 물리적 박막증착법의 장단점에 대해 논하고, 주로 반도체소자 공정에서 활용되는 용도를 각각 밝히시오.

참고문헌

1. Stanley Wolf, Richard N. Tauber,"Silicon Processing for the VLSI Era", Lattice Press, pp.283 (1986).
2. Stanley Middleman, K. Hochberg,"Process Engineering Analysis in Semiconductor Device Fabrication", McGraw-Hill ,Inc., pp.595 (1995).
3. 윤현민, 이형기,"반도체 공학", 복두출판사, pp.218 (1995).
4. 김형열, 반도체 공정 및 측정,"전자자료사", pp.123 (1995).

5. 이종덕,“실리콘집적회로 공정기술”, 대영사, pp.149 (1997).
6. “반도체 산업 및 반도체 재료 산업의 실태와 전망”, 데이콤 산업연구소, pp.117 (1998).
7. David A Glocker and S Ismat Shah,“Hand book of thin film process technology”, Institute of physics publishing, pp.B1.0 : 1-B1.4 : 41 (1995).
8. Alfred Grill,“Cold Plasma in Materials Fabrication”, IEEE, pp.1-85, 216-245 (1994).

윤제용 (서울대학교 화학생물공학부)
김승호 (강원대 지구환경시스템공학과)
설용건 (연세대학교 화공생명공학부)

CHAPTER 6

환경과 무기화학공업

01 무기화학공업과 지구환경

1. 지구온난화

제2차 세계대전 이후 대부분의 국가들이 현대산업사회의 핵심인 대량생산, 대량소비시대로 접어들면서 에너지자원의 과소비를 동반한 경제개발과 성장지속형 정책을 유지하고 있는 실정이다. 지구온난화(global warming)는 인간의 욕구를 충족하기 위한 다양한 경제활동으로 인해 배출되는 이산화탄소(CO_2), 메탄(CH_4), 염화불화탄소(CFC), 질소산화물(NO_x) 등의 온실효과 가스가 대기 중에 누적되어 점차 그 농도가 증가하므로써 지구의 기온을 상승시키고 지구 생태계 전반에 막대한 영향을 미치는 현상이다.

태초에 지구가 형성되었을 때 현재와 같은 대기는 없었으며 지구의 생성은 지금으로부터 약 45억 년 전이라고 추정한다. 화산활동을 통해 이산화탄소, 수증기, 다양한 질소와 황화합물들이 방출되었고 이것으로부터 오늘날의 대기질이 형성되었다. 표 6.1에서는 현재 대기 중에 존재하는 대기의 조성을 부피분율로 나타낸 것이다. 표에는 깨끗한 상태의 건조한 공기로 상대적으로 소량이지만 매우 중요한 수증기와 오염물질의 농도는 포함되어 있지 않다. 표에 나타난 값들은 대부분 고정적이지만 이산화탄소의 농도는 해마다 약 1.5 ppm씩 증가하고 있다.

표 6.1 건조 대기 중 조성

물질	농도	
	vol. %	ppm
Nitrogen (N_2)	78.08	780,800
Oxygen (O_2)	20.95	209,500
Argon (Ar)	0.93	9,300
Carbon dioxide (CO_2)	0.035	358
Neon (Ne)	0.0018	18
Helium (He)	0.0005	5.2
Methane (CH_4)	0.00017	1.7
Krypton (Kr)	0.00011	1.1
Nitrous oxide (N_2O)	0.00003	0.3
Hydrogen (H_2)	0.00005	0.5
Ozone (O_3)	0.000004	0.04

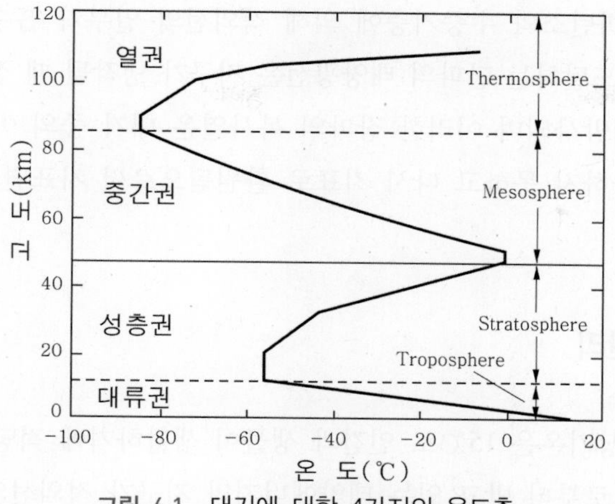

그림 6.1 대기에 대한 4가지의 온도층

대기 중의 조성뿐 아니라 대기중의 온도도 매우 중요하다. 대기를 여러 개의 수평층으로 나누었을 때 각 층은 온도변화로 구분할 수 있다. 지구표면에서부터 보면 대류권, 성층권, 중간권, 열권으로 구분할 수 있다. 그림 6.1은 이러한 영역에서의 온도변화를 보여주고 있다. 대기질량의 80% 이상은 대류권에 있으며 수증기, 구름, 강우 등은 모두 대류권에서 이루어진다.

(1) 지구온난화의 원인

지구온난화 현상은 아직까지 과학적으로 정확히 규명되지는 않았지만 지구 대기 구성성분의 변동에 의해 발생한다는 이론이 보편화되어 있다. 지구의 대기는 온실의 유리나 비닐과 같이 태양으로부터 지표면에 도달하는 단파의 복사 에너지는 잘 투과시키지만, 지표면에서 방출되는 장파의 복사 에너지는 흡수하여 지표면의 온도를 보존하는 역할을 한다. 대기 중에 존재하는 수증기, 이산화탄소, 메탄, 아산화질소, 염화불화탄소, 오존 등과 같은 온실효과 가스(greenhouse effect gas)의 농도가 배출량의 증가 등 여러 가지의 원인에 의해 높아지면 이들 가스성분이 보다 많은 장파의 복사에너지를 흡수하여 지구의 대기온도를 상승시킨다. 이를 온실효과라 하는데, 이 온실효과에 의해 지구온난화 현상이 일어난다는 것이 지배적인 이론이다.

지구의 에너지 수지균형을 보면 입사된 태양광선 중 28%는 먼지나 구름에 의해 반사되고 27%는 대기에 흡수되며, 나머지 45%가 지표에 도달하는데 증발산, 지표면의 재반사에 의해 다시 대기에 흡수되고 나머지는 외계로 방출된다. 지구에 도달하는 태양광선

중 대기 중의 이산화탄소와 수증기층에 의해 적외선의 일부가 흡수되고, 이 흡수층을 통과하여 지표면에 도달하는 단파의 태양광선은 지구가 냉각될 때 장파장의 적외선이나 열로 지표면에서 재방사되며 이러한 장파의 복사열은 대기 중의 이산화탄소와 수증기층의 흡수층을 통과하지 못하고 다시 지표로 환원됨으로써 지표면의 온도가 상승하게 된다.

(2) 온실효과의 원리

지구전체의 평균지상기온은 15℃로 인간과 생물이 생활하기에 적당한 환경이다. 이 기온은 지구가 태양으로부터 받고 있는 태양에너지와 지구가 적외선의 형태로 우주로 방출하고 있는 에너지의 균형으로부터 결정된다. 이 균형은 대기 중의 이산화탄소, 수증기 등의 적외선을 흡수하는 기체, 즉 온실가스가 큰 역할을 하고 있다. 만약, 이 온실효과가 전혀 없었다면 지구는 지금보다 30℃ 이상 낮은 저온의 빙하세계가 될 것이다. 반대로 온실가스가 증가하면 대류권의 기온은 상승해서 기후가 온난화하게 된다.

태양복사선의 파장은 0.2~2 μm의 범위이나 에너지의 대부분은 0.4~0.8 μm의 가시광선 영역에서 집중되어 있다. 이에 반해서 지구가 방출하고 있는 적외선의 파장은 4~30 μm의 범위에 있다. 지구대기는 가시광선은 잘 통과시키지만 적외선은 8~12 μm의 파장대(대기의 창)를 제외하고는 잘 통과시키지 못한다. 파장이 0.31 μm보다 작은 자외선은 대류권계면에 도달하기 전에 산소분자와 오존에 의해 거의 흡수되어 버린다. 2 μm 이하의 가시광선 영역의 파장에 대해서는 흡수가 많지 않으나 4 μm 이상의 지구복사에 대해서는 흡수가 많은 것을 볼 수 있다. 이것은 이 파장영역에 이산화탄소, 수증기, 오존 등

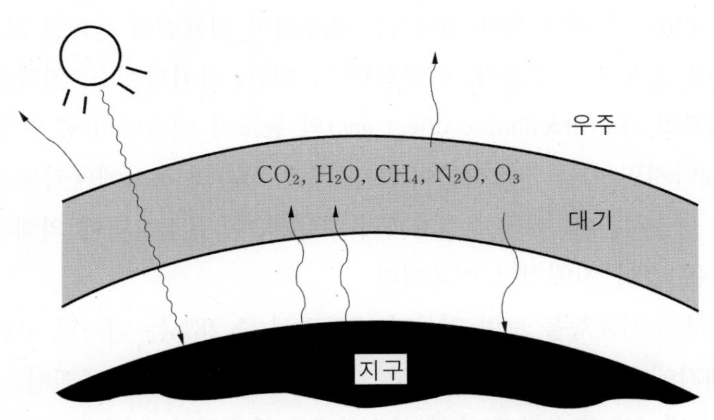

그림 6.2 온실가스에 의한 지구 열에너지의 방출차단

의 적외선 흡수대가 있기 때문으로 이들의 주요 흡수대는 이산화탄소가 파장 13~17 μm, 메탄과 아산화질소가 7~8 μm, 프레온11, 12가 11~12 μm, 오존이 9~10 μm이다. 따라서 적외선을 흡수하는 온실효과 가스가 증가하면 대류권의 적외선 흡수량이 증가하여 기온이 상승하게 된다. 이와 같이 가시광선은 통과시키고 적외선을 흡수해서 열을 밖으로 나가지 못하게 함으로써 보온작용을 하는 것을 대기의 온실효과라 한다.

(3) 온실효과 가스

온실효과 가스들의 지구온난화에 대한 기여도를 표 6.2에 나타내었다. 1880~1980년 이전까지는 이산화탄소의 기여도가 66%, 메탄 15%, CFC11, 염화불화탄소화합물(chlorofluoro carbons, CFCs) 8%, 이산화질소(N_2O) 3%, 기타 8% 등으로 나타났으나, 1980년 이후의 비율을 보면 이산화탄소의 기여도는 감소하고 그 외의 온실가스의 기여도가 증가하였음을 볼 수 있다. 이것은 최근 이산화탄소 이외의 가스농도가 급증하였기 때문이다. 이산화탄소는 표 6.2와 같이 온실효과 가스 중에서 지구온난화에 기여하는 비율이 가장 높다. 이산화탄소의 배출원으로는 화석연료의 연소에 의한 것이 가장 큰 비중을 차지하고 있으며, 이 외에 토지이용에 따른 산림의 벌목과 개발이 있다.

과거 화산활동에 의해 증가된 이산화탄소는 해양에 흡수되거나 광합성에 의해서 탄산염의 형태로 지표면에 저장되었다. 따라서 탄소는 이산화탄소의 형태로 대기중에만 존재하는 것이 아니라 모든 유기체의 내부, 지표면의 저질, 해양 등에 더 많은 양이 다양한 형태로 존재한다. 탄소는 생태계 내에서 정체해 있는 것이 아니라, 여러 형태로 존재하면서 순환을 하는데, 이러한 순환 속에서 대기 중 이산화탄소의 농도가 해양, 토양, 생물 등의 탄소저장소와 유기적 관계에 의하여 상호평형을 이루고 있다. 그러나 화석연료에 의한 이산화탄소의 대기로의 방출이 과다했을 때, 이 평형이 깨지게 되고 대기 내

표 6.2 온실효과 가스 종류에 따른 온난화에 대한 기여도(단위: %)

온실가스	1880~1980년 이전	1980년 이후
CO_2	66.0	49.0
CH_4	15.0	18.0
N_2O	3.0	6.0
CFCs	8.0	14.0
기타 *	8.0	13.0

* O_3, H_2O, Halons기체를 포함(EPA, 1989).

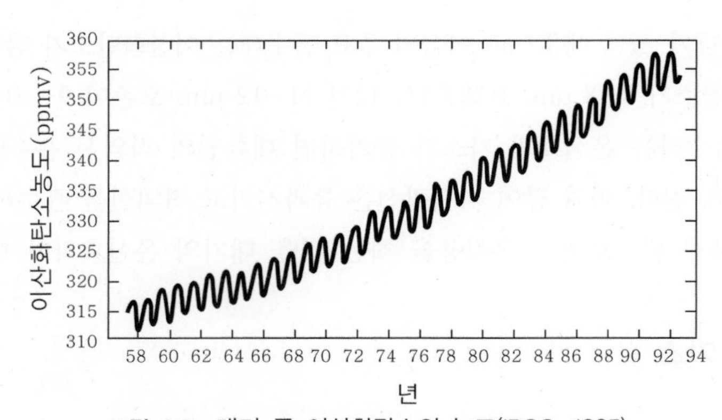

그림 6.3 대기 중 이산화탄소의 농도(IPCC, 1995)
IPCC, Inter-Governmental Panel on Climate Change(기후변화에 관한 정부간 패널)

의 이산화탄소 농도 증가가 온난화 현상으로 나타나는 것이다.

1988년에는 전 세계적으로 약 5.9 Gton(109 ton)의 탄소가 화석연료의 연소와 기타 원인의 결과로 대기 중에 배출되었다. 이 정도의 배출량은 바다와 육지 생물권에 저장된 탄소의 양과 비교하면 매우 적은 양이지만 전지구적인 탄소순환 및 온실효과에 중요한 요소로 작용하고 있으며, 전지구적인 탄소수지에 대해 인간의 활동이 기여하는 바는 매우 크다.

한편 그림 6.3은 지구대기에 포함된 이산화탄소 배경농도(background concentration)의 표준적인 자료로 사용되고 있는 하와이의 마우나로아 측정소의 결과이다.

이산화탄소의 대기 중 농도는 산업화에 따라 크게 변화해 왔는데, 산업혁명 이전인 1750년과 1880년대 사이에는 280 ppm이던 것이 1990년에 이르러 353 ppm으로 약 25% 증가된 것으로 조사되었다. 앞으로 현재 증가율인 연간 2%를 유지할 경우, 2050년경에는 산업혁명 이전의 이산화탄소 농도의 2배인 575 ppm에 도달하고, 2100년에는 1330 ppm이 될 것으로 예상하고 있다.

메탄은 인간활동과 생물활동에 의해 발생하며 현재 대기 중의 농도가 약 2 ppm 정도로 1960년대 말의 1.3~1.41 ppm에 비해 꾸준히 증가해오고 있다. 생물활동에 의한 메탄의 발생원은 목축, 미생물 활동, 논, 습지, 늪, 해양 등이며 인간활동에 의한 발생원은 천연가스의 사용, 석탄채광, 생물이나 화석연료의 연소, 목축과 농업의 무분별한 확대, 인구증가와 도시화의 부산물인 쓰레기의 처리 등으로서 인간활동과 관계가 깊다. 메탄은 위와 같은 발생원에 의해 그 농도가 증가하는 반면에 대류권에서의 OH기에 의한 산화, 성층권으로의 전이, 생물에 의한 토양에서의 분해 등으로 감소하기도 한다. 대류권에서의 메탄농도의 증가는 오존을 비롯한 다른 가스의 분포와 농도를 변화시키며, 성층권에서도 Cl을 HCl로 만들어 대류권으로 침전시킨다. 성층권에서의 Cl의 감소는 오존을 파괴시키는 Cl의 활동을 감소시키고, 메탄은 산화하여 수증기를 생성하는데, 수증기의 증가는 지구온난화를 유발한다.

염화불화탄소화합물은 탄소와 염소, 불소로 이루어진 인공화합물로서 매우 안정하고 독성이 없어 취급하기 용이하기 때문에 냉매, 세정용매, 분사추진제, 발포제 등으로 널리 쓰이고 있다. 염화불화탄소화합물은 그 안정성 때문에 대류권에서의 반응성이 낮으며 성층권의 자외선 작용하에서만 분해된다. 염화불화탄소화합물은 온난화 작용에서 이산화탄소보다 10,000배 정도 그 작용력이 크기 때문에 비록 배출되는 양이 적더라도 지구온난화에 대한 기여도는 매우 큰 편이다.

아산화질소는 대기 중의 농도가 약 0.5 ppm으로 매년 0.2~0.3%씩 증가하고 있는 실정이다. 이러한 아산화질소가 증가하는 원인은 화석연료의 사용, 질소비료의 사용증가, 인구증가로 인한 식량생산 증대와 농경지 확대로 볼 수 있다. 즉, 경작지의 증가, 질소비료, 암모니아 비료의 사용과 해양에서의 질소화에 의해 아산화질소가 형성되어 대기 중으로 방출되기 때문이다. 아산화질소는 지구복사 에너지를 흡수하여 온난화현상을 일으킬 뿐만아니라 성층권에서 오존층을 파괴하기도 한다. 즉, 성층권에서 산소원자와 반응하여 NO로 변하며, 이 NO는 오존과 반응하여 오존층을 파괴하게 된다.

(4) 지구온난화가 환경에 미치는 영향

지구온난화가 전지구의 기온변화에 어떻게 영향을 미치는가에 대한 연구는 1988년 미국의 한센이 1860년 이후 세계기온 관측자료를 분석한 결과, 이 기간 동안에 전 지구의 기온은 0.5~0.7℃가 상승했고, 지난 10년 동안의 상승세가 가장 크다는 것을 발견하였다. 영국학자들의 연구결과, 지구기온은 금세기에 들어와서 0.5℃ 정도 더워졌으며, 가장 더웠던 해는 1988년, 1987년, 1983년, 1986년의 순으로 지난 15년 동안에 기록들이 몰려 있다(그림 6.4).

지구온난화의 영향으로서는 제일 먼저 생태계의 변화를 예로 들 수 있다. 지구의 대기기온이 상승되면, 필연적으로 생태계의 변화를 수반한다. 이는 화석 등 과거의 지구역사에서 쉽게 확인할 수 있다. 자연생태계는 온도변화, 습도변화 및 증발량변화에 매우 민감하다. 현재의 동·식물의 분포를 살펴보면 온도와 습도에 의해 정해진다는 것을 쉽게 알 수 있으며, 온도 습도의 변화가 일어나면 동·식물의 분포에 영향을 줄 것이다. 약 1℃ 정도의 기온상승만으로도 생태계에는 큰 영향을 미친다. 모든 동·식물의 분포와

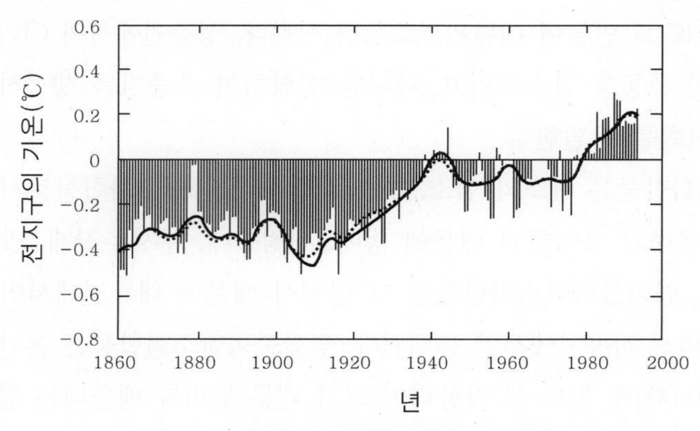

그림 6.4 전 지구적 기온변화(IPCC, 1992)

서식형태는 온도에 의해 좌우된다 해도 지나친 표현은 아닐 것이다. 온도에 따른 열대, 아열대 등의 생태계분포는 명확히 결정된다. 따라서 이러한 온도변화는 필연적으로 기존의 생태계 패턴의 변화를 가져오게 될 것이며, 결국 이런 생태계의 변화는 온도 상승의 정도에 따라 결정된 것이다.

둘째로는 해수면의 상승이다. 지구온난화는 해수의 온도상승에 의한 팽창, 알프스지방의 빙하의 녹음, 극지방의 빙하의 해빙 및 바다로의 유입을 일으키게 되어 현재의 해수위 상승률을 가속시킬 것으로 예상된다. 표 6.3은 현재의 추세대로 화석연료의 사용량이 늘어날 경우의 해수면 상승을 추정한 것이다. 지구온난화에 의하여 지구기온이 높아지게 되면 2000년에는 최고 17 cm, 2050년에는 최고 1 m 이상 상승될 것으로 전망된다.

해수면 상승은 해안지역에서의 높은 해수위로 인해 홍수피해가 늘어날 것이고, 해안지역의 해안의 침식이 심화됨과 더불어 해안지역의 생태계를 파괴시킬 것이며 자연적, 인위적인 배수시설의 성능이 저하될 것이다. 따라서 해안가의 배수로 설계시에는 앞으로 일어날 해수위상승을 감안하여 대비책을 강구하여야 할 것이다. 아울러 강 하구의 삼각주가 해수위상승으로 물에 잠길 위험성이 높고 지하수는 해수로부터의 염분유입으

표 6.3 해수면상승 추정치(2000∼2100년)(단위: cm)

범주	2000년	2025년	2050년	2075년	2100년
최소	4.8	13	23	38	56
최소∼중간	8.8	26	53	91	144
중간∼최고	13.2	39	79	13	217
최고	17.1	55	117	212	345

자료: Hoffman(EPA, 1983)

로 인한 음용수 피해도 우려된다. 해수면 상승과 함께 해양의 수온상승에 의한 해양 생태계의 변화를 살펴보면, 바다의 일차생산량의 90%를 대륙과 해안 사이의 연안지역이 차지하고 있다. 지구온난화로 인해 수온이 상승하여 발생한 환경변화로 자연의 생산량이 대폭 감소될 것으로 예측되고 있다. 예를 들어, 해수의 고수온으로 열대나 아열대의 얕은 바다에 있는 산호초에서는 갑자기 산호가 마치 표백된 것처럼 하얗게 되고, 얼마 후 죽는 현상이 일어나고 있는데, 이러한 백화현상이 지구의 온난화의 영향이 아닌가 하는 예측이 있다. 그리고 수온의 상승으로 태풍, 허리케인, 사이클론 등으로 불리우는 열대성 저기압의 세력이 더욱 강해져 폭풍과 홍수에 의한 피해는 더욱 증가하게 될 것이다.

셋째로 기후의 변화이다. 지구의 온난화로 인해 발생할 수 있는 기온과 강수의 변화는 다음과 같다. 하층대기 및 지표는 더워지나 반대로 성층권은 차가워진다. 그리고 고위도 지방은 전 지구보다 겨울에 더욱 따뜻해지나, 여름은 더욱 더워진다. 한편, 적도지방에서는 온난화가 심하게 나타나지 않으며 계절의 변화도 적다. 강수량은 지구가 따뜻해질수록 더욱 증가하며, 전 지구적으로는 3~5% 정도 증가가 예상된다. 그리고 중위도지방에서는 겨울강수의 증가가 예상되나, 아열대 건조대의 강수변화는 현저하지 않게 될 것이다. 이와 같은 기후의 변화로 건조한 지역은 더욱더 건조해져 토양속의 수분이 소실되어 사막화가 촉진되고, 습윤(濕潤)한 지역은 더욱 습윤화된다. 또한 강수량이 어떻게 변화될지 모르기 때문에 농업생산에 관한 예측은 어렵게 된다. 말라리아를 매개로 하는 학질모기의 분포나 농업생산에 영향을 미치는 해충의 분포가 확대될 것이라는 우려가 지적되고 있다. 또한, 전지구적인 기후변화에 의한 기상조건의 변화는 대기오염의 발생횟수와 오염농도에 상당한 영향을 미치게 될 것으로 생각된다.

넷째로 농업생산에 미칠 영향은 지역에 따라서는 달라진다. 북부 중위도지역에서는 다음 세기 중반까지 2배의 이산화탄소농도 하에서 기후를 가정할 때 약 10~30%의 생산량 감소가 예상된다. 즉 기온이 낮은 북반구지방에서는 온도상승으로 인해 농작물 생산량이 증가될 것이며, 북미지역과 남부유럽에서는 곡물 생산량의 감소를 가져올 것으로 예상된다.

지구온난화와 함께 성층권의 오존층 파괴가 함께 진행되면 인구가 밀접되어 있는 지역과 도시지역에서는 지구온난화로 인한 광화학스모그 현상 등 2차 대기오염물질의 발생도 우려된다. 아울러 수질과 수량의 변화, 가뭄으로 인한 기근과 영양실조 등으로 인한 피해도 예상된다. 기후의 변화가 숲을 초지로 변화시키는 등 주변환경에 상당한 변화를 가져올 것이다.

지구의 온난화를 방지하기 위한 가장 시급한 해결책은 온실효과 가스의 발생을 억제하여야 한다. 특히 배출량이 많은 이산화탄소의 발생을 억제해야 한다. 또한, 메탄가스와 염화불화탄소화합물, 아산화질소 등의 기타 온난화가스에 대해서도 배출억제 대책을 세워야 할 것이다.

2. 오존층

(1) 오존이란

오존(ozone)은 산소원자(O) 세 개가 모여 이루어진 불안정한 가스분자로 쉽게 산소분자(O_2) 하나와 산소원자(O) 하나로 분해된다. 오존은 반응성이 강하며, 산화력이 강하고 물에 난용성인 기체이다. 고농도의 오존은 호흡계 질환을 야기시키며, 폐기능에 변화를 가져오는 반응성이 강한 가스이며 강산화물이다.

오존(O_3)에는 대류권 오존과 성층권 오존이 있다. 대류권 오존은 생활공간인 대류권에 존재하는 대표적인 대기오염 물질의 하나로서, 서울의 경우 1984년부터 1993년까지 지난 10년간 62.5%나 증가하였으며, 년 3회 이상 초과해서는 안 되는 단기환경기준을 1994년 7월에만 129회나 초과하는 등 적극적인 대책이 요구되고 있는 오염물질이다.

대류권 오존은 지역 **대기오염물질**(local air pollutant)이라기보다 이동성이 강한 **광역 대기오염물질**(regional air pollutant)이다. 또한, 계절에 따라 농도차이를 보이는 원인은 그 지역의 자연상태 및 기상학적 요인에 따라 농도가 크게 바뀌기 때문이다. 수십 년간 오존량의 변화상태를 측정한 결과, 남극의 성층권 내 오존이 심각할 정도로 감소되고, 또한 최근에는, 북극 및 북반구 중위도 성층권 내 오존 역시 감소하고 있다고 한다. 반면에, 북반구 대류권 내 오존의 농도는 꾸준히 증가하고 있으며, 이는 이동오염원 및 화석연료 등의 다양한 연소과정에서 배출된 탄화수소, 일산화탄소 및 질소산화물 등이 광화학적 반응으로 형성된 것이다. 대류권 내의 오존은 전형적인 인위적 오염물질로써, 최근 십수 년 동안 많은 문제점을 일으키고 있으며, 광화학 「스모그」의 주된 지표로도 이용되고 있다. 이러한 **광화학적 오존**은 1940년대 미국 「로스앤젤레스」에서 처음 관찰된 이후, 최근까지도 오존의 생성과 이동에 관한 연구가 활발히 진행되고 있으며, 오존에 의한 건강측면에의 연구 또한 활발히 진행되고 있다.

최근, 각국에서는 오존에 대한 저감대책을 마련하고 있으며, 특히 대기 중 오존의 농도와 분포연구는 환경오염, 기초화학, 대류권 및 성층권에서의 기상학과 관련한 연구에서 매우 중요하다. 최근 오존농도 측정을 위해「레이저(laser)」를 이용한 DIAL(differential absorption LIDAR) 장치가 이용되고 있어, 기존의 풍선 또는 비행기구 등을 이용한 간헐적 측정방법의 어려움을 보완해 주고 있다. 99년 현재 우리나라 대기환경기준에 의하면, 오존을「옥시단트」의 등가농도로 이용하고 있으며, 8시간 평균 0.06 ppm 이하, 1시간 평균 0.1 ppm의 3회 이상 초과를 금하고 있다.

(2) 오존층의 역할

지구의 대기 중에는 질소, 산소나 아르곤에 비하면 무시할 정도의 아주 적은 양의 오존이 존재하고 있다(표 6.1). 우선 대류권(약 15 km 상공 이내)에 전체 오존량의 10%가 존재한다. 지표면에 가까운 대류권의 오존량은 인체나 지구 생태계에 악영향을 미칠 수 있기 때문에 적을수록 좋다. 그런데 산업혁명 이후 대류권의 오존량은 두 배 이상 증가한 것으로 밝혀졌다.

성층권(15~50 km)에는 전체 오존량의 90% 이상이 몰려 있는데, 여기에 분포한 오존은 지구의 자연생태계에 없어서는 안 되는 중요한 역할을 한다. 첫째, 오존은 태양에서 발산하는 태양빛 속의 자외선을 차단하는 역할을 한다. 자외선 중 가장 해로운 파장은 거의 제거하고 비교적 덜 해로운 파장도 70~90%나 제거한다. 즉, 태양빛 속에 포함된 강한 자외선을 차단해 인간을 비롯한 각종 동·식물이 살아가는 데 지장이 없도록 만들어 준다. 둘째, 오존은 지구 온도조절에 있어서 여러 가지 중요한 기능을 한다. 이산화탄소나 다른 온실효과 가스와 마찬가지로 오존도 온실효과 가스 중의 하나이다.

'오존층(ozone layer)'이란 주로 성층권 상부에 오존이 밀집해 있는 구역을 말하며, 오존은 지상 10~15 km, 지상 20~25 km 등 두 개의 층에 집중되어 있다. 오존의 농도는 지역에 따라 다양하지만, 북반구에서는 주로 겨울과 봄철에 낮아지고, 여름과 가을에는 높아진다. 오존층의 두께는 Dobson 단위로 표시하는데, 지구 대기 중 오존의 총량을 STP(0℃, 1 atm) 상태에서 두께로 환산하여 1 mm를 100 Dobson으로 하였다. 따라서 적도상의 오존의 총량은 0.2 cm(200 Dobson) 정도이며, 극지방에서는 0.4 cm(400 Dobson) 정도이다. 참고로 지구 대기 중 총 공기를 0℃, 1 atm에서 환산하면 10 km 정도가 된다.

(3) 오존층의 파괴

성층권에서의 오존 자체는 아래 반응식과 같이 자외선이 산소분자에 흡수되어 산소분자가 두 개의 산소원자로 쪼개지고, 이 원자가 즉시 다른 산소분자와 결합하여 형성된다.

$$O2 \xrightarrow[180\sim240\ nm]{UV} O + O$$
$$O2 + O \longrightarrow O3$$
오존생성

$$O3 \xrightarrow[200\sim320\ nm]{UV} O2 + O$$
오존분해

이렇게 형성된 오존분자는 자외선(ultraviolet, UV)을 흡수하므로 분해되어 한 개의 산소분자와 한 개의 산소원자로 나뉘어진다. 이러한 오존생성 및 분해과정이 균형을 이루게 되어 대기 중 오존의 양과 농도가 계속 일정하게 유지된다.

오존의 분해와 관련된 물질은 그 자체는 화학적으로 변하지 않으면서 오존의 분해과정에서 촉매로 작용한다. 이 촉매기능을 가지는 화학물질은 표 6.4에 열거한 염화불화탄소(CFC, 일명 프레온), 일산화질소(NO), 염화메틸(CH_2Cl), 메탄(CH_4). 사염화탄소(CCl_4), 할론(halon, 염화브롬화탄소) 등이다. 이러한 미량 가스들은 오랜기간 동안 대류권에 남아 있다가 나중에는 성층권에 유입되어 오존의 파괴를 일으킨다. 이들 중 가장 문제가 되고 있는 것은 염화불화탄소(CFC, chlorofluorocarbon)로서 염소, 불소, 탄소를

표 6.4 오존층 파괴물질의 용도 및 잔류기간

구분 명칭	화학식	오존파괴 잠재력	용도	대기권 잔류기간(년)
CFC~011	$CFCl_3$	1.0	냉각, 에어로졸, 발포제	65~75
CFC~012	CF_2Cl_2	0.9~1.0	냉각, 에어로졸, 발포제, 살균, 식품냉동, 열탐지, 경고장치, 화장품, 가압송풍장치	100~140
CFC~113	CCl_3CF_3	0.8~0.9	용제, 화장품	100~134
CFC~114	$CClF_2CClF_2$	0.7~1.0	냉각	300
CFC~115	$CClF_2CF_3$	0.4~0.6	냉각, 거품크림 안정제	500
할론 1301	$CBrF_3$	10.0~13.2	소화(消火)	110
할론 1211	$CClBrF_2$	2.2~3.0	소화	15
HCFC~22	$CHClF_2$	0.05	냉각, 에어로졸, 발포제, 소화제	16~20
메틸클로로포름	CH_3CCl_3	0.15	용제	5.5~10
사염화탄소	CCl_4	1.2	용제	50~69

자료 : Beyond The Limits, Donella H. Meadows, Dennis L. Meadows, Jorgen Randers, 1992.

인위적으로 결합시켜 만든 화학물질의 총칭이다. CFC는 처음에는 냉매제로 주로 사용되다가 인체에 전혀 해가 없고, 안전하며 경제성이 있어서 사용범위가 점차 넓어져 가정용 및 산업용 냉각장치, 각종 전자제품의 세척제, 고효율 단열재, 음식물 포장재, 화장품, 스프레이 등에 널리 사용되었으나, 최근 일부 선진국에서는 제조 및 사용이 금지되고 있다.

염화불화탄소에 의한 성층권의 오존파괴 현상은 Rowland와 Molina(1975)에 의해 제시되었다. 이 이론은 염소화합물이 오존 파괴현상의 주원인이라는 설이다. 즉, 대류권에서 안정된 화합물인 염화불화탄소가 성층권 30 km 부근 상공에 도달하여 220 nm의 빛 에너지를 받아 광분해되어 염소(Cl)가 빠져나오게 된다. 즉,

$$CCl_2F_2 + UV\ (< 220\ nm) \rightarrow Cl + CF_2Cl \qquad (6.1)$$

이때, 염소는 자유염소기 혹은 오존과 반응하여 ClO(chlorine monoxide) 형태로 존재한다.

$$Cl + O_3 \rightarrow ClO + O_2 \qquad (6.2)$$

$$ClO + O \rightarrow Cl + O_2 \qquad (6.3)$$

이 반응에서 염소원자는 오존분자를 반복해서 분해시키는데(연쇄반응), 즉 식 (6.1)에서 빠져나온 염소기는 자신은 변함없이(촉매 역할) 식 (6.2)와 식 (6.3) 과정을 10만 번 정도 되풀이하여 약 10만 개의 오존분자를 파괴한다. 총괄적으로 식 (6.4)와 같이 오존분자를 파괴하게 된다.

$$O_3 + O \rightarrow O_2 + O_2 \qquad (6.4)$$

(4) 오존층 파괴의 영향

현재 남극의 오존층이 계속 파괴되어 가고 있음이 확인되고 있다(그림 6.5). 특히 남극의 오존층이 파괴되는 것은 남극의 성층권이 겨울에 온도가 영하 80℃까지 내려가서 수증기가 얼음으로 변하고, 남극 주위의 대기순환은 폐쇄적이어서 저위도에서 남극으로 공기가 섞이지 못하는 등 오존의 파괴반응을 촉진하는 조건이 만들어지기 때문이다. 그러므로 이러한 오존층의 파괴로 인한 오존홀(ozone hole)의 존재가 인정되고 있다.

미국항공우주국(NASA)은 1993년 2월 26일 현재 남극 상공의 오존층이 절반 가량 파괴되었으며, 이러한 오존홀이 점점 넓어지고 있다고 발표하였다. 또, 남극의 오존홀은

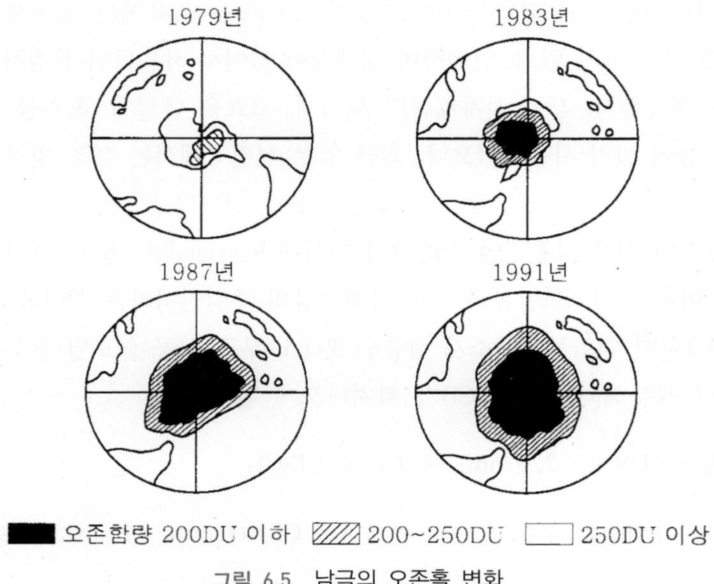

그림 6.5 남극의 오존홀 변화
자료: 이창기, 환경과 건강, 1993, (DU; Dobson Units)

그 넓이가 3,200만 km^2에 이르며, 그 중앙부의 넓이만 200만 km^2에 달한다고 발표하였다.

이러한 오존층의 파괴로 인해 지구에 미치는 영향으로는 첫째, 오존층의 오존량감소에 따른 자외선의 투과 증가로 인한 인간과 자연생태계에 미치는 피해이다. 자외선은 태양광선 스펙트럼에서 보라색 부분의 단파장측에 있는 눈에 보이지 않는 복사선을 말한다. 자외선은 파장이 10~390 nm에 해당하며, 특히 짧은 파장의 자외선은 살균력이 강하여 동·식물에 직접 영향을 미친다. 자외선은 동·식물체 조직의 단백질 및 DNA에 직접 영향을 미치는데 DNA는 유전정보를 전달하는 기능을 가지고 있으므로 자외선에 직접 노출되는 경우 세포가 죽거나 DNA의 손상으로 인한 피부암을 유발하게 된다. 피부암 발생 외에도 인체 면역기능의 약화, 피부염의 발생을 증가시킬 수 있다. 식물의 경우 자외선량이 증가할 경우 이에 대한 피해가 매우 심각할 것으로 생각된다. 식물의 종류에 따라 자외선증가에 따른 영향정도가 차이가 있으며, 현재까지 200여 종에 대한 실험결과 60~70% 정도가 영향이 있는 것으로 알려지고 있다. 목화, 완두콩, 강낭콩, 메론, 양배추와 같이 민감한 식물은 성장이 둔화되고 경우에 따라서는 식물호르몬과 광합성의 기능을 갖는 엽록소에 피해를 주므로 성장기간 동안의 과실량이 감소된다. 또한 자외선은 물속으로 상당히 깊이 침투하므로 단세포 조류에 대한 피해가 크다.

둘째, 오존량의 감소가 기후변화에 미치는 영향은 성층권과 대류권 사이의 상호작용이 매우 복잡하므로 현재로서는 그 변화를 정확히 예상할 수는 없지만, 성층권의 온도변화가 기존의 대기순환에 영향을 미치게 되고 이것이 지구기후를 변화시키게 될 것은 분명한 사실이다. 오존은 이산화탄소와 마찬가지로 온실기체이다. 온실기체의 영향 이외에도 오존층 파괴로 인한 태양광선 침투의 증가는 지구기온의 상승을 초래할 것이다. 오존층 파괴로 인한 또 하나의 기후변화 영향은 습도와 증발량의 증가에 의한 강우량 변화를 들 수 있다. 강우량 증가에 따라 일부지역은 홍수 피해가 증가할 것이고, 일부지역의 가뭄피해가 증가할 것이다. 아울러 지구 온도상승은 양극지방의 기후에 커다란 영향을 미치게 되는데 눈과 얼음의 녹는 양이 증가할 것으로 예측된다.

(5) 염화불화탄소 대체물질의 개발

1998년 선진국에서는 염화불화탄소가 전면 폐기된 상태이다. 따라서 염화불화탄소를 대신할 대체 물질로서는 기존의 염화불화탄소와 비교하여 물성(무색 · 무취, 열적 · 화학적으로 안정, 불활성, 무독성)이 비슷하고, 오존층 파괴를 줄일 수 있는 수소화염화불화탄소(hydrochlorofluorocarbon, HCFC)와 과불화탄소(perfluorocarbon, PFC), 수소화불화탄소(hydrofluorocarbon, HFC) 등의 대체물질을 만들었다. HCFC는 염소, 불소, 탄소 외에 수소를 포함하고 있는데 HCFC에 들어 있는 수소는 대류권의 OH기와 쉽게 반응을 일으키고 결국 HCFC의 대기권 내에서의 수명을 짧게 만든다. 예를 들어, HCFC-22의 대기권 내 수명은 대략적으로 13년 정도이다. HCFC-22는 1975년부터 현재까지 가정용 공조기 및 몇몇 냉동기기에 널리 사용되고 있다. 그러나 HCFC는 오존층을 붕괴시킬 수 있는 염소를 포함하고 있어 장기적인 대체물이 될 수는 없다. 그 결과 코펜하겐 수정안은 서기 2030년까지 HCFC를 모두 폐기시키도록 규정하고 있다. 한편 HFC는 대기권 내에서의 수명이 짧고 염소를 포함하지 않으므로 성층권에서의 오존손실을 막을 수 있는 최선의 대체물로 여겨지고 있다. 현재 미국에서는 새로 만드는 자동차용 공조기의 경우 반드시 HFC-134a를 사용해야 한다. 이런 결과 1995년의 통계를 보면 대기권 내 수명이 대략적으로 12년 정도인 HFC-134a의 사용량은 매년 100%씩 늘고 있음을 알 수 있다.

1998년 7월 스위스 제네바에서 열린 몬트리얼 의정서 개방실무그룹(OEWG) 회의에서 CFC의 대체물질로 많이 사용되는 HFC와 PFC가 CFC보다는 덜하지만 계속해서 지구온난화를 일으키는 물질이며 따라서 1997년 12월 교토의정서에서 이같은 사실이 지적되었음을 인정했다. 그러므로 이러한 대체물질도 오존층보호에 완벽하다고 할 수는 없다.

오존층 파괴는 전 세계적인 문제이므로, 어느 한 국가의 노력만으로는 해결될 수 없으며, 오존층을 보호하기 위해서는 UN을 비롯한 세계 여러 국가가 가입된 기구를 중심으로 범지구적 협조체제를 구축하여야 할 것이다.

3. 산성비

(1) 산성비의 정의

무기화학공업과 산성비(acid rain)는 매우 밀접한 관계가 있다. 처음으로 산성비의 문제가 야기된 것은 19세기 후반에 영국에서 1891년 솔베이(Solvay)법의 등장으로 소다(Soda) 생산이 대규모 공업화되기 시작하면서부터이다. 소다공업은 식염을 원료로 하는 소다회(탄산소오다 또는 탄산나트륨), 가성소다(수산화나트륨 또는 중조(탄산수소나트륨)), 염화암모늄, 염소 등을 제조하는 공업으로 황산공업, 합성 암모니아 공업과 같이 중요한 무기화학공업의 하나이다. 이러한 제품들은 우리 일상생활에서 중요한 필수품으로 취급되나 다른 화학공업의 원료로서도 중요하다.

다음 화학식과 같이 고온에서 소금과 황산을 작용시키면 염화수소가 부산물로 발생하는데, 특별한 포집처리 없이 그대로 대기중에 방출되면서 공장부근에서 산성비가 내리게 되었다.

$$NaCl + H_2SO_4 \rightarrow Na_2SO_4 + HCl\uparrow \qquad (6.5)$$

이때부터 영국 New Castle 지방의 밭과 숲은 시들고 피해가 발생하자 1826년에 영국의회는 특별위원회를 조직하고 1872년에 알칼리법을 제정하여 규제를 시작하였다. 당시의 대기오염 감시관인 Smith는 공장의 반대를 무릅쓰고 주민의 지지를 얻어 공장에 염산 흡수장치를 설치하게 되었다.

이 과정에서 각지에 대기 중의 산소, 이산화탄소, 염소, 황, 암모니아 등의 측정망이 설치되어 이 결과로 빗물 중에 염소, 황, 암모니아 성분이 들어 있음을 알았다. Smith는 대도시에서 비가 산성화된 원인물질은 석탄이라고 보고 1872년에 《대기와 비-화학적 기상학의 시작》이라는 책에 처음으로 산성비(acid rain)라는 말을 사용하였다. 르블랑법의 폐해가 인지되면서 소다회 제조공정은 부산물로 HCl등이 배출되지 않는 솔베이법으로 바뀌게 되었고, 환경문제를 야기시켰던 르블랑법은 경제성의 고려와 더불어 역사의 뒤안길로 완전히 사라지게 되었다.

지구상의 물은 끊임없는 순환을 하고 있다. 즉 바다, 극지방의 얼음, 하천, 호수, 지하수, 토양 등 지표부근의 모든 장소에 존재하는 물은 증발하여 대기 중에 수증기로 존재하고 그것이 응축하여 구름을 만들며, 이는 비나 눈 등이 되어 지표로 떨어진다.

수증기를 제외한 깨끗하고 건조한 공기 중에는 질소 78.08%, 산소 20.95%, 아르곤 0.93%, 탄산가스 0.02~0.04%가 들어 있다. 이 네가지 성분을 합하면 거의 100%에 이르고 그 밖에 아주 미량의 네온(18 ppm), 헬륨(5.2 ppm) 등 수십종의 가스가 존재한다. 그러나 경제성장과 산업발달에 따라 공장이나 산업체, 자동차 등에서 배출되는 각종 오염물질의 양이 늘어나 대기를 오염시키고 있는 것이다.

산성비 문제 역시 이러한 대기오염 때문에 일어나는 현상이다. 공기 중에는 원래 약 200~400 ppm의 탄산가스가 존재한다. 이것이 공기 중의 물방울과 반응하면 약산성인 탄산이 되는데, 반응은 다음과 같다.

$$CO_2 + H_2O \rightarrow H_2CO_3 \quad (6.6)$$

$$H_2CO_3 \rightleftarrows HCO_3^- + H^+ \quad (6.7)$$

$$HCO_3^- \rightleftarrows CO_3^{2-} + H^+ \quad (6.8)$$

이 탄산이 빗물에 포화되면 pH는 5.6을 나타낸다. 따라서 정상적인 빗물에서도 pH는 5.6까지 될 수 있으며, 다른 오염물질에 의해 빗물이 더욱 산성화되어 pH가 5.6 이하가 될 때, 이 비를 산성비라 한다. 주로 공장이나, 발전소, 자동차 등의 각종 오염원에서 대기 중으로 배출된 아황산가스나 질소산화물이 대기 중의 여러 물질과 반응하여 강산성의 황산이나 질산을 생성하고 빗물에 의해 씻겨 내려온다. 그러므로 산성비는 대기에서 산성의 물질을 제거하는 과정에서 생기는 현상이라 할 수 있다.

이와 같은 대기 중의 산성물질이 빗물에 녹아 지표면으로 강하하여 침착(deposition)하는 것을 습성침착(wet deposition)이라고 하고, 좁은 의미의 산성비가 된다. 그러나 비뿐만 아니라 다른 형태의 침착물도 산성화의 원인이 될 수 있다. 즉, 산성물질이 빗물에 의하지 않고 에어로졸(aerosol)과 같은 형태로 직접 지표면으로 강하하여 침착하는 것을 건성침착(dry deposition)이라 한다. 실제로 산성물질에 의한 피해를 고려할 때는 이 두 가지 형태를 고려해야 하고, 우리가 관심을 가져야 할 것은 습성침착물(또는 산성침착물(acid deposition))과 건성침착물(또는 산성강하물(acid precipitation)) 전부일 것이다.

(2) 산성비의 원인물질 및 생성과정

산성비의 원인이 되는 오염물질은 다른 대기오염물질과 마찬가지로 인간의 여러 가지 활동, 즉 각종 공장, 화력발전소, 자동차에서 주로 발생하며, 가정에서 석유나 석탄 등의 연료를 태울 때에는 아황산가스, 질소산화물, 염화수소 등의 산성가스가 발생한다. 이들 산성가스는 수분이 존재하면 쉽게 황산, 질산, 염산 등과 같은 강산으로 변하여 구름이나 빗물 등에 스며들어 산성비, 산성안개, 산성눈 등의 형태로 지표면에 강하한다. 산성 침착물의 원인이 되는 오염물질을 좀 더 자세히 알아보면 다음과 같다.

① 황산(H_2SO_4): 에너지 공급원으로 가장 많이 사용하고 있는 화석연료 중에는 불순물로서의 황(S)이 들어 있다. 일반적으로 기체연료나 휘발유 중에는 황이 거의 들어 있지 않거나 아주 미량이 들어 있지만, 등유에는 0.5% 이하, 경유에는 1.6% 이하, 중유에는 4.0% 이하의 황분이 들어 있다. 석탄에는 미량의 황분이 들어 있으며, 무연탄에도 산지에 따라 차이가 있지만 0.4~4.5% 정도 들어 있다.

이러한 황분은 연료를 연소시킬 때 대부분 이산화황(SO_2)으로 되고 그밖에 소량의 삼산화황, 황산이온, 황화수소 형태로 배출되지만 이들도 대기 중에서 산화되어 이산화황이 된다. 이산화황은 대기 중에서 자외선이나 광화학반응에 의해 수분이 존재하면 쉽게 황산으로 된다.

$$SO_2 + H_2O \rightarrow H_2SO_3 \tag{6.9}$$

$$H_2SO_3 + H_2O \rightarrow SO_4^{2-} + 4H^+ + 2e \tag{6.10}$$

이렇게 생성된 황산이 구름이나 대기 중의 먼지 입자에 흡수 또는 흡착되고 구름 중에서 빗방울이 생겨날 때 흡수되거나 떨어지는 빗방울에 충돌해 빗물 속에 녹아들어가 지상으로 떨어지게 되는 것이다.

② 질산(HNO_3): 질소산화물도 빗물을 산성화시키는 데 큰 영향을 준다. 질소산화물은 대기 중에서 자연현상인 번개의 방전에 의해 생기는 수도 있으나, 주로 석유, 석탄 등 연료의 연소에 의해 생기며, 대기 중의 수증기가 존재시 반응하여 질산으로 변한다.

$$2NO_2 + H_2O \rightarrow NO_3^- + HNO_2 + H^+ \tag{6.11}$$

$$3HNO_2 + H_2O \rightarrow NO_3^- + 2H_2O + 2NO + H^+ \tag{6.12}$$

연료의 연소과정에서 발생하는 질소산화물은 연료 NO_x라고 하는 데 대해 자동차의 배기가스나 소각로의 고온의 배출가스에 의해 공기 중의 질소와 산소가 반응하여 생성되는 질소산화물을 열적 NO_x라고 하는데, 자동차의 급속한 증가와 함께 열적 NO_x가 차지하는 비중이 점점 증가하고 있는 실정이다.

③ 염산(HCl): 석탄 중에는 황분의 약 20% 정도 되는 염소가 포함되어 있다. 이러한 석탄의 연소에 의해 염소가 대기 중으로 방출되고 수증기가 존재하면 염산으로 되어 빗물에 녹아들어간다. 또한 바닷물 속의 소금입자가 대기 중에 존재하는 질산·황산입자와 반응하여 염산을 생성하기도 한다.

$$2NaCl + H_2SO_4 \rightarrow 2H^+ + Na_2SO_4 + 2Cl^- \quad (6.13)$$

$$NaCl + HNO_3 \rightarrow H^+ + NaNO_3 + Cl^- \quad (6.14)$$

이러한 산성침착물 생성과정에서 산성화의 영향정도가 가장 큰 것은 황산이온으로 각 성분이 산성비에 미치는 영향은 아황산가스가 60~70%를 차지하며, 질소산화물이 30~35%이고, 나머지는 염산에 의한 것으로 보고 있다. 이외에도 자동차의 배기가스 중에 배출되는 탄화수소 성분이 대기 중에서 산화되어 산성비를 생성하기도 한다.

(3) 국내의 산성비 현황

표 6.5에 나타난 1987년부터 1996년까지 10년 동안 국내 주요도시의 강우 중 산성도 측정치변화를 살펴보면 대도시지역은 점차로 산성비에서 정상적인 빗물로 변화하는 것을 알 수 있다. 이는 정부에서 대기오염방지를 위한 강력한 규제정책을 실시한 결과이

표 6.5 주요도시의 연도별 강우 중 산도(단위: pH)

도시	1987	1988	1989	1990	1991	1992	1993	1994	1995	1996
서울	5.1	5.7	5.6	5.0	5.4	5.3	5.4	5.4	5.8	5.7
부산	5.4	5.2	5.2	5.2	5.1	5.2	5.3	5.2	5.2	5.1
대구	5.3	5.6	5.3	5.7	5.9	5.6	5.5	5.6	5.7	5.6
광주	5.8	5.7	5.7	5.5	5.5	5.7	5.8	5.8	6.2	5.9
대전	5.5	5.7	5.8	5.4	5.6	5.7	5.5	5.7	5.9	5.8
울산	4.9	5.1	5.6	5.6	5.7	5.6	5.6	5.4	5.3	5.7

자료: 환경부, 환경백서(1997)

다. 한 예로서 아황산가스 배출억제를 위해서 산업체나 기타 열공급시설, 자동차에 저황 연료 및 청정연료의 사용을 의무화하고 있다.

1996년도 강우 중의 산성도(acidity)는 표 6.5와 같이 부산이 pH 5.1로 가장 높았으며, 부산을 제외한 주요도시에서는 pH 5.6 이상으로 정상적인 비가 내린 것으로 나타났다. 또한 지역에 따라서는 강우의 pH를 측정한 중소도시 중에서 시멘트 공장이 인접한 도시의 pH 평균치는 강원 삼척 pH 6.27, 충북 단양 pH 6.4(93년), 경북 문경 pH 6.1(93년) 등으로 특이한 현상이 나타났다.

(4) 산성비의 영향

황산염과 질산염은 대기 저층 2 km 이내에서 이동하며 때로는 오염원으로부터 수백 km까지 이동한다. 이들의 존재는 여러 공업지대에서 여름의 안개에 의하여 정량적으로 관측되고 있다. 산성우는 스위스의 산악지대, 스칸디나비아 반도의 남부지역 및 북미주의 북부 지방에서도 관측되고 있다. 이러한 문제는 미국의 중서부 및 서동부 지방에서 많이 심화되고 있다. 산성우에 대한 연구는 1950년대 초부터 유럽에서 많이 시행되어 왔다.

유럽 대륙에서 생성된 대기오염의 상당한 부분이 북동쪽으로 이동하여 스칸디나비아로 향하므로 스칸디나비아 국가들에 문제를 일으키는데 스웨덴, 노르웨이의 400여 개 호수의 생태계가 전멸되었고 핀란드의 경우도 40여 개 호수의 생태계가 전멸되었다. 스칸디나비아 국가의 산성우는 영국이나 북부, 동부 유럽국가에서 배출된 대기오염물질의 영향을 받았음이 증명되었다. 유럽국가들의 평가에 의하면 삼림이 영향을 받았고 특히 침엽수들이 크게 영향을 받은 것으로 나타났다.

한 배출원에서 발생된 오염물질이 기상조건과 맞물려 발생된 지역뿐만 아니라 그 인접지역에까지 피해를 미치는 경우가 많다. 이는 오염물질의 국가 간 이동이라는 점에서 매우 중요하다. 미국과 캐나다의 경우 미국의 동북부 공업지역에서 배출된 대기오염물질이 수백 km 떨어진 캐나다의 동부지역에까지 이동해 산성비를 내림으로써 1970년대 중반부터 캐나다 지역 1만 4천여 개의 호수가 산성화를 일으켜 양국 간의 분쟁을 발생시켰다. 또한 유럽의 경우 스웨덴에서는 1950년에서 1965년 사이에 산성비 때문에 토양이 산성화되고 산림생산력이 0.3% 떨어졌다는 기록이 있으며, 독일에서는 1960년 초부터 독일 남서부 슈바르츠발트(검은 숲이란 뜻)의 전나무 등이 갑자기 말라죽어버렸다. 슈바르츠발트는 검은 숲이란 이름처럼 숲이 무성했으나, 수많은 나무가 병들어 죽어갔고, 이러한 피해는 계속되어 바바리아 지방과 동부 유럽까지 확산되었다. 그 원인을 조사한 결과, 이 지역이 대도시와 공업지대에 근접해 많은 대기오염물질과 산성비의 영향을 받았기 때문이라고 한다. 우리나라의 경우 주변상황을 볼 때, 중국의 급속한 경제성장에 의해 앞으로 심각한 피해가 예상된다.

산성비가 미치는 영향은 첫째, 하천이나 호수의 물을 산성화시키므로 수중생태계에 대한 영향이 크며 둘째, 토양 내에서 영양염류가 용출되므로 토양의 산성화로 식물이나 산림이 막대한 피해를 입게 된다. 셋째, 인체에 미치는 영향은 직접·간접적으로 나타날 수 있는데, 직접적으로는 눈이나 피부를 자극하여 불쾌감이나 통증을 느끼게 할 수 있다. 넷째, 재산에 미치는 영향은 산성화된 빗물이 금속이나 대리석으로 만들어진 동상 기념탑 등의 유적과 각종 구조물을 부식시킨다. 산성비가 내린 지방에서 산성우에 의한 피해를 줄이기 위해서는 오염원에서의 배출을 억제하는 것이 가장 중요하며 화석연료의 탈황, 탈질시설의 정비 등이 요청된다.

산성우에 대해서는 그 원인과 영향의 상관관계가 어느 정도 잘 알려져 있다. 산성우에 의한 피해를 줄이려면 산성우의 원인인 이산화황, 질소산화물의 배출을 줄여야 한다. 이러한 대기오염물질을 줄이려면 저유황이 함유된 연료사용이나 배기가스의 탈황, 탈질시설이 필요하게 된다. 이는 경제적인 비용상승과 시설투자를 뜻하며 국민의 깨끗한 환경에 대한 의지와 비용부담에 대한 국민적 합의를 필요로 한다. 환경투자는 당장은 비용증가를 뜻하나 국민복지, 건강차원까지 고려하여 그 투자 규모와 시기, 우선순위 선정에 현명한 판단이 필요하다.

전 세계가 산성비에 의해 지속적으로 피해를 입는다면 결국에는 사막화(desertification)라는 결론에 도달하게 될 것이다. 즉, 산성비에 의해 식물이 피해를 입어 삼림이 황폐해지므로 유기물의 합성이 감소하고 산소발생량이 줄어들게 되어 결국 야생동물의 생존 및 인류의 생존까지지도 위협받게 될 것이다.

02 환경정화공정

1. 하수처리공정

하수의 처리는 처리목적에 따라 크게 1차처리, 2차처리, 고도처리로 나누어진다. 1차처리는 비교적 큰 입자성 부유물질의 제거를 목적으로 하며, 주로 침전 등의 물리학적 처리방법이 이용된다. 2차처리에서는 1차처리 후에 잔류하는 입자성 부유물질과 용존 유기물의 제거를 목적으로 하며, 주로 미생물을 이용한 생물학적 처리방법이 이용된다. 고도처리는 위의 방법 이상의 수질을 정화하는 것을 목적으로 행하여지는 모든 처리를 통칭하며, 주로 질소나 인과 같은 영양염류의 제거를 위해 실행된다. 현재 우리나라의 하수처리는 유기성 오탁물만 제거하는 2차처리가 대부분이며, 최근들어 급격한 수환경의 악화로 인해 고도처리기술을 도입하기 시작했다.

본 절에서는 하수처리의 핵심이 되는 생물학적 처리와 화학적 하수처리기술의 이론을 중심으로 필수적으로 숙지해야 할 기본 처리원리에 대하여 설명하고자 한다.

(1) 침 전

침전은 수중의 입자성 고형물을 중력에 의해 제거하는 고액분리공정을 말하며, 이 기능을 침전지에서 담당한다. 일반적으로 하수가 처리장으로 유입하면 침사지, 스크린 등의 예비처리에 의해 대형 협잡물 및 모래와 같은 침사물이 제거된다. 그렇지만 수중오탁물의 제거를 목적으로 적용되는 본격적인 공정의 시작은 침전이라고 할 수 있다. 하수처리에서는 하수원수 중의 고형물을 제거하는 1차침전지(최초침전지)와 생물학적 처리과정에서 혼합된 고형물(미생물 슬러지; biosolids)과 정화처리수를 분리하는 2차침전지(최종침전지)가 있다.

(2) 생물학적 처리

1차처리에 해당하는 침전공정을 통과한 하수는 2차처리 공정에서 생물학적으로 처리된다. 즉, 수중의 미생물이 2차처리 공정으로 유입된 부유성 및 용존성 유기물을 분해하고, 이러한 유기물을 기질로 섭취하여 미생물이 증식을 하게 된다. 따라서 미생물의 증식 정도가 생물학적 처리의 효율을 좌우하게 되는 것이다. 이러한 미생물의 증식을 위해서 주로 부유미생물을 이용하는 활성슬러지법과 고정미생물을 이용하는 생물막법이 이용되고 있다.

① 미생물의 증식: 미생물의 증식에 관한 수학적인 모델로서 가장 널리 이용되고 유명한 식은 모노드(Monod)식이라고 불리우는 경험식이다. 이 식은 다음과 같이 전개된다.

$$\frac{dX}{dt} = r_g = \mu X \tag{6.15}$$

X: 미생물의 농도, ML^{-3}

r_g: 미생물의 증식속도, $ML^{-3}T^{-1}$

μ: 비증식속도, T^{-1}

여기서 비증식속도 μ는 다음과 같이 정의되며, 이를 모노드식이라고 부른다.

$$\mu = \mu_m \frac{S}{K_s + S} \tag{6.16}$$

μ_m: 최대 비증식속도, T^{-1}

S: 기질농도, ML^{-3}

K_s: 1/2 μm에서의 기질농도, ML^{-3}

모노드식을 그래프로 표현하면 그림 6.6과 같다. 그림에서 보면 알 수 있듯이 K_s는 기질농도에 대한 증식속도의 민감도를 나타내며, K_s가 작을수록 기질농도가 증식속도에 미치는 영향이 커진다고 할 수 있다.

세포의 증식은 기질의 소비와 직결되므로 위의 미생물 증식속도를 기질소비속도(r_s)와 연관지어 표현하면 다음 식이 성립된다.

$$r_g = -Y r_s \tag{6.17}$$

$$r_s = -\mu_m \frac{SX}{Y(K_s + S)} \tag{6.18}$$

Y: 증식계수

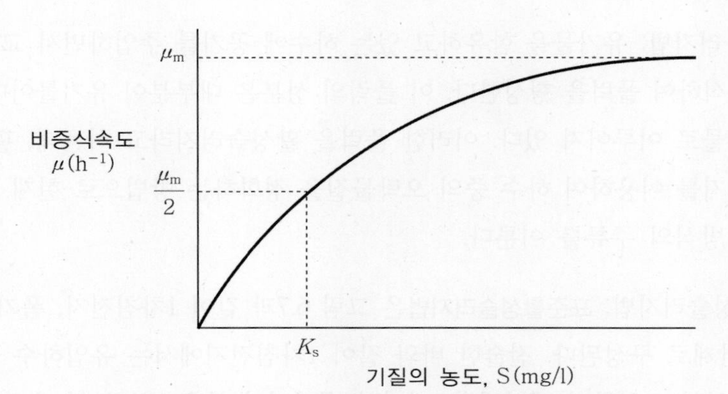

그림 6.6 기질(S)에 있어서 모노드식에 의한 미생물증식

여기서 Y는 기질의 소비량에 대해 증식한 미생물의 양을 나타낸다. 다시 말하면 기질의 생물전환율, 즉 유기물의 분해산물로서 발생하는 고형물의 양을 의미하므로 반응기 내의 미생물의 증식과 잉여슬러지 발생량의 예측 등 여러분야에서 중요한 인자로 작용한다.

미생물은 기질을 섭취하며 증식도 하지만 사멸도 한다. 그러므로 미생물의 성장과 기질소비에는 미생물의 사멸 또한 고려되어야 하며, 이에 대한 실제 증식속도(r_g) 등을 나타내면 다음과 같다.

$$r_g = \mu_m \frac{SX}{(K_s + S)} - k_d X \qquad \text{증식속도} \tag{6.19}$$

$$\mu = \mu_m \frac{S}{(K_s + S)} - k_d \qquad \text{순비증식속도} \tag{6.20}$$

$$Y_g = -\frac{r_g}{r_s} \qquad \text{순증식계수} \tag{6.21}$$

k_d: 사멸률, T^{-1}

위의 반응은 생화학적인 반응이므로 온도에 의해 영향을 받는다. 온도에 따른 화학반응속도의 변화는 다음과 같은 경험식을 많이 사용한다.

$$r_T = r_{20}\,\theta^{(T-20)} \tag{6.22}$$

T : 온도(℃)

여기에서 θ값은 수질 및 수처리방식에 따라 약간의 차이를 두지만 통상 1.03~1.08의 값을 적용한다.

② 활성슬러지법: 유기물을 함유하고 있는 하수에 공기를 주입하면서 교반하여 주면 미생물이 번식하여 플럭을 형성한다. 이 플럭의 성분은 대부분이 유기물이며 이중 상당부분이 미생물로 이루어져 있다. 이러한 플럭을 활성슬러지라고 하는데, 활성슬러지법은 활성슬러지를 이용하여 하수 중의 오탁물질을 정화하는 방법으로 현재 수행되고 있는 하수처리방식의 주류를 이룬다.

- 표준활성슬러지법: 표준활성슬러지법은 그림 6.7과 같이 1차침전지, 폭기조, 2차침전지의 3단계로 구성된다. 전술한 바와 같이 1차침전지에서는 유입하수 중의 비교적 큰 입자성의 고형물이 제거되며, 여기서 제거되지 않은 대부분의 유기물은 폭기조

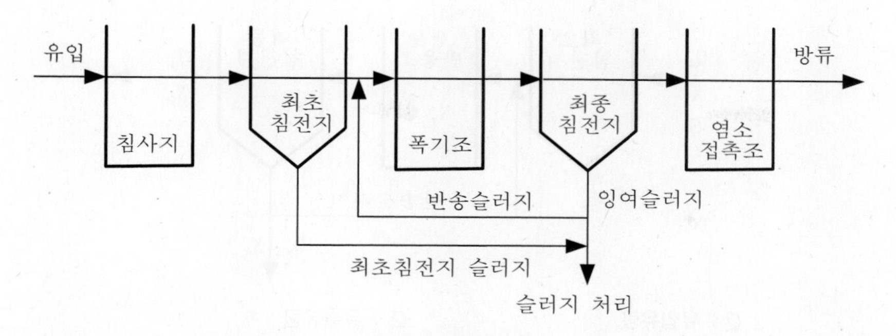

그림 6.7 표준활성슬러지법의 기본공정도

에서 생물반응에 의해 호기성 분해된다. 그리고 2차침전지는 폭기조에서 이용한 미생물, 즉 활성슬러지와 정화된 처리수를 분리하는 역할을 한다.

유기물의 분해효율을 높이기 위해서는 폭기조 내의 미생물농도를 가능한 한 높게 유지할 필요가 있다. 그러나 미생물의 자연증식만으로는 증식속도가 느려서 변동하는 수질에 대하여 처리가 불안정하게 된다.

따라서 폭기조 내의 미생물의 농도를 고농도로 일정하게 유지하기 위해서는 인위적으로 미생물을 연속적으로 투입해야 한다. 이를 위해서 2차침전지에서 발생된 슬러지를 폭기조로 반송시킨다. 이를 반송슬러지라고 한다.

표준활성슬러지법 내의 처리공정에서 미생물은 하수중의 유기물을 분해하며 증식을 한다. 이렇게 증식한 미생물을 외부로 배출하지 않으면 축적된 미생물은 결국 2차침전지에 쌓이게 된다. 이를 방지하기 위해서는 필요한 반송슬러지량 이상으로 증식된 슬러지를 배출할 필요가 있다. 이를 잉여슬러지라고 한다.

이상에서 알 수 있듯이 활성슬러지법에서 가장 중요한 역할을 하는 부분은 폭기조이다. 활성슬러지법에서의 주요 대상물질인 미생물과 기질의 폭기조 내에서의 물질수지를 알아보는 것은 효율적인 처리시설의 설계를 위해서 필요하다. 그림 6.8에서와 같이 물질수지식을 세워 보면 다음과 같다.

$$V\frac{dX}{dt} = QX_{\mathrm{i}} - [Q_{\mathrm{w}}X_{\mathrm{w}} + Q_{\mathrm{e}}X_{\mathrm{e}}] + Vr_{\mathrm{g}} \qquad (6.23)$$

(미생물축적량 = 유입량 − 유출량 + 증식량)

$$V\frac{dS}{dt} = QS_{\mathrm{i}} - QS + Vr_{\mathrm{s}} \qquad (6.24)$$

(기질변화량 = 유입량 − 유출량 − 분해량)

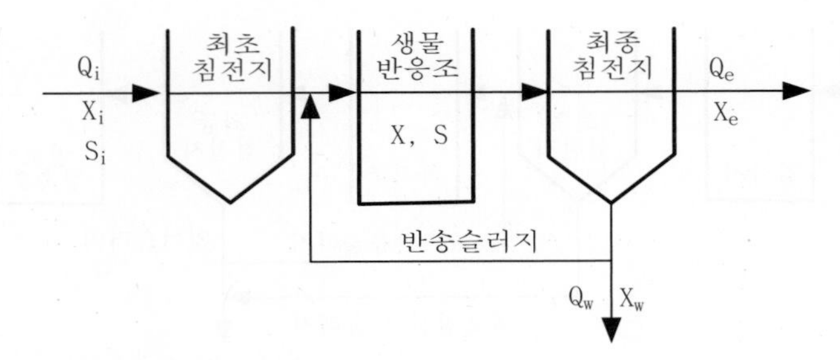

Q_i : 유입유량
Q_e : 유출유량
Q_w : 잉여슬러지
X_i : 유입수 중 미생물의 농도
X: 생물반응조 내 미생물의 농도
X_e : 유출수 중 미생물의 농도
X_w : 잉여슬러지 미생물의 농도
S_i : 유입수 중 기질농도
S: 생물반응조 내 기질농도
S_e : 유출수 중 기질농도

그림 6.8 표준활성슬러지법에서의 물질수지

위에서 유입수 중의 미생물농도(X_i)는 무시할 수 있을 만큼 낮은 농도이며, 또한 정상상태에서는 $dX/dt = 0$, $dS/dt = 0$이므로 위의 식을 다시 정리하면 다음과 같다.

$$Q_w X_w + Q_e X_e = V r_g = V \left[\mu_m \frac{SX}{(K_s + S)} - k_d X \right] \tag{6.25}$$

$$\frac{Q_w X_w + Q_e X_e}{VX} = \frac{1}{\theta_c} = \mu_m \frac{S}{(K_s + S)} - k_d \tag{6.26}$$

$$Q(S_i - S) = -V r_s = V \left[\mu_m \frac{SX}{Y(K_s + S)} \right] \tag{6.27}$$

$$\frac{Q(S_i - S)}{V} = \frac{1}{\theta}(S_i - S) = \mu_m \frac{SX}{Y(K_s + S)} \tag{6.28}$$

폭기조 내 유입수의 수리학적 체류시간은 단순히 $V/Q(\theta)$로서 표현되지만, 미생물의 경우는 2차침전지에서 처리수와 분리되어 반송되므로 체류시간의 개념이 수리학적 체류시간의 개념과는 다르다. 반응계 내부의 미생물 체류시간은 반응계 내부의 전체 미생물량을 반응계 외부로 배출되는 양으로 나눈 값(θ_c)이며, 슬러지 체류시간이라고 한다. 표준활성슬러지법에서는 통상 수리학적 체류시간을 8시간, 슬러지 체류시간을 5일 정도로 고려하고 있다.

전술한 바와 같이 미생물은 기질농도에 따라 증식속도 및 분해속도가 달라지지만, 기본적으로 미생물이 분해할 수 있는 기질의 양에는 한계가 있다. 그러므로 미생물의 양에 대해 기질의 양을 적절히 조절해야만 효율적인 생물학적 처리를 수행할 수 있다. 이러한 기질에 대한 미생물의 비를 F/M비(food to microorganism ratio)라고 한다. 이러한 F/M비와 슬러지 체류시간은 표준활성슬러지법의 처리능력을 결정짓는다. 예를 들면, F/M비가 높고 슬러지 체류시간이 낮으면 침전이 잘 되지 않는 사상성 미생물(filamentous microorganism)의 번식을 야기시킨다. 반면에 F/M비가 낮고 슬러지 체류시간이 높으면 미생물이 자신의 세포내 유기물을 분해시키면서 에너지를 공급하게 되는 내생분해가 과다하게 되어 플럭이 파괴되는 현상을 일으킨다.

일반적으로 처리장에 유입된 하수는 표준활성슬러지법을 거치면서 BOD 90%, TOC 70%, COD 80%, SS 90% 정도가 제거되어 방류되는 것으로 알려져 있다. 이러한 제거율은 유입수질에 따라 차이를 보이지만 대체로 생물학적 처리에 의해서 대부분의 수중 유기물은 제거된다고 볼 수 있다.

- 활성슬러지의 변법: 활성슬러지법을 이용한 하수처리에는 그림 6.9와 같이 표준활성슬러지법을 개량한 몇 가지의 변법이 있다.

  첫 번째로는 단계폭기법을 들 수 있다. 일반적으로 표준활성슬러지법의 폭기조는 긴 장방형이다. 그러므로 1차처리수가 유입되는 전단에서는 과부하 현상이 초래되고 후단에서는 빈부하현상이 나타날 우려가 있다. 이러한 현상을 억제하기 위해 고안된 것이 단계폭기법이다. 이것은 폭기조 전반에 걸쳐 유입수를 나누어 주입하는 방식이며, 따라서 폭기조 전체에서 부하를 일정하게 유지시킬 수 있다는 장점이 있다.

  두 번째로는 산화구법(oxidation pond)을 들 수 있다. 이것은 1차침전지를 설치하지 않고, 생물반응조가 원형 또는 트랙형으로 회전로터를 사용하여 표면폭기하여 내부를 순환교반시켜 2차침전지에서 고액분리가 이루어지는 저부하형 활성슬러지 공법이다. 산화구법은 저부하에서 운전되므로 유입하수량, 수질의 시간변동 및 수온저하(5℃)가 있어도 안정된 처리를 기대할 수 있고 70% 정도의 질소제거를 이룰 수 있다는 장점이 있지만 체류시간이 길고 수심이 얕으므로 넓은 처리장부지가 소요된다는 단점이 있다.

  세 번째로는 최근 개발된 방법인 막분리 활성슬러지법을 들 수 있다. 이 방법은 2차침전지를 이용하여 미생물과 처리수를 분리하던 기존의 방식 대신에 막을 폭기조에 직접 투입하여 하수를 처리하는 방법이다. 이 방법을 적용하면 2차침전지가 필요없게 된다는 장점이 있지만, 현재로서는 비교적 고가의 소모성막을 사용하므로 설치

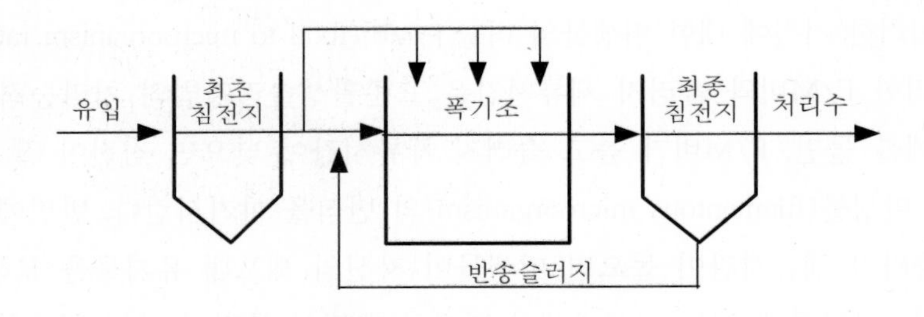

(a) 단계폭기법

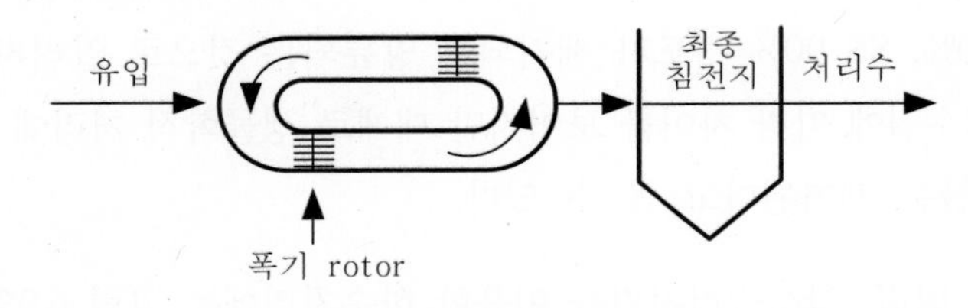

(b) 산화구법

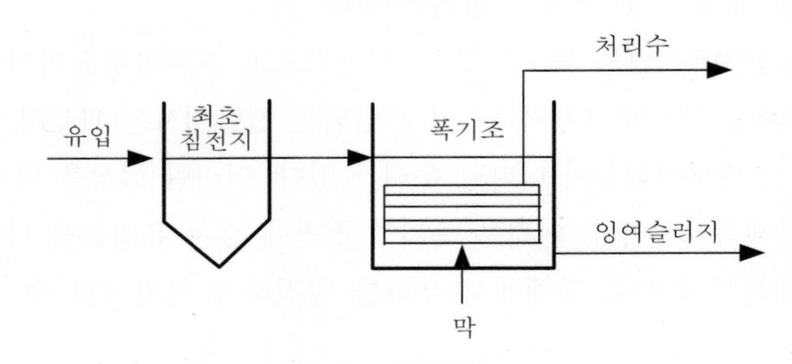

(c) 막분리 활성슬러지법

그림 6.9 활성슬러지법의 변법

비가 다소 높다는 단점이 있다.

이러한 변법 외에도 활성슬러지를 이용한 다양한 처리방식을 각 처리장의 여건에 따라 적절하게 도입하고 있다.

③ 생물막법: 자연수 중에 자갈 등을 장시간 침적 방치하면 표면에 점성질의 얇은 미생물 슬라임이 형성된다. 이를 생물막이라 하며 인위적으로 생물막을 증식시켜 하수처리에 이용하는 처리방식을 **생물막법**이라고 한다. 생물막법은 대기, 하수 및 생물막의 상호 접촉양식에 따라 살수여상법, 접촉산화법, 회전원판법 및 침적여과형의 호기성 여상법으로 분류된다.

과거의 생물막법인 살수여상법, 회전원판법 및 접촉산화법은 1차침전지, 반응조 및 2차침전지로 구성되며, 반응조 내의 여재 등과 같은 접촉재의 표면에 주로 미생물로 구성된 생물막을 만들어 하수를 접촉시키는 것으로 하수중의 유기물을 분해, 처리하는 것이다.

살수여상법에서는 고정된 쇄석과 플라스틱 등의 여재 표면에 부착한 생물막의 표면을 하수가 박막의 형태로 흘러내린다. 하수가 여재 사이의 적당한 공간을 통과할 때에 공기중으로부터 하수에 산소가 공급되며, 하수로부터 생물막으로 산소와 기질이 공급된다.

접촉산화법에서 접촉여재는 통상 물에 잠겨 있다. 이 때문에 하수에 산소를 공급하며 또한 하수와 생물막의 접촉을 촉진하기 위한 교반을 하는 장치가 필요하다. 접촉산화법은 접촉여재를 고정시킨 것과 부유상태 또는 유동상태인 것으로 대별되며, 전자를 고정

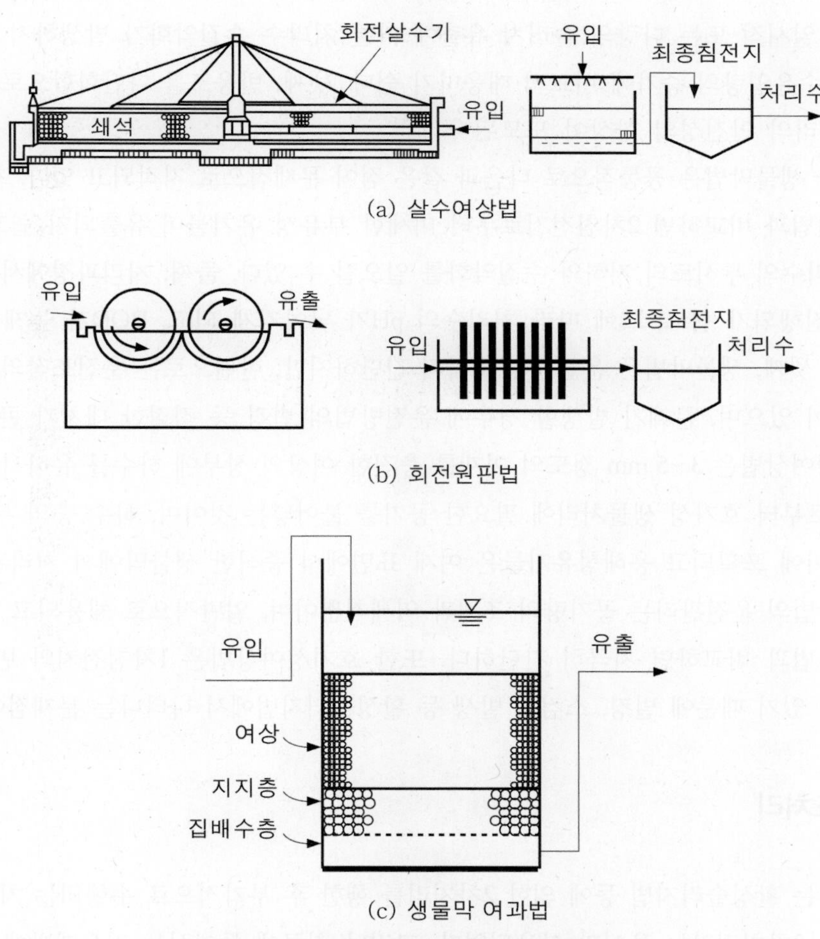

그림 6.10 생물막법의 대표적인 종류

상 방식, 후자를 유동상 방식이라고 한다.

회전원판법에서는 반응조의 상태가 살수여상법과 접촉산화법의 중간에 위치해 있다. 이 방법에서는 플라스틱 등으로 만들어진 접촉체가 구동축을 중심으로 회전한다. 접촉체는 일반적으로 그 표면의 40% 정도가 하수 중에 침적되어 있으며, 접촉체의 회전에 동반하여 그 표면에 부착된 미생물막은 하수 중과 대기 중을 상호로 왕복한다. 그러나 대기, 하수 및 생물막의 접촉양식은 접촉체가 대기 중에 있는 시간은 살수여상법과 또 접촉체가 하수 중에 있는 시간은 접촉산화법과 유사하게 된다.

이러한 세 가지 처리법은 설계 및 운전관리 인자가 각각 다르지만, 같은 호기성 처리인 활성슬러지법과 비교한 경우 공통적으로 다음과 같은 특징을 가지고 있다. 첫째, 반응조 내의 생물량을 조절할 필요가 없으며, 슬러지 반송을 필요로 하지 않기 때문에 운전조작이 비교적 간단하다. 둘째, 활성슬러지법에서 흔히 발생하는 2차침전지 벌킹현상에 의한 일시적 또는 다량의 슬러지 유출에 따른 처리수 수질악화가 발생하지 않는다. 셋째, 하수유입량의 증가에 비교적 대응하기 쉽다. 넷째, 반응조를 다단화함으로써 반응효율, 처리의 안전성의 향상이 도모된다.

그러나 생물막법은 공통적으로 다음과 같은 점이 문제점으로 지적되고 있다. 첫째, 활성슬러지법과 비교하면 2차침전지로부터 미세한 부유성 유기물이 유출되기 쉽고, 그에 따라 처리수의 투시도의 저하와 수질악화를 일으킬 수 있다. 둘째, 처리과정에서 질산화 반응이 진행되기 쉽고, 그에 따라 처리수의 pH가 낮아지게 되고, BOD가 높게 유출될 수 있다. 셋째, 생물막법은 운전관리 조작이 간단하지만, 한편으로는 운전조작의 유연성에 결점이 있으며, 문제가 발생할 경우에 운전방법의 변경 등 적절한 대처가 곤란하다.

호기성여상법은 3~5 mm 정도의 여재를 충진한 여상의 상부에 하수를 유하시켜 여상의 하부로부터 호기성 생물처리에 필요한 공기를 불어넣는 것이며, 하수 중의 부유물은 여재 사이에 포획되고 용해성유기물은 여재 표면에서 증식한 생물막에서 처리된다. 호기성여상법의 운전관리는 공기량의 조정과 역세척뿐이며, 일반적으로 채용되고 있는 활성슬러지법과 비교하면 지극히 간단하다. 또한 호기성여상법은 1차침전지와 반응조로 구성되어 있기 때문에 벌킹, 스컴의 발생 등 활성슬러지법에서 나타나는 문제점이 없다.

(3) 고도처리

고도처리는 활성슬러지법 등에 의한 2차처리를 행한 후 부가적으로 수행되는 처리로서, 이전에는 3차처리라는 용어가 사용되었다. 그러나 최근에 들어서는 기술개발에 의하여 단독공정으로도 2차처리 이상의 수질을 얻을 수 있는 처리기술들이 많이 등장하였다. 그렇기 때문에 3차처리라는 용어 대신에 고도처리라는 용어를 사용하게 되었다. 이러한 고도처리는 통상 질소와 인으로 대표되는 영양염류의 제거를 목적으로 한다. 질소와 인은 생물체의 단백질과 에너지를 합성하는 필수영양요소로서 작용하는데, 호수와 같은 폐쇄수역에 질소와 인이 다량으로 존재하면 조류 등이 과잉번식하여 부영양화를 초래하게 된다. 그러므로 부영양화가 우려되는 수역의 주변 하수처리장에서는 처리공정에서 최대한 영양염류의 농도를 줄여서 방류할 필요가 있다. 본 절에서는 이렇게 문제시 되고 있는 질소와 인의 생물학적인 제거법에 대한 원리만을 소개하는 것에 국한하였다.

① 생물학적 질소제거: 질소는 단백질과 같은 유기질소 형태와 혹은 NH_4^+, NO_2^-, NO_3^-과 같은 무기질소 형태로 존재한다. 수중에서 유기질소가 분해되어 형성된 NH_4^+는 호기성 미생물인 아질산균(nitrosomonas)와 질산균(nitrobactor)에 의해 다음의 식과 같이 산소를 이용하여 질산화 반응을 일으킨다. 식에서도 알 수 있듯이 질산화에는 반드시 산소가 필요하며, 질산화반응에서 생성되는 수소이온으로 인하여 pH가 감소하게 된다. 그런데 질산화균은 pH5 이하에서는 활성이 급격히 떨어지게 되므로 하수처리와 같이 인위적으로 질산화를 진행시키는 공정에서는 이를 방지하기 위해 $NaHCO_3$, NaOH와 같은 알칼리보조제를 동시에 투입하기도 한다.

$$NH_4^+ + 1.5O_2 \xrightarrow{\text{Nitrosomonas}} NO_2^- + 2H^+ + H_2O \qquad (6.29)$$

$$NO_2^- + 0.5O_2 \xrightarrow{\text{Nitrobactor}} NO_3^- \qquad (6.30)$$

$$NH_4^+ + 2O_2 \longrightarrow NO_3^- + 2H^+ + H_2O \qquad (6.31)$$

질산화반응에서 생성된 NO_3^-는 다음의 식에서 표현한 것과 같이 N_2가 되어 기화되는 탈질반응을 한다.

$$NO_3^- + H^+ + \text{유기물} \longrightarrow N_2\uparrow + H_2O \qquad (6.32)$$

위의 식에서 질소가 적절한 속도로 제거되기 위해서는 질소와 유기물이 적절한 비로 있어야 한다. 여기에서 유기물은 탄소원으로 작용하여 탈질반응을 일으킨다. 즉, 미생물은 유기물 중의 수소와 산소원(전자수용체)으로서 NO_2^-, NO_3^-를 이용하여 산화반응을 진행시킨다. 물론 세포증식에 필요한 탄소원도 유기물에서 공급받는다. 이러한 반응을 일으키는 탈질균은 수중에 유기물이 존재하지 않는 경우에는 자신의 세포질을 탄소원으로 사용하여 탈질반응을 진행시킨다. 이를 내생탈질이라고 한다. 만약 유기물이 부족하면 외부에서 인위적으로 메탄올이나 에틸알코올을 넣어 주어 탄소원으로 작용시키기도 한다. 질산화를 통한 암모니아의 제거는 하수 중의 질소성 BOD를 제거한다는 것만으로도 수질정화에 큰 기여를 하지만, 영양염류로서의 질소를 제거한다는 의미에서는 탈질까지 포함한 질소 제거가 이루어져야 한다.

② 생물학적 인 제거: 활성슬러지법에서 미생물에 인을 과잉섭취하도록 하여 하수 중의 인을 생물학적으로 제거하는 방법으로 화학적 처리에 의한 방법에 비하면 그 효율이 크게 떨어진다. 활성슬러지 미생물에 의한 인의 방출 및 섭취의 대사기작은 다음과 같다.

첫째, 혐기상태와 연속되는 호기상태를 거치는 동안 활성슬러지 미생물에 의해 섭취된 orthophosphate는 세포 내에 polyphosphate로 축적된다. 이렇게 세포 내에 축적된 polyphosphate는 혐기상태일 경우 가수분해되어 orthphosphate로 혼합액에 방출되며, 이때 인의 방출속도는 일반적으로 혼합액 중의 유기물농도가 높을수록 크다. 둘째, 혐기상태에서 orthophosphate의 방출과 동시에 섭취되는 유기물은 글리코겐 및 PHB(poly hydroxybeta butyrate)를 주체로 한 PHA 등의 기질로서 세포내에 저장된다. 셋째, 이렇게 세포 내에 저장된 기질은 호기상태에서 산화, 분해되어 감소된다. 활성슬러지 미생물은 이때 발생하는 에너지를 이용하여 혐기상태에서 방출된 ortho-phosphate를 섭취하고, polyphosphate로 재합성한다. 넷째, 위의 과정이 반복되면서 활성슬러지의 인 함유량이 증대된다. 일반적으로 활성슬러지는 최대 8%까지의 인을 포함할 수 있으나 보통 2% 정도의 인을 포함한다.

위의 대사기작을 요약하면 활성슬러지 미생물의 인 과잉섭취현상을 이용한 생물학적 인제거법은 일반적으로 반응조 일부를 용존산소가 존재하는 호기성 상태와 용존산소가 없는 혐기성 상태를 유지하여 이를 반복시켜 활성슬러지 중의 인 함유율을 증가시킴으로써 인의 제거효율을 높이는 것이다. 활성슬러지 미생물에 의한 하수 중의 인 제거과정에서 인은 잉여슬러지에 포함되어 제거된다. 이것이 인의 제거량이 되는데 잉여슬러지의 인 함유율이 커지면 인의 제거율도 커지게 된다는 것을 의미한다. 정상적인 경우 생물학적 처리후 방류수에 잔류하는 인의 농도는 대개 1~2 mg/L 수준이다.

(4) 화학적 처리

하수처리에서 무기응집제를 사용한 역사는 100년이 넘는다. 그러나 20세기 초에 와서 생물학적 처리공정이 개발됨에 따라 약품투입량과 슬러지 발생량의 과다로 화학적 처리공정이 감소하는 추세로 들어섰다. 그러나 1980년대에 접어들면서 여러가지 복잡 다양해진 오염물질을 효과적으로 처리하기 위해서 미국과 유럽에서는 생물학적 처리공정과 화학적 처리공정이 복합적으로 사용되어야 한다는 중론이 다시 일어나고 있다.

하수처리과정에서 질소와 인의 제거는 오염차원에서 아주 중요하다. 하수관거로 유입되는 영양소는 SS와 달리 하수처리장에서 특별한 방법으로만 제거가 가능하다. 현재 국내에서는 크게 침전공정과 활성오니공정에 의하여 하수를 처리하고 있으나 오염의 가중도가 증가함에 따라 과부하가 걸리고 있는 실정이다. 이미 미국과 유럽에서는 화학적 처리기술을 이용하여 기존의 하수처리장이 겪고 있는 하수유량 및 오염도의 과부하 문제해결, 기존 시설의 고도화(질소/인 동시제거), 신규건설시 투자비 절감효과를 얻고 있다. 이러한 점을 배경으로 우리나라에서도 하수를 화학적으로 처리하고자 하는 노력이 계속되고 있다. 몇 가지 연구결과를 간략히 소개하면 다음과 같다.

화학적 전처리 단계로 무기고분자 응집제인 Hi-PAX를 투입한 결과 인을 75%까지 제거할 수 있었으며, 탈질화조에 외부탄소원으로 아세트산을 투입하였을 때 질소 제거율 90%를 달성할 수 있었다. 또한 기존의 활성오니공정 전단에 응집제를 투입하고 폭기조를 질산화조와 탈질조로 분리하여 질소/인 동시제거를 실험한 결과 유기물의 제거효율을 90% 이상 달성할 수 있었다.

응집제를 처리공정 전단에 사용하므로써 유입수의 부하량 변동이 심할 때 공정 전체의 안정성을 유지할 수 있으므로 하수처리용량을 증가시킬 수 있는 연구도 수행 중이다. 특히 이 경우 유기물, 질소, 인의 농도가 높은 폐수에 적용하면 보다 경제적인 처리공정이 될 수 있을 것으로 보인다.

2. 폐수처리공정

산업폐수는 그 성상에 따라 크게 유기성 폐수와 무기성 폐수로 구분할 수 있다. 생물학적으로 분해가능한 유기성 산업폐수에 있어서도 수질인자는 그 폐수의 종류에 따라 여러 가지 다양한 성상을 띤다. 따라서 이러한 유기성 폐수의 다양한 성상은 처리에 있어서도 다양한 방법을 적용하게 된다. 그림 6.11은 일반적으로 적용하고 있는 유기성 산업폐수를 처리하는 공정도이다. 이 공정도는 완전혼합 활성슬러지 폭기조와 폐활성슬러지를 처리하기 위한 호기성 소화장치로 구성된다.

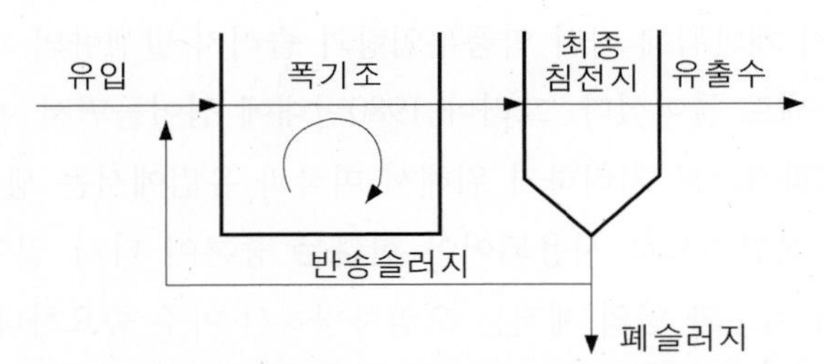

그림 6.11 산업폐수처리를 위한 완전혼합 활성슬러지 공정도

반응조로 들어오는 유입폐수는 매우 짧은 시간동안 반응조 전체에 혼합된다. 호기성 소화조로부터 유출되는 소화슬러지는 화학적으로 개량된 후 원심분리기와 같은 탈수장치에 의해 탈수된다. 탈수된 슬러지케익은 대개 위생매립으로 처분되며, 탈리액은 폭기조로 반송된다.

무기성 산업폐수의 처리를 위해서 이용하는 단위조작과 공정은 폐수의 성상에 영향을 받는다. 예를 들면 구리, 아연, 카드뮴과 같은 중금속 이온을 함유한 도금공장에서 배출되는 산업폐수는 이온교환법으로 처리할 수 있다.

(1) 폐수의 화학적 처리

① 중화: 산업폐수는 때때로 산성이거나 알칼리성을 띤다. 따라서 처리를 하거나 처리 후 방류하기 전에 중화(neutralization)시켜야만 한다. 또한 연속되는 공정이 생물학적 처리공정일 경우 폐수처리에 영향을 주지 않기 위해서는 pH를 6.5~9.0 범위가 될 수 있도록 조절해 주어야 한다. 폐수를 중화시키기 위해 종종 사용하고 있는 방법은 산성 폐수와 알칼리성 폐수를 혼합하는 방법이다. 폐수의 혼합공정은 산성 폐수와 알칼리성 폐수가 한 개의 공장내에서 각각 발생될 때 경제적으로 유효하다.

때로는 산업폐수의 중화를 위해 중화제를 사용하기도 한다. 중화제를 이용하는 경우에는 비용, 중화능력, 중화속도, 중화생성물의 저장 및 처리를 고려하여야 한다. 예를 들면 가성소다(NaOH)는 석회보다 가격은 비싸지만 시약의 균질성, 저장 및 공급의 용이성, 반응속도, 중화생성물의 처리면에 있어서 석회보다 우수하다는 이점이 있다.

- 산성 폐수의 중화: 산성 폐수를 중화시키기 위해서는 석회석층(limestone bed)을 통과시키거나 $Ca(OH)_2$, NaOH 및 Na_2CO_3 등을 첨가함으로써 중화시킬 수 있다. 석회석층을 통과시킬 때는 일반적으로 상향류 상태를 유지한다. 석회석층을 통과시키는 방법으로 중화시킬 때에는 H_2SO_4의 함유율에 주의를 기울여야 한다. H_2SO_4의 함유율이 0.6% 이상인 폐수에서는 $CaSO_4$가 생성되어 침전되므로 효과적인 중화를 이룰 수 없기 때문이다. 또한 같은 경우로 $Al_3{}^{+}$, $Fe_3{}^{+}$와 같은 금속이온이 많이 존재하는 폐수의 경우에서도 수산화물 침전이 생성되어 중화능력을 저감시킨다. 산성 폐수의 중화에 사용되는 중화제로는 비용면을 고려할 때 가격이 저렴한 슬러리 석회가 많이 이용되고 있다.
- 알칼리성 폐수의 중화: 알칼리성 폐수의 중화에는 H_2SO_4, HCl 또는 CO_2와 같은 강한 무기산이 이용된다. 무기산의 반응은 매우 빠르게 진행되며 혼합 용기에는 pH감지기를 부착하여 산의 유입량을 조절한다. CO_2를 이용하는 알칼리성 폐수의 중화는 중화조 바닥에 다공관망을 설치하여 CO_2를 기포상태로 유입시킴으로써 탄산을 생성시켜 알칼리물질과 반응시키는 방법이다. 이때 CO_2를 공급하기 위해서 완전연소된 연도가스(flue gas)를 이용하기도 한다. 연도가스에는 약 14%의 CO_2를 포함하고 있으므로 이것을 폐수에 용해시켜 탄산을 형성하여 이를 중화에 이용한다. CO_2원이 없으면 H_2SO_4로 중화시킨다. 이는 H_2SO_4가 HCl보다 가격이 저렴하기 때문이다.

② 응집침전: 물속에 존재하는 불순물은 크게 부유상태의 침강성 물질, 콜로이드상의 물질, 용해상태의 물질 등으로 나눌 수 있다. 이중 부유성 물질은 약품투입 없이도 어느 정도 제거가 가능하나, 콜로이드상 물질은 자연침전이 거의 불가능하기 때문에 응집약품의 사용을 필요로 한다. 응집에 사용하는 약품에는 응집제, 알칼리제, 응집보조제 등이 있고 수질에 따라 사용약품을 선정해야 한다.

- 콜로이드의 특성: 물속에 떠 있는 고형물 중에서 $10^{-9} \sim 10^{-6}$ m의 입자크기를 가지는 부유입자를 콜로이드라고 하는데 침전이 어렵거나 불가능하다. 물속에서 콜로이드는 물과의 친화력에 따라 친수성(hydrophilic)과 소수성(hydrophobic)으로 분류한다. 친수성 콜로이드는 콜로이드 표면의 수용성기(water soluble group)의 존재 때문에 물에 대한 친화력을 가지고 있다. 이러한 수용성기에는 amino, carboxyl, sulfonic 그리고 hydroxyl 기와 같은 것이 있다. 그리고, 이러한 기는 수용성이기 때문에 수화작용을 유발하여 친수성 콜로이드를 둘러싸는 수층이나 수막을 형성한다. 소수성

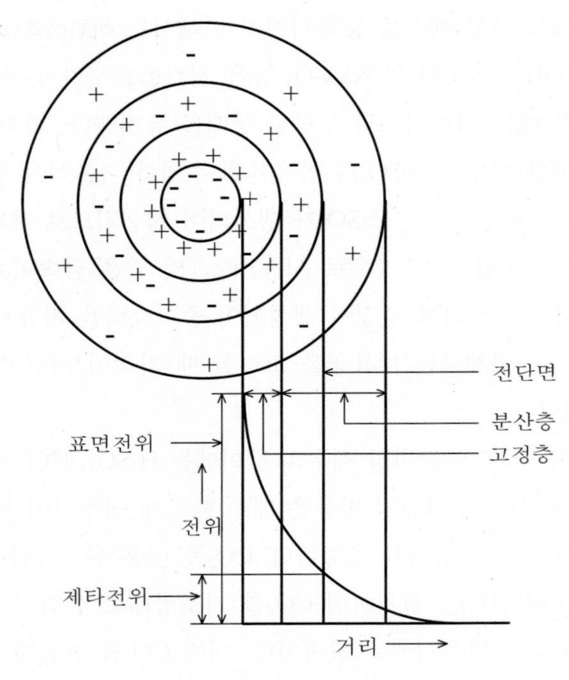

그림 6.12 콜로이드에서의 전하

콜로이드에는 금속수산화물, 점토와 같은 무기 콜로이드가 있는데 물에 대한 친화력이 없기 때문에 결과적으로 수막을 형성하지 않는다.

콜로이드는 중성 부근의 pH에서 음의 정전기를 띠게 된다. 음전하를 띠고 있는 콜로이드 입자는 그림 6.12에 나타나 있는 바와 같이 부근의 수중으로부터 반대전하를 띠는 이온을 끌어간다. 이렇게 하여 반대전하가 밀집된 층을 보통 고정층이라 부르며 이 층의 바깥은 분산층이라 한다. 콜로이드 입자가 수층을 통과할 때에는 입자에 물의 일부가 부착하여 이동하며, 그 결과 부착수와 정지수 사이에 전단면이 생기게 된다. 이러한 전단면에서의 정전기 전위를 제타전위라고 하는데 콜로이드의 정전기력을 나타내는 척도로 사용되고 있다.

콜로이드의 안정성은 인력과 반발력의 상대적인 크기에 관계하는데 이 인력은 반데르발스힘에 의해 생기며, 반발력은 이와 같은 콜로이드의 정전기력 때문에 생긴다. 이러한 힘들은 제타전위에 의해 측정된다. 또한 제타전위가 (+)10 mV~(−)10 mV 정도의 사이에 있을 때가 응집의 필요조건이 되기도 한다. 이 범위를 벗어날수록 입자상호간의 전기적 반발력이 크게 되어 응집이 어렵게 된다.

• 응집제: 폐수처리에 있어서 가장 널리 사용되는 응집제로는 알루미늄염이나 철염이

며, 폐수의 특성을 고려하여 응집보조제를 함께 사용하면 응집효과가 증대된다. 주요 응집제의 종류로는 표 6.6과 같다.

표 6.6 주요 응집제의 종류

종류	화학식	용해도 %(10~30℃)
고형 황산알루미늄	$Al_2(SO_4)_3 \cdot 18H_2O$	63.5~78.8
액체 황산알루미늄	$Al_2(SO_4)_3$ 용액	–
폴리염화알루미늄	$[Al_2(OH)_m \cdot CL_{6-m}]n$ $m = 2 \sim 4$	–
암모늄백반	$Al_2(SO_4)_3(NH_4)_2(SO_4) \cdot 24H_2O$	9.5~20.0
칼륨백반	$Al_2(SO_4)_3 \cdot K_2SO_4 \cdot 24H_2O$	7.6~16.6
황산제1철	$FeSO_4 \cdot 7H_2O$	37.5~60.2
황산제2철	$Fe_2(SO_4)_3$	대

수처리제는 가격이 저렴하지만 사용량이 많기 때문에 제품가격에 대한 문제를 고려할 때 제조원가를 낮추기 위해 저질원료를 사용하거나 제조과정에서 적절한 정제처리를 하지 않는다. 이 때문에 제품에 납, 비소, 수은 등과 같은 불순물이 함유되어 오히려 수질을 저하시킬 우려도 있어 수처리제 중 사용량이 많은 응집제 등에 대해서는 표 6.7과 같이 규격 및 기준을 고시하고 있으며, 자가품질규격 대상제품의 경우에도 규격 및 기준을 설정하여 승인을 받도록 하고 있다.

– 황산알루미늄(aluminum sulfate): 액체, 고체 액반(alum)은 알루미늄 성분이 많은 점토를 황산으로 처리해 제조한 것으로 최근에는 알루미늄 제조과정에서 생기는 수산화 알루미늄을 황산으로 처리하여 제조하고 있으며, 화학식은 $Al_2(SO_4)_3 \cdot nH_2O$이며, 결정수(n)는 18이 일반적이다. 적당량의 액반을 수중에 첨가하면 식(6.33)과 같이 수산화알루미늄의 침전이 발생하고, 수산화알루미늄($Al(OH)_3$)은 젤라틴상으로 함수율이 높고 흡착력이 강하여 플록(Floc) 상호간에 충돌, 결합으로 대형 플록으로 성장하게 되고 미세한 부유물질과 함께 침전시키는 역할을 한다. 이 반응에서 Ca, Mg의 중탄산염은 황산염이 되어 일시경도가 영구경도로 전환된다. 그러나 총 경도에는 차이가 없다. 한편 알칼리도의 소비와 CO_2가 발생하여 수중에 유리탄산이 증가되므로 pH가 어느 정도 저하된다. 또한 액반은 보통 유리황산을 포함하고 있기 때문에 이로 인하여 pH가 다소 저하되기도 한다.

$$Al_2(SO_4)_3 + 3Ca(HCO_3)_2 \rightleftarrows 2Al(OH)_3 + 3CaSO_4 + 6CO_2 \quad (6.33)$$

수중에 알칼리도가 부족할 때에는 상기 반응이 진행되지 않으므로 알칼리제로 소

표 6.7 응집제의 특성

항목		단위	PAC	황산알루미늄		황산 제1철	염화 제2철
				고체	액체		
성상		–	액체	고체	액체	고체	액체
확인시험		–	적합	적합	적합	적합	적합
함량	산화알루미늄	%	10~18	16↑	8↑	–	–
	3가철	%	–	–	–	18↑	9.6~16.2
	이산화규소	%	–	–	–	–	–
순도 시험	납	ppm	10	20	10	50	80
	카드뮴	〃	2	4	2	10	20
	비소	〃	5	20	10	50	80
	수은	〃	0.2	0.4	0.2	2	3
	크롬	〃	10	20	10	50	80
	망간	〃	25	50	25	–	–
	세레늄	〃	–	–	–	10	20
	철(2가)	%	0.01	1.0	0.3	(3)	(2.5)
	NH_3-N	〃	0.01	0.03	0.01	–	–
	황산이온	〃	3.5	–	–	–	–
기타	pH	–	3.5~5.0	3.0↑	3.0↑	–	–
	비중	–	1.19↑	–	–	–	–
	염기도	%	35~60	–	–	–	–

자료: 수자원연구소, 정수이론(1998)

석회를 가한다. 이러한 경우, CO_2가 발생하지 않고 영구경도가 증가한다.

$$Al_2(SO_4)_3 \cdot 18H_2O + 3Ca(OH)_2 \rightarrow 2Al(OH)_3 + 3CaSO_4 + 18H_2O \quad (6.34)$$

소다회(탄산나트륨)로서 알칼리도를 보충하면 경도가 증가되지 않는 것이 특징이다.

$$Al_2(SO_4)_3 + 3NaCO_3 + 3H_2O \rightarrow 2Al(OH)_3 + 3Na_2SO_4 + 3CO_2 \quad (6.35)$$

– PAC(polyaluminum chloride): PAC는 응집 및 플록형성이 황산알루미늄보다 현저하게 빠르고, pH와 알칼리도의 저하가 황산알루미늄의 1/2 이하이다. 또한 탁질 제거 효과가 현저하며, 저수온에 대해서도 응집효과가 탁월하다. 액체 황산알루미늄과 PAC를 표 6.8에 비교하여 보았다.

– 황산제1철(ferrous sulfate): 화학식은 $FeSO_4 \cdot 7H_2O$로 소석회와 같이 사용하여야

표 6.8 액체 황산알루미늄과 PAC의 비교

항목	액체 황산알루미늄	PAC
외관	무색의 점성이 있는 산성 용액	무색~담황갈색의 산성 액체
비중, 점도	20℃에서 비중 1.3, 점도 20 cps	20℃에서 비중 1.2, 점도 4.9 cps
탁질 제거효과	모든 탁질에 유효	모든 탁질에 매우 유효
부식성	콘크리트, 철에 부식성	콘크리트, 철에 부식성 큼
응집능력	시간에 다른 저하 없음	장시간 저장하면 응집능력 저하
동결여부	저온에서 동결	동결되지 않음
응집보조제	저수온 고탁도시 응집보조제 필요	저수온 고탁도시 응집보조제 불필요
최적 pH	6~7	6~9
처리비용	• 저탁도: 액체 황산알루미늄<PAC • 고탁도: 액체 황산알루미늄>PAC	• 저탁도: 액체 황산알루미늄<PAC • 고탁도: 액체 황산알루미늄>PAC
보관특징		LAS와 혼합하면 침전물 생성

한다. 알칼리도가 높고 고탁도의 원수에 적당하며, 경제적이다. 플록은 액반에 비해 무겁고 저온이나 pH 변화에 따른 영향이 적다. 최적 pH는 8.5~11의 높은 값이다. 주의할 점은 석회를 사용하기 때문에 과잉석회가 배수관 내에 후침전을 일으키는 일이다.

$$FeSO_4 + 2Ca(OH)_2 + Ca(HCO_3)_2 \rightleftarrows Fe(OH)_2 + CaSO_4 + 2CaCO_3 + 2H_2O \quad (6.36)$$

$$4Fe(OH)_2 + O_2 + 2H_2O \rightleftarrows 4Fe(OH)_3 \quad (6.37)$$

- 황산제2철(ferric sulfate): 화학식은 $Fe_2(SO_4)_3$이며, 수중의 알칼리도와 반응하여 불용성인 3가의 수산화물을 형성함으로 소석회가 필요없다. 이 약품은 금속에 대한 부식성이 강하므로 내산성의 고무나 연으로 피복된 장치를 사용해야 한다. 또, 냉수에는 용해하기 어려우므로 더운물로 용해시켜야 한다. 그러나 건조상태에서는 부식성이 없으므로 건식주입기를 사용할 수 있다. 플록 생성, 침전시간은 액반보다 빠르고 응집하는 pH의 범위는 5~11로 넓은 특징이 있다.

$$Fe_2(SO_4)_3 + 3Ca(HCO_3)_2 \rightleftarrows 2Fe(OH)_3 + 3CaSO_4 + 6CO_2 \quad (6.38)$$

- 염화제2철(ferric chloride): 화학식은 $FeCl_3$이며, 하수 슬러지의 응집용으로 널리 사용되고 있으며, 간혹 정수용으로 쓰인다. 대단히 부식성이 강하여 장치에는 내산성 재료를 사용하여야 하고 최적 pH의 범위는 5~11로 비교적 넓으며, 반응식은 다음과 같다.

$$FeCl_3 + 3H_2O \rightleftarrows Fe(OH)_3 + 3HCl \qquad (6.39)$$

$$2FeCl_3 + 3Ca(OH)_2 \rightleftarrows 2Fe(OH)_3 + 3CaCl_2 \qquad (6.40)$$

- 응집보조제: 알루미늄이나 철과 같은 금속염을 응집제로 사용하면 물의 pH에 따라 응집제의 작용효과가 크게 다르다. 이러한 금속염은 일반적으로 약산임으로 물에 투여하면 처리해야할 물의 pH를 저하시킨다. 필요이상으로 pH가 저하되면 응집제의 작용능력이 저하되므로 일정수준으로 유지하기 위해 알칼리제(가성소다, 소석회, 중탄산소다 등)를 투여해야 한다. 이러한 약품을 응집보조제라 한다. 다음의 표 6.9와 표 6.10에 응집보조제의 종류와 특성에 대하여 나타내었다.

표 6.9 주요 응집보조제의 종류

종류	화학식	용해도 %(10～30℃)
소석회	$Ca(OH)_2$ 또는 CaO	0.1
소다회	Na_2CO_3	14～28
가성소다	NaOH	–
탄산칼슘	$CaCO_3$	$(7\sim5)\times10^{-3}$

표 6.10 응집보조제의 특성

항목	가성소다(NaOH, 액체)	소석회(고체)	소다회
구입성상	액체	고체(분말)	고체(분말)
반입방법	탱크로리 또는 용기	탱크로리 또는 포대	탱크로리 또는 포대
처리작업 간편성 및 안전성	액체임으로 작업성 용이하나 강알칼리이므로 인체에 접하지 않도록 주의	분말임으로 취급불편, 분진문제 발생	대개 분말이나 입상
주입방법	45% 원액 또는 25% 희석액 주입	대개 건식 주입, 습식주입시는 10～20% 석회유로서 주입	대개 건식주입, 습식주입시 5% 이하의 용액으로 주입
저장성	원액 45%에서는 액온 5～10℃에서 결정이 석출되므로 20～25%로 희석하여 저장	수분을 흡수하여 고화되기 쉬우므로 제습을 고려(장기간 저장 불편)	수분을 흡수하여 고화되기 쉬우므로 제습을 고려(장기간 저장 불편)

③ **화학적 인 제거**: 응집제를 이용한 화학적 침전은 영양소 제거의 필요성이 대두됨에 따라 적용되어 온 고전적인 방법이다. 현재에도 대상폐수의 특성이 생물학적 처리에 부적합한 경우나 생물학적 처리공정보다 경제성과 편의성이 보장되는 경우에 유기물질과 부유물질 제거의 목적과 더불어서 사용될 수 있다. 그러나 이러한 화학적 침전법에 의한 영양소의 제거는 상대적으로 많은 유지관리비를 요구하게 되므로 철저하게 사전연구와 경제성 분석이 선행되어야 할 것이다.

주로 폐수 중의 인을 제거하기 위해 사용되는 응집제로는 황산알루미늄과 각종 철염 등이 사용되며, 응집보조제 역할을 위해 소석회($Ca(OH)_2$)가 경제적인 이유에서 선호되기도 한다. 여기서 소석회는 응집침전이 보조 또는 대용응집제로 주로 쓰이며, pH조정용 알칼리제로 사용되기도 한다. 인제거를 위한 소석회의 화학반응식은 다음과 같다.

$$Ca(OH)_2 + Ca(HCO_3)_2 \rightarrow 2CaCO_3 + 2H_2O \tag{6.41}$$

$$5Ca^{2+} + 4OH^- + 3HPO_4^{2-} \rightarrow Ca_5(OH)(PO_4)_3 \downarrow + 3H_2O \tag{6.42}$$

이론적인 Ca/P의 비는 1.67이며, 조건에 따라 1.3~2.0으로 변할 수 있다. 인 제거를 위한 최적 pH 범위는 9.5~11이며 불용성의 안정한 침전물이 생기게 된다. 이 과정에서는 폐수 내에 알칼리도가 충분해야 하며 부족한 경우는 $CaCO_3$를 첨가해주어야 하는 경우도 있다. 다른 약품에 비해 슬러지 생산량이 많으며 석회를 재생하는 공정이 추가되는 경우 경제성이 제고되어야 한다. 이러한 소석회 처리로 COD 80%, BOD 60%, SS 90%의 제거율을 얻을 수 있으며, 활성슬러지 공정과 병용한 화학-생물학적 처리결과 150 mg/L의 소석회로 총 인의 90~95%를 제거할 수 있다.

황산알루미늄은 상수처리에서 사용되는 응집제이지만 하수처리시설에서 인 제거를 위해 사용될 수 있다. 다른 약품에 비해 비싸기 때문에 경제성은 떨어지나 제거효율은 상당히 좋은 것으로 알려져 있다. 폐수 중에서 인과의 반응은 다음과 같다.

$$Al_2(SO_4)_3 \cdot 14H_2O + 2PO_4^{3-} \rightarrow 2Al(PO)_4 \downarrow + 3SO_4^{2-} + 14H_2O \tag{6.43}$$

Al/P의 비는 0.87 정도이나 실제는 폐수조건에 따라서 더 많이 사용되어야 한다. 일반적으로 9%의 Al^{3+}를 함유하는 황산알루미늄으로는 인을 1 g 제거하는데 9.7 g 정도 사용된다. 최적 pH 범위는 5.5~6.5이며, 중성의 원수에 주입하는 경우 황산알루미늄 주입과 함께 pH가 내려가므로 특별히 pH 조정을 필요로 하지 않는 경우가 많다.

염화제2철은 하수처리장에서 많이 사용하는 응집제이며 황산알루미늄에 비해 경제성이 있는 것으로 알려져 있다. 부식성이 커서 취급에 불편함이 있으며 과잉의 철이온이 방류수계로 배출되어 적갈색의 침전을 만드는 경우가 있다. 철염에 대한 인 제거반응은 다음과 같다.

$$FeCl_3 \cdot 6H_2O + PO_4^{3-} \rightarrow Fe(PO)_4 \downarrow + 3Cl^- + 6H_2O \tag{6.44}$$

Fe/P의 비는 1.8 이며 34% 함량의 염화제2철로는 인을 1 g 제거하는데 5.2 g 정도 사용된다. 최적 pH 범위는 4.5~5.0이다. 이러한 약품이 사용될 경우 기존의 하수처리장에서 적용되어야 할 위치를 결정하는 것은 매우 중요하다. 보통의 경우 1차 침전지 앞에서 약품을 주입하여 침전 제거시키며 폭기조에서 중점 주입하는 경우도 있다. 그러나 인제거를 위해서는 2차 침전지 앞에서 주입하는 것이 효과적이라는 견해도 있다. 또 각종 슬러지처리 계통에서 처리장의 앞부분으로 반송되는 측류(sidestream)에는 유입수의 20~50%에 이르는 질소와 인이 포함되어 있으므로 이를 고려하여 측류에 약품을 주입하는 것도 필요할 것이다.

화학침전에 의한 영양소 제거는 인의 처리를 중심으로 하고 있으며 통상 80~90%의 인 제거효율을 얻을 수 있는 것으로 알려져 있고 생물학적 처리와 병용될 경우 상당한 효율증대를 기대할 수 있다.

④ 중금속의 처리: 일반적으로 중금속은 소석회를 첨가함으로써 수산화물로 침전하거나 pH 조절로 용해도를 최소화하여 침전이 가능하게 한다. 그림 6.13은 중금속에 따른 최소 용해도의 pH 변화를 나타내고 있다. 예를 들어, 크롬과 아연의 최소 용해도의 pH는 각기 7.5와 10.5이므로 그림과 같이 pH가 높아질수록 중금속의 농도가 높아짐을 알 수 있다.

중금속을 포함한 산업폐수를 처리하고자 할 때에는 우선적으로 전처리를 통하여 중금속의 침전을 방해하는 물질을 제거한 후 소석회로 침전시켜 산업폐수로부터 중금속을

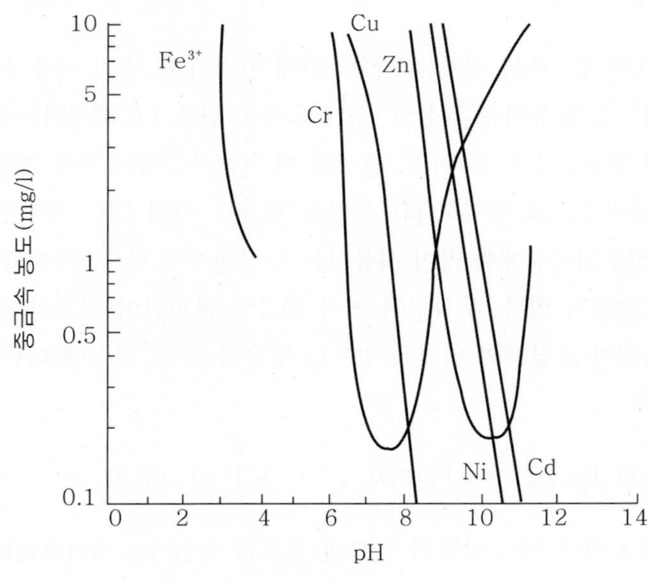

그림 6.13 pH에 따른 금속의 용해도

효과적으로 처리할 수 있다.

비소와 카드뮴과 같은 금속은 철염 또는 황산알루미늄과 함께 공침시킴으로써 매우 낮은 농도까지도 효과적으로 처리할 수 있다. 더 낮은 농도의 유출수를 요구할 때는 침전공정을 통하여 생긴 플록을 여과공정을 통하여 처리하게 된다. 침전만으로는 농도 1~2 mg/L 정도의 유출수를 기대할 수 있으나 여과공정을 거쳤을 때는 0.5 mg/L 또는 그 이하의 유출수로 처리할 수 있는 효과가 있다.

비소 및 비소화합물은 철강공장, 유리 또는 세라믹공장, 피혁공장, 염료, 농약제조업 등에서 발생하는 폐수에 포함되어 있다. 비소는 화학적 침전에 의해서 제거될 수 있는데 pH 6.7에서 나트륨 또는 황산을 첨가함으로써 황산화합물 형태로 침전시킬 수 있다.

카드뮴은 철강, 합금, 도금, 사진현상, 날염, 화학공정에서 발생되는 폐수에 존재한다. 카드뮴은 침전 또는 이온교환에 의해서 제거될 수 있다. 알칼리성 pH에서 물에 녹지 않고 안정한 수산화물 형태로 되어 있다. 용액 속에 카드뮴은 pH 8에서 대략 1 mg/L로, pH 10에서 0.05 mg/L가 존재한다.

Cr^{6+}을 포함한 크롬폐수는 환원-침전공정을 적용하는데 이것은 먼저 Cr^{3+}의 형태로 환원시킨 후 소석회를 첨가하여 침전시키는 방법이다. 일반적으로 크롬폐수에 사용되는 환원제는 황산제2철과 황산나트륨이 있다. 크롬의 환원은 산성 pH에서 효과적이기 때문에 산성특성을 가진 환원제가 필요하다. 일반적인 반응은 다음과 같다.

$$Cr^{6+} + Fe^{2+}\ (\text{or } Na_2S_2O_5) + H^+ \rightarrow Cr^{3+} + Fe^{3+}\ (\text{or } SO_4^{2-}) \tag{6.45}$$

$$Cr^{3+} + 3OH^- \rightarrow Cr(OH)_3 \downarrow \tag{6.46}$$

망간 및 망간화합물은 철합금, 건전지 제조공정, 유리 및 세라믹, 페인트, 염료 제조공정으로부터 발생된다. 망간제거를 위한 공정은 수용성 망간이온을 불용성 침전물로 전환시키는 것이다. 이 방법은 망간이온의 산화공정, 불용성 산화물과 수산화물과의 분리에 의해서 효과적으로 처리할 수 있는 공정이다.

납은 축전지 제조공정으로부터 발생하며 일반적으로 침전에 의해서 제거된다. 납의 침전공정은 탄산기에 의하여, $PbCO_3$로, 수산화기에 의하여 $Pb(OH)_2$로 침전된다. 납의 침전공정 중에서 탄산기로 효과적으로 침전시키기 위하여 Soda ash를 넣어주는데 이 결과 pH 9.0~9.5에서 납농도 0.01~0.03 mg/L의 유출수를 얻을 수 있다. pH 11.5에서 소석회에 의한 침전으로 0.019~0.2 mg/L의 유출수를 얻을 수 있다.

산업폐수에서의 구리의 발생원은 주로 도금공장에서 발생되는 폐수에서 나타난다. 구리는 침전 또는 이온교환, 증발, 전기투석과 같은 재생공정에 의해서 제거될 수 있다.

⑤ 이온교환: 이온교환공정은 액체상의 이온과 고체상 이온 간의 화학 반응공정이다. 상업용으로 처음 사용된 이온교환물질은 보통 제올라이트라고 부르는 천연산 다공성 모래이다. 이런 광물질은 그 결정구조 내에 양성원자가 부족하므로 그 결과 음전하를 띠게 되며 이는 공극 내에 자리잡게 되는 교환가능한 양이온과 균형을 유지하고 있다. 제올라이트는 연수화에서 사용된 최초의 이온교환 물질이지만 최근에는 이온교환 능력이 훨씬 높은 합성 유기교환수지로 거의 대체되고 있다.

환경분야에서 이온교환이 가장 많이 사용되는 경우 중의 한가지는 칼슘과 마그네슘 이온을 나트륨이온과 교환하여 물을 연수화하는 것이다. 또한 산업폐수처리에 있어서 이온교환을 주로 이용하는 폐수는 도금폐수처리이다. 도금에 사용되는 크롬산을 회수하기 위하여 크롬산을 음이온 교환수지에 통과시키면 다른 이온이 제거되며, 유출수는 도금조나 저장탱크로 반송된다. 이온교환은 산업폐수 처리공정에서도 널리 사용되지만 이외에 많이 사용되는 분야로는 방사성폐기물 제거, 탈염, 암모니아의 제거 등을 들 수 있다.

⑥ 화학적 산화: 화학적 산화란 발생된 산업폐수 속에 산화가 가능한 물질이 포함되어 있는 경우 이를 산화시켜 생물학적 공정에서 생물학적 분해를 쉽게 하거나 흡착공정에서 흡착을 용이하게 한다. 일반적으로 산화제로는 염소, 오존, 과산화수소 및 과망간산칼륨 등이 사용된다. 화학적 산화는 pH에 영향을 받으며 촉매 존재여부로 영향을 받는다.

- 오존: 오존은 폐수 속에 존재하는 여러 가지 화합물을 빠르게 산화시킬 수 있는 강력한 산화제이다. 이러한 산화력으로 인해 폐수 내 고분자물질을 저분자화시킨다. 산성에서 불소와 수산화기 다음으로 높은 환원전위(2.07 V)를 갖고, 알칼리성에서도 1.24 V로 백금과 은을 제외한 모든 금속을 산화시킨다. 특히 미생물과의 반응에 있어서는 이러한 산화력으로 인해 생체의 생체막이나 조직을 구성하는 지질, 단백질, 핵산 등을 파괴하기도 한다. 유기물과 반응 시 결합력이 약한 불포화이중결합, 방향족고리, 금속이온 등을 분리하여 분해하기 시작하며, 연쇄반응이 시작되어 중간생성물 형성한다. 오존은 대기 중에서는 가스 상태로 존재하며 표준상태에서는 물에 낮은 용해도를 가진다. 또한 산성조건에서는 안정하지만 알칼리성으로 되어감에 따라 불안정하고 pH가 증가하면서 자체분해속도가 증가한다.

  오존은 공기(또는 산소)와 전력이 있으면 쉽게 생성할 수 있고, 다른 산화제가 처리할 수 없는 물질을 살균, 분해할 수 있는 장점이 있다. 용존된 오존은 짧은 시간(상온, 중성에서 15~30분)에 산소로 분해되어 수중 용존산소를 증가시키고, 처리 후 pH 에 거의 영향 주지 않는다. 처리 후에도 무기염 농도의 상승, 슬러지 발생, 유기염소 화합물의 생성 등 2차오염이 없다.

산업폐수처리 분야에서 오존은 색도제거, 소독, 철 및 망간의 제거, 알드린, 시안, 페놀, 철이 포함된 화합물 및 계면활성제 등이 포함된 복잡한 유기물의 산화에 매우 효과적이다.

• 염소: 염소의 경우는 화학적 산화제로 잘 알려져 있으며 정수처리, 소독 및 화학적 산화에 사용되고 있다. 염소는 시안폐수 또는 페놀을 함유한 폐수 등을 처리하는 산화제로 잘 알려져 있다. 특히 폐수의 방류수는 불활성 박테리아와 공중보건을 위해 염소로 살균된다. 또한 인체와 접촉하기 쉬운 유원지나 도시상수에 대해 염소에 대한 살균이 이루어진다. 살균은 염소가 폐수 중에 존재하는 암모니아와 결합할 때 형성되는 클로라민에 의해 이루어진다. 염소가스와 물이 반응하면 차아염소산(HOCl)을 다음과 같이 형성하게 된다.

$$Cl_2 + H_2O \rightleftarrows HOCl + H^+ + Cl^- \tag{6.47}$$

$$HOCl \rightleftarrows H^+ + OCl^- \tag{6.48}$$

이렇게 형성된 차아염소산은 암모니아와 반응하여 클로라민을 생성하는데 여기에는 일염화아민(monochloramine, NH_2Cl), 이염화아민(dichloramine, $NHCl_2$), 삼염화아민(trichloramine, NCl_3)이 있다. 이러한 반응은 pH, 온도, 반응시간, 초기 염소 대 암모니아의 비에 따라서 좌우된다. 일염화아민과 이염화아민은 pH가 4.5~8.5 범위 안에서 형성된다. pH 8.5 이상에서 일염화아민이 주종을 이루고, 반면에 pH 4.5 이하에서는 삼염화아민이 많이 생성된다.

미처리상태의 폐수는 암모니아와 여러 가지 결합유기물의 형태로 질소를 포함하고 있다. 대부분의 처리장에서의 유출수도 많은 양의 질소를 포함하고 있으며, 대개는 암모니아 형태나 질산염의 형태로 존재한다. 염소가 폐수 중의 암모니아를 산화하는 데 필요한 일련의 단계는 다음과 같다.

$$Cl_2 + H_2O \rightarrow HOCl \tag{6.49}$$

$$NH_4^+ + HOCl \rightarrow NH_2Cl + H_2O + H^+ \tag{6.50}$$

$$2NH_2Cl + HOCl \rightarrow N_2\uparrow + 3HCl + H_2O \tag{6.51}$$

위 식들에서 얻어진 총괄적인 반응식은 다음과 같다.

$$3Cl_2 + 2NH_4^+ \rightarrow N_2\uparrow + 6HCl + 2H^+ \qquad (6.52)$$

이 반응들은 pH, 온도, 접촉시간, 암모니아와 염소와의 비율 등에 따라 매우 큰 영향을 받는다.

3. 황산화물 제거공정

무기공업은 역사가 가장 오래된 공업분야인 동시에 환경과 밀접한 연관성을 가지고 있다. 19 세기 초 황산공정은 연실법에 의해 NO_2를 산화제로 SO_2를 제조하여 많은 NO를 배출 환경공해를 유발하였으나, 이의 혼합가스를 물에 흡수시켜 NO를 제거가능하게 한 Gay-Lussac탑의 개발로 그 피해를 극소화시켰으며, 최근에 공업적으로 사용하는 접촉법은 산화제를 산소로 사용 NO_x 생성의 가능성을 차단하였고 미반응 SO_x의 배출에 의한 대기오염을 최소화하기 위한 이중접촉식 공정의 채택으로 SO_2 이용율은 99.5%까지 상승하며 환경에의 영향은 극소화되게 되었다.

우리나라의 대기오염물질의 배출추이를 보면, 주요 오염물질로 황산화물가스(SO_x), 질소산화물(NO_x), 먼지, 일산화탄소, 탄화수소임을 알 수 있다(표 6.11). 대기오염의 배출원에 따라 크게 분류하면 고정 배출원과 이동 배출원으로 볼 수 있다. 전자는 주택을 비롯한 공공건물, 산업장, 화력발전소 등이 있으며 후자는 자동차, 기차, 선박, 항공기 등이 있다. 고정 및 이동 배출원으로부터 발생되는 황산화물, 질소산화물, 일산화탄소, 매연, 먼지 등이 대기 중에서 특수한 기상 조건, 지형의 영향 등을 받아 대기오염이 일어나게 된다. 표 6.12는 배출원별 주요 대기오염 물질들이다.

아황산가스는 중유와 황을 많이 포함한 석탄과 같은 화석연료를 땔 때 발생하는 가장 흔한 인공 대기오염물이다. 발전소와 기타 큰 규모의 생산 보일러에서 생기는 배연가스 중의 SO_x농도는 일반적으로 희박(3%)하지만 배연가스의 분량이 방대하기 때문에 결국 대량의 SO_x를 대기에 방출하게 된다. 또한 금속황화물의 제련소에서는 방출 가스 중의 SO_x 농도가 화석연료를 연소하는 경우에 비해서 훨씬 높다. 대기에 방출되는 황이 반드시 모두 다 SO_x형은 아니지만 모든 형의 S-화합물은 일단 대기에 방출되면 궁극적으로 SO_2로 산화된다. 인공적으로 방출하는 SO_x가 자연계의 황균형을 깨고 지구환경에 예상 이상으로 넓게 퍼져 있어 근심을 면치 못할 정도로 빠르게 지구생태계에 악영향을 미치고 있는 물적 증거는 날이 갈수록 늘어가고 있다.

대기 중에 분산된 SO_2는 정상적인 기상조건 하에 적어도 수일 정도 대기 중에 남아서

표 6.11 발생원별 대기오염물질 배출량 추이(단위: 톤/년)

발생원	아황산가스 (SO_2)	질소산화물 (NO_x)	먼지(TSP)	일산화탄소 (CO)	탄화수소(HC)	계
난방부문	147,920	64,606	12,263	108,259	1,788	334,836
산업부문	733,036	344,683	157,758	17,025	1,774	1,254,276
수송부문	314,542	606,499	100,206	961,871	144,360	2,122,272
발전부문	336,822	136,977	137,505	4,942	1,976	638,222
계	1,532,320	1,152,765	405,526	1,109,097	149,898	4,349,606

표 6.12 배출원별 주요 대기오염 발생물질

배출원	연료	오염물질
가정난방	목재, 토탄 등	먼지, 일산화탄소, 질소산화물
	석탄	먼지, 아황산가스, 일산화탄소
	석유, 가스	질소산화물, 아황산가스
산업장 보일러, 화력발전소	석탄, 중유	아황산가스, 질소산화물, 먼지
산업장 생산공정	–	아황산가스, 중금속, 불소, 산화철, 먼지, 암모니아 등
교통기관	휘발유, 디젤유	일산화탄소, 질소산화물, 탄화수소, 아황산가스, 냄새, 먼지

습기, 산소와 서서히 반응하여 황산이 되어 장거리를 이동하게 된다. 이렇게 생산된 황산의 일부는 자연생태계에서나 공업시설에서 발생한 NH_3와 반응하여 $(NH_4)_2SO_4$ 에어로졸(aerosol)로 되어 비에 의하여 씻겨내리거나, 지상에 침적하거나 중화과정을 거칠 기회가 없이 황산으로 지상에 되돌아와서 지구환경에 악영향을 미치게 된다. SO_2 방출기준은 mg/m^3으로 규제한다. 일반적으로 0.5% 황을 포함한 연료는 배연가스 중에 대략 1000 mg/m^3 SO_2를 내포한다.

황화합물의 제거는 연료 중의 황화합물을 제거하여 연료 중 황 성분을 낮추는 사전탈황과 연소 후 SO_x 형태에서 처리하는 사후탈황(배연탈황)으로 나눌 수 있다. 배가스의 SO_x 농도가 낮을 때는 배연탈황이 경제적이나 중유와 같이 황화합물의 농도가 높은 경우에는 사전탈황이 유리하다.

(1) 사전 탈황

석유의 경우 황화합물은 증류를 거치며 고비점성분으로 농축되어 중유와 잔사유에 남게 된다. 이들 황화합물은 유기계가 대부분으로 이는 수소화 분해를 통해 H_2S로, 제거하는 수소화탈황으로 제거가 가능하다. 촉매로는 알루미나 담체에 Mo을 주촉매로 조촉매로

Co, W, Ni 등이 황화처리되어 사용된다. 반응온도는 300~400℃, 압력 20~100 기압, 수소대 원유 몰비 5~10이 사용된다. 중유를 전부 탈황하는 공정을 직접탈황이라고 하고 중유를 일단 감압증류하고 감압잔사유를 제외한 감압경유만을 탈황하는 공정을 간접탈황이라 한다(그림 6.14).

국내에서는 간접탈황공정을 많이 채택하고 있다. 간접탈황을 통해 감압경유의 황 성분은 0.2%로 낮아지지만 중유는 2.6%로 높은 상태를 유지한다. 직접탈황에서의 탈황률은 70~80%로 중동산 원유와 같이 약 3%의 황을 포함한 경우 0.6%까지 저하시킬 수 있다. 이 공정은 수소소비량과 촉매수명이 경제성을 좌우하는 큰 인자이다. 어느 공정이나 황화합물은 H_2S 형태로 나오므로 이를 물리, 화학적 공정으로 농축 후 산화시켜 황산으로 하던가, 환원시켜 단체황으로 회수 제거한다. 특히 단체황을 얻는 공정은 Claus 공정으로 알려져 석유화학공정에 널리 적용되어 있다.

석탄의 경우 사전탈황법으로 SRC(solvent refined coal) 공정이 알려져 있다. 이는 용매에 의해 황화합물을 용해시켜 제거하는 공정으로 석탄으로부터 60~80%의 황 성분을 제거 가능하다.

$$RSH + H_2 \rightarrow RH + H_2S$$

$$RSR' + 2H_2 \rightarrow RH + R'H + H_2S$$

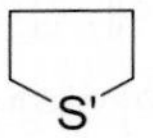

$$\text{(thiophane ring, S)} + 4H_2 \rightarrow C_4H_{10} + H_2S$$

그림 6.14 황화합물의 수소화 탈황반응

(2) 사후 탈황

앞에서 기술한 바와 같이 대기에 방출되는 황이 모두 다 SO_x형은 아니지만 모든 형의 황화합물은 일단 대기에 방출되면 궁극적으로 SO_2으로 산화된다. 고정원에서 방출하는 배연가스 중의 SO_2 제거기술을 정리해보면 표 6.13과 같다.

비재생공정은 SO_x와의 반응에 의해 흡수제(또는 반응제)가 다시 사용이 불가능한 것으로 현재 가장 널리 이용되고 있는 공정은 석회석/석고공정이다. 이는 연소가스에서 석회석 슬러리를 분무하여 SO_2와 반응시켜 석고를 생산시키는 공정으로 탈수하여 석고보드로 판매한다. 결국 이 공정에서는 SO_2가 생석회나 석회석 슬러리와 반응해서 $CaSO_4$나 $CaSO_3$를 생성하는 것이다. 습식흡수제 주입공정의 경우에는 알칼리 슬러리 용

표 6.13 배연탈황기술의 분류

비재생공정	재생공정
습식흡수제주입법 반건식/spray dry 공정 석회석/석고공정 석회법	Wellman-Lord 법 산화마그네슘아민흡수법

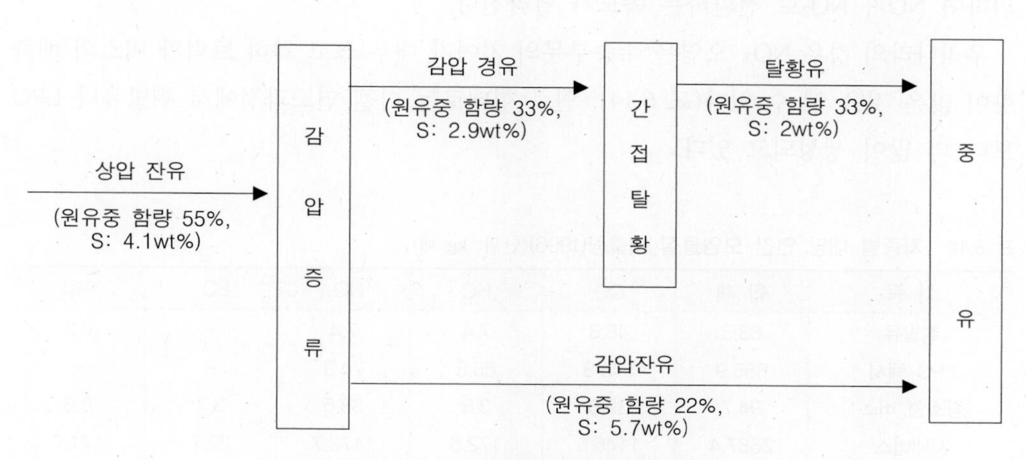

그림 6.15 상압잔유의 간접탈황공정

액이 분무건조기에 주입되어 배가스에 포함되어 있는 SO_2와 접촉반응하게 한다. 이때 주입되는 높은 온도의 배가스는 알칼리용액의 물을 증발시켜, 전기나 여과포에서 나오는 반응물이 고형의 건조된 상태로 집진된다.

석회석이나 생석회 공정은 석회석-물 또는 생석회-물 슬러리가 분무탑에서 연소가스와 접촉한다. 습식석회석공정의 반응 메카니즘은 다음과 같다.

$$CaCO_3 + SO_2 + 2H_2O \rightarrow CaSO_3 \cdot 2H_2O + CO_2 \tag{6.53}$$

생석회와 석회석이 모두 반응성이 좋은 흡수제지만 생석회가 석회석보다 SO_2와의 반응성이 더 좋다. 생석회가 석회석공정보다 더 높은 제거효율을 달성할 수 있다고 하지만 생석회는 석회석보다 가격이 비싸기 때문에 석회석만큼 널리 사용되지 않는다(그림 6.16 참고).

Wellman-Lord 공정은 재생공정의 한 예로서 세정매체로 진한아황산나트륨을 써서 $NaHSO_3$로 전환시켜 이 $NaHSO_3$ 용액을 가열하여 SO_2를 높은 농도 가스로 회수하여 황산이나 석고를 부산물로 제조한다.

4. 질소산화물 제거공정

일반적으로 질소산화물이라고 할 경우에는 NO와 NO_2의 총칭이다. 환경오염물질로서의 질소산화물은 인간의 활동에 의하여 NO가 먼저 나타나며, 배출되어진 직후 NO의 NO_2로의 전환은 매우 늦으나 1 ppm의 저농도에서도 탄화수소와 공존하면 광화학적 반응에 의하여 NO가 NO_2로 전환하는 속도가 빨라진다.

우리나라의 경우 NO_x 오염은 수송부문의 기여가 매우 크고 특히 트럭과 버스의 배출량이 많은 것을 알 수 있다(표 6.14). 연료 형태로는 디젤 연소과정에서 휘발유나 LPG보다 더 많이 생성되고 있다.

표 6.14 차종별 대당 연간 오염물질 배출량(1996)(단위: kg/대)

차 종	합 계	CO	HC	NO_x	SO_x	PM
휘발유	63.3	48.3	7.4	7.4	-	0.2
LPG 택시	685.9	545.8	65.8	74.3	-	-
중소형 버스	94.7	39.8	3.8	38.5	3.7	8.8
시내버스	2687.4	1146.5	172.8	1173.7	22.7	171.7
기타 대형버스	1621.2	692.1	104.1	708.2	13.3	103.4
중소형 트럭	119.4	53.1	8.0	41.9	5.4	11.0
대형트럭	2023.2	931.2	126.8	828.0	15.7	121.5
전체(평균)	178.3	99.4	14.0	54.7	2.0	8.2

질소산화물은 그 발생이 ① 연료 중 질소분(중유 0.1~0.3%, 석탄 0.3~1%)의 연소에 의한 것(fuel NO_x)과 ② 고온에서 공기산화에 의한(thermal NO_x)로 나눌 수 있다. Fuel NO_x는 원료중의 질소성분을 줄임으로써 줄일 수 있다. Thermal NO_x는 연소온도(>1,000~1,300℃)가 높거나 산소농도가 높거나 N_2와 O_2의 체류시간이 길 경우 생성량이 많아지므로 이들의 연소조건을 조절하여 줄일 수 있다. 따라서 연소온도를 낮추거나 연소의 고온영역을 최소화 또는 열확산을 빠르게 하여 반응시간을 적게 하거나 공기의 다단공급으로 제일단에서 산소부족인 상태에서 연소를 진행시켜 fuel NO_x 발생을 억제한 후 2, 3차 공기공급을 통한 연소에서 완전연소를 진행시키는 방법과 물(스팀)의 첨가로 화염온도를 낮추어 생성을 억제하는 등의 방법을 취할 수 있다. 이러한 방법은 연소로와 같은 고정원의 NO_x 절감방안으로 채택되고 있다. 이러한 방법에 의해 연소시 600~1400 ppm인 NO_x 농도를 250~100 ppm 수준으로 낮추어 환경기준인 250 ppm을 만족

표 6.15 배연탈질기술의 분류

<table>
<tr><td rowspan="4">건식법</td><td>분해법</td><td>• 접촉법(Cu-zeolite, 산화물, 금속)
• 전자선조사법</td></tr>
<tr><td>접촉환원법</td><td>• 선택법(NH_3, 요소, 아민류)
• 비선택법(zeolite, silica gel, 활성탄)</td></tr>
<tr><td colspan="2">흡착법</td></tr>
<tr><td colspan="2">산화제거법(광촉매 등에 의한 NO_x의 NO_3^-로 산화)</td></tr>
<tr><td rowspan="2">습식법</td><td>산화흡수법</td><td>• 접촉산화흡수
• 기상산화흡수
• 액상산화흡수</td></tr>
<tr><td colspan="2">환원흡수법(NH_4^+로 환원)</td></tr>
</table>

시킬 수 있다.

고정발생원에서 배출하는 배연 NO_x 제거기술은 최근에 대단히 많은 진전을 보이고 있는 현황이다. 표 6.15에서 볼 수 있는 바와 같이 여러 가지 공정들이 공업적으로 활용되고 있다.

미래의 기술로는 SO_x, NO_x의 동시제거 기술이 개발 중에 있다. 기본방향은 첫째로 SO_x 환원과 NO_x 환원을 동일한 환원제(NH_3)로 진행시키는 방안과, 둘째로 촉매를 사용하여 촉진시키는 법, 셋째로 SO_x 산화와 NO_x 환원을 동시에 시도하는 기술이 있지만 아직 상업화에 이르지는 못하였다.

(1) 선택적 비촉매환원법 (SNCR, selective noncatalytic reduction)

촉매를 사용하지 않는 SNCR법에서는 NH_3, H_2NCONH_2 및 여러 가지 아민화합물을 약 950±100℃에서 NO_x와 직접반응시켜서 감소시키는 방법이다. 이 공정에 관한 화학은 비교적 단순한데, NO_x가 요소 또는 NH_3와 직접반응하여 N_2로 전환된다. 반응경로에 free radical 기구가 작용한다. 선택적 비촉매환원공정의 최적화된 최근의 결과는 50%에서 80%까지 NO_x를 제거한다.

$$NH_3 + \cdot OH \rightarrow \cdot NH_2 + H_2O \tag{6.54}$$

$$\cdot NH_2 + NO \rightarrow N_2 + H_2O \tag{6.55}$$

$$\cdot NH_2 + \cdot OH \rightarrow NO + 3/2H_2 \tag{6.56}$$

(2) 선택적 촉매환원법 (SCR, selective catalytic reduction)

발전소 보일러나 산업용 보일러 또는 내연기관 등의 고정원에서 배출되는 NO_x를 처리하는 기술은 우리나라의 경우에는 주로 습식법인 스크러버(scrubber)에 의존하는 실정이다. 그러나 습식법은 또 다른 2차폐수처리라는 부차적인 문제를 야기시키며, 열회수 측면에서 불리하므로 미국, 일본 등의 선진국에서는 건식법에 의한 처리 쪽으로 선회하고 있다. 이들 건식법 중에서도 NH_3를 환원제로 하는 선택적 촉매환원법이 가장 유망한 공정으로 부각되고 있으며, 실제로 일본, 미국과 독일 등에서 대규모로 건설 가동 중인 것으로 알려져 있다.

NH_3를 환원제로 이용한 선택적 촉매환원공정에 관련된 반응은 세 가지 종류로 분류되는데, 주반응은 NO제거반응이며 부반응은 이 반응의 환원제인 암모니아 산화반응과 배가스에 포함되어 있는 성분과의 반응이다.

NO_x 환원반응

$$6NO + NH_3 \rightarrow 5N_2 + H_2O \tag{6.57}$$

$$6NO + 8NH_3 \rightarrow 7N_2 + 12H_2O \tag{6.58}$$

$$4NO + 4NH_3 + O_2 \rightarrow 4N_2 + 6H_2O \tag{6.59}$$

NH_3 산화반응

$$NH_3 + 3O2 \rightarrow 2N_2 + 6H_2O \tag{6.60}$$

$$2NH_3 + 2O_2 \rightarrow N_2O + 2H_2O \tag{6.61}$$

$$4NH_3 + 5O_2 \rightarrow 2NO + 6N_2O \tag{6.62}$$

부가적인 반응

$$2NH_3 + H_2O + 2NO_2 \rightarrow NH_4NO_3 + NH_4NO_2 \tag{6.63}$$

$$2SO_2 + O_2 \rightarrow 2SO_3 \tag{6.64}$$

$$4NH_3 + SO_3 + H2O \rightarrow (NH_4)_2SO_4 \tag{6.65}$$

NO_x 환원반응이 주반응으로서 필요로 하는 반응들이고 NH_3 산화반응은 가급적 억제해야 할 반응들인데, NH_3 산화반응은 반응온도가 고온일 때 활발한 반응들이다. 그리고 부가적인 반응들은 질산염이나 황산염을 생성하여 반응장치가 막히거나 촉매 활성저하의 원인이 된다. 이러한 NH_x를 환원제로 사용하는 선택적 촉매환원공정에는 몇 가지 문제점을 안고 있으며 그 내용을 살펴보면 최적온도 이상의 고온에서는 NH_3의 산화반응이 현격해져 촉매의 성능저하가 급격히 이루어지고 촉매의 산화활성이 커서 NH_3 →

NO, NO_2 또는 $SO_2 \rightarrow SO_3$의 부반응을 초래한다. 또한 대규모의 배가스에 다량 포함되어 있는 수분에 의해 SO_x와 NH_3가 반응하여 황산암모늄(ammonium sulfate)이 형성됨으로 인해 장치부식과 조업방해를 초래한다는 것이다. 따라서 NH_3를 환원제로 하는 선택적 촉매환원공정은 우수한 NO_x 제거능력이 있음에도 불구하고 이러한 문제점들로 인해 새로운 환원제의 선택이 절실한 실정이다. 최근에 탄화수소를 환원제로 사용하려는 시도가 성공적으로 보도되었으며 촉매도 기존의 V_2O_5/TiO_2계에서 새로운 Cu(Pd)-ZSM5, Cu(Pd)/Al_2O_3 등이 보도되고 있다.

전자빔(beam)조사에 의한 NO_x 제거방법도 상당히 가능성이 높은 것으로 인정되고 있으며 특히 NO_x와 SO_x의 동시제거를 위한 건식방법으로 그 효과가 기대된다. 근래에는 보다 적극적인 개념으로 확장되어 배가스 중의 NO_x와 SO_x를 동시에 제거할 수 있는 건식공정이 연구개발되고 있으며 주로 촉매 개발 및 반응기 개량을 통하여 가까운 장래에 경제성 있는 공정이 구현될 것으로 내다보고 있다.

5. SO_x 및 NO_x 동시제거

SO_x와 NO_x는 대기 중에 배출량이 많아 인체 건강과 지구 생태계에 나쁜 영향을 미치는 물질로서 현재 배출억제를 위한 대책이 세계적으로 실행되고 있다. 미국, 일본 그리고 유럽은 엄한 규제 때문에 $DeSO_x$ 기술과 $DeNO_x$ 기술이 개발 실용화되어 환경제어에 크게 공헌하고 있다. 그러나, 근래의 대기오염 상황을 살펴볼 때 SO_x 제거 쪽은 크게 개선되고 있지만, NO_x는 오히려 증가하고 있는 추세이다. 이 원인은 디젤을 쓰는 차량 수가 증가하고, 자가발전용 시설의 증가 및 열전병급 시스템이 도시에 대형건물을 중심으로 급속히 보급되고 있기 때문이다. 종래의 화력발전소의 정화를 위하여 개발한 기존 기술과는 달리 이런 현실에 알맞은 새로운 기술개발이 필요하다.

따라서 NO_x와 SO_x의 동시 제거기술을 새로운 관점에서 다시 생각해야 할 시기가 왔으며, 기술과 기업 면에서 아주 좋은 기회가 마련된 셈이다. 에너지 효율과 장치간략화의 견지에서 볼 때, SO_x와 NO_x를 동일한 반응기 내에서 동시에 제거할 수 있으면 공정이 간소화되어 경제성이 향상될 것은 말할 필요가 없다. 표 6.16에 pilot 규모의 검토를 끝내고 공업화를 지향하는 몇 가지 촉매계의 내역을 종합한 결과를 나타내었다.

표 6.16 SO_x, NO_x 동시 제거법

방식, 촉매	원 리	특 징
활성탄 금속염 담지 활성탄	SO_x는 활성탄에 황산으로 흡착, NH_3와 반응하여 $(NH_4)_2SO_4$가 된다. NO_x는 NH_3로 환원	• 활성탄만으로는 탈초율이 낮으나, 활성성분의 첨가에 의하여 향상 • 활성탄 보급이 필요
$CuO-(Al_2O_3$, SiO_2, $ZrO_2)-TiO_2$	금속산화물의 황산화반응을 이용한 탈황과 황산염을 촉매로한 SCR법에 의한 NO_x 제거	• 재생은 NH_3 가스로 실행 • 재생 비용이 크다.
$V_2Ox-TiO_2$ $Cr_2O_3-TiO_2$ V, Mo–산화물	SO_x는 $(NH_4)_2SO_4$로서 촉매상에 축적, NO_x는 NH_3로 환원	• SOx의 산화에 의한 탈황효율 향상 • 촉매에서 $(NH_4)_2SO_4$ 분리가 문제
전자선조사법	• dust-free 배출가스에서 NH_3를 첨가하여 전자 beam을 조사 • NO_x는 NH_4NO_3, SO_x는 $(NH_4)_2SO_4$로 전환	• 제거효율이 높다. • 부산물은 비료로 사용가능

6. 고형폐기물 처리공정

산업활동과 일반생활을 통해 배출되는 폐기물은 배출물 자체가 환경에 유해하거나, 이의 처리과정에서 2차공해를 유발하는 두 가지 형태의 유해성을 가질 수 있다. 일반적으로 폐기물은 산업활동 또는 일반생활 속에서 발생되어 기상물질은 대기오염으로, 액상물질은 수질오염과 직결되며, 고상물질은 고상폐기물 형태로 발생되어 토양오염 및 2차공해로 기상과 액상물질을 생성시키며 그림 6.18과 같이 환경에 매우 심각한 영향을 줄 수 있다.

이들은 직·간접으로 공해를 유발하게 되므로 그 발생원, 발생형태에 따라 그림 6.17과 같이 적절히 처리하여야 하고 이 과정을 폐기물처리라 한다. 기상과 액상폐기물의 경우는 앞 절의 기상과 액상오염물 처리와 동일 또는 유사하게 처리가 가능하다. 많은 경우 폐기물처리는 고형폐기물을 중심으로 한 처리를 의미한다. 고형폐기물은 그 배출원에 따라 생활폐기물과 산업폐기물, 환경시설폐기물로 나누어진다. 화학적 특성에 따라서는 유기성, 무기성, 가연성, 불연성, 부패성, 비부패성으로 나눌 수 있다. 산업폐기물 중 방사성 물질을 포함한 물질은 방사성폐기물로 별도로 관리된다. 방사성 폐기물은 원자력발전소, 병원, 연구소, 핵연료 가공 및 재처리장에서 발생된다. 생활폐기물의 경우는 음식찌꺼기, 종이류, 플라스틱류, 병류, 기타 금속, 목질계 폐기물로 구성되어 있고 배출량과 배출형태는 생활수준과 문화수준과 습관에 따라 그 구성비가 달라지게 된다. 우리나라에서의 폐기물 발생량과 처리현황은 표 6.17과 표 6.18에 나와 있다.

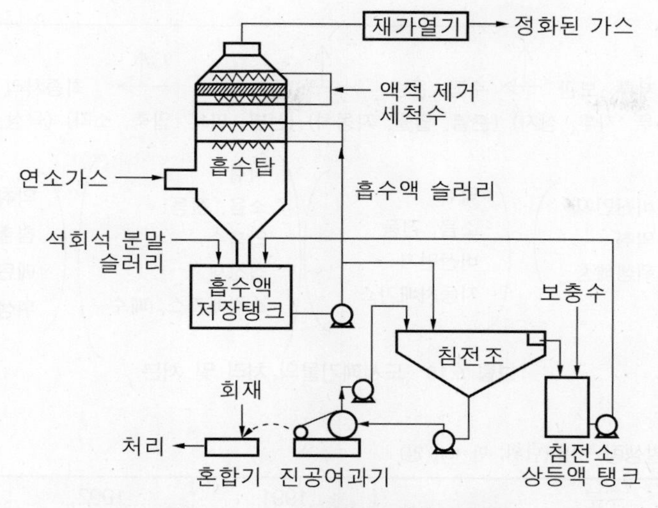

그림 6.16 습식석회석공정의 공정도

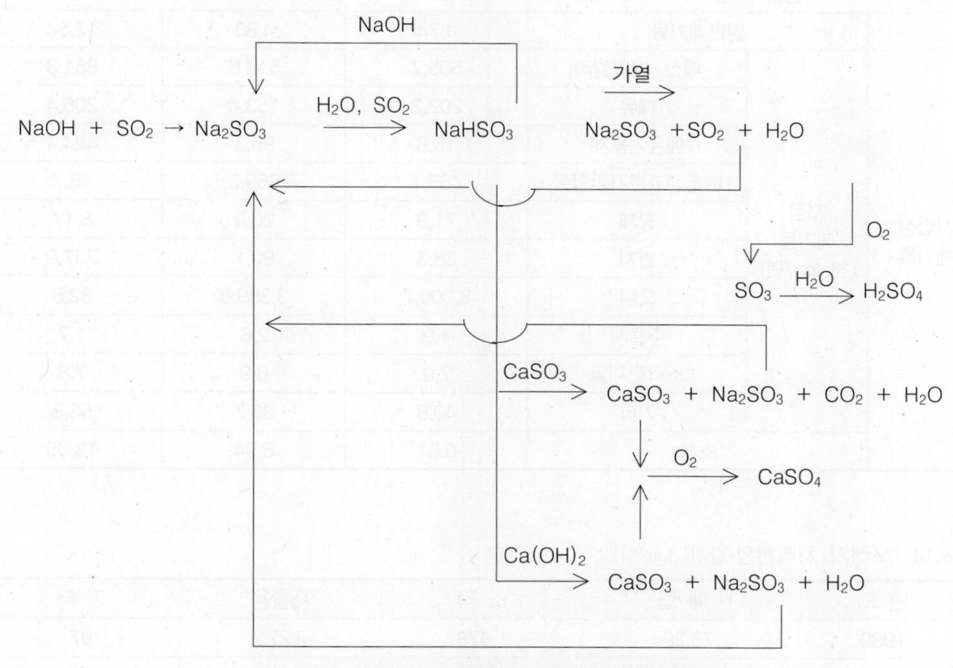

그림 6.17 배연탈황의 아황산나트륨수용액 흡착법

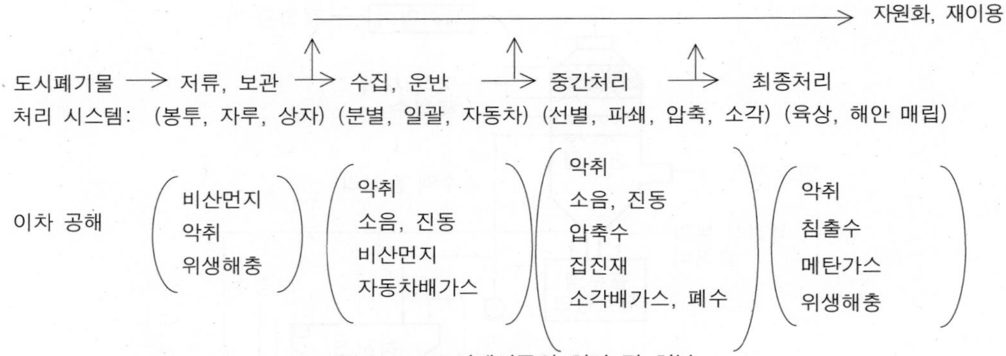

자원화, 재이용

도시폐기물 → 저류, 보관 → 수집, 운반 → 중간처리 → 최종처리

처리 시스템: (봉투, 자루, 상자) (분별, 일괄, 자동차) (선별, 파쇄, 압축, 소각) (육상, 해안 매립)

이차 공해 (비산먼지 악취 위생해충) (악취 소음, 진동 비산먼지 자동차배가스) (악취 소음, 진동 압축수 집진재 소각배가스, 폐수) (악취 침출수 메탄가스 위생해충)

그림 6.18 도시폐기물의 처리 및 처분

표 6.17 쓰레기 발생량 현황(단위: 만 ton/일)

구분			1991	1992	1996
계			15.83	14.45	18.04
생활폐기물			9.22	7.51	4.99
사업장 폐기물	일반폐기물		4.74	4.80	12.54
	지정 폐기물 (천 ton/년)	폐산, 폐알칼리	505.7	514.6	851.3
		폐유	202.2	153.4	206.4
		폐유기용제	15.6	95.3	424.4
		폐합성고분자화합물	483.1	669.2	48.7
		광재	71.9	20.3	8.17
		먼지	38.3	90.1	237.9
		오니	3,309.7	3,389.8	82.8
		주물사	1.9	2.6	1.7
		소각잔재물	7.9	8.9	7.8
		기타	40.8	36.7	53.8
	소계		6.61	6.94	13.05

표 6.18 쓰레기 처리현황(단위: ton/일)

년 도	매 립	소 각	재활용	기 타
1989	73,294	1,478	2,275	97
1990	78,106	1,493	3,900	463
1991	82,411	1,497	6,786	1,552
1996	72,020	9,928	98,734	162

생활폐기물은 대부분 매립과 소각에 의해 처리되고 그중 일부가 재이용되고 있다. 병

류, 종이류, 플라스틱병, 알루미늄캔 등이 재이용 대상이 되어 수거 재사용되고 있다.

산업폐기물은 제품생산과 더불어 발생하므로 제품의 종류와 공정에 따라 다양하게 발생한다. 산업폐기물은 생활폐기물보다 유해성성분(중금속, 유독화합물)을 많이 포함하므로 재사용부분을 제외한 잔여물에 대해 폐기 전에 무해화처리 또는 이에 준하는 공정을 거쳐야 한다. 고형폐기물은 가능한한 재이용, 감용화, 무해화를 목표로 공정을 거친 후 매립하는 방법이 일반적으로 적용되고 있으며, 이때 생활폐기물은 일반 매립지에 산업폐기물은 산업폐기물 전용매립지를 사용하여야 한다. 이 원칙을 지키지 않아 큰 사회문제로 남아 있는 것이 서울시의 난지도 매립지이다. 이러한 부실한 폐기물관리의 문제는 그림 6.19와 같이 생활환경을 악화하고 궁극적으로는 인간의 건강에도 나쁜 영향을 끼치게 된다.

고체폐기물은 매립에 의해 토양오염을 유발하고 이는 피해가 장기적이며 침출수확산 등에 의해 돌이키기 힘든 환경파괴를 유발할 수 있으므로 철저한 관리가 필요하다. 생활폐기물처리에 가장 많이 사용하는 방법은 소각과 매립이다. 소각은 감량효과는 크나 쓰

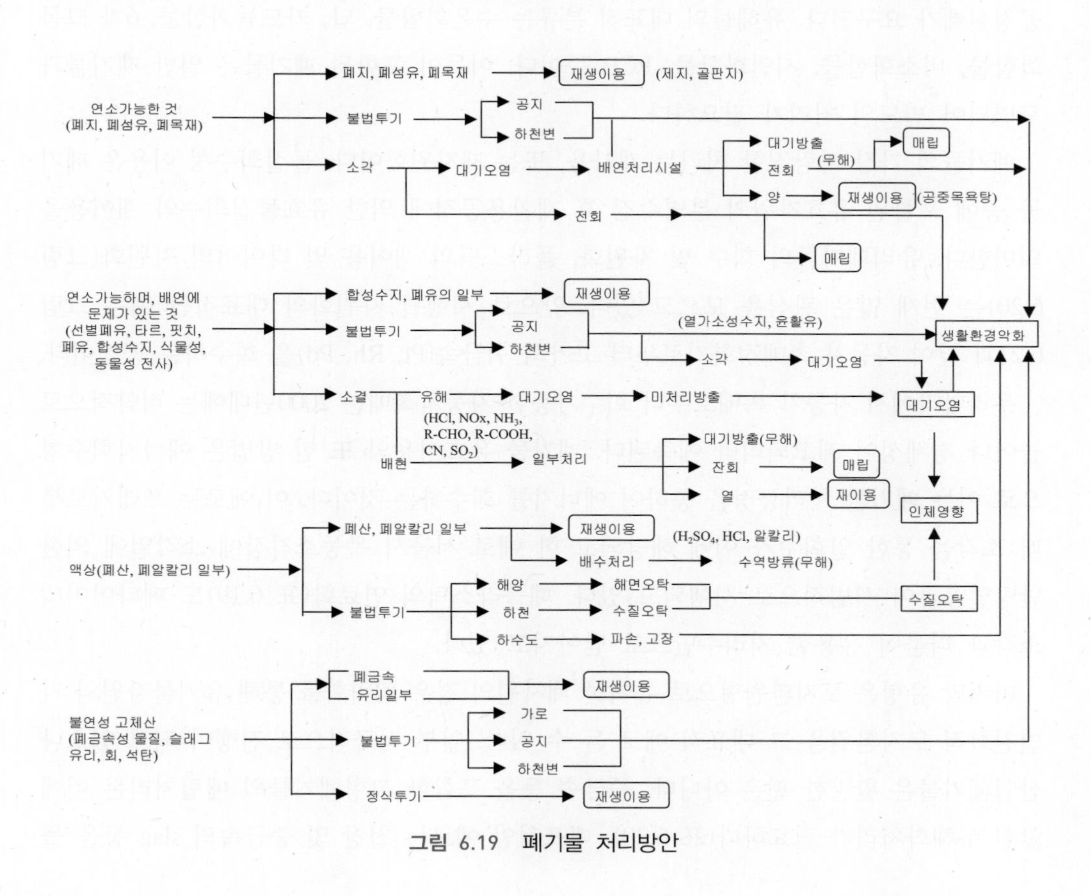

그림 6.19 폐기물 처리방안

레기 연소 시 발생하는 유독가스의 후처리 미비시 2차공해를 유발할 소지가 크다. 그 대표적인 예가 유해가스(탄화수소, 다이옥신, 염화수소 및 NO_x) 발생 문제이다. 이들의 처리는 앞 절에서 언급하였다.

다이옥신은 아래의 구조를 가진 극독성물질로 PCDDs(poly chloro dibenzo-p-dioxin)의 약자로 75종의 동족체와 이성체를 가진다. 그중 PCDDs의 사염화물(T4CDDs)의 이성체는 22개이다. 이중 2, 3, 7, 8 -T4 CDD는 맹독성이다. 다이옥신은 ① 불완전 연소조건, ② 염소화합물포함의 폐기물(예로 PVC)의 연소시, ③ 적절한 반응온도(< 350℃)에서 발생이 많아진다. 완전연소조건에 충실한 연소조건의 개선으로 생성량의 90% 이상을 억제할 수 있고 나머지는 후처리공정에서 처리가 가능하다. 후처리공정은 흡착제거법, 플라스마나 촉매를 사용한 분해 등이 이용가능하다. 염화비닐(PVC) 1톤 연소시 염화수소는 250~500 g 정도 발생하게 된다. 이러한 물질은 일반 연소공정에서는 생성이 되지 않으므로 유해가스들의 발생에 대한 연소 후 후처리공정이 반드시 설치되어야 한다. 따라서 후처리공정은 폐기물의 유해성 및 성분분석, 화합물구조의 확인과 이에 따른 공정설계가 요구된다. 유해물의 대표적 분류는 수은화합물, 납, 카드뮴화합물, 6가 크롬화합물, 비소화합물, 시안화합물, PCB 등이다. 이들이 포함된 폐기물은 일반 폐기물과 구별되어 별도의 처리가 필요하다.

폐기물의 가장 바람직한 처리는 재사용, 또는 재자원화이다. 물질회수형 이용은 폐기물 중에 포함된 유효자원의 분별수집 후 재활용공정에 의한 유효물질회수와 재이용을 의미한다. 유리폐기물의 회수 및 자원화, 플라스틱의 재이용 및 타이어의 자원화(그림 6.20)는 현재 많은 관심을 모으고 있다. 앞으로 시행될 자원화의 대표적인 예는 그림 6.21과 같이 자동차 촉매정화기로부터 고가의 귀금속(Pt, Rh, Pd)을 회수하는 공정이다.

우리나라에서 자동차 촉매로부터 회수가능한 자동차촉매는 2000년대에는 비약적으로 늘어나 경제성이 제고되리라 예측된다. 폐기물 유효이용의 또 한 방법은 에너지회수형으로 이는 폐기물 처리공정을 통하여 에너지를 회수하는 것이다. 이 예로는 쓰레기로부터 소각을 통한 열회수가 이에 해당되고 한 예로 서울시 목동소각장에 소각열에 의한 난방열공급이 시범적으로 시행되고 있다. 폐플라스틱의 연료화(표 6.19)도 폐타이어의 소각과 더불어 유용한 처리수단으로 받아지고 있다.

마지막 유형은 토지환원형으로 유기물 폐자원의 경우 퇴비화를 통해 유기물자원의 자연친화적 토지환원을 그 대표적 예로 들 수 있다. 일부 적극적으로 진행이 되고 있으나 산업폐기물은 활발한 편은 아니다. 중금속 등을 포함한 고형폐기물의 매립처리는 이에 앞선 무해화처리가 필요하다(표 6.20). 대표적인 예로는 철강 및 중금속의 slag 등을 들

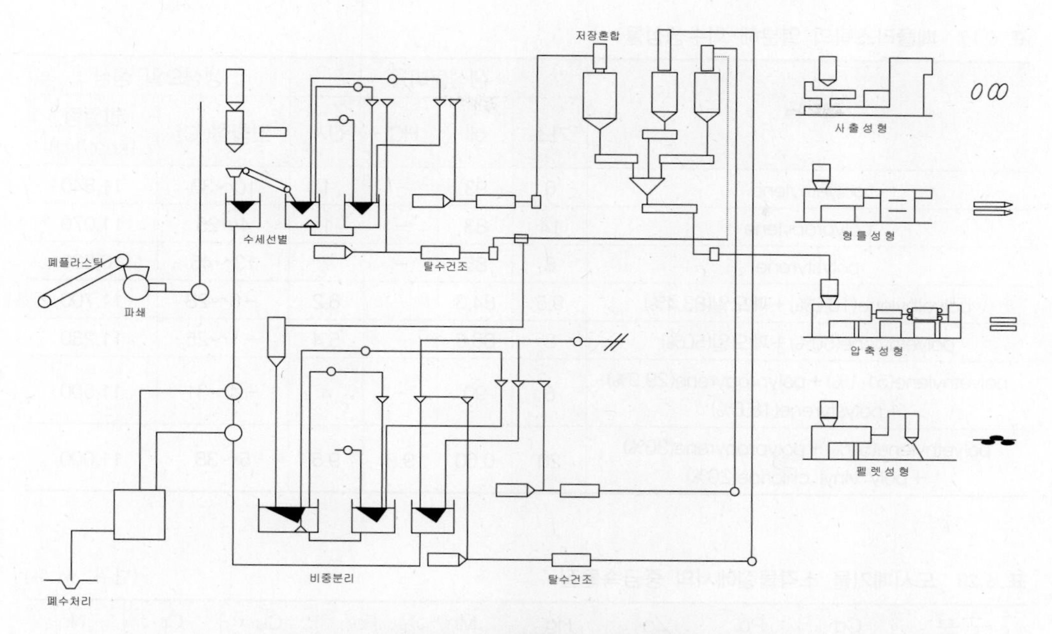

그림 6.20 폐플라스틱 간접가열식 열분해장치 흐름도

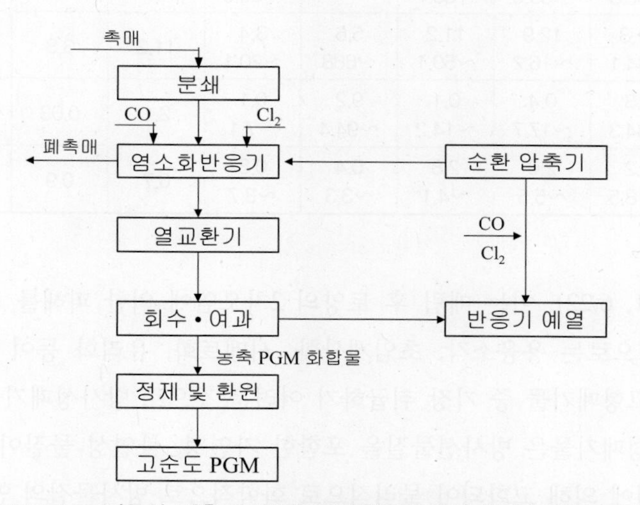

그림 6.21 자동차 폐촉매로부터 담체응용을 위한 귀금속 회수공정

표 6.19 폐플라스틱의 열분해 회수생성물

구 분	생성물비율				생성오일 성상	
	가스	oil	HCl	잔사	인화점(℃)	발열량 (kcal/kg)
polyethylene	6	93	–	1	10~33	11.840
polypropylene	14	83	–	1	4~25	11.070
polystyrene	8	85	–	7	13~45	10.530
polyethylene(16.6%)+폐오일(83.4%)	9.5	84.3	–	6.2	−6~28	11.700
polyethylene(50%)+폐오일(50%)	8	86.6	–	5.4	−1~25	11.230
polyethylene(51.1%)+polypropyrene(29.9%) +polystyrene(18.6%)	6	90	–	4	−4~31	11.500
polyethylene(50%)+polypropyrene(30%) +poly vinyl chloride(20%)	20	0.60	9.8	9.5	5~38	11.000

표 6.20 도시폐기물 소각물질에서의 중금속물질 (단위: wt %)

구 분	Cd	Pb	Zn	Hg	Mn	Fe	Cu	Cr	Ni
소각잔재	21.6 ~56.8	69.3 ~83.3	35.7 ~88.7	22.1	72.8 ~96.5	86.7	96.1	91.0	91.7
집진재	41.8 ~44.1	12.9 ~16.2	11.2 ~50.1	5.6 ~688	3.4 ~20.1	11.2	3.8	4.5	4.0
배가스	0.3 ~34.3	0.4 ~17.7	0.1 ~14.2	9.2 ~94.4	0.1 ~7.1	2.1	0.03	4.0	4.4
폐 수	5.2 ~18.5	2.0 ~5.5	2.8 ~4.1	0.4 ~3.3	0.8 ~3.7	0.7	0.9	0.5	TR

수 있다(표 6.21, 6.22). 이는 매립 후 토양의 2차오염에 의한 피해를 최소화하기 위한 것으로 이 방법으로는 용융소각, 초임계산화, 시멘트화, 유리화 등이 알려져 있다.

마지막으로 고형폐기물 중 가장 취급하기 어려운 것으로 방사성폐기물을 들 수 있다. 고형화된 방사성폐기물은 방사선물질을 포함한 가연성, 불연성 물질이 시멘트, 아스팔트, 유리상 물질에 의해 고화되어 물리적으로 화학적으로 방사물질의 안정화 공정을 거친 것이다(표 6.23). 이 물질은 방사물질의 반감기가 매우 길므로(수년-수백년) 장기간 보관을 해야하므로 적절한 처분장이 필요로 하게된다. 이 경우 장기간 보관에 따른 안정성 확보를 위해 인구 비밀집지역, 지진 등의 요인이 없는 안정지반, 침출수의 유입에 따른 문제가 극소화되는 암반구조 또는 이에 대응한 지반구조가 필요하다. 현재 우리나라에서는 이러한 핵폐기물 처분장의 문제가 정부의 합리적 처리능력 결여와 주민의 이기주의로 해결이 되지 못하고 있다.

표 6.21 철강 Slag 특성(단위: wt %)

구분	Fe	FeO	Fe_2O_3	SiO_2	Al_2O_3	CaO	MgO	S	Cu	Cr_2O_3	As	P_2O_5	MnO
고로	–	3	–	30 ~40	5 ~20	35 ~50	5 ~10	–	–	–	–	–	3
평로	21 ~32	28 ~36	4 ~9	9 ~15	2 ~5	15 ~42	4 ~13	0.1 ~0.27	0.01 ~0.04	0.62 ~1.37	0.006 ~0.007	0.7 ~4.3	7 ~13
전로	24.6	–	–	12.8	4.6	31	5.2	0.2	2.1	–	–	2.1	6.9

표 6.22 니켈 Slag 특성(단위: wt %)

구분	Fe	SiO_2	Al_2O_3	CaO	MgO	Cr	Ni+Co
용광로	3.43	50.32	–	17.01	24.85	–	0.05
LD 전로	33.73	16.09	1.75	25.63	3.63	4.16	0.36

표 6.23 고형화체의 특성

구분	시멘트 고형화체	아스팔트 고형화체	플라스틱 고형화체
비중	1.6~1.8	1.2~1.5	1.2~1.8
압축강도	150~300 kg/cm^2	점탄성체	500~1,100 kg/cm^2
내화성	불연성	인화점 280℃ 이상	난연성
내방사선성	양호	108 rad	109 rad
침출률	0.1~0.01 cm/d	10^{-3}~10^{-5} cm/d	10^{-4}~10^{-7} cm/d

폐기물은 매우 다양하여 각각의 특성파악과 이에 대응한 공정의 선택 및 개발이 필요하다고 볼 수 있다. 특히 난분해성 폐기물의 효율적 처리는 아직 기술적으로 충분히 확보되고 있지 않아 플라스마, 전자빔 등의 첨단기술의 응용에 많은 기대를 하고 있다.

연습문제

01 지구의 온난화를 초래하는 온실기체(greenhouse gas)에 대하여 설명하시오.

02 지구온난화가 진행됨에 따라 환경에 미치는 영향을 설명하시오.

03 오존층 파괴의 원인을 설명하시오.

04 산성비의 원인물질에 대하여 설명하시오.

05 산성비가 삼림에 영향을 주는 요인에 대하여 기술하시오.

06 콜로이드의 특성에 대하여 설명하시오.

07 수처리에 사용되는 응집제의 종류를 열거하고 각 특성에 대하여 설명하시오.

08 산화제로서의 염소가 물에서 일으키는 반응에 대하여 설명하시오.

09 배출 가스 중의 SO_x 성분을 회수 및 제거하는 방법에 대하여 기술하시오.

10 폐기물의 처리과정 중 발생이 가능한 2차공해를 각 단계별로 나열하시오.

11 폐기물의 가장 바람직한 처리는 재사용, 또는 재자원화이다. 이에 대한 예를 조사하여 제시하시오.

참고문헌

1. 김승호 외 3인, "삼척지역 우수의 이온성분농도에 관한 연구", 대기보전학회, vol. 12, No. 1, p.23-28 (1996).
2. 김유근, 이화운, "대기오염 개론", 시그마프레스, (1999).
3. 김정현, 권숙표, "폐기물 처리공학", 형설출판사, (1982).
4. 김종식, "환경화학공학", 계명대학교 출판부, (1996).
5. 남기창 외 3인, "인간과 환경", 동화기술, (1998).
6. 대기환경연구회, "대기오염개론", 동화기술, (1995).
7. 박헌열 역, "지구환경론", 도서출판 예경, (1992).
8. 박광국, 이종렬 역, "산성비", 대영출판사, (1992).
9. 사단법인 대한환경공학회, "최신 환경과학", 동화기술, (1996).

10. 양병수, "용수 및 폐수처리", 동화기술, (1995).
11. 윤오섭, "폐기물 처리공학", 동화기술, (1995).
12. 정장표, 이승묵, 황용우, 윤제용 등, "새로운 환경공학", 형설출판사, (1998).
13. 이창기, "환경과 건강", 하서출판사, (1993).
14. 임경택 외 2인, "지구환경과학", 동화기술, (1996).
15. 임재명 신항식 정재춘 이남훈 민병헌 이상호, "산업폐수처리공학", 신광문화사, (1996).
16. 임제빈 외 4인, "대기오염과 방지기술", 동화기술, (1995).
17. 전의찬, "서울시 대기오염 특성 연구", 서울시정개발연구원, (1994).
18. 조희구, "Atmospheric Ozone Monitoring and Studies at Seoul", Proc. of 1st Korea Japan Environmental Science and Tech. Symposium., Seoul, Nov., 1988.
19. 최정우 외 3인, "환경공학 개론", 교보문고, (1999).
20. 한국수도협회, "상수도 시설기준", (1997).
21. 한국수도협회, "하수도 시설기준", (1997).
22. 한국수자원공사, "정수이론", (1998).
23. 환경부, "1997년 환경백서", (1997).
24. 김동술 역, C.D. Cooper, F.C. Alley, "대기오염 방지공학", 신광문화사, (1996).
25. Mordern Pollution Control Technology, Research and Education Assoc., New York, (1978).
26. J.A. Sigan, W.A. Kelly, P.A. Lane, W.S. Letzsch and J.S. Powell, Tocat Conference, Tokyo, Japan; AIChE 1990 Spring National meeting. August, 1990.
27. M.A. Baltanas, A.B. Stiles and J.R. Katzer, Appl. Catal., 20, 16 (1986).
28. G.M. Masters, Introduction to Environmental Engineering and Science, Prentice-Hall International Inc., p.455-478 (1990).
29. M. Lippmann, Health Effects of Ozone-A Critical Review, JAPCA, 39(5), p.672-695 (1989).
30. S.A. Montzka, R.C. Myers, J.H. Butler, J.W. Elkins, L.T. Lock, A.D. Clarke, and A.H. Goldstein,"Observations of HFC-134a in the remote tropospheric", Geophysical Research Letters, 23, p.169-172 (1996).
31. S.A. Montzka, R.C. Myers, J.H. Butler, S.C. Cummings, and J.W. Elkins, "Global tropospheric distribution and calibration scale of HCFC-22", Geophysical Research Letters, 20(8), p.703-706 (1993).
32. S.A. Penkett, "Changing Ozone-Evidence for a Perturbed Atmosphere", ES & T, 25(4), p.630-635 (1991).
33. F.S. Rowland and M.J. Molina, J. of Rev. Geophys. Space Phys., 13, p.1-35 (1975).
34. F.S. Rowland, "Stratospheric Ozone", ES & T, 25(4), p.622-628 (1991).
35. B.E. Tilton, "Health Effects of Tropospheric Ozone", ES & T, 23(3), p.257-263 (1989).
36. Van Baxter, "Global Warming Implications of Replacing Ozone-Depleting Refrigerants", ASHRAE Journal, 9, p.23-30 (1998).

이철태 (단국대학교 화학공학과)
송연호 (조선대학교 화학공학과)

CHAPTER 7

금속재료 공업화학

01 금속제련의 원리

재료로서의 금속은 다양한 용도를 지니고 있으며, 응용분야에 따라 주거용 기기, 수송용 기기 및 정보용 기기재료로 구분된다. 과거에는 주거용 기기만이 중요한 사용처였으나 현대문명의 발전과 더불어 수송용 기기 및 정보용 기기로의 용도에 대한 비중이 커지게 되었다. 특히 최근들어 전자공업의 급속한 발전, 원자력이나 우주산업의 개발 등이 진척됨에 따라 Fe, Al, Cu, Ag, Zn, Pb 등 기존의 보편적인 금속 이외에 소위 새로운 금속이라고 불리는 Be, Ge, Zr, Si, Ti, V 등이 등장하게 되었다. 이들 금속의 존재는 이미 알려져 왔으나 이들이 신금속이라고 불리게 된 가장 중요한 이유는 이들이 초순도라는 점이다. 이와 같은 금속재료의 급속한 발전은 **띠용융법**(zone melting method), 기상분리법 등의 금속정제 기술의 진보에 있다. 이러한 금속재료에 관련된 기술의 발전과 함께 장래의 금속재료는 필름상이나 미분말상 등의 형태로 변화되고, 또 아모르포스 합금, 형상기억합금, 초전도합금 등 새로운 부가가치를 가진 신금속재료에 대한 공업화학자들의 더 많은 연구 노력이 기대된다. 그러나 위와 같은 대부분의 금속재료는 그들을 함유하고 있는 자연광물로부터 제련이라는 과정을 통해서만 얻어질 수 있다. 이들 제련공정은 금속의 종류, 즉 금속성분을 함유하고 있는 광물의 형태에 따라 다양한 방법의 제련공정이 적용된다. 각각의 금속에 대하여 제련공정을 모두 소개한다는 것은 매우 어려우므로 본 장의 첫 절에서는 우선 금속제련의 원리를 다루고자 한다. 금속의 제련은 크게 다음의 세가지 형태의 제련법으로 나눌 수 있다. ① 건식제련: 금속정광의 용련, 전환 및 건식정련, ② 습식제련: 금속을 침전시키기 위해 수용액의 형태로 만듬, ③ 전기제련: 금속불순물을 양극에서 정제하고 금속을 전기적으로 추출. 적절한 제련공정을 선택하기 위해서는 금속의 톤당 들어가는 비용과 광석의 형태, 연료비(석탄, 석유, 천연가스, 전기), 생산품의 순도와 생산속도, 금속의 순도 등을 고려해야 한다. 값이 싼 수력발전소를 사용할 수 있는 환경에서는 전기야금법이 매우 효율적이다. 전기야금법의 경우는 순도를 99.9%까지 만들 수 있으므로 종종 건식야금 추출공정의 마지막 공정으로 사용된다. 습식야금법은 건식야금법보다 속도가 느리고 비용이 많이 들지만 저품위 광석의 추출에 사용된다. 건식야금법은 금속추출의 중요한 방법이며, 습식야금이나 전기야금에 비해 속도가 빠르다. 이와 같이 금속제련공정은 다양한 특성을 지니므로 두 번째 절에서는 주요 금속인 철, 알루미늄 및 구리의 제련공정을 설명하고자 한다. 그리고 마지막 절에서는 주요 각종 금속 및 신금속의 제련공정을 간략히 요약 소개하였다.

1. 광석의 전처리

금속을 함유하는 광석은 지구의 지각에서 다음과 같은 상태로 존재하고 있다. ① 산화물: Fe_2O_3, TiO_2, CaO, SnO_2, ② 황화물: PbS, ZnS, Cu_2S, HgS, ③ 규산염, 황산염, 티탄염, 및 탄산염 등과 같은 산소염: $FeCO_3$, $ZrSiO_3$, 또한 적은 양의 천연적인 형태(원소)나 비소화물(arsenides)의 형태($PtAs_2$)로도 존재한다. 대부분의 중요한 광물들은 황화물과 산화물의 형태로 존재하지만 Au, Ag, Pt과 같은 광물들은 다른 광물들과 결합하지 않는 천연적인 형태로 존재한다. 즉, 반응성이 있는 금속들은 산화물이나 황화물과 결합된 형태로 존재하며 Au, Ag 및 Pt와 같은 금속들은 반응성이 적어서 결합되지 않은 상태로 나타난다. 금속광물은 규산 화합물과 같은 원하지 않는 여러 가지 광물들을 포함하고 있어서 맥석으로부터 유가금속을 추출해야 한다. 금속추출공정은 효율이 적고 비용이 많이 들어가고 고순도의 금속을 생산하기가 어렵다. 그러므로 추출공정을 적용하기 위해서는 광물로부터 맥석과 유가금속들을 분리하여 정광의 형태로 만들어야 한다. 대부분의 금속제련공정은 그 금속을 포함하는 광석으로부터 시작되므로 직접적인 제련공정에 앞서 원료광석의 전처리공정이 필요하다. 정광으로 만들기 위한 제일차적인 공정은 광석의 분쇄(파쇄 및 분쇄) 공정, 스크린공정 및 분리공정을 거치는 것부터 시작된다.

(1) 분쇄공정

분쇄공정은 맥석(gangue)으로부터 금속성분을 분리하기 위해 미분으로 파쇄하는 것이다. 입구에서의 크기와 출구에서의 크기의 비율은 3 : 1에서 4 : 1 사이가 가장 많이 사용되고 있다. 마지막에 요구되는 입자의 크기에 따라서 1차분쇄기, 2차분쇄기, 3차분쇄기를 사용하고, 부유선광분리 또는 펠릿화를 위한 미분을 만들기 위해서 미분쇄기를 연속적으로 사용한다. 각각의 파쇄공정에서 원치 않는 크기의 파쇄물은 각각의 파쇄공정 사이에 설치된 스크린 공정을 통해 분류된다.

여러 가지 형태의 분쇄기를 그림 7.1에 나타내었다.

(2) 분류공정

맥석으로부터 유가 광물을 분리하는 첫 번째는 유체(일반적으로 물)를 통하여 유속에 따른 광물의 이동속도의 차이를 이용하여 분리한다. 유가광물들은 그들의 밀도와 크기

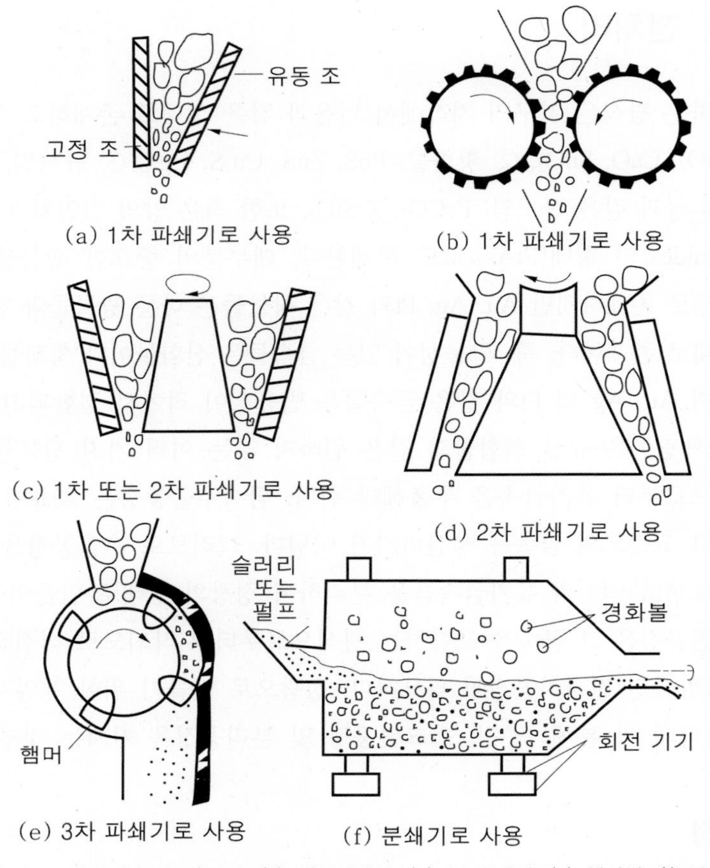

(a) 죠 크러셔, (b) 롤 크러셔, (c) 선동파쇄기, (d) 콘 크러셔, (e) 햄머밀, (f) 볼밀

그림 7.1 파쇄기의 종류

및 형상의 차이에 의하여 분리된다. 일반적으로 밀도가 높은 유가광물들은 분급장치의 바닥에 침강하게 되고 가벼운 맥석은 분급장치를 지나 부유하여 잔류물(tailing)로 수집된다. 광석이 미분말로 존재하게 되면 광액 속에서 광석의 분리에 요구되는 시간이 많이 필요하게 되며, 미분쇄 이후에 유체를 회수하기 위하여 농축기(thickener)를 사용하거나 광액으로부터 고체를 농축한다.

(3) 분리공정

분류공정은 맥석들을 대략적으로 분류하기 때문에 특정 광물들을 얻기 위해서는 더욱 세분화된 분리를 하여야 한다. 이를 위해 광물들이 가지고 있는 여러 가지 특성, 즉 자성, 전기전도도, 표면특성들을 이용하여 분리하게 된다. 가장 널리 쓰이고 있고 중요한 방법은 부유선광법이며, 이 방법은 표면 자유에너지의 차이를 이용하여 광물을 분리해 낸다. 여러 광물을 함유한 광액 속으로 공기기포가 도입되며, 도입된 기포들은 유가광물들을 선택적으로 흡착하여 상층부로 떠오르고 맥석들은 바닥에 침강되어 서로 분리된다.

① 부유선광법: 부유선광법은 조광 중의 대상 광물입자를 맥석과 분리가 가능한 크기까지 분쇄하고 물을 가하여 슬러리로 하여 선별한다. 일반적으로 사용하는 황화광에 대한 부선은 **포집제**(collector)라고 불리는 황화광물과 친유 및 친화성 관능기를 가진 알칼리잔테이트(alkali xanthate)나 알킬 또는 아릴디티오인산의 알칼리염(상품명: aerofloat)을 슬러리에 가해 공기를 불어넣으면서 기포를 만들기 쉬운 **기포제**(floather)로 테르펜유, 장뇌유, 파인유 등을 가하고 공기를 함께 불어넣으면 생성된 기포에 광물입자가 부착 부상하게 된다. 이 부선기구는 정성적으로는 광물입자에 부착한 포집제의 친유기가 기포 표면을 형성하는 유막에 들어가 부상된다고 이해할 수 있다.

② 부유선광 용액의 액성조정: 광석의 부선특성은 광물의 종류 및 부선용액의 액성에 의해 크게 변하므로 그 액의 성질을 조정함으로써 물을 효과적으로 농축·분리할 수 있다. 이 액의 성질을 변화시키는 물질을 총칭하여 **조건제**(modifier)라고 한다. 이중에는 pH를 조절하는 산알칼리의 **조건조정제**(conditioning reagent), 포집제의 효과를 나타내는 **활성제**(activator), 포집제의 효과를 잃게 하는 **억제제**(depressor)가 있다. 이러한 조건제의 효과를 예를 들어 보면 황동광과 섬아연광을 동시에 부상시키는 경우 황산구리를 첨가하면 섬아연광 표면에 아연이 일부 구리이온으로 치환되어 둘 다 부유하기 쉽게 된다(이를 구리활성이라 한다). 또 이 활성화 상태는 시안화물을 가하면 활성을 잃는 것으로 보고되고 있다.

근래의 부선기술의 진보는 저품위광의 이용을 가능하게 하고 더욱 정광의 품위를 상승시켰으며, 또한 광석을 미분상태로 생산함으로써 제련공정에 영향을 미쳤다.

(4) 응집공정

응집은 미분말을 보다 큰덩어리로 개질을 하는 것이다. ① 미분쇄의 부유선광에서 지나치게 미세한 분말이 생성되면 반사로나 용광로에서 직접적으로 사용될 수 없기 때문에 분리공정이 필요하게 된다. ② 광물이 풍부한 광석은 너무 밀도가 높아서 광석과 공기의 접촉이 작아지게 되어 효율이 떨어진다. 용융제련 후 효율을 향상시키기 위해서 보다 크고 다공성의 형태로 미분말을 개질시켜야 한다. 응집의 방법에는 온도를 높여가면서 용융온도까지 올려서 소결과 구립화하는 방법이 있고, 결합제를 사용하여 상온에서 행해지는 조괴(briquetting)와 펠릿화(pelletising)가 있다. 펠릿은 그들의 기계적인 강도를 향상시키기 위해 온도를 높여서 소성하게 된다.

2. 건식야금 추출공정

금속황화물, 탄산화물, 수화물 등은 금속추출의 출발 물질로서는 적합하지 않다. 대부분의 금속황화물은 탄소나 수소에 의해 환원되지 않는다. 가장 일반적이고 쉽게 사용할 수 있는 환원제로는 CS_2 또는 H_2S이며, 이는 다음에서 알 수 있는 바와 같이 대부분의 금속황화물보다 더 작은 생성에너지, $\Delta G°$를 갖기 때문이다.

$$2\ Cu_2S + C \rightarrow 4\ Cu + CS_2, \quad \Delta G°_{1100℃} = +160\ \text{kJmol}^{-1} \tag{7.1}$$

$$Cu_2S + H_2 \rightarrow 2\ Cu + H_2S, \quad \Delta G°_{1100℃} = +130\ \text{kJmol}^{-1} \tag{7.2}$$

또한 황화물, 탄화물, 수화물은 물에 용해되지 않아 침출이나 침전 등의 습식야금 추출공정은 적합하지 않다. 그러므로 이들 광석들을 탄소나 수소에 의해 쉽게 환원시킬 수 있는 산화물 또는 황산이나 물에 용해되는 황화물로 전환시킬 필요가 있다.

(1) 건조와 소성

정광에 물리적으로 결합되어 있는 물을 제거하기 위한 가장 간단한 방법은 물의 비점 이상으로 가열하는 것이다(건조). 물의 증발은 흡열반응($+44\ \text{kJmol}^{-1}$)이며, 따라서 증발공정에서는 유사온도까지 광물을 가열해야 한다. 소성은 광물의 화학적인 분해를 포함하는 분해온도(T_D) 이상으로 가열하거나 또는 온도를 일정하게 하여 자체의 평형분압 이하에서 기상생성물의 분압을 줄임으로써 이루어진다. 예를 들면 다음과 같다.

$$CaCO_3 \rightarrow CaO + CO_2, \quad T_D = 900℃ \text{(열역학적인 표준조건 하에서)} \tag{7.3}$$

소성은 주로 금속수화물에서 화학결합을 하고 있는 물, CO_2 및 그 외의 가스 제거에 사용되며, 이들 광물과 같은 탄화물은 상대적으로 낮은 분해온도를 갖는다. 건조와 소성은 회전가마, 축가마 또는 유동층로에서 이루어진다.

(2) 금속정광의 배소

가장 중요한 배소반응은 금속황화물 정광과 관련이 있으며, 배소 분위기에 따른 화학결합을 포함한다. 가능한 반응은 다음과 같다.

$$MS + 2O_2 \rightarrow MSO_4, \quad \text{황화배소} \quad K = \frac{a_{MSO_4}}{a_{MS}\, p^2_{O_2}} \tag{7.4}$$

$$2MS + 3O_2 \rightarrow 2MO + 2SO_2, \quad \text{부동배소} \quad K = \frac{a^2_{MO}\, p^2_{SO_2}}{a^2_{MS}\, p^3_{O_2}} \tag{7.5}$$

$$MS + O_2 \rightarrow M + SO_2, \quad \text{환원배소} \quad K = \frac{a_M\, p_{SO_2}}{a_{MS}\, p_{O_2}} \tag{7.6}$$

그리고 평형반응은 다음과 같다.

$$\frac{1}{2}S_2 + O_2 \rightarrow SO_2 \text{ 및 } SO_2 + \frac{1}{2}O_2 \rightarrow SO_3 \tag{7.7}$$

따라서 p_{SO_2}는 증가하고 p_{O_2}는 감소하므로 p_{S_2}는 증가하게 된다. 또한 p_{O_2}와 p_{SO_2}가 증가할 때 p_{SO_3}는 증가한다. 이것이 황화배소에 요구되는 조건이다.

연속된 반응은 다음과 같으며

$$MS + \frac{3}{2}O_2 \rightarrow MO + SO_2 \tag{7.8}$$

$$SO_2 + \frac{1}{2}O_2 \rightarrow SO_3 \tag{7.9}$$

$$MO + SO_3 \rightarrow MSO_4 \tag{7.10}$$

총괄반응은 다음과 같다.

$$MS + 2\,O_2 \rightarrow MSO_4 \tag{7.11}$$

만일 금속물질이 여러 가지의 황산화물, 산화물, 황화물로 형성되었다면 평형은 더욱 더 고려되어야 한다. p_{O_2} 또는 p_{SO_2}가 증가하거나 또는 감소하면 결과적으로 소결체 또는 금속황화물은 안정화되며, p_{O_2}와 p_{SO_2}가 더 변하면 다른 배소반응들이 진행된다. 부동배소는 금속산화물이 수소나 탄소에 의해 환원될 때 사용되며, 황화배소는 금속황화물이 묽은황산용액에 의해 지속적으로 침출되는 경우에 사용된다. 환원배소는 일반적으로 매우 낮은 p_{O_2}가 필요하고 열역학적인 측면에서 고온이 요구되기 때문에 드물게 사용된다. 그 밖의 배소반응으로는 **염화배소**(chloridizing roasting), **휘발배소**(volatilizing roasting) 및 **자성배소**(magnetizing roasting)가 있다.

(3) 용융제련

용융제련(용련, Smelting)은 주로 물체를 용융 및 분리하여 서로 섞이지 않는 두 액체층, 즉 액체 슬랙(slag)과 액체 매트(matte) 또는 액체 금속을 만드는 공정이다. 매트는 보통 중간이나 약간 낮은 환원조건에서 중금속의 용융황화물과 혼합되어 용련 농축황화물이 생성된다. 금속 산화농축물은 탄소나 다른 적절한 환원제가 있을 때 높은 환원조건에서 용융제련되어 액체 슬랙-액체 금속 분리가 이루어진다. 두 경우 모두 용융제련은 제어 가능한 액체-액체 분리공정으로 상당한 양의 불순물이 분리되고 슬랙 속에 밀집되어 추출에 필요한 금속에서 매트나 금속은 빠져나올 것이다. 따라서 매트 용융제련은 전반적으로 금속황화물로부터 금속을 추출하는 농축단계이며, 금속산화 용융제련은 정련되어야 할 불순물 금속을 추출하는 주요한 추출과정이다. 염기도와 유동성의 최적 균형을 위해서 슬랙 조성에서 매트 및 금속산화 용융제련의 선택은 불순물을 최대한 제거할 수 있으므로 매우 중요하다. 금속황화물은 금속 산화물보다 낮은 용융점을 가지므로 매트 용융제련은 금속산화물 용융제련보다 낮은 온도에서 수행될 수 있다. 다음의 그림 7.2는 여러 용융로를 나타낸 것이다.

용융제련 과정에서 중간이나 약간 낮은 환원조건이 요구될 때 **반사로**(reverberatory furnace)가 사용된다. 그러므로 매트 용융제련은, 화로 모양이 경사진 지붕으로부터 연료(오일, 가스, 미분탄)가 굴절 및 반사되어 연소될 수 있도록 보통 반사로(그림 7.2(a))에서 수행된다. 길고 넓은 화로에서는 슬랙-매트의 분리가 잘되지만 속도가 느린 경향이 있다. **전기 아크로**(electric arc furnaces, 그림 7.2(b))는 양이 작을 때, 주로 고온(1500℃)이 요구될 때 사용된다. **훌래쉬 용융제련 장치**(flash smelting unit, 그림 7.2(d))는 용융제련에 **훌래쉬 배소**(flash roasting)의 원리를 결합시킴으로서 생산비율을 향상시켰다. 훌래쉬 용융제련은 미분쇄한 광석을 산소나 예열된 공기 그리고, 훌럭스와 함께 반사로

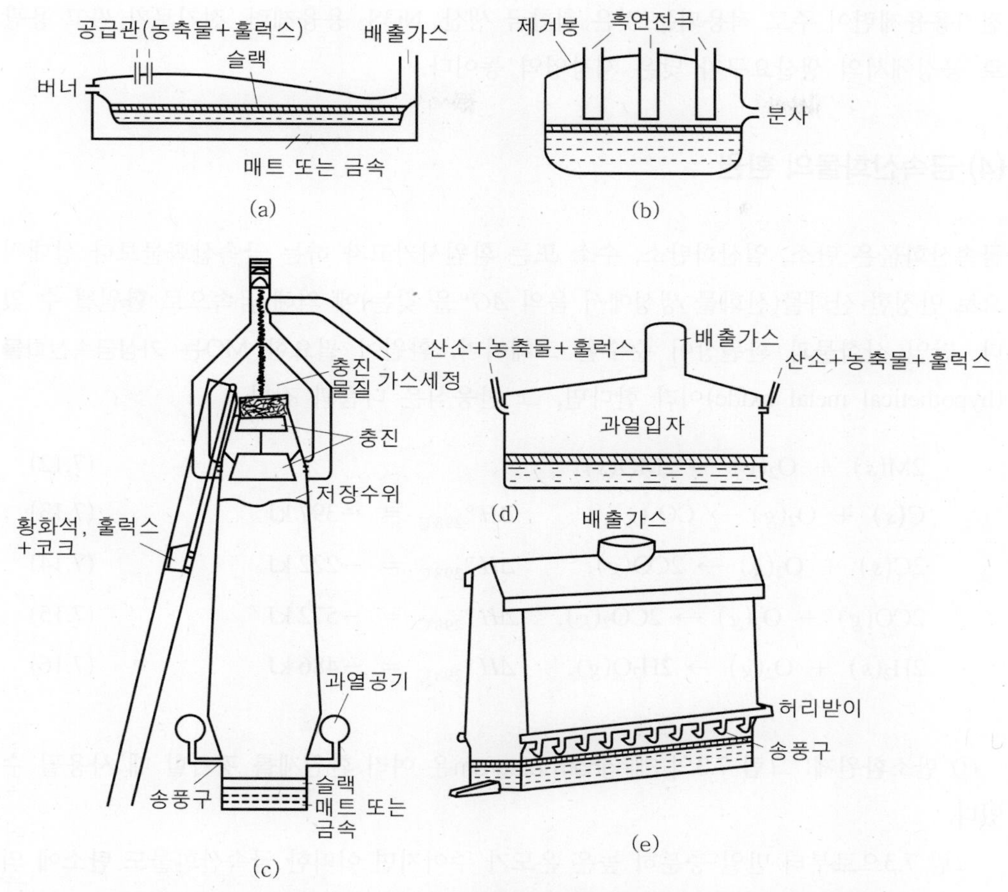

(a) 반사로, (b) 전기 아크로, (c) 원형 용광로, (d) 훌래쉬 용융로, (e) 장방형 용광로.

그림 7.2 용련제련의 장치

와 유사하게 생긴 제련부에 집어넣는다. 광석분체는 슬랙 위에서 화로 압력으로 가열되고 분체 입자는 배소가스, 훌럭스 및 농축물간의 접촉으로 인해 넓게 퍼지게 된다. 그 결과 산화 생성물은 침강하여 액체 슬랙-액체 매트분리가 이루어진다. 농축조성은 보통 낮은 등급(연료를 이용할 필요없이 산화과정 중 충분한 발열을 가능하게 하는 불순물)이다. 이때의 과정을 열에 대하여 자생(autogenous) 또는 자활(self-supporting)이라 부른다. 여기서 농축물은 덩어리 형태이며 높은 환원전위가 요구되므로 용융제련에 용광로(blast furnace, 그림 7.2(c))가 사용된다. 용광로는 다양한 크기와 조성의 광석덩어리를 처리할 수 있다는 점에서 코크를 함께 첨가하여 금속산화 용융제련을 할 수 있는 이상적인 장치이다. 장방형 용광로는(그림 7.2(e))는 Pb및 Zn과 같은 비점이 낮은 금속들의 경우에 사용된다. 전기 아크로는 고온(1,500℃ 이상)이 요구되는 곳에서 사용되기 때문에 전기용융제련이 주로 적용되는 것은 철합금 생산, Ni3S_2 용융제련, 전기로가 싸고 용광로 공정에서의 생산요구가 낮은 제강영역 등이다.

(4) 금속산화물의 환원

금속산화물은 탄소, 일산화탄소, 수소 또는 환원시키고자 하는 금속산화물보다 상대적으로 안정한 산화물(산화물 생성에서 음의 $\Delta G°$을 갖는)에 의해 금속으로 환원될 수 있다. 만일 산화물과 환원상이 순수한 고체이며, 환원이 필요한 MO는 가상금속산화물(hypothetical metal oxide)이라 한다면, 그 반응식은 다음과 같다.

$$2M(s) + O_2(g) \rightarrow 2MO(s) \tag{7.12}$$

$$C(s) + O_2(g) \rightarrow CO_2(g), \quad \Delta H°_{298℃} = -397\ \text{kJ} \tag{7.13}$$

$$2C(s) + O_2(g) \rightarrow 2CO(g), \quad \Delta H°_{298℃} = -222\ \text{kJ} \tag{7.14}$$

$$2CO(g) + O_2(g) \rightarrow 2CO_2(g), \quad \Delta H°_{298℃} = -572\ \text{kJ} \tag{7.15}$$

$$2H_2(s) + O_2(g) \rightarrow 2H_2O(g), \quad \Delta H°_{298℃} = -486\ \text{kJ} \tag{7.16}$$

① **탄소환원제**: 그림 7.3의 Ellingham diagram은 여러 환원제를 평가할 때 사용될 수 있다.

그림 7.3으로부터 만일 충분히 높은 온도가 주어지면 어떠한 금속산화물도 탄소에 의해 다음과 같이 환원될 수 있다.

$$2MO(s) + C(s) = M(s) + CO_2(g) \tag{7.17}$$

$$MO(s) + C(s) = M(s) + CO(g) \tag{7.18}$$

따라서 반응 (7.17)은 PbO와 같이 불안정하고 낮은 용융점을 가진 산화물에 적용될 수 있다. 최소환원온도가 1800℃ 이상으로 올라가면 탄소에 의한 환원비용은 매우 증가하게 된다. 이것은 고온에서 견딜 수 있는 내화물이 필요하기 때문이며, 금속의 반응성이 증가함에 따라 환경오염 문제도 증가한다. 그러므로 철, 망간, 크롬, 주석, 납 및 아연은 탄소에 의해 환원되는 주요 금속산화물이다. 반응식 (7.17)및 (7.18)의 경우는 낮은 반응속도 때문에 반응식 (7.18)에 의해 CO는 첫 번째로 생성되고 다음 반응과 같이 금속을 환원시킨다.

$$MO(s) + CO(g) \rightarrow M(s) + CO_2(g) \tag{7.19}$$

생성된 CO_2는 탄소에 의해 곧바로 환원된다. 즉,

$$CO_2(g) \ + \ C(s) \rightarrow 2CO(g) \quad \Delta H^\circ_{298℃} \ = \ +175 \text{ kJ} \qquad (7.20)$$

반응 (7.19)과 (7.20)를 결합하면 (7.18)에 나온 전체반응이 된다. 이러한 2단계 과정은 (7.7)의 고체-고체반응과 비교할 때 (7.19)와 (7.20)의 기체-고체반응으로 인해 탄소에 의한 환원반응 속도를 증가시키게 된다. 이 점이 저온(700℃ 이하)에서 중요하게 된다.

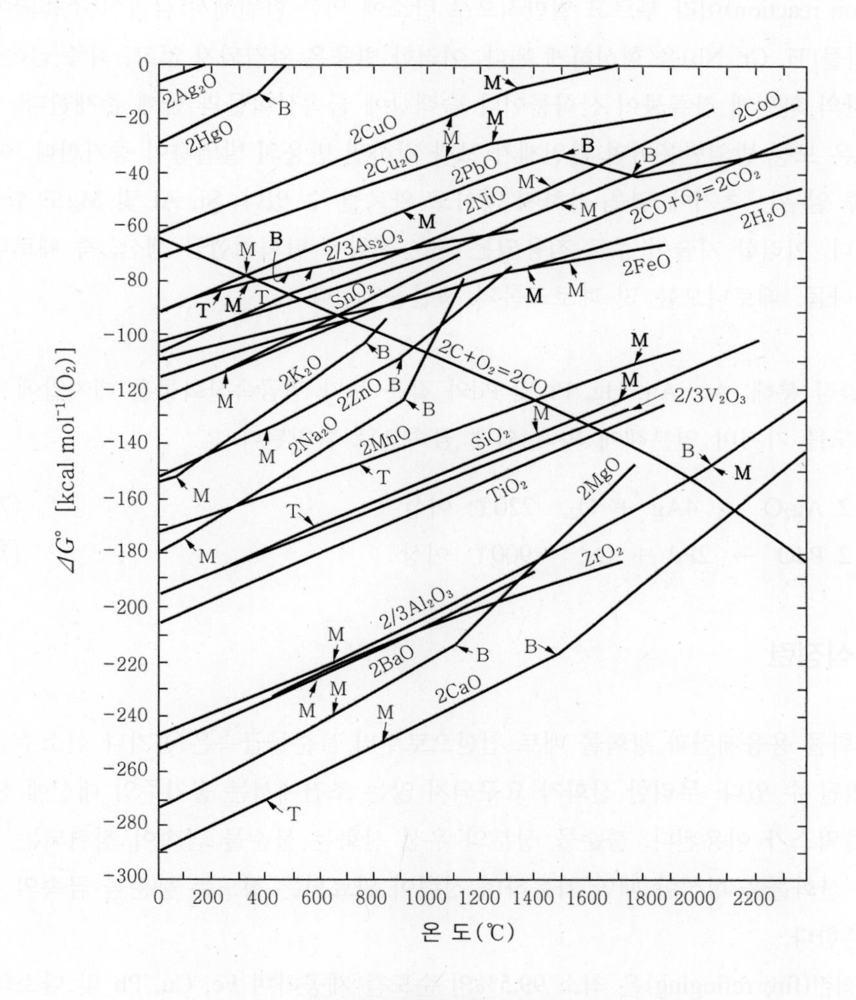

그림 중 기호는 다음과 같다.

융 점	M: 원소, **M**: 산화물	비 점	B: 원소, **B**: 산화물
승화점	S: 원소, **S**: 산화물	변태점	T: 원소, **T**: 산화물

그림 7.3 원소의 산소산화반응의 ΔG°의 온도의존성

② 기타 환원제: 수소에 의한 금속산화물의 환원은 탄소에 의한 환원에 비해 산업적으로 중요하지 않다. $2H_2 + O_2 \rightarrow 2H_2O$ 반응에서 낮은 엔탈피값은 탄소보다 수소에 의한 금속산화물의 환원 발열량이 상대적으로 낮음을 나타낸다. 그림 7.3에 나타낸 바와 같이 반응 (7.13), (7.14) 및 (7.16)에서 저온(650℃ 이하)인 경우는 탄소보다 H_2가 금속산화물의 좋은 환원제가 된다. 경우에 따라서 금속산화물은 다른 금속에 의해 환원되어 보다 안정한 산화물을 형성한다. 이런 경우를 금속열적 환원반응(metallothermic reduction reaction)이라 부르고 일반적으로 탄소에 의한 환원에서 금속이 추출되어 안정한 탄화물(Ti, Cr, Nb)을 형성하게 된다. 이러한 반응은 완결되지 않고, 최종 금속생성물에 약간의 환원제 잔류물이 산화물이나 슬랙상에 금속산화물과 함께 존재한다. 금속열적환원은 보통 발열반응이며 환원제가 보다 강하면 반응의 발열량이 증가한다. 이런 반응물 중 일부는 초기에 열을 가하지 않아도 완료될 수 있다. Si, Al 및 Mg도 환원제로 사용된다. 이러한 기술이 주로 적용되는 곳은 저함유 탄화철합금 생산, 즉 페로티타늄, 페로바나듐, 페로니오븀 및 페로크롬의 생산공정이다.

③ 열적 분해: Au, Ag, Hg, Pt 및 Pd와 같은 보다 귀금속산화물은 대기압에서 낮은 분해온도를 가지며 열분해에 의해 쉽게 금속으로 환원된다.

$$2\ Ag_2O \rightarrow 4Ag + O_2,\quad 220℃\ \text{이상} \qquad (7.21)$$

$$2\ PdO \rightarrow 2Pd + O_2,\quad 900℃\ \text{이상} \qquad (7.22)$$

(5) 건식정련

금속산화물 용융제련과 황화물 매트 전환으로부터 불순물금속은 공기나 산소주입을 통해 정련될 수 있다. 무리한 산화가 요구되지 않는 조건에서는 공기주입 대신에 산화 슬랙과 플럭스가 이용된다. 불순물 성분의 우선 산화는 불순물 금속이 정련되는 것보다 안정한 산화물을 형성할 때만 가능하며 정련이 완료되는 정도는 불순물 금속의 활동도에 의존한다.

건식정련(fire refinging)은 최소 99.5%의 순도를 제공하며 Fe, Cu, Pb 및 다소의 귀금속의 경우에만 유용하다. 여기서 귀금속은 Pb−Ag 용융 회분법(cupellation)으로서 Pb가 우선적으로 산화하여 슬랙이 되고 잔류 은은 전기정련된다.

(6) 할로겐 야금(halide metallurgy)

금속 할로겐화물(염소화물, 요오드화물, 플루오르화물, 브롬화물)은 일반적으로 그들의 산화물에 비해 작은 음의 자유에너지 변화로 형성되기 때문에 Ti, Zr, Ar, Al, U 및 Mg와 같은 안정한 산화물을 형성하는 금속을 추출하는 데 사용된다. 할로겐화물의 안정성은 요오드화물, 브롬화물, 염소화물, 플루오르화물 순으로 증가한다. 대부분의 할로겐은 $SnCl_4$, $TiCl_4$, $AlCl_3$와 같이 휘발성이거나 상대적으로 낮은 분해 온도를 가지며, 이것은 특정한 할로겐 금속을 분리하고 증류에 의한 정제에 이용된다. 더욱 중요한 점은 할로겐화물은 일반적으로 산화물에 비해 낮은 용융점을 가지므로 보다 높은 전도성 용융물을 형성한다는 것이다. 그러므로 금속 할로겐화물은 전해추출 및 Al, Mg, Na와 같이 반응성이 보다 큰 금속정련에서 용융염 전해질로서 이용된다.

3. 습식야금 추출공정

습식야금에 의한 추출공정은 광석으로부터 금속을 용해(침출)하거나, 수용액 내의 농축물 또는 공정폐기물, 그리고 연속적인 금속 침전이 요구되거나 추출에 의해 원하는 금속을 분리하고자 할 때 이용된다.

(1) 침 출

광석 또는 정광 중의 목적성분을 적당한 용매에 의해 용해하고, 그 용매에 난용성의 불순물 및 맥석을 잔사로서 남기는 조작을 침출(leaching)이라 한다. 침출용액은 많은 종류의 금속이 동시에 존재하는 농축물로서, 이 농축물에서 원하는 금속을 용해시키고자 할 경우 침출공정이 이용된다. 침출시약은 화학적으로 안정하며 목적성분을 선택적으로 빨리 용해하고, 용액으로부터 금속을 쉽게 환원채취할 수 있으며 경제적이고 취급이 안전하며 용기를 부식시키지 않는 것이 바람직하다.

침출방법은 원하는 침출속도, 광물의 조성, 지속적인 분리, 침전 또는 침출공정 등에 따라 달라지며 대표적인 침출방법은 다음과 같다.

① 퇴적침출(heap leaching): 직경이 200 mm 이하의 광물덩어리를 배수장치 내에서 넓게 쌓고 광물 퇴적 위에 침출시약을 분무할 때 사용한다. 이 방법은 느린 공정이며

회수속도가 낮다.

② 투과침출(percolation leaching): 직경이 약 6 mm인 광물 미립자를 커다란 탱크 안에 넣고 농축물 내의 침출액을 증가시키는 계에 의해 투과시키는 방법이다.

③ 교반침출(agitation leaching): 광물 미립자의 직경이 0.4 mm 또는 그 이하로 투과침출에 적합하지 않을 경우 사용한다. 광물 미립자들은 기계적인 교반과 압축된 공기 분사로 인해 침출액 내에서 떠 있게 된다. 이 방법은 투과침출보다 매우 빠르고 더 효과적인 반면에 비용이 매우 비싸다는 단점이 있다.

④ 승온압축침출(pressure leaching at elevated temperatures): 대기압에서 용해하기 어려운 광물을 용해하거나 용해속도를 증가시킬 때 사용된다. 또한 이 방법은 맥석(gangue) 조성들의 용해를 방지한다.

⑤ 박테리아성 침출(bacterial leaching): 황산화물의 침출속도를 10~100배 증가시킨다. 위 공정에서 생성된 침출용액은 원하지 않는 광물을 포함하며, 이것은 원하는 금속을 침출하는 데 있어 방해요소로 작용할 것이다. 또한 침전법을 이용해 원하지 않는 물질을 우선 침전시키거나 주요 금속을 분리하고자 할 때 침출된 용액은 세정할 필요가 있다.

(2) 침전기술

① pH와 PO_2 조절에 의한 침전: 수용액으로부터 금속의 침전은 pH에 크게 영향을 받고, 용존산소의 분압에도 크게 영향을 받는다. 그러므로 용액 내에 존재하는 금속이온, 수소이온 그리고 산소이온 사이의 열역학적인 관계가 중요하다. 금속 Me, H^+과 O_2가 양이온 Me^{2+}와 Me^{3+}와 음이온 MeO_2^{2-}, MeO^{2-} 그리고 고체수산화물 $Me(OH)_3$로 존재할 때 압력을 가한 후 상호 간의 반응을 고려하면 다음과 같다.

$$2Me + 4H+ + O_2 \rightarrow 2Me^{2+} + 2H_2O \quad (7.23)$$

$$4Me^{2+} + 4H+ + O_2 \rightarrow 4Me^{3+} + 2H_2O \quad (7.24)$$

$$Me^{2+} + 2H_2O \rightarrow Me(OH)_2 + 2H^+ \quad (7.25)$$

$$Me^{3+} + 3H_2O \rightarrow Me(OH)_3 + 3H^+ \qquad (7.26)$$

$$Me(OH)_2 \rightarrow MeO_2^{2-} + 2H^+ \qquad (7.27)$$

$$Me(OH)_3 \rightarrow MeO_2^{-} + H^+ + H_2O \qquad (7.28)$$

$$2Me + 2H_2O + O_2 \rightarrow 2Me(OH)_2 \qquad (7.29)$$

(7.23) 반응의 경우 평형상수 K_1은

$$K_1 = \frac{a^{2+}_{Me^{2+}} a^2_{H_2O}}{a^2_{Me} a^4_{H^+} p_{O_2}} \qquad (7.30)$$

위의 관계식에서 H_2O와 고체 Me가 단위활동도를 가진다고 가정하면

$$a^2_{Me^{2+}} = K_1 a^4_{H^+} P_{O_2} \qquad (7.31)$$

또는

$$2\log a_{Me^{2+}} = \log K_1 + 4\log a_{H^+} + \log P_{O_2} \qquad (7.32)$$

$pH = -\log a_{H^+}$이므로

$$2\log a_{Me^{2+}} = \log K_1 - 4pH + \log P_{O_2} \qquad (7.33)$$

이와 같은 방식으로, 반응물과 생성물 사이의 평형상태를 유지하기 위해 P_{O_2}와 pH값을 갖는 반응 (7.24)에서 반응 (7.29)까지 유사한 관계식들은 유출할 수 있다.

고체 $Me(OH)_2$와 $Me(OH)_3$가 단위활동도를 갖는다고 가정할 때 다음과 같은 관계식이 얻어진다.

$$4 \log a_{Me}{}^{2+} = \log K_2 + 4 \log a_{Me}{}^{2+} - 4 pH + \log P_{O_2} \qquad (7.34)$$

$$\log a_{Me}{}^{2+} = -\log K_3 - 2pH \qquad (7.35)$$

$$\log a_{Me}{}^{3+} = -\log K_4 - 3pH \qquad (7.36)$$

$$\log a_{MeO_2}{}^{2-} = K_5 + 2pH \qquad (7.37)$$

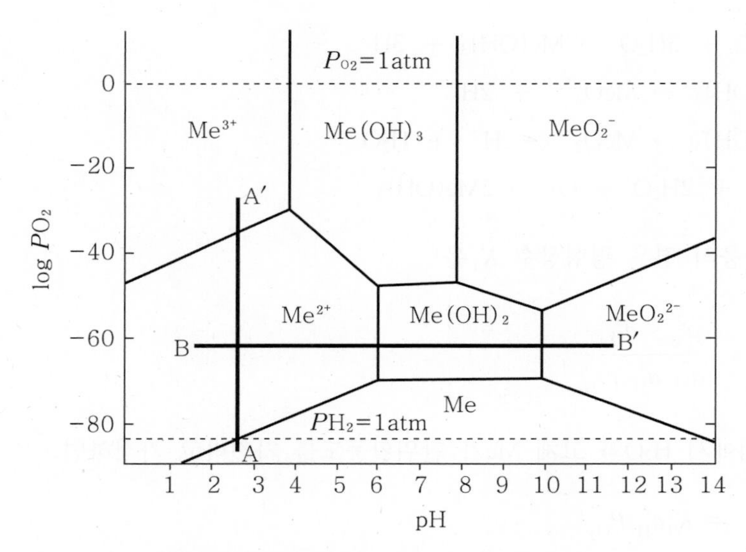

그림 7.4 Me-H_2O계에 대한 pH-log P_{O_2} 선도

$$\log a_{MeO}{}^{2-} = K_6 + pH \tag{7.38}$$

$$\log P_{O_2} = -\log K_7 \tag{7.39}$$

따라서 pH에 대한 log P_{O_2}를 도시함으로써 수용액 내에서 열역학적으로 안정한 상을 결정할 수 있으며, 이 pH−log P_{O_2} 선도를 "Kellog diagram"이라 하며, 이를 그림 7.4에 나타내었다.

② **기체환원**: 금속의 선택적인 침전은 전기화학적인 산화(전자 잃음)와 환원(전자 얻음)에 영향을 받는다. 기체환원(gaseous reduction)은 용액 내 pH와 금속이온의 활동도를 조절해서 금속이온을 선택적으로 침전시킨 여과 용액에 수소나 다른 적당한 환원기체를 통과시킨다.

만일 M^{2+}와 Me^{2+} 두 금속이온이 환원(음극)반응에 의해 침전되어 용액 내에 존재한다면, 즉,

$$M^{2+} + 2e \rightarrow M \text{ 및 } Me^{2+} + 2e \rightarrow Me \tag{7.40}$$

Nernst식을 이용하여 이들 각각의 전극전위를 구하면 다음과 같다.

$$E_M = E^0{}_M + \frac{RT}{2F} \ln a_M{}^{2+} \tag{7.41}$$

그리고

$$E_{Me} = E^0{}_{Me} + \frac{RT}{2F} \ln a_{\mathrm{Me}}{}^{2+} \tag{7.42}$$

동시에 환원기체(H_2)는 산화$\left(\frac{1}{2}\mathrm{H_2} \rightarrow \mathrm{H^+} + \mathrm{e}\right)$되며

$$E_{\mathrm{H}} = \mathrm{E_H^0} + \frac{\mathrm{RT}}{\mathrm{F}} \ln\left(\frac{\mathrm{a_{H^+}}}{p_{\mathrm{H_2}}^{1/2}}\right) \tag{7.43}$$

$$= E_{\mathrm{H}}^0 + \frac{\mathrm{RT}}{\mathrm{F}} \ln a_{\mathrm{H^+}} - \frac{\mathrm{RT}}{\mathrm{F}} \ln p_{\mathrm{H_2}}^{1/2}$$

$E_{\mathrm{H}}^0 = 0$이고 $pH = -\log_{10} a_{\mathrm{H^+}}$이므로

$$E_{\mathrm{H}} = -\frac{2.303\mathrm{RT}}{\mathrm{F}} \mathrm{pH} - \frac{\mathrm{RT}}{\mathrm{F}} \ln p_{\mathrm{H_2}}^{\frac{1}{2}} \tag{7.44}$$

식 (7.41), (7.42) 그리고 (7.44)의 결과에서 온도가 일정할 때 E_{H}는 수소의 분압과 용액의 pH에 따라 변하는 반면, 일정한 온도에서 E_{M}과 E_{Me}는 단지 용액 내 금속이온의 활동도에 의해 변하게 된다.

③ **시멘테이션:** 시멘테이션(cementation)은 anodic 금속 위로 용액을 통과시킴으로써 용액으로부터 다른 금속이온을 전기화학적으로 환원(음극침전)시키는 것이다. 구리이온을 포함하는 용액에서의 침전반응은 다음과 같다.

$$\mathrm{Cu^{2+} + 2e \rightarrow Cu} \quad \text{음극 침전} \tag{7.45}$$

$$\mathrm{Fe \rightarrow Fe^{2+} + 2e} \quad \text{양극 용해} \tag{7.46}$$

또한 Ag, Au와 같은 귀금속들은 시안수용액으로 금속을 분리한 후 아연 판 위 또는 아연 분 안으로 통과시킨 용액으로부터 침전된다. 그리고 Zn은 산화에 의해 제거되며 잉여물은 순금을 생산하기 위해 붕사와 함께 용융제련 된다. 시멘테이션은 가스환원 침전법보다는 덜 선택적이다. 이는 용액 내에 존재하는 대부분의 귀금속(cathodic)은 덜 귀중한 금속이나 산화가능산 금속이 모두 용해되거나 또는 침전될 때까지는 용액 내에 존재하기 때문이다.

(3) 분리기술(Isolation techniques)

① 이온교환: 이온교환법은 이온교환(Ion exchange)이 가능한 이온을 가지고 있는 고체를 사용하여 가역적으로 이온을 교환하는 방법이다. 이온교환 수지에는 양이온을 교환하는 양이온 교환수지와 음이온을 교환하는 음이온 교환수지가 있고, 페놀 중합체나 폴리스티렌 등의 화학적으로 불활성인 합성수지의 골격의 선단에 화학적으로 활성인 관능기가 있으며, 이것이 교환에 관계된다. 관능기로서는 다음과 같은 것이 있다.

양이온 교환수지: 강산형 ($-SO_3H$), 약산형 ($-COOH$)
음이온 교환수지: 강염기형 (R_4N-), 약염기형 (R_3N-, R_2NH-)

② 용매추출법(solvent extraction): 에테르, 에스테르 그리고 케톤을 포함하는 유기상용매는 특정 금속 화합물의 용해도를 증가시키는 특성을 가지고 있다. 유기상용매는 하나의 금속에 대해 선택성이 크고 물에 섞이지 않으므로 많은 금속이온을 포함하고 있는 수용액으로부터 하나의 금속이온을 분리하거나 추출할 수 있다. 선택도는 용액의 pH 변화에 대해 증가한다. 현재 금속이온에 어떤 유기용매를 써야 하는가에 대한 적당한 이론은 없다. 그러나 아연이나 니켈의 추출은 di-2-ethylh-exylphosphonic acid나 tertral amines를 이용한다.

③ 역삼투: 역삼투(reverse osmosis)는 추출된 금속들이 들어 있는 용액 내의 금속이온을 농축시키는 데 이용된다. 삼투현상은 반투막을 사이에 두고 농축된 용액과 물이 있을 때 물이 선택적으로 반투막을 통과함으로써 농축용액은 희석되게 되며, 이때 나타나는 압력이 삼투압이다. 역삼투는 삼투압보다 큰 압력을 농축용액에 가했을 때 농축용액 내에 존재하는 용매인 물이 상대편으로 이동함으로써 농축용액 쪽이 더욱 더 농축되는 방법이다.

4. 전기야금 추출공정

전해추출은 알루미늄과 망간금속이 염으로 녹아 있는 전해질로부터 이들을 추출하는 데 널리 사용되며 수용액 전해질로부터 구리와 아연 같은 금속의 건식야금추출 대신에 사용된다. 전기정련은 염이나 수용액 전해질을 이용하여 불순한 금속을 고순도의 금속으로 만든다. 불순한 금속은 양극 주변에서 수집되거나, 시간이 지남에 따라 전해질을 소비하면서 용액 속으로 들어가며 불순물들은 침전되거나 분리되게 된다.

02 금속제련공정

금속과 관련된 화학공업의 장래는 금속재료와 세라믹재료 또는 유기공업재료와의 경쟁에 달려 있다. 이들 재료들의 공통적인 주요 용도는 주거를 위한 구성재료라는 점이며, 금속재료 중 현대문명의 발달과 함께 원료자원, 제조비용, 재료의 성질, 그리고 소요량의 측면에서 대표적인 금속은 강도보강용 재료로서의 철, 내구성 재료로서의 알루미늄 그리고 감각성 재료로서 전기적 재료인 구리를 들 수 있다. 철은 무겁고 부식되기 쉽다는 약점이 있으나 풍부하고 가격도 싸고 가공성이 좋고 강도가 강해 석기, 청동시대에 이은 현재에도 철기시대가 지속된다고 볼 수 있어 인류문명이 지속되는 동안 계속 철의 혜택을 입으리라 생각된다. 알루미늄도 풍부하고 가격이 싸고 가공성이 좋고 내후·내식성, 경량성이 다른 재료에 비해 큰 것이 장점이라고 볼 수 있지만 강도가 약하고 가격이 다소 비싼 점이 문제이다. 이러한 특징을 가진 철과 알루미늄을 복합사용하면 상호의 단점을 보완하고 구조재료로서 기본적으로 요구되는 성질인 강도와 내구성을 만족시킬 수 있다. 그러나 인간의 일상생활을 윤택하게 만드는 감각성 재료도 꼭 필요하다. 구리는 높은 전기전도성이 요구되는 모든 장치 및 구조물, 귀금속의 장신구의 재료, 보일러, 주방기구 등 주거생활을 윤택하게 하는 금속재료이다. 그러나 가격이 상대적으로 비싼 것이 단점이다. 결국 금후의 주거생활을 떠받치는 주거재료로 철, 알루미늄, 구리의 세 가지 원료가 서로 보완되어 사용될 것이다. 따라서 본 절에서는 철, 알루미늄과 기타 금속의 대표로 구리를 포함하여 이 세 금속의 제련법에 대해 가능한 화학공학적인 흥미의 관점에서 살펴보고자 한다. 이들 금속들을 논의의 대상으로 삼은 것은 이들 금속이 제련기술의 측면에서도 상이한 금속이라는 점이다. 알루미늄은 활성금속이기 때문에 용융염전해라는 가장 강력한 환원력을 이용하고, 철은 탄소환원에 의한다. 구리는 귀금속에 속하므로 환원제를 사용하지 않고도 제련이 가능하다.

1. 철

철 생산의 최초 시도는 도가니에서 반용융상태의 철광석을 목탄으로 환원시켜 이루어졌다. 유럽에서는 14세기경에 용광로가 사용되었으며, 18세기경에는 코크스의 사용으로 대량 생산이 가능해졌다. 우리나라의 철강공업은 70년대 공업화를 위한 기초소재를 제공하기 위해 국가적인 육성책이 시행되면서 비약적인 발전을 거듭하고 있다. 1970년 철강공업육성이 공포되고, 그해 4월 국내 최초의 일관(一貫) 제철소인[1] 포항제철의 제1기 제철소가 착공되어 1973년 연간 조강생산능력 1,030천 M/T의 공장이 준공된 이래 1995년 말 세계 6위의 철강생산국이 되었으며, 1996년에 들어서는 경기침체와 생산부진에 빠진 독일을 제치고 세계 5위로 부상되었다. 표 7.1은 국내 철강공업의 생산능력을 나타낸 것이다.

오늘날 **철제련**(철야금)의 주된 반응은 산화철 광석의 코크스 환원반응이다. 코크스 이외의 환원제, 예를 들어 목탄, 수소, 일산화탄소 등에 의해서도 환원이 가능하지만 현재 주된 공정인 고로 제련공정에서는 환원제로 코크스를 사용하고 있다. 이 고로를 사용한 환원공정이 **제선공정**이다. 여기에서 **선철**이 만들어진다. 이 선철은 3~4%의 탄소를 포함하여 단단하나 취약하므로 그대로 주물로 사용 가능하지만 대부분은 탄소함량을 1.5% 이하로 낮추어 인성이 풍부하고 열처리시 경화성이 있는 강으로 바뀐다. 이 공정이 **제강공정**이며, 이를 위해 전로 또는 전기로가 사용된다.

강에는 보통강과 특수강이 있다. 보통강이란 철광석에서 추출된 철이 탄소만을 소량 함유하는, 즉 철과 탄소의 합금으로서 탄소강이라고도 한다. 탄소의 함량이 높으면 강도가 증가하는 대신 전성(展性)과 연성(延性)이 낮아지는 관계가 있으므로 탄소의 함유량에 따라 저탄소강(C<0.3%, 함석판, 철사, 못 등), 중탄소강(C=0.3~0.6%, 레일, 쇠밧줄 등), 고탄소강(C=0.6~1.3%, 스프링, 톱, 공구 등)이 있다. 그리고 탄소 이외에 니켈, 크

표 7.1 국내 철강공업의 생산능력 추이(단위: 1,000 M/T, %)

구 분	1991	1992	1993	1994	1995	연평균증가율 (1991~95)
제선(製銑)	17,561	20,469	21,144	21,144	21,744	5.5
제강(製鋼)	25,860	32,155	34,229	35,329	38,679	10.6
전로(轉爐)	17,500	20,500	21,154	21,154	21,154	4.9
전기로(電氣爐)	8,360	11,655	13,075	14,175	17,525	20.3

주: 연속주조의 연평균증가율은 1991~93년간을 기준으로 함.
자료: 한국산업은행, 1996 한국의 산업, 1996. 11.

롬 등 각종 금속성분과의 합금으로 만들어져서 여러 가지 특성을 갖도록 만든 합금을 특수강이라 하며 불수강(不銹鋼)은 그중의 하나이다[2].

(1) 철제련공정

철제련공정은 앞서 언급한 제선과 제강을 중심으로 코크스의 제조, 압연, 표면처리 등의 부대공정으로 구성되며 아울러 석탄가스, 암모니아, 타르 등의 부산물 처리공정이 수반되므로 종합화학공업의 형태로 이루어져 있다. 이 공정의 일부를 그림 7.5에 나타냈다.

① 철광석의 전처리: 철광석은 근래에는 철광석 그대로 고로(blast furnace)에 넣는 비율이 적어지고, 대신에 소결(sintering) 또는 펠릿화(pelletizing)하여 입도를 조절하여 사

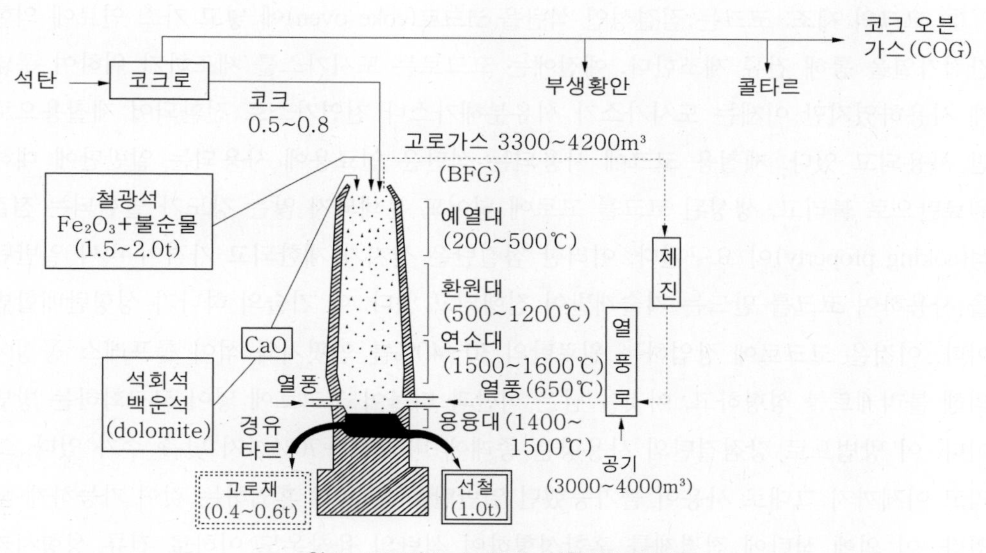

원료, 고로가스, 고로재, 선철의 조성예

원료(Kg)		고로가스(vol%)		고로재(wt%)		선철(wt%)	
소결광	1,230	CO	20.0~23.5	SiO_2	32~35	C	4.3~4.6
펠렛	227	CO_2	18.0~23.0	CaO	40~43	Si	0.46~0.57
철광석	157	H_2	1.6~ 6.0	Al_2O_3	13~15	Mn	0.37~0.66
기타 철원	8	CH4	0.5~ 3.0	MgO	5~7	P	0.086~0.140
석회석	2	N_2	48.0~57.0	FeO	0.3~0.7	S	0.028~0.040
				MnO	0.5~0.8	잔	Fe
				S	0.8~1.3		

그림 7.5 제선 및 제강관련도

표 7.2 소결광의 조성 예

조성(wt %)		조성(wt %)		조성(wt %)		조성(wt %)	
Fe	56 ~ 57	SiO_2	5.8	Al_2O_3	2.0	P	0.06
CaO	9.4 ~9.9	MgO	1.3 ~ 1.4	Mn	0.4	S	0.01

용한다. 소결광을 만들기 위해서는 직경 10 mm 이하의 철광석 분말에 코크스, 석회석, 돌로마이트, 사문암 등을 가하여 소결로를 사용 1,250~1,400℃에서 가열소성하여 이를 분쇄, 조립한다. 이 소결광 조성의 예는 표 7.2에 나타나 있다. 펠릿을 만들기 위해서는 소결에 사용하는 것보다 입자가 고운 직경 44 μm 이하(325 mesh 60% 통과)의 분말철광석에 물, 벤토나이트, 석회석, 돌로마이트 등을 가하여 구형으로 조립한 후 1,250~1,350℃에서 가열소성한다.

② **코크의 제조**: 코크는 점결성인 석탄을 **코크로**(coke oven)에 넣고 가스 연료에 의한 간접가열을 통해 건류 제조한다. 예전에는 코크로는 도시가스를 제조하기 위하여 폭넓게 사용하였지만 이제는 도시가스가 석유분해가스나 천연가스로 전환되어 제철용으로만 사용되고 있다. 제철용 코크에 사용되는 석탄은 연료용에 사용되는 일반탄에 대해 원료탄으로 불리고, 생성된 코크를 고로에 넣어도 분쇄되지 않는 강도가 발현되는 **점결성**(coking property)이 요구된다. 이러한 점결탄은 산지가 제한되고 가격이 비싸 일반탄을 사용하여 코크를 만드는 기술개발이 진행되고 있다. 이 기술의 하나가 성형탄배합법이다. 이것은 코크로에 장입하는 원료탄의 30~40%를 연핏치와 섞어 롤프레스 공정에 의해 블리케트를 성형하고, 이것을 남은 석탄과 더불어 코크로에 넣어 코크화하는 방법이다. 이 방법으로 강점결탄의 사용량은 종래에 비해 50~70%까지 낮출 수가 있다. 그리고 이제까지 그대로 사용이 불가능했던 일반탄을 5~10% 혼입하는 것이 가능하게 되었다. 이 외에 석탄에 점결제를 혼합성형하여 석탄의 융착온도 이하로 건류 성형시켜 코크를 얻는 **성형코크법**(formed cokes)도 있다. 이 방법은 비점결탄이 50~80%까지 혼입 가능하지만 종래의 코크로는 전용이 불가능하고 새로운 형태의 코크로가 필요하게 된다. 코크로에서 생성한 코크 및 기타 부생물의 생성량과 코크로 가스의 조성을 그림 7.6에 나타냈다.

③ **제선**: 고로에 있어서 **선철**(pig iron)의 제조반응은 산화철의 탄소 및 일산화탄소에 의한 환원반응이다. 제철의 역사는 매우 오래되어 약 1세기가 지났지만 그 근본원리는

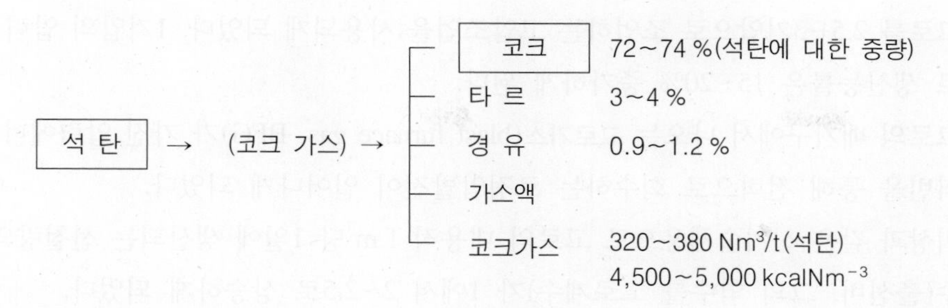

코크가스의 조성예

조성(wt %)		조성(wt %)		조성(wt %)		조성(wt %)	
H_2	52.9	C_mH_n	3.8	NH_3	1.1	O2	0.1
CH_4	30.9	CO_2	2.7	H_2S	0.35	NO	0.001
CO	7.4	N_2	2.3	HCN	0.1~0.25		

그림 7.6 코크로의 생성물

변하지 않았다. 그러나 우리나라에서의 기술의 진보는 매우 눈부시며 화학 반응의 전환율 및 능률이 세계에서 최고이다. 그리고 여러 가지 검토를 통하여 더욱 합리적으로 될 가능성을 가진 매력있는 공정이다.

- 고로: 제철용으로 사용되는 용광로(blast furnace)를 고로(高爐)라고 한다. 그 크기는 1 일제철능력으로 나타내며, 최대 8,000톤급으로서는 높이가 약 45 m, 최대내경 12 m에 달한다. 최근의 고로조업상 진보와 특징을 열거해 보면 다음과 같다.
  - 철광석을 소결이나 펠릿화에 의해 조립하여 고로에 넣음으로써 생산능률이 향상하였다.
  - 고로에는 입구에서 가열된 공기가 유입되나 이 열풍에 2~3% 여분의 산소를 가하여 산소부화제련이 일어나고 있다. 또 열풍온도도 이전은 700~800℃ 였지만 1,200~1,300℃로 상승하였다. 더욱이 열풍에 사용하는 공기 중의 습기를 제거하는 것이 일반화되어 있다. 산소를 1% 부가시키면 생산능률은 5% 상승하고 열풍온도를 100℃ 상승시키면 연료비가 10~20 kg(선철 1톤을 생산하는 데 필요한 코크, 중유, 타르의 총합계 kg) 감소한다. 또한 공기 중의 수분을 10 gm^{-3} 저하시키면, 역시 연료비가 7~10 kg 절약된다.
  - 같은 공정에서 중유, 타르중유와 미분탄의 혼합물(coal oil mixture, COM), 타르와 미분탄의 혼합물(coal tar mixture, CTM)을 불어넣을 수 있게 되었다. 그렇기 때문에 코크비*가 저하하였다.[2)]

– 고로를 2.5~3기압으로 조업하는 고압조업을 사용되게 되었다. 1기압의 압력증가로 생산능률은 15~20% 증가하게 된다.

– 고로의 배기구에서 나오는 **고로가스**(blast furnace gas, BFG)가 가진 압력에너지를 터빈을 통해 전력으로 회수하는 로정압발전이 일어나게 되었다.

– 이상과 같은 신기술채용으로 고로의 내용적 1 m^3당 1일에 생산되는 선철량의 톤수(출선비, 그의 역수를 고로계수)가 1에서 2~2.5로 상승하게 되었다.

– 대형 고로의 조작이 가능하게 되어 내용적 4,000~5,000 m^3로 고로가 일반화되어 출선비의 증가와 더불어 고로 1기당 생산량이 1~1.2 만 t/일로 되었다.

- 고로 슬랙: 고로에서 발생한 광재를 고로 슬랙이라고 한다. 종래에는 폐기물로 문제시되었으나 화학공학적 입장에서 보면 유용한 부산물이라 할 수 있다. 이 슬랙을 물에 급랭하면 유리화한다. 이를 수쇄슬랙이라 한다. 분쇄하면 수경성이 되므로 보통의 포틀랜드 시멘트와 혼합 고로시멘트로서 시장에 판매하고 있다. 현재 이러한 시멘트로의 이용이 적은 것은 경화속도가 일반 포틀랜드시멘트에 비해 느리고 초기 강도가 다소 떨어지기 때문이다. 기타 대부분의 고로 슬랙은 서서히 냉각, 분쇄하여 도로기반재료, 콘크리트용 골재 등으로 이용 가능하다. 또 매우 소량이지만 수쇄 슬랙이 수도(水稻)용 비료로서 사용되거나, 재용융하여 성분을 조정방사하여 **광재면**(slag wool)으로 사용된다.
- 고로가스: 화학공업적 입장에서 보면 고로가스가 다량 발생하여 그중에 일산화탄소가 20~25% 포함되어 있으므로 매우 매력적인 것이다. 그러나 질소가 약 50% 포함되어 있기 때문에 발열량이 낮아 주로 제철소 내 열풍로의 가열과 보일러의 연료로서 사용되고 있다. 고로에 불어넣는 공기 중의 질소는 고로 내의 화학 반응에 참여하지 않으므로 이것을 전부 CO로 전환 일산화탄소와 이산화탄소로만으로 구성된 고로가스를 얻어 화학공업용 합성원료 가스로 이용하는 방안이 제안된 바 있다. 이러한 고로가스에서 이산화탄소의 분리는 비교적 쉽고 순도가 높은 일산화탄소가 대량으로 얻어지므로 암모니아 합성, 메탄올 합성, 액체연료 합성 등의 다양한 공업적 전개가 가능하다. 메탄올을 제조하여도 비슷한 규모가 되고, 이 정도의 규모는 암모니아로 보나 메탄올로 보나 표준적인 규모의 것이 된다. 고로에 공기를 대신해 필요한 산소를 분리하여 공급하지 않으면 안 되지만 산소제조에 필요한 동력은 최근에 대형화된 것은 0.45 kWh/$Nm^3(O_2)$라고 알려져 있다. 이는 선철 1 t당 102 kWh로 되

---

2) 선철 1톤을 생산하는 데 필요한 코크량의 kg수로 연료비보다 오래전부터 사용한 합리화의 척도.

어 그렇게 큰 것은 아니다. 가장 큰 문제가 되는 것은 일산화탄소의 농도증가에 의한 환원속도의 증가와 이에 동반된 로의 상황이 변화되는 것이다. 고로인가 또는 평로인가에도 좌우될 수 있다. 그러나 만약 이러한 것이 가능하게 되면 고로는 철광석, 석회석 코크, 산소를 원료로 선철, 시멘트, 합성가스를 제조하는 다목적 반응기로 사용 가능하게 된다.

④ 제강: 선철은 3~4%의 탄소 외에 인, 규소, 황 등의 성분을 함유하고 있으므로 압연이나 단조가 쉽지 않다. 황분은 고온에서 균열을 생기게 하고 인성분은 저온에서 취성의 원인이 된다. 이 원소들의 함유량을 감소시켜서 가공하기 쉬운 강을 만드는 것이 제강공정이다. 특히 고로에서 나온 선철에 생석회, 카바이드, 소다회 등을 첨가하여 0.03~0.04% 포함하는 황분을 0.01% 정도로 낮출 수 있으며, 이것을 취과(取鍋)정련이라고 한다.

- 전로(轉爐): 제강은 예전에는 주로 내화벽돌의 장방형로를 사용하는 평로제강법이 주류이며, 연료를 사용하여 4~10시간 동안 탈탄제강 공정을 거쳤다. 이후 오스트리아에서 연료를 사용하지 않고 용융된 선철에 순산소를 고속으로 뿜어넣어 그 산화열을 이용하는 제강법인 산소분무전로가 개발되어 제강법이 일변하였다. 이 제강법이 LD 전로법으로 이는 오스트리아의 Voest-Alpine사의 Lintz공장 및 Donawitz공장의 머릿글을 딴 것으로 알려져 있다. 이 LD 전로는 처리시간이 30~40분으로 생산능률이 급격히 향상되어 평로법은 대부분 전로법으로 전환되게 되었다. 산소분무공정은 BOP(basic oxygen process)라고도 알려져 산소를 전로 위에서 분무하는 공정이지만 그후 전로부의 밑에서 불어넣는 방식, 예를 들어 OBM(oxygen bottom maxhǔtte, 캐나다의 Air-Liquide사와 독일의 Maxhǔtte사의 공동개발), Q-BOP(US Steel사 개발, Q는 quick의 약자, Thomas 전로라고 하며 슬랙은 Thomas 인비로 사용)가 출현하게 되었다. 최근에는 상하부에서 동시에 산소를 분무하는 전로(LD-OB 전로)가 개발되었다.

  그림 7.7은 LD 전로와 Thomas 전로를 나타낸 것이다. 이외에 제강법으로는 전기제강법이 있으며, 이는 전기로에서 선철을 직접 녹이는 방법으로 온도의 조절이 쉽고 가스를 도입하지 않으므로 유해 불순물의 혼입이 적어 Mn, W, Cr, Si 등을 함유한 특수강의 제조에 적합하다. 다음의 표 7.3은 이들 제강법을 비교한 것이다.
- 전로 슬랙, 전로가스: 전로에 장입하는 주원료로 선철과 고철이 주로 사용되고, 이

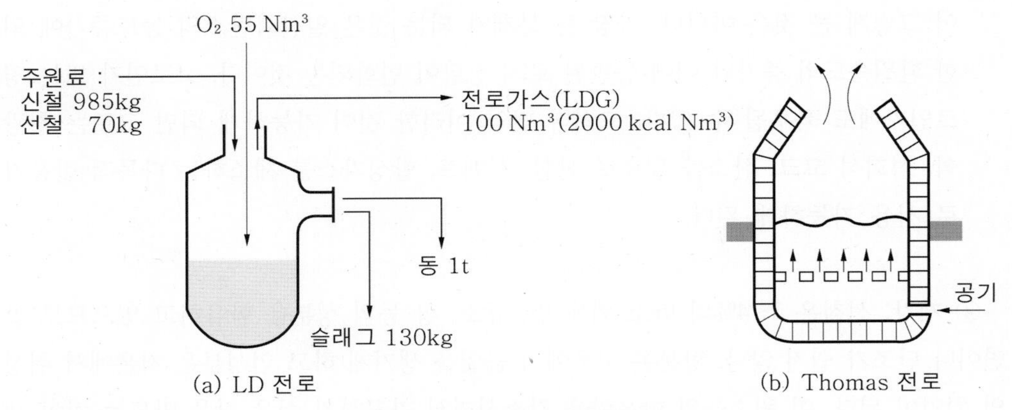

그림 7.7 LD 전로 및 Thomas 전로

표 7.3 제강법의 비교

구 분	평 로	LD 전로	Thomas 전로	전기로 제강법
열원(연료)	중유, 코크가스(1,500~1,600℃)	사용 안함	사용 안함	전력
산화제	철광석, 공기	순산소	공기	철광석
로의 용량(t)	100~600	30~200	15~60	30~200
제강시간	4~10시간	30~40분	20~30분	4~8시간

외에 온도조절을 위해 흡열작용을 하는 철광석이나 스케일, 또 탈황, 탈인작용을 가진 생석회나 돌로마이트, 더욱 유동성을 좋게 하기 위해 포탈석 등을 첨가한다. 전로에 있어서 원료와 생성물의 양적 관계 및 조성과의 관계를 표 7.4에 나타내었다. 전로에 있어서도 고로와 마찬가지로 광재를 생성하고 이를 전로 슬랙이라고 한다. 고로 슬랙과 달리 수경성이 없고 시멘트로 사용이 불가능하며, 또한 선철 중에 불순물을 포함하고 있으므로 대기 중에서 풍화 붕괴하기 쉽다. 현재 발생량의 20% 정도가 철분의 회수, 전로·고로의 용매제로 사용되고 나머지는 폐기되고 있다. 이것은

표 7.4 원료(철광), 전로가스, 강, 광재의 조성

주원료(철광)(wt %)		전로가스(vol %)		강(wt %)		광재(wt %)	
C	4.3~4.6	CO	70~80	C	0.05~0.10	CaO	47~59
Si	0.46~0.57	CO_2	10~15	Si	0.05>	SiO_2	12~19
Mn	0.37~0.66	N_2	10~20	Mn	0.20~0.50	FeO	7~20
P	0.086~0.140	H_2	1	P	0.03>	Fe_2O_3	2~12
S	0.028~0.040			S	0.03>	MgO	2~6
잔	Fe					MnO	4~6
						P_2O_5	1~3
						S	0.2

고로 슬랙과 같이 매력이 없어 효율적인 무해처리가 앞으로의 과제이다.

전로에서 발생되는 가스는 일산화탄소를 다량으로 함유하여 연료로서 회수이용가능하지만 고로에서 발생하는 일산화탄소의 양에 비교하면 매우 적고, 또 그 발생량의 변동이 일정하지 않아 화학원료로서 사용하기 힘든 면이 있다.

⑤ 새로운 철제련 공정: 철제련은 이제까지 살펴본 것과 같이 철광석을 탄소로 환원한 다음에 선철 중의 여분의 탄소를 제강공정에서 제거하는 간접제철법 이외에도 제선-제강법에 새로운 움직임이 있다. 그것은 (1) 직접제철법과 (2) 원자력제철법 두 가지 방법이다.

직접제철법은 고로를 사용하지 않고 고순도의 철광석을 환원성 가스 또는 비점결탄으로 미리 환원시켜 생성한 스폰지상 해면철을 전기로로 용융제강하는 방법이다. 이 방법은 고로가 필요없고, 고로법의 단점인 점결탄을 사용하여 코크를 만들 필요가 없으며, 소규모로 실시가 가능한 특징이 있어 공업적으로 충실성이 부족한 개발도상국에 적합하다. 현시점에서는 경제성이 고로법에 비해 미흡하지만 금후의 연구개발에 주목하고 있다.

원자력제철법은 고온 가스 냉각형원자로(high temperature gas cooling reactor, HTGCR)에서 발생하는 1,000℃ 정도의 고온을 헬륨을 이용하여 빼내어 이 열을 환원성 가스에 전달, 이에 의해 철광석을 환원하여 해면철을 제조하는 것이다. 이 고온 가스로 자체는 현재 개발 중으로 고온고압에 견디는 금속재료 및 열교환 기술도 현재 연구 중에 있다.

철제련은 화학플랜트의 개념에서 보면 반응물질의 흐름면에서도 열의 흐름면에서도 여러 번 분단되고 있어 사실 비경제적 불연속 반응기라고 생각할 수 있다. 근래에 연속주조법(연주) 등의 공정연속화 노력이 보이지만 이도 공정의 일부분에 지나지 않는다. 완전한 연속반응기를 탐색하는 여러 가지 구상이 있어 결국은 제련기술이 연속화되는 방향으로 발전할 것으로 보인다.

2. 알루미늄

알루미늄은 20세기 금속이다. 앞부분에서 설명했듯이 구조용재료에 있어서 강도유지재료인 철과 같이 사용이 가능하고, 그 자원량이 풍부하고 내구성이 좋아 필수적인 금속이다. 유일한 약점은 알루미늄이 비금속(卑金屬)이므로 산소와의 결합력이 크고 제련에 다량의 에너지를 소비하는 재료라는 것이다. 그러나 일단 제련된 알루미늄은 내구성, 즉 내후·내식성이 있으므로 소모가 적고 따라서 소량의 에너지로 재생이 가능하다는 이점

표 7.5 세계 알루미늄 수급동향 및 전망 (단위: 1,000 M/T)

구 분	1992	1993	1994	1995	1996	1997	1998
수 요	18,449 (456/16)	18,096 (591/20)	19,582 (665/59)	20,176 (743/92)	20,715	21,460	22,268
생 산	19,653	19,456	19,156	19,603	20,739	21,892	22,671

주: ( )는 대한민국.
자료: 한국산업은행, 1996 한국의 산업, 1996.11.

이 있다.

표 7.5는 세계의 알루미늄 수급동향 및 전망을 나타낸 것이다. 알루미늄의 세계수급동향은 표에 나타낸 바와 같이 1994~1995년 사이에는 수요에 비해 생산이 부족한 상태이다. 이의 원인은 세계 경기회복으로 수요가 강세를 보이는 가운데 94년초 알루미늄산업의 생존을 위한 주요 생산국들이 감산합의 후 러시아가 50만 톤 규모의 감산을 비롯, 각 생산국들이 연간 140만 톤 규모의 감산을 한 탓에 기인한다. 그 결과 1993년 1 M/T당 1,100달러의 가격이 1994년 말에는 1,800달러 이상의 가격급등이 생겼다.

우리나라의 경우 알루미늄의 수요는 세계수요량의 증가에 비해 증가폭이 매우 크다. 이는 삼양금속과 대한알루미늄 등이 압연공장을 본격 가동하였으며, 국내 자동차산업과 전기·전자제품의 호황에 큰 원인이 있으며, 특히 자동차산업에서의 경량화추세로 알루미늄의 수요는 지속적으로 증가될 것이다. 그러나 유감스럽게도 국내의 유일한 알루미늄 제련기업인 대한알루미늄이 Söderberg법에 의해 국내 지금의 5% 가량을 생산하여 공급해 왔으나 90년 3월 생산을 중단함에 따라 전량을 미국, 오스트레일리아 및 캐나다 등으로부터 수입하고 있다.

인류가 알루미늄을 금속으로 사용하기 시작한 것은 1824년 덴마크의 H. C. Orsted에 의해서이다. 그는 염화알루미늄에 칼륨아말감을 작용시켜 알루미늄금속을 얻었다. 그 후 1827년 독일의 F. Wöhler는 아말감 대신 직접 칼륨을 작용시키는 방법을 발견하였다. 또 1854년 프랑스의 S. Claire-Deville이 염가의 나트륨을 사용하는 방법을 개발, 1856년에 공업화하였다. 현재의 빙정석 용융욕 중에서 알루미나를 전해하는 용융염 전해는 1886년 미국의 C. M. Hall과 프랑스의 Pall L.T. Heroult에 의해 거의 동시에 발명되었다. 그러므로 현재의 알루미늄의 주된 제련은 원료인 bauxite를 화학적으로 정제해서 순수 알루미나를 제조하는 공정과 전해공정으로 되어 있다. Hall의 발명은 1888년 제련회사인 Pittsburgh Reduction사(현재 미국의 ALCOA사의 전신)의 설립으로 이어져 Pittsburgh에서 제련이 개시되었다. 이 방법에 의해 종래의 나트륨을 사용하는 화학환원법은 1891년에 폐쇄되었다. 최근에 다량의 전력을 소비하는 전해를 사용하지 않는 새로운 제련법의 연구가 활발했지만 그 대부분은 중단되었다.

알루미늄과 같이 활성이 있는 금속을 소량의 에너지로 제련하려는 것은 무리일지 모른다. 알루미늄 제련공업은 전력을 싸게 공급받는 것이 전제조건이 된다. 또 제련에 사용되는 에너지를 버리지 않고 회수 재생하는 노력을 적극적으로 진행시키는 것이 확실한 에너지 절약이 된다.

(1) 알루미나의 제조

보크사이트에서 알루미나를 제조하기 위해서는 Bayer법이 사용되고 있다. Bayer법은 1888년 오스트리아의 K.J. Bayer가 발명한 것으로 수산화나트륨 수용액을 사용한 고온 가압 하의 침출법이다. 원료인 보크사이트에는 깁사이트와 베마이트의 두 가지 형이 있고 깁사이트형이 좀더 온화한 조건에서 침출시킬 수 있다. 말레이시아와 인도네시산은 깁사이트형이며, 오스트렐리아 Weipa산은 깁사이트와 베마이트의 혼상으로 베마이트형의 침출조건에 가깝게 처리된다. 침출공정의 조건은 그림 7.8 과 표 7.6 에 표시되어 있다.

① Bayer 공정: Bayer 공정에 있어서 보크사이트는 우선 배소에 의해 수분 및 유기물을 제거하고 미분말로 분쇄시킨 다음 수산화나트륨 수용액(약 350 g/L)과 혼합시켜 5~7 기압, 160~170℃ 조건의 고압반응기에 넣어 알루미나 성분을 알루민산나트륨($NaAlO_2$) 용액으로 침출시킨다.

$$Al_2O_3 \cdot \text{gangue}(s) + 2NaOH(l) \rightarrow 2NaAlO_2(l) + H_2O(l) + \text{gangue}(s) \quad (7.47)$$

보크사이트 가운데 불순물로 함유된 철, 티탄, 규산 등은 불용성의 적니(red mud)로 된다. 적니로부터 분리된 알루미늄산나트륨 수용액은 알루미나 석출조로 옮겨져 알루미나의 결정종이 존재하는 조건에서 가수분해되어 알루미나를 석출시킨다.

$$NaAlO_2(l) + 2H_2O(l) \rightarrow Al(OH)_3(l) + NaOH(l) \quad (7.48)$$

$$2Al(OH)_3 \rightarrow Al_2O_3 + 3H_2O \quad (7.49)$$

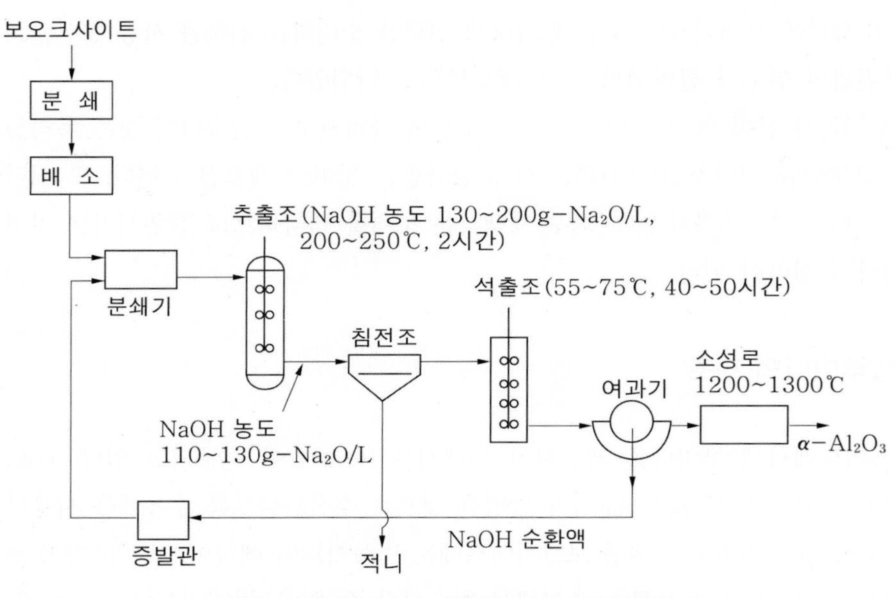

보크사이트, 적니, NaOH 순환액, α-Al_2O_3의 조성 예

bauxite *[wt%]		적니[wt%]		NaOH 순환액[g/l]		α-Al_2O_3[wt%]	
		부착수	35~45	불순물함량			
Al_2O_3	55.65	건조적니		Na_2CO_3	17.0	Al_2O_3	98.5~99.6
Fe_2O_3	11.20	Al_2O_3	17~20	SiO_2	0.3	Fe_2O_3	0.01~0.02
SiO_2	5.10	Fe_2O_3	39~45	Cl	0.5	SiO_2	0.01~0.02
TiO_2	2.61	TiO_2	2.5~4	SO_3	0.15	Na_2O	0.3~0.5
강열감량	25.18	Na_2O	7~9	P_2O_5	0.8	강열감량	0.1~1.0
		강열감량	10~12	V_2O_5	0.5		

* Weipa광

그림 7.8 Bayer법의 공정도

표 7.6 보크사이트 침출조건

항 목	보오크사이트	
	베마이트형	깁사이트형
침출온도(℃)	200~250	120~150
침출 NaOH 농도(gNa₂O/L)	260~380	130~200
알루미나 석출온도(℃)	40~60	55~75
알루미나 석출 시 NaOH 농도(gNa₂O/L)	150~160	90~120

이 알루미나는 분리되어 1,200~1,300℃ 정도로 소성되어 전해용 알루미나로 된다. 알루미나 중의 철분과 규산이 존재하면 전해에 있어서 금속알루미늄 가운데 철이나 규산염이 혼입되므로 나쁘다. 다행스럽게도 Bayer 공정에서 철은 산화철의 형태로 적니에 들어

가고, 규산도 알루미나와 수산화나트륨과 소다라이트(sodalite, $3(Na_2O \cdot Al_2O_3 \cdot 2SiO_2) \cdot 2NaCl$)계 화합물을 만들어 불용성화합물로서 적니 중에 들어가므로 알루미나에는 거의 혼입되지 않는다.

그러나 보크사이트 중에 반응성이 큰 규산이 많으면 알루미나와 수산화나트륨을 포함하며, 침전하여 손실이 되므로 좋지 않다. 보크사이트 중에 반응성 규산의 허용량은 5~6%이다. 적니의 주성분은 산화철, 소다라이트류, $NaHTiO_3$ 등으로 알려져 있다. 적니는 35~45%의 부착수 상태에서 보크사이트의 약 반이 생성된다. 현재 매립 또는 해양폐기되고 있지만 환경을 오염시켜 바람직하지 않다. 적니의 처리는 전력문제와 더불어 알루미늄 공업의 최대과제이다.

② 보크사이트를 원료로 하지 않는 알루미나 제조: 보크사이트 이외에 알루미늄 함유광물, 예를 들어 점토도 알루미나 제조의 원료로 사용이 가능하다. 그러나 품위가 낮고 함유한 철분과 규산을 산, 알칼리의 2단계로 제거해야 할 필요가 있다. 보크사이트가 입수가능한 경우 이와 경쟁이 될 수 없다. 세계에서 소련만이 보크사이트가 아닌 네프라인석(nepheline) $3Na_2O \cdot K_2O \cdot 4Al_2O_3 \cdot 9SiO_2$나 명반석(alunite) $K_2O \cdot 3Al_2O_3 \cdot 4SO_3 \cdot 6H_2O$를 이용하여 알루미나 및 알칼리화합물을 제조하고 있다. 미국도 비보크사이트 자원에 높은 관심을 가지고 있다. 그것은 보크사이트가 열대지방에 편재하여 위도가 높은 선진국에는 적기 때문이다. 명반석은 세계적으로 폭넓게 분포되어 있으므로 이것을 200℃ 이상의 암모니아수로 처리하여 황산칼륨-황안 혼합 수용액과 베마이트상의 알루미나 함량이 높은 잔사가 얻어지므로 칼리-질소비료와 알루미나의 동시생산을 검토해 볼 수도 있다.

(2) 알루미나의 전해(용융염전해)

알루미나의 융점은 2,050℃로 매우 높아 용융전해가 불가능하다. 따라서 현행법은 융점이 1,010℃로 용융체가 전도성을 가진 빙정석(cryolite) Na_3AlF_6에 플루오르화알루미늄 또는 필요에 따라 플루오르화마그네슘, 식염을 가한 욕조에서 알루미나를 소량 녹여 전해한다. 이러한 상평형은 그림 7.9와 그림 7.10에 NaF-AlF_3계 및 Na_3AlF_6-$Al2O_3$계의 상태도를 통해서 이해될 수 있을 것이다.

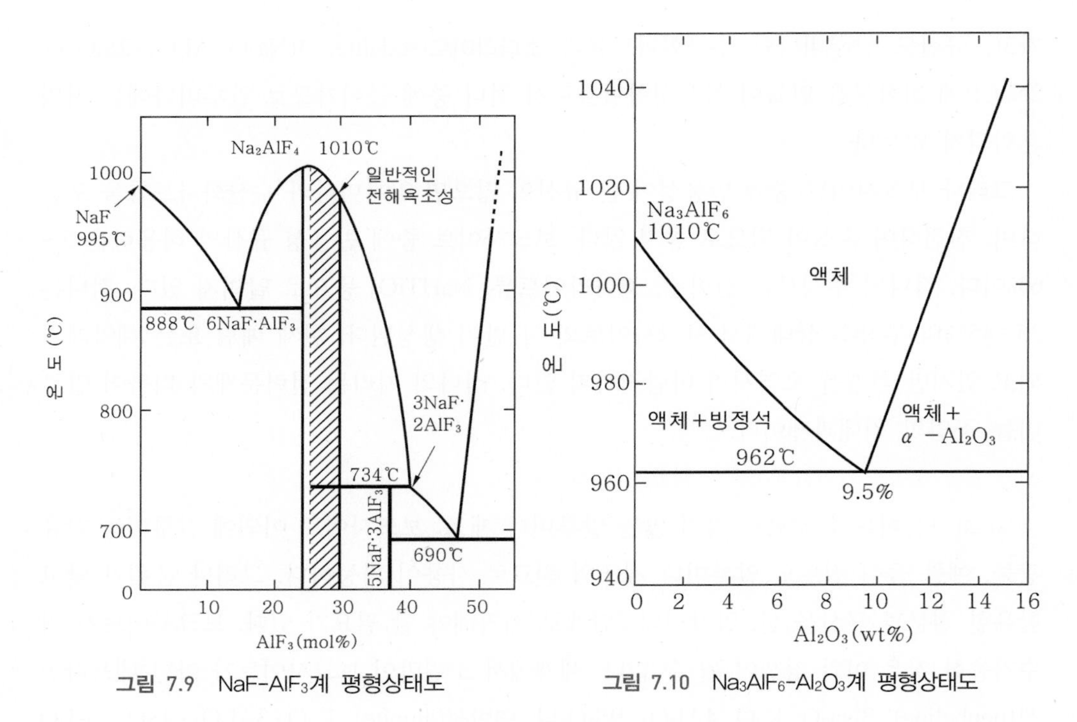

그림 7.9 NaF-AlF_3계 평형상태도

그림 7.10 Na_3AlF_6-Al_2O_3계 평형상태도

① 전해반응기구: 전해조 중에서 Na_3AlF_6는 아래와 같이 해리하므로 Na^+, AlF_6^{3-}, AlF_4^-, F^- 4 종의 이온이 공존한다.

$$Na_3AlF_6 \rightarrow 3Na^+ + AlF_6^{3-} \tag{7.50}$$

$$AlF_6^{3-} \rightarrow AlF_4^- + 2F^- \tag{7.51}$$

NaF 용융액에 AlF_3를 가하면 전도율은 저하하게 되고, 전도는 Na^+와 F^-에 의해 진행된다고 생각되며, 그 수율은 $nNa^+=0.91$, $nF^-=0.09$이다. 또 Na_3AlF_6에 NaF를 가하면 전도율은 상승하지만 Al_2O_3를 첨가하면 저하하고 그 조성을 100%까지 외삽하면 0이 된다. 전해기구에 대해 (1) Na^+ 방전설[Dressba(1936)], (2) Al^{3+} 방전설[Fedotieff(1932)] 두 가지 설이 있다.

Na^+ 방전설은 다음 식에서와 같이 먼저 NaF가 해리되어 Na^+가 생성된다.

$$NaF \rightarrow Na^+ + F^- \tag{7.52}$$

이 생성된 Na^+가 음극에서 방전하여 Na로 되고 다음과 같이 Al_2O_3를 환원시켜 Al이 생성된다고 생각한다.

$$Al_2O_3 + 6Na \rightarrow 3Na_2O + 2Al \tag{7.53}$$

양극에서는 F^-가 방전하여 F가 생성되고 더 나아가 다음과 같이 반응한다.

$$2Al_2O_3 + 4F \rightarrow 4AlF + 3O_2 \tag{7.54}$$

한편 Al^{3+} 방전설은 Al_2O_3를 용매 Na_3AlF_6를 용질로 생각하여 Al_2O_3가 다음과 같이 해리하여 Al^{3+}가 음극에서 방전 Al이 생성된다고 생각한다.

$$Al_2O_3 \rightarrow Al^{3+} + AlO_3^{3-} \tag{7.55}$$

이론분해전압은 반응의 자유에너지 변화로부터 계산이 가능하지만 양극과 반응하지 않는 불활성전극을 사용하는 경우와 발생하는 산소와 반응하는 탄소전극을 사용한 경우에 따라 다르다. 전해반응에서 양극의 탄소는 석출하는 산소와 반응하여 일산화탄소 및 이산화탄소를 생성하면서 소모된다. 따라서 전해에 관계되는 총반응은 다음과 같을 것이다.

$$Al_2O_3 \rightarrow 2Al + 3/2O_2 \tag{7.56}$$

$$3/2O_2 + 7/4C \rightarrow 5/4CO_2 + 1/2CO \tag{7.57}$$

이 전극반응에 관해서는 많은 연구를 하였으나 아직 통일된 이론은 없다.

② **전해조**: 전해조는 그림 7.11 에 나타낸 바와 같이 길이 5~9 m, 폭 2~4 m의 철제반응기로, 이내면은 단열벽돌, 내화벽돌 및 음극(cathode) 카본으로 내장되어 있다.

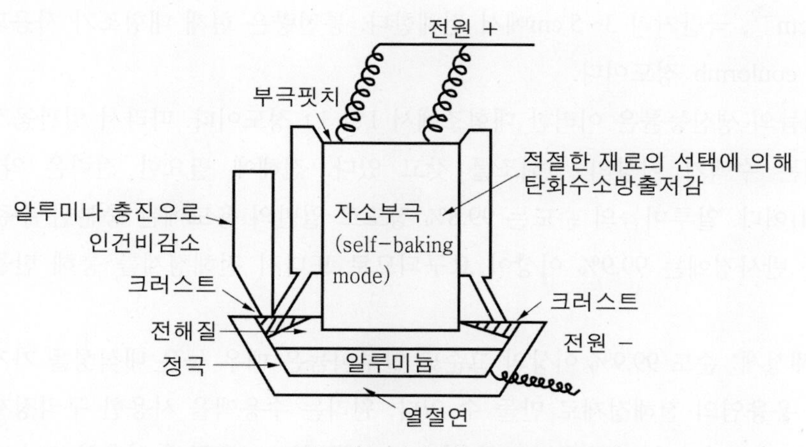

그림 7.11 알루미늄 전해조(Söderberg 전극)

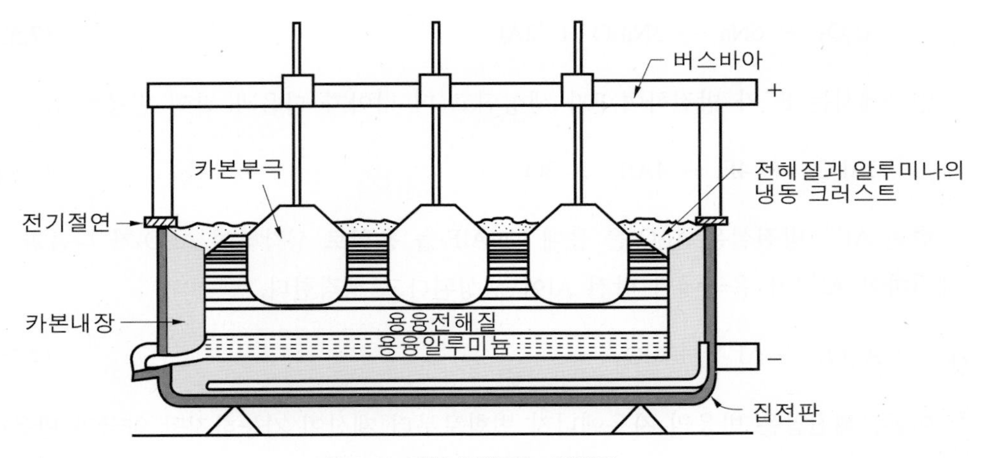

그림 7.12 대형 알루미늄 전해조

양극은 알루미늄망으로 된 상자에 종래의 탄소질 전극재료인 고순도 코크와 점결제인 콜타르핏치를 혼합시킨 페이스트를 전해조 위에서 내려 전극상부에 공급하여 전극소모에 따라 전해욕의 열로 소성되는 자소성 전극(Söderberg elctrode)이 사용되었지만 최근의 대형조는 그림 7.12 에 나타낸 바와 같은 초기에 사용된 기소성 전극(prebake elctrode)이 다시 사용되게 되었다. 조업방법은 전해로에 빙정석(Na_3AlF_6)을 넣고 전류를 통하여 약 1,000℃로 가열·용해시킨 것에 Al_2O_3를 녹인다. 플루오르의 일부가 휘발 손실하여 액이 알칼리 과잉으로 되기 쉬우므로 플루오르화알루미늄(AlF_3)을 소량 가한다.

Al_2O_3와 전해된 음극상의 알루미늄은 녹은 그대로 석출되고, 그 비중이 빙정석보다 크므로 액과 혼합하지 않고 로밑에 모인다. 양극의 탄소는 연소되어 50~90% CO_2와 CO 조성의 가스로 변화되기 때문에 소모된다. 전해반응에서 조전압 약 4.5 V, 전류밀도 0.6~1 Acm^{-2}, 극간거리 3~5 cm에서 전해한다. 통전량은 현재 대형조가 사용되어 17.5 ~22.5만 coulormb 정도이다.

알루미늄의 생산능률은 이러한 대형조에서 1일 1 t 정도이다. 따라서 일관공정을 갖춘 제련소에는 수백기 이상의 전해조를 갖고 있다. 전해에 필요한 전력은 약 14,000 kwh/t(Al)이다. 알루미늄의 순도는 99.8% 정도로 일반의 용도에는 충분한 수준이나 커패시터나 반사경에는 99.9% 이상이 요구되므로 또다시 전해정제를 통해 만들어진다.

③ 전해정제: 순도 99.9% 이상의 고순도 알루미늄은 매우 높은 내식성을 가지고 있으며, 이는 용융염의 전해정제로 만들 수 있다. 원리는 수용액을 사용한 구리정제의 경우와 같으나 용융염이기 때문에 양극인 저순도 알루미늄도 음극에 석출한 고순도 알루미

늄과 함께 녹아 있다. 이들과 전해액이 서로 혼합되지 않도록 비중차로 분리되도록 하여 전해한다.

전해정제에서 얻어지는 고순도 알루미늄은 비중이 2.7 로 전해액 위에 뜬다. 액온도는 750~900℃이며 전해로의 크기는 10,000~20,000 [A]이다. 전해정제에서 얻은 알루미늄의 순도는 99.90~99.99%이다.

④ **빙정석의 회수와 합성**: 전해 시 반응조에서 플루오르화수소가 발생하여 환경위생상, 자원회수적 관점에서 빙정석으로 회수한다. 빙정석은 천연에는 그린랜드의 lvigtut 외에는 나지 않아 그 고갈이 염려되었으나 현재는 합성빙정석이 다량으로 만들어지게 되어 이 불안은 해소되었다. 합성빙정석은 플루오르화수소를 원료로

$$6HF + Al(OH)_3 \rightarrow H_3AlF_6 + 3H_2O \quad (7.58)$$

$$H_3AlF_6 + 3NaOH \rightarrow Na_3AlF_6 + 3H_2O \quad (7.59)$$

또는

$$H_3AlF_6 + 3/2Na_2CO_3 \rightarrow Na_3AlF_6 + 3/2CO_2 + 3/2H_2O \quad (7.60)$$

의 반응으로 만들어진다. 플루오르화알루미늄도 플루오르화수소와 수산화알루미늄에 의해 만들어진다.

(3) 알루미늄 신제련법의 가능성

알루미늄 제련은 다량의 전기에너지를 소비한다. 근년에 이 전기에너지를 감소시킬 수 있는 전해법이나, 전해를 사용하지 않는 제련법의 연구들은 다음과 같다.

- 전해법: 염화알루미늄의 전해법, 황화알루미늄의 전해법
- 화학환원법: 염화알루미늄의 불균화분해법(subhalide법), 알루미나의 탄소환원법, 염화알루미늄의 금속망간환원법, 질화알루미늄의 열분해법

① **전해법**: 염화알루미늄의 이론분해전압은 알루미나의 경우보다 다소 높은 1.83~1.95 V이다. 그러나 흑연전극은 염화물과 반응하지 않는 불활성 전극으로 조전압은 3 V, 온도 700℃ 정도로 전해가 가능하다. 전해에 필요한 전력은 10,500 kWh/t(Al)로 추정된다. 현재 미국의 ALCOA사에서 개발을 계속하고 있고 11,400 kWh의 실적을 갖

고 있다. 소요전력면에서는 매력적이지만 다음과 같은 단점이 있다.

- 염화알루미늄을 제조해야 한다.
- 염화알루미늄 자체는 전도성이 없으므로 염화나트륨－염화리튬욕에 염화알루미늄을 5% 정도 첨가하지만 염화리튬의 가격이 고가이다. 황화알루미늄 Al_2S_3는 이론분해전압이 1.14 V로 상당히 유리하지만 많은 황화물에서 알 수 있는 바와 같이 융점이 1,118℃로 매우 높은 것이 결점이다. 또 황화알루미늄의 제조도 위험하여 현재에는 기존 공정보다 유리하다고 할 수 없다.

② 화학환원법: 화학 반응으로 알루미늄을 얻는 몇 가지 방법은 큰 규모로 연구가 계속되고 있다. 가장 유명한 것은 캐나다의 ALCAN사의 염화알루미늄의 불균화분해법(Subhalide법)이다. 불균화분해법의 제련공정은 그림 7.13과 같다.

불균화분해법은 1가 알루미늄의 염화물을 사용하기 때문에 한때 큰 주목을 받았다. 장기간에 걸친 연구에도 불구하고 공업화에는 이르지 못하였으며, 고온에 있어서 염화물에 의한 부식이 치명적인 원인 때문이었다.

이 외에 알루미나의 탄소환원도 미국의 ALCOA사, 프랑스의 Pechney사에 의해 연구되었다. 이 방법은 환원에 의해 생성한 알루미늄카바이드를 다음의 반응을 통하여 알루미늄으로 분해하는 반응이다.

$$Al_4O_4C + Al_4C_3 \rightarrow 8Al + 4CO \quad (7.61)$$

$$Al_2O_3 + Al_4C_3 \rightarrow 6Al + 3CO \quad (7.62)$$

$$Al_2OC \rightarrow 2Al + CO \quad (7.63)$$

$$Al_4C_3 \rightarrow 4Al + 3C \quad (7.64)$$

이러한 반응에는 2,000℃ 이상의 고온이 필요하게 된다. 이러한 연구도 일시 화제가

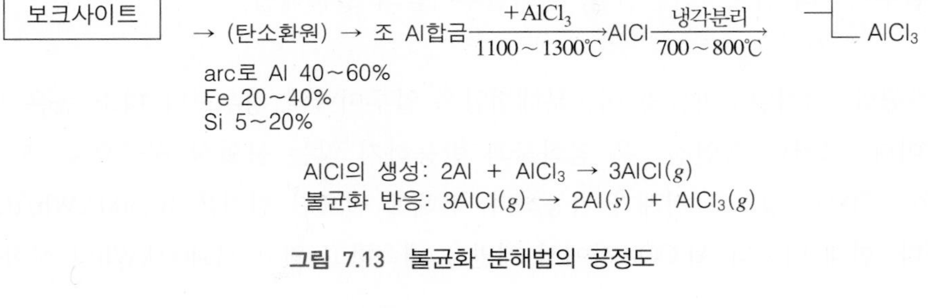

보크사이트 → (탄소환원) → 조 Al합금 $\xrightarrow[1100\sim1300℃]{+AlCl_3}$ AlCl $\xrightarrow[700\sim800℃]{냉각분리}$ Al / $AlCl_3$

arc로 Al 40～60%
Fe 20～40%
Si 5～20%

AlCl의 생성: $2Al + AlCl_3 \rightarrow 3AlCl(g)$
불균화 반응: $3AlCl(g) \rightarrow 2Al(s) + AlCl_3(g)$

그림 7.13 불균화 분해법의 공정도

되었으나 현재는 중지되어 있다.

이 외에 전해를 경유하지 않은 알루미늄 제련공정이 제안되었지만 어느 것을 보아도 현재의 Hall-Heroult법에 대응할 공정은 없는 것 같다. 어느 경우에나 알루미늄 공업은 알루미나전해법이 어떻게 전해용 전력을 입수하느냐가 존립을 좌우한다고 볼 수 있다. 산소와의 친화력이 강한 알루미늄을 소량의 에너지로 두 원소로 분리한다는 자체가 근본논리에 반하는 것인지 모른다.

3. 구리

청동기시대가 철기시대에 앞서 있는 것처럼 구리의 역사는 철보다 오래되었으며, 약 4,000년 전 중국에서부터 시작되었다. 구리는 알루미늄, 아연, 납과 함께 세계 4대 비철금속의 대표적인 물질이다. 표 7.7은 구리의 세계적인 수급동향 및 전망을 나타낸 것이다.

1993년 이전에 비해 1994~1995년의 세계 구리수급동향은 알루미늄의 경우와 마찬가지로 공급부족현상이 나타났으며, 이는 1994년부터 세계적인 경기호황의 탓에 기인하는 것으로 구리의 세계시장가격은 1994년 3월 이후 계속적으로 상승하고 있다. 국내의 내수는 새로운 수요기반이 창출되면서 안정적인 증가가 이루어지고 있다. 수요를 주도하고 있는 전선용의 경우 건설경기의 위축과 광섬유 등 대체재료의 출현, 폐전선의 재활용 증가와 같은 수요억제 요인이 대두되었지만 전기, 전자용 및 사회간접자 본설비용수요가 늘어나 전체적으로 수요가 증가하게 될 것이다. 구리의 국내생산은 99% 이상 LG금속의 온산제련공장을 통해 이루어지고 있다.

표 7.7 세계의 구리수급동향 및 전망(단위: 1,000 M/T)

구분	1992	1993	1994	1995	1996	1997	1998
수요	10,813 (33/6)	10,955 (375/6)	11,535 (457/5)	11,794 (530/−)	12,100	12,525	12,925
생산	11,178 (207/130)	11,304 (225/130)	11,155 (221/240)	11,528 (233/297)	12,100	12,725	13,775

주: ( )는 국내-수요의 표기(A/B)에서 A는 내수용, B는 수출용
생산의 표기(C/D)에서 C는 국내생산, D는 수입량
자료: 한국산업은행, 1996 한국의 산업, 1996. 11.

(1) 원 료

구리의 원광석은 황동광이 대부분으로 조광 중 구리의 품위가 낮은 것은 0.5% 정도에서 높은 것은 4~5%이다. 따라서 조광 그대로 제련하는 것은 불가능하고 농축하지 않으면 안 된다. 이 농축을 선광(concentration, 또는 dressing)이라고 하며 현재 부유선광법, 즉 부선으로 매우 효율적이다. 동광석은 우리나라에서도 많이 산출되고 있으나 수요의 증가에 따라 광석의 대부분을 수입하고 있다.

(2) 구리의 건식제련

구리는 전위(電位)적으로 귀금속이므로 제련은 본질적으로 쉽다고 할 수 있다. 구리의 제련법을 대별하면 건식법(pyrometallurgy)과 습식법(hydrometallurgy)으로 나눌 수 있다. 종래의 주류는 전자였으나 후자도 저품위광이나 비황화광을 대상으로 사용되기 시작하였다. 구리의 건식제련법의 공정도를 그림 7.14 에 표시하였다.

① 용련: 구리정광의 용련(smellting)에는 (1) 용광로(blast furnace), (2) 반사로(reverberatory furnace), (3) 자용로(flush smelting furnace) 세 가지를 사용한다.

용광로법은 그림 7.14에 나타낸 것과 같이 예전부터 사용되어 왔지만 로의 구조상 분광은 사용이 불가능하고, 이것을 사용하기 위해서는 광석을 미리 소결 고형 광물형태로 만들어야 하므로 사용하지 않게 되었다. 반사로법은 구미나 일본에서 일부 사용하는 공정으로 편평한 로에서 연료를 사용, 용련하는 법이다. 자용로법은 핀란드 Outokumpu사

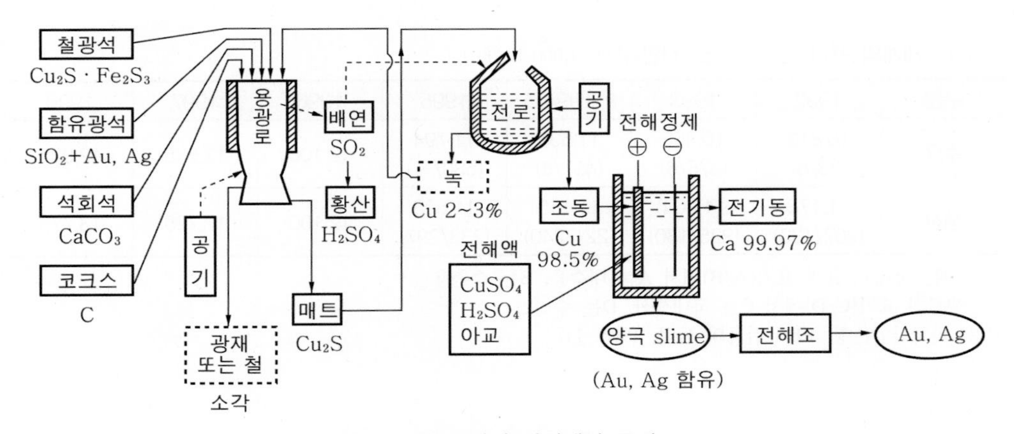

그림 7.14 구리의 건식제련 공정도

가 개발한 방법으로 분말상의 정광과 규산광을 400~500℃로 가열하여 공기와 같이 로의 쉬프트부 상부에 뿜어넣어 유동상태에서 산화 용융하고 용융액은 침전로에서 슬랙과 황화물의 혼합물로 분리하는 용련방법으로 그 이후는 용광로법과 동일하다. 용련은 구리정광에 용제로서 석회, 규석을 첨가하여 맥석과 분리하는 공정이다. 용련에서 황의 일부는 이산화황으로 되고 철도 일부 산화되어 FeO 또는 $FeO \cdot SiO_2$로 되며, 구리와 잔존 철분은 Cu_2S와 FeS를 주성분으로 하는 매트(matte)로 되어 비중차로 분리된다.

$$2CuFeS_2 \rightarrow Cu_2S + 2FeS + S \quad (7.65)$$

$$2FeS + 3O_2 + 2SiO_2 \rightarrow 2SO_2 + 2(FeO \cdot SiO_2)\text{: 로 상부의 슬랙} \quad (7.66)$$

$$nCu_2S + mFeS \rightarrow nCu_2S \cdot mFeS\text{: 로 하부의 구리황화물} \quad (7.67)$$

광재는 슬랙이라 하고 이는 산화철과 규산이 주성분이 되고 있다. 이는 포틀랜드시멘트의 철분원료로 사용된다. 매트 및 슬랙의 조성은 표 7.8 에 나타내었다.

표 7.8 매트 및 슬랙의 조성

구분	용융법	조성(wt %)								
		Cu	S	Pb	Zn	Fe	SiO_2	Al_2O_3	CaO	MgO
매트	반사로법	42.2	25.1	0.31	0.80	27.8	–	–	–	–
	자용로법	56.9	22.9	0.36	0.43	16.9	–	–	–	–
	연속법	65.7	21.9	–	–	9.2	–	–	–	–
슬래그	반사로법	0.57	0.47	0.05	1.51	41.3	34.1	6.67	7.83	1.00
	자용로법	0.55	0.94	0.11	0.77	40.6	33.4	5.01	2.18	1.83
	연속법	0.5	0.3	–	–	37.1	32.2	7.8	2.2	–

② 제동: 제동(converting)은 용련에서 얻은 매트로부터 조광(blister copper)을 얻는 공정으로, 이것은 전로(converter)를 사용한다. 매트에 용제로서 규산광이나 규석을 가하여 공기를 불어넣으면 다음과 같은 반응이 일어난다.

$$Cu_2S + 3/2O_2 \rightarrow Cu_2O + SO_2 \quad (7.68)$$

$$Cu_2S + 2Cu_2O \rightarrow 6Cu + SO_2 \quad (7.69)$$

매트 중의 FeS는 이 제동반응에 앞서 산화되어 $FeO \cdot SiO_2$와 SO_2로 된다. 전로에서 생성한 조동은 황성분을 0.02~0.05% 함유하므로 정제로에 넣어 공기를 불어넣어 산화시켜 0.005%까지 저하시킨다.

이 산화에 의해 구리 중의 산소가 증가하므로 화학합성용 원료가스나 암모니아 등 환원성 가스를 불어넣어 0.1~0.2%까지 감소시켜 다음의 전해정제를 위해 양극에 주조성형된다. 전로에서 생성하는 슬랙은 구리를 수 % 포함하므로 그대로 또는 부선분리한 후 용련공정에 돌려지게 된다. 조동과 제동 슬랙의 조성을 표 7.9에 나타내었다.

표 7.9 조광 및 제동 슬랙의 조성

구 분	용융법	조성(wt %)						
		Cu	S	Pb	Zn	Fe	SiO_2	CaO
조 광	반사로법	98.7	0.055	0.13	0.011	0.005	–	–
	자용로법	98.9	0.02	0.045	0.001	0.006	–	–
	연속법	99.7	0.12	0.006	0.004	0.007	–	–
정 광 슬래그	반사로법	2.6	–	–	–	52.6	20.2	–
	자용로법	2.5	–	–	–	45.8	22.8	–
	연속법	17.6	–	–	–	41.3	–	20.1

③ 전해정제: **전해정제**(electrolytic refining)는 성형된 98.5% 정도의 Cu를 함유하는 조동을 양극으로 하고 순구리판을 음극으로 하여 조전압 0.2~0.5 V, 온도 50~60℃, 전류밀도 200~250 mA^{-2}에서 약 4 주간에 걸쳐서 만들어진다. 이때 얻은 전기구리의 순도는 99.99% 정도로 전해용의 소요전력은 250~350 kWh/t(Cu)이다. 이 전기구리는 다음의 가공공정에 보내지기 위해 용해·주조된다. 조동 중에는 각종의 불순물이 포함되어 전해정제에 있어서는 이 불순물이 다음과 같이 처리된다.

- 양극니(anode slime)에 포함되어 있는 것은 Au, Ag, Pt, Pd, Cu, Se, Te, S(Ag는 대부분 Se, Te와 화합물을 형성하고 Cu는 황화물로 된다.)
- 용액 중에 잔류하는 것은 Ni, Co, As, Sb, Bi, Fe, Zn
- 일단 한 번 용해했다가 전해조에 다시 침전하는 것으로 Pb(황산염), Sn(염기성 황산염)

이들 불순물 중 양극니로부터는 귀금속, Se, Te가 회수된다. 또 용액 중에서 니켈이 회수된다. 전해를 계속하면 용액 중의 황산구리 농도가 점차 높아지므로 그 일부를 뽑아내어 구리를 황산구리($CuSO_4 \cdot 5H_2O$)로 회수한다.

(3) 구리의 습식제련

구리의 습식제련법은 건식법에 비해 이산화황을 발생하지 않고 분진도 발생하지 않으므로 현대적인 방법이라고 할 수 있다. 습식제련법은 원료가 어떠한 광석이라도 우선 구리광석과 관련이 깊고 저렴한 황산구리 또는 암민 수용액을 얻는 것이 전제 조건이 된다. 이러한 수용액을 얻기 위해서는 다음과 같은 방법이 있다.

① 구리광산의 항내배수: 황화구리광을 산출하는 구리광산의 항내배수 중에는 황산구리의 형으로 구리가 수 g/L 포함되어 있다. 이러한 구리광석 중에 구리가 자연으로 침출하는 경우에는 흔히 황산화세균 및 철산화세균이 작용하고 있는 경우가 많다. 이러한 세균작용에 의한 금속용해를 박테리아 침출(bacterial leaching)이라고 한다.

② 구리광상의 황산처리: 저품위 황화구리 광상이나 산화구리, 규산구리 등을 부선에 의해 농축하기 힘든 구리광석에서 구리광상을 황산처리하여 구리를 황산구리의 형태로 회수한다.

③ 황화구리광의 황산화배소: 황화동광을 유동배소로를 사용하여 황산화배소한 다음 이 소광을 물로 침출하여 황산구리수용액을 얻는다.

④ 황화구리광의 암모니아 가압추출: 황화구리광을 암모니아 수중에 현탁시켜 놓고 이것을 가압공기 또는 산소를 압입 액상산화를 한 다음 황산구리암민수용액을 제조한다.

이상과 같이 얻어진 황산구리 또는 황산구리암민수용액으로부터 구리는 그림 7.15에

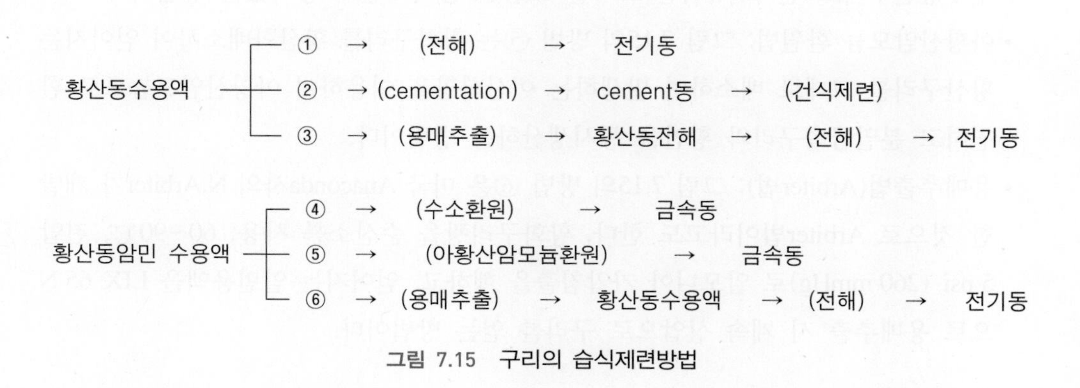

그림 7.15 구리의 습식제련방법

표시한 방법으로 금속으로 회수된다.

- 전해법: 그림 7.15의 ①의 방법은 구리 · 아연 혼합 황화광을 대상으로 일시 공업화 하였으나 부선기술의 진보에 의해 구리광과 아연광의 분리가 가능함에 따라 중지되었다.
- 시멘테이션법: 그림 7.15의 ②의 시멘테이션법은 이온화경향의 차를 이용하는 방법으로서 철분말을 사용하여 구리이온을 환원석출시키는 방법이다. 항내배수의 처리법으로 예전부터 폭넓게 사용하고 있다.
- 용매추출법: 그림 7.15의 ③은 용매추출법으로 현재 비황화광의 처리법으로서 대규모로 실시되기 시작한 방법이다. 광석을 황산으로 침출하면 1~2 g/L 정도의 구리를 함유한 황산 산성의 황산구리용액이 얻어지므로, 이것을 추출시약을 포함한 용매로 추출한 다음 이 용매를 묽은 황산으로 **역추출**(back extraction 또는 stripping)하여 구리를 50 g/L 정도 포함한 수용액을 얻어 이것을 전해한다. 현재 pH 2 정도의 강산 수용액에서 농도가 낮은 구리이온이 추출 가능한 옥심 또는 옥신계 추출시약이 개발되어 이 방법에 크게 공헌을 하였다. 이러한 추출시약은 **희석제**(diluent)로서는 유기용매인 케로신이 흔히 사용된다. 또 상분리 특성을 좋게 하기 위하여 **조절제**(modifier)로서 고급알코올이 가해지는 경우도 있다. 용매추출법은 전해법과 조합하여 사용가능하므로 SX-EW(solvent extraction electrowinning) 공정도 알려져 있다. 이 기본공정이 그림 7.16에 나타나 있다.
- 가압침출-수소환원제: 그림 7.15의 방법 ④는 캐나다 British Columbia 대학 Sherritt Godon사가 니켈, 코발트 황화광을 대상으로 개발한 가압침출-수소환원법을 구리에 응용한 것이다. 황산구리암민의 수용액은 암모니아 농도를 50% 정도로 높이면 $Cu(NH_3)\ SO_4 \cdot H_2O$ 결정으로 대부분 석출한다. 이 결정은 가열하면 390℃에 완전히 무수황산구리로 된다. 이러한 조작을 포함한 습식제련도 흥미있는 방법이다.
- 아황산암모늄 환원법: 그림 7.15의 방법 ⑤는 황화구리를 황산화배소하여 얻어지는 황산구리를 그대로 배소하여 발생하는 이산화황을 이용하여 아황산암모늄으로 환원하고 분말금속구리와 황안을 동시생산하는 방법이다.
- 용매추출법(Arbiter법): 그림 7.15의 방법 ⑥은 미국 Anaconda사의 N.Arbiter가 개발한 것으로 Arbiter법이라고도 한다. 황화구리광을 순산소를 사용, 60~90℃, 전압 5 psi (260 mmHg)로 암모니아 가압침출을 행하고, 얻어지는 암민용액을 LIX 65 N 으로 용매추출 시 계속 상압으로 구리를 얻는 방법이다.

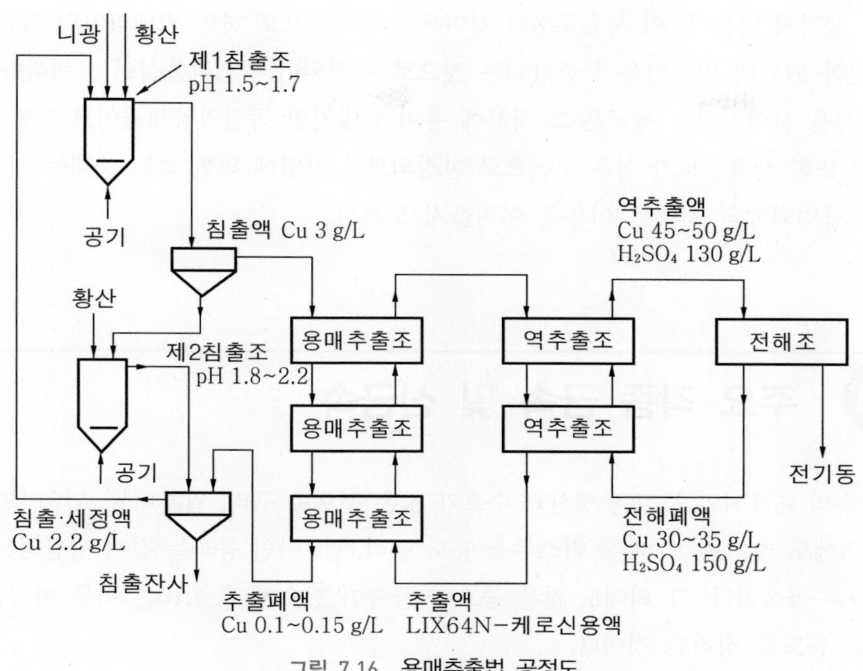

그림 7.16 용매추출법 공정도

(4) 구리의 박테리아 침출

황산구리광산의 폐수에는 용출된 구리가 포함되어 있다. 이 용출작용에는 황산화세균이나 철산화세균이 중요한 역할을 하는 것으로 밝혀져 흥미를 끈다. 이러한 박테리아의 생식이 확인되어 있는 광산은 많다. 그러나 박테리아 작용을 적극적으로 진행시켜 침출효과를 높이는 노력은 크지 않았다. 매우 낮은 pH의 산성용액에서 자라는 박테리아가 존재하는 것 자체가 흥미가 있지만 박테리아의 광석에 대한 작용도 불가사의한 부분이 있다.

작용기구에는 박테리아가 광석에 직접 작용하여 생화학적으로 금속을 용해시키는 직접 작용설과 박테리아가 황분이나 Fe^{2+}을 산화시켜 생성하는 황산이나 Fe^{3+}가 광석에 작용해 금속을 용해시킨다는 간접작용설이 제안되었지만 확실하지는 않다. 수도관 등에 서식하여 철을 부식시키기도 하고 스케일을 형성시켜 흐름저항을 증대시키는 철박테리아의 존재는 알려져 있지만 이 박테리아의 작용은 수돗물 중에 철이온과 착이온을 형성하는 축합인산염을 수 ppm 첨가하여 방지할 수 있다. 또 철을 산성탄산철(II)로서 포함한 지하수를 지표에 뽑아올릴 때 즉시 축합인산염을 가하면 용해도가 작은 수산화철(III)의 침전이 생기지 않는다. 이 사실로부터 철이온을 착이온으로 하면 박테리아의 작용을 포함해 산화-환원의 연쇄반응이 중단되는 것으로 추정되어 간접작용설이 유력하다.

무기질을 산화시키는 세균은 그 작용에 흥미가 많지만 독립영양세균이므로 반응속도가 작고 또한 생육온도가 상온 부근으로 한정되므로 가열에 의한 속도 증대는 기대하기 힘들고 공업화에의 적극적 이용은 어려울지 모른다.

03 주요 각종 금속 및 신금속

비철금속의 대표적인 물질은 생산과 수요가 많은 것으로 구리, 알루미늄, 납, 아연 등이며 이 외에도 카드뮴, 안티몬, 비스무스 등도 구리, 납, 아연 등과는 같이 생산되는 관련성이 깊은 금속이다. 그 외에도 많은 중요한 금속이 있으며 표 7.10은 이들 비철금속의 제품 및 용도를 정리한 것이다.

표 7.10 비철금속의 제법과 용도

금속명	원 료	분리 또는 추출 방법	참고사항
은 (Ag)	휘은광 황화물 각은광 자연은	황화물을 시안화나트륨 수용액과 공기로 $[Ag(Cn)_2]^-$로 해, 이것으로부터 Zn으로 Ag를 침전시킨다. $Au + 4CN^- + 2H_2O + [O_2]$ $\rightarrow [Au(Cn)_2]^- + OH - [Au(Cn)_2]^- + Zn$ $\rightarrow Au + Zn^{2+}$ 정제는 전해법으로 행해진다.	1B족. 천연의 금속으로도 발견된다. 황화광물로부터의 추출을 건식법 또는 혼식법에 의해 행한다. 용도: 귀금속, 화폐
금 (Au)	자연금, 황철광과 같은 많은 광석 중에 소량존재	은과 같다.	
비소 (As)	황비니켈광, 게르스톨후광 NiAsS, 황비철광 FeAsS	공기를 끊고 광석을 연소한다. $AsS \rightarrow As + S$	5B족. 황화물광은 이 족의 무거운 쪽의 원소에 중요한 것이다.
붕소 (B)	붕사 $Na_2B_4O_7 \cdot 10H_2O$ 콜망석 $Ca_2B_6O_{11} \cdot 5H_2O$	Na, Mg, Al로의 B_2O_2 열환원 $Na_2B_4O_7 10H_2O + HCl \rightarrow H_3BO_4$ $2H_3BO_3 \rightarrow B_2O_3 + 3H_2O$ $B_2O_3 + Na \rightarrow B + Na_2O$	3B족에서 붕소는 특수한 것으로 음이온 $B_4O_7^{2-}$ 성분으로 넓게 존재한다.

(계속)

표 7.10 비철금속의 제법과 용도(계속)

금속명	원 료	분리 또는 추출 방법	참고사항
베릴륨 (Be)	녹주석 $3BeO \cdot Al_2O_3 \cdot 6SiO_2$: 14% BeO 훼나사이트(phenacite) $2BeO \cdot SiO_2$	광석을 1,500℃로 용융하여 물에 급냉시켜 유리상 물질로부터 BeO를 H_2SO_4로 추출하여 황산염으로 정출시킨다. 알칼리를 사용하여 수산화물을 얻어 배소하면 산화물로 변한다. 이를 플루오르화하여 BeF_2로 된 것을 Mg로 환원한다(약 1,000℃에서 용융). $BeF_2 + Mg = Be + MgF_2$ 또는 $BeCl_2$에 NaCl을 가하여 흑연도가니에서 용융하고 양극에 탄소봉, 음극을 도가니로 하여 전해한다. 얻어진 Be는 1,200~1,400℃, 10^{-5}Torr 정도에서 진공증류하면 고순도품으로 된다.	용도: Cu, Ni, Fe 등의 합금재료, X선관창재(X선투과율이 큼), 중성자 흡수율이 낮아 핵연료피복재로 사용
비스무트 (Bi)	휘연광 $Bi2S_3$ 비스무트화 Bi_2O_3	산화물의 탄소환원	
칼슘 (Ca)	백운석 $MgCO_3$, $CaCO_3$ 석회석 $CaCO_3$ 석고 $CaSO_4$, 호타르석 CaF 인회석 $CaF_2 \cdot 3Ca_3(PO_4)_2$	$CaCl_2/CaF_2$ 용융염의 전해 $CaCl_2 \rightarrow Ca + Cl_2$ 또는 $CaO + Al \rightarrow Ca + CaO{\cdot}Al_2O_3$	
카드뮴 (Cd)	거의 아연광석 중에 소량 존재	Zn의 부산물로서 (Zn + Cd)를 증류	용도: 밧데리원료, 도금, 합금
코발트 (Co)	황화물 또는 화물로 해서 Cu 및 Ni와 함께 생산한다. 스말타이트 $CoAs_2$	산화물을 탄소 또는 수성가스로 환원	
크롬 (Cr)	크롬철광 $FeO \cdot Cr_2O_3$ 홍연광 $PbCrO_4$	Cr_2O_3의 Al 또는 Si에 의한 환원 혹은 Cr염수용액의 전해 $2(FeO{\cdot}Cr_2O_3) + 4Na_2CO_3 + 15/2O_2$ $\rightarrow Fe_2O_3 + 4Na_2CrO_4 + 4CO_2$ $Na_2CrO_4 + H_2SO_4 \rightarrow Na_2Cr_2O_7$ $Na_2CrO_4 + (S, C) \rightarrow Cr_2O_3$ $CrO_3 + (Al, Si, Ca, Mg, C) \rightarrow Cr$ CrO_3, $Cr_2(SO_4)_3 \rightarrow Cr$ $CrC + Cl_2 \rightarrow CrCl_2$ $CrCl_2 + (Al, Si, Ca, Mg, C) \rightarrow Cr$	6A족 금속은 혼합산화물 또는 옥산음이온으로서 존재한다. 주요용도: 도금, 합금 등
갈륨 (Ga)	섬아연 및 보크사이트중의 소량	아연의 부산물이거나 보크사이트의 알칼리성 용액의 전해	3B족인 이것들의 금속의 유리한 광석은 알려져 있지 않다.
게르마늄 (Ge)	섬아연광 중에 발견되고 또 희광석으로는 복황화물이 있다. 아지로드광 $4Ag_2SGeS_2$	GeO_2의 수소환원(650~675℃)	용도: 다이오드 등 반도체소자, 정류기, GeO_2로서 형광제, 적외선을 통과하기 쉬운 유리
수은 (Hg)	진사 HgS	열분해 $HgS + O_2 = Hg + SO_2$ 생성한다.	

(계속)

표 7.10 비철금속의 제법과 용도(계속)

금속명	원 료	분리 또는 추출 방법	참고사항
칼륨 (K)	카나르석 $KCl \cdot MgCl_2 \cdot 6H_2O$ 각종 알루미규산 초석 KNO	$KCl/CaCl_2$의 용융전해 ($KCl \rightleftarrows K + 1/2Cl_2$)	
리튬 (Li)	리티아휘석 $LiAl(SiO_3)_2$ 홍운모	LiCl의 KCl 용융염의 전해 $LiCl \rightarrow Li + 1/2Cl_2$	1A족 금속은 전기적으로 양성이고, 수용성의 강산인 염산과 알루미규산염 광석 중에 이온으로 존재한다.
마그네슘 (Mg)	카나르석 능고토석 $MgCO$ 스피넬 $MgAl_2O_3$ 감람석 Mg_2SiO_4	KCl/MgCl 용융염의 전해, Mg의 탄소에 의한 환원 $MgO + C \rightarrow Mg + CO$ 해수($Mg^{2+} \rightarrow Mg(OH)_2$)	2A족은 비교적 전기적인 양성이 높은 원소이고 산염으로 존재하고, 난용성이다. 용도: 항공기 및 구조물의 합금재료
망간 (Mn)	바이롤스(pyrolusite)광 (또는 軟(연)망간광) MnO_2 하우스망간광 Mn_3O_4	원료를 탄소환원하여 MnO로 만들고 H_2SO_4에서 Mn^{2+}로 전해한다. $MnO_2 + C \rightarrow MnO$ $MnO + H_2SO_4 \rightarrow MnSO_4$ $MnSO_4 \rightarrow Mn$ 원료가 Mn_3O_4인 경우 $Mn_3O_4 + (Al, C) \rightarrow Mn + (Al_7O_3, CO_2)$	7B족에서는 망간만이 시판되는 것으로 중요. 용도: 철제련 탈산제, Mn합금원료
몰리브덴 (Mo)	휘수연광 MoS_2 몰리브덴연광 $PbMoO_4$	MoO_3의 탄소환원 $MoO_3 + C \rightarrow Mo + CO_2$	
나트륨 (Na)	암염 NaCl, 장석 $NaAlSi_3O_8$ 칠레초석 $Na_2B_4O_7 \cdot 10H_2O$ 등	NaOH 또는 NaCl의 CaCl 융해염으로 전해 $NaOH \rightarrow Na + O_2 + H_2O$ $NaCl \rightarrow Na + 1/2Cl_2$	용도: 의약, 염료, 금속환원제
니켈 (Ni)	니켈광 NiS	산화물은 탄소에서 환원해, 계속해 전해정련. Mond법으로 카르보닐에 의해서도 좋다 $Ni(CO)_4 \underset{60℃}{\overset{180℃}{\rightleftarrows}} Ni + 4CO$ 원료가 NiS의 경우 $NiS + CaF_2 + C \rightarrow Ni$	용도: 화학분석용 용기, 도가니, 합금
납 (Pb)	방연광 PbS	황화물을 연소해서 산화물로 만들고, 이것을 탄소로 환원 $PbS + O_2 \rightarrow PbO + SO_2$ $PbO + C \rightarrow Pb + CO$ 및 $PbS + Fe \rightarrow Pb + CO$	용도: 납축전지, 지하매설관합금, 활자
안티몬 (Sb)	휘안광 Sb_2S_3	황화물의 철환원 $Sb_2S_3 + Fe \rightarrow Sb + FeS_2$	황화물의 직접환원에 의한 유일의 중요한 추출법

(계속)

표 7.10 비철금속의 제법과 용도(계속)

금속명	원 료	분리 또는 추출 방법	참고사항
규소 (Si)	석영 SiO_2 규산염 및 알루미노규산염	SiO_2의 융해전해환원, $SiCl_4$의 Zn 또는 수소에 의한 환원 $SiO_2 + 2C \rightarrow Si + 2CO$ (1,400℃) $SiCl_4 + Zn \rightarrow Si + ZnCl_2 + Cl$ $H_2 \rightarrow Si + 4HCl$ * 고순도규소: 금속 Si에 염소와 염화수소를 반응시켜 $SiHCl_3$로 만들고 이것을 증류정제하여 수소중에서 가열환원한다. 대용융법, 단결정인상법으로서 고순도로 한다.	4B족. 같은 4B족이어도 존재, 추출방법은 탄소와 전혀 다르다. 용도: 반도체소자(diode, transistor, 광전지 등), 합금, 야금용, 규소수지 제조원료
주석 (Sn)	주석석 SnO_2	SnO_2의 탄소환원	용도: 도금, 식품용기, 튜브, 주석막 등
스트론튬 (Sr)	스트론티안석 $SrCO_3$ 세레스타이트 $SrSO_4$ 청중토석 $BaCO_3$ 중정석 $BaSO_4$	융해한 할로겐화물의 전해 또는 산화물의 알루미늄에 의한 환원	
티탄 (Ti)	티탄철광 $TiO_2 \cdot FeO$ 루타일 TiO_2	$TiCl_4$의 Mg에 의한 환원(크롬법) 또는 Na에 의한 환원 $TiO_2 + 2Cl_2 + 2Cl \rightarrow TiCl_4 + 2CO$ $TiCl_4 + 2Mg \rightarrow Ti + 2MgCl_2$ $TiCl_4 + 4Na \rightarrow TiO_2 + 4NaCl$	4A족의 금속은 산소와 결합해 강한 친화력을 갖고 있다. 할로겐화물로서 불활성가스중에서 환원해야 한다. 용도: 항공 또는 구조재료, 화학공업장치재료, 전기기구, 광학기구
우라늄 (U)	pitchblende UO_2 carnotite $K_2O \cdot 2UO_3 \cdot V_2O_5 \cdot 3H_2O$	UF_4를 UF_6로 변환시켜 U^{235}로 농축, UF_4를 Mg로 환원	용도: 원자력연료, 자기의 착색재, 촉매, 분석시약
바나듐 (V)	갈연광 $3Pb_3(VO_4)_2PbCl$ 카루놀석 바트로나이트 황화물 VS_4	V_2O_5의 알루미늄에 의한 열환원, 황화물을 Na_2CO_3로 연소해서 $VS_4 + Na_2CO_3$ 바나딘산나트륨, 이것과 H_2SO_4로 V_2O_5로 해서 이것을 Al, Ca로 환원한다.	5A족의 금속은 3, 4족의 금속보다는 산소에 대한 친화력이 작고, V는 이족에서 산화물로 발견되는 유일의 금속이다.
텅스텐 (W)	철망간중석 $FeWO_4/MnWO_4$ 회중석 $CaWO_4$ 방텅스텐광 WO_3	WO_3의 탄소환원(고순도의 금속을 만들고 싶을 때에는 환원제로서 H_2를 이용한다.) $WO_3 + (C, H) \rightarrow W + (CO_3, H_2O)$ 원료를 Na_2CO_3로 융해하거나, 열 NaOH로 텅스텐염으로 해서, 그 위에 $CaCl_2$를 가해서 텅스텐칼륨으로 한다. $FeWO_4 + O_2 + 4Na_2CO_3$ $\rightarrow Na_2WO_4 + Fe_2O_3 + 4CO_2$ $Na_2WO_4 + CaCl_2 \rightarrow CaWO_4 + 2NaCl$ 원료가 $CaWO_4$의 경우 $CaWO_4 + 2HCl \rightarrow H_2WO_4 + CaC_{i2}$ 얻어진 텅스텐산암모니아를 가해서 파라텅스텐산암모니아로 해서 이것을 H_2로 환원한다.	산화물광으로부터의 채취법에는 최초에 가용성염 Na로 하기 위해 Na_2CO_3로 배소하는 것이 들어있다. 용도: 백열전구, 공구강

(계속)

표 7.10 비철금속의 제법과 용도(계속)

금속명	원 료	분리 또는 추출 방법	참고사항
아연 (Zn)	섬아연광 우루시광 ZnS 능아연광 $ZnCO_3$	황화물을 연소해 산화물로 만든 후 탄소로 환원한다. $ZnS + O_2 \rightarrow ZnO$ $ZnO + C \rightarrow Zn + CO$ 또는 $ZnSO_4$의 수용액의 전해	2B족에는 황화물광이 많다. 금속은 이들 광물로부터 뽑아내는 것이 가능하다. 용도: 아연도강판, 건전지 재료, 합금
지르코늄 (Zr)	지르콘 $ZrO_2 \cdot SiO_2$ 지르콘사이트 (65% ZrO_2)	탄소를 가하여 arc로에서 탄화시켜 Si분을 분리(1,800℃)하거나 $ZrO_2 \cdot SiO_2 + 3C = ZrC + SiO_2 + 2CO$ 탄화물을 염화로(600℃)에서 반응시켜 $ZrCl_4$를 승화 $ZrC + 2Cl_2 = ZrCl_4 + C$ 불활성 가스 중에서 $ZrCl_4$을 Mg로 환원 $ZrCl_4 + 2Mg = 2MgCl_2 + Zr$	중성자흡수율이 낮으므로 원자력공업용로재, 화학공업용 내식성 재료

이상의 금속들 중 베릴륨(Beryllium), 게르마늄(Germanium), 규소(Silicon), 티타늄(Titanium), 우라늄(Uranium) 및 지르코늄(Zirconium) 등은 소위 신금속이라고 불리는 금속이다. 신금속이라고 하여 요즈음 새롭게 발견된 금속을 뜻하는 것이 아니다. 그들의 존재는 이미 알려져 있었지만 원자력공업, 전자공업, 우주개발, 해양개발 등 현대산업의 발전에 따른 새로운 용도의 개발과 정제기술의 진보에 따라 최근들어 부가가치가 높게 실용화된 금속을 지칭한다. 이들 금속이 새로운 기능성 소재로서 대두하게 된 것은 고도의 정제기술에 따른 초고순도화가 이루어졌기 때문이며, 오늘날 신금속재료라 불리우는 고투자성 재료인 아모르퍼스 합금, 형상기억합금 및 초전도합금 등과 함께 미래의 인류 생활에 더욱 많은 기여를 할 것이다.

연습문제

01 철제련공정은 일반적으로 철광석을 탄소로 환원한 다음 선철 중의 탄소를 제거하는 간접법이 이용되고 있는 이유를 설명하시오.

02 알루미나 제조의 대표적인 공정인 Bayer process에 대해 설명하시오.

03 구리제련공정인 건식법(pyrometallurgy)과 습식법(hydrometallurgy)을 비교·설명하시오.

04 신금속의 예를 몇 가지 들고 그 제련법과 용도에 대해 설명하시오.

참고문헌

1. G. T. Austin, "Shreve's chemical process industries", 5th ed., McGrow-Hill (1984).
2. 박용진, 박문경, "비철금속제련", 영지문화사, (1985).
3. D. Pletcher, "Industrial Electrochemistry", Chapman & Hall (1982).
4. 한국산업은행"1996 한국의 산업", 상권, 1996. 11.
5. L. H. Van Vlack, "Elements of Materials science and engineering", 6th ed., Addison, Wesley (1989).
6. 한국화학경제연구원, "1996 화학연감", 1996. 11.
7. 岡部泰二郎, "無機ブロセス化學", 丸善 (1993).

이호인 (서울대학교 화학생물공학부)
이철우 (한밭대학교 화학공학과)
이관영 (고려대학교 화공생명공학과)
조득희 (한국화학연구원)

CHAPTER 8

촉매

촉매는 화학산업의 핵심기술로서 화학약품, 석유화학, 의약품, 식품공업, 그리고 환경오염의 방지와 처리 등에 광범위하게 이용되고 있다. 현재 화학제품의 90% 이상이 촉매를 사용한 공정으로 생산되고 있으며 미국의 경우 이들 제품의 가치는 GNP의 20%에 해당한다. 일반적으로 촉매는 균일계촉매, 불균일계 촉매, 그리고 생체촉매로 구분되는데, 현재 공업적으로 사용되는 촉매는 대부분 불균일계 촉매이다. 따라서 본 장에서는 불균일계 촉매를 중심으로 촉매의 개념, 촉매의 구조 및 흡착, 반응속도론, 촉매의 구성 성분 및 이들의 역할, 촉매의 종류와 제법, 촉매의 특성 분석, 촉매의 산업적 이용을 다루었고 마지막으로 새로운 촉매와 응용에 대한 전망을 살펴보았다. 균일계 촉매는 1980년대 이후로 의약품이나 농약 등 정밀화학공업에서 이용이 증가하고 있는 추세이며 이에 대하여는 8.7절에서 따로 다루어 촉매의 전체적인 흐름과 개념을 파악하는 데 도움이 되도록 하였다.

01 촉매의 기본 개념

1. 촉매의 정의

질소와 수소를 반응시켜 암모니아를 합성하는 반응은 열역학적으로는 가능하지만, 촉매가 없으면 고온고압 하에서도 반응이 거의 진행되지 않는다. 그러나 반응기에 철 가루를 넣어 주면 기체들이 철과 접촉하는 즉시 암모니아가 생성된다.

암모니아 합성에 사용되는 철과 같이 촉매는 화학 반응에 참가하여 반응속도를 빠르게 하면서 자기자신은 소비되지 않는 물질로 정의된다. 이러한 촉매의 정의는 촉매의 기능을 이해하는데 기초가 되는 다음과 같은 여러 가지 의미를 내포하고 있다. 첫째, 촉매는 화학평형 자체를 변화시키지는 못하고 평형에 도달하는 속도를 빠르게 한다. 따라서 촉매는 열역학적으로 불가능한 반응을 가능하게는 하지 못한다. 열역학적 평형이 변하지 않으므로 반응의 열역학적 상수인 Gibbs 자유에너지 변화, 엔탈피 변화, 엔트로피 변화, 그리고 평형상수 등은 변하지 않는다. 둘째, 평형상수가 변하지 않으므로 가역반응에서 촉매는 정반응속도뿐만 아니라 역반응속도도 증가시킨다. 평형상수 K는 역반응속도에 대한 정반응속도의 비율(정반응속도/역반응속도)로 정의되므로 평형상수가 변하지 않은 상태에서 정반응속도가 증가하면 역반응속도도 증가하게 된다. 이것은 실질적으로 대단히 중요한데 새로운 촉매를 개발할 경우, 정반응을 진행 시키기가 어려우면 역반응만을 진행 시켜 촉매를 평가한다. 평형에서는 역반응이 빠르게 진행하면 정반응도 빠르게 진행될 것이기 때문이다. 셋째, 여러 가지 반응이 진행되어 열역학적으로 가능한 생성물이 여러 개일 때 촉매는 이 중에서 한 가지 반응을 선택적으로 빠르게 진행시킨다. 따라서 반응물이나 반응조건이 같더라도 촉매에 따라 다른 화합물의 생성이 가능하다. 예를 들면, 포름산의 분해반응에서 알루미나를 촉매로 사용하면 탈수반응이 진행되어 물과 CO가 생성되고 금속 촉매를 사용하면 탈수소반응이 진행되어 수소와 CO_2가 생성된다.

알루미나 촉매: $HCOOH \rightarrow H_2O + CO$
금속 촉매: $HCOOH \rightarrow H_2 + CO_2$

넷째, 이상적인 촉매는 반응에서 소모되지 말아야 한다. 그러나 실제 촉매는 여러 가지 이유로 활성을 잃는다. 촉매가 활성을 잃는 이유는 불순물에 의한 피독(poisoning), 미세한 분말이나 코크(coke)에 의한 파울링(fouling), 금속이 서로 뭉쳐서 촉매의 표면적을 감소시키는 소결(sintering) 현상 때문이다. 다섯째, 촉매는 재사용이 가능해야 한다. 촉매반응의 기본개념은 반복성이다. 이것은 수천, 수만 번 반응이 반복될 수 있도록 촉매의 활성점이 반응 후에 재생되어야 한다는 것을 의미한다. 여섯째, 촉매는 어떠한 물질을 의미한다. 따라서 온도의 증가나 높은 에너지를 가진 입자에 의한 충돌, 전기방전 등으로 반응속도가 증가하는 것은 촉매반응이 아니다.

촉매는 반응물이 생성물로 변환하는 과정에 있어서 새롭고 쉬운 경로를 제공하므로써 반응속도를 빠르게 한다. 이것은 마치 산 건너편 마을을 갈 때 가파른 정상을 힘겹게 넘어가는 것보다는 산등성이를 우회하여 돌아가는 것이 거리는 멀지만 쉽게 갈 수 있는 것과 같다. 촉매반응과 촉매를 사용하지 않는 반응의 차이를 그림 8.1에 나타내었다.

촉매반응이 촉매를 사용하지 않는 반응과 다른 점은 반응의 진행에 대한 저항을 의미하는 활성화에너지가 낮은 일련의 단계가 빠른 속도로 진행된다는 점이다. 활성화에너지는 화학 반응의 속도를 비교하는 척도가 되며, 분자의 충돌과정에서 새로운 결합이 생성될 때 필요한 에너지이다. 촉매를 사용하지 않는 반응은 자유 분자들의 충돌에 의하여 진행되므로 활성화에너지가 높다. 반면에 촉매반응은 반응물이 먼저 촉매 표면에 흡착하고 흡착된 성분들 간에 반응이 일어나 생성물로 전환된 후 생성물이 탈착하는 과정으로 진행한다. 흡착된 성분들은 서로 촉매 표면에 가깝게 위치하고 있으므로 활성화에너지가 낮다. 따라서 어떤 반응에서 활성화에너지가 작은 반응경로를 만들어 주면 반응

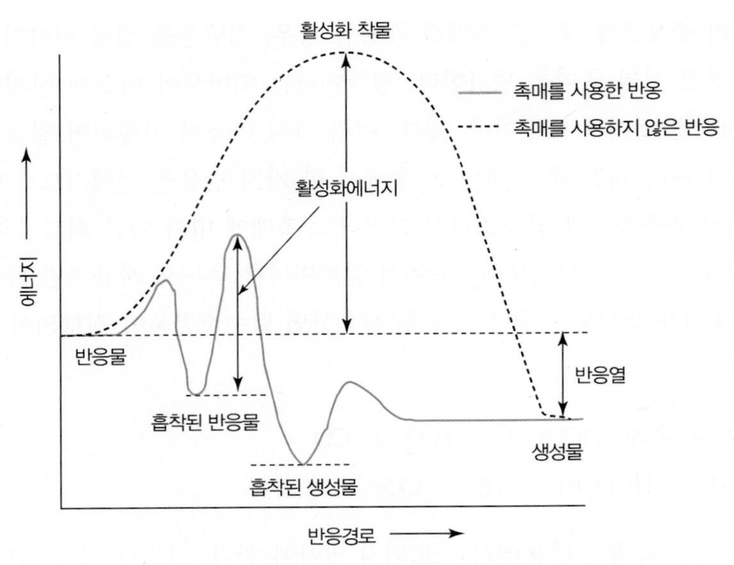

그림 8.1 촉매반응과 무촉매반응의 에너지 변화[1]

이 빨라진다. 이와 같이 반응물과 접촉하여 활성화에너지가 작은 경로를 만들어 반응속도를 증가시키는 기능을 촉매가 한다. 그림 8.1에 나타난 바와 같이 촉매는 활성화에너지를 낮추어 반응을 촉진한다.

좋은 촉매는 반응속도를 빠르게 하고 원하는 물질의 선택도를 높이며 값이 싸야 한다. 반응속도가 빠르기 위해서는 반응물이 촉매에 흡착할 때 그 결합의 세기가 너무 강하지도 너무 약하지도 않아야 한다. 반응물과 촉매 표면과의 결합이 너무 약하면 접촉시간이 너무 짧아서 반응이 일어나기 어렵다. 따라서 결합은 반응물을 해리시키기에 충분히 강해야 한다. 반면에 표면 결합이 너무 강하면 표면 체류시간이 너무 길어서 다른 반응물의 흡착이 방해되어 반응이 느려지거나 정지한다. 대체로 전이 금속들은 이러한 적당한 결합성질을 만족시켜서 일반적으로 불균일계(heterogeneous) 촉매로서의 활성이 크다.

촉매의 대부분을 차지하는 불균일계 촉매의 촉매작용은 대부분 금속의 표면에서 일어나므로 촉매의 활성은 표면에 있는 금속원자의 수, 즉 금속의 표면적에 비례한다. 촉매의 표면적을 크게 하기 위하여 금속을 너무 작은 입자로 만들면 입자들이 서로 뭉치게 되는 소결이 일어나므로 오히려 표면적이 감소하여 활성이 떨어진다. 촉매의 표면적을 크게 하는 일반적인 방법은 표면적이 넓은 다공성의 물질에 아주 작은 금속 입자를 작은 결정의 상태로 분산시키는 것이다. 이때 사용하는 다공성의 물질을 **지지체**라 하고 이런 방법으로 제조된 촉매를 **담지촉매**라 한다.

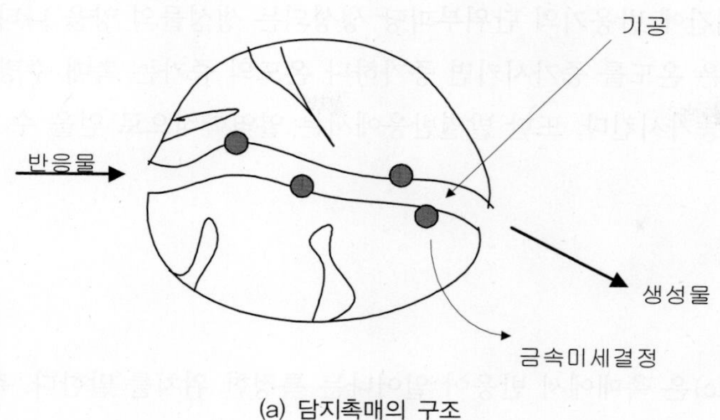

(a) 담지촉매의 구조

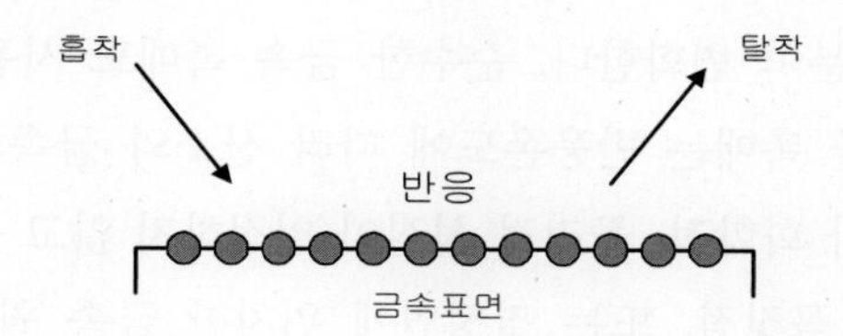

(b) 금속 미세결정에서의 반응의 진행

그림 8.2 담지촉매상에서의 촉매반응의 진행[2]

담지촉매상에서 반응의 진행과정을 그림 8.2에 나타내었다. 담지촉매에서 촉매 성분은 지지체의 기공(pore) 내부에 미세결정의 형태로 존재한다. 따라서 반응이 일어나기 위해서는 먼저 반응물이 지지체의 기공 속으로 확산되어야 한다. 반응물이 미세결정을 이루는 촉매의 표면에 도달하면 흡착이 일어나고 이어서 표면 반응이 진행되어 생성물로 전환된다. 생성물이 탈착한 후 다시 확산하여 기공 속을 빠져나오면 반응이 완결된다. 즉 불균일계 담지촉매의 반응은 기본적으로 ① 지지체 기공 속으로의 반응물의 확산, ② 반응물의 촉매 표면 흡착, ③ 흡착된 물질의 표면 반응, ④ 촉매 표면에서 생성물의 탈착, ⑤ 탈착된 생성물의 지지체 기공 밖으로의 확산 등의 과정을 포함한다.

촉매반응에서 자주 사용되는 용어들을 설명하면 다음과 같다.

(1) 촉매 활성

촉매 활성(catalyst activity)은 단위시간당 생성되는 제품의 생성 속도를 말한다. 공업적으로 사용되는 반응기의 성능은 가끔 공간시간수율(space-time-yield, STY)로 주어지는

데, 이는 단위시간에 반응기의 단위부피당 생성되는 생성물의 양을 나타낸다. 일반적으로 촉매의 활성은 온도를 증가시키면 증가하나 온도의 증가는 촉매 수명의 단축이나 부산물의 생성을 증가시킨다. 또한 발열반응에서는 열역학적으로 얻을 수 있는 최대 전환율이 감소한다.

(2) 활성점

활성점(active site)은 촉매에서 반응이 일어나는 특정한 위치를 말한다. 촉매의 활성점은 반응에 따라 다르다. 어떤 반응에 유용한 활성점도 다른 반응에서는 활성이 없을 수도 있다. 활성점의 구조를 정확하게 나타내기는 매우 어렵다. 촉매는 반응하는 동안 반응에 참여하여 그 구조나 성분이 변화한다. 순수한 금속 촉매도 사용되는 동안 결정구조가 자주 바뀌고 금속산화물 촉매는 반응온도에 따라 산소와 금속의 비율이 변한다. 또한 고체 표면은 위치에 따라 화학적, 물리적 성질이 일정하지 않고 불균일한데 순수한 금속 결정도 결정의 모서리, 꼭짓점, 또는 결정면에 위치한 금속 원자들은 그 성질이 서로 다르다. 활성점은 촉매 표면에서 이웃하는 원자들의 집단일 수도 있고 어떤 경우에는 촉매에 흡착된 화학종일 수도 있다.

(3) 전환회수

촉매반응속도는 이상적으로 **전환회수**(turnover frequency 또는 turnover rate)로 측정된다. 전환회수는 단위시간에 촉매 활성점 1개가 생성하는 분자 수로 정의된다(molecules/site/time). 촉매의 성능은 전환회수로 비교할 수 있다. 일반적으로 촉매 활성점의 숫자는 측정이 매우 어려우므로 표면에 존재하는 금속원자 모두를 활성점으로 가정한다. 만일 표면의 금속 원자 수를 측정할 수 없으면 금속의 원자 수 대신에 금속의 표면적을 사용하여 단위시간에 단위 표면적에서 생성되는 분자 수로 나타낸다(molecules/area/time). 금속과 지지체의 표면적은 실험적으로 측정이 가능하다. 반응속도와 마찬가지로 전환회수는 온도, 압력, 그리고 반응물의 조성에 따라 달라진다.

(4) 촉매 선택도

촉매선택도(catalyst selectivity)는 원하는 반응의 반응속도와 전체 반응의 반응속도의 비율을 나타낸다. 선택도는 생성된 제품 중에서 원하는 제품의 비율을 의미하며 소모된 반응물 중에서 원하는 생성물로 전환된 비율로 나타낸다. 선택도는 압력, 온도, 반응물의 조성, 전환율, 그리고 촉매에 따라 달라진다. 촉매에 따른 선택도의 변화는 촉매의 기능과 관련이 깊다. 예를 들면, 에탄올의 분해반응을 구리 촉매 상에서 수행하면 아세트알데히드와 수소가 생성되고 알루미나 촉매상에서는 에틸렌과 물이 생성되는데, 이는 구리 촉매는 수소를 잘 흡착하고 알루미나 촉매는 물을 잘 흡착하기 때문이다. 촉매의 선택도는 특히 여러 가지 화합물이 생성 가능할 때 중요하다.

2. 촉매의 역사

녹말이나 과산화물의 분해가 각각 소량의 산이나 금속이온에 의하여 촉진되는 것과 같이 어떤 화학 반응들은 반응 중에 소모되지 않는 소량의 물질에 의하여 커다란 영향을 받는다는 사실은 오랫동안 경험적으로 알려져 왔다. 1835년 Berzelius는 이러한 반응들의 공통점을 개념적으로 정립하여 촉매와 촉매작용의 개념을 확립하였다. 그는 화학 반응에 영향을 미치는 소량의 물질이 가지고 있는 성질을 그 물질의 "catalytic power"라고 부르고 이것에 의해 일어나는 분해반응을 "catalysis"라고 하였다. Berzelius 이후에 촉매반응은 기술의 영역에서 과학의 영역으로 점진적으로 발전되어 왔다.

18세기 중반부터 SO_2를 SO_3로 산화시키는 반응에 질산을 촉매로 사용한 연실공정(lead chamber process)이 사용되었는데, 이것이 아마 진정한 의미에서 공업적으로 촉매를 사용한 최초의 공정일 것이다. 이 공정은 1900년경에 실리카에 담지된 Pt 촉매로 대체되었다가 그 후에 Pt의 피독 때문에 실리카에 담지된 V_2O_5와 K_2SO_4 촉매로 대체되었다. 공업적으로 사용되는 촉매에 있어서 최초의 획기적인 전환점은 Harber와 Bosch에 의해 개발된 암모니아 합성공정인데 이 공정은 1913년에 상업화되었다. 이후 두 번의 세계대전을 거치면서 공업적 수요의 증가와 막대한 유전의 발견으로 촉매를 이용한 화학산업은 비약적인 발전을 이룩하게 되었다. 표 8.1에는 공업적으로 중요한 촉매 발전사를 연도순으로 나열하였다.

1910년 이후 촉매 공업의 발전은 대략 25~30년을 단위로 하여 세 개의 시기로 구분할 수 있다. 첫 번째 시기는 1910년부터 1940년까지인데 이 시기에는 암모니아, 메탄올, 질산 등 기초화학약품들의 합성과 천연자원을 연료로 전환하는 공정이 개발되었다. Harber-Bosch 공정의 개발로 암모니아를 값싸게 대량으로 생산할 수 있게 됨으로써 암모니아를 원료로 한 비료 합성도 가능하여 인구증가에도 불구하고 인류의 식량난을 해

표 8.1 상업화된 중요한 촉매공정[3]

상업화 년도	촉매공정	생성물
≈1850	lead chamber process	H_2SO_4
≈1900	air oxidation of SO_2	H_2SO_4
1913	ammonia from N_2 + H_2	NH_3
1915	ammonia oxidation	HNO_3
≈1920	water gas shift	CO_2 + H_2
1923	methanol synthesis	CH_3OH
1931	Bergius coal hydrogenation	liquid fuels
1936	catalytic cracking	gasoline
1938	Fischer-Tropsch	fuels
1941	fluid bed technology	fuels and chemicals
1942	alkane alkylation	gasoline
1950	naphtha reforming	gasoline
1951	hydrocracking	fuels
1955	Ziegler-Natta polymerization	plastics
1960	ethylene oxidation	acetaldehyde
1962	steam reforming of CH_4	syngas
1963	low-pressure ammonia synthesis	NH_3
1963	ammoxidation	nitriles
1964	zeolite catalysts	fuels and chemicals
1964	oxychlorination	chlorohydrocarbons plus chlorine
1966	alkene disproportionation	higher alkenes
1967	bimetallic reforming catalysts	fuels
1968	shape-selective catalysis	chemicals
1970	low-pressure methanol synthesis	CH_3OH
1976	emission control catalysts	environmental control
1978	methanol to gasoline	synfuels
1982	crystalline aluminophosphates	chemicals
≈1986	stereospecific synthesis	pharmaceuticals
≈1986	$NO_X + NH_3 \rightarrow N_2 + 2H_2O$	environmental control
1990	combustion catalysts	environmental control

결할 수 있게 되었다. 그러나 한편으로는 Fe-Mn-BiO_2 촉매를 사용하여 암모니아로부터 질산을 합성하는 방법이 Ostwald에 의해 발명됨으로써 질산을 원료로 한 화약도 대량으로 생산되어 전쟁에서 대량살상이 일어나게 되었다. 암모니아 합성은 촉매의 존재 하에 고압에서 수행되는데, 이때 개발된 촉매개발 기술과 고압 기술은 이후의 기술개발을 촉진하는 계기가 되었다. 1923년에는 ZnO-Cr_2O_3 촉매를 사용하여 합성가스로부터 메탄올을 생산하는 공정이 상업화되었고 나중에 이 촉매는 CuO-ZnO 촉매로 대체되었다. 석탄을 가스화하여 합성가스를 만들고 이로부터 합성연료를 제조하는 방법이 Fischer와 Tropsch에 의해 개발되어 1938년에 상업화되었다.

1938년부터 1965년까지의 두 번째 시기는 원유로부터 연료와 탄화수소를 값싸게 얻을 수 있어서 정유와 석유화학산업에서 새로운 촉매 기술이 많이 개발된 시기이다. 이 시기에는 원유로부터 연료를 얻는 정유 공정과 단량체나 고분자를 얻는 석유화학 공정에 관심이 집중되었다. 제2차 세계대전 중에는 고옥탄가의 가솔린과 고급 휘발유를 얻기 위하여 접촉분해(catalytic cracking)공정과 촉매알킬화(catalyticalkylation)공정이 개발되었고 TNT의 원료인 톨루엔을 생산하기 위하여 메틸사이클로헥산의 촉매탈수소화(catalytic dehydrogenation) 공정이 개발되었다. 이후 1965년까지는 수소화(hydrogenation), 수소첨가탈황(hydrosulfurization), 수소첨가분해(hydrocracking), 탈수소화(dehydrogenation), 이성질화(isomerization), 산화(oxidation), 중합(polymerization)의 촉매 공정이 개발되어 석유화학산업이 비약적으로 발전하였다. 특히 주목할 점은 1960년에 일정한 기공을 가진 결정구조의 제올라이트가 개발되어 촉매로 사용되기 시작한 것이다. 특히 ZSM-5는 일정한 기공 구조를 가지고 있으면서 산성을 나타내므로 메탄올로부터 가솔린의 합성, 방향족 화합물의 처리, 그리고 접촉분해 공정 등에 광범위하게 이용되고 있다.

마지막 시기는 1965년부터 1990년대까지인데 이 시기는 값이 싼 화합물을 대량으로 생산하는 촉매공정에서 벗어나 정밀화학과 의약품 등 고가의 제품을 소량으로 생산하는 공정과 환경보전에 촉매를 이용하기 시작한 시기이다. 자동차 배기가스 규제, 굴뚝으로부터 NO_x의 제거, 그리고 화학 폐기물과 부산물의 엄격한 규제를 만족시키기 위하여 더 높은 선택도와 더 낮은 독성을 가진 화합물을 제조하기 위한 새롭고 개선된 공정이 개발되었다. 이러한 발전은 촉매공정의 경제성이 과거에는 가격경쟁력에만 의존하였으나 앞으로는 환경규제에 의해서 좌우될 것임을 보여준다.

1985년경에 시작된 촉매공정에 있어서 또 하나의 경향은 의약이나 정밀화학공업에서 촉매를 이용하여 입체적인 특성을 가진 키랄 화합물을 합성하는 것이다. 대부분의 촉매공정은 고체촉매를 사용하고 있으나, 의약이나 정밀화학공업에서는 균일계 촉매가 중요한 역할을 한다.

3. 촉매반응 종류

촉매반응은 균일계 촉매반응, 불균일계 촉매반응, 그리고 생체촉매 반응의 세 가지 범주로 크게 나눌 수 있다.

균일계 촉매반응은 촉매와 반응물이 같은 상을 이루어 한 가지 상에서 반응이 진행되는 경우를 말한다. 균일계 촉매반응은 산화질소 촉매에 의한 이산화황의 산화반응처럼 기상반응이거나 산촉매에 의한 에스터의 가수분해 반응과 같은 액상반응, 또는 이산화망간 촉매에 의한 염소산칼륨의 분해와 같은 고상반응으로 진행될 수 있다. 대부분의 균일계 촉매반응은 유기금속 화합물을 촉매로 사용하여 액상에서 반응이 진행된다. 금속 자체는 용매에 잘 녹지 않지만 유기금속 화합물은 금속에 리간드라 불리는 유기 분자들이 배위되어 있어서 유기용매에 잘 녹는다. 균일계 촉매반응은 선택도가 높고 낮은 온도에서도 활성이 높으며 반응 중간체의 구조를 규명하기가 용이하여 고가의 화합물 합성과 반응기구를 규명하는 연구에 많이 이용된다. 그러나 촉매의 회수 및 분리가 어렵고 촉매가 활성을 잃기 쉽다는 단점이 있다. 공업적으로는 초산, 휘발유 첨가제, 아세트알데히드, 비닐아세테이트, 그리고 옥탄올의 합성 공정에 이용되고 있으며 최근에는 광학활성을 가진 고가의 정밀화학 제품이나 의약품, 제초제, 살균제, 그리고 식품생산에 사용된다.

촉매와 반응물의 상이 다르면 이를 **불균일계 촉매반응**이라 부른다. 이 경우에는 표 8.2에서 보는 바와 같이 상 사이에 여러 가지 조합이 가능하다. 대부분의 불균일계 촉매반응에서는 촉매는 고체로 존재하고 반응물은 액상이나 기상으로 존재한다. 화학 반응은 촉매의 표면에서 일어난다. 불균일계 촉매반응은 반응기구가 매우 복잡하고 확산, 흡착, 그리고 표면 화학과 밀접한 관계가 있다. 불균일계 촉매는 촉매와 생성물의 분리가 쉬우며 촉매의 합성과 성형이 용이하고 촉매가 비교적 안정하여 공정의 제어와 생성물의 품질이 일정하므로 이용하기에 매우 편리하다. 공업적으로 이용되는 대부분의 촉매 공정은 불균일계 촉매반응으로 진행된다. 그러나 선택도의 조절이 쉽지 않고 촉매의 표면구조와 활성점 및 반응기구를 규명하기가 어려워 고도의 기술을 필요로 한다.

생체 촉매반응은 효소에 의해 진행되는 반응이다. **효소**는 일반적으로 단백질과 같은 매우 크고 복잡한 유기화합물인데 균일계 촉매와 불균일계 촉매의 중간적인 성질을 나타낸다. 생체 촉매반응은 효율이 매우 높다. 예를 들면 효소인 카탈라제는 어떤 무기촉매보다도 10^9배나 더 빠르게 과산화수소를 분해한다. 생체촉매는 또한 선택도가 매우 높아서 낮은 온도에서도 거의 100%의 선택도를 나타낸다. 효소를 공업적으로 이용하기

표 8.2 불균일계 촉매반응에서 가능한 상의 조합[4]

촉매	반응물	예
액체	기체	인산에 의한 알켄의 중합반응
고체	액체	Au 촉매에 의한 과산화수소의 분해반응
고체	기체	Fe 촉매에 의한 암모니아 합성반응
고체	액체 + 기체	Pd 촉매에 의한 니트로벤젠의 수소화반응

위해서는 반응조건에서 효소가 견뎌야 한다. 공업적으로 많이 사용되는 고정층 반응기에 효소를 촉매로 사용하기 위해서는 효소를 고체 표면에 고정시키는 기술이 필요하다.

4. 촉매의 종류와 기능

촉매작용이 일어나기 위해서는 촉매와 반응물 및 생성물 사이에 화학적 상호작용이 존재해야 하므로 촉매반응은 본질적으로 화학적 현상이다. 불균일계 촉매에서 촉매작용은 표면의 성질에 의존하나 표면의 성질은 고체물질 전체의 화학적 성질을 반영한다. 불균일계 촉매의 종류는 분류 방법에 따라 여러 가지가 있으나 여기서는 그 화학적 성질에 따라 금속 촉매, 금속산화물 촉매, 그리고 고체 산염기 촉매로 분류하였다.

금속 촉매는 금속 원자들만으로 이루어진 촉매를 말하며 보통은 금속 산화물을 수소로 환원시켜 제조한다. 금속은 도체이므로 금속과 반응물 간에 전자를 교환함으로써 흡착이 이루어진다. 촉매로 사용되는 금속은 대부분이 *d* 전자 궤도를 가진 전이 금속이거나 귀금속이다. 전이 금속은 수소와 탄화수소를 포함하는 반응에 아주 좋은 촉매이다. 이것은 이러한 물질들이 금속 표면에 쉽게 흡착하기 때문이다. 팔라듐이나 백금 같은 귀금속 촉매는 적절한 온도에서 산화되지 않으므로 산화반응 촉매로도 이용된다. 금속 촉매는 수소화 반응, 탈수소화 반응, 개질 반응, 그리고 수소첨가 분해반응 등에 많이 이용되고 있다.

금속 산화물은 대부분이 반도체이다. 반도체는 저온에서는 전도도가 매우 낮으나 온도가 증가하면 전도도가 급격히 증가하는 물질을 말한다. 이 경우에도 흡착된 물질과 촉매와의 전자교환이 가능하므로 반응성은 금속 촉매와 유사하다. 금속산화물은 산소와 반응물의 상호작용이 가능하므로 산화반응에 좋은 촉매이다. 그러나 금속으로 환원될 가능성 때문에 수소화 반응촉매로는 적합하지 않다. 수소에 의해 환원이 되지 않는 금속 산화물은 수소화 반응이나 탈수소화 반응에 촉매로 사용될 수 있다. 그러나 금속 산화물은 황에 의해 쉽게 피독되어 활성을 잃는다.

고체산 촉매에는 알루미나나 실리카와 같은 단순 산화물, montmorillonite 같은 천연 점토(clay), 실리카-알루미나 같은 혼합산화물, 제올라이트, 그리고 헤테로폴리산 등이 있다. 고체산촉매는 산성을 가지고 있어 카보늄 이온 메카니즘으로 진행되는 반응에 효과적이다. 따라서 이들은 크래킹, 알킬화 반응, 이성질화 반응, 중합 반응에 촉매로 이용된다. 또한 물을 흡착하는 성질이 있으므로 탈수 및 수화반응에도 이용된다.

알칼리금속이나 알칼리토금속 화합물은 염기성을 나타낸다. 염기성산화물로는 CaO,

MgO, BaO, K_2O 그리고 Na_2O 등이 있다.

반응이 여러 단계로 진행될 때 각 단계가 서로 다른 두 종류의 활성점에 의하여 촉진되는 경우가 있다. 전체 반응이 일어나기 위해서는 두 종류의 활성점이 서로 이웃에 위치해야 한다. 예를 들면, 노말파라핀의 이성질화 반응은 노말파라핀에서 수소가 떨어져 노말올레핀으로 되고 이것이 이성질화하여 이소올레핀으로 된 후 수소가 첨가되어 이소파라핀으로 된다. 이 반응에는 알루미나에 담지된 백금촉매를 사용하는데 수소화 반응과 탈수소화 반응은 금속인 백금 위에서 일어나고 이성질화 반응은 산촉매인 알루미나에서 일어난다. 이와 같이 두 종류의 활성점이 존재하는 촉매를 **이원기능촉매**(bifunctional catalyst)라 한다. Cr_2O_3, MoO_2, 그리고 WS_2 등은 단일성분임에도 산으로 작용하면서 수소화-탈수소화 활성도 가지고 있는 이원기능촉매이다.

5. 촉매의 구성

단일성분으로 이루어진 촉매도 있으나 대부분의 불균일계 촉매는 주촉매와 조촉매, 그리고 지지체의 세 가지 성분으로 구성되어 있다.

주촉매는 촉매의 활성을 나타내는 성분을 말한다. 어떤 특정 반응에 대한 주촉매의 선정은 촉매를 설계할 때 가장 중요하다. 여러 가지 물질에 대한 촉매반응 기구가 밝혀져 있으므로 과학적으로 촉매를 선택할 수 있으나 아직도 많은 부분은 경험적으로 이루어진다. 주촉매로는 순수한 금속 외에도 금속산화물, 황화물, 염화물, 카바이드, 산, 염기 등이 주로 사용된다.

공업용 촉매가 가져야 할 물리적 특성으로는 큰 비표면적, 발달된 기공분포, 높은 열안정성, 내피독성, 그리고 높은 기계적 강도 등이 있다. 하지만 주촉매 자체만으로는 이러한 조건을 만족시키기가 어려우므로 다공성 물질을 지지체로 사용하여 지지체 상에 주촉매를 분산시켜 촉매로 사용한다. 현재 지지체로 많이 사용되는 물질은 실리카, 알루미나, 실리카-알루미나, 타이타니아(titania), 크로미아(chromia), 마그네시아(magnesia), 활성탄, 규조토, 그리고 단일체(monolith) 등인데 이들은 1 g당 수십~수백 m^2의 비표면적을 나타낸다. 지지체는 비표면적뿐만 아니라 기공률(porosity), 기공의 모양, 기공의 크기, 그리고 기공크기의 분포가 중요하다. 지지체는 주촉매가 분포할 수 있는 넓은 비표면적을 제공할 뿐만 아니라 이원기능 촉매처럼 주촉매와 함께 반응에 참여하기도 하고 경우에 따라서는 금속 촉매와의 강한 상호작용으로 반응 활성에 큰 영향을 미치기도 한다.

조촉매는 그 자체만으로는 활성이 거의 없으나 주촉매나 지지체와 같이 사용되어 촉매의 활성, 선택도, 또는 안정성을 향상시키는 물질을 말한다. 조촉매는 지지체나 주촉매와의 물리적 또는 화학적 작용에 의하여 효과를 나타낸다.

02 촉매작용 이론

촉매는 화학 반응의 속도를 증가시켜 평형에 도달하는 시간을 단축시키는 물질이므로. 촉매의 기능을 일차적으로 화학 반응의 속도를 빠르게 하는 능력으로 평가한다.

촉매를 넣어 주면 전혀 일어나지 않던 반응이 빠르게 진행되거나. 생성물이 달라지는 결과에서도 촉매작용의 효과를 볼 수 있다. 촉매작용의 결과는 이처럼 구체적이지만 미시적인 입장에서 촉매가 화학 반응을 어떻게 촉진하는지 설명하기가 쉽지 않다. 촉매와 반응물이 어떻게 상호 작용하는지, 또한 어떤 상태와 과정을 거쳐서 반응속도가 빨라지는지 알기 어렵다. 고체상태의 불균일계 촉매에서는 반응물이 촉매 표면에 흡착하여 반응이 진행되므로 활성을 증진하는 기능은 촉매의 표면과 관련이 있다. 그러나 균일계 촉매에서는 반응물이 촉매 분자나 이온과 결합하면서 반응이 진행되기 때문에 반응물이 결합하는 자리가 촉매의 기능을 나타낸다. 따라서 반응속도를 증가시키는 기능인 촉매작용은 촉매 표면의 특정한 원자나 원자 집단 또는 반응물과 결합할 수 있는 촉매 분자의 특정 원자와 관련이 있다.

1. 전자론

화학 반응에서는 화학결합이 끊어지고 이어진다. 전자로 연결된 화학결합이 끊어지거나 이어지면서 반응물이 생성물로 전환되기 때문에 화학 반응의 속도는 원자 사이에서 전자가 이동하는 속도와 관련 있다. 이온결합이 형성되려면 양이온이 될 원자로부터 음이온이 될 원자로 전자가 이동한다. 전자를 서로 하나씩 제공하여 함께 공유하는 공유결합에서도 전자의 이동이 필수적이다. 화학 반응을 전자론적 시각에서 보면 전자의 이동이 핵심이므로, 촉매로 인해 반응물 사이에서 전자의 이동이 빨라지기 때문에 나타나는 효과를 촉매 작용이라고 설명한다.

촉매(고체)의 전자적 성질이 이해되려면 고체 내부에 있는 전자들의 에너지 개념이 파악되어야 한다. 이를 위해서, 핵이나 양이온을 무시하고 전자가 고체 내부에서 자유롭게 운동한다고 보는 자유전자 이론, 양이온 중심을 인정하여 양이온 중심과 전자의 회절을 고려한 에너지띠 이론, 원자에서 고려 범위를 점차 넓혀가며 전자운동을 묘사해 가는 분자궤도 함수론적 방법 등이 제안되어 있다. 이 밖에 이온 결정의 포텐셜 해석법과 공유결합 성격이 많은 고체표면의 전자구조를 해석하기 위한 근사적인 접근방법인 리간드장 이론이 촉매 현상을 해석하기 위하여 제시되고 있다.

촉매작용이 전자의 이동에 의해서 나타난다고 보면, 촉매의 표면구조나 상태는 촉매 활성과 무관해 보이지만 실제로는 그렇지 않다. 촉매와 반응물은 표면을 통하여 전자를 주고받으며, 또한 전자의 이동으로 생성된 전하의 차이에 의하여 반응물이 흡착하기 때문에, 전자의 이동속도가 중요한 촉매에서도 표면의 구조와 상태가 역시 중요하다. 표면 원자는 내부 원자에 비해서 주기성이 깨어져 그 배위수가 적기 때문에 표면에서 전자의 포텐샬 에너지가 많고 이 차이가 전자의 이동에 영향을 준다. 대부분 금속에서 자유전자는 배위수가 많은 내부에 많이 분포되어 있으므로 표면은 양전하를 띤다. 이러한 효과는 백금이나 니켈 등 전이금속에서 크며, 이로 인해 음전하를 띠는 반응물의 흡착에 유리하다. 표면에 있는 원자의 배위수에 따라 흡착 세기나 표면의 전자밀도가 달라지므로 기하학적으로 보면 표면에 노출된 원자 중에서도 모서리와 꼭짓점에 있는 원자처럼 배위수가 적은 원자를 활성점으로 생각한다. 그러나 전자론적 입장에서는 표면 원자의 전자밀도 차이를 야기하는 촉매의 표면구조로 촉매 작용을 설명한다. 전이금속의 종류, 꼭짓점, 모서리, 평면 등 표면에서 금속 원자의 존재 위치에 따라 달라지는 전자밀도가 촉매의 활성 결정에 중요하다.

(1) 고체의 전자적 성질

고체 촉매를 전기전도도를 기준으로 금속, 반도체, 절연체로 분류한다. 화학 반응에 사용하는 촉매를 전기전도도로 분류하는 것이 이상해 보이지만, 화학 반응의 본질이 전자의 이동이므로 화학 반응의 속도를 증진시키는 촉매작용이 물질의 전기전도도에 따라 다르다.

전기전도도 대신 금속과 산소와의 결합세기로 고체를 나누어도 금속, 반도체, 절연체가 된다. 금속 원자와 산소 원자의 결합세기가 아주 약하여 산소가 모두 떨어져 나간 물질이 금속이다. 반면 금속 원자와 산소 원자의 결합이 아주 강하여 전자가 금속과 산소 원자 사이에 강하게 구속되어있는 물질에는 움직일 전자가 없다. 따라서 전기장을 가해도 전자가 움직이지 않아 전기가 통하지 않으므로 절연체이다. 금속 원자와 산소 원자의 결합세기가 중간 정도 이어서 조건에 따라 산소 원자를 잃기도 하고 받기도 하는 물질은 반도체이다. 전기전도도로 고체를 나누었다고 하지만, 실제로는 고체의 전자적 성질과 화학적 성질로 나눈 셈이다.

반응물이 활성점과 전자를 주고받으며 활성점에 화학흡착한다. 화학흡착 하면서 반응물이 활성화되어야 촉매반응이 진행되므로 전자의 이동 가능성을 나타내는 촉매의 전자적 성질은 촉매로서의 가능성을 결정하는 기본 사항이다. 촉매가 전자를 주는 물질이면 전자를 받는 물질이 흡착하고, 전자를 받는 물질이면 전자를 주는 물질이 흡착한다. 또 전자를 주고받는 세기에 따라 흡착 세기가 결정되므로 전자적 성질에 따라 반응물의 활성화 정도가 달라진다.

절연체에는 이동할 수 있는 전자는 없지만, 구성 원자의 조성과 표면구조에 따라 표면에 전자밀도가 높거나 낮은 자리가 생긴다. 반응물이 극성을 띤 표면에 양이온이나 음이온으로 흡착하면서 활성화된다. 금속 표면에서는 전자의 밀도 차이가 생기면 자유전자가 바로 이동하므로 표면 어디에서나 전자밀도가 같다. 그러나 절연체에서는 전자가 이동하지 못하므로 전자밀도가 높은 자리(염기점)와 전자밀도가 낮은 자리(산점)가 생기고, 이들은 흡착하는 물질에게 양성자나 전자쌍을 주거나 받는다. 이처럼 촉매의 전자적 성질에 따라 촉매작용이 나타나는 반응경로가 결정되므로, 고체의 전자적 성질은 촉매작용을 이해하는 데 아주 중요하다. 고체의 전자적 성질은 고체 전체의 성질이고 촉매반응은 표면에서 진행되는 흡착, 표면 반응, 탈착이므로 전자적 성질과 촉매활성을 정량적으로 연관 지어 설명하기는 쉽지 않다. 대신 고체의 전자적 성질로부터 반응물의 흡착, 표면 반응, 생성물의 탈착을 유추하여 촉매로서의 가능성을 평가한다.

(2) 에너지띠 이론

에너지띠 이론(band theory)은 산화물의 촉매작용을 설명하는 데 흔히 사용된다. 전자 두 개가 서로 가까워져서 상호작용하면 고유의 에너지보다 에너지준위가 낮거나 높은 궤도함수가 두 개가 만들어진다. 거리가 아주 가까워지면 에너지준위의 수는 매우 많아지나, 각 궤도함수의 에너지 차이는 아주 작아져서 이들 궤도함수의 에너지를 연속적이라고 볼 수 있다. 에너지 준위들 사이의 차이는 무시할 만큼 아주 작으므로, 연속적이라고 볼 수 있는 에너지의 범위를 에너지띠(energy band)라고 부른다.

그림 8.3에 원자 간 거리에 따라 전자가 가질 수 있는 에너지의 변화 모양을 보였다.

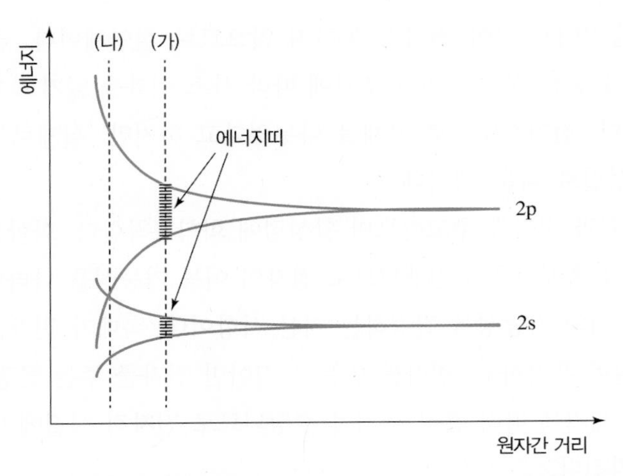

그림 8.3 원자 간 거리에 따라 분포가 허용되는 전자의 에너지 범위[5]

전자가 멀리 떨어져 고립되어 있으면 전자 사이에 상호작용이 없으므로 전자는 고유의 양자수에 의해 2s 또는 2p 등으로 나타내는 정해진 상태의 에너지만 가질 수 있다. 그러나 다른 전자와 가까워지면 상호작용으로 인하여 전자가 가질 수 있는 에너지준위가 많아진다. 많은 전자와 거리가 가까워서 상호작용이 커지고 서로 간섭이 많아지면 전자가 가질 수 있는 에너지준위가 아주 많아져서. 전자의 에너지를 연속적으로 볼 수 있는 에너지띠가 나타난다. 원자 간 거리가 가까워지면 상호작용이 강해져서 에너지띠의 폭이 넓어진다. 원자 간 거리가 (가)인 상태에서는 전자가 가질 수 있는 에너지 영역과 허용되는 에너지준위가 없어서 전자가 가질 수 없는 에너지 영역이 교대로 나타난다. 에너지띠와 띠 사이에 전자가 가질 수 없는 에너지 폭을 띠 간격(band gap)이라고 부른다. 2s 띠에 전자가 있고. 그 위에는 전자가 있을 수 없는 띠 간격이 나타나고, 다시 전자가 있는 2p 띠가 나타난다. 그러나 원자들이 더 가까워져서 원자 간 거리가 (나)인 상태에서는 에너지띠가 서로 겹쳐져서 전자는 2s 부터 2p 에너지띠의 어떤 에너지를 가질 수 있다.

전자가 가질 수 있는 에너지 영역에만 전자가 존재한다고 보아서, 전자가 분포할 수 있는 영역과 분포할 수 없는 영역으로 구분한다. 전자가 있을 수 있는 에너지띠를 허용된(allowed) 에너지 영역이라고 부르고, 전자가 있을 수 없는 띠 간격을 금지된(forbidden) 에너지 영역이라고 부른다. 전자는 하나의 에너지준위에서 다른 에너지준위로만 들뜰 수 있다. 에너지띠 내에서 위의 에너지준위가 비어 있으면 아주 조그만 에너지로도 전자가 들뜬다. 그러나 아래에 놓인 에너지띠가 모두 채워져 있고 띠 간격 위의 에너지띠가 비어 있을 때는 띠 간격에 해당하는 에너지를 받아야 아래의 에너지띠에서 위의 에너지띠로 전자가 들뜰 수 있다. 띠 간격이 아주 넓으면 에너지를 아주 많이 받아야 전자가 들뜬다. 고체의 에너지띠 모양, 띠 간격의 크기, 띠에 전자가 분포된 상태에 따라 고체의 전기적 성질이 달라진다.

전자의 분포 상태를 에너지의 함수로 그려 각 궤도함수에 전자가 채워지는 상태를 나타낸 그림 8.4에서 가로축은 에너지를, 세로축은 궤도함수의 상대밀도를 나타내며, 전자가 채워진 부분을 색으로 나타내었다. 그림 8.4(a)는 2s 궤도함수에 전자가 모두 채워져 있고 2p 궤도함수는 비어 있는 상태이다. 전자로 가득 채워져 있으면서 에너지준위가 가장 높은 띠를 결합띠(valence band)라고 부르고, 이보다 높은 띠를 전도띠(conduction band)라고 부른다. 전도띠는 (a)와 같이 아주 비어 있기도 하고, (b)와 같이 일부만 전자로 채워져 있기도 하다. 물질에 전기장이 가해졌을 때 전기장에 의해 전자가 높은 에너지준위로 들떠서 이동하므로 전기가 흐르려면 전자가 들뜰 수 있도록 높은 에너지준위가 비어 있어야 한다. (a)에서는 2s 띠와 2p 띠 사이의 띠 간격보다 많은 에너지를 받아야 2s에 있는 전자가 2p 띠로 들뜰 수 있다. 전기장에서 들뜨기에 충분한 에너지를 받지 못하면 전도띠에 전자가 전혀 없어서 전기가 흐르지 않으므로 이 물질은 절연체이다. (b)에서와 같이 전도띠의 일부가 전자로 채워져 있으면 전도체이다. 아주 적은 에너지에 의해서도 전도띠 내의 더 높은 에너지준위로 전자가 들떠서 이동한다. 전자가 이동하려면 반드시 현재보다 높은 에너지준위로 옮겨 가야 하기 때문이다.

그림 8.4(c)에서는 채워진 결합띠와 비어 있는 전도띠가 겹쳐 있다. 2s 띠와 2p 띠가 서로 겹쳐 있으므로, 2s 띠부터 2p 띠에 해당하는 넓은 영역에 전자가 분포할 수 있다. 비어 있는 2p 띠에 전자가 채워지다 보니 전자의 가장 높은 에너지 준위도 2s 궤도함수의 페르미 에너지보다 낮아진다. 마치 두 띠가 겹쳐서 반쯤 채워져서 전자가 쉽게 들떠 이동하므로 이런 분포 상태를 가진 물질은 전도체이다.

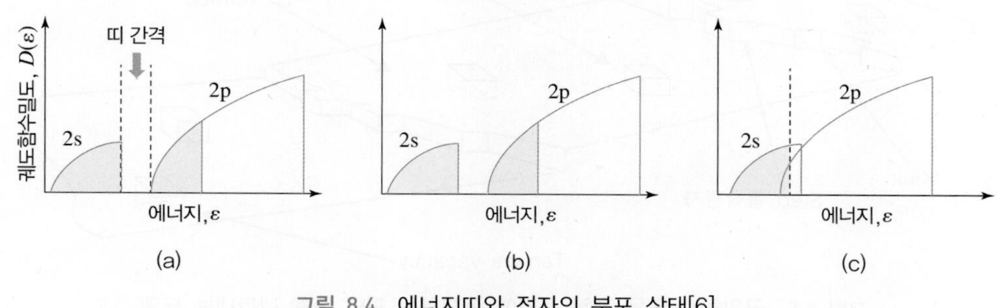

그림 8.4 에너지띠와 전자의 분포 상태[6]

절연체에서는 전도띠가 비어 있고, 결합띠와의 간격이 넓어서 온도에 의한 전자 들뜸으로는 전자이동이 안된다. 반도체는 이들 띠의 간격이 좁아서 온도에 의한 전자 들뜸 만으로도 결합띠의 일부 전자가 전도띠로 들떠서 전기가 조금 흐른다. 이와 같은 고유반도체(intrinsic semiconductor)에서는 전자가 들떠야 전기가 흐르므로 온도가 올라갈수록 전기전도도가 높아진다. 가열하는 대신 소량의 불순물을 혼입하여도 반도체가 된다. 외적 요인에 의해서 반도체가 된다는 의미에서 이런 물질을 외성반도체(extrinsic semiconductor)라고 부르는데, 공기 중에서 가열하는 대신 전자주개(electron donor)나 전자받개(electron acceptor)로 작용하도록 산화수가 다른 산화물을 첨가하여도 외성반도체가 된다. 첨가한 물질이 전자받개나 전자주개로 작용하면 전기전도도가 높아지나 반대로 자체의 전자받개나 전자주개를 없애면 전기전도도가 낮아진다. 이동할 수 있는 전자의 에너지준위와 활동 상태를 결정하는 고체의 전자적 성질이 달라지면 촉매의 성질이 필연적으로 달라지므로 촉매의 기능을 높이는 방법을 찾으려면 촉매의 전자적 성질을 이해해야 한다.

2. 표면구조론

표면분석기술이 발달함에 따라 매끄럽게만 보이는 고체 표면이 실제로는 다양한 불연속과 결함(defect)으로 이루어져 있다는 것을 알게 되었다. 특히 STM(scanning tunneling microscope)을 비롯한 다양한 분석기술로부터 고체 표면을 원자 차원에서 볼 수 있게 되었는데, 고체 표면의 한 예를 그림 8.5에 나타내었다.

고체표면을 terrace, step, kink, adatom 등으로 나눌 수 있는데, 원자가 terrace에 존재하면 이 원자에 이웃할 수 있는 원자의 수가 매우 많은 반면, step에 존재하는 원자에는 이보다 작은 수의 원자들만이 이웃할 수 있고, 특히 원자가 kink에 존재할 경우에는 이

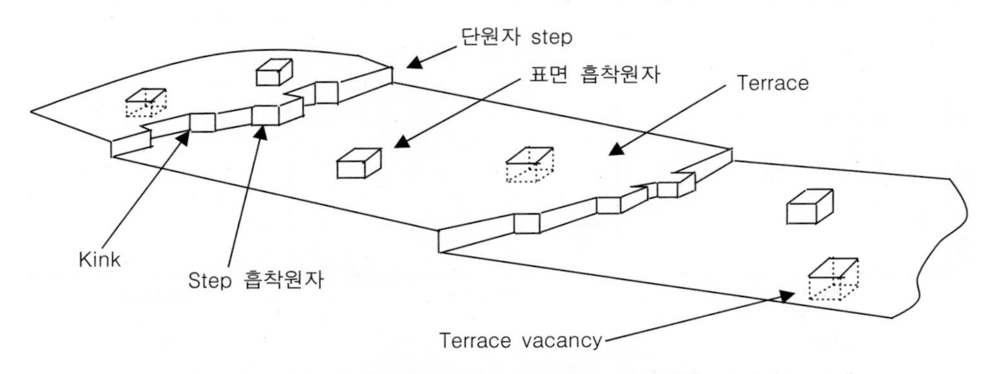

그림 8.5 균일하지 않은 고체 표면에 존재하는 표면 종을 나타내는 모델

웃할 수 있는 원자수가 거의 없게 된다. 실제 표면에서 terrace, step, kink에 각각 존재하는 원자들은 평형밀도를 유지하는데, 보통 전체 표면 원자의 10~20%가 step에 존재하고 약 5%가 kink에 존재한다. Step과 kink를 **선 결함**(line defect)이라 부르는 반면, 원자 결함인 adatom을 **점 결함**(point defect)이라 부른다. Adatom에 해당하는 원자는 그 밀도가 전체 표면원자의 1%도 채 안 되지만, 대부분의 표면에 존재하면서 표면 위에서의 원자 이동에 막대한 영향을 미친다. 한편, 이러한 다양한 표면 위치들의 평형밀도는 표면을 처리하는 방법에 따라 달라질 수 있다.

그림 8.5에 소개한 terrace-step-kink 모델은 모든 표면 원자들의 상대적 위치가 내부(bulk) 구조에서의 상대적 위치와 동일하다는 가정, 즉 표면 격자가 변하지 않는다는 가정에서 제시되었다. 그러나, 실제 표면에서는 표면 원자층과 그 바로 아래 원자층 사이의 간격이 다른 층간 간격보다 줄어들게 되고 그 결과, 표면 원자들이 내부에서의 평형위치와 다른 상대적 위치를 보이는 것으로 알려져 있다. 이러한 표면 원자층의 수축은 표면이 울퉁불퉁할수록, 즉 **충전밀도**(packing density)가 작을수록 심해지고, 결과적으로 표면 원자가 재배치되기도 한다. 특히, 원자나 분자가 표면에 흡착하는 경우 이러한 재배치가 심하게 일어난다.

앞서 언급한 표면에서의 국지적인 환경변화에 따른 표면 원자의 재배치는 화학흡착이 진행되는 순간(≈10~13 초)에 일어날 수도 있고, 표면에서 촉매반응이 진행되는 동안(수 초) 일어날 수도 있으며, 재 배치과정에 표면 원자들의 이동이 필요한 경우에는 수 시간에 걸쳐 일어날 수도 있다.

이렇게 표면 원자층의 수축이 일어나는 이유는 원자의 배위수와 결합세기와의 관계로 이해할 수 있다. 즉, 표면 원자의 배위수가 내부 원자의 배위수보다 줄어들기 때문에 결합력이 강해지고, 결과적으로 결합 길이가 줄어들게 된다. 그리고 이는 곧 표면 원자층의 수축으로 나타난다. 이 현상은 공유결합으로 이루어진 고체(예를 들면, Si, Ge, GaAs, InSb 등의 반도체) 표면에서 두드러지는데, 끊어진 결합으로부터 생기는 각 표면 원자들의 잉여 전자끼리 새로운 결합을 형성해서 표면의 **재결합**이 이루어지기도 한다.

(1) 표면구조의 표시

격자의 위치를 단위격자 길이의 배수로 나타내는데, 이를 그림 8.6 (a)에 나타내었다. 예를 들어 체심입방체의 체심에 해당하는 위치는 $\left(\frac{1}{2}\frac{1}{2}\frac{1}{2}\right)$로 나타내어진다. 이렇게 주어진 격자 위치는 구조가 같을 경우 모든 격자에 그대로 적용된다. 한편, 격자 평면은

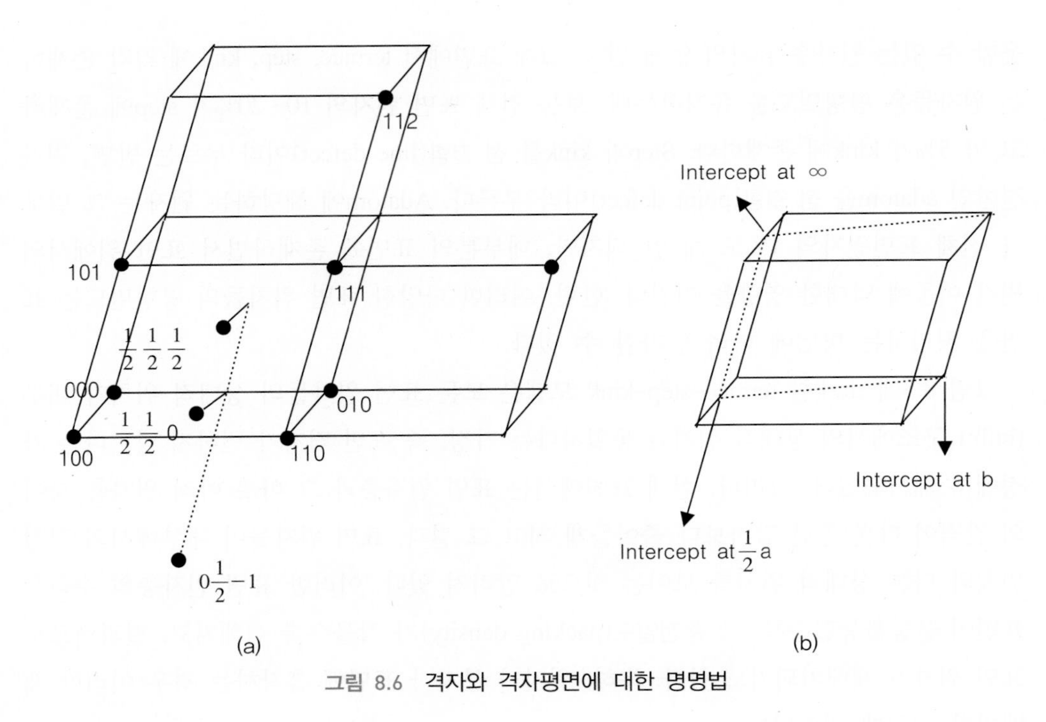

그림 8.6 격자와 격자평면에 대한 명명법

밀러지수로 표시할 수 있다. 밀러 지수는 정수로 구성되는데, 이 정수는 격자축과의 교점의 역수이다.

예를 들어 그림 8.6(b)에서 a축과의 교점이 $\frac{1}{2}a$, b축과의 교점이 b이고 c축과는 평행(이 경우에는 교점을 ∞로 고려한다)한 평면을 밀러지수로 나타내 보면, 각 교점의 역수가 각각 $1/\frac{1}{2}$, $1/1$, $1/\infty$, 즉 2, 1, 0이므로 이 평면을 (210) 평면이라 표시한다. 이러한 밀러지수는 특히 회절현상에 의한 표면분석에 유용하게 쓰인다.

(2) 표면의 전기적 특성

계면형성에 영향을 받는 표면두께를 x라 할 때, 이 표면층에서의 정전기적 포텐셜 V^{δ}는 다음과 같이 세 가지 원인에 의해서 발생한다.

$$V^{\delta}(x) = V_{core}(x) + V_{exchange}(x) + V_{dipole}(x) \tag{8.1}$$

여기서 $V_{core}(x)$는 core 전자와 valence 전자 사이에 형성되는 포텐셜이고, $V_{exchange}(x)$는 valence 전자 사이에 형성되는 포텐셜이다. 위 세 가지 원인 중 $V_{exchange}(x)$와 $V_{dipole}(x)$

가 표면의 특성에서 기인하는 포텐셜인데, 이 중에서도 특히 $V_{dipole}(x)$는 표면에 형성되는 공간 전하층과 연관되어 있다. 표면의 전기적 특성을 분석하기 위해서 가장 자주 측정하는 수치가 바로 **공간전하 포텐셜**($V_{dipole}(x)$)과 이와 연관된 **일함수**(ϕ)이다.

한편, $V_{core}(x)$는 core 전자가 외부 환경에 거의 영향을 받지 않는 특성으로 인해서 내부 원자뿐만 아니라 표면 원자의 경우에도 그 크기가 거의 변하지 않기 때문에 $V_{core}(x)$가 표면 특성에서 기인한다고 보기에는 무리가 있다.

(3) 표면의 공간전하

표면에 형성되는 공간전하를 설명하기 위해서 **젤리엄 모델**(Jellium model)을 이용한다. 이 모델에서 양전하는 그 밀도가 일정하고, 전자는 정전기력에 의해서 이 양전하에 묶여 있다. 이 모델은 특히 금속 표면의 다양한 전기적 특성을 설명하는데 유용하다. 이 모델에 해당하는 고체가 초고진공 내에 존재하면 **터널효과**에 의해 고체에서 진공으로 전자가 튀어나오게 되고, 그 결과 고체 표면에 걸쳐서 전하가 지수함수적으로 감소한다. 따라서, 고체-진공 계면의 바깥쪽에 전자밀도가 높아지게 되고, 고체 쪽에는 양전하 밀도가 높아지게 되면서 **표면 공간전하**가 발생하게 된다. 금속의 경우에는 자유전자의 밀도가 매우 높아서(원자 하나당 약 한 개) 표면층 아래에 있는 원자들이 이 자유전자에 의해 효과적으로 가려지기 때문에 이 원자들로부터의 터널효과가 거의 없게 되고, 따라서 공간전하가 형성되는 범위가 맨 위 표면 원자층에 국한되는 경우가 대부분이다. 반면에, 부도체나 반도체의 경우에는 공간전하가 수십에서 수백 원자층에 걸쳐 형성된다.

지금까지는 고체-진공 계면(예를 들어, 기상반응)에서의 공간전하 층에 대해 살펴보았는데, 이번에는 고체를 액체 속에 담그는 경우, 즉 고체-액체 계면(예를 들어, 액상반응)에서의 공간전하 층에 대해 살펴보겠다. 액체 내에 고체가 빠지게 되면 액체 분자가 고체 표면에 흡착하게 되고, 그 결과 계면에 전기화학적 2중 층이 형성된다. 특히 액체 분자가 극성을 띠고 있는 경우에는 보다 명확해지는데, 고체-액체 계면에서 액체 쪽으로 형성되는 이러한 전하 층을 **헬름홀츠 층**(Helmholtz layer)이라 부른다. 헬름홀츠 층은 액체 내에 존재하는 화학종의 산화·환원반응에 매우 중요한 역할을 수행하는 것으로 알려져 있다. 또한 이 층은 콜로이드를 안정화시키는 역할을 한다. **콜로이드**는 일정한 크기(10^4~10^5 Å)를 가지는 작은 입자(예를 들어 우유, 혈액, 페인트, 라텍스 등)인데, 서로 같은 전하를 띠기 때문에 정전기적 반발력이 발생하고, 그 결과 열역학적으로 안정하게 된다. 그리고 헬름홀츠 층으로부터 얻는 강력한 반발력으로 인해 안정성이 더욱 커지는 것이다.

(4) 일함수

일함수란 절대온도 0도에서 가장 결합력이 작은 최외각 전자가 그 결합력을 극복하고 고체로부터 빠져나오는 데 필요한 최소한의 포텐셜로 정의된다. 그림 8.7에 일함수를 금속의 자유전자 모델을 이용하여 도식적으로 나타내었다. 즉, 일함수를 다음과 같이 쓸 수 있다.

$$e\phi = eV_{exchange} + eV_{dipole} - E_F \tag{8.2}$$

표면의 원자 밀도가 감소할수록 원자 차원에서 보면 표면이 점점 거칠어지는데, 이 경우 전자가 터널효과에 의해 고체에서 빠져나옴에 따라 양전하가 고른 분포를 가지게 되고, 그 결과 낮은 원자 밀도일 때의 일함수가 높은 원자 밀도일 때의 일함수보다 더 작은 값을 갖게 된다. 즉, 표면이 거칠수록 일함수가 감소하는 것이다. 고체에서의 일함수는 결국 그 고체의 이온화 포텐셜이라 할 수 있다. 그러나 일함수와 이온화 포텐셜이 같은 값을 갖는 것이 아니라, 실제로는 고체의 일함수가 그 고체를 이루는 원자 하나의 이온화 포텐셜보다 작은 값을 갖는다. 이를 더욱 확대하면, 입자 크기가 커질수록 이온화 포텐셜이 감소한다고 말할 수도 있다. 이러한 이온화 포텐셜의 감소 양상은 단조감소라기보다는 어떤 주기성(진동성)을 가지는 것으로 알려져 있다. 그러나 현재까지는 이러한 현상을 설명할 만한 명확한 이론이 제시되지 않고 있다.

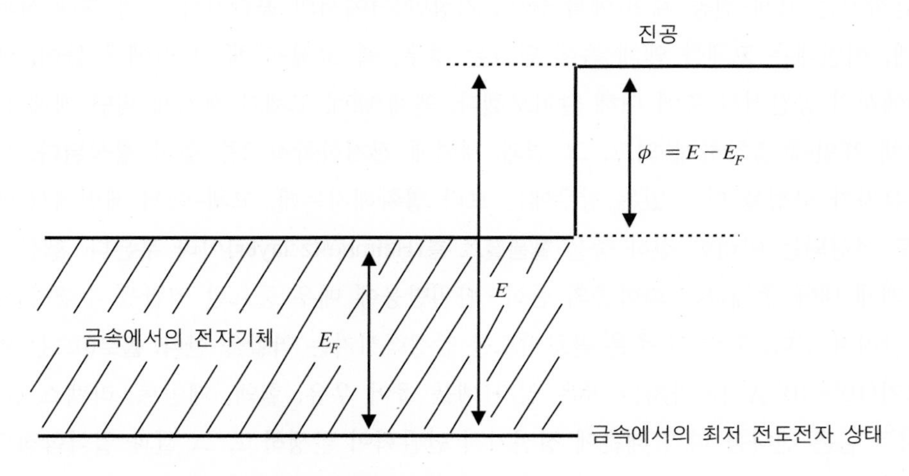

그림 8.7 일함수를 묘사한 에너지준위 그림

3. 흡착론

촉매반응은 반응물이 촉매 활성점에 흡착(adsorption)되면서 시작되는데, 흡착된 상태는 생성물의 선택성에, 흡착 세기는 촉매반응의 속도 결정에 중요한 인자이다. 결국, 촉매반응에는 흡착된 상태가 존재하기 때문에 활성화에너지가 낮은 반응경로가 가능하며, 이로 인하여 촉매작용이 나타난다. 따라서 흡착 현상은 촉매작용을 이해하는 가장 기본적인 사항이라고 할 수 있다.

흡착은 경계면에서 어느 물질의 농도가 증가하는 현상이라고 정의될 수 있다. 기체가 고체표면에 접촉되었을 때 기상농도에 비해 고체표면의 농도가 더 높아지는 현상을 예로 들 수 있으며, 경계면의 상태에 따라 여러 형태의 흡착이 가능하다. 접촉된 물질이 경계면에만 모이지 않고 다른 물질 내로 투과 확산되어 농도가 전체적으로 증가되는 경우는 흡수(absorption)라고 부른다. 흡착과 흡수는 경계면에 국한되는 현상인가의 여부로 구별하지만, 흡착과 흡수가 동시에 진행되거나 경계면이 애매하여 두 현상을 명확하게 구별하기 어려울 때는 수착(sorption)이라고 부르기도 한다. 경계면에 흡착된 어느 물질의 농도가 감소되는 현상은 탈착(desorption)이라고 부른다. 즉, 기체가 고체표면에 접촉되어 기체분자가 표면으로부터 일정한 거리에 머물게 되는 현상이 흡착이고, 흡착된 기체분자가 기상으로 떨어져나가는 현상이 탈착이다. 기체분자의 운동에너지와 흡착된 상태에서 안정화된 에너지의 차이에 따라 흡착과 탈착의 변화방향이 정해지며 평형 흡착량도 이 에너지 차이에 의해 결정된다. 계의 온도가 높아서 기체분자의 운동에너지가 크면 탈착 가능성이 높아지나, 탈착의 진행 여부는 기체분자와 표면 사이의 상호작용 정도에 따라 달라진다.

(1) 흡착에너지

고체표면의 원자 배열 방법이나 에너지 상태는 내부(bulk)와 다르다. 표면에 있는 원자는 외부로 향한 방향에 다른 원자가 없기 때문에 내부 원자보다 배위수가 적고, 에너지가 높은 상태에 있다. 따라서 표면 원자는 배위되지 않은 위치에 다른 원자나 분자를 받아들일 수 있다. 표면으로부터 일정한 거리에 다른 원자나 분자가 존재하면, 즉 흡착이 일어나면, 계의 에너지는 낮아진다.

고체표면에 기체분자가 자발적으로 흡착하려면 계의 자유에너지가 적어져야 한다. 기체분자가 분리되지 않고 그대로 흡착하면 기체분자에 비해 병진운동의 자유도가 줄어들어 흡착 후 엔트로피가 감소한다. 따라서 자유에너지 변화량이 음의 값을 가지려면 엔트로피 변화량이 음이므로 흡착엔탈피 변화량은 반드시 음의 값이어야 한다.

$$\Delta G = \Delta H - T\Delta S \tag{8.3}$$

식 (8.3)에서, ΔG는 기체 상태와 흡착상태의 깁스 자유에너지 차이, ΔH는 엔탈피 차이, ΔS는 엔트로피 차이를 각각 나타내며, T는 흡착이 일어나는 온도(K)이다. 기체분자가 분리되지 않고, **화학흡착**(associative adsorption)하는 모든 경우에 열이 발생한다. 그러나 수소가 원자로 분리되어 흡착하는 **분리흡착**(dissociative adsorption)에서는 분자가 두 개의 원자로 분리됨으로써 엔트로피가 증가하여 흡열흡착도 가능하다.

(2) 물리흡착과 화학흡착

흡착이 일어나는 원동력(driving force)으로는 반데르발스힘(van der Waals force)과 흡착제와 흡착한 물질 사이에 이루어지는 화학적 결합에 의한 화학 결합력이 있다. 반데르발스힘은 쌍극자나 사극자 분자 사이의 인력이나 분산력에 의한 응집력이다. 반데르발스힘에 의해 흡착하는 물질과 고체 표면 원자 사이에서는 전자가 이동하지 않고 흡착하면서 분자의 구조가 달라지지 않아 **물리흡착**(physisorption)이 일어난다. 이에 반해 표면원자 와 흡착한 분자 사이에 전자가 이동하면 표면 원자와 흡착하는 분자 사이에 정전기적 인력에 의한 이온결합, 전자쌍을 공유하는 공유결합, 전자쌍을 제공하는 배위결합이 형성될 수 있다. 이처럼 화학결합이 흡착의 원동력인 흡착을 **화학흡착**(chernisorption) 이라고 한다. 물리흡착과 화학흡착의 차이점을 표 8.3에 나타내었다.

물리흡착과 화학흡착에서 흡착을 일으키는 원동력은 반데르발스힘과 화학결합으로 서로 다르기 때문에 흡착할 때 발생하는 흡착열 뿐 아니라 흡착속도, 흡착량, 탈착 거동

표 8.3 물리흡착과 화학흡착의 차이점

성질	물리흡착	화학흡착
관계되는 힘	물리적인 분자 간 응집력	이온 또는 공유성 화학결합
흡착열	낮고(< 10 kcal · mol^{-1}), 액화현상과 비슷함	중간에서 높음까지(10~50 kcal · mol^{-1}), 반응열과 비슷함
활성화에너지	없음	낮음(< 15 kcal · mol^{-1})에서 중간까지(25 kcal · mol^{-1})
가역성	빠름	느림
범위	다분자층	단분자층

등이 서로 다르다. 흡착의 종류를 흡착열로 구분하기도 하지만 흡착 계에 따라 흡착열이 크게 다르다. 흡착하는 분자와 고체 표면의 상호작용의 형태와 세기가 매우 다양하기 때문이다. 아르곤이나 헬륨처럼 극성이 없는 물질이 극성이 없는 고체 표면에 물리흡착하면 발생하는 흡착열은 액화열과 비슷하다. 그러나 물이나 암모니아처럼 쌍극자 모멘트가 큰 물질이 극성 표면에 물리흡착하면 정전기적 인력이 강하기 때문에 흡착열이 매우 많다. 화학흡착에서도 생성된 화학결합이 약하면 흡착열이 적지만, 화학흡착은 일반적으로 물리흡착보다 강하기 때문에 화학흡착열이 물리흡착 열에 비해 많다. 물리흡착열은 8~20 kJ · mol^{-1}이고, 화학흡착열은 40~200 kJ · mol^{-1}로 흡착계에 따른 차이가 크다[3]. 타이타늄 금속에 대한 산소의 화학흡착열은 990 kJ · mol^{-1}로 아주 많지만, 구리에 대한 일산화탄소의 화학흡착열은 39 kJ · mol^{-1}로 상당히 적다. 이처럼 흡착열은 흡착 계에 따라 차이가 커서 흡착열을 근거로 흡착 형태를 개략적으로 구분하지만, 흡착열 만으로 흡착 형태를 판정하기는 어렵다. 화학흡착은 촉매작용의 기본 요소이기 때문에 화학흡착의 상태와 세기는 촉매를 평가하는 중요한 자료이다. 반응물의 작용기가 어떤 종류의 활성점에 화학흡착하는지, 반응물이 어떻게 나뉘어 흡착하는지에 따라 촉매 반응의 경로가 달라진다. 화학흡착의 세기도 촉매작용에 매우 중요하다. 촉매반응에서 생성된 수소나 물이 촉매에 너무 강하게 흡착되어 있으면, 활성점이 차폐되어 더 이상 촉매로서 작용하지 못한다. 반대로 흡착 세기가 약해 흡착량이 적으면 촉매반응이 느리다. 흡착 세기가 너무 약하여 흡착하지 않으면 촉매작용이 전혀 나타나지 않는다. 이처럼 화학흡착은 촉매작용의 원인, 반응경로의 결정, 활성점의 재생 등 촉매작용과 직접 연계되어 촉매의 가능성과 한계를 결정하는 인자이다. 반응물이 화학흡착하면서 촉매작용이 시작하므로 촉매현상을 화학흡착과 연관지어 설명한다.

물리흡착은 촉매 표면의 구성원소나 화학적 상태보다 표면구조와 흡착계의 물리적 조건에 의해 결정되기 때문에, 고체의 표면적이나 기공 분포를 측정하는 데에는 물리흡착이 적절하다. 물질에 대한 선택성이 없어서 온도와 압력 등 물리적 조건을 맞추어 주면 어떤 종류의 고체 표면에도 물리흡착이 일어나므로 이를 고체의 표면구조나 기공 구조를 조사하는 데 사용한다. 질소 분자의 점유 면적이 온도나 압력, 또는 고체의 조성이나 구조에 무관하게 일정하고, 액체질소로 질소가 물리흡착하는 온도를 일정하게 유지하기 쉬워서 질소의 물리흡착을 표면적 측정에 널리 사용한다.

화학흡착에서는 촉매 표면의 구성원소와 원자의 배열 방법에 따라 흡착 가능성이 달라지므로, 이로부터 표면의 화학적 성질과 특정한 물질의 분산 상태를 조사한다. 수소와 일산화탄소는 금속 표면에만 선택적으로 화학흡착하므로 금속을 담지한 촉매에서 이들의 화학흡착량으로부터 금속의 분산도를 계산한다. 화학흡착의 형태가 같아야 한다는 전제가 있지만, 수소의 흡착량을 측정하여 금속의 분산도를 결정하는 방법은 금속 촉매의 물성 조사에 널리 쓰인다. 암모니아나 피리딘 등 염기를 흡착시켜 산점의 종류와 농도를 측정하는 방법은 고체산촉매의 표준화된 산성도 측정법이다.

흡착열은 표면의 흡착점과 흡착한 분자 사이의 상호작용 세기에 대응하므로 이로부터 흡착점의 성격을 추정할 수 있다. 열량계를 이용하여 흡착열을 직접 측정할 수 있지만, 여러 온도에서 측정한 흡착등온선에서 계산하기도 한다. 흡착량이 같은 조건에서 평형상태를 이루는 온도와 압력의 쌍을 클라지우스-크라페이롱(Clausius-Clapeyron)식에 대입하여 흡착열을 계산할 수 있다.

흡착법으로 조사한 촉매의 물리화학적 성질은 촉매 표면을 직접 측정한 결과가 아니기 때문에 해석에 주의해야 한다. 염기의 흡착 결과로부터 산점의 세기를 유추할 때, 염기 분자의 구조와 크기, 흡착제의 기공 구조와 상태에 따라 산성도 분포가 달라진다. 흡착 실험에서 구한 흡착량, 흡착열, 흡착이 일어나는 온도, 흡착속도, 가역성 등은 표면의 성질을 반영하므로 흡착 실험에 사용한 검지(probe) 물질의 성질과 한계를 감안하여야 촉매의 성질과 상태를 제대로 파악할 수 있다.

4. 촉매반응속도론

촉매반응의 반응속도식은 반응기를 설계하거나 운전조건을 설정하는 근거가 될 뿐 아니라, 촉매반응이 실제 진행되는 경로를 유추하는 기본자료가 된다. 또한 반응속도식이 반응물의 농도와 온도에 따른 반응 진행 정도를 나타내므로, 촉매 개량과 새로운 촉매개발도 반응속도식이나 반응 메카니즘을 근거로 진행되는 경우가 많다. 특히 촉매작용이 화학 반응의 폭에 관련되는 열역학적 사항이 아니라 반응속도의 증진과 관련된다는 점에서, 촉매반응의 속도론적 연구는 촉매를 이해하는데 매우 중요하다.

화학 반응에서 **반응속도** $-r_A$는 반응물 A가 없어지는 속도를 나타내며, 온도와 반응기 내 물질의 농도함수이다. 일반적으로 반응속도는 **반응속도상수** k와 반응에 참여한 반응물 농도의 함수로 나타낸다.

$$-r_A = k(T)f(C_A, C_B, \cdots) \tag{8.4}$$

여기서, 속도상수 k는 온도의 함수로서 흔히 아레니우스(Arrhenius)식이라 불리우는 식 (8.5)로 나타낸다.

$$k(T) = k_o \exp(-E/RT) \qquad (8.5)$$

이 식에서 활성화에너지 E는 반응이 일어나기 위해 반응물이 가져야 하는 최소의 에너지이고, 지수 앞자리 인자 k_o는 반응물의 충돌 용이도 등 반응계의 특징을 나타내는 값으로 대체적으로 온도와는 무관하다. 식 (8.5)를 식 (8.6)의 형태로 변환하면, $1/T$과 $\ln k$의 직선 관계에서 얻어진 기울기로부터 활성화에너지를, 세로축 절편에서 k_0값을 결정할 수 있다.

$$\ln k = \ln k_0 - \frac{E}{R}(1/T) \qquad (8.6)$$

$f(C_A, C_B, \cdots)$ 함수는 반응 메카니즘을 알고 있으면 이론적으로도 도출될 수 있으나, 대부분 실험 결과로부터 함수 형태와 각 매개변수의 값을 정한다. 가장 많이 사용되는 함수 형태로는 식 (8.7)에 나타낸 반응계 각 성분의 농도에 지수를 도입한 지수속도법이 있다.

$$-r = k_o \exp(-E/RT) C_A^{\alpha} C_B^{\beta} \ \cdots \qquad (8.7)$$

각 성분의 농도에 대한 지수(α, β, $\cdots$)를 반응차수라고 부른다. 반응차수가 양론계수 a, b 등과 같으면 이 화학 반응은 식 (8.8)로 나타내어지는 기본반응(elementary reaction)이다.

$$aA + bB + \cdots \rightarrow cC + dD + \cdots \qquad (8.8)$$

기본반응이 아닌 반응에서는 각 물질의 반응차수가 양론계수와 같지 않다. 즉, 반응이 식 (8.8)처럼 단일 단계를 거쳐서 진행되지 않고, 여러 단계의 기본반응이 이어져 진행되므로, 이를 합해야 반응식 (8.8)로 표현된다는 의미이다. 실제로, 촉매반응은 흡착, 표면 반응, 탈착 단계를 거쳐 진행될 뿐만 아니라 중간생성물을 거치는 경우도 많아, 반응차수와 양론 계수가 일치되지 않는 경우가 대부분이다. 또한 촉매반응의 반응차수는 정수가 아닌 경우도 많으며, 음수인 경우나 0인 경우도 있다. 그리고 반응물뿐 아니라 생성물 농도가 속도식에 나타나기도 하고 흡착 세기가 커지면 반응차수가 음의 값을 가지기도 하여 촉매가 사용되지 않는 반응과는 차이가 많다. 촉매반응의 반응속도를 나타낼 때에는 반응기의 단위부피당 속도보다 촉매의 부피나 무게 또는 표면적당 속도로 나타내기도 한다. 촉매의 활성점이 확실하고 그 농도를 정확히 측정할 수 있으면 활성점 한 개에서 단위시간에 반응하는 반응물의 분자수를 나타내는 전환회수(turnover frequency)

로 촉매반응의 속도를 나타내는 것이 분자 단위로 반응속도를 나타내거나 이해하는 데 적당하다.

(1) 촉매반응의 속도와 열역학적 제한

촉매를 사용하면 열역학적 평형상수 K로부터 결정되는 평형 조성이 달라지는 것이 아니고, 단지 평형에 이르는 시간이 단축될 뿐이다. 즉, 촉매를 사용하는 이유는 반응속도를 빠르게 하기 위한 것이지 평형상태에 영향을 주어 최대전환율값을 높이기 위한 것은 아니다. 그런데 대부분의 반응계에서는 여러 종류의 화학 반응이 모두 같은 속도로 진행되는 것이 아니고, 또한 촉매를 사용할 경우, 모든 반응의 활성화에너지가 모두 같은 비율로 낮아지는 것도 아니다. 따라서 촉매에 의해서 특정 반응의 활성화에너지만 선택적으로 낮춘다면, 원하는 반응만의 속도를 증진시켜 선택도와 수율을 높일 수 있다. 즉, 촉매는 반응계의 구성과 조건에 따라 결정되는 평형상태를 바꾸는 것이 아니라, 평형에 이르는 여러 경로의 속도 차이를 이용하여 원하는 생성물의 선택성을 향상시키는 것이다.

촉매를 반응기에 넣고 반응시키면 촉매 표면에서 일어나는 화학 반응단계 외에도 반응물이나 생성물이 고체촉매 내를 이동하는 여러 물리적 단계를 거쳐 반응이 진행된다. 이러한 물리적 단계는 촉매의 구조나 반응의 성격에 따라 반응속도에 영향을 미친다.

기공이 있는 촉매에서 촉매반응의 진행 과정을 그림 8.8에 보였다. 1번 단계에서는 반응물 흐름으로부터 촉매 표면으로 반응물이 이동하고, 2번 단계에서는 반응물이 촉매 기공 내에서 활성점으로 이동한다. 3번 단계에서는 반응물이 촉매 활성점에 흡착한다. 활성점에서 일어나는 표면 반응은 4번 단계이다. 5번 단계에서는 생성물이 활성점에서 탈착하고, 6번 단계에서는 생성물이 촉매 바깥으로 확산되며. 7번 단계에서는 생성물이 촉매 표면을 떠나 생성물 흐름에 합류한다.

여러 단계 중 화학 반응의 고유 반응속도(intrinsic reaction rate)는 3, 4, 5단계에서 결정된다. 그 외 단계는 물질이 이동하는 단계로 물리적 과정이다. 2와 6단계는 촉매 알갱이의 기공 내에서 반응물과 생성물이 이동하는 내부물질 전달단계이고 1과 7단계는 반응물 및 생성물 흐름과 촉매 알갱이의 겉표면 사이에서 진행되는 외부물질 전달단계이다. 내부와 외부물질 전달단계를 합하거나 외부물질 전달단계를 고려하지 않고. 촉매반응의 단계를 다섯 단계로 나누기도 한다.

반응은 아주 느리나 촉매 기공이 커서 표면 반응에 비해 물질 전달이 빠르면, 물질

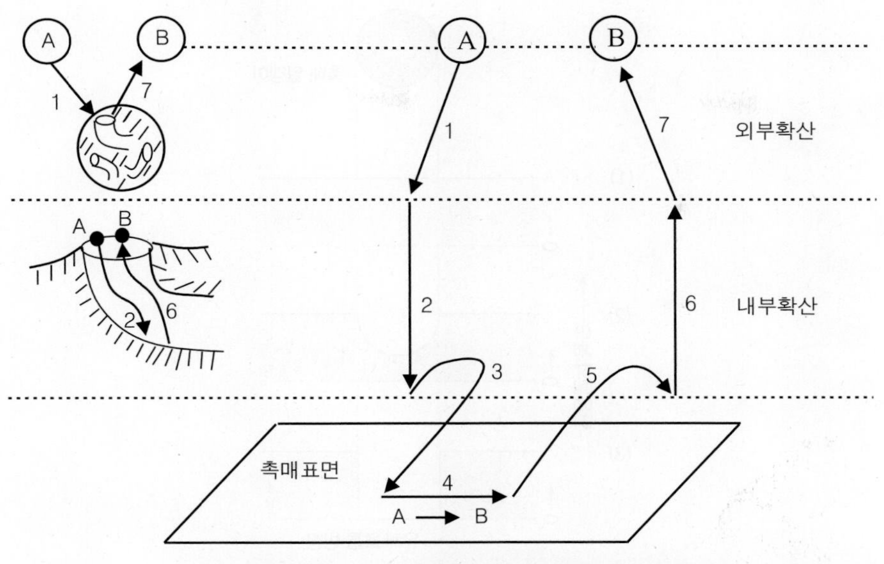

그림 8.8 기공이 있는 촉매상에서 촉매반응의 단계 [7]

전달은 반응속도에 영향을 주지 않는다. 이 조건에서는 활성점에서 진행하는 표면 반응의 속도에 의해 전체 반응속도가 결정된다. 반대로 물질 전달이 표면 반응에 비해 느리면, 촉매반응의 속도는 물질의 전달속도에 의해 결정된다. 분자확산(molecular diffusion)에서는 물질 전달속도는 온도의 3/2승에 비례하고, 누센확산(Knudsen diffusion)에서는 물질 전달속도가 온도의 1/2승에 비례하므로, 온도가 높아져도 확산속도가 별로 빨라지지 않는다. 활성화에너지에 따라 차이가 있지만 반응속도는 온도의 지수함수이어서 온도가 높아지면 반응속도는 상당히 빨라진다. 온도가 높아지면 표면 반응이 많이 빨라지므로 물질 전달이 상대적으로 느려져서 높은 온도에서는 물질 전달속도가 반응속도를 지배한다. 이처럼 촉매반응에서는 반응조건에 따라 반응속도를 결정하는 인자와 단계가 달라져서 속도식 형태가 달라진다.

물질 전달속도와 반응속도의 상대적인 차이에 따른 촉매 알갱이 내에서 반응물의 농도 분포 변화를 그림 8.9에 보였다. (1)은 표면 반응이 느리고 물질 전달이 상대적으로 빠른 경우이다. 반응물이 충분히 빠르게 공급되어, 촉매 알갱이의 안과 밖 어디에서나 반응물의 농도가 같다. 그러나 반응물의 확산이 느려지거나 온도가 높아서 반응이 빠르면 (2)에서 보듯이 촉매 알갱이의 안으로 들어갈수록 반응물의 농도가 낮다. 반응온도가 아주 높거나 촉매활성이 매우 커서 표면 반응이 물질 전달보다 매우 빠르면, (3)에서 보듯이 반응물이 촉매 알갱이 내부로 들어오지 않고 표면에서 모두 생성물로 전환되므

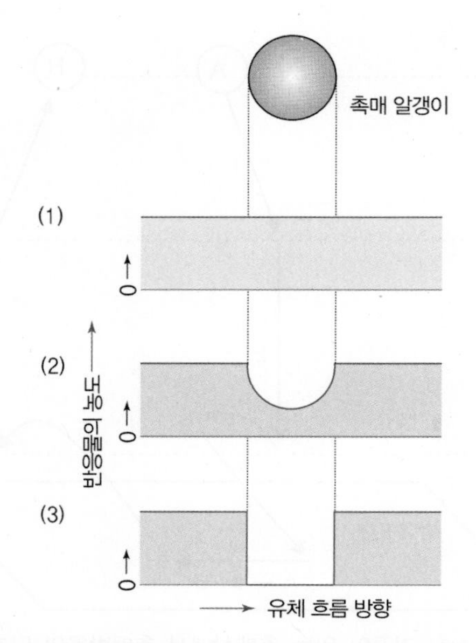

그림 8.9 표면 반응과 물질 전달의 속도 차이에 따른 촉매 알갱이 안팎의 반응물 농도.
(1) 온도가 낮거나 반응속도가 느려 물질전달의 영향이 없음.
(2) 반응속도가 내부 물질 전달속도의 영향을 받음.
(3) 온도가 높거나 반응속도가 아주 빨라 외부 물질 전달이 반응속도를 결정함.
* 반응 속도와 물질 전달속도는 상대적이어서, '반응이 빠르다' 하는 대신에 '물질 전달이 느리다' 라고 해도 된다[5].

로 촉매 알갱이 내에는 반응물이 없다. 이 경우에는 반응물 흐름에서 촉매 알갱이 표면으로 물질이 전달되는 외부물질 전달이 반응속도를 결정한다.

앞에서 설명한 대로 반응속도와 물질의 전달속도는 온도에 따라 달라지는 정도가 서로 달라서 반응온도에 따라 속도 결정단계가 변하고 이로 인해 물질 전달과 흡착. 표면 반응, 탈착 단계가 관여하는 촉매반응의 겉보기 활성화에너지가 달라진다. 표면 반응이 속도 결정단계이면 표면 반응의 활성화에너지가 바로 겉보기 활성화에너지이다. 그러나 내부 물질 전달단계가 속도 결정단계이면 겉보기 활성화에너지는 줄어들어 표면 반응 활성화에너지의 절반이 된다. 외부물질 전달단계가 속도 결정단계이면 겉보기 활성화에너지는 물리적 과정인 물질 전달단계의 활성화에너지와 같아져서, 그 값이 1,550 $\mathrm{kJ \cdot moJ^{-1}}$로 매우 작다.

(2) 촉매반응 기구와 속도식

촉매반응은 반응물의 흡착, 표면 반응, 생성물의 탈착 등 여러 단계를 거쳐서 진행되므로 반응기구가 복잡하다. 흡착한 반응물이 생성물로 전환되는 표면 반응도 여러 기본반응으로 이루어져 있다. 촉매를 사용하지 않는 화학 반응에서는 반응물이 서로 충돌하여 반응하므로 아주 특별한 반응을 제외하고는 지수 속도법으로 반응속도를 나타내고, 반응차수를 구하여 반응물의 농도 변화에 따른 반응속도의 변화를 쉽게 유추한다. 그러나 촉매반응에서는 물질 전달단계를 배제하여도 흡착, 표면 반응, 탈착 등 세 단계를 고려하여야 하고 표면 반응의 속도가 기상이나 액상의 농도 대신 흡착한 반응물의 농도에 의해 결정되므로 반응속도를 지수 속도법으로 나타내기 어렵다.

촉매를 사용하지 않는 화학 반응에서는 지수 속도법으로 속도식을 설정하고 나머지 변수를 일정하다고 가정할 수 있는 조건에서 한 가지 변수의 영향을 조사하여 이의 반응차수를 구한다. 모든 반응물에 대한 반응차수가 모두 구해지면 이를 적용하여 반응속도 상수를 결정함으로써 속도식을 완성한다. 그러나 촉매반응에서는 반응 과정이 복잡하여 지수 속도법을 적용하기 어려우므로 반응식이나 개략적인 반응속도의 실험 결과로부터 반응기구를 먼저 가정한다. 촉매반응의 경로나 특정을 조사하여 반응기구를 미리 설정하여 이로부터 속도식을 도출하고, 실험에서 측정한 반응속도와 비교하여 반응기구의 타당성을 검증하여 속도식을 완성한다.

촉매반응의 반응기구에는 활성 중간체의 생성과 이의 전환에 대한 정보가 들어 있어야 한다. 반응물의 흡착상태와 흡착한 반응물에서 생성되는 중간체의 구조를 알아야 반응기구를 세울 수 있지만, 실험을 통해 이를 알아내기는 쉽지 않다. 적외선분광기 등 다양한 분석기기를 이용하여 흡착한 반응물의 상태를 조사하고, 반응 도중에 생성되는 물질을 확인하여 중간체를 유추한다. 동위원소 조성이 다른 반응물을 반응시켜 생성물의 동위원소 분포로부터 가능한 반응경로를 예상하여 중간체를 추정한다. 흡착이나 탈착 과정에서 발생하거나 흡수하는 열로부터 흡착상태의 안정성을 판단하여 중간체의 구조를 그려본다. 반응물이 흡착한 촉매나 반응이 진행 중인 촉매의 온도를 급하게 올리거나 강한 에너지빔을 쪼여서 촉매에 흡착한 물질을 탈착시켜 활성 중간체를 검증한다. 이 외에도 여러 방법으로 중간체를 조사하지만, 중간체는 반응 도중에 잠깐 생성되는 불안정한 물질이어서 이의 생성과 전환 과정을 확인하고 검증하기가 쉽지 않다.

설정한 반응기구에서 속도식을 유도하고, 이를 실험결과와 비교하여 속도식의 타당성을 검토하는 방법도 있다. 반응물의 압력이나 농도가 반응속도에 미치는 영향, 온도에 따른 반응속도의 변화 거동 등을 검토하여 설정한 속도식이 합리적인지 검토한다. 유도한 속도식이 매우 복잡하면 실험 결과와 비교하여 검토하기가 어려우므로, 적절한 가정을 도입하여 사용 가능한 수준으로 속도식을 단순화한다. 제안한 반응기구에서 유도한 속도식이 실험적으로 구한 속도식과 일치하면 설정한 반응기구의 타당성이 높다. 속도식이 서로 일치한다고 해서 제안한 반응기구가 반드시 맞는 것은 아니지만, 반응기구가 타당하다면 이를 근거로 유도한 속도식은 실험하여 구한 속도식과 같아야 한다.

촉매반응의 대표적인 반응기구로는 랭뮤어-힌쉘우드(Langmuir-Hinshelwood, L-H) 반응기구와 엘라이-리데알(Eley-Rideal, E-R) 반응기구가 있다. 활성점에 반응물이 흡착하여 활성화되면서 촉매반응이 시작되지만. 모든 반응물이 촉매에 흡착할 필요는 없다. 모든 반응물이 랭뮤어 흡착등온선에 따라 흡착하여 표면에서 반응한다는 반응기구가 랭뮤어-힌쉘우드(L-H) 반응기구이다. 이들 이름의 첫 글자를 따서 보통 L-H 반응기구라고 부른다. 모든 반응물이 활성점에 흡착한 상태에서 반응하여 생성물이 되고, 생성물이 탈착하여 활성점이 재생되면서 반응이 완결된다. 2종류의 반응물들인 경우, 이들의 활성점이 같지 않아도 되고, 생성물이 흡착하지 않아도 된다. L-H 반응기구에서는 모든 반응물이 흡착하여 반응하고, 흡착한 반응물의 표면 농도를 랭뮤어 흡착등온선으로 나타낼 수 있다고 가정한다. 반응물이 모두 흡착하여 활성화되면 촉매작용이 나타날 가능성이 높아서, 모든 반응물이 흡착한다고 전제하는 L-H 반응기구를 거치는 촉매반응이 많다.

엘라이-리데알(E-R) 반응기구는 일부 반응물만 흡착하여 활성화된다고 전제한다. 반응물이 두 종류인 촉매반응에서 한 반응물은 활성점에 흡착하여 활성화되지만, 다른 반응물은 활성점에 흡착하지 않고 기상 또는 물리흡착한 상태에서 활성화된 반응물과 반응한다. 반응물이 모두 흡착하지 않으므로 촉매반응에 필요한 활성점 개수가 L-H 반응기구에서 필요한 활성점 개수에 비해 적고, 흡착하지 않는 반응물의 농도를 표면점유율 대신 압력으로 나타내는 점이 다르다. 반응물이 모두 흡착하여 활성화되면 여러 가지 반응이 같이 진행되나, 한 종류의 반응물만 흡착하여 활성화된 상태에서 촉매반응이 진행되므로 E-R 반응기구를 거치는 반응에서 원하는 생성물에 대한 선택성이 높다.

여러 단계를 거치는 복잡한 반응을 두 단계로 단순화할 수 있다. 이를 두 단계 반응기구(two-step mechanism)라 하는데, 여러 단계를 거쳐 일어나는 촉매반응에서 속도식을 구할 때 가장 중요한 중간체를 설정하여 반응기구를 단순화한다. 다시 말하면, 반응물로부터 가장 중요한 중간체가 생성되는 단계와 이 중간체가 생성물로 전환되는 단계로 반응기구를 구성한다. 반응기구가 두 단계로 간단해져서 속도식을 유도하기 쉽다.

금속산화물 촉매에서 일어나는 알켄의 부분산화반응은 산화-환원 반응기구(oxidation-redudion mechanism)로 해석할 수 있다. 이때 반응은 격자산소에 의해 일어난다. 금속원자와 격자산소의 결합이 강하지 않아서, 격자산소가 금속 원자에 흡착한 알켄과 결합하여 알켄을 산화시킨다. 비어 있는 격자산소 자리에 기상 산소가 다시 채워지면서 촉매 활성점이 재생된다. 산소분자가 전자를 받아서 분자와 원자 이온 상태로 흡착한 산소에 비하면 격자 산소의 활성은 낮다. 산소와 결합하여 전자밀도가 낮아진 금속 원자에 전자밀도가 높은 이중결합이 있는 알켄이 흡착한다. 격자산소의 활성이 낮기 때문에 알켄에 격자산소가 결합하여도 알켄이 이산화탄소와 물로 완전 산화되지 않고 알코올, 알데하이드, 카복실산, 에폭사이드 화합물로 부분산화된다. 이 과정을 따르면 촉매의 산화와 환원 단계를 거치면서 반응이 진행하므로 산화-환원 반응기구라고 부르기도 하고, 연구자의 성을 따서 마스와 판 크레블른(Mars and van Krevelen) 반응기구라고 부르기도 한다. 산화-환원 반응기구 대신 금속 원자에 알켄과 산소가 흡착하여 반응한다고 보는 L-H 반응기구로도 알켄의 부분산화반응을 해석할 수 있다. 알켄이 산화된 상태를 중요한 중간체로 간주하면 두 단계 반응기구를 적용해도 된다. 그러나 알켄 부분산화반응의 속도를 해석하는 데는 산화-환원 반응기구가 아주 편리하므로 부분산화반응을 다른 반응기구로 해석하는 예는 거의 없다.

(3) 촉매반응의 속도식에 대한 고찰

반응기구에서 유도한 촉매반응의 속도식을 다음과 같은 형태로 일반화하여 쓴다.

$$r = \frac{(\text{반응속도항})(\text{원동력항})}{(\text{흡착항})^n}$$

반응속도 항에 들어 있는 속도 결정 단계의 속도상수가 반응의 성격을 나타낸다. 표면반응이 속도 결정단계이면 반응속도상수가, 흡착이 속도 결정단계이면 흡착속도 상수가 반응속도 항에 들어 있다. 온도에 따른 반응속도의 변화 정도가 활성화에너지로서 반응속도상수에 들어 있지만, 원동력항이나 흡착항에 들어 있는 화학평형상수도 온도에 따라 달라지므로 반응속도에 미치는 온도의 영향이 매우 복잡하다.

원동력항의 형태는 반응이 가역적이냐 비가역적이냐에 따라 달라진다. 비가역 반응에서는 정반응만을 고려하므로 정반응에 관련된 반응물의 분압과 평형상수만 원동력항에 들어 있으나 가역반응에서는 역반응을 고려하여 생성물의 분압과 평형상수로 이루어진 생성물항을 빼주어야 한다. 전체 반응속도는 정반응속도에서 역반응속도를 빼준 값이어서 역반응이 진행되면 속도가 느려진다. 분모는 흡착항으로서 활성점에 흡착하는 물질에 관한 정보가 들어 있다. 분모에 반응물과 생성물의 항이 없으면 이들이 흡착하지 않거나 흡착하더라도 흡착 세기가 아주 약하다. n값은 표면 반응에 참여하는 흡착한 물질의 개수로서 흡착한 반응물 두 개가 반응하는 표면 반응이 속도를 결정하면 $n=2$이다. 수소 원자 두 개와 알켄 한 분자가 반응하는 수소화반응에서 $n=3$이다.

반응기구에서 유도한 속도식으로 실험 결과를 해석할 때 주의해야 할 점이 많다. 앞에서 살펴본 것처럼 반응기구가 달라도 흡착하는 물질과 세기, 속도 결정 단계를 어떻게 설정하는가에 따라 속도식이 같아지기 때문이다. 따라서 유도한 속도식이 실험결과와 일치한다고 해서, 설정한 반응기구가 타당하다고 생각하면 대단히 위험하다. 반대로 실험을 통해 결정한 속도식에서 반응기구를 유추할 때 실험조건의 범위 밖으로 확대해석하는 일도 매우 위험하다. 실험조건에 비추어 속도식의 적용 한계를 검토해야 하고, 결정한 상수의 타당성을 점검해야 한다. 예를 들면, 흡착평형상수는 반드시 양수이어야 하며, 온도가 높아지면 작아진다는 기본적인 성격과 일치하는지, 여부를 확인해야 한다. 평형상수의 온도 의존성에서 계산한 열역학 계산치가 자료와 잘 일치하는지, 반응의 성격에 부합하는지도 검토하여야 한다. 이처럼 속도식 도출과 해석에는 제한이 많고 유의해야 할 사항이 많지만, 반응 속도식은 촉매반응의 진행 과정을 정량적으로 나타내는 아주 중요한 자료이다. 촉매반응을 공업적으로 활용하기 위해 반응기를 설계하고 촉매반응의 수율이나 선택성을 극대화하기 위해서, 또 촉매의 활성과 선택성을 높이는 방안을 유추하기 위해서 반응속도식이 꼭 필요하기 때문이다.

(4) 촉매반응의 속도식 결정

실험을 통해 측정한 반응속도에서 촉매반응의 속도식을 결정한다. 반응기구에서도 속도식을 유도하지만, 이 역시 실험적으로 검증해야 한다. 속도식을 결정하는 방법에는 크게 두 가지가 있다. 반응온도가 반응물의 농도 등 반응조건을 바꾸어 가며 측정한 속도론적 자료에서 연역적으로 속도식을 결정하는 방법과, 이와 반대로 반응식이나 개략적인 반응결과에서 속도식을 먼저 설정한 후 이를 실험결과와 비교하여 수정해가는 시행착오(trial and error) 방법이 있다. 실험을 통해 촉매반응의 속도를 측정하고 이로부터 속도식을 결정하는 방법으로는 미분해석법, 초기속도법, 적분해석법, 압력측정법 등이 있다.

일반적인 화학 반응과 마찬가지로 촉매반응에서도 반응시간에 따른 반응물과 생성물의 몰수(또는 농도) 변화에서 반응속도를 결정하므로 반응속도를 측정하려면 일정한 시간 간격(또는 연속적)으로 반응기에 들어 있는 물질의 농도를 측정하여야 한다. 반응속도를 측정할 때 사용하는 반응기에는 그림 8.10에 보인 회분식 반응기와 흐름형 반응기

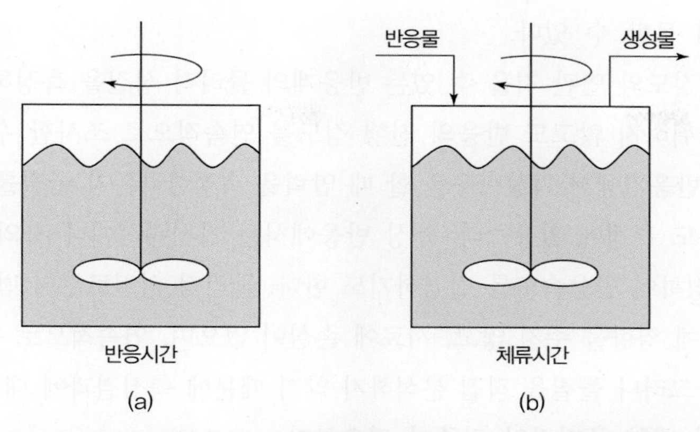

그림 8.10 (a) 회분식 반응기와 (b) 흐름형 반응기에서 반응시간 개념의 비교[5]

가 있다.

반응기의 종류에 따라 반응물의 공급과 생성물의 배출 방법뿐 아니라 반응시간의 개념이 다르다. 회분식 반응기에서는 반응물을 추가로 공급하지 않고, 생성물이 반응기 내에 축적된다. 반응이 시작된 시점에서부터 경과한 실제 시간이 바로 반응시간이다. 반응물과 촉매를 반응기에 넣은 시점에서 반응이 시작하고, 일정한 시간 간격으로 반응기 내 물질을 채취하여 분석한다. 반응물과 생성물의 농도 변화에서 계산한 반응의 진행 정도에서 반응속도를 결정한다. 이와 달리 흐름형 반응기에서는 반응물이 일정한 속도로 공급되고 생성물은 연속적으로 배출된다. 따라서 반응물이 반응기 내를 지나가는 시간 동안만 반응이 일어난다. 이런 이유로 흐름형 반응기에서는 실제 시간과 반응시간 사이에 아무 관계가 없다. 반응기 부피를 반응물 유량으로 나누어 구한 반응물의 반응기 내 체류시간(residence time)이 바로 반응시간이다. 충전식 반응기(packed bed reactor)에서는 반응기의 부피 대신 촉매층의 부피를 반응물 유량으로 나누어 체류시간을 결정한다. 촉매의 충전량을 바꾸거나 반응물 유속을 조절하여 체류시간을 조절함으로써 반응시간에 따른 반응의 진행 정도를 조사한다. 촉매층이 얇거나 유속이 빠르면 체류시간이 짧고, 촉매층이 두텁거나 유속이 느리면 체류시간이 길다. 체류시간을 접촉시간(contact time) 이라고도 하는데. 이는 촉매와 반응물이 접촉하여 반응이 진행함을 강조하는 용어이다. 반응의 진행 정도를 조사하기 위해 먼저 반응물이나 생성물의 농도를 측정한다. 일정 시간 간격으로 반응계에서 시료를 채취하여 화학분석 방법으로 농도를 결정한다. 반응시간에 따른 농도의 변화를 그린 곡선의 기울기에서 반응속도를 계산한다. 회분식 반응기에서는 시료를 계속 채취하면 반응계의 규모가 필연적으로 줄어들고, 화학분석 과정에서 시료가 파괴되기도 하며 아주 짧은 간격으로 시료를 채취하기 어려워 연속적인 결과를 얻지 못할 수 있다.

반응의 진행 정도와 연관 지을 수 있는 반응계의 물리적 성질을 측정하면, 일정 간격으로 시료를 채취하지 않고도 반응의 진행 정도를 연속적으로 조사할 수 있다. 부피가 일정한 회분식 반응기에서 기상반응을 할 때 압력을 측정한다든지 굴절률, 흡광도, 편광률 등을 반응속도 측정에 활용한다. 액상 반응에서는 가시광선이나 자외선의 흡광도를 연속적으로 측정하여 반응속도를 결정하기도 한다. 물리적 성질로부터 반응속도를 결정하는 방법은 계에 영향을 주지 않고, 시료에 손실이 없으며, 연속적으로 측정할 수 있어 아주 편리하다. 그러나 물질을 직접 분석하지 않기 때문에 측정결과에 대한 세심한 보정과 분석 방법에 대한 주기적인 검증이 필요하다.

반응속도는 속도식 결정의 기본자료이므로 정확할수록 좋지만, 반응기 내에서 온도와 농도 분포 등에 따른 오차 및 실험자의 숙련도와 집중도에 따른 오차로 정확도에 한계가 있다. 반응의 종류, 측정 장치, 반응조건에 따라 오차가 다르므로 반응속도의 측정결과를 해석할 때 주의해야 한다.

(5) 촉매반응의 속도 측정용 반응기

촉매반응의 반응속도를 정확히 측정하기 위해서 반응기 내 온도와 농도 등 반응조건이 균일하고 물질 전달의 영향이 최소화되는 반응기를 선택한다. 반응기의 종류가 많으므로 반응의 종류, 성격, 반응기 운용 조건 등을 고려하여 선택한다. 물질의 흐름이 있느냐의 여부에 따라 흐름형 반응기와 정지형 반응기로 나누고, 조작 형태에 따라 이들을 표 8.4

표 8.4 촉매반응의 속도 측정용 반응기

물질의 흐름 형태	운전 형태	비고
흐름형 반응기	고정층 반응기	U자형이나 일자형 관에 촉매를 채운 빈응기
	펄스 반응기	촉매를 충전한 고정층 반응기를 기체 크로마토그래피의 분리컬럼 앞에 설치하여, 펄스 상태로 주입한 반응물이 촉매층을 거쳐 GC의 분리컬럼에 들어가도록 만든 반응기
	연속교반 반응기	반응기 내에서 모든 물질의 농도 분포가 균일하고 등온 조건이 유지되는 반응기
	내부순환 반응기	촉매를 내부에서 순환시키는 반응기
	외부순환 반응기	고정층 반응기에 반응물 순환용 펌프와 반응물과 생성물이 응축되지 않도록 가열하는 순환관을 설치하여 외부에서 강제로 순환시키는 반응기
정지형 반응기	회분식 반응기	반응 중간에 반응물 및 생성물의 출입이 없는 상태의 반응기
	순환회분식 반응기	생성물의 일부를 회분식 반응기내로 재 유입하여 순환시키는 반응기

와 같이 분류한다.

촉매 표면 반응의 속도를 측정하려면 촉매 입자의 안팎에서 물질 전달의 영향이 없어야 하고, 반응기 내에서 온도와 물질의 농도 분포가 균일하여야 한다. 물질 전달의 영향이 배제되는 반응조건과 촉매 모양을 선택하고, 촉매층 부피를 줄여서 반응 진행으로 인한 발열과 흡열로 반응온도가 달라지지 않도록 유의한다. 열전도도는 좋으나 촉매활성이 없는 유리, 석영, α-알루미나 등 희석제를 촉매와 섞어 충전함으로써 촉매층의 위치에 따른 온도 차이를 크게 줄일 수 있다.

5. 비활성화

촉매는 그 자신은 변하지 않으면서 반응속도를 증진시키는 물질이므로 이상적으로는 그 수명이 무한해야 한다. 그러나 실제로는 그렇지 못하여 어떤 촉매는 수 분의 수명을, 어떤 촉매는 십 년 가까운 수명을 가지고 있다. 어떤 원인에 의해서 촉매가 그 수명을 상실하는지에 대해서 간략하게 살펴보겠다.

표 8.5에 촉매의 비활성화 원인에 대해서 나타내었다. 기계적, 열적, 화학적 요인을 완전히 구분하기란 불가능하다. 그러나 비활성화의 원인을 구분해서 다루는 것이 편리하므로 가장 중요한 소결, 피독, 그리고 탄소침적(coking)에 관해 기술하였다.

표 8.5 촉매 비활성화의 원인[65]

유형	원인	결과
기계적 요인에 의한 비활성화	입자붕괴	Bed channeling, 막힘
	파울링	표면적 감소
열적 요인에 의한 비활성화	활성성분의 증발	활성성분의 감소
	상변화	표면적 감소
	화합물 형성	활성성분과 표면적의 감소
	소결	표면적 감소
화학적 요인에 의한 비활성화	피독물질 흡착	활성점 상실
	탄소침적	표면적 감소, 막힘

(1) 입자붕괴

공정 운전 중에 점차적으로 촉매층의 기계적 물성의 변형이 일어나게 된다. 그 결과, 촉매층에는 막힘(plugging), 채널링(channeling), 압력강하(pressure drop) 증가, 고르지 못한 촉매층 성능 등이 나타난다. 입자붕괴는 또한 열적 비활성화와 탄소침적과 관련되는 열섬(hot spots)을 형성하는 등, 보다 심각한 다른 비활성화 메카니즘을 유발하는 원인이 된다.

(2) 파울링

파울링(fouling)은 반응물이나 생성물의 일부분인 화학성분뿐 아니라 녹(rust) 같은 반응기에서 떨어져 나온 물질 등이 촉매 입자를 덮는 현상을 말한다. 파울링에 의해서 촉매 입자의 표면이 덮여 기공이 막히고 활성점이 반응물로부터 차단될 뿐만 아니라 촉매층 내의 빈 공간(void space)이 완전히 사라지는 부작용이 초래되기도 한다.

(3) 활성성분의 증발

높은 온도에서는 활성성분이나 조촉매(promoter)가 증발하는 현상이 발생하며 이로 인하여 촉매의 활성이 상실된다. 예를 들면, 몰리브덴 성분을 함유하고 있는 촉매의 경우에는 800℃ 이상의 온도에서 몰리브덴 성분이 증발하여 완전히 그 촉매활성을 상실하므로, 온도를 그 이상으로 올리지 않도록 주의를 기울여야 한다.

(4) 상변화

촉매의 각 성분들은 최상의 활성을 지니는 형태로 유지되어야만 하나, 열에 의해서 상변화가 일어나 활성상태가 소멸되는 현상이 일어난다. 예를 들면, 높은 표면적을 가지는 알루미나는 열이 가해질 경우 낮은 표면적을 가지는 상태로 변화되고, 따라서 활성 감소가 관찰된다.

(5) 화합물 형성

활성성분이 주위의 반응성 물질들과 결합하여 화합물을 이룸으로써 촉매활성이 감소된다. 높은 온도에서 니켈과 지지체인 알루미나나 실리카는 결합되어 알루미산 니켈(nickel aluminates)이나 규산 니켈(nickel silicates)을 각각 형성하고, 이로 인해서 활성이 저하된다. 또한 수증기는 코발트와 철과 결합하여 산화물을, 질소는 질화물을, 탄소가 함유된 반응 기체는 촉매의 탄화물을 형성할 수 있다. 이 현상은 피독과는 달리 표면 현상이 아니므로 XRD에 의해서 쉽게 확인될 수 있다.

(6) 소결

촉매의 각 표면과 내부(bulk)의 원자들은 그 자체의 녹는점의 약 1/3 이나 1/2 의 온도에서부터 유동성을 가지게 된다. 따라서 일반적으로 높은 녹는점을 가지는 지지체 위에 분산된 낮은 녹는점의 금속, 금속산화물, 금속황화물 등은 높은 반응온도에서 여러 가지 메카니즘에 따라서 소결을 일으키게 된다. 순차적인 소결 과정에서 높은 중기공성(mesoporosity)를 가지는 작은 알갱이(50~500 μm)는 압축되고, 작은 기공을 연결하는 가교를 통하여 물질확산이 일어난다. 그 결과 작은 기공들은 붕괴되고 표면적은 감소된다. 대부분의 소결에 대한 연구는 소결이 일어날 때 활성의 대부분이 상실되는 알루미나에 담지된 백금과 같이 높은 분산도를 가지는 금속에 집중되었다.

금속결정들이 어떻게 소결에 의해서 커지는지에 대한 두 개의 메카니즘을 그림 8.11 에 나타내었다. 첫 번째는 금속결정들의 이동(migration)에 의한 것이다. 표면 원자들의 대부분을 차지하는 금속 알갱이들은 내부(bulk)보다 낮은 온도에서 유동성을 가지게 되

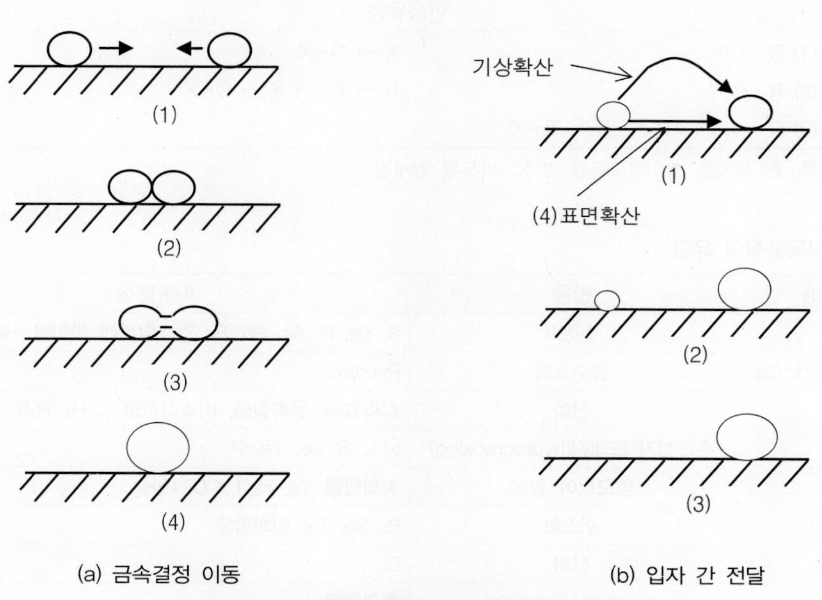

그림 8.11 분산된 금속의 소결 메카니즘[8]

고, 그 결과 이들은 일종의 표면 브라운 운동을 하게 되어 서로 충돌하여 뭉쳐지게 된다. 두 번째 메카니즘은 작은 금속결정으로부터 큰 금속결정으로의 원자 전달이다. 이 경우에 구동력(driving force)은 증기압과 증발을 증가시키는 작은 금속결정의 더 높은 자유에너지이며, 소결이 진행됨에 따라 작은 금속결정은 사라지고 큰 결정은 더욱 커지게 된다.

(7) 피독

온도가 그 선택성에 영향을 미침에도 불구하고 피독은 화학적 영향이다. 활성점과 영구히 반응하는 물질은 모두 피독물질이라고 할 수 있다. 단, 탄소침적은 다른 종류의 비활성화로 간주되어 따로 분류된다. 대부분의 피독은 표 8.6의 유형 (1)이다. 즉, 반응계 속에 약간의 독립적인 피독물질이 존재하여 주반응과는 다른 메카니즘으로 촉매를 피독시키는 것이다. 유형 (2)와 유형 (3)에서는 각각 병렬적이거나 연속적인 반응이 반응부산물을 생성하고 이것이 활성점을 피독시킨다. 이처럼 화학적으로 강하게 흡착되는 어떠한 화합물도 피독물질이라고 할 수 있다. 표 8.7에 몇 가지 반응에 대한 피독의 예를 나타내었다.

표 8.6 촉매피독 메카니즘*

반응유형	
(1) R → P	X → S−X
(2) R → P_1	R → P_2 → X → S−X
(3) R → P_1 → P_2 → X → S−X	

* R: 반응물, P: 생성물, X: 피독물질, S-X: 피독된 활성점

표 8.7 피독물질의 유형

촉매	반응	피독물질
Ni, Pt, Pd, Cu	수소화	S, Se, P, As, Sb, Bi, Zn, 할로겐 화합물, Hg, Pb
	탈수소화	Pyridine
	산화	철화합물, 은화합물, 비소화합물, C_2H_2, H_2S
Co	수소첨가 크래킹(hydrocracking)	NH_3, S, Se, Te, P
	암모니아 합성	황화합물, O_2, H_2O, CO, C_2H_2
Fe	수소화	Bi, Se, Te, 인화합물
	산화	Bi
	Fischer−Tropsch	황화합물

(8) 탄소침적

'코크(coke)'는 촉매 표면에 있는 탄화물 성분을 일컫는 용어이다. 그 형태는 수소가 부족한 방향족 형태의 고분자에서부터 graphitic carbon에 이르기까지 다양하다. 촉매에 탄소침적이 심하게 일어날 경우에는, 촉매 표면이 탄화물 층으로 덮이어, 반응에 참가할 수 있는 활성점의 감소와 더불어 촉매의 기공이 막히는 현상이 발생하게 된다.

탄소침적(coke deposition)은 탄화물이 촉매 표면에 침적되는 것과 제거되는 것 사이의 차이이다. 탄화수소로부터의 탄화물 침적은 식 (8.9)~(8.10)에 나타낸 것과 같이 산점과 탈수소점에서 다음과 같은 두 가지 형태로 일어난다.

산점 $C_nH_m \rightarrow (CH_x)_y$ (8.9)

탈수소점 $C_nH_m \rightarrow yC$ (금속과 금속산화물상에서) (8.10)

반응계에 일산화탄소와 이산화탄소가 있는 경우에는, 식 (8.11)~(8.12)에 나타낸 두 가지 다른 가능성이 존재한다.

분리점 $2CO \leftrightharpoons C + CO_2$ (8.11)

$CO_2 \leftrightharpoons C + O_2$ (8.12)

이처럼 탄소침적 현상은 크래킹 반응 시 산점에서 일어나는 탄소침적, 촉매 개질 반응 시 탈수소점에서 일어나는 탄소침적, 그리고 수증기개질 반응시 발생하는 해리코킹(dissociative coking)의 세 가지로 주요 공정과 연관되어 분류될 수 있다. 식 (8.13)~(8.16)에 나타낸 여러 반응에 의해서 촉매 표면에서 탄화물이 제거될 수도 있다.

$C + O_2 \leftrightharpoons CO_2$ (8.13)

$C + 2H_2 \leftrightharpoons CH_4$ (8.14)

$C + H_2O \leftrightharpoons CO + H_2$ (8.15)

$C + CO_2 \leftrightharpoons 2CO$ (8.16)

03 촉매의 구성성분과 종류

1. 주촉매

주촉매는 촉매의 활성을 나타내는 성분이다. 어떤 물질이 어떤 물성을 지니며 이로 인해 어떠한 촉매능을 나타낼까를 예측하는 것은 새로운 촉매를 개발하는 데 있어 무엇보다 중요한 사항이다. 일반적으로, 금속, 금속산화물, 금속황화물, 고체산 · 염기들이 주된 주촉매이다. 이 외에 제올라이트, 헤테로폴리산과 같은 물질들도 중요한 주촉매가 될 수 있다. 이들은 지지체에 담지한 형태 또는 단일 물질로 쓰여진다. 여기에서는 어떠한 물질들이 주촉매로 작용할 수 있는지에 대해 살펴보기로 한다.

고체촉매를 크게 나누면, 전이금속, 전이금속산화물, 전형금속산화물, 금속황화물, 금속염 등으로 나눌 수 있다. 전이금속으로는 수소화, 수소첨가 분해의 기능을 갖는 Ni, Pd, Pt, 산화능을 갖는 Ag, Pt 등이 대표적이며, 전이금속산화물로는 선택적 산화능을 갖는 MoO_3, V2O_5, 탈수소능을 나타내는 Fe_2O_3, Cr_2O_3 등이 있다. 한편, 전형금속산화물로는 SiO_2, Al_2O_3, $SiO_2-Al_2O_3$, 제올라이트, MgO 등이 있는데, 크래킹, 수소이동, 이성질화, 수화, 중합 등의 기능을 가지고 있으며 산염기 촉매 작용을 한다. 이 외에도 금속황화물은 S, N을 포함하는 화합물의 탈수소, 수소화, 수소첨가분해에 유효하며, Mo, W, Co, Ni, Fe 등의 황화물이 주로 이들 반응에 촉매능을 나타낸다. 한편, 인산염, 황산염은 산염기 촉매반응에 활성을 나타낸다. 표 8.8에는 주요 고체촉매를 기능에 따라 분류하였다.

표 8.8 주요 고체촉매의 기능에 따른 분류[1]

분류	기능	예
금속	수소화, 수소첨가 분해	Ni, Pd, Pt
	산화	Ag, Pt
금속산화물	부분산화	Mo, V 등의 단일 또는 복합 산화물
	탈수소	Fe_2O_3, ZnO, Cr_2O_3
고체산	수화	산형이온교환수지
	중합	담지 인산
	크래킹, 수소 이동, 불균일화, 이성질화 등	$SiO_2-Al_2O_3$, 제올라이트 등
금속 + 고체산	파라핀 이성질화	Pt/산성지지체
	수소첨가 분해	Pd/제올라이트

(1) 금속

알려져 있는 촉매반응의 70% 이상이 어떠한 형태로건 금속 성분을 포함하고 있다. 전형 금속은 반응성이 너무 커서 반응물과 안정한 화합물을 생성하기 쉬우므로 일반적으로 촉매 사이클을 만들 수 없으나, 전이금속은 반응성이 적절하여 많은 반응(수소화, 수소첨가 분해, 개질, FT 합성, 암모니아 합성, 산화 등)에 촉매작용을 보인다. 성공적으로 촉매작용을 하는 금속은 *d* 전자 전이금속 뿐이다. 알칼리와 알칼리토류의 s 금속들은 촉매 반응조건 하에서 너무 쉽게 이온 상태로 전환되며, 주로 조촉매로서 사용된다. 용융 알칼리금속에 의한 몇 가지 촉매반응이 존재하나, 공업적으로 적절한 방법이라고는 할 수 없다. 한편, 희토류의 *f* 금속들은 반응성이 너무 커서 금속 상태가 되기 어렵다. 산화물로서 조촉매 또는 지지체로 널리 사용되고 있으나, 금속 촉매로 직접 사용되는 예는 없다.

d 전자 전이금속은 각 분자에 대해 흡착 특성을 달리한다. 예를 들면, H_2, O_2, N_2, NO, CO 등 2원자 분자를 분자상으로는 흡착하지 않고 절단하여 해리 흡착하는 금속이 있으며, 금속에 따라 그 흡착 강도가 변화한다. H−H 결합의 절단 능력이 있는 금속은 수소화, 수소첨가 분해에 활성이 있고, O=O 결합의 절단 능력이 있는 금속(Pt, Rh, Pd)은 완전 산화반응에 활성이 있다. 또한 N≡N 및 H−H 결합의 절단 능력을 함께 갖춘 금속은 암모니아 합성, C≡O와 H−H 결합의 절단 능력을 갖는 금속은 합성가스로부터 탄화수소를 합성하는 반응의 촉매가 될 수 있다. 이러한 흡착 특성은 이론적 계산에 의해서도 예측될 수 있다.

전이금속 중에서 Fe, Co, Ni, 백금족(Ru, Rh, Pd, Os, Ir, Pt)의 8족 금속 및 Cu는 수소분자를 해리하여 활성화하며 수소화에 활성을 보인다. 또 8족 금속은 탄화수소의 C-H 결합도 해리하므로 수소첨가 분해에 활성을 나타낸다. 백금족 및 Ag, Au는 산소분자를 활성화하므로 산화반응의 촉매가 될 수 있으나, 그 밖의 전이금속은 산소와의 결합이 너무 강해 산소와 접촉하면 벌크 전체가 산화되어 금속 산화물이 되어서 산화 촉매로서 적합하지 않다.

비슷한 흡착 특성을 갖는 금속의 활성 서열은 어떻게 결정될까? 반응 분자는 화학 흡착함으로써 활성화되나, 흡착이 너무 강해도 너무 약해도 활성화되기 쉽지 않다. 결국 일반적으로 흡착열과 촉매활성 사이에는 화산형의 상관관계가 있어서, 적당한 흡착열을 갖는 금속이 높은 활성을 보인다. 예를 들면, 수소화의 경우 8족 금속이 높은 활성을 보이는데, 이보다 흡착력이 강한 것으로 알려져 있는 5A, 6A 족 금속이나 흡착력이 너무 약한 1B 족 금속은 낮은 활성을 보인다. 암모니아 합성에서는 질소의 흡착열이 중간 정도의 값을 보이는 Ru, Fe가 높은 활성을 나타낸다.

금속의 촉매작용은 성분 원소가 동일한 경우에도 금속 결정면, 담지촉매의 경우 금속의 입자 크기, 그리고 표면 조성에 따라 달라질 수 있다. 특히 둘 이상의 금속을 함께 사용하는 경우에는, 주성분 금속의 성질이 변화한다거나 다른 금속이 각각 다른 촉매 기능을 분담하거나 하는 경우도 있다. 결국 성분뿐만 아니라 제조법 및 활성화 조건도 촉매활성을 생각할 때 충분히 고려되어야 할 사항이다.

(2) 금속산화물

금속산화물은 단독산화물과 복합산화물로 나눌 수 있다. 이들 산화물의 구조는 금속 종의 산화수와 이온반지름에 의해 거의 결정된다. 실제 공업 촉매로 사용되는 경우는 거의 서로 다른 종류의 산화물의 혼합물인 경우가 많다. 금속의 종류는 물론, 금속산화물의 구조, 구조 결함 등의 구조적 요인에 의해, 촉매 특성과 밀접한 관계에 있는 산화환원 특성, 산염기 성질 등이 지배를 받는다.

일반적으로 전이금속 산화물은 선택 산화, 탈수소에 활성을 보인다. 많은 산화반응이 redox기구(촉매의 격자 산소가 반응물과 결합하고, 환원 상태가 된 촉매는 기상 산소에 의해 다시 산화되어 촉매 사이클을 완결하는 메카니즘)에 의해 진행되므로, 금속-산소의 결합이 적당한 강도를 갖고, 산화수가 쉽게 변화할 수 있는 산화물이 높은 활성을 갖는다. 또 산화물 중의 저원자가 금속은 탄소와 공유결합을 생성하기 쉬우므로, 배위 중합, 메타세시스 반응의 촉매가 된다. 한편, 산화수가 변화하지 않는 전형원소의 산화물은, 산, 염기성을 보이며 산염기 촉매작용을 한다. 일반적으로 높은 원자가의 금속산화물이 산성이 강하고, 저 원자가로 이온반지름이 큰 금속의 산화물은 염기성이다. 산화 알루미늄, 산화 아연과 같이 전형적인 **양성산화물**도 있다.

전이금속산화물은 산화에 활성을 나타내는 것과 탈수소에 활성을 보이는 것으로 나눌 수 있다. 전이금속산화물 중에서, 산소 이온 및 원자가 격자 내를 쉽게 움직이는 것은, 기상의 산소분자와 격자의 산소가 교환하여, 격자 산소를 통해, 탄화수소의 선택적 산화, 혹은 완전 산화가 일어난다. 이러한 촉매는, 수소가 존재하면 금속 상태로까지 환원되어 버리므로 탈수소에는 적합하지 않다. 격자 산소를 쉽게 이동하게 하기 위해 MoO_3에 다른 금속산화물을 복합화한 복합 몰리브덴산 등이 이러한 촉매의 대표적인 것이다. 산소와의 결합력이 강한 전이금속산화물은 격자 산소의 반응성이 낮아 산화반응에는 적합하지 않으나, 수소분자가 존재해도 금속상태로 환원되지 않으므로, 탈수소에 좋은 촉매가 될 수 있다. Cr_2O_3, Fe_2O_3가 이들에 해당한다.

동일한 금속산화물이라도 촉매작용은 표면의 배위 불포화도 및 결정면의 차이에 영향을 받는다. Co_3O_4 및 Cr_2O_3는 전자, V_2O_5는 후자의 예이다. 고온 배기 처리하여 표면 OH기를 H_2O로서 제거한 Cr_2O_3, ZnO, Co_3O_4, MgO, La_2O_3, ZrO_2 등은 수소를 해리 흡착하며, 수소화 활성을 보인다. 금속산화물 중에는 가열 처리에 의해 산성 또는 염기성을 보이는 것이 있다. 금속산화물, 특히 복합산화물이 산화 활성 또는 수소화 활성 이외에 산, 염기성을 갖는 경우에는 산화, 수소화의 활성과 선택성에 산, 염기성의 영향이 나타난다. TiO_2, ZnO 등은 반도체로 광촉매반응에 활성을 보인다.

(3) 금속황화물

금속황화물은, 촉매독으로 작용하는 S, N 등의 화합물을 포함하는 반응물의 탈수소, 수소화, 수소첨가 분해 등의 반응(수소첨가탈황, 탈질도 포함)에 유효한 촉매이나, 금속에 비해 활성화에너지가 크므로, 높은 반응 온도를 필요로 한다. Mo, W, Co, Ni의 황화물은 높은 수소화 활성을 갖고 있으나, 이들을 조합하면 상승효과를 보이게 됨으로 통상적으로 Co−Mo, Ni−Mo, Ni−W를 Al_2O_3 등에 담지한 것이 실용 촉매로 사용된다. 이 경우 Co, Ni은 조촉매의 역할을 하는 것으로 알려져 있다. 금속황화물상에서의 탄소 석출은 금속의 경우에 비해 일어나기 어렵다.

표면구조가 촉매작용에 크게 영향을 주는 금속황화물에는 Ni_3S_2와 MoS_2 등이 있는데, 전자는 표면의 배위 불포화도 차이, 후자는 노출된 면의 차이에 의해 진행되는 반응이 지배된다. CdS, ZnS 등의 반도체는 광촉매로 작용한다.

(4) 고체산, 염기

고체산에는 제올라이트, 2원 금속산화물, 금속산화물, 금속황산염, 금속인산염, 고체인산, 양이온 교환수지, 헤테로폴리산 등이 있다. 고체산 촉매의 표면 성질은 산 세기, 산량, 산의 종류에 따라 특정 지어진다. 산 세기의 경우, 산 세기가 너무 약하면 촉매활성이 나타나지 않으며, 반대로 너무 강하면 부반응, 탄소 석출이 일어나기 쉬워진다. 금속황산염, 금속인산염의 경우에는 금속이온의 전기음성도가 클수록 산 세기가 커지는 경향이 있는데, 2원 금속산화물의 경우에는, 금속이온의 평균 전기음성도와 산 세기 사이에

표 8.9 고체산의 종류와 산 세기[9]

산 세기	고체산 촉매
강, $-5.6 > H_0 > -12$	$SiO_2-Al_2O_3$, SiO_2-ZrO_2, 고형화 황산 또는 인산, $\eta-Al_2O_3$, Cr_2O_3, $Cr_2O_3-Al_2O_3$, $SiO_2-Y_2O_3$, $SiO_2-La_2O_3$, H−Y, La−Y, Ca−Y, $SiO_2-Ga_2O_3$, $TiO_2-Al_2O_3$, TiO_2-SiO_2, TiO_2-ZrO_2, $Al_2O_3-ZrO_2$, $ZnO-Al_2O_3$, SiO_2-MoO_3, 헤테로폴리산
중, $+1.5 > H_0 > -5.6$	카올린, 몬모릴로나이트, 고형화보른산, SiO_2-MgO, TiO_2, $NiSO_4{\cdot}xH_2O$, $Al_2(SO_4)_3{\cdot}xH_2O$, $Fe_2(SO_4)_3{\cdot}xH_2O$, BPO_4, $FePO_4$, $TiO_2-B_2O_3$, TiO_2-SnO_2, $ZnO-SiO_2$, $ZnO-ZrO_2$, $Al_2O_3-Bi_2O_3$, SiO_2-WO_3, $SiO_2-V_2O_5$, $Al_2O_3-MoO_3$, $Al_2O_3-WO_3$, $Al_2O_3-V_2O_5$, WO_3-TiO_2
약, $H_0 > +1.5$	ZnO, ZnS, ZrO_2, SiO_2-CaO, SiO_2-SrO, SiO_2-BaO, TiO_2-MgO, ZnO−MgO, $ZnO-Sb_2O_5$, $ZnO-Bi_2O_3$, ZnO−PbO, Bi_2O_3, PbO, SnO_2, WO_3-MgO, 400℃ 소성탄

같은 관계가 있다. 알칸의 골격 이성질화는, 실리카알루미나 촉매를 사용하면 300~400℃의 반응 온도를 필요로 하나, 고체 초강산(SbF_5를 담지한 산화물, SO_4^{2-}를 담지한 ZrO_2, Fe_2O_3, TiO_2)에서는 실온에서 반응이 일어난다. 표 8.9에는 산 세기에 따라 고체산을 분류하였다.

전형금속산화물은, 반응분자와 산염기 상호작용을 하여, 반응분자에 proton을 공급하거나, 반응분자로부터 proton을 떼어내어 분자를 활성화한다. 탄화수소의 크래킹, 수소 이동, 메타세시스, 수화, 중합, 골격 또는 이중결합의 이성질화 등의 산염기 촉매반응에 활성을 나타낸다. 산으로서 작용하는 산화물은, 많은 경우 두 종류 이상의 전형금속산화물을 복합화한 것으로, SiO_2와 Al_2O_3를 복합화한 $SiO_2-Al_2O_3$가 대표적이다.

고체염기에는 알칼리 금속산화물, 알칼리 토류산화물, 희토류 산화물, 담지 알칼리금속, 담지 알칼리금속 산화물 등이 있다. 지지체로서는, Al_2O_3, SiO_2, MgO, 활성탄이 사용된다. 일반적으로 알칼리 금속 산화물, 알칼리 토류 산화물의 경우에는, 금속이온의 전기음성도가 작을수록 염기 강도가 강해진다. 한편, ZrO_2, ZnO는 염기성 외에 산성도 가지고 있어, 반응물에 따라서 산촉매, 염기촉매, 혹은 산·염기 양기능 촉매로서 작용한다. 고체 염기 촉매 반응은, 일반적으로 촉매가 반응물 분자로부터 H^+를 떼어내는 것으로부터 개시되는데, 올레핀의 이성질화, 이량화, 톨루엔의 측쇄 메틸화 등의 반응이 알려져 있다.

(5) 제올라이트

제올라이트는, 그리스어로 '비등석'이라는 뜻으로, 다공질의 결정성 알루미노 규소산염이다. 천연과 합성의 여러 가지 제올라이트가 있고, 촉매나 흡착제로 널리 사용되고 있다. 제올라이트의 촉매로서의 중요한 특성은, 이온 교환능과 규칙적인 미세기공에서 비롯되는 분자체 작용이다. 이온 교환능에 의해 브뢴스테드(Brønsted) 산성, 루이스(Lewis) 산성을 발현할 수가 있으며, 전이 금속을 도입하여 촉매 활성점으로 하는 것이 가능하다.

산 세기는 이온교환 양이온의 원자가가 클수록, 같은 경우에는 양이온의 이온반지름이 작을수록, Si/Al 비가 클수록 크다. 제올라이트를 고온에서 가열하여 탈수시킴으로써 브뢴스테드 산점이 루이스 산점으로 가역적으로 변화한다. 제올라이트 X나 Y를 K^+, Rb^+, Cs^+로 이온 교환하면 염기 촉매 능을 나타낸다. 한편, 전이금속 양이온으로 이온 교환한 제올라이트는 산성 외에 산화, 선택적 이량화, 카보닐화 등의 촉매 기능을 갖는다.

분자체 작용에 의해 형상선택성이 나타난다. 형상선택적 촉매작용이란 촉매 기공의 기하학적 형상 때문에 촉매반응의 선택성이 달라지는 것을 말한다. 제올라이트는 규칙적인 기공 구조를 가지고 있으므로, 무정형 촉매에서는 관찰되지 않는 기이한 선택성이 나타나게 된다. 형상 선택적 촉매작용은 기공 입구보다 작은 반응물만이 선택적으로 기공 내로 도입되어 반응하는 반응물의 형상 선택성과, 기공 내에서 생성된 생성물의 크기에 따른 확산 속도의 차이에서 비롯되는 생성물의 형상선택성, 그리고 기공 구조로 인해 생성되는 중간체가 달라져 생성물 분포가 달라지는 반응중간체에 의한 형상선택성으로 나눌 수 있다. 제올라이트 촉매의 형상선택성은 제올라이트의 독특한 기공 구조에 의해 나타나는 것으로 생성물의 선택도 조절에 아주 유용하다. 공업적인 용도가 큰 *p*-자일렌을 얻기 위한 이성질화나 알킬화 반응의 경우, 열역학적 평형 조성이 큰 *m*-자일렌이 더 많이 얻어지게 되고, 이를 분리하여 재순환해야 하는 문제점이 존재하게 된다. 이러한 경우, 제올라이트 촉매에서는 이온교환 등을 통한 기공 크기의 조절에 의해 *p*-자일렌의 선택도를 현저하게 증가시킬 수 있다.

(6) 헤테로폴리산 촉매

다음 식 (8.23)과 같이 두 종류 이상의 산소산이 탈수축합하여 생긴 축합산을 헤테로폴리산이라 한다. 이와는 달리 같은 종류의 산소산의 경우에는 이소폴리산이라 한다.

$$12WO_4^{2-} + HPO_4^{2-} + 23H^+ \rightarrow PW_{12}O_{40}^{3-} + 12H_2O \quad (8.17)$$

음이온 부분은 헤테로폴리 음이온이라 불리는 산화물 클러스터 분자로 여러 가지 구조

표 8.10 헤테로폴리산을 촉매로 하는 공업프로세스

반응계	산 촉매	산화 촉매
액 상	• 프로펜의 수화(5만 톤/년) • n-부텐의 수화(4만 톤/년) • 이소부텐의 수화(5만 톤/년) • 테트라히드로후란의 중합(2천 톤/년)	• 올레핀으로부터 디카본산의 합성
기-고계		• 메타크로레인으로부터 메타크릴산의 합성(22만 톤/년) • 에틸렌으로부터 초산의 합성(10만 톤/년)

를 가질 수 있으며, $PW_{12}O_{40}^{3-}$의 Keggin 구조가 촉매로서 가장 널리 사용되는 구조이다.

헤테로폴리산은 촉매로서 중요한 물성인 산성과 산화력을 함께 갖고 있으며, 분자성을 살려 구성 이온을 바꾸면 이러한 물성을 계통적으로 제어할 수 있으므로, 촉매의 분자 설계 소재로 주목받고 있다. 헤테로폴리산의 산 세기는

$$H_3PW_{12}O_{40} > H_3PMo_{12}O_{40} > H_4SiW_{12}O_{40} > H_4SiMo_{12}O_{40}$$

의 순이고, 산화력은 다음 순서와 같다.

$$H_4PMo_{11}VO_{40} > H_3PMo_{12}O_{40} > H_3PW_{12}O_{40}$$

표 8.10에는 헤테로폴리산을 촉매로 하여 공업화된 프로세스를 정리하였다. 공업적으로는 액상 혹은 고체의 형태로 산 촉매, 산화 촉매로서 사용되어진다.

이외에 '의액상 거동' 및 소프트 염기로서의 착체 형성능도 헤테로폴리산 촉매의 특징이다. 의액상 거동은, 고체상태의 헤테로폴리산이 극성의 분자를 흡수하여, 마치 액체와 같은 거동을 하는 것을 말하는데, 3차원의 반응 장이 형성됨으로써 고활성 및 특이한 선택성이 발현된다. 이러한 특성은 H^+이나 Na^+과 같은 작은 양이온의 염에서 볼 수 있다. Cs^+, NH_4^+와 같이 큰 양이온의 염은 난 수용성으로, 매우 큰 표면적을 갖는 다공질의 초미립자 집합체이다. 제조 조건을 제어하면 미세기공의 크기를 제어할 수 있어서 분자 형상선택성도 발현된다.

2. 조촉매

조촉매란 두 가지 이상의 성분으로 이루어져 있는 촉매에 있어, 주성분 물질에 의한 촉매의 활성 및 선택성을 증대 또는 안정화시키는 소량의 물질을 말한다. 예를 들면, 암모

니아 합성 반응의 촉매에 있어 주성분은 철이나, 이에 더해 알루미나(2~5%)와 산화칼륨(0.5~1%)이 조촉매로 사용된다. 알루미나는 철과 스피넬 구조를 만들어 철 중에 분산함으로써 철을 미립자 상태로 안정화하고, 반응에 필요한 금속 표면적을 최대로 유지할 수 있게 하는 역할을 한다. 산화칼륨은 표면에 많이 존재하여 철에 전자를 공여함으로써 질소의 해리 흡착을 촉진하는 것으로 알려져 있다.

다성분화도 조촉매의 연장선상에서 고찰할 수 있는데, 그 한 예로 복합산화물의 특성 변화 현상을 들 수 있다. 복합산화물을 형성하게 되면 구조적 또는 화학적 상호작용에 의해 촉매의 물성에 변화가 생겨 촉매로서의 특성이 향상되는 경우가 있다. 이러한 복합화 효과로는, 산화력의 제어, 산염기성의 발현과 제어, 다원기능의 발현, 활성점의 안정화, 고 표면적화 등을 들 수 있다.

조촉매의 기능을 파악하기 위해서는 표면적과 활성점의 개수와 함께 흡착열과 활성화 에너지를 측정하여 활성점의 구조와 분산 상태 및 전자적 성질을 알아야 한다. 조촉매를 소량 첨가해도 촉매활성이 크게 높아지므로, 조촉매는 촉매 제조에 매우 유용하다. 조촉매는 활성물질에 비해 저렴하고. 제조과정에서 함께 섞어주거나 촉매 제조 후 첨가하므로 적용하기 편리하다. 촉매의 활성물질은 화학분석 방법으로 쉽게 찾을 수 있지만, 조촉매는 첨가량이 적고 무슨 역할을 하는지 파악하기 어려워서 촉매 제조 기술의 핵심 비밀이기도 하다.

비슷한 반응에 사용하는 다른 촉매를 참고하여 증진제를 선택하기도 하고. 여러 물질을 넣어 만든 촉매의 활성을 측정 비교하여 증진제를 찾기도 한다. 이론적으로는 반응경로에 근거하여 조촉매를 탐색하는 편이 합리적이다. 속도 결정 단계에서 활성점의 기능을 고찰하여 조촉매를 선택하는 방법이다. 활성점이 반응물에 전자를 제공하여 중간체를 생성하는 단계가 속도 결정단계이면, 활성점의 전자밀도를 높여주는 물질을 조촉매로 선택한다. 생성물의 탈착단계가 속도 결정단계이면, 탈착이 용이하도록 활성점의 전자적 성질을 조절하는 물질을 조촉매로 선택한다. 또한 표면의 조성과 원자 배열 방법을 감안하여 활성점의 개수가 많아지는 데 도움이 되는 물질이나, 표면구조의 변화를 억제하는 물질을 조촉매로 선택한다.

3. 지지체

지체는 활성이 없지만, 공업 촉매를 제조하는 데 아주 중요하다. 값비싼 귀금속을 표면적 이 넓은 지지체에 분산 담지하므로 소량의 귀금속으로도 활성이 높은 촉매를 제조할 수 있기 때문이다. 열적 안정성이 낮은 활성물질만으로 촉매를 제조하면 반응 중에 쉽게 소결되어 활성물질의 표면적이 크게 줄어든다. 그러나 활성물질을 열적 안정성이 우수한 지지체에 담지하면, 반응과 재생 조작에서 소결로 인한 촉매의 활성저하가 억제된다. 가공하기 용이한 지지체를 이용하여 반응에 적절한 형태로 촉매를 만들어서 촉매의 기계적 안정성을 크게 높인다. 물질 전달이 느린 촉매반응에서는 물질의 전달거리가 짧아져 촉매반응이 빠르게 진행하도록 활성물질을 라시히링(Raschig ring) 지지체에 담지한 촉매를 사용한다. 지지체의 모양은 모노리스, 라시히 고리, 울퉁불퉁한 사출물, 구 분말 등 매우 다양하다.

(1) 지지체의 기능

지지체를 사용하여 촉매를 원하는 형태로 함으로써 기계적 강도를 높일 수가 있다. 촉매의 크기, 기공 구조는 물질 이동이나 열 이동과 밀접한 관계에 있으므로 촉매의 형상은 중요하다. 비표면적이 큰 지지체에 금속을 미립자 상으로 고정, 분리시킴으로써 금속의 비표면적이 증가되고, 소결(sintering)을 억제할 수 있다. 또한, 고정화에 의해 승화하기 쉬운 성분의 휘산을 방지할 수도 있는데, $V_2O_5-MoO_3$ 촉매를 Al_2O_3 지지체에 담지하여 사용하게 되면 MoO_3가 승화되기 어려워진다. 활성점을 고분산시켜 그 밀도를 조절하게 되면 선택성이 증가될 수 있다. 이와 더불어 반응열을 제거하기 용이하여 국부적인 가열이 방지되는 효과도 기대할 수 있다.

이상의 물리적인 변화뿐만 아니라 지지체에 의해 담지금속의 전자상태가 변화될 수 있다. 금속의 전자상태는 지지체의 종류에 따라 달라지게 된다. 촉매 제조 및 활성화 중에도 지지체는 활성성분의 물리, 화학적 상태 즉, 지지체 표면에의 활성성분 전구체의 담지상태에 영향을 주고, 그 결과 촉매의 분산성이 크게 변화될 수 있다. 담지촉매는 많은 경우, 함침법이나 이온 교환법에 의해 수용액 속의 활성성분 전구체를 지지체 표면에 담지시키는데, 수용액의 pH와 지지체 표면의 등전점(isoelectric point)과의 관계가, 담지상태 및 담지량에 크게 영향을 준다. 지지체 표면과 용존 전구체의 전하가 반대인 경우 담지하기 쉬워지며, 활성성분의 높은 분산성이 얻어진다. 열처리 또는 산화환원 처리에 의한 활성화 시에 지지체는 활성성분과 고상반응을 일으킬 수 있으며, 촉매반응 시의 활성성분 안정화 등에도 영향을 준다.

촉매반응은 일반적으로 복합반응이며 여러 소반응을 거치게 되는데, 지지체가 촉매로서 그 일부를 촉진하는 경우가 있다. 알루미나 지지체에 담지된 백금촉매(Pt/Al_2O_3)에 의한 탄화수소의 개질 반응이 그 전형적인 예로, 할로겐화 한 알루미나는 지지체로서 Pt의 분산성을 높임과 동시에, 산 촉매로서 이성질화 반응을 촉진하게 된다. 이 외에도 활성성분과 지지체의 경계면에 복합기능을 갖는 활성 사이트가 형성되는 경우도 있다.

(2) 지지체의 종류

① **알루미나:** 알루미나는 공업적으로 가장 많이 사용하는 지지체이며, 약한 산점이 있어서 촉매반응에 참여하기도 한다. 실리카에 비해 금속과 상호작용이 강하여 금속이 넓게 분산, 담지되며 높은 온도에서도 담지된 금속이 쉽게 소결되지 않는다.

알루미나는 제조 방법에 따라 결정 및 기공 구조가 매우 다양하다[6]. 알루미늄 용액의 pH, 온도, 침전속도 등 제조 조건에 따라 무정형 수화젤로부터 여러 종류의 결정성 물질까지 다양한 알루미나가 생성된다. 수화젤을 탈수 처리하면 결정성 물질로 변한다. 무정형 알루미나 수화젤 을 25℃ 근처에서 pH가 9인 암모니아 수용액과 반응시키면 젤라틴형 보헤마이트(boehmite)를 거쳐 바이에라이트(bayerite)가 된다. 표면적이 넓은 알루미나(100~600 m^2g^{-1}) 는 알루미늄 수산화물을 열분해하거나 콜로이드젤을 침전시켜 제조한다. 기공 구조와 표면적 제어가 용이하여 촉매 지지체로 사용하는 알루미나의 대부분은 이 방법으로 만든다.

알루미나의 결정구조는 격자산소의 배열 방법에 따라 달라지며, 격자산소가 채워지는 방법에 따라 알루미나를 세 종류로 나눈다.

- α 계열: 육방 조밀채움구조(ABAB…)로 α-알루미나(corundum)가 대표적이다.
- β 계열: 반복성 조밀채움구조(ABACABAC…)로 이루어져 있다.
- γ 계열: 입방 조밀채움구조(ABCABC…)로 이루어져 있다.

합성에 사용하는 출발물질의 종류, 구조, 알갱이 크기, 탈수처리 방법 등에 따라 알루미나의 기공 크기와 표면적이 달라진다. 촉매반응의 성격과 사용 조건에 부합하는 알루미나를 선택하여 사용한다. 수산화물이나 옥시 수산화물로부터 결정성 알루미나를 제조한다[8]. 보헤마이트를 가열하여 만드는 γ-알루미나와 η-알루미나는 약간 비틀린 스피넬(spinnel) 구조이다. 제조 조건을 바꾸어 표면적(100~600 m^2g^{-1})과 기공 크기가 다른 γ-와 η- 알루미나를 만들며, 이들은 열적 안정성이 높아서 지지체로 적절하다. 그러나 1,200℃ 이상으로 가열하면 가는 기공이 없어지고, 탈수되어 표면적이 작은 α-알루미나로 전환된다. α-알루미나는 열적으로 안정하고 표면에 하이드록시기가 없어서 화학 반응성이 없다. 열에 안정하고 산점이 없어서 에틸렌의 부분산화반응에 촉매의 지지체로 사용하나, 표면적이 작고 금속이나 금속 산화물과 상호작용이 약해 일반적인 촉매의 지지체로 사용한 예는 거의 없다.

α-알루미나처럼 높은 온도로 처리하여 제조한 알루미나를 제외한 대부분 알루미나에는 상당량의 물이 들어 있다. 물리흡착하여 약하게 붙어 있는 상태에서부터 산점의 구성 요소인 하이드록시기처럼 강하게 결합되어 있는 상태까지 물의 상태는 매우 다양하다. 약하게 물리 흡착한 물은 120℃에서 가열하면 대부분 제거된다. 온도를 더 높여 가열하면 화학 결합된 하이드록시기 만 남는다. 300℃ 이상으로 가열하면 표면 하이드록시기가 서로 결합하여 물로써 제거가 된다. 450~600℃로 가열하면 표면 nm^2당 하이드록시기가 8~12개 정도 남아 있다. 그러나 800~1,000℃의 매우 높은 온도로 가열하면 물이 거의 모두 제거된다. 탈수 정도에 따라 알루미나 표면에 여러 형태의 하이드록시기가 나타난다. 탈수하여 알루미나 표면에 생성된 하이드록시기는 약한 브뢴스태드 산성을 띤다. 높은 온도에서 가열하여 하이드록시기가 물로 제거되면 루이스 산점이 생성된다. 브뢴스태드 산점에 비해 루이스 산점이 개수가 많고 산으로서 세기도 강하여, 알루미나를 보통 루이스 산으로 분류한다.

가열하여 알루미나의 물을 제거하면 표면에 드러난 알루미늄 이온의 배위 껍질에 빈자리(vacancy)가 나타나 루이스 산점이 생성된다고 설명한다[10~12]. 산점의 정확한 구조에 대해서는 논란의 여지가 있지만, 탈수 과정에서 산점이 생성되고 이들의 결합 상태에 따라 산점의 종류와 세기가 달라진다는 데는 이의가 없다.

② 실리카: 알루미나는 산성 조건에서 용해되거나 연화될 수 있다. 이러한 조건에 적합한 지지체로 실리카겔을 들 수 있다. 촉매 지지체로 사용하는 실리카로는 천연에서 산출되는 규조토(kieselguhr) 와 합성 실리카가 있다. 식물 퇴적물에서 유기물이 제거되고 실리카 성분만 남은 규조토에는 비교적 큰 선형 기공이 발달되어 있다. 표면적은 200 m^2g^{-1} 이하로 그리 크지 않지만, 기공이 커서 반응물이나 생성물이 큰 촉매반응에 지지체로 적절하다. 합성 실리카는 목적에 따라 여러 종류의 출발물질에서 다양한 방법으로 제조한다. 합성 모액의 pH, 실리카의 전구체 함량, 숙성 조건, 침전 속도, 소성 조건 등 조성과 제조 조건을 바꾸어 기공 크기와 표면적이 다양한 합성 실리카를 만든다. 기공 모양과 크기를 어느 정도 조절할 수 있으며. 열적 안정성이 높아 500℃로 소성하여도 기공 구조가 유지되나, 온도를 더 높이면 기공이 무너지고 덩어리지면서 표면적이 작아

진다.

실리카의 물리화학적 성질과 제조 방법은 여러 책에 자세히 설명되어 있다[13]. 실리카의 종류는 매우 많으나 지지체로는 다음과 같은 실리카젤(silica gel)과 높은 온도에서 제조한 열처리 실리카가 대표적이다.

- 실리카젤: 콜로이드 실리카졸이 서로 결합하여 삼차원 그물구조의 실리카젤을 만든다. 규산(H_4SiO_4)을 중합하거나 콜로이드 실리카를 응집시켜 제조한다. pH를 낮추어서 규산을 중합하면. 표면적은 크나 기공 부피가 작은 수화젤(hydrogel)이 만들어진다. 이와 반대로 pH를 높여 중합하면, 표면적은 작으나 기공 부피가 큰 수화젤이 생성된다[14]. 수화젤을 탈수하여 제로젤(xerogel)을 제조하는데, 탈수 방법에 따라 기공 구조가 달라진다. 기공 응축과 표면적 감소를 막기 위해서 표면장력이 작은 액체로 기공 내 물을 치환 하기도 하고 초임계 방법으로 물을 추출하기도 한다. 초임계 상태에서 물을 제거한 실리카젤을 에어로젤(aerogel)이라고 부른다. 제로젤과 에어로젤의 표면적은 1,000 m^2g^{-1} 정도이며. 기공의 평균 지름은 2~10 nm로서 제조 방법에 따라 차이가 크다.
- 열처리 실리카: 아크나 플라스마의 높은 옹도 중에서 규소 화합물을 처리하여 만드는 실리카를 열처리(pyrogenic) 실리카라고 부르며' 입자가 가늘어 잘 날린다고 해서 실리카퓸(fumed silica) 이라고 부르기도 한다. 규소 화합물(에스테르, 염화물)을 산화시키는(태우는) 방법, 또는 염화규소 화합물을 기상에서 가수분해하는 방법으로 만든다. 열처리 실리카의 대표적인 제품으로는 수소-산소 불꽃 중에서 사염화규소($SiCL_4$)를 태워 제조하는 에보닉(Evonik) 사의 에어로실(Aerosil)과 카보(Cabot) 사의 카보실(Cabosil)이 있다. 열처리 실리카의 표면적은 50~600 m^2g^{-1}, 밀도는 160~190 $kg \cdot m^{-1}$으로 물성의 폭이 넓으며, 순도가 높아서 화학적 안정성이 중요한 촉매반응에서 지지체로 사용한다. 특수 고무의 충전제, 페인트의 점도 조절제, 접착제 첨가제로도 많이 쓰인다.

③ 무정형 실리카-알루미나(SiO_2-Al_2O_3): 무정형 실리카-알루미나는 규소과 알루미늄이 산소를 다리로 결합한 무정형물질로서 실리카나 알루미나와 달리 산성이 강하다. 실리카-알루미나는 다음과 같은 여러 가지 방법으로 만든다.

1) 실리카 표면에 알루미나 수산화물을 화학흡착시키는 방법

2) 실리카 수화젤에 알루미나 수화젤을 침전시키는 방법

3) 알칼리 금속 규산염과 알루미늄염의 수용액을 젤화시키는 방법

4) 에스테르 화합물을 가수분해하는 방법

1)과 2) 방법은 실험실에서 실리카-알루미나를 소규모로 만들 때 적절하다. 반면, 3)과 4) 방법은 상용 촉매의 지지체로 사용하기 위해 실리카-알루미나를 대량 제조할 때 사용한다. 제조한 침전이나 고체 젤을 물로 씻어서 전해질을 제거하고 건조한 후 400℃ 정도에서 소성하여 실리카-알루미나를 만든다. 표면적은 200~600 m^2g^{-1}이고. 기공크기는 2.5~12 nm 범위에 있지만, 표면적, 기공 구조, 산성도는 제조 조건에 따라 차이가 크다.

알루미늄과 규소의 이온 크기가 서로 다르기 때문에, 이들의 결합 방법에 따라 실리카-알루미나에 세 종류의 구조적 결합이 나타난다[12]. 정사면체구조의 규소 양이온 자리에 치환된 알루미늄 양이온, 변형된 정사면체구조에 들어 있는 알루미늄 양이온, 변형된 정사면체구조에 들어 있는 규소 양이온 등이다. 이 중에서 정사면체구조의 알루미늄 양이온에서 브뢴스태드 산점이 나타난다. 규소 양이온이 치환된 결합구조에서는 루이스 산점이 생성된다. 알루미나의 함량이 30%보다 작으면 규소와 알루미늄이 고르게 섞여 있는 실리카-알루미나가 만들어지지만. 알루미나 함량이 이보다 많으면 알루미나와 실리카가 상분리된다. 알루미나가 균일하게 분산되어야 산성이 강하기 때문에[15], 강산성 지지체로 사용하는 실리카-알루미나의 알루미나 함량은 30%보다 적다.

④ **타이타니아**: 타이타니아(titania)에는 아나타제(anatase), 루타일(rutile), 그리고 브룩카이트(brookite)의 세 가지 결정상이 존재한다. 이중 촉매로서 중요한 것은 아나타제와 루타일이다. 타이타늄염을 소성하면 비교적 저온에서 아나타제가 생성되게 되고, 고온에서 루타일로 전환되어 간다. 결국 루타일이 안정한 결정상이기는 하나 아나타제에서 루타일로의 전환은 촉매반응에서 문제가 되지 않을 정도로 느리다. 아나타제와 루타일타이타니아는 흡착제. 백색 안료. 촉매 지지체로 사용한다. 분말 타이타니아의 표면적은 5~100 m^2g^{-1} 정도로 작으나, 솔-젤법으로 만든 타이타니아의 표면적은 200 m^2g^{-1} 이상으로 넓다. 환원 처리하면 일부 타이타늄의 산화수가 +4가에서 +3가나 +2가로 낮아져 비양론적 산화물이 된다. 타이타늄이 환원되면 담지된 금속과 지지체의 상호작용이 크게 달라져 촉매 성질이 변한다. 타이타니아에서는 강한 금속 지지체 상호작용(Strong metal support interaction, SMSI)이 나타난다. 아나타제는 *o*-자일렌을 무수프탈

산으로 전환하는 V_2O_5/TiO_2 촉매의 지지체로 유용하다. 타이타니아는 알루미나보다 산성이며 SOx 존재하에서도 즉시 sulfate로 전환되지 않는다. 최근에는 광촉매로서의 중요성이 더해 가고 있다.

⑤ **크로미아**: 크로미아(Chromia) 제로젤은 크로륨(III)염의 수용액에 암모니아를 천천히 가하거나. 요소를 넣은 크로뮴염의 용액을 끓여서 만든다[16,17]. 여과한 초록색 침전물을 100℃에서 건조한 후, 불활성 기체 분위기에서 400℃에서 가열하여 검은 분말의 크로미아를 만든다. 이 방법으로 제조한 크로미아 지지체는 무정형이며, 표면적은 300 m^2g^{-1}정도이고, 기공의 대부분은 직경이 2 nm 이하로 가늘다. 공기 중에서 가열하면 초록색 α-Cr_2O_3 결정이 된다. 공기 중에서 α-Cr_2O_3 결정이 생성되는 반응은 매우 격렬하여높은 온도에서 크로미아를 만들면 기공이 없고 표면적이 매우 작은 결정이 생긴다. 그러나 수소나 불활성 기체 중에서 천천히 가열하면 표면적이 80 m^2g^{-1} 정도인 크로미아 지지체를 만들 수 있다.

크로미아를 실리카나 알루미나와 섞은 혼합산화물을 지지체로 사용하기도 한다. 크로뮴 염이나 크로뮴 수산화물을 실리카와 알루미나의 표면에 담지하거나 석출시켜 크로미아 지지체를 만든다. 크로미아를 실리카와 알루미나와 공침시킨 후 소성하여도 크로뮴 함량이 5~20 wt %이고, 표면적이 50~300 m^2g^{-1}인 혼합산화물 지지체를 만든다. 크로뮴염을 담지하여 제조한 지지체에서 알루미나 알갱이를 크로미아가 둘러싸지만, 공침법으로 만든 혼합산화물에는 알루미나, 크로미아, 불균일한 크로미아-알루미나 고용체가 섞여 있다.

⑥ **결정성 또는 준결정성 알루미노규산염**: 결정성 알루미노규산염인 제올라이트는 SiO_4와 AlO_4의 정사면체 단위가 산소를 공유하면서 결합하여 3차원 골격을 이룬 물질이다. 반면 층간 화합물인 점토에서는 실리카층과 알루미네이트 층이 반복된다. 제올라이트 자체를 산 촉매로 사용하기도 하고 제올라이트에 금속을 담지하여 금속과 산점이 동시에 활성점으로 작용하는 이중기능 촉매를 만들기도 한다.

⑦ **활성탄**: 석탄, 갈탄, 목재, 석유 핏치 등을 공기가 없는 조건에서 가열하면 휘발성 물질이 제거되고 약간의 수소를 포함하는 다공성 탄소가 생성된다. 이를 수증기나 이산화탄소로 산화하여 얻어진 물질을 활성탄이라 한다. 활성탄은 약 10 wt %의 산소를 케톤, 수산화기, 카복실산 등의 형태로 표면에 함유하는데, 이로 인해 표면에 흡착 특성이

생기게 된다. 비표면적은 크게는 1,200 m^2g^{-1}에 이르는 것도 있다. 활성탄은 제조 시에 남게 되는 애쉬(ash), 금속, 황 성분 등을 포함하며, 이들은 촉매반응 시에 영향을 줄 수도 있다. 원료에 따라 불순물의 종류와 양, 그리고 강도에 차이가 있다. 표면은 중성 또는 산성을 띠며, 주로 수소화를 위한 Pt, Pd, Ru 등 액상 귀금속 촉매의 지지체로 사용된다. 활성탄 지지체는 지지체 자신이 공격받지 않는 반응 조건하에서 만 사용가능하다.

⑧ 기타 지지체: MgO는 염기성 지지체로 올레핀 중합용 Ti 촉매의 지지체로 사용된다. 기계적 강도는 약하다. 이 외에도 고온에서 안정한 ZrO_2, 천연 SiO_2인 규조토 등이 있다. 자동차 촉매와 같이 압력 강하가 문제 되는 경우에는 하니컴 형태의 모놀리스(monolith) 지지체를 사용하는 경우가 있는데, 이 경우에는 세라믹 지지체인 코디에라이트(cordierite)가 사용된다. 일반적으로 비표면적이 작으므로 그 위에 알루미나 등을 코팅(washcoat라 부름)한 후 활성물질을 담지하여 사용한다.

04 촉매의 제법과 성형

고체촉매의 경우, 표면만이 촉매작용을 하는 경우가 많으므로, 활성점을 가능한 한 많이 표면에 형성시키고, 나아가 안정하게 유지할 수 있게 촉매 제법을 강구할 필요가 있다. 일반적으로 동일한 성분이라 하더라도, 제법이 다르면, 촉매활성이나 안정성이 전혀 다를 수 있기 때문이다. 제법의 상세한 과학은 아직 완전히 이해되어 있다고 할 수 없고, 통상적으로 경험을 토대로, 몇 가지 제법을 선정하여 실험에 의해 가장 적합한 제조법을 결정하는 것이 보통이다.

1. 제조법

촉매를 여러 방법으로 만들지만, 제조 원리에 따라 함침법, 이온교환법, 침전법 세 가지로 구분한다. 이 분류에 속하지 않는 레이니 니켈과 이온교환수지 촉매 등 특별한 방법으로 만든 촉매가 있지만, 공업 촉매의 대부분은 이 세 가지 방법으로 제조한다. 함침법에서는 지지체를 활성물질이 녹아 있는 용액에 담근 후에 침전제를 가하거나 용매를 증발시켜 활성물질을 지지체에 담지한다. 이온교환법에서는 지지체를 활성물질이 녹아 있는 용액과 접촉시켜 활성물질을 지지체에 담지한다. 이에 비해 침전법에서는 활성물질의 용액에서 활성물질을 침전시킨 후 활성화하여 촉매를 제조한다. 제조방법에 따라 촉매의 물성이 상당히 다르기 때문에 활성이 높은 촉매를 만들기 위해서는 제조방법을 잘 선택하여야 한다.

(1) 함침법

미리 성형한 지지체를 활성물질 용액과 접촉시켜 담지하는 방법을 함침법이라고 부른다[18]. 용액과 지지체의 접촉 방법에 따라 분무법, 증발건조법, 젖음법(incipient wetness method), 흡착법이 있다. 제조하기 쉬워서 공업 촉매를 대량으로 제조할 때는 함침법을 많이 사용한다.

분무법에서는 지지체를 저어주거나 흔들어주면서 활성물질의 용액을 분무하여 지지체에 담지한다. 지지체 알갱이가 크지 않으면 활성물질이 균일하게 담지되며, 탐지 조작이 단순하여 담지량을 조절하기 쉽다. 지지체를 자유 낙하시키면서 사방에서 활성물질의 용액을 분무하고, 이를 바로 건조하여 촉매를 제조하는 분무건조법(spray drying)은 촉매를 대량으로 제조하기에 적절하다. 분무법으로 촉매를 제조하면 활성물질 용액이 지지체와 접촉한 후 바로 건조되므로. 활성물질이 지지체의 기공 내보다는 겉표면에 주로 담지된다.

증발건조법은 활성물질의 용액에 지지체를 넣은 후 서서히 가열하여 용매를 증발시켜서 활성물질을 담지하는 방법이다. 활성물질의 담지량이 아주 많지 않으면 지지체에 고르게 담지되지만, 활성물질의 용해도와 건조속도에 따라 탐지 상태가 크게 달라진다. 지지체가 활성물질의 용액에 충분히 잠기면 지지체의 기공 내에도 활성물질이 고르게 퍼진다. 서서히 가열하면 지지체 알갱이의 바깥쪽에서부터 더워지므로 먼저 바깥쪽에서부터 활성물질의 농도가 진해진다. 용매가 증발하면서 용매가 기공 내에서 이동할 때 활성물질이 같이 이동하여 활성물질이 기공 입구 주위에 주로 담지된다. 반면 급하게 가열하면 용매가 아주 빠르게 증발되므로 활성물질이 같이 이동하지 못해서 활성물질이 기공 안쪽에 많이 남아 있다. 활성물질의 알갱이 크기도 건조 방법에 따라 다르다. 서서히 건조하면 활성물질이 모여 큰 알갱이가 되지만, 급하게 건조하면 활성물질이 움직이지 못하므로 알갱이가 크게 덩어리지지 않는다. 그림 8.12에 건조 방법에 따른 활성물질의 담지상태 차이를 모식도로 나타내었다[19].

활성물질과 지지체의 상호작용도 건조 과정에서 활성물질의 이동에 영향을 주기 때문

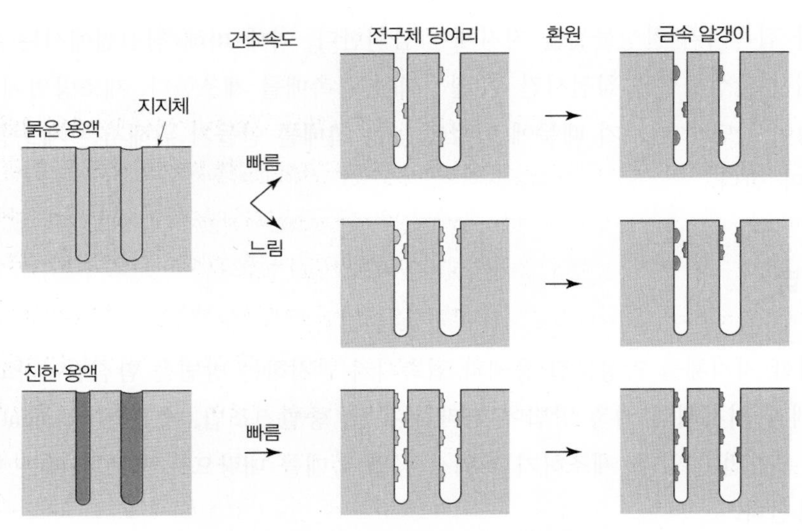

그림 8.12 금속촉매의 담지 과정[19]

에 상호작용의 세기가 건조 조건을 결정하는 주요 인자이다. 친화력이 강할수록 활성물질의 이동이 억제되므로 활성물질의 분산 상태가 좋다.

담지 방법에 따라 활성물질의 담지량 한계가 달라진다. 분무법이나 증발건조법으로 촉매를 제조하면 활성물질을 많이 담지할 수 있다. 활성물질 용액을 추가로 분무하거나 분무액의 활성물질 농도를 높여 담지량을 원하는 수준까지 증가시킨다. 이에 비해 젖음법에서는 활성물질 용액이 지지체에 모두 흡수되어야 하고, 활성물질의 용해도에 제한이 있어 활성물질의 탐지량에 한계가 있다. 흡착법에서는 활성물질의 흡착량이 바로 담지량이다. 일반적으로 흡착량이 그리 많지 않기 때문에 다른 방법에 비해 담지량이 적다.

활성물질을 담지하여 건조한 후에 소성(calcination)하고 활성화(activation)한다. 소성은 윤활제 등을 가열하여 제거하는 조작이다. 활성물질을 활성이 있는 상태로 전환하는 조작을 활성화라고 부른다. 활성물질의 종류에 따라 활성화 방법이 다르다. 금속 산화물은 환원하여 금속 상태의 활성물질을 만들고, 음이온 빈자리가 활성점인 금속 산화물 촉매는 환원 분위기에서 처리하여 음이온 빈자리를 만든다. 산·염기 촉매에서는 산이나 염기점에 흡착되어 있는 물이나 이산화탄소 등을 제거한다. 활성화 과정에서 활성점이 생성되므로 활성화 방법에 따라 촉매의 활성이 크게 달라진다. 과도하게 활성화하면 활성점이 변형되어 촉매활성이 없어지므로 주의해야 한다.

젖음법에서는 건조한 지지체의 기공에 활성물질이 모두 흡수되는 양만큼 활성물질의 용액을 지지체가 젖을 때까지 가한다. 먼저 지지체의 기공 부피를 측정하여 이 부피를 채우는 데 필요한 활성물질의 용액을 만든다. 지지체를 건조한 후 표면이 충분히 젖을 때까지 가한 용매의 양이 기공을 채우는 데 필요한 용액의 양이다. 건조한 지지체에 활성물질의 용액을 가하면 용액이 지지체 내부로 빨려 들어가므로 활성물질이 기공에 고르게 퍼진다. 건조하여 용매를 제거하면 활성물질이 담지된다. 금속염이 물에 잘 녹기 때문에 금속이나 금속 산화물 촉매를 만들 때에는 보통 물을 용매로 쓴다. 젖음법은 다른 담지 방법에 비해 재현성이 좋아서, 실험실에서 소규모로 촉매를 제조할 때 사용한다.

젖음법으로 활성물질이나 첨가제를 담지하면 지지체에 담지되어 있는 활성물질의 양은 정확히 알지만, 활성물질이 어떤 상태로 지지체 내에 담지되었는지는 확실하지 않다. 앞에서 설명한 대로 용매를 제거하는 건조 방법에 따라 활성물질의 분포 상태가 달라지기 때문이다. 지지제 표면과 활성물질 전구체 사이의 친화력이 아주 강하면 젖음법으로도 활성물질을 기공 내에 고르게 분산 담지할 수 있다. 활성물질의 담지 외에도 촉매의 기능을 조절하기 위해서 증진제와 억제제를 첨가할 때에도 젖음법을 사용한다.

흡착법은 활성물질이 녹아 있는 용액에 지지체를 가하여 활성물질을 지지체 표면에 흡착시킨 후 여과 수세하여 흡착하지 않은 물질을 제거하고 흡착한 활성물질만을 담지하는 방법이다. 제조과정이 증발건조법과 비슷하나, 흡착법에서는 흡착하지 않고 기공 내에 남아 있는 활성물질을 제거한다는 점이 다르다. 강하게 흡착한 활성물질만 지지체에 담지되므로 활성물질이 지지체 표면에 고르게 분산 담지되고, 건조와 소성 등 후처리 중에도 담지 상태가 크게 달라지지 않는다. 지지체에 강하게 흡착하는 활성물질만 흡착법으로 촉매를 만들 수 있고, 활성물질이 단일층으로 흡착되어 다른 제조법에 비해 활성물질의 담지량이 적다. 제조한 촉매를 분석하거나 여과와 세척 과정의 여액을 분석하여 활성물질의 담지량을 결정한다.

활성물질의 담지량과 담지 상태 등 제조하려는 촉매의 성질 및 활성물질과 지지체의 상호 작용에 따라 지지체에 활성물질을 담지하는 방법을 선택한다. 친화력이 충분히 강하지 않으면 흡착법으로는 활성물질을 담지하지 못한다. 친화력이 강하여 활성물질이 많이 흡착하면 흡착법으로 분산도가 우수하면서도 담지량이 많은 촉매를 제조한다. 기공 내에서는 물질 전달이 느린 반면, 촉매활성이 높으면 반응은 주로 겉표면에서 진행한다. 이런 반응에 사용하는 촉매는 활성물질이 겉표면에 담지되는 분무법으로 제조한다.

구조민감 촉매처럼 담지된 활성물질의 알갱이 크기가 촉매활성에 영향이 크면 활성물질의 담지 후 건조, 소성, 활성화 등 후처리 과정이 상대적으로 중요하다. 금속 촉매에서는 환원 과정에서 금속이 소결되므로 크게 덩어리지지 않도록 천천히 환원해야 한다.

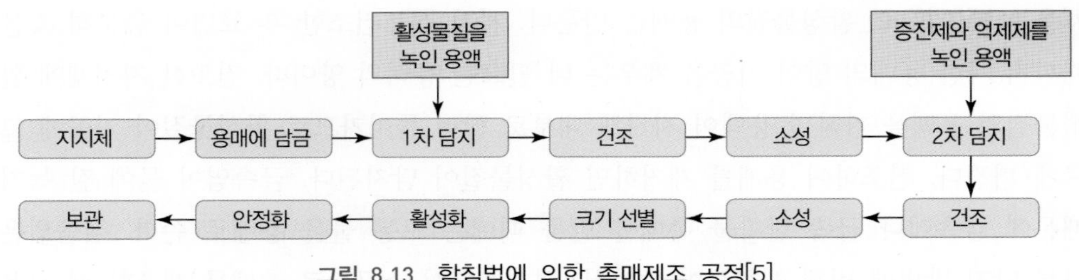

그림 8.13 함침법에 의한 촉매제조 공정[5]

환원반응의 속도를 조절하기 위하여 순수한 수소를 쓰지 않고 질소에 희석한 수소를 사용하거나, 일산화탄소나 하이드라진을 환원제로 사용한다.

수소화반응에 사용하려고 환원하여 활성화된 금속 촉매를 공기에 노출시키면 표면의 금속이 다시 산화된다. 산화반응에서 발생하는 열로 인해 금속의 분산 상태가 달라지고, 열이 아주 많이 빠르게 발생하며, 때로는 불이 붙기도 한다. 이런 이유로 촉매 제조공장에서는 환원 처리한 금속 촉매의 표면을 얇게 산화시켜 사용자에게 제공한다. 금속 표면이 산화되어 있어 공기와 접촉하여도 안정하다. 반응기에 충전하고 반응을 시작하기 전에 가볍게 환원 처리하여 활성화시키면 환원 조작 중의 소결 등 촉매 손상을 억제하고, 운송과 보관 과정에서 위험을 줄인다.

제조 방법에 따라 과정이 약간씩 다르긴 하지만 촉매 제조의 기본 원리는 비슷하다. 그림 8.13에 함침법으로 촉매를 제조하는 일반적인 공정을 정리하였다. 활성물질과 증진제를 차례로 함침시킨 후 소성, 활성화, 안정화 단계를 거친다. 활성물질과 지지체를 접촉시키는 방법은 촉매 제조법마다 다르지만, 건조 이후 단계는 모두 비슷하다.

(2) 침전법

지지제를 사용하지 않고 활성물질이 녹아 있는 용액에 적절한 침전제를 가하여 촉매 전구체를 침전시킨 후 이를 건조, 소성, 활성화시켜 촉매를 제조하는 방법이 침전법이다[20].

침전제를 첨가하여, 침전성분 이온농도의 곱이 용해도곱보다 커지게 되면 침전핵이 생성, 핵의 성장이 진행되어 침전이 생성된다. 침전의 형상은 침전물질의 종류 및 침전조건에 따라 다르나, 통상적으로 2가 금속의 수산화물은 결정질이고, 규산이나 Al, Fe, Ti, Zr 등의 수산화물의 침전은 겔(gel)상이 된다. 침전법으로 촉매를 제조할 때는 침전과정이 매우 중요하므로 침전제 선택에 유의하여야 한다. 침전법은 다성분계 촉매나 고담지량 촉매(20~40 wt%)의 제조에 적합한 방법이다. 침전법에 의한 담지촉매의 제조

예로는 CO 수소화용 Cu/ZnO/ Al_2O_3, 유지의 수소첨가용 Ni/규조토 등이 있으나 많지는 않다.

비 담지촉매는 촉매 활성성분의 수용액과 침전제 용액을 접촉시켜 수산화물, 탄산염 등의 침전을 생성시키고, 여과, 세척, 건조, 성형, 소성을 거쳐 제조된다. 촉매 활성성분이 2종류 이상인 경우에는, 이들을 동시에 침전시키거나(공침법), 따로따로 얻은 침전을 기계적으로 혼합한다. 한편, 담지촉매의 경우는, 공침법에 의해 담지 성분도 용액으로부터 동시에 침전시키는 방법, 촉매 활성성분의 침전을 지지체와 혼합하는 방법, 지지체를 촉매 성분 용액에 담근 후 침전제 용액을 가해 지지체 상에 활성성분을 침전시키는 방법 등에 의해 제조한다.

겔상의 침전은 입자 크기가 결정성 침전에 비해 균일하게 되므로, 겔상 침전을 만들기 쉬운 물질의 경우에는 겔화하는 것이 바람직하다.

침전법으로 제조한 촉매는 대부분 표면적이 작아서 활성이 낮다. 유기합성에 사용하는 백금 검정(Pt black)이 침전법으로 제조한 대표적인 촉매이다. 활성물질의 용액에서 두 가지 이상의 성분으로 이루어진 복합산화물의 전구체를 균일하고 재현성 있게 만들기 쉬워서, 복합산화물 촉매를 제조할 때에는 주로 침전법을 사용한다.

(3) 이온교환법

촉매 성분 양이온을 이온교환에 의해 담지하는 방법이다. 양이온 교환 능을 갖는 지지체로서는, 각종 제올라이트, 실리카, 실리카알루미나, 이온교환수지, 산화처리 활성탄 등이 있다. 금속 양이온과 지지체와의 결합이 강하게 되므로, 이 방법은 균일하고 분산도가 큰 담지가 가능하며 재현성도 좋다.

(4) 기타 방법

이 외에도 용융법, 용해법(leaching), 수열합성법, 화학증착법 등이 있다. 용융법은 NH_3 합성용 철촉매 제조법으로, Fe_3O_4에 소량의 Al_2O_3, MgO, SiO_2와 칼륨염을 첨가하고 용융한 후, 성형하고 약 500℃에서 수소 환원하여 활성화한다. 산소가 빠져 나간 부분이 기공이 된다. 용해법의 대표적 예는 라니(Raney)형 촉매가 있다. 촉매 금속(Ni, Co, Fe, Cu 등)을 Al과의 합금으로 만든 후, NaOH 용액으로 Al을 용해시키면, Al이 빠져나간 부분이 기공이 된다. 이 때 약간의 Al을 남게 하면, 수화알루미나가 생성되어 금속 입자의 응집을 막는 효과를 보인다. 수열합성법은 물에 난용성인 촉매 원료의 수용액을 가압하에서 가열하여 결정성의 생성물을 얻는 방법이다. 제올라이트나 제올라이트 유사물질들을 제조할 때의 제조법이다. 화학증착법(chemical vapor deposition, CVD)은 촉매 전구체를 기체 상태로 고체 지지체의 기공에 도입하여 담지하는 방법이다. 기체 전구체여서 기공 내 확산이 빠르고, 용매를 사용하지 않으므로 기공 내에서 활성물질의 농도 차이가 작으며, 건조 과정이 없으므로 활성물질의 담지 상태가 상대적으로 균일하다. CVD 방법에서는 기공 내에서 활성물질의 전구체 농도를 조절하여 석출 과정을 제어하므로 알갱이 크기를 조정하기 쉽다. 그러나 이 방법으로 만든 촉매는 표면에 고정된 활성물질을 환원하거나 배기하여 활성화하는 과정에서 담지 상태가 달라질 수 있다. 이외에도 활성물질의 전구체가 기체이어야 하므로 사용가능한 전구체가 많지 않고, 진공으로 배기한 상태에서 활성물질을 공급하므로 촉매를 대량으로 만들기는 어렵다.

2. 성형

제조된 촉매를 공업 프로세스에 사용할 때는 일정한 크기와 형상으로 성형한다. 성형된 촉매 입자의 크기와 형상은 촉매반응에서 물질 이동속도, 촉매 층의 압력손실과 열전달, 반응 유체의 혼합이나 흐름의 균일화, 촉매의 기계적 강도 등에 영향을 준다. 또 최적의 촉매 형상은 사용하는 반응기에 따라서도 다르므로, 플랜트 설계에 있어 형상의 선택은 중요하다.

공업 프로세스에서 잘 사용되는 고체 촉매의 형상을 표 8.11에 나타내었다. 특정 촉매

표 8.11 촉매 입자의 형상에 따른 비교[10]

입자 형상	특성
펠렛 (pellet)	• 원주형 • 사출이나 알갱이에 비해 밀하고 강함 • 5~20 mm • Raschig 링이나 원주형이 일반적이나 형태에 제한은 없음 • 2단계의 압축이 때로 필요함
압출 (extrusion)	• 길고 불규칙한 원주형이 보통이나, 클로버 형태의 더 큰 겉표면적을 갖는 형태도 가능 • 펠렛보다는 밀하지 않음 • 직경 1 mm 이상 • 자동차 촉매와 같은 중공형도 제조 가능
알갱이 (granule)	• 구형 • 펠렛보다 밀하지 않음 • 직경 2 mm 이상

가 때로는 다른 형상으로 사용되는 경우도 있다. 대형의 고정층 반응기에 사용되는 촉매의 크기는 대개 3~20 mm 정도이나, 반응기 형식이나 크기 등 플랜트의 제약, 조작 조건, 경제성 등을 고려하여 결정된다.

구형의 촉매는 제조 비용이 비교적 싸나, 기계적 강도가 작다. 또 촉매 층의 압력손실이 비교적 크다. 원주형 펠렛 촉매는 가장 일반적으로 사용되는 형상이다. 펠렛 상 및 링 형태의 촉매는 타정기에서 성형하므로 형상이 일정하며 큰 기계적 강도의 촉매 입자가 얻어지나, 제조 비용은 비싸다.

압출성형 촉매는, 페이스트 상의 촉매 원료를 특정 형상의 구멍으로 밀어내어 얻는 것으로, 원주형 이외의 여러 형상의 것이 있다. 겉보기비중은 작고 압력손실도 작으나, 기계적 강도가 작은 경우가 있다. 타정 성형할 수 없는 촉매에도 적용할 수 있고 제조 비용도 싸다.

물질 이동을 쉽게 하려면, 겉 표면적이 클수록 유리하며, 겉 표면적은 개개의 촉매 입자가 작을수록 커지므로, 촉매 입자는 가능한 한 작은 것이 좋게 된다. 그러나 촉매 입자가 너무 작아지면 촉매층의 압력손실이 커지는 문제가 생기게 된다. 결국 촉매활성과 촉매층의 압력손실을 비교, 촉매 입자의 크기, 그리고 촉매 형상을 결정해야만 한다. 기계적 강도, 탄소석출, 피독, 열전달 등도 입자의 크기 및 형상을 결정하는 데 고려되어야 할 사항들이다.

반응 유체의 유속이 대단히 큰 경우에는, 벌집과 같은 형태의 honeycomb 상의 monolith형 촉매가 사용된다. 이것은 열팽창계수가 작고 내열 충격성이 뛰어난 cordierite 등의 소재로 만들어진 일체형의 지지체로, 촉매 물질을 담지하여 사용된다.

촉매는 미분체인 채로 사용되는 경우도 있다. 예를 들면, 탄화수소의 크래킹과 같은 유동층 반응의 경우, 마찰에 따른 분말화가 문제가 되므로 기계적 강도가 큰 분체를 제조하지 않으면 안된다.

이상과 같이 공업 촉매의 크기와 형상은 플랜트 설계상 대단히 중요한 요소로 반응의 특성이나 반응조건, 반응기의 형태 등을 고려하여 결정되어야 한다.

05 촉매의 특성분석

1. 표면적 측정

전체 표면적의 측정은 물리흡착의 원리를 이용한다. 흡착원자와 촉매 표면 사이의 반데르발스 힘에 의한 물리흡착의 경우, 낮은 압력 범위($p/p_0 < 0.1$)에서는 식 (8.18)에 나타낸 Langmuir 흡착식을 따르면서 단분자흡착층을 이루는 흡착이 일어난다.

$$\frac{V}{V_M} = \frac{K\,p/p_o}{(1+K\,p/p_0)} \tag{8.18}$$

V : 흡착된 부피
V_M : 단분자 흡착층 부피
p : 압력
p_o : 포화압력
K : 상수

그 이상의 압력에 이르면 다분자층을 이루는 흡착이 진행된다. 이때 적용되는 이론적 모델은 Brunauer, Emmett, 그리고 Teller가 제안한 BET 흡착등온식인 식 (8.19)이다.

$$\frac{p}{V(p_0 - p)} = \frac{1}{V_M \cdot c} + \frac{(c-1)}{V_M \cdot c}(p/p_0) \tag{8.19}$$

c : 상수

BET 흡착등온식을 따르는 흡착은 $p/p_0 < 0.3$ 이하인 압력 범위에서만 진행되고, 그 이상의 압력 범위에서는 작은 미세기공에서부터 액화(liquid condensation)가 시작되어 점차 모든 기공으로 확대되어 간다. 실제 전체표면적을 구할 때에는 p/p_0에 대한 $p/[V(p_0 - p)]$의 값을 도시하여 기울기(S)와 y 절편(I)을 구한다. 식 (8.19)에서

$$S = \frac{c-1}{V_M \cdot c},\quad I = \frac{1}{V_M \cdot c}$$

이고, 따라서

$$V_M = 1/(S+I) \tag{8.20}$$

가 되어 V_M 을 구할 수 있다. 이로부터, 전체표면적(S_t)과 비표면적(S_g)은 다음과 같이 구한다.

$$S_t(\mathrm{m}^2) = \frac{V_M(\mathrm{cm}^3)\cdot N_A(\mathrm{mol}^{-1})\cdot A(\mathrm{m}^2)}{22{,}400(\mathrm{cm}^3\ \mathrm{mol}^{-1})} \tag{8.21}$$

N_A : 아보가드로수

A : 흡착분자의 단면적

$$S_g(\mathrm{m}^2\ \mathrm{g}^{-1}) = \frac{S_t(\mathrm{m}^2)}{W_s(\mathrm{g})} \tag{8.22}$$

W_s : 시료의 무게

BET 흡착등온식을 이용하여 촉매의 전체표면적 및 비표면적을 구할 때에는 주로 비활성 기체나 질소 등 촉매에 화학흡착을 하지 않는 기체를 사용한다. 단, W, Mo, Zr, Fe 등의 금속에는 질소가 화학흡착하므로 이의 사용을 피해야 한다.

2. 금속의 표면적과 분산도 측정

담지 금속 촉매의 경우에는 전체표면적과 함께 금속 표면적 및 금속의 분산도가 활성을 결정짓는 주요 인자가 된다. 금속 표면적과 분산도는 수소, 일산화탄소 등 각 금속에의 화학흡착이 용이한 기체들의 화학흡착을 이용하여 구할 수 있다. 표 8.12에 여러 기체들의 각 금속에의 화학흡착 여부를 나타내었다[21].

기체의 화학흡착을 이용하여, 금속 표면적(S_m)은, 기체가 단분자흡착층을 이룬다는 가정하에 하나의 흡착 분자가 관계하는 평균 표면 금속 원자의 수(chemisorption stoichiometry at monolayer coverage, X_m)가 잘 정의되어 있는 기체의 단분자층 흡착량

표 8.12 화학흡착에 의해서 단분자 흡착층을 형성하는 금속과 기체들

금속	흡착기체					
	N_2	H_2	O_2	CO	C_2H_4	C_2H_2
W, Mo, Zr, Fe	○	○	○	○	○	○
Ni, Pt, Rh, Pd	×	○	○	○	○	○
Cu, Al	×	×	○	○	○	○
Zn, Cd, Sn	×	×	○	×	×	×
Pb, Ag, Au	×	×	×		○	○

표 8.13 다결정 표면에서의 단위 표면적당 금속의 원자수(n_s)

금속	Cr	Co	Cu	Fe	Mo	Ni	Pd	Pt	Ru	Zr
표면원자의 농도/$10^{19}\cdot m^{-2}$	1.63	1.51	1.47	1.63	1.37	1.54	1.27	1.25	1.63	1.14

(monolayer adsorbate uptake, $n_m{}^s$)을 측정하여 다음과 같은 식에 의하여 구한다.

$$S_m\,(\mathrm{m^2\ g^{-1}}) = \frac{n_m{}^s\,(\mathrm{g^{-1}})\cdot X_m}{n_s\ (\mathrm{m^{-2}})} \tag{8.23}$$

n_s : 표면 단위면적당 금속 원자의 수

X_m 은 수소의 경우 특별한 경우를 제외하고는 $X_m = 2$로 비교적 잘 정의되어 있지만, 일산화탄소의 경우에는 Ni－CO, Ni_2CO, 그리고 $Ni(CO)_2$와 같이 여러 화학흡착 형태가 존재하므로 X_m의 결정에 문제가 있게 된다. 그리고 n_s 는 단위 표면적당 금속의 원자수를 말하며, 몇 가지 다결정 표면에서의 n_s 값을 표 8.13에 나타내었다. 담지촉매에서의 분산도는 다음의 식에서 구해진다.

$$D_m = \frac{n_s{}'}{n_T} \tag{8.24}$$

$n_s{}'$: 촉매의 단위무게당 표면 금속 원자의 개수

n_T : 촉매의 단위무게당 금속 원자의 전체 개수

수소의 경우 $X_m = 2$라 가정하면, 수소 화학흡착을 이용하여 다음의 식에 의하여 분산도를 구할 수 있다.

$$D_m = \frac{n_H}{n_T} \tag{8.25}$$

n_H : 촉매의 단위무게당 화학흡착된 수소 원자의 개수

3. 기공의 크기분포

촉매 기공이 반응물의 분자 크기보다 커야 반응물이 활성점이 있는 기공 내에 도달할 수 있으므로, 촉매의 기공은 적용되는 반응과 함께 고려되어야 한다. 또한 기공과 반응물 분자의 크기 비는 반응물이 기공 내에서 확산되는 속도에 영향이 크다. 기공크기와 반응물의 분자 크기가 비슷해지면 기공의 공간적인 제약과 기공벽과 반응물간의 인력으

로 인하여 확산이 심하게 억제되고, 작은 기공이 많으면 표면적은 넓어지나 기공 내 확산이 느려지므로, 표면적은 가급적 넓으면서도 확산이 억제되지 않도록 기공크기를 조절할 필요가 있다.

(1) 질소흡착

모양은 같으나 크기가 다른 기공이 섞여 있는 촉매를, 액체질소 온도에서 질소 기체에 노출시켰을 때 흡착이 일어나는 과정은 다음과 같다. 압력이 낮을 때는 비어 있는 기공벽이나 입자의 겉표면에 질소가 흡착된다. 압력을 점차 높이면 흡착층이 두꺼워지고, 작은 기공에는 모세관응축이 일어난다. 압력을 더 높여주면 이미 채워진 기공에는 더 이상 흡착되지 않고, 아직 채워지지 않은 기공벽과 겉표면에만 흡착이 일어난다. 다시 말하면, 기공벽이나 겉표면 모두가 낮은 압력에서는 질소가 흡착될 수 있는 표면이지만, 모세관응축이 일어나는 압력에서는 채워진 기공에는 질소가 흡착되지 않아 질소가 흡착될 수 있는 표면적이 감소된다.

모세관응축이 일어나는 상대압력 p/p_0와 모세관의 반지름 사이에는 다음과 같은 Kelvin 식이 성립되므로, 모세관응축이 일어나는 압력으로부터 기공 반지름을 결정하게 된다.

$$\ln(p/p_0) = -\frac{2V\gamma\cos\theta}{r_k RT} \tag{8.26}$$

γ, V, p_0 그리고 θ는 각각 흡착물질의 표면장력, 몰부피, 평평한 액체의 포화증기압, 그리고 접촉각이다. 질소처럼 표면에 젖는 물질은 접촉각이 0o로써 $\cos\theta = 1$로 간주한다. 비어 있는 기공의 반지름 r_c에서 흡착층 두께 t를 빼주면 액면의 곡면반지름 r_k를 구할 수 있다.

$$r_k = r_c - t \tag{8.27}$$

$$r_c = \frac{-2V\gamma}{RT\ln(p/p_0)} + t \tag{8.28}$$

식 (8.28)에 의한 t-플롯에서 흡착층 두께를 압력만의 함수로 보면 모세관응축이 일어나는 기공 반지름을 구할 수 있다.

(2) t-플롯(기공 모양 판별)

t-플롯으로 기공 모양을 판별하는 방법은 다분자층 물리흡착에서 상대압력 p/p_0가 높아지면 흡착량이 많아지고 흡착층의 두께가 두꺼워지나 기공 모양에 따라 흡착층이 두꺼워지는 정도가 다르다는 점에 의한 것이다.

일정온도에서 기공이 없는 표면에 다분자층을 이루며 물리흡착이 진행되면 흡착층의 평균 두께(t)는 상대압력의 함수가 되며 이론적으로 흡착제의 화학적 성질과 무관하다. 기공이 없는 표면에서 흡착층의 두께는 흡착량 v를 단분자층 흡착량 v_m으로 나누어 구할 수 있다. 상대압력에 대하여 흡착층 두께를 나타낸 그래프를 t-플롯이라 한다. 기공이 없는 평평한 표면에서는 물리흡착이 층층으로 쌓이게 되므로, 상대압력에 대해 t는 원점을 지나는 직선 관계를 보인다. 그러나 기공이 있는 입자에서는 같은 압력에서도 기공 모양에 따라 흡착량이 더 많아지거나 적어질 수도 있어, 기공이 없는 표면에서와 비교할 때 t-플롯이 달라져 이로부터 기공 모양을 유추할 수 있다. 실린더 모양의 기공에서는 모세관응축이 일어나는 상대압력에서 흡착량이 많아지므로 기공이 없는 표면에서 얻어진 t-플롯보다 기울기가 커진다. 이에 반해 평행한 판 사이에 생긴 슬릿 모양 기공에서는 마주 보는 벽에 흡착이 진행되면 양쪽에서 두꺼워진 흡착층이 서로 만나게 된다. 흡착층이 서로 만나 기공이 채워지는 p/p_0 이상으로 압력이 높아지면, 기공에는 질소가 더 이상 흡착하지 않는다. 다시 말하면 압력이 낮을 때는 기공이 없는 표면에서처럼 흡착층이 두꺼워지나, 모세관응축이 일어나 기공이 채워지면 기공에는 더 이상 흡착되지 않아 흡착량이 작아지므로, 흡착층 두께가 얇은 것처럼 계산된다. 따라서 기공이 없는 표면에서 얻어진 t-플롯에 비해 기울기가 크거나 어느 압력에서 t값이 크게 얻어지면, 실린더나 잉크병 모양 또는 촘촘히 채워진 구형 입자 사이의 빈틈에 모세관응축이 일어난다고 볼 수 있다. 이에 반해 t-플롯의 기울기가 작거나 어느 압력에서 t값이 작게 얻어지면, 기공이 슬릿 모양인 경우이다. t-플롯에서 기울기가 크게 달라지는 압력은 기공크기와 관계있으며, 높은 압력에서 달라지면 기공크기가 크고, 낮은 압력에서 달라지면 기공크기가 작다고 볼 수 있다.

4. 열무게분석/시차열분석

열무게분석(TGA)은 조절된 주위 조건 하에서 시료의 온도를 증가시키면서 시료의 무게를 온도의 함수로 연속적으로 기록하여 시료에 대한 화학적인 정보를 얻어내는 방법을

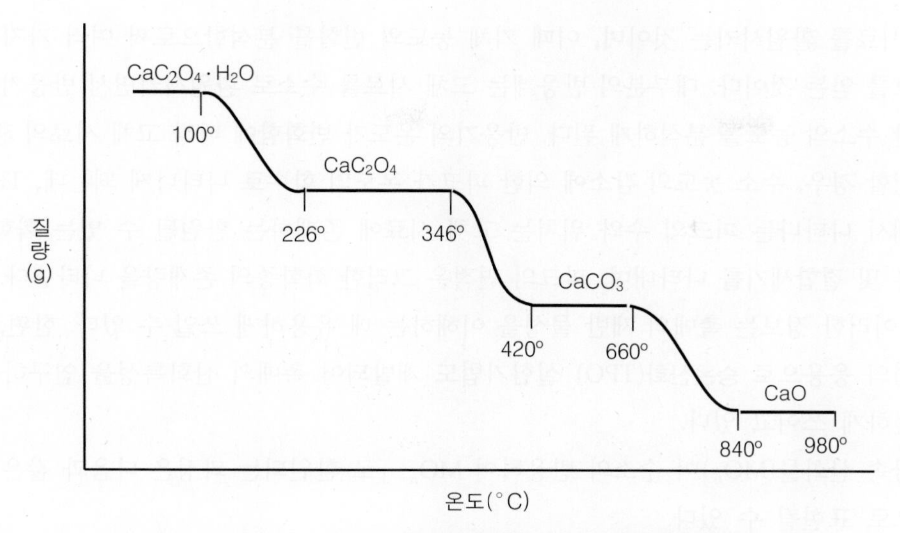

그림 8.14 $CaC_2O_4 \cdot H_2O$의 순차적 분해를 나타낸 열중량분석도 [22]

말한다. 열무게분석기의 장치는 (1) 분석저울, (2) 로(furnace), (3) 기체 주입장치, 그리고 (4) 기기장치의 조절과 데이터의 처리를 위한 마이크로 프로세서로 구성되어 있다. 전형적인 TG곡선은 그림 8.14와 같다.

시차열분석(DTA)은 시료 물질과 기준물질을 조절된 온도 프로그램 하에서 가열하면서 두 물질의 온도 차이를 온도함수로 측정하는 방법이다. 즉, 시료 온도(T_s)와 기준온도(T_r) 사이의 온도차 $\Delta T(=T_r-T_s)$를 측정하여 시료 온도에 대하여 도시하여 시차 온도기록을 얻는 것이다. 이와 같은 열분석법은 촉매 연구뿐만 아니라 고분자 화합물들을 확인하는 데 유용하게 사용되고 있다.

5. 승온환원/승온산화

승온환원(TPR)은 1973년 Jenkins에 의하여 최초로 시도되었는데, 그는 Cvetanovic 등이 개발한 승온탈착(temperature-programmed desorption, TPD) 실험기법을 이용하여 촉매의 특성을 연구하던 중, 이 기법의 환원 전처리 단계에서 선형적으로 승온시킬 경우 가치 있는 정보를 얻을 수 있음을 알아내었다. 이후 이 기법은 다른 연구자들에 의하여 귀금속 담지촉매의 특성 분석에 성공적으로 이용되어 왔으며, 계속 발전되어 현재는 불균일계 촉매의 특성 연구를 위한 매우 중요한 분석기법의 하나로 자리잡고 있다.

승온환원의 특성은 반응계의 온도를 미리 정해 준 방법대로 변화시키면서 기체로 고체 시료를 환원시키는 것이며, 이때 기체 농도의 변화를 분석함으로써 여러 가지 화학 정보를 얻는 것이다. 대부분의 반응계는 고체 시료를 수소로 환원시키면서 반응기를 통과한 수소의 농도를 분석하게 된다. 반응기의 온도가 변화함에 따라 고체 시료의 환원이 발생할 경우, 수소 농도의 감소에 의한 피크가 온도의 함수로 나타나게 되는데, TPR 곡선에서 나타나는 피크의 수와 위치는 고체 시료에 존재하는 환원될 수 있는 화학종의 종류 및 결합세기를 나타내며, 피크의 면적은 그러한 화학종의 존재량을 나타낸다. 그리고, 이러한 정보는 촉매의 제반 물성을 이해하는 데 유용하게 쓰일 수 있다. 한편, TPR 기법의 응용으로 승온산화(TPO) 실험기법도 개발되어 촉매의 산화특성을 연구하는 데 빈번하게 쓰이고 있다.

금속 산화물(MO_n)이 수소와 반응하여 MO_{n-1}로 환원되는 과정은 다음과 같은 일반식으로 표현될 수 있다.

$$MO_n(s) + H_2(g) \rightarrow MO_{n-1}(s) + H_2O(g) \tag{8.29}$$

대부분의 금속 산화물에 대하여 위 환원반응의 표준 자유에너지 변화(ΔG°)는 음의 값을 가지며, 따라서 이들 산화물에 대하여 환원반응은 열역학적으로 쉽게 진행된다. ΔG°가 양의 값을 갖는 금속 산화물에 대해서도 위의 환원반응이 열역학적으로 가능한데, 그것은 다음과 같이 표현되는 ΔG 값을 음으로 바꿀 수 있기 때문이다.

$$\Delta G = \Delta G^\circ + R\,T\ln[p(H_2O)/p(H_2)] \tag{8.30}$$

TPR 실험에서 발생하는 수증기는 반응영역에서 계속 제거되므로 $p(H_2O)$값이 매우 작아지며, 따라서 식 (8.36)에서 $R\,T\ln[p(H_2O)/p(H_2)]$값은 양의 ΔG_0값을 상쇄할 만큼 큰 음의 값을 가질 수 있다. 그러므로, ΔG_0가 양의 값을 갖는 Fe_2O_3나 SnO_2에 대해서도 TPR 실험으로부터 환원 곡선을 얻을 수가 있다.

6. 적외선분광법

적외선분광법은 촉매 표면에 흡착한 화학종의 연구 또는 촉매 자체의 분석을 수행할 때에 매우 유용한 정보를 제공하여 준다. 적외선분광법을 이용한 촉매 연구는 시료를 적외선 cell 속에서 전처리한 후 촉매 자체의 적외선 band를 관찰하거나, 각종의 기체를 흡착시킨 후 여러 온도 및 압력에서 흡착된 종의 흡수 band를 관찰함으로써 흡착점, 흡착 geometry 등과 같은 표면 상태를 고찰하는 것이다.

(1) 이론적 고찰

적외선은 분자의 바닥 전자에너지 상태에서의 회전 및 진동 에너지준위 사이의 전이를 촉진한다. 간단한 2원자 분자 사이의 신축진동(stretching vibration)은 한 개의 스프링으로 연결된 두 개의 물체 간의 진동과 유사하여, Hooke의 법칙이 근사적으로 성립한다. 결합 A−B의 신축에 관한 흡수 적외선의 파수 $\bar{v}\,(\mathrm{cm^{-1}})$는 다음의 식으로 나타낼 수 있다.

$$\bar{v} = \frac{1}{2\pi c}\sqrt{\frac{f}{\mu}} \tag{8.31}$$

여기서 c는 광속, f는 힘상수, μ는 환산질량이며 다음과 같이 정의된다.

$$\mu = \frac{M_A \cdot M_B}{6.02 \times 10^{23}(M_A + M_B)} \tag{8.32}$$

환산질량의 분모에서 아보가드로수를 제거하여 아래 식을 얻을 수 있다.

$$\bar{v} = \frac{7.76 \times 10^{11}}{2\pi c}\sqrt{\frac{f}{\mu}} = 4.12\sqrt{\frac{f}{\mu}} \tag{8.33}$$

예를 들어 C=C 결합의 경우에 $\bar{v}$ 값을 계산해보면,

$$f = 10^6\ \mathrm{dynes/cm},\ \mu = \frac{12 \times 12}{12+12} = 6\text{이므로},\ \bar{v} = 4.12\sqrt{\frac{f}{\mu}} = 1682\ \mathrm{cm^{-1}}\ (\text{계산치})$$

를 얻을 수 있다. 이 경우 실제 실험치는 1,650 $\mathrm{cm^{-1}}$인 것으로 알려져 있다.

(2) 촉매상의 흡착종에 관한 연구

얇은 펠렛으로 제작한 촉매를 in-situ cell에서 전처리하고 진공 배기한 후 기체를 흡착시켜 촉매상의 활성점 및 흡착 geometry를 규명할 수 있다. 이를 TPD 실험과 병행할 경우에는 그 효과가 극대화될 수 있다. 이러한 IR 기법은 고체산촉매와 고체염기촉매에서 유용하게 사용될 수 있는데, 각각의 촉매에 염기성 물질(피리딘, 암모니아 등)이나 산성 물질(이산화탄소, 아세톤, 알코올 등)을 흡착시켜 산·염기도 및 세기를 조사할 수 있다.

CO의 신축진동은 CO가 표면에 어떻게 흡착하고 있는가를 보여주는 좋은 지표이다. 직선형으로 흡착된 CO는 2000~2130 $\mathrm{cm^{-1}}$, 두 개의 흡착 site에 걸쳐 흡착하고 있는

가교형의 CO는 1880~2000 cm^{-1}, 세 개의 흡착 site에 걸쳐 있는 경우는 1800~1880 cm^{-1}의 파수에서 IR을 흡수한다. 정확한 흡수 파수는 흡착되는 금속과 CO의 피복률에 의존한다. CO의 피복률에 의존하는 이유는 CO 분자의 쌍극자 간에 상호작용이 있기 때문이며, CO 피복률이 증가할수록 CO 신축진동의 진동수는 증가한다.

많은 고체촉매 중에는 산성을 나타내는 촉매가 많으므로 산촉매로 사용되는 경우가 많다. 고체표면에 암모니아나 피리딘을 흡착시킨 후 흡착종의 IR spectra를 관찰함으로써 고체산 촉매가 루이스산(L산) 인지 브뢴스테드산(B산) 인지 구별할 수 있다. 예를 들자면, $SiO_2-Al_2O_3$ 촉매의 루이스산에 흡착된 NH_3의 band는 3,330 및 1,640 cm^{-1}에, 그리고 브뢴스테드산에 흡착된 band는 3,120 및 1,450 cm^{-1}에 나타난다. 따라서 $SiO_2-Al_2O_3$ 촉매는 B산과 L산 모두를 가지고 있음을 알 수 있다.

(3) 촉매 자체의 특성에 관한 연구

촉매는 제조 조건과 소성, 환원 등의 열처리 조건에 따라, 구조식과 금속-지지체 상호작용 정도 등이 달라질 수 있는데 이러한 현상도 IR로 분석이 가능하다.

에틸렌 이량화 촉매로 사용되는 $NiO-SiO_2$ 촉매의 경우 공침법으로 제조하면 제조할 때의 용액의 pH 및 NiO의 함량에 따라 금속-지지체 상호작용에 기인하는, nickel montmorillonite 및 nickel antigorite라는 nickel silicate 종이 생성되는 것으로 알려져 있으며 이를 IR band로부터 확인할 수 있다. Nickel montmorillonite는 710 및 665 cm^{-1}에서 피크가 나타나며, nickel antigorite는 665 cm^{-1}에 하나의 피크만이 나타난다. 이들 band는 nickel silicate 화합물의 생성으로 말미암아 Ni^{2+}이온의 영향을 받은 Si－O 신축진동이다. 이러한 nickel silicate종은 촉매의 분산도를 증대시키는 역할을 수행하지만, 활성점인 NiO의 수를 감소시키기 때문에 적절한 분포는 촉매활성에 매우 중요한 영향을 미친다. 이 경우 IR분석은 nickel silicate 종의 확인에 가장 유용한 방법으로 알려져 있다.

7. X-선 회절분석

X-선은 Å 범위의 파장을 갖는다. 즉 X-선은 고체의 속까지 파고들 만한 에너지를 지니고 있기 때문에 고체 내부구조를 밝힐 수 있다. XRD는 이러한 X-선의 성질을 이용하여 고체의 몸체 구조를 밝히고 입자 크기를 계산해 낼 수 있는 분석 방법이다.

고체 내부의 주기적 격자에 있는 원자에 의해 탄성 산란된, 위상이 같은 X-선은 보강 간섭을 하게 되는데, 이때 식 (8.34)에 나타낸 Bragg의 법칙이 적용된다. 여기서 측정되는 θ(또는 2θ)는 각 화합물마다 고유한 값을 가지므로 화합물의 구조를 규명할 수 있게 된다.

$$n\lambda = 2d\sin\theta \quad (n = 1, 2, \cdots) \tag{8.34}$$

λ : X-선의 파장

d : 두 격자 평면 간의 거리

θ : 입사 X-선과 반사 평면의 수직간의 각

n : 정수

분말상 시료의 XRD 패턴은 Cu K_α(E=8.04 keV, λ =0.154 nm) 등의 X-선 광원과 회절된 X-선의 세기를 2θ의 함수로서 측정할 수 있는 검출기를 사용하여 구해진다. X-선 광원은 고에너지 전자빔과 Cu 등의 target으로 이루어지는데, 고에너지 전자빔의 충돌에 의하여 target에서 생긴 K 껍질의 정공을 L 껍질의 전자가 채우면서 발생하는 K_α나, M 껍질의 전자가 채우면서 발생하는 K_β 등의 X-선이 이용된다. 그리고 이러한 현상을 X-선 형광(X-ray fluorescence)이라 한다.

실리카에 담지된 Pd 촉매의 경우 θ 값을 구하는 예를 들어 보자. 이것이 Cu K_α의 X-선을 사용하여 얻은 패턴이라면, Pd의 격자상수(0.389 nm), d_{111}(0.225nm), d_{200}(0.194 nm)를 이용하여 Pd(111), Pd(200)면의 2θ 값을 구한다. 즉, Pd(111)면의 경우,

$$2\theta = 2\sin^{-1}\left(\frac{n\lambda}{2d}\right) = 2\sin^{-1}\left(\frac{1\times 0.154\,\text{nm}}{2\times 0.225\,\text{nm}}\right) = 40.2^\circ$$

이다.

8. 전자분광학

X-선 전자분광학(X-ray photoelectron spectroscopy, XPS) 및 오제이 전자분광학(Auger electron spectroscopy, AES)은 전자분광학의 대표적 분석법으로, 촉매 특성 연구에 있어 매우 많이 이용되는 표면분석 기술이다. 이들은 촉매 구성성분들의 조성과 산화상태, 그리고 촉매의 분산도 등 다양한 정보를 제공한다. 층상구조를 갖는 시료의 경우 깊이에 따른 구조정보를 얻을 수도 있으며, 촉매 표면의 흡착종들에 대한 정보를 얻을 수도 있다.

XPS 및 AES는 광전효과를 기본 원리로 한 분석기술이다. XPS의 경우, 시료를 구성하고 있는 원자가 h_{ν}의 에너지를 갖는 광자, 즉 X-선을 흡수하면 결합 에너지 E_b를 갖는 core 에너지준위의 전자는 E_k의 운동에너지를 갖는 광전자로 방출된다. 이때의 운동에너지는

$$E_k = h_{\nu} - E_b - \phi_{sp} \tag{8.35}$$

로 표시된다. 여기서 ϕ_{sp}는 분광계의 일함수를 나타낸다.

불균일계 촉매 시료가 부도체인 경우에는 분석과정에서 시료에 양전하가 발생하게 되고, 이러한 전하 효과를 보정해 줄 필요가 있다. 이 전하 효과를 고려할 경우 광전자의 운동에너지는

$$E_k = h_{\nu} - E_b - \phi_{sp} - E_c \tag{8.36}$$

로 표시된다. E_c는 시료 표면에 존재하는 양전하로부터 기인하는 인력에 의한 에너지를 나타낸다.

한편, AES의 경우에는 흡수된 X-선에 의해 core 에너지준위 전자가 방출되면서 야기되는 에너지적 불안정을 극복하기 위하여 상위 에너지준위로부터 전자가 채워지면서 그 두 에너지준위 차이만큼의 여분의 에너지로 인하여 제3의 오제이 전자(Auger electron)가 방출된다. 그림 8.15에 오제이 전자의 발생 모식도를 나타내었다.

XPS 및 AES에서는 광전자의 양(N(E))을 광전자의 운동에너지 또는 결합 에너지의

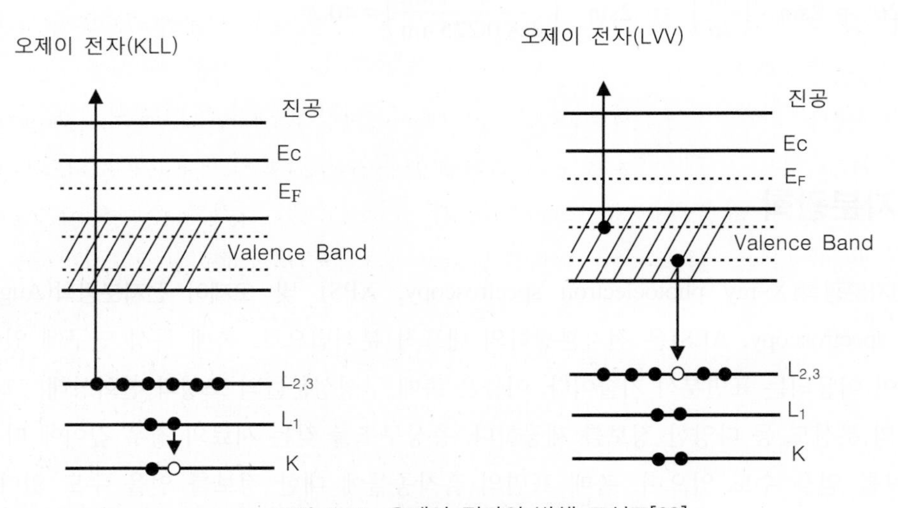

그림 8.15 오제이 전자의 발생 모식도[23]

함수로 나타낸 스펙트럼을 얻으며, 이를 통하여 구성원소들에 대한 다양한 정보들을 해석해 낼 수 있다. 이 두 표면분석 기술을 효과적으로 운용하기 위해서는 분석기 내를 진공상태로 유지해야 한다. 분석기 내의 기체 밀도가 높으면, 광전자들의 충돌로 인해 분석이 불가능하므로, 효율적인 분석을 위해서는 분석기 내의 광전자의 평균 자유 이동거리(mean free path)가 충분히 커야 한다. 이를 위해서는 최소한 10^{-6} torr 이하의 진공계가 필요하다. 실제로는 10^{-10} torr 이하의 초고진공이 요구되는데, 이는 분석시간 동안 분석기 내 잔존기체의 흡착에 의한 시료 표면의 오염을 무시할 수 있는 정도의 진공도를 의미한다.

XPS의 주요 특성 중의 하나인 chemical shift에 의하여 다양한 불균일계 촉매의 특성 분석이 가능하다. Chemical shift는 같은 시료 중에 존재하는 비등가 원자들이 서로 다른 결합 에너지를 갖는 현상을 일컫는데, 비등가 원자들은 산화상태의 차이, 분자환경의 차이, 격자 위치의 차이 등 다양한 원인들에 의해 생겨난다.

9. 진공승온열탈착

진공 하에서의 승온열탈착(TPD) 실험에서 주로 사용되는 시료는, 잘 정의된 금속 단결정 또는 다결정인데, 최근에는 분말상의 촉매도 시료로 사용하기 시작하여 매우 유용한 실험결과들을 제시하고 있다.

(1) TPD 실험결과의 해석 방법

승온열탈착(TPD) 기술은 촉매 표면에서 탈착하는 분자들의 탈착 반응속도를 연구하는데 매우 유용한 기술이다. 분자의 탈착 반응속도는 분자의 흡착상태 및 촉매의 표면 상태와 매우 밀접한 관련이 있어서 탈착 반응속도의 규명으로부터 촉매의 성질에 관한 중요한 결과들을 도출해 낼 수 있다. 직접적으로는, TPD 곡선을 이용하여 탈착 반응차수, 탈착 속도상수의 지수앞 인자, 표면피복률, 그리고 탈착 활성화에너지 등을 구할 수 있다. 그러나 실제로 TPD 결과를 이용하여 반응속도식의 변수들을 해석적으로 구하기는 매우 복잡하며 이 때문에 여러 가지 가정 하에서 해석하는 방법들이 고안되었다.

TPD는 Arrhenius식으로 나타내는데, 이는 Polanyi–Wigner식이라고도 불리우며 다음과 같이 표현된다.

$$N(\theta) = -d\theta/dt = \nu(\theta)\theta^n \exp[-E(\theta)/RT] \tag{8.37}$$

여기서 N은 탈착 속도이고, θ는 흡착종의 피복률, ν는 지수 앞 인자, n은 탈착 반응차수, 그리고 E는 탈착 활성화에너지이다. TPD 해석은 주로 스펙트럼상의 피크 온도(T_p), 피크 폭, 그리고 피크 모양 등 TPD 곡선으로부터 쉽게 알 수 있는 결과들을 이용하여 수행한다.

(2) 흡착질 간의 상호작용이 있을 경우의 TPD

기체가 촉매의 표면에 흡착하면, 표면과의 수직 방향과 수평 방향으로 기체와 고체 간의 결합력이 작용하게 된다. 수직 방향의 결합력은 흡착 에너지와 관계있으며, 수평 방향의 결합력은 흡착물질의 이동성(mobility)을 결정한다. 기체가 표면의 어느 위치에 결합 되는가는 흡착종 간의 상호작용의 세기 및 위에서 언급한 수평 방향의 결합력에 의하여 결정된다. 이러한 상호작용은 일반적으로, 흡착종 간의 거리가 짧을 때는 척력으로 작용하고, 멀 때는 인력으로 작용하는데, 흡착종의 화학적인 특성과도 관련이 있다. 만일 흡착종 간의 상호작용이 커지면 TPD에도 영향을 미칠 수 있는데, 즉 척력이 크면 흡착종의 양이 많아질수록 탈착 활성화에너지가 감소해서 피크 온도는 감소하고, 반대로 인력이 작용하면 피크 온도는 증가한다.

(3) 분말상의 촉매를 사용하는 방법

일반적으로 촉매는 높은 비표면적을 가진 분말상으로 되어 있고, 이러한 분말상 촉매의 표면 특성을 고찰하기 위한 TPD 실험은 주로 충전층 형태로 비활성 기체의 흐름 하에서 수행된다. 이러한 경우에는 실험결과에 영향을 미칠 수 있는 오차의 원인으로, 탈착 기체의 재흡착, 물질전달의 제한, 촉매층 내에서의 온도편차 등이 있다. 이러한 오차들로 말미암아 분말상의 촉매에 대한 상압에서의 TPD 결과로부터는, 진공 하에서 잘 정의된 금속에 대한 TPD 결과에 비해 얻을 수 있는 정보의 양이 적으며 정보의 정확성도 떨어진다. 이러한 오차의 원인들은 TPD 실험에 사용되는 촉매의 양을 줄이고 압력을 낮추면 대부분 극복할 수 있다. 즉, 물질 전달 또는 온도편차의 문제는 촉매를 미량 사용함으로써 해결되고, 낮은 압력으로 말미암아 탈착 기체의 재흡착량도 무시할 수 있을 정도로 감소시킬 수 있다.

(4) 촉매연구에의 적용

TPD 실험법은 다른 실험법에 비해 간단하며, 실험결과가 내포하고 있는 정보의 양이 많고 정확하기 때문에 많은 연구자들이 사용하고 있다. 그러나 진공 조건에서의 TPD 결과를 상압 이상에서의 반응 실험결과와 연관시키기는 매우 어렵다. 즉, 상호 간에 큰 반응조건 차에 의해 실험결과의 해석 및 적용에 많은 문제점이 있다. 따라서 진공 조건에서의 촉매 특성 실험에 관하여 많은 회의가 있었던 것이 사실이며, 이를 극복하기 위한 많은 노력이 있어 왔다. 최근에 와서 이용이 많아진 표면분석 장비들은 거의 모두 고진공상태를 요구하는데, 시료를 상압 이상에서의 반응조건과 고진공상태로 이동시키는 여러 가지 방법들이 고안되었고, 이를 이용한 실험결과는 반응조건의 커다란 차이에도 불구하고 진공상태에서의 실험결과가 실제 반응조건에서의 촉매 연구에 큰 도움을 주는 것으로 나타나 있다.

따라서 진공 영역에서 행해지고 있는 다소 이론적인 실험과 상압 이상의 반응조건에서 행해지는 실용적인 연구 결과를 상호 관련시키는 연구는, 과학적이고 조직적인 촉매 연구에 가장 핵심적인 과제가 되고 있다.

06 촉매의 산업적 이용

1. 정유

원유를 상압 증류하면, 가스, LPG, 납사(가솔린), 등유, 경유, 그리고 상압에서 기화하지 않는 잔사유로 분류된다. 이 잔사유는 감압증류에 의해 디젤 연료나 윤활유로 유용한 경유와 아스팔트로 분류된다. 그림 8.16에는 원유로부터 가솔린이 제조되는 공정을 나타냈는데, 이 그림에 있어 수소첨가 탈황, 접촉개질, 접촉분해, 이성질화, 알킬화, 수소첨가 분해가 촉매 공정이다.

이상의 각 유분은 석유제품으로 이용되나, 원유 중의 각 유분의 함유량과 제품으로서의 수요는 일치하지 않는다. 특히, 중질유를 분해하여 경질의 유분을 제조하는 접촉분해(크래킹)가 필요하다. 당초 크래킹은 촉매를 사용하지 않는 열분해에 의해 수행되었었으나, 현재에는 가솔린 제조를 목적으로 하는 크래킹은 모두 고체산을 촉매로 하는 접촉분

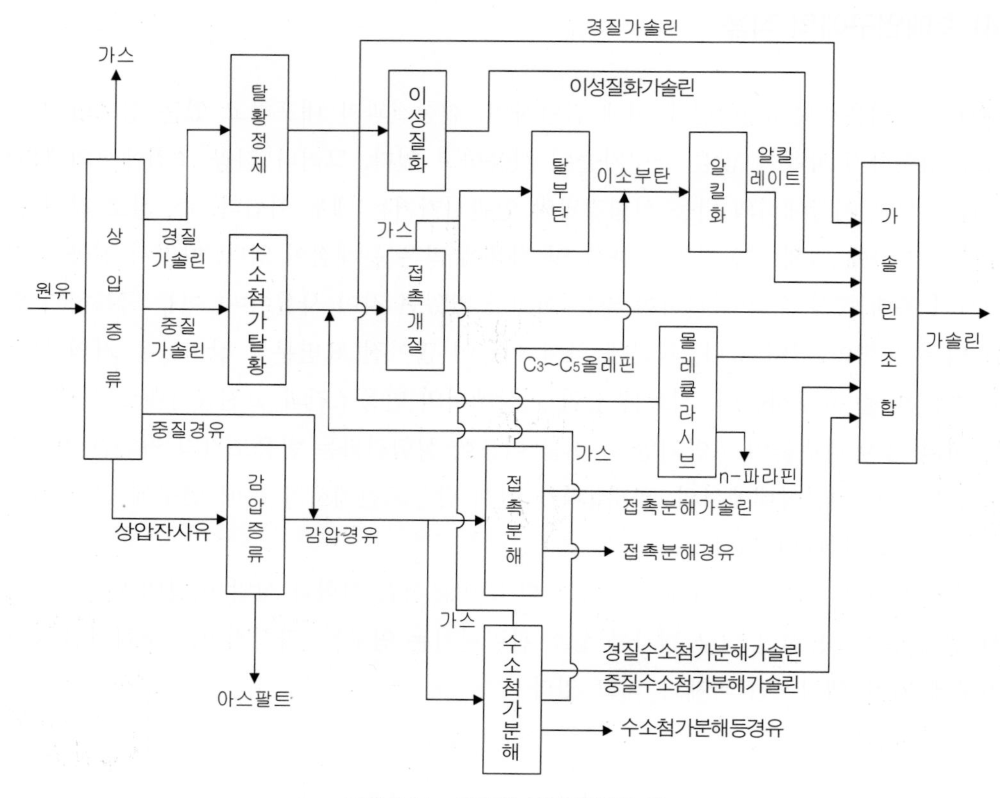

그림 8.16 가솔린 제조공정의 예

해에 의하며, 현재 실시되고 있는, 가장 규모가 큰 촉매 공정이다. 크래킹의 주반응은 탄화수소분자의 탄소-탄소 결합의 개열로, 흡열반응이므로 열역학적으로는 고온이 유리하다. 통상 500~550℃ 정도의 온도에서 수행되므로, 분해 외에도 이성질화, 수소 이동, 탄소석출 등이 함께 일어나, 반응은 복잡하다. 그러나, 이 반응들은 모두 고체산의 표면 카베늄 이온 중간체에 의해 설명되고 있다. 크래킹에 사용되는 고체산 촉매는 1930년대에 산 처리된 점토(백토)였다.

그 후 1940년대에는 비정질의 합성 실리카알루미나가, 1960년대에는 결정성의 알루미노 실리케이트인 제올라이트가 등장하여 현재에 이르고 있다. 크래킹에서는 반응 중에 촉매표면에 석출된 탄소를 연소 제거하여 촉매를 재생시킴과 동시에 반응에 필요한 열을 얻고 있다. 반응기는 처음에는 고정층 반응기가 사용되었으나, 그 후 이동층, 유동층 반응기가 사용되게 되었으며, 최근에는 제올라이트 촉매의 높은 활성 때문에 큰 유동층 반응기가 필요 없게 된 대신 라이저(riser)라고 불리는 반응탑으로부터 재생관으로의 이송관에서 반응이 완결될 수 있게 되었다. 요즘에는, 크래킹이라 하면 유동접촉분해(fluid catalytic cracking, FCC)를 일컫는다.

또한, 증류에서 얻어진 유분이 그대로 제품으로 이용되기만 하는 것은 아니다. 예를 들면, 원유 중의 가솔린 유분에 포함되어 있는 탄화수소는 직쇄파라핀과, 5원, 6원환의 사이클로파라핀이 주성분으로, 가솔린 연료로 사용하기에는 옥탄가가 너무 낮다. 이들을 옥탄가가 높은 곁가지파라핀 등으로 전환하는 접촉개질 공정이 필요하다. 결국 접촉개질에 있어 중요한 반응은 탈수소 등에 의한 방향족화와 골격 이성질화이다. 따라서 접촉개질은 석유화학 원료로서의 방향족탄화수소의 제조공정이기도 하다. 원료가 되는 납사는 100종류 이상의 탄화수소의 혼합물로 반응계는 복잡하나, Pt/Al_2O_3계의 2원 기능 촉매를 사용하면 목적으로 하는 각종 반응을 일으킬 수가 있다. 이 경우에도 탄소석출은 원하지 않는 부반응으로서 일어나는데, 최근에는 이의 억제를 위한 촉매로 Pt에 제2의 금속을 첨가한 바이메탈 촉매가 사용되고 있다. 접촉개질은 약 500℃의 반응온도, 수소 가압의 조건에서 수행된다. 고압의 수소가 필요한 것은, 탈수소 반응에 따른 탄소석출을 제어하기 위함이다. 이러한 개질 조건 하, 2원 기능 촉매상에서는 알킬사이클로헥산의 탈수소, 알킬시클로펜탄의 이성질화탈수소, 파라핀의 고리화탈수소 등에 의한 벤젠의 생성, 그리고 파라핀의 골격 이성질화, 수소첨가 분해 등이 주반응으로 진행된다.

석유에는 불순물로 황이나 질소화합물이 미량 포함되어 있다. 이들은 연소될 때 대기오염 물질인 SO_x나 NO_x 등으로 배출되므로 연료 중의 농도를 최소화할 필요가 있다. 일반적으로 수소첨가 정제에 의해 이들의 농도를 감소시킨다. 수소첨가 정제공정 중에서는 수소첨가 탈황이 가장 중요한데, 석유유분 중의 유기 황화합물이 수소첨가 분해 반응에 의해, C－S 결합의 개열, 수소화를 거쳐, 탄화수소와 황화수소로 분해된다. 석유유분에 포함되어있는 황화합물에는, 티올류, 설파이드류, 디설파이드류, 티오펜류가 있는데, 각각 다음의 식 (8.38)~(8.41)과 같이 탈황이 진행된다. 납사 유분이나 등유 유분 등의 저비점 유분에는 티올과 설파이드류가 많이 포함되어 있어 비교적 쉽게 탈황할 수 있으나, 경유나 잔사유 유분 등 고비점 유분에는 탈황이 어려운 티오펜류가 많이 존재하는 것으로 알려져 있다. 이 경우에는 보다 가혹한 반응조건이 요구된다. 수소화 탈황공정에는 알루미나를 지지체로 한 황화몰리브덴계 촉매가 사용되며, 조촉매로서는 황화코발트 및 황화니켈이 활성 향상을 위해 사용되고 있다.

$$RSH + H_2 \rightarrow RH + H_2S \tag{8.38}$$

$$RSR' + 2H_2 \rightarrow RH + R'H + H_2S \quad (8.39)$$

$$RSSR' + 3H_2 \rightarrow RH + R'H + 2H_2S \quad (8.40)$$

$$\text{(thiophene)} + 2H_2 \rightarrow \text{(butadiene)} + H_2S \quad (8.41)$$

한편, 석유유분 중 납사나 LPG 유분의 일부분은 열분해되어 석유화학의 기초원료인 올레핀을 생성한다. 납사의 열분해에서는 벤젠이나 자일렌 등의 방향족 화합물이 생성된다. 이들은 다음 절에서 언급할 석유화학의 원료가 되나, 이것만으로는 수요를 만족시킬 수 없으므로, 중질납사를 접촉개질하여 제조한다. 얻어진 올레핀이나 방향족은 석유화학 공업에 있어 여러 촉매 공정에 의해 유용한 물질로 변환된다.

2. 석유화학

납사로부터 얻어지는 올레핀이나 방향족을 원료로 원하는 화학제품을 생산하는 데 수소화, 산화, 수화, 알킬화, 중합 등의 화학 반응이 합리적으로 사용되고 있으나, 이 공정의 거의 모두가 촉매반응이다. 이 중 중요한 불균일 촉매 공정에 대해 살펴보기로 하자.

(1) 수소 관련 반응

수소가 관여하는 반응에는, 수소가스를 공존시켜 수행하는 수소화, 수소화 탈알킬, 수소첨가 분해, 그리고 수소가스가 생성되는 탈수소 등 공업적으로 중요한 것이 많다. 이 경우, 촉매의 중요한 역할은 수소 분자를 촉매 표면상에서 활성이 있는 수소원자로 해리하는 것이다. 수소화 반응의 경우, 불포화탄화수소, 케톤, 알데히드, 나이트릴, 방향족(페놀류, 아닐린 등) 등 많은 화학 원료 및 반응 중간체의 생산이 그 대상이 된다. 예를 들면, 벤젠을 8족 금속 촉매를 이용하여 수소화하면 시클로헥산이 생성되는데, 그 90%는 6-나일론의 원료가 되는 ε-카프로락탐, 10%는 아디프산의 원료로 이용된다. 한편, 벤젠과 미립 Ru 금속 촉매를 물에 분산시킨 액상에서, 30~100기압의 수소압, 120~180℃의 반응온도에서 벤젠을 반응시킴으로써 부분 수소화에 의해 사이클로헥센이 선택적으로 생산되어질 수 있다.

유지는 초, 마가린, 식용유 등에 사용되는 탄소수 8~24 의 지방산과 글리세린과의 에스터 혼합물이다. 유지의 불포화도가 높으면 녹는점이 낮아져 열 안정성이 낮아지고 산화되기 쉬워진다. 따라서 적당한 경도를 가지면서 안정한 품질의 제품을 얻기 위해 유지의 수소화가 수행된다. 일반적인 반응계는 수소, 유지, 고체촉매로 이루어 지는 기·액·

고 3상 계이므로, 반응조건에 따라 확산 등이 문제가 되는 경우가 있다. 콩기름의 수소화의 경우 촉매는 Raney Ni 또는 규조토 담지 Ni이 잘 사용된다.

올레핀에는 미량의 아세틸렌, 디엔류가 포함되어 있다. 이것을 선택적으로 수소화하여 제거하는 것이 수소화 정제이다. 예를 들어, 에틸렌 원료가스 중에 아세틸렌이 약 1% 포함되어 있으면, 중합 촉매의 촉매독이 됨과 동시에 중합 제품인 폴리에틸렌의 품질을 저하시키므로 수소화 정제에 의해 2 ppm 이하로 함량을 낮출 필요가 있다. 촉매로는 에틸렌 수소화 및 중합 활성이 낮고 재생 가능한 촉매로서, 현재에는 종래의 Co-Mo계, Ni-Co-Cr계 대신 주로 활성과 선택성이 모두 뛰어난 담지 Pd촉매가 사용되고 있다.

방향족탄화수소 원료 유 중의 BTX(벤젠, 톨루엔, 자일렌) 함량과는 수요가 일치하지 않으므로, 톨루엔과 자일렌을 수소화 탈알킬하여 수요가 많은 벤젠을 제조하는 공정이 필요시 된다. 공정은 무촉매법과 촉매법으로 나눌 수 있으며, 촉매로는 Cr_2O_3-Al_2O_3, MoO_3-CoO-Al_2O_3가 사용된다. 또 수증기를 사용하는 탈알킬 공정도 있는데, 이 경우는 담지 Ni, 담지 Rh 등이 촉매로 사용된다. 이 공정은 H_2가 얻어지는 이점이 있으나, 열회수율이 나빠서 경제적으로는 수소화 탈알킬보다 불리한 것으로 알려져 있다.

(2) 부분산화반응

접촉산화반응은 공기 중의 산소를 산화제로 하여, 탄화수소 원료를 알데히드, 케톤, 에폭사이드, 산, 에스터 등의 함산소 화합물로 변환하는 석유화학공업에 있어서 가장 중요한 반응공정의 하나이다. 그중에서도 올레핀의 선택 산화가 중요한데, 특히 SOHIO법으로 불리우는 프로필렌의 알릴 산화가 대표적으로, 여기에는 공기 산화에 의한 아크롤레인(식 (8.42)), 아크릴산의 합성(식 (8.43))과, 암모니아를 공존시킨 암모산화(ammoxidation)에 의해 아크릴로니트릴을 합성하는 공정(식 (8.44))이 있다. 모두 고체촉매를 사용하는 대규모 공정이다. 전자는 고정층 다관식의 반응기에 Mo-Bi계와 Mo-V계 산화물 촉매를 각각 사용하며, 후자는 Mo-Bi계 또는 Fe-Sb계 산화물 촉매와 유동층 반응기를 사용한다.

$$CH_2=CHCH_3 + O_2 \rightarrow CH_2=CHCHO + H_2O \text{ (Mo-Bi계 촉매)} \quad (8.42)$$

$$CH_2=CHCHO + 1/2O_2 \rightarrow CH_2=CHCOOH \text{ (Mo-V계 촉매)} \quad (8.43)$$

$$CH_2=CHCH_3 + NH_3 + 3/2O_2 \rightarrow CH_2=CHC\equiv N + 3H_2O$$
$$\text{(Mo-Bi 또는 Fe-Sb계 촉매)} \quad (8.44)$$

아크롤레인은 주로 아크릴산으로 산화한 후, 에스터화하여 각종 수지의 원료 단량체로 사용된다. 아크릴로 니트릴은 아크릴 섬유, 수지, 고무의 원료 단량체로, 또 수화하여 아크릴 아미드로 전환하여 많은 용도로 사용된다.

무수말레산은 불포화 폴리에스터 수지, 아크릴산과의 공중합체, 의약 등의 원료로 널리 사용되는 물질이다. 무수말레산의 원료로는 세계적으로 벤젠이 가장 많으나(65%), n-부탄(30%), n-부텐(5%)도 사용되고 있으며, 특히 미국에서는 n-부탄의 신장이 눈에 띈다. 벤젠 산화법의 촉매는 α-Al_2O_3나 SiC에 담지된 V_2O_5-MoO_3이고 P_2O_5가 첨가된다. 전환률은 98% 이상이나, 벤젠의 6개의 탄소 중 2개는 CO_2가 됨으로써 수율은 67%를 넘을 수 없다. n-부탄, n-부텐의 산화는 고정층 또는 유동층에서 수행되며, 촉매는 모두 α-Al_2O_3, TiO_2 등에 담지된 V_2O_5-P_2O_5이다. V_2O_5에 P_2O_5를 첨가해가면, 선택성은 증가하여 V/P = 1~1.8에서 최대가 되나, 2에서는 불활성이 된다.

에틸렌의 에폭시화에 의한 에틸렌옥사이드의 합성은 독특한 산화반응이다. Ag 촉매만이 유효한 촉매로, Ag를 α-Al_2O_3 상에 안정하고 균일하게 분산시킴으로써 수율이 최근에는 90%에 이르고 있다. 한편, 부타디엔의 에폭시화에 의해 테트라하이드로퓨란(THF)을 합성하는 것도 가능하다. 에틸렌옥사이드는 수화하여 에틸렌글리콜로 전환되며, 에틸렌글리콜은 테레프탈산 등과 탈수축합 등에 의해 폴리에스터 섬유, 수지 등으로 이용되며, 계면활성제의 원료 및 부동액 등으로도 이용된다.

한편, 중요한 액상 산화반응에는 공기를 산화제로 하고 Co, Mn염을 촉매로 하는 라디칼적 자동산화와, 과산화물을 산화제로 하고 Mo계, Ti계 촉매를 이용하는 이온적 산화반응(주로 에폭시화)이 있다. 또 $PdCl_2$를 산화제로 하고 재 산화 단계에서 공기를 사용하는 올레핀의 산화반응인 Wacker법도 중요한 산화반응이다. 자동산화에는 p-자일렌에서 테레프탈산의 합성, 큐멘법에 의한 페놀의 합성, 시클로헥산의 산화에 의한 시클로헥사논, 시클로헥사놀의 합성, 아세트알데히드로부터 초산의 합성 등 공업적으로 대단히 중요한 산화반응이 있다. 과산화물을 사용하는 액상 산화반응의 대표적인 예는 프로필렌옥사이드의 합성이다. 촉매로는 $Mo(CO)_6$, $MoCl_5$, MoO_2X_2(X = Cl, 아세틸아세테이트) 등의 Mo 화합물이 뛰어나다. 과산화물로서는 에틸벤젠을 자동산화해서 얻어지는 $PhCH(CH_3)OOH$나 이소부탄에서 얻어지는 tert-부틸하이드로퍼옥사이드가 사용된다. 용매로서는 유기 염화물이나 방향족탄화수소가 적합하다.

(3) 산촉매반응

벤젠의 알킬화는 중합반응이나 옥소법과 함께 중요한 탄소-탄소결합 형성반응으로, 에틸렌, 프로필렌 등의 올레핀을 알킬화제로 하여 벤젠으로부터 에틸벤젠이나 큐멘(이소프로필벤젠)을 대량으로 제조하는 데 사용되고 있다. 벤젠의 알킬화는 탄소 양이온의 벤젠링에의 친전자 치환반응에 의해 진행된다. 탄소양이온은 산촉매에 의해 생성되는데, 액상에서는 $AlCl_3$를 촉매로 하는 Friedel-Crafts 반응이 알려져 있으나, 기상반응에서는 고체촉매가 사용된다.

에틸벤젠 제조의 경우, $AlCl_3$를 촉매로 하는 액상법은, 반응기의 부식, 생성물에 포함되는 산성 성분의 중화, 세척 공정에서의 배수처리 등이 문제시되어 현재는 기상법이 선호되고 있다. 기상법에서는, 고체인산(H_3PO_4/SiO_2 등), $SiO_2-Al_2O_3$, $BF_3-Al_2O_3$, ZSM-5 등의 고체산이 사용된다. 제조된 에틸벤젠은 거의 스타이렌의 제조에 사용된다. 에틸벤젠으로부터 스타이렌으로의 탈수소 반응에는 $ZnO-Al_2O_3-CaO$의 3원계 산화물 촉매가 사용된다.

벤젠을 프로필렌으로 프로필화하면 큐멘이 얻어진다. 프로필화는 에틸화보다도 쉽게 진행되며, 촉매로서는 $AlCl_3$, 고체인산 등이 사용된다. 큐멘은 큐멘법에 의해 페놀로 전환된다. 페놀은 페놀·포름알데히드 수지 및 에폭시 수지의 원료인 비스페놀 A의 제조에 쓰인다. 큐멘법에서는 페놀과 아세톤이 등몰 생성되는데, 그 수요가 항상 일치하는 것은 아니다. 따라서 페놀은 아닐린으로, 또 아세톤은 메틸이소부틸케톤 등으로 부분적으로 전환되기도 한다.

C_8 방향족 유분은 *o*-, *m*-, *p*-자일렌 및 에틸벤젠이 주성분이며, 각각 무수프탈산, 이소프탈산, 테레프탈산, 스타이렌의 원료로 사용되고 있으나, 특히 수요가 많은 *p*-자일렌을 얻기 위해 *m*-자일렌 이성질화 공정이 실시되고 있다. 평형 조성을 보면, 저온일수록 에틸벤젠 비율이 작아진다. 액상에서의 Friedel-Crafts 촉매는 강한 산성을 가지고 있어, 반응온도를 120℃ 이하로 낮출 수 있으며, 따라서 에틸벤젠의 생성을 억제하며 다른 부반응도 거의 일어나지 않는 장점이 있으나, 장치의 부식 등이 문제 된다. 한편, 고체산촉매의 경우에는 고온이 필요한데, 예를 들면, 실리카-알루미나의 경우 450~500℃의 온도에서 반응이 진행된다. 이 경우에는 에틸벤젠의 자일렌으로의 이성질화는 일어나기 어렵고 탄소석출의 원인이 되므로 에틸벤젠 제거탑이 필요하다. 이 문제를 해결하기 위해 최근에는 2원기능촉매나 ZSM-5 촉매 등이 사용되고 있는데, 이 촉매들을 사용하면 에틸벤젠의 이성질화나 불균일화 등이 동시에 진행될 수 있게 제어할 수 있다.

BTX 성분 중에는 톨루엔의 수요가 적어 공급과잉이 되기 쉬우므로, 톨루엔의 **불균일화**(같은 종류의 알킬 방향족 간의 알킬기의 이동 반응), 톨루엔과 C_9 방향족의 **트랜스알킬화**(다른 종류의 알킬 방향족 간의 알킬기의 이동 반응)에 의해 벤젠과 자일렌으로 전환하는 공정이 중요하다. 촉매로서는 무정형 고체산(SiO_2-Al_2O_3, Al_2O_3-B_2O_3 등)이나 제올라이트가 사용된다. 특히 제올라이트 촉매의 경우, 고정층 반응기에 의한 장시간 운전이 가능하다.

황산을 촉매로 사용하는 것이 일반적인 올레핀의 수화 액상 공정은 생성물의 분리, 폐황산의 처리, 반응기의 부식 등의 문제가 있으므로 고체산촉매 공정으로의 전환이 필요하다. 촉매로는 고체인산(에틸렌, 프로필렌, 기상 고정층), 양이온 교환수지, W_2O_5(프로필렌, 기액 혼상 고정층), 헤테로폴리산(프로필렌, 액상 균일계) 등이 사용되고 있다. 고체인산 촉매는 올레핀의 중합과 같은 부반응을 거의 일으키지 않으며, 반응 중에 소실되는 인산의 보급도 용이하므로 기상 수화에 사용된다. 한편, 양이온 교환수지는 내열성이 낮으므로, 담지헤테로폴리산은 반응 중에 용출되므로 기상 수화에는 사용할 수 없다. W_2O_5는 활성이 낮아 기상 수화에는 적합하지 않으나, 물에 녹지 않으므로 평형적으로 유리한 액상 수화에 사용된다. 기상 수화 촉매로는 금속 이온교환 제올라이트도 검토되고 있다. 생성물인 에탄올은 에스터 제조로서의 용도가 많으나, 일부는 염화에틸이나 아세트알데히드의 합성에 사용된다.

3. 무기화학공업

무기화학공업 중 암모니아, 질산, 황산의 제조를 비롯하여 많은 공정에서 촉매가 사용되고 있다. 각각의 공정 촉매에 대해 간략히 서술한다.

(1) 암모니아 공업

공기 중의 질소를 수소화하여 암모니아의 형태로 고정화하는 식 (8.45)의 **암모니아 합성**은 화학공업에 있어 역사적으로 의의가 큰 촉매 공정이다.

$$N_2 + 3H_2 \rightarrow 2NH_3 \tag{8.45}$$

촉매는 개발 당시와 큰 변화 없이, 철을 주성분으로 하여 칼륨과 알루미나-산화칼슘을 촉진제로 하는 2중 촉진철이라 불리는 물질이다. 알루미나와 산화칼슘은 철의 미립자 상태를 유지시켜 주는 역할을 하며, 칼륨은 철에 전자를 공여하여 활성을 향상시키는 역할을 한다. 여러 단의 제조, 정제과정을 거쳐 제조된 수소와, 공기로부터 분리된 질소로 이루어진 원료 가스를 철 촉매 존재 하에, 150~300기압, 400~500℃의 가혹한 조건에서 반응시켜 암모니아가 합성된다. 반응기를 1회 통과한 경우의 전환율이 낮으므로, 생성 암모니아를 냉각, 분리시킨 후, 미반응 가스는 원료가스와 함께 반응기로 순환시킨다.

(2) 질산

1908년에 Ostwald가 백금망을 촉매로 하여 암모니아를 산화하여 이산화질소를 얻었다. 이를 토대로 백금을 촉매로 하는 질산 제조공정이 공업화되었다. 질산은 주로 비료와 염료의 원료로 사용된다. 다음 식 (8.46)~(8.48)은 질산 제조반응을 반응식으로 나타낸 것이다.

$$4NH_3 + 5O_2 \rightarrow 4NO + 6H_2O \tag{8.46}$$

$$NO + 1/2O_2 \rightarrow NO_2 \tag{8.47}$$

$$4NO_2 + O_2 + 2H_2O \rightarrow 4HNO_3 \tag{8.48}$$

첫 번째 반응이 접촉반응인 암모니아의 공기산화반응이다. 이 반응의 촉매로서는 Pt, $Fe_2O_3-Bi_2O_3$계, $CuO-MnO_2$계 등이 검토된 바 있으나, Pt이 가장 높은 활성을 보인다. Pt 촉매를 사용한 경우, 반응은 550℃ 부근에서 시작하여, 650~850℃에서 가장 효율적으로 진행된다. 반응이 이와 같이 높은 온도에서 진행되므로 Pt이 증발, 소모되는 결점이 있어, 실제로는 Rh을 5~10% 첨가하여 합금으로 사용하고 있다. 녹는점이 높은 Rh이 Pt의 증발을 막음과 동시에, 활성을 증대시켜 반응온도를 낮추는 기여도 하는 것으로 알려져 있다.

(3) 황산

황, 황화철을 배소해서 얻은 이산화황을 정제한 후, 산화바나듐과 황산칼륨을 실리카에 담지한 촉매를 사용하여, 약 400℃에서 삼산화황으로 한 후에, 물에 흡수시켜 제조한다. 발열 반응의 평형을 유리하게 하기 위해 다단의 반응기를 사용하여 전환율이 높아짐에 따라 반응온도가 낮아질 수 있도록 공정이 설계되어 있다.

4. 에너지

에너지에는 화학에너지, 전기에너지, 광에너지 등 여러 형태가 있다. 화학에너지는 앞에서 설명한 석유로 대표되는 화석연료가 그 대표적 물질로, 화학에너지 간의 전환 또는 분리에 의하여 정유산업과 석유화학산업이 성립됨을 설명한 바 있다. 여기에서는 천연가스, 석탄 등 석유 이외의 연료의 화학적 변환, 그리고 화학물질이 갖는 저장성과 수송성에 있어서의 이점을 살린 에너지 변환을 위한 촉매에 대해 살펴본다.

(1) 천연가스와 석탄

액화 수송 기술이 발달되어 최근에는 직접 천연가스를 수송하여 연료로 사용하고 있다. 천연가스의 주성분인 메탄의 일부는 수증기개질에 의해 합성가스를 거쳐 메탄올로 전환되어 화학원료로서 사용되고 있다. 메탄올로부터 가솔린을 제조하는 공정은 MTG (methanol to gasoline) 공정이라 불리며, 뉴질랜드에서 공업화된 바 있으나, 경제성이 충분하지는 않은 것으로 알려져 있다. 메탄의 메탄올로의 직접 산화, 이량화 등은 액체 연료화의 해결책으로 가능성이 엿보이나 아직 연구단계에 있다.

석탄은 직접 고체 연료로서도 사용되지만, 액화, 가스화, 또는 간접 액화 등의 공정을 거쳐 청정 연료로서도 사용된다. 석탄액화는 열분해, 수소첨가 분해에 의해 석탄을 저분자량화하여 경질원유 정도의 액화유를 만드는 것을 목적으로 한다. 1차 액화에 있어서는, 철계의 촉매와 수소 공여성의 용매, 수소 공존 하에 온도를 올려, 탈탄산, 탈수한 후에 수소첨가 분해, 열분해를 진행시킨다. 이렇게 해서 얻어진 석탄액화유는, 석유정제의 경우와 마찬가지로 Co-Mo계, Ni-Mo계 수소첨가 탈황 촉매를 사용하여, 수소화, 수소첨가 분해, 수소첨가 탈황, 수소첨가 탈질을 거쳐 청정한 연료유로 전환되게 된다.

(2) 합성가스

많은 화학공업 공정, 예를 들면, 암모니아 합성, 메탄올 합성, 옥소 합성 등의 유기합성 또는 석유정제에 있어서, 수소 및 수소와 일산화탄소와의 혼합가스(합성가스)는 중요한 화학 원료이다. 합성가스는 석탄, 납사, 천연가스, 바이오매스 등 거의 모든 화학 에너지원으로부터 제조될 수 있으며, 메탄올, 또는 고급 탄화수소로의 전환(간접 액화)은 물론 수소 에너지원으로서도 중요한 의미를 갖는다. 탄화수소의 수증기 개질 반응에는 지지체에 담지한 전이 금속 촉매가 활성을 나타낸다. 지지체로는 알루미나나 마그네시아 등의 친수성 산화물이 유효하며, 소수성 지지체의 경우에는 일반적으로 활성이 낮다. 메탄이나 에탄의 수증기 개질에 대한 금속의 촉매 활성에 대해서는 다음과 같은 서열이 얻어져 있다.

Rh, Ru > Ni > Ir > Pd, Pt, Re ≫ Co, Fe

귀금속인 Rh과 Ru이 Ni보다 높은 활성을 보이나 고가이므로 Ru이 일부 사용되고 있는 것을 제외하면 공업적으로 사용되고 있는 촉매는 Ni을 촉매 활성물질로 하고 있다. 반응온도가 750~900℃로 고온이므로, 지지체로서는 알루미나시멘트와 같은 내열성 내화물이 사용된다. 여기에 NiO를 10~25% 담지하고, MgO, CaO, K_2O 등이 첨가된다. 이 첨가물들은 탄소 석출을 억제하는 작용을 한다.

촉매를 사용한 수증기개질은, 1930년에 미국의 Standard Oil of New Jersey에서 공업화되었다. 미국의 경우는 천연가스가 풍부하므로 천연가스의 수증기개질이 발전했다. 한편, 유럽에서는 석유유분 중의 납사가 풍부한 이유로 납사를 원료로 한 합성가스, 수소의 제조법이 연구되었다. 1962년에 영국의 ICI사가 납사의 수증기 개질장치를 가동시킨 이래, 유럽과 비슷한 원료 사정에 있는 일본이나 한국에서도 납사의 수증기개질이 주류가 되었다.

합성가스로부터 액체연료를 합성하는 피셔-트롭시 반응에는 철, 코발트 촉매가 사용되며, 200~300℃, 약 20기압의 반응조건에서, 합성가스, 생성유, 고체촉매로 이루어지는 3상 계에서 실시되며, 실제 장치도 가동되고 있다. 주반응은 금속 표면에 있는 CH_2 종의 생성과 이들 CH_2 종 간의 반응에 의한 탄소사슬의 성장이다.

(3) 에너지 변환

에너지 변환과 관련된 촉매 기술을 정리하면 표 8.14와 같다. 그중 연료전지, 촉매연소,

표 8.14 에너지 변환과 촉매기술[24]

에너지 변환	촉매 기술	효과 및 용도
화학 → 전기	연료전지용 전극 촉매	Carnot 효율향상, 부하 평준화
화학 → 열	촉매연소용 산화 촉매	연소온도의 제어, NO_x 저감
열 ⇄ 화학	화학축열·열개질 촉매	에너지 절약, 저품위열 이용
광 → 화학	물·유해물 광분해 촉매	태양에너지의 이용
화학 → 정보	화학센서용 촉매	환경계측, 환경보전

광촉매, 화학 센서 등에 대해 알아보기로 하자.

① 연료전지: 화학물질의 전기화학적 반응에 의해 전류를 얻는, 바꾸어 말하자면 화학에너지를 직접 전기에너지로 변환하는 장치를 **연료전지**라고 한다. 현재, 공업적 규모로 실용 또는 개발되고 있는 연료전지는, 천연가스나 메탄올에서 비롯된 수소를 산소와 반응시키는 형태이다. 촉매를 사용하는 수증기개질(식 (8.49)) 및 shift 반응(식 (8.50))에 의해, 이산화탄소를 포함하는 수소로 전환한다. 촉매독으로 작용하는 극미량의 잔존 CO의 제거에도 촉매가 사용된다.

$$\text{연료가스} + H_2O \rightarrow H_2 + CO \quad (8.49)$$

$$CO + H_2O \rightarrow H_2 + CO_2 \quad (8.50)$$

전극 촉매의 필수조건은 촉매 자신 또는 촉매 지지체가 전자전도성이어야 한다는 것이다. 농인산을 전해질로 하는 **인산형 연료전지**는, 전도성 카본블랙에 담지한 백금 미립자 촉매를 사용하여 170~220℃에서 산화 전극에 수소, 환원 전극에 공기를 접촉시킨다. 다공질 촉매층을 이용하여 고상의 촉매, 기상의 반응물질, 액상의 전해질이 잘 접촉할 수 있게 해준다. **용융 탄산염**을 전해질로 하는 경우에는, 600~700℃에서 조업한다. 열발전과의 복합화가 가능하며, 내부 개질에 따른 연료선택 범위의 확대, 대용량화, 고효율화 등이 기대되고 있다. 소결을 막기 위해 니켈에 크롬, 코발트 또는 알루미늄을 첨가한 연료극과 리튬을 도포한 산화니켈 산소극이 사용된다. 이트륨 안정화 지르코늄과 같은 고체산화물을 전해질로 하는 **고체 전해질형 연료전지**는, 약 1000℃에서 사용된다. 반응온도가 높으므로 연료전지 내부에서 직접 수소와 일산화탄소를 물과 이산화탄소로 바꾸는 과정에서 발전을 한다. 산화 전극에는 CoNi-ZrO_2, 환원 전극에는 $LaCoO_3$ 등이 사용된다.

② 촉매연소: 오랜 역사를 가지고 있는 연소를 통한 열에너지의 이용에 에너지 절약이나 환경보전의 개념이 도입되기 시작한 것은 최근의 일이다. 미연소 생성물이나 질소산화물 등 유해 물질의 배출을 억제하면서, 용도에 적합하며 질 좋은 열에너지를 확보하는 데 있어 촉매의 역할은 매우 크다.

촉매연소는 공연비를 조정하여 연소온도를 100~1,200℃로 제어하는 것이 가능하므로 *thermal* NO*x*의 발생을 피할 수 있다. 더욱이 통상적으로 연소가 곤란한 희박 가연가스도 연소가 가능하고, 착화온도가 낮으며, 완전연소하고, 연소 면의 온도분포가 균일

표 8.15 촉매연소의 응용기기 예[25]

연소 온도	응용기기 예
저온(실온~300℃)	방독 마스크, 휴대용 손난로, 담배 파이프, 라이터, 다리미, 모발 미용기, 석유 스토브, 연탄의 착화원, 가스 센서, GC, 수소연소기, 배터리
중온(300~800℃)	자동차 배가스 정화, 산업 폐가스 정화 및 열 동력회수 시스템, 각종 탈취장치, 가스 엔진 배가스 정화 및 열회수 시스템, 촉매연소 히터(난방기, 건조기), 조리기, 불활성 가스 제조, 로내 정화, 발열량센서
고온(800~1500℃)	가스터빈(발전용, 전력-열병합 시스템용, 항공기용, 자동차용), 보일러

하며, 무염 연소로 안전성이 높다 등의 특징을 가지고 있다. 이와 같은 이점 때문에 여러 가지 민생용 기기에도 응용되고 있으며, 발전용 보일러, 가스터빈 등의 산업용으로도 실용화되고 있다(표 8.15).

여기서는 이중 높은 온도에서 사용되는 내열성 촉매와 중·저온 연소촉매에 대해 살펴보기로 하자. 가스터빈에서의 화염 연소는 온도가 높으면 높을수록 공기 중의 질소와 산소의 반응에 의한 NO_x(Thermal NO_x)의 생성이 많아진다. 공기에 의한 연소에서는 피할 수 없는 이 NO_x의 생성을, 촉매를 사용함으로써 반응온도를 제어하여 가능한 한 줄여보고자 하는 것이 고온에서의 촉매연소이다. 고온 연소 촉매로는 휘발성이 있거나, 고상 반응하기 쉬운 물질은 사용할 수 없다. 고온에서 큰 비표면적을 유지하는 지지체 성분으로서는 녹는점이 2,852℃로 높은 MgO 미립자를 들 수 있으며, 1,250℃ 소성에서 70 m^2/g의 비표면적을 갖는 MgO 미립자가 제조된 바 있다. 한편, 비평형상이면서 결정구조의 특성상 고온 영역에서 큰 비표면적을 갖는, 헥사 알루미네이트라고 불리는 일련의 산화알루미늄계 지지체가 주목되고 있다. $LaAl_{11}O_{17}$이나 $BaAl_{12}O_{19}$ 등의 복합산화물이 그들이다. 소결성이 적고 상전이가 억제되어 있으므로 헥사 알루미네이트는 열적 안정성이 높다. 특히, 알콕사이드를 사용한 솔-겔법으로 제조된 미립자는 1,600℃ 정도까지도 비교적 높은 비표면적을 유지하는 것으로 확인된 바 있다. 촉매뿐만 아니라, 시스템의 연구개발도 한창이다. 조작의 용이성과 안전성을 확보하기 위해, 전단을 촉매연소로 1,300℃ 정도로 한 후, 고온이 된 후단에서는 무촉매 연소를 하는 복합형(hybrid) 촉매연소가 검토되고 있다.

최근에는 도시가스로 많은 지역에서 천연가스가 사용되고 있다. 천연가스의 주성분인 메탄을 확실하고 안전하게 완전 산화함과 동시에 350~450℃의 범위에서 균일한 온도면에 의해 주위를 따뜻하게 해줄 수 있는, 촉매연소에 의한 새로운 난방 기술이 최근 이용되고 있다. 버너에 도입된 연료와 확산에 의해 스스로 공급되는 산소가 촉매 층에서 반응하여 연료가 완전 산화하게 되는데, 일산화탄소와 질소산화물의 발생이 없고, 바람이 강해도 연소가 유지되며, 발열한 촉매 층으로부터 적외선 방사에 의한 쾌적한 난방환경이 얻어질 수 있다. 메탄 연소 촉매로는 로듐 미립자를 글래스울이나 세라믹 섬유 등에 담지시킨 매트상의 촉매가 사용되는데, 산소분압이 낮은 버너의 안쪽에서는 CH_4의 CO와 H_2로의 부분산화가 진행되고, 산소분압이 높은 버너의 앞 부근에서는 CO와 H_2의 완전 산화가 진행되는 형태로 되어 있다.

③ **광촉매**: 산화물 반도체 TiO_2나 $SrTiO_3$에 백금, 로듐, 팔라듐 등의 귀금속 미립자를 도포한 후, 물에 분산시키고 빛을 쪼이면, 물은 수소와 산소로 분해된다. 이 반도체 전극에 의한 물의 광분해 반응을 **혼다·후지시마 효과**라 부르는데(1972년), 이로 인해 활발한 광촉매 연구가 시작되게 되었다.

반도체 광촉매작용에 있어서는, 광 여기에 의해 생긴 전자와 정공이 재결합하기 전에, H^+로부터 수소, OH^-로부터 산소가 생성된다. 광촉매는, 전자와 정공의 전하 분리, 그리고 생성하는 수소와 산소의 분리를 모두 잘 진행시켜야 한다. 층상구조의 내부에 Ni 미립자를 담지한 $K_4Nb_6O_{17}$(페롭스카이트형 층상 구조), RuO_2를 담지한 $BaTi_4O_9$(펜타고날 프리즘형 터널 구조) 등이 이러한 반응 장을 잘 만들어낸 광촉매라 하겠다. 광촉매는 물의 분해뿐만 아니라, 유기 오염물, 항균, 탈취, 탈질, 탈황 등 환경정화용으로도 많이 쓰이는데, 주로 TiO_2를 기본으로 한 촉매가 많이 사용되고 있다.

④ **센서**: 고체 표면에의 흡착이나 반응을 통해 화학물질의 종류나 온도를 전기신호로 변환하고, 검출, 식별하는 소자를 **화학 센서**라 부른다. SnO_2나 ZnO와 같은 n형 반도체에서는 산소가 음전하 흡착하는 경우와 검출 기체가 흡착할 때는 전도 전자수에 따라 전기저항이 달라진다. 센서의 대상이 되는 가스-산소-금속 산화물의 조합은 기-고 촉매 반응계와 동일하므로, 촉매개발의 일반적 고려 대상인 고체 재료의 제조법, 첨가제의 선택 등이 중요과제가 된다. 검지방식으로는 반도체로서의 게이트 작용, 전류·전압 특성, 용량·전압 특성이 가스의 흡착에 의해 영향받아 그 변화를 감지하는 방식과, 가연 가스가 촉매상에서 연소할 때 방출되는 열에 의한 백금선 전기저항의 변화를 검지하는 접촉 연소방식 등 여러 가지 방식이 있다.

5. 환경 촉매

지구온난화, 오존층 파괴 등 지구 규모의 환경이 큰 문제가 되고 있다. 환경문제는 곧

표 8.16 환경의 과제와 대응하는 촉매기술[26]

과제			촉매기술
대기	지구규모 (글로벌)	산성비: SO_x, NO_x 오존층 파괴: CFC 온난화: CO_2, N_2O, CH_4, CFC	중유 탈황, 등유, 경유 탈황 배가스 탈질, 자동차 촉매, 촉매연소 회수, 분해, 대체 CFC 합성 에너지 절약, 연료전지 회수, 분해, 대체 CFC 합성
	지역·주거 환경(로컬)	도시: NO_x 광화학스모그: 탄화수소 주거환경: 악취, 연소기구	디젤·희박연소 엔진 배가스 정화, 직접분해 촉매산화 촉매반응
물	배수처리		습식산화, 광촉매분해
기타	폐기물처리 삼림보전 환경친화형 화학공정		연소 배가스 처리(NO_x, 다이옥신), 재이용 산성비 해결, 비료 제로 에미션, 안전공학, 에너지·자원절약형 공정

지구의 대재앙을 불러올 것이라는 두려움 속에, 지구상의 여기저기에서 최근 이상 기온 현상 등이 나타나는 등 점점 그 중요성을 피부로 느껴가고 있는 실정이다. 현대의 환경 문제는 자원, 에너지의 문제로부터 정치, 외교에 이르기까지 동시에 얽혀 있는 복합성을 특징으로 들 수 있다. 또 다른 특징으로는 광역성을 들 수 있다. 이렇게 지구 전체를 대상으로 시급성을 더해 가고 있는 환경문제의 해법은 물질의 화학적 변환으로부터 찾아야 하며, 그 열쇠를 쥐고 있는 것이 바로 촉매라 할 수 있다. 물론 촉매 기술이 모든 것을 해결해 주는 것은 아니나, 이미 많은 부분에서 중요한 해결책으로서 촉매 기술이 제공되고 있다는 점과 앞으로 더욱 많은 역할을 해야 한다는 점을 강조하며 몇 가지 중요한 환경 촉매에 대해 간단히 살펴보기로 하자.

표 8.16에는 환경에 대한 과제와 이에 대응하는 촉매기술을 정리하였다. 표에서 환경친화형 화학공정은, 환경부하가 적은 제품 또는 환경을 오염시키지 않는 합성 공정을 뜻하는 것으로 촉매는 그 핵심이라 할 수 있다. 청정 화학에서 촉매의 역할이 얼마나 중요한가를 보여주는 것이라 할 수 있다.

(1) 자동차 촉매

연료의 소비를 줄이고, 배기가스를 정화하기 위해 촉매를 사용하고 있다. 가솔린 자동차의 경우, 배기가스 중에 포함된 일산화탄소, 미연 탄화수소, 질소산화물의 3성분이 정화의 대상이 되는데, 이들의 농도는 공연비에 따라 크게 변한다. 공기 대 가솔린의 비가 14.7인 경우 반응은 완전연소가 달성되는 양론 상태에 있게 되고 따라서 이 비를 이론공연비라 한다. 연료가 이 이론공연비보다 많은 rich 상태에서는 배기가스에 일산화탄소와 탄화수소가 증가하고, 이론공연비보다 연료가 희박한(lean) 상태에서는 이들이 줄어든다. 질소산화물은 이론공연비 또는 이보다 약간 희박한 영역에서 많아지는데, 이는 연소 온도가 높아지기 때문이다.

위에서 언급한 가솔린 자동차 배기가스의 주된 오염물질인 일산화탄소, 탄화수소, 질소산화물의 3성분을 동시에 무해화하는 것이 자동차 촉매의 역할로, 따라서 이 촉매를 3원촉매라 부른다. 현재 실용화된 자동차 촉매는, 귀금속(백금, 팔라듐, 로듐)을 주성분으로 하고, 알루미나 분말을 지지체로 한다. 활성의 향상 또는 지지체의 안정화를 위해 산화세륨 등의 금속산화물을 첨가한다. 압력손실을 최소화하기 위해 하니컴 형태의 지지체를 쓰는데, 코디어라이트(cordierite)가 monolith 세라믹 지지체로 사용된다. 자동차 촉매는 800~900℃, 경우에 따라서는 1,000℃를 넘는 고온에 접하는 때도 있다. 귀금속은 지지체 상에 고분산시켜 사용하나, 백금은 가열시 입자 성장이 일어나기 쉽다. 연료 중에 포함되어 있는 황, 엔진 윤활유에 포함되어 있는 인 등은 촉매독으로 작용한다. 인은 촉매 표면 부근에 집중적으로 부착되며, 황은 비교적 내부에까지 확산한다. 조촉매인 산화세륨의 역할은 3가지로 알려져 있다. 첫째, 촉매 자신이 산소저장, 공급의 능력을 가지고 있다. 배기가스 중의 산소농도는, 주행 조건에 따라 연료 풍부(rich)와 lean 상태 사이에서 변화하므로 크게 변하나, 산화물이 산소를 저장, 공급해줌으로써 CO, 탄화수소, NO_x가 동시에 효율적으로 제거되는 윈도우의 폭이 넓어지게 된다. 둘째로는, rich 상태에서 수성가스 shift 반응($CO + H_2O \rightarrow CO_2 + H_2$)을 촉진하여 일산화탄소 농도의 저감과 반응성이 높은 수소의 생성에 기여한다. 셋째, γ-알루미나 지지체의 열 안정성을 향상시키는 역할을 한다. 이 외에도 산화바륨을 첨가하는 경우가 있는데, 산화바륨은 산소공존 하에서도 질소산화물과 반응하여 질산바륨의 형태로 저장되며, 윈도우 영역으로 돌아왔을 때 환원되어 원래의 산화바륨의 형태로 되돌아오는 특성을 가지고 있다.

자동차 촉매에 사용되는 귀금속 중 로듐은 특히 희소한 금속으로 사용 후 촉매로부터의 회수, 재사용과 함께 Pd 만의 3원촉매 등의 개발도 진행되고 있다. 한편, 가솔린차 이외의 디젤차 그리고 연비를 좋게 하기 위해 개발된 lean-burn 차 등에 대한 대응은 아직 완전하지 않은 상태에 있다. 디젤의 경우는 배기가스와 함께 배출되는 입자상 물질과 연료에 포함되어 있는 황성분의 처리 및 이들의 공존에 따른 다른 배기가스의 처리에 일부분 상당한 어려움을 겪고 있다. Lean-burn 차의 경우는, 산소공존 시의 NO_x 제거가 관건으로 되어 있다. 앞으로 기술의 발전이 기대되는 부분이라 하겠다.

(2) 고정발생원의 배기가스 탈질촉매

화력 발전용 보일러, 시멘트 소성로, 유리용해로 등 고온에서 운전되는 장치의 경우 공기 중의 산소와 질소의 반응에 의한 thermal NOx의 생성을 피할 수는 없다. 한편, 석유나 석탄을 연료로 하는 경우, 이들에 포함되어 있는 함질소화합물의 산화에 의해 발생하는 연료 NOx의 생성도 피할 수 없다. 결국, 어떠한 형태로든 질소산화물의 정화 기술은 필요한 것으로, 이에 대한 해결책으로 개발된 것이 암모니아를 환원제로 하는 배기가스 탈질 촉매공정이다. 이 촉매는 과잉의 산소가 공존하여도 이산화질소와 일산화질소를 암모니아와 선택적으로 반응시키는 특징이 있어 **선택접촉 환원법**(selective catalytic reduction, SCR)이라 불린다.

연료의 황 함유 여부가 이 반응의 촉매선택에 큰 영향을 준다. 황 성분이 전혀 없는 클린 연료의 경우에는, 알루미나 지지체에 바나듐이나 산화크롬 등의 전이금속 산화물을 담지한 분말상의 촉매가 실제 사용된다. 황 성분을 포함하는 중유나 석탄을 연소하는 경우에는, 촉매활성성분이나 지지체가 황산화물이나 황산암모늄염과의 반응에 의해 열화되지 않아야 하며, SO_2에서 SO_3로의 산화를 진행시키지 말아야 하고, 입자상 물질에 의한 촉매의 폐쇄, 마찰 손실 등이 없어야 하며, 입자상 물질에 포함된 칼륨, 나트륨, 칼슘, 철 등에 의해 피독되지 않아야 한다. 이러한 일반적 특성을 갖춘 촉매로서 선정되어 사용되고 있는 촉매가 산화바나듐을 담지한 산화티탄계 촉매이다. 반응은 식 (8.51)에 의해 진행된다.

$$4NO + 4NH_3 + O_2 \rightarrow 4N_2 + 6H_2O \tag{8.51}$$

배기가스 탈질장치에 사용되는 산화바나듐은 이산화황의 좋은 산화 촉매로 SO_3가 생성되면 장치 등에 문제가 발생하므로, 가능한 한 SO_3로의 산화를 억제할 필요가 있다. 산화바나듐은 부정비 화합물로 출발 산화물이 V_2O_5라 하더라도, 분위기의 평형 산소압 또는 반응물질의 산화 환원성에 적응하여, 5가와 4가 바나듐의 혼합산화물($V_2O_{5-\delta}$)이 된다. V_2O_5-TiO_2 촉매의 V_2O_5 담지량을 5 wt% 이하로 억제하면, δ값이 커지고 SO_2 산화 활성이 저하된다. 같은 효과가 WO_3나 GeO_2를 첨가해도 얻어진다.

(3) 환경정화용 완전산화촉매

최근 가정의 조리기구, 난방기구 등에 촉매를 사용한 개발품이 생활의 질의 향상과 더불어 증가하고 있다. 조리기에 부착한 촉매는 고기나 생선을 구울 때 나오는 유지를 연소시켜 불꽃 없이 이산화탄소와 수증기로 변환시키는 작용을 한다. 에너지 절약, 조리기능의 개선, 자기 정화능 등 다양한 이점이 있는 것으로 확인된 바 있다. 이 촉매는 MnO_2 또는 Zn-Mn계 페라이트, 알루미노규산염, 다공질 형성제, 점토 등으로 이루어진 다공질 촉매층을 오븐 벽면에 부착시킨 것이다.

완전산화용 귀금속 촉매로는 실리카 담지 백금촉매, 활성탄 또는 이산화주석 담지 팔라듐 촉매, γ-알루미나 담지 염화팔라듐-염화동(Wacker형) 촉매 등이 있다. 이 외에 특별한 관심을 모으고 있는 것으로 산화물 담지 금미립자 촉매를 들 수 있다. 금은 화학적 활성이 낮은 것으로 알려져 있으나, nm 크기의 반구상 미립자로 산화물상에 담지하면, 금속 벌크와는 완전히 구별되는, 일산화탄소, 산소, 수소 등에 대한 현저한 흡착, 반응특성을 나타낸다. 예를 들면, 산화티탄 담지 금미립자는 저온에서 뛰어난 일산화탄소 산화능을 보인다. 더욱이 촉매작용에 수분의 공존이 오히려 좋은 영향을 주는 것으로 알려져 실용적으로 유리한 촉매라 할 수 있다. CO나 VOC의 산화는 물론, 저온 활성을 살린 변기 악취제거용 등으로 활용할 수 있다.

(4) 청정기술

보다 적극적인 환경문제의 대응책으로 환경친화적 생산공정의 개발이 주목되어지고 있다. 부르는 이름도 green technology, pollution prevention, zero discharge 등으로 여러 가지이나, 이름이 뜻하는 바와 같이 전 생산공정에서의 환경오염을 완전히 없애는 방향으로 생산활동을 전개해 나가자는 의미라 할 수 있다. **환경친화적 생산공정**이란, 원료를 환경친화적 물질로 대체하거나(우레탄 합성에 포스젠($COCl_2$) 사용하는 공정 대체), 새로운 반응법으로 대체하거나(빛 또는 플라스마의 사용), 새로운 반응 매체를 사용하거나(신용매, 신촉매), 같은 기능을 가진 새로운 환경친화적 생산품으로 대체하는(옥탄가 향상제: 기존의 벤젠, 사염화에틸렌 대신 MTBE 사용) 것으로, 이들 대부분이 화학적 변환에 근거를 두고 있어서 촉매의 역할이 지대할 것임을 쉽게 예측할 수 있다. 액상 균일계 산촉매 공정을 고체산 촉매에 의해 기상 공정화하는 기술을 비롯, 촉매개발의 3요소라 할 수 있는 전환율, 선택성, 수명 모두가 환경친화적 생산 공정의 관점에서도 개발의 목표가 되어야 할 사항임을 고려할 때, 앞으로 촉매에 거는 기대는 더욱 커질 것이며, 큰 역할이 기대되는 시기에 와 있다.

07 균일계 촉매 및 이온성 액체 촉매

균일계 촉매반응은 산이나 금속이온에 의한 반응도 포함하나 최근에는 대부분의 반응에 유기금속 화합물을 촉매로 사용한다. 균일계 촉매는 불균일계 촉매에 비하여 장점과 단점을 모두 가지고 있다. 불균일계 촉매의 장점은 일반적으로 활성이 높고 생성물의 분리가 쉬우며 촉매의 수명이 길다는 것이다. 불균일계 촉매는 균일계 촉매보다 고온에서 더 안정하며 촉매를 비활성화시키는 촉매독(poison)에 덜 민감하다. 그러나 불균일계 촉매는 표면 반응을 포함하므로 촉매의 활성점과 반응기구를 연구하기가 매우 어렵고 활성점이 불균일하여 선택도를 조절하기 어렵다.

균일계 촉매는 하나의 분자이므로 촉매나 중간체의 구조를 밝히고 반응속도를 연구하기가 상당히 용이하다. NMR, IR, UV, MS 그리고 X-선 등이 이런 목적으로 자주 사용되는 분석기기이다. 균일계 촉매의 가장 큰 장점이자 특징은 촉매의 설계가 가능하다는 것이다. 유기금속 화합물에 배위된 분자(리간드)를 변화시킴으로써 선택도와 활성을 조절할 수 있다. 또한 균일계 촉매는 온화한 조건에서 촉매의 활성이 높아 낮은 온도와 압력에서 운전이 가능하고 불균일계 촉매보다 선택도가 높다. 그러나 균일계 촉매의 가장 큰 단점은 촉매와 생성물을 분리하기가 어렵다는 점이다. 촉매와 생성물의 분리를 쉽게 하도록 균일계 촉매를 유기물이나 무기물 또는 고분자의 표면에 고정화시켜 불균일화하는 방법이 많이 연구되고 있다.

최근에는 생체촉매인 효소와 같이 100%에 가까운 광학활성을 갖는 화합물을 생성할 수 있는 키랄촉매가 개발되어 상업적으로 이용되고 있다. 인간이 만든 키랄촉매는 생체촉매라 할 수 있는 효소보다 크기가 더 작고 구조가 간단하나 아주 높은 광학적 순도를 가진 화합물을 효과적으로 생성할 수 있다.

이온성 액체는 촉매 측면에서 보면 용매이면서 산 촉매이고. 용매이면서 염기 촉매이다. 이런 점에서 이온성 액체를 균일계 촉매로 보아도 무방하다. 또한 액체이면서 물질에 따라 용해도가 크게 달라서 쉽게 분리될 수 있어서 상업 공정으로 이용할 때 유리하다.

1. 전이금속과 리간드

균일계 촉매로 사용되는 화합물은 대부분이 유기금속 화합물이다. 유기금속 화합물은 중심에 위치한 금속 원자와 배위된 리간드로 이루어져 있다. 리간드(ligand)란 금속 원자와 결합하여 전자를 줄 수 있는 원자나 분자들을 말한다. 금속 자체는 유기용매에 잘 녹지 않으나 유기금속 화합물은 유기화합물인 리간드가 금속 원자와 결합하여 착화합물(complex)을 형성하므로 유기용매에 잘 녹아 균일계 촉매로 작용할 수 있다. 금속과 결합하고 있는 리간드의 수를 배위수라고 부르는데, 이 배위수에 따라 유기금속 화합물의 구조가 결정된다. 균일계 촉매의 활성과 선택도는 금속의 종류와 산화수(oxidation state), 리간드의 종류, 그리고 배위수에 따라 달라진다.

(1) 전이금속 촉매

전이금속 화합물은 균일계 촉매를 대표한다. 전이금속 화합물의 촉매작용은 사용되는 금속의 종류와 산화수에 따라 달라진다. 금속의 산화수는 d 궤도의 전자 배치와 밀접한 관계가 있는데 그 관계를 표 8.17에 나타내었다.

표 8.17에서는 자유원자의 전자 배치와는 달리 바깥쪽의 전자를 모두 d 전자라고 가정하였다. 이는 n 껍질의 d궤도함수의 에너지가 $n+1$ 껍질의 s 궤도함수의 에너지보다 낮다고 가정한 것이다. 예를 들면, 0가의 Cr은 $4s^{13}d^5$ 대신에 $3d^6$라고 가정하고 따라서 3가의 Cr은 d^3가 된다. 이러한 가정은 금속 원자가 양전하를 가질 때는 잘 들어맞으며 대부분 큰 오차 없이 사용할 수 있다. 균일계 촉매로 자주 이용되는 금속은 Fe(0), Co(I), Co(II), Ni(II), Ru(II), Rh(I), Pd(II), Ir(I), 그리고 Pt(II) 등이다. 괄호 안의 값들은 금속의 산화수를 나타낸다. 특정한 반응에 효과적인 촉매들을 다음에 나타내었다.

표 8.17 전이금속의 d-전자배치와 산화수[27]

Group number		4	5	6	7	8	9	10	11
First row	$3d$	Ti	V	Cr	Mn	Fe	Co	Ni	Cu
Second row	$4d$	Zr	Nb	Mo	Tc	Ru	Rh	Pd	Ag
Third row	$5d$	Hf	Ta	W	Re	Os	Ir	Pt	Au
		d^n							
	0	4	5	6	7	8	9	10	–
	I	3	4	5	6	7	8	9	10
Oxidation state	II	2	3	4	5	6	7	8	9
	III	1	2	3	4	5	6	7	8
	IV	0	1	2	3	4	5	6	7

• 수소화 반응 촉매: Fe, Co, Ru, Rh, Ir, Pt 화합물
• 카보닐화 반응 촉매: Co, Ru, Rh, Ir 화합물
• 이성질화 반응 촉매: Fe, Co, Rh, Pd, Pt 화합물
• 산화반응 촉매: Pd 화합물
• 중합반응 촉매: Ti, Zr 화합물

(2) 리간드

리간드는 금속과 결합하여 비공유 전자쌍을 가지고 있는 중성분자나 음이온을 가리키며, 이들은 금속에 전자를 공여하여 결합을 형성하므로 루이스 염기로서 작용한다. 중성분자인 리간드는 L-형 리간드로, 음이온인 리간드는 X-형 리간드로 분류한다. 대표적인 리간드는 아래와 같다. 여기서 R은 알킬이나 페닐기 또는 이들의 유도체를 나타낸다.

• L-형 리간드: PR_3, AsR_3, 아민, CO, 알켄, 방향족화합물 등
• X-형 리간드: H, OR, SR, NR_2, PR_2, 할로겐, 알킬, 아릴, 알릴 시클로펜타디에닐, 아실기 등

L-형 리간드는 비공유 전자쌍을 가지고 있는 N, O, P, 또는 As 원자나 이중결합을 가지고 있는 화합물이 대부분이다. 이들은 비공유 전자쌍이나 이중결합을 통하여 금속에 배위된다. CO는 탄소원자가 금속과 결합한다. X-형 리간드는 음이온이며 이들은 할로겐, O, S, N, P, H 그리고 C 원자를 통하여 금속과 결합을 형성한다. L-형 리간드 중에서 특히 중요한 것은 포스핀, 아민, CO, 그리고 알켄 등이다. 포스핀은 치환기를 변화시킴으로써 전자적으로나 입체적으로 여러 가지 다양한 성질을 가진 화합물을 쉽게 만들 수 있으므로 리간드로 많이 이용된다. 이중에서도 트리페닐포스핀은 리간드로 가장 자주 이용된다. 특히 Ni, Ru, Rh, Pd 그리고 Pt 금속과 포스핀 리간드로 이루어진 촉매는 여러 가지 반응에 매우 효과적이다.

많은 경우에 리간드는 매우 복잡한 구조를 가지고 있으며, 균일계 촉매에서 많이 사용되는 대표적인 리간드들을 그림 8.16에 나타내었다.

리간드는 균일계 촉매작용에서 다음과 같은 역할을 한다.

첫째, 리간드는 금속의 전자적 구조를 변화시킨다. 전자 공여 능력이 큰 리간드가 금속과 결합하면 금속의 전자밀도가 높아져 금속의 산화성 첨가반응이 일어나기 쉽고 친전자성을 가지는 반응물이 결합하기 쉽다. 반대로 전자 공여 능력이 적은 리간드는 금속

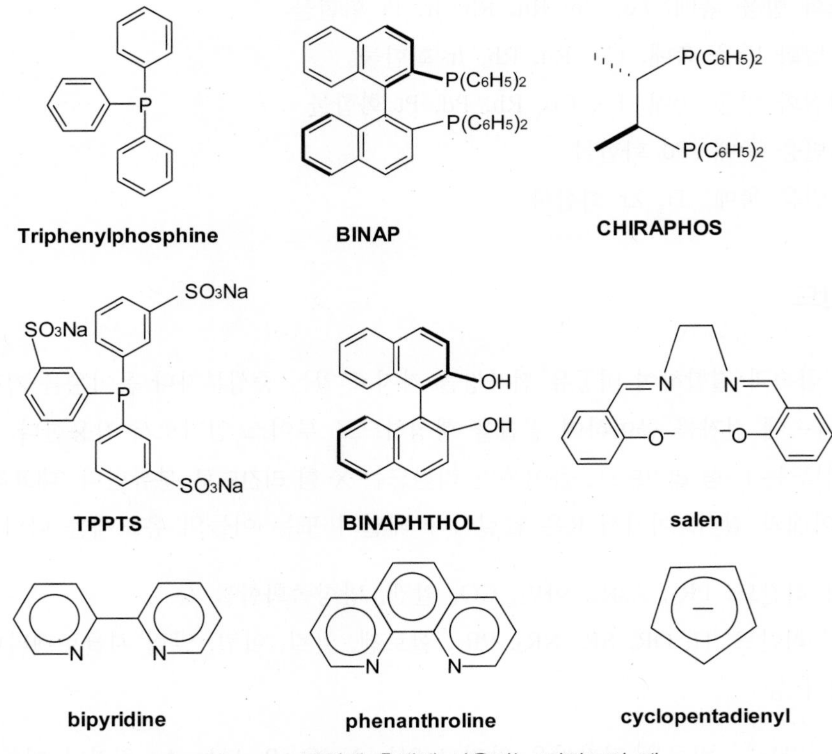

그림 8.16 균일계 촉매에 사용되는 리간드의 예

과 약하게 결합하여 반응물과 쉽게 치환되고 친핵성 반응물의 결합을 용이하게 한다.

둘째, 리간드는 촉매의 입체적 성질에 영향을 준다. 입체적으로 큰 리간드는 금속에 많이 배위하기가 힘들고 다른 리간드의 insertion과 환원성 제거반응을 촉진시키며 입체장애가 큰 가지 사슬 생성물보다는 입체장애가 적은 선형생성물의 생성을 촉진한다.

셋째, 리간드는 촉매의 용해도를 변화시킨다. 리간드는 대부분이 유기화합물이므로 유기용매에 대한 용해도를 증가시켜 촉매가 금속으로 석출하여 비활성화하는 것을 방지한다.

넷째, 리간드는 반응물이 촉매에 접근하는 것을 입체적으로 제어하여 촉매의 입체선택성을 변화시킨다.

(3) 촉매의 구조

전이금속 화합물은 리간드의 배위수에 따라 매우 규칙적인 구조를 가지고 있다. 금속은

표 8.18 전이금속 유기화합물의 구조[28]

배위수	기하학 구조	예
2	선형	Ph_3-Au-Cl
3	평면삼각형	$Pt(PPh_3)_3$ (PPh3, Ph3P, PPh3)
4	정4면체	$Ni(CO)_4$ (OC, CO, OC, CO)
4	평면사각형	$PdCl_2(PPh_3)_2$ (Ph3P, Cl, Ph3P, Cl)
5	3면체 이피라미드	$Fe(CO)_5$ (CO, OC, CO, CO, CO)
6	정8면체	$Mo(CO)_6$ (CO, OC, CO, OC, CO, CO)

제일 바깥쪽 껍질에 s, p, d 궤도함수를 모두 9개 가지고 있고 한 개의 리간드는 전자를 2개씩 제공하므로 배위수는 9를 초과할 수 없다. 전이금속 화합물은 보통 6개 이하의 배위수를 가지고 있다. 배위수에 따른 전이금속 화합물의 구조를 표 8.18에 나타내었다.

리간드들은 금속 원자를 중심으로 다면체를 형성한다. 배위수가 2이면 선형(linear) 구조를, 3개이면 평면삼각형(trigonal planar) 구조를, 4개이면 정4면체(tetrahedral)나 평면사각형(square planar) 구조를, 5개이면 3면체 이피라미드(trigonal bipyramidal) 구조를, 그리고 6개이면 정8면체(octahedral) 구조를 가진다. 특히 배위수가 4일 때 d^8 전자 배치를 하고 있는 Pd(II), Pt(II) 그리고 Rh(I) 화합물은 일반적으로 평면사각형 구조를 가진다.

2. 유기금속 화합물의 기본반응

유기금속 화합물은 보통의 순수한 유기나 무기화합물에서는 관찰되지 않는 독특한 반응을 나타내며 이들 반응은 촉매작용과 밀접한 관련이 있다. 균일계 촉매반응의 반응기구를 이해하기 위해서는 유기금속화학에 대한 이해가 필수적이다. 이러한 반응의 특성과 원리를 이해하는 것이 균일계 촉매반응의 반응기구를 밝히는 데 도움이 되고 촉매를 설계하는 기본이 된다.

여기서는 균일계 촉매반응에서 많이 이용되는 유기금속화학에 대하여 간단히 살펴보기로 한다.

(1) 리간드 치환반응

리간드는 치환반응(Ligand substitution)에 의하여 서로 바뀔 수 있다.

$$\mathrm{LnM-L} + \mathrm{L'} \leftrightharpoons \mathrm{LnM-L'} + \mathrm{L} \tag{8.52}$$

반응물에 의한 리간드 치환반응은 반응물이 금속에 배위하는 첫 번째 단계에서 일어나며 특히 금속과 약하게 결합한 리간드는 다른 리간드나 반응물에 의해 쉽게 치환된다. 촉매반응에서는 알켄, 일산화탄소, 포스핀 그리고 아민 화합물의 리간드 치환반응이 중요하다. 또한 금속의 배위 위치가 비어 있으면 리간드가 쉽게 배위(coordination)할 수 있다.

(2) 산화성 첨가와 환원성 제거반응

$$\mathrm{LnM} + \mathrm{A{-}B} \underset{\text{reductive elimination}}{\overset{\text{oxidative addition}}{\rightleftarrows}} \mathrm{LnM}\langle^{\mathrm{A}}_{\mathrm{B}} \tag{8.53}$$

전형적인 산화성 첨가반응(oxidative addition)과 환원성 제거반응(reductive elimination)의 반응식은 식 (8.53)과 같다. 유기금속 화합물에 중성분자 A−B의 산화성 첨가반응이 일어나면 A−B 결합이 분해되고 A와 B가 모두 금속에 배위하여 금속의 산화수와 배위수가 모두 2씩 증가한다. 촉매반응에서는 H−H, C−H, C−O 결합의 산화성 첨가반응이 특히 중요하며 C−C, C−N, C−P, 그리고 O−H 결합의 산화성 첨가반응에 대한 관심이 날로 증가하고 있다.

환원성 제거반응은 산화성 첨가반응의 역반응으로, 이때는 금속의 산화수와 배위수가 모두 2씩 감소하고 A와 B 사이에 결합이 형성되어 분자 A−B가 생성된다. 균일계 촉매반응에서 환원성 제거반응은 반응물이 생성되는 단계에서 많이 나타난다.

산화성 첨가반응이 일어나면 온화한 조건에서도 반응물의 결합이 끊어지고 반응성이 큰 유기금속 화합물이 형성되어 다음 단계가 쉽게 진행된다. 반면에 환원성 제거반응이 일어나면 C−C, C−X, C−H, 또는 C−O 결합이 형성되어 새로운 화합물이 생성된다. 산화성 첨가반응이나 환원성 제거반응이 일어나기 위해서는 금속의 산화수가 현재의 상태보다 2가 증가하거나 감소한 상태가 모두 안정해야 한다. 환원성 제거반응과 산화성 첨가반응은 가역반응이나 실제로는 어느 한쪽 방향으로만 진행되는 경향이 있다.

(3) 삽입반응과 제거반응

삽입반응(insertion)과 제거반응(elimination)은 서로 역반응으로 배위된 리간드 사이에서 반응이 일어난다. 삽입반응은 배위된 리간드 두 개가 결합하여 하나의 리간드로 전환되는 반응을 말한다. 삽입반응에서는 배위된 리간드 AB가 M-X 결합 사이로 삽입되어 M−(AB)−X 화합물로 되어 AB와 M, AB와 X 사이에 새로운 결합이 형성된다. 삽입반응에는 금속과 X 리간드가 A=B 리간드의 같은 원자와 결합하는 1,1−insertion과 바로 옆의 원자와 결합하는 1,2-insertion의 두 가지 주요한 형태가 있다. 일산화탄소는 1,1-insertion을 하고 에틸렌은 1,2-insertion을 한다. 이 경우 금속의 산화수는 변하지 않으나 빈자리가 하나 생성되므로 새로운 리간드가 배위할 수 있는 공간이 생성된다. 알켄이나 CO와 같은 불포화 화합물이 M−C나 M−H 결합 사이로 삽입하는 반응은 촉매반응에서 매우 중요하다.

X
M−A=B —1,1-insertion→ □ M−A(−X)(=B) (8.54)

X
M−(A=B) —1,2-insertion→ □ M−A−B−X (8.55)

제거반응은 삽입반응과 반대로 진행된다. 제거반응이 일어나면 리간드가 생성물로 전환된다. 배위된 알켄이 M−H 결합 사이로 삽입하는 올레핀의 1,2-insertion 반응은 여러 가지 촉매반응에서 가장 중요한 중간체인 알킬금속 화합물을 생성하는 단계이므로 매우 중요하다. 이의 역반응을 β-수소제거반응이라 부르는데 β-수소제거반응이 일어나면 금속 알킬 화합물이 알켄과 금속 하이드라이드로 전환된다. 이 반응의 평형은 주로 알켄에 의해 결정된다. 에틸렌 같은 단순한 알켄인 경우는 제거반응이, 전자를 당기는 기를 가진 알켄은 주로 삽입반응이 진행된다.

$$M-H + C=C \underset{\beta\text{-H elimination}}{\overset{\text{1,2-insertion}}{\rightleftharpoons}} M-C-C-H \tag{8.56}$$

(4) 배위된 리간드의 반응성

금속 원자에 배위된 리간드들은 배위되지 않았을 때와 다른 반응성을 나타낸다. 배위된 리간드는 외부의 친핵체나 친전자체로부터 공격을 받아 첨가반응이 일어나기 쉽다. 이 반응은 분자 내에서 일어나는 삽입반응과는 달리 친핵체와 금속에 배위된 리간드의 두 분자 사이에서 반응이 일어난다. 유기금속화합물이 양전하를 가지고 있거나 전자가 부족한 리간드는 **친핵성 첨가반응**이 잘 일어나는 반면, 유기금속화합물이 음전하를 가지고 있거나 전자밀도가 풍부한 리간드는 **친전자성 첨가반응**이 잘 일어난다. 촉매반응과 관련하여 중요한 반응은 배위된 알켄과 CO의 반응이다. 배위된 알켄은 친핵체에 의해 공격을 받기 쉽다. 일산화탄소는 반응성이 적으나 배위된 CO는 친핵체나 친전자체에 의해 공격을 받기가 쉽다.

3. 균일계 촉매반응기구

균일계 촉매반응은 반응물이 금속에 배위하고 이어서 여러 가지 유기금속 화학 반응이 일어나 생성물이 생성된 후 생성물이 금속으로부터 분리되어 촉매의 활성점이 재생되어 다시 새로운 반응물이 배위할 수 있는 활성점이 재생됨으로써 촉매 주기가 완결된다. 촉매의 순환 중 일어나는 유기금속 화합물의 반응은 산화성 첨가, 배위된 리간드의 삽입반응과 제거반응, 첨가반응이나 제거반응, 환원성 제거반응 등을 포함한다. 반응물이 금속과 너무 강하게 결합하면 이어서 일어나는 반응의 활성화에너지가 높아지게 되어 반응속도가 느려지고 반대로 생성물이 금속과 너무 강하게 결합하면 반응물이 생성물을 치환하지 못하여 반응이 일어나기 어렵다. 따라서 반응물은 금속과 적당한 세기로 결합하고 생성물은 아주 약하게 결합해야 반응이 빠르게 진행된다. 여기서는 대표적인 균일계 반응인 알켄의 이성질화 반응, 알켄의 수소화 반응 그리고 알켄의 하이드로포밀화(hydrofomylation) 등의 일반적인 반응기구를 살펴본다.

(1) 알켄의 이성질화 반응

수소의 자리옮김 반응이 일어나 알켄이 다른 이성질체로 변하는 반응은 공업적으로 매우 중요한 반응이다. 이중결합의 위치는 골격의 끝에서 안쪽으로 이동하여 열역학적으로 더 안정한 알켄이 생성된다. 이 경우 촉매에 따라 알킬 중간체를 거치는 경우와 알릴 중간체를 거치는 경우의 두 가지 반응기구가 가능하다. 촉매 주기의 모든 단계는 가역적으로 진행되고 반응물과 생성물은 평형을 이루고 있으므로 열역학에 따라 생성물의 조성이 결정된다.

촉매가 그림 8.17(a)에서 보는 바와 같이 M−H 결합과 리간드가 결합할 수 있는 빈자리를 가지고 있으면 알킬 중간체를 거치는 경로가 가능하다. 알켄이 금속의 빈자리에 결합하고 이어서 M−H 결합 사이로 삽입반응이 일어나면 금속 알킬이 생성된다. H가 삽입되는 위치에 따라 1차나 2차 알킬이 생성될 수 있다. 생성된 알킬이 1차이면 β-수소 제거반응이 일어나 원래의 알켄으로 되돌아가나, 생성된 2차 알킬은 β-수소 제거반응이 일어나 알켄의 이성질체를 생성한다. 많은 촉매들이 2차 알킬의 β-수소 제거반응을 잘 일으킨다. 생성된 알켄의 시스/트랜스 비율은 반응 초기에는 촉매에 따라 달라지나 가역반응이므로 최종적으로는 열역학에 의하여 결정되며 트랜스의 생성이 우세하다. 전형적인 촉매는 $RhH(CO)(PPh_3)_3$인데 알켄과 결합하기 전에 PPh_3 리간드를 하나 잃어 $RhH(CO)(PPh_3)_2$로 되어야 반응물이 결합할 수 있는 빈자리가 생겨 촉매로 작용한다. 알릴 중간체를 거치는 경우는 촉매에 있어서 두 개의 빈자리를 필요로 하며 M−H 결합이 없어도 가능하다. 그림 8.17(b)에 나타낸 바와 같이 알켄이 금속의 빈자리에 결합한 후 알릴 위치의 C−H 결합과 금속의 산화성 첨가반응이 일어나면 알릴 중간체가 생성된다. 이어서 알릴과 H의 환원성 제거반응이 일어나 H가 원래 위치가 아닌 알릴의 반대편으로 돌아가면 이성질체가 생성된다. 촉매로는 $Fe_3(CO)_{12}$가 사용되며 이것이 열에 의해 분해되어 $Fe(CO)_3$가 생성되고 실제로는 이것이 촉매로 작용하는 것으로 추측된다.

(2) 알켄의 수소화반응

이 반응은 알켄의 이중결합에 수소가 첨가되어 알칸이 생성되는 반응이다. 촉매에 따라

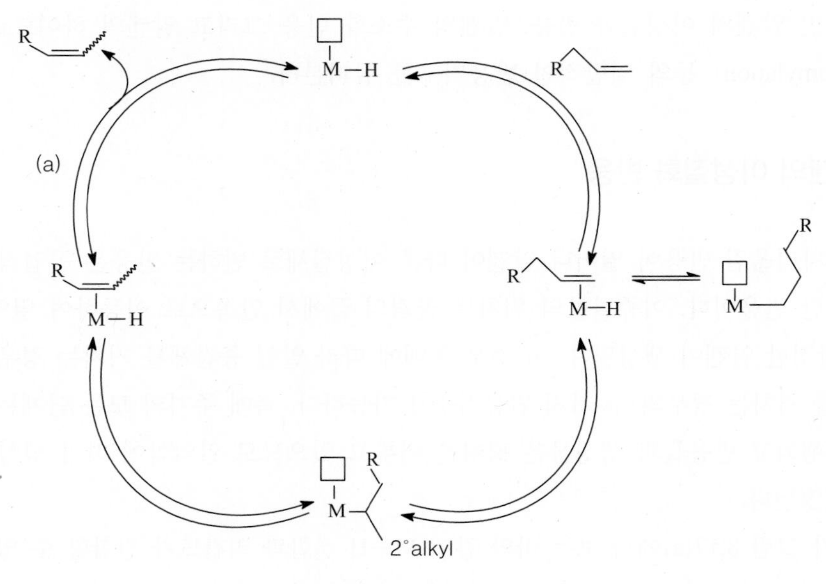

(a) Hydride 반응기구

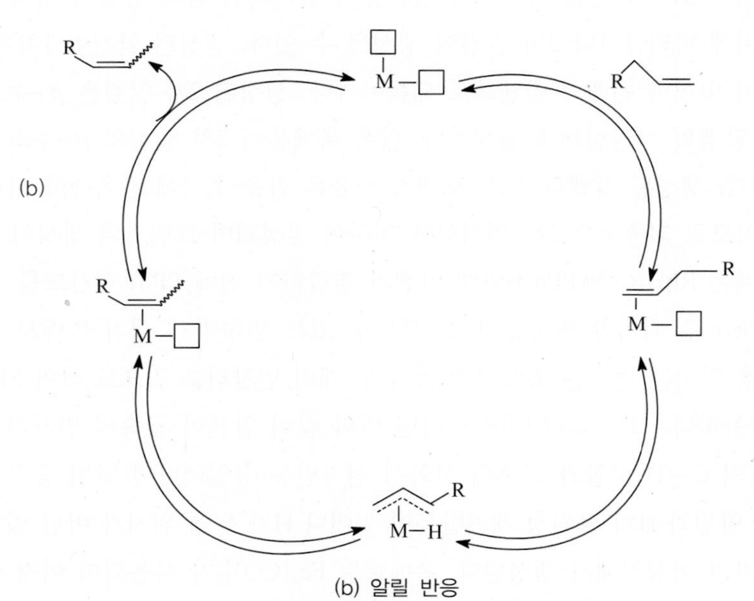

(b) 알릴 반응

그림 8.17 알켄의 이성질화 반응기구
□는 2개의 전자가 결합할 수 있는 빈자리를 나타낸다 [28].

수소는 여러 가지 방법으로 활성화시킬 수 있는데, 가장 중요한 촉매는 수소를 산화성 첨가반응으로 활성화시키는 것이다. 균일계 촉매에 의한 수소화 반응의 반응기구를 그

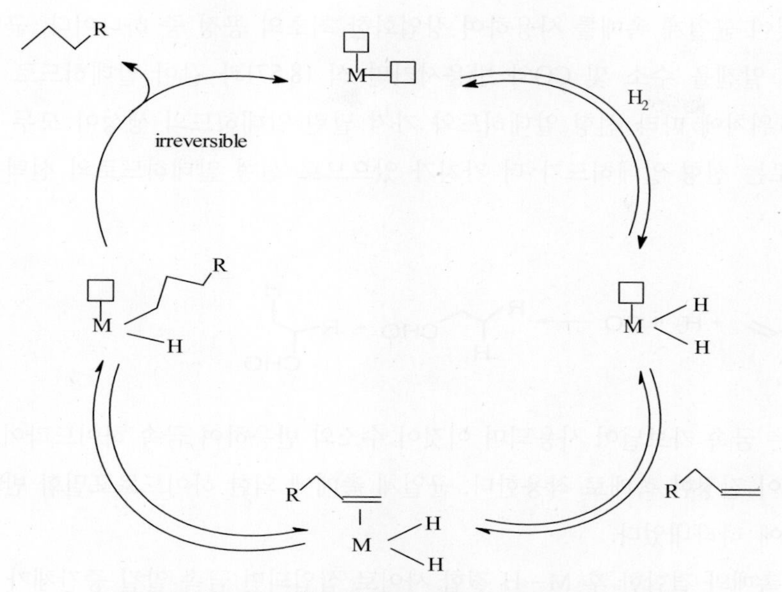

그림 8.18 균일계 촉매에 의한 알켄의 수소화 반응기구[28]

림 8.18에 나타내었다. 수소의 H–H 결합이 분해되어 산화성 첨가반응이 일어나면 다이하이드라이드(dihydride)가 생성된다. 알켄이 금속에 결합한 후 M–H 결합 사이로 삽입하면 알킬이 생성된다. 이 알킬이 두 번째 하이드라이드와 환원성 제거 반응에 의하여 결합하면 알칸이 생성된다.

이 반응은 마지막 단계가 비가역적으로 진행되므로 전체적으로 비가역 반응이다. 촉매로는 윌킨슨 촉매(Wilkinson's catalyst)로 잘 알려진 $RhCl(PPh_3)_3$가 많이 사용된다. 균일계 촉매를 이용한 수소화 반응에서 특히 중요한 것은 광학 활성을 가진 키랄 화합물을 합성할 수 있다는 것이다. 특히 Schrock과 Osborn에 의해 개발된 $[(nbd)RhL_2]^+$(여기서 L은 diop 같은 키랄 리간드를 나타낸다) 촉매는 아마이드의 수소화 반응에 매우 유용하여 파킨슨씨 병(Parkinson's disease)의 치료제로 사용되는 L-dopa의 생산에 사용되고 있다.

(3) 알켄의 하이드로포밀화

알켄에 CO를 도입하는 카보닐화 반응은 여러 가지 유용한 화합물을 생성하므로 학문적으로나 공업적으로 매우 중요한 반응 중의 하나이다. 그중에서도 특히 알데히드를 합성하기 위한 하이드로포밀화(hydroformylation)가 가장 활발히 연구되어 왔다. 1930년대 말에 Otto Roelen은 옥소공정(oxo process)이라 불리는 하이드로포밀화 공정을 개발하였는데, 이것이 균일계 촉매를 사용하여 상업화한 최초의 공정 중 하나이다. 균일계 촉매 존재 하에 알켄을 수소 및 CO와 반응시키면 식 (8.57)과 같이 알데히드로 전환된다. CHO기의 위치에 따라 선형 알데히드와 가지 달린 알데히드의 생성이 모두 가능하다. 상업적으로는 선형 알데히드가 더 가치가 있으므로 선형 알데히드로의 선택성이 매우 중요하다.

$$\mathrm{R{-}CH{=}CH_2} + H_2 + CO \longrightarrow \mathrm{R{-}CH_2{-}CH_2{-}CHO} + \mathrm{R{-}CH(CHO){-}CH_3} \quad (8.57)$$

촉매로는 금속 카보닐이 사용되며 이것이 수소와 반응하여 금속 하이드라이드를 생성하고 이것이 진정한 촉매로 작용한다. 균일계 촉매에 의한 하이드로포밀화 반응 경로를 그림 8.19에 나타내었다.

알켄이 촉매와 결합한 후 M－H 결합 사이로 삽입되면 금속 알킬 중간체가 생성된다. 이 단계에서는 금속에 하이드라이드가 존재하지 않으므로 하이드라이드와 알킬의 환원

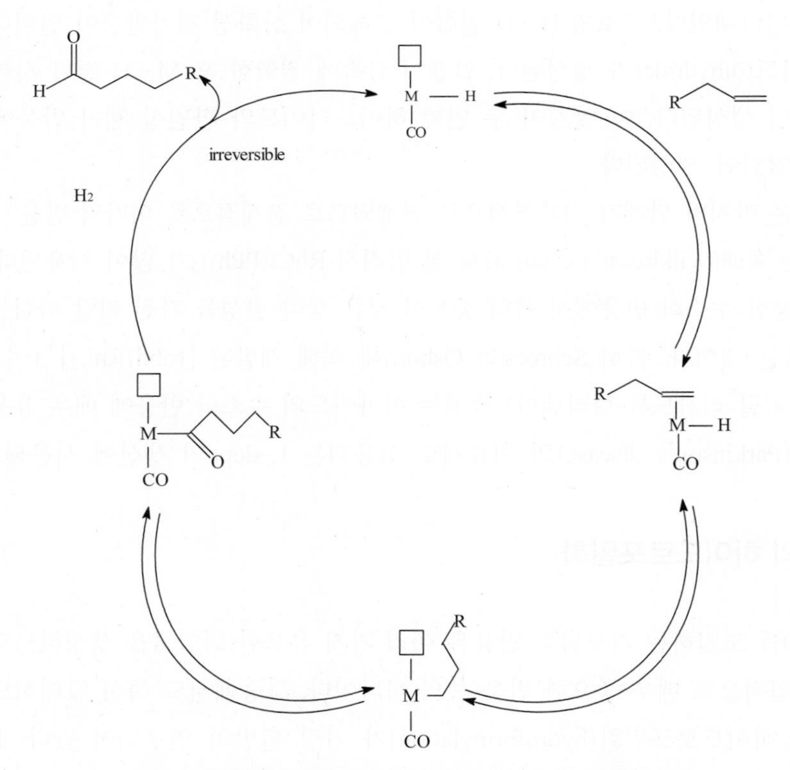

그림 8.19 Hydroformylation 반응의 균일계 촉매반응기구[28]

성 제거반응이 일어나지 않고 알킬이 M−CO 결합 사이로 삽입되어 금속 아실 [M−C(O)−R]이 형성된다. 이것이 수소와 반응하여 알데히드가 생성되고 촉매는 재생된다. 촉매로는 Co와 Rh 화합물이 주로 사용된다. 코발트 화합물인 $Co_2(CO)_8$은 처음에 수소와 반응하여 $HCo(CO)_4$를 생성하고 이것이 촉매로 작용한다. 입체적으로 보면 커다란 포스핀 리간드는 촉매의 활성 저하 없이 선형 알데히드로의 선택도를 증가시킨다. $RhH(CO)(PPh_3)_3$는 낮은 압력에서도 활성과 선택도가 매우 높다. 촉매에서 포스핀이 유리되어 선택도가 낮은 $HRh(CO)_4$나 $HRhL(CO)_3$가 생성되는 것을 방지하기 위해서 실제로는 PPh_3를 과량으로 사용한다.

(4) 알켄의 시안화수소화

HCN은 촉매를 사용하지 않으면 알켄에 첨가반응을 일으키지 않으나 촉매를 사용하면 다음 식 (8.58)과 같이 시안화알칸을 생성한다.

$$R-CH=CH_2 + HCN \rightarrow R-CH_2-CH_2CN \qquad (8.58)$$

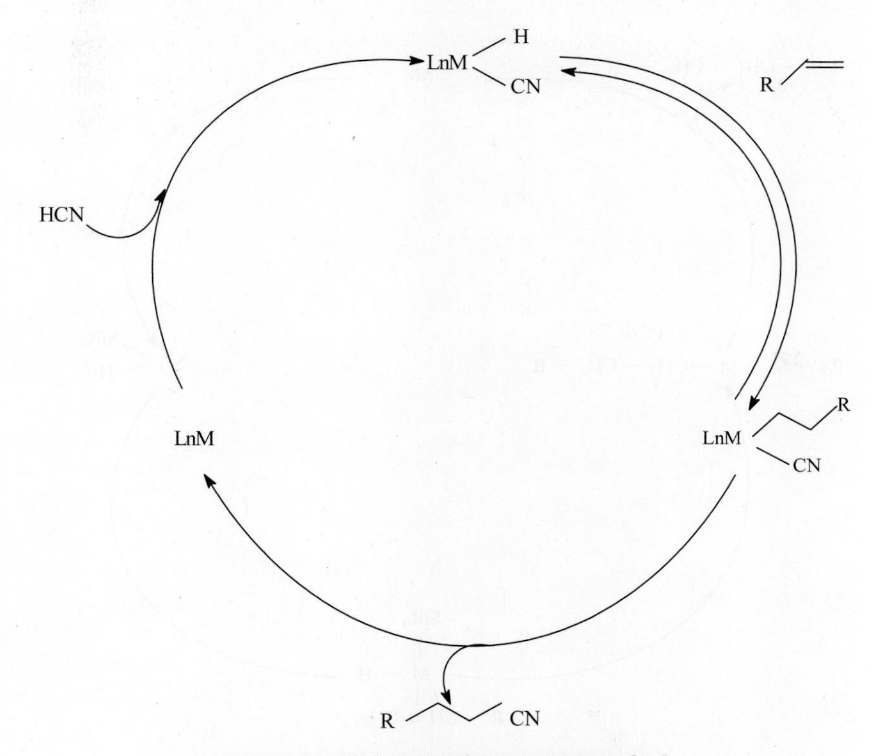

그림 8.20 알켄의 시안화수소화 반응기구[28]

알켄의 시안화수소화(hydrocyantion) 반응의 반응경로를 그림 8.20에 나타내었다. M−H 결합 사이로 알켄이 삽입되면 알킬-시안화합물이 생성되고 이것이 환원성 제거 반응을 일으켜 시안화알칸을 생성하고 빈자리를 가진 유기금속 촉매가 재생된다. 여기에 HCN이 산화성 첨가반응을 하면 촉매 사이클이 다시 시작된다. 촉매로는 0가의 니켈 화합물이 사용되며 부타디엔을 시안화수소화시켜 나일론의 원료인 아디포니트릴을 합성하는 공정이 Du Pont에 의하여 상업화되었다.

(5) 알켄의 수소화규소화

알켄의 이중결합에 Si−H 결합을 가진 실란을 첨가하는 반응을 수소화규소화(hydrosililation) 반응이라 한다(식 (8.59)).

$$R_3Si-H + R'-CH=CH_2 \rightarrow R'-CH_2-CH_2-SiR3 \quad (8.59)$$

반응의 메카니즘은 그림 8.21에 나타낸 바와 같이 수소화 반응과 비슷하다. Si−H 결합이 분해되어 실란이 금속에 산화성 첨가반응을 하고 이어서 알켄이 금속에 배위한 다

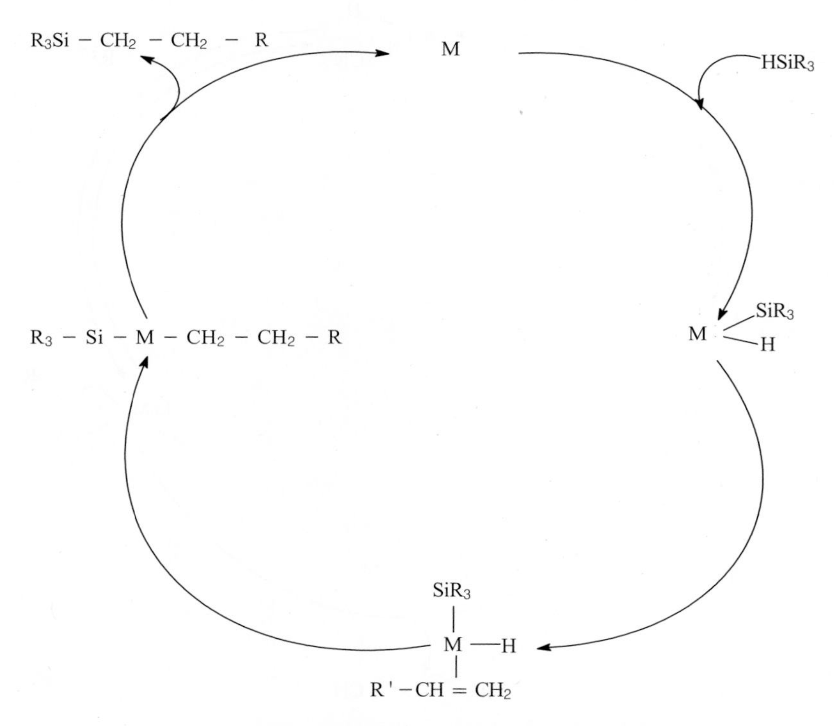

그림 8.21 알켄의 수소화규소화 반응기구[28]

음 M−H 결합 사이로 삽입하면 알킬-실릴 화합물이 생성되고 이것이 환원성 제거반응을 하면 실란이 첨가된 화합물이 생성된다. 이 경우에도 하이드로포밀화에서와 마찬가지로 선형과 가지 달린 화합물의 생성이 모두 가능하나 선형 화합물의 생성이 더 우세하다. 이 공정은 실리콘 고무의 원료인 실리콘 단량체를 생산하는 데 상업적으로 이용되고 있으며 촉매로는 H_2PtCl_6, $RhCl(PPh_3)_3$, $Co_2(CO)_8$, $Ni(cod)_2$, 그리고 $NiCl_2(PPh_3)_2$ 등이 사용된다.

4. 상업 공정

균일계 촉매를 이용한 반응 중 상업화된 공정은 하이드로포밀화, 카보닐화 반응, HCN의 첨가반응, 그리고 올레핀 중합반응 등이다. 최근에는 광학활성을 가진 키랄 화합물의 합성에 많이 이용된다. 균일계 촉매를 이용한 상업화 공정을 표 8.19에 나타내었다.

표 8.19 균일계 전이금속 촉매를 이용한 상업화 공정[29]

공정	반응	생성물	촉매
Wacker 공정	에틸렌의 산화반응	CH_3CHO	$PdCl_2/CuCl$
비닐 아세테이트 합성공정	에틸렌, 초산, 산소의 반응	$CH_3CO_2CH=CH_2$	$PdCl_2/CuCl_2$
옥소공정	알켄의 hydroformylation	$R-CH_2CH_2CHO$	$HCo(CO)_4$ 또는 $RhCl(CO)(PPh_3)_2$
메탄올의 카보닐화반응	메탄올과 CO의 반응	CH_3COOH	$RhCl(CO)(PPh_3)_2$
지글러-나타 중합반응	에틸렌이나 프로필렌의 중합	폴리에틸렌, 폴리프로필렌	$TiCl_3 + Al(C_2H5)_3$
메탈로센 촉매 중합	올레핀의 중합	폴리에틸렌, 폴리프로필렌	Cp_2ZrCl_2 + MAO

(1) 메탄올의 카보닐화 반응에 의한 초산의 합성공정

메탄올을 일산화탄소와 반응시키면 다음 식 (8.60)과 같이 초산이 생성된다.

$$CH_3OH + CO \rightarrow CH_3COOH \qquad (8.60)$$

메탄올은 합성가스(CO + H_2)로부터 만들어지고 합성가스는 석탄이나 천연가스로부터 합성할 수 있다. 촉매로는 Co나 Rh 화합물이 사용되고 있으며 HI가 조촉매로 사용된다. 코발트 촉매는 로듐 촉매에 비해 활성이 낮으므로 고온 고압의 반응 조건을 필요로 한다.

(2) Wacker 공정

Wacker 공정은 에틸렌을 산화시켜 아세트알데히드를 합성하는 반응으로, 1959년에 상업화되었다(8.61).

$$C_2H_4 + 1/2O_2 \rightarrow CH_3CHO \tag{8.61}$$

촉매로는 $PdCl_2$와 $CuCl_2$가 사용되며 이들은 용액에 용해된 상태로 존재한다. $PdCl_2$는 C_2H_4와 반응하여 0가의 Pd^0로 환원되고 동시에 에틸렌은 아세트알데히드로 산화된다. 0가의 Pd는 $CuCl_2$에 의해 다시 $PdCl_2$로 산화되고 CuCl이 생성된다. CuCl은 산소에 의해 $CuCl_2$로 산화된다. 이 과정을 반응식으로 표시하면 다음과 같다.

$$C_2H_4 + PdCl_2 + H_2O \rightarrow CH_3CHO + Pd^0 + 2HCl \tag{8.62}$$

$$2CuCl_2 + Pd^0 \rightarrow 2CuCl + PdCl_2 \tag{8.63}$$

$$2CuCl + 2HCl + 1/2O_2 \rightarrow 2CuCl_2 + H_2O \tag{8.64}$$

이 반응에서 촉매활성을 나타내는 것은 Pd이며 Cu는 Pd를 산화시켜 촉매 사이클을 가능하게 한다.

(3) 비닐아세테이트 합성

산소의 존재 하에 에틸렌을 초산과 반응시키면 비닐아세테이트와 물이 생성된다. 비닐아세테이트는 폴리(비닐아세테이트)의 원료로 사용된다.

$$H_2C{=}CH_2 + 1/2O_2 + CH_3COOH \rightarrow CH_3CO_2CH{=}CH_2 + H_2O \tag{8.65}$$

촉매로는 Wacker 공정과 같이 $PdCl_2$와 $CuCl_2$가 사용된다. H_2O가 생성되므로 Wacker 반응도 진행되어 아세트알데히드가 부산물로 생성된다.

(4) 옥소공정: 알켄의 하이드로포밀화

알켄을 H_2 및 CO와 반응시켜 알데히드를 생산하는 공정이 1938년 Roelen에 의해 개발되었고 이 공정을 옥소공정(Oxo process)이라고 부른다. 이때 선형 알데히드와 가지달린 알데히드의 생성이 모두 가능한데 선형 알데히드가 공업적으로 더 가치가 있다.

$$RCH{=}CH_2 + CO + H_2 \rightarrow RCH_2CH_2CHO + RCH(CHO)CH_3 \qquad (8.66)$$

공업적으로는 프로필렌의 하이드로포밀화가 매우 중요한데, 국내에서도 이 공정으로 생성된 알데히드를 수소화 반응시켜 알코올을 만들어 가소제의 원료로 사용하는 공장이 LG 화학에서 가동되고 있다. 촉매로는 $Co_2(CO)_{12}$나 $HCo(CO)_3PBu_3$ 같은 Co 화합물과 $Rh(CO)Cl\ (PPh_3)_2$ 같은 Rh 화합물이 사용되는데, 촉매의 활성과 선형 알데히드로의 선택도는 Rh 촉매가 훨씬 높아 낮은 압력과 온도에서도 운전이 가능하나 가격이 매우 비싸다.

(5) 키랄 화합물의 합성

광학적 활성을 가진 키랄 화합물의 합성에서 불균일계 촉매는 아직까지는 균일계 촉매만큼의 광학활성을 보여주지 못하므로 상업화 공정은 모두 균일계 키랄촉매를 사용하는 것이 특징이다. 이들 상업화 공정은 촉매의 광학적 활성 및 수율이 매우 높아 경제적으로 수행될 수 있다. 또한 현재에도 항생제, 농약, 식품첨가제, 향료 등 광학활성을 가진 화합물의 상업화를 위한 연구가 활발히 진행되고 있다. 현재까지 상업화된 키랄 화합물 합성공정을 표 8.20에 나타내었다.

1970년대에 L-dopa를 생산하는 Monsanto 공정이 상업화된 이후 1980년대에는 Ti, Cu, Rh 촉매에 의한 키랄 화합물 합성공정이 각각 ARCO, Sumitomo, 그리고 Takasago에 의해 개발되었고 현재에도 의약품, 식품첨가제, 향료, 살충제 등 광학활성을 가진 화합물의 상업화 연구가 활발히 진행되고 있다. 따라서 향후에는 인간이 만든 키랄 촉매에 의한 화합물의 합성이 화학산업의 큰 줄기를 형성할 것으로 기대된다.

표 8.20 균일계 촉매를 사용하여 상업화된 키랄 화합물의 합성공정

반응	촉매	생성물	용도
알켄의 수소화 반응	Rh(Ⅰ)	L-dopa 아스파탐	파킨슨씨병 치료제, 대용 설탕
케톤의 수소화 반응	Ru(Ⅱ)	카바페넴	항생제
알릴알콜의 에폭시화 반응	Ti(Ⅳ)	글리시돌 다스팔루어	의약품 중간체, 살충제
알릴아민의 이성질화 반응	Rh(Ⅰ)	(−)−멘톨 시트로넬롤	의약품, 향료

5. 이온성 액체 촉매

(1) 개요

이온성 액체는 양이온과 음이온으로 이루어진 염으로서, 극성이 강하고 실온에서 액체 상태인 물질이다. 여러 종류의 물질이 이온성 액체에 잘 녹고, 염이어서 열에 안정하며, 불에 타지 않고, 휘발성이 낮은 특이한 물질이다. 위에 언급한 특이 성질을 모두 충족하지 못하는 이온성 액체도 있으나, 이온으로 이루어진 극성 액체로서 끓는점이 높아서 보통 액체와 물리 화학적 성질이 크게 다르다[30,31].

1914년 월든(Walden)이 $[EtNH_3][N0_3]$라는 이온성 액체를 보고한 이래 이의 합성, 성질 조사, 응용이 다양하게 연구되었다. 최근에 이르러 이온성 액체를 촉매, 분리제, 센서, 연료전지, 축전지 등에 적용하면서 이에 대한 관심이 매우 높아졌다[32]. 촉매 측면에서 보면 이온성 액체는 용매이면서 산 촉매이고, 용매이면서 염기 촉매이다. 이런 점에서 이온성 액체를 균일계 촉매로 보아도 무방하다. 이뿐만 아니라, 이온성 액체는 액체이면서도 물질에 따라 용해도가 크게 달라 쉽게 분리할 수 있는 매우 독특한 촉매 재료이다. 이온성 액체를 고체 지지체에 담지하거나 고정하면 별도의 분리 조작 없이도 재사용이 가능하여 환경친화적 촉매로 분류한다. 적용 대상과 이온성 액체의 종류에 따라 차이가 있기는 하지만, 휘발성이 낮고 유기용매를 사용하지 않으므로 대기오염을 유발하는 유기 휘발성 물질이 발생되지 않는다.

이온성 액체를 만드는 양이온과 음이온은 그림 8.22에 보인 것처럼 매우 많고, 이들을 조합하여 이온성 액체를 만들기 때문에 그 종류가 무척 많다[33]. 이온성 액체는 극성이 강한 양이온과 음이온의 이온결합으로 이루어지므로, 끓는점이 높고, 휘발성이 낮다. 양이온에는 질소나 인이 들어 있고, 음이온에는 플루오린이 들어 있어 불에 타지 않는다. 이러한 조성과 구조 탓에 열과 화학 처리에 매우 안정하다. 이온으로 이루어진 물질이어서 전기전도도가 높으며, 밀도가 높고 점성이 강하다. 그러나 양이온과 음이온이 어떤 물질이냐에 따라 물리화학적 성질 차이가 상당히 크다.

이온성 액체는 구성요소인 양이온과 음이온에 따라 물리화학적 성질이 크게 달라 이온성 액체의 촉매로서 활용 폭이 매우 넓다. 양성자를 제공하는(protic) 이온성 액체는 산 촉매이면서 동시에 용매이다. 반대로 염기성 이온성 액체는 염기 촉매 겸 용매이다. 이 외에도 이온성 액체의 양이온과 음이온이 금속 등 활성물질의 리간드로 작용하여 이들을 안정화시킨다. 이런 이유로 이온성 액체를 금속 산화물 지지체에 담지하면, 반응

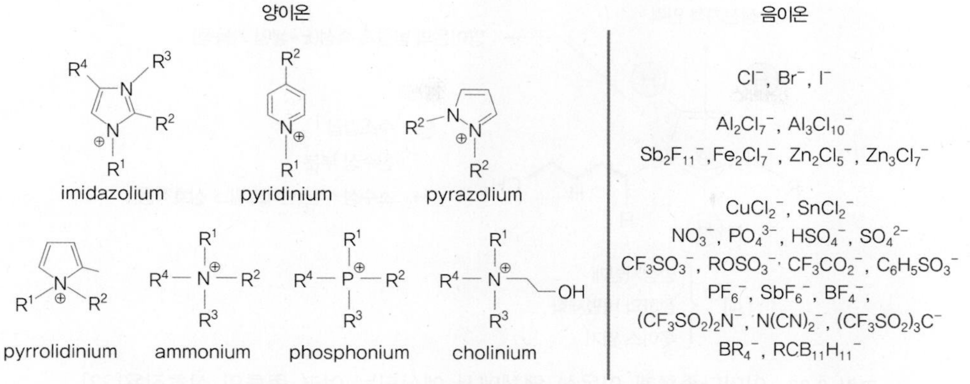

양이온

imidazolium pyridinium pyrazolium

pyrrolidinium ammonium phosphonium cholinium

음이온

Cl^-, Br^-, I^-

$Al_2Cl_7^-$, $Al_3Cl_{10}^-$

$Sb_2F_{11}^-$, $Fe_2Cl_7^-$, $Zn_2Cl_5^-$, $Zn_3Cl_7^-$

$CuCl_2^-$, $SnCl_2^-$

NO_3^-, PO_4^{3-}, HSO_4^-, SO_4^{2-}

$CF_3SO_3^-$, $ROSO_3^-$, $CF_3CO_2^-$, $C_6H_5SO_3^-$

PF_6^-, SbF_6^-, BF_4^-,

$(CF_3SO_2)_2N^-$, $N(CN)_2^-$, $(CF_3SO_2)_3C^-$

BR_4^-, $RCB_{11}H_{11}^-$

그림 8.22 이온성 액체의 양이온과 음이온[33]

도중에 생성된 중간체가 안정해진다. 나노 크기의 금속을 고정하고 금속 착화합물을 지지체에 담지하는 데에도 이온성 액체를 사용한다. 광학 이성질체의 합성 과정에서는 광학 선택성을 높이는 촉매이면서 동시에 용매로 작용한다. 이처럼 이온성 액체는 용매 겸 리간드, 용매 겸 촉매, 촉매 활성물질, 중간체의 안정화제로 그 운용 폭이 넓다.

이온성 액체의 성질을 여러 방법으로 조절하면 특정 촉매반응에 적절한 촉매를 설계할 수 있다. 양이온과 음이온의 조합을 바꾸는 방법 이외에도 구성요소의 고리, 치환된 물질 등을 바꾸면 이온성 액체의 성질이 크게 달라진다. 이미다졸륨계 이온성 액체의 성질을 조절하는 예를 그림 8.23에 보였다. 이미다졸륨 고리에 치환된 알킬기의 종류에 따라 방향족 고리의 성격과 이들의 π 고리 쌓임(π-stacking) 가능성이 달라진다. 이미다졸륨 고리의 수소 원자는 다른 물질과 수소결합을 만든다. 이미다졸륨 고리의 양전하는 음이온과 정전기적 인력의 세기를 결정한다. 치환되어 있는 알킬기의 탄소 사슬 길이와 구조에 따라 소수성과 다른 분자와 반데르발스 상호작용의 세기가 다르다. 음이온의 종류에 따라 수소결합의 세기뿐 아니라 전하의 분포 상태도 다르다. 음이온은 그 자체가 염기이므로 음이온이 염기 촉매로서 성능을 결정한다. 이미다졸륨 고리 만에서도 이처럼 가변적인 요소가 많으므로, 고리와 치환기가 바뀌면 물성이 크게 달라진다.

이온성 액체는 끓는점이 높아서 반응 조건에서 안정한 액체이므로 이온성 액체 그 자체가 액상 반응물과 직접 반응하는 균일계 촉매이다. 이온성 액체를 액체-액체 반응이나 기체-액체 반응에 균일계 촉매로 사용한다. 특정 용매에 녹아 있는 반응물과 이온성 액체의 반응에서 다른 액체상에 잘 녹는 물질이 생성된다면, 분리 조작이 필요 없는 촉매 반응계를 구성할 수 있다. 이온성 액체는 특정 용매에 계속 녹아 있으므로 반응물을

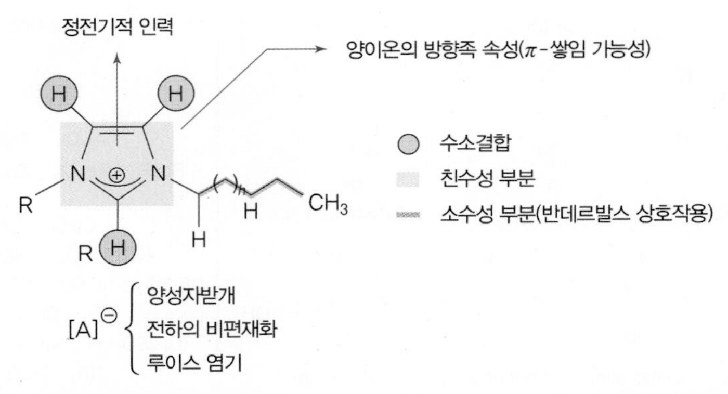

그림 8.23 이미다졸륨계 이온성 액체에서 예상되는 여러 종류의 상호작용[33]

가하면 반응이 계속되지만, 생성물은 다른 액체상에 농축된다. 생성물의 가역반응이나 평형 제한이 없어서 효과적이다.

이온성 액체를 고체 지지체에 담지하면 불균일계 촉매로 사용할 수 있다. 극성이 매우 강하기 때문에 극성이 있는 고체 표면에 매우 안정하게 담지된다. 이온성 액체의 양이온이나 음이온을 리간드로 활용하여 특정한 금속 착화합물 촉매를 고체 표면에 효과적으로 고정한다[34,35]. 증류하거나 용매를 바꾸어서 이온성 액체를 회수하고, 고체 지지체에 고정한 이온성 액체 촉매를 그대로 재사용하므로 촉매로서 효율성이 높다.

그러나 이온성 액체를 촉매로서 응용하는 데는 단점도 많다. 이온성 액체의 용해도 차이를 이용하여 생성물을 분리할 수 있다고 하지만, 이온성 액체의 추출과 분리가 그리 쉽지만은 않다. 특별한 반응계에서는 이온성 액체를 용매로 사용하여 촉매를 분리하지만 모든 경우에 적용되지는 않는다. 이온성 액체를 사용 후 폐기하려면 대량의 폐수가 발생하는 점도 감안하여야 한다. 이온성 액체의 독성이나 생분해성 등 폐기와 관련된 자료가 아직 충분하지 않아 폐기 비용을 산정하기 어렵다. 이온성 액체의 특정인 높은 점도로 인해 반응물의 확산이 느리다는 점도 반응기를 설계할 때 고려해야 한다. 아주 제한된 면적의 계면에서만 반응이 진행하므로 반응효율이 낮다. 이온성 액체의 촉매 기능을 극대화하기 위해서는 고순도의 이온성 액체가 필요하나, 이온성 액체의 특성 때문에 고순도 제품을 생산하기가 쉽지 않다. 불순물로 인해 점도와 용해도가 크게 달라지고, 이로 인해 촉매활성이 크게 달라진다. 이온성 액체에는 균일계 촉매, 촉매 겸 용매, 촉매 안정화제 등 다양한 장점이 있지만, 위에 언급한 한계를 극복하지 못하여 공업 촉매로서 응용 전망이 그리 밝지만은 않다[32].

(2) 이온성 액체의 촉매작용

이온성 액체는 화학 반응에 여러 형태로 참여한다. 이온성 액체의 구성요소인 양이온과 음이온은 극성물질이나 비극성 물질과 상호작용하므로 이들을 잘 둘러싸서 용매화(solvation) 된다. 상호작용으로 인해 이온성 액체와 접촉한 반응물의 에너지 상태가 달라져서 화학 반응의 경로와 속도가 달라지는 촉매작용이 나타난다. 일반적으로 이온성 액체는 밀도가 높고, 점성이 강하다. 따라서 이온성 액체에 녹아 있는 반응물과 생성물의 확산 속도는 보통 액체에 녹아 있을 때와 상당히 다르다. 반응물의 확산이 속도 결정 단계인 화학 반응에서 이온성 액체를 촉매나 용매로 사용하면 반응결과가 크게 달라진다.

이온성 액체에 대한 기체의 용해도는 물질에 따라 차이가 크다 이온성 액체를 용매로 사용하면 이에 잘 녹는 물질만 선택적으로 반응한다. 용해도가 반응 선택성에 영향을 주는 이런 현상은 두 개의 액체상으로 이루어진 반응계에서 흔히 나타난다. 위에 언급한 내용을 종합하면 이온성 액체는 화학 반응의 전이상태에 관여하는 촉매라기보다 용매로서 반응물에 영향을 미치는 물질로 보는 게 합리적이다. 그러나 이온성 액체에 의한 용매화, 반응물과 상호작용 전이상태에 미치는 영향, 점성의 영향 등을 정확히 파악하기 어려워서 이온성 액체를 첨가할 때 나타나는 효과를 일반적으로 촉매작용이라고 부른다.

(3) 촉매로서 이온성 액체의 활용

균일계 촉매는 분자 단위로 반응물과 반응하므로 활성과 선택성 측면에서 불균일계 촉매에 비해 아주 유리하지만, 반응 후 촉매를 분리하기 어려워서 재사용하지 못한다. 분자 단위로 작용하는 균일계 촉매를 바로 회수하여 다시 사용하면, 촉매 비용이 줄어들어 매우 유리하다. 플르오르화 용매와 초임계 유체를 이용하여 균일계 촉매를 회수하며, 두 개의 액상 반응계에서는 이온성 액체에 균일계 촉매를 농축시킨다. 분리와 회수 효과가 아주 우수하여 고체 지지체에 버금간다는 의미로 이온성 액체를 '액상 지지체(liquid support)'라고 부른다.

반응물이 이온성 액체에 일부 녹으나 생성물은 전혀 녹지 않으며, 반응물은 이온성 액체에 녹아 있는 촉매와 반응하여 생성물이 된다. 생성물은 이온성 액체가 녹지 않는 다른 액체로 이동한다. 생성물이 계속 다른 상으로 옮겨가서 제거되므로 평형에 의한 제한이 없다. 촉매가 녹아 있는 이온성 액체층에 반응물을 공급하면 촉매반응이 계속 일어난다. 반응물의 진행 정도와 무관하게 생성물의 추가반응이 근본적으로 억제되어, 생성물에 대한 선택성이 매우 높다. 원리는 매우 단순하고 효율이 높으나. 촉매와 용매의 상호작용뿐 아니라 액체 사이의 용해도, 층간의 분배계수, 점도가 높은 이온성 액체에서 물질전달 등 반응계의 효율을 결정하는 인자가 많아서 이온성 액체를 사용할 때 유의해야 한다. 때로는 열역학적 제한보다 속도론적 제한이 더 크게 작용하기도 한다.

(4) 이온성 액체를 촉매로 이용하는 공정

이온성 액체를 촉매로 사용하는 연구는 활발하나, 상용화 속도는 매우 느리다. 여러 특허에서 설명하고 있는 대로 이온성 액체를 촉매로 사용하면 반응이 빨라지고, 생성물의 수율이 높아지며, 촉매 회수가 용이하고 용매를 사용하지 않으므로 환경친화적이며, 에너지 사용량이 줄어드는 장점이 있다. 그러나 이온성 액체를 대규모로 생산하는 공정의 구축과 이온성 액체의 순도, 안정성, 독성, 재사용, 폐기, 가격에 대한 제한으로 인해 상용공정으로의 발전은 더디다.

에틸렌, 프로필렌, 부텐 등 저급 알켄을 이량화 하거나 중합하여 부가가치를 높이는 반응에서 이온성 액체를 용매 겸 니켈 촉매의 조촉매로 사용한다[36]. 이온성 액체를 촉매로 사용하여 가소제 원료인 이소노나놀(isononanol)을 제조하는 공정의 경제성이 높다. 종래에는 알킬알루미늄에서 합성한 니켈계 지글러형의 균일계 촉매([NiEt][EtA1Cl_3])를 사용하였으나, 이온성 액체를 사용하여 더 좋은 결과를 얻었다. [BMI][C1]/A1Cl_3/EtA1Cl_2/를 1/1.2/0.11 비율로 혼합하여 제조한 이온성 액체에 니켈을 고정한 촉매의 성능은 매우 우수하다. 생성물은 이온성 액체에 잘 녹지 않아서 쉽게 분리되므로 공정이 단순하다. 균일계 촉매를 사용하는 공정에 비해 이온성 액체를 사용하면 옥텐의 수율이 10% 이상 높아지며 니켈의 소모량이 적고, 생성물에서 이온성 액체가 검출되지 않는다. 2상계 반응기를 사용하면 작은 반응기에서도 많은 양의 옥텐을 생산할 수 있다. α-알켄을 중합하여 윤활유를 제조하는 반응, 방향족 화합물의 알킬화반응, 알켄을 이소부탄으로 알킬화하는 반응에서 이온성 액체의 상용촉매로서 가능성이 검토되고 있다.

금속 할로젠화물과 이미다졸을 반응시켜 제조된 금속을 함유한 이온성 액체촉매를 폴리스티렌에 고정화한 폴리스티렌에 담지된 금속을 함유한 이온성 액체 촉매는 프로필렌 옥사이드와 이산화탄소의 반응에서 프로필렌카보네이트를 전환율과 선택성이 모두 99% 이상으로 제조할 수 있다[37]. 반응 종료 후에는 촉매 분리 및 회수가 용이하여 재사용이 가능하다. 특히 이 반응에서 이산화탄소는 이온성 액체에 비교적 잘 녹아서 반응효율이 크다. 이산화탄소에는 사중극자 모멘트(quadrupole moment)가 있어서 분극이 되므로 이온성 액체와 친화력이 강해 잘 녹는다.

산 기능이 있는 이온성 액체에 녹은 셀룰로오스는 가수분해반응을 거쳐 당으로 분해된다. 리그닌과 셀룰로오스는 글루코오스와 크실로오스(xylose)로 분해된다. 단량체의 결합가 100에서 450 범위의 셀룰로오스가 [BMI][Cl] 등 이온성 액체에 녹으면 양성자에 의해 쉽게 가수분해된다. 용해된 상태에서 100℃ 정도의 낮은 온도에서 촉매를 조금만 사용하여도 반응이 진행된다[38]. 이온성 액체는 셀룰로오스의 분해반응 이외에 글루코오스를 5-하이드록시메틸퍼퓨랄(5-hydroxylmethylfurfural)로 전환하는 반응 등 바이오매스에서 제조한 물질을 유용한 최종 생성물로 전환하는 반응에 촉매활성이 높다.

08 전망

화학공업은 인간의 삶에 필수적인 물품을 제조하는 원천기술이어서 오늘날 빠르게 성장하는 자동차산업과 전자산업 등에 비해 상대적인 위축은 예상되지만, 산업 자체의 중요성은 오히려 커지고 있다. 이는 자동차의 연료와 소재 및 전자제품의 재료도 모두 화학공업에서 생산하기 때문이다.

촉매는 화학공업의 핵심기술이어서 화학공업과 함께 발전하지만, 최근에 이르러서는 화학공업 이외 분야에서도 촉매를 많이 사용한다. 지구환경의 정화와 보존에 촉매 기술이 크게 기여한다. 원유의 정제공정과 화학물질의 제조공정 못지 않게 환경 분야에서 촉매의 발전이 획기적이다. 에너지자원의 효율적인 사용을 위한 연소 촉매, 활성이 아주 우수하면서도 선택성이 높은 고기능 촉매, 부가가치가 큰 정밀화학 제품의 제조용 촉매 등으로 촉매의 영역이 넓어지고 있다. 이러한 흐름으로 촉매의 개발도 활발하다. 내용을 잘 모르면서도, 유용하고 중요한 물질이라고 촉매를 설명하던 수준에서, 이제는 촉매를 이론적으로 설계하는 단계까지 발전하였다. 화학제품의 효과적인 생산기술일 뿐 아니라 환경을 정화하는 핵심기술로서 자리 잡아가고 있는 촉매기술의 전망에 대해 다음과 같이 소개한다.

1. 화학공업원료와 수송용 연료 제조

현대사회를 지탱하는 여러 가지 화학물질과 수송용 연료인 가솔린과 디젤유의 대부분은 석유 자원으로부터 증류와 유분의 추가반응을 거쳐 생산한다. 그러나 이대로 석유 자원을 계속 사용하면 머지않아 고갈되리라는 점에 대부분의 전문가들이 공감한다.

이러한 비관적인 상황을 극복하기 위해 원유를 대체하는 탄소 자원의 개발과 이로부터 화학공업의 원료와 수송용 연료를 제조하려는 노력이 활발하다. 석탄에서 제조한 합성가스에서 만든 메탄올에서 석유화학공업의 핵심 원료인 저급 알켄을 제조하는 MTO 공정이 2009년부터 상업 운전되었다[39]. 석탄과 천연가스에서 합성가스를 만들고, 이로부터 정정 수송용 연료를 제조하는 피셔-트롭스 합성공정도 여러 곳에 건설되어 운전되고 있다[40]. 이러한 공정의 핵심은 원하는 생성물의 수율을 높이고 반응온도를 낮추어 운전비를 절감하는 촉매기술이다. MTO 공정에는 Ni-SAPO-34라는 수명이 길면서도 저급 알켄에 대한 선택성이 높은 촉매를 사용한다. 피셔-트롭스 합성공정에서는 루테늄이 주요 활성물질인 촉매를 사용한다. 이 외에도 귀금속을 마그네시아, 실리카, 지르코니아, 타이타니아 등 여러 지지체에 담지한 새로운 촉매의 개발이 시도되고 있다. 생성물의 탄소수 분포를 좁혀서 공정의 경제성을 높이기 위한 노력이 다각도로 진행되고 있다.

바이오매스의 전환 공정, 즉 사탕수수에서 바이오에탄올을 생산하고 유채의 지방을 바이오디젤로 전환시키는 공정은 이미 상업화되었다. 바이오디젤을 효율적으로 생산하기 위한 촉매개발은 전 세계적으로 활발하다. 균일계 염기 촉매 대신 고체산, 고체염기, 효소 촉매 등을 개발하여 분리 공정의 단순화와 촉매의 재사용을 도모한다. 그중에서도 다양한 형태로 천연에서 산출되는 저렴한 산화칼슘의 촉매로서의 이용이 다 각도로 검토되고 있다[41,42]. 바이오매스에서 수송용 연료의 생산은 원유 자원 고갈을 대비하는 효과적인 방안이지만, 식량 자원을 원료로 사용하므로 생산 규모의 확대에 제한이 있다.

이런 점을 감안하여 식량 자원이 아닌 셀룰로오스 등 목질계 바이오매스에서 화학공업의 원료와 수송용 연료를 생산하려고 노력하고 있다. 그러나 셀룰로오스는 쉽게 분해되지 않고 열을 가하면 수많은 물질로 분해되어 공업 원료로 쓰기 어렵다. 셀룰로오스를 순도나 규모 면에서 사용 가능한 공업 원료로 전환하기 위한 적절한 촉매의 개발과 셀룰로오스 분해 생성물을 유용한 화학물질로 전환하는 촉매 공정의 모색이 바이오매스 자원을 효과적으로 이용하는 지름길이다. 다양한 바이오매스에서 유용한 화학물질을 제조하는 공정을 원유의 정제공정에 비교하여 바이오리파이너리(biorefinery)라고 부를 정도로 체계화되었다. 셀룰로오스 외에도 폐식용유나 폐목재처럼 1차 사용한 바이오매스 자원의 활용에도 촉매 기술이 전망된다.

2. 환경오염 방지와 청정화학

인류의 증가와 기술문명의 발전은 지구의 에너지자원을 고갈시키고 동시에 환경오염을 초래하여, 환경보존이 심각한 사회문제로 부각되었다. 지구온난화, 대기와 토양의 오염, 물 부족과 오염, 폐기물의 축적 등 환경 위기 앞에서 환경오염 방지에 대한 관심이 높아졌다. 오염물질의 발생을 줄이고 오염물질을 제거하여 지구환경을 청정화하는 일이 시급하다. 자동차 배기가스의 정화용 촉매, 보일러와 질산 제조공정에서 발생되는 질소산화물의 선택적 환원공정용 촉매가 좋은 예이다. 환경보존을 위해 오토바이, 선박, 소각시설 등에서 배출되는 오염물질을 제거하는 촉매공정이 개발되고 있다. 휘발성 유기 화합물이나 악취의 제거공정 등에도 연소 촉매의 사용이 점차 보편화되고 있다.

오염물질의 제거와 달리 환경친화적인 공정의 개발을 위해 새로운 촉매개발이 시도되고 있다. 부산물을 줄이고 유해 물질의 생산을 억제하면서도 에너지 소요가 적은 친환경적 공정의 개발은 적절한 촉매의 개발과 직결되어 있다. 지구온난화 기체인 이산화탄소의 생산량을 줄이는 공정, 유기용매를 사용하지 않거나 사용량을 줄일 수 있는 공정의 촉매개발이 더욱 활발해지리라 생각한다. 앞으로의 화학공정은 환경을 오염시키지 않는 소위 '환경친화적 공정(environmentally friendly process)' 또는 '청정공정(clean process)'들이 되어야 하는데, 이를 위해서 기존의 재래식 공정을 환경친화적인 공정으로 전환하기 위한 촉매의 개발이 필연적으로 수반될 전망이다. 선택성이 100%에 근접하는 촉매의 개발이 청정화학(green chemistry) 공정의 핵심이다. 여러 단계를 거쳐 진행하는 복잡한 유기합성에서 촉매를 사용하여 반응 단계를 줄이고 부산물 발생을 억제하면서 선택성을 향상시켜 수율을 높일 수 있기 때문이다.

광촉매를 이용한 물의 분해효율이 급격히 향상되면서 수소경제의 이슈에 부응하여 수소 생산 수단으로서 광촉매의 중요성이 부각 되고 있다. 가시광선의 이용 한계가 넓어지고 분해효율이 높아지며, 촉매 수명이 길어진다면 광촉매를 이용한 물 분해는 에너지 생산뿐 아니라 저장 수단으로써도 가능성이 높다. 외딴 섬과 벽지에서 태양 빛으로 생산한 수소를 연료전지의 연료로 이용하므로 고가이고 규모가 큰 축전지를 사용하지 않고도 효과적인 전력 시스템의 구축이 가능하다. 나노 구조화된 광촉매를 사용하여 전자와 양전하 구멍의 재결합을 억제하여 광촉매반응의 효율을 높인 광촉매의 개발에 기대가 크다[43]. 표 8.21은 청정공정을 위한 적절한 촉매 시스템의 개발에 의해서 앞으로 해결되리라고 기대되는 기술적인 면에서의 도전 분야들을 제시하였다.

표 8.21 촉매기술 면에서의 도전 분야[44]

- 방향족과 휘발성 성분이 낮아진 반면, 완전연소 성분이 더 많이 함유된 수송용 연료제조용 촉매 기술
- 자동차용 연료로 메탄올을 사용가능하게 하는 촉매 시스템
- 경질유와 석탄의 탈황, 탈질 및 중유와 타르의 수소처리에 적용될 우수한 촉매 시스템
- 목표물질의 일단계 합성용 촉매: 에탄으로부터 아세트알데히드 합성
에탄으로부터 방향족화합물 합성
벤젠으로부터 페놀 합성
프로판으로부터 아크롤레인 합성
합성가스로부터 2-methylpropylene 합성
- 선형 알칸화합물을 가지형 알칸화합물로 이성질화시키는 보다 우수한 촉매 시스템
- 메탄과 같은 저급 알칸을 반응성을 지니는 물질로 변환시키는 방법
- 열역학적 장벽을 뛰어넘을 수 있는 새로운 형상선택성 촉매
- CO_2를 반응물로 사용할 수 있는 공정들의 개발
- 새로운 촉매 분리막의 개발
- 내구성과 성능이 향상된 연료전지용 촉매
- 메탄올을 에틸렌이나 프로필렌으로 상당량 전환시킬 수 있는 촉매
- 수소와 산소로부터 과산화수소를 안전하고 효율적으로 생산할 수 있는 시스템
- 고르게 분포된, 직경 40～100 Å의 기공을 가진 균일한 분자체 촉매
- 귀금속 촉매의 대체 촉매
- 인공효소 유사 촉매
- 가시광선 영역에서 높은 활성을 보이는 광촉매

3. 계산화학 적용과 고기능성 맞춤 촉매

촉매와 촉매작용에 대한 경험적이고 정성적인 설명이 점차 반응물과 촉매의 상호작용, 활성 중간의 구조와 안정성, 반응 단계별 활성화에너지의 계산 결과 등에 근거한 정량적인 설명으로 바뀌고 있다. 원소에 따른 촉매활성의 차이, 촉매 표면의 산·염기성이나 산화·환원성, 합금촉매에서 원자의 배열과 상호작용 등을 평가 인자로 설정하여 촉매작용을 체계적으로 이해하고 있다. 고체 촉매의 표면이 불균일하고 조사하기 어려워서 지금까지는 촉매반응의 결과에서 활성점에 흡착된 반응물의 상태와 에너지 변화를 유추하였지만, 이제는 계산화학의 수준이 높아져서 이론적인 고찰을 근거로 이들을 설명한다. 컴퓨터 계산 능력의 획기적인 발달로 순이론적인 방법으로도 고체 표면의 구조와 반응성을 평가하는 단계에 이르렀다. DFT 계산으로 효과적인 반응경로와 활성점의 구조를 유추하고 있다. 아직은 DFT를 이용한 활성점의 구조 탐색이나 설정한 빈응경로의 타당성 검토가 이론화학자의 연구 분야에 머물러 있지만, 빠른 시간 안에 촉매 연구자들

이 널리 사용하는 기본 도구로 발전하리라 전망한다.

촉매반응에 대한 연구가 반응 지체에 대한 열역학적 검토뿐 아니라 이론적인 방법으로 반응경로의 해석, 활성점의 구조 유추, 반응속도의 계산을 시도하는 시기가 그리 멀지 않았다. 이론적인 계산 방법이 발달하여도 실험적인 검증이 반드시 필요하겠지만, 계산화학이 무의미한 시행착오를 대폭 줄이고 연구효율을 높이는 데 크게 기여하리라 예상된다. 계산화학이 지금 추세대로 발전된다면, 반응물의 흡착, 표면 반응, 생성물의 탈착 과정에 대한 이론적 해석이 촉매 연구의 기본 항목이 될 것이다. 촉매와 촉매작용을 이론적 계산화학으로 해석함과 동시, 아주 규칙적이고 균일하게 촉매를 제조하는 기술이 같이 발전할 것이다. 촉매 제조 기술의 발달로 활성점의 물리적·화학적 성질이 균일한 촉매 제조가 가능해지면 촉매의 이론적 이해 수준이 크게 높아질 것이다[45]. 나노기술의 발달로 금속과 금속 합금의 크기, 질량, 표면과 상호작용 등을 세밀하게 제어하여 단일구조의 활성점만 있는 촉매를 만들게 될 것이다.

반응 도중 반응물이 촉매에 흡착되고 표면에서 반응하는 과정이 어느 활성점에서나 모두 같아지면 선택성이 완벽한 촉매를 개발할 수 있다[46]. 목적에 맞게 촉매의 기능이 극대화된 촉매 제조 기술이 발달하리라 예상한다. 귀금속의 사용량은 적으면서도 촉매 활성이 높은 나노틀(nanoframe) 촉매의 개발도 보고되었다[47]. 나노 기술을 이용한 텐덤(tandem) 촉매의 제조, 촉매 활성물질의 분포 상태 조작 등이 촉매작용에 대한 이해를 증진하는 수준에 머물지 않고, 촉매 지식의 체계화를 거쳐 새로운 촉매의 설계와 개발로 이어지리라 전망된다.

촉매의 형태도 다양화되고 있다. 자외선을 쪼여서 이중결합이 있는 유기물을 폴리아마이드인 나일론 섬유에 고정하는 방법으로 다양한 형태의 섬유에 루이스 염기, 브뢴스테드 산, 산/염기 키랄 촉매 활성물질을 고정하여 유기합성 촉매로 활용한다[48]. 섬유의 지름과 꼬는 방법을 조절하여 표면적이 넓으면서도 물질 전달의 제한이 적은 촉매를 만들 수 있다.

가격이 비싸고 생산량이 적은 귀금속을 활성물질로 사용하는 반응이 많다는 점이 촉매 분야의 큰 제한이다. 백금을 활성물질로 사용하는 연료전지를 자동차에 적용하는 경우 백금의 안정적이고 저렴한 공급 가능성이 항상 문제로 제기된다. 귀금속 대신 매장량이 많은 철, 코발트, 니켈, 구리, 망간을 활성물질로 대체하려는 시도가 꾸준히 계속되고 있다. 일반 금속으로 귀금속의 대체는 촉매 시장이 커감에 따라 더욱 중요한 과제로 대두될 것이다.

제올라이트, 다중 기공 물질, MOF 등 구조가 명확하고 활성점의 구조와 농도를 조절하기 쉬운 물질에 기반을 둔 촉매, 즉 활성과 선택성이 높은 촉매의 개발이 많아지리라 기대한다. 활성점의 구조와 기능에 대한 이론적인 계산과 더불어 주변의 화학적 성질을 조절하기 쉬워 특정 촉매반응에 적절한 맞춤형 촉매를 만들 수 있기 때문이다. 특히 2000년대 들어서 합성된 MOF는 중심 금속이 균일계 촉매의 활성 중심의 역할을 수행하고, 유기 이음끈이 리간드 역할을 담당하는 고체 균일계 촉매로 발전할 가능성이 많다. 기공 입구가 크고 표면적이 넓으며 구조가 다양하고, 키랄성 이음끈을 사용하여 광학 이성질체의 선택적 합성이 가능하므로 효과적인 촉매 재료가 되리라 전망한다. 이는 단단한 고체 골격에 유연한 활성점 구조를 도입하는 이상적인 촉매가 될 수 있다[49].

촉매의 사용 후 재사용과 폐기에 대한 관심이 고조되고 있다. 특히 자동차용 배기가스 정화 촉매에 함유되어 있는 백금 등 유용한 물질을 회수하여 재사용하는 사업은 정착 단계에 들어섰으며 사용한 촉매를 재처리하여 다시 촉매로 사용하려는 시도가 활발하다. 규모가 크고 촉매 사용량이 많은 HDS와 SCR 공정의 활성 저하된 촉매를 완전히 녹여 유용한 물질만 회수하는 대신, 적절한 처리를 거쳐 다시 제조(remanufaduring)하는 기술이 개발되고 있다. 경제적인 이득 외에도 환경적인 기대효과가 커서 이제 촉매를 제조하는 단계에서부터 자원 재순환과 효과적인 이용이 가능하도록 다시 제조하거나 재순환하는 점을 고려해야 한다[50]. 사용한 촉매의 가치 제고 방안이 촉매 분야의 새로운 영역으로 자리매김하리라 전망한다.

연습문제

01 촉매활성에 대해 설명하시오.

02 절연체에서의 촉매작용을 설명하시오.

03 금속의 자유전자 모델을 이용하여 일함수를 에너지준위로 묘사하시오.

04 기공이 있는 불균일계 촉매상에서의 반응단계를 간략하게 열거하시오.

05 촉매 비활성화의 원인에 대해서 간략하게 기술하시오.

06 물리흡착과 화학흡착의 차이점에 대해서 기술하시오.

07 산촉매와 금속 담지촉매에 있어서 특성화(characterization)되어야 할 대상과 그 방법에 대해 각각 논하시오.

08 부분산화반응과 촉매의 예를 들고, 이 반응의 일반적 성질과 redox mechanism에 대해 설명하시오.

09 환경과 관련된 촉매기술을 열거하고 그중 하나에 대해 설명하시오.

10 촉매열화현상을 원인별로 나열하고 각각에 대해 설명하시오.

11 Active component를 지지체에 담지하는 방법을 나열하고 설명하시오.

12 흡착은 자발적으로 일어나는 현상이다. 이 흡착이 발열반응임을 증명하시오.

13 제올라이트 촉매의 형상선택성에 대해 설명하시오.

14 불균일계 촉매와 비교하여 균일계 촉매의 장점과 단점은 무엇인가 비교 설명하시오.

15 알켄의 수소화 반응기구를 참고로 하여 케톤의 수소화 반응기구를 제시하시오.

16 공업적으로 중요한 균일계 촉매공정을 4가지 이상 제시하고 사용되는 촉매와 반응식을 쓰시오.

17 HI 분해반응($2HI \rightarrow H_2 + I_2$)의 활성화에너지는 무촉매반응의 경우 184 kJ/mole이고 Pt 촉매를 사용한 경우에는 59 kJ/mole이다. Preexponential factor (A)가 동일하다고 가정하고 500 K와 1000 K에서 촉매반응과 무촉매반응의 속도비를 구하시오.

18 촉매상에서 어떤 물질의 탈착반응상수가, 200℃와 300℃의 반응온도에서 각각, $k_d = 7.85 \times 10^{-3}\ \mathrm{L \cdot mol^{-1} \cdot s^{-1}}$와 $k_d' = 5.72 \times 10^{-2}\ \mathrm{L \cdot mol^{-1} \cdot s^{-1}}$이다. 이 탈착

반응의 활성화에너지를 구하시오.

19 균일계 액상촉매반응 A → B를 조사한 결과, 반응은 2차반응이고, 속도상수 $k = 9.70 \times 10^{-3}$ L · mol^{-1} · s^{-1}이었다. A의 농도가 0.35 mol · L^{-1}에서 0.11 mol · L^{-1}로 줄어드는 데 걸리는 시간을 구하시오.

20 아래 표의 데이터는, TiO_2 광촉매의 표면적을 측정하기 위해서 질소를 77 K에서 흡착시켜 얻은, 압력에 따른 흡착량이다. BET 등온흡착식을 이용해서, TiO_2 광촉매의 표면적을 산출하시오. 단, 77 K에서의 질소의 포화압력 p_o는 570 torr이고, 흡착 질소 분자 1개의 유효면적은 0.16 nm^{2}이다.

p/torr	14.1	45.9	87.6	127.8	164.7	204.8
V/mm^3	725	825	938	1,049	1,144	1,259

21 Auger 전자의 운동에너지는 원리상 전이 전후의 에너지 차이에 의해서 결정되며, 실험적으로는 원자번호 Z인 원소의 경우에 아래 식으로 표현될 수 있다.

$$E^{Z}_{\alpha\beta\gamma} = E^{Z}_{\alpha} - E^{Z}_{\beta} - E^{Z}_{\gamma} - \frac{1}{2}[E^{Z+1}_{\gamma} - E^{Z}_{\gamma} + E^{Z+1}_{\beta} - E^{Z}_{\beta}]$$

Ni 촉매를 AES를 이용해 분석할 때, Ni의 KL_1L_3 전이가 일어날 때의 Auger 전자의 운동에너지를 구하시오. ($E^{Ni}_{K} = 8.333$ keV, $E^{Ni}_{L_1} = 1.008$ keV, $E^{Ni}_{L_3} = 0.855$ keV, $E^{Cu}_{L_3} = 0.931$ keV, $E^{Cu}_{L_1} = 1.096$ keV)

참고문헌

1. C. N. Satterfield, "Heterogeneous Catalysis in Practice", McGraw-Hill, New York (1980).
2. F. H. Ribeiro and G. A. Somorjai, "Heterogeneous Catalysis by Metals", Encyclopedia of Inorganic Chemistry, John Wiley & Sons (1994).
3. G. Etrl, H. Knozinger, and J. Weitkamp (eds.), "Handbook of Heterogeneous catalysis", Vol. 1, VCH, Weinheim (1997).
4. G. C. Bond, "Heterogeneous Catalysis: Principles and Applications", 2nd ed. Clarendon, Oxford (1987).
5. 서곤, 김건중, "촉매: 기본개념, 구조, 기능" 청문각, (2014).
6. R. K. Oberlande, "Aluminas for Catalysts-Their Preparation and Properties", Applied Industrial Catalysis, Vol. 3, B. E. Leach Ed. Academic Press, New York (1984), p.63.
7. H. S. Fogler, "Elements of Chemical Reaction Engineering", Prentice-Hall Inter-national, Inc, NJ

(1992).
8. J. T. Richardson, "Principles of Catalyst Development", Plenum Press, New York (1989).
9. 田部, 服部, 山口, "化學總說 34, 觸媒設計", 日本化學會編, 學會出版センター (1982).
10. K. Tanabe, M. Misono, Y. Ono, and H. Hattori, "New Solid Acids and Bases", Kodansha, Tokyo (1989) p.78.
11. J. B. Peri "Infrared and gravimetric study of the surface hydration of γ-alumina", J. Phys. Chem., 69, 211-219 (1966).
12. K. Tanabe, M. Misono, Y. Ono, and H. Hattori, p.78 "New Solid Acids and Bases", Kodansha, Tokyo (1989), p.124.
13. R. K. Iler, "The Chemistry of Silica", John Wiley & Sons, New York (1979).
14. M. E. Winyall, "Silica Gels: Preparation and Properties", Applied Industrial Catalysis, Vol. 3 B. E. Leach Ed., Academic Press, New York (1984) p.43.
15. A. J. Léonard, P. Ratnasamy, F. D. Declerck, and J. J. Fripiat, "Structure and properties of amorphous silico-aluminas", Discuss. Farad. Soc., 52, 98-108 (1971).
16. R. L. Burwell Jr., G. L. Haller, K. C. Taylor and J. F. Read, "Chemisorptive and catalytic behavior of chromia", Adv. Catal., 20, 1-96 (1969).
17. R. L. Burwell Jr., K. C. Taylor and G. L. Haller, "The texture of chromium oxide catalysts", J. Phys Chem., 71, 4580-4581 (1967).
18. E. Marceau, X. Carrier and M. Che, "Impregnation and Drying" Synthesis of Solid Catalysts, K. P. de Jong Ed., Wiley-VCH, Weinheim (2009), pp.59-82.
19. G. C. Bond, "Heterogeneous Catalysis: Principles and Applications" 2nd ed., Clarendon Press, Oxford, (1987), p.79.
20. K. P. de Jong, "Deposition and Precipitation", Synthesis of Solid Catalysts, K. P. de Jong Ed., Wiley-VCH, Weinheim (2009) pp.111-134.
21. 전학제, "촉매개론", 한림원, (1992).
22. D. A. Skoog, "Principles of Instrumental Analysis", Saunders College Publishing, Philadelphia (1985).
23. L. C. Feldman, J. W. Mayer, "Fundamentals of Surface and Thin Film Analysis", Elsevier Science Publishing Co., Inc., New York (1986).
24. 御園生 誠, 齊藤 泰和, "觸媒化學", 丸善 (1999).
25. "觸媒講座9, 工業觸媒化學II", 觸媒學會編, 講談社 (1985).
26. "環境觸媒", 日本表面化學會編, 共立出版 (1997).
27. J. P. Collman, L. S. Hegedus, J. R. Norton, and R. G. Finke, "Principles and Applications of Organotransition Metal Chemistry", University Science Books, Mill Valley, CA (1987).
28. R. H. Crabtree, "The Organometallic Chemistry of the Transition Metals", John Wiley & Sons, New York (1988).
29. B. C. Gates, J. R. Katzer, and G. C. A. Schumit, "Chemistry of Catalytic Processes", McGraw-Hill Book Company, New York (1979).
30. D. MacFarlane, M. Kar, J. M. Pringle, "Fundamentals of ionic liquids: from chemistry to

applications", Weinheim, Germany: Wiley-VCH. (2017).

31. H. -J. Lee, J. -S. Lee and H. -S. Kim, "Applications of ionic liquids: The state of arts", Appl. Chem. Eng., 21, 129-136 (2010).
32. Y. Gu and G. Li, "Ionic liquid-based catalysis with solids: State of the art", Adv. Synth. Catal., 351, 817-847 (2009).
33. H. Olivier-Bourbigou, L. Magna and D. Morvan, "Ionic liquids and catalysis: Recent progress from knowledge to applications", Appl. Catal. A: Gen, 373, 1-56 (2010).
34. D. -W. Kim, R. Roshan, J. Tharun, A. Cherian, and D. -W. Park, "Catalytic applications of immobilized ionic liquids for synthesis of cyclic carbonates from carbon dioxide and epoxides" Korean J. Chem. Eng., 30, 1973-1984 (2013).
35. L. Han, H. -J. Choi, S. -J. Choi, B. Liu, and D. -W. Park, "Ionic liquids containing carboxyl acid moieties grafted onto silica: Synthesis and application as heterogeneous catalysts for cycloaddition reaction of epoxide and carbon dioxide", Green Chem. 13, 1023-1028 (2011).
36. D. Das, J. -F. Lee, and S. Cheng, "Sulfonic acid functionalized mesoporous MCM -41 silica as a convenient catalyst for bisphenol-A synthesis", Chem. Commun., 763-764 (2001).
37. D. Kim, H. Ji, M. Y. Hur, W. Lee, T. S. Kim, and D. -H. Cho, "Polymer-supported Zn-containing imidazolium salt ionic liquids as sustainable catalysts for the cycloaddition of CO_2: A kinetic study and response surface methodology" ACS Sustainable Chem. Eng. 6, 14743-14750 (2018).
38. C. Li and Z. K. Zhao, "Efficient acid-catalyzed hydrolysis of cellulose in ionic liquid", Adv. Synth. Catal., 349, 1847-1850 (2007).
39. T. Muro, "MTO process", Industrial Catalyst News 42, (2012).
40. T. Muro, "FT synthesis catalysts", Industrial Catalyst News 40, (2012).
41. R. Jothiramalingam and M. K. Wang, "Review of recent developments in solid acid, base, and enzyme catalysts(heterogeneous) for biodiesel production via transesterification", Ind. Eng. Chem. Res., 48, 6162-6172 (2009).
42. I. M. Atadashi M. K. Aroua, A. R. Abdul Aziz, and N. M. N. Sulaiman, "The effects of catalysts in biodiesel production: A review", Ind. Eng. Chem., 19, 14-26 (2013).
43. K. Domen, "Photocatalysts: Nanostructured Photocatalytic Materials for Solar Energy Conversion", Selective Nanocatalysts and Nanoscience, A. Zecchina, S. Bordiga, and E. Groppo Ed., Wiley-VCH, Weinheim (2011) p.169.
44. J. M. Thomas, W. J. Thomas, "Heterogeneous Catalysis", VCH, Weinheim (1997).
45. A. Zecchina, S. Bordiga, and E. Groppo, "The Structure and Reactivity of Single and Multiple Sites on Heterogeneous and Homogeneous Catalysts: Analogies Differences and Challenges for Characterization Methods", Selective Nanocatalysts and Nanoscience, A. Zecchina, S. Bordiga, and E, Groppo Ed,. Wiley-VCH, Weinheim (2011), p.1.
46. J. M. Thomas, "Design and Applications of Single-Site Heterogeneous Catalysts", Imperial College Press, London (2012).
47. C. Chen et al., "Highly crystalline multimetallic nanoframes with three-dimensional electrocatalytic surfaces", Science, 343, 1339-1343 (2014).

48. J. -W. Lee, M. -G. Thomas, K. Opwis, C. E. Song, J. S. Gutmann, and B. List, "Organotextile catalysis", Science, 341, 1225-1229 (2013).
49. C. -D. Wu, "Crystal Engineering of Melt-Organic Frameworks for Heterogeneous Catalysis", Selective Nanocatalysts and Nanoscience, A. Zecchina, S. Bordiga and E. Groppo Ed., Wiley-VCH, Weinheim (2011), p.271.
50. 박해경, 전민기, 고형림, "사용 후 화학 촉매 재제조 기술 및 시장현황", 공업화학 전망 15, 14-25 (2012).

현택환 (서울대학교 화학생물공학부)
남기석 (전북대학교 화학공학과)

CHAPTER 9

무기정밀 화학공업

본 장에서는 여러 무기공업화학에서 중요한 재료들을 살펴보고자 한다. 다공성물질인 제올라이트와 **활성탄** 부분, **실리콘** 관련 소재, **형광체** 등 크게 세 부분으로 나누어서 살펴보고자 한다.

01 제올라이트

1. 제올라이트란 무엇인가

지난 2백여 년간 제올라이트는 양이온 교환수지, 센물을 단물로 바꾸기, 다른 크기의 분자를 분리하는 **분자체**(molecular sieves), 건조제 등 여러 분야에 응용되어 왔다. 그런데 최근에는 무엇보다 석유화학공업을 비롯한 촉매분야에 아주 광범위하게 응용되고 있다. 지금까지 대략 40가지의 자연산과 130여 가지의 인공 **제올라이트**(zeolites)가 알려져 있다. 이 제올라이트가 중요하게 응용되는 이유는 분자크기의 4~10 Å 크기의 균일한 세공을 가지고 있기 때문에 1Å 이내의 정확도를 가지고 분자들을 분리 · 조작할 수 있기 때문이다.

제올라이트는 처음 스위스의 광물학자인 Baron Axel Cronstedt에 의해 1756년에 처음으로 발견되었다. 그들은 결정성 aluminosilicate로서 아주 규칙적인 **세공**(pore)과 **채널**(channel)을 가지고 있으며 아주 튼튼한 음이온 뼈대구조를 가지고 있다.

2. 구조와 조성

일반적인 제올라이트의 조성은 $Mx/n[(AlO_2)x(SiO_2)y]mH_2O$와 같다. 여기서 n가의 양이온이 aluminosilicate 골격에 있는 음저하를 중성화하는 역할을 한다. 제올라이트의 가장 기본적인 구조단위는 $[SiO_4]_4^-$와 $[AlO_4]_5^-$ 사면체들이다. 이 사면체들이 그림 9.1(a)와 같이 산소원자를 공유하며 서로 연결되어 있다. 상대적으로 실리콘이 알루미늄에 비하여 훨씬 골격에 많이 존재하게 되고 Al(III)이온이 Si(IV)를 치환하게 됨으로써 여분의 음이온이 생기게 되고 이것을 중성화하기 위해 위에서 언급한 **골격 밖**(extraframework)에 있는 양이온이 필요하다. 그런데 나중에 살펴보겠지만 이 양이온이 존재하기 때문에 이온교환이나 여러 중요한 촉매물질이 제올라이트 세공 안에 들어갈

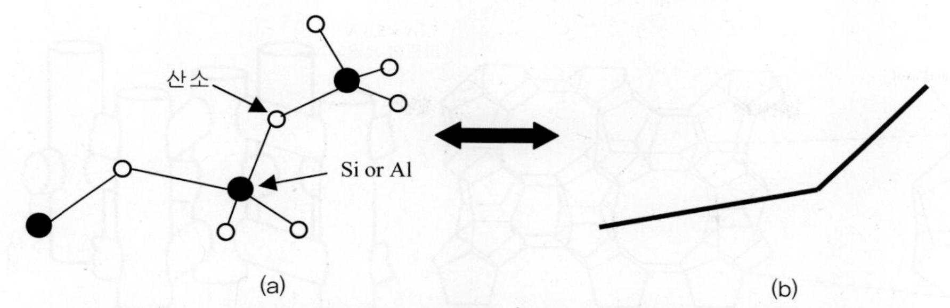

그림 9.1 (a) 제올라이트의 building block, (b) 간단하게 나타낸 구조

수 있게 된다.

대표적인 몇 가지 제올라이트의 구조를 살펴보고자 한다. 일반적으로 제올라이트의 구조를 그릴 때 그림 9.1(b)와 같이 간단하게 Si－O－Si (또는 Al)결합을 직선으로 표시한다. 많은 제올라이트들은 2차적인 빌딩블록을 가지고 있다. 제올라이트 A, X, Y 등은 sodalite 구조를 근간으로 하고 있다. 이 sodalite는 그림 9.2에서 보듯이 꼭짓점이 잘려나간 정팔면체 형태를 하고 있는 24개의 실리카(또는 알루미나) 사면체가 서로 연결된 구조를 하고 있다. 제올라이트 A는 그림 9.2(a)에서 보듯이 sodalite 8개가 단순한 정육면체형태로 모여 있는 구조를 가지고 있다. 여기서 중요한 것들이 바로 정팔각형으로 보이는 4.1 Å의 균일한 세공이다. 이 sodalite 이차 빌딩블록을 가진 제올라이트는 제올라이트 X, Y, 그리고 이들과 똑같은 구조를 가진 자연산 faujasite이다. 이 제올라이트들에서는 sodalite가 정사면체 형태로 삼차원적으로 서로 연결되어 있다. 이 경우에 생긴 세공은 약 7.4 Å (지름)의 크기를 가지고 있고 그 세공 안은 훨씬 큰 11.8 Å (지름)의 구형으로 되어 있다.

다음으로는 pentasil 이차 빌딩블록을 가진 제올라이트들로서 ZSM－5와 Modenite를

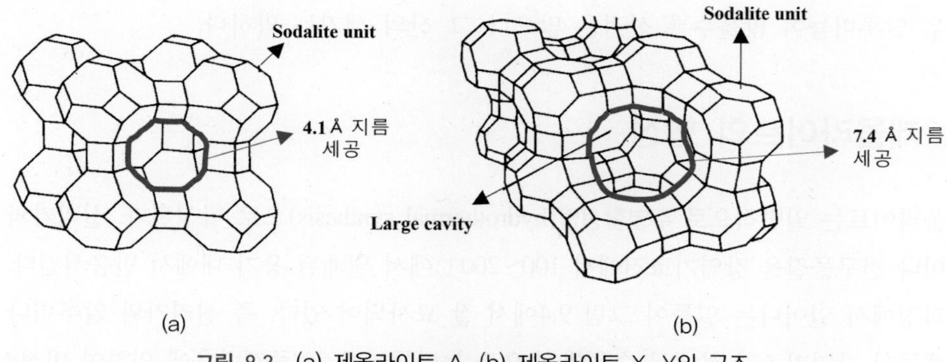

그림 9.2 (a) 제올라이트 A, (b) 제올라이트 X, Y의 구조

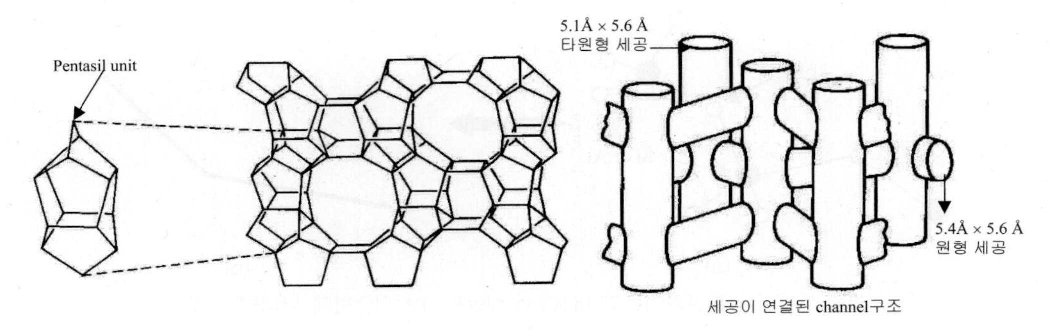

그림 9.3 ZSM-5 제올라이트의 구조

들 수 있다. ZSM−5는 그림 9.3에서 보듯이 5.1×5.6 Å 원통형의 세공과 5.4×5.6 Å 크기의 지그재그 형태의 세공이 서로 교차해 있는 세공구조를 가지고 있다. Modenite는 한 방향으로 난 세공구조를 가지고 있고, 12각형의 세공과 팔각형의 세공이 공존한다.

제올라이트의 물리적, 화학적인 성질은 골격에 있는 Si/Al의 비에 의해 결정된다. 일반적으로 실리카의 상대적인 양이 많을수록 구조가 견고하다. 고온 비균일 촉매반응에 응용할 때에는 이 열적 안정성이 아주 중요하다.

제올라이트가 중요하게 응용되는 특성 중의 하나가 바로 골격밖에 존재하는 양이온 때문이다. 일반적으로 Na^+이온이 가장 흔한 양이온이다. 이 양이온이 다른 양이온으로 치환될 수 있다. 특히 촉매에서 중요한 양이온은 H^+이온으로 치환되어 **고체산촉매**로 응용되는 경우이다.

그 예로 모빌화학에서 개발한 HZSM−5는 메탄올에서 가솔린을 얻는 **MTG공정**(methanol to gasoline)에 응용되고 있다. 또한 이 양이온이 백금족 이온들로 치환된 후 소성과 환원과정을 거쳐 아주 활성이 좋은 백금족 촉매가 형성되게 된다. 이 뼈대 밖의 양이온의 양은 뼈대에 있는 알루미늄의 양과 비례한다. H^+이온으로 치환된 고체산의 경우 알루미늄이 많을수록 산점은 많으나 그 산의 세기는 약하다.

3. 제올라이트의 합성

제올라이트는 일반적으로 **수열합성법**(hydrothermal synthesis)으로 합성된다. 실리카와 알루미나 전구물질을 강염기조건에서 100~200℃에서 밀폐된 용기 내에서 반응시킨다. 합성과정에서 일어나는 일들이 그림 9.4에서 잘 묘사되어 있다. 즉 실리카와 알루미나 전구체들이 강염기조건 하에서 수용액 속으로 녹아들어간 후 졸겔반응에 의하여 비정질의

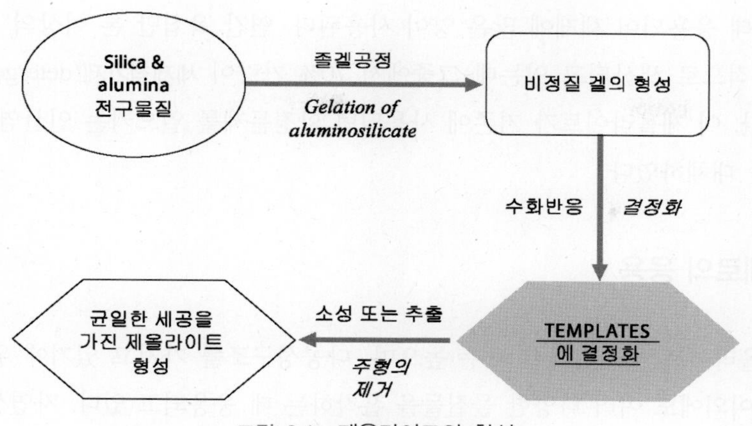

그림 9.4 제올라이트의 합성

알루미노실리케이트 겔이 형성되고, 이 겔이 주형의 주위에서 수열반응조건에서 결정화된다. 주형은 소성이나 추출 등의 방법으로 제거되고 결정성 제올라이트가 얻어진다. 제올라이트를 디자인하여 합성하려는 많은 시도들이 되어 왔다. 그 과정에서 특히 주형의 역할이 아주 중요하다고 하겠다. 제올라이트 A의 합성과정에서는 수화된 Na^+이온이 주형으로 이용되었고, 나중에는 주로 알킬 암모늄이 주형으로 광범위하게 응용되었다.

4. 제올라이트의 응용

(1) 건조제로의 응용

제올라이트의 일반적으로 골격 밖에 있는 양이온에 붙어 있는 수화물형태로 많은 양의 물을 포함하고 있다. 그런데 진공 하에서 가열하면 이 물이 빠져나가 건조된 상태로 된다. 이 건조상태의 제올라이트는 아주 좋은 건조제로 응용될 수 있다. 가장 쉬운 예가 실험실에서 자주 사용하는 용매를 장시간 보관하는 경우 제올라이트 A를 건조제로 사용한다.

(2) 이온교환에 응용

제올라이트의 골격밖에 있는 양이온은 용액에 있는 다른 양이온들과 교환이 가능하다. Na^+이온을 가진 제올라이트 A가 물속에 있는 Ca^{2+}이온을 이온 교환하여 센물을 단물로 바꾸는 데 응용되어 세제에 많은 양이 사용된다. 연간 육십만 톤 이상의 제올라이트가 전 세계적으로 생산되고 있는데 그중에서 70% 가량이 세제첨가제(detergent builder)로 사용된다. 이 제올라이트가 기존에 사용되던 환경문제를 일으키는 인산염 계통의 세제첨가제를 대체하였다.

(3) 흡착제로의 응용

탈수된 제올라이트는 표면적이 아주 높으며, 다공성구조를 가지고 있기에 위에서 언급한 건조제 이외에도 여러 다양한 물질들을 흡착하는 데 응용되고 있다. 자연산 제올라이트인 chabazite는 공장의 굴뚝에서 나오는 유해가스인 이산화황을 제거하는 데 광범위하게 응용된다. 제올라이트는 또 균일한 세공크기를 가지고 있기에 두 가지 다른 형태의 화합물이 섞여 있을 경우 선택적으로 분리할 수 있다. 예를 들면, 파라핀계의 탄소화물에서 직선형과 가지가 있는 형태의 두 가지 화합물이 섞여 있는 경우 제올라이트 A를 사용하면 선택적으로 직선형의 탄소화물을 분리할 수 있다. 영하 196℃에서 Ca^{2+}형의 제올라이트 A는 공기 중에서 선택적으로 산소를 흡착하며, 질소를 배제할 수 있다.

(4) 촉매로의 응용

제올라이트는 비결정 실리카나 알루미나 등에 비하여 표면적이 넓고, 대부분의 촉매활성점이 노출되어 있고, 또한 열안정성이 우수하기 때문에 촉매 또는 촉매 담체로 많이 이용되어 왔다. 특히 석유정제과정에서 여러 중요한 촉매반응에 활발하게 응용되고 있고, 이 분야의 경제적 가치만도 200억 불 이상이 된다. 제올라이트들은 균일한 세공과 많은 동공(cavity)을 가지고 있어서 기존의 비결정 촉매들에 비하여 크게는 100 배 이상의 표면적을 가지고 있다. 제올라이트가 촉매반응에 응용되는 경우는 크게, 고체산으로 응용, 촉매담체로의 응용, 형상선택성 촉매반응에의 응용 등 크게 세 가지로 나누어질 수 있다.

고체산은 일반적인 황산, 염산 등의 액체산에 비해 분리가 용이하여 환경친화적인 공정이다. 제올라이트가 고체산으로 응용되는 형태는 H^+이 치환된 Brönsted산과 탈수반응에 의해 생성된 Lewis산 형태로 나누어 볼 수 있다. H^+기를 제올라이트 안에 도입하는 방법은 여러 가지가 있지만 그중에서 가장 일반적인 방법은 우선 NH^+이온을 도입한 후 열처리를 하여 NH_3를 분해하여 최종적으로 H^+ 형태로 얻는 방법이다. 이렇게 만들

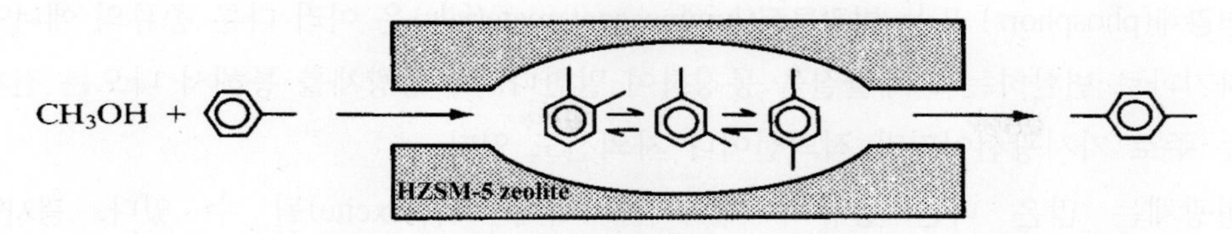

그림 9.5 HZSM-5를 이용한 알킬화 반응에서의 생성물 선택성반응

어진 Brönsted산 제올라이트를 더 높은 온도(600℃ 이상)에서 가열하면 물이 제거되면서 결합수가 3인 Al점을 가진 Lewis산점이 형성된다.

제올라이트는 표면적이 넓기 때문에 값비싼 촉매인 백금족 금속촉매들의 담체로도 많이 응용된다. 우선 Na^{+}이온을 Pd^{2+} 또는 Pt^{2+}이온 등으로 이온교환하고 이들을 소성한 후 최종적으로 환원하여 금속담지촉매를 얻게 된다.

다음은 균일한 세공을 가진 제올라이트의 특성을 이용한 형상선택성 촉매반응이다. 형상선택성 촉매반응은 크게 반응물선택성, 생성물선택성, 전이상태 선택성으로 나누어질 수 있다.

그들은 각각 특정한 형태를 가진 반응물이 제올라이트 세공 내에서 반응하거나, 여러 만들어진 생성물 중에서 특정 크기의 생성물이 선택적으로 세공을 빠져나오는 경우, 특정 전이상태가 세공 안에서 안정하게 형성된 경우에 반응이 진행되는 경우이다. 그림 9.5에서는 HZSM-5를 이용한 알킬화 반응에서 *p*-xylene이 선택적으로 형성되는 생성물 형상선택성 촉매반응의 예를 보여주고 있다. toluene의 methylation에 의해 ortho, meta, para 이성질체가 모두 제올라이트 동공 안에서 생성되지만 세공의 크기보다 지름이 작은 para이성질체만 세공을 빠져나올 수 있기에 선택적으로 생성된다.

02 형광체

1. 개 요

형광체는 우리생활의 여러 부분에 이미 광범위하게 사용하고 있다. 형광등, 컴퓨터의 모니터, 텔레비전 등의 일상생활에서 흔히 볼 수 있는 제품들로부터, 병원에서 사용되는 X-선 검사, 실험실에서 사용하는 레이저 등에 모두 다른 종류의 형광체를 가지고 있다.

형광체(phosphors) 또는 **발광물질**(luminescent materials)은 여러 다른 종류의 에너지를 전자기파로 변환하는 고체물질을 통칭하여 말한다. 이 형광체를 통해서 나오는 전자기파는 주로 가시광선이지만 적외선이나 자외선도 있다.

형광체는 많은 다른 종류의 에너지에 의해 **여기**(excite)될 수 있다. **광자발광**(photoluminescence)은 자외선 등의 전자기파에 의해 여기되고, TV의 **음극발광**(cathodeluminescence)은 전자빔에 의해 여기되며, **전기발광**(electroluminescence)은 전기장에 의해 여기되며, **화학발광**(chemiluminescence)은 화학 반응에 의해 여기된다.

그림 9.6에서는 대표적인 광자발광의 예로 발광과정을 살펴본다. 일반적으로 형광체는 **호스트격자**(host lattice)와 **발광중심**(luminescence center) 또는 **활성화제**(activator)로 구성되어 있는데, 가장 잘 알려진 형광체인 루비 ($Al_2O_3 : Cr^{3+}$)와 $Y_2O_3 : Eu^{3+}$를 예로 들면, Al_2O_3와 Y_2O_3가 호스트격자에 해당하고, Cr^{3+}이온과 Eu^{3+}이온이 발광중심(활성화제)에 해당한다. 발광과정은 그림 9.7과 같다. **여기전자파**(exciting radiation)는 활성화제에 의해 흡수되어 그 활성화제의 여기 에너지준위로 전이가 일어난다. 이렇게 여기된 상태는 빛을 내면서 바닥상태로 내려오게 된다. 그런데 모든 물질들이 형광체가 될 수는 없다. 그 이유는 이 발광과정은 **비발광과정**(nonradiative process)과 경쟁관계에 있는데, 이 비발광과정은 주위에 있는 격자진동으로 에너지를 잃어 가열하게 된다. 따라서 좋은 형광체가 되기 위해서는 이 비발광과정을 최대한 억제할 수 있어야 한다. 가장 중요하게 측정해야 할 성질은 발광과정의 속도와 비발광과정의 속도인데 이 두 속도의 비율이 형광체의 효율을 결정하게 된다.

루비($Al_2O_3 : Cr^{3+}$)를 잠시 살펴보면, 이 보석은 자외선을 흡수하여 진홍색의 빛을 낸다. Becquerel에 의해 처음 분광연구가 진행되었다. 그의 연구에 따르면 호스트격자가 발광을 하게 되는 원인으로 해석하였는데, 그것은 나중에 밝혀진 것이지만 잘못된 것이

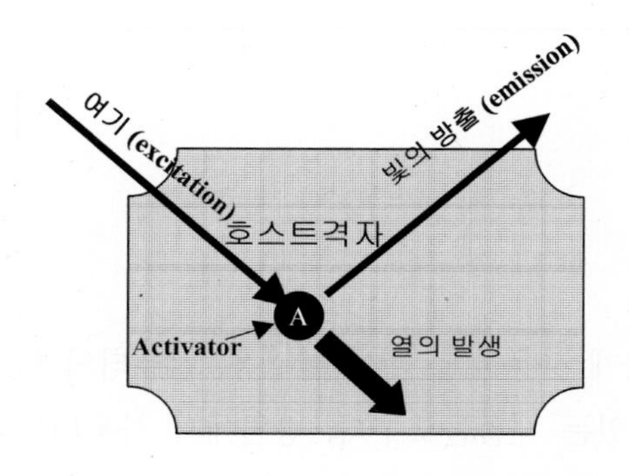

그림 9.6 형광체의 개략적인 구조

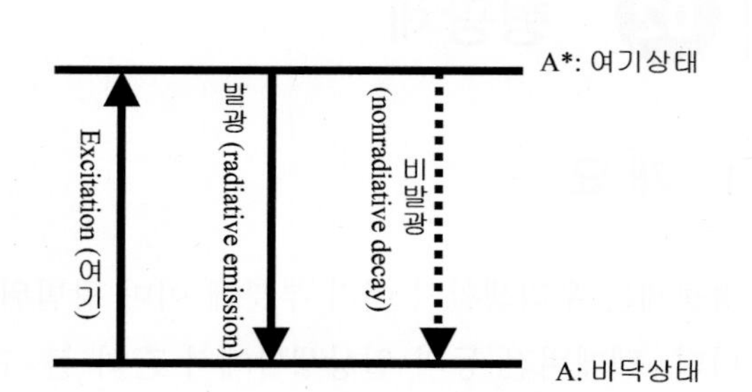

그림 9.7 형광체의 에너지준위 그림

다. 실제 발광성질은 Cr^{3+}이온에 의해 나오는 것이고 호스트인 알루미나는 단지 이 크롬 이온을 잘 붙들고 있는 역할만 한다.

실제 많은 형광물질에서는 그림 9.7에서 살펴본 것보다 더 복잡하게 발광하게 된다. 즉 어떤 경우에는 활성화제에 의해 여기전자파를 흡수하는 대신 다른 이온이나 호스트 격자에 의해 흡수된다. 이 이온들이 여기전자파를 흡수한 후 나중에 활성화제로 전이하게 되고 이때 이 이온들을 감광제(sensitizer)라고 부른다.

또 다른 경우가 바로 가로등에 사용되는 형광체인 $Ca5(PO_4)3F : Sb^{3+}$, Mn^{2+}인데, 처음 여기전자파인 자외선은 Sb^{3+}이온에 의해 흡수되어 푸른빛을 내게 되고 Sb^{3+}이온에 의해 흡수된 에너지의 일부는 Mn^{2+}로 전이되게 되고 이 여기된 Mn^{2+}로부터 노란 빛이 나오게 된다. 이 푸른빛과 노란빛이 합쳐져서 백색광에 가까운 빛이 나온다. 이 과정들을 화학식으로 살펴보면 아래와 같다.

$$Sb^{3+} + h\nu_1 \rightarrow (Sb^{3+})^*$$
$$(Sb^{3+})^* \rightarrow Sb^{3+} + h\nu_2$$
$$(Sb^{3+})^* + Mn^{2+} \rightarrow Sb^{3+} + (Mn^{2+})^*$$
$$(Mn^{2+})^* \rightarrow Mn^{2+} + h\nu_3$$

여기서 ν_1, ν_2, ν_3는 각각 여기전자파, Sb^{3+}이온과 Mn^{2+}로부터 나온 빛의 주기들이고, $(Sb^{3+})^*$는 Sb^{3+}이온의 여기 상태이다. 일반적인 형광체에서 이 활성화제의 양의 1 몰% 내외이기에 이 이온들은 호스트격자에 무작위로 분포하고 있다. 그런데 어떤 형광체의 경우는 이 활성화제의 양이 100%를 차지하고 있는 경우가 있는데 X-선 사진에 오랫동안 사용되어 왔던 $CaWO_4$가 여기에 해당한다.

어떤 경우에는 호스트격자가 직접 에너지를 흡수하여 여기되는 경우가 있는데 $YVO_4 : Eu^{3+}$가 그 한 예이다. 이 경우 Eu^{3+}이온이 아니라 호스트인 VO_4^-이온이 여기전자파인 자외선을 흡수하고 이 흡수된 에너지가 Eu^{3+}이온으로 전이가 일어난다. 또 다른 이런 예는 TV 브라운관에서 사용되는 푸른빛을 내는 형광체인 $ZnS : Ag^+$로서, 전자빔이 호스트인 ZnS에 의해 흡수되고 활성화제인 Ag^+이온으로 전이된다. 아래에서는 형광체에서 일어나는 중요한 물리적인 과정들을 요약하였다.

- 에너지의 흡수(활성화제, 다른 감광제 이온, 또는 호스트격자)
- 활성화제로부터의 빛의 방출
- 발광효율을 떨어뜨리는 비발광과정에 의한 바닥상태로의 전이

• 발광 중심 사이에서의 에너지전이

2. 형광등에 사용되는 형광체

광자발광은 형광등에 사용되는 형광체이다. 수은등이라는 것은 저압수은등에 의해 254 nm의 자외선이 여기전자파로 사용되고 형광체는 유리의 안쪽 표면에 발라져 있다. 이때 사용되는 형광체는 여러 화합물이 복합적으로 섞여 있는 것으로 여러 빛이 합쳐져 백색광을 낸다. 이 형광등의 효율은 백열등의 효율에 비해 훨씬 우수하다. 지난 이십여 년간은 희토류 금속이온을 활성화제로 이용한 형광체가 개발되어 형광등의 효율과 빛의 질이 더욱 좋아졌다. 현재 사용되고 있는 형광등에 사용되는 형광체들로는 Eu^{2+}, Ce^{3+}, Gd^{3+}, Tb^{3+}, Y^{3+}, Eu^{3+} 등이다.

3. 음극관에 사용되는 형광체

텔레비전의 스크린과 컴퓨터의 모니터에서는 형광체가 전자빔에 의해 여기된다. 컬러 텔레비전에서는 파랑, 빨강, 초록 등 세 가지의 빛을 내는 형광체들로 구성되어 있다. 아래에는 최근에 평판 디스플레이에 사용되는 형광체들이다.

• 빨강 $Y_2O_3 : Eu^{3+}$, $Y_2O_2S : Eu^{3+}$
• 초록 $Zn(Ga, Al)_2O_4 : Mn^{2+}$, $Y_3(Al, Ga)_5O_{12} : Tb^{3+}$, $Y_2SiO_5 : Ce^{3+}$, $ZnS : Cu^{2+}$, Al^{3+}
• 파랑 $Y_2SiO_5 : Ce^{3+}$, $ZnGa_2O_4$, $ZnS : Ag^{+}$

4. X-선 사진에 사용되는 형광체

Röentgen이 처음 X-선을 발견한 후, X-선을 흡수하여 빛을 내는 형광체가 필요하였다. $CaWO_4$가 그 형광체로 발견되어 지난 100여 년간 X-선 사진에 사용되었다. 그런데 최근에는 위의 형광등에 사용되는 형광체와 마찬가지로 희토류 금속이온들을 활성화제로 이용하는 형광체로 대치되고 있다. 의료진단(positron emission tomography, PET)이나 핵물리나 고에너지 물리학에 응용되는 α, γ선을 흡수하는 형광체들도 개발되는데, 이것들은 섬광제(scintillator)라 불려진다.

5. 레이저 형광체

지금까지 논한 형광체들은 빛을 흡수하여 자발적으로 빛을 내는 것이다. 이에 반하여 레이저에 사용되는 물질들은 유도방출(stimulated emission)에 의해 빛이 나온다. 우리가 개요에서 살펴본 루비($Al_2O_3 : Cr^{3+}$)가 처음으로 개발된 레이저 물질이다.

03 실리콘

Silicon과 Silicone, 이 두 개의 용어는 언뜻 보기에 서로 유사하여, 같은 뜻을 나타내는 용어로 혼동을 일으키기 쉽다. 그러나 화학적으로 두 개의 용어는 엄밀히 구별된다. 즉 전자의 Silicon은 원소기호 Si로 표시되는 규소를 의미하며, 물질로서는 암회색의 금속이다. 이러한 Silicon의 응용제품의 예로 반도체용 실리콘 웨이퍼, 합금 ferrosilicon 등이 있다. 한편, Silicone은 유기기를 함유한 규소(organosilicone)와 산소 등이 화학적으로 서로 연결된 폴리머를 의미한다. 실리콘은 유기성과 무기성을 겸비한 독특한 화학재로서 여러 형태로 응용되어지며, 대부분의 모든 산업분야에서 필수적인 고기능재료로서 위치를 자리잡고 있다.

19세기 후반 실험실에서 합성한 Silicone의 화학식 R_2SiO가 케톤의 R_2CO와 유사하였던 관계로 Silo-Ketone(규소케톤)이라 불렀으며, 이것을 다시 줄여서 Silicone이 된 것이다. 단 케톤은 저분자량의 유기화합물인 반면, Silicone은 기술한 바와 같이 폴리머이며 화학구조상 유사성은 없다.

실리콘은 이미 서술한 바와 같이 유기기가 결합되어 있는 규소가 실록산결합(Si−O−Si)에 의해 연결되어 생긴 폴리머를 가르킨다. 천연에는 존재하지 않으며 완전히 인공적으로 합성된 것이다.

실리콘을 그 성상에 따라 살펴보면 오일, 고무 및 레진의 3 가지 기본형으로 분류된다. 각각 실리콘 함유 100%의 폴리머로서 뿐만 아니라 사용목적에 따라서 타재료를 배합한 복합물로서 제품화되어 있으며 그 제품의 종류는 수천 가지이다. 표 9.1에 실리콘 제품의 형태별 분류를 나타낸다.

금속규소에서 출발한 실리콘 제품은 오늘날 고무, 레진, 오일, 산업용 및 건축용 실링제 등을 중심으로 2,000여 종이 넘는 제품군으로 발전, 인간활동의 모든 분야에서 없어

표 9.1 실리콘 제품의 형태별 분류

실리콘의 기본형	실리콘폴리머 제품	배합(복합) 실리콘 제품
오일	오일	• 오일용액(이형용, 소포용, 발수용) • 오일에멀션(이형용, 소포용, 발수용, 광택용) • 오일콤파운드(전기절연용, 이형용, 방청용, 소포용) • 3리스(윤활용) • 왁스(광택용) • 에어졸(전기절연용, 이형용)
고무	고무용 폴리머	• 미러블형 고무 콤파운드 • 액상고무 콤파운드 • 젤
레진	중간체 레진	• 바니스(전기절연용, 도료용, 감압접착제 하드코드용, 발수용) • 도료(내열용, 내후용) • 성형용 레진

서는 안 될 만능적인 재료로 성장해 왔고 앞으로도 계속해서 신규용도가 개발될 것으로 기대되는 첨단소재이다.

1. 실리콘오일

실리콘오일은 실리콘 제품 중에서도 가장 범용성이 풍부한 제품으로 여러 가지 우수한 성질을 이용하여 공업재료로서 광범위한 분야에 사용되고 있다. 그 사용형태도 오일 단독뿐만 아니라, 이것을 다시 2차가공한 응용제품의 형태로도 대량 사용되고 있다. 실리콘오일은 점성도가 낮은 저분자량의 것부터 고분자량의 것까지 여러 가지가 만들어지고 있으며, 또 점성도가 다른 것을 혼합해서 중간 점성도의 것으로 할 수 있다. 실리콘유의 커다란 특징은 온도의 변화에 의한 점성도의 변화가 적은, 즉 점성도의 온도의존성이 낮은 것인데, 그림 9.8에 나타낸 것처럼 광물유(보통의 광물유)보다도 점성도의 변화가 매우 적다.

실리콘오일은 통상 그림 9.9에 나타나 있는 것처럼 사슬모양의 분자구조를 가지고 있다. 이 분자의 골격을 형성하고 있는 것은 실록산결합으로서 이 구조를 갖고 있는 분자가 집합하여 물질을 형성한 경우 개개의 분자가 독립해 있기 때문에 분자사슬은 상호간에 자유로이 움직일 수 있어서 외견상으로는 유동성, 다시 말하면 액체의 성질을 나타내는 것이다.

실리콘오일은 전기절연성이 좋아 절연유로 사용되며, 또 기계유, 특수 절삭유(切削油)로서 사용된다. 윤활유로서도 사용되는 경우가 있으나, 유막이 약하여 윤활유 특성은 광

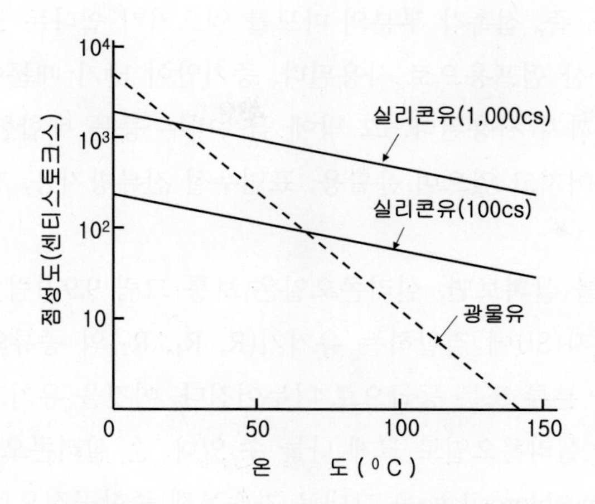

그림 9.8 실리콘오일 점성도의 온도의존성

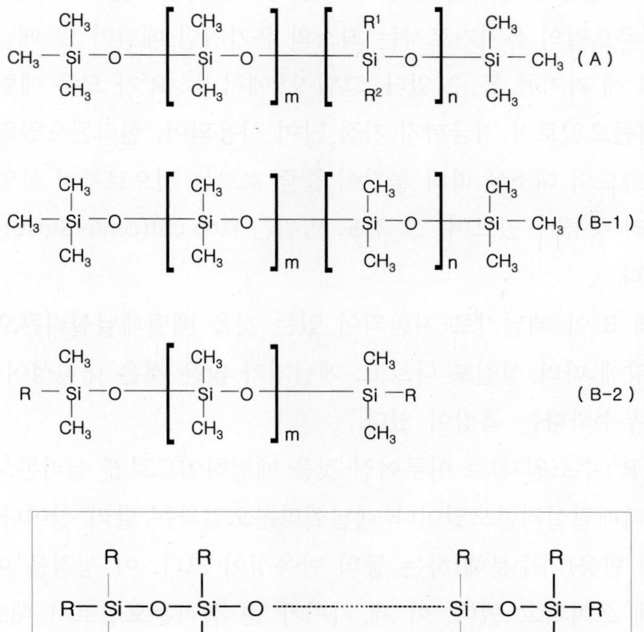

$$CH_3-\underset{CH_3}{\overset{CH_3}{Si}}-O-\left[\underset{CH_3}{\overset{CH_3}{Si}}-O\right]_m-\left[\underset{R^2}{\overset{R^1}{Si}}-O\right]_n-\underset{CH_3}{\overset{CH_3}{Si}}-CH_3 \quad (A)$$

$$CH_3-\underset{CH_3}{\overset{CH_3}{Si}}-O-\left[\underset{CH_3}{\overset{CH_3}{Si}}-O\right]_m-\left[\underset{CH_3}{\overset{CH_3}{Si}}-O\right]_n-\underset{CH_3}{\overset{CH_3}{Si}}-CH_3 \quad (B\text{-}1)$$

$$R-\underset{CH_3}{\overset{CH_3}{Si}}-O-\left[\underset{CH_3}{\overset{CH_3}{Si}}-O\right]_m-\underset{CH_3}{\overset{CH_3}{Si}}-R \quad (B\text{-}2)$$

$$R-\underset{R}{\overset{R}{Si}}-O-\underset{R}{\overset{R}{Si}}-O\cdots\cdots\cdots\underset{R}{\overset{R}{Si}}-O-\underset{R}{\overset{R}{Si}}-R$$

R : 주로 메틸기 (CH_3), 그 외의 페닐기 (C_6H_5), 긴 사슬알킬기 (CnH_{2n-1})
Trifluoropropyl ($CF_3CH_2CH_2$)등

그림 9.9 실리콘오일의 분자구조

물유에 비해 떨어진다. 즉, 접촉각 부분의 마모를 일으키기 쉽다는 것을 의미한다. 또한 실리콘오일은 진공 확산 펌프용으로 사용된다. 증기압이 낮기 때문에 고진공용에 좋아서 5×10^{-9}의 고진공까지 사용된다. 그 밖에 금속비누 등을 배합한 실리콘 콤파운드, 실리콘 그리스가 만들어지고 있으며 윤활용, 표면누설 전류방지용, 진공용, 일반용 패킹 등에 사용된다.

실리콘오일의 종류를 살펴보면, 실리콘오일은 보통 그림 9.9처럼 직쇄상의 분자구조를 하고 있고, 규소원자(Si)에 결합하는 유기기(R, R_1, R_2)의 종류와 실록산의 중합도(m, n)의 대소에 따라 분류 또는 등급으로 나누어진다. 이것을 유기기의 종류에서 보면, 순 실리콘오일과 변성 실리콘오일로 크게 나눌 수 있다. 순 실리콘오일과 명칭은 직접법으로 만들어지는 organochlorosilane을 그대로 가수분해 중합공정으로 오일화된 것을 의미하여, 이에 대하여 변성 실리콘오일은 organochlorosilane으로부터 오일을 만드는 과정에, 다른 유기물의 반응을 행하는 공정이 포함되어 있다는 것을 의미한다. 이와 같이 생각하면, 순 실리콘오일의 유기기로서는 최소의 유기기인 메틸기 및 페닐기와, 유기기가 아닌 수소원자의 세 가지를 들 수 있다. 그림 9.9에서 R^1, R^2가 모두 메틸기로 되어 있는 것이 디메틸실리콘오일로서 지금까지 가장 많이 사용되어, 실리콘오일의 대명사로 되어 있다. 이것은 중합도의 대소에 따라 물같이 줄줄 흐르는 것으로부터 물엿과 같이 점도가 높은 것까지 여러 종류가 있으며, 그 점도 범위는 0.65 cSt(centi-Stoke)에서 100 만 cSt에 분포되어 있다.

다음으로 R^1과 R^2이 페닐기로 치환되어 있는 것을 메틸페닐실리콘오일이라 부른다. 이 페닐기의 함량에 따라 성질도 다르고, 페닐기가 많은 것은 내열성이 우수하고, 적은 것은 내한성이 우수하다는 특징이 있다.

R^1(메틸기)과 R^2(수소원자)로 이루어진 것을 메틸하이드로겐 실리콘오일이라 부른다. 그리고 이것은 디메틸실리콘오일이나 페닐실리콘오일과는 달리 산이나 알칼리가 존재하면, 물과 쉽게 반응(가수분해)하는 등의 반응성이 크다. 이 성질을 이용하여 작물의 발수처리제 등에 쓰여지고 있다. 이 세 가지가 순 실리콘오일로서 대표적인 것이다.

둘째로 **변성 실리콘오일**에는 어떠한 것이 있는 간단하게 살펴보았다. 먼저 그림 9.9의 B−1 또는 B−2의 구조식 중 R로서 장쇄 알킬기 또는 아릴기를 함유한 것을 알킬변성 실리콘오일 또는 아릴변성 실리콘오일이라 부르며, 이것은 디메틸실리콘오일보다 윤활성이 우수한 오일이 된다. 또 여러 가지 유기물과 친화성이 향상되기 때문에 도장성이 우수한 오일로 알려져 있다. 다음에 R로서 고급지방산 잔기를 함유한 것이 있다. 이것은 고급지방산 변성 실리콘오일이라 부르고, 알킬변성 실리콘오일과 같이 윤활성, 용해성이 우수한 오일이 된다. R로서 폴리옥시 알킬기가 도입된 경우에는 이제까지 기술한 실리콘오일과는 약간 느낌이 다르며, 계면 특성을 가진 실리콘오일이 얻어지며 물에 녹는 것도 있다. 이 타입의 것으로 폴리옥시알켈렌 변성 실리콘오일 또는 우레탄 폼 실리콘 폴리에테르 공중합체 등으로 불리워지며 그 특이한 계면활성을 살려서 제조시 정포제로서 다량 사용되고 있다.

또 R로서 하이드록시 알킬기, 아미노알킬기, 에폭시기 함유 유기기 또는 메캅토 알킬기 등 반응성을 가진 유기기도 도입되고 있어 각각 알콜 변성 실리콘오일, 아미노 변성 실리콘오일, 에폭시 변성 실리콘오일, 알킬변성 실리콘오일 등으로 불리어지고 있다. 이것들은 다른 유기물질 또는 수지 혹은 섬유 등과 반응하여 실리콘의 특징인 이형성이나 유연성을 영구적으로 부여하는 특성을 가지고 있기 때문에 주목을 받고 있다. 이제까지 기술한 변성 실리콘오일 이외에도 플로로알킬기나 클로로페닐기를 지닌 변성 실리콘오일이 있으며, 각각 특징을 지니고 있다. 이러한 여러 종류의 실리콘오일에 관해, 그 유기계의 종류에 따른 분류를 표 9.2에 나타내었다.

더욱이 디메틸실리콘오일을 베이스로, 내열항생제나 유성항생제 등을 배합하여, 실리콘오일의 특성을 한층 향상시킨 것도 있다. 이러한 것을 참가제로 넣어 실리콘오일이라고 부르며 통상의 디메틸실리콘오일과 구별하기도 한다.

실리콘오일은 내열성 및 물리적, 화학적 안정성이 우수하다는 일반적인 특성 이외에도 전기적인 특성이 우수하고 특이한 계면적 성질을 갖는 등 광물유, 동식물류 및 각종 합성유와 다른 특징을 가지고 있다. 여기에서는 현재 가장 많이 이용되고 있는 디메틸실리콘오일을 중심으로 하여 실리콘오일의 성질에 관하여 설명하겠다.

디메틸실리콘오일 및 기타 순 실리콘오일의 일반특성에 대한 특징을 간단하게 설명하면 다음과 같다. ① 온도에 의한 점도변화가 적다. ② 증기압이 높다. ③ 인화점이 낮다. ④ 유동점이 낮다. ⑤ 온도에 의한 용적변화가 크다. ⑥ 압축율이 크다. ⑦ 전단저항성이 크다. ⑧ 독특한 윤활성을 갖는다. ⑨ 전기절연성이 우수하다. ⑩ 표면장력이 작다. ⑪ 발수성이 있다. ⑫ 이형성, 비점착성을 부여한다. ⑬ 소포성이 있다. ⑭ 양호한 광택성이 있다. ⑮ 타물질에 용해가 쉽다. ⑯ 열산화 안정성이 우수하다. ⑰ 화학적 안정성이 우수하다. ⑱ 생리적인 불활성이 있다.

다음은 실리콘오일에 대한 특성을 크게 물리적 특성과 화학적 특성에 대하여 분류하고 이에 대해 자세히 설명하였다. 먼저 물리적 특성에 대하여 설명하겠다.

표 9.2 실리콘오일의 종류

제품명	R.R.R의 종류 및 명칭	실리콘오일의 종류	특징	주용도
TSF451 TSF456 TSF400 TSF405 TSF458 YF451	메틸기	디메틸실리콘오일	계면특성 전기절연성 내열성 기타	전기절연 소포 이형 화장품배합 광택성 열매체
TSF431 TSF433 TSF434 TSF437 TSF4300	페닐기	디메틸실리콘오일	내열성 내한성 상용성	화장품배합 열매체 프라스틱 첨가
TSF483 TSF484	수소원자	메틸페닐실리콘오일	반응성	발 수
YF3800 YF3807	하이드록시기	메틸하이드로겐 실리콘오일	반응성	섬유유제
FQF501	플로로알킬기	플로로실리콘오일	내유성, 윤활성	윤활제
TSF4440 TSF4460 TFA4200 TFA4320	폴리옥시 알킬기 함유	폴리옥시에테르 공중합체	수용성 자기유화성	우레탄정포 화장품배합 도료첨가
TSF4420 XF42 – 720	장쇄 알킬기	알킬변성실리콘오일	이형성 윤활성	이형제 윤활제
TSF410 TSF411	고급지방산기	고급지방산 변성 실리콘오일	윤활성 용해향상성	윤활제 섬유유제 화장품배합
TSF4700 TSF4720 TSF4702	아미노알킬기	아미노변성 실리콘오일	반응성	섬유유제 광택성 도료첨가
YF3965 TSF4730	에폭시함유유기기	에폭시변성 실리콘오일	반응성	도료첨가 섬유유제

(1) 물리적 특성

① 점도: 실리콘오일의 점도는 규소에 결합된 유기기의 종류와 비율 및 중합도로 결정된다. 분자량이 증가할수록 점도가 상승하는 것을 알 수 있다. 그런데 디메틸실리콘오일의 상호 간은 점도가 달라도 균일하게 섞여지므로, 희망하는 점도의 실리콘오일이 없을 경우에는 점도가 다른 두 가지의 실리콘오일을 사용해서 중간의 점도를 가진 오일을 조정할 수 있다.

실리콘오일의 점도에 관하여 가장 주목할 성질의 하나는 온도에 의한 점도의 변화가 작다는 것이다. 디메틸실리콘오일의 온도-점도변화는 광물유, 동식물유나 디에스테르유 등의 합성유에 비하여 현저하게 작다. 이 특성은 실리콘 분자구조에 기인하며 디메틸실리콘오일 이외의 실리콘오일에서는 약간 커진다. 예를 들면, 메틸페닐실리콘오일에서는 페닐기의 함유량이 증가하는 만큼, 온도에 따른 점도의 변화가 증가하는 경향이 있다. 그래도 다른 유기유보다는 적다.

② 응고점(유동점): 디메틸실리콘오일의 유동점은 고점도(10,000 cSt 이상)의 것을 제외하면 -50℃ 이하이며 약간 저온에서도 유동성을 잃지 않는다. 소량의 페닐기를 함유한 메틸페닐실리콘오일의 유동점은 -70℃ 이하에서 디메틸실리콘오일보다 훨씬 저온에서 사용할 수 있다. 이것은 소량의 페닐기의 도입에 의해 실리콘오일 분자의 결정화가 방해되기 때문이다. 페닐기의 함유량이 더욱 증가하면 유동점은 역으로 상승하기 시작한다. 5~10 mol % 정도의 페닐기가 들어가 있는 것이 가장 유동점이 낮은 것을 알 수 있다.

③ 비열과 열전도율: 디메틸실리콘오일의 비열은 점도 및 온도에 따라 다소 차이가 나지만 25℃에서 0.35 cal/g℃로서, 물의 약 1/3이다. 이것은 유기유 중에 제일 작은 것의 하나라고 말할 수 있다. 열전도율은 광물유에 비해 약간 크고, 25℃에서 3.8×10 cal/s · cm · ℃ 정도에서 물의 약 1/4이다. 점도가 증가함에 따라서 열전도율은 커지지만, 100 cSt 이상에서는 거의 일정하다.

④ 전단에 대한 저항: 가압 하에서 광물유나 합성유 등 작동유, 윤활유를 좁은 틈에 통과시키면, 그 점도가 영구적으로 저하된다. 이것은 전단력에 의한 분자가 파괴되기 때문이지만, 디메틸실리콘오일의 경우에는 전단력에 의한 영구적 점도저하는 극히 작다. 단 전단력이 가해진 상태에서는 외관점도는 저하된다. 1,000 cSt 이하의 메틸실리콘오일의 경우 전단속도가 증가해도 외관점도는 전혀 저하되지 않지만, 그 이상의 고점도 오일에서는 전단에 의한 외관점도의 저하를 받기 쉽게 되고, 점도가 증가할수록 그 경향은 크게 된다.

⑤ 윤활성: 디메틸실리콘오일은 내열성, 내한성, 점도온도특성, 전단력에 대한 저항성 등의 특성으로 보면 윤활유로 쓰여지는 데 적합한 성질을 지니고 있지만, 윤활성 그 자체에 대해서는 광물유 등의 다른 유기계 윤활유에 비해서 떨어진다. 특히 철강과 철강

사이의 경계윤활성이 떨어지기 때문에 윤활유로서의 용도가 약간 제한되고 있다.

그러나 철강과 알루미늄, 철강과 청동 등의 조합에서나 목재끼리, 또 각종 플라스틱끼리 조합된 것에서는 양호한 윤활성을 나타낸다. 또 그다지 부하가 크지 않은 경윤활조건(예를 들면, 유성윤활 영역)에서는 양호한 윤활유가 된다. 실리콘오일의 경계윤활성을 개량한 목적으로 실리콘오일에 적당한 유성향상제나 극압첨가제를 배합한 실리콘오일도 판매되고 있다. 미첨가의 것과 비교하여 경계윤활성이 개선되어 있다. 또 실리콘오일 자체의 경계윤활성을 향상시키기 위하여 금속면에 흡착하기 쉬운 관능기를 도입할 필요가 있다. 이런 점을 고려하여 만들어진 클로로페닐 변성 실리콘오일이나 플로로알킬 변성 실리콘오일 등(플로로실리콘오일)이 있다.

이들 오일의 경계윤활성은 약간 개선되어 온도에 의한 점도변화가 작고 내열 내한성이 우수한 등의 윤활유로서도 유성윤활 영역에서는 디메틸실리콘보다 대폭 향상된다. 이와 같이 실리콘오일의 윤활성은 오일의 종류나 윤활조건에 따라 큰 차이가 나므로 사용목적에 맞는 오일을 선정하는 것이 필요하다.

⑥ **표면장력**: 실리콘오일의 표면장력은 일반 유기유나 용제에 비해 대단히 작다. 디메틸실리콘오일의 표면장력은 점도가 커짐에 따라 증가되며 100 cSt을 넘으면 21.2 dyn/cm로 거의 일정하다. 메틸페닐실리콘오일이나 여러 가지 변성 실리콘오일의 표면장력은 디메틸실리콘오일보다 크지만 그래도 다른 유기유에 비하면 작다. 실리콘오일의 표면장력이 작은 것을 이용한 대표적 예가 우레탄 폼 정포제로 사용되는 실리콘 폴리에테르 공중합체이며, 이것은 우레탄 폼 제조 시 원료성분의 표면장력을 저하시켜 거품을 안정화시키는 효과를 갖는다.

또한 디메틸실리콘오일의 경우에는 표면장력이 작은 것이 소포제, 이형제, 발수제 등에 사용할 경우에는 유리하게 작동한다. 그러나 윤활유, 전기절연유 등에서는 퍼짐이 쉬운 것이 오히려 단점이 되는 수가 있어 주의를 요한다.

⑦ **이형성 및 소포성**: 실리콘오일은 표면장력이 작고 퍼짐이 쉬우므로 형의 모든 부분에 걸쳐서 얇은 형태를 갖는다. 거기에 비해서 많은 물질에 대해 친화성 및 용해성이 적으므로 두 개의 물질 사이에 있어서 표면끼리의 접착을 방지하는 역할을 한다. 이것이 실리콘오일의 양호한 이형성을 갖게 한다. 이 외에 내열성이 우수하며 형을 더럽히지 않고, 수명이 오래 지속되는 등의 특징을 지녀, 고무, 플라스틱, 금속 등의 이형제로서 광범위하게 사용되어진다. 또한 실리콘오일의 낮은 표면장력과, 여러 가지 물질과의 용

해성이 작은 것 등이 유효하게 작용한 특성의 하나로서 소포제의 우수성이 알려져 있다. 실리콘오일의 소포제로서의 특징은 극히 미량으로도 우수한 소포성을 나타내는 것이다.

(2) 화학적 특성

다음으로 실리콘오일의 화학적 특성에 대하여 살펴보겠다. 디메틸실리콘오일이나 메틸페닐 실리콘오일 등의 실리콘오일은 화학적으로 불활성이고 공기 중에서 산화에 대하여 매우 안정하므로 내열성이 우수한 기름으로서 유용하다. 메틸하이드로겐실리콘오일 등 반응성을 지닌 것이나 타 유기기를 도입한 변성 실리콘오일 등에는 실리콘오일 본래의 화학적 안정성보다 떨어진다. 이 장에서는 디메틸실리콘오일과 메틸페닐실리콘오일을 중심으로 설명하고자 한다.

① 내열성: 실리콘오일은 공기 중에서의 산화에 대하여 극히 안정하여, 디메틸실리콘오일의 경우 150℃ 이하에서는 거의 산화되지 않는다. 공기 중에 150℃로 1,000시간 놓아두는 경우, 점도의 증가는 수 %로 극히 적다. 180℃ 이상이 되면 산화가 시작되고, 고온으로 될수록 산화가 촉진된다. 그 결과 메틸기의 산화생성물인 포름알데히드, 개미산 등이 발생함과 동시에, 점도가 상승되고 장시간의 가열에서는 겔화에까지 이르게 된다.

디메틸실리콘오일의 겔화까지의 시간은 200℃에서 약 200시간, 250℃에서 20~50시간이다. 메틸페닐실리콘오일은 디메틸실리콘오일보다 더 내열성이 우수하고, 페닐기 함유량이 많은 만큼 내열성이 향상된다. 페닐기 함유량이 30 mol % 이상인 경우에는 300℃에서도 수백 시간 사용이 가능하다. 산소가 존재하지 않는 조건에서는 다시 말하여 진공 중 또는 불활성 가스 중에서는 공기 중보다도 안정하여 200℃까지는 거의 변화가 없다. 그러나 더 고온(220℃ 이상)에 이르면, 실리콘오일의 주쇄인 폴리실록산 결합의 절단, 재배열이 일어나, 환상 실록산 등의 저분자성분이 생성된다.

② 화학적 안정성: 산이나 알칼리가 디메틸실리콘오일과 공존하는 경우, 상온에서는 농도 10% 이하의 알칼리 수용액 및 30% 이하의 산에서는 거의 영향을 받지 않지만, 고온에서는 산 또는 알칼리가 소량이라도 존재하면, 분해, 증점, 겔화가 촉진된다. 또 금속이 공존하는 경우에 알미늄, 동, 니켈, 스텐리스 등은 전혀 영향을 받지 않지만 납, 셀레늄(Se), 텔루륨(Te) 등은 고온 하에서 실리콘오일의 겔화를 촉진하는 것으로 취급

할 때 재료의 선택에는 주의가 필요하다. 예를 들면, 땜납을 사용한 용기 등의 사용은 피하지 않으면 안 된다. 한편 실리콘오일의 산화안정성을 더 향상시키는 방법으로 페닐나프틸아민이나 철 유기산염을 첨가하는 것이 행해지고 있으며, 예를 들어 디메칠 실리콘오일에 철 옥토에이트를 첨가한 것은 공기 중에서 내열성이 대폭 향상하고 메틸페닐실리콘오일과 같은 정도의 산화안정성을 얻을 수 있다.

③ 부식성(타재료에의 실리콘오일의 영향): 디메틸실리콘오일, 메틸페닐실리콘오일은 보통조건 하에서 화학적으로 불활성이기 때문에 금속을 부식시키지 않는다. 고무 플라스틱에 대하여도 화학 반응은 하지 않고, 영향은 작지만 고무의 경우는 실리콘오일이 고무에 함유되어 있는 가소성을 추출하여 고무의 용적중량을 감소시키는 일이 있다.

④ 용해성: 디메틸실리콘오일은 비극성이기 때문에 일반적으로 비극성용제에는 용해되지만 극성용제에는 난용성이다. 점도에 따라서도 용해성이 다르며 일반적으로 저점도의 것일수록 용해되기 쉽다. 메틸페닐실리콘오일은 디메틸실리콘오일보다 넓은 범위에서 용제에 용해되기 쉽고 실리콘폴리에스터 공중합체에서는 에탄올이나 물에도 용해된다.

이 밖에 전기특성 및 내방사선성의 특성을 가지고 있다. 디메틸실리콘오일은 온도나 주파수에 의한 전기특성의 변화가 작고, 또한 연소성이 작은 우수한 절연유로서 알려졌다. 절연파괴 강도는 광물유계의 가장 우수한 절연유보다 우수하여 35~40 kV(전극의 지름 25.4 mm, 2.5 mm 간격) 정도에서 안정한 성능을 갖고 있다.

실리콘오일에 γ선 등의 방사선을 조사하면 분자 간의 가교가 일어나서 점도상승을 통해 겔화가 진행된다. 디메틸실리콘오일의 내방사선성은 일반 유기유와 거의 같지만 페닐기가 도입되면 개선되어 페닐기의 함유량이 늘어날수록 내방사선성은 증가된다.

지금까지 기술한 것처럼 실리콘오일은 많은 뛰어난 성질을 갖고 있으며 그 응용분야는 대단히 넓다. 실리콘오일을 그대로 쓰는 대표적인 용도를 살펴보면 절연유, 액체 커플링, 완충유, 윤활유, 열매체, 발수제 및 표면처리제, 이형제 및 내부첨가제, 소포제, 왁스용, 의료 및 화장품, 플라스틱 첨가용, 도료첨가제, 스폰지 정포제가 있다.

2. 실리콘레진

실리콘레진은 실리콘오일 및 실리콘 고무 등의 제품이 주로 2관능성 단위로 구성되어 있

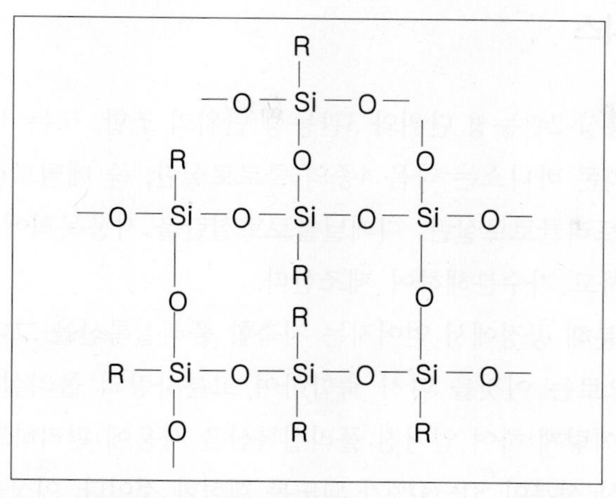

그림 9.10 실리콘레진의 분자구조

는데 비하여 분자 중에 3관능성 또는 4관능성 단위를 많이 가지고 있다. 광의로는 100% 실리콘레진 및 그 용액이 실리콘레진을 함유한 것의 총칭으로서 실리콘레진이라는 표현이 사용되고 있다.

이들의 레진은 경화하여 단단한 피막과 성형품을 형성하는 특징이 있으며 전기절연용의 내열성 바니스로서 내열, 내후성 도료용의 베이스 레진으로써 또는 성형재료의 베이스 레진으로써 그리고 발수, 이형용으로 사용된다.

실리콘레진은 실리콘이 고무상태에서 가교가 진행되어감에 따라 분자의 자유도가 감소하며 신축성도 줄어들게 되어 딱딱하게 된다. 이 가교밀도를 극단적으로 높인 것을 실리콘레진이라 부르고 있다. 레진의 경우 고무와는 달리 직쇄상분자를 나중에 가교하는 것이 아니고, 가교하기 쉬운 구성단위를 초기에 선택하여 그림 9.10처럼 망상구조의 것으로 되어 있다.

이것은 불용불융성(不溶不融性)이나 이 가교가 미완성된 가용성단계의 prepolymer를 용제에 녹인 것이 실리콘 바니스, 착색안료를 배합한 것이 도료, 무기충전제를 다량 배합하여 분말형으로 만든 것이 성형용 실리콘레진이라 부르는 제품으로 이것들을 열 및 촉매를 이용하여 경화시키면 앞서 말한 망상구조가 된다. 일종의 열경화성수지이다. 실리콘레진은 용도에 따라서 분류하면 순 실리콘 바니스, 실리콘 중간체, 실리콘 변성 바니스, 용제·무용제 형태의 실리콘 레진으로 나타낼 수 있다.

(1) 순 실리콘 바니스

순 실리콘 바니스는 통상 2관능성 단위와 3관능성 단위의 조합, 또는 3관능성 단위만으로만 된다. 이러한 실리콘 바니스는 다음 4종의 클로로실란, 즉 메틸트리클로로실란, 디메틸클로로실란, 페닐트리클로로실란, 디페닐클로로실란을 사용목적에 응용하여 단독 또는 여러 종을 배합하고 가수분해하여 제조한다.

용도에 따라 가수분해 공정에서 얻어지는 저축합 폴리실록산을 그대로 사용하는 경우도 있지만, 일반적으로는 이것을 다시 축합하여 고분자량의 폴리실록산으로 만든다.

실리콘 바니스는 이렇게 하여 얻어진 폴리실록산을 사용에 편리하도록 크실렌과 톨루엔 등으로 폴리실록산 성분이 50~60%가 되도록 희석한 것이다. 이상을 도식화하면 다음과 같다.

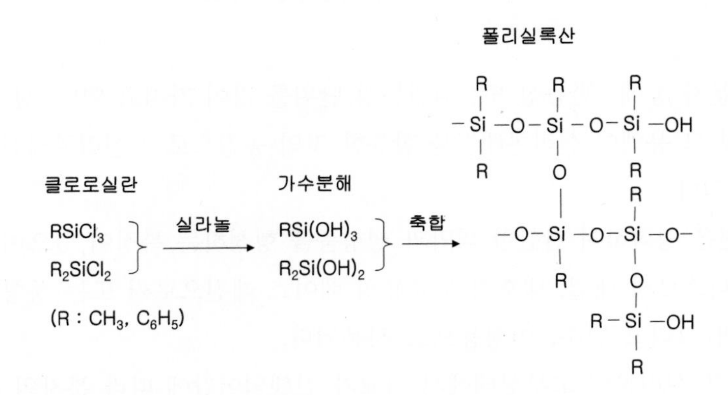

실리콘 바니스 도막을 만드는 데에는 폴리실록산에 남아있는 수산기끼리의 축합을 다시 진행시켜 3차원 그물구조를 형성하여 용제에 녹지않는 도막이 된다. 이 반응은 200~250℃의 가열을 필요로 하므로 보다 저온으로 경화시키려면 촉매로서 유기산 금속염이나 아민류를 사용한다. 그 외에 4관능성 단위와 1관능성 단위의 조합으로 만든 것, 이를 말단에 반응성을 가진 디오가노폴리실록산과 반응시킨 것, 규소원자에 결합시킨 비닐기를 가진 것, 그 반응성을 이용하여 중합 내지 중부가반응으로 경화하는 것 등 각종 구조의 실리콘 바니스가 있다.

(2) 실리콘 중간체

실리콘레진은 내열성, 내후성이 우수한 반면 분자 간의 힘이 약하고 유기수지에 비하여 접착력이나 내용제성이 떨어지며 경화 온도도 높다.

내열성을 약간 낮추고라도 실리콘레진은 이런 결점을 개선하기 위하여 유기수지와의 변성이 행하여진다. 변성용 실리콘 수지의 중간체에는 다음 식에 표시한 것처럼 규소원자에 결합된 수산기나 알콕시기를 가진 저분자량의 폴리실록산이 있다.

(3) 실리콘 변성 바니스

규소원자에 결합한 수산기나 메톡시기는 알콜성 수산기와 쉽게 반응하므로서 알키드수지, 폴리에스텔수지, 아크릴수지 또는 에폭시수지와 반응시켜 실리콘 변성 바니스를 만들 수 있다.

$$\mathrm{Si-OH\ +\ HO-C \rightarrow Si-O-C\ +\ H_2O}$$

$$\mathrm{Si-OCH_3\ +\ HO-C \rightarrow Si-O-C\ +\ CH_3OH}$$

실리콘 바니스 중에는 유기수지와 상용하는 것도 있기 때문에 유기수지와 단순혼합만으로서 개질되는 경우도 있다. 그러나 기계적으로 혼합하는 것보다는 화학적으로 결합시키는 편이 특성상 우수하다고 한다.

실리콘 변성 바니스에는 알키드수지에 함유된 C－OH나 COOH와 실리콘 중간체를 반응시켜 변성되는 실리콘 알키드바니스, 실리콘 중간체와 에폭시수지를 반응시켜 얻는 실리콘 에폭시바니스, 실리콘 중간체와 폴리에스테르수지의 알콜성 수산기를 반응시켜 얻어지는 실리콘 폴리에스테르 바니스가 있다. 그리고 기타 실리콘 변성 바니스로 아크릴수지, 페놀수지, 폴리우레탄수지, 멜라민수지 등과 반응시켜 변성된 바니스가 있으며 각각 특색이 다른 성질을 나타낸다. 열경화성 아크릴수지는 그 자체가 우수한 도료수지이지만 실리콘 변성에 따라 내용제성, 내약품성, 내후성이 우수하고 강한 특성을 얻을 수 있다.

(4) 용액·무용제 형태

① 용액형태: 현재 사용되는 실리콘 바니스는 대부분이 방향족 탄화수소, 지방족 탄화수소, 알콜 등의 단일 또는 혼합용제를 사용한 용액형태로 되어있고 불휘발분이 30~60% 정도이다. 용액형태의 이점은 점도가 낮기 때문에 도포가 용이하고 기타 첨가물을 혼합하는 것도 쉽게 행하여진다.

② 무용제형태: 무용제형태의 것은 크게 2가지로 나누는데, ① 상온에서 액상인 것, ② 고형 또는 분말형태의 것이다. 어느 것이나 용제를 함유하지 않으므로 자원절약이나 노동위생측면에서 유리하다. 먼저 상온에서 액상인 것은 규소원자에 결합한 알켄기의 중합반응을 이용한 것과 $Si-CH=CH_2$와 $H-Si$와의 부가반응을 이용한 것이 있다. 어느 것이나 경화 부산물이 없고 100% 고화하는 바니스이다. 또한 전술한 실리콘 중간체 내에서 규소원자에 결합된 알콕시기가 있는 저분자량의 폴리실록산도 상온에서 액상이며 이 부류에 속한다. 다음으로 고형 또는 분말상의 것은 분체도료로의 응용이 검토되고 있다.

다음은 실리콘레진의 특성에 대하여 설명하겠다.

- 기계적, 물리적 특성: 실리콘레진은 기름 모양, 고무탄성체, 수지상체(樹脂狀體) 등 여러 가지가 있다. 비중은 약 1.05~1.23 정도이며 이의 기계적 강도는 곁사슬기의 종류에 따라 대단히 다르다. 고무탄성체 성형품은 일반적으로 끊어지기 쉽고, 기계적 강도가 약하다. 곁사슬기의 종류에 따라서는 강력한 적층품(積層品)을 만들 수도 있지만, 고주파 전기특성은 떨어진다. 충격강도도 탄소계 수지보다 일반적으로 낮다.
- 내열성: 실리콘레진의 가장 뛰어난 성질 중 하나는 내열성이다. 180~220℃의 온도에서 연속사용이 가능하고 간헐적으로는 300℃의 온도에도 견딘다. 고무모양 제품은 −75~200℃정도, 적층제품은 −115~260℃까지 견딜 수 있다. 또, 실리콘유의 점성도의 온도의존성은 광물유에 비교해서 대단히 낮다.

  기타의 수지와 비교하면 실리콘수지는 열분해량이 매우 작다. 실리콘 바니스 도막을 고온에서 장시간 가열하여 굴곡성을 측정하거나 도막에 균열이 발생할 때까지의 시간을 측정하므로서 내열수명을 구하는 방법이 있다.
- 전기특성: 실리콘레진은 전기절연성도 우수하고 넓은 온도범위에서 사용 가능하다. 실리콘레진은 극성기가 거의 없기 때문에 유전율, 유전정접의 온도 및 주파수 의존성이 적으며 또한 탄화되는 성분이 적어서 내아크성, 내코로나성이 우수하다.
- 내습·내수성: 실리콘 바니스 도막은 우수한 내수성, 내습성이 있다. 이는 물과 친화성이 있는 극성기를 갖지 않고 또한 물에 대한 접촉각이 크기 때문이다. 한편 분자간의 힘이 약하고 분자간격이 비교적 크기 때문에 습기의 투과율은 유기수지 도막의 그것보다 약간 크다.

  따라서 실리콘 바니스를 전기절연재료로 사용하는 경우에는 흡습성이 적은 재료와 조합할 필요가 있다. 흡수율은 매우 작지만 바니스의 조성에 따라서도 다르며 R/Si 값이 큰 것보다 작은 쪽이, 또한 경화온도가 높은 쪽이 평형흡수율은 작게 된다.

- 내약품성: 실리콘 바니스 도막의 내약품성은 반드시 유기수지보다 우수하다고는 말할 수 없지만 유기수지로 변성함에 따라 내약품성을 향상시킬 수 있다.
- 내후성: 실리콘 바니스의 우수한 성질 중 하나는 내후성이다. 내후성 도료의 베이스 레진으로는 순실리콘보다 가격, 경화속도, 기계적 강도, 면에의 밀착성 때문에 실리콘 변성 바니스를 사용하는 경우가 많다. 일반적으로 실리콘 함유량이 많은 쪽이 내후성이 양호하다.
- 난연성: 실리콘 바니스 도막을 버너 가운데에 넣으면 불꽃이 조금 나고 타지만 버너를 멀리하면 곧 꺼진다. **산소 지수법**(oxygen index method)에 따라 난연성을 비교하면 일반적으로 플라스틱은 산소농도 20~29%에서 타기 시작하는 것에 비해 실리콘 바니스 도막은 산소농도 35% 이상을 필요로 하므로 더욱 타기 어렵다는 것을 알 수 있다.

실리콘 바니스는 포관용, 코일함침용, Mica 접착용, 적층판용과 같은 전기용과 도료용 실리콘 바니스, 하드코트레진, 그리고 실리콘레진을 미립자화한 실리콘수지 미분말인 “토스펄”이 있다. 그 외에 응용제품으로 실리콘레진을 주성분으로 하여 실리카미분말, 유리섬유, 무기질 착색안료, 경화촉매, 내부 이형제를 배합한 열경화성수지 성형재료인 실리콘몰딩콤파운드와 고중합도 폴리머인 실리콘 생고무와 저중합도 폴리머인 실리콘레진을 결합한 실리콘 점착제, 그리고 건축용 발수 실리콘과 이형 실리콘이 있다.

3. 실리콘 고무

실리콘 고무는 사용온도 범위가 매우 넓어 −115~260℃에 견딜 수 있다. 또한 내열, 내한성 고무, 전기절연 고무피복재료, 화학공업용 고무재료로서 뛰어나지만, 기계적 강도는 네오프렌 등의 합성고무보다 작다는 단점이 있다.

실리콘 고무에는 실온가황형(室溫加黃形)의 것이 있다. 필요한 양만큼 고무를 튜브에서 밀어내어 외기에 접촉시키면 공기 중의 산소, 습기의 작용으로 가황해서 경화(硬化)하는 것이다.

실리콘 고무는 그림 9.11에 나타난 것처럼 망상구조의 분자로 되어 있다. 그리고 그물결합점(가교점)의 수는 통상 수백 개의 R_2SiO마다 한 개씩 포함된 느슨한 구조로 되어

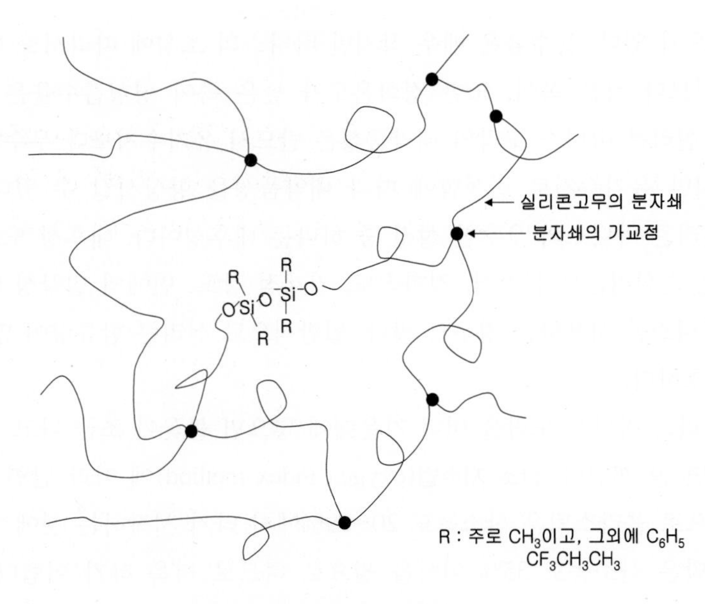

그림 9.11 실리콘 고무의 분자구조

있다. 이와 같은 구조에서는 실리콘오일과는 달리 분자사슬이 상호이동할 수 없게 되기 때문에 유동성은 없어지나 오히려 분자의 자유도는 크게 되어 신축성이 생겨 고무의 성상을 나타낸다.

이러한 고무의 구조를 이루는 방식에는 크게 나누어 두 종류가 있다. 첫째는 실리콘오일의 분자를 아주 길게한 퍼티(Putty) 모양의 폴리머(중합도 5,000~10,000으로 실리콘 생고무라 부른다)에 유기과산화물 등을 배합하여 가열시켜 가교시키는 미라블(millable)형 실리콘 고무(열가류형 실리콘 고무)라고 부르는 타입이다. 또 하나는 말단에 활성기를 갖고 있는 실리콘오일(액상 실리콘 고무용 폴리머)에 가교제를 넣어 실온 하에 혹은 열이나 자외선의 자극에 의하여 가교시키는 액상 실리콘 고무라고 부르는 타입이다(이전에는 RTV 실리콘 고무라고 총칭하였다). 실리콘 고무는 거의 대부분이 실리카 등의 충전제를 배합한 복합물(콤파운드)로서 실제용도로 공급하고 있다.

미러블형 고무는 직쇄상으로 고중합도 선상의 중합도(5,000~10,000 실록산 단위)의 폴리오가노실록산(생고무)을 주원료로 하여 그것에 실리카계의 보강성 충전제, 여러 가지 특성을 부여하기 위한 각종 첨가제를 배합하여 베이스 콤파운드(U-콤파운드)를 제조하고, 다음에 가류제를 첨가하여 가열경화하는 형태의 고무이다. 이 타입의 실리콘 고무는 일반유기고무와 동일하게 취급할 수 있는 제품이며 가소화, 가류제 배합, sheeting 등 롤(roll)작업의 공정을 통해 가공·성형되어지기 때문에 미러블형이라고 부르고 있다.

종래의 실리콘 고무의 분류에는 열을 가함에 따라 탄성체로 되는 열가류형과 실온 부근에 방치하는 것만으로 탄성체가 되는 상온가류형(RTV, 액상 고무와 같은 의미로 사용되는 것이다)으로 나뉘어져 있었다. 그런데 부가반응을 이용한 액상 고무가 범용화되고 LIM 재료와 같이 종래의 열가류형 실리콘 고무와 같은 온도에서 성형되는 제품이 출현하게 되어 가류온도만으로서 실리콘 고무를 분류할 수는 없게 되었다. 그 때문에 폴리머의 중합도 또는 점도에 의하여 구별하게 된 셈이다.

그런데 미러블형 실리콘 고무는 예전부터 열가류형 실리콘 고무 혹은 순 실리콘 고무라고 불리어져 왔고 또 그 약호로서 HCR(heat cured rubber), HVR(heat vulcanizing rubber) 및 HTV(high temperature vulcanizing)고무 등의 호칭은 여전히 남아 있다.

실리콘 고무에 사용되는 폴리머의 주된 사슬은 무기결합인 Si－O－Si로 되어 있고 동시에 Si 원자는 메틸기를 대표로 하는 유기기와 결합하고 있기 때문에 C－C 결합을 주된 사슬로 하는 다른 유기계 고무와는 대단히 다른 특징을 가지고 있다. 예를 들어 지극히 유기적 특성인 고무탄성을 갖고 있으며, 더욱이 이 특성은 섭씨 －70℃에서 200℃ 정도까지의 넓은 온도 범위에서 유지도 되고, 전기절연성과 아크성 등의 전기적 성질과 내후성 등이 다른 유기고무보다 몇 배 우수한 무기 재료 특징도 겸비하고 있다.

또 실리콘 고무의 커다란 특징인 액상 고무로서 제품화된다고 하는 것도, 그 주사슬의 성질에 크게 의존하고 있다고 말할 수 있다. 액상 실리콘 고무는 앞서의 미러블형 실리콘 고무와 다르고, 사용시 대형의 가공기계가 거의 필요하지 않고 반죽 또는 유동성의 액상물을 용도에 알맞게 압출 및 주형하거나 대기 중에 노출하거나 약간 가열하는 것으로 쉽게 실리콘 고무를 얻을 수가 있다. 액상 실리콘 고무로서는 축합 2성분형이 1950년 전반에 개발되었고, 이어서 1950년대 후반에는 축합형 1성분으로 초산형이 개발되었고, 60년대 전반부에는 부가형인 2성분형이 개발되고 있다.

그 후 축합 1성분형에 분류되는 옥심, 알콜, 아미녹시형 등이 계속해서 개발되어 액상 실리콘 고무의 기본적인 것이 갖추어졌다.

70년대에 들어와서는 주로 난연성이나 도전성의 특수 기능의 부여 및 도막, 겔화, 폼 등의 성상의 다양화와 LIM 등 가공상의 개량 등이 되고 다시 최근의 자외선 경화 등의 새로운 가교 방법의 개발 및 발전이 진행 중에 있다. 액상 실리콘 고무는 기계적 특성이 비교적 약한 것 외에는 고무로서 요구되는 대부분의 특성에서 우수하고 시공 및 가공이 용이하기 때문에 건축, 토목, 전기, 전자, 자동차, 사무용 기기, 항공, 우주 산업 등에 그 응용분야가 넓어져 가고 있다. 또한 최근에는 다시 도전성 및 초내열성이 부여된 것과 액상 겔상 폼 도막형태의 것도 개발되어 한마디로 고무라고 말하기도 어려울 정도로 극히 다양화되고 있다. 일반적으로 실리콘 고무는 다음과 같은 특징을 가지고 있다.

(1) 내열성(250℃~315℃)

실리콘 고무의 우수한 특성 중에서도 가장 뛰어난 특성은 내열성이다. 따라서 고온에서도 기계적 특성, 전기적 특성, 화학적 특성 등이 매우 안정되어 있다. 이러한 특징 때문에 고온에서도 안전하게 사용할 수 있다.

(2) 내한성(−65℃~−95℃)

실리콘 고무는 내열성과 더불어 내한성 또한 매우 뛰어나다. 일반 실리콘 고무는 −65℃에서 사용이 가능하며 특수 저온용을 개발된 실리콘 고무는 −95℃에서도 사용이 가능하다.

(3) 전기특성 및 난연성

실리콘 고무의 전기특성은 상온 하에서는 물론, 고온, 저온에서 전기재료로서 뛰어난 안정성을 가지고 있다. 그리고 뛰어난 전기절연성, 체적저항(1×10^{15}~2×10^{16} Ωcm), 절연파괴강도(20~35 kV/mm) 등 최상의 전기절연성을 가지고 있다. 그리고 실리콘 고무는 전기용품규격에 합당하도록 난연성 소재로 개발되어 널리 사용되고 있다. 또한 실리콘 고무는 연소시 유해가스를 발생하지 않는다. 이러한 특성의 장점을 이용하여 근대 전기, 전자산업분야, 첨단기술사업분야 등에서 필수적인 재료로 사용되고 있다.

(4) 내오존성 및 내후성

실리콘 고무는 오존에 대하여 경이적인 저항력을 가지고 있다. 일반 유기질 고무 노화의 주원인인 자외선, 공기 중의 오존 산화제, 산성가스 등에 대하여도 뛰어난 저항력을 지니고 있다. 그러므로 지중케이블, 지중전화선, 선박 등의 각종 전선, 선박의 각종 고무부품, 창문 가스켓(gasket), 고층빌딩의 창틀 가스켓 등 선진공업국에서 이미 널리 응용되고 있다.

(5) 기계적 특성

실리콘 고무는 여러 등급의 각종 기계적 물리적 특성을 가지고 있다. 특히 실리콘 고무의 우수한 기계적 성질은 상온에서는 물론 고온에서 또는 저온에서 다른 유기질고무와 비교하여 월등하다는 점이다(경도: 10~90도, 인장강도: 40~110 kg/cm^2, 인열강도: 6~45 kg/cm).

(6) 무미 · 무취 · 무독성

실리콘 고무는 기본적으로 화학적으로 무미 · 무취 · 무독성인 재료이다. 또한 인체에 무독하다는 것이 증명되었으며 이로 인하여 각종 식품용 고무, 의료용 고무재료로 널리 보급되고 있다. 구체적 예를 들면 젖병의 젖꼭지, 의료용 튜브, 외과용 성형재료, 주사용 마개, 일회용주사기 충전재, 인공동맥, 인공심장 등에 다방면으로 응용되고 있다.

(7) 내습 · 내수성

실리콘 고무는 가황(加硫)후의 내습 · 내수성이 뛰어나다.

연습문제

01 다음 제올라이트들의 세공크기를 적으시오.
(a) 제올라이트 A
(b) 제올라이트 Y
(c) 제올라이트 X
(d) ZSM-5

02 제올라이트가 응용되는 네 산업분야를 나열하시오.

03 제올라이트가 비균일촉매로 많이 이용되는 이유를 3가지 나열하시오.

04 제올라이트를 이용한 형상선택성 촉매반응에 대해 논하시오.

05 흑연화탄소와 비흑연화탄소를 비교 설명하시오.

06 활성탄을 제조하는 물리적 활성법과 화학적 활성법을 간단히 비교 설명하시오.

07 활성탄의 응용범위에 대해 논하시오.

08 다공성물질에서 중간세공(mesopore)은 그 세공크기가 어느 정도인가?

09 $Y_2O_3 : Eu^{3+}$를 예로 들어 형광체의 발광원리에 대해 설명하시오.

10 최근 평판디스플레이에 사용되는 파란색을 내는 형광체 두 가지를 드시오.

11 Silicon과 Silicone의 차이를 설명하시오.

12 변성 실리콘오일이란 무엇인가?

13 디메틸실리콘오일의 일반적인 특성들을 7가지만 나열하시오.

14 실리콘오일과 실리콘레진의 화학구조의 차이를 설명하시오.

15 실리콘레진의 기계적, 물리적 특성에 대해 논하시오.

16 실리콘 고무란 무엇인지 설명하시오.

참고문헌

1. L. Smart and E. Moore Solid State Chemistry, An introduction, 2nd ed. Chapman & Hall, London, Chapter 7, (1995).
2. *Introduction to Zeolite Science and Practice;* Van Bekkum, H. et al. Eds; Elsevier: (1991).
3. F. Rodriguez-Reinoso In: H. Marsh, EA. Heintz, F. Rodriguez-Reinoso, editors. Introduction to Carbon Technology, Alicante: Universidad de Alicante, Secretariado de Publications, p.35-101, (1997).
4. G. Blasse and B.C. Grabmaier, Luminescent materials, Springer-Verlag, Berlin, (1994).
5. J. Stephen, J. Clarson, A. Semlyen, Siloxane polymers, PTR Prentice Hall, 1-71, (1993).
6. 櫻女雄二郎, 플라스틱材料讀本, 機電研究社, pp.283-290, (1994).
7. H. F. Mark, N. M. Bikales, C. G. Overberger, G. Menges, Encyclopedia of polymer science and engineering, John Wiley & Sons, I:109, 15:265, 15:204, 13:162, (1990).
8. 강두환 외 5명 공역, 최신 고분자 화학, 시그마프레스, pp.427-433, (1998).
9. J. C. Salamone, Polymeric materials encyclopedia, CRC press, 7663-7767, (1996).
10. H. R. Kricheldorf, Silicon in polymer synthesis, Springer, 223-287, (1996).
11. C. H. Hare, Protective coatings(Fundamentals of chemistry and composition), Technology publishing company, 267-278, (1994).

오재희 (인하대학교 신소재공학과)
김철영 (인하대학교 신소재공학과)
송태웅 (경남대학교 신소재공학과)
송선주 (전남대학교 신소재공학부)

CHAPTER 10

세라믹 공업

01 세라믹스란 무엇인가

세라믹스(ceramics)란 말은 소성된 점토(fired clay)라는 뜻의 그리스어 keramos에서 유래되었다. 우리나라에서는 요업이라는 단어를 사용하다가 최근에는 세라믹스라는 말이 가장 널리 사용되고 있다.

우리가 사용하는 재료는 크게 금속, 고분자, 세라믹 재료로 나눌 수 있으며 각 재료는 각각 독특한 성질을 갖고 있다. 이들 재료가 서로 다른 물리적, 화학적 성질을 나타내는 것은 각각의 화학결합 형태와 제조공정이 서로 다르기 때문이다.

금속재료는 자유전자를 매체로하여 결합되는 금속결합을 하고 있다. 이들 자유전자 때문에 전기전도성이나 열전도성이 매우 높다. 그리고 빛을 투과할 수 없으며 기계적 인성(toughness)이 우수하다. 그러나 화학적 내구성이 나빠서 쉽게 부식되는 단점이 있다.

고분자재료란 C, H, O 등의 원자가 공유결합형태로 분자를 만들고 이들 분자들은 결합력이 약한 van der Waals결합으로 이루어진 재료이다. 결합상태는 C를 주 골격으로 하면서 체인을 만들고 H나 O가 주위에 첨가되는 형태를 가지고 있다. 이 골격의 크기에 따라 분자량이 다양하다. 분자 간 결합이 약하게 되어 있기 때문에 일반적으로 열에 약하고 내구성이 낮다. 그러나 성형이 용이하며 제품을 만드는 공정이 간단하다.

대부분의 세라믹스는 양이온과 음이온이 이온결합으로 연결되어 물질을 이루고 있으며 일부 공유결합형태를 취하기도 한다. 이러한 화학결합의 특성 때문에 단열성이 높고 전기저항성이 높다. 그러나 세라믹스의 결합형식을 바꾸어 반도성, 전도성 재료도 소개되고 있다. 기계적으로는 변형이 일어나지 않고, 취성(brittle fracture)을 나타내고 있으며 인성이 약하다. 화학적으로 매우 안정하여 대부분의 산, 알칼리용액과 거의 반응을

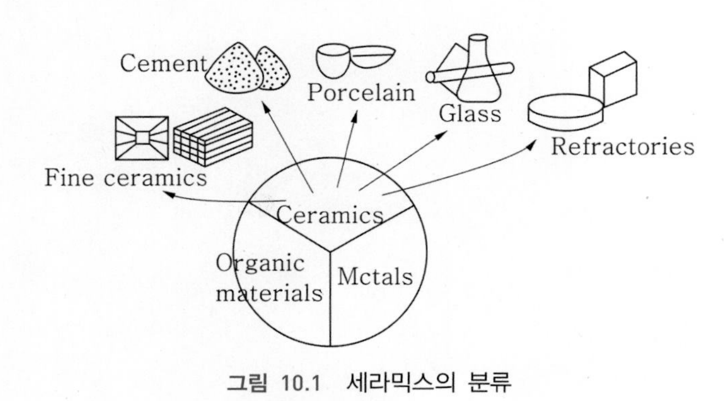

그림 10.1 세라믹스의 분류

하지 않는다.

세라믹스는 인류역사가 시작되면서 인간이 사용하기 시작하였으며 주원료는 지구상에 존재하는 산화물이다. 그림 10.1에 나타나 있는 것처럼 흙을 원료로 하여 전통 세라믹스라고 하는 유리, 시멘트, 도자기, 내화물 등과 최근 신소재로서 그 용도가 다양한 파인 세라믹스(fine ceramics 또는 new ceramics)를 만들 수 있다.

그림 10.2에 전통 세라믹스(traditional ceramics, 또는 conventional ceramics)와 파인 세라믹스의 차이를 나타내었다. 전통 세라믹스는 자연원료를 비교적 간단한 공정을 통하여 제조한 제품인 반면 파인 세라믹스는 정제된 순수한 원료를 사용하여 비교적 복잡하고 잘 제어된 공정을 통하여 얻어진다. 이러한 파인 세라믹스를 얻기 위하여는 세라믹스의 미세구조를 잘 조절해야 하고 그렇게 하기 위해서는 고성능기기를 이용하여 세밀한 분석을 해야 한다.

이러한 세밀한 공정을 거쳐 얻어진 파인 세라믹스는 지금까지 얻지 못했던 기능을 얻을 수 있다. 즉 매우 정제된 원료로부터 정확한 조성을 얻고 정밀한 성형, 소성공정을 거쳐서 고기능성 세라믹스를 얻을 수 있다. 파인 세라믹스라는 말은 처음에는 소결체에

그림 10.2 전통 세라믹스와 파인 세라믹스의 비교

대하여만 사용했었는데 최근에는 단결정, 박막, 유리재료 등에 다양하게 쓰여지고 있다. 파인 세라믹스를 대신하는 단어들로는 new ceramics, special ceramics, modern ceramics, functional ceramics, advanced ceramics 등이 사용되고 있다.

02 유리

1. 유리의 형성 및 구조

일반적으로 **유리**(glass)라는 단어는 금속산화물을 원료로 하고 이를 용융하여 얻은 투명한 고체를 말하며 우리 주위에서 흔히 보는 창유리, 병유리가 이에 속한다. 이 이외에는 도자기에 입힌 유약이나 금속 표면에 입힌 법랑도 유리에 속한다. 그러나 최근에는 유리라는 단어가 졸-겔법이나 증착법으로 얻은 무정형(amorphous) 고체에도 적용하여 사용하기 때문에 그 사용범위가 크게 넓어졌다. 특히 무정형 고체가 세라믹 원료인 금속산화물로만 얻어지는 것이 아니고 고분자재료에서도 흔히 발견되고 금속을 매우 빠르게 급냉시킬때도 무정형의 유리금속(glass metal)을 얻을 수 있기 때문에 유리라는 단어는 세라믹스 이외 다른 재료에도 적용할 수 있다. 따라서 최근에는 유리를 결정질과 구분하여 **비정질 고체**(non-crystalline solid)라고 부르기도 한다. 그러나 우리가 여기서 논하고자 하는 유리는 금속산화물을 원료로 하는 비정질고체에 대한 것이다.

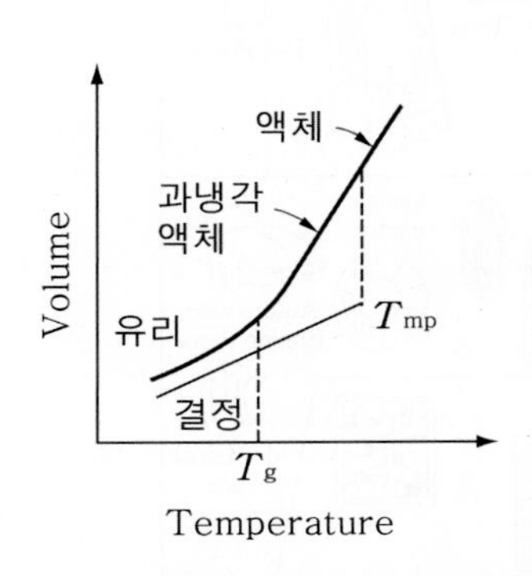

Volume, V_3, V_2, V_1, 급속냉각, 저속냉각, R_3, R_2, R_1, T_0 T_{g1} T_{g2} T_{g3}, Temperature

(a) 유리, 과냉각액체 및 결정체의 부피변화 (b) 냉각속도에 따른 부피변화(냉각속도: $R_1 < R_2 < R_3$)

그림 10.3 온도변화에 따른 부피변화

무기물 원료를 높은 온도로 녹인 후 냉각시키면서 나타나는 액상, 결정상 및 유리상의 관계는 그림 10.3으로 잘 설명할 수 있다.

그림 10.3에서는 용융상태의 유리를 냉각시킬 때 온도(T)에 따른 부피(V)변화를 나타내고 있다. 여기서 T_m은 녹는점, T_g는 유리의 **전이온도**(glass transition temperature)라 부르며, 이는 고체 유리상태와 과냉각 액체상태를 구분짓는 온도이다. 고온에서의 용융물을 서서히 냉각하면 용융온도에서 원자나 분자들은 재배열하면서 결정상으로 전이하게 된다. 용융온도와 유리전이온도 사이에 있는 과냉각상태에 있는 유리도 그 온도에서 오랜 시간 유지하면 원자나 분자의 재배열로 결정상으로 전이한다.

그러나 용융체를 짧은 시간에 빠르게 냉각시키면 용융상태에서 무질서하게 배열되어 있던 원자나 분자들이 결정체로 재배열될 시간적 여유가 없어서 무정형 상태로 남아 있게 된다. 이와 같이 모든 무기물 재료는 고온으로 온도를 올리면 원자나 분자가 결합이 끊어져 액체상태가 되고 충분히 빠르게 냉각하면 무정형의 유리상태가 된다.

한편, 유리의 냉각속도에 따라서 고체상 유리의 부피는 약간 다르게 나타난다. 즉, 급냉속도가 빠를수록 최종적으로 얻어지는 유리의 부피는 커진다. 이러한 냉각속도에 따른 유리구조변화 때문에 유리의 전기전도도, 화학적 내구성, 굴절률 등도 급냉속도에 영향을 받는다. 따라서 서로 다른 실험실에서 똑같은 유리조성으로 유리를 만들었다 하여도 용융온도나 냉각속도가 다르면 서로 다른 성질을 갖는 유리를 만들게 된다. 이렇게 제조조건에 따라 유리의 성질이 변하는 것을 방지하기 위하여 유리 전이온도 근처에서 1시간 정도 유지한 후 서서히 냉각시키면 재현성 있는 실험결과를 얻을 수 있을 뿐만 아니라 유리에 존재하는 잔류응력도 감소시킬 수 있다.

Tool은 과냉각상태로부터 고체유리상이 얻어지는 온도를 **가상온도**(fictive temperature)라 이름지었다. 즉, 그는 가상온도를 “T_2에 있는 물질을 갑자기 T_1으로 온도를 변화시켰을 때 그 물질이 T_2의 성질을 유지하고 있다면 T_1 상태에서 T_2를 그 물질의 가상온도라 한다”라고 정의하였다. 따라서 유리의 조성과 함께 가상온도를 보고하면 유리의 성질을 결정할 수 있다.

유리 전이온도 근처에서 열처리조건에 따른 조그만 부피변화가 유리제품에 큰 영향을 미칠 수 있다. 그 좋은 예가 T.V 브라운관이다. 브라운관 생산 공정에서 브라운관 앞면 유리에 점 형태의 3 원색 형광물질을 코팅하고 뒷면 유리를 열처리 부착하게 되는데 이때 약간의 유리수축이 일어날 수 있고, 이로 인한 형광점위치가 변하여 T.V상의 선명도에 문제를 야기시킬 수 있다. 따라서 앞판 유리의 수축을 최소화할 수 있는 적당한 열처리공정이 필요하다.

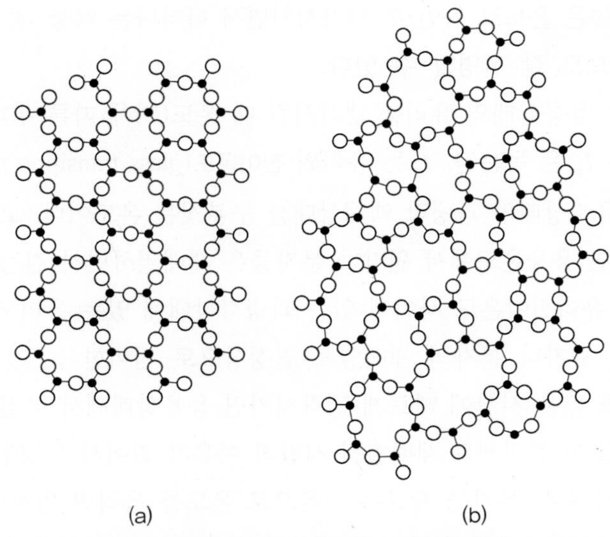

그림 10.4 (a) 정형 결정구조 및 (b) 무정형 유리구조의 비교

이렇게 얻은 유리구조를 같은 조성의 결정구조와 비교하면 그림 10.4와 같이 나타낼 수 있다. 즉, 결정구조에서는 고리가 6 각형으로 일정하지만 유리구조에서는 높은 온도에서 이 결합들이 끊어지고 다시 결합하는 과정에서 다양한 각형의 고리를 만들면서 무정형이 된다.

열역학적으로 볼 때 결정상을 안정상(stable)이라고 하면, 유리상을 준안정상(metastable)이라고 할 수 있다. 그림 10.5와 같이 결정상은 벽돌이 누워 있는 상태이고, 유리상은 벽돌이 세워져 있는 상태이다. 준안정상의 유리가 안정상의 결정으로 전이하기 위하여는 그에 해당하는 활성화 에너지가 공급되어야 하기 때문에 상온에서는 유리가 결정상으로 전이하기는 불가능하다.

앞에서 언급한 것처럼 어느 물질이던지 충분히 높은 온도로 가열하여 녹였다가 급냉시키면 무정형의 유리가 얻어진다. 그러나 분당 1℃ 정도의 일반적 급냉과정을 택할 때

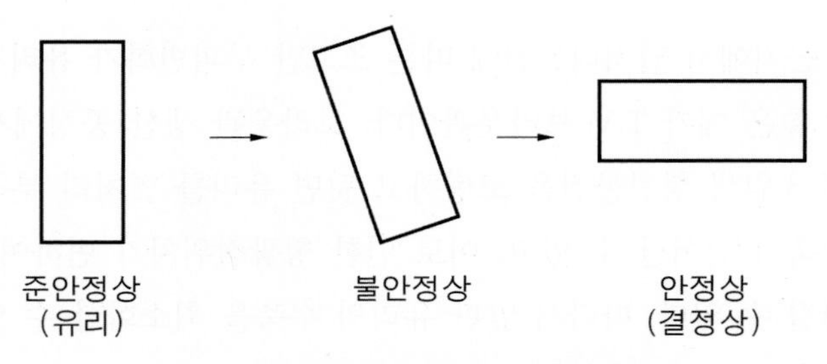

그림 10.5 유리구조와 결정구조의 열역학적 비교

는 일부 물질만이 쉽게 유리를 형성할 수 있다. 이렇게 비교적 용이하게 유리를 얻을 수 있는 무기물 유리 형성체에는 다음과 같은 것들이 있다.

(1) 원소 유리

Se, P, Te 등이 유리형성체이다.

(2) 산화물 유리

대부분의 상업용 유리가 이 분류에 들며 SiO_2, B_2O_3, GeO_2, P_2O_5 등은 단독으로 3차원 망목구조를 형성할 수 있어 이들을 유리형성체라고 한다. 반면에 Li_2O, Na_2O, K_2O 등 알칼리 금속산화물과 MgO, CaO, BaO 등 알칼리 토금속산화물들은 일상 냉각속도에서는 스스로 유리를 형성하지 못하지만 유리구조 내에서 수식체로 들어가면서 유리를 형성할 수 있다. 이들을 유리수식체라 한다. 한편 Al_2O_3, TiO_2, ZrO_2 등도 단독으로 녹였을 때는 유리를 형성하지 못하지만 다른 산화물과 함께 녹일 때는 유리형성체 역할을 하여 이들을 중간체라 부른다.

(3) 할로겐 유리

BeF_2, ZrF_4, AlF_3, HfF_4, PbF_2 등 불화물과 $ZnCl_2$ 등 염화물이 유리를 형성한다. 산화물과 함께 존재하면 산화 할로겐 유리를 얻는다. 이들 유리는 적외선 투과성질을 갖고 있다.

(4) 칼코겐 유리

S, Se, Te 등을 칼코겐 원소라 하는데, 이들 원소를 포함하는 As－S, As－Se, Ge－Se, As－Se－Te 등이 유리를 쉽게 형성한다. 이들 유리는 반도체 성질을 나타내고 적외선 투과 특성을 나타내고 있다.

대부분의 금속은 빠른 냉각속도에서도 유리상을 얻기는 힘들다. 그러나 Au－Si, Pd－Si, Au－Ge－Si, Fe－C－P 등 합금은 약 10^5℃/sec의 속도로 냉각할 경우 무정형의 유리금속(glass metal)을 얻을 수 있다. 이를 위하여는 두 개의 롤러 사이로 용융금속을 부어서 얇은 판상으로만 얻을 수 있다. 이렇게 얻은 무정형금속은 높은 기계적 성질과, 내부식성 그리고 우수한 자기적 특성을 나타내고 있다.

2. 유리의 결정화 현상

앞에서 언급했듯이 용융점 이상에서는 액상이 가장 안정한 상이 되어 결정화가 일어나지 않으며 유리 전이온도 이하에서도 분자의 이동이 거의 불가능하기 때문에 결정화가 일어날 수 없다. 그러나 유리용융물을 충분히 서서히 냉각시킬 때는 용융점과 유리 전이온도 사이에서 원자나 분자의 재배열이 일어나면서 무정형상태가 결정상으로 변화할 수 있다. 유리의 결정화는 **핵형성**과 **결정성장**의 두 단계로 나누어 일어나며, 이러한 결정화의 구동력(driving force)은 자유에너지의 감소이다.

핵형성이란 아주 작지만(~100 Å) 안정한 결정의 형성을 말한다. 과냉각액체에서는 작은 결정이 형성되면 자유 에너지에 변화가 생긴다. 이 자유에너지 변화(ΔG_r)는 식(10.1)과 같이 안정한 결정상의 형성에 따른 부피에너지 변화(ΔG_v)와 새로운 계면의 형성에 따른 표면 에너지(γ)의 합으로 나타낼 수 있다.

$$\Delta G_{\mathrm{r}} = \frac{4}{3}\pi r^3 \cdot \Delta G_{\mathrm{v}} + 4\pi r^2 \cdot \gamma \qquad (10.1)$$

여기서 r은 형성된 핵의 반지름이다.

위 식에서 부피 자유에너지는 T_m 이하에서는 r이 증가함에 따라 항상 감소하게 나타나고 표면 에너지 항은 핵형성에 따라 항상 증가한다. 따라서 그림 10.6과 같이 어느 임계반지름(r^*)에서 전체 자유에너지는 최대점을 갖게 된다.

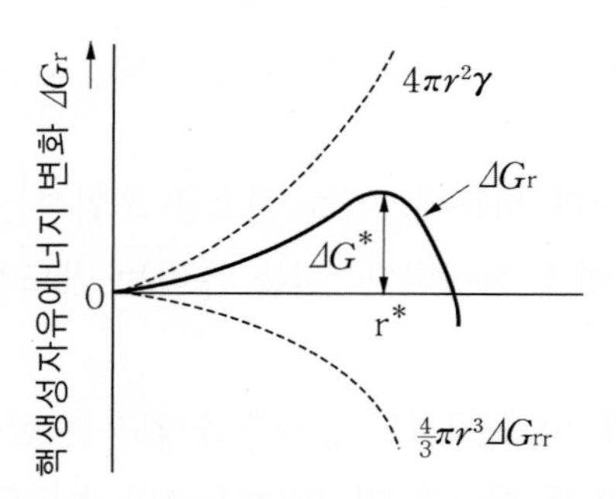

그림 10.6 핵형성 시 입자크기에 따른 자유에너지 변화

이 그림에서 보듯이 핵이 증가함에 따라 처음에는 전체 자유에너지가 증가하다가 어떤 임계 크기 이상이 되면 다시 감소함을 보이고 있다. 따라서 안전한 핵으로 성장하기 위하여는 처음 핵의 크기가 r^* 이상이어야 한다. 만들어진 핵의 크기가 r^*보다 작으면 다시 녹아 없어지기 때문에 이것을 엠브리오(embryo)라 한다. 액체 내에 있는 분자는 계속 움직이고 있으며 이들 중 몇 개는 적당한 조건이 주어지면 서로 붙으면서 결정구조를 만든다. 이러한 분자들의 요동이 임계크기 이상의 핵을 형성하게 된다.

이러한 핵형성속도(I)는 식 (10.2)와 같이 나타낼 수 있다.

$$I = \nu_0 n_s n_0 \exp\left(-\frac{\Delta G_r^*}{kT}\right) \exp\left(-\frac{\Delta G_m}{kT}\right) \tag{10.2}$$

여기서 ν_0, n_0, n_s는 각각 점프 빈도수, 전체 분자수, 임계 크기 이상의 핵 주위에 있는 분자수를 나타내며 ΔG_r^*는 핵형성 구동력 자유에너지이고, ΔG_m은 핵-매트릭스 계면에서의 분자이동 활성화에너지이다.

위의 식에서 분자이동은 용융물의 점도(η)와 밀접히 연관시킬 수 있어서 ΔG_m항을 점성 변형을 위한 활성화 에너지 ΔG_η로 교체시킬 수 있다.

$$\eta = \eta_0 \exp\left(-\frac{\Delta G_\eta}{kT}\right) \tag{10.3}$$

용융온도 근처의 높은 온도에서는 결정화를 위한 구동력이 0에 접근하여 핵형성속도가 감소하고, 낮은 온도에서는 용융체의 점도가 높아져 원자의 이동이 힘들어지면서 역시 핵형성속도는 감소한다. 따라서 온도변화에 따른 핵형성속도는 그림 10.7에서처럼 어느 중간적 온도에서 핵형성속도가 최고점에 도달한다.

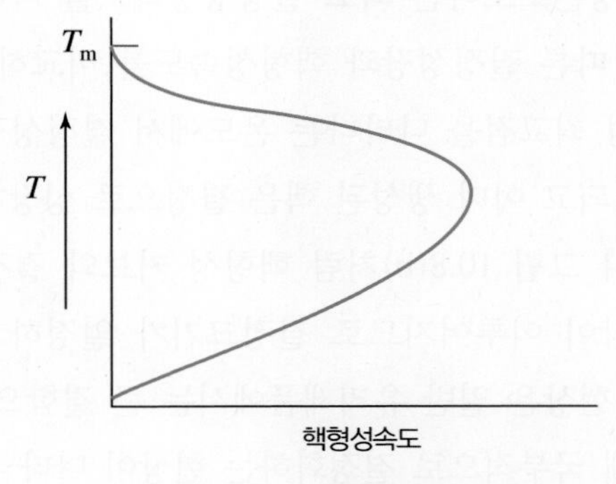

그림 10.7 핵형성속도

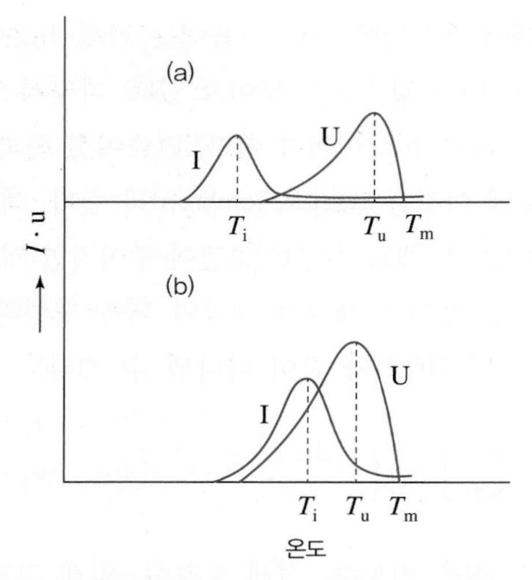

그림 10.8 온도에 따른 핵형성속도 및 결정성장속도

용융물 내에 핵형성을 돕는 불순물이 있다던가 용융도가니 벽 근처에서는 핵형성이 잘 되지만 전체적 핵형성과정은 동일하다. 이렇게 핵이 형성되는 조건(주로 열처리 온도)에서는 이들 핵이 충분히 커다란 결정으로 성장하기는 어렵다.

따라서 일단 핵이 형성되고 열처리온도를 더 올려 주면 매트릭스에 있던 분자가 계속해서 핵으로 이동하여 결정성장이 일어난다. 이때도 결정상과 액상 사이의 자유에너지 차이에서 생기는 구동력 에너지와 분자의 이동에 영향을 미치는 운동에너지가 영향을 미친다. 이때 운동에너지는 앞에서 언급했듯이 용융체의 점도와 연관지을 수 있다. 따라서 핵형성 때와 마찬가지로 용융점 근처의 높은 온도에서는 구동력이 0에 접근하여 결정성장속도가 줄어들고 낮은 온도에서는 점도가 높아 결정성장속도가 낮아진다. 즉 어떠한 특정온도에서 최고의 결정성장속도를 갖게 된다.

일반적으로 최고 핵형성온도보다는 최고 결정성장속도를 나타내는 온도가 높게 나타나고 있으며 온도변화에 따른 결정성장과 핵형성속도를 비교하면 그림 10.8과 같다. 그림 10.8(a)와 같이 핵형성 최고점을 나타내는 온도에서 결정성장이 일어나면 유리 내에서 한쪽에서는 핵이 형성되고 이미 생성된 핵은 결정으로 성장하기 때문에 결정의 크기가 일정하지 않다. 그러나 그림 10.8(b)처럼 핵형성 커브와 결정성장 커브가 떨어져 있으면 핵형성 후 결정성장이 이루어지므로 결정크기가 일정하게 된다.

이러한 유리의 결정화 현상은 일반 유리제품에서는 큰 결함으로 나타난다. 즉, 창유리나 병유리 등을 성형할 때 국부적으로 결정화하는 현상이 나타날 수 있는데 이렇게 결정이 생기면 결정상과 주위 매트릭스 유리의 열팽창계수 차이가 커서 냉각 중 또는 사용

중 파손될 위험이 있다. 이러한 현상을 실투현상(devitrification)이라 한다.

그러나 결정성장을 잘 조절하면 유리 전체에 결정이 고루 생성되게 할 수 있고 이렇게 얻은 제품은 유리제품과는 전혀 다른 새로운 결정질 세라믹 제품으로서 이를 결정화 유리(glass-ceramic)라 한다. 이렇게 얻은 결정화 유리는 같은 조성의 유리와 비교할 때 얻어진 결정상의 종류에 따라 다양한 기계적, 열적, 전기적 성질을 나타낸다.

가장 널리 알려진 결정화 유리는 $Li_2O-Al_2O_3-SiO_2$계 유리로부터 β-spodumene이라는 결정상을 얻어 만든 결정화 유리로서 열팽창계수가 거의 0에 접근하여 열충격에 매우 강한 내열재료로 사용할 수 있고, 이들 결정상의 크기를 가시광선 파장의 크기보다 작게 조절할 경우 입계(grain boundary)에서 일어나는 빛의 산란현상을 없애 주어 투명 결정화 유리도 얻을 수 있다. 이렇게 작은 크기의 결정상을 얻으려면 핵형성온도에서 오랫동안 열처리하여 물체 내에 되도록 많은 핵을 생성하게 한 후 결정 성장온도로 열처리하면 된다. 이 외에도 운모류의 결정인 phologopite 결정이 형성된 결정화 유리를 만들면 기계적 가공이 가능한 세라믹스를 얻을 수 있고, 유전체 성질을 갖는 결정을 석출하게 하면 전자재료로 응용할 수 있다. 최근 의학용이나 광학재료로 사용하는 결정화 유리도 소개되고 있다.

3. 유리의 물성

일반재료의 물성을 논할 때에는 기계적 성질, 화학적 성질, 열적 성질, 광학적 성질 그리고 전기적 성질에 대하여 논한다. 유리의 물성에 대하여도 이 순서에 따라 설명하기도 한다.

(1) 기계적 성질

유리를 구조재료로 사용할 때 가장 중요한 성질이 기계적 성질이다. 상온에서 유리는 완전한 탄성재료이고 인장력에는 약하지만 압축력에는 매우 강하다. 유리의 강도를 측정할 때는 금속과는 달리 인장강도 대신 굽힘강도를 측정한다.

그림 10.9와 같이 기둥모양의 유리 시편을 만들고 양끝의 밑에 받침을 한 후 중간 한 점에서 하중을 가하는 3점하중법과 시편의 중간 일정거리에 일정한 하중이 걸리게 하는 4점하중법이 있다. 후자가 좀 더 정확한 값을 나타내는 것으로 알려져 있다. 유리섬유의 강도는 인장법으로 측정한다.

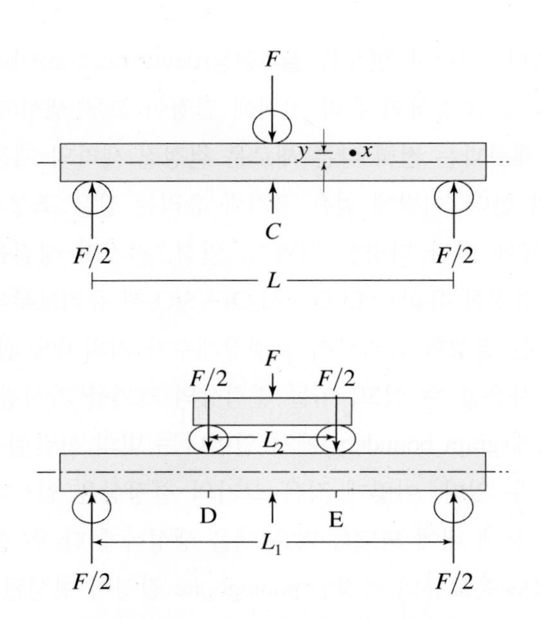

그림 10.9 3점 및 4점 굽힘 측정

유리는 취성재료이기 때문에 유리의 강도는 원자들의 결합강도에 따라 달라진다(SiO_2 유리에서는 Si－O 결합력). 이때 Orowan이 유도한 이론적 강도(σ_{th})는 다음 식으로 나타낼 수 있다.

$$\sigma_{th} = \sqrt{\frac{\gamma \cdot E}{a_o}} \qquad (10.4)$$

여기서 γ는 표면에너지, E는 영탄성계수, a_o는 원자 간 거리이다. 일반유리에서는 $\gamma = 10^3$ erg/cm^2, $E = 10^{12}$ dyne/cm^2, $a_o = 3 \times 10^{-8}$ cm 정도의 값을 가지고 있으므로 이들을 대입하면 σ_{th}는 2×10^{11} dyne/cm^{2}의 높은 값을 얻게 되는데, 실제 유리에서는 이보다 100~1,000배 낮은 강도값을 나타낸다. 이렇게 이론치와 실제치에 차이가 나는 이유는 모든 유리표면에는 수 μm 크기의 균열들이 존재하는데 응력이 가해질 경우 그 응력이 이 결함 끝에 집중하기 때문이다.

Inglis가 유도한 바에 의하면 그림 10.10과 같이 균열의 길이가 c이고 균열 끝에서의 반지름을 ρ라고 하면 파괴강도(σ_f)는 다음과 같이 유도될 수 있다.

$$\sigma_f = \frac{1}{2}\sigma_{th}\sqrt{\frac{\rho}{c}} \qquad (10.5)$$

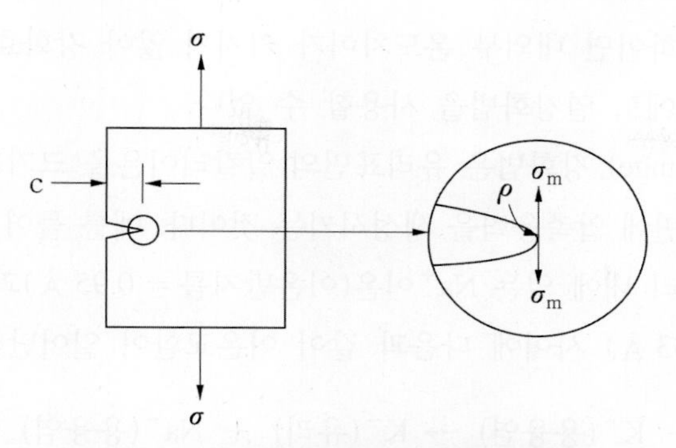

그림 10.10 표면균열이 있을 때의 인장응력

만일 c가 6 μm이고 ρ가 2 nm이라면 $\sigma_f = 10^{-2}\sigma_{th}$가 얻어져 파괴강도는 이론강도의 10^{-2}배가 된다.

이상과 같이 유리는 이론강도는 매우 강한 재료이지만 표면결함 때문에 실제강도는 이론치에 훨씬 미치지 못한다. 만일 이러한 표면결함을 없앨 수 있다면 유리는 매우 강한 재료가 될 것이다. 이를 위한 방법으로 화학에칭, 화염연마 방법이 있는데 이 방법으로 균열 끝의 반경을 크게 할 수가 있다. 그러나 시간이 지나면서 수분 등과 반응하면서 다시 균열이 발생한다. 완전무결한 표면이라도 대기 중의 먼지나 수분과 만날 때 균열이 발생하므로 이를 방지하기 위하여 유리제품을 만들어서 바로 플라스틱으로 코팅을 하는 방법을 택하기도 한다. 광섬유를 만들 때 이 방법을 사용한다.

유리는 항상 인장응력에서 깨지고 균열은 유리표면에서 시작하므로 유리표면에 미리 압축응력을 넣는 방법이 유리의 강화방법으로 응용된다. 이렇게 표면압축응력을 도입하는 방법에는 열강화방법과 이온교환법이 있다.

열강화법(thermal tempering)에서는 유리를 연화점 근처까지 온도를 올렸다가 갑자기 급냉 시켜서 만든다. 이때 유리표면이 내부보다 빨리 식어서 내외부 간 온도차이가 생기지만 내부에서 분자의 유동성이 약간 있어서 응력차이는 생기지 않는다. 그러나 시간이 지남에 따라 외부의 수축이 끝난 상태에서 내부가 점점 식어서 결국 온도구배는 없어지지만 내부의 수축량이 외부의 수축량보다 커지면서 표면에 압축응력이 발생하게 된다. 이렇게 얻은 강화유리는 강화 전보다 4~5 배의 강도 증진효과를 나타낸다. 이렇게 얻은 압축응력층 바로 밑에는 이에 상응하는 인장응력층이 존재하게 되어 만일 균열이 이 압축응력층을 뚫고 인장응력층까지 들어가면 갑자기 에너지가 이완되면서 유리는 조그만 파편으로 깨어지게 된다. 이를 이용한 것이 자동차 창유리이다. 자동차가 사고로 유리가 깨어졌을 때 유리가 가루로 깨어지면서 치명적 찰과상을 피할 수 있다. 이 방법은 유리판 두께가 3 mm 이하이면 내외부 온도차이가 커지지 않아 강화효과를 얻을 수 없고, 모양이 복잡한 경우에도 열강화법을 사용할 수 없다.

이온교환(ion exchange) 강화법은 유리표면의 알칼리이온을 크기가 큰 다른 알칼리이온으로 교체하여 표면에 압축응력을 생성시키는 것이다. 예를 들어 판유리를 용융 질산칼리염에 넣으면 유리 내에 있는 Na^+이온(이온반지름 = 0.95 Å)과 용융액 중의 K^+이온(이온반지름 = 1.33 Å) 사이에 다음과 같이 이온교환이 일어난다.

$$Na^+(\text{유리}) + K^+(\text{용융염}) \rightarrow K^+(\text{유리}) + Na^+(\text{용융염}) \quad (10.6)$$

이 반응에서 그림 10.11과 같이 커다란 이온이 작은 이온자리에 들어가면서 그 이온 주위에 압축응력을 만들어준다. 이때는 표면압축응력층의 두께가 열강화법에서 얻은 응력 두께층보다는 얇다. 그림 10.12에 열강화법과 이온교환법에 의하여 강화된 유리의 응력분포를 비교하여 도시하였다.

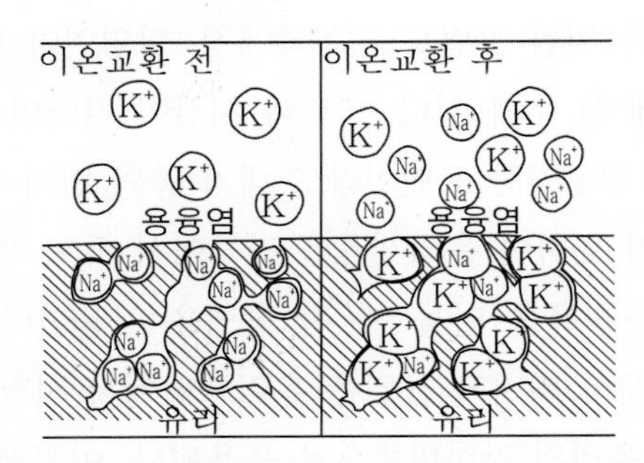

그림 10.11 K^+이온이 Na^+이온 대신 교체되었을 때의 모양

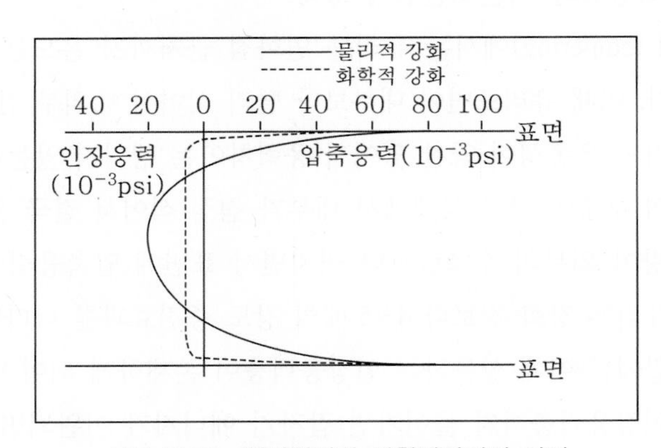

그림 10.12 열강화법과 화학강화법의 차이

이 외에도 낮은 열팽창계수를 가지는 유리를 큰 열팽창계수를 가지는 유리에 입히면 표면에 압축응력이 도입되면서 유리를 강화시킬 수 있다.

(2) 화학적 성질

일반적으로 유리는 다른 세라믹스처럼 화학적 내구성이 매우 높은 재료이다. 따라서 유리가 각종 화공약품의 용기로 사용되고 도자기 유약이나 법랑 유약으로도 사용된다. 그러나 유리는 HF에는 매우 약하고 높은 온도에서는 알칼리 용액과도 반응한다. 장시간 사용할 때는 매우 미미하기는 하지만 물과도 반응을 한다.

SiO_2 유리를 깨뜨리면 표면은 Si－O 결합이 잘린 상태로 나타나게 되고 이 상태는 에너지적으로 불안정한 상태이므로 공기 중의 수분과 쉽게 반응한다.

이렇게 물과 반응하여 표면이 SiOH(silanol기) 형태로 나타나고 그 표면에 H_2O가 흡착된다(그림 10.13).

대부분의 유리는 알칼리산화물을 포함하고 있고 이 유리가 산성용액과 반응하면 유리 내의 알칼리이온과 용액 내의 수소이온(또는 hydronium 이온) 사이에 이온교환이 일어난다.

$$Na^+(\text{유리}) + H^+ (\text{용액}) \rightarrow H^+(\text{유리}) + Na^+(\text{용액}) \quad (10.7)$$

이 반응은 이온교환확산계수(interionic diffusion coefficient)에 의하여 제어되며 주로 확산계수가 작은 수소이온의 영향을 받는다.

그러나 이들 유리를 알칼리용액과 반응시키면 다음 식과 같이 Si－O－Si 결합이 파괴되면서 silanol기를 만들고 Si 주위 4 개의 결합이 전부 silanol기를 형성하면 $Si(OH)_4$로

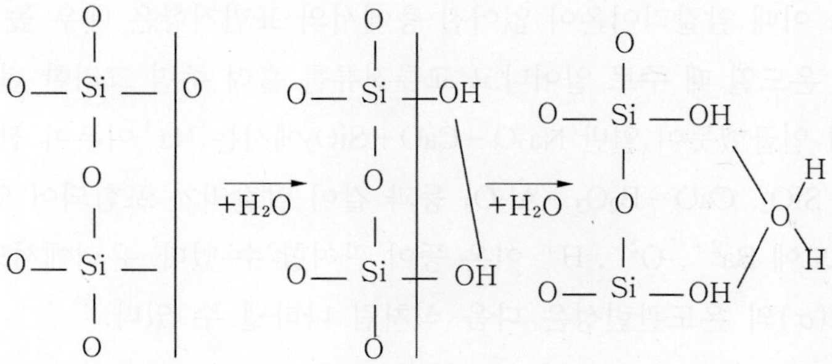

파단면　　Silanol기형성　　물 흡착

그림 10.13 유리표면에서 물의 흡착

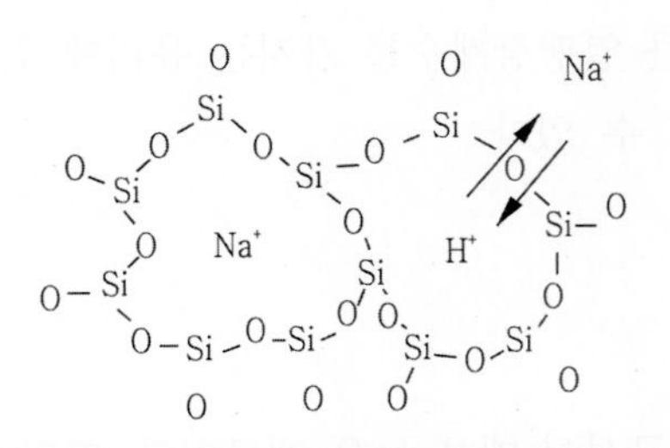

그림 10.14 산성용액에서의 알칼리 용출

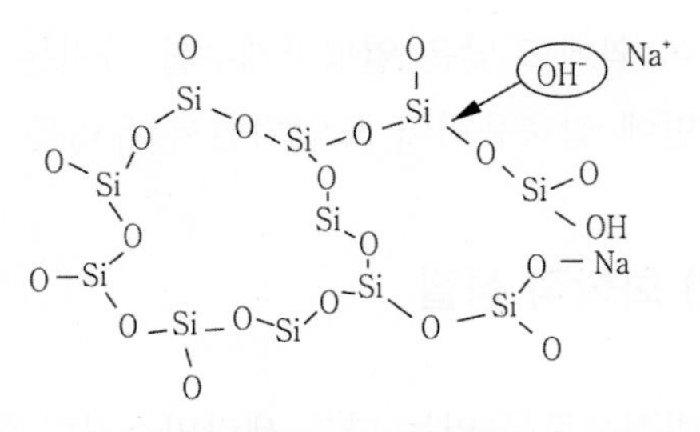

그림 10.15 알칼리용액에서의 용해현상

떨어져나오게 된다(그림 10.13).

$$\text{Si}-\text{O}-\text{Si}(\text{유리}) + \text{OH}^- (\text{용액}) \rightarrow \text{SiOH} (\text{유리}) + \text{HOSi} (\text{유리}) \quad (10.8)$$

일반으로 유리를 중성의 용액과 반응하면 먼저 유리 내 알칼리이온과의 반응이 일어나고서 알칼리이온 용출이 일어나고 유리 주위 용액의 pH가 증가하여 알칼리성으로 바뀌면서 유리의 용해현상이 나타난다. 이들 현상을 그림 10.14와 그림 10.15에 나타내었다. 유리조성에 CaO나 Al_2O_3 등을 첨가하면 유리의 화학적 내구성은 크게 증가된다.

(3) 전기적 성질

상온에서 대부분의 유리는 전기적으로 부도체에 속한다. 그러나 온도가 증가함에 따라 전기전도성은 증가하고, 용융온도 이상에서는 전기도체 성질을 나타낸다. 일반유리의 전도는 유리구조 내 알칼리이온의 이동 때문에 생겨서 이온전도체이지만 전자전도를 나타내는 특수유리도 있다. 알칼리이온을 포함하고 있는 유리에서는 이들 알칼리이온(Li^+, Na^+, K^+)이 전기전도 운반자(carrier)가 된다. 전장을 걸고 음극으로부터 알칼리이온이 계속 공급되지 않으면 유리내에서 알칼리이온이 한쪽으로 몰리면서 전극 편극현상이 일어난다. 이때 알칼리이온이 없어진 층에서의 표면저항은 매우 높게 된다. 이 편극현상은 높은 온도일 때 주로 일어나고 교류전류를 흘려 주면 그러한 현상은 일어나지 않는다. 위에서 언급했듯이 일반 $Na_2O-CaO-SiO_2$에서는 Na^+이온이 전기전도 운반자이지만, $BaO-SiO_2$, $CaO-B_2O_3-Al_2O_3$ 등과 같이 알칼리가 포함되어 있지 않은 유리에서는 전기전도에 Ba^{2+}, O^{2-}, H^+ 이온 등이 관여할 수 있다. 유리에서도 결정체와 같이 전기전도도(σ)의 온도관련성은 다음 식처럼 나타낼 수 있다.

$$\sigma = \sigma_o \exp\left(-\frac{\Delta E}{kT}\right) \quad (10.9)$$

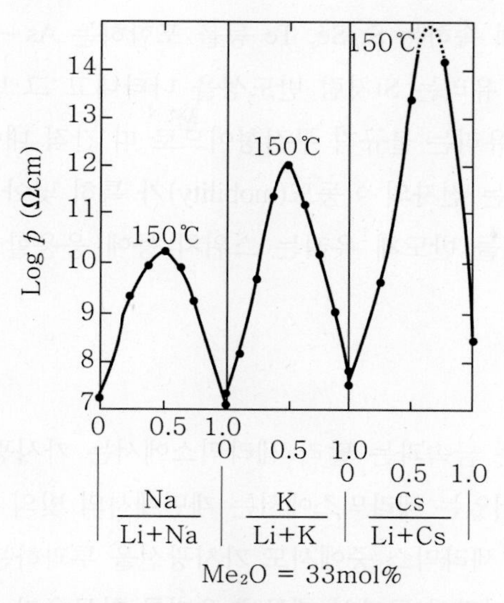

그림 10.16 전기저항의 혼합 알칼리 효과

유리의 이온전도에서 특이한 현상 중 하나가 혼합 알칼리 효과(mixed alkali effect)이다. Na_2O, K_2O를 단독으로 포함하고 있는 $30Na_2O \cdot 70SiO_2$ 및 $30K_2O \cdot 70SiO_2$ 유리와 Na_2O, K_2O를 반씩 포함하고 있는 $15Na_2O \cdot 15K_2O \cdot 70SiO_2$ 유리의 전기저항도를 비교하면 혼합 알칼리를 포함하고 있는 유리에서의 전기저항도가 알칼리산화물이 단독으로 있을 때보다 수십 배 높게 나타난다. $Na^+ - K^+$, $Li^+ - K^+$, $Cs^+ - Rb^+$, $Cs^+ - K^+$, $Cs^+ - Na^+$이온 등이 포함된 유리에서도 위에서 언급한 혼합 알칼리 효과가 나타난다(그림 10.16).

그리고 이 효과는 첨가된 알칼리이온의 크기 차이가 클수록 커진다. 이러한 혼합 알칼리 효과는 점도, 화학적 내구성에서도 나타나지만 전기전도도에서처럼 크지는 않다.

결정체, 반도체 세라믹스처럼 전자의 이동에 의한 전자전도 특성을 나타내는 유리도 있다. $P_2O_5 - V_2O_5$, $P_2O_5 - BaO - V_2O_5$, $SiO_2 - PbO - Fe_2O_3$ 등과 같이 전이원소 산화물을 포함한 유리에서 전이 금속이온들이 2개 이상의 원자가를 가지고 존재한다. 따라서 전장이 걸리면 아래 식처럼 원자가 교환이 일어나면서 전자전도가 일어난다. 이러한 것을 호핑전도(hopping conduction) 또는 폴라론전도(polaron conduction)라고 한다.

$$V^{4+} - O - V^{5+} \rightarrow V^{5+} - O - V^{4+}$$
$$Fe^{2+} - O - Fe^{3+} \rightarrow Fe^{3+} - O - Fe^{2+} \qquad (10.10)$$

칼코겐(chalcogen)족에 속하는 S, Se, Te 등을 포함하는 As−S, As−Se−Tl, As−Si−Ge−Te 등 비산화물 유리는 Si처럼 반도성을 나타내고 그 반도성 원리는 에너지띠 모델로 설명하고 있다. 유리는 불규칙 무정형이므로 띠 간격 내에도 에너지준위가 존재할 수 있지만 이곳에 있는 전자의 이동도(mobility)가 특히 낮아 결정체만큼의 전자전도는 나타나지 않는다. 이들 반도체 유리는 스위치 등에 응용할 수 있다.

(4) 광학적 성질

자유전자를 가지고 있는 금속과는 달리 세라믹스에서는 가시광선의 흡수현상이 없다. 그러나 다 결정체로 되어있는 세라믹스에서는 계면에서의 빛의 산란현상이 있어서 빛을 투과할 수 없다. 따라서 세라믹스 중에서도 가시광선을 투과하는 것은 단결정과 유리뿐이다. 이러한 유리의 가시광선 투과성 때문에 유리를 창문유리, 용기유리, 렌즈 또는 광섬유 등 광학재료로 광범위하게 사용하고 있다. 그리고 유리는 단결정 세라믹스와 달리 무정형으로 되어 있어 방향성이 없으므로 완전 등방성이면서 투명성을 나타낸다.

가시광선을 투과시키므로 렌즈처럼 유리의 두께를 달리하면 빛이 꺾여 빛의 진행방향을 바꿀 수 있다. 그리고 유리의 조성에 따라 빛의 속도가 달라지므로 유리표면과 유리 내부의 유리조성을 다르게 하여 빛의 방향을 바꾸어 렌즈로 사용하는 GRIN(gradient refractive index)렌즈 유리도 개발되고 있다. 광섬유는 유리 내에서의 전반사를 이용한 것이다. 실리카 유리로 섬유유리의 겉을 싸고 이보다 굴절률이 높은 $GeO_2-P_2O_5-SiO_2$ 계 유리를 내부에 있도록 섬유유리를 만들고 중간에 빛을 입사하면 이 빛은 두 유리의 계면에서 전반사하여 빛의 손실이 별로 없이 수백 km를 진행할 수 있다. 이것도 유리의 높은 빛투과성을 이용한 것이다. 빛의 투과성을 방해하는 것으로는 유리 내 기포나 이물질이 들어 있을 때 이들에 의하여 빛이 산란될 수 있으나 보통 이러한 불순물이 유리 내 존재하는 경우가 많지 않아 큰 문제가 되지는 않는다. 그러나 Fe_2O_3 등 전이금속 산화물의 경우 극소량이 포함되어 있어도 빛을 흡수하여 투과율을 저하시킨다. 광섬유 같은 고성능 광학재료로 유리를 사용할 경우 이들 전이금속 산화물뿐만 아니라 희토류 산화물, OH^-기 등도 ppm 단위 이하로 조절해야 한다.

(5) 열적 성질

유리의 열전도도는 결정질 세라믹스보다 적다. 유리나 세라믹스에서의 열전도는 포논

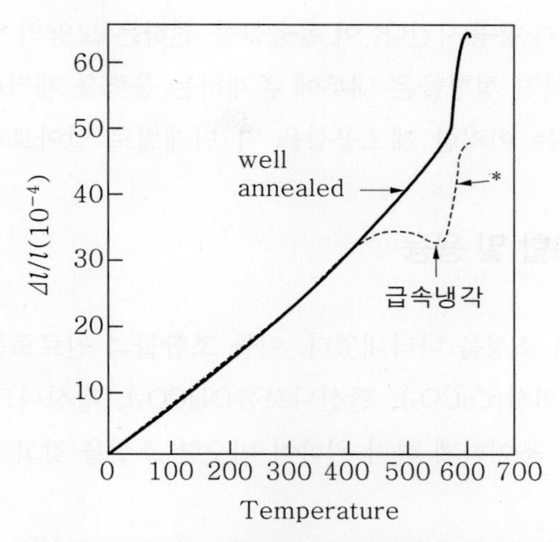

그림 10.17 유리의 열팽창에 대한 냉각속도의 영향

(phonon)에 의하여 이루어지는데, 유리의 구조가 무정형이므로 포논의 평균자유경로(mean free path)가 3~4 Å 정도로 매우 짧기 때문에 유리는 열전도도가 가장 낮은 재료 중의 하나이다. 따라서 3 mm 밖에 안 되는 유리창도 훌륭한 단열재 역할을 한다.

유리의 열팽창도 다른 세라믹스 재료와는 달리 독특한 현상을 보인다. 결정질 세라믹스의 경우 온도가 증가함에 따라 직선적으로 팽창한다. 그러나 유리는 그림 10.17에서 보이는 것처럼 유리전이온도 근처에서 커다란 열팽창변화를 보인다. 유리전이온도까지는 유리원자들의 비조화 진동에 의하여 열팽창이 일어나지만 일단 유리전이온도에 도달하면 유리구조 내의 분자들이 약간씩 움직이기 시작하므로 이것이 원자의 비조화 운동과 합해져 커다란 열팽창이 일어난다. 그리고 급냉한 유리에 온도를 가하면 유리전이온도 근처에서의 약간의 수축현상이 보이다가 다시 팽창하는데, 이는 열린 구조(open structure)를 갖고 있는 유리구조가 전이온도 근처에서 안정화하기 때문이다. T_d 점에서 수축이 관찰된 것은 막대모양의 실험시편이 이 온도에서 더 이상 원형을 유지하지 못하고 휘어지기 때문이다.

4. 유리의 제조공정

제조공정 중 일반 세라믹스와 다른 점은 일반 결정질 세라믹스에서는 세라믹 분말을 성형하여 열처리(소성)하지만 유리는 원료분말을 먼저 열처리(용융)하고 성형하는 공정을 택한다. 즉, 유리를 제조할 때는 먼저 각 원료를 원하는 양만큼 무게를 달아서 잘 섞고 이를 용해로에 투입시켜 용융시킨다. 이 용융물을 원하는 모양의 성형틀에 부어서 모양을 만든다. 이렇게 얻어진 성형물은 내부에 존재하는 응력를 제거하기 위하여 서냉과정을 거친다. 본 절에서는 이러한 제조공정을 각 단계별로 알아보기로 한다.

(1) 원료혼합물의 조합 및 용융

표 10.1에 일반 유리의 조성을 나타내었다. 이들 조합물의 원료로는 규사(SiO_2), 백운석($CaCO_3 \cdot MgCO_3$), 석회석($CaCO_3$), 탄산나트륨($NaCO_3$), 황산나트륨(Na_2SO_4) 등을 사용한다. 유리의 용융을 용이하게 하기 위하여 비슷한 조성을 갖고 있는 파쇄유리를 30% 이상 첨가한다.

표 10.1 여러 가지 유리의 대표적 조성

Type of Glass	SiO_2	Na_2O	K_2O	CaO	PbO	MgO	BaO	B_2O_3	Al_2O_3
Table ware	73.0	16.0	1.0	8.5				0.5	0.2
Soda Lime							0.5		
Container glass	72.1	14.0	0.5	10.0		1.0			2.0
Sheet glass	72.5	14.5	0.5	7.5					
Lead crystal glass	54.6	0.5	13.3		3.7		1.0	0.2	0.1
Pyrex glass	81.0	4.5			31.0		0.2	12.0	2.5
Fibre glass	54.2	0.5		15.9		4.4		10.0	14.4

이들 원료를 잘 혼합한 후 용융가마에 투입한다. 원료혼합물(batch)은 공급장치를 이용하여 균일하게 공급되도록 한다. 용융탱크 내에서 원료는 먼저 예열되고 그 다음 용융실로 이동된다. 균질한 유리로 완전용융이 끝난 용융물은 작업실로 이동하여 성형을 기다린다. 그림 10.18에는 일반용융로를 나타내고 있다. 크리스탈 유리나 소량생산을 할 때는 탱크가마 대신 도가니형 가마를 사용한다. 즉 500 kg 정도 들어가는 도가니에 혼합

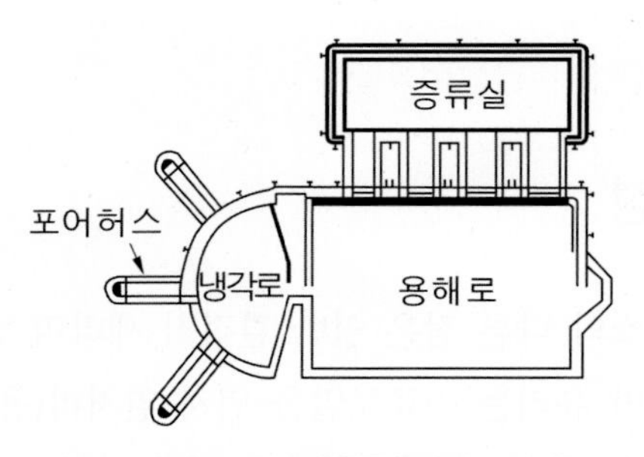

그림 10.18 유리용융용 탱크가마

된 유리원료를 투입하고 도가니 외부를 가열하는 간접가열식으로 유리를 용융시키며 유리물은 주걱으로 떠서 사용한다.

(2) 유리의 성형

이와 같이 얻어진 용융물은 목적하는 물건에 따라 다양한 성형공정을 거친다. 판유리의 경우 유리물을 주석(Sn)이 녹아 있는 주석탕(tin bath) 위로 흘려보내면서 잡아당긴다. 이때 주석은 유리보다 밀도가 높고 유리와 접착을 하지 않아서 주석탕 위에 유리물이 잘 뜨게 된다. 흘려주는 유리물의 양과 잡아당기는 속도로 판유리의 두께를 조절한다(그림 10.19).

병유리의 경우는 포어허스(forehearth)를 거쳐서 흘러나온 유리가 오리피스(orifice)를 통하여 곱(gob)으로 밑으로 떨어지면 밑에 있는 병유리 틀(mold)에 떨어지고 이어서 공

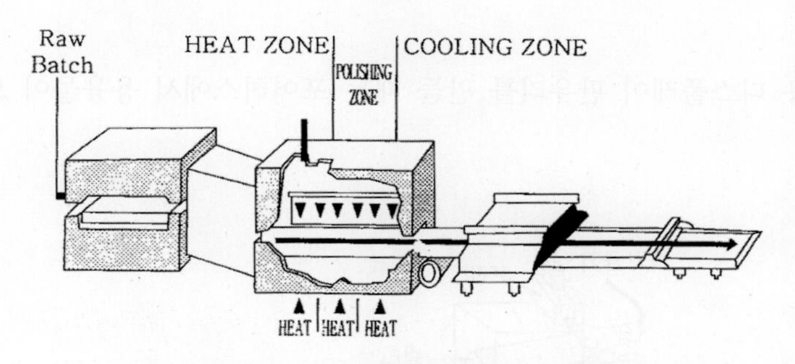

그림 10.19 플로트형 판유리 제조공정

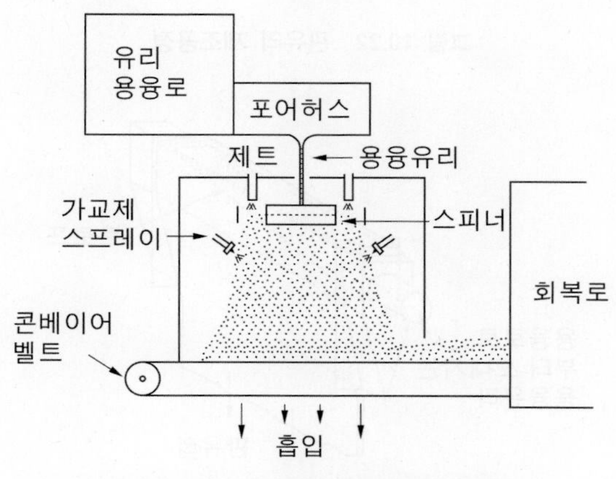

그림 10.20 단섬유 유리 제조공정

기를 불어넣어 성형하게 된다. 유리그릇이나 T.V 브라운관 등은 이 성형틀에 떨어지면 프레스를 이용하여 성형한다.

섬유유리의 경우 유리물이 포어허스의 끝에 설치된 옆에 많은 구멍이 뚫어져 있는 제섬기(fiberizing machine)로 떨어지고, 이때 이 제섬기는 고속으로 회전하면서 단 섬유를 만들어낸다(그림 10.20). 장섬유 제조 때는 포어허스 끝에 필라멘트를 만들 수 있는 백금 부싱을 만들어 놓고 이곳으로 유리물을 흘려보내면서 밑에서 잡아당긴다. 이 필라멘트들은 몇 가닥씩 묶어서 실을 만들며 이들 실을 타래로 감는다(그림 10.21).

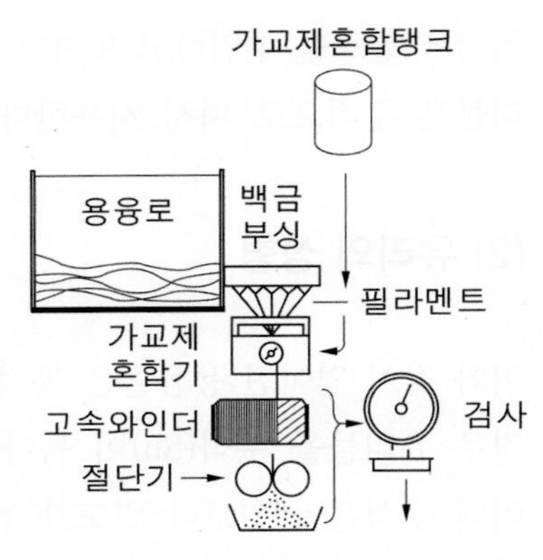

그림 10.21 장섬유 유리 제조공정

관유리를 만들 때는 포어허스에서 흘러나온 유리물을 내화물 슬리브(sleeve: 실린더형 내화물) 표면에 붙고 중간에서 바람을 불어넣으면서 잡아당기면 관유리가 얻어진다(그림 10.22).

TFT-LCD용 디스플레이 판유리를 만들 때는 포어허스에서 용융물이 트로프 내화물

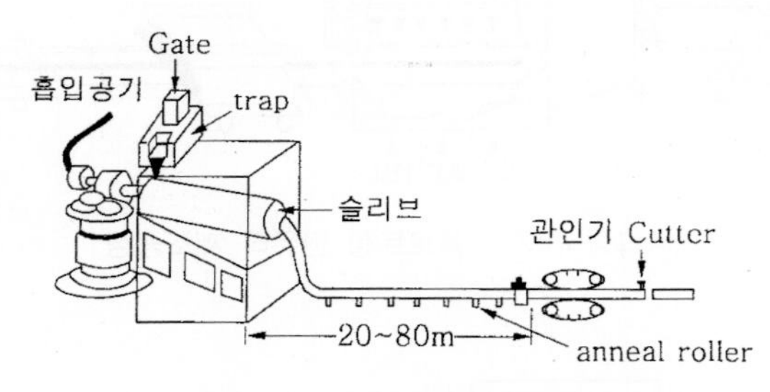

그림 10.22 관유리 제조공정

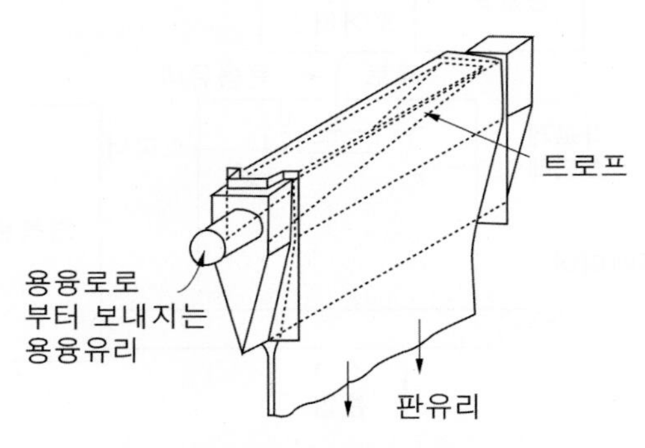

그림 10.23 고품질 기판유리 제조공정

로 흘러들어가고 이들 유리물이 트로프 내화물에서 흘러넘치게 하여 밑에서 잡아당기면서 판유리를 성형한다. 이때 유리표면은 양쪽 다 공기와 접하게 되므로 표면결함이 없는 유리를 얻을 수 있다(그림 10.23).

03 시멘트

1. 시멘트의 종류와 특성

현재 우리가 사용하고 있는 시멘트의 주류는 **포틀랜드시멘트**이다. 따라서 일반적으로 시멘트라 함은 포틀랜드시멘트를 약하여 부르는 것이며, 그중에서도 특히 보통 포틀랜드시멘트를 말한다. 포틀랜드시멘트는 공통적으로 C_3S, C_2S, C_3A 및 C_4AF(C_3S : $3CaO \cdot SiO_2$, C_2S : $2CaO \cdot SiO_2$, C_3A : $3CaO \cdot Al_2O_3$, C_4AF : $4CaO \cdot Al_2O_3 \cdot Fe_2O_3$)를 클린커의 주광물로 하고 있는데, 이들의 생성비나 분말도를 달리하고 필요에 따라 약간의 첨가제를 사용함으로서 일반적인 물성을 나타내는 보통 포틀랜드시멘트 외에도 조강 포틀랜드시멘트, 초조강 포틀랜드시멘트, 중용열 포틀랜드시멘트, 내황산염 포틀랜드시멘트 및 백색 포틀랜드시멘트가 된다. 이러한 클린커 구성광물의 생성비는 시멘트 제조 시 원료조합물의 화학조성과 소성온도 등을 달리하여 조절할 수 있다.

위에 말한 포틀랜드시멘트류는 모두 시멘트 소성로에서 나온 **클린커**라고 하는 응괴에 소량의 **응결지연제**(이수석고)만을 첨가한 후 분쇄하여 얻어지며 이와 같이 시멘트를 이루고 있는 대부분의 물질이 한 종류의 클린커로 되어 있는 것을 **단미 시멘트**라고 한다. 한편 단독으로는 시멘트성을 나타내는 않으나 포틀랜드시멘트의 수화과정에서 화학적으로 반응하여 시멘트의 경화반응에 참여할 수 있는 물질을 시멘트 클린커에 다량 혼합하여 분쇄한 것은 **혼합 시멘트**라고 한다. 이러한 것들에는 **잠재수경성**(latent hydraulic property)을 가지는 고로 슬래그를 혼합한 고로시멘트, 가용성 실리카물질(pozzolan이라고 함)을 혼합한 실리카시멘트 및 미분탄연소회의 집진물인 플라이애시를 혼합한 플라이애시시멘트 등이 있다. 이들 혼합 시멘트의 물성과 용도는 보통 포틀랜드시멘트와 크게 다르지는 않다.

한편 시멘트의 주구성 광물이나 물성이 이상에서 설명한 포틀랜드시멘트류의 범주에서 벗어나는 시멘트로서 제조 에너지의 저감이나 특수한 용도에 사용할 목적으로 만들어지는 시멘트를 특수 시멘트라고 부른다. 여기에는 알루미나시멘트, 팽창시멘트, 초속경시멘트, 유정시멘트 및 치과용 시멘트와 생체재료용 시멘트 등이 있다. 다음은 이상에서 열거한 각각의 시멘트류에 대하여 간단히 설명하고자 한다.

(1) 포틀랜드시멘트

① 보통 포틀랜드시멘트(ordinary portland cement): 세계적으로 가장 많이 생산되어 일반 콘크리트 공사에 가장 많이 이용되는 보편적인 물성의 포틀랜드시멘트로서 흔히 시멘트라고만 말할 때는 이 보통 포틀랜드시멘트를 말한다. 대략적인 광물중량 구성비는 C_3S 50%, C_2S 26%, C_3A 9% 및 C_4AF 9% 정도이다.

② 조강 포틀랜드시멘트(rapid-hardening portland cement): 포틀랜드시멘트의 주구성 광물 중 강도발현속도가 가장 빠른 C_3S의 함량을 보통 포틀랜드시멘트의 그것보다 더 많이 생성되도록 하고 더 미분쇄하여 수화반응이 빠르도록 한 시멘트이다. 대략적인 광물중량 구성비는 C_3S 67%, C_2S 9%, C_3A 8% 및 C_4AF 8% 정도이다. 따라서 보통 포틀랜드시멘트에 비하여 수화가 빨리 일어나고 강도도 단기에 발현되므로 도로공사, 수중공사 등의 긴급공사용으로 쓰이거나 공사기간을 단축하고자 할 때 사용되기도 한다. 한편 조강 포틀랜드시멘트는 수화반응이 빨라서 수화열이 수화 초기에 다량발생되므로 기온이 낮은 지역에서, 또는 동절기에 시멘트의 수화진행과 강도발현이 너무 느리거나 또는 물이 얼어 수화가 제대로 진행되지 않을 때 사용할 수 있으며 시멘트 2차제품 공장에서는 형틀의 제거시기를 단축할 수 있으므로 이 시멘트를 사용함으로서 생산성을 높일 수 있다.

③ 초조강 포틀랜드시멘트(super rapid-hardening portland cement): 조강 포틀랜드시멘트보다 C_3S의 함량을 더욱 늘이고 C_2S의 함량을 더욱 줄이거나 때에 따라서는 더욱 미분쇄하여 수화반응과 강도발현 속도가 조강 포틀랜드시멘트보다도 더 빠르도록 한 시멘트를 말한다. 대략적인 광물중량 구성비는 C_3S 68%, C_2S 6%, C_3A 8% 및 C_4AF 8% 정도이다. 그 결과 보통 포틀랜드시멘트의 3일 강도를 24시간 내에 얻을 수 있으며 용도는 조강 포틀랜드시멘트를 써서 얻어지는 효과가 더욱 필요한 경우에 사용될 수 있다. 단 수화열이 더욱 초기에 집중되어 발생하므로 댐 건설과 같은 대용량의 콘크리트 공사에서는 수화열의 누적으로 콘크리트 내부의 온도가 과도하게 상승되어 내외부의 온

도차로 인한 균열 및 강도 하락의 원인이 되므로 이런 시멘트의 사용을 피하거나 수화열이 누적되지 않도록 배려하여야 한다.

④ 중용열 포틀랜드시멘트(low-heat portland cement): C_3S와 C_3A의 함량을 줄여 수화열이 초기에 집중적으로 발생하지 않도록 하는 한편 C_2S의 함량을 늘여 장기강도를 발현하도록 한 시멘트로서 대략적인 광물중량 구성비는 C_3S 48%, C_2S 30%, C_3A 5% 및 C_4AF 11% 정도이다. 따라서 댐 건설공사와 같이 수화열의 누적이 우려되는 대용량 콘크리트 공사에 사용되며 초기에는 다른 시멘트에 비하여 강도가 약하지만 콘크리트의 제조시에 보다 적은 물/시멘트비를 쓸 수 있기 때문에 경화체는 건조수축이 적고 화학적 저항성도 커지며 대략 1년 후의 재령에서는 포틀랜드시멘트 중에서 가장 높은 강도를 나타내게 된다.

⑤ 내황산염 포틀랜드시멘트(sulfate-resisting portland cement): 해수 및 토양 중에 존재하는 황산염과 반응하여 고팽창성의 에트링자이트(ettringite, $C_3A \cdot 3CaSO_4 \cdot 32H_2O$)를 생성, 콘크리트의 강도를 저하시키는 C_3A의 함량을 가능한 한 줄이는 한편 내화학성이 큰 C_4AF의 함량을 높인 시멘트이다. 대략적인 광물중량 구성비는 C_3S 57%, C_2S 23%, C_3A 2% 및 C_4AF 13% 정도이다.

⑥ 백색 포틀랜드시멘트(white portland cement): 포틀랜드시멘트의 색상이 어두운 것은 주로 Fe_2O_3 성분 때문이다. 백색 포틀랜드시멘트는 원료나 연료 중에서 철성분이 가능한 한 혼입되지 않도록 함은 물론이고 원료의 미분쇄시에도 철제 볼의 사용을 피하고 소성시에도 철성분이 착색 산화물로 되지 못하도록 환원성 분위기를 유지해 주는 등의 방법을 써서 만든 백색에 가까운 시멘트이다. 대략적인 광물 중량구성비는 C_3S 51%, C_2S 28%, C_3A 12% 및 C_4AF 1% 정도이며 일반물성은 대략적으로 보통 포틀랜드시멘트와 같다. 이때 원료조합물 중에는 다른 시멘트에서 융제(flux)역할을 하는 산화철 성분이 거의 들어 있지 않아서 클린커의 생성에 더욱 높은 온도가 필요하게 되므로 이 대신에 CaF_2를 주성분으로 하는 형석과 같은 광화제(mineralizer)를 넣어 소성온도를 낮추고 있다. 한편 백시멘트에는 다양한 무기질 안료를 혼합하여 색상을 낼 수 있으므로 여러 가지 컬러 시멘트(color cement)의 제조도 가능하여 별도의 도장이나 표면처리를 하지 않아도 되는 콘크리트의 제조, 실내장식 및 조명, 각종 표식용 또는 색상을 중시하는 각종 시멘트 2차제품의 피복용 등으로 사용되고 있다.

(2) 혼합 시멘트

① 고로시멘트(portland blast-furnance slag cement): 용광로에서 나오는 고로 수쇄슬래그는 물과의 접촉시 초기의 용해반응성이 적어 그 자체만으로는 수경성을 발휘하지 못하지만 황산염이나 알칼리성 물질 등의 적절한 자극제가 공존하면 수경성을 나타내며 이러한 성질을 잠재수경성이라고 한다. 고로 수쇄슬래그는 이러한 잠재수경성을 가지는 대표적 물질로서 포틀랜드시멘트와 혼합할 경우 포틀랜트시멘트의 수화 시에 생성되는 $Ca(OH)_2$가 자극제의 역할을 하므로 오래전부터 포틀랜드시멘트 클린커와 함께 분쇄하거나 각각 분쇄한 후 혼합하여 혼합시멘트의 제조에 사용되어 왔으며 슬래그의 함량에 따라 각국에서 여러 가지 등급으로 분류되어 생산되고 있다. 고로시멘트는 제철산업에서 부생되는 슬래그를 시멘트로 활용하기 때문에 에너지 절약 면에서 중요할 뿐만 아니라 수화열이 수화초기에 집중적으로 발생되는 것을 막고 잠재수경성으로 인하여 후기 강도를 높이고 경화체의 조직을 치밀화하여 내화학성도 높이는 등의 장점도 가지고 있다. 고로슬래그는 고로(blast furnace)에서 선철(pig iron)을 생산하기 위하여 장입한 철광석, 석회석 및 코크스 등에 함유되어 있던 비금속무기물질로 이루어지며 우리나라에서 생산되는 고로슬래그의 평균조성 예를 들면 CaO 40.35%, SiO_2 37.32%, Al_2O_3 14.26%, MgO 6.46% 등이 주광물을 이루어 전체의 98% 이상에 달하며 그 밖의 성분으로는 MnO 0.27%, TiO_2 0.99%, K_2O 0.38%, Na_2O 0.15%, Fe 0.28% 및 미량의 P_2O_5가 함유되어 있는 것으로 알려져 있다. 선철보다 비중이 작은 용융상태의 슬래그를 고로 밖으로 분리하여 물로 급냉하면 직경 1~5 mm 크기의 과립상 유리질(glass)상태로 냉각되게 되는데, 이러한 것을 수쇄슬래그(water granulated slag)라고 하며 슬래그는 이와 같이 급냉시킨 경우에만 잠재수경성을 나타낸다. 따라서 혼합 시멘트용으로 사용할 수쇄슬래그는 염기도(산성 성분에 대한 중성 및 염기성성분의 비율)와 유리화율이 높을수록 유리하다.

② 실리카시멘트(protland pozzolan cement): 포틀랜드시멘트 클린커에 pozzolan(원래는 이탈리아 지방에서 나는 화산재를 뜻하였으나 산성백토나 규조토 등 가용성 SiO_2를 주성분으로 하는 물질을 통칭하게 되었음)을 혼합하여 분쇄하거나 각각 분쇄하여 혼합한 시멘트를 말하며 포졸란시멘트, 또는 SiO_2를 성분의 함량이 많기 때문에 실리카시멘트라고도 한다. 혼합재로 사용하는 포졸란 자체는 수경성을 가지지 않으나 포틀랜드시멘트의 수화 시에 유리질 $Ca(OH)_2$가 유리되어 공존하면 혼합재에서 용출된 가용

성의 SiO_2나 Al_2O_3 성분이 이들과 서서히 반응하여 규산칼슘 수화물이나 규산알미늄 수화물의 gel을 생성하는 소위 **포졸란반응**(pozzolanic reaction)에 의하여 수화반응에 참여하게 된다. 이 반응으로 시멘트의 후기강도를 높이는 한편 경화체의 조직을 치밀하게 하여 방수성과 화학적 저항성을 개선시키는 효과를 얻을 수 있을 뿐만 아니라 각종 산업에서 부산물로 나오는 포졸란 물질을 활용할 경우엔 앞의 고로시멘트와 마찬가지로 시멘트의 생산 에너지를 절약할 수 있다.

③ 플라이애시시멘트(portland fly-ash cement): **플라이애시**란 미분탄을 연소한 후의 연소가스로부터 집진한 구형의 미립자로 된 석탄회를 말하며 이를 혼합재로 사용한 시멘트를 플라이애시시멘트라고 부른다. 플라이애시는 석탄에 함유되어 있던 불연성의 무기질 성분인 50% 이상의 SiO_2와 약 20~30%의 Al_2O_3가 주성분을 이루며 석탄의 연소 중 용융과정을 거치므로 비정질상태로 구형화된 것이다. 따라서 플라이애시는 앞에서 설명한 포졸란 물질이라고 할 수 있으며 단독으로는 수경성이 없으나 포틀랜드시멘트와 혼합하면 포졸란반응에 의하여 수화하여 초기수화열의 저감이나 장기재령의 강도증진, 조직의 치밀화에 의한 방수성과 내화학성의 향상 등의 면에서 실리카시멘트와 비슷한 효과를 나타낸다. 또한 직경 5~20 μm의 미립자로 포집되기 때문에 별도로 분쇄할 필요가 없을 뿐만 아니라 입자가 구형이기 때문에 콘크리트나 몰탈의 유동성을 얻기 위하여 첨가 해야하는 혼합수의 양을 줄일 수 있다는 특징을 가지고 있으며 연소폐기물을 재활용하므로 시멘트의 생산 에너지를 줄일 수 있다.

(3) 특수 시멘트

이상에서 설명한 포틀랜드시멘트류는 모두 제조방법이나 구성광물 그리고 물성면에서 근본적으로 서로 다른 것은 아니고 다만 성분비나 광물 구성비, 분말도 및 첨가제 등에 차이를 주어 적절히 구별되는 물성을 갖도록 한 것이라고 볼 수 있으며, 혼합 시멘트류도 포틀랜드시멘트에 혼합재를 섞어 만든 시멘트이기 때문에 대략적인 성분이나 물성이 포틀랜트시멘트의 범주를 크게 벗어나지는 않는 것들이다. 이와는 달리 제조 에너지의 저감이나 특별한 원료의 사용 또는 특수용도에 부합하는 물성부여를 위하여 시멘트의 제조방식, 주 구성광물 및 응결 · 경화특성이나 용도 등이 포틀랜드시멘트류의 범주에서 근본적으로 벗어나도록 만든 시멘트를 특수 시멘트라고 부르며 알루미나시멘트, 팽창시멘트, 초속경시멘트, 유정시멘트 및 치과용 시멘트와 바이오시멘트 등이 여기에 속한다.

① **알루미나시멘트(aluminous cement)**: 포틀랜드시멘트와 달리 Al_2O_3 성분이 50% 이상 함유되어 있어서 aluminous cement 또는 high aluminous cement라고 부른다. 알루미나 함량이 이 범위에 드는 시멘트의 수경성광물은 시멘트 중의 알루미나 성분의 함량에 관계없이 CA($CaO \cdot Al_2O_3$)가 주광물상을 이루며 종류에 따라서는 $C_{12}A_7$($12CaO \cdot 7Al_2O_3$) 또는 CA_2($CaO \cdot 2Al_2O_3$)가 소량 혼합생성되기도 한다. 알루미나시멘트는 원래 내산성, 특히 내황산염성이 큰 시멘트를 개발하기 위하여 기존의 포틀랜드시멘트에 비하여 염기성성분을 적게 함유한 시멘트를 연구하던 끝에 만들어진 것이지만 그 밖에도 이 시멘트가 우수한 속경성 및 내화성을 가지고 있다는 것이 알려져 이 분야의 목적으로 다량 사용하게 되었다. 이러한 물성 중에서 속경성과 내화학성의 분야에는 포틀랜트시멘트나 특수시멘트가 개발되어 상당부분이 알루미나시멘트를 대체하게 됨에 따라 최근의 알루미나 시멘트의 가장 주된 용도는 내화성 시멘트분야로 집중되고 있다고 보인다. 이와 같이 알루미나시멘트가 내화 시멘트로 사용될 수 있는 이유로는 우선 포틀랜드시멘트의 경우에는 수화 시에 생성된 $Ca(OH)_2$의 열분해산물인 CaO가 화학적으로 매우 불안정한 물질인 데 반하여 알루미나시멘트는 수화 중 $Al(OH)_3$를 생성하고 이것이 열분해한 후에는 안정한 Al_2O_3가 된다는 점을 들 수 있다. 그 밖에 알루미나시멘트의 경화체가 최초로 가열되기 시작하면 어느 온도에서 수화상의 탈수분해로 수화결합(hyraulic bonding)이 소실된 후 그다지 높지 않은 온도에서 열분해산물이 다시 반응하거나 또는 이들과 알루미나질 내화골재가 반응하여 CA, CA_2 및 CA_6와 같은 고융점의 알루민산칼슘류를 합성하면서 세라믹결합(ceramic bonding, sintering)이 용이하게 형성되어 내화물의 강도가 유지된다는 점을 들 수 있다. 이와 같이 알루미나시멘트의 내화물용 시멘트로서의 용도가 증가함에 따라 알루미나 함량을 높인 고내화성의 알루미나시멘트가 생산되게 되었는데, 이것은 CA를 주광물로 하는 클린커에 수화성광물이 아닌 알루미나(Al_2O_3)를 상당량 혼합, 분쇄하는 방법으로 만들어지고 있다. 이때 시멘트의 물성을 유지시키면서 첨가할 수 있는 알루미나의 양에는 한계가 있으므로 총 알루미나 함량이 82~83%를 넘는 시멘트는 흔치 않다. 한편 CA_2는 CA에 비하여 알루미나 함량은 많으나 수화 반응성이 너무 느리기 때문에 일반적인 방법으로 합성한 CA_2클린커는 알루미나시멘트의 주수화광물로 쓰기에는 부적당하다. 알루미나시멘트의 수화반응은 주로 용해-석출 기구에 의하며 포틀랜트시멘트와는 매우 다른 양상을 나타낸다. 주 수화광물인 CA는 약 15℃ 이하의 비교적 저온에서는 수화상으로서 육방정계인 CAH_{10}의 생성이 용이하고 대략

35℃ 이상의 온도에서는 입방정계인 C_3AH_6의 생성이 용이하며 그 중간온도에서는 육방정계인 C_2AH_8의 생성이 용이하다. 따라서 수화온도에 따라 경화체의 광물상과 조직이 현저하게 달라지므로 내폭열성이나 강도 등의 물성이 달라진다는 점에 유의하여야 한다. 또한 육방정계의 수화상은 온도가 다소 높고(약 35℃ 이상) 수분이 존재하는 분위기에서는 시간의 경과에 따라 비중이 큰 입방정계 수화물로 전환(conversion)하면서 균열과 강도하락을 초래하므로 토목, 건축용으로 사용시에는 충분한 주의가 필요하다.

알루미나시멘트의 제조에는 시멘트 중의 알루미나 함량에 따라 각종 등급의 보오크사이트와 비교적 고품질의 석회석이 Al_2O_3원 및 CaO원으로 각각 사용되나 내화물용의 알루미나시멘트의 제조에는 Al_2O_3원으로서 베이어 알루미나(Bayer alumina)를 사용하여 알루미나 함량을 높이고 있다. 전기로, 평로, 고로, 회전로, 전로 및 터널로 등을 사용하여 1400℃ 이상에서 원료배합물을 소성 또는 전융하여 CA를 주수화광물로 하는 클린커를 만든 후 이를 단독으로 분쇄하거나 또는 여기에 알루미나를 혼합한 후 분쇄하면 알루미나시멘트가 된다.

② **팽창 시멘트**(expansive cement): 모르타르나 콘크리트의 경화가 진행되는 중 수화반응에 사용되고 남은 여분의 물의 건조로 인해 발생되는 수축을 상쇄시키기 위하여 미리 팽창재를 넣은 시멘트를 말한다. 이와 같은 수축은 경화체에 균열을 야기하므로 경화체의 강도와 치밀도를 저하시키는 원인이 되지만 몰탈이나 콘크리트의 작업성을 얻기 위해서는 과잉의 물을 첨가하여야 하므로 일반의 시멘트 콘크리트에서는 불가피한 것이었다. 그러나 팽창재의 첨가에 의하여 일반 구조물의 강도를 증진시킴은 물론이고 무수축의 치밀질 경화체가 필요한 방수용 콘크리트 등에 적합한 시멘트가 가능해져 이러한 용도에 널리 사용되게 되었다.

③ **초속경 시멘트**(super high-early strength cement): 시멘트 클린커 중에 $C_{11}A_7CaF_2$를 20% 정도 생성되도록 하고 C_2S와 C_3A가 생성되지 않도록 함으로서 초조강 포틀랜드시멘트보다도 더 큰 조기강도를 얻을 수 있도록 한 시멘트이다. 이 광물이 생성되도록 하기 위하여 알루미나원으로 보오크사이트가, CaF_2원으로는 형석(fluorite)이 사용되는 외에는 포틀랜드시멘트 클린커의 제조원료와 거의 같으며 제조방법도 같다. 필요에 따라 클린커에 $CaSO_4$나 반수석고를 첨가하여 포틀랜드시멘트보다 더욱 미분쇄하여 시멘트로 사용한다. $C11A_7CaF_2$는 C_3S의 수화시에 생성되는 $Ca(OH)_2$나 별도로 첨가한 $CaSO_4$성분과 신속하게 반응하여 ettringite($C_3A \cdot CaSO_4 \cdot 32H_2O$)를 생성하므

로 이 시멘트는 물과 혼합 후 2~3시간 내에 압축강도 100 kg/m^{2}에 달하는 급결성을 나타낸다. 따라서 터널 굴착시에 사용하는 spray용 concrete (shotcrete)나 기타의 긴급공사 또는 시멘트 2차제품의 제조 등에 사용된다.

④ 유정, 지열정 시멘트(oil-well cement): 유정과 지열정은 모두 지중에 깊이 들어갈수록 지온과 압력이 높아지기 때문에 이러한 고온, 고압의 조건 하에서 사용할 수 있는 특수 시멘트가 필요하다. 시멘트 슬러리는 이러한 조건 하에서도 펌프 수송이 종료될 때까지 그 유동성을 잃지 않을 것과 압입작업 후에는 속히 경화하여 필요한 강도와 화학적 내구성이 있을 것이 요구된다. 유정 시멘트의 경우는 API(American Petroleum Institute)에서 A－H의 8 종류로 분류하고 있다. 고심도 유정용에서는 분말도를 조정하고 적당한 지연제를 넣은 내황산염 시멘트가 사용되나 지열정의 경우 더 고온고압이며 산도가 높은 열수에 침식될 우려가 크기 때문에 유정보다 더 조정된 시멘트가 필요하다. 유정 시멘트의 한 예를 보면 분말도가 크고 C_3A 함량이 적은 고내황산염형 시멘트에 분산제를 사용하여 유동성을 높이고 슬러리 주입시의 유동성 변화를 막기 위해 응결지연제를 첨가한 것이 있다. 지연제로서는 아황산펄프액, 당류, Na－CMC, 주석산 등이 사용되며 150℃ 이상에서는 유기첨가물의 효과가 없으므로 무기질 Na-모노크로마이트 붕산 등을 쓴다. 또한 고온고압 분위기에서의 강도안정성과 침투성개선을 위해 α-C_2SH가 생성되지 않도록 시멘트의 CaO/SiO_2 성분비를 낮춘 belite-석영 분말계, 염기성 수쇄 슬래그-석영계 등이 개발되어 있다. CaO/SiO_2비를 낮추면 수열반응에 의한 tobermorite나 xonotlite의 생성과 강도발현에 유리하다.

⑤ 해양개발용 시멘트(marine cement): 해양의 개발, 이용을 위해서 해저 유전의 플랫포옴, 해저광물 채광 플랫포옴, 해상도시, 해상공항, 수산양식의 어초, 담수화 설비, 조류발전 및 파력발전설비, 해저 터널, 항만 해안공사 등 많은 콘크리트 구조물이 필요하게 된다. 이런 용도에 사용하는 시멘트는 파도나 간만에 의한 반복적인 건조와 침수, 모래에 의한 마모 등 물리적인 침해도 받지만 해수 중의 SO_4^{2-} 이온이 시멘트의 aluminate상과 반응하여 ettringite를 생성, 콘크리트의 팽창파괴를 초래하거나 또는 염소이온의 침투에 의해 철근이 부식하는 등의 화학적인 작용에 의한 침해가 더 크다. 내황산염 시멘트로서 C_3A의 함유량이 적은 것이 좋지만 철근부식을 생각하면 aluminate상도 중요하기 때문에 aluminate를 비교적 많이 함유한 고로시멘트가 바람직하다. 이때 고로 수쇄 슬래그를 비교적 조분쇄하고 그 배합량도 증가시키며 석고의 첨가량도 증가시키는 것이 좋다. 대형

구조물의 경우에는 저발열성도 요구되므로 포졸란이나 슬래그의 배합량을 증가시킬 필요가 있다. 그 밖에 해중공사는 특히 주입이나 성형이 곤란하므로 유동성이 큰 grout용 콜로이드 시멘트가 쓰이기도 한다.

⑥ 콜로이드 시멘트(colloid cement): 시멘트 페이스트를 높은 압력으로 토양에 밀어 넣어 그 주위의 토양 중의 공극을 메꾸는 그라우트 공법이 여러 가지 공사에 다양하게 사용되고 있는데, 이러한 용도로 만든 시멘트이다. 보통 시멘트는 60 μm 이상의 큰 입자도 많이 혼합되어 있기 때문에 주입시에 미세공극을 막아 다른 미립자의 전진을 막을 수가 있는데, 이를 방지할 목적으로 초미분말의 동일입자가 되도록 분쇄한 것이 콜로이드 시멘트이다. 이의 특징은 지반간극으로의 침투력이 강하고 긴 통로에서 침강하지 않고 부유성이 크다는 점을 들 수 있다. 이의 용도는 터널 굴착 시의 지하수 고결, 댐 공사 지역의 지반강화, 광산이나 갱도 등의 붕괴나 누수방지, 또는 허약 지반의 개량이나 해양공사 등이다.

⑦ 저에너지 시멘트(low-energy cement): 특별한 물성의 요구보다는 생산원가 절감을 목적으로 특수한 원료를 쓰거나 특수한 제조과정을 거쳐 만들어지는 단미 시멘트들로서 보편타당한 물성은 가지되 일반 시멘트와는 성분 및 광물 구성상 차이를 갖게 되는 시멘트를 말하며 iron-rich cement, belite cement 및 alynite cement 등이 여기에 속한다고 할 수 있다. iron-rich cement는 원료 중의 산화철의 함량을 높여 클린커 소성온도를 크게 낮춘 시멘트로서 보통 PC에는 4~5% 정도 함유되어 있는 Fe_2O_3가 많게는 30~40%까지 들어간다. 이러한 고산화철 시멘트는 1,220~1,250℃에서 생산되거나 철강산업의 중간단계 부산물을 이용, 별도의 에너지를 거의 사용하지 않고 생산되는 것도 있다. 보통 PC는 50% 정도의 C_3S를 함유하고 있고 이를 생성시키기 위해 많은 에너지가 필요한 데 비하여 belite cement는 C_3S보다 낮은 온도에서 생성되는 C_2S를 시멘트의 주광물이 되도록 하여 소성비용을 낮춘 시멘트이다. 이때 C_2S는 원래 수화반응이 느린 광물이기 때문에 열화학적 활성화에 의해 보통 PC에 상응하는 반응성과 강도를 갖게 한 것을 ABC(activated belite cement)라고 부르기도 한다.

Alynite cement는 6~23%의 calcium chrolide를 함유토록 함으로서 소성 중 $CaCl_2-CaCO_3$ 또는 $CaCl_2-CaO$의 공융체(eutectic melt)가 비교적 낮은 온도에서 생성되면서 원료간의 화학반응성을 증대시키는 한편 최종적으로 alynite($21CaO \cdot 6SiO_2 \cdot Al_2O_3 \cdot CaCl_2$) 60~80%, belite 10~30%, calcium aliminochloride 5~10%, calcim aliminoferrite

2~10%인 이분쇄성의 클린커가 되도록 함으로써 생산비를 크게 낮춘 시멘트이다. 그러나 이 시멘트는 chloride에 의한 시멘트 제조설비나 콘크리트 내 철근의 부식에 충분한 주의가 필요하다.

⑧ **칼슘 클로로 알루미네이트 시멘트**: 이 시멘트의 예로는 에코시멘트(Ecocement)가 있다. 에코시멘트란 ecology(생태환경)와 cement의 합성어로서 최근 사회문제화되어 있는 도시 쓰레기 소각회와 하수 슬러지를 주원료로 하여 일본에서 만든 수경성 시멘트의 상품명이다. 이는 공해성 폐산물을 최종처분하는 데 그치지 않고 환경적으로 안전하고 새로운 토목건축용 시멘트의 제조원료로 재자원화한 것이기 때문에 환경과 자원활용의 양면에서 의미가 큰 시멘트라고 할 수 있다. 원료 중에는 포틀랜드시멘트의 원료에는 절대로 함유되어서는 안 되는 염소가 음식물에서 기인하여 5~10%나 들어 있기 때문에 포틀랜드시멘트 클린커에서는 생성되지 않는 칼슘클로로알루미네이트($11CaO \cdot 7Al_2O_3 \cdot CaCl_2$)가 25% 정도 생성되도록 하고 있으며 그 결과 최종 경화체에 염소이온의 함량이 높아 철근의 부식을 야기하므로 용도는 도로포장, 댐용 콘크리트, 해양 콘크리트 등의 용도 중 무근 콘크리트에 제한되어 있다.

⑨ **Chemical bond type의 특수 시멘트류**: 이상에서 설명한 시멘트는 모두 hydraulic bond type의 시멘트로서 물과 혼합된 클린커 광물의 수화반응, 즉 넓은 의미의 가수분해 과정을 거쳐, 응결 · 경화한다는 공통점을 가지고 있다고 할 수 있다. 그러나 수화반응에 의한 경화와는 달리 산-염기반응 등의 화학 반응에 의하여 응결 · 경화하는 특수 시멘트류도 있으며 이들은 chemical bond type의 시멘트라고 구별하여 부른다.

Magnesium oxychloride cement는 MgO에 $MgCl_2$ 용액을 혼합하면 경화하는 것으로서 sorel cement라고도 부른다. 경화가 대단히 빠르며 경화체의 표면이 반투명하고 연마면의 광택도가 커서 인조석이나 실내 내장용으로 많이 쓰인다. 경화체의 주광물상으로는 $Mg_2(OH)_5Cl \cdot 4H_2O$, $Mg_2(OH)_3Cl \cdot 4H_2O$, $Mg_2(OH)ClCO_3 \cdot 3H_2O$, $Mg_5(OH)_2(CO_3)_4 \cdot 4H_2O$ 등이 생성된다. Zinc oxychloride cement는 ZnO와 $ZnCl_2$를 반응시켜 경화되는 경도가 높은 시멘트이다. 이 경화체는 화학양론적으로 아직 규명되지 않아 $ZnO \cdot ZnCl_2 \cdot 6H_2O$에서부터 $ZnO \cdot ZnCl_2 \cdot 1.5H_2O$까지 폭넓게 보고되고 있다. 한편 $AlCl_3 \cdot 6H_2O$가 용해된 고농도 알루미늄 용액에 다소간 pH 변화를 주면 $Al(OH)_3$ gel이 생성되어 내화물용 binder로 쓸 수 있는데, 이를 aluminium oxychloride cement라고 한다. Magnesium oxysulphate cement는 $CaSO_4$에 $MgCl_2$ 용액을 혼합하여 경량 절연판의 제조 등에 사용

할 수 있는 시멘트이며 경화체의 상은 $Mg(OH)_2-MgSO_4-H_2O$계 내에 많은 상들이 알려져 있다. Magnsium phosphate cement는 magnesium oxychloride cement의 내수성을 향상시키고 조강성과 내화성을 높일 목적으로 MgO에 인산염을 섞어 만든 것으로서 속경성이며 부피안정성이 좋다. 이의 경화 메카니즘은 겔의 형성과 불용성 인산염으로의 겔의 결정화를 유도하는 산염기형 반응의 일종이다.

다음의 예로는 SiO_2와 Al_2O_3를 주성분으로 하는 유리의 분말에 인산용액을 혼합하여 만든 치과용 시멘트이다. 여기에는 강도와 응결시간을 조정하기 위해 BeO, Li_2O, MgO 등을 첨가하기도 한다. 이의 경화기구는 fluoro-aluminosilicate와 같은 유리가 염기로 거동하는 산염기 반응으로서 유리에서 방출된 Ca^+, Al^+ 이온이 액상에 농축, 용액에 존재하던 이온과 결합하여 금속 fluoride 주위에 고체인산염을 침전시키는 용해와 침전의 반응으로 시작된다. 역시 치과용으로 개발된 ionic polymer cement는 polyacrylic acid 용액에 ZnO 또는 그 유리의 분말을 혼합하면 경화되는 시멘트이며 경화체 중의 사슬의 결합이 순수이온성이기 때문에 ionic polymer cement라고 부른다.

최근에 개발되어 각광을 받고 있는 생체재료용 시멘트로서 자경성 인산칼슘 시멘트 또는 수산화아파타이트 시멘트(hydroxyapatite cement)라고 부르는 것이 있다. 수산화아파타이트는 그 화학성분과 결정구조가 우리 인체의 뼈의 무기질 부분과 동일하기 때문에 경골대체용으로 사용할 경우 뼈와 결합하여 일체화되거나 이의 표면으로부터 신생골이 성장하는 등 생체친화성(biocompatibility)이 매우 우수한 것으로 밝혀진 재료이다. 수산화아파타이트는 분말상태로 쉽게 합성되며 생체재료로 사용하기 위해서는 주로 이 분말로 성형체를 만든 후 열처리하여 소결체를 얻는 방법이 사용되고 있다. 그러나 소결온도에서의 상분해와 변형 등이 발생하기 쉽기 때문에 어려움이 따르는 것으로 알려져 있다. 한편 용해도적이 큰 인산칼슘계 분말의 조합물에 물을 가하여 만든 페이스트가 용해-침전반응에 의해 용해도적이 가장 작은 수산화아파타이트로 바뀌면서 이들 결정의 엉킴(interlocking 또는 entanglement)에 의해 스스로 경화하는 시멘트계가 연구되기 시작하였는데 이는 위와 같은 어려움의 극복에 관련하여 많은 관심을 모으고 있다. 이 수산화아파타이트 시멘트는 성형성, 치수안정성이 좋고 다른 보강재의 혼합에 의한 복합재료화가 매우 용이하다는 특징을 가지고 있을 뿐만 아니라 뼈의 결손 부위에 페이스트 상태로 주입하여 그 자리에서 직접 경화하도록 하는 획기적인 생체재료로서도 연구되고 있다.

2. 포틀랜드시멘트의 제조방법

포틀랜드시멘트의 제조방법은 원료의 분쇄, 혼합 및 이송 등의 공정에서 물을 사용하여 슬러리 형태로 취급하는 습식법과 원료 혼합분말에 소량의 물을 넣어 만든 펠렛(pellet)을 건조, 소성하는 반건식법 및 전 공정에서 물을 전혀 사용하지 않는 건식법으로 나눌 수 있는데, 근래에는 이중 건식법이 주류를 이루고 있다.

습식법은 원료에 30~40%의 물을 가하여 미분쇄, 혼합하여 만든 슬러리(slurry)를 탱크에 담아 혼합 및 성분조정을 행하고 물의 일부를 여과한 후 소성로인 회전가마(rotary kiln)에 보내는 방법으로서 원료의 분쇄와 균질혼합, 그리고 파이프 수송 등 공정상의 이점으로 인하여 전에는 주류를 이루던 방법이었다. 그러나 소성공정에 이르면 슬러리 중의 물을 증발시켜야 하므로 열량소모가 많았고 건식법에 의한 분쇄기술과 건식에 의한 분체의 혼합이나 수송 및 예열기술이 발달함에 따라 점차 건식법으로 바뀌어 지금은 잘 사용하지 않게 된 방법이다. 한편 반건식은 선가마(shaft kiln) 등 소수의 소규모 소성로에서 채용되고 있으나 건식법에 비하여 열효율이 낮고 품질의 균질성이 떨어지기 때문에 현재 포틀랜드시멘트의 자동화 대량생산에는 열효율이 좋은 건식법이 거의 전적으로 채용되고 있다.

건식법은 초기단계에는 여열을 이용하기 위한 발전설비가 부착된 short kiln이 주류를 이루다가 그 다음에는 몇 개의 cyclone을 이용하여 분체에 매우 효율적으로 열전달을 할 수 있는 부유예열기(SP, suspension preheater)를 부착한 SP kiln으로 바뀌게 되었고 1970년대 후반부터는 열효율을 더욱 높이기 위하여 부유예열기의 마지막 cyclone 앞에 와류로(渦流爐, flash furnace)를 덧붙인 NSP kiln(new SP kiln)으로 바뀌기 시작하여 지금 우리나라에서의 포틀랜드시멘트의 생산은 거의 모두 이 방법에 의하고 있다. 특히 이 방법은 처음에는 중유연소를 중심으로 시작되었지만 곧바로 중유와 석탄의 혼합소성 단계를 거쳐 지금은 거의 석탄만을 이용함으로서 연료비를 줄이고 있다. 그림 10.24는 일반적인 건식법의 제조 공정도를 나타낸 것이다.

포틀랜드시멘트는 앞에서 본 바와 같이 산화칼슘을 가장 많이 함유하고 있고 이와 함께 규산칼슘이 주성분을 이루고 있으며 그 밖에 보다 적은 양의 산화알미늄 및 산화철로 이루어져 있다. 따라서 이들 성분을 얻기 위한 원료로는 석회석, 점토, 규석 및 산화철 원료(철광석, 슬래그 등)이 사용되고 있으며 여기에 응결지연제로 시멘트 클린커 중량의 약 3~5%의 2수석고가 추가로 필요하다. 보통 포틀랜드시멘트 1톤을 생산하기 위해 필요한 이들 원료의 대략적인 양의 예를 보면, 석회석 1150 kg, 점토 220 kg, 규석 50 kg,

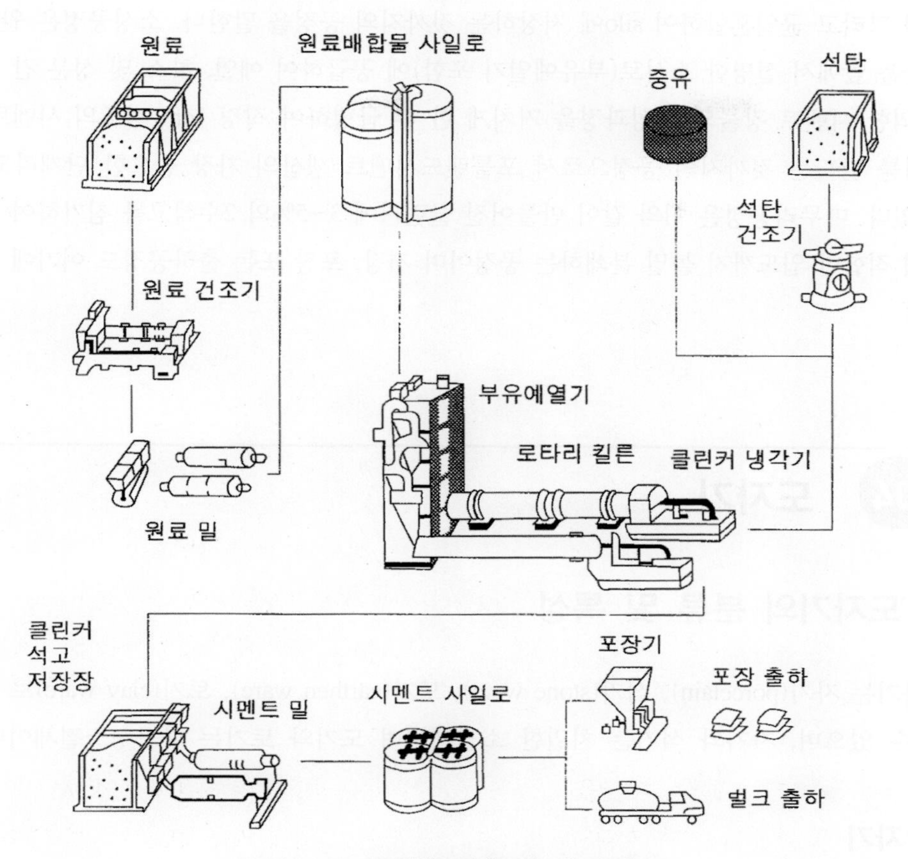

그림 10.24 포틀랜드시멘트의 제조공정도

산화철원료 30 kg, 석고 30 kg 및 기타 원료 10 kg의 비율로 필요하다. 석회질 원료로는 순도 90% 이상의 경질석회석이 가장 많이 쓰이고 있으며 이 석회석에 배합하는 점토는 산화규소의 함량이 60~70%인 것이 바람직하나 만약 산화규소의 함량이 부족하면 규석이나 연규석을 첨가한다. 최근에는 점토질 원료의 일부를 공업부산물인 석탄재나 슬래그 등으로 대체하기도 한다. 이상의 원료 중에 혼합되어 있는 산화철 성분이 포틀랜드시멘트 중의 3~4%의 Fe_2O_3 함량을 충당하기에 부족할 경우에는 적철광이나 슬래그류 등 적절한 산화철 원료를 보충한다. 마지막으로 시멘트 클린커 분쇄시에 응결지연제로 첨가하는 2수석고는 전에는 천연석고가 사용되었지만 요즈음에는 주로 화학석고나 배연탈황석고와 같은 부생석고의 사용이 크게 증가하였다.

포틀랜드시멘트의 제조공정은 크게 원료공정, 소성공정 및 마무리공정으로 나누는 것이 보통인데, 원료공정은 앞에서 설명한 원료류의 채광에서부터 조분쇄, 건조, 배합, 미분쇄 그리고 균일혼합하여 silo에 저장하는 것까지의 공정을 말한다. 소성공정은 원료배합물을 앞에서 설명한 소성로(부유예열기 포함)에 공급하여 예열, 하소 및 성분 간 반응에 의한 시멘트 광물의 생성과정을 거치게 한 후 급냉하여 직경 1cm 정도의 시멘트 클린커를 만드는 것까지의 공정으로서 포틀랜드시멘트 생산의 가장 중요한 단계라고 할 수 있다. 마무리공정은 이와 같이 만들어진 클린커에 3~5%의 2수석고를 첨가하여 시멘트에 적합한 입도까지 볼밀 분쇄하는 공정이며 저장, 포장 또는 출하공정도 여기에 포함된다.

도자기

1. 도자기의 분류 및 특성

도자기는 자기(porcelain), 석기(stone ware), 도기(earthen ware), 토기(clay ware)로 분류할 수 있으며, 자기와 석기는 치밀한 소결체이며 도기와 토기는 다공성소결체이다.

(1) 자기

자기(porcelain)는 소지가 백색, 치밀, 흡수성이 없고, 투광성이 있으며, 기계적 강도가 크며, 파단면이 구각상(concoidal)이며, 전기적 부도체이며, 화학적 내식성이 커서 알칼리 및 산 등에 안정한 특징을 가지고 있다.

자기의 표준조성은 카올린(kaolin) 50%, 석영(quartz) 25%, 장석(feldspar) 25%로서 화학조성으로부터 보면 SiO_2 64.4%, Al_2O_3 24.4%, K_2O 4.2%, 강열감량(ignition loss) 7.0%이다. 이 조성은 자기의 소지조합의 기본이 되며, 진자기(true porcelain) 표준조성이라고 한다. 진자기 표준조성 부근의 소지를 SK 14 이상으로 소성한 자기를 **경질자기**(hard paste porcelain)라 한다. 장석의 일부를 석회나 마그네시아 등으로 치환하여 SK 9~13에서 자기화(vitrification)한 것을 **연질자기**(soft paste porcelain)라 한다. 이들의 조성 범위는 그림 10.25에 나타내었으며, 주성분은 점토-장석-석영의 삼성분계이므로 triaxial porcelain이라고도 한다. 그림 10.25의 삼성분계에서 점토의 양이 많아지면 열충격강도 및 내화도가 증가하며, 석영의 양이 많아지면 기계적 강도 및 내화도가 증가하며, 장석

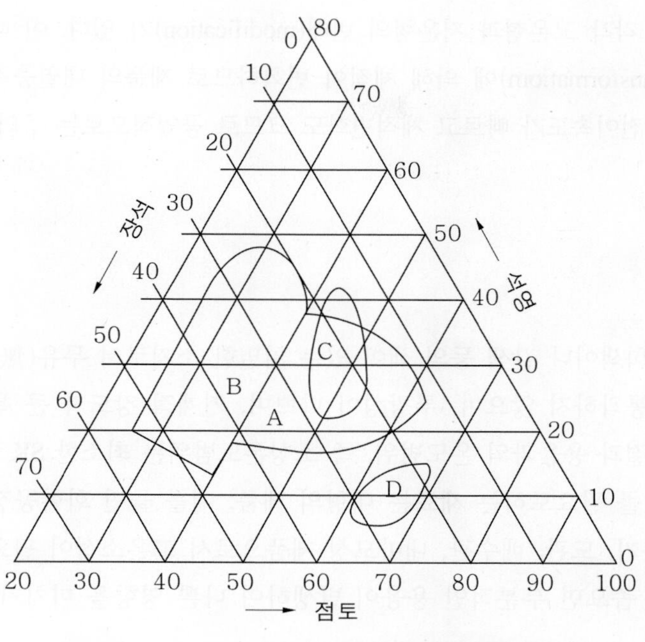

그림 10.25 자기의 조성 [11]

의 양이 많아지면 내전압은 증가하지만 내화도는 감소한다.

경질자기는 식기류, 애자 등의 전기용, 타일 등의 건축용, 화학공업 및 이화학용으로 사용되고 있으며, 연질자기에는 골회자기(bone china), 활석자기, 장석질 자기가 있으며, 미술공예, 식기류, 도치 등에 이용되고 있다.

점토는 카올리나이트(kaolinite, $Al_2O_3 \cdot 2SiO_2 \cdot 2H_2O$) 또는 할로이사이트(halloysite, $Al_2O_3 \cdot 2SiO_2 \cdot 4H_2O$) 등의 점토광물을 주체로 한 것이다. 이들 광물은 매우 미세한 결정으로서 물을 함유하면 점성 및 가소성이 생기므로, 점토를 함유한 재료는 주입성형(slip casting), 압출성형(extruding), 물레성형(jiggering) 등의 성형이 용이하게 된다. 성형체는 건조 후 건조강도가 높아지므로 취급하기 쉬워지며, 소성 후는 유리질 및 물라이트(mullite)를 생성하며 소결된다.

장석(feldspar)은 칼리장석($K_2O \cdot Al_2O_3 \cdot 6SiO_2$), 소다장석($Na_2O \cdot Al_2O_3 \cdot 6SiO_2$), 회장석($CaO \cdot Al_2O_3 \cdot 2SiO_2$)이 대표적인 광물로서 존재한다. 장석은 용융온도가 낮아서 점토 및 석영과 낮은 온도에서 유리질을 형성하므로 삼성분계의 소성온도를 현저하게 저하시키는 작용을 한다.

석영(quartz)은 자기의 소결을 촉진하여 소결제품의 기계적 강도를 향상시킨다. SiO_2는 석영 외에 크리스토발라이트(cristobalaite), 트리디마이트(tridymite)의 2종의 결정형태

(polymorphism)가 있으며, 각각 고온형과 저온형의 변태(modification)가 있다. 이 때문에 가열 중에 이들의 전이(transformatiom)에 의해 체적이 변화하므로 제품의 내열충격성에 영향을 주기 쉽다. 이들은 전이속도가 빠르고 체적변화도 크므로 공업적으로는 주의를 요한다.

(2) 석기

석기(stone ware)는 약한 회색이나 갈색 등의 색이 있는 치밀한 소지로서 무유(無釉)상태에서도 액체나 가스가 통과하지 않으며, 투광성이 나쁘며, 기계적 강도가 큰 특징을 갖고 있다. 석기소지의 소결과 용융과의 온도범위, 즉 소성온도범위는 최소한 SK 5번은 필요하다. 그 이유는 석기를 필요로하는 재료는 대형의 제품, 예를 들면 화학공장에서 필요한 내산·내알칼리 용기, 도관, 배수관, 내마모성 제품으로서 고온소성이 필요하므로 만약 소성온도 범위가 좁으면 부분적인 용융이 발생하여 나쁜 영향을 미치기 때문이다.

석기의 제조에 최적인 광물조성은 카올린 53~55%, 석영 40~42%, 장석 또는 운모 3~5%이며, 1,200℃~1,300℃에서 소결하며, 내화도는 약 SK 30 정도이다.

석기는 조석기 및 정석기로 대별한다. 조석기(coarse stone ware)는 거의 천연원료를 그대로 사용하며, 대개의 조성은 카올린 50%, 석영 45%, 장석 5%로서 SK 4a~6a에서 소성한다. 소지는 일반적으로 착색되어 있으며, 유(glaze)는 식염유(salt glaze), 연유(lead glaze), 무연유(leadless glaze)를 사용한다. 정석기(fine stone ware)는 만들 때 점토 등의 원료를 수비하여 볼밀(ball mill)에서 미분쇄하여 배토를 조정하므로 소지는 조석기에 비하여 현저하게 백색을 나타낸다. 환원염 소성에서는 회색, 산화염 소성에서는 담황색 내지 황색으로서, 통상 SK 7~10에서 소성한다. 화학용 석기의 조성은 카올린 30~70%, 석영 30~60%, 장석 5~25%이며, 유(glaze)는 장석유 혹은 납을 함유한 장석유를 사용한다.

공업용 석기를 제조할 때에는 다음의 점을 주의하여야 한다.

- 기계적 강도의 증가
- 열의 급변에 견딜 것
- 용액 및 가스에 대한 불투과성
- 산 및 알칼리에 대한 저항성의 증가

(3) 도기

도기(earthen ware)는 소지가 다공성으로서 백색 또는 상아색이며, 자기와 비교하여 기계적 강도가 낮으며 흡수율이 높은 점등이 나쁘지만, 제조가 용이한 점, 배토의 조정이 용이한 점, 소성온도가 낮은 점, 유(glaze)가 잘 피복되는 점 등의 이점이 있다.

도기는 정도기(fine earthen ware), 조도기(coarse earthen ware), 반용화도기(semi-vitreous china) 등으로 구분하며 식기류, 건축용, 위생도기, 부엌용기, 내열재료, 전기절연재료 등으로 사용된다.

(4) 토기

토기(clay ware)는 일반적으로 기와, 토관, 화분 등의 점토제품으로서 700~800℃ 부근의 비교적 저온에서 소성하여 만든다. 기공의 크기 및 분포, 기계적 강도, 내산성 등이 요구되는 여과용기, 전해용 격막 등의 특수 토기소지는 1,000~1,500℃의 고온소성을 한다. 소지는 다공체로서, 적갈색을 띠며, 기계적 강도는 낮다.

2. 도자기의 제조

도자기의 제조공정은 제품의 종류에 따라 약간씩 다르지만 일반적으로 원료, 분체처리 → 성형 → 건조 → 소성 과정을 거친다. 여기서는 이들 제조공정 중에서 건조 및 소성에 대하여 간략하게 설명하기로 하겠다.

(1) 건조

세라믹 소지를 성형할 때 물을 가하지만, 성형 후 소성을 시작하기 전에 물을 제거해야 한다. 만약 건조되지 않은 소지를 소성하면 가열과정에서 소지에 함유된 수분이 급속히 증발하므로 소지가 비틀어지거나 금이 가게 된다. 공업적 생산과정에서는 생산을 촉진하기 위하여 건조조건이 기술적인 중요한 과제로 되어 있으며, 내적 요소와 외적 요소를 고려해야 한다. 내적 요소는 분체의 크기, 형상, 조성, 결합상태, 함유수분 등의 물리적·화학적 요소를 말하며, 온도, 습도, 물질의 표면을 통과하는 공기의 흐름 등을 외적 요소라 하며, 일반적으로 외적 요소를 건조조건이라고 한다.

점토소지의 건조에 의한 상태변화(clay-water shrinkage diagram) 및 내부구조 변화를 각각 그림 10.26 및 그림 10.27에 나타내었다. 건조가 시작됨에 따라 그림 10.26의 DC에 따라 수축을 하며, 이 구간에서는 소지표면의 물(film water)이 제거되지만 소지내부의 물은 남아 있다. 건조가 계속 진행되면 그림 10.26의 C점에 도달하게 된다. C점에서는 그림 10.27(a)와 같이 소지표면의 물은 완전히 제거되었지만 소지내부의 물은 남아 있으며, 소지 내의 입자와 입자가 접촉하게 되어 더 이상의 수축은 일어나지 않는다. 이 상태를 반건조(leather hard)라 하며, 소지내부에 물은 함유하고 있지만 가소성이 없어진 정도로 건조된 것으로써 이것에 물을 가하면 전의 가소성 상태로 되돌아가게 된다. 그림 10.26의 C점을 지나면 건조에 의한 더 이상의 입자의 접근 즉 수축은 일어나지 않지만 (CA 구간) 소지내부의 물이 표면으로 확산하여 증발한 자리에 공기가 치환하여 들어가게 된다. 이 상태를 백지(white hard)라 하며 소지의 내부구조는 그림 10.27(c)와 같이 된다. 소지가 완전건조되면(bone dry) 그림 10.26의 A점에 도달하게 되어 그림 10.27(d)와 같이 된다.

세라믹 소지를 건조할 때 건조조건이 부적합하게 되면 소지에 금(crack)이 가거나 뒤틀어짐(warping)이 일어나게 된다. 그 이유는 다음과 같다.

- 실수속도: 소지표면과 내부로부터 물을 잃어버리는 속도(실수속도)가 다를 때
- 수분기울기(moisture gradient): 건조 전의 소지내부의 수분분포가 불균일 할 때에는 소지전체의 수축이 불균일하게 됨
- 입자우선배위(preferred orientation): 성형 중에 형성되는 입자의 배향성에 의한 수축의 이방성
- 입자의 편석(segregation of particles)
- 기계적으로 수축이 억제될 때: 건조할 때 대형성형체가 놓인 부분에서는 수축이 억제됨
- 소지가 균일한 두께가 아닐 때
- 온도분포가 균일하지 않을 때

일반적으로 소지를 건조할 때는 터널건조기(tunnel dryer), 공기순환건조기 등의 건조장치를 이용하거나 소성가마로부터 나오는 폐열을 이용하지만, 빠른 속도로 효율적인 건조를 하기 위하여는 건조기 내의 습도를 적당히 조절하는 습도건조장치(humidity dryer)를 사용한다.

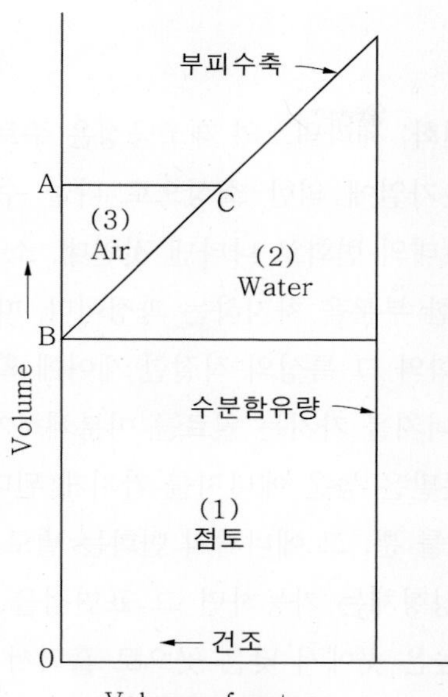

OA : 건조점토의 bulk volume

OB : 건조점토의 true volume

AB : 기공의 부피

그림 10.26 점토소지의 건조에 의한 상태변화 [12]

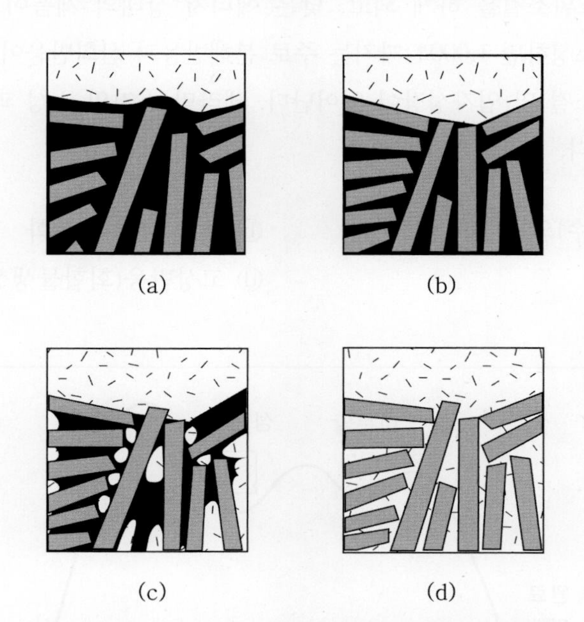

그림 10.27 점토소지의 건조에 의한 내부구조 변화 [13]

(2) 소성

① **세라믹 소지를 소성할 때 일어나는 변화**: 세라믹스의 제조공정은 주로 원료분말의 준비, 원하는 형태로의 성형, 그리고 고온가열에 의한 소성으로 나눌 수 있다. 그림 10.28은 이러한 세라믹스 공정을 에너지 상태의 변화로 나타낸 것인데, 소성 과정은 세라믹스 재료의 전 제조공정에서 가장 중요한 부분을 차지하는 과정이다. 따라서 소성현상의 명확한 이해는 세라믹스 공정의 효율화와 그 특성의 적절한 제어에 확고한 기반이 되는 것이다. 즉, 비교적 안정하고 낮은 에너지를 가지는 원료를 미분쇄하게 되면, 표면적 증가에 따르는 표면 에너지의 증가로 분말은 높은 에너지를 가지게 된다. 이를 원하는 형태로 성형하게 되면 분말은 형태만 이룰 뿐, 그 에너지의 변화는 별로 없어서 여전히 높은 에너지 상태로 있다. 따라서 이 성형체는 가능하면 그 표면적을 줄여서 낮은 에너지 상태가 되고자 한다. 이것은 물이 높은 곳에서 낮은 곳으로 흘러서 그 위치에너지를 낮추려는 것과 같은 것이다. 따라서 이 성형체를 고온으로 가열하면 미분말입자들은 서로 붙어서 소위소결을 하게 되고, 낮은 에너지 상태의 제품이 되는 것이다.

세라믹 소지를 소성하면 1,000℃까지는 주로 분해반응과 산화반응이 일어나며 1,000℃ 이상에서는 주로 소결 및 입자성장이 일어난다. 세라믹 소지의 소성 과정 중에 일어나는 변화는 다음과 같다.

ⓐ 흡착수(부착수)의 방출
ⓑ 탈수, 분해, 산화
ⓒ 고상소결
ⓓ 고상반응(화합물생성, 고용체생성 등)

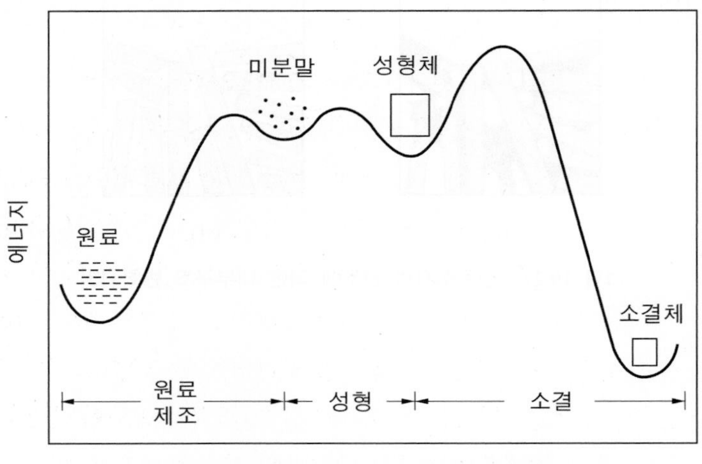

그림 10.28 세라믹 공정과 에너지 변화[14]

ⓔ 공융, 용융, 용해

ⓕ 액상이 관여하는 소결(액상소결)

ⓖ 석출, 결정화, 입자성장

ⓗ 상전이

ⓘ 액상분열, 고상분열

ⓙ 잔류용융상의 glass 고화

ⓐ~ⓕ: 가열과정, ⓖ~ⓙ: 냉각과정

② 세라믹 소지를 소성할 때 고려해야 할 인자

- 자유수, 흡착수, 결합수의 제거: water smoking
- 유기불순물 및 유기첨가제의 연소와 제거
- 황질불순물의 연소와 제거
- 소지성분의 환원과 산화
- 서서히 일어나는 용적변화
- 가열 및 냉각중에 생기는 상전이에 의한 급격한 용적변화
- 숙성온도
- 조합물의 입자크기와 입도분포
- 제품의 형상 및 치수
- 가스가 탈출하기 위한 통기율
- 여러 온도에 있어서의 열전도도와 탄성율
- 소성로(kiln)의 구성체 및 도구류(kiln furniture)를 가열하는데 요하는 시간과 열
- 규정의 온도에 도달할 때까지의 kiln furniture의 최초 및 최후온도와 제품 간의 시간차
- 제품의 균일한 가열과 냉각
- 소지-glaze-stain 간의 관계를 고려한 적절한 가열·냉각방법
- 가열방법의 조절 난이

(3) 소결

소결(sintering)은 고체분말집합체(성형체)를 고체의 용융온도 이하 또는 일부 액상이 생성하는 온도로 가열하여 어느 정도의 강도를 가진 고체덩어리로 되는 현상을 말한다. 접촉하고 있는 2 개의 입자는 표면 에너지가 최소상태가 아니며, 열역학적인 비평형상태에 있다. 만약 이와 같은 계(system)를 융점 이하의 온도로 가열하면 표면 에너지가 감소하는 방향, 즉 표면적이 감소하는 방향으로 물질이동이 일어나며 입자 간의 결합이

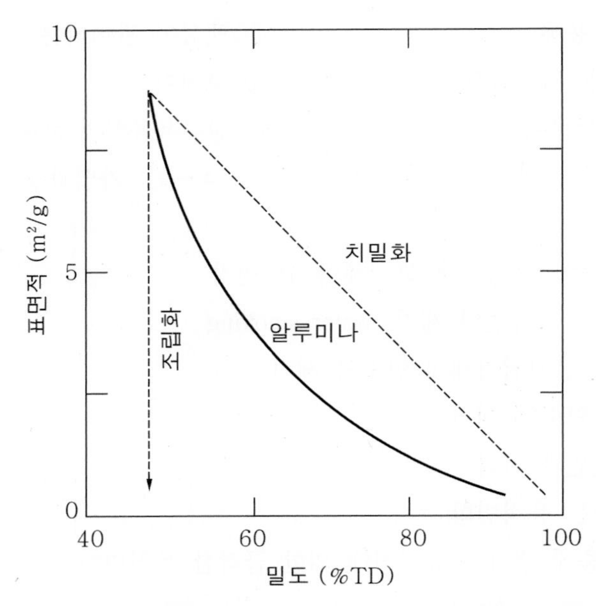

그림 10.29 알루미나의 소결에 의한 밀도와 표면적의 변화 [14]

일어난다.

소결이란 그림 10.29에서 보는 것처럼 분말성형체(powder compact)가 가열에 의해 조립화(coarsening) 또는 치밀화(densification)를 이루는 과정을 말한다. 이중 조립화라는 것은 많은 기공을 포함하고 강도가 거의 없는 분말성형체가 가열에 의해 밀도의 변화는 없이 입자끼리의 결합에 의한 표면적 감소와 높아진 강도를 나타내는 것이다. 이의 좋은 예는 세라믹스 단열재나 세라믹스 촉매담체의 소결이다. 그리고 치밀화라는 것은 많은 기공을 포함하고 강도가 거의 없는 분말성형체가 가열에 의해 밀도의 증가(기공의 감소)와 함께 입자끼리의 결합에 의한 표면적감소와 높아진 강도를 나타내는 것이다. 대부분의 고강도 세라믹스 제품의 소결은 여기에 해당이 된다. 그러나 실제에서는 그림 10.29의 알루미나의 소결 예에서 보는 것처럼 조립화와 치밀화가 같이 일어나게 된다.

고상소결기구는 물질이동경로를 기준으로 하여 기화-응축(evaporation-condensation) 기구, 표면확산(surface diffusion)기구, 입계확산(grain boundary diffusion)기구, 격자확산(lattice diffusion)기구, 점성유동(viscous flow)기구로 구분한다.

소결과정 중에 액상이 생성하게 되면 액상소결이 진행되어 치밀화가 일어나며, 액상소결 과정은 재배열과정(rearrangement process), 용해-석출과정(solution-precipitation process), 합체과정(coalescene process)으로 구분한다.

(4) 고상소결에 영향을 미치는 요인

고상소결에 영향을 미치는 요인은 원료분말을 제조할 때에 관계하는 요인, 원료분말 자신의 성질에 관계하는 요인, 외적 요인으로 나눌 수 있다. 원료분말을 제조할 때 관계하는 요인은 주로 하소온도 및 하소시간이며, 원료분말 자신의 성질에 관계하는 요인에는 입자의 크기, 입도분포, 입자형상, 표면 에너지, 확산계수 등이 있다. 외적 요인은 일반적으로 소결조건이라고도 하며, 첨가제의 종류와 양, 분쇄처리, 성형방법, 소결온도 및 시간, 소결분위기 등의 외적 요인이 소결체의 특성에 영향을 미친다.

05 내화물과 단열재

1. 내화물의 종류와 성질

내화물이란 요로 또는 고온공업에 쓰이는 재료로서 단순히 불에 잘 견디는 것을 의미하는 것이 아니고 고온에서 열의 작용에 잘 견디고 용적변화가 작고 동시에 기계적으로 열의 급변에 견딜 수 있는 재료로 접촉하는 기체 및 용융체, 고체 등의 침식 마멸 등에 저항성을 가진 것을 말한다.

내화물에 대해서 표 10.2와 같이 세계 각국의 여러 규정들이 있다.

표 10.2 각 나라의 내화물 규정

각 나라의 공업규격	설명
K S	SK 26(1,580℃) 이상의 것
J I S	
D I N	
A S T M	PCE 15(1,430℃) 이상의 것

* 기타: 1,000℃ 이상의 가열을 필요로 하는 공업요로의 축로재료.

(1) 내화물의 종류

내화물의 종류를 분류하는 방법에는 여러 가지가 있으며 표 10.3과 10.4와 같이 물리적,

표 10.3 물리적인 분류

분류	종류	정의 및 특징
내화벽돌 (정형내화물)	소성 내화별돌 불소성 내화벽돌 전융 내화벽돌	• 원료를 배합·성형하여 소성시킨 것 • 결합제를 이용하여 경화시킨 것 • 원료를 전융시켜 필요한 형상으로 주조시킨 것. 내마모성이 높고, 내침식성이 높지만 스폴링에 약하다.
내화 모르타르 (Mortar)	열경성 Mortar 기경성 Mortar 수경성 Mortar	• 시공 후 가열에 의해 강도를 나타내는 것 • 화학결합제에 의해 시공 후 상온에서 경화되는 것 • 수경성 Cement를 배합하여 수화반응에 의해 강도를 나타내는 것
부정형내화물	Plastic 내화물 Ramming 材 내화물 Guning 내화물 (Spray材) Slinger 내화물 압입용 내화물 (Mud 材) Castable 내화물	• 보통 연토상 내화물로 Hammer 등으로 가볍게 두드려 사용하는 것으로 대부분 가열에 의해 강도를 나타낸다. • Air-Hammer 등으로 강하게 두드려 사용하는 내화재료 • Spray Gun에 의해 분사 시공되는 내화물로 건식 및 습식으로 분류 • Sand-Slinger에 의해 시공되는 분립상의 내화물 • Mud-gun에 압입시공하는 내화물 • Allumina Cement 등의 결합제를 배합한 분립상의 수경성 내화물로 다공질의 단열성 경량 Castable도 있다.

표 10.4 화학적 분류

분류	종류	품종	사용처
산성 내화물	SiO_2 계 SiO_2-Al_2O_3계 ZrO_2 계 SiC 계	• 규석질, 반규석질, 용융실리카질 • 납석질, 샤모트질, Mullite질, 고알루미나질 • Zircon질, Zirconia질, 탄화규소질, 탄화규소 함유벽돌	코우크스 열풍로, 전기로 천정 및 유리 용해로, 연속주조용 노즐(Nozzle), 고로 blow-pipe 내장재, 비철금속로, 래들(Ladle) 내장재, 조괴용 노즐, 큐우폴라 내장재, Cement Rotary Kiln 등 각종 공업요로의 저온부에 이용되고 있으며, 특수품은 원자로 등에 사용된다.
중성 내화물	Al_2O_3 계 Spinel 계 Cr_2O_3 계 C 계	• 순알루미나질, 고알루미나질, 알루미나-탄소벽돌 • 스피넬질, 알루미나-스피넬 벽돌 • 크롬질 벽돌 • 탄소질 벽돌	고로, 전기로, 가열로, 유리용해로, 열풍로, Cement Rotary Kiln, 제강용 노즐 등 각종 공업요로의 고온부에 사용되고 있다.
염기성 내화물	MgO 계 MgO-Cr_2O_3계 MgO-CaO계	• 마그네시아질, 마그네시아-탄소벽돌 • 마그-크롬질, 크로-마그질벽돌 • 돌로마이트질 벽돌(소성, 불소성)	제강로, 비철금속로, 유리탱크로 축열실, 탈가스 처리로, 전기로 벽면의 전극주위, 전로의 가열부, 노저, 로벽 하부 등에 사용된다.

화학적인 방법으로 분류할 수 있다.

이 밖에 고열공업의 발전에 따라 내화물도 많이 발달되어 용도가 증가되고 품종도 다양해졌지만 대체로 상기 분류법으로 분류하는 것이 가장 이해하기 적당하다고 한다.

(2) 내화물의 성질

내화물이 가지고 있는 여러 성질을 크게 두 가지로 나누면 물리적 성질과 열적 성질로 분류되며, 이러한 여러 성질을 정확히 파악하는 것은 제조 및 품질관리에 필요하고 용도에 따른 적정 품질의 선택을 위해 아주 중요하다.

① 물리적 성질

- 기공률: 기공이란 벽돌 내부에 존재하는 빈 공간을 말하며 내화벽돌의 품질에 중대한 영향을 미친다. 즉, 빈 공간으로 슬래그(slag)나 가스의 침입이 일어나며 내부에 빈 공간이 존재함으로써 기계적 강도 및 내마모성이 저하되며, 내스폴링(spalling) 및 단열성 등에도 큰 영향을 준다.
  - 개기공: 외부로 연결된 빈 공간을 말하며 슬래그나 기체의 침식 등에 직접 영향을 준다.
  - 폐기공: 외부로 연결되지 않고 밀폐된 공간을 말하며 초기에는 슬래그 및 기체의 침식에 직접영향을 주지는 않지만 기계적 강도나 내마모성 등에 영향을 주며 사용 중에 개기공으로 변하여 슬래그 및 기체의 침식에 영향을 준다.
- 흡수율: 흡수율은 기공률과 밀접한 관계가 있는 것으로 수중에 잠긴 상태에서 빈 공간에 물이 채워지는 양을 중량으로 나눈 것으로 겉보기기공률 및 부피비중과 상관관계가 있으며 내화물에 미치는 영향은 기공률과 동일하다.
- 겉보기비중 및 부피비중, 진비중
  - 진비중: 진비중이란 기공부분을 제외한 실부피로 중량을 나눈 것을 말하며 이것은 각 광물결정의 비중이 일정하므로 진비중을 통하여 일정한 화학 성분을 갖는 내화물의 구성상태를 알 수 있으므로 중요하다.
  - 겉보기비중 및 부피비중: 겉보기비중은 밀폐기공을 제외한 부피로 중량을 나눈 것이고, 부피비중은 기공을 포함한 전체부피로 중량을 나눈 것을 말하며, 이것들은 기공 및 부피비중과 상관관계가 있으므로 내화물의 사용 중에 일어나는 스폴링, 열전도 등의 열적성질과 슬래그 및 기체침입, 마모에 대한 저항성 등의 변화에 밀접한 관계가 있으므로 중요한 역할을 한다.
- 압축강도 및 꺾임강도(Compressive and bending strength): 내화물은 요로의 구축 등에 사용되므로 상용에서는 기계적인 강도를 필요로 하며 미세구조에 많은 영향을 받는다. 일반적으로 소결상태가 나쁘거나 기공률이 크면 강도가 크게 저하된다. 또

한 내화물을 구성하고 있는 입자의 종류 및 결정입자에도 영향을 받으며 결정입자가 작으면 강도가 크게된다.

- 기타: 내마모성, 탄성률 및 통기율 비틀림강도 등이 있으며 이것들을 구성하고 있는 입자의 크기, 존재하는 상의 상대크기 및 기공율 등의 영향을 받으며 용도에 따라 중요한 성질이 되기도 한다.

② 열적 성질(Thermal properties): 내화물은 대부분 고온에서 제조되고, 또한 고온에서 사용되기 때문에 고온에서의 열적 성질은 내화물을 평가하는 기준이 되며, 요로의 설계 및 기능에 중대한 영향을 미치는 성질이다.

- 내화도(Refractoriness): 내화도란 내화물이나 내화원료가 열을 받아 액상이 형성되어 변형되는 온도를 알 수 있도록 만들어진 표준온도 제게르 콘(cone)과 비교하여 번호를 붙인 실용적인 방법으로 종류는 다음과 같다.
  - S.K: Seger Kegel
  - P.C.E: Pyrometric Cone Equivalent
- 하중 연화(Refractoriness Under Load): 요로를 구성하는 내화물은 고온에서 하중을 받으므로 내화물은 연화 변형되는 현상이 일어난다. 이러한 성질은 일정한 조건 하에서 시험체 자체의 하중만으로 연화되는 내화도와는 달리 일정한 하중 하에서 고온으로 가열되면 액상을 생성시켜, 점성유동이 일어나 내화도보다 낮은 온도에서 변형되어 붕괴된다. 그러므로 내화물 사용시, 내화도보다 더욱 중요한 의미를 갖는다. 이것은 기공 및 불순물의 양, 형태, 분포 등 미세조직과 밀접한 관계가 있으므로 원료 및 제조과정을 나타내어주기도 한다. 또한 사용 중의 형상변화 및 용액의 침투 등을 추정할 수 있다.
- 열간 선팽창수축(Thermal expansion): 내화물은 여러 가지 광물이 복합적으로 구성되어 있으므로 이러한 광물들은 열을 받으면 팽창하고 냉각되면 수축하게 된다. 이러한 성질은 화합물에 따라 정해져 있으며 염기성 내화물은 높고 규산염 광물은 낮다. 만약 열팽창이 크게 다른 2가지 이상의 광물로 구성된 내화물이 있다면 가열냉각과정을 통해 크랙(crack)이 발생하게 된다. 따라서 열팽창 수축성질은 내화물 및 원료의 품질평가의 자료가 된다. 또한 이 성질은 축로 시 팽창대의 결정 및 로의 승온 및 하강온도를 설정하는 데 필요하며, 내 스폴링을 추정하는 데 중요하다.
- 잔존 팽창수축: 내화물은 소성 과정을 통해 제조되지만 소성상태에 따라 광물상의

상태가 다르게된다. 따라서 제조 시 광물이 충분히 고온 안정상태가 이루어지지 않은 경우 고온 재가열하는 화학 반응이 일어나 기공이 감소하고, 광물상의 변화가 일어나 기공이 감소하며, 광물상의 변화가 일어나 용적의 변화가 따르게 된다. 이것을 잔존 팽창수축이라 하며, 이러한 성질을 가진 내화물을 고온에서 사용하면 크랙이 발생한다거나, 붕괴를 일으키는 요인이 되므로 주의하여야 한다.

- 열전도율(Thermal conductivity): 열전도율의 높고낮음은 내화물의 사용목적과 직접 관계가 있는 중요한 성질이며, 기공율, 입자의 크기 등의 영향을 받지만, 특히 기공률에 큰 영향을 받는다.
- 열간 강도(Thermal strength): 열간 강도에는 인장 및 압축 강도 등이 있으며, 이것은 내화물이 1,200℃ 이상의 고온에서는 기계적 강도가 급격히 떨어지므로 열간 강도는 사용 내화물의 품질을 평가하는 데 중요하다. 열간 강도가 높은 내화물은 외부로부터의 영향, 즉 내마모성 및 내침식성, 내스폴링성 등이 우수하며, 또한 열간 강도는 내화물의 종류, 원료, 제조과정 등에 좌우되지만, 미량 성분에 큰 영향을 받는다.
- 크립(Creep): 내화물은 고온에서 하중을 받으면 변형되어 파괴되므로 일정한 온도에서 일정한 시간을 유지시킨 후 소정의 하중을 가하여 시간이 경과함에 따라 변형되는 양을 측정하여 변형되는 속도를 산출한다. 이것은 내화물 중의 유리(glass)상의 양과 점성, 유리상과 고상의 반응, 고상 간의 반응, 입도 분포, 기공의 크기, 입계분포, 미량성분 등의 영향을 받으므로 이것들을 고려하여 크립을 해석하면 열간에서의 거동에 대한 유익한 정보를 얻을 수 있다.
- 스폴링(Spalling): 내화물의 사용 중에 크랙이 발생한다든지, 내화물의 벽면이 박리하는 현상을 스폴링이라고 부르는데, 원인에 따라 다음과 같이 분류된다.
  - 열적 스폴링(Thermal spalling): 열적 스폴링이란 열충격, 즉 급열급냉작용을 받아서 내화물이 급격히 팽창하거나 수축함으로서 박리하는 현상으로 사용시 가장 발생하기 쉬우며 물리적 특성 및 외적 조건 등과 복합적으로 결합되어 일어난다.
  - 기계적 스폴링(Mechanical spalling): 기계적 스폴링이란 내화물의 내·외면의 온도차에 의한 팽창의 차이로 구조상의 불균형한 장력이나 전단력에 의한 응력으로 내화물이 파괴되는 현상을 말한다.
  - 조직적 스폴링(Structural spalling): 조직적 스폴링이란 내화물의 일부 벽면이 열작용 또는 슬래그의 침식, 융제 등의 작용을 받아 조직이나 광물상의 변화가 생겨 표면과 내면간의 조직구조, 성분, 광물상이 다른 층으로 변태 또는 생성되어 박리되는 현상을 말한다. 이상과 같이 스폴링은 열팽창 수축성 및 내침식성 등과 밀접

한 관계를 가지고 있으며 내화물의 손상에 있어서 매우 중요한 성질이다.

③ 화학적 성질: 각 내화물은 고온에서 연소가스, 증기, 연료의 재(분진), 용융물 등과 접촉하므로 내화물의 표면이나 이들의 침투를 받은 부분에서 계속 화학 반응을 일으켜 변질 또는 침식을 받게 된다. 따라서 열적 또는 기계적으로 손상되는 외에 화학적인 손상에 의해서도 내화물의 수명이 좌우된다. 이 과정은 매우 복잡하게 일어나지만 내화물의 손상에 가장 큰 요인이다. 한편 내화물의 화학적 저항성은 내화물의 화학적 구성과 조직 및 온도, 압력, 분위기 등의 외적 조건에도 크게 영향을 받는다.

2. 단열재

요업을 비롯한 각종 공업은 고온화에 따라 연료의 사용량이 많아지고, 또 열을 효과적으로 사용하여 에너지를 절약하는 문제는 조업경제상 중요한 과제의 하나이다. 단열재는 고온장치에서 외부로 손실되는 열량을 줄이기 위하여 사용되며 열전도도가 0.1 kcal/m · h · ℃ 이하인 재료이다. 그 최고사용 안전온도에 따라서 단열벽돌(insulating brick)과 내화단열벽돌(insulating fire brick)의 두 종류로 나눌 수 있다. 또한 내화벽돌의 뒷면에 사용되는 배면용 단열재(back up insulator)와 로 속의 열면에 사용되는 열면용 단열재(hot face insulator) 등도 있다.

(1) 단열재의 원료

단열재는 천연의 원료를 그대로 사용하는 것과 가공하여 필요한 특성을 부여하여 사용하는 것이 있다.

① 규조토(diatomaceous earth): 규조라고 부르는 조류가 죽은 유해가 점토, 유기물, 산화재 등과 함께 퇴적한 것이 규조토이며 순수한 규조의 화학조성은 SiO_2가 96.16~96.80%, Al_2O_3와 Fe_2O_3가 1.20~1.80%, 결정수가 1.92~1.98%이다. SiO_2가 70% 이상 함유된 것은 양질의 규조토이며, 보통의 화학조성은 SiO_2가 80~90%, Al_2O_3가 3~5%, Fe_2O_3가 1.0~1.5%, CaO와 MgO가 각각 1% 미만이며 가열감량이 6~9%이다. 규조토의 기공률은 75~80%이며 1,000℃ 이상으로 가열하면 본래 비정질의 SiO_2이던 것이 크리스토발라이트(cristobalite)나 트리디마이트(tridymite)로 전이한다.

• 석면(asbestos): 석면은 다음 네 가지로 분류할 수 있다.

- 온석면(chrysotile asbestos): $H_4Mg_3SiO_9$
- 청석면(crocidolite asbestos): $NaFe(SiO_3)_2 \cdot FeSiO_3$
- 각섬석면(amphibole asbestos): $Ca(Mg, Fe)_3(SiO_3)_4$
- 직섬석면(anthophyllite asbestos): $(Fe, Mg)SiO_3$

석면은 섬유길이가 3 cm 이상으로 긴 것은 방직용으로 사용한다. 그 이하로 짧은 것은 석면판, 보온단열재 및 건축재료로 사용된다.

② 질석(vermiculite): 질석은 화학식이 $(Mg, Fe)_3(Si, Al, Fe)_4O_{10}(OH)_2 4H_2O$이며 가열하면 400℃ 부근에서 결정수가 방출되고 층상구조로 분리되며 본래 부피의 10~30배 정도로 크게 팽창한다. 단열재로 사용될 수 있는 온도범위가 0℃ 이하에서부터 1,100℃까지 아주 넓다.

③ 팽창성 점토(expandable clay): 경량 콘크리트 또는 단열 캐스터블(castable)의 골재로 사용되는 팽창점토 및 팽창혈암을 가열하면 유리질이 생성하면서 이때 발생하는 가스가 밖으로 나가는 것을 방지하게 되어 다공질의 단열재를 얻게 된다. 이때 가스를 발생시킬 수 있는 발포제를 넣어서 제조하기도 한다.

④ 기타 원료: 진주암(pearlite), 흑요석(obsidian)과 같은 천염유리암을 700~800℃로 가열하면 급격히 팽창하면서 다공질로 된다.

(2) 단열벽돌

최고사용 안전온도가 900~1,200℃인 단열재를 단열벽돌(insulating brick)이라고 하며, 단열벽돌에는 규조토가 주원료로 쓰이고 덩어리 모양의 규조토를 절단하여 800~850℃로 소성한 것과 규조토 분말에 톱밥, 내화점토 등을 배합하여 반죽한 다음 성형하여 900~1,300℃로 소성한 것이 있다.

(3) 내화단열벽돌

최고사용 안전온도가 1,300℃ 이상인 단열재를 내화단열벽돌(insulating fire brick)이라

하며 제조방법은 내화점토에 가연성물질(톱밥, 코르크 부스러기, 코우크스, 숯, 녹말, 펄프 등)을 첨가하거나, 비누거품이나 기름같은 기포를 주입, 또는 나프탈렌과 같은 승화물질을 넣어서 다공질의 조직을 갖게한다. 단열재는 다공질 조직을 가지며 열전도율이 작기 때문에 단열효과가 크다. 일반적으로 단열벽돌은 내화벽돌 외부에 쌓고, 내화단열벽돌은 가마의 안쪽 고온면에 사용하여 열손실을 적게 한다. 또한 900℃ 이하의 온도에서 사용되는 단열재를 보온재라 하고 900℃ 이상에서 사용되는 단열재를 보온재와 구분하여 내화단열벽돌이라고도 부르며 이것은 앞에서 설명한 단열벽돌과 내화단열벽돌을 포함한 것이다.

① A류 내화단열벽돌: 내화단열벽돌은 요로의 보온을 위해서 사용되므로 마치 솜이 체온을 보호하기 위해서 사용되는 것과 마찬가지이다. 따라서 요로의 열 경제상 내화단열벽돌은 매우 중요한 내화물이다. 내화단열벽돌은 사용온도가 900℃ 이상이고 또한 일정한 형상을 가지므로 보온재와 구별된다. 솜털 속에 보유하고 있는 공기가 열을 전달하기 매우 어렵기 때문에 단열성을 가지는 것과 마찬가지로 내화단열벽돌 역시 기공이 많고 공기의 보유율이 큰 것이 단열성이 우수하다고 할 수 있다. 이와 같이 기공률이 크면 단위부피당 무게(부피비중)는 가벼우므로 부피비중이 작을수록 단열성이 좋은 경향이 있다. 단열성의 정도는 열전도도를 측정함으로서 알 수 있다. 일반적으로 기공률이 크면 벽돌의 조직이 거칠기 때문에 벽돌을 구성하는 데 필요한 결합부분이 적어지므로 강도가 약하다. 따라서 일반적으로 같은 재질로 강도를 크게 하면 열전도는 증가하고 부피비중이 커지는 경향이 있다. 또한 기공률이 크면 장시간 가열할 때 융점 이하에서도 재질이 변하여 수축을 일으키는 일이 많다. 이것은 주로 고체재질에 따라 좌우되므로 그 재질을 선택하여 수축에 견딜 수 있도록 만들고 있다. 일반적으로 재가열할 때 수축률이 2%를 넘지 않는 온도를 그 재질의 사용온도로 정하고 있다. 이와 같이 내화단열 벽돌은 열전도도, 기공률, 부피비중, 재가열수축률 및 강도 등의 모든 성질이 서로 관련되어 있다. A류 내화단열벽돌은 재가열 수축률이 2%를 넘지 않는 온도로서 900℃에서 1,500℃까지 100℃ 간격으로 1종(A1)에서부터 7종(A7)까지가 있다. 1종과 2종은 규조토질 내화단열벽돌이며, 3종과 4종도 일반적으로 규조토질이지만 최근에 점토질로도 제조되고 있다. 5~7종은 일반적으로 점토질에서 고알루미나질의 내화단열벽돌이다. A류는 부피비중이 가장 작고 가벼우며 열전도도 역시 가장 낮은 것이 특징이다. 1~2종은 규조토질이기 때문에 비정질 규산을 주성분으로 하고 있으며 팽창율이 작으므로 스폴링 저항이 크다. 3~4종 가운데 규조토질의 것은 1,000℃ 이상으로 가열하면 비정질규산이 크리스

토발라이트(cristobalite)로 되므로 2,000℃ 부근까지 심한 이상팽창을 나타내고 스폴링 저항도 약하기 때문에 내화벽돌의 배면용으로만 사용된다. 5~7종의 내화단열벽돌은 스폴링 저항이 좋다.

② B류 내화단열벽돌: B류 내화단열벽돌은 A류보다 강도가 큰 내화단열벽돌이다. 종류는 A류와 같이 900℃에서 1,500℃까지 7종류가 있다. 사용원료도 각 종류에 따라 A류와 같다. B류는 A류보다 강도도 크지만 부피비중, 열전도도가 약간 더 크다. 비교적 강도가 크므로 취급하기 편리하고 내화단열벽돌로서는 가장 많이 사용되고 있다.

③ C류 내화단열벽돌: C류 내화단열벽돌은 A, B류보다 더욱 강도가 큰 내화단열벽돌이다. 종류는 재가열수축률이 2%를 넘지 않는 온도로서 1,300℃에서 1,500℃까지 100℃씩의 간격으로 1종에서 3종까지 있다. 사용하는 원료는 점토질이나 고 알루미나질 원료이다. 이 종류의 내화단열벽돌은 모두 인공적으로 기공을 넣은 것이며 성형법도 기공을 만들어 넣어주는 방법에 따라 다르다. C류는 A, B류보다 더욱 강도가 크고 부피비중과 열전도도 역시 크다. 따라서 로의 하중이 걸리는 부위나 진동과 마모의 위험이 있는 곳에 사용하는 것이 좋다.

④ 용융 알루미나 중공구질 내화단열벽돌(Insulating Fire Brick of Fused Alumina Bubbles): 최근 열처리가마가 고온화 또는 환원분위기화하며, 특히 수소농도가 높은 가마가 출현하여 내화단열벽돌도 이러한 가마에 견딜 수 있는 것으로서 고 알루미나 중공구(中空球)질 내화단열벽돌이 있다. A, B, C류의 내화단열벽돌은 모두 그 사용온도가 1,500℃까지이지만 용융 알루미나 중공구질은 1,600℃ 정도에 사용할 수 있도록 제조되고 있다. 원료로 사용되는 용융 알루미나 중공구는 일반적인 용융 알루미나와 마찬가지로 전로(ace furnace)에서 알루미나를 용융하여 흘리면서 공기 또는 수증기를 불어 넣어주면 중공(中空)의 알루미나 구(球)(Alumina Bubbles)가 만들어진다. 이 중공 알루미나 구(Alumina Bubbles)를 적당하게 입도 배합해서 성형한 후 고온에서 소성하여 제조한다.

이 종류의 내화단열벽돌은 그 화학성분으로 일반적으로 Al_2O_3가 70~99% 정도 포함되어 있고 환원분위기에서 사용되는 것은 Al_2O_3 성분이 높고 SiO_2와 Fe_2O_3가 매우 적다. 또 일반적으로 하중연화점이 높고 강도가 크며 스폴링 저항성이 클 뿐만 아니라 재가열수축율도 작으므로 직접 내장용으로 사용할 수 있다. 그러나 열전도도는 Al_2O_3 성분의 함량이 높기 때문에 비교적 크다.

06 기능성 세라믹스

1. 기능성 세라믹스의 분류

세라믹스는 「열에 강하다」, 「단단하다」, 「약품에 침식되지 않는다」 등의 기본적인 특성 이외에도 전기·자기적 기능, 열적 기능, 기계적 기능, 광학적 기능, 생물·화학적 기능, 원자력 기능 등과 같이 뛰어난 기능을 가지고 있으며, 여러 분야에 다양하게 이용되고 있다. 기능성 세라믹스는 정밀요업체 또는 파인세라믹스(fine ceramics)라고도 하며, 정선된 원료, 정확하게 조정된 조성, 정밀하게 제어된 성형법 및 소성기술로 제조한 세라믹

표 10.5 기능성 세라믹스의 분류, 재료 및 응용

기능		재료	응용
전기·자기적 기능	절연성	Al_2O_3, SiC(+BeO)	IC기판, package
	유전성	$BaTiO_3$, $SrTiO_3$	condenser
	압전성	PZT, ZnO	착화소자, 발진자
	도전성	ZrO_2, SiC, $MoSi_2$	저항발열체
	반도성	SnO_2, ZnO-Bi_2O_3, 반도성 $BaTiO_3$	gas sensor, varistor,thermistor
	이온전도성	ZrO_2, β-Al_2O_3	산소 sensor, 전지
	연자성	Mn1-xZnxFe$_2$O$_4$, γ-Fe_2O_3	자심, 기록매체
	경자성	$BaO \cdot 6Fe_2O_3$, $SrO \cdot 6Fe_2O_3$	motor 및 speaker용 자석
열적 기능	내열성	Al_2O_3, SiC, Si_3N_4	내열구조재
	단열성	ZrO_2, SiO_2	각종 단열재
	전열성	BeO, SiC(+BeO)	기판
기계적 기능	연마, 절삭	Al_2O_3, B4C, TiC	절삭공구, 연마재
	강도기능	Si_3N_4, SiC	ceramic engine, turbine blade
광학적 기능	형광성	Y_2O_3	형광체
	투광성	Al_2O_3	Na-lamp
	편광성	PLZT	편광소자
	도광성	SiO_2	광fiber
생물·화학적 기능	생체적합성	Al_2O_3, apatite	인공뼈, 이
	담체성	cordierite	촉매담체
	내식성	Al_2O_3, BN, Si_3N_4	내식재
원자력관련 기능	원자로재	UO_2	핵연료
	감속재	BeO	감속재
	제어재	B_4C	제어재

스로서 도자기, 내화물, 시멘트, 유리 등의 전통요업체(classic ceramics)에 비하여 그 성능이 현저하게 향상된 것이다. 표 10.5에 기능성 세라믹스의 분류, 재료 및 응용을 나타내었다.

2. 절연 세라믹스

(1) 세라믹스의 미세구조와 절연성

세라믹스의 미세구조(microstructure)를 알아야 절연성을 이해할 수 있다. 세라믹스의 미세구조는 그림 10.30에 나타낸 것과 같이 결정입자(grain), 입계(grain boundary), 입계기공, 입내석출물, 입내기공으로 되어 있다.

세라믹스의 주성분으로 된 결정입자는 통상 1 μm로부터 수 10 μm 크기로서 임의의 결정축 방향을 향하고 있다. 결정입자의 입경은 출발원료의 입경, 불순물, 소성조건에 의존한다. 세라믹스의 입계(grain boundary)는 같은 결정상을 가진 결정입자 간의 결정학적 방위만 서로 다른 경우에 나타나는 계면을 말하며, 결정입자의 결정상이 서로 다른 경우, 즉 결정입자의 조성 및 결정구조가 상이한 경우에 나타나는 계면은 상경계(phase boundary)라고 하여, 입계와 구별한다.

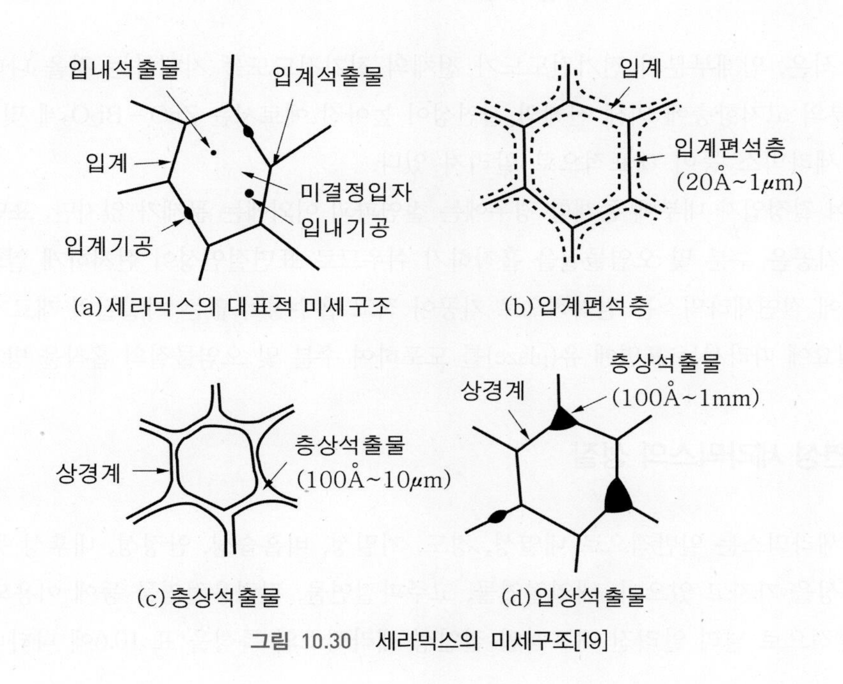

그림 10.30 세라믹스의 미세구조[19]

세라믹스 입계에는 전위, 빈자리 등의 격자결함 및 격자변형(strain)이 존재하기 때문에 불순물이 모이기 쉬우며, 그림 10.30(b), (c), (d)와 같은 입계편석층, 층상석출물, 입상석출물 등이 형성된다.

세라믹스의 절연성은 이와 같은 세라믹스의 미세구조와 깊은 관계가 있으며, 미세구조를 형성하고 있는 입자, 입계, 기공 등의 종류, 조성, 형상, 크기 등에 크게 의존하고 있다. 특히, 입계부분은 불순물농도가 높고, 전위 및 결함이 존재하므로 절연성에 큰 영향을 미친다. 결정입자의 전기전도도를 σ_c, 입계부분의 전기전도도를 σ_m으로 하면, 전체의 전기전도도 σ는 다음 식과 같이 나타낸다.

$$\sigma = \sigma_m \frac{\sigma_c + K_c \sigma_m + K_c \phi (\sigma_c - \sigma_m)}{\sigma_c + K_c \sigma_m - \phi (\sigma_c - \sigma_m)} \tag{10.11}$$

여기서, ϕ는 결정입자의 체적분율, K_c는 결정입자의 형상계수이다. 결정입자가 구형의 경우는 $K_c = 2$이며 Maxwell의 식과 일치한다. 결정입자와 입계부분의 전기전도가 매우 다를 경우에는 다음 식이 얻어진다.

$$\sigma_c \gg \sigma_m \text{일 때: } \sigma = \sigma_m \frac{1 + K_c \phi}{1 - \phi} \tag{10.12}$$

$$\sigma_c \ll \sigma_m \text{일 때: } \sigma = \sigma_m \frac{K_c (1 - \phi)}{K_c + \phi} \tag{10.13}$$

위의 식은, 입계부분의 전기전도도가 전체의 전기전도도를 지배하는 것을 나타낸다. 입계부분의 고저항층에 의해 전체의 절연성이 높아진 예로서는 $ZnO-Bi_2O_3$계 및 SiC－BeO계 세라믹스 등이 대표적으로 알려져 있다.

기공이 결정입자 내부에 존재할 경우에는 절연파괴 이외에는 문제가 없지만, 표면에 존재하는 기공은 수분 및 오염물질을 흡착하기 쉬우므로 표면절연성이 현저하게 열화된다. 이 때문에 절연세라믹스는 원칙적으로 기공이 적고 흡수성이 없는 치밀질의 재료가 요구되며, 필요에 따라서는 표면에 유(glaze)를 도포하여 수분 및 오염물질의 흡착을 방지한다.

(2) 절연성 세라믹스의 성질

절연성 세라믹스는 일반적으로 내열성, 경도, 기밀성, 비흡습성, 안정성, 내후성 등이 우수한 특성을 가지고 있으며, 내열절연물, 고주파절연물, 전력용절연물 등에 이용되고 있다. 일반적으로 널리 알려진 대표적인 절연성 세라믹스의 특성을 표 10.6에 나타내었다.

표 10.6 각종 절연 세라믹스의 특성 [20]

재료명		보통자기	Alumina			Steatite	Forsterite	Cordierite
주성분		$SiO_2 \cdot Al_2O_3$	Al_2O_3 92%	Al_2O_3 96%	Al_2O_3 99.5%	$MgO \cdot SiO_2$	$2MgO \cdot SiO_2$	$2MgO \cdot 2Al_2O_3 \cdot 5SiO_2$
겉보기비중 [g/cm²]		2.35	3.6	3.75	3.90	2.7	2.8	2.2
압축강도 [kg/cm²]		6,000	24,000	25,000	37,000	5,600	5,900	3,500
꺽임강도 [kg/m²]		1,000	3,200	3,500	5,000	1,260	1,400	1,000
열팽창계수 [$\times 10^6$/℃]		4.3~4.8	6.6~7.5	6.7~7.7	6.8~8.0	6.9~7.8	10~12	2.2~2.8
열전도율 [cal·cm / s·cm²·℃]		0.003	0.04~0.026	0.052~0.03	0.075~0.038	0.006	0.008	0.003
체적 저항율 [Ω·cm]	20℃	1×10^{12}	$>10^{14}$	$>10^{14}$	$>10^{14}$	$>10^{14}$	$>10^{14}$	1×10^{14}
	30℃	5×10^{6}	1×10^{11}	3.1×10^{11}	$>10^{14}$	5×10^{10}	7×10^{11}	3×10^{7}
파괴전압 [kV/mm]		13	15	14	15	13	13	–
유전율 (1 MHz)		6	8.5	9.0	9.8	6.0	6.0	5.3
$\tan\delta$ (1 MHz)		0.006	0.0005	0.0003	0.0001	0.0004	0.0005	0.005
용도		전력용	내열용	후막용 기판	박막용 기판	고주파용	고주파용	내열용

전력용절연물은 절연성 및 기계적 강도가 우수하며 주로 제조가 용이한 보통자기가 사용되며, 각종 애자, 애관, 부싱(bushing) 등에 활용되고 있다.

고주파용 절연물은 유전손실이 작고, 내전압, 절연저항, 기계적 강도가 우수하여야 하며, 정확한 치수를 쉽게 얻을 수 있는 재료가 바람직하다. 피막저항심체, 권선저항심체, 진공관 절연물, 소케트, 안테나 애자, 고주파 동축케이블용 절연물, 마이크로 모듈기판 등에 다양하게 사용되고 있다. 내열절연용 세라믹스는 용융온도가 높고, 열팽창계수가 작은 것이 좋으며, 기밀봉착용 재료, 점화프러그 애자, 열전대 보호관 등에 사용되고 있다.

(3) 알루미나(Al_2O_3)계 자기

일반적으로 알루미나는 α-alumina(또는 corundum)를 말하며, 융점이 2,049℃, moh's 경도 9로서 산화물 중에서 경도가 매우 높은 물질이며, 1,900℃ 이하에서는 물리·화학적으로 매우 안정한 재료이다.

알루미나 원료로서는 보크사이트(bauxite, $Al_2O_3 \cdot 3H_2O$) 또는 다이아스포아(diaspore, $Al_2O_3 \cdot H_2O$) 등의 천연원료를 이용하지만, 전기절연용 세라믹스를 제조할 때에는 이것을 화학처리한 순도가 높고 분쇄성이 좋은 화학원료를 사용한다. 제조방법은 주로 베이어법(Bayer process)이 이용되고 있으며 금속알루미늄 정련공정의 중간생성물인 보크사이트($Al_2O_3 \cdot 3H_2O$)를 1,000℃ 이상 소성하여 α-Al_2O_3 원료분말을 얻고 있다.

일반적으로 알루미나 자기는 α-Al_2O_3 결정을 80% 이상 함유한 것을 말한다. 알루미나 자기의 성질은 그림 10.31과 같이 α-Al_2O_3 함유량이 많을수록 고온소결이 필요하므로 공업적인 제약을 받는다. 현재로서는 소결성이 좋은 활성알루미나 등의 특수한 알루미나 원료 및 제조공정의 개발에 의해서 Al_2O_3 99% 이상의 알루미나 자기가 1,500℃ 정도로서 소결이 가능하게 되었다.

공업적으로 이용되고 있는 알루미나 자기는, Al_2O_3 이외에 부성분으로서 SiO_2, CaO,

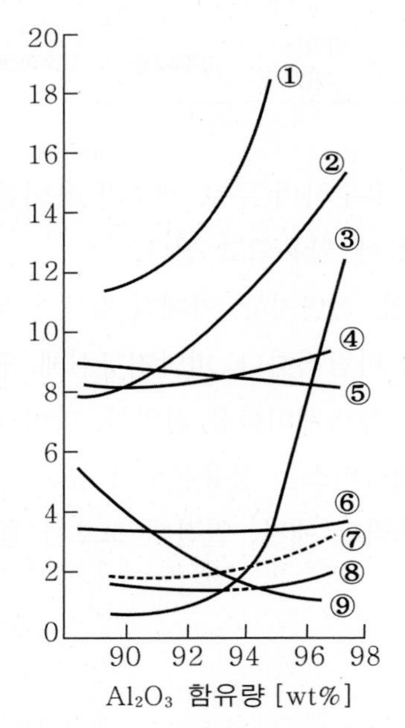

그림 10.31 알루미나 세라믹스의 성질과 Al_2O_3 함유량과의 관계[20]

MgO, BaO, 점토, 활석, 장석 등이 첨가되고 있다. 알루미나 자기는 고온소결과정에서 α-Al_2O_3가 재결정(recrystallization)하여 1~15 μm의 명확한 육각판상의 결정형태를 나타낸다. 부성분은 α-Al_2O_3 입자 간의 입계에 메트릭스(matrix)로서 농축된다.

(4) 집적회로(IC) 기판용 절연 세라믹스

혼성집적회로(Hybrid Integrated Circuit: HIC)는 기판상에 스크린 인쇄법으로 5~50 μm의 후막을 형성하거나, 스퍼터링, CVD, 진공증착 등의 방법으로 50~5,000 Å의 박막을 형성하여, 이들의 미세한 배선에 의해 고밀도회로를 만든 것이다. HIC와 반도체 IC를 조합하여 고집적도의 IC, 초고밀도 집적회로(LSI)가 만들어진다.

집적회로(Integrated Circuit: IC) 기판용 세라믹스로서 필요한 조건은 다음과 같다.

- 전기절연성, 고주파특성이 우수할 것
- 화학적으로 불활성이고, Na 등 이온의 함유량이 작을 것
- 후막이 스크린 인쇄가 될 수 있도록 평활할 것
- 후막과의 밀착이 우수할 것
- 절연내력이 클 것
- 열전도도가 클 것
- 저항 및 탑재된 반도체 IC의 발열에 대하여, 열방산성이 있을 것
- 열처리에 견디며, 열팽창계수가 작을 것
- 기계적 강도가 클 것
- 치수정밀도가 좋으며, 저가격일 것

IC기판 절연세라믹스로서는 알루미나, 질화알루미늄(AlN)계 세라믹스, 탄화규소(SiC)계 세라믹스, SiC−BeO계 세라믹스 등이 있다.

① 알루미나계 세라믹스: 알루미나기판은 Al_2O_3 함유량이 90~99.5%의 기판이 사용되고 있으며, 후막용으로서는 90~97%의 알루미나기판, 박막용으로서는 97~99.5%의 알루미나 기판이 사용된다. 알루미나는 실용적인 세라믹스 중에서 비교적 가격이 저렴하며 내열성, 열전도도, 기계적 강도, 경도, 내열충격성, 전기절연성, 화학적 내구성이 우수한 장점이 있으나, IC기판으로서는 다음과 같은 몇가지 단점이 있다.

- 열전도도가 다소 부족하다.
- 알루미나의 열팽창계수가 LSI의 주재료인 실리콘칩보다 약간 커서 엄밀하게 일치하지 않는다.
- 알루미나 세라믹스의 소결온도는 1,700℃ 이상의 고온이므로 소결기술상이나 경제성으로도 문제가 있다. 따라서 알루미나에 MgO, SiO_2 등을 약간 첨가하여 소결온도를 내리는 방법을 쓰고 있으나 이 경우도 1,500~1,600℃의 고온이다. 고온소결 때문에 LSI와 혼성집적회로의 기판에 회로의 패턴을 동시에 구워 붙인 구리, 은 및 금 같은 양도체(융점: 구리 = 1,085℃, 은 = 962℃, 금 = 1,064℃)를 사용할 수 없다. 그래서 동시소성 시에는 배선 패턴은 텅스텐(융점: 3,387℃), 몰리브덴(융점: 2,610℃)과 같이 저항이 큰 금속을 양도체 대신에 사용하게 되어 회로작동에 영향을 끼친다. 금, 은, 동과 같은 양도체를 사용하기 위하여는 이들 양도체의 융점 이하의 온도에서 소결이 가능한 세라믹스가 필요하다. 저온소결 세라믹스로는 알루미나-그래스계, BSB[$BaSn(BO_3)_2$]세라믹스 등이 개발되어 있다.
- 알루미나는 유전성이 있으며 비유전율도 비교적 크므로 알루미나 기판에 붙인 회로패턴에 전기신호가 지날 경우 이 유전성이 작용하여 사방에 작은 콘덴서가 들어 있는 것과 같은 작용을 하게 된다. 이것이 전기신호의 전달을 약간 느리게 하여 목적에 따라서는 문제를 야기한다.

② 질화알루미늄(AlN)계 세라믹스: 이 질화알루미늄계는 열전도율이 알루미나계의 수 배가 되는 고열전도성 세라믹스로서 열충격저항성, 전기절연성이 우수하며, 열팽창률은 알루미나보다 실리콘에 가까운 특성이 있다. 질화알루미늄은 산화이트륨(Y_2O_3)을 첨가하여 1,800℃ 정도의 온도에서 압력을 가할 필요가 없는 상압소결법으로 만들 수 있으므로 생산이 용이하다. 또 이와 같이 산화이트륨을 첨가하면 열전도가 좋아져서 고온소성한 질화알루미늄과 비슷해지고 알루미나계의 5배 이상의 고열전도성 특성을 갖게 된다. 이 질화알루미늄계 세라믹스는 LSI와 초단파용의 전력 모듈 기판이나 패키지 외에 발광다이오드의 방열성기재, 자동차 엔진의 점화계 모듈 기판 등 특징을 살린 용도에 사용되고 있다.

③ 탄화규소(SiC)계 세라믹스: 이 탄화규소는 옛날부터 경도가 큰 점을 이용하여 연마제로 많이 사용되어 온 것이다. 탄화규소계 세라믹스는 또 내열성이 좋으므로 내화벽돌로 사용되거나 반도체적인 발열체로 전기로용의 히터로도 사용되는 등 여러 가지 특성을 가진

세라믹스다. 이 탄화규소계는 순도가 큰 것은 절연체지만 보통 정도의 탄화규소는 미량의 불순물이 들어 있으며 이 경우는 일종의 반도체가 된다. 그래서 이 반도체에 저항과 같이 전류를 흘리면 열이 발생하는 히터로 사용할 수가 있다. 이 장에서 취급하고 있는 것은 절연체 세라믹스이며, 기판재료로서의 탄화규소이므로 전류가 흘러서는 곤란하다. 이 탄화규소에 수 % 이하의 산화베릴륨(BeO)을 혼합 · 가압소결(hot press)하여 만든 세라믹스 탄화규소는, 열전도도는 알루미나계보다 10배 정도 크고 질화알루미늄계의 2배 정도로 뛰어나 고열전도성이 유지된다. 열팽창률은 알루미나계의 반 정도이고 질화알루미늄계와 같은 정도로 실리콘칩에 가깝다. 이러한 점은 LSI 기판에 꼭 알맞지만 유전율이 알루미나계나 질화알루미늄의 5~10배 정도 큰 것이 결점이다. 이 때문에 전기신호 전달의 지연이 생기기 쉬우므로 목적에 따라서는 회로패턴을 짧게 하는 연구가 필요하다.

3. 유전성 세라믹스

(1) 유전현상(dielectric phenomenon)

재료에 전계를 인가한 경우, 전기적인 특성으로 크게 분류하면 도전성 및 유전성으로 나눌 수 있다. 도전성은 거시적인 거리를 하전입자가 이동하는 것으로서, 그 이동은 전계를 제거할 때까지 계속하여 전류가 흐르게 된다. **유전성**이란 재료에 전계를 가할 때, 재료 속의 양 또는 음의 전하가 평형위치에서 근소하게 벗어나고, 전계를 제거하면 다시 본래의 평형위치로 되돌아가는 성질이다. 따라서 전압을 가하는 순간에만 근소한 전류가 흐르고, 전계를 계속 가하더라도 전류는 계속해서 흐르지 않는다. 그리고 전계를 제거하는 순간에는 가했을 때와는 반대방향의 전류가 흐른다. 전계를 가할 때에 흐르는 전기량 Q^{+}와 전압을 제거할 때 흐르는 반대방향의 전기량 Q^{-}는 서로 같다.

이와 같은 유전성은 **유전분극**(dielectric polarization)에 기인하며, 전계를 가하였을 때의 분극현상은 그림 10.32와 같이 **전자분극**(electronic polarization), **이온분극**(ionic polarization), **배향분극**(orientational polarization), **공간전하분극**(space polarization)으로 분류할 수 있다.

① **전자분극**: 전자분극은 재료에 전계를 가하면 전자운(electron cloud)이 원자핵에 대하여 약간 변이하여 "+", "−" 전하의 중심이 일치하지 않으며, dipole moment를 가지는 것을 말한다.

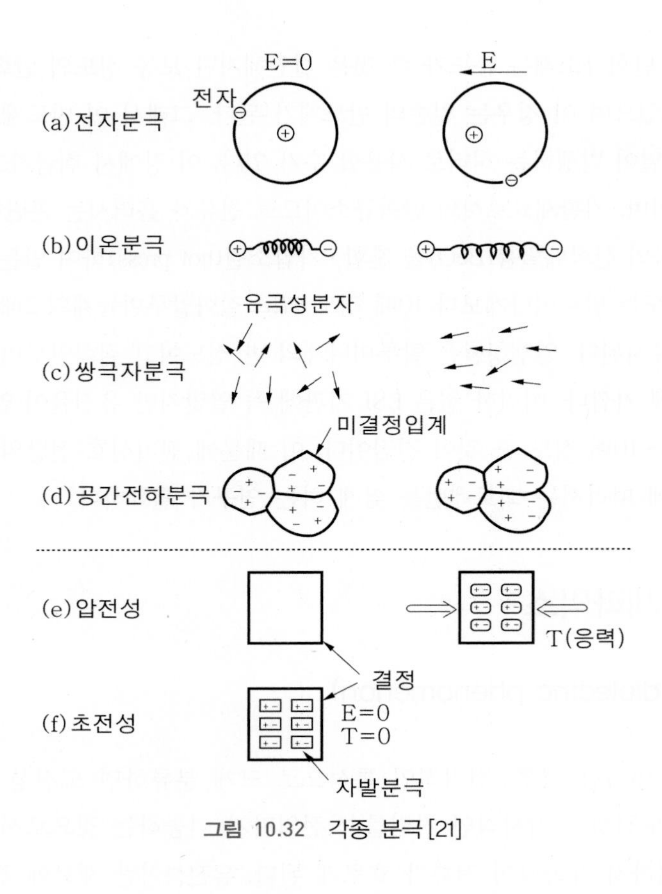

그림 10.32 각종 분극 [21]

② 이온분극: 이온 결정과 같은 유전체에 전계가 작용하면 양이온 및 음이온은 각각 반대부호의 전극에 끌려 변위하므로 dipole moment가 발생하며, 이 기구에 의한 분극을 이온분극이라 한다.

③ 배향분극: 영구쌍극자(permanent dipole)를 가지고 있는 물질은 전계가 없는 상태에서는 방위가 무질서하게 배열되어 있지만 전계를 가하면 영구쌍극자는 전계의 방향에 따라 규칙적으로 배열되어 분극현상이 일어난다.

④ 공간전하분극: 유전체가 불균질한 경우(혹은 두 종류 이상의 유전체가 층상으로 되어 있을 경우)에, 전계를 가하면 전하가 이동하여 경계면에 전하가 축적되어 일어나는 분극현상으로서 계면분극(interfacial polarization)이라고도 한다.

강유전체에서는 외부전계가 존재하지 않아도 영구쌍극자(permanent dipole)가 서로 평행하게 배열되지만 결정 내의 영구쌍극자가 모두 동일한 방향으로 향하면 주위 공간에 큰 정전에너지(electrostatic energy)가 축적된다. 이 에너지를 작게 하기 위하여 외부 전계가 없는 상태에서 강유전체 결정은 많은 분역(ferroelectric domain)으로 분리된다. 하나의 분역 내의 쌍극자는 한 방향으로 배열되어 있으며, 인접한 분역 내의 쌍극자배열 방향과 이루는 각은 결정구조에 따라 다르며 정방정결정(tetragonal crystal)에서는 90° 또는 180°이고 이를 모두 더하면 결정 전체로는 분극이 나타나지 않는다. 분역이 생성되면 그의 경계, 즉 분역벽(domain wall)을 유지하기 위하여 에너지가 필요하기 때문에 분역의 크기와 수는 정전 에너지의 감소와 분역벽 에너지(domain wall energy) 증가의 균형에 의하여 결정된다.

영구쌍극자를 가진 분자로 구성된 극성유전체에 외부전계를 가하면 영구쌍극자는 전계의 방향으로 배향하여 전계의 방향으로 유전분극이 나타나며 전계를 제거하면 열적 효과(thermal effect) 때문에 영구쌍극자의 방향이 다시 무질서하게 되고 배향분극은 소멸된다. 그러나 어떤 물질에서는 영구쌍극자 사이의 정전기적 상호작용이 강하여 외부전계가 없어도 영구쌍극자들이 평행하게 혹은 반평행하게 배열되어 자유에너지가 최소가 된다. 전자의 경우에는 외부에서 전계를 가하지 않아도 유전분극이 생기며 이를 자발분극(spontaneous polarization)이라고 한다. 자발분극을 갖는 유전체 중에서는 외부전계를 자발분극 방향에 반대방향으로 가하였을 때 자발분극 방향이 역전될 수 있는 재료가 있으며 이를 강유전체(ferroelectrics)라고 부른다.

(2) $BaTiO_3$ 강유전체

재료에 전계를 가하면 유전분극을 일으키는 물질을 유전체(dielectrics)라 하며, 그 전기적 성질에 따라 좀 더 상세히 나누어 보면 선형상유전체(linear paraelectrics), 비선형상유전체(nonlinear paraelectrics), 강유전체(ferroelectrics), 반강유전체(antifer-roelectrics), 페리유전체(ferrielectrics)의 5가지가 있다.

자발분극(spontaneous polarization)을 가진 유전체 중에서 전계를 가하면 분극방향의 반전이 가능한 것을 강유전체라고 한다. 강유전체 자기 중에서 대표적인 것은 티탄산바륨($BaTiO_3$)이며 콘덴서(condenser) 등 실용재료로서 다양하게 사용되고 있다.

$BaTiO_3$는 그림 10.33과 같은 페로브스카이트(perovskite) 구조를 가지며 Ba^{2+}이온은 정점에, O^{2-}이온은 면심에, Ti^{4+}이온은 체심에 위치하고 있다. $BaTiO_3$ 결정구조는 온도에 따라서 그림 10.34와 같이 변화한다. 큐리온도(120℃) 이상에서는 입방정(cubic)이며, 120℃~5℃ 사이에서는 입방정의 축방향으로 변위하여 정방정(tetragonal)이 되며, 5℃

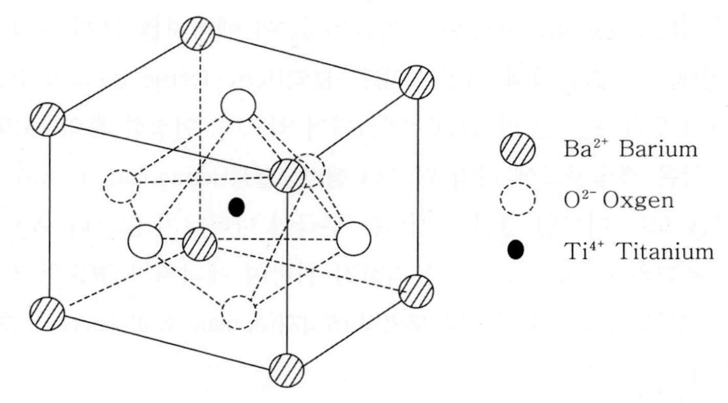

그림 10.33 페로브스카이트 구조 [22]

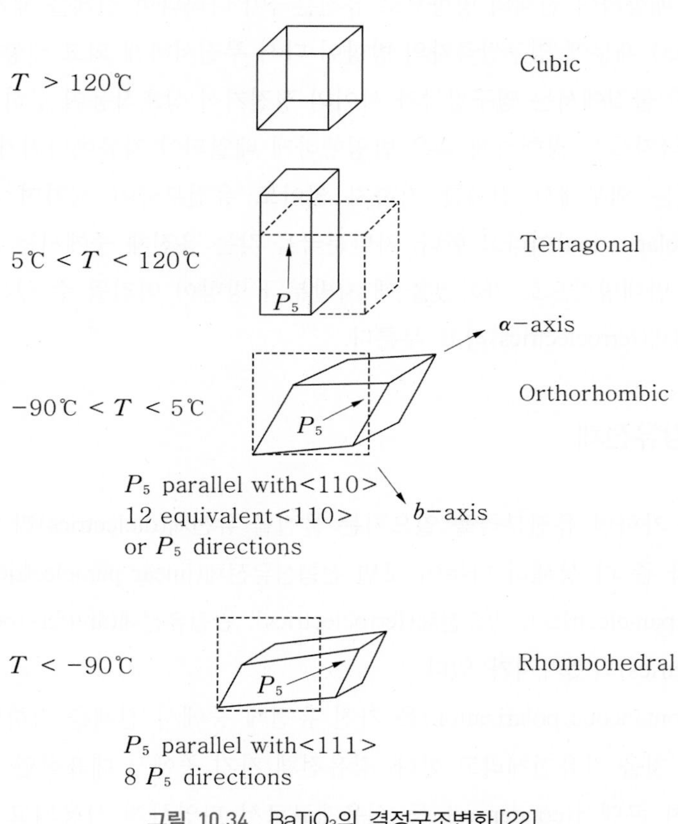

그림 10.34 $BaTiO_3$의 결정구조변화 [22]

에서는 정방정으로부터 사방정(orthorhombic)으로 상전이가 일어나서 면대각선 방향으로 늘어난 구조가 된다. −90℃ 이하에서는 체대각선 방향으로 늘어난 구조인 능면체정(rhombohedral)이 된다. 이때 결정구조 변화에 따라 유전특성이 변하며, 120℃ 이상의

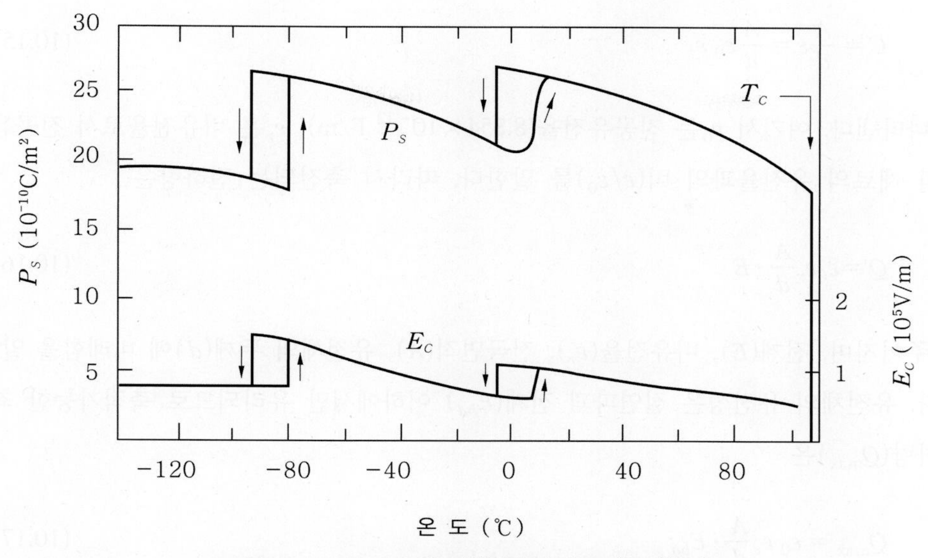

그림 10.35 $BaTiO_3$의 자발분극의 온도의존성 [19]

입방정구조에서는 극성을 띠지 않는 상유전상이며, 120℃ 이하에서는 쌍극자모멘트(dipole moment)를 가지게 되어 강유전상으로 된다. 정방정, 사방정 및 능면체정으로 결정구조가 변화함에 따라 자발분극(spontaneous polarization)의 방향도 각각[001], [010], [111] 방향으로 향하게 되며, 온도변화에 따른 자발분극의 변화를 그림 10.35에 나타내었다.

(3) 세라믹 콘덴서

세라믹 콘덴서는 $BaTiO_3$ 등의 유전성 세라믹스를 이용한 것으로 기본형은 얇은 유전체 양면에 은 등의 전극을 붙인 구조로 되어 있다. 콘덴서에 전계를 가하면 유전체는 분극이 일어나 쌍극자가 발생하고 전하(electric charge)가 축적된다. 축적되는 전하량을 Q, 가한 전압을 V라 하면

$$Q = CV \tag{10.14}$$

로 주어진다. C는 정전용량(capacitance)이라 하며, 1 V의 전위차로서 유전체 중에 1 Coulomb의 전하가 축적되었을 때의 정전용량을 1 Farad(F)라 한다.

기본형 콘덴서에서 유전체의 유전율과 두께를 ε 및 d, 전극면적을 A라 하면, 정전용량은

$$C = \frac{A}{d}\varepsilon = \frac{A}{d}\varepsilon_0\,\varepsilon_r \tag{10.15}$$

로 나타낸다. 여기서 ε_0는 진공유전율(8.854×10^{-12} F/m), ε_r은 비유전율로서 진공유전율과 재료의 유전율과의 비($\varepsilon/\varepsilon_0$)를 말한다. 따라서 축전되는 전하량은

$$Q = \varepsilon_0\varepsilon_r\frac{A}{d}\cdot E \tag{10.16}$$

로 주어지며, 전계(E), 비유전율(ε_r), 전극면적(A), 유전체의 두께(d)에 비례함을 알 수 있다. 유전체의 유전성은 절연파괴 전계(E_{bd}) 이하에서만 유리되므로 축적가능한 최대 전하량($Q_{\max}$)은

$$Q_{\max} = \varepsilon_0\,\varepsilon_r\frac{A}{d}\cdot E_{bd} \tag{10.17}$$

로 주어진다.

따라서 대량의 전기를 축적하기 위해서는 비유전율이 큰 물질을 선택하고, 면적을 크게, 두께를 작게 한다는 등 세 가지 조건을 충족시키지 않으면 안 된다. 현대의 기술은 소형화 또는 정밀화 방향으로 진행되고 있다. 이 요청에 부응하기 위해서는 비유전율이 큰 물질을 탐색하고, 또 여러 층으로 겹침으로써 총면적을 크게 하며 또 절연체화, 치밀화, 균질화시킴으로써 전압을 가했을 때 전기적인 파괴가 일어나기 힘들게 하면서 두께를 철저히 작게 하는 등 세 가지 점을 실현하지 않으면 안 된다.

세라믹 콘덴서는 온도보상용 콘덴서, 고유전율 콘덴서, 반도체 콘덴서로 분류한다.

① **온도보상용 콘덴서**: 세라믹스 재료는 TiO_2을 비롯해서 $CaTiO_3$, $SrTiO_3$ 및 $MgTiO_3$ 등이 사용되어 여러 가지 조합의 것이 이용되고 있다. 이 콘덴서의 장점은 첫째 온도-용량특성이 직선(비례)이고, 세라믹스 성분의 혼합비율에 따라 여러 가지 온도특성의 것이 만들어진다는 것이다. 즉 온도상승에 따라 정전용량이 감소하는 형이 TiO_2, $CaTiO_3$ 등이고, 온도가 상승함에 따라 정전용량이 증가하는 형에는 $MgTiO_3$ 등이 있으며 이 두 형을 잘 혼합하여 소성한 세라믹스로 여러 가지 온도특성의 콘덴서를 만들 수 있다.

따라서 기온이나 장치 내부의 열 등으로 축전기의 온도가 상승하면 정전용량도 그에 따라 증가하는 (+)형, 역으로 온도가 상승해감에 따라 용량이 감소해가는 (−)형 및 온도에 따라 거의 변하지 않는 형 등 목적에 따라 그에 맞는 온도특성의 것을 선택할 수

있다.

② 고유전율 콘덴서: 고유전율 콘덴서는 유전율이 큰 $BaTiO_3$계 세라믹스를 이용한 것으로서 소형이면서 용량이 큰 것이 특징이다. $BaTiO_3$의 비유전율(ε_r)은 온도에 따라 크게 변하는 성질이 있어서 일반적으로 상온에서 ε_r의 값은 1,500~1,800이지만 결정구조가 변하는 큐리온도인 120℃ 근방에서는 5,000 이상으로 급격히 상승된다. 큐리온도 120℃ 부근에서 고유전율을 가졌지만 온도가 높기 때문에 실용에는 맞지 않으므로 $BaTiO_3$의 큐리온도를 실온부근으로 낮추기 위하여 $SrTiO_3$, $CaSnO_3$, $BaZrO_3$ 등의 시프터(shifter)를 첨가하여 사용한다. 이와 같이 하면 상온영역에서 고유전율 피크를 갖는 유전체가 만들어지지만 피크가 뾰족하므로 온도가 조금 변하더라도 유전율은 급강하 하여 실용상 불안정하게 된다. 유전율의 온도특성을 평탄하게 하기 위하여 $BaTiO_3$에 $MgTiO_3$, $CaTiO_3$ 등의 디프레서(depressor)를 첨가하여 상온에서 안정하게 사용할 수 있도록 한다.

③ 반도체 콘덴서: $BaTiO_3$는 원래 절연체이지만 여기에 La_2O_3 등을 넣어 원자가 제어를 하거나, 환원분위기에서 소성하면 n형의 반도체가 된다. 이와 같이 반도체가 된 반도성 $BaTiO_3$나 반도성 $SrTiO_3$ 등의 세라믹스를 이용하여 만든 것이 반도체 콘덴서이다. 반도체 콘덴서에는 배리어(barrier)형 콘덴서, 재산화형 콘덴서, BL(boundary layer)형 콘덴서 등이 있다.

4. 자성 세라믹스

(1) 페라이트의 결정구조

세라믹 자성재료는 통상 철족원소의 산화물인 페라이트를 말하며, 대부분 페리자성(ferrim-agnetism)을 나타낸다. 페라이트를 결정구조에 의하여 분류하면 스피넬형 페라이트(spinel ferrite), 육방정형 페라이트(hexagonal ferrite), 가네트형 페라이트(garnet ferrite), 페로브스카이트형 페라이트(perovskite ferrite) 등으로 나눌 수 있다. 이들은 각종 고용체를 만들며, 고용체의 조성에 따라 성질이 다르게 된다.

① 스피넬형 페라이트(spinel ferrite): $M^{2+}O \cdot Fe_2O_3$ 또는 $M^{2+} \cdot Fe_2O_4$의 일반식을

가진 페라이트로서(M^{2+}: Mn, Fe, Co, Ni, Cu, Mg, Zn, Cd 등) 결정구조는 천연의 스피넬($MgAl_2O_4$)과 같은 구조의 스피넬형 입방정계에 속한다. 단위정은 8분자로 되어 있으며, 24개의 금속이온과 32개의 산소이온을 포함한다.

금속이온의 위치는 A(tetrahedral site), B(octahedral site) 2종류가 있으며, A위치는 4개의 산소와 4면체를 이루고 있으며, B위치는 6개의 산소와 8면체를 이루고 있다.

스피넬형 페라이트는 금속이온 배치에 따라 표 10.7과 같이 3종류로 분류한다.

스피넬 구조는 (M)〔M_2〕O_4로 나타내며 ( )은 사면체 중심위치(A), 〔 〕은 팔면체 중심위치(B)를 나타낸다. Fe^{3+}이온이 모두 B 위치에 들어가는 것을 정스피넬(normal spinel)이라 하며, (M^{2+})〔$Fe^{3+}{}_2$〕O_4로 표시한다. A 위치가 Fe^{3+}이온으로만 채워져 있는 것을 역스피넬(inverse spinel)이라 하며 (Fe^{3+})〔$M^{2+} \cdot Fe^{3+}$〕O_4로 나타낸다.

표 10.7 스피넬형 페라이트의 금속이온 분포

종류	A 위치	B 위치	x	예
정 spinel	M^{2+}	$2Fe^{3+}$	0	$ZnFe_2O_4$, $CdFe_2O_4$
중간형 spinel	$(1-x)M^{2+} + xFe^{3+}$	$(2-x)Fe^{3+} + xM^{2+}$	$0<x<1$	$MgFe_2O_4$, $CuFe_2O_4$
역 spinel	Fe^{3+}	$Fe^{3+} + M^{2+}$	1	$NiFe_2O_4$, $CoFe_2O_4$

② 육방정형 페라이트(hexagonal ferrite): $M^{2+}O \cdot 6Fe_2O_3$ 또는 $M^{2+}Fe_{12}O_{19}$의 일반식으로 나타낼 수 있는 페라이트이며(M^{2+}; Ba, Sr, Pb 등), 결정구조는 천연의 마그네토플럼바이트(magnetoplumbite; $PbFe_{7.5}Mn_{3.5}Al_{0.5}Ti_{0.5}O_{19}$)와 동형으로서 육방정계에 속하며, 단위격자(unit cell)는 2분자로 되어 있다.

육방정형 페라이트의 대표적인 것은 $BaFe_{12}O_{19}$로서 스피커(speaker), 모터(motor), 계측기 등에 이용된다. K>0이며, c축 방향이 자화용이축으로서 보통 건식법으로 제조한 $BaFe_{12}O_{19}$의 보자력이 2KOe 정도로서 높은 보자력을 가진다. 보자력은 자벽이동의 난이도와 밀접한 관계를 가지고 있으며, 페라이트 입자가 자벽이 존재하지 않을 정도의 단자구입자로 되면 보자력은 최대로 된다.

③ 가아네트형 페라이트(garnet ferrite): $R_3{}^{3+}Fe_5{}^{3+}O_{12}$ 또는 $3R_2O_3 \cdot 5Fe_2O_3$의 일반식을 가진 페라이트로서(R: 희토류 금속이온으로서 Y, Sm, Eu, Gd, Tb 등), 희토류 철가네트(Rare Earth Iron Garnet) 혹은 RIG로 약칭되고 있다. 대표적인 것은 R 위치에 Y가 들어 간 것으로서 YIG가 있으며, 손실이 적은 초단파재료로서 중요한 자성재료이다.

결정구조는 천연의 가네트($Mg_3Al_2Si_3O_{12}$)와 같으며 입방정계에 속한다. 단위격자는 8분자로 이루어져 있으며 합계 160개의 이온을 포함한다.

금속이온이 들어가는 위치는 c, a, d 세 종류가 있으며, 분자당 각각 3, 2, 3개소로 다음과 같이 구별하여 나타낸다.

$\{c_3\}[a_2]d_3\ O_{12}$

c 위치에는 8개의 산소가 12면체를 이루고 있으며, 여기에 R이 들어간다. a 위치는 6개의 산소(8면체), d 위치는 4개의 산소(4면체)가 금속이온을 둘러싸고 있다.

④ **페로브스카이트형 페라이트**(perovskite ferrite): $RFeO_3$의 일반식을 가진 페라이트로서(R; Y, Sm, Gd 등의 희토류 금속이온), 올소페라이트(orthoferrite)라고도 한다. 결정구조는 정방정계(perovskite형)에 속하며, 그 자기구조는 매우 복잡하다.

(2) 자성 세라믹스의 종류 및 용도

자장(magnetic field) 중에서 자기모멘트(magnetic moment)를 가지는 물질을 자성체라 하며, 자성체는 자장에 대한 자화(magnetization)의 방향 및 세기에 따른 거시적인 현상면으로 보면 강자성체, 약자성체, 반자성체로 분류할 수 있다. 가하여진 자장방향으로 강하게 자화되어 자석에 이끌리는 물질을 **강자성체**라 하며 비자화율(relative susceptibility)은 정(positive)으로서 그 크기는 $1 \sim 10^4$ 정도이다. 한편 가하여진 자장방향으로 약하게 자화되는 물질을 **약자성체**라 하며, 자장의 반대방향으로 약하게 자화되어 자석에 끌리지 않고 반대방향으로 도망가는 물질을 **반자성체**라 한다. 약자성체와 반자성체의 비자화율은 각각 정(positive, $10^{-3} \sim 10^{-7}$)과 부(negative, $10^{-3} \sim 10^{-7}$)의 값을 가진다.

실용재료로 사용되는 자성체는 강자성체이며, 실용상 필요한 조건, 즉 적당한 자발자화(spontaneous magnetization)를 가질 것, Curie 온도가 높고 자화의 온도의존성이 낮을 것, 실용상 재료설계가 가능하며 필요한 특성을 가질 것, 대량생산이 가능하며, 제조원가가 낮을 것 등의 조건이 만족되어야 한다. 이들 여러 조건을 만족시킬 수 있는 자성 세라믹스로서는 **연자성재료**(soft magnetic material), **경자성재료**(hard magnetic material), 자기기록재료, 자기버블재료 및 자기광학재료(magnetooptic material)가 있다. 이들 자성재료는 대부분 철족원소의 산화물인 페라이트(ferrite)로서 페리자성(ferrimagnetism)을 나타내며, 그 자기이력(hysteresis)특성을 그림 10.36에 모식적으로 나타내었다. 연자성

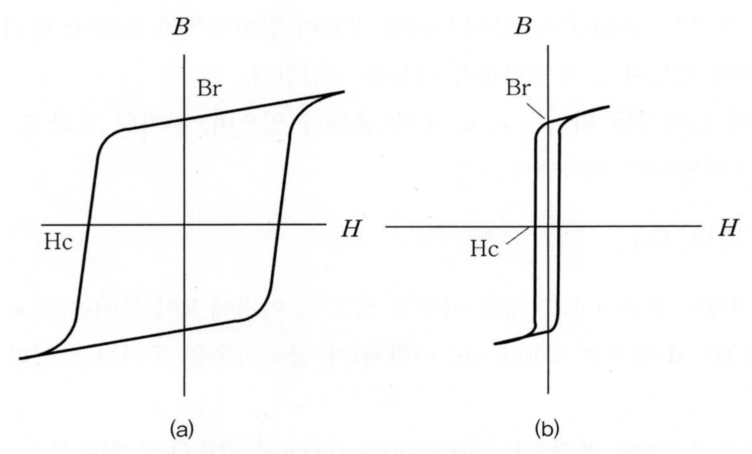

그림 10.36 연자성재료와 경자성재료의 자기이력곡선

재료의 필요한 성질은 투자율(permeability, μ)이 크고 보자력(coercive force, H_c)은 작아야 하며, 고주파손실(tanδ)이 낮아야 한다. 경자성재료는 주로 영구자석으로 이용되므로 보자력 및 잔류자속밀도(remanent magnetic flux density, B_r), 최대에너지적(maximum energy product) $(BH)_{max}$가 큰 값을 가져야 한다. 자기기록재료는 반경자성재료라고도 하며 연자성과 경자성의 중간적인 특성을 나타낸다.

자기버블재료와 자기광학재료는 버블자구(domain) 및 자기광학효과(photomagnetic effect) 등의 특성을 이용한 재료이다.

자성 세라믹스는 전자기적 기능을 가진 소자로서 다음과 같이 응용분야가 광범위하며, 대량으로 이용되고 있다.

• 연자성재료
  – 고주파 자심재료
    · 중간주파수 내지 무선주파수대에서의 코일 자심
    · 유무선통신용 코일 자심
    · TV용 플라이백 트랜스포머 및 편향요크 자심
  – 자기기억재료
    · 전자계산기용 메모리 소자
  – 마이크로파용 재료
    · 전파흡수체, 아이솔레이터, 서큘레이터
  – 자왜재료

· 초음파발진용 자왜진동자

－자기헤드용 재료

· 오디오 및 비디오 테이프 리코더

－감온 페라이트

· 감온센서

－입자가속기용

· 고주파가속 케버티

• 경자성재료

－스피커, 헤드폰, 수화기 등 음향기기의 자장발생용

－마그네트론, 마이크로파 도관의 자장발생용

－전류계, 전압계 등 계측기기의 자장발생용

－소형전동기, 발전기, 마이크로 모터, 히스테리시스 모터 등의 전기응용기기

－자기 chuck, 자기선광기, 고무 및 플라스틱자석, 완구 등

• 자기기록재료

－녹음 및 녹화용 자기 테이프와 디스크, 정보기록용 자기테이프 및 디스크

• 자기 버블재료 및 자기광학재료

－전자계산기용 메모리

－광자기 기록

• 기타재료

－도전성(ferrite 전극), 반도성(gas sensor), 자성유체, 의료용재료

① 연자성재료: 연자성재료의 대부분은 스피넬구조(spinel structure)를 가진 페라이트이며, $M^{2+}O \cdot Fe_2O_3$ 또는 $M^{2+}Fe_2O_4$(M^{2+}; Mn, Fe, Ni, Cu, Mg 등)로 나타낸다. 스피넬형 페라이트는 금속이온 분포에 따라 정스피넬(normal spinel), 역스피넬(inverse spinel) 등으로 분류한다. 역스피넬 페라이트는 페리자성체이며, 이 페라이트의 자발자화는 금속이온이 가진 자기모멘트로부터 구할 수 있다. 예로서 $NiFe_2O_4$의 자기모멘트는 1분자당 2 μB이며, Fe_3O_4는 1분자당 4 μB이다. 그러나 정스피넬구조를 가진 $ZnFe_2O_4$의 자기모멘트는 영으로서 자발자화는 발생하지 않는다.

스피넬구조를 가진 페라이트들은 서로 치환고용체를 형성한다. 각종 단일 페라이트에 정스피넬구조를 가진 $ZnFe_2O_4$를 고용시켰을 때의 자기모멘트 변화를 그림 10.37에 나타내었다. 이들 고용페라이트의 자기모멘트를 보면 Zn의 치환량 x가 $0 \le x \le 0.5$의 범위

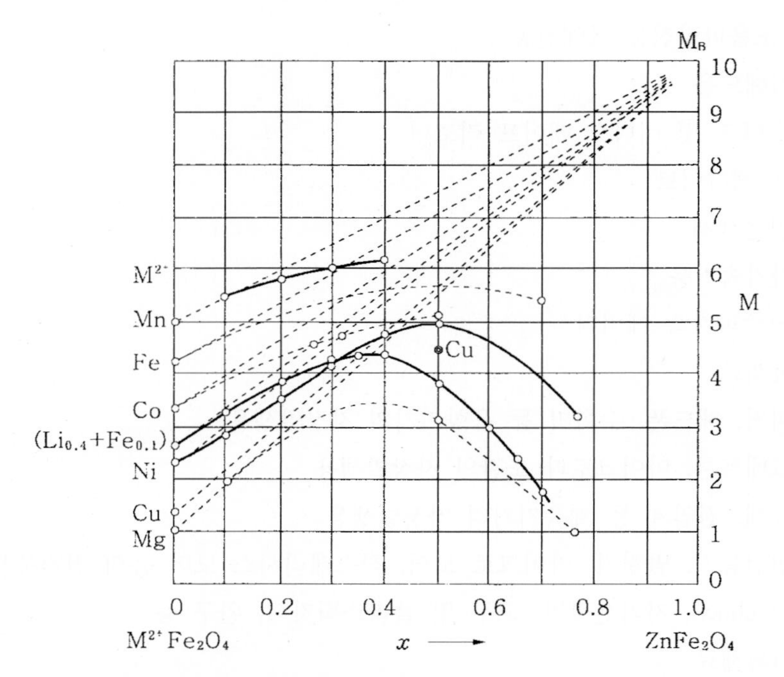

그림 10.37 $M^{2+}Fe_2O_4$와 $ZnFe_2O_4$와의 고용페라이트의 자기모멘트 [23]

에서는 단일 페라이트에 비하여 큰 자기모멘트를 가지고 있음을 알 수 있다. 이와 같이 단일 페라이트 중의 M^{2+}의 일부를 비자성이온 Zn^{2+}으로 치환시킴으로서 단일 스피넬 페라이트보다 큰 자기모멘트를 얻을 수 있는 것은 페리자성의 특징이다.

대표적인 연자성재료는 Mn−Zn 페라이트와 Ni−Zn 페라이트이다. Mn−Zn 페라이트는 초투자율(initial magnetic permeability, μ_i), 포화자속밀도(saturation magnetic flux density, Bs)가 높지만 고유전기저항이 낮다. 따라서 비교적 낮은 주파수대에서 사용되고 있다. Ni-Zn 페라이트는 초투자율, 포화자속밀도는 낮지만 고유전기저항이 높으므로 Mn-Zn 페라이트보다 높은 주파수대에서 사용되고 있다. 실용재료로 많이 이용되고 있는 고주파용 연자성재료의 사용주파수와 특성을 그림 10.38에 나타내었다.

이들 자성 세라믹스는 금속계 자성재료에 비하여 포화자속밀도는 낮지만 고유전기저항이 매우 높으므로 고주파영역에서의 맴돌이손실(eddy current loss)이 작으며, 1~1,000 MHz대의 자심으로 널리 이용되고 있다. 일반적으로 초투자율이 높은 재료는 사용가능 주파수범위가 낮다. 초투자율이 비교적 높고, 낮은 주파수에서 손실이 작은 재료는 높은 주파수영역에서 손실이 크게되며, 초투자율이 낮은 재료는 저주파에서 손실이 크지만, 높은 주파수영역에서 손실의 증가는 미약하다. 높은 주파수영역에서는 초투자율이 낮은

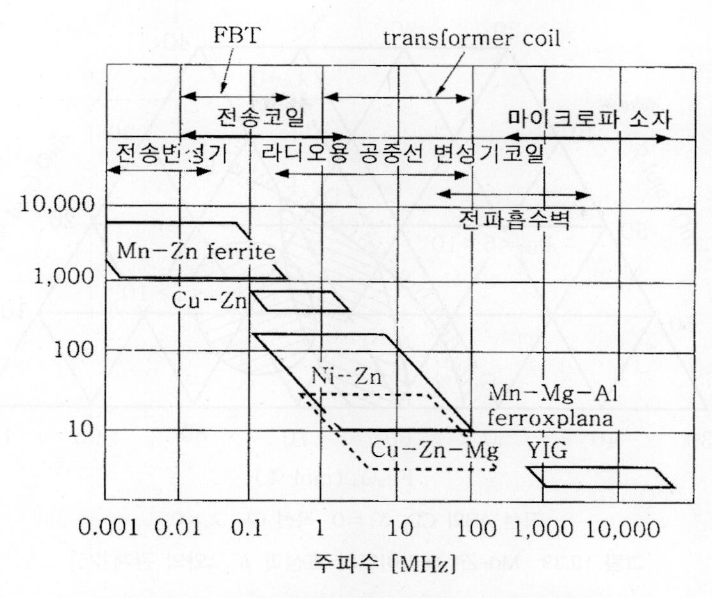

그림 10.38 연자성페라이트의 사용주파수와 특성 [24]

재료를 사용하는 것이 일반적이다.

자심재료의 투자율은 일반적으로

$$\mu \propto \frac{{I_s}^2}{aK + b\lambda\sigma} \tag{10.18}$$

K: 결정자기이방성정수(crystal magnetic anisotropy constant)

λ: 자왜정수(magnetostriction constant)

σ: 응력(stress)

a, b: 정수

로 나타내므로, I_s가 크고, K 또는 $\lambda \cdot \sigma$의 값이 작을수록 투자율은 커진다. 역스피넬 페라이트와 정스피넬 페라이트의 고용체를 만들면 I_s가 증가하므로 투자율도 증가한다.

MnO－ZnO－FeO－Fe_2O_3계 고용체의 K 및 λ의 값을 그림 10.39에 나타내었다. 이 그림으로부터 K 및 λ가 영으로 되는 조성을 구할 수 있으며, 이 조성에서 투자율이 큰 값을 얻을 수 있다.

Mn－Zn 페라이트보다도 고주파영역에서 이용되고 있는 Ni－Zn 페라이트는 CoO를 고용시킴으로써 $K \cong 0$으로 할 수 있으며, Co^{2+}이온의 유도자기이방성(induced magnetic anisotropy)을 이용하여 잔류손실(residual loss)을 감소시킬 수 있다. 또한 격자결함 및

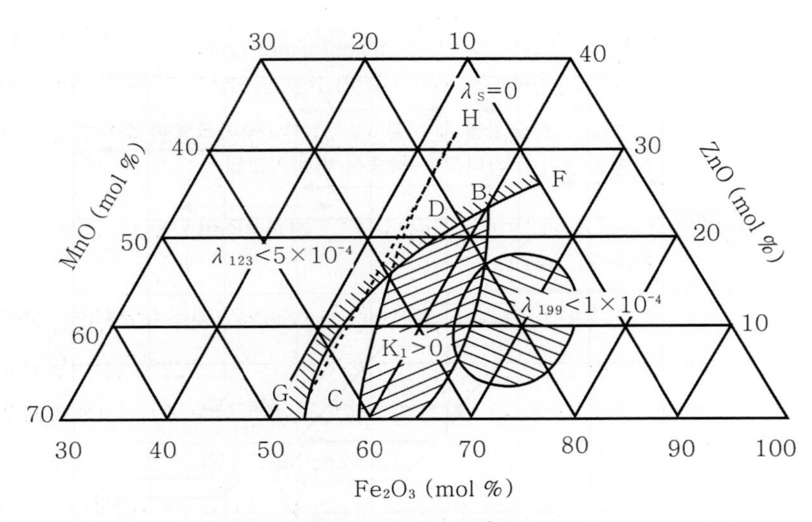

곡선 AB와 CD; $K_1=0$, 곡선 GH; $\lambda_s=0$

그림 10.39 Mn-Zn 페라이트의 조성과 K, λ와의 관계 [25]

비화학양론적 조성비의 조정, CaO, SiO_2, GeO_2 등의 미량첨가에 의한 페라이트 입계의 고전기저항화 등에 의하여 투자율을 향상시킬 수 있다.

연자성페라이트의 제조공정을 요약하여 그림 10.40에 나타내었다. 제조기술은 일반 요업공정과 같이 원료 및 분체처리기술, 성형기술, 소결기술, 평가기술 등으로 대별할 수 있으나 하나 하나의 조건을 결정하는 데에는 오랜 경험과 지식이 필요하며, 노우하우의 연속이라고 해도 과언이 아니다. 다결정소결체로서의 실용성능을 지배하는 미세구조 형성은 제조공정의 중심이 된다. 소결공정에서 입자크기가 단자구(single domain) 크기보다 크게 성장하면 자화가 자벽(domain wall)이동에 의해 진행되므로 보자력이 작아지고 투자율이 커진다. 소결체 내 기공 및 불순물 등의 결함이 있으면 자벽이 이들 결함에 고착되어 자화가 어렵게 되므로 투자율이 작아지게 된다. 이와 같이 입자 및 입계, 기공 및 불순물의 제어는 연자성재료의 제조에 있어서 매우 중요하다. 또한 제품의 환원 또는 산화상태를 결정하기 위한 산소분압의 제어도 중요하다.

② 경자성재료: 경자성재료는 영구자석으로 이용되므로 보자력이 크고 잔류자화가 높아야 하며 최대 에너지적$(BH)_{max}$가 큰 것이 필요하다. 연자성재료와는 달리 외부자장에 의해 일단 자화되면 Curie온도 이상 또는 강한 반전자장 등의 영향이 없는 한 안정하게 자장을 발생한다.

경자성재료의 대표적인 것은 마그네토플럼바이트(magnetoplumbite)와 같은 결정구조

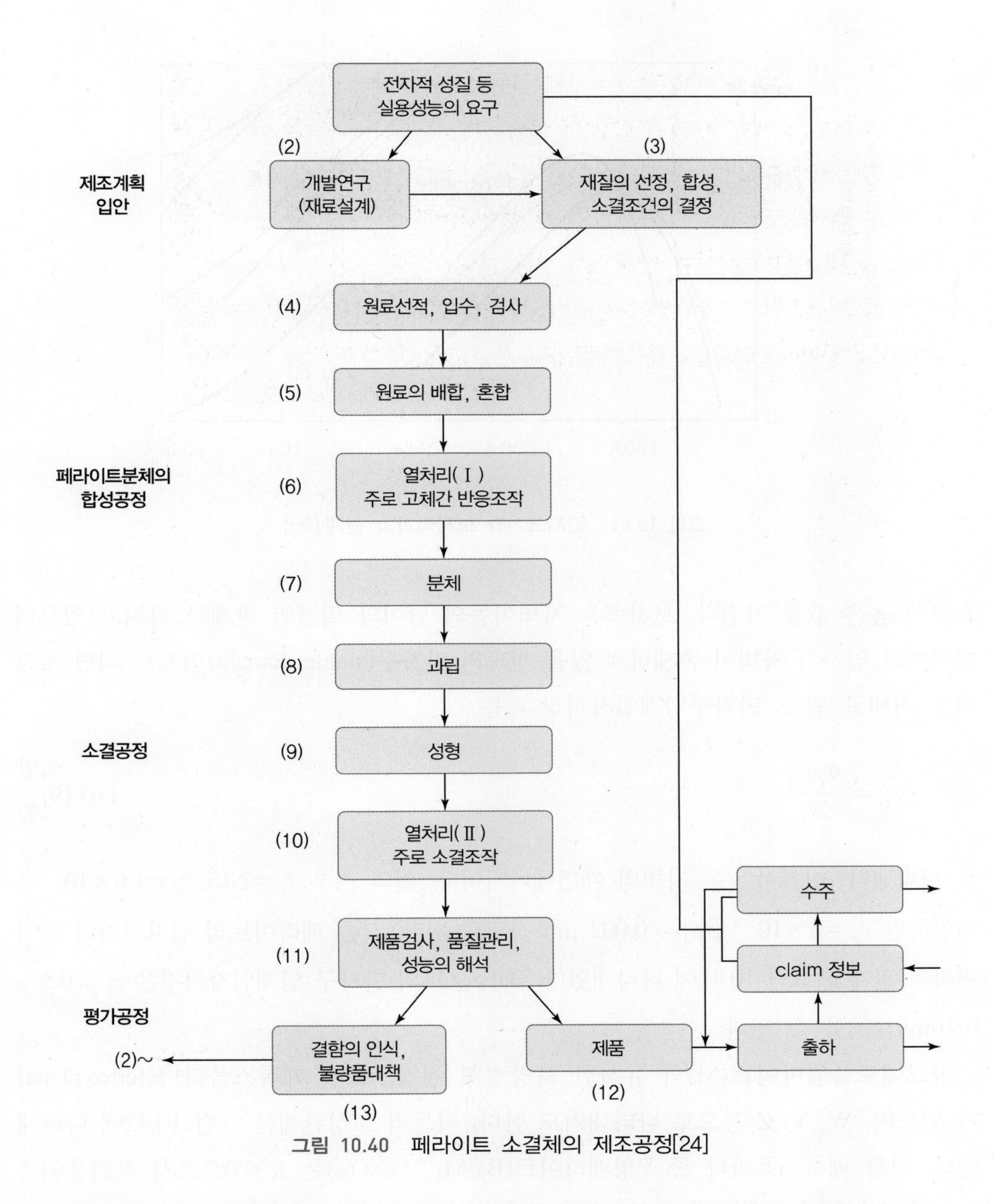

그림 10.40 페라이트 소결체의 제조공정[24]

를 가진 육방정형 페라이트(hexagonal ferrite)이며, $M^{2+}O \cdot 6Fe_2O_3$ 또는 $M^{2+}Fe_{12}O_{19}$ (M^{2+}; Ba, Sr, Pb 등)의 일반식으로 나타낸다. 단위격자는 2분자로 되어 있으며, 1분자당 20 μB의 자기모멘트를 가진다.

육방정형 페라이트 중 $BaFe_{12}O_{19}$는 결정자기이방성정수 K가 영보다 크고($K>0$), C축 방향[0001]이 자화용이축이며, 스피커 등의 음향기기, 모터, 계측기 등에 이용된다. 육방정형 페라이트 중에서 일반적인 건식법으로 제조한 $BaFe_{12}O_{19}$의 보자력이 2KOe 이상

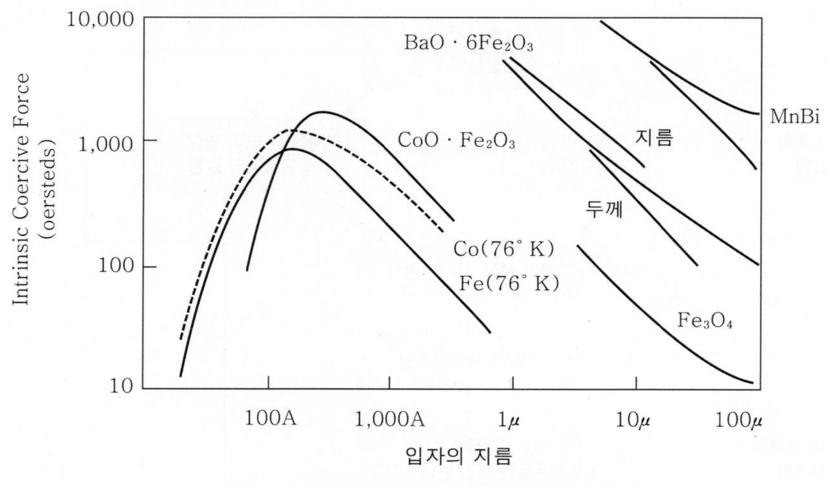

그림 10.41 입자크기와 보자력과의 관계 [26]

으로서 높은 값을 가진다. 보자력은 자벽이동의 난이와 밀접한 관계를 가지고 있으며 페라이트 입자가 자벽이 존재하지 않을 정도의 단자구(single domain)입자로 되면 보자력은 최대로 된다. 단자구임계입자직경 r_c는

$$r_c = \frac{9\gamma\mu_0}{2I_s} \tag{10.19}$$

로 나타낸다. 여기서 γ는 자벽의 계면에너지이다. 철의 경우 $I_s = 2.15$, $\gamma = 1.6 \times 10^{-3}$을 대입하면 $r_c = 2 \times 10^{-9}$ [m] = 0.002 μm 정도로 된다. 각종 페라이트의 입자크기와 보자력과의 관계를 그림 10.41에 나타내었다. $BaFe_{12}O_{19}$의 단자구 임계입자직경은 $r_c \cong 0.5 \sim 0.9$μm임을 알 수 있다.

마그네토플럼바이트(M)와 유사한 육방정형 결정으로서 페록스플라나(ferroxplana)가 있으며, W, Y, Z 등으로 나타내기도 한다. 이들의 조성관계는 그림 10.42에 나타내었다. 이들 페록스플라나 중 Y형페라이트($Ba_2M_2^{2+}Fe_{12}O_{19}$)는 $K < 0$으로서 자화용이축이(0001)면에 있으며 고주파특성이 우수한 재료로서 주목을 받고 있다.

경자성재료분말을 고무 또는 플라스틱 등과 혼합한 후 압출, 프레스 등으로 성형하여 제조한 **고무자석** 및 **플라스틱자석**이 소형모터 회전자, 브라운관 빔 조정, 발전기 등에 이용되고 있다. 고무 또는 플라스틱이 함유되므로 단위체적당의 자성은 소결체에 비하여 낮아지지만 치수정확도, 성형성, 가소성 등의 장점이 있다.

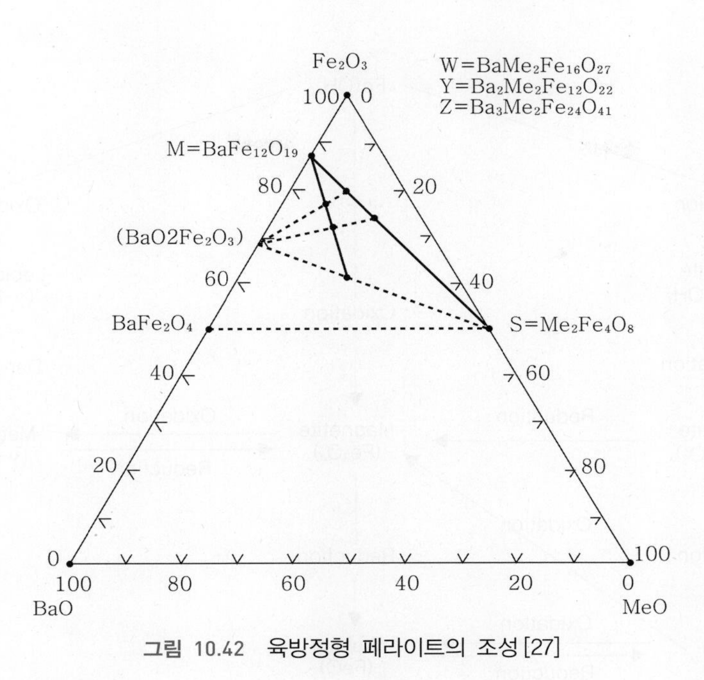

그림 10.42 육방정형 페라이트의 조성 [27]

③ **자기기록재료**: 자기기록재료는 audio 및 video recording tape, computer tape, floppy disk, 자기disk 및 card, 각종 정보기록 등 여러 분야에 다양하게 활용되고 있다.

현재 자기기록매로 이용되고 있는 자성재료로서는 침상 γ-Fe_2O_3, Co 첨가 γ-Fe_2O_3, CrO_2, 합금분말, Ba-페라이트 등이 있으나 이중 침상 γ-Fe_2O_3를 중심으로 한 강자성 산화철 분말이 가장 널리 이용되고 있다. 자기기록용 산화철의 자기특성은 입자의 크기 및 형태, 입자 내의 기공크기 및 수 등에 크게 영향을 받으므로 타의 미립자에 비하여 이들 기본문제가 큰 비중을 차지하고 있다.

자기기록용 산화철분말에 요구되는 요인들은

- 적당한 크기의 침상입자
- 형상비(장축과 단축비)가 큰 입자
- 입도분포가 균일한 입자
- 입자 내에 기공이 없는 입자
- dendrite가 없는 입자
- 소결에 의한 입자 간의 연결이 없는 입자
- 분산성이 양호한 입자 등이며 제조할 때 이들 요인들을 잘 제어하여야 자기기록특성이 우수한 분말을 얻을 수 있다.

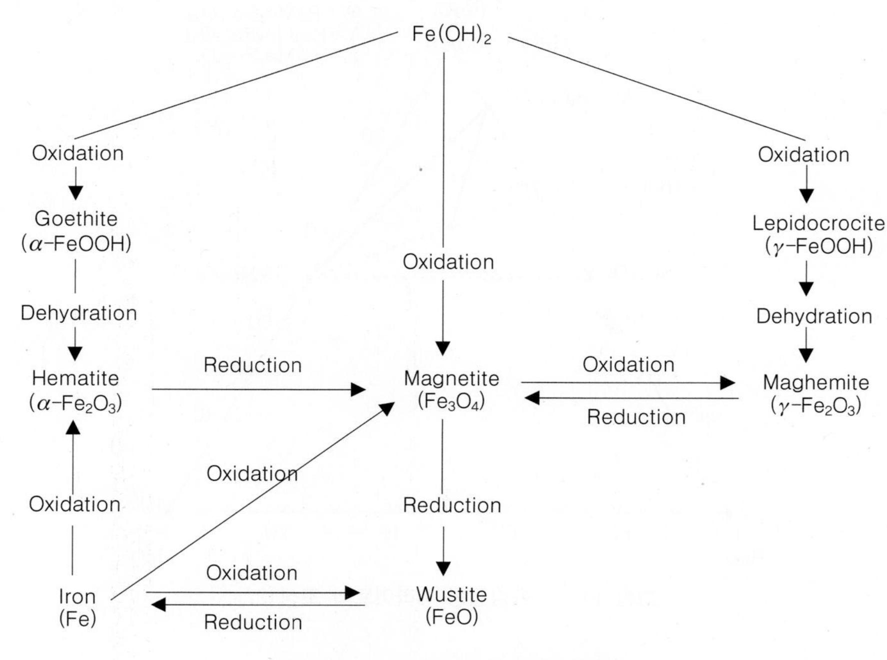

그림 10.43 자기기록용 산화철의 제조

현재 일반적으로 알려진 자기기록용 산화철분말의 제법을 그림 10.43에 나타내었다. 이 공정 중에서 자기기록용 침상 γ-Fe_2O_3 입자는 주로 α-FeOOH → α-Fe_2O_3 → Fe_3O_4 → γ-Fe_2O_3의 과정으로 합성되고 있으며, 이들 반응은 topotactic reaction이므로 γ-Fe_2O_3의 입자형태는 α-FeOOH의 입자외형이 그대로 유지되며 α-FeOOH의 [100]결정축이 γ-Fe_2O_3의 [110]결정축과 일치되는 결정학적 배향관계를 가지고 있다. 따라서 침상 γ-Fe_2O_3의 형상비 및 입도분포 등을 제어하기 위하여 우선 α-FeOOH의 입자형태를 제어할 필요가 있다.

실온에서의 침상산화철 입자의 자기특성을 표 10.7에 나타내었다. Fe_3O_4는 γ-Fe_2O_3에 비하여 포화자화 및 잔류자화가 크고 보자력도 크지만 전사특성(printing through)이 나

표 10.7 침상 산화철의 자기특성

magnetic properties	unit	γ-Fe_2O_3	Fe_3O_4
saturation magnetization	G·cm^3/g	~80	~92
coercive force	Oe	~400	~500
curie temperature	℃	675	575
crystalline magnetic anisotropy constant	erg/cm^3	-4.64×10^4	1.1×10^5

쁘기 때문에 자기기록매체로서는 주로 γ-Fe_2O_3가 사용되고 있다. 자기기록의 고성능화를 위하여서는 단파장기록특성을 향상시키는 것이 중요하다. 단파장기록특성은 자기기록매체의 보자력에 크게 좌우되며, 보자력이 높을수록 특성은 향상된다. 현재 이용되고 있는 침상 γ-Fe_2O_3의 보자력은 300~400 Oe 정도이며, 보통의 목적에는 이 정도 보자력으로 충분하지만 단파장기록 특성을 중시하는 고성능 cassette tape 및 고밀도 video recording tape에는 부족하므로 보자력을 증가시킬 필요가 있다. 보자력을 증가시키는 방법으로서는 Co를 산화철에 첨가하여 그 결정자기이방성에 의해 보자력을 증가시키는 방법이 주목을 받고 있다. Co 첨가 산화철 자성분말은 Co 첨가량을 증감함으로써 보자력을 넓은 범위로 조절할 수 있는 장점을 가지고 있다. Co 첨가 산화철은 크게 나누어

- Co를 산화철 내부에 균일하게 고용시킨 것
- Co 및 Co 화합물을 산화철의 표면에 형성시킨 것의 두 종류가 있다.

④ 자기 bubble 재료 및 자기광학재료: 자기 bubble 재료로 이용되고 있는 페라이트는 $RFeO_3$(R; Y, Sm, Gd 등)의 일반식을 가진 올소페라이트(orthoferrite), $BaAl_x\ Fe_{12-x}\ O_{19}$ 등의 육방정형 페라이트, $R_3^{3+}Fe_5^{3+}O_{12}$ 또는 $3R_2O_3 \cdot 5Fe_2O_3$(R; Y, Sm, Eu, Gd 등)의 일반식을 가진 희토류-철 가네트(rare earth iron garnet; RIG) 등이 있다. 이들 자성재료의 단결정 박막을 만드는 방법에 의해 막면에 수직인 자화용이축을 가지게 할 수 있다.

자장이 없을 경우 자발자화는 자화용이축과 평행하게 막면에 수직으로 위와 아래를 향한 stripe domain(그림 10.44(a))이 발생한다. 그림 10.44(b)와 같이 한쪽 방향으로 비교적 약한 직류자장(bias 자장)을 가하면 자장과 같은 자발자화의 방향을 가진 자구영역은 증가하며 반평행의 자구는 감소한다.

Bias 자장은 인가한 체로 같은 방향으로 강한 puls 자장을 계속 가하면 그림 10.44(c)와 같이 bubble 자구가 발현한다. 이 자구가 안정하게 존재하기 위해서는 결정자기이방성

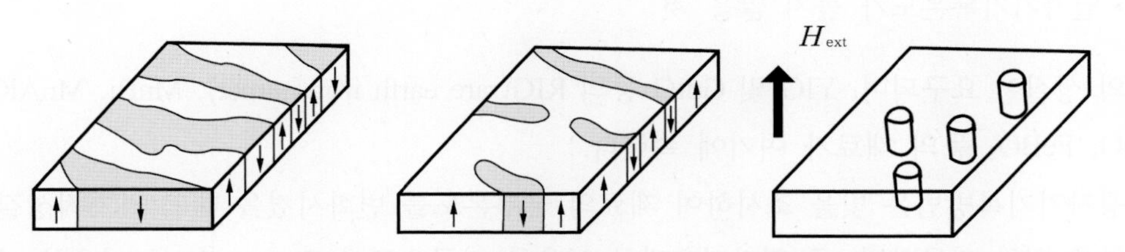

(a) 자장이 없을 때의 자구 (b) bias 자장을 가했을 때의 자구 (c) 수회 plus 자장을 가했을 때의 자구

그림 10.44 자기 bubble의 생성과정

자장(H_k)이 반자장(4πIs)보다 커야 한다.

$$H_k = \frac{2K_u}{I_s} > 4\pi I_s \tag{10.20}$$

$$K_u > 2\pi I_s^2 \tag{10.21}$$

Bubble 자구가 이동하는 것을 이용한 기억소자로의 응용이 Bobeck[28, 29]에 의해서 시도되었다. 여기서 중요한 인자는 bubble 자구의 크기로서 기록밀도를 높이기 위해서는 크기를 작게 할 필요가 있다. 박막두께 및 bubble 자구직경, 특성장(l)과의 관계는

$$l = \frac{\sigma_w}{4\pi I_s^2} \tag{10.22}$$

로 나타내며 Thiele[30]에 의해 연구되었다. 여시서 σ_w은 자벽에 단위면적당 저장된 에너지 즉 자벽에너지이다. 박막의 두께가 4 l일 때 가장 작은 bubble 자구가 생기며, 이때 자구의 반지름은 약 8 l인 것이 보고되어 있다.

이와 같은 자기 bubble 재료에 요구되는 특성은

- 결정이방성 K_u가 클 것
- I_s는 $K_u > 2\pi I_s{}^2$을 만족하는 범위에서 클 것
- 보자력 H_c가 작고 자벽의 이동도가 클 것
- 온도특성이 좋을 것 등이다.

자기광학재료의 조건으로서는

- Faraday 회전각 또는 Kerr 회전각이 크고 적당한 광흡수계수를 가질 것
- 자화용이방향이 막면에 수직일 것
- 용이하게 박막화할 수 있을 것
- 열자기기록온도가 높지 않을 것

등의 성질이 요구되며, YIG 및 GdIG 등의 RIG(rare earth iron garnet), MnBi, MnAlGe, EuO, $FeBO_3$ 등의 재료가 여기에 속한다.

광자기기록방법은 빛을 조사하여 재료의 국부온도를 변화시켰을 때의 자기적성질의 변화에 의한 기록방법, 즉 열자기효과를 이용한 기록으로서 Curie point를 이용한 기록(Curie point기록)과 보자력의 온도변화를 이용한 기록(보상점기록)방법이 있다.

5. 세라믹스 소재의 결정결함

주위를 살펴보면 셀 수도 없이 많은 세라믹스 소재들이 서로 다른 특성을 가지고 제 각기 다른 역할로 사용되고 있다. 왜 동일한 결정구조를 갖는 많이 재료들이 서로 다른 기계적, 전기적, 광학적, 열적 특성들을 가지고 있는가 하는 물음에 대한 답을 찾아 가는 과정이 세라믹소재의 활용을 이해하는 출발점이 될 것이다. 소재를 이루는 결정원소가 결정되어 있다면 원자간 결합의 특성을 맨 먼저 생각하게 된다. 금속결합, 공유결합, 이온결합, 반데르발스 결합 등 원자간 상호작용의 방향성과 크기가 세라믹 소재의 다양한 물성의 원인이 된다. 원자들은 이러한 결합을 통해 정전기적 반발력을 최소로 하고, 내부 에너지적으로 적절한 배열 각도와 거리를 갖는 결합이 생기도록 규칙적이고 주기적인 3차원 배열을 하게 되어 세라믹스 고유의 결정구조가 생성된다. 실제 산업현장에 응용되는 세라믹스 소재들은 다양한 열역학적 환경에서 평형상태의 물성을 활용하는 것인데, 소재의 열역학적 평형특성은 기본적으로 열적, 화학적, 기계적 평형상태로의 에너지의 이동과 물질이동 과정을 포함하므로 이상적인 3차원 격자배열의 규칙성에서 예측할 수 없는 다양한 물성이 발현되게 된다. 즉 원자가 정지상태(절대온도 스케일 영도에서의 영점진동을 제외하면)에 있으면서 완전히 규칙적인 구조를 갖고, 전자의 최저에너지 상태 분포를 갖는 이상결정(ideal crystal)에서 벗어나는 여러 가지 불완전성 또는 결정결함들이 자연적으로 생성되고, 이들이 세라믹스 재료의 특성을 결정짓는 또 다른 주요한 내인성 인자로 작용하게 된다.

Dalton 시대 이후, 다원자 구조체 소재는 구성원자의 일정한 정수 조성비로 이루어져 있다는 개념은 수많은 공유결합성 물질에 대한 만족할 만한 해석을 주었다. 그러나 금속간 화합물, 즉 세라믹스 소재처럼 이온 결합성 화합물 등은 단일상 안정 영역에서 다양한 조성범위를 갖는 부정비량 화합물(Nonstoichiometric compound)로 존재하고, 화합물을 이루는 구성요소가 일정한 정수비를 벗어나 과량으로 또는 부족하게 존재하는 방식은 원자의 크기, 원자가 크기, 전기적 중성조건, 질량보존의 법칙, 결정격자 자리 보존 법칙 등을 만족시키면서 열역학적 평형특성인 상태함수 특성으로 결정되게 된다. 따라서, 세라믹스의 기능성 특성을 결정하는 부정비량의 특성을 이해하기 위해선 결정내에 존재하는 가능한 결함의 종류 및 농도와 함께 결함 간 상호관계를 깁스 상률에 의해 주어진 자유도 수 만큼의 열역학적 평형조건에서 이해되어져야 한다. 세라믹스의 성질을 이해하고 설명하기 위해 다양한 열역학적 조건에서 결정의 점 결함 및 결함농도의 존재 여부를 표현할 수 있어야 하며, 이를 위해서는 우선 결정성 세라믹스의 점 결함

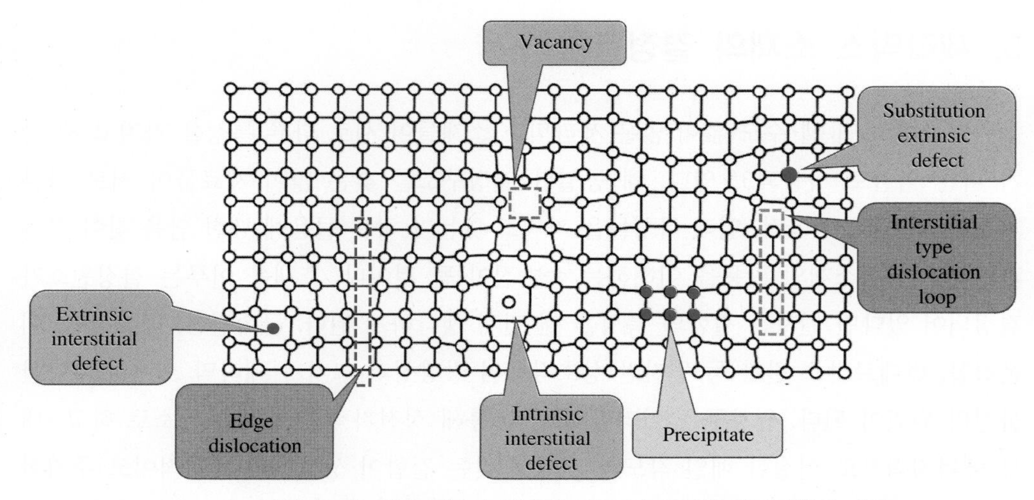

그림 10.45 결정질고체 내부 결함의 일반적 분류 및 다양한 격자결함의 개략도

(Point defect)과 구성원자의 유효전하(Effective charge)를 포함한 몇가지 규칙을 이해하여야 한다.

(1) 점 결함 표기법(Notation for description of point defects)

1940년 이후 세라믹스 결함화학 분야에서 다양한 방식의 점 결함 표기법이 제안되고 사용되었으나, 현재 가장 일반적으로 채택된 표기 방법은 1956년 Kröger와 Vink가 제안한 표기법이다. 이 표기법은 결정성 세라믹스를 구조인자(structure elements)들로 설명하며, 화학 물질을 중심으로 아래첨자로는 화학원소가 차지하는 결정 격자의 위치를 나타내며, 윗 첨자는 구조인자의 결정내 유효전하량을 나타내 주는 방식이다. 산화물에서 규칙적인 격자 위치의 금속 이온은 M^x_M으로 표시되며, 아래 첨자는 점유된 금속양이온 격자 사이트의 정보를 나타내며, 윗첨자는 격자점에서 금속이온은 전기적으로 중성인 상태로 존재함을 나타내고 있다. 동일한 방법으로, 정상적인 음이온 격자에 존재하는 산소 이온은 O^x_O으로 표기한다. 산화물의 고유한 점 결함에는 양이온 금속 M 및 음이온 O 의 빈자리 및 격자 간 틈새에 위치하는 사잇자리에 존재하는 점 결함을 다음과 같이 표현할 수 있다.

- V_O 음이온 산소빈자리(oxygen vacancy)
- V_M 양이온 금속 빈자리(metal vacancy)

• O_i 산소이온 사잇자리(oxygen interstitial)
• M_i 금속이온 사잇자리(metal interstitial)
• V_i 사잇자리 빈자리(interstitial vacancy)

이온성 화합물에서 구조 인자인 양이온과 음이온으로 구성된 MO 산화물의 경우 산소이온은 음이온 격자에서 −2의 형식전하를 갖고 금속이온은 양이온 격자에서 +2의 형식전하를 갖게 되어 결정 단위포는 전기적 중성의 상태를 유지하게 된다. 그러나 다른 산화수를 갖는 양이온 또는 음이온을 첨가하여 세라믹스의 물성을 제어하고자 할 경우 유효전하만큼 하전된 격자이온을 갖게 된다. 동일하게, 다종 양이온으로 형성된 페롭스카이트 산화물(ABO_3)의 경우 A와 B는 배위환경이 다른 양이온 격자점에 각각 위치하게 되나, 때론 서로 다른 격자점에 자리하는 경우 유효전하를 띠게 되어 하전된 격자원자의 표기가 필요하다. 유효전하의 개념은 결정질 고체 내에서 점결함의 전하를 나타내는 전하량의 개념으로 사용된다.

유효전하의 크기는 완벽한 이상결정(ideal crystal)에서 격자점의 전하를 기준으로 격자결함의 전하를 상대적으로 표현하는 방법이다. 결함이 없는 이상결정에서는 정규 격자자리를 차지하는 원소는 유효전하를 띠지 않고, 이를 "x"로 표현한다. 위에서 예시한 격자 위치의 금속 이온은 M^x_M으로 표시되는 것과 같은 원리이다. 만일 열역학적 평형을 위해 산소의 화학포텐셜이 높은 산화물의 산소는 주변으로 이동하여 주변 산소분압과 동일한 화학포텐셜을 갖게 되어 열역학적 평형조건에 도달하는 경우를 생각해보자. 주변과의 물질 교환반응은 항상 중성의 구조인자를 포함하므로, 외인성 반응(external reaction)을 통해 산소 격자 빈자리가 생성될 때, 산소이온은 두 개의 전자를 산소격자자리에 남겨두게 되고, 격자점에 국부화된 전자(localized electron)에 충분한 열적 에너지가 공급되면 자유전자(delocalized electron)로 격자자리에서 벗어나게 되어 산소이온 격자자리는 이상결정의 산소격자에 비해 다른 전하를 갖게 된다. 결정을 이루는 산소가 빠져나간 산소격자에 두 개의 전자가 국부화 된 경우 VOx로 중성의 격자점 빈자리가 형성되게 되며, 만일 두 개의 전자 모두 격자점에서 벗어나게 되면 양의 유효전하를 갖게되어 $V_O^{\bullet\bullet}$으로 표기된다. 실제 전하와 유효전하를 구별하기 위해 실제 전하는 + 또는 −로 표시되며 유효 양전하는 위첨자 점(•)로 유효 음전하는 위첨자 프라임 (/)으로 표시하며 그 크기는 위첨자 점과 프라임의 개수로 표현한다. 음의 유효전하 예를 들면, 페롭스카이트 산화물의 +2가 A금속이온이 +4가 B금속이온 격자자리에 위치하게 되면 A금속이온은 +2가의 실전하가 아닌 다른 $A_B^{//}$로 −2의 유효 음전하를을 띠게 된다. 동일한 논리로, 양이온 빈자리는 중성이거나 음의 유효전하를 가질 수 있다. 산화물 MO에서 금속 원자를 제거하여 빈 자리를 만드는 경우, 금속 이온 격자자리 두 개의 홀을 남겨 받게 되고 이들의 국부화 정도에 따라 금속양이온 빈자리 유효전하가 결정되게 된다.

사잇자리에 용해된 구성인자 원자는 처음에는 실제 전하 및 유효전하가 0일 것이다. 그러나 원자의 특성에 따라 실전하 및 유효전하를 갖는 이온으로 이온화 된다. 다른 원자가를 갖는 이온이 치환반응으로 격자점으로 용해된 경우, 치환으로 용해된 외래 물질의 원자가가 양이온이 정규 격자 양이온보다 높으면 치환된 양이온은 양의 유효전하를 갖게 된다. 반대로, 치환으로 용해된 원자가가 격자이온이 산화수보다 작으면 첨가된 양이온은 음의 유효전하를 띠게 된다. 반도체의 경우를 예로 들면, 실리콘에 용해된 +3가 붕소는 처음 전하 상태가 중성으로 표현되다가 B_{Si}^{x}, 주위 Si에 비해 원자가 전자가 하나 작은 붕소가 주위의 실리콘 격자에서 쉽게 전자하나를 받게 되어 실리콘 격자에 전자 빈자리인 홀을 만들고 붕소는 B-전하를 갖게 되어 $B_{Si}^{\prime}$로 표기된다. 더불어, 산화물을 이루는 격자 이온에서 벗어나 결정 내에서 자유롭게 이동할 수 있는 결함 전자와 정공은 각각 음의 유효전하와 양의 유효전하를 갖게 되어 $e^{\prime}$ 및 $h^{\bullet}$로 표시된다. 유효전하는 격자점을 차지하는 원소의 실제 전하에서 이상결정의 정규 격자자리의 실전하를 빼는 방식으로 계산하면 쉽게 결정 내 유효전하를 계산할 수 있다.

(2) 전기중성(Electroneutrality)

세라믹스에서 다루는 고체 결정체는 항상 전기적으로 중성인 것으로 간주한다. 따라서 모든 양전하의 합은 모든 음전하의 합과 같아야 하며(Σ양의 실제 전하$=\Sigma$음의 실제 전하), 모든 유효전하의 합 또한 전기적 중성을 만족하여야 한다(Σ양의 유효전하$=\Sigma$음의 유효전하). 서로 다른 산화수를 갖는 두 이온결합체의 경우 전하 중성조건은 전체 전하 총합이 갖음을 나타내지만, 격자 자리의 수는 양이온과 음이온이 동일할 필요는 없음을 주의해야 한다.

(3) 정비량(Stoichiometry)과 결함

화합물의 분자구조식은 원칙적 양이온 대 음이온의 비율이 정수비로 표현된다. 산화물 M_aO_b가 M과 O 원자가 정확한 비율 a : b로 구성될 때 화학양론적 조성(stoichiometric composition)을 갖는다고 표현한다. 그러나 대부분의 세라믹스 소재의 경우 정확한 화학량론적 조성은 원칙적으로 규칙이 아니라 매우 예외적인 경우에만 가능하다. 주변환경과 평형 상태에 있는 산화물은 특정 조건(stoichiometric point)을 제외하고는 일반적으로 비화학량론(nonstoichiometric composition)적으로 존재한다.

우선, 조성이 MO인 화학량론적 결정에서 점 결함 및 결함 구조를 고려해보자. 만일 양으로 하전된 점결함이 생성되면 반드시 전하 중성을 만족시키기 위하여 음으로 하전된 음전하 결정결함이 생성되게 된다. 화학량론적 금속 산화물에서 쇼트키(Schottky) 및 프렌켈(Frenkel) 결함 두 가지 유형의 결함 구조가 중요한 것으로 알려져 있다. 쇼트키 결함(Schottky disorder)은 양이온과 음이온 빈자리가 동시에 생겨나는 결함 생성반응으로 화학량론적 결정은 등가의 양이온 및 음이온 빈자리 농도를 갖게 된다. 화학량론적 산화물 MO는 동일한 농도의 금속 및 산소 이온 결핍을 갖게 된다. 반면, MO_2 화학양론적 산화물에서는 산소 빈자리 농도는 금속 이온 빈자리 농도의 2배로 생성된다. 쇼트키 결함은 외부 및 내부 표면 또는 전위에 생성되고 각 결함종은 결정내로 확산되어 평형 상태에 도달하게 된다. 프렌켈 결함(Frenkel disorder)은 동일한 농도의 금속양이온 빈자리와 금속 사잇자리를 발생시킨다. 쇼트키 결함과 달리 프렌켈 결함 쌍은 표면으로 확산되어 생성되지 않고 결정 내부에 직접 형성될 수 있다.

화학량론적 화합물에서 쇼트키 결함과 프렌켈 결함이 동시에 나타날 수 있지만, 에너지적으로 발생하기 쉬운 결함의 유형이 우세 종으로 나타나게 된다. 일반적으로 쇼트키

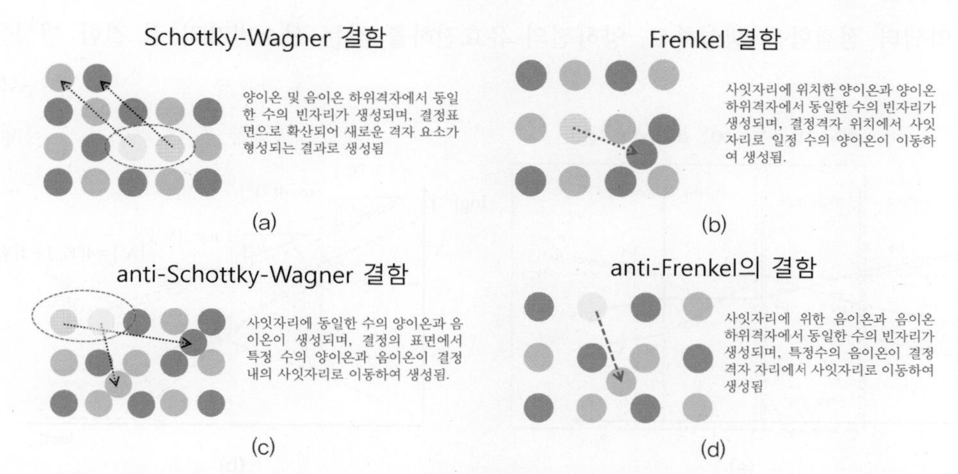

Schottky-Wagner 결함
양이온 및 음이온 하위격자에서 동일한 수의 빈자리가 생성되며, 결정표면으로 확산되어 새로운 격자 요소가 형성되는 결과로 생성됨
(a)
Frenkel 결함
사잇자리에 위치한 양이온과 양이온 하위격자에서 동일한 수의 빈자리가 생성되며, 결정격자 위치에서 사잇자리로 일정 수의 양이온이 이동하여 생성됨.
(b)
anti-Schottky-Wagner 결함
사잇자리에 동일한 수의 양이온과 음이온이 생성되며, 결정의 표면에서 특정 수의 양이온과 음이온이 결정내의 사잇자리로 이동하여 생성됨.
(c)
anti-Frenkel의 결함
사잇자리에 위한 음이온과 음이온 하위격자에서 동일한 수의 빈자리가 생성되며, 특정수의 음이온이 결정격자 자리에서 사잇자리로 이동하여 생성됨
(d)
(e) Interstialcy
격자점에서 양이온과 음이온의 위치를 교환하여 생성되며, 정전기적 반발력이 매우 커서 MX 유형의 이온결정에서는 거의 일어나지 않으며, 종종 금속 합금에서 발생됨.

그림 10.46 내인성 결정결함의 종류. (a) Schottky-Wagner 결함, (b) Frenkel 결함, (c) anti-Schottky-Wagner 결함, (d) anti-Frenkel의 결함, (e) interstialcy이다.

결함은 양이온과 음이온의 이온 반경이 유사한 결정에서 주로 발생되며, 양이온의 크기가 크면 프렌켈 결함이 우세하게 된다. 또한, 결정의 충진밀도가 높을수록 사잇자리를 형성하여야 하는 프렌켈 결함은 형성되기 어렵다. 양이온과 음이온이 쌍으로 발생되는 경우는 매우 어렵고, 양이온이 음이온 격자자리에 위치하게 되는 자리바꿈 결함(anti-site disorder)은 매우 높은 결함 생성에너지로 일반적으로 생성되지 않는다.

(4) 부정비량(nonstoichiometry)과 결함

세라믹스 구성원소 조성이 자연수의 비율로 나타낼 수 없는 비화학량론적 세라믹스는 화학량론에서 벗어난 다른 결함화학 구조 및 열역학적 특성을 가진다. p, n-type 반도체의 경우와 달리, 고정되었지만 산화수가 다른 양이온 또는 음이온을 결정 격자에 치환할 때 발생되는 유효전하를 보상하기 위하여 이온성 결함이 생성되어 격자분자구성식(lattice moleculare form)의 조성비에 영향을 줄 수 있다. 이때, 첨가물의 농도에 의해 주요 결함 종의 농도가 고정되고, 인위적으로 결정한 첨가물의 종류와 농도가 부정비량을 결정하게 된다. 표면에 위치한 첨가물의 경우 격자이온과 다른 전하량과 더불어 배위환경에 대한 선호도가 달라 벌크와는 다른 격자구조와 원자배열을 유도하여 독특한 표면 특성을 만들어 내기도 한다. 산화수가 고정된 억셉터 첨가물의 대표적 예시가 산소이온 전도성 고체전해질로 사용되고 있는 이트리아 안정화 지르코니아이다. +3가의 양전하를 갖는 이트리아가 +4가 지르코니아 격자이온을 치환하여 음하전의 유효전하를 갖는 억셉터 점결함을 생성하고, 양하전의 유효전하를 갖는 산소빈자리 점 결함 생성을

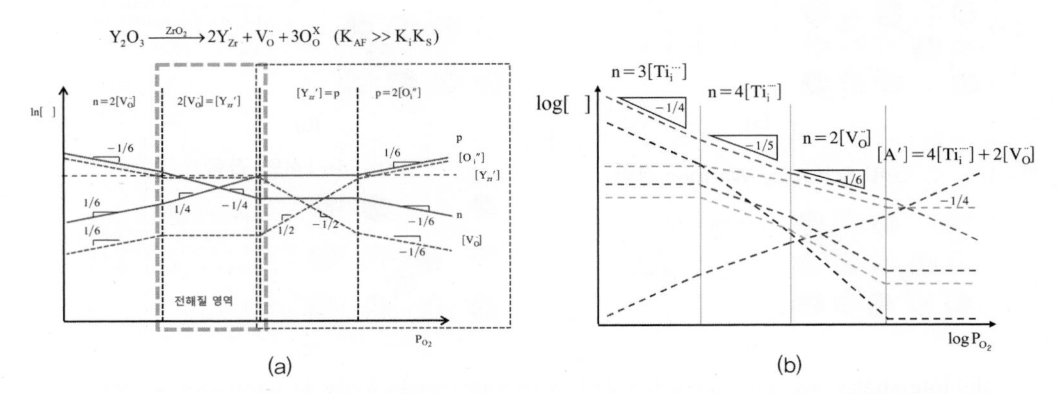

그림 10.47 (a) 화학양론적 조성에서 주로 Anti-Frenkel 결함을 형성하는 Y-안정화 지르코니아 산화물에 대한 산소분압 함수로서의 격자 결함 농도의 개략도. (b) TiO_2의 결함구조와 주요 결함종의 산소분압의존성이다.

통해 전기중성 조건을 만족시키는 외인성 반응으로 설명된다. 안티 프렌켈 결함이 주요 격자 결함종으로 알려져 진 YSZ의 결함종 변화량을 열역학적 함수로 표현할 수 있다.

또한, 비화학량론의 범위와 이로 인한 결함 농도는 온도와 세라믹스 구성요소의 활성도의 함수로 결정된다. 간단히 설명하면 르 샤틀리에의 원리에 따라 산화물의 산소 결핍이 주변의 산소 압력이 감소함에 따라 증가한다는 것이다. 반대로, 산화물 내의 과잉 산소는 주위의 산소분압이 증가함에 따라 증가한다. 양이온의 증기압은 일반적인 세라믹스 활용 조건에서 매우 낮아 상대적으로 활성이 높은 산소가 주변가스 분압 사이의 상호작용인 외인성 반응에 의한 산소교환 반응이 발생된다. 만일 세라믹스 소재 주변에서 금속성분의 부분분압을 제어하는 것이 실험적으로 가능하다면 금속과의 상호작용에 의해 상응하는 금속 양이온 비화학량론이 형성될 수 있다. 일반적으로 주어진 열역학적 조건에서 상평형도에서 상안정 영역을 나타내는 조성 범위를 확인할 수 있는데, 두 상이 공존하는 조성영역에서는 깁스 상률에 의해 구성원소의 활동도가 일정하게 유지되다가 단일 상 영역에서는 조성에 따라 활동가 달라지는 영역을 확인할 수 있다. 조성변화에 따른 구성성분의 활동도 변화의 범위가 비화학양론의 범위를 결정하게 된다. 예로서 $PbS_{1+\delta}$, $Cu_2O_{1+\delta}$, $ZnO_{1-\delta}$ 등은 상안정 조성영역이 매우 좁아 화학량론적 편차가 매우 작고, 전이금속을 포함하는 세라믹스 산화물의 경우 열역학적 조건에 따른 단일상 안정 조성범위가 넓어, 양이온 전하수 변화에 대응하는 산소빈자가 격자결함이 생성되어 산소 음이온 비화학양론이 크게 분포하게 됨을 알 수 있다. 전이 금속을 포함하는 산화물의 경우 열역학적 조건에 따라 다양한 상이 존재하며, 특정 상의 조성 또한 화학량론적 조성에서 크게 벗어나는 조성 범위를 갖는다. 예를 들어, 그림 10.47(b)에서처럼, $TiO_{2-\delta}$는 열역학적 조건에서 서로 다른 산화수를 갖는 타이타늄 양이온의 농도변화를 보인다. 대부분의 비화학량론적 화합물은 전이 금속 산화물이지만 불화물, 수소화물, 탄화물, 질화물, 황화물, 텔루르화물 등도 포함된다.

이렇듯, 열역학적 상태함수에 따라 주요 점결함의 종류와 농도는 내인성 및 외인성 반응을 통해 평형상태 화합물의 조성을 결정하게 되고 이러한 결정 결함화학이 세라믹스 소재의 물성을 결정하게 되는 것이 기능성 세라믹스의 논리 체계이다. 화학량론적 조성으로부터의 벗어나는 부정비량의 크기는 결정내에 존재하는 점 결함의 종류와 농도에 직접 연관되며, 이는 산화물은 온도, 부분 압력 및 구성요소의 활동도 등에 따라 금속 또는 산소가 정비조성에 비해 과도하거나 부족하게 존재하는 평형조건에서 유도된 전기적 중성 조건으로 결정된다. 비화학량론적 산화물은 크게 4가지 그룹으로 나눌 수 있다.

- 금속 결핍 산화물($M_{1-y}O$)
- 금속 과잉 산화물($M_{1+y}O$)
- 산소 결핍 산화물(MO_{2-y})
- 산소 과잉 산화물(MO_{2+y})

조성과 결정구조가 결정되면 특정 유형의 결함의 발생이 에너지적으로 유리하여 산화물에서 우세 종으로 존재하여 물성을 결정하지만, 소수의 형태로 다양한 농도의 다른 결함 또한 결정 결함을 구성하고 있다. 또한 주요 결함종은 온도 및 결함종의 활동도 등 열역학적 조건에 따라 변경될 수 있다. 예를 들어, 산화물 MO_2 주요 결함은 높은 산소분압에서 $MO_{2+\delta}$로 표기되다 낮은 산소분압에서는 $MO_{2-\delta}$로 주요 결함종이 산소이온 사잇자리에서 산소이온 빈자리로 변경될 수 있다.

(5) 점결함의 회합(Point defect association)

결정 내에 존재하는 점 결함은 그 농도가 작을 경우 이상용액 모델을 적용하여 결함간

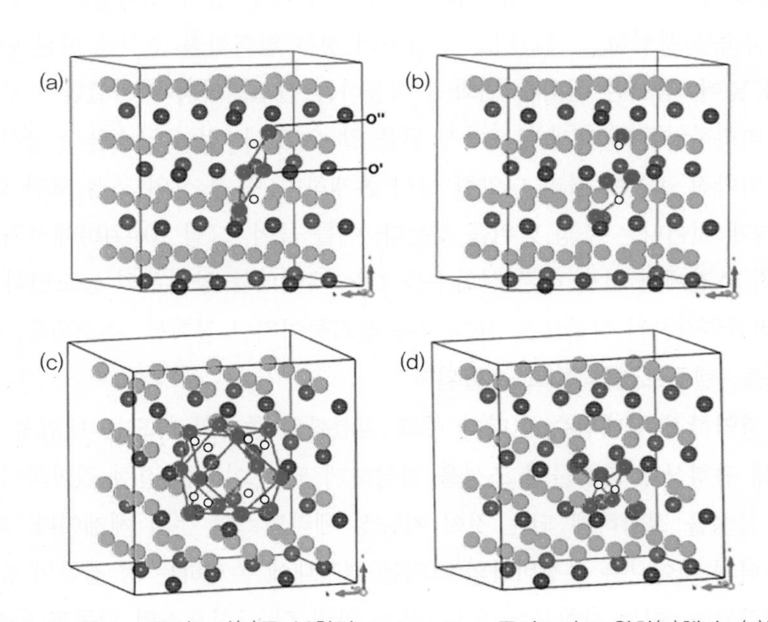

그림 10.48 2:2:2 Willis 클러스터(a)를 분할된 di-interstitial 클러스터로 완화(b)했다. (c)는 12개 원자 cuboctahedral 클러스터이고, (d)는 분할된 quad-interstitial 클러스터이다. 검은색 구체는 U 이온을 나타내고, 연한 색의 구체는 O 격자이온을 나타내고, 진한 색의 구체는 산소 사잇자리를 나타내고 흰색의 구체는 산소빈자리를 나타낸다(ref.: J. of Nuclear Materials, 456 (2015) 329-333).

상호작용이 없이 무작위적으로 분포된 독립된 단일 결함으로 존재하는 것으로 가정한다. 그러나 일반적으로 결함의 농도 비율이 이상결정의 격자 원자 수에 비해 0.01정도 존재할 경우 결함 간 상호작용하기 시작되는 것으로 알려져 있다. 점 결함 간 상호작용은 유효전하에 의한 전기화학적 상호작용 또는 이온반경의 차이로 인한 격자점의 변형과 압축력에 기인한 기계적 상호작용이 발생되게 되고, 점 결함은 서로 회합되어 클러스터를 생성하므로써 에너지적으로 안정한 결함종으로 변이된다. 결함 간 상호 작용을 통해 결함의 활성도 계수 및 결함의 생성 엔탈피에 변화를 주어 주요 결함종의 농도를 변경할 수 있다. 결함의 회합은 결함의 기하학적 공간과 에너지 공간에서의 배치엔트로피와 회합을 통해 낮아지는 결함엔탈피 간 경쟁에 의해 결정되게 된다. 상대적으로 결함 농도가 작은 경우에는 배치 엔트로피가 결함의 농도가 증가할 수로 결함 생성 엔탈피가 결함회합 생성의 주요 결정인자로 작용하게 된다. 예로서, 이산화우라늄은, $UO_{2+\delta}$, 형석 구조를 가지고 있으며 온도와 산소 활동도에 따라 결함 클러스터를 형성한다. 특정 산소 분압 조건하에서 과잉 산소 x가 가질 수 있는 최대값은 0.25이며, 주된 점 결함이 산소 사잇자리임을 알 수 있다. 중성자 회절법 연구를 통해 산소 부격자 내에 두 가지 다른 형태의 산소 사잇자리이가 존재함을 확인하였고, 이들이 무작위로 분포하는 것이 아니라 산소빈자리 결함회합을 통한 결함 클러스터로 구성됨이 증명되었다. 결함 클러스터의 실제 구성 및 전하, 클러스터 내부의 개별 점결함의 자세한 위치는 여전히 연구가 진행 중이나, 결함회합을 통한 비가역적 클러스터링 형성은 결함의 배치 엔트로피와 생성엔탈피의 경쟁으로 결정된다.

요약해보면, 정전기 인력과 전자의 오비탈 겹침에 의하여 세라믹스 고체는 일반적으로 구성 이온, 원자 또는 분자를 특정한 위치에 배열된 결정 격자를 형성하게 된다. 결정구조는 핵 전하, 이온화 에너지, 전자 친화도 및 원자가 전자 궤도의 모양과 같은 각 구성 원자의 전하 분포의 복잡한 함수의 결과로서 결정되어 배열 패턴이 3차원으로 반복되어 기하학적 배열을 갖는 복잡한 결정구조가 형성된다. 이상적인 결정에선 화학양론적 결정격자 비로 존재하므로서 결정생성 엔탈피가 최소화되나, T>0 K에서는 결정 내부에 격자 결함을 생성하여 엔트로피를 증가시키므로서 결정 구조를 안정화 시키게 되고, 결함 생성 엔탈피와 엔트로피의 합으로 주어진 열역학적 조건에서 결함의 평형 농도가 결정된다. 결정 결함은 점 결함(빈자리, 사잇자리, 치환 등), 전자 결함(전도대 전자, 정공, 원자가 결함) 및 결함 회합, 선 또는 면 결함 등으로 구성되어 있으며, 결정 결함 구조는 결함 생성 엔탈피와 결함의 열역학적 배치공간에서의 혼합 엔트로피, 전기 중성 조건, 질량보존 조건, 격자자리 보존 조건이 동시에 고려된 에너지 최소화 과정의 결과로 나타난다. 결함은 구성요소(화학 원소기호 또는 빈자리(v))로 표시되며, 격자 사이트 또는 빈자리 자리를 나타내는 아래 첨자 (i)와 양전하 또는 음전하(· 또는 ')의 유효전하를 나타내는 위첨자로 표기한다. 세라믹스 소재의 기능성은 그 소재 내에 자연적으로 발생하거나, 산화물 반도체의 경우처럼 인위적으로 산화수가 다른 원소를 첨가하거나, 주변의 열역학적 조건을 제어하여 주변과 소재 간 물질교환 상호작용으로 결정되는 점 결함으로 부터 조성의 부정비량이 결정되고, 그 크기와 범위에 대한 결함구조의 체계적인 이해와 해석에서 세라믹스 소재 기능성에 대한 이해를 높일 수 있다.

연습문제

01 전통 세라믹스와 파인 세라믹스를 구분하여 설명하시오.

02 유리와 결정체의 구조상 차이점을 성명하시오.

03 유리를 결정화할 때 핵 형성 온도곡선과 결정성장 곡선의 위치에 따라 얻어진 결정화 유리의 미세구조 및 성질이 크게 달라진다. 그 이유를 설명하시오.

04 유리를 강화하는 방법을 설명하고 각각의 강화기구에 대하여 설명하시오.

05 유리의 이온에 의한 전기전도 특성에서 혼합 알칼리 효과에 대하여 설명하시오.

06 판유리, 섬유유리, 관유리 제법에 대하여 설명하시오.

07 시멘트 산업에서 폐기물이나 공업 부산물을 활용하는 방법을 모두 찾아 설명하시오.

08 특수시멘트류의 종류를 열거하고 그들의 이용성에 대하여 고찰하시오.

09 최근의 포틀랜드시멘트의 제조방법을 개략적으로 설명하시오.

10 세라믹 소지를 건조할 때 금(crack)이 가거나 뒤틀어짐(warping)이 일어나는 이유를 설명하시오.

11 세라믹 소지의 소성 과정 중에 일어나는 변화를 쓰시오.

12 고상소결에 영향을 미치는 요인을 설명하시오.

13 내화물에서 자주 측정되는 열적 성질을 열거하고 각각의 중요성을 설명하시오.

14 내화단열 벽돌의 종류별 특징을 약술하시오.

15 파인세라믹스를 기능별로 분류하시오.

16 집적회로(IC)기판용 세라믹스로서 필요한 조건을 쓰시오.

17 알루미나 세라믹스의 성질(인장강도, 절연내력, 열전도율, 유전율, tanδ)과 Al_2O_3 함유량과의 관계를 설명하시오.

18 집적회로(IC)기판용 알루미나 세라믹스의 장단점을 쓰시오.

19 유전분극(dielectric polarization)을 설명하시오.

20 온도변화에 따른 $BaTiO_3$ 강유전체의 결정구조 및 유전특성의 변화를 설명하시오.

21 정전용량이 큰 콘덴서를 제조하기 위하여는 어떤 요인을 제어해야 하는가?

22 연자성재료와 경자성재료의 자기특성을 비교설명하시오.

23 투자율이 높은 페라이트 자성재료를 제조하기 위해서는 어떤 요인을 제어해야 하는가?

참고문헌

1. G.W.McLellan, E.B. Shand, "Glass Engineering Handbook", McGraw-Hill Book Co., 3.1~3.10, (1984).
2. 김철영, "유리 물성과 응용", 대광 문화사, pp.77-84, 107-148, (1991).
3. W.D. Kingery, H.W. Bowen, D.R. Uhlman, Introduction to Ceramics, pp.91-124, (1976).
4. 김 병호, 유리공학, 청문각, pp.204-226, (1988).
5. H.F.W.Taylor, The Chemistry of Cement, Academic Press, (1964).
6. T.D.Roboson, High Alumina Cement and Concrete, John Wiley and Sons, (1962).
7. F.M.Lea, The Chemistry of Cement and Concrete, Chemical Publishing, (1971).
8. G.C.Bye, Portland Cement－Composition, Production and Properties, Pergamon Press, (1983).
9. P.Barnes, Structure and Performance of Cements, Applied Science Publishers, (1983).
10. Y.Arai, Semento No Zairyo Kagaku, 2nd Ed., Dainippon Tosho Publishing Co., Ltd., (1990).
11. 小西良弘, 辻俊郎, エレクトロセラミクスの基礎と應用, オーム社, pp.21, (1978).
12. F.H. Norton, Fine Ceramics, McGraw-Hill, pp.160, (1970).
13. F.H. Norton, Elements of Ceramics (Second Edition), Addison-Wesley, pp.117, (1974).
14. 이준근, 세라믹스의 소결, 반도출판사, pp.12-14, (1991).
15. 이홍림, 내화물공학, 반도출판사, (1985).
16. 김영진, 김덕윤 역, 材料工學핸드북(窯業工學), 한국사전연구사, (1994).
17. 金煥 등 공저, 耐火材料工學, 大韓耐火物工業協同組合, (1991).
18. 杉田 淸, 製鐵·製鋼用耐火物, 地人書館, (1995).
19. 一ノ瀨昇, 塩崎忠, エレクトロセラミックス, 技報堂, pp.36-96, (1984).
20. 小西良弘, 辻俊郎, エレクトロセラミクスの基礎と應用, オーム社, pp.16-25, (1978).
21. Kiyoshi Okazaki, Ceramic Engineering for Dielectrics (Third Edition), 學獻社, pp.5, (1983).
22. L.L. Hench, J.K. West, principles of Electronic Ceramics, Wiley Interscience, pp.244-247, (1990).
23. E.W. Gorter, Philips Res. Rep., 9, pp.295-403, (1954).
24. 岡本祥一, セラミックス材料技術集成(同編輯委員會編), 産業技術センター, pp.368-374, (1978).
25. K. Ohta, N.Kobayashi, Japan J. Appl. Phys., 3, pp.576, (1964).
26. F.E. Luborsky, J. Appl. Phys., 32, pp.171, (1961).

27. J. Simit, H.P.J. Wijn, Ferrite, N.V. Philips, (1959).
28. A.M. Bobeck, Bell Sys. Tech. J., 46, pp.1901, (1967).
29. A.M. Bobeck, R.F. Fisher, A.J. Perneski, J.P, Remeika, L.G. Van Uitert, IEEE Trans, Mag., MAG-5, pp.544, (1969).
30. A.A. Thiele, J. Appl. Phys., 41, pp.1139, (1970).

심상은 (인하대학교 화학공학과)
심봉섭 (인하대학교 화학공학과)

CHAPTER 11

탄소재료

01 탄소재료 개론

1. 서론

탄소(원소기호, C)는 지구상에 존재하는 가장 풍부한 원소 중 하나이다. 탄소는 생물을 이루는 유기물의 주요 성분이 될 뿐만 아니라, 우리 생활 속에서 잉크, 연필심, 운동기구, 자동차, 비행기, 활성탄, 석탄, 보강재 등 다양한 용도로 이용되고 있다. 역사시대 이전부터, 탄소로 구성된 석탄 및 석유는 난방을 위한 에너지원으로 이용되고 있으며, 자연계에 존재하는 가장 단단한 물질인 다이아몬드 또한 탄소로 구성된 탄소재료이다. 이론적으로는 같은 탄소 동소체인 론스델라이트(Lonsdaleite)가 더 강하고 단단할 것으로 예측되고 있다. 산업적으로는, 19세기에 토마스 에디슨이 탄소섬유로 전구를 만든 것을 시초로 다양한 형태의 탄소소재들이 개발되었으며, 1950년대 유니언 카바이드 사에서 선구적으로 비행기에 탄소소재를 이용한 것을 계기로, 현재는 다양한 산업적 분야에서 탄소소재가 응용되고 있다.

탄소재료는, 탄소의 결정구조, 조성, 배열형태에 따라 나눈다. 자연계에는 판상형결정의 흑연과 3차원 공유결합의 다이아몬드로 존재하지만, 일반적으로 '탄소재료'라 하면, 흑연 판상구조의 결정이 다양한 형태로 만들어진 다결정체를 말한다. 이때, 판상결정의 한 층 한 층이 박리(exfoliation)되거나, 특별한 형태의 단일층 결정으로 이루어져 있는 재료는 그래핀, 탄소나노튜브, 풀러렌 등의 나노탄소재료라는 이름으로 따로 분류하기도 한다.

흑연계통 탄소재료의 분자구조는 그림 11.1에 나타난 바와 같이 흑연 판상구조로 되

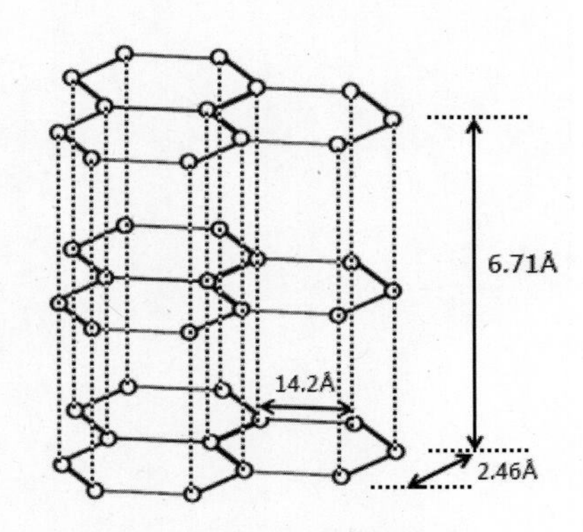

그림 11.1 육각면체 흑연구조도

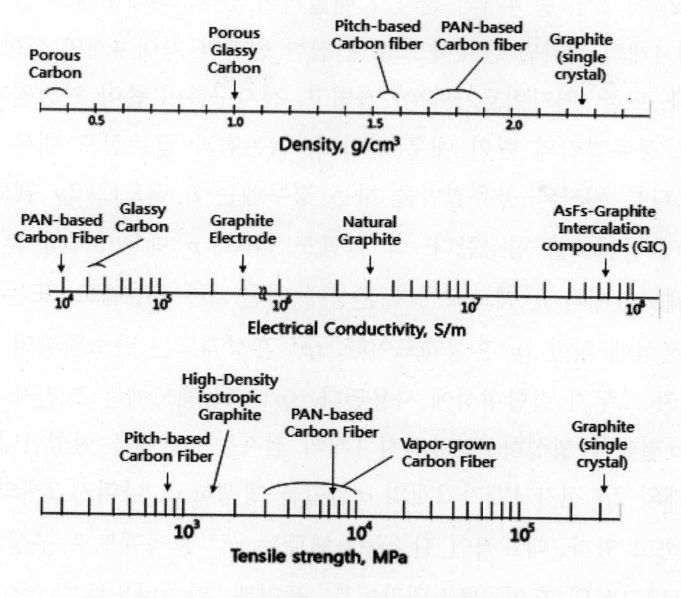

그림 11.2 다양한 탄소재료들의 물성범위

어 있다. 하나의 탄소가 이웃한 3개의 탄소원자와 강한 2차원적 sp^2 구조의 화학적 공유결합을 형성하여, 평면적인 결정구조를 형성하여 흑연 판상구조를 만들게 된다. 이때, 면과 면 사이에는 반데르발스(van der Waals) 힘 혹은 파이-파이($\pi-\pi$) 결합 등의 물리적인 힘이 작용한다. 한편, 다이아몬드 결정구조는 하나의 탄소원자가 이웃한 4개의 탄소원자와 3차원적 다이아몬드 결정구조의 sp^3 구조의 공유결합을 형성한다. 탄소재료가 다양한 형태로 이용되는 만큼, 다양한 물리적 성질들이 존재하는데, 전기전도성, 열전도성, 기계적 강도 등이 탄소재료의 주요 특성이 된다. 그림 11.2에 탄소재료의 다양한 물리적 특성을 나타내었다.

본 절에서는 탄소재료에 공통적으로 적용되는 분자구조 및 종류에 대해 대략적으로 소개하고, 2절에서 다양한 탄소재료에 대하여 구체적으로 살펴본다. 그리고 3절에서 탄소재료의 응용분야에 대하여 간단히 소개하고, 본 단원을 마무리한다.

2. 탄소재료의 구조

탄소는 원자번호 6번으로, 주기율표상 4족원소이다. 하나의 탄소원자에는 6개의 전자가 있는데, 이들 6개의 전자는 원자핵 가까이에 있는 K 궤도의 $1s$에 2개, 그 외각 L 궤도의 $2s$에 2개, $2p$에 2개, 총 4개의 전자가 배열되어 있다. 최대 8개의 전자가 들어갈 수 있는 L 궤도에 4개의 전자만 존재하므로, 인접한 원자와 최대 4개의 화학적 공유결합을 형성할 수 있다. 또한, 원자번호가 작아 가볍고, 전자구름이 좁아 인접원자 간의 결합거리가 짧으므로 공유결합의 힘이 매우 강하여, 녹는점과 끓는점도 매우 높다.

탄소원자가 다른 원자와 공유결합을 하는 경우에는 L 궤도($2s2p$ 궤도)에 존재하는 4개의 전자가 혼성궤도를 형성한다. 즉 s 궤도 1개와 p 궤도 3개의 혼성에 의한 sp^3 혼성궤도, s 궤도 1개와 p 궤도 2개의 혼성에 의한 sp^2 혼성궤도, 또는 s 궤도 1개와 p궤도 1개의 혼성에 의한 sp 혼성궤도이다. sp^3 혼성궤도는 탄소원자의 $2s$, $2p$ 궤도에 있는 4개의 전자 모두가 결합형성에 사용된다. sp^2 혼성궤도에는 $2s$ 전자 1개와 $2p$ 전자 2개가 3개의 σ결합을 형성하고, 나머지 1개의 전자는 π결합을 형성한다. sp 혼성궤도는 $2s$ 전자 1개와 $2p$ 전자 1개가 2개의 σ결합을 형성하고, 나머지 2개의 전자는 2개의 π결합을 형성하고 있다. 대표적인 탄소동소체로는 sp^3 혼성궤도로 구성된 다이아몬드, sp^2 혼성궤도로 구성된 흑연, 론스델라이트, 풀러렌, 탄소나노튜브 등이 있다. 이러한

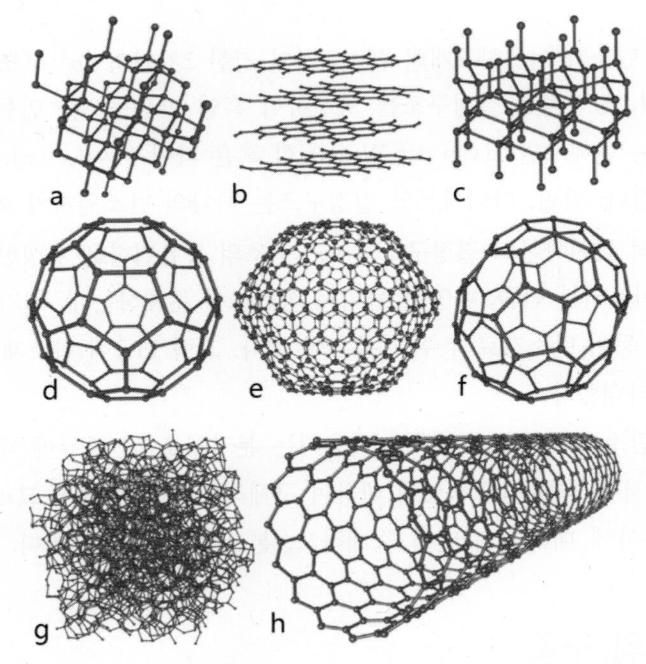

(a) 다이아몬드 (b) 흑연(graphite) (c) 론스델라이트(Lonsdaleite)
(d) 풀러렌 C_{60}(Buckminsterfullerene or buckyball) (e) C_{540} (f) C_{70}
(g) 무정형탄소(amorphous carbon) (h) 탄소나노튜브.

그림 11.3 8가지의 탄소동소체

다양한 동소체를 그림 11.3에 나타내었다.

3. 탄소재료의 종류

(1) 흑연

흑연(graphite)은 6개의 탄소원자가 육각형의 고리형태로 이루어진 판상형결정이다. 또한, 이 판들이 거대분자층을 이루어 포개어진 것으로, 유연하고 활성이 있으며, 쪼개지기 쉽지만, 반응성은 적다. 그리고 판상형 결정 사이의 층간에는 반데르발스(van der Waals)힘, $\pi-\pi$ 결합 등의 물리적 힘으로 연결되어 있고, 각 판 사이의 간격이 0.335 nm로 비교적 넓어, 이 사이에 다른 원자를 집어넣어 쉽게 삽입화합물(graphite intercalation compounds)도 만들 수 있다. 이러한 흑연재료는 특유의 윤활성, 내열성, 전기전도도, 열전도도 등 여타 다른 재료에서 얻을 수 없는 뛰어난 특성을 지니고 있다. 이 때문에 전기화학 전극, 밀봉재(seal), 고온 구조재료 및 특수 기계부품, 인조 다이아몬드 원료, 생체재료, 항공기구조재 등 고기능, 고성능의 부품으로 각 분야에서 광범위하게 이용되고 있다.

(2) 다이아몬드

다이아몬드(diamond)는 1개의 탄소원자가 이웃한 4개의 탄소원자와 모두 공유결합하여 결정을 이루는 탄소재료로, 원자 사이를 쉽게 이동할 수 있는 자유전자가 없어 전기가 통하지 않는다. 그리고 질소 및 알루미늄 등의 불순물이 소량 함유되어 있다. 다이아몬드의 결정구조는 단위격자에 8개의 탄소원자를 포함하는 다이아몬드 입방형구조이다.

(3) 카본블랙

카본블랙(carbon black)은 유동접촉분해(FCC) 타르, 석탄 타르, 에틸렌 크래킹 타르 그리고 소량의 식물성기름 같은 중유생산물의 불완전연소로부터 생성되는 재료이다. 카본블랙에는 아세틸렌블랙, 채널블랙, 퍼니스블랙, 서멀블랙 등 여러 형태가 있으며, 비교적 높은 부피당 표면적비를 가진 무정형탄소의 형태로 존재한다. 카본블랙은 고무와 플라스틱 제품의 색소, 보강재로도 이용된다.

(4) 활성탄소

활성탄소(activated carbon, 활성탄)는, 벌집처럼 무수히 작은 기공들로 이루어진 탄소재료의 한 형태로, 흡착, 화학 반응 등을 높여주기 위해 넓은 표면적을 갖게 설계된 재료이다. 따라서 가장 큰 특성은 높은 표면적을 이용한 흡착성에 있으며, 화학적 처리를 통해 흡착특성을 향상시켜 다양한 분야에 이용된다. 대표적인 예로 숯의 정화능력을 생각해 볼 수 있다.

(5) 탄소섬유

탄소섬유(carbon fiber)는 탄소원소가 90% 이상 함유된 섬유형태의 탄소재료이다. 흑연 결정구조를 그대로 가지고 있으며, 레이온, 피치, 폴리아크릴로니트릴(PAN) 등의 여러 원료로부터 만들어지지만 상업적으로는 PAN계가 압도적으로 많이 사용된다. 탄소섬유 역시 흑연 특유의 결정구조 및 비등방성, 그리고 섬유형태 특성이 합쳐져 내열성, 화학적 안정성, 전기·열전도성 등의 우수한 재료적 특성을 그대로 지니며, 흡착성이 부여된 활성탄소섬유로도 이용하기도 한다.

(6) 풀러렌

풀러렌(fullerene)은 탄소원자로 구성된 속이 비어 있는 형태의 나노물질을 총칭한다. 주로, 축구공 모양의 구, 타원형태의 탄소 클러스터를 풀러렌이라 부르며, 튜브형태의 물질은 탄소나노튜브로 구분한다. 축구공 모양의 탄소 클러스터, C_{60} 12개의 5원환과 20개의 6원환으로 이루어져 있으며, 각각의 5원환과 6원환이 인접한 형태를 가지고 있다. 기본적인 형태는 구이지만 제조법에 따라 C_{70}, C_{76}, C_{82}, C_{84} 등과 같은 타원형 고차 풀러렌을 제조할 수 있으며, 이들 풀러렌은 기존재료와는 다른 특성을 가진 신물질에 속한다.

(7) 그래핀

그래핀(graphene)은 흑연결정의 단원자(one-atom-thick) 판형 2차원 나노물질이다. 그래핀이란 용어는 흑연(graphite)에 단층호일(foil)을 뜻하는 접미사 -ene이 붙은 것으로 1962년에 Hanns-Peter Boehm에 의해 처음 언급되었다. 쉽게 생각해 보면 그림 11.1의 흑연결정판에서 한 판만을 떼어낸 것이 바로 그래핀이기 때문에, 신물질이라기보다는 흑연결정구조를 지닌 여러 탄소동소체들의 기본구조물이라고도 할 수 있다.

(8) 탄소나노튜브

탄소나노튜브(carbon nanotube)는 그래핀 판이 원통형태로 말려 가늘고 긴 관을 형성한 튜브형 나노물질을 말한다. 속이 비어 있어 가볍고 흑연구조 기반의 물질이기 때문에 물리적, 화학적 특성 역시 우수한 편에 속한다. 원통형을 이루는 결합구조에 따라 지그재그(zig-zag)형, 암체어(armchair)형, 키랄(chiral)형으로 구분하며, 지그재그(zig-zag)형, 암체어(armchair)형은 금속성, 키랄(chiral)형은 반도체의 전기적 성질을 갖는다. 탄소나노튜브는 구조의 비등방성 및 화학적 안정성, 그리고 튜브 직경에 따라 에너지 갭이 달라지며 준일차원적 구조를 가지고 있어서 특이한 양자효과를 나타낸다.

(9) 다이아몬드형 탄소

DLC는 다이아몬드의 특성을 나타내는 무정형 탄소재료로 다양한 분자형태를 가지고 있다. 다이아몬드형이라 부르는 이유는 탄소분자의 대부분이 다이아몬드와 같은 sp^3 혼성결합을 이루고 있기 때문이고 이에 육각형 격자의 론스델라이트 결정, 그래핀 sp^2 결정, 금속 및 수소원자가 나노수준에서 다양하게 혼합된 7가지 이상의 다형체(polytypes)를 이루게 된다. 이들의 물성은 유연하며 가볍고 강하기 때문에 다이아몬드의 특성을 넘어서는 새로운 코팅재료로 각광을 받고 있다.

02 탄소재료

탄소는 다형체(polymorph)물질로 다양한 구조의 동소체(allotropes)를 가지며, 이들 동소체의 성질도 매우 다르다. 흑연과 다이아몬드가 전혀 다른 물리적, 화학적 성질을 가지고 있다는 것은 잘 알려진 사실이다. 우선, 흑연은 검은색에 금속성 광택을 약간 띠고 있으며, 다이아몬드는 투명하다. 흑연은 전기가 통하는 반면, 다이아몬드는 전기가 전혀 통하지 않는다. 흑연은 무르고 미끄러지는 반면, 다이아몬드는 매우 강도가 크고 높은 굴절율을 가지고 있어서, 작은 각도 차이에 의해서도 빛을 반사하므로 매우 반짝거리게 보인다. 이와 같은 차이는 다이아몬드의 탄소결합과 흑연의 탄소결합이 다르기 때문이다. 즉, 다이아몬드는 하나의 탄소원자에 4개의 공유결합을 통해 3차원적으로 강하게 결합된 결정구조를 가지며, 결정에 여분의 전자가 남지 않는다. 그래서 다이아몬드는 높은 강도, 높은 열전도성, 낮은 열팽창 등의 물성을 보이며, 이런 특성을 이용하여 다이아몬드 톱과 같이 절단도구로 사용된다. 다이아몬드의 구체적인 내용은 뒤에 더 언급하기로 한다. 반면 무정형탄소(amorphous carbon)는 보통 흑연과 비슷한 결합과 구조를 가지지만 배열주기성이 없는 탄소재료로 정의된다. 이들은 적층순서가 없고 평면적이지 않다. 하지만 열처리를 거치면 무정형탄소도 어느 정도의 결정성(흑연화도)을 가진다. 실용적으로 자주 쓰이는 탄소섬유의 경우에도 완전히 흑연성질을 나타내지 않으나, 열처리온도에 따라서는 넓은 흑연화도(degree of graphitization)의 범위를 갖기도 한다. 이렇게 다양한 탄소동소체는 상업적, 공업적으로 응용되어, 우리 실생활에 이용된다.

본 절에서는 그림 11.3에서 소개한 다양한 탄소재료의 종류, 구조, 제조법, 성질 등에 대해 구체적으로 소개한다.

1. 흑연

흑연의 결정은 판상형으로, 판의 수평방향으로는 강한 sp^2 혼성결합 때문에 높은 열 및 전기전도성을 보이지만, 수직방향으로는 각 층 사이에 약한 물리적 반데르발스(van der Waals) 결합, 파이-파이 결합으로 비교적 낮은 열 및 전기전도성을 가진 비등방성 물질이다. 흑연결정은 화학적 안정성과 전기전도성을 동시에 갖기 때문에 전극물질로 많이 이용되며, 또한 기계적 마찰저항이 적어 연필심재나, 감마제, 혹은 소형 모터의 전극 등으로 널리 사용된다. 또한, 흑연은 기타 금속 전극재료에 비해 가볍기 때문에, 모바일 기기의 EMI(electromagnetic interference) 차폐 등에도 응용된다. 또한, 흑연결정의 층 사이에 기능성 삽입물이 첨가될 수 있는데, 이를 흑연층간화합물(graphite intercalation compounds, GICs)이라고 한다[2]. 본 절에서는 흑연성 탄소동소체인 풀러렌, 그래핀, 탄소나노튜브에 대해 더 자세히 살펴보도록 한다.

(1) 개요

탄소는 같은 원소로 구성되면서도 구조와 성질이 크게 다른 여러 동소체로 존재하는데 무정형탄소, 흑연, 다이아몬드가 오래전부터 잘 알려진 탄소의 동소체들이다. 탄소의 동소체 중 하나인 흑연은 흑색으로 금속광택을 내며 불투명하고 표면은 부드러운 지방감을 준다. 정확한 명칭인 "흑연"으로 불리기 전에는 "blackcoke, "kish" 등 여러 가지 이름으로 불리다가 Scheel가 흑연의 정확한 화학적 성분을 최종적으로 규명한 1779년에서 10년 뒤인 1789년에 Werner에 의해 "graphite"라고 명명된 것으로, 그리스어로 "쓰다"라는 뜻인 "graphein"에서 따온 것이다.

(2) 분류

흑연은 그 원소재, 입자형태 등에 따라서 여러 가지로 분류가 될 수 있다. 일반적으로 크게 천연흑연과 인조흑연으로 분류된다. 인조흑연은 보통 품질의 인조흑연, 핵반응용 인조흑연, 함침 인조흑연, 콜로이드 흑연, Semi-콜로이드 흑연 등으로 분류된다.

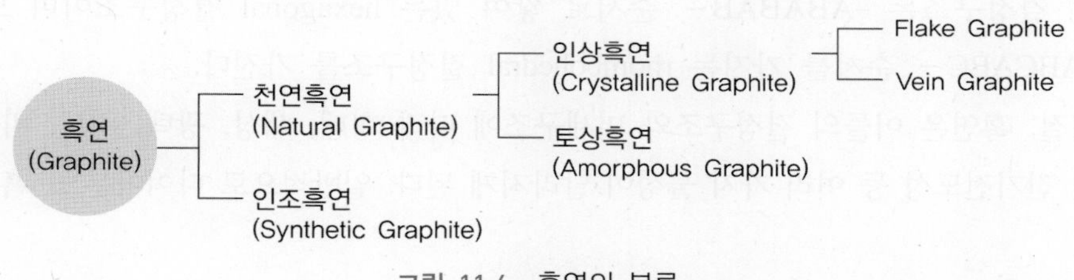

그림 11.4 흑연의 분류

① 흑연의 특성

- 구조: 상하, 좌우 어느 방향에서 보아도 같은 구조로 되어 있는 등방성을 가지는 다이아몬드와 달리, 흑연은 sp^2 혼성궤도를 가지는 6개의 탄소원자로 이루어진 고리

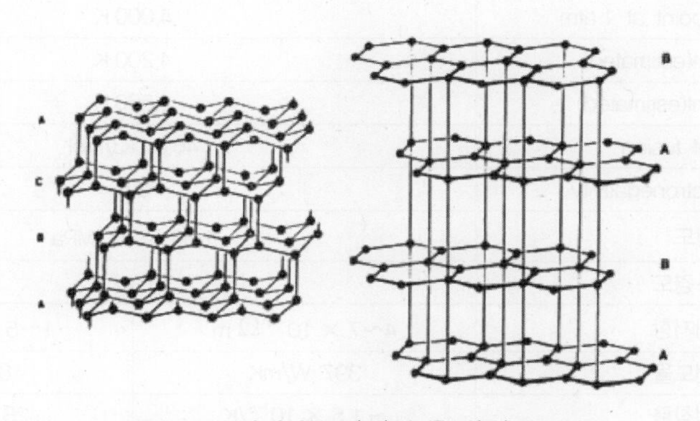

그림 11.5 다이아몬드(좌)와 흑연(우)의 구조

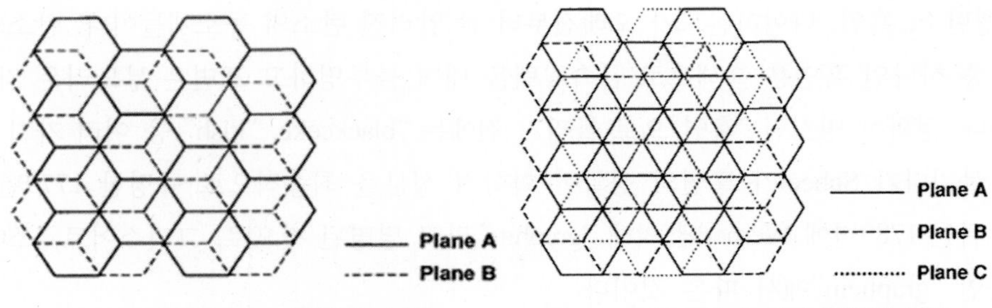

그림 11.6 Hexagonal 흑연의 구조 그림 11.7 Rhombohedral 흑연의 구조

가 연결되어 탄소층을 만들면서 층 사이 약한 결합을 하고 있는 이방성을 가지는 층상구조로 되어 있다. 각 층에서 각각의 탄소원자는 다른 탄소원자 3개와 공유결합을 하고 있으며 인접한 탄소 간 결합길이는 0.141 nm로 짧고, 524 kJ/mole의 큰 힘을 가진다. 반면 층 간 사이는 반데르발스 결합을 하고 결합길이는 탄소원자 두 개의 중심거리보다 훨씬 길고(0.335 nm 이상) 약한 힘을 가진다. 흑연의 일반적인 결정구조는 -ABABAB- 순서로 쌓여 있는 hexagonal 결정구조이며 드물게 -ABCABC- 순서를 가지는 rhombohedral 결정구조를 가진다.

- 성질: 흑연은 이들의 결정구조와 미세구조에 따라 형태, 색상, 광택, 경도, 비중, 열 및 전기전도성 등 여러 가지 물성이 달라지게 된다. 일반적으로 다이아몬드, 흑연, 무

표 11.1 흑연의 물리적 성질

	면에 평행	면에 수직
Crystalline form	Hexagonal	
상 태	흑색 불투명, 금속광택	
Density at 300 K,1 atm	2.26 g/cm_3	
Atomic volume	5.315 cm^3/mol	
Sublimation point at 1 atm	4,000 K	
Triple point(estimated)	4,200 K	
Boiling point(estimated)	4,560 K	
Heat of fusion	46.84 kJ/mol	
Pauling electronegativity	2.5	
강도	1.96×10^4 MPa	
모스경도	1~2	
전기저항	$4 \sim 7 \times 10^{-7} \Omega$ m	$1 \sim 5 \times 10^{-3} \Omega$ m
열전도율	397 W/mK	80 W/mK
열팽창률	-1.5×10^{-6}/K	28×10^{-6}/K

정형탄소의 공통적인 성질은, 매우 융해하기 어렵고 고온에서 기체로 되며, 물, 알코올 등 모든 용제에는 녹지 않는다. 또 산, 염기에도 작용받지 않고, 공기 중에서 타면 산소와 화합하여 이산화탄소가 되는 것 등이다. 화학적인 반응은 무정형탄소 다음으로 흑연이 활발하다. 이중 흑연은 특유의 고온윤활, 내열, 내식, 전기전도 및 정밀가공 등 다른 재료에서 얻을 수 없는 특성을 지니고 있어 광범위하게 이용되고 있다.

흑연은 앞에서 설명했듯이 탄소가 벤젠고리처럼 육각형으로 연결되어 있다. 이러한 육각형이 판상체를 이루면서 연속된 층을 형성하는데 판상체 상하층 간의 거리가 인접한 탄소 간의 거리보다 훨씬 커서 육각판상 위쪽으로 있는 전자는 다소 자유롭게 움직일 수 있으므로, 흑연은 좋은 전기전도도를 갖는다. 반면 다이아몬드는 전자 4개가 모두 강한 공유결합을 하고 있으므로 완벽한 절연체가 된다. 또한 흑연의 층 간 결합은 반데르발스 결합으로 약한 결합이기 때문에 판상체는 미끄러지기 쉽다. 이러한 성질 때문에 조구조 운동시 흑연층이 쉽게 밀려서 특징적인 팽창수축의 산상을 보인다. 쉽게 미끄러지는 성질 때문에 마찰계수가 매우 적어 윤활작용을 한다. 따라서 마찰시 마모를 방지하기 위하여 금속 등에는 윤활제를 사용하지만 흑연은 별도의 윤활제가 필요 없다.

흑연은 판상체가 쉽게 미끄러져 영진면(映進面)을 이루고 층에 수직인 방향에 대하여 완전히 중첩되지 않으므로 층에 수직인 방향으로는 비등방성을 보인다. 이러한 구조적 불완전성 때문에 층간의 공간이 21% 밖에 채워지지 않으므로, 비중은 다이아몬드보다 작다. 이러한 구조적 특징 때문에 열팽창률이 적고 열전도율이 대부분의 금속에 비하여 높아 가열 후 냉각 시 구조가 유연하게 대응하여 수축 시 파열이 발생하지 않고, 압축하여 늘일 수 있는 공학적 응용성(압연가공이 가능)이 존재한다. 또한 화학적으로 매우 안정하여 불산이나 끓는 왕수에도 쉽게 녹지 않는다. 그리고 용융금속이나 용융유리에 침식당하거나 젖지 않는다. 또한 흑연은 지질학적으로 고온, 고압 하에서 만들어졌고, 구조의 단순성 및 유연성 때문에, 넓은 온도범위에서 구조가 안정하다. 산화환경에서는 600℃에서 서서히 산화되면서 분해되며, 비산화환경에서는 650℃까지 견디고, 특히 열충격에 매우 강하므로 내화재와 열전달물질로 적합하다. 흑연은 소수성을 띠므로 거품을 이용한 부유선광이 용이하다. 흑연을 분쇄한 미세한 가루를 $KClO_3$ 및 진한질산, 진한황산의 혼합물로 장시간 처리하면 흑연산(또는 산화흑연)이라고 하는 초록색 또는 갈색물질이 발생한다. 진한황산과 소량의 산화제로 처리하면 강철회색 광택이 있는 청색 또는 자색(투과광선)의 황산수소흑연이 된다. 이들은 흑연의 층 구조 사이에 산소, 수소, 황산수소기가 들어간 화합물이며, 산화되면 멜리트산을 생성한다. 흑연에는 금속재료와 또 다른 독특한 성질이 있는데 온도가 증가함에 따라 최대 약 2배까지 강도가 증가하는 특성이 있다(약 2500℃까지).

② 제조방법

- 천연흑연: 천연흑연은 대체로 퇴적암 내의 유기물, 석탄 같은 것들이 접촉변성작용, 광역변성작용, 열수맥 같은 변성작용으로 만들어지며 온도와 압력의 증가에 따라 비정질흑연은 방향성을 갖는 평평한 층들이 형성되면서 여러 중간단계를 거쳐서 400℃ 이상에서는 완전히 결정화된 흑연으로 된다.
- 인조흑연
  - 원료: 많은 세라믹이 자기소결성을 가지는 데 대하여, 인조흑연재료의 주원료인 가소 코크스는 그것들 스스로는 소결하지 않고 바인더를 이용해 부형화해야 할 필요가 있다. 원료 코크의 특성 중, 부피비중, 진비중, 열팽창계수, 회분, 흑연화성 등은 제품의 품질설계를 하는 데에 있어서 중요한 척도가 된다.
  - 분쇄·분급: 원료 코크스는 조쇄 및 미세하게 분쇄하여 소정의 입도로 분급 후 탱크에 저장된다. 조쇄에는 crasher나 hammer crasher, double roll crasher의 분쇄기가, 미세한 분쇄에는 roller mill, boll mill, jet mill 등이 사용된다. 또한 분급에는

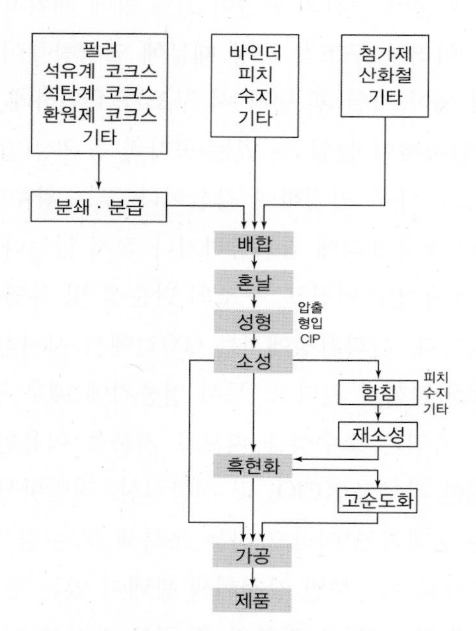

그림 11.8 인조흑연재료의 일반적 제조방법

진동사나 각종 풍력분급기가 사용된다.

- 배합: 각종 입도로 조제된 코크는 제품의 종류, 크기 등에 대응해서 배합비율이 결정된다. 바인더로서의 피치의 양은 원료 코크의 종류나 입도에 대응하여 조정하고, 입도가 작을수록 많은 피치가 필요하다. 압출성형의 경우 피치량은 흡유량 등으로 요구되는 값보다 작은 정도에서 필러입자를 적시며, 성형 시의 유동성을 확보할 수 있는 정도를 목표로 하고 있다.
- 혼날: 배합한 코크를 충분히 혼합한 뒤, 피치를 가하여 가열 하에서 혼날한다. 가열온도는 피치의 연화점보다 높은 온도에서 이루어지며, 일반적인 압출성형으로서는 150℃ 전후이다. 혼입이 진행하면 코크와 피치는 적절한 유동성을 가지는 페이스트로 된다.
- 성형: 혼날형은 성형에 알맞은 유동성을 확보하기 위해, 100~140℃로 냉각한 후, 압출성형용의 프레스에 투입하고, 소정의 노즐로부터 압출된다. 압출성형에 있어서의 유동성은 노즐형상, 피치량, 성형 시의 온도, 압출속도 등에 지배된다.
- 소성: 성형품은 소성이라고 불리는 700~100℃의 열처리공정을 지나서 열적 안정성과 기계적 강도가 부여된다. 승온은 중유나 가스연소에 의해 행해지며, 성형체의 변형이나 산화를 막기 위해서, 코크스 입자로 주위를 둘러싼다. 이 공정에서, 성형체는 다량의 휘발분이나 분해가스를 발생하고 수축하는 데에서 변형이나 깨어짐이 생기지 않도록 균일하고 적절한 승온조건을 이용하는 것이 요구된다.
- 함침, 재소성: 소성 후의 제품에는 다수의 기공이 발달되고, 고밀도화가 요구되는 경우에는, 기공 내에의 피치의 충전, 탄화처리가 행해진다. 여기서 사용되는 피치는 작은 구멍에도 들어가도록 점성이 낮고 탄화보유가 좋은 것이 요구된다.
- 흑연화: 일반의 세라믹 제품에는 없는 흑연제품 특유의 공정으로서 흑연화공정이 있다. 이것은 2,600~3,000℃의 고온으로 열처리하는 것으로 제품은 탄소질로부터 흑연질로 변화한다.
- 고순도화: 흑연화 후, 반도체용에 대응하여 고순도화 처리를 행할 수 있다. 이에 의해 흑연재 중의 불순물함유량은 수백~수천 ppm이 수 ppm 이하가 된다. 일반적으로 2,000℃ 이상의 가열 하에 프레온이나 염소 등의 할로겐계 가스를 흘리는 금속불순물을 휘발성의 할로겐화물을 이용하여 흑연재로부터 증발·제거시키는 방법이 사용되고 있다. 또한, 흑연화와 동시에 고순도화를 병행하는 경우도 있지만, 순도의 면에서는 약간 뒤떨어진다.
- 가공 및 검사: 많은 흑연제품에서는 용도, 사용자에 의해서 형성, size가 다종다양

하고, 각각 도면을 필요로 하는 경우가 많다. 흑연재는 금속에 비교하여 부드러우며, 통상 절삭공구로 충분히 가공이 가능하다. 검사에 관해서는 중간검사를 포함하고, 부피, 비중, 전기비저항, 영률 등이 측정되는 등 용도에 따라서 여러 가지의 특성이 소재로부터 측정된다.

③ 응용분야

• 천연흑연

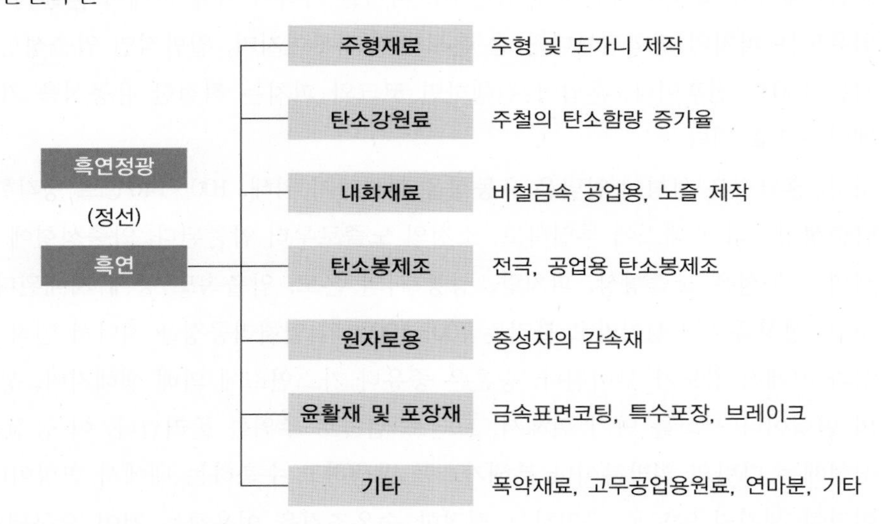

• 인조흑연

– 흑연층간화합물을 이용한 리튬이온 2차전지: 리튬이온은 흑연과 층간화합물을 만든다. 이 리튬층간화합물에 착안한 것이 리튬을 사용한 2차전지 개발의 결정적인 단서가 되었다. 방전할 때에는 사용한 리튬이온이 흑연층간에서 빠져나와 양극물질에 흡수되고, 반대로 충전할 때에는 리튬이온이 양극에서 흑연층간으로 돌아온

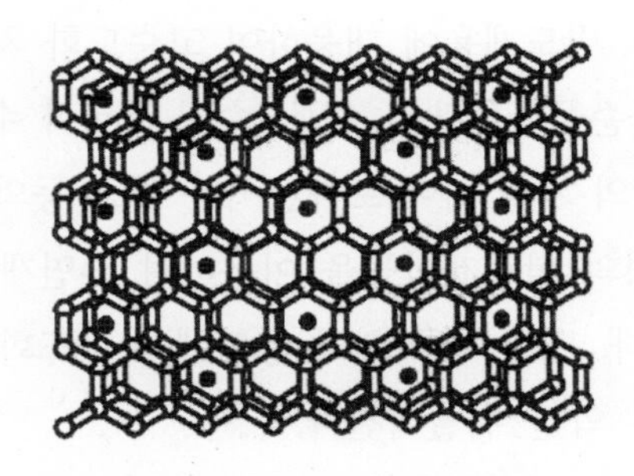

그림 11.9 리튬흑연 층간화합물의 구조

다. 충방전으로 리튬이온은 양극와 음극 사이를 왕래할 뿐이다. 리튬금속을 사용한 2차전지처럼 리튬원자가 이온이 되어 녹아나오거나 금속이 되어 석출하지는 않는다. 다만 적당한 용량을 가지는 2차전지를 만드는 것이 어렵다.

– 전기제강용 흑연전극: 전기제강로는 전극과 철 스크랩과의 사이에 아크를 조사한 후 발생하는 열을 이용하여 용해·정련하는 화로로, 전극으로서는 인조흑연재료가 사용되며, 압출성형품의 대표적인 제품으로 되어 있다. 전극의 선단에는 아크온도가 3,000℃ 이상의 고온이 되기 때문에 선단부근에서는 흑연의 승화나 열충격파수에 의한 결핍이 발생한다. 특히 열충격파괴가 큰 경우에는 거리가 먼 곳에서 파손되는 문제점을 초래하는 경우가 있기 때문에 내열충격성이 뛰어난 품질의 것이 요구된다.

– 알루미늄 전해제강용 전극: 원료인 알루미나를 전해약 중에 연속적으로 투입하고, 10~30만 암페어의 전류를 흘려 전기분해에 의해 알루미늄을 제조한다. 이때 음극에 탄소질 또는 흑연질 플러그를 사용하며 용융, 금속의 유동에 의한 물리적인 소모와 전해욕 중의 나트륨 등의 침입이나 반응에 기인한 팽윤에 의해 수명이 좌우된다. 음극은 무연탄 코크스, 흑연을 토대로 한 압출성형품으로 탄소질이 일반적이지만 최근 열전도도가 양호하고 팽윤이 적은 흑연화 형태와, 수명과 초기비용을 고려한 것에 대한 사용량이 증가되고 있다.

– 흑연전해판: 전해소다공업에서 수은법으로부터 격막법으로의 전환, 고성능금촉전극의 개발에 의해 사용량은 감소하였지만 알루미늄 새시의 표면처리나 불소, 나트륨, 마그네슘 등의 용융염전해의 전극에 사용되고 있다.

– 불침투성 흑연 열교환기: 탄소분말과 접착제를 혼합하여 일정소재로 성형한 후, 특수조건 하에서 고온열처리를 하여 생산되는 인조흑연은 다공성이므로 열경화성수지로 함침하여 불침투성 흑연을 제조한다. 이는 특히 내식성이 매우 높으며, 또한 열충격 및 열전도도가 매우 높아 각종 화학공업용 장치의 부품으로 널리 쓰인다.

2. 다이아몬드

(1) 다이아몬드의 종류

천연 다이아몬드는 우선 질소를 불순물로 함유한 I형과 질소를 함유하지 않은 II형으로 나뉜다. 각각의 형태는 그 안에서 또 다시 2가지 형태로 나누어지는데, 그 특징은 다음

표 11.2 천연 다이아몬드의 종류

종류	특징
Type Ia	질소원자를 내포한 얇은 판상형
Type Ib	황색을 띠며, 질소가 고립된 원자상태로 존재
Type IIa	질소가 전혀 들어 있지 않음
Type IIb	붕소 불순물을 내포하여 청색을 나타냄. 반도체 성질을 가지며 매우 희귀함

과 같다.

천연이 아닌 합성 다이아몬드에는 수소, 메탄 등의 기체를 이용, 고온에서 플라스마와 같은 에너지로 합성하는 다결정의 기상합성 다이아몬드(chemical vapor deposition diamond)와 분말체를 적당한 형상으로 가압성형한 것을 가열해 서로 단단히 밀착하는 방식으로 합성하는 소결 다이아몬드(high-pressure high-temperature diamond) 등이 있다.

(2) 다이아몬드의 성질

실험적으로 잘 알려진 다이아몬드의 특성은 다음과 같다.

표 11.3 다이아몬드의 특성

다이아몬드의 특성
높은 기계적 강도(Hardness) = 90 GPa
실온 열전도도 = 2×10^2 W/m·k
실온 열팽창계수 = 1×10^{-6} k
광학적 투명도 = Deep violet – far infrared
음향전파속도 = 17.5 km/s
전기적 부도체(R = $10^{13}\ \Omega$cm), 불순물이 포함되면 5.4 eV의 밴드갭을 갖는 반도체가 됨
부식저항성
생체적합성

(3) 다이아몬드의 제조법

① 열역학적으로 안정한 제조법–HPHT & Natural Diamond: 실온과 대기압에서 흑연은 매우 안정한 반면 다이아몬드는 준안정(metastable)한 탄소동소체이다. 천연 다이아몬드의 탄생은 약 200 km의 깊이에서 70~80 kbar, 1,400~1,600℃의 온도와 압력

을 겪는 것으로 알려져 있고, 이는 열역학적으로 다이아몬드가 안정한 탄소상 다이어그램의 영역이다. 천연 다이아몬드는 제어되지 않은 여러 조건에서 자라기 때문에 그 구성과 성장이 매우 다르다. 1934년에 Robertson은 그들을 빛 흡수에 따라 Type I과 II를 나누었다. 대표적으로 Type I Diamond는 질소원자의 존재로 230 nm, 300 nm에서 IR을 흡수하는 것으로 알려져 있다.

첫 번째로 산업화된 인공 다이아몬드는 고온고압법(High Pressure High Temperature)으로 만들어졌다. 탄소가 풍부한 용융물로부터 열역학적으로 안정한 다이아몬드를 만드는 방법이며, 천연생성과정과는 다르게 철, 코발트, 니켈 등의 용매금속의 존재가 꼭 필요하다. 보통 이 방법으로 생성된 대부분의 다이아몬드는 Type Ib의 작은 조각들로 연마제 등에 이용되지만 Ti, Al, Zr 등 약간의 혼합물 첨가로 Type IIa 다이아몬드를 생성시키는 등 그 품질과 형태를 제어할 수 있다.

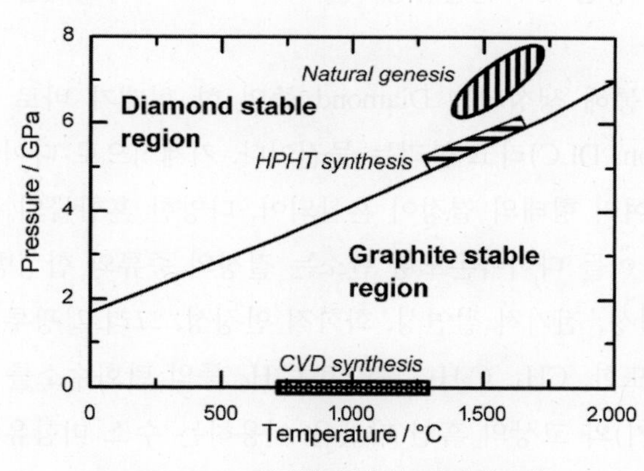

그림 11.10 안정한 탄소상 다이어그램

그림 11.11 고온고압기술로 합성한 여러 색깔의 인공 다이아몬드

② 준안정한 제조법－CVD: 화학기상증착법은 1952년에 처음 시행되었고 1980년대에 산업화된 방법이다. 흑연과 비교해 다이아몬드가 준안정한 지역에 놓이면, CVD 조건 아래 다이아몬드 제조는 열역학적이 아닌 운동론(kinetics)적으로 진행되는데, CVD에 의한 다이아몬드 제조는 보통 과잉수소 안에 있는 5% 이내의 적은 비율의 탄소원자를 이용해서 시행된다. 반응기 안에서 수소분자들이 2,000 K가 넘는 온도로 가열되면 수소원자의 분해가 일어난다. 가열은 arc-jet, hot filament, microwave plasma, DC arc, oxy-acetylene flame 등을 이용한다. 이때 적절한 기판재료 내에 다이아몬드가 증착된다.

CVD 방법에서는 원료기체의 불순물의 농도로부터 다이아몬드의 순도를 조절할 수 있으며 대면적의 다이아몬드를 얻을 수 있다는 장점이 있다. 보통 천연에서 얻어지는 단결정 보석 다이아몬드가 15 mm 정도라면, CVD로 얻어지는 다결정 다이아몬드 웨이퍼는 보통 100 mm가 넘는 디스크형태로 제조되며 박막 다이아몬드 코팅은 300 mm 차원을 넘는다. HPHT 방법이나 천연생성과는 다르게 CVD 다이아몬드는 형태를 가진 기판에도 잘 증착된다.

이 CVD 방법을 통해 생성되는 Diamond 중의 한 형태가 바로 다이아몬드상 탄소(Diamond-like carbon, DLC)라고 불리는 물질이다. 기계적으로 다이아몬드의 특성을 나타낼 뿐만 아니라, 여러 형태의 결정이 혼합되어, 다양한 혼합물의 특성을 나타내는 무정형 탄소재료이다. 이들 다이아몬드형 탄소는 결정의 종류와 합성방법에 따라 높은 경도와 내마모성, 윤활성, 전기적 절연성, 화학적 안정성, 그리고 광투과성 등의 물리화학적 특성을 가진다. 또한, CH_4, C_2H_2, 그리고 C_6H_6 등의 탄화수소를 이용하는 수소함유 DLC(ta: C-H로 표기)와 고상의 흑연 타겟을 이용하는 수소 미함유의 DLC(ta-C)로 크

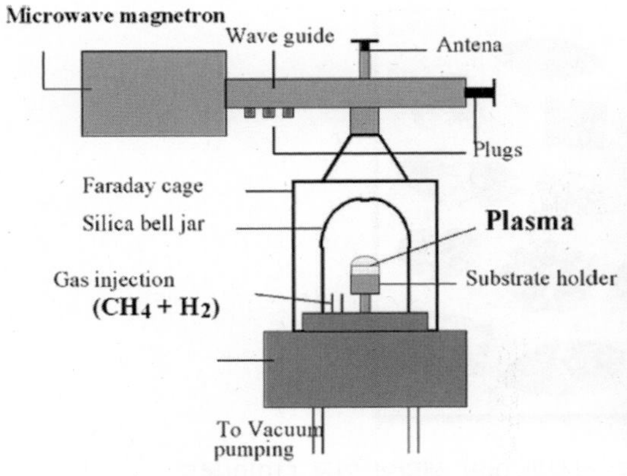

그림 11.12 CVD 반응기의 한 예

그림 11.13 CVD Diamond Film

그림 11.14 Diamond like Carbon

게 나누어진다.

일반적으로 다이아몬드상 탄소를 제조할 때는 PECVD, Ion Plating, Laser Ablation, Filtered Vacuum Arc 등의 장비가 사용된다. 합성온도가 비교적 낮아 상온합성이 가능하기 때문에, 사용 기판의 제약이 적기 때문에 종이, 고분자, 세라믹스 및 각종 금속 등 광범위한 재료에 코팅이 가능하여, 최근 이러한 DLC의 특성을 이용, 상업적 응용을 위한 연구가 활발히 진행 중이다.

3. 카본블랙

(1) 카본블랙의 종류

카본블랙의 역사는 인류가 처음으로 불을 사용하면서 시작되었다. 불을 피울 때에 생기는 숯검정을 고대 이집트와 중국에서는 파피루스(papyrus)와 죽간(竹簡)에 기록용의 흑색안료로 사용하였다. 색채분야에서부터 사용되기 시작한 카본블랙은 2세기에는 가내수공업의 한 종류로 출판산업에 자리매김하며, 이후 1892년에는 channel process와 1947년에는 oil furnace 방법으로 공장에서 대량생산되고 있다. 카본블랙은 액화 및 기화 탄화수소의 불완전연소 혹은 열분해를 통해 생산된 콜로이드입자 형태의 순수 탄소물질이다. 물리적인 외관은 검은색을 띠며 파우더나 펠렛 형태로 나누어진다. 이러한 카본블랙의 용도는 타이어 제조, 고무 및 플라스틱 첨가제, 잉크, 코팅재료 등으로 사용되며, 각 용도에 따라 카본블랙의 비표면적, 입자 크기, 구조, 전도성, 색깔 등의 물리적 특성이 결정된다. 전 세계적으로 1년에 8백만 톤이 생산되는데, 약 90% 이상이 고무첨가제용으로 사용되고, 9% 정도가 잉크용, 1%가 기타 특별용도로 사용된다.

(2) 분류

카본블랙은 용도와 제법 그리고 원료에 따라 분류하며, 제법에 따라 contact black, furnace black, thermal black, 그리고 lampblack으로 분류한다. 또한 원료에 따라서는 gas black, oil furnace black, naphthalene black, anthracene black, acetylene black, 송연, 유연 black, animal black 및 vegetable black 등으로 분류한다. 카본블랙의 11% 정도가 인쇄잉크를 비롯하여 흑색안료로 사용될 뿐이며, 85%가 고무용으로 쓰일 정도로 대표적인 고무첨가제이다. 또한 고무용 카본블랙은 grade별 특성에 따라 hard grade와 soft grade로 나뉘고, 각각 주로 타이어의 tread 부분과 carcass 부분에 사용된다.

(3) 카본블랙의 성질

대표적인 퍼니스 카본블랙(Furnace Carbon Black)의 성질을 표 11.4로 나타내었다.

대부분의 카본블랙 입자들은 연속적으로 연결되어 사슬이나 클러스터(cluster)를 이루며 뭉쳐 있고, 이 미세구조를 유지하며 분산되어 있다. 이러한 카본블랙의 독특한 미세구조에 대한 개념은 "단위결합체(aggregate)"라는 용어로 정의하고, 구형의 입자크기를

표 11.4 ICBA에서 출간된 카본블랙의 사용자 안내서에 나온 퍼니스 카본블랙의 성질

Formular Weight	12(as carbon)
Physical State	solid: powder or pellet
Flammable Limits(Vapor)	LEL: not applicable UEL: not applicable
Lower limit for explosion	50 (carbon black in air)
Minimum ignition temperature VDI 2263(German), BAM Furnace Godbert-Greenwald Furnace	>932°F (>500℃) >600°F (>315℃)
Minimum ignition energy	>10 J
Burn Velocity VDI 2263, EC Directive 84/449	>45 seconds: Not classifiable as "Highly Flammable"or"Easily Ignitable"
Flammability Classification(OSHA)	Combustible Solid
Solubility	Water, Solvent Insoluble
Color	Black

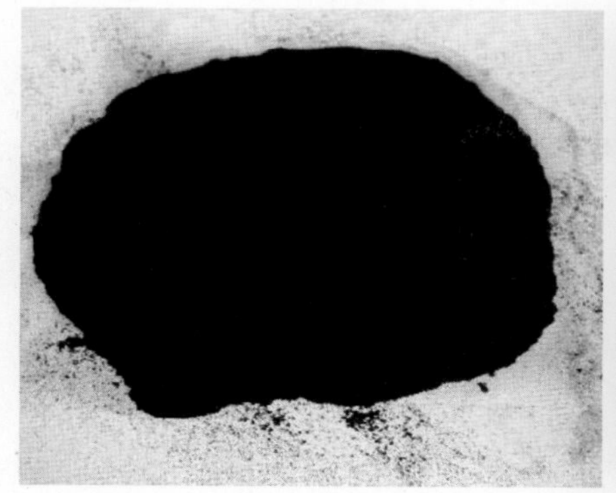

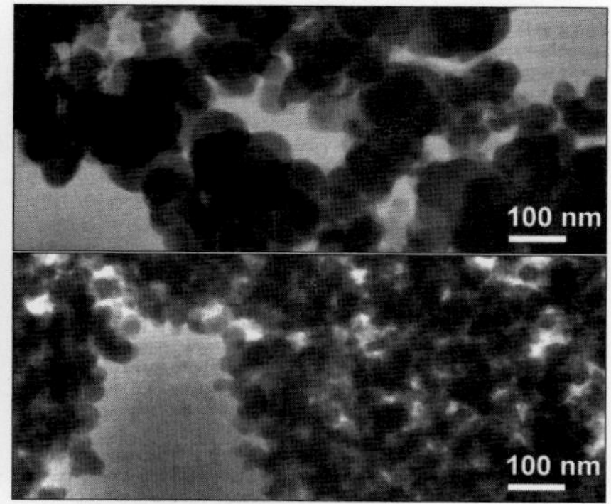

그림 11.15 카본블랙

"particle size"라고 하고, 단위결합체의 크기를 "structure"라 한다.

구형입자직경의 크기는 합성수지나 그 외의 물질과 혼합할 때 분산능력과 흑색을 내는 능력에 영향을 미치는 기본적인 물성이다. 일반적으로 작은 입자 크기를 가질수록 흑색이 짙어지나, 응집력이 강해져서 분산시키기가 어려워진다. 따라서 착색력은 감소하게 된다. 또한 입자경이 작으면 상대적으로 파장이 짧은 광선을 산란시키기 때문에 적색의 색조를 나타내게 되며 입자경이 크면 입도분포가 넓은 카본블랙은 상대적으로 장파장을 산란시키므로 청색의 색조를 발하게 된다.

입자 크기와 마찬가지로, 단위결합체의 크기 또한 카본블랙의 분산능력과 흑색을 내는 능력에 영향을 미친다. 보통 단위결합체의 크기가 커지면 분산시키기가 용이하나 흑색은 옅어진다. 특히 카본블랙 단위결합체의 크기가 커지면 우수한 전기전도성을 보인다. 구조가 적게 발달하면 카본블랙은 단위결합체(aggregate)의 밀도가 높고 단위결합체 간의 거리도 짧기 때문에 강한 분산에너지를 필요로 하게 된다. 따라서 높은 구조를 가지는 카본블랙은 입자 사이에 공극이 높아지기 때문에 흡습량이 높아지게 된다.

카본블랙의 표면화학적 특성은 카본블랙의 제법 및 화학적 처리에 의해 좌우되며, 크게 pH가 중성 혹은 약알칼리성인 휘발분이 높은 카본블랙과 pH가 산성인 휘발분이 적은 카본블랙으로 구분된다. 일반적으로 고휘발분의 카본블랙은 분산성이 양호하며 적색의 색조를 띠는 경향이 있으며 저휘발분의 카본블랙은 저장안정성이 우수하다. 그리고 카본블랙의 작용기의 종류와 양에 따라 카본블랙과 잉크나 페인트 바니시의 친화력이 변한다. 산화처리를 한 카본블랙은 표면에 하이드록시기가 많아서 프린트 잉크나 바니시와의 친화성이 증대되고, 우수한 분산도를 보인다.

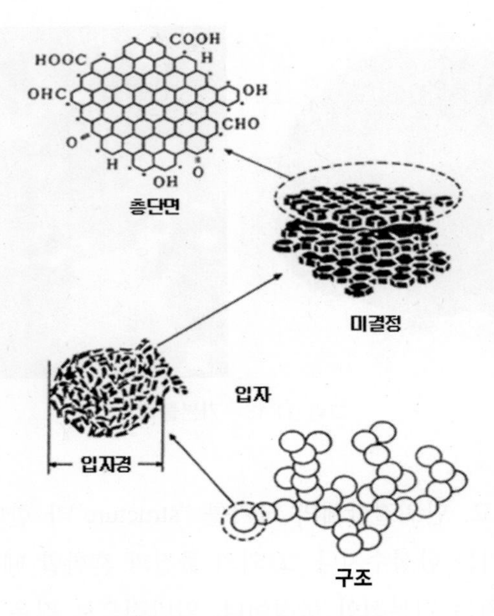

그림 11.16 카본블랙의 구조

(4) 카본블랙의 제조법

① 열분해 방법: 서멀 블랙 공정은 주로 메테인(메탄), 방향성 중유기체로 구성된 천연가스를 원료로 이용한다. 이 공정은 대략 5분마다 "공정 전 열처리"와 "카본블랙 생산" 기능을 교체할 수 있는 2개의 로(furnace)를 필요로 한다. 먼저 천연가스가 뜨거운 내열성 로에 주입되고 공기가 없는 환경에서 내열성 재료로부터 나온 열이 천연가스를 수소와 카본블랙으로 분해한다. 이후 에어로졸 재료 흐름이 물 스프레이로 냉각되고 bag house에 걸러진다. 존재하는 카본블랙은 불순물제거, 펠렛화, 선별 및 배송을 위한 포장과정을 거친다. 수소가 빠진 배출기체는 두 번째 로를 미리 열처리하기 위해 공기 내에서 태워진다.

② Channel 방법: 금속반응로에서 천연가스의 불완전연소반응을 통해, 반응로 외벽에 남게 되는 검댕을 모아 카본블랙을 생산하는 방법이다. 이렇게 생산된 카본블랙은 입자가 작고, 회분이 적은 고급 흑색안료로 사용될 수 있다. 하지만 이 방법은 최근 환경적인 이유로 이용되지 않고 있다.

③ Furnace 방법: 퍼니스 블랙 공정은 방향성 중유기체를 원료로 이용한다. 정밀하게 제어되는 온도와 압력에서, 생산로는 원료를 원자화할 수 있는 닫힌 반응기를 이용한다.

먼저 첫 번째 원료가 뜨거운 기체흐름에 도입된다. 이 흐름 안에서는 미세한 탄소입자를 형성하기 위해 기체상에서 원료가 기화 및 열분해된다. 대부분의 로 반응기에서는, 반응속도가 흐름 혹은 물 스프레이에 의해 좌우되며, 생산된 카본블랙은 반응기를 통해 운반 및 냉각되어 bag 필터에 연속적으로 수집된다. 로 반응기 내 여분의 기체는 일산화탄소나 수소 같은 여러 기체들을 포함하고 있다. 대부분의 퍼니스 블랙 공장에서는 이러한 여분의 기체 중 일부를 열이나 증기 및 전력생산에 이용하고 있다.

- Oil-furnace process: 방향족 액화탄화수소를 가열하면서 계속적으로 주입해 natural gas-fired furnace의 연소부분에서 탄화수소를 분해시켜 carbon black을 생성한다. 냉각수를 흘려 가스의 온도를 500℃ 이하로 냉각시켜서 크래킹되는 것을 막는다. 탄소입자를 반출하는 배기가스를 열교환기와 직접적인 냉각수 스프레이를 이용하여 230℃ 이하로 더 냉각시켜 준다. 그리고 카본블랙은 일반적으로 필터를 통해 가스와 분리되고, 입자의 응집이 이루어진다. 회수된 카본블랙은 가루로 부수거나 wet pelletizing을 통해 상품으로 완성한다. wet pelletizer에서 생긴 수분은 로터리 건조기를 통해 건조시키고, 건조된 카본블랙은 저장고로 운반된다. 공급되는 성분과 생성된 카본블랙의 등급에 따라 이 프로세스의 수율은 35~65% 정도에 달한다. furnace process의 설계구조와 운전조건에 따라 카본블랙의 입자 사이즈와 물리적, 화학적 특성들이 결정되며, 일반적으로 큰 입자 사이즈의 카본블랙의 수율이 제일 높다.

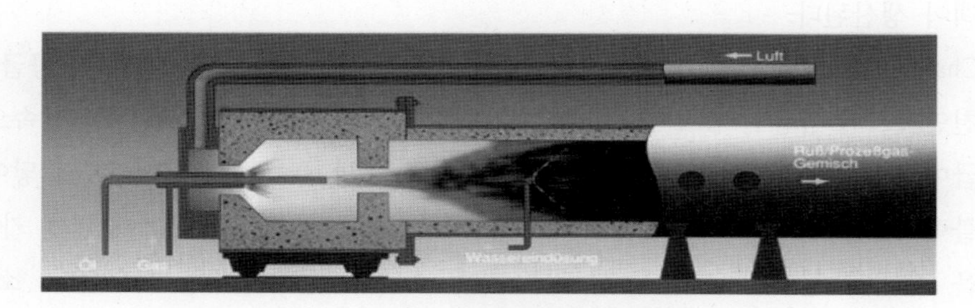

그림 11.17 Oil-furnace process 방법

- Lampblack process: lampblack 공정은 카본블랙의 공정 중 가장 오래된 프로세스의 하나로 꼽힌다. 고대부터 잉크제조뿐만 아니라 벽화에 사용되는 페인트에 사용되는

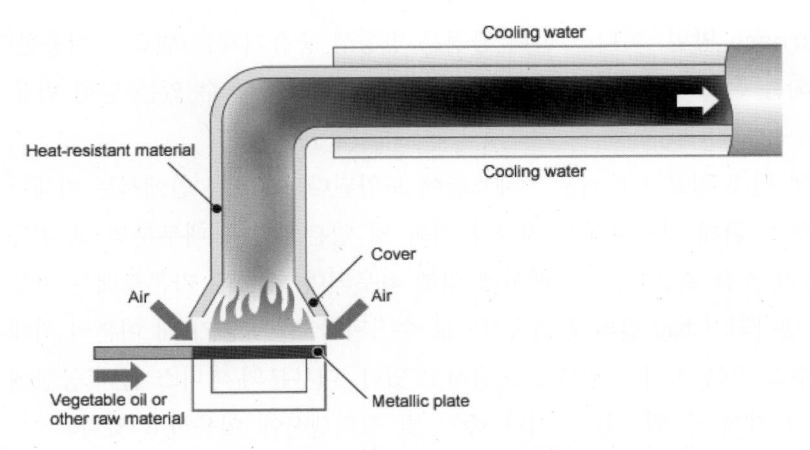

그림 11.18 Lampblack process 방법

카본블랙의 상당한 양이 lampblack 공정을 통해 생산되었다. 건축가인 마르쿠스 비트리 비우스 리오는 이미 소나무의 송진을 이용하여 lampblack의 제조방법을 기술하기도 하였다. 이 공정의 주된 특징은 공기유입을 제한하면서 레진(resin)을 태우고, chamber 벽면에 붙은 lampblack을 회수하는 것으로 수 세기에 걸쳐 계속되어 왔다. lampblack 공정은 산소존재 하에 열분해되는 프로세스이며 매우 간단하다. lampblack의 주공급원은 coal tar에 기초한 방향족 오일이다.

Lampblack 장치는 원료를 공급하는 금속판과, lampblack이 수집되는 내열 후드로 이루어져 있다. 그리고 금속판과 후드 사이에 공간이 있어 공기가 침투할 수 있다. 이 공간으로 침투하는 공기유입량을 조절함으로써 카본블랙의 질을 조절할 수 있다. 후드로부터 생성되는 복사열이 원료를 기화시키며, 부분적으로 연소하여 램프블랙이 생산된다.

- Channel black process: Channel black 공정은 열린 계(open system)이며 공급원으로 천연가스가 사용된다. 천연가스가 세라믹관을 통해 수천 개의 작은 화염 속으로 공급이 되고 이 화염이 냉각수에 의해 냉각되는 철제 channel의 아랫부분에 닿아 카본블랙이 생성된다는 데에서 channel black이라 명명되었다. channel에 쌓인 카본블랙을 떼내어 깔때기 모양의 통로를 지나 스크류 컨베이어에 회수한다. 소위"hot house"라고 불리는 Channel black 생산공장은 수 km에 걸친 카본블랙 구름을 만들어 낸다. 이와 같은 단점과 고작 5%의 수율 때문에 channel black 공정은 비경제적이라고 말할 수 있다.

  channel black 공정은 역사적으로, 매우 중요한 역할을 했다. Channel black을 고무

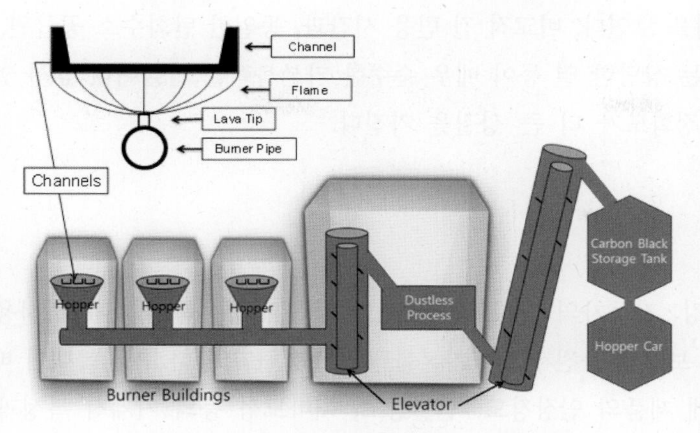

그림 11.19 Channel black process 방법

에 사용하여 보강효과가 밝혀진 이후에 lampblack보다 훨씬 그 성능이 뛰어났기 때문에 주로 타이어 tread에 사용되었다.

- Thermal black process: thermal black 공정은 산소가 없는 상태에서의 열분해와 닫힌 계(closed system)에서 작동하는 것을 기본으로 한다. 이 공정의 특징은 순환공정이라는 것이다. 반응기의 모양이 수직이며 내부의 표면적을 높이기 위해 격자판의 구조를 가진 내화벽돌로 이루어져 있어 반응기의 가열과 열분해의 순환이 매 5분에서 8분마다 이루어진다.

  가열되는 동안, 설정해놓은 온도에 도달할 때까지 연료를 반응기 안에서 공기 중에 연소시킨다. 그리고 나서 공기유입과 배출을 중단하고 공급원으로 계속적으로 유입해 주며 열분해순환이 시작된다. 뜨거운 반응기 내부의 표면에서, 공급원이 카본블랙과 수소로 분해된다. Thermal black 공정은 비교적 낮은 온도와 긴 시간 동안 이루어지기 때문에 입자가 느리고 성장하여 입자크기가 크고 실 모양의 구조를 가지는 경향이 있다.

- Acetylene black process: acetylene black은 Thermal black과 마찬가지로 막힌 반응기 안에서 산소 없이 열분해 공정에 의해 생산된다. Thermal black의 생성반응은 흡열반응인데 비하여, acetylene black은 열적으로 불안정하고, 발열반응에 의해 수소와 카본블랙으로 분리된다. 생성된 열을 방출하기 위해 냉각시키는 원통형의 반응기가 필수적이다. acetylene을 연소시키면서 반응기를 가열시킨 후 공기유입이 되면 카본블랙이 형성되지 않는다. 이 반응은 공급원의 유입이 차단될 때까지 계속된다.

  Acetylene black의 반응조건과 특이한 공급원의 성질 때문에 이 밖의 카본블랙과는 다른 점을 보인다. 비교적 긴 반응 시간과, 동일한 탄화수소 공급원, 그리고 반응 시 발생되는 상당한 열 등이 매우 순수한 카본블랙을 만들어내 앞서 언급한 카본블랙보다 결정화도가 더 큰 성질을 가진다.

(5) 응용분야

① 고무 보강: 자동차의 타이어를 비롯한 각종 산업용품의 소재로 사용되는 고무는 대부분의 경우 보강성 충전제로서 카본블랙을 포함하고 있다. 카본블랙이 배합된 고무제품은 가황 후에 제품의 인장강도, 인열강도, 내마모성 등의 기계적 특성과 경도, 강도, 반발탄성, 내탄성변화율이 높을 뿐만 아니라 내유성, 내약품성, 내수성 등도 좋다. 반면 가황 전 반제품에서는 미가황 고무의 강도를 높여 치수안정성을 높이고 반제품의 점도를 조절할 수 있어 가공성을 개선시킬 수 있다. 그리고 충진제로서 고무배합물의 단가를 인하시키는데 핵심적 역할을 해주고 있기 때문에 카본블랙에 대한 연구가 매우 다방면으로 진행되고 있다.

타이어에 사용된 카본블랙이 고무분자와 결합하여 내열성, 내마모성, 강성, 내노화성 등을 증대시킨다. 타이어의 검은색과 강도는 직결된다. 자동차의 안전을 책임지는 타이어에 있어 내구성은 무엇보다도 중요한 성질이며, 그만큼 내구성을 높여주는 카본블랙의 역할도 중요하다.

② 플라스틱에 적용: 흑색착색용으로는 일반적으로 3% 이내로 사용하는 것이 적당하며, 회색이나 조색용으로 미량을 투입하는 경우도 있다. 일반적으로 입자경이 작은 카본

그림 11.20 카본블랙이 첨가된 타이어

블랙이 흑색도가 높아 효율이 좋다. 그러나 너무 작을 경우 분산에 문제가 있으므로 오히려 흑색이 떨어지는 경우가 있으며, 그 한계는 보통 20 μm인 것으로 알려져 있다. 카본블랙을 안료로 사용 시 반드시 고려되어야 하는 부분이 색조인데 입자경이 작은 카본블랙은 적색을 띠게 되며, 단위결합체 간의 거리가 짧기 때문에 입자경이 큰 카본블랙은 청색을 띠게 된다.

카본블랙이 자외선영역을 포함한 광범위의 파장에 대해 흡광성이 크며, 입자경 20 μm 정도의 입자를 2~4% 정도 잘 분산시키면 높은 광안정성을 가지게 된다. 일반적으로 입자경이 작으면 표면적이 크므로 효과적으로 자외선을 산란시키거나 1차구조가 작아지기 때문에 후방산란효과가 감소되어 악영향을 미치기도 한다.

카본블랙이 도전성을 부여하는 도전기구로는 카본블랙입자가 연쇄구조를 형성, 이 연쇄를 통하여 p 전자가 이동한다는 도전통로설 및 카본블랙 입자 간에 p 전자가 점프하여 도전된다는 터널효과설, 카본블랙 입자 간의 높은 전계강도에 의해 도전성을 나타낸다는 전계방사설 등이 제안되고 있다. 일반적으로 도전성으로 사용되는 카본블랙은 2차구조가 고도로 발달되어야 하며 단위 부피당 입자수가 많아야 하므로 입자경이 작고 표면적이 크며 공극률이 높을수록 유리하다. 또한 관능기가 적어 p 전자를 트랩할 가능성이 적어야 하며, p 전자를 쉽게 형성할 수 있도록 결정화가 충분히 진행되어야 적당하다.

입자경이 큰 카본블랙을 사용하면 기계적 물성이 향상되며, 입자경이 크며 2차구조가 발달하고 공극률이 낮은 카본블랙을 사용하며 열전도도를 향상시키기도 한다. 또한 산화억제촉매나 하이드로카본의 이형촉매, 비닐컴파운드의 중합촉매로 사용되기도 한다.

③ 안료 및 도료: 착색제용 카본블랙 중 가장 많이 소모되는 것은 신문잉크를 선두로 한 인쇄분야로서 다른 유기안료와 비교하면 광학적 성질, 화학적 안정성이 우수한 반면, 흐름성이 나쁜 결점을 가지고 있지만 비용이 저렴한 장점으로 인하여 요철판, 평판, 스크린 등 각종 인쇄잉크에 사용되고 있다. 카본블랙의 비표면적이 크면, 다시 말해 카본블랙의 지름이 작으면, 흑색도나 착색력은 향상되지만 분산성이나 유동성이 쉽게 노화되기 때문에 통상 약 20~50 nm 정도의 입자지름이 사용된다.

도료로서의 용도는 유성도료, 수성도료, 라커, 에나멜 등의 안료로 사용되고 있으며, 다른 안료와 비교하여 내후성이나 흑색도, 착색력이 우수하고 가격 또한 저렴하여 필수적으로 사용되는 중요한 안료이다. 특히 칠흑성을 요구하는 자동차용 등 고급도료용으로는 작은 입자 지름, 높은 비표면적, 높은 휘발성이 요구되며, 종래부터 채널블랙이 사

그림 11.21 카본블랙이 첨가된 잉크

용되어 왔지만, 최근에는 퍼니스블랙으로도 입자지름이 약 10 nm, 휘발분이 약 10%인 카본블랙이 사용되고 있다[28].

4. 활성탄

(1) 개요

활성탄(activated carbon)이란 표면에 다양한 크기의 미세기공들을 만들어 단위무게당 표면적을 매우 높게 만든 기능성 탄소재료이다. 이러한 다공성 활성탄은 식품 및 정밀화학산업에서 탈색 및 탈취제로, 혹은 촉매의 담체, 용제의 회수, 폐수 및 배기가스의 정화 등의 흡착제 용도로 다양하게 응용되어 왔다. 일반적으로 크기에 따라 활성탄의 종류를 나누는데, 미립자형 활성탄은 일반적으로 크기가 1 mm 이하의 분말활성탄을 말한다. 미립자분말로 만드는 이유는 흡착속도를 높이기 위해서인데, 표면적이 넓은 다공성의 활성탄의 크기가 작을수록 흡착물질의 분산거리가 짧아지기 때문이다. 분말활성탄은 흡착속도가 빠른 반면, 많은 양을 처리하기 위해서는 압력 등의 에너지비용이 높아진다. 그래서, 흡착물질의 분산속도가 빠른 기체, 수처리, 용액의 탈색 및 탈취 등에는 미립자분말보다는 주로 과립형 활성탄이 사용된다. 과립형 활성탄의 기준은 50 mesh(0.297 mm)의 체를 기준으로 한다. 이 외에도 성형활성탄, 구슬형활성탄, 섬유형활성탄 등 고분자, 섬유, 세라믹, 금속 등과 다양한 구조와 형태로 혼합된 활성탄이 사용되고 있다. 특히, 생체의 피에서 불순물을 제거하기 위해 사용되는 활성탄은 생체적합재료를 코팅하여 사용되기도 하고, 공기의 오염을 제거하고, 항균 및 제균 필터링 흡착을 위해서는 은, 아이오딘[요오드]과 같은 무기물을 활성탄과 혼합하여 사용하기도 한다. 또한, 최근에 부각되고 있는 활성탄소섬유는 흡착 및 필터의 역할을 동시에 수행할 수 있도록 제조되어 광범위하게 사용되고 있다.

약 1 g의 활성탄은 최소 500~1,500 m^2의 표면적을 가지고 있다. 넓은 비표면적과 더불어 흡착제로서 중요한 인자는 세공의 구조이다. 평탄한 면에 비해, 세공 내에서는 표면과 분자의 상호작용이 증가되고, 이러한 기작으로 활성탄의 세공에 물질의 흡착이 일어나기 때문이다. 따라서, 활성탄의 성질은 세공의 구조, 크기, 분포, 비표면적, 세공용량 등에 따라 크게 달라지게 된다. 활성탄의 세공은 일반적으로 그 크기에 따라, 마이크로(micro－), 메소(meso－), 매크로(macro－) 기공 등으로 분류할 수 있다. 또는, 기공의 근원에 따라, 표면구조 및 형태에 따라 분류하기도 한다.

활성탄(Activated carbon)은 입자크기에 따라 분말활성탄과 입상활성탄으로 분류되며 탈색, 탈취, 용제회수, 상수 및 폐수처리용 등으로 전 산업영역에서 광범위하게 사용되고 있다. 이들 분말과 입상활성탄에 대하여 간략히 서술하면 다음과 같다.

① 분말활성탄: 원료는 톱밥과 석탄이며 400~700℃에서 타르 및 휘발분을 제거하여 탄화시키고, 900~1,200℃의 유동활성로에서 수증기, 공기 등과 같은 산화성 가스로 활성화시켜 용도에 따라 수분, pH, 입도, 탈색력 등을 조절하여 제조한다. 주로 탈색, 탈취상수 및 폐수의 처리, 수율 및 순도향상 등에 사용된다.

그림 11.22 분말활성탄

표 11.5 세공의 분류

세공의 크기에 의한 분류	Micropore	Ultramicropore	<0.7 nm
		Supermicropore	0.7~2.0 nm
	Mesopore		2.0~50 nm
	Macropore		> 50 nm
근원에 의한 분류	입자간세공		결정체에 존재하는 것
	고유세공		결정체 구조로부터 비롯된 것
	외부세공		이질성 물질의 도핑에 의해 유발된 것
	분자세공		원시적 미립자의 응집에 의한 형성

② 입상활성탄: 원료는 야자껍질, 갈탄, 무연탄, 역청탄 등이며 400~700℃에서 타르 및 휘발분을 제거하여 탄화시키고 900~1200℃의 회전로에서 수증기, 공기 등과 같은 산화성 가스로 활성화시켜 입자크기별로 선별하여 제조, 주로 공기정화, 상수 및 폐수처리, 초순수처리 등에 사용된다.

그림 11.23 입상활성탄

(2) 활성탄의 제조법

① 전통적 제조법: 활성탄은 그림 11.24와 같이 표면에 다양한 크기의 세공을 가지고 있다. 활성탄은 탄화수소로 된 유기물을 고온에서 탄화시키고, 탄화된 표면에 기공을 활성화하여 제조한다. 통상, 유기물을 고온처리하면 흑연결정이 되는데, 흑연결정이 형성되기 이전의 전이단계에는 기상, 액상, 고상탄소와 무정형부터 불완전한 흑연결정까지 다양한 종류의 탄소구조가 존재하게 된다. 활성탄제조에는 이러한 전이단계의 탄소를 이용하는데, 이 공정을 탄화라고 한다. 약 600~900℃의 온도와 산소가 없는 불활성기체 조건의 반응공정이다. 이러한 탄화공정 후에, 다공성처리를 위해 표면활성화공정을 거친다. 활성화공정은 물리적 기상방법과 화학적 액상반응방법이 있다. 먼저, 물리적 방법은 탄화공정을 거친 탄소재료에 이산화탄소, 수증기, 산소와 같은 산화성기체를 넣고 약 600~1,200℃로 처리하여 표면을 친수, 다공성, 활성화시켜 제조한다. 활성화기작은 다음과 같다. 전이단계에서 남아있던 미조직된 탄화물이 산화성기체와 반응되어 제거되며, 동시에 탄소 구조 내에 갇혀 있던 무수한 공극들의 입구가 개방되어 표면적이 급속히 증가되는 과정과 계속적으로 미세한 공극들이 형성되고 성장해서 meso 공극 및 macro 공극으로 조직화 성장되는 과정을 포함한다.

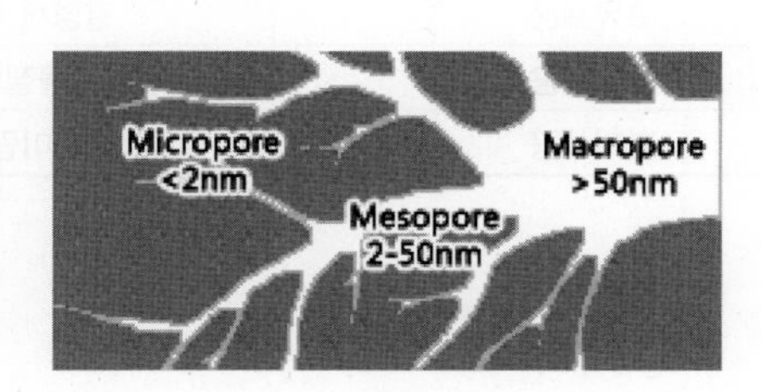

그림 11.24 활성탄의 표면세공 구조

- 탄소와 수증기의 반응: C + H_2O → CO+H_2
- 탄소와 이산화탄소의 반응: C + CO_2 → 2CO
- 탄소와 공기의 반응: C + O_2 → CO_2

화학적 액상반응법은 KOH, Na_2CO_3, NaOH, $ZnCl_2$, $MgCl_2$, H_3PO_4 등의 산, 염기 등의 반응성화합물을 사용하여, 비교적 낮은 탄화온도인 450~900℃의 온도에서 침식 산화반응을 통해 비조직화된 탄소를 제거하여 활성탄의 미세기공과 표면의 활성화를 동시에 얻는 방법이다. 일반적으로 물리적 기상반응보다 공정시간이 짧아서 널리 이용되는 방법이다.

② 새로운 제조방법

- 졸-겔법(Sol-Gel Method): 벤젠의 핵에 수산기가 결합한 페놀인 레조르시놀과 포름알데히드를 무기 실리카졸 입자들의 존재 하에서 중합시킨 후 탄화과정과 HF 식각, 세정 및 정제과정을 거치면 다공성 탄소나노구조체가 얻어진다. 비록 불규칙적이고, 세공과 세공 간의 내부연결은 되지 않지만 제조하기 쉬운 장점이 있으며, 비교적 높은 표면적과 세공부피를 얻을 수 있다. 그림 11.25에 졸-겔 공정에 대하여 그림으로 나타내었다.
- 평판합성법(template method): 이 방법은 균일한 세공을 얻고자 할 때 사용하는 방

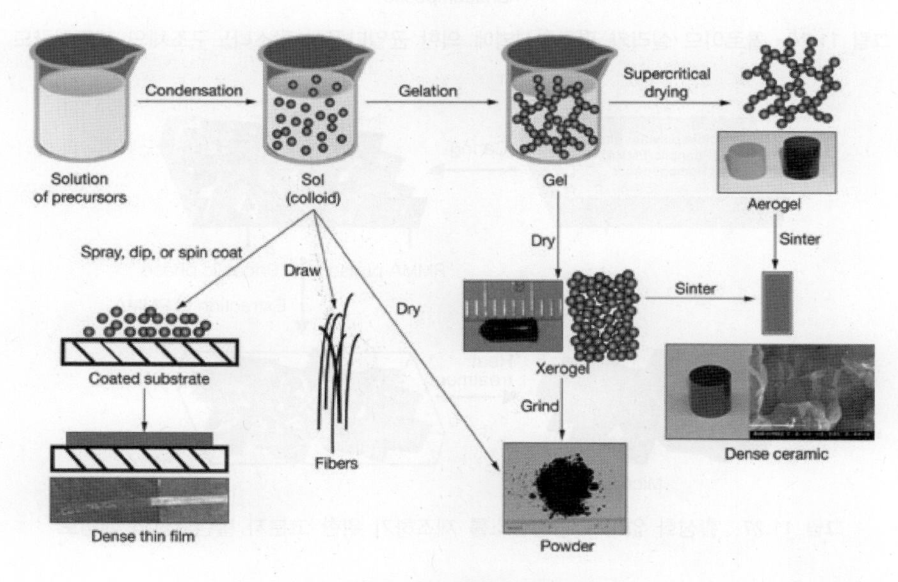

그림 11.25 졸-겔법의 공정개략도

법으로, 수백 나노 크기의 콜로이드입자를 특정한 형태의 결정구조로 배열시켜서 콜로이드틀을 만들어 그 사이에 나노입자나 무기전구체를 넣어 반응시킨다. 그 후에 열을 가하거나 콜로이드를 녹일 수 있는 용제(solvent)를 이용하여 초기 콜로이드틀을 제거함으로써 수백 나노의 기공이 규칙적으로 배열된 구조재료를 만드는 데 사용할 수 있다[10].

- 고분자 블랜드법: 고분자 블랜드법은 다른 고분자를 혼합하여 고분자의 특성을 증가시키기 위한 방법이다[11]. 다공성탄소를 제조하기 위한 고분자 블랜드법의 개념도를 그림 11.27에 나타내었다.

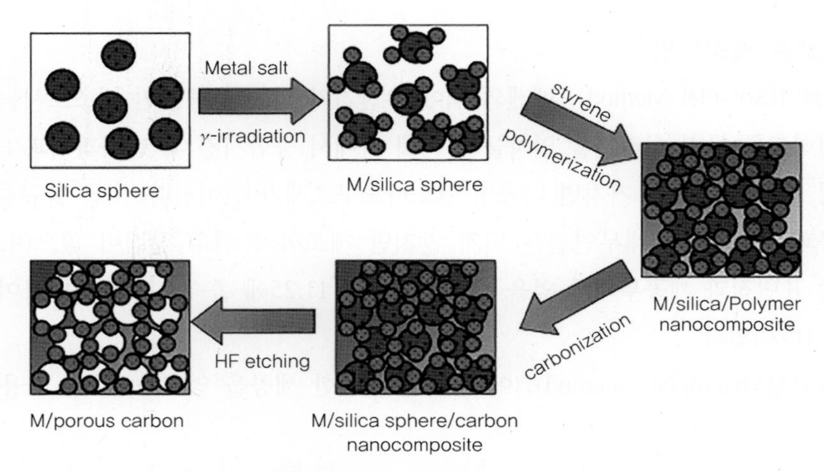

그림 11.26 콜로이드 실리카 평판합성법에 의한 균일다공성 탄소나노구조체의 제조개략도

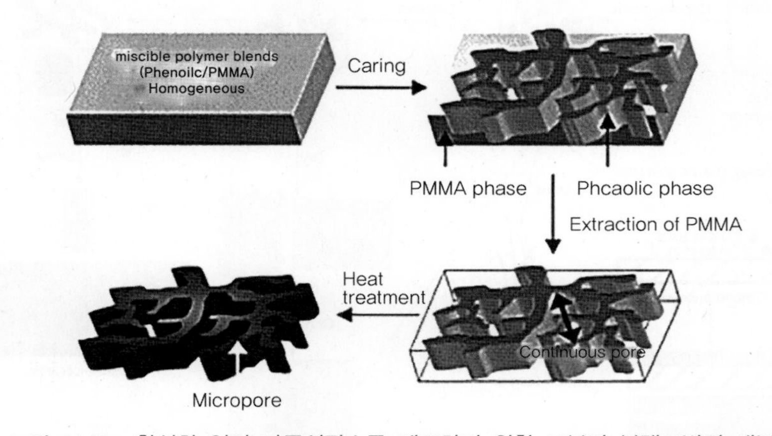

그림 11.27 활성화 없이 다공성탄소를 제조하기 위한 고분자 블랜드법의 개념도

(3) 응용분야

① 정제(purification): 불필요한 성분을 활성탄에 의해 흡착·제거하고 필요한 성분 물질의 순도와 가치를 높이는 조작이다.

- 기체정제: 여러 형태(파쇄상, 섬유 혹은 직포)의 활성탄으로 단일흡착탑에서 오염가스를 매우 낮은 농도까지 감소시키기 위해 사용되며, 다른 제거방법과 함께 사용될 때는 최종정제단계에 적용된다. 활성탄에 사용되는 실제공정들은 악취가스로부터 H_2S의 제거, 연소가스로부터 탈 SO_x 및 NO_x, 가스분리(공업적 폐가스로부터 가치 있는 성분의 재생이나, 공기로부터 활성탄의 우선적 산소 흡착성능에 의한 질소의 분리), 휘발유 취급시설에서 휘발유 증기회수, 기포가스에서 CH_2ClF의 회수, 공조시스템, 공기로부터 Hg 증기의 제거, 수소와 다른 가스흐름, 담배필터, 군용(활성탄을 미리 함침하여), 핵사용, 자동차 증발제어 시스템, 수소 혹은 자연가스 저장 등이다.
  증가하는 대기오염을 규제하는 강한 환경관련법이 활성탄에 의한 가스정제 수요를 증가시키고 있다.
- 액체정제: 식품과 음료수공장이 생산품으로부터 색과 냄새의 원인이 되는 오염물질을 제거하기 위해 활성탄을 사용한다. 응용은 과일주스, 꿀, 설탕, 조미료, 식물성 기름과 지방, 알코올, 음료수, 소프트 드링크, 효소 사과 시럽 등을 포함한다. 이런 용도에 대한 활성탄 사용은 선진국 등에서 규조토나 벤토나이트 같은 저렴한 물질로부터 개발한 신기술에 의해 약간 감소한 적도 있지만 꾸준히 증가하고 있다.

표 11.6 활성탄의 응용분야

대기		수질	
업종	용도	업종	용도
전매사업	담배 filter용	식품	탈색, 탈취 결정성 향상
자동차공업	자동차	주류음료	탈색, 탈취, 현탁물질제거
음 료	가스정제	의 약	제고탈색, 탈취 및 순도향상
석유화학	용제회수, 정제분리	석유화학	탈색, 탈취, 탈유황, 용제회수
의약제조	독가스제거(배기)	금속공업	도금액의 지방제거, 금 회수
기 타	공기정화, 유분제거	기 타	정/폐수처리 및 세탁액 정제

② 선택적 포집 또는 회수(selective collection & recovery): 몇 개의 성분이 혼합

되어 있는 다성분계로부터 가치 있는 성분만 활성탄에 의해 선택적으로 분리 흡착하고 다시 탈착시킴으로써 가치 있는 성분을 농축, 회수하는 조작이 용매회수이다.

공기흐름으로부터 용매증기회수의 주된 공업적 방법은 활성탄에 의한 흡착이다. 이 방법은 수용성용매에 응용할 수 있는 물세척기 이상의 장점이 있다. 또한 공기의 용매함량을 가능한 한 낮은 수준으로 감소할 수 있는 응축 이상의 장점이 있다. 활성탄 회수시스템은 페인트, 석유화학, 인쇄, 고무, 합성섬유, 종이접착제에 사용된다. 활성탄에 의해 회수된 대표적인 용매는 아세톤, 벤젠, 에탄올, 에틸에텔, 펜탄, CH_3Cl, CF_4, 톨루엔, xylene, 염소화탄수화물 및 방향족이다. 다른 중요한 용도는 셀룰로오스 방사와 필름생산으로부터 아세톤의 회수이다. 매 kg 초산염 혹은 아리아세테이트에 의해 경제적으로 3 kg 혹은 4 kg 초산과 용매를 회수해야만 한다.

③ 분별(fractionation): 활성탄의 흡착성을 이용하여 혼합물을 몇 개의 성분으로 분별흡착해서 각 성분의 이용가치를 높이는 조작이다. 정제는 흡착대상이 저농도일 경우에 많이 이용되며, 포화된 활성탄을 재생사용하고 포집 또는 분별은 정제와 달리 포집한 성분 중 부가가치가 높은 성분을 회수하기 위한 장치가 필수적이다.

5. 탄소섬유

(1) 역사

탄소섬유(Carbon fibers)의 최초 발명은 발명왕 에디슨(Thomas A. Edison)이 1880년 천연 셀룰로오스를 출발 원료로 사용한 것으로 시작한다. 탄소섬유는 내열성, 내충격성, 내화학약품성, 항미생물성 등이 뛰어나고 알루미늄보다 가벼우면서도 철에 비해 강한 탄성과 강도를 가지고 있어, 1950년대 미국과 소련의 우주개발경쟁에 힘입어 본격적으로 개발되기 시작하였다. 1970년대 1차석유위기 때 일어난 골프업계의 블랙 샤프트 붐을 시작으로 테니스 라켓, 낚싯대, 보트 등의 스포츠 레저 분야에서 착실하게 상품화되었다. 그리고 1970년대 후반에 시작된 항공기분야의 탄소섬유 활용증대로 본격화된 제2의 비약시기를 가지게 되었다. 최근에는 탄소섬유의 경량, 고강도 특성을 살릴 수 있는 착실한 용도개발의 노력에 힘입어서 토목 · 건축 분야(건재, 콘크리트 구조물 · 내진 보강 등), 대체에너지 · 클린에너지 분야(CNG 탱크, 풍력 발전용 블레이드, 원심분리 로터, 플라이 호일 등), 선박, 차량 등의 고속운송기기 분야, 해양개발 · 심해저 유전채굴 분야,

표 11.7 탄소섬유의 역사

연도	내용
1958	미 National carbon사 레이온계 탄소섬유 개발, 특허출원
1959	오사카 공업시험소 進藤 박사: PAN계 탄소섬유 제조방법 개발(세계 최초), 특허출원
1965	일본 群馬大學 오다니 교수: 피치계 탄소섬유 개발
1967	영국 롤스로이스사: 제트엔진에 탄소섬유 채용 발표
1971	일본 Toray사 PAN계 탄소섬유 제조(생산능력 12톤/년)
1976	피치계 탄소섬유 공업생산, 미 에너지절약형 항공기개발계획 스타트(탄소섬유 채용)
1984	자동차차체 완전복합화
1986	제철화학(현 OCI): 콜타르 기반 탄소섬유 개발
2000	나노테크닉스: 피치계 활성탄소섬유 생산
2012	태광산업: PAN계 탄소섬유 생산
2013	효성: PAN계 탄소섬유 생산

기기의 고성능화, 의료복지기기, 전기전도 용도, 초내열용도 등의 다양한 산업분야에 대한 적용이 활발히 이루어지고 있다.

(2) 탄소섬유의 정의

탄소섬유(Carbon Fiber, CF)란 일반적으로 폴리아크릴로니트릴(Polyacrylonitrile, PAN) 수지, 석탄·석유 피치 등을 섬유화한 후, 특수한 열처리 공정을 거쳐 만든 미세한 흑연 결정구조를 가진 섬유상의 탄소물질을 말한다.

국제표준화기구(International Organization for Standardization, ISO)가 1978년에 개정한 ISO-2078(Man-made fibers-Generic names)에서는 "유기섬유전구체를 가열하여 얻은 탄소함유율이 90% 이상인 섬유"라고 정의하였고, IUPAC의 탄소용어 및 정의제정국제위원회에서 1986년 7월에 제정한 안에 의하면 "탄소섬유는 유기섬유전구체의 소성에 의하여 만들어지거나 특수한 경우에는 탄화수소의 기상 성장에 의하여 만들어지는 것으로, 92% 이상의 탄소로 이루어진 비흑연(Non Graphite) 상태의 섬유(Filament, Yarn, Roving)"라고 정의하였다.

(3) 탄소섬유의 분류

① 탄소화 온도에 의한 분류

- 방염섬유(Fireproof fibers): 300~400℃ 내외의 온도로 처리한 탄소화 초기단계의 섬유로, 화학조성, 전기전도율 및 내열성 등의 면에서 탄소섬유 본래의 성질을 충분히 갖추지 못한다.
- 탄소섬유: 탄소화온도 800~1,500℃ 부근의 온도에서 가열처리한 섬유이다.
- 흑연섬유: 2,000℃ 이상의 온도에서 가열처리하여 흑연화한 탄소섬유이다.

② 원료에 의한 분류

- 레이온계 탄소섬유(Rayon based carbon fibers)
- PAN계 탄소섬유(PAN based carbon fibers)
- 등방성 · 이방성 pitch계 탄소섬유(Pitch based carbon fibers)
- 기상성장 탄소섬유(Gas phase grown carbon fibers or Vapour grown carbon fibers)

③ 관용적 분류

- 범용 탄소섬유(General Purpose Grade CF, GPCF): 인장강도 1,000 MPa, 인장탄성률 100 GPa 전후의 기계적 성질을 가지는 탄소섬유이다.
- 고성능 탄소섬유(High Performance Grade CF, HPCF): 범용 탄소섬유와 구별하여 기계적 특성이 고성능이라는 의미로 붙여진 이름으로 고강도(High Tensile, HT), 중탄성률 · 고강도(Intermediate, Modulus, IM), 고탄성률(High Modulus, HM)형으로 세분화된다.

(4) 탄소섬유의 형태

① 연속섬유

- 필라멘트사(Filament Yarn): 다수의 필라멘트로 구성된 실로서 꼬거나 꼬지 않은 실, 꼬았다가 푼 실 등이 있다. 특히, 많은 필라멘트로 구성된 섬유다발로서 꼬지 않은 것을 토우(tow)라고 한다.
- 스몰 토우(레귤러 토우) 및 라지 토우: 큰 필라멘트 수(48,000~320,000)의 다발을 통틀어 라지 토우라 하고, 종래의 생산품인 필라멘트 다발(1,000~12,000)을 스몰

토우 혹은 레귤러 토우라 부르고 있다. 스몰 토우는 탄소섬유의 표준품으로서 탄소섬유 상품개발의 모든 분야에 있어서 기본소재가 되고 있는데, 직물에는 가는 탄소섬유 토우가 적합하고, 인발성형이나 필라멘트와 인딩성형에는 굵은 탄소섬유 토우가 많이 사용되는 경향이 있다.

② 단섬유

- 촙파이버(Chopped Fiber): 탄소섬유의 이용형태 중에서, 필라멘트사 또는 토우를 일정길이(1~100 mm)로 절단한 형태의 탄소섬유를 촙파이버 또는 간단히 촙이라고 부른다.
- 분쇄섬유(Milled Fiber): 촙파이버 또는 필라멘트사를 분쇄하여 만든 분말상의 제품이다.

③ 직물류(fabric)

- 직물(Woven Fabric, Cloth): 탄소섬유 필라멘트사 또는 스테이플사를 이용해서 제직한 것으로서, 보통의 섬유직물과 마찬가지로 탄소섬유 직물을 제조할 수 있으며, 미리 제직한 전구체를 소성·탄소화하여 만들 수도 있다.
- 편조물(Braid): 편조물은 필라멘트사, 스테이플사를 관 모양으로 짠 것이다. 때로는 편조물 모양의 전구체물질을 소성하여 만든 것도 있다.
- 펠트(Felt): 촙파이버를 초지법 또는 건식법으로 가공한 부직의 무방향성 펠트와 미리 펠트화한 유기질전구체를 소성·탄소화한 펠트의 2종류가 있다. 두 종류 모두 섬유자신이 서로 뒤얽혀서 펠트 모양을 유지하고 있는 탄소섬유 100%의 제품으로 각각 다른 외관을 가지고 있다.
- 매트, 페이퍼(Mat, Paper): 펠트보다 더 얇은 것으로, 매트 및 종이가 있다. 매트는 촙파이버를 건식법으로 얇게 2차원으로 한 후 유기질 바인더를 이용해서 섬유를 가볍게 접착시킨 것으로, 페이퍼와 유사한 외관을 갖는 제품이다. 매트는 면 방향으로 자유도가 있기 때문에 평면뿐만 아니라 곡면에도 대응할 수 있는 특징을 가지고 있다.

(5) 탄소섬유의 특성

① **탄소섬유의 구조**: 흑연구조의 개략도에서는 탄소원자가 육각형의 꼭짓점에 위치하면서 탄소의 기본층(base plane)을 형성하고 이것이 c-축 방향으로 ABA 형태로 적층되면서 육방정계의 결정계를 형성한다. 그러나 탄소섬유의 경우에는 흑연과 달리 탄소층이 ABA 형태로 규칙적으로 적층되는 것이 아니라 c-축 방향으로 보면 일정한 규칙성을 찾기 어려운 난층구조(turbostratic structure)를 가지기 때문에 탄소층 간의 거리는 흑연보다 클 수 있으나, 이와 같은 구조이방성은 흑연의 역학적 성질이 그대로 반영되어 탄성률은 c-축 방향보다 a-축 방향에서 약 20배가 높다. 따라서, 탄소섬유의 경우에도 섬유축 방향으로 평행하게 배열된다면 길이방향으로 뛰어난 역학적 성질을 보이며, 고탄성률 탄소섬유의 생산공정에서 반드시 기본층을 섬유축 방향으로 배향시키는 과정이 반드시 포함되어야 한다.

② **탄소섬유의 화학조성**: 탄소섬유의 주성분은 탄소이다. 조성은 전구체물질의 종류와 소성조건에 따라서 변화하며, PAN계인 경우 탄소섬유는 탄소함유율이 93~98%, 흑연섬유(GrF)는 99% 이상이다. 탄소섬유의 제2성분은 질소이며, 4~7%가 피리미딘 고리구조로 존재한다. 질소함유율은 소성도가 높아질수록 낮고, 흑연섬유는 0.5% 이하이다.

피치계는 전구체물질인 피치섬유 자체의 탄소함유율이 90% 이상이며, 탄소섬유, 흑연섬유 모두 99% 이상 탄소로 구성된다. 레이온계인 경우에는 고강도, 고탄성률을 얻기 위해 2,000℃ 이상에서 연신하면서 열처리하여 흑연화하기 때문에 탄소함유율이 99% 이상이다.

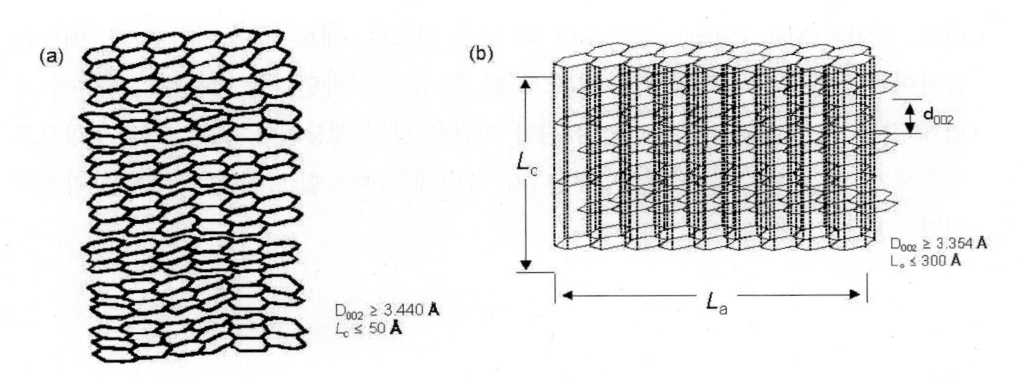

그림 11.28 Carbon turbostratic 구조(a)와 3-D graphite lattice(b)

③ 탄소섬유의 수분: 탄소섬유의 수분은 0.05% 이하이기 때문에 수분의 영향을 받지 않아 안정하며, 유리섬유나 아라미드 섬유를 사용하는 경우보다 뛰어난 내수성을 나타낸다.

④ 산화성: 공기 중에서는 350℃에서도 서서히 산화하여 질량감소와 강도저하가 일어난다. 산화는 소성온도가 높을수록 일어나기 어렵고, 탄소섬유에 비해 흑연섬유의 내산화성이 양호하다. 또한, 존재하는 Na, K, Ca, Mg 등의 금속은 촉매로서 작용하여 산화를 촉진한다. 산화방지에는 인계화합물이 효과적이다.

⑤ 기계적 성질: 탄소섬유의 인장강도, 인장탄성률은 다른 섬유에 비해 매우 높고 복합재료용 보강재로서 극히 우수하다. 탄소섬유는 다른 재료에서는 볼 수 없는 2,500℃, 불활성분위기 하에서도 강도가 유지되는 특징을 가지고 있다. 이렇게 뛰어난 기계적 특성의 원인으로는 탄소섬유의 기본적인 구조에 기인한 것으로 PAN계의 높은 인장강도는 리본상의 미세구조, 피치계 탄소섬유의 경우 도메인이 섬유축 방향으로 배열하였기 때문이다.

⑥ 열적 성질: 탄소섬유의 특성 중에서 주목할 만한 것은 열팽창 특성이 있다. 탄소섬유의 열팽창계수 측정값은 약 $-0.5 \sim -2.0 \times 10^{-6}$ K^{-1} 수준의 축 방향으로 음의 값을 갖는데, 이것의 의미는 온도가 상승될수록 길이가 짧아지게 된다는 것이다. 이러한 음의 열팽창계수는, 일반적으로 높은 결정성 정열구조와 관계가 되는데, 탄성계수가 높아질수록 열팽창계수는 음의 방향으로 더욱 작아지게 된다.

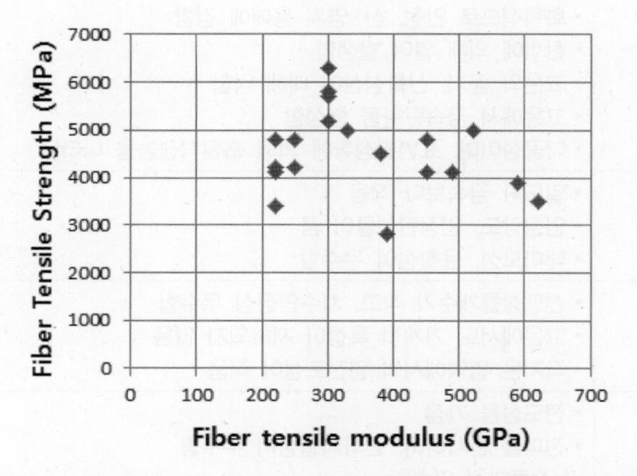

그림 11.29 일본 도레이사의 여러 탄소섬유의 기계적 물성비교

탄소섬유의 비열은 0.7~0.9 kJ/kgK(실온으로부터 70℃의 평균치)로 철, 알루미늄, 티탄합금의 0.5~1.0 kJ/kgK(실온으로부터 100℃)과 거의 동일하며, 플라스틱의 1.5~2.0 kJ/kgK의 약 1/2이다. 탄소섬유의 선팽창계수는 $-1 \sim +5 \times 10^{-6}$/K으로서 다른 재료에 비해 작으며, 마이너스값을 갖는 경우도 있다. 철, 티탄은 $9 \sim 12 \times 10^{-6}$/K, 알루미늄, 마그네슘 합금은 $20 \sim 25 \times 10^{-6}$/K이며, 나일론, 카보네이트는 $60 \sim 80 \times 10^{-6}$/K, 탄소섬유의 매트릭스로 이용되는 에폭시수지는 $45 \sim 65 \times 10^{-6}$/K를 나타낸다. 선팽창계수가 작다는 것은 온도변화에 대한 치수변화가 작다는 것을 의미하며, 주야의 온도차가 큰 우주공간에서 사용하는 부품(파라보라 안테나, 태양전지용 등)에 매우 적합한 재료이다.

⑦ 전기적, 전자기적 성질: 탄소섬유는 일반적으로 소성온도가 1,000℃ 이상일 때 전기전도성이 양호해진다. 시판되고 있는 탄소섬유는 체적저항률 $15 \sim 30 \times 10^{-4}\ \Omega \cdot$cm, 흑연섬유는 $5 \sim -8 \times 10^{-4}\ \Omega \cdot$cm이다. 체적저항률은 주변온도에도 의존해서 온도가 높아지면 작아진다.

탄소섬유가 전도성이기 때문에 플라스틱이나 고무에 첨가해서 전도성을 갖게 하거나 정전기 제거에도 사용되며, 통전에 의한 발열체에도 이용된다. 또한, 라디오파, 마이크

표 11.8 탄소섬유의 특성

분류	탄소섬유 특성
형태적 성질	• 가늘고 길며 잘 구부러짐 • 다양한 형태 가공성 우수함 • 매트릭스와 조합한 섬유보강재 제작가능함 • 섬유축방향과 직각방향은 이방성을 가짐
화학·물리적 성질	• 대부분 탄소원소로 구성되어 있음 • 불연성을 가짐 • 화학적으로 안정, 산·염기 용매에 강함 • 산화에 의해 열이 발생함 • 고온의 공기, 산화성산에 대해 약함 • 고온에서 금속탄화물 형성함 • 다공성이며, 표면활성화에 의해 흡탈착성능을 나타냄
기계적 성질	• 밀도가 금속보다 작음 • 인장강도, 인장탄성률이 큼 • 내마모성, 윤활성이 우수함
열적 성질	• 선팽창률계수가 작고, 치수안정성 우수함 • 고온에서도 기계적 특성이 저하되지 않음 • 극저온 영역에서의 열전도성이 작음
전기·전자적 성질	• 전도성을 가짐 • 전파를 반사하며, 전파시일성이 우수함 • X선투과성 양호함

로파 등을 반사하기 때문에 전자파 차단효과가 있다. 흑연섬유에 혼합하여 통신기기의 외장재 또는 자동차 보닛에 응용한다.

탄소섬유는 금속이나 유리섬유에 비해 X선의 투과성이 양호하다. 탄소섬유의 X선 흡수는 알루미늄이나 흑연섬유 등의 비교 재료의 1/10이며, 강도, 강성이 높기 때문에 인체의 X선검사용기기에 사용되어 피폭량감소에 공헌하고 있다.

⑧ **생물친화성**: 탄소섬유가 미생물친화성을 갖는 것이 발견되어 물의 정화관련 용도가 개발되고 있다. 호수나 늪에서 물의 정화나 어초, 해초장 개발이 이루어지고 있다.

⑨ **흡착성**: 화학물질 흡착성을 가지고 있기 때문에 전극재료, 화학물질의 분리 등에 이용된다.

(6) 제조방법

① **레이온계 탄소섬유**: 내열성이 뛰어난 강화재로, 레이온 직물을 고온의 불활성기체 속에서 열처리하여 만든 탄소섬유 직물을 개발한 것이 실용적 탄소섬유의 최초이다. 레이온계 고탄성 · 고강도 탄소섬유는 복합재료의 강화섬유로, 주로 우주항공 분야에 많이 이용된다.

제조법은 직물 모양 또는 펠트 모양의 레이온을 약 900℃까지 천천히 회분방식으로 태운 다음 최고 2,500℃ 이상의 온도까지 가열하여 흑연화하는 방법이다. 그러나 레이온을 미리 인산유도체나 질산염 등에 침지하여 팽윤시키는 화학처리를 한 후에 탄화시킴으로써 탄화에 필요한 시간을 단축시켜서 연속 프로세스가 가능하다.

② **PAN계 탄소섬유**: 아크릴로니트릴을 주성분으로 하는 PAN(Polyacrylonitrile)계 섬유는 아크릴섬유를 공기 중에서 200℃ 전후의 온도로 열처리하여 산화가교결합시킨 것이다. PAN계 전구체는 섬유를 한 개의 축 방향으로 배향한 상태에서 소성 · 탄소화하는 경우에 전 과정에서 배향이 보존되어 최종적으로 섬유구조를 갖는 탄소섬유가 용이하게 얻어진다는 특징을 가지고 있다.

PAN계 탄소섬유는 PAN계 섬유에 내염화 처리를 하여 안정화시킨 후, 불활성 분위기 하에서 탄화소성 또는 흑연화 처리하는 방법으로 만들어진다. PAN계 탄소섬유의 제조에 있어서 가장 중요한 공정은 내염화 공정이며, 이 공정에서 PAN 분자는 탄소화 반응

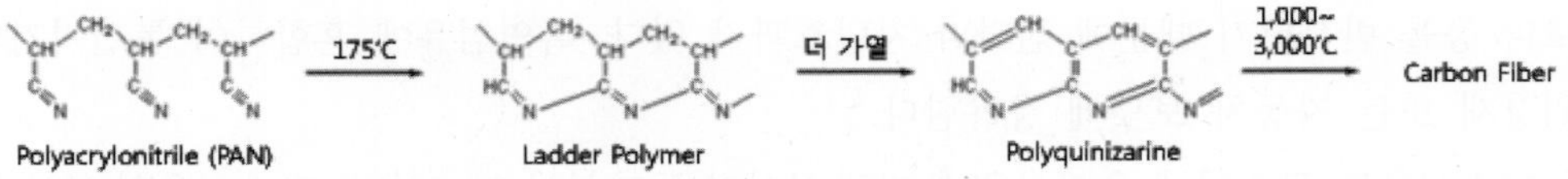

Polyacrylonitrile (PAN)
175℃
Ladder Polymer
더 가열
Polyquinizarine
1,000~
3,000℃
Carbon Fiber

그림 11.30 PAN계 탄소섬유 화학 반응

을 제어하기 쉬운 피리미딘 고리를 주성분으로 하는 래더형 고분자로 된다. 내염화 섬유는 이 공정까지만 거친 섬유이다. 이어지는 탄소화 공정이나 흑연화 공정에서 그 성질(특히 강도, 탄성률)을 상당한 범위로 변화시킬 수 있기 때문에 용도에 따라서 각종 타입의 제품을 얻기 위한 다양한 연구가 이루어지고 있으며, 이것은 탄소섬유 제조업체의 노하우로 작용한다. 이와 같은 공정을 거쳐 제조된 탄소섬유는 그대로 제품으로 출하되는 경우도 있으나 일반적으로는 표면처리, 사이징처리를 한 후 최종제품으로 가공된다.

③ 피치계 탄소섬유: 피치계 탄소섬유는 석유 크래킹의 증류잔류물인 석유피치를 용융방사하여 산화 불융화 처리한 후 탄소화하여 저탄성률 탄소섬유를 만들어 공업화하였다. 처음에는 등방성 피치를 원료로 한 탄소섬유가 공업화되었으나 1970년대에 들어와 메소페이스(Mesophase) 피치를 원료로 한 고성능 탄소섬유의 개발이 이루어졌다. 메소페이스 피치계 탄소섬유(MPCF)는 등방성 피치계 탄소섬유에 비해 고강도, 고탄성이며, 주로 장섬유로 이용되고 있다. 생산규모는 PAN계 탄소섬유에 비하면 적은 편이지만 MPCF는 고탄성율, 고열전도성 등 PAN계 탄소섬유에는 없는 뛰어난 특징을 가지고 있다.

피치계 탄소섬유의 제조 프로세스도 PAN계 탄소섬유 제조 프로세스와 유사하지만 PAN계와는 다른 면도 있다. 현재 시판되고 있는 피치계 탄소섬유는 석유계가 주류이지만, 석탄타르나 액화석탄으로 제조되는 것도 있다. 일정성상의 등방성 피치를 불활성가스 분위기 하에서 적당한 온도(350~500℃)로 가열하면 다양한 경로를 거쳐서 최종적으로는 광학적으로 이방성을 보여서 네마틱상의 피치 액정을 포함한 메소페이스 피치(이방성 피치 A)로 전환된다. 이방성 피치 A는 등방성 피치에 비해서 고분자량이고 연화온도도 높기 때문에, 일반적으로 방사온도를 높게 할 필요가 있다. 그 후 개발된 잠재적 이방성 피치 및 프리메소페이스 피치라 불리는 새로운 메조페이스 피치(이방성 피치 B)는 이방성 피치 A의 단점을 상당히 개량한 것이다.

피치계 탄소섬유의 탄성률은 방향족 축합고리 정도와 결정화 정도에 따라서 결정된다. 메소페이스 피치계 탄소섬유는 원료단계에서 결정성이 높고 흑연으로 되기 쉬운 구

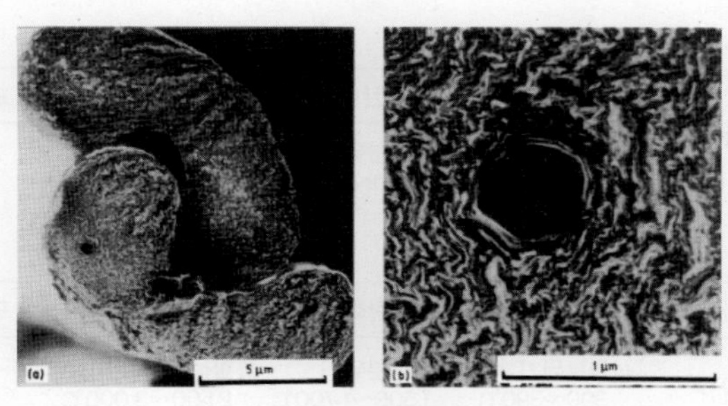

PAN계 탄소섬유

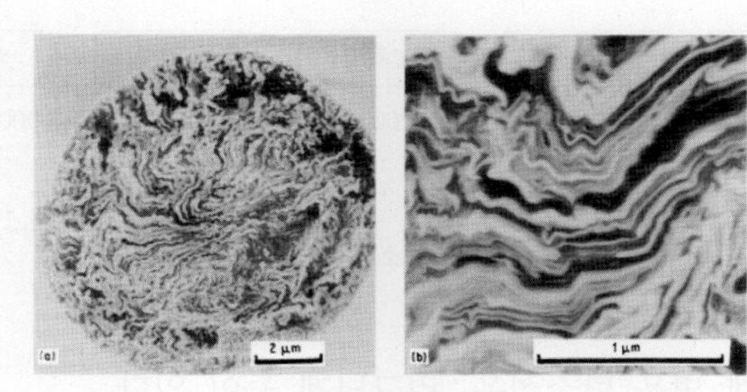

피치계 탄소섬유

그림 11.31 PAN계, 피치계 탄소섬유의 저배율, 고배율 SEM사진

조를 가지고 있기 때문에 비교적 저온에서 단시간에 탄성률이 향상된다. 따라서 PAN계 탄소섬유에 비해 비교적 저가로 고탄성률 탄소섬유를 제조할 수 있다. 마무리, 가공 등은 기본적으로 PAN계와 다른 점이 없다.

④ **기타 탄소섬유**: 탄화수소 · 수소 혼합기체의 기상탄소화에 의해 탄소섬유를 만드는 방법이 있다. 이것은 기계적 특성이 뛰어날 뿐만 아니라 매우 높은 전도성을 가진 탄소섬유라고 보고되고 있고, 카본나노파이버라고 하여 VGCF(Vapour grown CF)의 섬유도 개발되었다. 철의 미립자를 내벽에 바른 반응탑을 1,100℃로 가열하고 그 속으로 벤젠과 수소의 혼합기체를 흐르게 하면, 내벽으로부터 탄성섬유가 성장한다.

흡착성능을 가진 활성탄소섬유(Activated Carbon Fiber, ACF)는 레이온이나 PAN으로부터 만들어진 것이다. 활성탄소섬유는 흡착성능을 가지면서 섬유상이기 때문에 원하는 형상으로 만들 수 있어 탈취나 용제회수 등의 가스처리 시스템이나 생리용품 등에서 실용화되고 있다. 활성탄소섬유는 일반적으로 전구체섬유가 내염화 공정과 활성화 부여 공정을 거침으로써 제조된다. 활성화 공정은 일반적으로 산화성가스(수증기 공기 또는 탄산가스)와 불활성가스와의 혼합가스에 의한 산화반응이다.

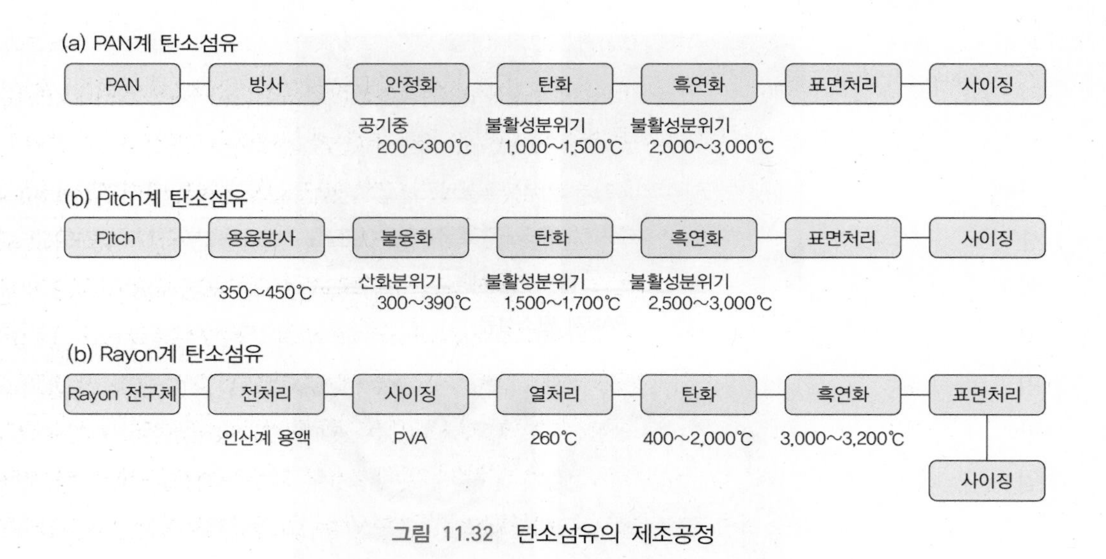

그림 11.32 탄소섬유의 제조공정

이 밖에 페놀수지계 범용 탄소섬유, 리그닌계 등이 있다.

(7) 응용분야

① 자동차 분야: 탄소섬유 복합재료가 자동차에 적용되기 전에 유리섬유 복합재료가 먼저 자동차에 적용되어 왔다. 그러나 이것은 유리섬유의 특성이 갖는 장점이라기보다는 상대적으로 저가이었기 때문이다. 탄소섬유가 더 가볍고 개발기술의 발달로 가격도 경쟁할 만하여 탄소섬유의 사용이 확대되고 있다. 탄소섬유 복합재는 자동차 분야에는 아직까지는 스포츠카 등 고급차종에 일부 사용되어 왔다. 그리고 부품으로 프로펠러 샤프트에 사용되어 왔으나, 자동차 수요의 증가와 함께 점차로 가장 수요가 증가할 분야로 보인다. 최근 시도되는 자동차에의 적용은 에너지 절감을 목적으로 하는 경량화 등으로 고급 탄소섬유를 사용할 것으로 예측된다. 탄소섬유로 만든 연료탱크도 자동차 경량화에 일조를 하고 있다. 천연가스 차의 CNG 탱크에도 점차 확대되고 있으며, 고속철도 프레임에도 사용이 늘어가고 있다. 세계적으로 자동차의 연비규제가 엄격해지고 있기 때문에 자동차 경량화의 필요성이 더욱 증가하고 있다. 아직은 초기단계이나, 고급 탄소섬유의 적용과 함께 신기술로서 이에 대한 발전전망은 밝아 보이고 선진국에서는 전술한 것처럼 깊은 관심을 가지고 개발 적용 중이다.

② 항공우주기술 분야: 탄소섬유 복합재료가 많이 소요되는 분야 중의 하나가 항공기

분야이다. 항공기는 하늘을 날아야 하는 원초적인 성능을 위하여 가벼우면서 강한 재료가 필요한데, 이에 합당한 재료가 탄소섬유가 될 것이다. 항공기용 탄소섬유는 일반적으로 프리 프레그를 사용하여 부품을 성형한다. 프리 프레그를 여러 장 쌓아 압력과 열을 가해 매트릭스 수지를 경화시켜 성형한다. 따라서 이 탄소섬유는 적층 판상구조로 되고 층간에는 탄소섬유가 지나가지 않는다. 최근에는 VaRTM(Vacuum assisted RTM) 공법이 사용되기도 하는데, 이 방법은 탄소섬유 기지에 수지를 함침하지 않은 상태로 적층하고 진공상태로 만들어 액상수지를 주입하여 오븐에서 가열하여 경화시키는 공법이다. 이 방법은 탄소섬유를 건조한 상태에서 작업을 함으로 일반직물과 같이 취급은 쉬우나, 탄소섬유의 역학적 성질은 약한 편이다. VaRTM 공법을 사용한 탄소섬유를 개발하여 일본 국내 소형비행기의 뒷날개에 사용을 추진하고 있다.

항공기 외에 우주용으로도 탄소섬유는 매우 훌륭한 특성을 나타내고 있다. 고압에 견뎌야 하며 무게는 가벼워야 하는 발사체 로켓에 탄소섬유는 이상적인 재료이다. 때문에 금속재료에서 탄소섬유 복합재료로 바뀌는 추세이다. 탄소섬유 복합재료의 큰 비강도(specific strength)는 금속재료에 비하여 상대적인 최적운용압력을 증가시켜 주고 있다. 특히 분리조각형(segment)보다는 단일형으로 제작한 것이 효과적이다. 그러나 한편으로 여러 단편으로 만들어야만 하는 경우에는 이 단편들의 조합기술이 필요하다. 금속부분과 복합재료의 연결부분이 문제이지만 이러한 연결부위의 결합도 최근의 제작기술로는 큰 무리 없이 해결되고 있다.

③ 선박 분야: 선박에는 2차 세계대전 이후부터 단단하고, 강하며 내구성이 있고 수리가 쉬워 군용 보트에 복합재료를 적용하기 시작하였다. 1960년대 베트남 전쟁 때까지 약 3,000대의 소형 군용 보트 등에 이를 적용하였는데, 유리섬유 복합재료가 많이 사용되었다. 미 해군은 소형선박의 갑판, 돛대, 구축함의 파이프라인, 잠수함의 수로(fairwaters)와 케이스 등에도 복합재료를 사용하였다. 그 외에도 프랑스 해군, 노르웨이, 스웨덴, 네덜란드 해군 등에서도 복합재를 사용하였는데, 이 재료는 특히 녹 등 부식에 좋은 특성을 가지고 있는 것도 큰 장점이다. 탄소섬유 적층의 견고함이 요구되는 빔의 골격, 돛대, 화포 지지대 등과 같은 구조물에 필요로 하였다. 특히 탄소섬유는 전기자장 차폐효과를 주어 상부구조물에 효과적으로 사용하였다[15]. 선박에 사용하는 부품에도 탄소섬유 복합재료를 사용하는 곳이 점차 확대되고 있다. 프로펠러 블레이드, 샤프트 등 프로펠러 시스템과, 선박의 격벽, 문 등 구조물 전체가 용처가 될 수 있다. 이들 부품에는 기계적 특성을 고려하면 고급 탄소섬유가 필요한 분야이다. 이 외에 최근에는 레저산업

용 보트나 선박에도 탄소섬유의 사용은 가볍고 좋은 탄성과 함께 좋은 비 강도로 인하여 많이 적용되고 있다. 즉 카누(canoe)에서 요트, 범선에 이르기까지 모든 보트 종류에 적용될 것이다. 특히 고급화되면서 고급 탄소섬유의 사용은 증가될 것이다.

④ 시설 분야: 오래된 건설물의 부하 증대를 포함하는 구형의 리트로피트에 탄소섬유 강화 플라스틱이 사용되고 있다. 특히 오늘의 부하를 예상하지 않고 설계되었던 교량 등이 해당한다. 손상된 구조물이나 지진에 손상을 입은 것들도 보강하는 데 쓰인다. 탄소섬유는 전단력 강도를 증가시키는 방안으로 사용되고 있다. 단면을 쌓아서 연성(ductility)이 증대되고 지진으로부터 오는 붕괴에 견디는 힘을 크게 증가시키고 있다. 고탄성의 탄소섬유의 필요한 분야라고 판단된다. '지진 리트로피트(seismic retrofit)'가 지진 발생빈도가 높은 지역에는 주요 적용방안이다. 최근 용도가 증가되는 분야 중에 하나는 풍력발전용 블레이드이다. 블레이드가 대형화되고 회전이 클수록 탄소섬유의 사용이 바람직하기 때문이다. 철제 블레이드에서 탄소섬유 블레이드로 대체되고 있다. 이와 함께 해양석유 시추작업에도 적용하고 있어 에너지산업 분야에 활용이 증대되고 있다. 즉 심해 해저의 고압력에 견디는 유전송유관, 로드, 로프 등으로 기존의 철제 제품에서 고강도 고탄성의 탄소섬유가 그 특성으로 인하여 대체되어 사용되고 있다.

⑤ 기타 분야: 운동기구와 음악에 사용하는 악기에도 탄소섬유가 응용되고 있다. 아이스하키의 스틱, 테니스 라켓, 낚싯대, 골프 클럽 등은 고급 제품일수록 탄소섬유의 특징을 살려 활로가 늘어나고 있다. 이와 함께 크게 사용도가 늘고 있는 것이 자전거이다. T800급 이상의 탄소섬유로 만들어지는 자전거 프레임에서부터 디스크 휠도 만들어 사용되고 있다. 도레이 회사에서 전망하는 탄소섬유 전망을 보면 크게 스포츠 분야와 항공우주 그리고 산업 분야로 대별하고 있는데 산업 분야에는 자동차, 선박을 포함하고 있어 그 범위가 광대하지만 전체적으로 산업 분야의 용도가 훨씬 빨리 진행되는 것으로 전망하고 있다.

6. 풀러렌

(1) 풀러렌의 종류

풀러렌(Fullerene)은 다면체 클러스터 분자형태를 하고 있으며, 탄소원자로 이루어진 5원

그림 11.33　C_{60} 또는 Buckminster Fullerene

환과 6원환으로 구성되어 있다. 처음으로 발견된 물질은 12개의 5원환과 20개의 6원환으로 된 C_{60}인데, 이와 같은 지질학적 원리를 이용한 돔 설계로 유명해진 건축가 R.Buckminster Fuller의 이름을 따 벅민스터풀러렌(Buckminster fullerene)이라고도 불린다.

일반적으로 속이 비어 있는 구 혹은 타원형태의 클러스터 형태를 하고 있으며, 가장 기본형인 C_{60}은 축구공 모양을 가지고 C_{70}, C_{76}, C_{84} 등 탄소의 수가 올라가면서 점차 타원형으로 커진다. 일반적인 겉모습은 검은 파우더로 보인다.

종류는 대략적으로 다음 표 11.9와 같다.

표 11.9　풀러렌의 종류

명 칭	분자량	외관
풀러렌 C_{60}	720.66	Granular, Dark-brown
풀러렌 C_{70}	840.77	Granular, Sublimed black
풀러렌 C_{76}	912.84	Granular, Dark-brown
풀러렌 C_{78}	936.86	Granular, Black
풀러렌 C_{84}	1,008.92	Granular, Brown-black

(2) 풀러렌의 성질

풀러렌은 물리적으로 3,000기압이 넘는 큰 압력에도 저항하며 다시 원래의 형태로 돌아오는 매우 강한 분자이다. 또한 전기적 성질이 좋아서 X-선 광검출기에도 이용된다. 또한 정제된 풀러렌은 매력적인 색깔을 띠고 있는데, C_{60} 박막은 노란색을 띠고 방향족 탄화수소에 녹은 용액은 파란색으로 변한다. C_{70}의 박막은 붉은 갈색을 띠며 용액은 적포도주색을 띤다. 그 외 C_{76}, C_{78}, C_{84}는 노란색을 띤다.

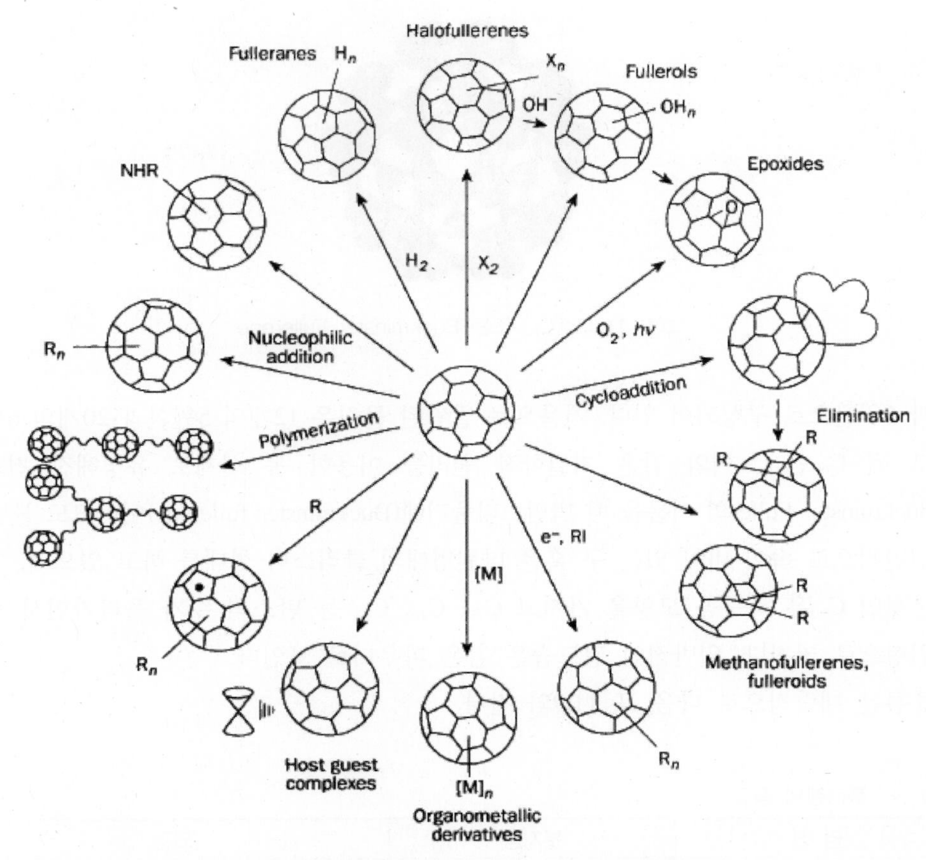

그림 11.34 풀러렌이 일으킬 수 있는 화학 반응들

풀러렌은 실온에서 거의 모든 용매에 다 녹는 유일한 탄소동소체이다. 일반적으로 풀러렌을 녹일 때는 주로 톨루엔, 이황화탄소 같은 방향족을 포함한 용매에 녹인다. 보통 화학적으로 풀러렌은 매우 안정하나 6,6-이중결합에서 angle strain을 줄일 수 있는 친전자성 첨가반응이 일어난다. 풀러렌은 이 외에도 수소화반응, 첨가반응, 기능화반응, 산화환원반응 등을 일으킬 수 있다.

(3) 풀러렌의 제조법

① 자연산 풀러렌: C_{60}과 C_{70}은 호주 퀸즈랜드, 러시아 케렐리아 등에서 발견되는 탄소가 풍부한 반무연탄이나 메타무연탄 등 자연적으로 생기는 미네랄에서 발견된다. 최근에는 캐나다와 뉴질랜드에서 자연적으로 풀러렌이 생겨났다고 한다.

② 인공 풀러렌: 흑연을 레이저로 기화시켜 나온 검댕에서 처음 생산되었다. 최초의 벌크 생산공정은 흑연전극을 이용한 아크방전법으로 1990년에 개발된 방법이다.

③ 기타: 나프탈렌 증기를 아르곤 내에서 1,000℃ 정도에서 가열한 후 추출하거나 벤젠·산소불꽃 속에서 검댕을 아르곤 내에서 1,500℃에서 태우는 방법 등이 있다.

7. 그래핀

(1) 그래핀의 종류

그래핀은 2차원 나노물질로 육각형 벌집모양의 구조를 지니고 있다. 평면에서 각 탄소 사이의 결합길이는 흑연과 마찬가지로 약 0.142 nm이고 반금속물질로서 가전자대(valence band)와 전도대(conduction band) 사이에 밴드갭이 없기 때문에 높은 전도성을 보인다. 높은 전기전도성 외에도 탄성률, 강도, 열전도성 등의 성질도 매우 우수하여 크게 주목을 받고 있다.

그래핀은 물리적으로 박리된 그래핀과 화학적으로 환원된 그래핀으로 구분한다. 물리적 박리 그래핀은 흑연에 스카치테이프를 붙였다 떼어내는 것을 반복하여 얻어진 그래핀이다. 최초의 그래핀은 물리적 박리법으로 분리가 되었다. 이 외에도, Thermal CVD, PECVD, 금속 카바이드의 열분해법 등을 통해서도 그래핀을 제조할 수 있다. 화학적 방법은 흑연을 산화시켜 흑연산화물을 만든 후, 흑연산화물을 층간분리하여 이를 박리하고, 다시 그래핀으로 환원시키는 방법이다. 주로 Hydrazine을 이용한 환원법이 이용되지만, 자외선, 마이크로파, 전기화학 등의 환원법도 사용될 수 있다.

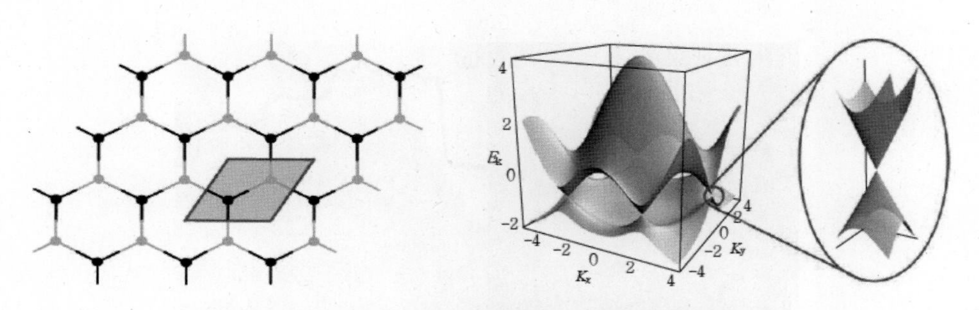

그림 11.35 그래핀의 육각형 벌집모양 격자구조와 밴드구조

(2) 그래핀의 성질

그래핀은 일반적인 물질과는 상이한 밴드구조를 가지며 밴드갭이 없어 전도성을 보이고 있으나, 페르미 준위에서 전자의 상태밀도가 '0'인 반금속(semi-metal)물질이다. 또한 도핑 여하에 따라 쉽게 전하운반자의 종류를 변화시킬 수 있는 양극성 전도특성(ambipolar conduction)을 띠게 된다[19].

한편 그래핀은 기계적 탄성률이 약 1 TPa, 열전도도가 5,000 W/m · K, 그리고 실온의 전자 이동도가 약 250,000 $cm^2/V \cdot s$ 등으로 전체적으로 기존재료에서 나올 수 없는 우수한 물성들을 가지고 있다. 이러한 특성으로 그래핀은 많은 응용연구가 진행 중이며, 주로 트랜지스터, 센서, 태양전지 등 주로 전기적 분야에 많은 응용이 시도되고 있다.

(3) 그래핀의 제조법

① 스카치테이프법: 스카치테이프법은 그래핀을 분리해내는 가장 간단한 방법이다.

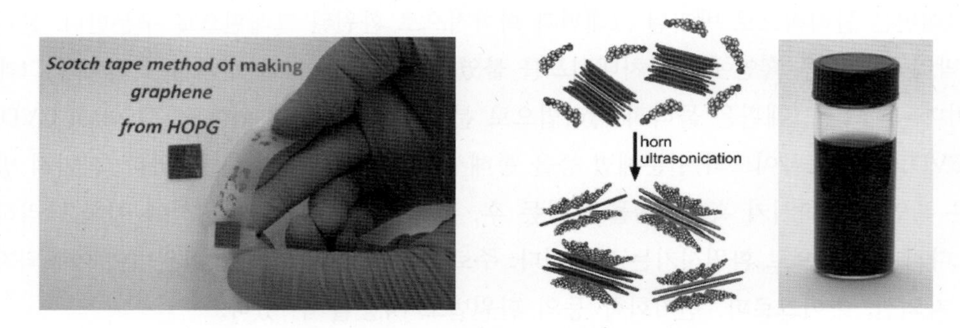

그림 11.36 두 가지 방법으로 박리된 그래핀

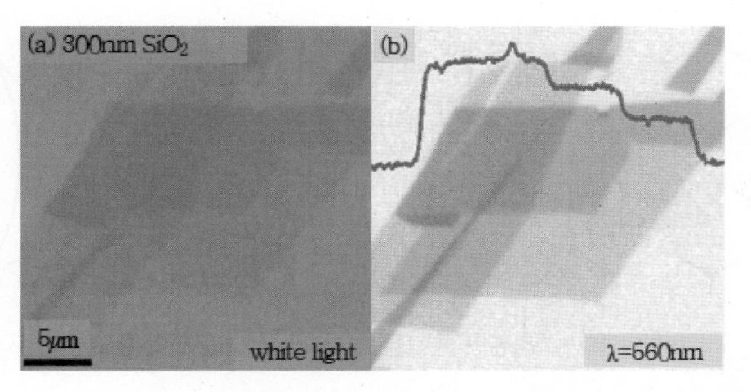

그림 11.37 스카치테이프법을 통해 300 nm SiO_2 기판 위에 전사된 그래핀

먼저, 흑연가루를 스카치테이프에 올린 후 수차례 접었다 폈다 반복한다. 그 후, 테이프에 흑연 자국이 남아 있는 부분을 실리콘 웨이퍼에 붙였다가 다시 테이프를 제거하면, 박리된 그래핀을 그림 11.36과 같이 현미경을 통해 관찰할 수 있다. 이 방법이 가능한 이유는 흑연구조의 수직 방향에서 그래핀판들이 스카치테이프의 접착력보다도 약한 물리적 결합을 가지고 있기 때문이다. 하지만 이 방법으로 제조된 그래핀은 크기와 형태를 제어할 수 없기 때문에 전자소자로의 응용에는 한계가 있다[22].

② 화학적 합성법: 그래핀을 대량생산할 수 있는 방법으로 연구되는, 흑연의 산화-환원 반응을 이용한 합성법이다. 먼저, 강산과 산화제로 산화흑연(graphite oxide)을 만들면, 그래핀의 층과 층 사이의 간격이 6~12 Å으로 벌어지며 친수성물질이 된다. 이를 교반이나 초음파분쇄기를 이용하여 단일 층으로 박리시키면 산화그래핀(graphene oxide)이 되고, 이를 다시 환원시키면 그래핀이 된다. 이렇게 화학적으로 환원된 그래핀은 물성이 다른 방법으로 생산된 그래핀에 비해 매우 저하되는 단점이 있으나, 그래핀 내 기능화가 쉽고, 기판의 종류나 구조에 제약을 받지 않으며 산업화에 중요한 대량생산이 가능하기 때문에 연구가 활발히 진행되고 있다.

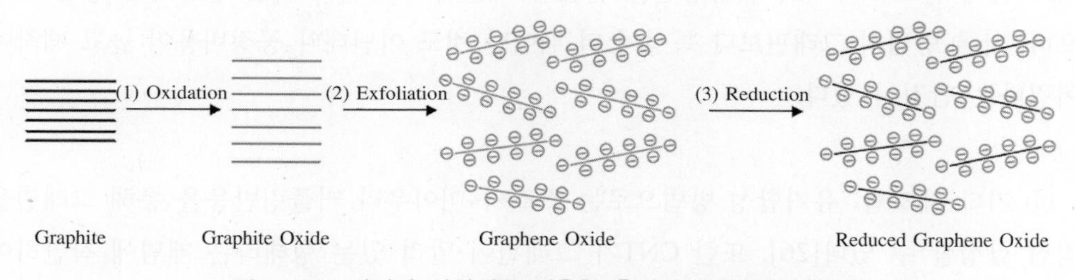

그림 11.38 강산과 산화제를 이용한 흑연의 화학적 박리과정

③ CVD 성장법: 2009년에 그래핀을 CVD 성장법으로 대면적으로 합성하였다. 그림 11.38은 CVD 성장법을 이용한 그래핀의 성장과 기판으로의 전사과정을 나타내었다. 우선 Ni, Cu, Pt 등 탄소를 잘 흡착하는 전이금속 촉매층을 형성한 후 1,000℃ 이상의 고온에서 CH_4, H_2, Ar의 혼합가스를 주입한다. 고온에서 주입된 혼합가스에서 탄소가 촉매층과 반응한 후 급랭되면 촉매로부터 탄소가 떨어져 나오면서 표면에 그래핀이 성장된다. 이후 촉매층이나 지지층을 제거하게 되면 그래핀을 분리하여 원하는 기판에 전사할 수 있다. 최근에는 PECVD, ICVCVD, LPCVD 등 다양한 CVD 성장법을 연구하여 고품질의 대면적 그래핀을 저온에서 성장하기 위한 연구가 진행 중이다.

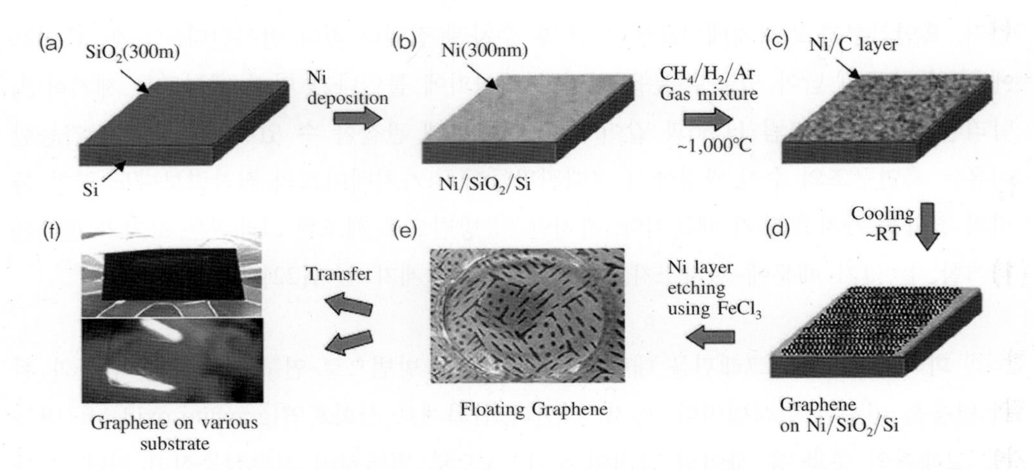

그림 11.39 CVD 성장법을 이용한 그래핀의 성장, 두 가지 방법을 이용한 촉매층의 식각, 그리고 원하는 기판으로의 전사

④ **에피택시 합성법**: 에피택시 합성법은 실리콘카바이드(SiC)와 같이 탄소가 결정에 포함되어 있는 재료를 약 1,500℃에서 열처리시키는 방법으로, 이때 탄소가 표면을 따라 성장하며 그래핀층을 형성한다. 그림 11.40은 에피택시 합성법을 통해 성장한 그래핀의 모습이다[25]. 에피택시 합성법은 절연성 기판에 그래핀이 직접 성장하는 장점이 있으나, 다른 방법의 그래핀보다 특성이 더 뛰어난 것도 아닌데다 공정비용이 높고 제작이 어렵다는 단점이 있다.

⑤ **기타 제조법**: 유기합성 방법으로는 스즈키-미야우라 커플링반응을 통해 그래핀을 직접 합성할 수 있다[26]. 또한 CNT가 그래핀이 말려 있는 형태라는 개념에 착안하여

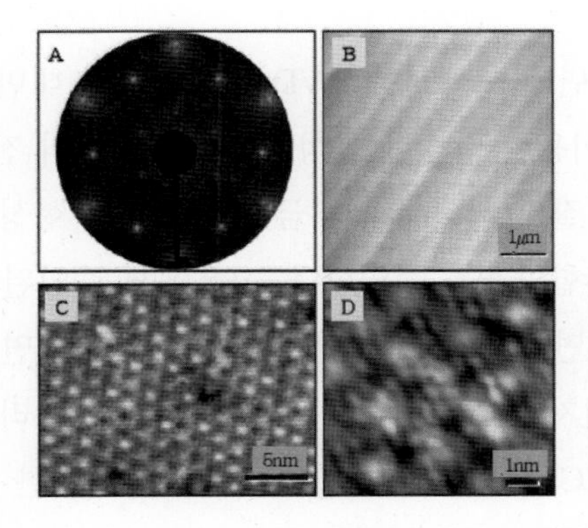

그림 11.40 LEED, AFM, STM을 통해 관찰한 에피택시 그래핀

아르곤 플라스마 식각방법을 이용해서 탄소나노튜브를 그래핀 나노리본으로 분리해내는 방법도 있다.

8. 탄소나노튜브

(1) 탄소나노튜브의 종류

탄소나노튜브는 그래핀을 원통으로 말은 튜브형태를 한 수 나노미터 단위직경의 나노물질이다. 작은 물질이지만 가볍고, 길이/직경비(aspect ratio)가 길며 다이아몬드에 버금가는 1 TPa에 달하는 탄성계수를 가질 뿐만 아니라 약 2,800℃의 고온에 대한 안정성 및 구리 와이어보다 1,000배 높은 열전도성 등 수 많은 우수한 성질을 지니고 있다. 탄소나노튜브는 그 자체뿐만 아니라 보강재 등 나노복합재료로서의 이용에도 수많은 연구가 진행되고 있는 신소재이다.

탄소나노튜브는 먼저 말린 층수에 따라서 단일벽(single-walled), 이중벽(double-walled), 다중벽(multiwalled carbon nanotube)으로 나눌 수 있다. 단일벽 탄소나노튜브는 단순히 흑연판 한 층을 말아 놓은 구조로 직경이 0.5~3 nm이며, 이중벽 탄소나노튜브는 단일벽 탄소나노튜브 두 층이 동심축을 이룬 형태로 직경이 1.4~3 nm에 이른다. 다중벽 탄소나노튜브는 벽수가 3~15겹의 층을 이루며 직경은 5~100 nm에 이른다.

또한 그래핀 판이 말린 각도에 따라서도 나누어질 수 있는데, 탄소나노튜브 판이 말린 지그재그(zig-zag)형, 암체어(armchair)형, 키랄(chiral)형으로 나누어진다. 주목할 것은 말린 각도에 따라 형태만이 아닌 전기적 성질까지도 변한다는 것인데, 암체어형의 경우

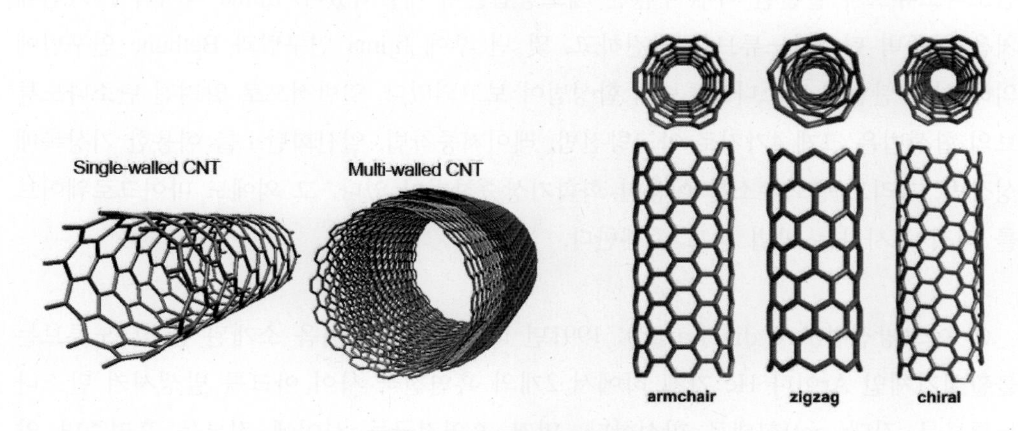

그림 11.41 탄소나노튜브의 종류

는 대부분 금속성을, 지그재그형은 갭이 작은 반도체이거나 반금속성, 키랄형은 반도체 특성을 가지는 것으로 알려져 있다.

(2) 탄소나노튜브의 성질

흑연결정 내 기본 탄소-탄소결합에 의해, 탄소나노튜브는 매우 강한 기계적 성질을 가졌다. 연구들마다 원료, 겹친 벽의 수, 제조법, 측정도구 및 측정법이 다르지만 탄소나노튜브의 탄성률(Young's modulus)은 최대 1.8 TPa[34]로 상업화된 초고탄성률 탄소섬유(~800 GPa)보다도 약 3배 정도 크다. 이에 비해 측정값이 매우 낮았던 연구결과(0.8 TPa)도 있었지만, 이는 재료의 결정성과 구조 내 결함에 의한 것으로 나타났다.

탄소나노튜브는 1차원 나노물질로서 극히 낮은 전기저항을 가진다. 불순물, 구조 내의 결함 및 산란(scattering)이 없을 경우 탄소나노튜브의 전류밀도는 최대 10^9 A/cm^{2}로 측정되었다[36]. 한편 반도체성 탄소나노튜브에서 밴드갭의 크기는 일반적으로 튜브의 지름크기에 반비례하는 것으로 알려져 있다. 이론적으로 가장 클 수 있는 밴드갭 에너지는 4.6 eV로 거의 부도체인 다이아몬드(5.5 eV)에 필적하기 때문에 부도체로부터 금속성 나노튜브까지 모든 영역의 전기적 특성이 가능하다. 또한 다이아몬드의 약 2배쯤 되는 6,000 W/m·K의 열전도도와 2,800℃에도 견디는 강한 내열성을 지닌다.

(3) 탄소나노튜브의 제조법

탄소나노튜브가 발견된 이후 수많은 제조방법들이 개발되었다. Iijima 박사가 1991년에 처음 다중벽 탄소나노튜브를 발견하고, 몇 년 후에 Iijima 연구팀과 Bethune 연구팀에 의해 처음 단일벽 탄소나노튜브의 합성법이 보고되었다. 일반적으로 알려진 탄소나노튜브의 합성법은 크게 4가지로 아크방전법, 레이저증착법, 일산화탄소를 이용한 기상촉매성장법, 그리고 탄화수소를 이용한 화학기상증착법이 있다. 그 외에도 마이크로웨이브를 직접 조사하는 방법 등도 존재한다.

① 아크방전법(Arc-discharge): 1991년 Iijima에 의해 처음 소개된 탄소나노튜브는 불활성기체인 Ar이나 He 기체 하에서 2개의 흑연전극 사이 아크를 발생시켜 탄소나노튜브를 검댕(soot)형태로 합성한다. 먼저 흑연전극들 사이에 전류를 흘려주면 약

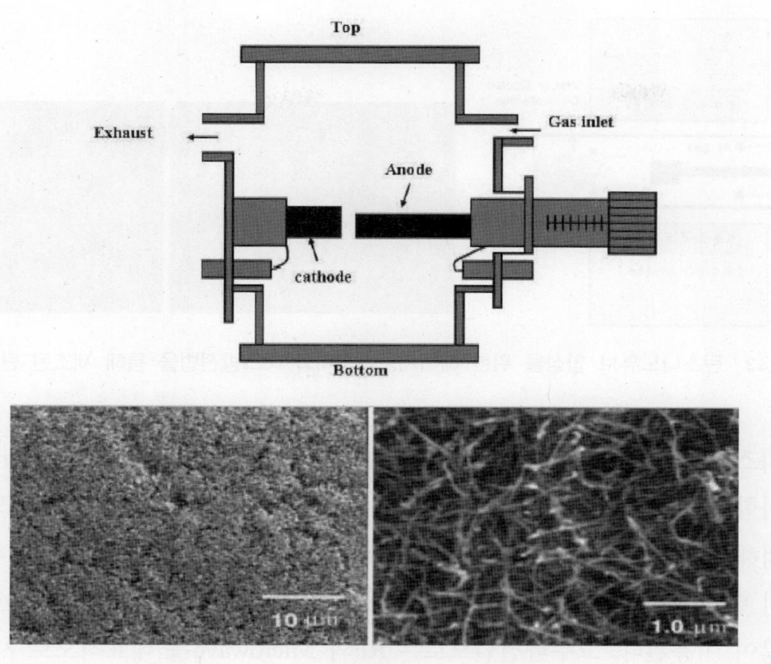

그림 11.42 탄소나노튜브 합성을 위한 전기방전장치와 아크방전법을 통해 제조된 탄소나노튜브

3,000℃의 고온 플라스마가 발생하면서 탄소원자들이 증발되는데, 이들이 냉각되면서 저온을 유지하는 음극이나 장치벽 등에 증착된다. 이 방법으로 만들어진 탄소나노튜브는 보통 다중벽 형태를 갖는다. 1992년 Ebbeson과 Ajayan이 공정을 개선시켜 탄소나노튜브를 대량으로 합성하였다. 이는 전기방전법이라고도 한다.

② **레이저증착법**(Laser Vaporization): 레이저증착법은 앞서 말한 아크방전법과 달리 단일벽 탄소나노튜브를 생산하기 위한 주된 방법이다. 먼저 1,200℃ 이상의 고온가열로 내에 Ar 기체 하에서 흑연을 레이저로 방사하여 기화시키면 탄소원자들이 온도차에 의해 미리 냉각된 구리 음극에서 압축되어 성장하게 된다. 레이저에는 Nd/YAG laser 등이 사용되며, 레이저의 종류에 따라 생성속도가 다르다. 이 방법은 고순도의 타깃 및 높은 레이저 강도에 의해 높은 순도의 탄소나노튜브를 얻을 수 있다는 장점이 있지만 생성물의 직경이 달라지며, 1회 생산량이 적어 경제성은 아크방전법보다는 다소 떨어진다.

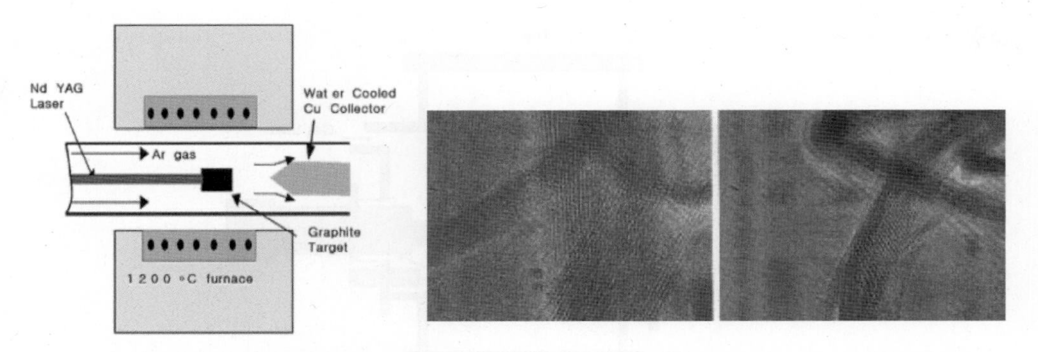

그림 11.43 탄소나노튜브 합성을 위한 레이저증착장치와 아크방전법을 통해 제조된 탄소나노튜브

③ 플라스마 화학기상증착법(Plasma-enhanced Chemical Vapor Deposition): 플라스마 화학기상증착법(PECVD)은 기상증착법의 한 종류로 양전극에 인가되는 고주파 전원에 의해서 챔버나 반응로 내에 글로우 방전을 발생시키는 방법이다. 기판에 수직으로 배향된 탄소나노튜브를 성장시킬 수 있어 이 방법으로 얻는 생산물은 주로 전계방출 연구에 많이 이용된다. 고주파전원으로는 RF와 Microwave를 대표적으로 사용하며, 탄

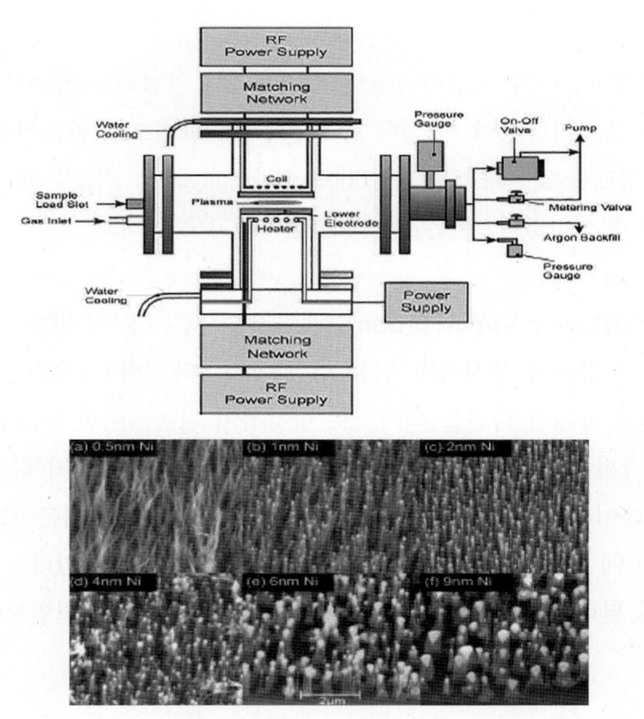

그림 11.44 탄소나노튜브 합성을 위한 플라스마 화학기상증착장치와
플라스마 화학기상증착법을 통해 제조된 탄소나노튜브

소공급원은 아세틸렌, 메탄, 에틸렌 등의 기체를 이용한다[42].

④ 화학기상증착법(Chemical Vapor Deposition): 열화학기상증착법(Thermal CVD)이라고도 불리는 방법으로, Fe, Ni, Co 등의 촉매금속이나 합금을 증착시킨 기판을 식각처리한 후 석영보트에 장착시킨다. 그 후 약 750~1,050℃의 온도에서 가스를 사용해 이 촉매금속막을 추가적으로 식각해 나노크기의 미세한 촉매금속 입자들을 형성시킨다.

⑤ 기상합성법(Vapor Phase Growth): 기판을 사용하지 않고 반응로 안에 에틸렌, 일산화탄소 등의 탄화수소물질과 전이금속 촉매를 함유한 유기화 금속화합물인 $Fe(CO)_5$나 페로센(Ferrocene)을 반응로에 동시에 흘려 합성하는 방법이다. 기판 없이 반응로 안에 연속적으로 반응가스와 촉매금속을 공급해주기 때문에 대량, 저가로 탄소나노튜브를 생산하기에 유리하다. 상업적으로 유명한 방법은 일산화탄소를 이용한 HiPco 공정(high pressure carbon monoxide process)이 있다.

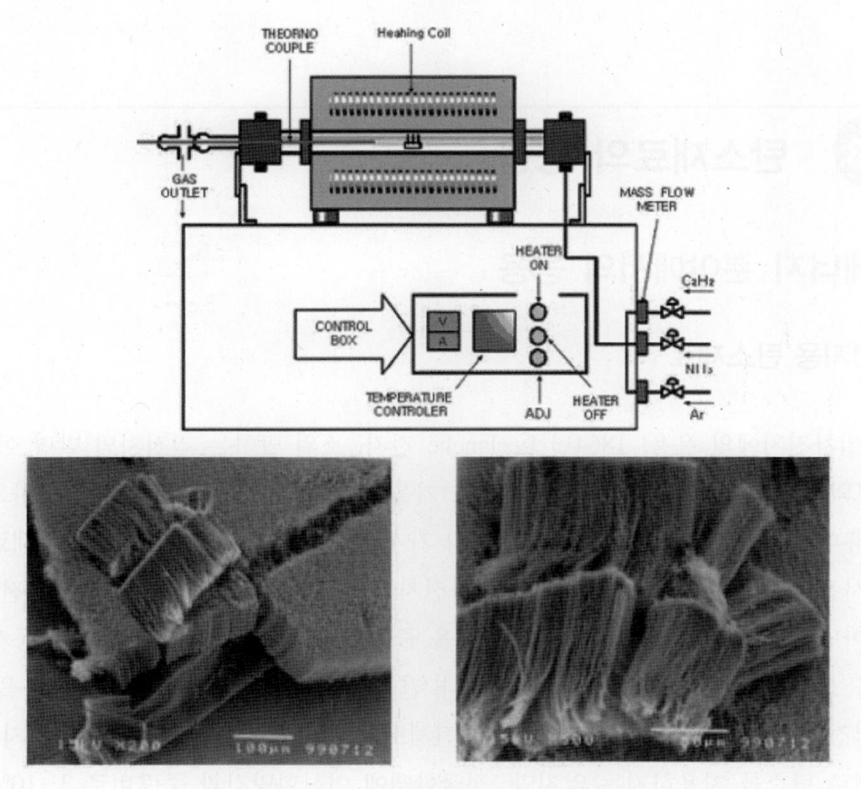

그림 11.45 탄소나노튜브 합성을 위한 열화학기상증착장치와 열화학기상증착법에 의해 제조된 탄소나노튜브

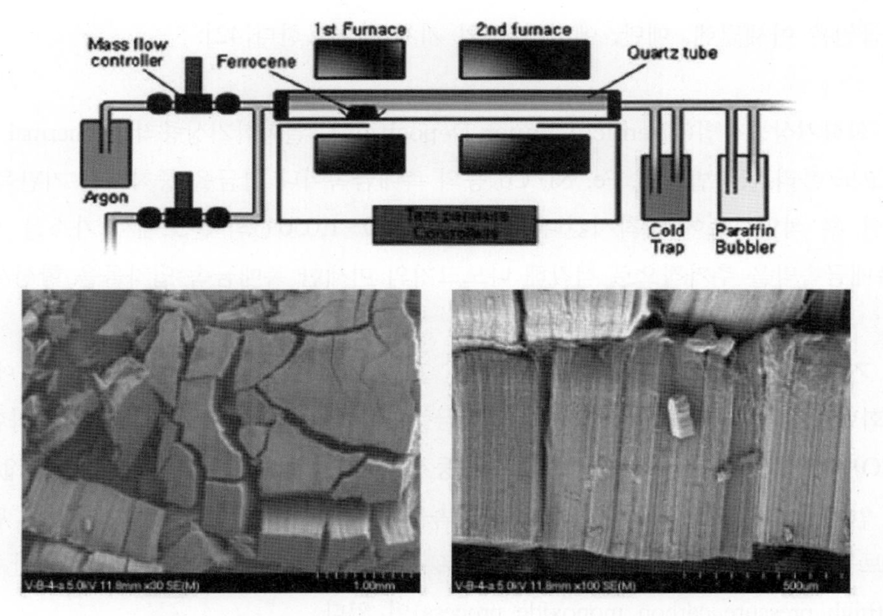

그림 11.46 탄소나노튜브 합성을 위한 기상합성장치와 기상합성법에 의해 제조된 탄소나노튜브

03 탄소재료의 응용

1. 에너지 분야에서의 응용

(1) 전지용 탄소재료

① 일차전지에의 응용: 1864년 Leclanche 전지, 소위 말하는 건전지의 발명 이래, 탄소재료와 일차전지는 중요한 관계에 있다. 기울어져도 액이 흐르지 않고, 안전하고 자유롭게 휴대할 수 있는 간이전원으로서 여러 가지 일차전지가 개발된 것은 탄소재료의 다양한 사용법을 발견하였기 때문이다. 일차전지에 사용되는 탄소재는 집전용의 전극으로서만 아니라 도전재로서 전지의 내부저항을 줄이고 보다 큰 전류를 생산함과 동시에 전해액을 보호 유지하고, 생성되는 이온이나 전하의 이동을 원활하게 하는 작용을 한다.

망간전지에는 탄소봉(carbon rod)이 집전체로 사용되고 있다. 알칼리 망간전지에서는 집전체로 탄소를 사용하지는 않지만, 정극합제에 이산화망간과 중량비로 3~10%의 비늘모양의 인상흑연이나 인조흑연가루에 산화아연을 포함한 40% 수산화칼륨 전해액을 섞어 3~10 ton/cm^{2}의 고압으로 원통 상에 가압 성형한 것이 사용된다.

리튬전지는 리튬금속을 정극으로 사용한 일차전지로, 정극의 종류에 따라서 불화카본 리튬전지, 리튬망간전지, 리튬염화티오닐전지 등이 개발되어 있다. 불화카본 리튬전지는 층간 화합물인 불화카본((CF)n)을 전극으로 사용하는 전지로, 불화카본은 천연흑연이나 인조흑연을 원료로 하고 불소가스 중에서 500~600℃로 약 24시간 동안 열처리하든지 석유계 코크스를 원료로 하여 400℃에서 수 시간 동안 처리하여 합성한 것을 사용하고 있다. 이 전지의 부극에도 도전재로서 탄소재인 아세틸렌 블랙이 5~10% 정도 사용된다. 리튬망간전지 및 리튬염화티오닐 전지에서도 아세틸렌 블랙이 도전재로 사용되고 있다.

② 이차전지에의 응용: 이차전지는 크게 휴대용 전원용 소형전지와 전기자동차용의 전력저장용 대형전지로 구분해 볼 수 있다. 휴대용 전원용 소형 2차전지로는 니카드(nickel-cadmium)전지, 니켈수소전지, 리튬이온 이차전지 등이 가장 대표적인 전지라 할 수 있다. 이중에서 리튬이온 이차전지에 탄소재료가 사용되고 있다.

현재 대부분의 이동통신용 기기 및 휴대용 전자기기의 전원으로 리튬이온 이차전지가 사용되고 있다. 그 이유는 리튬이온 이차전지는 작동전압이 3.6~3.7 V로 높아서 니카드 전지나 니켈수소 전지를 3개 직렬 연결했을 때 얻는 전압과 동일하고, 에너지밀도가 커서 동일용량을 갖는 니카드전지와 비교해서 무게는 1/2, 부피는 40~50% 정도로 작아질 수 있기 때문이다.

리튬이온전지는 그림 11.47에 나타낸 것처럼 정극, 부극, 분리막, 유기전해액으로 구

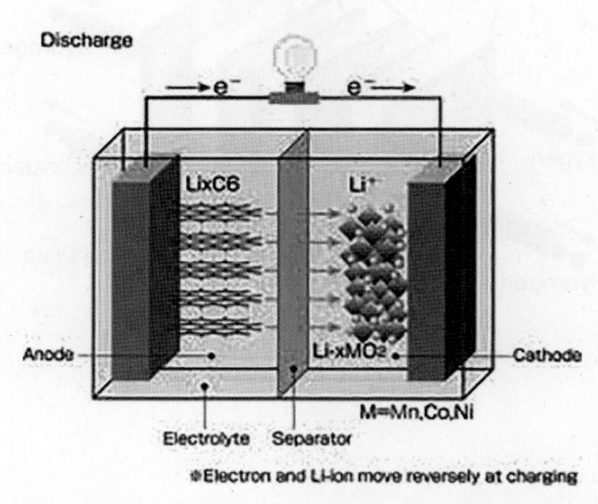

그림 11.47 리튬이온 이차전지의 기본원리와 구조

성되어 있으며, 정극에는 주로 코발트산리튬을, 부극은 탄소재료를 이용하고 있다. 두 가지 모두 층상구조의 물질이고 충방전 반응은 정극과 부극 간의 리튬이온의 이동에 의하여 행해진다.

(2) 연료전지용 탄소재료

연료전지는 무공해 전력공급장치라는 점에서 차세대 청정에너지 발전시스템으로 각광받고 있다. 연료전지 발전소는 공해발생이 최소화되므로 대도시에 건설될 수 있으며, 발전소 건설 기간이 길지 않기 때문에, 대형건물의 자가발전용, 화력발전소 대체용, 전기자동차 전원용, 군사용 이동전원 등의 다양한 용도로 경제적인 전력을 공급할 수 있으며 천연가스, 도시가스, 나프타, 메탄올, 폐기물가스 등 다양한 연료를 사용할 수 있다는 장점을 지니고 있다.

연료전지는 크게 연료전지 본체, 연료개질장치, 전력변환장치로 구성되며, 탄소재료는 주로 연료전지 본체에 많이 사용된다. 연료전지 본체에 탄소재료가 사용되는 부분은 촉매지지체, 촉매담체, 바이폴라 플레이트, 분리판 등이며, 다양한 탄소재료가 기능에 맞게 구성되어 있다.

주로 전극의 지지체에 사용되는 탄소종이는 탄소섬유와 수지의 혼합물로, 성형소결하여 만들며 기공률은 60~80% 정도, 평균기공 크기는 20~40 μm이다.

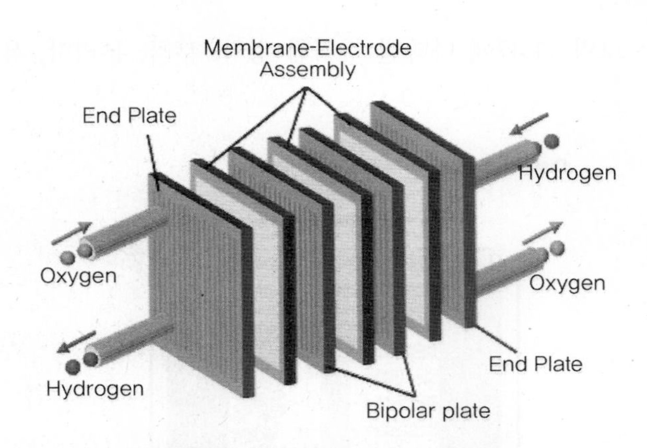

그림 11.48 연료전지의 본체(Stack)

(3) 초고용량 커패시터용 탄소재료

전기에너지를 저장 및 활용하는 과정에서 에너지의 입출력(즉, 동력) 측면에서는 배터리보다 커패시터가 우수한 성능을 가진다. 이는, 커패시터가 갖는 에너지 저장 메커니즘이 이온들의 산화환원반응 기작에 의존하는 배터리와는 달리 매우 빠르고 가역적인 이온들의 정전기적인 물리기작에 기인하는 것이어서, 충전속도가 빠르고 충방전효율이 배터리보다 높으며 충방전 반복사용수명이 매우 길어지기 때문이다. 커패시터의 축전능력을 표시하는 척도로서 단위 중량당 에너지 저장량의 개념인 에너지밀도를, 충방전능력을 표시하는 척도로서 단위중량당 단위시간 동안 공급할 수 있는 에너지량(즉, 동력)의 개념인 동력밀도를 사용하여 설명하면, 초고용량 커패시터의 에너지밀도는 최신형 배터리(이차전지)의 약 1/10 수준, 동력밀도는 거의 100배 가까운 수준으로 향상되었다. 이는, 충전 시에 전하를 가두고 방전 시에 전하를 끌어내는 커패시터의 전극체로서 종래의 커패시터와는 달리 비표면적이 크고 세공분포가 제어된 활성탄소/섬유를 비롯하여 산화금속, 전도성 고분자물질 등의 high-tech 소재를 활용하고 정밀제조 공정기술을 적용함으로써 가능하게 된 것이다.

초고용량 커패시터 전극용 탄소재료로는 페놀수지, 핏치 등을 탄화하여 활성화한 비표면적 1000~3000 m^2/g의 활성탄이나 활성탄소섬유가 사용된다. 이 활성탄이나 활성탄소섬유의 표면에는 미세기공이 열려 있기 때문에 각각의 미세기공 내벽에 전기이중층을 형성할 수 있어 단위면적당 축전용량을 증가시킬 수 있다.

최근에 탄소나노튜브를 초고용량 커패시터의 전극물질로 사용하려는 연구가 활발히 진행되고 있다. 탄소나노튜브는 현재 초고용량 커패시터의 전극활물질로 사용되고 있는 활성탄에 비해 적은 비축전용량을 나타내고 있으나, 탄소나노튜브의 경우는 비표면적이 가질 수 있는 최대 이론적 비축전용량에 근사한 값을 나타낸다는 특징이 있어, 아직 비축전용량을 개선할 수 있는 여지가 많이 남아 있다.

2. 우주·항공 분야에서의 응용

복합재는 서로 다른 두 가지 이상의 물질로 구성되어 각각의 물질에서는 볼 수 없는 특성을 나타내는 재료를 말한다. 가장 주요한 응용분야는 기계적 특성이 향상된 복합재이며, 미시적보다는 거시적 구조단위로 구성된 것을 지칭한다. 복합재는 보통 높은 인장성을 갖는 미세한 섬유(reinforcement)를, 이보다는 약하나 섬유를 지지하고 외부환경으로

그림 11.49 F117 스텔스 폭격기

그림 11.50 보잉 B787 항공기

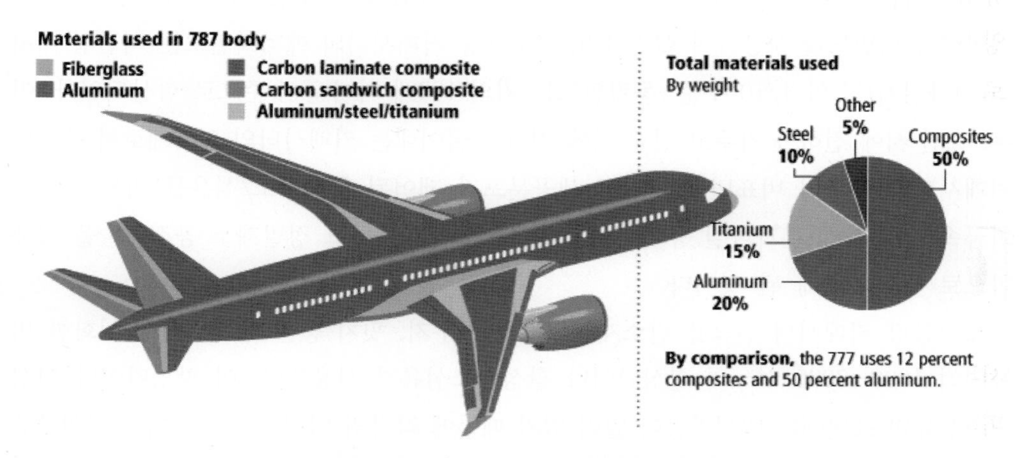

그림 11.51 보잉 B787 Dreamliner의 재료비율

부터 보호하는 역할의 기지(matrix)재료에 함침시켜 만들어진다. 항공기의 기본구조재로서 복합재의 적용은 현재 급격히 증가하는 추세이다. 항공기용 복합재의 요건으로는 경량성, 고강도, 고강성, 내피로성, 내부식성 등이 중요시되며, 최근에는 가격 및 제작 소요시간도 점차 중요해지고 있다. 탄소섬유는 기계적 특성이 우수하고 무게가 매우 가벼워서 탄소섬유강화 고분자복합재료, 탄소섬유강화 금속복합재료, 탄소섬유강화 세라믹복합재료, 탄소섬유강화 탄소복합재료와 같은 여러 복합재의 강화재로 이용되며 화학공업, 스포츠용품, 자동차산업, 생체공학, 그리고 앞서 서술한 우주왕복선과 같은 우주항공 분야에 널리 이용되고 있다. 탄소섬유강화 복합재는 군사용, 항공·우주용으로 개발되었다. 일반적으로 기존에는 항공기 동체나 날개에 고강도 알루미늄재료를 사용하였으나, 탄소섬유 복합재료가 알루미늄 합금과 강도는 비슷하면서도 훨씬 가볍기 때문에, 이를 대체하는 재료로 각광받고 있다. 가벼운 재료를 항공기 재료로 사용하면, 연료소비

를 줄일 수 있고 조종성도 증가하는 등 다양한 장점이 있다는 것은 쉽게 이해할 수 있다. 적용 예를 살펴보면, 미 공군의 F117 스텔스 폭격기가 대부분 탄소섬유 복합재료로 만들어진 것으로 알려져 있으며, 국내에서는 KT-1 훈련기의 보조날개와 최근 공개된 고등훈련기 T-50의 수평꼬리날개 등에서 기존의 알루미늄 재료를 대체하고 있다. 또한 민간항공기의 경우 에어버스(A320)의 꼬리날개 승강타의 재료에, 국산 과학로켓 추진체의 가압탱크를 탄소섬유강화 복합재료로 만들고 있다. 또한 미국 보잉사에서는 B777 항공기에 무게 절감을 위해 전체 구조물의 12%를 가볍고 튼튼한 신소재인 탄소복합소재를 사용하였고, 최근 운항을 시작한 B787 Dreamliner는 항공기 구조물의 50%를 탄소섬유 복합재료로 대체해 화제가 되기도 하였다. 이처럼 항공소재로는 탄소재료가 이미 다양하게 응용되고 있으며, 럭셔리 자동차와 토목구조물 등에도 탄소소재 등이 시범적으로 사용되고 있어, 향후 탄소소재의 시장 및 응용전망은 매우 밝은 편이라 할 수 있다.

04 결론

서론에서 기술하였듯이, 탄소재료는 우리 삶에 큰 부분을 차지하고 있다. 과거 추위를 피하기 위해 에너지원으로 사용하던 석탄, 타이어 및 연마제에 쓰이던 카본블랙, 연필심의 재료인 흑연, 보석인 다이아몬드, 주로 수처리 및 환경 분야에 이용되는 활성탄, 항공기 및 엔지니어링 재료에 쓰이는 탄소섬유, 그리고 나노재료로서 큰 주목을 받고 있는 풀러렌, 탄소나노튜브, 그래핀까지 다양한 탄소재료들이 환경, 에너지, 건설, 전자전기, 우주항공, 제강, 화학산업 및 생물분야에 이용되고 있다. 현재까지 알려진 탄소재료의 다양한 특성들, 즉, 높은 전기 및 열전도성, 무게 대비 가장 뛰어난 기계적 특성들, 환경 안정성 및 생체적합성, 그리고 큰 비표면적을 통한 흡착성 등은 탄소재료가 산업적으로 왜 중요한지를 잘 설명해 주고 있다. 뿐만 아니라, 기존재료가 가지지 못한 새로운 물성을 탄소재료를 통해 구현하고자 하는 연구도 활발히 진행되고 있다. 이 외에도, 기존 제조법의 개선, 새로운 응용분야에 적용하는 등, 탄소재료의 더 많은 응용을 위한 수많은 활동들이 현재에도 전 세계에서 활발하게 이루어지고 있다.

참고문헌

1. Feiyu, M. I. K., Carbon Materials Science and Engineering: From fundamentals to application. Tsinghua University Press, (2006).
2. Chung, D. D. L., Review graphite. Journal of Materials Science 2002, 37 (8), 1475-1489, (2002).
3. May, P. W., Diamond thin films: a 21st-century material. Philosophical Transactions of the Royal Society of London Series a-Mathematical Physical and Engineering Sciences, 358 (1766), 473-495, (2000).
4. Huang, X. S., Fabrication and Properties of Carbon Fibers. Materials, 2 (4), 2369-2403, (2009).
5. Chand, S., Carbon fibers for composites. Journal of Materials Science, 35 (6), 1303-1313, (2000).
6. Geckeler, K. E.; Samal, S., Syntheses and properties of macromolecular fullerenes, a review. Polymer International, 48 (9), 743-757, (1999).
7. Taylor, R.; Walton, D. R. M., THE CHEMISTRY OF FULLERENES. Nature, 363 (6431), 685-693, (1993).
8. Pang, L. S. K.; Wilson, M. A., NANOTUBES FROM COAL. Energy & Fuels, 7 (3), 436-437, (1993).
9. Castro Neto, A. H.; Guinea, F.; Peres, N. M. R.; Novoselov, K. S.; Geim, A. K., The electronic properties of graphene. Reviews of Modern Physics, 81 (1), 109-162, (2009).
10. Singh, V.; Joung, D.; Zhai, L.; Das, S.; Khondaker, S. I.; Seal, S., Graphene based materials: Past, present and future. Progress in Materials Science, 56 (8), 1178-1271, (2011).
11. Park, S.; Ruoff, R. S., Chemical methods for the production of graphenes. Nature Nanotechnology, 4 (4), 217-224, (2009).
12. Li, D.; Muller, M. B.; Gilje, S.; Kaner, R. B.; Wallace, G. G., Processable aqueous dispersions of graphene nanosheets. Nature Nanotechnology, 3 (2), 101-105, (2008).
13. Kim, K. S.; Zhao, Y.; Jang, H.; Lee, S. Y.; Kim, J. M.; Ahn, J. H.; Kim, P.; Choi, J. Y.; Hong, B. H., Large-scale pattern growth of graphene films for stretchable transparent electrodes. Nature, 457 (7230), 706-710, (2009).
14. Berger, C.; Song, Z. M.; Li, X. B.; Wu, X. S.; Brown, N.; Naud, C.; Mayou, D.; Li, T. B.; Hass, J.; Marchenkov, A. N.; Conrad, E. H.; First, P. N.; de Heer, W. A., Electronic confinement and coherence in patterned epitaxial graphene. Science, 312 (5777), 1191-1196, (2006).
15. Collins, P. G.; Avouris, P., Nanotubes for electronics. Scientific American, 283 (6), 62-+, (2000).
16. Thostenson, E. T.; Ren, Z. F.; Chou, T. W., Advances in the science and technology of carbon nanotubes and their composites: a review. Composites Science and Technology 2001, 61 (13), 1899-1912, (2001).
17. Baughman, R. H.; Zakhidov, A. A.; de Heer, W. A., Carbon nanotubes-the route toward applications. Science 2002, 297 (5582), 787-792, (2002).
18. Terrones, M., Science and technology of the twenty-first century: Synthesis, properties and applications of carbon nanotubes. Annual Review of Materials Research 2003, 33, 419-501, (2003).
19. IIJIMA, S., HELICAL MICROTUBULES OF GRAPHITIC CARBON. Nature, Vol. 354, pp.56-58, (1991).

20. Iijima, S.; Ichihashi, T., SINGLE-SHELL CARBON NANOTUBES OF 1-NM DIAMETER (VOL 363, PG 603, 1993). Nature, 364 (6439), 737-737, (1993).
21. Rinzler, A. G.; Liu, J.; Dai, H.; Nikolaev, P.; Huffman, C. B.; Rodriguez-Macias, F. J.; Boul, P. J.; Lu, A. H.; Heymann, D.; Colbert, D. T.; Lee, R. S.; Fischer, J. E.; Rao, A. M.; Eklund, P. C.; Smalley, R. E., Large-scale purification of single-wall carbon nanotubes: process, product, and characterization. Applied Physics a-Materials Science & Processing, 67 (1), 29-37, (1998).
22. Nikolaev, P.; Bronikowski, M. J.; Bradley, R. K.; Rohmund, F.; Colbert, D. T.; Smith, K. A.; Smalley, R. E., Gas-phase catalytic growth of single-walled carbon nanotubes from carbon monoxide. Chemical Physics Letters, 313 (1-2), 91-97, (1999).
23. Li, W. Z.; Xie, S. S.; Qian, L. X.; Chang, B. H.; Zou, B. S.; Zhou, W. Y.; Zhao, R. A.; Wang, G., Large-scale synthesis of aligned carbon nanotubes. Science, 274 (5293), 1701-1703, (1996).
24. Nikolaev, P., Gas-phase production of single-walled carbon nanotubes from carbon monoxide: A review of the HiPco process. Journal of Nanoscience and Nanotechnology, 4 (4), 307-3164, (2004).

찾아보기

ㅅ

ㅈ

ㅊ

ㅎ

기타